软物质物理学名著选译

CAMBRIDGE

范德瓦尔斯力
——一本给生物学家、化学家、工程师和物理学家的手册

FanDeWaErSi Li
Yiben Gei Shengwuxuejia Huaxuejia Gongchengshi he Wulixuejia de Shouce

V. Adrian Parsegian 著 张海燕 译

高等教育出版社·北京

图字：01-2011-2123号

Van der Waals Forces (A Handbook for Biologists, Chemists, Engineers, and Physicists), 1st Edition, ISBN-13: 9780521547789 by V. Adrian Parsegian, first published by Cambridge University Press in 2006.

图书在版编目（CIP）数据

范德瓦尔斯力：一本给生物学家、化学家、工程师和物理学家的手册 /（美）帕西金 (Parsegian, V. A.) 著；张海燕译. -- 北京：高等教育出版社，2015. 9
书名原文：Van der Waals Forces: A Handbook for Biologists, Chemists, Engineers, and Physicists
ISBN 978-7-04-043017-2

Ⅰ. ①范… Ⅱ. ①帕… ②张… Ⅲ. ①范德瓦尔斯力 Ⅳ. ① O561.4

中国版本图书馆 CIP 数据核字（2015）第 137235 号

出版发行	高等教育出版社	咨询电话	400-810-0598
社　　址	北京市西城区德外大街4号	网　　址	http://www.hep.edu.cn
邮政编码	100120		http://www.hep.com.cn
印　　刷	北京人卫印刷厂	网上订购	http://www.landraco.com
开　　本	787mm×1092mm 1/16		http://www.landraco.com.cn
印　　张	28.5	版　　次	2015年9月第1版
字　　数	540千字	印　　次	2015年9月第1次印刷
购书热线	010-58581118	定　　价	79.00元

本书如有缺页、倒页、脱页等质量问题，请到所购图书销售部门联系调换

物 料 号　43017-00

目录

表格目录

绪论

第 1 级 引言

第 2 级 实践

在平面几何构形中的公式列表

在球形几何构形中的公式列表

圆柱几何构形中的公式列表

样品的光谱参数

前言

“当熵真的减少时究竟会怎样?” 我的家人当时正被一些相互矛盾的新闻报道所困扰, 而我不知道怎样回答他们的问题. 我能想到的最好回答是, “我不知道怎样用你们和我都能理解的说法来解释. 我能告诉你们的是: 举出一些例子来看, 比如, 当把奶油和糖放进咖啡时, 熵变表现在哪里. 你们先考虑一下这些例子. 然后我们可以一起来回答问题.”

就在我准备给读者写此欢迎辞的那个早晨, 我从梦中醒来, 而这就是梦的一部分. 我把它与 30 年前我的朋友 David Gingell 开始学习范德瓦尔斯力的方法联系起来. 当时, 他首先用编写好的程序进行计算, 接着改进这些程序以提出更好的问题, 最后又回到动物学家原先 (不用这些方法时) 无法进入的基础部分开展工作.

本书是按照 “Gingell 方法” 写成的, 用我另一位朋友的话说, 可以作为 “给大众的量子电动力学” 的一种实验. 首先给出主要观点和一般图像 (第 1 级); 其次为实践 (第 2 级); 最后则是从深奥的原始资料中挑选和改述而来的基础科学 (第 3 级). 很多需要用到范德瓦尔斯力理论的人对其心存恐惧, 这阻碍了他们从过去 50 至 60 年的研究进展中获益, 而此实验就是打败那些恐惧的一个策略.

虽然已经有很多物理方面成熟的优秀教科书, 但对于太多的潜在使用者而言, 它们仍然是高不可攀的. 相反地, 许多通俗教科书则是过于简化从而使读者丧失了一窥宇宙奥秘的那种兴奋感.

尽管本书立意要通俗化, 但它并非摘要性质的科学. 读者也不能为了省下仔细思考的时间而跳过目录、工具栏、或者各部分的标题. 把本书视为在黑板边展开的一系列对话, 可以帮助我们把收集到的, 以及推导出来的公式建立成表, 并理解各种应用. Peter Rand 是与我合作从事科学研究最多的人, 他说读我的书需要读者有很强的理解力. 对, 我承认这点. 并且希望, 既然这门学科已经能够影响到全部基础科学以及一些工程学科分支, 那么读者所具有的学习动机和愉悦感也能够帮助他们阅读此书.

随着本书的进展, 我开始思考是否能找到更多的应用实例、关于计算技巧的更多细节, 以及对于正在进行中的工作的更详尽论述.

关于应用: 我发现, 出于最基本的需要或兴趣, 很多人已经迫不及待地要学习有关范德瓦尔斯力的知识了. 我将首先满足他们的需要.

关于计算: 光谱学及数据处理最终能够满足基本物理理论所揭示出的各种可能情形; 而这里给出的各种详细操作方法 (How-To) 很快就会变得过时.

关于正在进行中的工作: "*当我们认可极限的存在, 就可以达到完美; 如果不给出此边界, 则将永远看不到尽头.*" 这个痛苦的警句来自于 Mary McCarthy 的*佛罗伦萨的石头*, 它使得每个作者都能够承受哪些内容应该舍弃、何处应该止步的烦恼. 那些 "可能包括的内容" 列表 —— 激发态、溶液中的离子、原子束、奇异的几何构形, 等等 —— 比我仅凭推理思考时所能想到的要增加得快. 对我而言, 选择把哪些知识纳入本书的唯一原则是, 当读者掌握了书中的内容之后, 就应当可以通过新的方式进行自学了. 此书就是本着 "学习如何学习" 的精神来设计的. 我也希望能够通过这种设计来向我的读者学习.

绪论给出了学生们能够从教授那里获得的非常简单的概要和综述 —— 历史、原理、公式、数值、例子以及测量.

第 1 级是一篇图文并茂的文章, 告诉那些想学到更多知识的读者, 现代理论给他们提供了什么. 在绪论之后, 这是最适于通读的唯一部分.

第 2 级就是实践.

其第一部分为*公式*, 我们核查了一系列表格和文章中的基本形式, 并说明了它们的各种变化版本、近似形式和详细情况. 我们把公式本身按照相互作用材料的几何构形和物理性质制成表格. (现在来看一下. 图在左边; 公式在右边; 偶尔有些注释则位于本书最后部分.)

其第二部分为*计算*, 建议读者既要学习算法, 也要学会把实验数据转换成计算大厦的各砖各瓦的方法. 这一部分包括了关于介电响应的物理的文章, 即范德瓦尔斯力理论中那些不会吓退潜在的读者的部分.

第 3 级为基本表述, 是最容易写的、却也可能是最难读懂的内容. 虽然读者在学会应用理论之前不必完成全部推导, 但他们应该知道自己所做的是什么, 所以我把它放在最后部分. 正如我在关于我家人的梦中想象的那样, 在深入学习制作咖啡的原理之前, 最好能先把咖啡搅拌一下再品上几口.

这使我想起了一些更有学问的朋友, 我们一起品尝咖啡, 并有幸一起学习这门科目 (但他们不必为本书中不可避免会存在的错误和不足负责). 其中包括: Barry Ninham, 我最早的合作者; 我们在一起度过的美好时光开启了之后几十年的学习道路, 也奠定了终生的友谊; Aharon Katzir-Katchalsky 和 Shneior Lifson, 两位聪明、睿智又循循善诱的老师, 是他们把我引入这个学科, 并指导了我早期的科学生涯; George Weiss, 曾经是我的 "老板", 总是确保我享有完全的自由, 他带乡土味的笑话和数学方面的才智滋养了我很多年; Ralph Nossal, 我四十年的铁杆朋友, 曾经在如何写书、骑自行车、还有很多其它方面都对我提出过可靠而明智的建议; Rudi Podgornik 总说 "你就是最适合干这个的", 促使我一直在努力工作, 而他丰富的智慧把批判性的阅读变为了创造性的科学; Victor Bloomfield 和 Lou DeFelice, 我的在线编辑, 总是慷慨而及时地给我送来适当的评论和热情的鼓励; Kirk Jensen 是我在剑桥的编辑, 他对此书 (和我) 的灵活处理使得读者对我们的欣赏与日俱增; Vicky Danahy 是文字编辑, 他具有幽默感、耐心以及毅力, 在他身上充分展现了剑桥大学出版社强大的编辑能力; Per Hansen 和 Vanik Mkrtchian 负责本书中所有方程的校对, 为了保证公式的正确性, 他们不知疲倦地工作, 而且似乎真的很享受那些日子 (也许是几个星期). Luc Belloni 对离子部分进行了一丝不苟的审读, 居然能找出相隔几百页的不一致之处, 以及因子 2 的谬误; David Andelman, 他对科学和教学的热爱使他能够同时作为科学家和教师来阅读本书并给出建议; Sergey Bezrukov, 我关于噪声和涨落的知识大部分都来自于他; Joel Cohen, 和我一样疯狂地追求遣词造句的正确性; Roger French 和 Lin DeNoyer, 给我们所有人提供了现代光谱学的正确剂量以及非常有效的范德瓦尔斯计算程序; Dilip Asthagiri, Simon Capelin, Paul Chaikin, Fred Cohen, Milton Cole, Peter Davies, Zachary Dorsey, Michael Edidin, Evan Evans, Toni Feder, Alan Gold, Peter Gordon, Katrina Halliday, Daniel Harries, Jeff Hutter, Jacob Israelachvili, James Kiefer, Sarah Keller, Christopher Lanczycki, Laszlo Kish, Alexey Kornyshev, Nathan Kurz, Bramie Lenhoff, Graham Vaughn Lees, Sergey Leikin, Alfonso Leyva, Steve Loughin, Tom Lubensky, Elisabeth Luthanie, Jay Mann, William Marlow, Chris Miller, Eoin O'Sullivan, Nicholas Panasik, Horia Petrache, Yakov Rabinovich, Don Rau, George Rose, Wayne Saslow, Arnold Shih, Xavier Siebert, Sid Simon, Jin Wang, Lee White, Lee Young, Josh Zimmerberg, 还有许许多多的人 (我肯定会遗漏掉太多的名字和太多的贡献) 都给过我中肯的批评和激励性的意见, 也使我在学术、编辑乃至精神方面得到提升; Owen Rennert, 是我在儿童健康与人类发展国立研究所日常工作的科研所长, 非常机敏而善于进行间接的管理; Aram Parsegian 说的 "爸爸是不是总那样写?" 被我无意中听到, 促使我对自己所写的内容重新思考; Andrew Parsegian, Homer Parsegian 和 Phyllis Kalmaz Parsegian, 他们的鼓励使我成为一个无比幸运的父亲. Valerie Parsegian 是我人生的编辑, 她所给予我的充满智慧的建议和始终如一的鼓励超过任何人的想象, 无论怎样赞美都不过分; Brigitte Sitter, James Melville, 以及美国驻巴黎大使馆的工作人员, 在 2001 年 "911" 大屠杀发生后慷慨地提供给我一台笔记本电脑, 使我在巴黎等待回家的一周时间里也没耽误工作. 还有 David Gingell (1941—1995). 但愿我能许自己另一个梦, 即对 David 说: 这是你 30 年前让我写的书. 如果能够有你的评论 (虽然我无法预知其内容), 它一定会更好. 如果你能够在这儿, 那么我的写作过程中本该充满我们的笑声. 这本书错过了你. 我也失去了你. 然而, 正如我前面所写的, 它仍是来自曾经和你一起从事的工作.

发自我心.
献给你.

绪论

[1]

[2] “一只瓢虫有多重?” 这是一个天真无邪的六岁孩子曾经提出过的率直的问题. 当时我做了一个看来还算满意的估计. 35 年之后, 我终于称出了一只瓢虫的质量: 21 mg. 瓢虫可以在天花板上或窗户上 (即我抓住它的地方) 爬, 这是毋庸置疑的, 但它会不会是被范德瓦尔斯力 (我现在正在描述的) 挂在那儿的呢? 那个 21 mg 的质量, 加上一个快速计算, 使我相信这些瓢虫可能在很久以前就学过些好的物理. 如果确实是这样, 那么其它生物又如何呢? 我们已经知道壁虎可能也使用了这些力; 它们的足底部是多毛的, 故接触面积与昆虫类似. 对我们人类来说, 这些力的表现来源于气体压强的细节, 其表达式存在于难懂的理论中, 其应用可见于涂料和气溶胶中, 而其测量需要精细的设备; 但是动物却能非常好地利用这些力. 在我们童年的那些夏季中, 是否也曾关注过这样的力呢?

在 Johannes Diderik van der Waals (范德瓦尔斯) 1873 年完成的博士论文中, 对稠密气体的压强 p、体积 V 以及温度 T 的关系进行了研究, 首次给出了关于 “分子” (这个称呼是在此后不久确立的) 之间作用力的确切证据. 他的工作发展了 Robert Boyle (玻意尔) 关于无穷小且无相互作用粒子的稀薄气体的研究. 我们在高中、或者甚至在初中学过玻意尔定律: pV 为常量. 其现代形式写成 $pV = NkT$, 其中 N 是给定的粒子数, 而 k 是普适的玻尔兹曼常量. 在 1660 年玻意尔把此关系称为 “空气弹簧”. 保持温度固定; 压缩体积; 则压强增高. 保持体积固定; 加热; 则压强也增高.

时至今日, 此 “弹簧” 仍然是 “熵”[1] 力的一个理想化例子. 任一个粒子或任一组粒子都会努力实现所有允许的可能性. 理想气体的粒子会弥漫于整个容器的体积 V 中. 其约束压强依赖于每个粒子的平均占据体积 V/N, 也与热运动强度 kT 有关.

玻意尔和玻尔兹曼描述了此弹簧的大部分内容, 但范德瓦尔斯发现, 为了描述稠密气体的压强, 必须用 $[p + (a/V^2)](V - b) = NkT$ 来代替 $pV = NkT$:

■ 总体积 V 变成了 $(V - b)$. 常量 b 为正, 这是考虑到空间 V 的一小部分被气体粒子本身的体积所占据. 现在我们称其为 “空间”[2] 相互作用, 因为物体相互碰撞会导致把它们约束在体积中所需的压强增加.

■ 原来的量 p_{Boyle} 被 $p_{\mathrm{vdW}} + a/V^2$ 所取代. 由于常量 a 为正, 故 $p_{\mathrm{vdW}} = p_{\mathrm{Boyle}} - a/V^2$ 比理想化的预期值 p_{Boyle} 减小了量 a/V^2. 此差异表明粒子能够相互吸引, 因此施加于容器壁上的向外压强减小. 当体积 V 趋于无穷大时, 此差异消失. a/V^2 的形式告诉我们, 此吸引修正项随着粒子间平均距离而变化. 当 N 个粒子允许占据的体积 V 越小时, 则使压强减小的粒子间吸引作用就越强.

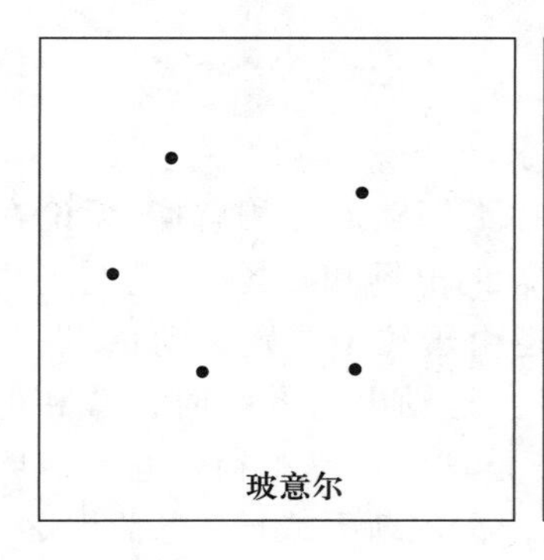
玻意尔

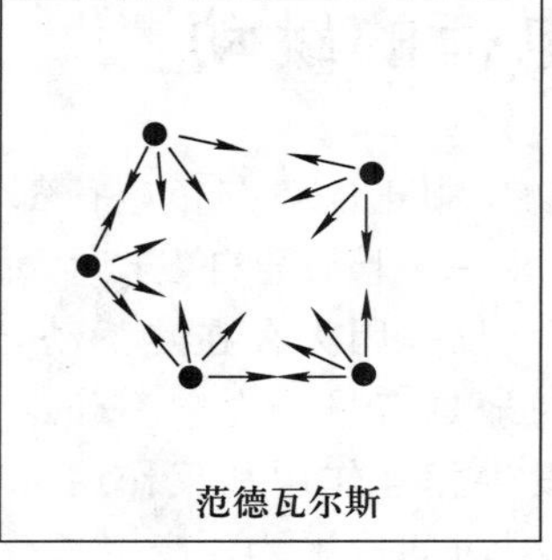
范德瓦尔斯

大多数人原先就是把气体分子间的这种吸引作用当成了范德瓦尔斯相互作用. 气体中的这种吸引太弱了, 与热能 kT 相比非常小. 不过, 非理想气体还是教给了我们一个普遍真理: 电中性的物体会相互吸引. [3]

[4]

PR.1 电荷的跳动

在所有物质中正电荷与负电荷都在不停歇地互相碰撞; 无论在材料体或是在真空中, 每一点上都会自发产生瞬态的电场和磁场. 电荷与场之所以会产生这种涨落, 不仅是因为存在热扰动, 还由于粒子位置和动量, 以及电磁场强度都不可避免地具有量子力学不确定性. 运动电荷的瞬时位置和电流与其它电荷及场会发生相互作用和反作用. 正是这些运动电荷、电流与场的共同协调相互作用 (对时间取平均), 产生了范德瓦尔斯力或曰 “电荷涨落” 力.

当然, 此类电荷涨落力或 “电动” 力在凝聚相 (液相和固相) 之中或相互之间比其在气相里的效力大得多. 事实上, 这些力经常会使气体中产生出凝聚相. 多个运动电荷激发的电场可以同时作用在许多其它的原子或分子上. 稀薄气体中的粒子分布很稀疏, 因此我们可以放心地把总的相互作用能量写成每一对分子间相互作用之和. 更实用的现代方法不是把气体视为许多成对粒子, 而是通过成形凝聚态材料的电磁性质来理解范德瓦尔斯力. 这些性质可以由电磁吸收谱确定, 即由其对外加电场的响应确定.

为什么呢? 因为电荷自发涨落的频率与它们 (在外加电磁场中) 发生固有运动、或共振的频率相同, 这样才能吸收外加电磁波. 这就是 “涨落耗散定理” 的本质. 其表述为: 材料中的电荷自发涨落所涵盖的谱 (频率分布) 与它们对入射到其上的电磁波耗散 (吸收) 的能力范围具有直接的联系. 计算电荷涨落力, 本质上就是对观察到的吸收谱进行转换. 理所当然地, 观测到的液体或固体的吸收谱自动包括了组成它们的原子和分子之间的所有相互作用及其耦合.

[5]

早期的观点

在范德瓦尔斯气体方程构建起来的 19 世纪 70 年代, 电磁理论方面也取得了巨大进步. 1864 年到 1873 年间, James Clerk Maxwell (麦克斯韦) 把全部的电学和磁学提炼成 4 个方程. 1888 年 Heinrich Hertz (赫兹) 证明了电荷振动是如何产生及吸收 (并因此探测到) 电磁波的. P. N. Lebedev 在其 1894 年的博士论文中, 指出原子和分子必然表现为既可发送又可接收电信号的微观天线. 他意识到这些作用与反作用产生了一种物理力. 他也领悟到: 在凝聚态材料中, 这些发送与接收及随之产生的力, 一定是包含了很多原子和分子的同时作用. 下面给出 Lebedev 富有远见卓识的评论, 尽管它们已经被广泛引用, 但仍然非常值得在这里重复, 并给我们以指导[3]:

> 在把光振动解释为电磁过程的理论中, 还有另一个至今未解的问题, 即当分子振子向周围空间发出光能时, 其内部变化过程是如何引起光发射的, 而这些都

隐含在赫兹的研究中; 一方面, 此问题会引导我们进入光谱分析 [吸收光谱] 的领域, 而另一个意想不到的方面是, 它还会引导我们进入现代物理学最复杂的问题之一 —— 关于分子力的研究.

后一种情形来自如下的思考: 如果我们采用光的电磁理论观点, 就应该这样表述: 在两个辐射分子之间, 就像在激发出电磁振动的两个振子之间那样, 存在着有质 [物质体] 动力: 它们来源于各分子的交互电流之间 …… 或其中的交互电荷之间 …… 的电磁相互作用; 于是我们应该这样表述: 在此类情形中, 分子之间存在分子力, 其起因与辐射过程具有密不可分的联系.

其中最有意思也最困难的情形是, 一个物体中的各分子都和许多其它分子同时发生相互作用, 由于这些 "其它分子" 相互很接近, 故其振动也都不是独立的.

在其后几十年的时间里, Lebedev 的这个研究模式没有被贯彻到底. 整个 20 世纪 30 年代, 用公式来表达气体粒子间相互作用的工作有了快速进展; 但在如何表示液体和固体内部 ("其中各分子都同时与许多其它分子发生相互作用 …… 由于它们很接近") 的这些力方面并没有获得相应的成功. 从 1894 年人们首次意识到吸收谱与电荷涨落力之间必然存在某种联系开始, 到 20 世纪 50 年代真正实现了这种联系, 再到 20 世纪 70 年代成功地把测得的光谱转换为可预测的力, 整个过程中人们一直把凝聚态材料之间的范德瓦尔斯力看成和气体中的作用力一样.[4]

气体中的点粒子相互作用

在 20 世纪 30 年代末之前, 关于中性分子 (其间距比其尺寸大很多) 相互作用的问答手册包括偶极子 – 偶极子之间的三种相互作用. 其自由能 —— 把它们从相距无穷远拉到有限距离 r 所需的功 —— 都随距离的负六次方幂而变化, 即 $-(C/r^6)$, 当然正系数 C 的值则各不相同:

1. 永久偶极子 (平均来说, 其夹角沿着相互吸引的方向) 的 Keesom 相互作用为: [6]

$$-\frac{C_{\text{Keesom}}}{r^6}$$

偶极子 – 偶极子静电相互作用会干扰其取向的随机性. 如果左边的偶极子指向 "上", 则右边的偶极子指向 "下" 的概率稍大 (反之亦然; 两个粒子在相互扰动方面是等价的). 扰动会增加相互取向为吸引的概率, 从而产生一个净吸引的相互作用能量.

2. 永久偶极子在另一个非极性分子中感应出一个偶极子, 此感应必定是

沿着吸引方向的, 其 Debye (德拜) 相互作用为:

$$-\frac{C_{\text{Debye}}}{r^6}$$

相对迟缓的永久偶极子使非极性分子上相对活跃的电子极化, 感应出取向相反的偶极子. 这样感应出的偶极子方向会导致相互吸引.

3. 非极性但可极化物体的瞬态偶极子之间的 London (伦敦) 色散相互作用为:

$$-\frac{C_{\text{London}}}{r^6}$$

这里, 每个分子上的电子都会形成瞬态偶极子. 其偶极子取向的耦合会使相互作用能量降低. "色散" 意味着共振的固有频率 (即偶极子同步跳动所必需的) 与吸收谱的物理起源相同 —— 其对光的拖曳和波长有关, 而这点正是白光会色散为彩虹光谱的物理基础.

有一个简便的方法可以记住为什么这些相互作用自由能是按照距离的负六次方变化的. 考虑指着某方向的 "第一个" 偶极子与由其 $1/r^3$ 电场定向或感应出的 "第二个" 偶极子之间的相互作用. 其取向或感应的程度 (有利于相互吸引) 正比于引起定向或感应的电场. 然后, 第二个偶极子被定向或感应的部分又反作用于第一个上. 由于两个偶极子的相互作用能量以 $1/r^3$ 变化, 我们得到

$$1/r^3\ (\text{由于感应或取向力})$$
$$\times 1/r^3\ (\text{由于两个偶极子间的相互作用}) = 1/r^6.$$

这并不是对气体中相互作用能量为距离的负六次方幂律的解释; 而只是一个帮助记忆的方法.

在量子力学中, 我们认为每个原子或分子都有自己的波函数, 用以描述其中的电子分布. 预期的相互作用原理为: 两个原子或分子以偶极子的形式相互作用, 每个原子或分子的偶极电场随着其与中心的距离 r 以 $1/r^3$ 形式衰减. 对各孤立原子可以预测出一组电子位置, 其偶极子相互作用的平均值为零. 然而, 如果每个孤立原子的电子分布本身又受到其它偶极电场的扰动, 即所谓的 "二级微扰", 则当间距 r 远大于偶极子尺寸时, 对位置取平均后的相互微扰会使得由此产生的额外能量按照 $1/r^6$ 关系变化. [7]

成对求和, 由气体应用于固体和液体中学到的教训

出于实用以及原理上的需求, 我们要知道比气体中的原子和小分子大得多的物体的相互作用. 人们感兴趣的是现在称为介观的系统, 其中粒子为有限

尺寸 (Wilhelm Ostwald 所称的、著名的 “被忽略的尺度”): 100 nm 至 100 μm 的胶体悬浮于溶液中, 亚毫米级的气溶胶喷散到空气中, 凝聚相之间的表面和界面, 纳米至微米级厚度的薄膜. 那么, 有什么工作可做呢?

1937 年 H. C. Hamaker[5,6] 延续了荷兰学校的 Bradley, DeBoer 等人的工作, 发表了一篇很有影响力的文章, 研究大物体之间范德瓦尔斯相互作用的性质, 其与以前所考虑的小分子相互作用截然不同. Hamaker 用了成对求和的近似方法. 此近似观点是: 把大物体想象为由很多微元组成, 两个微元之间的相互作用能量为 $-C/r^6$ 形式, 就好像其余的材料不存在一样. 而微元之间材料所产生的影响是作为阿基米德浮力的电磁等价物被包括进去的.

De Boer 等人已经证明, 对两个相距 l (小于其深度及横向尺度) 的平行平面方块的体积求和之后, $-C/r^6$ 形式的能量就变成单位面积的能量, 其与间距 l 成平方反比关系 (即, 对小 l 值为 $1/l^2$):

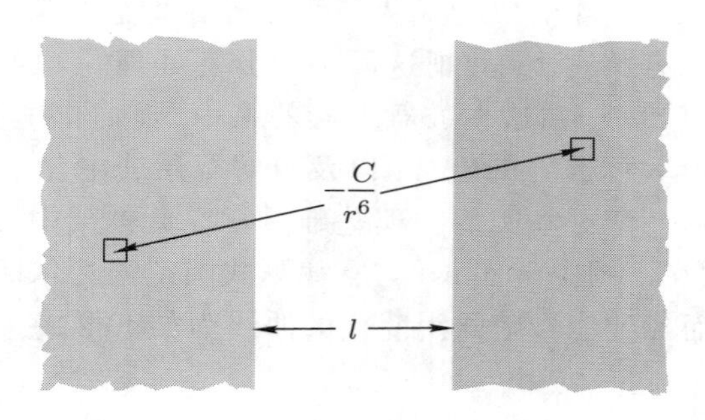

在 Hamaker 对两个球的体积求和中, 近接触时的相互作用能量趋于 l 的反比关系 (即, 当 $l \ll R$ 时为 $1/l$), 而当两球相距很远 (与其尺寸相比) 时则变成我们预期的点粒子的负六次方关系 (即, 当 $r \gg R$ 时为 $1/r^6$):

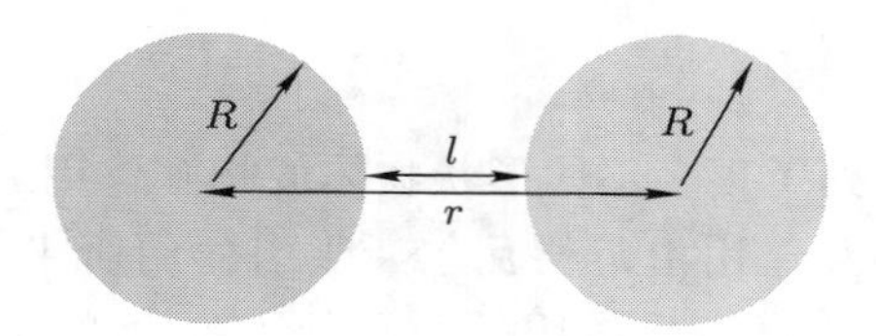

新近认识到, 范德瓦尔斯力的作用程可能远大于之前由 Keesom 力、Debye 力和 London 力所预计的 $1/r^6$ 关系的作用程, 正是由于这种可能性才使得 Hamaker 的文章获得了如此大的影响力. 大物体间相互作用的系数通称为 “Hamaker 常量” A_{Hamaker} (本书中简写为 A_{Ham}). [8]

Derjaguin–Landau–Verwey–Overbeek 理论, 胶体

接下来的问题就是如何求出 A_{Ham}. 当模型应用于胶体相互作用时, 此系数常常是通过数据拟合得到而不是由任何独立信息所估计出来的. 在 20 世纪 40 年代以及 20 世纪 50 年代早期所写的文章中, 允许 “常数” 的取值跨越好几个数量级. 这样大的跨度反映出理论具有模糊性. 然而人们逐渐认识到, 即使存在着此类定量上的问题, 范德瓦尔斯力仍是控制胶体稳定性的最主要的长程相互作用, 也是界面的主导能量. 至少在一级近似时, 范德瓦尔斯力按照幂律变化, 而静电力则受到盐溶液中流动离子的屏蔽, 以指数形式衰减. 在足够长的距离上, 幂律总是超过指数衰减的. (在很短的距离上它也是主导的, 但其时还需要考虑很多别的因素.)

Derjaguin–Landau–Verwey–Overbeek (DLVO) 理论建立了一个描述胶体悬浮液稳定性的框架 (而且很快就成为一种定论), 即忽略除了静电力和范德瓦尔斯力之外的所有其它力, 并把这两种力分开处理[7]. 1948 年, Verwey 和 Overbeek 合著的书出版, 在这本鼓舞人心的书中, 他们作了如下评论: “通过引入范德瓦尔斯伦敦色散力的概念, 以及电解双层或电化学双层的理论, 此稳定性问题就有了一个更坚实的物理基础.”[8]. 在此框架中, 以指数形式变化的静电排斥作用 (在下图中记作 es) 与幂律形式的范德瓦尔斯吸引作用 (记作 vdW) 相竞争, 从而导致能量随间距变化的曲线为如下形式:

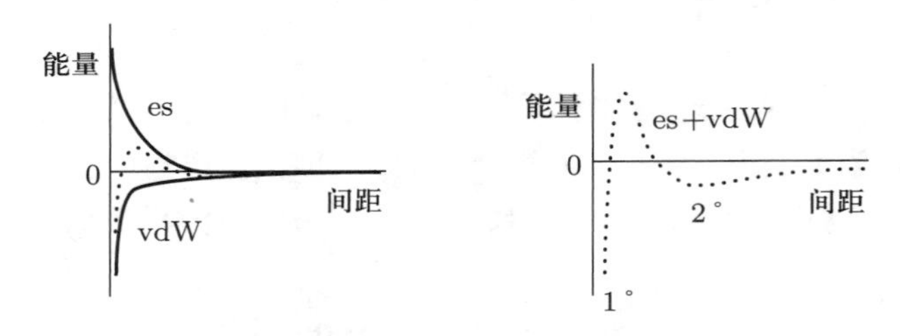

这个观点被应用到了很多不同形状物体的相互作用之中. 在长距离处, 两个胶体粒子间的净相互作用由范德瓦尔斯吸引作用所主导. 在这个较长程的吸引作用与较短程的静电排斥作用的力平衡点上会产生一个微弱的 “次级” (2°) 能量极小. 把此极小值的深度与热能 kT 相比较, 使得系统可能形成一种松散的联合. 能量极大值会抗拒粒子的相互接近, 其高度 (仍以 kT 为单位) 则决定了粒子可能以多快的速度集合到 “初级” (1°) 接触的能量深阱中, 从数学上看, 负幂律形式的范德瓦尔斯能量在此处取较大的负值. 动力学测量 (通常不太容易解释) 已经与此 DLVO 方法适配. 虽然更定量的考察还需要用到平衡态或静态测量, 而且认为电动力与静电力可以分开的假设也是不对的, 但是

[9] DLVO 理论确立了: 在 nm 至 μm 尺寸粒子的聚集过程中, 范德瓦尔斯力起了

根本性的作用.

现代的观点

几乎在 DLVO 理论发展的同时, 即 H. B. G. Casimir (卡西米尔) 用公式表示出两块平行金属板之间的相互作用时, 人们也开始尝试着把范德瓦尔斯相互作用的大小弄清楚. 卡西米尔思想的前身就是 Max Planck (普朗克) 在 1900 年提出的用以解释一个空 “黑箱” 的热容量的分析方法. 当时的问题是, 如何解释让一个空腔变热或变冷所需的热量. 在此类空间中, 只要电磁场能满足有限温度时腔内真空以及边界壁的极化性质, 这些电磁场就能存在. 具体地, 此 “黑体” 辐射场可以表示为腔内的振荡驻波; 每个频率为 ν 的波的能量随着被器壁发射或吸收的能量的不同而变化. 这就是著名的普朗克假说: 这些能量交换以 $h\nu$ (很快就被称为光子) 为单位离散地进行, 其中 h 为一有限值, 后被称为普朗克常量. 认为能量转移只能取离散值的这种假设, 就是 “量子” 理论的开端. 以前人们一直无法理解实验测得的热容量结果, 现在, 普朗克对理想导体壁内所有可能的离散振荡模式自由能求和, 然后把这个总自由能对温度求导, 成功地给出了关于热容量 (即空间被加热或冷却时其吸收或辐射出的能量) 的解释.

在 1948 年卡西米尔[9] 利用同样的原理, 聚焦于所有电磁模式的自由能, 推导出了一个箱子的理想导体壁之间的力. 他考虑一个 “箱子” (有六个面), 其中两个面比另外四个面大无限多倍; 其实他的箱子就是两块很大的相向平板. 他把此箱子中可能存在的所有电磁模式的能量求和, 然后对两个大平面间的距离求导, 就得到了两块平板间电磁压力的表达式. 设两块金属平板相距无穷远时, 其单位面积的相互作用能量为零, 而两板间的电磁相互作用能量与压力就是相对于此零值取的. 卡西米尔变换了一下看问题的角度, 就打破了一个咒语. 忽然间人类的步伐可以从关于原子的微观思考移开, 转而把物体作为一个宏观整体来考察. 正如卡西米尔在 50 年之后所述[10]:

> 事情的经过是这样的. 在我去哥本哈根访问期间, 应该是 1946 年或 1947 年, [Niels] Bohr (玻尔) 问我最近在做些什么, 我就给他解释了我们关于范德瓦尔斯力的工作. “那很好,” 他说, “那是新的东西.” 接着我就解释说, 想为我得到的结论寻找一个简单而优美的推导. 玻尔思考了一下, 然后就嘟囔着说 “这肯定跟零点能有关.” 他就说了这么多, 但回想此事时, 我得说这句话使我受益良多.

因此, 卡西米尔公式产生了另一个影响深远的效应. 它使我们认识到, 与电荷运动产生涨落一样, 真空中的电磁场也存在 “零点” 涨落.[11] 海森伯不确定性原理清楚地预言了: 即使在真空中, 一个以量子力学机制演化的体系的能

[10] 量变化 ΔE 与两次观测之间的持续时间 Δt 也是成反比的: $\Delta E \Delta t \geqslant h/2\pi$.[12] 如果把最短的时间间隔 Δt (对应于最高频率或最短寿命的涨落周期) 包括进来, 则所有可能的涨落能量变化在形式上会发散到一个物理上无法实现的无穷大. 我们都处于这个虚拟电磁波的“真空无穷大”之中, 尽管永远不可能从天气报告中把它推测出来.

我们现在认识到, “空的空间”中杂乱无章地充斥着各种频率与波长的电磁波. 它们流经并穿过我们, 其方式类似于一个浮标或小船在波浪水面上下颠簸的二维画面. 我们可以反过来理解电荷跳动的观点. 从真空的角度考虑, 想象两艘船之类的物体在波浪水面上或一艘船在船坞旁, 除了其相邻物体 (邻船或船坞) 会平抑波动之外, 每艘船受到来自各方向的波浪推动. 其净效果是物体被相互推近. 所以, 当你接近一个船坞时, 就可以不用划船了. 波浪会把你推近.

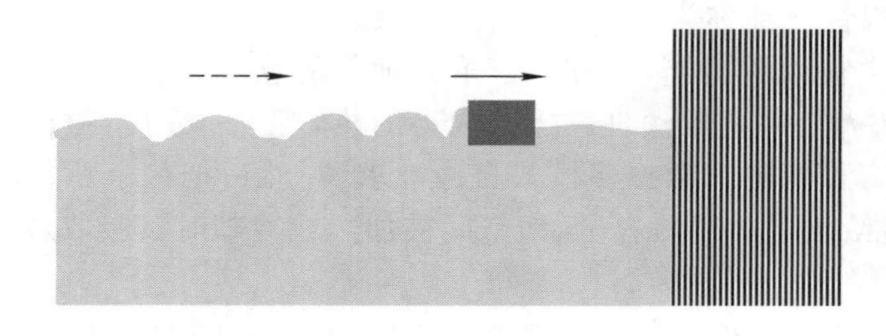

我们可以认为两个物体间的电磁模式保持为对于外部的杂乱无章的细微偏离, 即涨落. 平抑的程度显然正比于材料的吸收谱. 因此我们可以把吸收频率分为两种: 在某些频率上电荷会自发跳动, 而在另一些频率上电荷极化会平抑真空涨落, 从而使两个表面间的空间平静下来.[13]

对于有限温度下间隔趋于无穷远的两个点粒子之间的力进行仔细考察[14], 可以看出聚焦于真空涨落是很有用的. 这些力可以看成是由热激发的、波长无限大的电磁场涨落 (来源于周围真空) 所驱动. 粒子极化是对这些外场的被动响应. 就好像很多粒子在无限延展的波浪上跳跃, 而每一个对其它粒子的感受程度仅在于: 其被动极化对后者引入的场有所修正. 仍然考虑两艘船在波浪 (意为“热激发”的) 水面上, 但认为它们相距很远, 所以仅对波有最微弱的扰动.

1948 年, 卡西米尔和 Polder[15] 发表了他们在概念上的第二个飞跃, 显示出“推迟性”会如何改变两个点粒子间的电荷涨落力. 如果两个波动电荷的间距足够大, 则电磁场从一个电荷传播到另一个电荷需要有限长的时间. 在第二个电荷对此场作出反应之前, 第一个位置处的瞬时电荷构型就已经变化了, 因此两者的电荷涨落不同步. 这样, 相互作用强度总是减弱的; 此强度对距离的依赖关系也改变了. 例如, 小粒子间相互作用能量的形式从 $1/r^6$ 变为 $1/r^7$. [11] 事实上, 在普朗克和卡西米尔的公式表达中已经隐式地包含了推迟性; 光速 c 为有限值意味着频率为 ν 的波的波长 $\lambda = c/\nu$ 是有限值. 事实上, 并没有 "第一位" 发送者与 "第二位" 接收者之分, 只有处于不同位置的电荷通过有限波长的波相互作用而形成的协同涨落. Casimir–Polder 的力作以如下论述收尾: 结果呈现简单形式, "表明有可能通过更基本的考虑把这些表达式推导出来 (除了数值因子外). 这点是我们所乐见的, 因为它会赋予结果一个更物理的背景, 故对我们而言是相当出色的结果. 至今我们还没能找到这样的一个简单论证." 几年之后, Lifshitz (栗弗席兹) 公式实现了这点, 他推导出普遍性的理论, 即建立在卡西米尔早期关于一个理想导体普朗克黑箱中的电磁能量与移动箱壁所做的功之间联系的观点之上. 现在物理学家把此联系称为 "卡西米尔效应." 哦, 一个 "效应!"[16]

栗弗席兹利用 Rytov 关于吸收谱与涨落的关系, 在逻辑上前进了一步[17]. 从概念上考虑, 他把 Planck–Casimir 图像中的理想导体壁替换为真实材料壁[18]. 栗弗席兹与 Dzyaloshinskii 和 Pitaevskii 一起, 把中间的真空也用真实材料来代替. 相应地, 壁和中间介质的电磁性质也可以反过来由构成它们的材料吸收谱导出. 他们考虑在两壁间以所有可能的频率和角度运动的电磁波, 同样看到了推迟性是如何影响两个平行平面间相互作用的.

换一个角度, 我们可以把相互作用视为发生在宏观物体之间, 而不是组成它们的原子与分子间的相互作用之和, 但这样做是有条件的. 仅当间距足够大以至于物体中的材料可以看成连续体时, 此理论才是严格的. 这就是关于长程范德瓦尔斯力的理论, 其中 "长程" 意味着间距大于相互作用物体的原子或分子颗粒度.

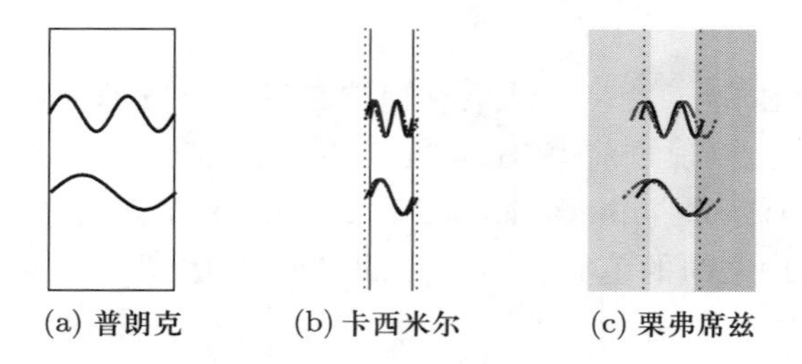

(a) 普朗克 (b) 卡西米尔 (c) 栗弗席兹

让我们简单地重述一下范德瓦尔斯力的宏观连续体图像的逻辑发展 a–b–c:

(a) 关于空黑箱 (其壁可以是不导电的也可以是导电的) 的普朗克分析. 壁中的运动电荷建立起电磁场并对此场作出响应, 此场可以描述成空腔中的很多离散波之和. 波动总自由能随温度变化的速率可以预测出箱子的热容量.

[12] (b) 关于两个平行导电平面 (其实是一个长方形箱子, 其中两个面比另两个面大很多) 的卡西米尔分析. 波动自由能相对于两个大表面间距的变化可以给出被真空区域隔开的两块平板之间的电动力.

(c) 栗弗席兹、Dzyaloshinskii 和 Pitaevskii 关于两个任意材料的平面隔着第三种介质相向放置情形的分析. 同样地, 电动力就是波动自由能相对于间距的变化率. 与前两种情形不同, "表面模式" 的电场和磁场可以穿透外部介质. 何为表面模式? 在这里以及在卡西米尔情形中的推理方式是: 从自发占满空间的所有涨落中挑选出那些依赖于表面或两种材料间界面位置的涨落. 我们感受到的力仅仅是这些涨落的结果.

从表面上来看研究人员探索的问题有很多类型, 但是根据他们思考问题的不同角度, 可以认为他们分属于两种语言体系. 卡西米尔力聚焦于涨落场, 而范德瓦尔斯 – 栗弗席兹力聚焦于产生这些场或使之变形的跳动电荷, 两者有所重叠. 正如 a–b–c 列表所指出的, 栗弗席兹表述可以从场的角度得到, 也可以从电荷的角度得到. 由于此表述包含了材料的性质, 并允许场穿透器壁, 故不局限于两个理想导体 (在所有频率都具有无限大的电导率) 位于真空两边的情形.

当材料为真实导体如盐溶液或金属时, 这两种表述都出错了. 在这些情形中, 重要的涨落可以出现在低频极限, 即必须考虑持续很久而且范围很广的电流. 简单的偶极涨落可以看成发生在材料中一个局域点处, 与此不同的是, 器壁或材料界面处电导率的突变会干扰由这些持续存在的 "零频率" 场建立起来的电流. 仅知道有限体材料的电导率是不足以计算出力的. 然而, 我们可以推广栗弗席兹理论, 把盐溶液中的离子涨落或金属中的电子涨落之类的事件包括进去.

栗弗席兹于 1954 年发表的结果立刻就获得了两方面的成功. 当给材料赋予气体性质时, 就会出现之前由 Keesom–Debye–London–Casimir 得到的所有结果. 而更好的是, 对于最早由 Derjaguin 和 Abrikosova[19] 成功测得的一块石英板与一个石英镜片之间的范德瓦尔斯力的平衡实验, 新的表述也可加以解释. 理论与实验数据完全符合.

这些关于石英的测量, 以及由其他人所做的另几个不那么成功的尝试, 都曾受到过强烈的质疑.[20] 有一些理论对错误的测量作出过拟合; 但当时还没有合适的理论可用于解释正确的测量. "测量" 推动了理论的发展. Hamaker 常量 (即相互作用能量的系数) 的不确定性太大了, 为拟合数据它可以有 100 或 1000 倍的数值变化. 而栗弗席兹理论给所有这些情况画上了句号. 理论与实验的不一致意味着要么测量是错的, 要么除了电荷涨落力之外还有别的因素在起作用.

科学家们又花了几年时间才建立起用真实材料取代两壁间真空的理论[21]. 这样就可以把范德瓦尔斯力的理论用到很多类型的实验中去了. 已经清楚地证明这种做法是很可靠的, 故可以推广到除平行壁以外的其它几何构形中. 正是这种普遍性值得我们写这本书.

我们现在所理解的这些力的显著性质是什么? 它们有多强? 它们在何处显得重要? 我们如何计算并测量它们? 有哪些局限性是我们必须记在脑海中的? 在此阶段, 我们可以从这个理论中学到很多, 并且可以验证它. 所以开始提问吧.

[13]

有没有办法把相互作用能量与相互作用物体的形状联系起来?

早在 1934 年, Derjaguin[22] 就提出: 两球之间或小球与平面之间或近乎接触的两个反向弯曲表面之间的多种类型相互作用, 都可以通过两个相向的表面平行的片块间的相互作用表达式推导出来. 他已经预见到, 与平面的几何构形相比, 在弯曲坐标系中推导相互作用会困难得多. 从那时起, 科学家们发现或发展出了关于平面物体间各种类型相互作用的更好的表达式, 此技巧的价值也随之与日俱增. 然而, 应用这种方法必须满足以下三个条件:

1. 最接近处的间隔 l 必须小于两个表面的曲率半径 R_1, R_2. 就是说, 在两个相向片块间的相互作用面积元上, 此间隔应该没有显著变化.

2. 电磁激发必须是很弱、很局域的, 从而两个相向片块间的相互作用不会影响到其它相邻片块间的相互作用.

3. 两个相向片块间的相互作用随着片块间距的增大必须衰减得足够快, 故来自于最靠近的片块间相互作用的贡献 (由下图中的小写字母 θ 表示) 占优.

这些形式上的条件并不是总能满足的. 此外, 真实表面通常是凹凸不平的. 半径很大的真实表面在吸引力的重压之下可能变形, 故 “R” 本身就失去了意义. 尽管我们常把此变换称为 Derjaguin 近似, 但其局限性还是很容易被忽略. 不过, 如果要把平面几何构形中的范德瓦尔斯力表达式 (很容易写出) 转换为两个非常靠近的反向弯曲表面之间的力, 此变换特别有用. 通过图示法可以把此变换看成一个弯曲表面上的一系列小台阶. 在两个半径相等的球之间这些小台阶如下所示:

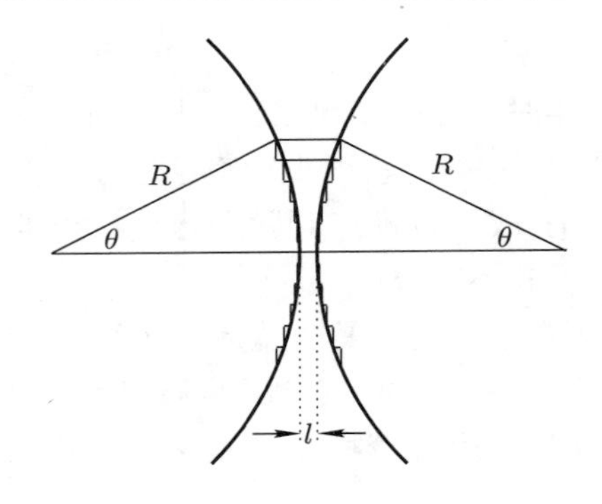

[14] 从 1934 年 Derjaguin 的文章发表开始, 他的观点就成为胶体科学的支柱, 后来在 20 世纪 70 年代又被核物理学家重新发现. 在物理学文献中, 把那些符合上述准则的表面力称为 "近邻力". 胶体科学中的 "Derjaguin 变换" 或 "Derjaguin 近似" 能把平行表面间相互作用转换成反向弯曲表面间的相互作用, 而在物理学家眼里, 这就是在核物理以及卡西米尔力变换中所用到的 "近邻力定理".[23]

在任何语言中, 两个表面平行的相向片块间距从其最小值 l 开始增大, 增大的速度与曲率半径有关. 例如, 在约定的小间隔极限下对所有片块求和, 则每单位面积的相互作用自由能从平面间的 $1/l^2$ 关系, 变成两球之间的 $1/l$ 关系, 或者平行粗圆柱之间的 $1/l^{3/2}$ 关系. 栗弗席兹理论对以前含糊不清的系数 A_{Ham} 给出了定量化的公式表达, Derjaguin 变换与此理论相结合, 可以使两球之间的相互作用和两圆柱之间的相互作用也具有类似的严密性. (注意: 球或圆柱必须是光滑的; 钉子、粗点、或剧烈形变都会破坏此近似的条件.)

形状和尺寸有何作用?

问得好. 与大多数应用以及大多数重要问题相关的几何构形都不是最简单的平面情形. 不同的几何构形会改变力随着间距变化的范围. 注意, 不要把各种简单的极限形式太当真, 这样我们就可以隐约窥见一些不同于 Derjaguin 变换中 "大物体 – 小间距" 几何构形的结果. 为了获得一些初步的直觉, 我们考虑材料极化率有微小差别的几个例子, 并且忽略推迟效应. 见表 Pr.1.

单位

系数 A_{Ham} 具有能量的单位. 把两个表面平行、无限延伸的半空间从相距无穷远拉到有限间隔 l, 所需要的单位面积自由能或功的一般形式为 $[A_{\mathrm{Ham}}/(12\pi l^2)]$. 对于两个有限大小的平面情形, 其自由能应乘以表面积. 类似地，两个平行长圆柱间的相互作用以每单位长度自由能来表示. 至于两个球以及两个垂直放置的圆柱情形，其间的相互作用已经是纯的能量单位了，即由一对物体的自由能来表示.

表 Pr.1 在各种不同几何构形中，相互作用自由能的理想化幂律形式 [15]

两个无限厚、无限伸展的平行壁（“半空间”），间距 l 可变	每单位面积 $-\dfrac{A_{\mathrm{Ham}}}{12\pi l^2}$
两个无限伸展的平行平板，厚度 a 固定，间距 l 可变	每单位面积 $-\dfrac{A_{\mathrm{Ham}}}{12\pi}\left[\dfrac{1}{l^2}-\dfrac{2}{(l+a)^2}+\dfrac{1}{(l+2a)^2}\right]$
无限厚的壁与有限大小的立方体相平行，或两个边长为 L 的平行立方体	表面间距 $l \ll L$，每对相互作用物体 $-\dfrac{A_{\mathrm{Ham}}}{12\pi l^2}L^2$
两个具有确定半径 R_1，R_2 的球，近乎接触	表面间距 $l \ll R_1, R_2$ 可以变化，每对球 $-\dfrac{A_{\mathrm{Ham}}}{6}\dfrac{R_1R_2}{(R_1+R_2)l}$
一个球在平的厚壁附近	表面间距 $l \ll R$ 可以变化，每对物体 $-\dfrac{A_{\mathrm{Ham}}}{6}\dfrac{R}{l}$
两个半径为 R 的球，相距很远	球心 – 球心间距 $z \approx l \gg R$，每对球 $-\dfrac{16}{9}\dfrac{R^6}{z^6}A_{\mathrm{Ham}}$

[16]

表 Pr.1 (续)

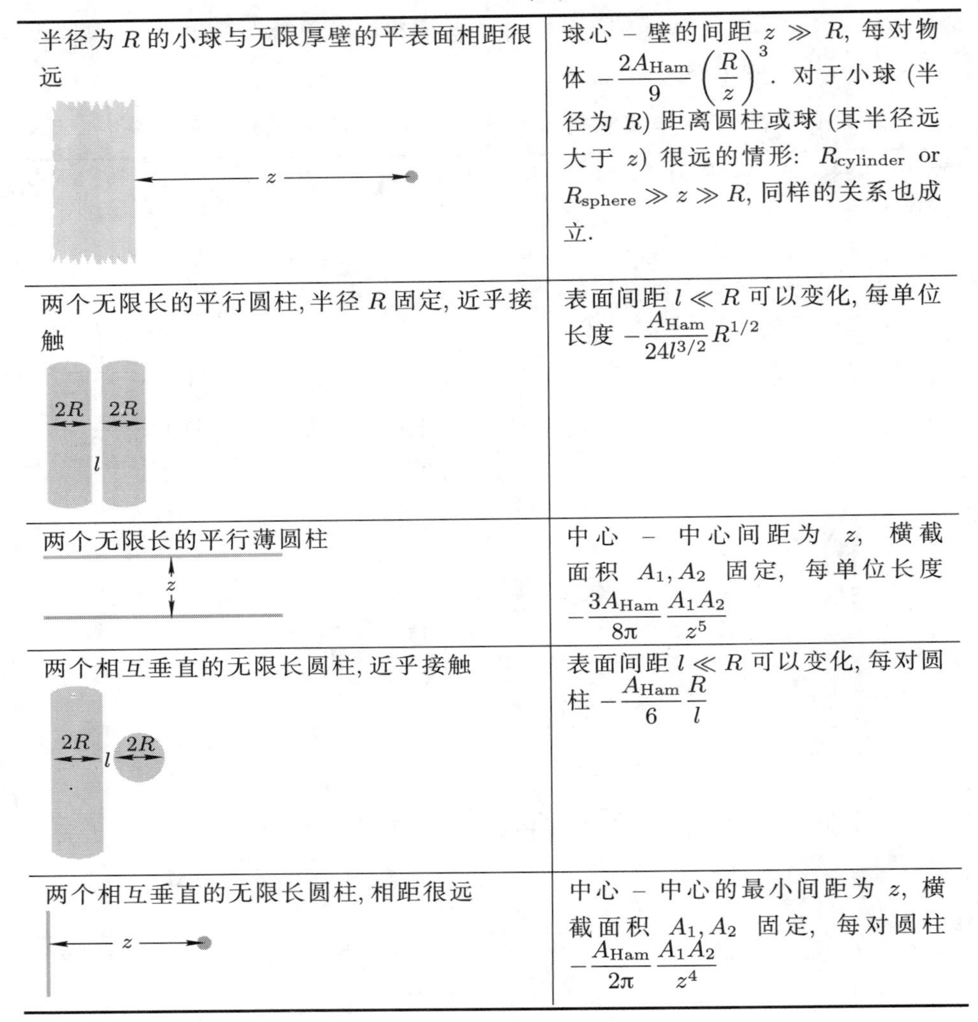

半径为 R 的小球与无限厚壁的平表面相距很远	球心 – 壁的间距 $z \gg R$, 每对物体 $-\dfrac{2A_{\mathrm{Ham}}}{9}\left(\dfrac{R}{z}\right)^3$. 对于小球 (半径为 R) 距离圆柱或球 (其半径远大于 z) 很远的情形: R_{cylinder} or $R_{\mathrm{sphere}} \gg z \gg R$, 同样的关系也成立.
两个无限长的平行圆柱, 半径 R 固定, 近乎接触	表面间距 $l \ll R$ 可以变化, 每单位长度 $-\dfrac{A_{\mathrm{Ham}}}{24l^{3/2}}R^{1/2}$
两个无限长的平行薄圆柱	中心 – 中心间距为 z, 横截面积 A_1, A_2 固定, 每单位长度 $-\dfrac{3A_{\mathrm{Ham}}}{8\pi}\dfrac{A_1A_2}{z^5}$
两个相互垂直的无限长圆柱, 近乎接触	表面间距 $l \ll R$ 可以变化, 每对圆柱 $-\dfrac{A_{\mathrm{Ham}}}{6}\dfrac{R}{l}$
两个相互垂直的无限长圆柱, 相距很远	中心 – 中心的最小间距为 z, 横截面积 A_1, A_2 固定, 每对圆柱 $-\dfrac{A_{\mathrm{Ham}}}{2\pi}\dfrac{A_1A_2}{z^4}$

从另一个角度来看, 以这些简化形式表达的范德瓦尔斯能量与长度单位无关. 按照物理学的语言, 它们已经 “标度了”. 考虑任何其它的 “成对” 能量, 比如, 两个垂直杆之间为 $[-(A_{\mathrm{Ham}}/2\pi)][(A_1A_2)/z^4]$. 这里横截面积 A_1 和 A_2 的单位是长度平方; 间距 z 取长度单位; 故 (A_1A_2/z^4) 是无量纲的. 只要两杆的尺寸与其间距之比保持不变, 则范德瓦尔斯能量也不变; 类似地, 只要面积和长度所用的长度单位与间距的单位相同, 则单位面积或单位长度上的能量也相同.

不过, 单位仍然是个麻烦事. 困难之一是: 许多严格的理论工作还是在厘

米 – 克 – 秒 (cgs) 或 “高斯” 单位制中做的; 本书中**第 3 级**的推导就是这种情形. 而大多数学生却是在米 – 千克 – 秒 (mks) “SI” 或 “国际制” 单位中学习应用实例的. 幸好大多数范德瓦尔斯相互作用的实用公式在两种单位制中看起来是一样的. 但在其它情形中我们就没有这样的幸运了, 例如, 在两种单位制中静电力的实用公式从一开始就是不同的. [17]

别太快! 在我看来, 那些公式和人们利用老式的成对求和所得到的没太大不同

与成对求和有什么不同? 很简单: 你让自然替你做了一个体积平均, 并且大胆地采用整块材料的电和磁行为. 而不是试图考虑组成材料的原子性质, 然后再把它们融入液体或固体的性质中.

表中的极限情形公式是旧理论和新理论恰好吻合的结果. 这些特殊情形是:

1. 假定材料的电磁性质只有很小差别, 以及
2. 忽略光速为有限值这一事实.

在这些简化公式中, 对距离的依赖关系是通过成对求和得到的. 各情形之间的差别表现为其系数 A_{Ham} 存在巨大差异, 但现在此系数是通过材料的整体性质算出的, 而不是由组成材料的原子或分子的极化率来计算. 如果我们把新理论与对各微元贡献求和的旧方法进行形式上的对应, 得到的相似性也是在对距离的依赖关系上, 而非系数 A_{Ham}. 仅在另一个极限下, 即介质都是气体, 非常稀薄所以其原子间仅发生两两相互作用, 就好像其它粒子不存在一样, 这时旧理论与新理论才有严格的对应.

考虑偶极子:

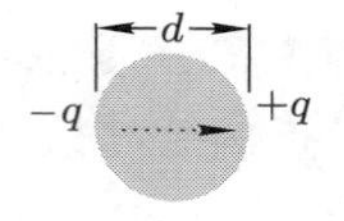

偶极子的箭头从负电荷 $-q$ 指向等量正电荷 $+q$. 偶极矩由电荷值 q 乘以电荷间距 d 给出: $\mu_{\text{dipole}} = qd$. (在本书中, 偶极子取向采用的是物理规范: 其箭头从负电荷指向正电荷. 在化学规范中其指向是相反的.)

任意两个偶极子之间相互作用最强的情形发生在头 – 尾方向:

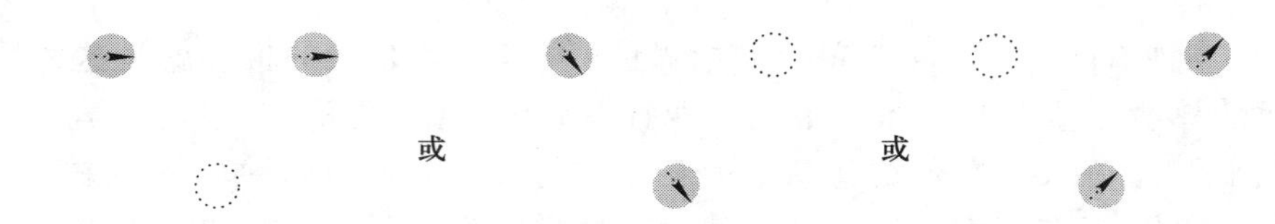

在三个偶极子的情形中, 为了达到最强相互作用, 会发生取向上的协调:

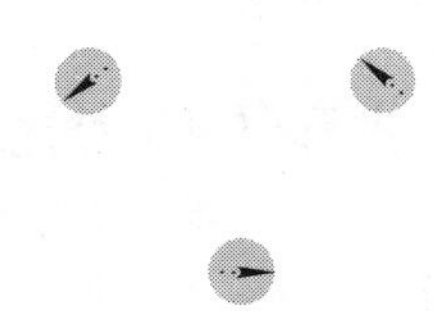

[18] 即使偶极子本身具有涨落, 而不是像在图中那样被死死地固定住, 净相互作用也不会有孤立对之间相互作用的总和那么强. 对于那些不具有永久偶极子的粒子, 以及具有永久偶极子而其相互作用包括对所有夹角求平均的粒子 (由于温度效应它们会碰撞), 这个结果都成立.

在什么情况下粒子之间仅发生两两相互作用呢? 有一个特别容易的测试方法. 假设我们加上一个外电场, 而每个原子或分子受到的外电场作用就好像其它原子或分子都不存在一样, 则我们可以说粒子非常稀疏所以它们仅发生两两相互作用. 如果粒子非常密集, 使得每个粒子受到的外场会由于其它粒子的存在而改变, 则我们就得到三个一组的密度. 重要的变量是 (粒子数密度) 乘以 (单粒子极化率). 如果此乘积为无限小值, 我们就可以确信每个粒子受到的场作用未被其邻近的偶极矩场显著影响. 实际上, 仅稀薄气体通过了这个测试.

以下为核心要点. 仅当材料本身可以表示为其各部分的线性总和时, 把其相互作用整体看成各微元间作用之和才是合理的. 那么, 如果我们把所有这些粒子看成以三个为一组同时发生涨落, 其修正程度会有多大呢? 20 世纪 40 年代早期的公式[24] 指出, 对于凝聚态介质的密度情形, 取孤立三极子近似所得到的修正度为 $\sim 5\% - 10\%$. 最近的公式表达[25] 给出了 (可能很重要的) 三体相互作用, 其与几何构形、密度, 以及把三个粒子作为整体来考虑的原子背景都有关. 而一旦明确了在凝聚态介质中必须考虑三体项, 我们就不得不考虑更高阶项. 理由呢? 很显然, 我们事先无法知道多体的级数会不会在算到三体项之后就收敛. 在某些情况下, 栗弗席兹方法可以跳过这些考虑, 而直接利用材料整体的性质, 就避免了这样一个不确定的过程.

问题 PR.1: 平均来说, 稀薄气体中的分子相距有多远? 试证明: 对于室温下压强为 1 atm 的气体, 粒子平均间距为 ~ 30 Å.

我们在实际公式中把 kT_{room} 作为一个方便的能量单位来使用，但这并不意味着 A_{Ham} 与温度成正比. 除了高极性材料之间的相互作用以外，A_{Ham} 对温度仅有微弱的依赖关系.

cgs 制中的每单位面积能量 $\mathrm{erg/cm^2} = \mathrm{dyn/cm}$ (尔格/厘米^2 = 达因/厘米) 等于 mks 制中的 $\mathrm{mJ/m^2}$ (毫焦耳/米^2); cgs 制中的每单位长度力 dyn/cm (达因/厘米) 等于 mks 制中的 mN/m (毫牛顿/米); 在 mks 制中 $kT_{\mathrm{room}} \approx 4.05\ \mathrm{pN} \times \mathrm{nm} = 4.05\ \mathrm{pN} \cdot \mathrm{nm}$ (皮牛顿纳米).

表 Pr.2 在小间距极限下 Hamaker 系数的典型估值 [19]

为了简洁起见，这里给出 A_{Ham} 的单位为仄普托焦耳 (zJ): $1\ \mathrm{zJ} = 10^{-21}\ \mathrm{J} = 10^{-14}\ \mathrm{ergs}$ (1 仄普托焦耳 = 10^{-21} 焦耳 = 10^{-14} 尔格). 一个有用的经验法则为: 在自然单位制中算出的 A_{Ham} 典型值为热能 $kT_{\mathrm{room}} = 1.3807 \times 10^{-23}(\mathrm{J/K}) \times 293.15\mathrm{K} \approx 4.05\mathrm{zJ}$ 的 ~ 1 到 ~ 100 倍，其中 T_{room} 以绝对温度开尔文给出.

材料	通过水发生的相互作用 A_{Ham} (zJ)	通过真空发生的相互作用 A_{Ham} (zJ)
有机体		
聚苯乙烯[26]	13	79
聚碳酸酯[27]	3.5	50.8
碳氢化合物 (第 1 级, 十四烷)	3.8	47
聚甲基丙烯酸甲酯[27]	1.47	58.4
蛋白质[28,29]	5–9, 12.6	n/a
无机体		
金刚石 (IIa)[30]	138	296
云母 (单斜)[30]	13.4	98.6
云母 (白云母)[31]	2.9	69.6
石英二氧化硅[31]	1.6	66
氧化铝[31]	27.5	145
二氧化钛金红石[31]	60	181
氯化钾 (立方晶体)[30]	4.1	55.1
水[32]	n/a	55.1
金属		
金[33]	$90 \sim 300$	$200 \sim 400$
银[33]	$100 \sim 400$	$200 \sim 500$
铜[33]	300	400

长程范德瓦尔斯相互作用有多强?

这取决于你所指的强是什么意思.
强到足以被测量出?
强到足以对抗热能?
强到足以做出一些有趣的或实用的或有意义的事情?

可测量出的强

根据可测性准则, 即使范德瓦尔斯气体方程也能通过测试. 从范德瓦尔斯方程中的压强修正项 a/V^2 变到 (当原子或分子间距 z 大于其尺寸时) 原子或分子间的吸引能 $-C/z^6$, 并不是一个简单的思维历程. 然而, 统计力学给出了一个桥梁, 可以把范德瓦尔斯气体的受相互作用扰动的随机性与此相互作用联系起来.

当钾、铷或铯的原子束掠过半径 ~ 1 cm 的镀金圆柱体表面时, 它们会有偏折[34], 这就清楚地证明了能量随间距 z 的变化关系确实为 $1/z^3$. 利用铯原子与表面间最短路径 ("碰撞参数") 为 50 nm $< z <$ 80 nm 时所探测到的偏折, 可以测得系数 K_{attr} 为 $7.0 \pm 0.3 \times 10^{-49}$ Jm^3, 而相互作用能量 $-K_{\text{attr}}/z^3$ 为 1.4 至 5.6×10^{-6} zJ, 约等于室温下热能 $kT_{\text{room}} \sim 4.05$ zJ 的百万分之一.

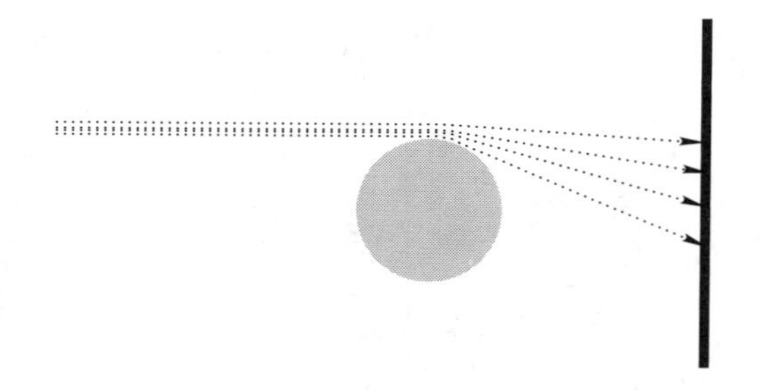

为什么原子 – 圆柱体间的相互作用能量会像点粒子与平面间的相互作用能量那样变化? 取原子尺寸 ~ 1 Å, 碰撞参数 ~ 50 nm, 以及圆柱体半径 ~ 1 cm, 我们发现尺寸上存在着明显的差异. 原子 "看到" 的基底是: 沿柱体方向的半径为无限大, 并且与原子 – 基底间距相比其有效半径为无穷大. 因此, 有效相互作用就像发生在一个平面与点粒子之间那样.

[20]

问题 PR.2: 计算球形原子与金表面之间的有效 Hamaker 系数.

热学上的强

在什么情况下, 我们可以认为是范德瓦尔斯相互作用使大分子或聚集体组织起来的? 一个判据是: 它们是否会产生大于热能 kT 的能量, 从而有足够强的力可以胜过热激发. 对于大多数非金属在与其密度相仿的液体中发生的相互作用, $A_{\mathrm{Ham}} \sim 1$ 至 $5kT_{\mathrm{room}}$; 对于通过蒸气或真空发生作用的固体或液体, 应为 ~ 10 倍之强. 不过, 导电材料之间的吸引更强. 一个好的经验法则是: 在任意几何构形中, 只要两个物体的间距小于其尺寸, 则它们的相互作用能量就会比 kT 大. 例如, 考虑两个面积为 L^2 的方形平面, $L \gg$ 间距 l. 它们的相互作用自由能以形式 $\{-[A_{\mathrm{Ham}}/(12\pi l^2)]\}L^2$ 变化; 只要 $A_{\mathrm{Ham}} \geqslant kT$ 并且 $l < L/6$, 其相互作用就是在热学上重要的. 当两个全同球的间距 $l \ll$ 其半径 R 时, 它们之间的相互作用以 $[-(A_{\mathrm{Ham}}/12)](R/l)$ 变化. 如果 $A_{\mathrm{Ham}} \geqslant kT$ 并且 $l < R/12$, 则其相互作用大于 kT.

这两种极限形式说明, 两个非常靠近的球之间的相互作用和平面方块之间的相互作用是等价的. 请问, 多大面积的两个平面间相互作用等价于两球之间的相互作用? 列出等式 $\{-[A_{\mathrm{Ham}}/(12\pi l^2)]\}L^2 = [-(A_{\mathrm{Ham}}/12)](R/l)$, 可以看出两个球之间的相互作用效果就如同两个面积为 $L^2 = R\pi l$ 的平面一样.

在小球极限下, $R \ll l \approx z$, 相互作用以 $[-(16/9)](R^6/z^6)A_{\mathrm{Ham}}$ 形式变化; 其强度在任何情况下都不能与热能 kT 相比拟. 当两个分子间距大于其尺寸时, 它们的相互作用也是这种情形.

问题 PR.3: 证明: 当两球间距远大于其半径时, 相互作用总是比热能 kT 小得多. [21]

问题 PR.4: 尝试比球难一些的情形. 考虑两个半径为 R、长度 L 固定的平行圆柱体, 其表面间距为 l. 利用表中所列的每单位长度能量 $[-(A_{\mathrm{Ham}}/24l^{3/2})]R^{1/2}$ 来证明: 对于蛋白质的典型值 (见前一部分的表格) $A_{\mathrm{Ham}} \approx 2kT_{\mathrm{room}}$, 在以下情形中: 1. $R = L = 1\ \mu\mathrm{m} \gg l = 10\ \mathrm{nm}$ (胶体的尺寸), 以及 2. $R = 1\ \mathrm{nm}$, $L = 5\ \mathrm{nm} \gg l = 0.2\ \mathrm{nm}$ (蛋白质的尺寸), 能量 $\gg kT$.

问题 PR.5: 或者尝试比球容易一些的情形. 考虑表面形状具有互补性 (可以想象为两个平行平表面) 的情形. 证明: 相距 3 Å 的两个大小为 $1\ \mathrm{nm} \times 1\ \mathrm{nm}$ 的片块之间产生的相互作用能量 $\sim kT$.

力学上的强

通常, 范德瓦尔斯力对固体和液体中的内聚能与界面能起着非常重要的作用. 在这些情形中, 决定性的相互作用发生在距离为原子间距处, 其力学重要性毋庸置疑. 然而, 当我们把分子排列的细节考虑在内时, 仍然会有这样的疑惑: 用哪个方法才能更好地把力表示并计算出来呢?

能够严格算出的长程力会是重要的吗? 虫子可以长到多大, 而仍然能够通过范德瓦尔斯力抓在天花板上?

按照纯物理学的思想, 考虑一个各方向上的尺度皆为 L 的立方体虫子. 一个真实果虫的密度和水差不多, $\rho \sim 1\ \mathrm{g/cm^3} = 1\ \mathrm{kg/liter}$. 其重量为

$$F_{\text{gravity}} = \text{体积}\ (L^3) \times \text{密度}\ (\rho) \times \text{引力常量}\ (g) = \rho L^3 g = F_{\downarrow}.$$

足以抓住虫子的范德瓦尔斯力为: 立方体和天花板之间的每单位面力 $A_{\text{Ham}}/(6\pi l^3)$ 乘以相互作用面积 L^2:

$$F_{\text{vdW}} = \frac{A_{\text{Ham}}}{6\pi l^3} L^2 = F_{\uparrow}.$$

往下落的力以 L^3 的形式增长, 而挂在天花板上的力以 L^2 的关系增长. 对于足够大的 L, 重力占上风.

欲使两力相等, 即 $F_{\uparrow} = F_{\downarrow}$, 则 $L = L_{\text{bug}}$ 必须为多少?

虽然在空气中的相互作用可以达到 $\sim 10\ kT_{\text{room}}$, 但此处我们选取一个较弱的 $A_{\text{Ham}} = kT_{\text{room}}$. 同时取一个很大的相互作用距离 $l = 10$ Å $= 10$ nm, 即, 原子间距的 50–100 倍. 结果是一个大得惊人的值 $L_{\text{bug}} \sim 0.02\ \mathrm{m} = 2\ \mathrm{cm}$, 或者, 对应的体积值为 $8\ \mathrm{cm^3}$.

---

[22] **问题 PR.6**: 证明: 在间距为 100 Å 的情形中, 即使取 $A_{\text{Ham}} = kT_{\text{room}}$, 范德瓦尔斯吸引作用仍足以抓住一个 ~ 2 cm 的立方体.

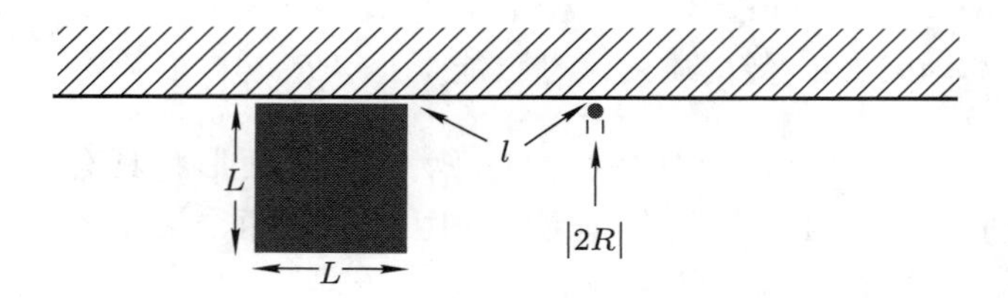

但是不同的形状会产生差异. 一个真正的物理学家还必须考虑 (众所周知的) 球对称虫子的情形. 取相同的密度, 相同的 $A_{\text{Ham}} = kT_{\text{room}}$, 以及相同的最小间距 $l = 100$ Å, 同样的要求 $F_{\uparrow} = F_{\downarrow}$ 所给出的平衡尺寸为球半径 $R_{\text{bug}} =$

13×10^{-4} cm, 以及一个和立方体虫子完全不同的体积 $\sim 0.92 \times 10^{-8}\ \text{cm}^3 = 9.2 \times 10^{+3}\ \mu\text{m}^3$.

问题 PR.7: 证明: 当形状改变时, 范德瓦尔斯力所能维持的重量会如何变化.

长程范德瓦尔斯力的强度不容小觑, 至少对于兼性扁平足的虫子是这样. 我们人类还能学到的重要教训是: 扁平所造成的后果也可以是巨大的.

问题 PR.8: 证明: 在一个球置于平表面上的情形中, 范德瓦尔斯吸引作用是如何把球向着平表面上拉平的.

问题 PR.9: 在什么情况下, 置于空气中的两球形水滴间的范德瓦尔斯吸引作用与它们之间的万有引力相等? (忽略推迟性.)

问题 PR.10: 当间隔为多大时, 置于空气中的两个 1 μm 水滴间的相互吸引能量会达到 $-10\ kT_{\text{room}}$? (忽略推迟性.)

范德瓦尔斯力能“看到”多深?

对此没有一个普遍性的回答. 取至首阶近似, 对于相距 l 的两个物体, 深度达 $\sim l$ 处的极化性质都是重要的. 计算出两块厚度 a 的平板间相互作用, 就能很好地阐释这个深度值. 忽略推迟性, 并假定两种材料的极化率近似相等, 我们得到的能量变化如表 Pr.1 中所示.

$$\left[\frac{1}{l^2} - \frac{2}{(l+a)^2} + \frac{1}{(l+2a)^2}\right] = \frac{1}{l^2}\left[1 - \frac{2}{\left(1+\frac{a}{l}\right)^2} + \frac{1}{\left(1+\frac{2a}{l}\right)^2}\right].$$

对于 $l \ll a$ 情形, $1/l^2$ 项占优; 就好像是两个半无限大物体 ($a \to \infty$) 之间的相互作用. 对于间距 l 大于厚度 a 或与之相仿的情形, 有限厚度的影响会表现出来.

通过对单涂层的物体间相互作用进行测量, 则可以揭示出更多的信息: 当相互作用表面的间距改变时, 离表面不同深度处的性质是如何表现出来的.[35] [23] 当物体间距小于涂层厚度时, 其结果接近于由涂层材料构成的两个无限厚物体间的相互作用. 当物体间距远大于涂层厚度, 而且所有材料的极化率相差不多时, 可以当成涂层不存在一样.

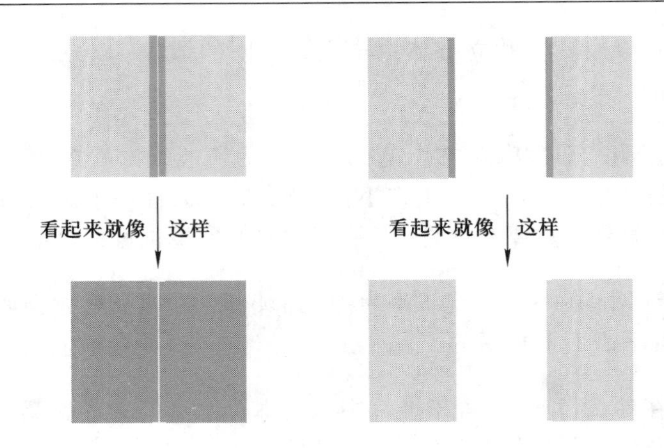

问题 PR.11: 证明: 对于发生相互作用的两个物体, 范德瓦尔斯力所 "看到" 的深度正比于其间距.

研究对象是 "力" 但公式给出的是 "能量". 怎样把它们联系起来?

能量对间距的负导数是力; 每单位面积的力是压强. 当 A_{Ham} 本身的空间变化 (源于推迟屏蔽效应) 可以忽略时, 由两个半空间的单位面积能量 $-[A_{\mathrm{Ham}}/(12\pi l^2)]$ 导出的压强形式为 $-[A_{\mathrm{Ham}}/(6\pi l^3)]$.

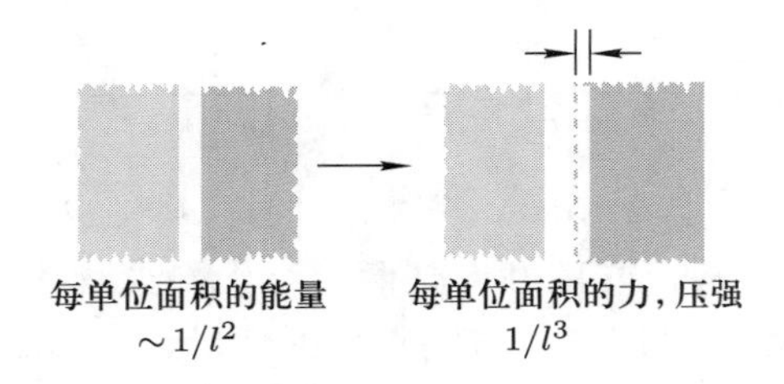

类似地, 在两个最短间距为 l 的相邻球之间, 能量为 $\sim 1/l$, 而力的变化形式为 $1/l^2$:

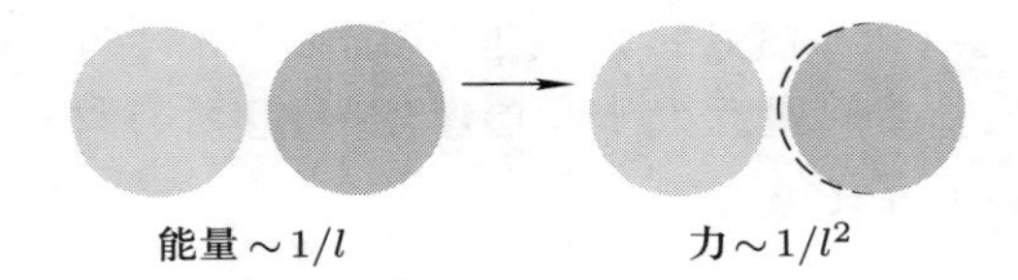

PR.2　如何把吸收谱转换成电荷涨落力?

[24]

为了得到这个问题的真正答案, 请通读此绪论. 这里, 为了保持熟悉的记号, 把能量用 Hamaker 系数 (但绝非 Hamaker 常量) 来表示. 在此语言中, 两个平行的无限厚壁 A 和 B 通过位于其间、厚度 l 的介质 m 所发生的 (每单位面积) 相互作用能量形式为 $-[A_{\mathrm{Ham}}/(12\pi l^2)]$.

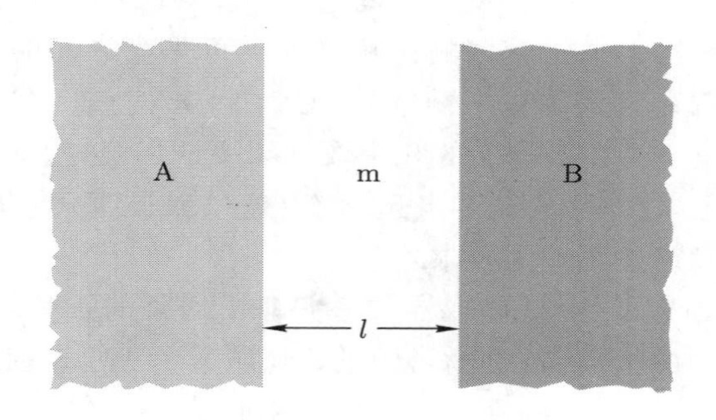

系数 A_{Ham} 本身随间距 l 而变化. 其形式为: 对发生涨落的所有频率求和, 而每一项都与材料 A, B 和 m 对电磁场的 (随频率变化的) 响应有关. 这些响应可以用从吸收谱得到的 "介电" 函数 $\varepsilon_{\mathrm{A}}, \varepsilon_{\mathrm{B}}$ 和 ε_{m} 来表示. 正是这些介电响应的差异才产生了相互作用. 取至首阶近似,

$$A_{\mathrm{Ham}} = A_{\mathrm{Ham}}(l) = \frac{3kT}{2} \sum_{\text{取样频率}} \left(\frac{\varepsilon_{\mathrm{A}} - \varepsilon_{\mathrm{m}}}{\varepsilon_{\mathrm{A}} + \varepsilon_{\mathrm{m}}}\right) \left(\frac{\varepsilon_{\mathrm{B}} - \varepsilon_{\mathrm{m}}}{\varepsilon_{\mathrm{B}} + \varepsilon_{\mathrm{m}}}\right) \mathrm{Bel}(l).$$

对于真空, $\varepsilon \equiv 1$; 而对于这里所用的全部材料, $\varepsilon \geqslant 1$. 在这个示意性的表达式中, $\mathrm{Rel}(l) \leqslant 1$ 会导致 "相对论性推迟" 的效应, 即, 由于光速有限而引起的相互作用压缩:

■ 吸收谱给出各 ε 值, 而 ε 值的差异会产生相互作用.

■ 同类材料总是吸引的. 导致共振. 当材料 A = 材料 B, 则不管它们之间存在何种介质, 它们的跳动电荷都会试图达到步调一致, 而发生共振.

■ 不同材料之间可以是相互吸引也可以是排斥的, 取决于在各 "取样频率" 处算出来的 $\varepsilon_{\mathrm{A}}, \varepsilon_{\mathrm{B}}$ 和 ε_{m} 的相对值 (计算中要用到这些 ε 值).

[25]

取样频率?

范德瓦尔斯力来源于以所有可能的速率发生的电荷与电磁场涨落. 我们可以在整个频谱范围对这些涨落进行频率分析, 并在连续的频率域内整合这些力所产生的效果. 等价地说, 现代理论给出了一个实用的方法, 即通过把谱信息收集为一组离散的取样频率或本征频率, 而把对所有频率的积分简化为求和. 选择在哪些频率处计算介电函数, 以及这些频率的性质, 可以揭示出现代理论是如何把材料性质与量子力学和热力学结合起来的.

取样从静态极化率 (静电学中称为 “介电常量”) 所对应的零频率开始. 在零频率之后, 取样频率呈均匀分布故每个频率的光子能量 (量子力学!) 是热能 kT (热力学!) 的整数倍. 因此, 跳过中间过程, 零频率之后的第一个取样对应于红外 (IR) 频率; 接下来比较多的是从红外到可见光之间的脉冲, 但计算中所包括的频率大部分是范围更广的紫外 (UV) 和 X 射线区域. 当光子能量与 kT 相仿时, 即对应于排在最前面的几个取样频率情形, 热扰动会激发涨落; 而当光子能量远大于 kT 时, 偏离零点运动 (由玻尔和卡西米尔最先认识到) 的涨落则来源于不确定性原理的要求.

最令初学者困惑的是, 这些取样频率并非由通常的正弦 (“实频率”) 振动所表示. 相反, 它们由指数 (被称为可怕的 “虚频率”) 变化表示, 以适应电荷自发涨落的衰减方式. 不同类的涨落以不同速率衰减:

■ 束缚电子所经历的周期对应于紫外及更高的频率, 特征时间 $\lesssim 10^{-17}$ s;

■ 以对应于红外的频率振动的分子, 其特征时间从 $\sim 10^{-16}$ — $\sim 10^{-12}$ s;

■ 以对应于微波的频率转动的分子, 其特征时间从 $\sim 10^{-11}$ — $\sim 10^{-6}$ s;

■ 离子或传导电子或其它移动电荷的位移时间可延伸到最低频率及最长周期.

那么, 此类指数型频率对于介电常量而言意味着什么呢? 幸运的是, 实验室语言中的特征振动可以很好地转换成指数型频率的语言. 在转换之后, 介电常量表现为平滑的变化, 随指数型频率呈单调减小, 而不存在真实振动中所见到的吸收或色散尖峰.

[26] **如果我们认真对待这个公式, 那么可以得出以下结论: 两个气泡或者甚至是两个真空袋子也会通过一个材料物体相互吸引. 两个 “无物” 怎么可能做出一些事情呢?**

如果 A 和 B 是空的空间, 而介质是某种材料, 则 $\varepsilon_{\mathrm{A}} = \varepsilon_{\mathrm{B}} = 1$ 而 $\varepsilon_{\mathrm{m}} \geqslant 1$. 除了目前还未解释过的屏蔽因子 $\mathrm{Rel}(l)$ 以外, 公式看起来有点像我们在相反情形中 (即物质 A 和 B 通过真空 m 相互作用) 所预期的样子. 是的, 两个真空袋子之间也有范德瓦尔斯吸引作用.

实际上, 空的空间中不存在的物质之间并没有相互作用, 虽然从真空场的角度出发, 在这方面可能存有争议 (见题为 “**现代的观点**” 部分的注解 11). 确切地说, 是 "气泡" (或者 A 和 B 袋子) 之间的材料, 喜欢与更多的同类在一起. 如果两个袋子聚到一起, 则它们之间的材料就会移到自己的无穷大库中, 从而很高兴地与其同类待在一起.

和范德瓦尔斯力有关的是电磁性质的差异.

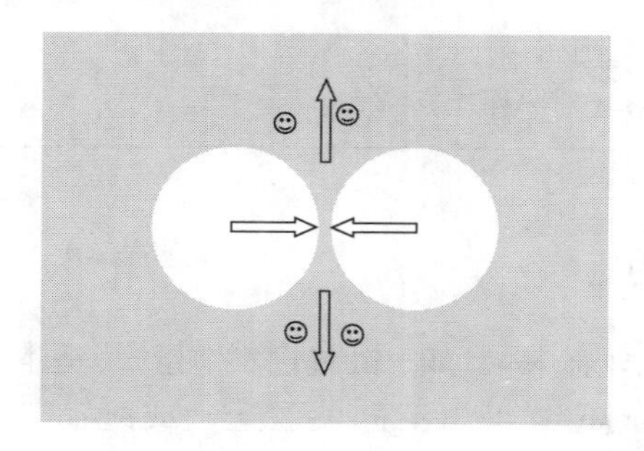

顺便说一下, 此气泡 – 气泡系统的例子表明了非真空介质理论的非平庸性. 在考虑两个材料体中的跳动电荷 (它们吸收和发射电磁场, 并通过空的空间相互发送信号) 时, 我们几乎没遇到什么麻烦. 然而, 当我们考虑在居间介质中的跳动电荷 (它们发送和接收信号) 时, 情况就麻烦多了. 在边界处介质与空的空间或其它材料相接触, 此时相互作用能量就来源于介质边界处场的畸变.[36]

电荷涨落共振能解释为相互作用的特定性吗?

在一个较弱的意义上, 是的, 只要我们很小心地定义 "特定性". 想象 A 和 B 是两种不同的材料. 在求和式中的每个取样频率处, 比较 Hamaker 系数中的各项, 得到

$$\text{A 与 A 相互作用, } \mathrm{A_{A-A}} \sim \left(\frac{\varepsilon_\mathrm{A}-\varepsilon_\mathrm{m}}{\varepsilon_\mathrm{A}+\varepsilon_\mathrm{m}}\right)^2 \geqslant 0,$$

$$\text{B 与 B 相互作用, } \mathrm{A_{B-B}} \sim \left(\frac{\varepsilon_\mathrm{B}-\varepsilon_\mathrm{m}}{\varepsilon_\mathrm{B}+\varepsilon_\mathrm{m}}\right)^2 \geqslant 0,$$

$$\text{A 与 B 相互作用, } \mathrm{A_{A-B}} \sim \left(\frac{\varepsilon_\mathrm{A}-\varepsilon_\mathrm{m}}{\varepsilon_\mathrm{A}+\varepsilon_\mathrm{m}}\right)\left(\frac{\varepsilon_\mathrm{B}-\varepsilon_\mathrm{m}}{\varepsilon_\mathrm{B}+\varepsilon_\mathrm{m}}\right).$$

$\mathrm{A_{A-A}}$ 与 $\mathrm{A_{B-B}}$ 之和总是大于或等于 $\mathrm{A_{A-B}}$ 的两倍: [27]

$$\mathrm{A_{A-A}} + \mathrm{A_{B-B}} \geqslant 2\mathrm{A_{A-B}}.$$

由于范德瓦尔斯相互作用与 Hamaker 系数的负值相联系, 所以在给定间隔处的 (负) A – A 和 B – B 相互作用之和比相同间隔处的 A – B 相互作用的两倍负得更多.

在此平均意义上, 同类粒子间的范德瓦尔斯吸引作用比异类粒子之间的强. 此平均意义上的不相等并不意味着单独的 A − A 或 B − B 吸引作用比 A − B 吸引作用强. 但它确实给了我们一个启发: 在讨论 A 和 B 的混合物时, 可以用此处描述的范德瓦尔斯力来把它们归类为许多纯的 A 集团与 B 集团.

问题 PR.12: 证明 $A_{A-A} + A_{B-B} \geqslant 2A_{A-B}$.

推迟性如何起作用?

关于这里出现的所有大词, 如 "相对论性" 等, 其基本观点都是简单的. 范德瓦尔斯力依赖于不同位置处电荷的关联运动或跳动. 这些电荷相互发送与接收电和磁信号. 如果两个电荷很靠近故它们之间的信号传输几乎不需要时间, 则其运动和瞬时位置都相当同步. 如果电荷互相离得很远以至于信号传输的时间不能忽略, 则电荷的跳动就不同步了. "相对论性" 就是与有限光速导致的 "推迟性" 相伴而发生的.

那么, 当信号的传输时间为多长时我们就不得不加以考虑呢? 很简单也很直观的回答是: 当其在物体间来回传输的时间与电荷待在各取样频率处的特定构型里的时间长度相仿时. 根据现代理论, 我们可以对一系列取样频率 (它们反映了相互作用材料的重要的极化涨落性质) 求和. 相对论性推迟屏蔽效应就是利用各取样频率的周期来测量信号的传输时间.

取至首阶近似, 相对论性推迟效应可以表示为关于平行平表面间相互作用的频率求和 $\sum_{\substack{\text{sampling}\\\text{frequencies}}} \{[(\varepsilon_A - \varepsilon_m)/(\varepsilon_A + \varepsilon_m)][(\varepsilon_B - \varepsilon_m)/(\varepsilon_B + \varepsilon_m)]\} \times \mathrm{Rel}(l)$ 中的因子 $\mathrm{Rel}(l)$.

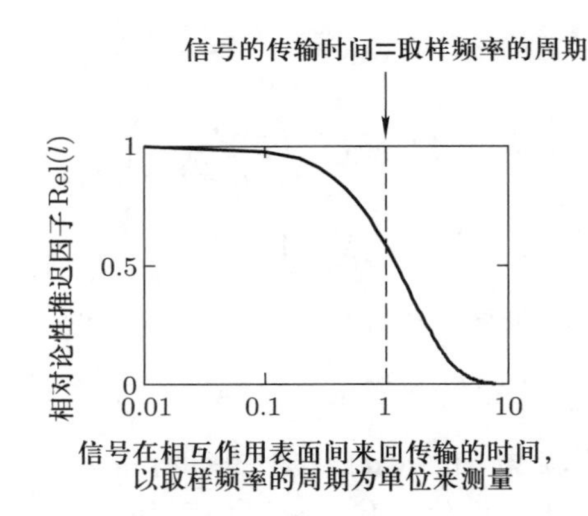

[28] 当信号的传输时间等于取样频率的周期时, 它对相互作用的贡献被屏蔽

为其非推迟强度的一半左右. 在某些理想情况下, 由温度引起的涨落可以忽略, 而表面间距大于各材料吸收频率对应的波长, 故推迟性会使相互作用衰减的负幂次律增加 1 阶. 点偶极子能量的衰减形式由 $1/r^6$ 变成 $1/r^7$; 两个半空间之间能量的衰减形式由 $1/l^2$ 变成 $1/l^3$. 如果我们观察屏蔽因子 Rel 相对于**间距**变化的图, 就能很明显地看到: 推迟屏蔽效应确实会破坏范德瓦尔斯相互作用的幂律变化关系.

问题 PR.13: 表面间距 l 为多大时, 信号在真空中来回传输的时间等于红外频率的周期 $\sim 10^{-14}$ s?

有没有负的 Hamaker 系数, 有没有正的电荷涨落能量?

有的. 如果我们认真思考的话, 这个结论并不意外. 仍然考虑以下形式

$$A_{\text{Ham}} = \frac{3kT}{2} \sum_{\substack{\text{sampling}\\ \text{frequencies}}} \left(\frac{\varepsilon_{\text{A}} - \varepsilon_{\text{m}}}{\varepsilon_{\text{A}} + \varepsilon_{\text{m}}}\right) \left(\frac{\varepsilon_{\text{B}} - \varepsilon_{\text{m}}}{\varepsilon_{\text{B}} + \varepsilon_{\text{m}}}\right) \times \text{Rel}(l).$$

如果 B 比 m 易极化 ($\varepsilon_{\text{B}} > \varepsilon_{\text{m}}$), 而 m 又比 A 易极化 ($\varepsilon_{\text{m}} > \varepsilon_{\text{A}}$), 则乘积 $[(\varepsilon_{\text{A}} - \varepsilon_{\text{m}})/(\varepsilon_{\text{A}} + \varepsilon_{\text{m}})][(\varepsilon_{\text{B}} - \varepsilon_{\text{m}})/(\varepsilon_{\text{B}} + \varepsilon_{\text{m}})]$ 为负 (反之, 在 A 和 B 相同时此乘积为正). A_{Ham} 可以为负. 在此情形中, 自由能 $-[A_{\text{Ham}}/(12\pi l^2)]$ 则为正. A 与 B 通过 m 发生的相互作用看起来就像排斥力一样, 即能量的变化倾向于使材料 m 的膜增厚. 另一种等价的说法是: m 会倾向于靠近 B 而远离 A. 有一个美丽的 "爬墙实验" 可以证明这点.

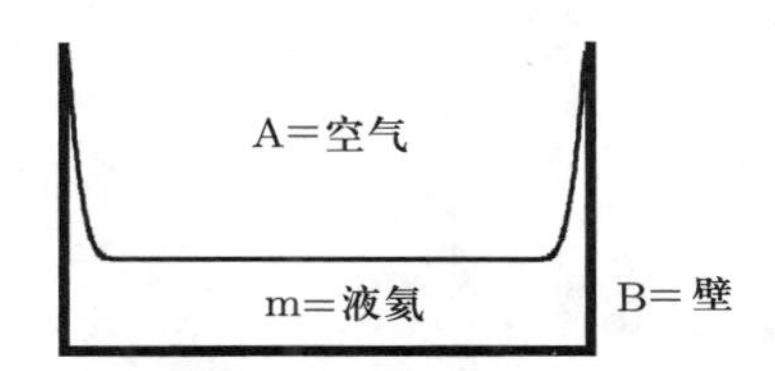

把液氦倒入一个容器中, 它不仅润湿器壁 (即反抗重力的行动), 而且还会在壁上形成宏观厚度的膜. 液氦的极化率比空气大 ($\varepsilon_{\text{m}} > \varepsilon_{\text{air}}$) 但比壁小 ($\varepsilon_{\text{m}} < \varepsilon_{\text{wall}}$). 其结果是, 液体试图让自己尽可能地接近固体壁, 以产生更厚的膜, 直到物质的向上位移 (克服重力) 达到范德瓦尔斯能量所能承受的极限. 事实上并没有任何排斥. 相反地, 存在着把液氦往壁上吸引的作用. 其效果是使氦 "介质" 变厚, 并沿着吸引壁上升.

通过测量厚度剖面随着高度的变化关系, 可以揭示出有利于膜变厚的范德瓦尔斯自由能与为提升物体而克服重力所做的功 (不利于膜变厚) 之间的平

[29] 衡. 我们假定氦表面上各处具有相同的能量, 即固体壁与液氦表面之间的相互作用负能量总是能够抵消掉为提升物体 (克服重力) 所做的正功. 把已知的液体重量密度考虑进去, 可以算出范德瓦尔斯相互作用的强度以及正确形式. 测量到的氦膜厚度为 10 Å ~ 250 Å, 由此可以推出范德瓦尔斯相互作用的系数, 以及厚度随着高度变化的立方反比关系, 这些都与栗弗席兹理论的预测 (把空气、氦和水泥壁的介电响应代入 $-[A_{\mathrm{Ham}}/(12\pi l^2)]$ 得到的结果) 定量一致.[37] 在其它非对称情形中所做的直接测量也表现出范德瓦尔斯排斥作用.[38]

PR.3 测量能做到多好? 它们真的验证理论了吗?

[30]

在不同学科中工作的人是如何寻找并确认各类实验的有效性的? —— 这样的探讨很有意思. 似乎只有前面描述过的 "液氦爬上墙" 的测量能够使大多数人都认识到: 栗弗席兹理论能够定量地解释测得的力 (见前一部分的注解 [37]). 任何关于历史的评论都不可能没有遗漏, 所以在这里我们也并未打算穷尽对于测量的回顾.[39]

力平衡测量和原子束测量所给出的结果是定性或半定量相符的, 但是这些结果也反映出人们对于表面光滑度和接触处的有效 "零" 间距的担心. 例如, 不考虑拟合参数时, 前面描述过的原子束测量能够给出关于原子与表面间相互作用能量的 $1/l^3$ 的幂律 (即预测的结果), 但应用栗弗席兹理论来处理有效光谱时, 计算出的系数与实验 (可以有小小的调节) 相比总是会有 60%—75% 的高估 (见名为 "**可测量出的强**" 部分的注解 [34]). 这个程度的差异可以通过更好的光谱数据或者更好的表面结构模型来解决. 表面粗糙度常常被认为是引起此差异的原因, 但是我们无法用公式来表示它并计算出结果.[40] 包括粗糙度在内的公式化[41] 通常是基于成对求和的, 它们必须通过系统化的测量或者与精确解的比较来进行验证.

那是最坏的情形. 好几种测量都使我们确信, 栗弗席兹把光谱变换成力的技巧足以可靠地抓住范德瓦尔斯力的主要性质.

最好的情形是怎样呢? 物理学家对于卡西米尔效应的认识增长得很快, 因此我们可以期待许多更细致的测量来验证和发展理论. 场的涨落会导致多种事件发生. 在物理学文献中, 我们可以读到一些大胆的断言, 诸如 (1997) "卡西米尔效应的基本应用属于 Kaluza–Klein 超重力、量子色动力学、原子物理学与凝聚态物质的领域."[42] 范德瓦尔斯力 = Hamaker 力 = 卡西米尔力 = 栗弗席兹力 = 电荷涨落力 = 电动力的范围遍及基础宇宙学到生命系统再到机械设计与家庭日用品. 基于对人类杰出才能的自信, 我们现在可以说 (1991) "范德瓦尔斯力在生物科学和医学中起了非常重要的作用. 一般而言, 它们在诸如附着、胶体稳定性以及泡沫形成等表面现象中特别重要. 我们可以大胆地说它们是掌控生物和生命进程的最基本的物理力."[43] 还有类似于由涨落电磁场引起的准卡西米尔效应: 两个固体壁通过介于其间的液晶的空间凸起发生相互吸引[44]; 两个球形泡通过其自发颤动体积关联的皮叶克尼斯力发生相互吸引.[45] 物理学家对这些效应的认识呈爆炸式增长, 并且可以立即转化成关于化学、生物学以及工程方面的新思想和新应用.

[31]

原子束

把一束钠原子射过一道宽度可变的狭缝, 由于受到狭缝壁的吸引故其强度会减弱. 考察穿过给定狭缝宽度的原子数, 我们可以推断出, 此清理吸引作用的作用程和形式具有 “卡西米尔 – 玻尔德” 或 “全推迟范德瓦尔斯” 能量的 $1/l^4$ 关系. 当忽略光速为有限值时, 我们可能会预期吸引能量为 $1/l^3$ 的形式, 但事实上, 我们在此狭缝实验中看到的力都是发生在原子至表面间距较大的地方.[46]

纳米粒子

基于各种实际的原因, 人们在进行测量以及设计仪器时偏爱镀金的表面. 比如说, 发现了悬于电动扭摆中的、相距 600 nm — 6 μm 的镀金铜球之间的卡西米尔力的定性特征.[47] 不久之后, 相距 0.1—1 μm 的金表面间的卡西米尔力被用于驱动微观力学系统 (其可作为实际的微观传感器或探测器的原型).[48] 两个表面间的范德瓦尔斯相互作用的力程和强度可能适于制造开关, 即微观力学振子中非线性的理想来源.

带涂层表面的力显微镜研究

用 “原子力显微镜” (AFM) 对一个精心准备的样品进行研究, 证明了以正弦方式镀金的表面之间可能存在横向力.[49] 熟悉前几部分内容的读者都知道, 像 AFM 这样的探测器可以 “看到” 表面下深度与探头 – 表面间距相仿的地方. 当衬底的结构随着距表面的深度而变化时, 关于范德瓦尔斯相互作用的解释可能是有问题的. 但是, 也有过成功的报道.[50,51]

玻璃表面

对置于空气中的石英表面间的吸引力进行直接测量, 第一次从定量上验证了现代理论. 在这些测量中, 一个光学平面与一个半径为 10 cm 或 25 cm 的球发生相互作用, 其理论必须用 Derjaguin 变换进行修正. 在全推迟域中对不同间距进行测量的结果, 确认了理论的成功: “我们的实验结果与栗弗席兹理论一致. 这就证明了 P. N. Lebedeff 关于分子力的电磁本质的假设是对的.”[52]

[32]

石英

在栗弗席兹关于平行平表面的公式中把石英的光学性质考虑进去, 再用球与平面体系的 Derjaguin 变换做修正, 就可以给出与实验十分吻合的吸引相互作用.

云母

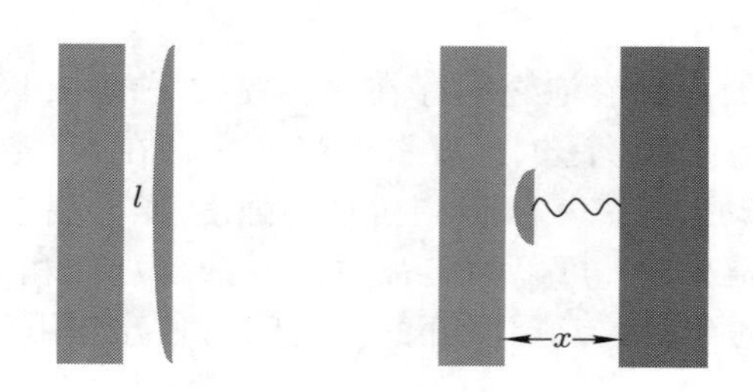

关于设置好的 x、弹簧达到的长度 l 以及通过 l 发生的相互作用之间的联系, 可以由各力的平衡来确定, 即 $F_{\text{spring}} + F_{\text{interaction}} = 0$. 对 x 施以变化 Δx, 会引起间距 l 的一个可测量的变化 Δl. 已知弹簧的劲度系数以及 x 和 l, 就可以求出相互作用力.

问题 PR.14: 证明: 当一个球和一个平面达到力平衡时, 胡克式弹簧是如何对抗 (负幂律的) 范德瓦尔斯相互作用的.

双层组成薄膜以及双层组成囊泡

如果表面活性剂薄膜中的一块区域因包含了油膜而变厚, 并且张开一个角度, 则其表面张力 γ' 与表面活性剂平膜的表面张力 γ 有微小差别. 分别测量平膜的表面张力, 以及平面与凸起处之间的接触角, 我们可以推断出, 范德瓦尔斯吸引作用是隔着薄膜指向里面的.

问题 PR.15: 利用表面轮廓上的偏向角, 估算出 (隔着薄膜的) 吸引能.

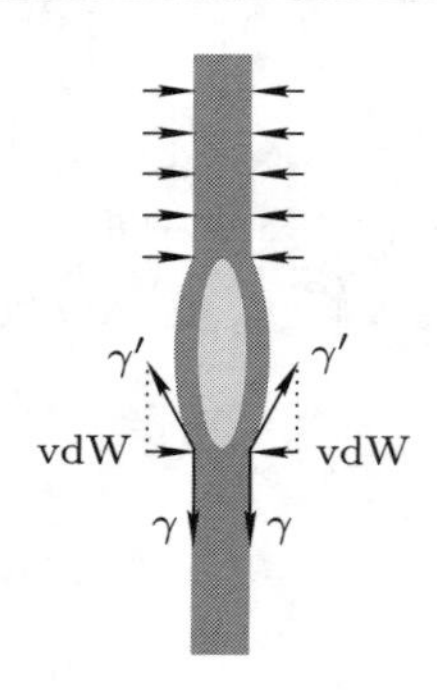

两个并列放置的双层囊泡之间存在着相互拉平的力, 因此它们可以被卷入吸管, 而这也揭示了范德瓦尔斯吸引作用确实存在.[53] 通过改变吸管所施加的张力 $\overline{\boldsymbol{T}}$ 对热扰动进行修正而得到拉平的强度, 结合由多层 X 射线衍射测得的双层间平衡距离值,[54] 可以导出被水隔开的双层间相互作用系数, 其与在表面张力测量中得到的被双层隔开的水之间的相互作用系数为相同量级.

[33]

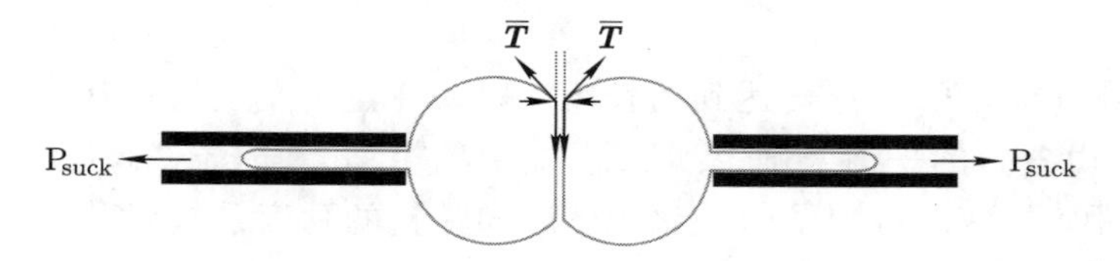

实际上, 与范德瓦尔斯力一起出现的还有另外几种力. 在自由悬浮的双层之间进行测量, 发现它们是与层运动以及 (排斥的) 水合力混合在一起的.

问题 PR.16: 在两个张力为 $\overline{\boldsymbol{T}}$ 的囊泡之间, 使其相互拉平的吸引能量有多大?

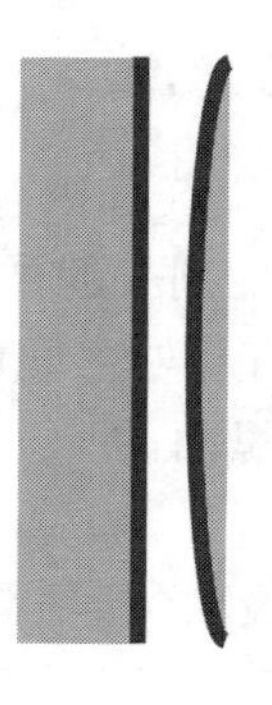

对固定于衬底上的双层间相互作用进行测量,[55] 还可以使我们理解包括衬底在内的相互作用. 把这些特性补充进去之后, 以上三种系统的测量结果相互吻合.[56]

细胞与胶体

从双层相互作用可以推论出包围生物细胞的油脂膜的相互作用. 测量到的双层间范德瓦尔斯力的值无法解释细胞 – 细胞或细胞 – 衬底间相互作用的强度和特性. 但是, 我们推导出的 (被戊二醛稳定的) 红细胞与玻璃或金属衬底之间的力, 和我们预计能够平衡静电排斥力的范德瓦尔斯吸引力具有相同量级. 细胞至玻璃的间距随悬浮溶液离子强度的变化关系可以通过全内反射显微镜 (TIRM) 来测量.[57]

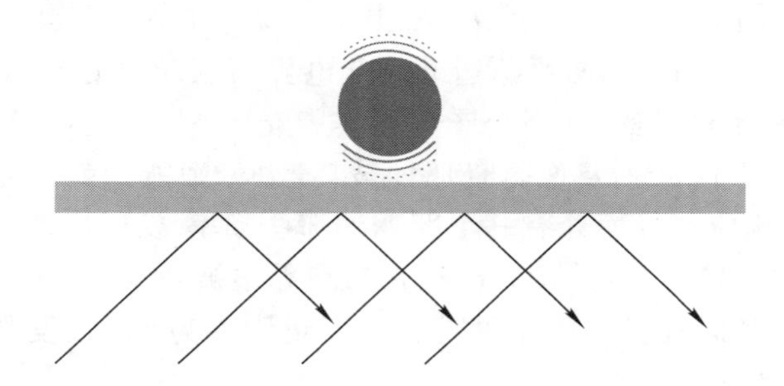

在工业和实验室中用到的胶体颗粒 (诸如大小为 1 μm–10 μm 的聚苯乙烯珠子), 其尺寸与细胞类似, 同样能揭示出重要的范德瓦尔斯吸引作用. 用 TIRM 在非推迟到推迟相互作用所覆盖的间隔范围内进行观察, 发现胶体 – 衬底间范德瓦尔斯相互作用大小与现代理论所预测的一致. 由置于胶体悬浮液底部的显微镜载片反射的光, 能够看到单个粒子作布朗无规运动, 并推论出其与玻璃内表面间距的分布. 此分布反过来又揭示出胶体与玻璃或镀玻璃的衬底之间的吸引和排斥强度.[58]

[34]

气溶胶

在气溶胶中, 即使是微滴或固体颗粒之间相对较弱的吸引相互作用也足以使碰撞率增强, 从而改变颗粒尺寸的分布和整体稳定性. 以热能 kT 为单位. 单独来看, 悬浮的小物体与空气分子发生布朗撞击, 得到反冲能量 kT, 从而发生无规的微动. 由于两个粒子的路径都是无规的, 当它们的间隔正好与其尺寸相仿时, 它们的范德瓦尔斯吸引能也趋于 kT. 就是说, 吸引作用给前述的无规性加上了意志力以及更大的碰撞、聚集或聚变的机会.[59]

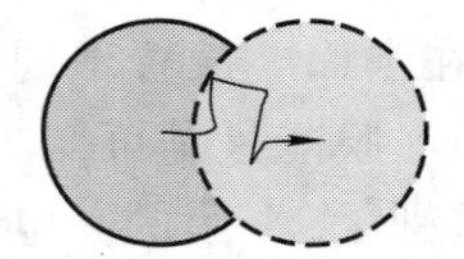

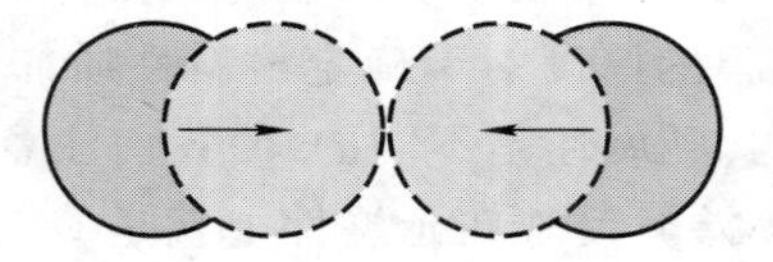

从宇宙到厨房: 由真空的无限性回到胶体与薄膜中的传统关注点.

为了实际应用的需要, 人们付出了相当可观的努力来收集各种光谱并计算色散力. 例如, 从测得的吸收谱及计算出的力, 我们学会了如何设计和生产用于计算机和其它电子器件的厚膜电阻.[60]

明亮材料. 声致发光

当空腔发生瓦解时, 其尺寸快速变化, 并喷涌出电磁波. 关于此现象的一个较好解释是 “动力学卡西米尔效应”. 其意思是: 在空腔与其外部材料具有不同介电响应的那些频率处, 快速运动的介电界面驱动虚的或零点电磁场, 从而激发空腔的黑体辐射谱, 甚至会产生真实的光子.[61] 换句话说, 如果在瓦解的空腔中场的零点能来不及像热量那样被耗散掉, 则能量就以光的形式发射出去. 对于介电响应在界面处有一个跃变的那些频率, 发射出的光谱类似于温度 $\sim 10^5$ K 时的黑体谱. 声致发光已经在自然界中被观察到, 虽然在实验室中也有详细记录,[62] 但其仍是一个谜[63]. 人们戏称它为 “虾致发光”, 来源于鼓虾的气泡破裂.[64]

有趣的材料

壁虎, 也许还有瓢虫, 由于范德瓦尔斯吸引作用而在天花板上爬行. 如果壁虎足部的所有刺毛共同作用的话, 则其每根足毛或 “刺毛” 对硅表面的附着力数值正好可以使每只脚上产生 100 N 的附着力. 壁虎卷起其趾头、展平并脱离足部接触, 似乎它们已计算出平表面与弯曲表面的吸引力有所不同, 这在本章前面所做的立方体 – 球体比较中可以找到. 为了利用我们现在掌握的关于色散力的知识来设计出系统性的测量方法以及实际材料, 从范德瓦尔斯相互作用的角度来思考这些力是有意义的.[65,66]

[35]

光滑的材料, 冰与水

由于范德瓦尔斯相互作用, 在一种材料的宏观相与其有限厚度的薄膜之间存在自由能的差异. 这点可以通过纯冰与其蒸气的系统巧妙地表现出来. 低于凝固温度时, 冰上可以有一层稳定的薄薄的水膜. 在所谓的三相点, 厚度 ~ 30 Å 的共存水膜表现出显著的相对论性屏蔽. 当水膜位于冰与另一种物质之间, 则膜的厚度对于确定材料性质非常重要.[67] 在水面上放置不同的碳氢化合物, 其延展性是不同的, 使我们注意到水面上的油膜能量是可变的. 极化率的微小差异反映在延展性上就是 yes-no 的巨大差别了. 薄膜的介电性质和

延展性质之间的联系证明了, 即使在现代栗弗席兹理论还未被正确认识的混乱时期, 此理论也是有用的.[68]

界面能与内聚能如何呢? 范德瓦尔斯力除了存在于相隔一段距离的物体间之外, 在界面处是否也很重要呢?

可以绝对肯定地回答, *是的*. 或许正是范德瓦尔斯力占了界面能量的大部分, 并使大多数非极性材料黏合在一起. 事实上, 范德瓦尔斯当时研究的正是他所称的气态和液态的 "连续性"; 气体中的吸引相互作用说明, 存在足够强的内聚力能够使之凝聚成液体. 问题只是我们没有严格的方法来计算原子间距与原子尺寸相仿的情形中的能量. 尽管范德瓦尔斯力确实对界面能有很强的贡献, 但表面所发生的重新排列以及物质的颗粒性使得我们不能用严格的连续体模型来进行计算 (此模型仅能作为定性指导).[69] 现在已经有一些技巧可用于计算短程相互作用, 诸如自能、界面能, 以及吸附自由能.[70] 本书课程要告诉我们的是, 在这些近似下可以做些什么. 我们知道, 对于相隔为原子间距的两个相同材料的平表面, 利用现代理论可以估计出它们之间的自由能, 其数值与在此类 "接触" 下消失的两个界面的界面能相仿. 我们也知道, 可以对组成液体或固体的分子部分的相互作用求和, 对 $1/r^6$ 律的相互作用求和, 从而得到与材料的内聚能相仿的一个能量.

但是我们还应知道, 以上这些仅在最好的情况下可以作为近似, 而在最坏的情况下, 它们只是智力游戏. 在相距仅 ~ 1 Å 的两个表面间, "界面能" 只是一种幻觉. 当两个平行表面趋于此间距时, 表面的原子颗粒度变得非常重要, 以至于我们不能再把材料想象为理想化的光滑连续体.

在这些力被理解得最好的地方, 也是这些力的作用最弱之处. 这就是我们研究得最多的情况. 但基础性的工作还是需要的. [36]

问题 PR.17: 为了估计出长程与短程的电荷涨落力之差别, 计算位于 3 nm 真空两边的碳氢化合物平行平面区域之间的范德瓦尔斯吸引自由能. 把此长程自由能与油的表面张力 $\sim 20\ \mathrm{mJ/m^2}$ $(= \mathrm{mN/m} = \mathrm{erg/cm^2} = \mathrm{dyn/cm})$ 进行比较, 结果如何?

问题 PR.18: 为了使我们对颗粒度的起源有一点认识, 考虑一个点粒子和一对 (间隔 a 很小的) 点粒子之间的相互作用. 证明: 当一个点粒子和一对点粒子之间的距离 z 远大于 a 时, 相互作用是正比于 a^2/z^2 的.

问题 PR.19: **剥 vs. 拉**. 设想有一根宽度 W 的胶带, 其单位面积的附着能为

G. 剥掉一段长度 z 就去掉了一个附着面积 Wz, 需要做功 GWz. 而把一个面积为 $A = 1\ \mathrm{cm}^2$ 的斑片垂直提升则需耗能 GA.

假定附着能仅来源于范德瓦尔斯吸引作用 $G = -[A_{\mathrm{Ham}}/(12\pi l^2)]$, 并忽略所有的平衡力以及胶带的弹性性质, 证明: 当胶带 – 表面间距为 $l = 0.5\ \mathrm{nm}$ (5 Å), $W = z = 0.01\ \mathrm{m}$ (1 cm), 并且 $G = 0.2\ \mathrm{mJ/m^2}$ ($0.2\ \mathrm{erg/cm^2}$) 时, 剥离力是一个微小的常量 $0.002\ \mathrm{mN} = 0.2\ \mathrm{dyn}$, 而作用在同一方形斑片上的垂直拉升力的最大值为 $80\ \mathrm{N} = 8 \times 10^6\ \mathrm{dyn}$.

PR.4 我能从这本书得到什么?

[37]

关于电荷涨落力的思考以及利用它来进行研究所需要的各种工具.

第 1 级为引言, 介绍现代理论的语言以帮助读者培养起关于材料吸收谱和电荷涨落力之间的基本联系的直觉. 其中的近似公式也给出了不同形状物体及其相互之间作用力的各种联系.

在第 2 级, 列表中的精确公式以及关于计算的短文, 让读者能够计算出在各种具有启发性的假设下的相互作用.

在第 3 级中, 类似于黑板前的对话模式以及详尽的脚注可以帮助读者理解列表中各公式的起源, 而更重要的是, 可以告诉读者推导新公式的方法. 虽然非物理学家没有上过物理课, 但也不必担心无法读完本书. 第 2 级和第 3 级会教给他们很多物理课程的内容.

根本无需担心. 任何一个通过了物理化学课程考试的人都应该能够琢磨出本书涉及的数字以及方程. 工程师们可以视之为包含着长长的解释的一本手册, 其中的公式可用于原始的程序或软件包 (最好是把两者结合起来, 以便于理解自己正在算的东西).

具有物理背景的读者能够找到与划分在通常的纯物理范围之外的一些体系的关联. 这些体系的特性使得物理学家可以把他们的非凡能力运用到新的情形中.

来自于非物理背景的读者, 其实也就是本书最初所面向的读者群, 现在可以通往更广阔的物理世界了, 因为本书中描述的工具正是物理学所创造出来的. 即使只消化了本书所提供的部分内容, 非物理学家们也能够借此来阅读一些优秀的物理学原作并从中受益.[71]

除非您的姻亲们也是物理学家, 否则您大概不会在此找到太多与下一次家族团聚有关的内容. 不过, 如果真的有人提到范德瓦尔斯力的话, 就跟孩子们说说壁虎和瓢虫吧. 尽量避免 20 世纪 30 年代的概念以及时髦的阐述之类, 那些他们可能已经从腼腆的老师和简化的课本中学到过了. 对于下一代而言, 即使他们的许多老师仍沿用着过时的想法, 他们也不必害怕在现代物理学中一试身手.

第 1 级

引言

[39]

[40] 静电库仑相互作用看似简单实则不然, 而范德瓦尔斯力看起来就很复杂. 为什么呢? 静电力仅依赖于对有效静止电荷产生的常数电场的响应. 而电动的范德瓦尔斯力则依赖于运动电荷的所有可能模式产生的所有可能电磁场. 在学习了这些场和运动的语言, 看到了如何把反射和吸收的测量转换成可计算的力, 并理解了如何根据电磁波动方程来写出由各种材料组成的不同形状物体的相互作用之后, 我们就可以自由行动了. 一旦我们能够进入新的领域之后, 就发现以前所理解的电荷 – 电荷相互作用显得太局限了.

对于两块材料通过介于其间的第三种材料发生相互作用的情形, 范德瓦尔斯相互作用与这三种材料的介电性质都有关. ("介电" 指的是材料对于穿过它的电场的响应: 希腊字 $\delta\iota-$ 或 $\delta\iota\acute{\alpha}-$ 表示 "穿过".) 实验上, 介电函数 ε 可以利用光的反射与透射性质 (它们是频率的函数) 测量出来. 在低频处, 非导电材料的介电函数 ε 趋于一个极限值, 即我们所熟知的介电常量. 实际上介电函数包括两部分, 其一所量度的是材料的极化性质, 另一部分则可量度材料的吸收性质.

这样听下来, 是不是好像我们只需要做一些测量, 然后代入某个函数就可以计算出范德瓦尔斯相互作用了? 基本上是的, 但其中包括了几个概念性的步骤. 我们对电磁波的反射 – 吸收数据加以修改使之可用于 "虚频率." 其实此处并没有发生什么不真实的事情, 只是我们选择了 "虚" 这个 "不幸的" 单词来把通常波的振动形式与电荷以指数衰减趋于平衡的模式 (这些电荷通过自发涨落而达到某个瞬态构型) 区别开来.

我们从自由能 G 的角度来谈论相互作用本身: "自由" 强调 "它是能够用来做物理功的能量" 这个想法, 而 "G" 表示在受控的压强与温度下做功的吉布斯自由能. 我们考虑以通常的测量或实验方式进行相向或相背运动的两个物体. 为了保持温度不变, 有热量流进或流出; 为了保持压强不变, 可以改变体积. [1]

L1.1 最简单的情形：材料 A 与材料 B 位于介质 m 两侧

[41]

从位于宽度 l 的介质 m 两边的两个平面平行物体间相互作用开始. 每个物体都是半无限大的, 填满表面左方或右方的全部空间 (见图 L1.1).

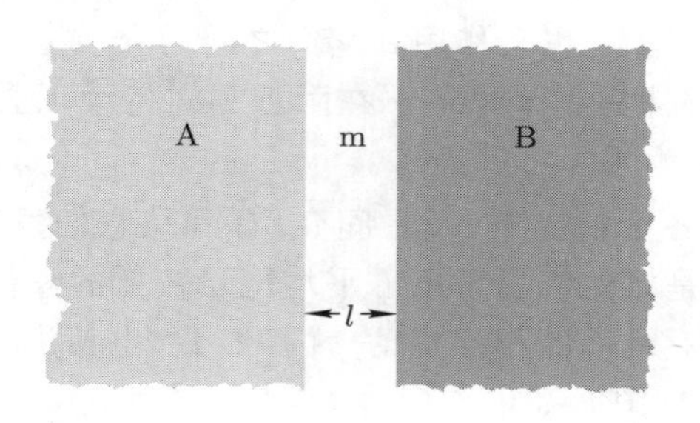

图 L1.1

当然, 无限大或半无限大的物体并不存在. 这里所选的几何构形是出于数学上的方便, 实际上适用于物体的宽度大于所有其它可变维度的情形. 具体来说, 考虑离开空隙 l 的深度以及包围 l 的界面的横向尺度都远大于 l 自身大小的情形. 在间隔 l 变化的过程中, 材料 m 可以从其外面的一个无限大库中获取或被推至此库中.

从图像上来看, 考虑一块大介质 m 中的 A 与 B (见图 L1.2). 从远处看它们像小颗粒; 较近时看它们就形成一对, 其间隔远小于尺寸. 在更近处看, 它们之间的距离与其外围尺寸比起来就是无限小了.

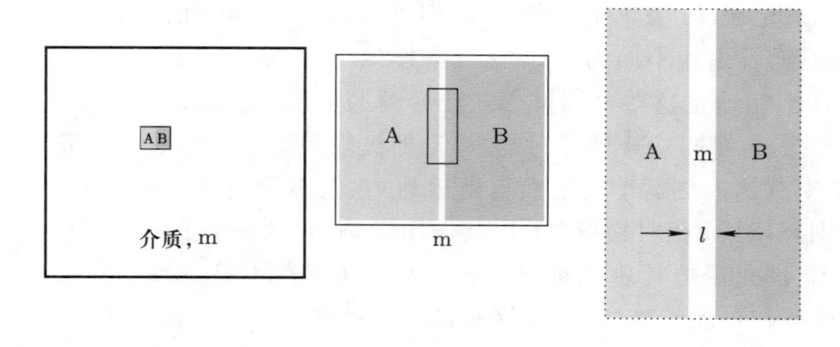

图 L1.2

虽然材料 A、B 和 m 都是电中性的, 但它们是由运动电荷组成的. 任意给定瞬间, 在一给定位置出现的可能是一个净的正电荷或一个净的负电荷. 总体上, 在这些物体占据的整个空间, 所有电荷组成一个瞬时构型, 而在这些物体所占据的以及外部包围它们的整个空间, 存在一个相应的电磁场. 运动电荷还会产生涨落的磁场. 虽然它们的贡献通常不如涨落的电场那么大, 但在此第 1 级教义后面的完整处理方法中, 我们还是把它们包括进去的.

当两个物体相距很远时, 其电荷的跳动以及相应的场仅依赖于其自身材料和周围空间的性质. 当它们相互接近到一个有限间距 l, 则从各物体发出的场会作用于另一个物体上, 也会作用到它们之间的介质上. 假如每个物体的电荷与场的跳动都能够像另一个物体不在附近那样持续下去的话, 则其对相互作用能量的平均效应为零.

[42] 但事实上, 进入各个物体 (以及中间介质) 和从它们发出的所有场都会使这些跳动变形, 结果是倾向于出现电磁平均能量较低的整体构型和运动. 这种概率上的变化, 以及对跳动的相互扰动, 就产生了 “电荷涨落” 力或 “范德瓦尔斯” 力或 “电动” 力 (见图 L1.3).

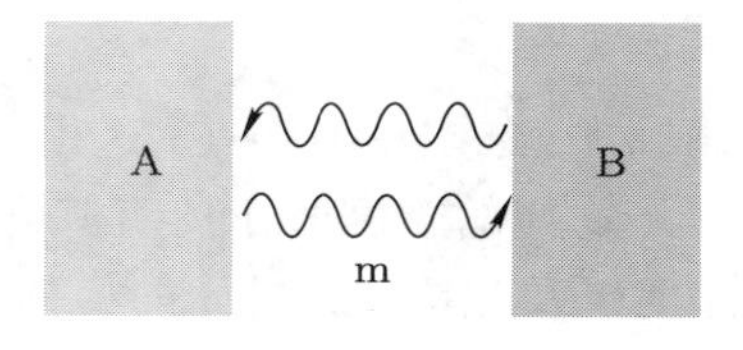

图 L1.3

在这些涨落中, 哪几类电荷及其运动是比较重要的呢? 实际上, 每一种都有贡献: 在原子中运动的电子, 振动与转动的偶极子, 溶液中的流动离子, 以及金属中的流动电子. 能够对外加电场或磁场发生响应的各种电荷运动也可以产生瞬态的电磁场. 为了更形象化, 我们可以通过振动的滤波器来描述这些运动, 认为它们发生在不同的 “实” 正弦频率处.

是什么驱动了这些电荷涨落? 较低频的运动, 诸如离子位移, 分子转动, 以及分子振动, 都对应于热能. 低频运动的极限是离子的平动或偶极分子的转动, 受变幻莫测的热运动支配而自由运动, 它们不受化学键的约束, 而只受到其与周围环境的 (相对松散的) 相互作用影响. 在这一类运动中, 时间因素不太重要, 我们只需把其总合起来考虑为发生在 “零频率” 域中. 电荷很乐于悠闲地采取各种可能的排列, 只要这些排列所耗费的能量与热能 kT 相仿即可.

较快的运动对应于较高的频率, 即作为所有材料吸收谱特征的紫外频率. 电子的这些运动远快于由热扰动引起的任何运动. 它们是非常基本的不确定性关系的结果, 即不可能同时确定一个带电粒子的位置与动量 (或者电磁场的能量与持续时间). 这些快速运动正是电荷涨落力的一个重要来源.

从剧烈跳动的电荷组成的构型来进行研究. 考虑由这些运动电荷产生的不断变化的电场. 考虑相隔不同距离的相互作用物体之间发出的集合波的波谱. 相距越近, 各涨落之间的耦合越强, A 与 B 之间通过 m 传送的电信号也越强.

电荷位移随着时间灵活变化, 通过与时间有关的介电电容率或磁导率来测量, 可以用介电函数 ε 和磁函数 μ 表示. ε 和 μ 两者都与频率有关, 测量的是材料极化率 (磁化率) 对各频率处电场和磁场的反应. 为简洁起见, 在此引言的剩余部分仅描述介电函数和电涨落. 而完整的表述将在第 2 级和第 3 级的实践与推导部分给出. [43]

与材料性质有关的数学形式

在介质 m 中把物体 A 和 B 从相距无穷远拉至有限距离 l 所需的电动功, 或自由能 $G_{\mathrm{AmB}}(l)$, 与各物体和介质的介电极化率之差 $(\varepsilon_{\mathrm{A}}-\varepsilon_{\mathrm{m}})$ 和 $(\varepsilon_{\mathrm{B}}-\varepsilon_{\mathrm{m}})$ 有关. 如果两个相邻材料的 ε 一样, 则材料之间的界面将是电磁隐形的. 没有电磁界面, 没有 "间隔" l!

极化率 $\varepsilon_{\mathrm{A}}, \varepsilon_{\mathrm{B}}$ 与 ε_{m} (见图 L1.4) 以相对差值出现, 即差值与和值之比, 通常写成 $\overline{\Delta}_{\mathrm{Am}}$ 和 $\overline{\Delta}_{\mathrm{Bm}}$:

$$\overline{\Delta}_{\mathrm{Am}}=\frac{\varepsilon_{\mathrm{A}}-\varepsilon_{\mathrm{m}}}{\varepsilon_{\mathrm{A}}+\varepsilon_{\mathrm{m}}}, \quad \overline{\Delta}_{\mathrm{Bm}}=\frac{\varepsilon_{\mathrm{B}}-\varepsilon_{\mathrm{m}}}{\varepsilon_{\mathrm{B}}+\varepsilon_{\mathrm{m}}}. \tag{L1.1}$$

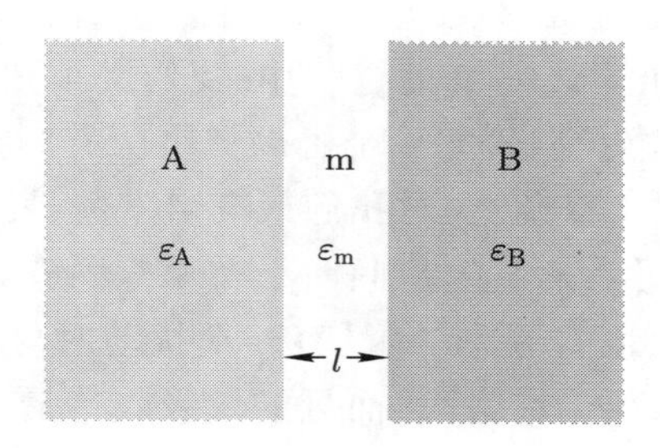

图 L1.4

由于每种材料的介电性质是频率的不同函数, 故各 $\overline{\Delta}$ 也与频率有关. (对于磁化率 $\mu_{\mathrm{A}}, \mu_{\mathrm{m}}$ 与 μ_{B}, 也有相似的差值与和值之比关系; 这些通常都是小量, 故在此导引性的讨论中可以忽略.)

这里所用到的介电响应是静电学中的介电 "常量" 的推广. 在静电学中, 为了描述介质中的电荷 - 电荷相互作用, 我们引入介电常量对真空中的库仑定律进行修改 (真空中 $\varepsilon_{\text{vacuum}} \equiv 1$), 因为我们已经认识到: 介质本身也能对电荷所建立的静电场或缓慢变化的电场发生响应. 有一个好办法可以研究在简单静电学中, 以及在此处电动力学中的响应, 就是考虑放置于电容器的两个极板之间的材料. 给极板加上一个已知的振荡电压; 测量中间材料为了适应外加电压而移动到极板上的电荷数量. 此电荷数可用于量度电容, 即在一个特定的外加电压下极板可容纳多少电荷; 它正比于频率 ω 处的极化率或介电电容率 $\varepsilon(\omega)$. 由外加电源传输给极板的额外电荷数量正比于极板间材料传输到其外缘 (极板处) 的电荷, 而符号相反 (见图 L1.5).

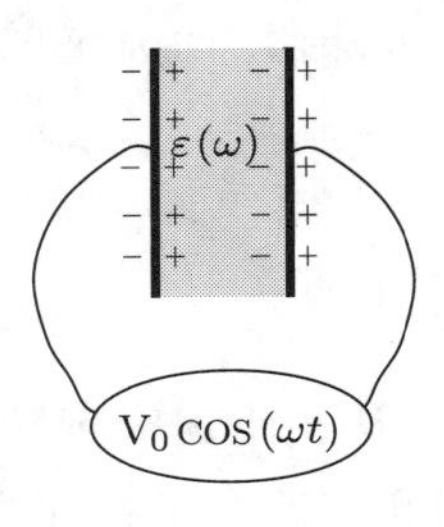

图 L1.5

这里我们提到了相对的 ε 值. 如果极板之间没有材料, 则在靠近极板内侧处不会出现额外电荷. 关于 $\varepsilon(\omega)$ 我们感兴趣的是, 这里的电容与极板间仅存在真空的情形有多大差别. 此相对 $\varepsilon(\omega)$ 的定义为: 电容与真空情形电容 ($\varepsilon_{\text{vacuum}} \equiv 1$) 的比值. 换句话说, 可以认为 ε 的物理重要部分是差值 $\varepsilon - 1$. 当不存在材料响应时, 比如在 $\omega \to \infty$ 的极限情形, 材料中的电荷跟不上外加电场的变化, 则材料的 ε 趋于 1. [44]

在观察电荷涨落 (电动力学!) 的过程中, 我们必须知道每种材料在所有频率 ω 处的响应. 这就好像我们研究一个可以提供所有频率电场的理想电容器, 并测量在各频率处的材料极化率. 对我们最有启发的是, 材料会从连续变化的场中吸收能量, 由此就可看出其电荷倾向于在哪些固有频率处跳动. 当外加电场的频率正好等于某个固有频率, 即没有外部扰动时材料电荷自发运动的频率, 就会产生共振, 即电荷位移最大, 而且能量吸收达最大.

我们认为这些固有频率或共振频率在本质上与父母为了使秋千上的小孩荡高而推动秋千的节奏相同. 推得太快或太慢, 当然也能使小孩和秋千动起来, 但振幅不如以其共振频率推动时那么大. 当推动者 (父母) 与被推者 (小孩加秋千) 的节奏不同步时, 父母所施的能量会对抗他们自己, 迫使仍在朝他们运动的秋千慢下来, 或者追上已经离开的秋千. 仅当两者的节奏相同时, 它们才能顺利地进行周期性的谐运动. 仅在此情形中, 外部的作用才会转化成最大运动; 为了维持推动所需的功就等于被轴承或空气的摩擦吸收掉的能量.

从声频 (由于电导以及带电极板上的电化学反应, 低于此频率时会有问题) 到微波频率 (在此频率之上电子学不够快) 的范围内, 电容器是一个真正实用的设备, 而不仅仅是测量介电响应与能量吸收的一个概念上方便的图像. 在更高频率即红外, 可见光, 紫外的区域, 此信息来源于电磁波的吸收与反射 (见图 L1.6). (在第 2 级的 L2.4.A 部分中对介电响应做了非常详细的讨论.)

从整块材料的角度来考虑介电极化率是要付出代价的. 假设两个相互作用物体 A 和 B 相距很远, 所以看不到其各自结构的分子或原子特性. 这就是 "宏观连续体" 极限: 在实验室尺度上材料可视为宏观物体; 所有的极化率性质都被平均掉了, 就像在对宏观物体的电容测量或透射 – 反射测量中它们被平均掉那样. 事实上, 代价也不是太大. 间隔 l (图 L1.1, L1.2 及 L1.4) 必须远大于原子堆积的颗粒度. 对于大多数材料, 可以允许间隔降低至 ~20 Å. 在计算上很实用的这个间隔下限并未把许多重要的应用排除在外.[2]　[45]

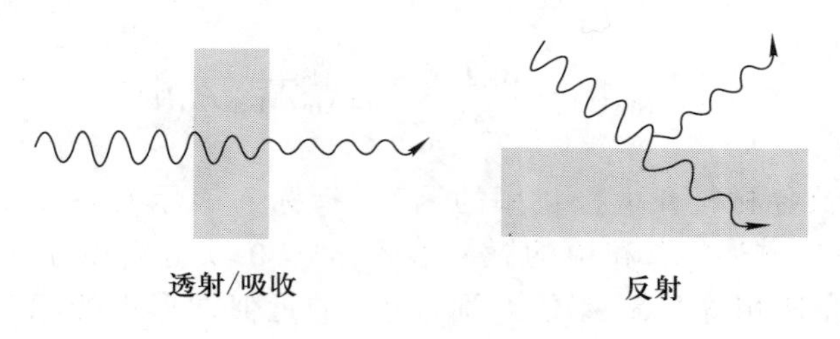

图 L1.6

电荷涨落自由能的数学形式

由于历史的原因, 我们把图 L1.1 中的两个平面平行半空间的相互作用自由能 $G(l)$ 用 "Hamaker 系数" A_{Ham} 来表示, 即单位面积上的相互作用形式为

$$G(l) = -\frac{A_{\mathrm{Ham}}}{12\pi l^2}. \tag{L1.2}$$

为了弄清材料 A 与材料 B 通过厚度 l 的介质 m 发生相互作用的情形, 我们与无限大间隔进行比较, 把 $G(l)$ 写成带下标的形式:

$$G_{\mathrm{AmB}}(l) = -\frac{A_{\mathrm{Am/Bm}}(l)}{12\pi l^2}. \tag{L1.3}$$

"与无限大间隔进行比较" 的限定条件看起来比较学术化. 其实在本质上它与下述情形是一样的: 使物体荷上一个孤立静电荷的 "自能", 与它附近存在其它电荷时的库仑修正形式进行比较, 两者之间存在差异. 由于不确定性原理以及所有频率处都存在的零点涨落, 无论在介质中还是真空中, 所有的电荷涨落能量之和都是无限大的. 幸运的是, 此功或自由能 $G_{\mathrm{AmB}}(l)$ 在物理上最重

要的部分是其导出压强. 我们把此压强从间隔无限远处积分至有限距离 l, 以提炼出所做的功相对于不同间距的有限变化. (类似地, 为了解决同样麻烦的无穷大问题, 普朗克把无限大电磁能量的温度微商而非空间微商与观测到的黑体辐射能量联系起来.)

$G_{\mathrm{AmB}}(l)$ 的一般形式中包含很多可爱的部分. 为了防止大家对复杂的表达式产生恐惧感, 在第 1 级中我们把它写成一个近似精确的形式, 可以很容易地拆开来进行考察. 此相互作用公式的简化形式在以下情形中成立: (1) 各极化率 $\varepsilon_{\mathrm{A}}, \varepsilon_{\mathrm{B}}$ 和 ε_{m} 之间的相对差别很小, (2) 各磁化率之间的差别可以忽略, 以及 (3) 假设介质 A 和 B 中的光速与介质 m 中的光速相同. 事实上, 这些启发式的近似并不是必需的, 反而是在真实计算中应该避免的.

取至首阶近似, 界面 Am 与 Bm 之间相互作用的 Hamaker 系数 $A_{\mathrm{Am/Bm}}(l)$ 为

$$A_{\mathrm{Am/Bm}}(l) \approx \frac{3kT}{2} \sum_{n=0}^{\infty}{}' \overline{\Delta}_{\mathrm{Am}} \overline{\Delta}_{\mathrm{Bm}} R_n(l), \tag{L1.4}$$

它是距离 l 以及各材料介电极化率的函数. 指标 n 表示对各频率 ξ_n 求和, 具体将在下一部分描述. 求和中的撇号表示 $n = 0$ 项应乘以 1/2. 等价地, 我们可以把此 “光速相等、各 ξ_n 值差别很小” 的近似情形中的相互作用自由能 $G_{\mathrm{AmB}}(l)$ 写成:

[46]

$$G_{\mathrm{AmB}}(l) \approx -\frac{kT}{8\pi l^2} \sum_{n=0}^{\infty}{}' \overline{\Delta}_{\mathrm{Am}} \overline{\Delta}_{\mathrm{Bm}} R_n(l), \tag{L1.5}$$

其中各 $\overline{\Delta}$ 是已在 (L1.1) 式中定义过的各 ε 的相对差值.

$A_{\mathrm{Am/Bm}}$ 随间距的变化来源于 “相对论性屏蔽函数” $R_n(l)$, 我们在后面会详细描述. 在长距离处, 必须考虑到电磁波的速度是有限值, 故此因子变得很重要. 在短距离处, $R_n(l) = 1$; 两个平表面间的相互作用能量随着距离平方而变化. 在长距离处, 相互作用的任意有效幂律变化关系都与各材料的特定间距以及它们之间的有效电磁波波长有关.

我们现在还能听到关于 $A_{\mathrm{Ham}} = A_{\mathrm{Am/Bm}}(l)$ 的古老称呼 “Hamaker 常量”, 当人们提出这个称呼时并没有意识到系数本身也可以随着间距 l 而变化. 在现代用法中, 这个随着空间变化的系数在零间距处的取值, 仍然可以作为对范德瓦尔斯力强度的一种普遍而有用的量度.

各 ε, $\overline{\Delta}$ 以及 R_n 的所有取值频率

各 ε 值是对 (不幸地) 被我们称为 “虚” 频率的无穷序列采样的, 在几十年的时间里也许正是这个可怕的名称阻碍了人们从现代理论中获益. 电荷的跳

动可以通过它们相对于其位置的时间平均值的自发涨落, 以及它们回归平均位置过程所遵循的对时间的缓慢指数关系来描述. “虚” 频率能够描述这个随指数变化、而非正弦变化 (纯振动) 的过程.

回忆一下, 如果我们利用虚数 $\mathrm{i}=\sqrt{-1}$, 就可以把指数 $\mathrm{e}^{\mathrm{i}\theta}$ 写成

$$\mathrm{e}^{\mathrm{i}\theta}=\cos\theta+\mathrm{i}\sin\theta. \tag{L1.6}$$

为了利用此公式来描述波的振动, 我们可以把 θ 随着 t 的变化关系写成 $\theta=\omega t$, 这里 “圆频率” ω 的单位是 rad/s. 此 ω 与通常的频率 ν (其单位是转每秒, 或 Hz) 相差因子 2π. 利用

$$\omega\equiv 2\pi\nu, \tag{L1.7}$$

可以把通常的波振动 $\cos(2\pi\nu t)$ 写成更紧凑的形式 $\cos(\omega t)$. 对于一般的稳定振动, 我们考虑 $\mathrm{e}^{\mathrm{i}\omega t}$ 的数学实部, $\mathrm{Re}(\mathrm{e}^{\mathrm{i}\omega t})=\cos(\omega t)$, 它表现为通常的 “正弦” 振动.

电荷受到不确定性以及周围环境的随机驱动, 会顺着自然趋势发生响应, 即运动是不规则的. “频率” 的概念除了包含常规的正弦运动之外, 还须推广以把暂态脉冲包括在内. 电荷涨落的理论需要用到 “复” 频率 ω,

$$\omega=\omega_{\mathrm{R}}+\mathrm{i}\xi, \tag{L1.8}$$

实部为 ω_{R} 而虚部为 $\mathrm{i}\xi$ (其 ω_{R} 和 ξ 可以为正或负, 但总是数学上的实数). 于是 “振动” 就可以写成

$$\mathrm{e}^{\mathrm{i}\omega t}=\mathrm{e}^{\mathrm{i}(\omega_{\mathrm{R}}+\mathrm{i}\xi)t}=\mathrm{e}^{-\xi t}\mathrm{e}^{\mathrm{i}\omega_{\mathrm{R}}t}, \tag{L1.9}$$

这里的 $\mathrm{e}^{\mathrm{i}\omega t}$ 原先是振荡的 (其频率为纯的实数), 而现在成指数变化, 因子为 $\mathrm{e}^{-\xi t}$. “虚频率” 并没有什么神秘的. 它只是描述电磁场的平均指数变化以及引起相互作用的电荷涨落的方便语言. 纯虚数 $\omega=\mathrm{i}\xi$ (其 ξ 为正) 可用来描述纯衰减的 $\mathrm{e}^{-\xi t}$ 形式 (见图 L1.7). [47]

大家还记得秋千上的小孩吧. 奶奶就是一个物理学家. 她用力地推一下秋千, 然后在旁边观察. 秋千以其自有频率来回运动; 此振动来源于 ω_{R}. 秋千摆动的振幅逐渐衰减; 此衰减来源于 ξ. 奶奶同时关注着 ω_{R} 和 ξ, 过一阵子就瞅准时机推一下秋千 —— 这种推动与 ω_{R} 同相, 并且得赶在振幅衰减至太小之前, 否则就会受到孩子的埋怨了.

大哥哥是一个爱偷懒的物理系学生. 他决定让小弟弟自己荡秋千, 但期望偶然经过的路人会给秋千和孩子一个随机的推动. 他知道每次推动都会产生一个振动 ω_{R}. 他希望, 与衰减时间 $1/\xi$ 相比, 这些推动的次数足够多, 从而使孩子和秋千能够以其固有频率 ω_{R} 维持摆动.

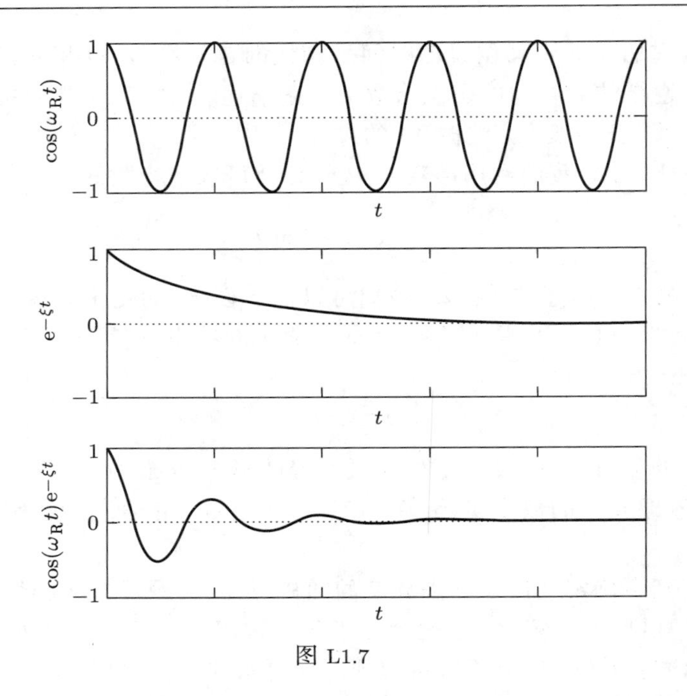

图 L1.7

我们还能从材料性质的角度来认识虚频率, 就是说, 它可以探测电荷跟上指数变化的 (而非振荡的) 电场的能力. ξ 越大, 外加电场变化越快, 则材料中的电荷要跟上场的变化就越困难. 所以很自然地, 对一个纯虚数 (正) 频率的介电响应 $\varepsilon(i\xi)$ 是 ξ 的单调递减函数, 一直可以降到极限值 1 (即 $\xi \to \infty$ 时的真空响应).

实际上, 材料的性质 $\varepsilon(\omega)$ 通常由实频率值 $\varepsilon(\omega_R)$ 来测量. 然后在数学上转换成 (正) 虚频率的函数 $\varepsilon(i\xi)$. 对应于能量吸收谱中极大值的实频率值与 $\varepsilon(i\xi)$ 下降最快处的虚频率值很接近.

[48] 为什么要费劲地使用这些实数与虚数对照的语言呢? 有什么物理以及实用方面的理由吗? 实际上, 尽管我们可以用振荡的实频率来描述材料的响应, 但介电函数在共振频率附近会剧烈变化; 如果转换成虚频率的指数语言, 则 ε 函数就会变成容易处理的形式. 物理上, 自发涨落的重要事件包括发生突然变化和以指数形式回归平衡; 事实上用指数语言更合适. 如果要计算范德瓦尔斯力, 我们不必非得用指数变化的语言, 但如果用的话确实会容易很多.

对于具有单一吸收频率的理想材料, 吸收谱与虚频率响应之间的联系看起来就如图 L1.8 所示.

计算过程中, 极化率 ε 在一组离散的 (正) 虚频率 $i\xi_n$ 处取值, 即

$$\xi_n \equiv \frac{2\pi kT}{\hbar}n \tag{L1.10}$$

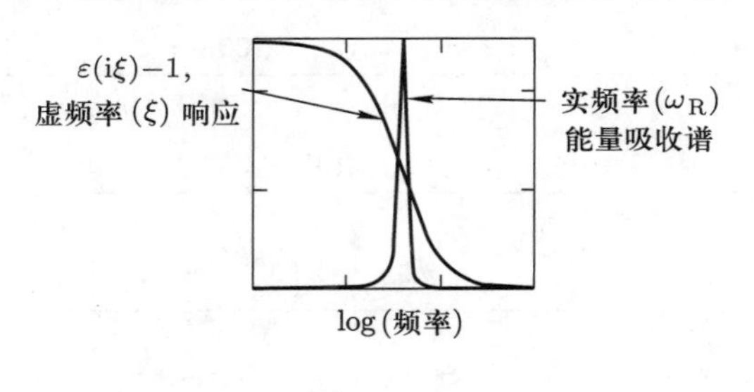

图 L1.8

n 的取值为 $n = 0$ 至无穷大的一组整数. 这些取样频率来源于量子理论, 称为 "Matsubara 频率". 在本书第 3 级中, 证明了它们来源于谐振子的性质, 其能级间隔以 $\hbar\xi_n$ 为单位. (见第 3 级, L3.2.A 部分.) 就是说, 在量子观点中, 与这些取样频率 ξ_n 值对应的光子能量正比于热能 kT:

$$\hbar\xi_n \equiv 2\pi kTn. \tag{L1.11}$$

其中 kT 反映了热扰动对电荷涨落的贡献.

关系式 $2\pi\hbar = h$ (普朗克常量 $h = 6.625 \times 10^{-34}$ J · s 或 $h = 6.625 \times 10^{-27}$ ergs · s) 表明, 必须用热单位 $2\pi kT$ 来考虑 $\hbar\xi_n$.

在室温下, 系数 $(2\pi kT_{\mathrm{room}}/\hbar) = 2.41 \times 10^{14}$ rad/s, 所以

$$\xi_n(T_{\mathrm{room}}) = 2.41 \times 10^{14} n \ \mathrm{rad/s}. \tag{L1.12}$$

利用光子能量 $\hbar\xi_1(T_{\mathrm{room}}) = 0.159$ eV, 有

$$\hbar\xi_n(T_{\mathrm{room}}) = 0.159\ n \ \mathrm{eV}. \tag{L1.13}$$

此系数足够大, 故 $\xi_0 = 0$ 之后的首个取样频率 $\xi_1(T_{\mathrm{room}})$ 对应于红外振动的周期. 其相应的波长为 $\lambda_1 = 2\pi c/\xi_1 = 7.82 \times 10^{-4}$ cm $= 7.82$ μm $= 7.82 \times 10^4$ Å.

问题 L1.1: 为了确定哪些取样频率在电荷涨落力中起作用, 温度的因素究竟有多重要? 对于 $n = 1, 10$, 以及 100, 计算 $T = 0.1, 1.0, 10, 100$, 以及 1 000K 时的虚数圆频率 $\xi_1(T)$, 其对应于频率 $\nu_1(T)$, 光子能量 $\hbar\xi_1(T)$, 以及波长 λ_1. [49]

由于相关频率的范围很大, 而且频率是以对数方式变化的, 所以用对数标度 log (频率) 或 $\log_{10}(\hbar\xi_n)$ 来画电荷涨落谱更有效. 如果给定各取样频率 ξ_n 具有均匀间距, 则用对数坐标作图得到的取样频率密度随频率上升. 在 $\xi = 10^{15}$ 和 10^{16} rad/s 之间的取样频率数目 (由图 L1.9 中的方块表示, 此图是对 $T = T_{\mathrm{room}}$ 画出的) 为 $\xi = 10^{14}$ 和 10^{15} rad/s 之间的取样频率数目的 10 倍.

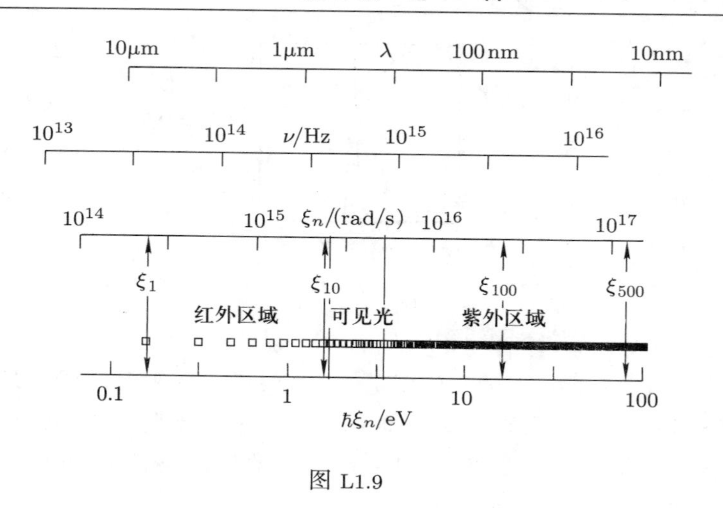

图 L1.9

用 log (频率) 或 $\log_{10}(\hbar\xi_n)$ 为坐标来画图, 即使不同 ξ 值对应的 $\overline{\Delta}$ 都保持为常数, 频率对于电荷涨落力的贡献密度也是上升的. 频率的这种对数性质可以让我们更清楚地看到每个吸收频率值和其对电荷涨落力的贡献谱之间的关系. 我们还可以看到红外区域的谱细节不像紫外区域的谱细节那样重要, 因为紫外区域的取样更密集. 在后面部分可以看到这个取样密度 [参见范德瓦尔斯相互作用谱部分的图 L1.22(a)和 L1.22(b)].

在室温下, 对一组 ξ_n 的完整取样 (图 L1.9) 包括零频率项和红外区域中的几项, 以及其后在可见光与紫外区域的很多项. 因此在大多数情况下, 我们预期紫外谱的性质在数值上占了范德瓦尔斯相互作用的大部分, 虽然在这些频率处, (L1.1) 式的值,

$$\overline{\Delta}_{\mathrm{Am}}=\frac{\varepsilon_{\mathrm{A}}-\varepsilon_{\mathrm{m}}}{\varepsilon_{\mathrm{A}}+\varepsilon_{\mathrm{m}}},\quad \overline{\Delta}_{\mathrm{Bm}}=\frac{\varepsilon_{\mathrm{B}}-\varepsilon_{\mathrm{m}}}{\varepsilon_{\mathrm{B}}+\varepsilon_{\mathrm{m}}},$$

[50] 通常也很小. 紫外涨落频率的贡献之所以重要, 完全是因为在近似式 (L1.4) 与 (L1.5) 的求和 $\sum_{n=0}^{\infty}{}'$ 中紫外项所占的数目很多.

对于低频处 ε 值很大的高极性材料, 这种紫外占主导的预期并不是总能实现的. 特别地, 水和非极性材料 (如碳氢化合物) 的 $\varepsilon(0)$ 值相差很大, 会导致 $\overline{\Delta}(n=0)$ 的大小 $\sim(80-2)/(80+2)$, 即近似等于 1. 在对 n 的求和中, 此第一项比其后各项大很多. 在红外频率处, 极性液体的 $\varepsilon(\mathrm{i}\xi_1)$值已经降为 ~ 2 或 3, 而各 $\overline{\Delta}$ 已经小于 1 了.

在较高频率处, 光子能量远大于 kT, 而其对应的电荷涨落激发并非是由温度驱动的. 同样在这些较高频率处, 介电响应函数的变化非常慢以至于对 n 的求和可以精确地平滑化为对频率的积分, 此积分对温度没有明显的依赖

关系.

问题 L1.2: 如果我们把因子 kT 太当真的话, 则看起来范德瓦尔斯相互作用是随着绝对温度线性增大的. 证明: 当贡献来自于对应 $\overline{\Delta}$ 值变化很小的取样频率范围 $\Delta\xi$ 时, 范德瓦尔斯力几乎不随温度变化, 只有各分量 ε 值本身与温度有关.

问题 L1.3: 如果相互作用确实是随间距而变化的自由能, 则它必定包括能量与熵两部分. 范德瓦尔斯相互作用的熵是多少?

考虑此平滑极限中的一种情形: A 与 B 为全同非极性材料、且在光子能量远大于 kT 的频率处有一个吸收峰. 设 m 为真空, $\varepsilon_{\mathrm{m}} = 1$. 因此 $\overline{\Delta}_{\mathrm{Am}}(\mathrm{i}\xi)\overline{\Delta}_{\mathrm{Bm}}(\mathrm{i}\xi) = \overline{\Delta}(\mathrm{i}\xi)^2 = \{[\varepsilon(\mathrm{i}\xi) - 1]/[\varepsilon(\mathrm{i}\xi) + 1]\}^2$. 由于介电响应 $\varepsilon(\mathrm{i}\xi)$ 随着 ξ 单调下降, 故 $\overline{\Delta}(\mathrm{i}\xi)^2$ 也是这样 (见图 L1.10).

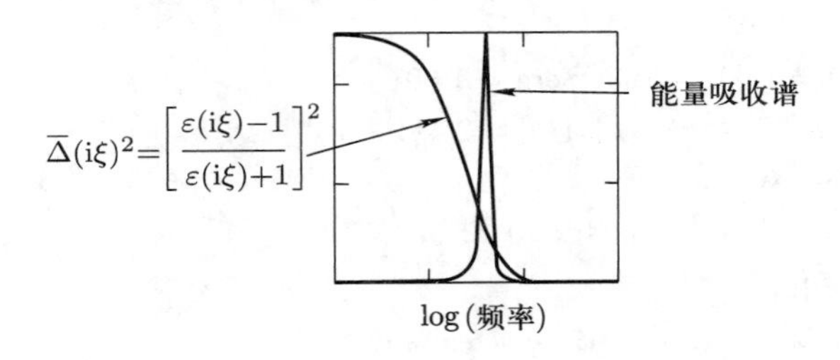

图 L1.10

由于取样频率的密度是变化的, 故对电荷涨落力的贡献谱有一个极大值. 在 $\overline{\Delta}(\mathrm{i}\xi)^2$ 为常量的频率段, 对力的贡献是随频率递增的函数, 因为取样频率的密度是增加的. 在 $\overline{\Delta}(\mathrm{i}\xi)^2$ 减小到零的频率段, 对力的贡献就中止了 (见图 L1.11).

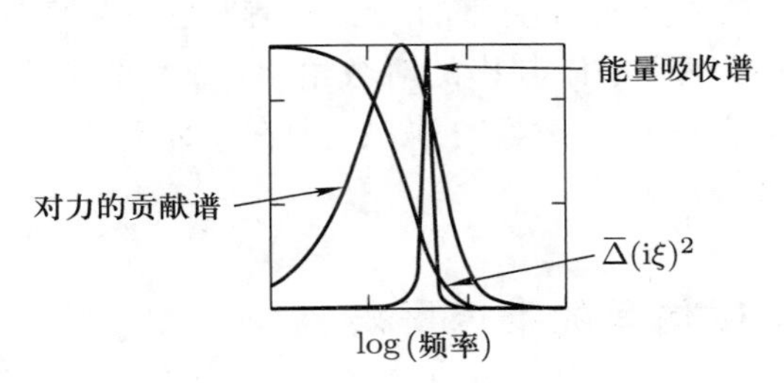

图 L1.11

[51]

表 L1.1 语言, 单位, 以及常量

求和 $\sum_{n=0}^{\infty}{}'$ 是对涨落的特征频率取的.
求和指标从 $n=0$ 到 ∞ (原则上求和取到无穷大的频率, 但实际应用中取到一个足够大的值即可).
撇号表示 $n=0$ 项必须乘以 1/2.
特征频率为 $\xi_n = [(2\pi kT)/\hbar]n$.
$k=$ 玻尔兹曼常量
$\quad = 1.380\,7 \times 10^{-16}$ erg/K
$\quad = 1.380\,7 \times 10^{-23}$ J/K
$\quad = 8.617\,3 \times 10^{-5}$ eV/K.
$\hbar = 2\pi h$ (约化普朗克常量)
$\quad = 1.054\,6 \times 10^{-27}$ erg·s
$\quad = 1.054\,6 \times 10^{-34}$ J·s
$\quad = 6.582\,1 \times 10^{-16}$ eV·s.
1 电子伏特 (eV) $= 1.601 \times 10^{-12}$ erg $= 1.601 \times 10^{-19}$ J.
在 $T = T_{\text{room}} = 20°\text{C}$, $[(2\pi kT_{\text{room}})/\hbar] = 2.411 \times 10^{14}$ rad/s.
$2\pi kT_{\text{room}} = 0.159$ (eV).
$kT_{\text{room}} = 4.04 \times 10^{-14}$ erg$= 4.04 \times 10^{-21}$ J.
"虚" 属于指数变化.
复频率 ω 包括实部 ω_{R} 和虚部 $\text{i}\xi$: $\omega = \omega_{\text{R}} + \text{i}\xi$.
信号随时间的变化形式为 $\text{e}^{+\text{i}\omega t} = \text{e}^{+\text{i}\omega_{\text{R}}t}\text{e}^{-\xi t}$.
一个纯虚数的频率以指数形式变化 $\text{e}^{-\xi t}$.

关于频率谱

我们已经知道频率是对数变化的. "倍频程" 是原频率的两倍, "十进频" 是其 10 倍. 各电磁频率段是以频率的对数给出的. 可见光的频率段仅覆盖了 "倍频程"; 频率的其它段 —— 声波、微波、红外、X 射线、宇宙射线, 则覆盖 "十进频". 见表 L1.2.

源于有限速度电磁信号的推迟屏蔽

在 $A_{\text{Am/Bm}}$ 的近似式 (L1.4) 中, 被加数的最后一个因子是 R_n, 即源于有限光速的一个无量纲的 "相对论性推迟修正因子".

表 L1.2 频 率 谱

[52]

波段	$\log_{10}[\nu(\mathrm{Hz})]$	$\log_{10}[\omega(\mathrm{rad/s})]$	λ,真空	$h\nu=\hbar\omega(\mathrm{eV})$
声波	$\sim 1-4.3$ (20 kHz)	$\sim 1-5.1$	$>1.5\times10^6$ cm	$<10^{-10}$
微波	$4.3-11.5$ (300 GHz)	$5.1-12.3$	$1.5\times10^6-0.1$ cm	$\sim10^{-10}-\sim10^{-3}$
红外	$11.5-14.6$ (4×10^{14} Hz)	$12.3-15.4$	0.1 cm $-$ 0.8 μm	$\sim10^{-3}-1.6$
可见光	$14.6-14.9$ (8×10^{14} Hz)	$15.4-15.7$	800 $-$ 400 nm	$1.6-3.3$
紫外	$14.9-17$ (10^{17} Hz)	$15.7-17.8$	4 000 $-$ 30 Å	$3.3-416$
X 射线	$17-22$ (10^{22} Hz)	$17.8-22.8$	$30-3\times10^{-4}$ Å	$416-4.2\times10^7$
宇宙射线	>22	>22.8	$<3\times10^{-4}$ Å	$>4.2\times10^7$

1 eV 等于频率 $\nu=2.416\times10^{14}$ Hz 的光子能量 $h\nu$; 或者圆频率为 $\omega=1.518\times10^{15}$ rad/s 的光子能量 $\hbar\omega$; 或者波长为 $\lambda=1.242\times10^4$ Å $=1$ 242 nm $=1.242$ μm 的光子能量 hc/λ, 在室温下等于 $40kT$.

$\omega=10^{15}$ rad/s 对应于光子能量 $\hbar\omega=0.66$ eV.

$\nu=10^{14}$ Hz (或 r/s) 对应于 0.414 eV.

在此, 我们对那些听上去很复杂的术语给出另一个简单的思路. 想想那些跳动的电荷. 考虑它们走一步所需的时间. 考虑由跳动电荷产生的电脉冲走过距离 l 到达另一物体所需的传播时间, 加上后者的电荷与之同步跳动并把信号返回所需的时间. 这是一个总长度为 $2l$ 的双程旅行; 所需时间是 $2l$ 除以中间介质的光速 $c/\varepsilon_{\mathrm{m}}^{1/2}$. (为了保持语言的一致性, 我们写成介电电容率的平方根而非通常的折射率 $n_{\mathrm{ref}}=\varepsilon_{\mathrm{m}}^{1/2}$. 同样在第 1 级中, 我们假设磁化率 $\mu_{\mathrm{A}},\mu_{\mathrm{m}}$ 和 μ_{B} 与真空中 $\mu=1$ 的差别可以忽略). 我们把此传播时间,

$$\frac{2l}{c/\varepsilon_{\mathrm{m}}^{1/2}}, \tag{L1.14}$$

相关的比值 r_n, 即相对于涨落寿命 $1/\xi_n$ 的传播时间, 写成

$$r_n=\left(\frac{2l}{c/\varepsilon_{\mathrm{m}}^{1/2}}\right)\Big/\left(\frac{1}{\xi_n}\right)=\frac{2l\varepsilon_{\mathrm{m}}^{1/2}\xi_n}{c}. \tag{L1.15}$$

在 A 和 B 中的光速取为与介质 m 中的光速相同的近似情形, 每个频率

[53]

涨落的相对论性屏蔽可以写成以下的直观形式 (见图 L1.12):

$$R_n(l;\xi_n) = [1 + r_n(l;\xi_n)]\mathrm{e}^{-r_n(l;\xi_n)} \leqslant 1. \tag{L1.16}$$

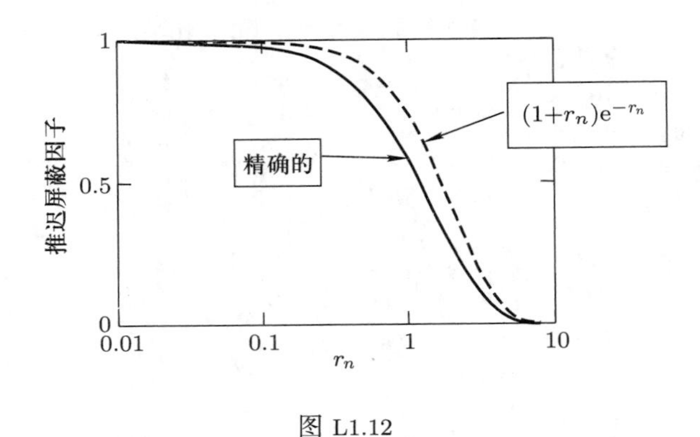

图 L1.12

如果比值 r_n 远小于 1, 就是说, 光信号来回传播的时间比涨落持续的时间 $1/\xi_n$ 短得多, 则 $R_n = 1$. 在两个物体之间没有信号损失; 因此有限光速并不会影响来源于取样频率 ξ_n 的范德瓦尔斯相互作用. (关于"精确的"屏蔽因子请见第 2 级的 L2.3.A 部分.)

问题 L1.4: 对于每个取样频率 ξ_n, 或其相应的光子能量 $\hbar\xi_n$, 满足 $r_n = [(2l_n\varepsilon_{\mathrm{m}}^{1/2}\xi_n)/c] = 1$ 的间距 l_n 应为多少?

当间距足够小以至于所有起作用的频率实际上都满足 $r_n \to 0(R_n \to 1)$ 时, A 和 B 之间通过 m 发生的相互作用为 [方程 (L1.3)],

$$G_{\mathrm{AmB}}(l) = -\frac{A_{\mathrm{Am/Bm}}(l)}{12\pi l^2},$$

即与间距平方成反比. 这是因为, 在 $l \to 0$ 的极限, Hamaker 系数 [近似式 (L1.4)]

$$A_{\mathrm{Am/Bm}}(l) \approx \frac{3kT}{2}\sum_{n=0}^{\infty}{}'\overline{\Delta}_{\mathrm{Am}}\overline{\Delta}_{\mathrm{Bm}}R_n(l),$$

不再 (通过 R_n) 随间距变化了, 故

$$A_{\mathrm{Am/Bm}}(0) = \frac{3kT}{2}\sum_{n=0}^{\infty}{}'\overline{\Delta}_{\mathrm{Am}}\overline{\Delta}_{\mathrm{Bm}}. \tag{L1.17}$$

在另一个极限, 即 $r_n \gg 1$ 的情形, 信号越过间隙 l 再返回来的传播时间比电磁涨落的寿命长一些. 衰减项几乎是指数地趋于零:

$$R_n = (1 + r_n)\mathrm{e}^{-r_n} \to r_n\mathrm{e}^{-r_n} \to 0.$$

在长距离或高频率 (即 ξ_n 值很大, 对应于涨落周期 $1/\xi_n$ 很小) 处不再有对范德瓦尔斯力的贡献. 当距离如此之远, 则信号要花费极长的传播时间才能使得电荷运动达到同步. 在信号从另一边传回来之前, "首个" 电荷构型已经移动得很远了, 以至于不会与 "第二个" 构型产生关联. 只有 $\xi_0 = 0$ 项 (其对应的 R_0 总是等于 1) 不受这种 (由光速有限引起的) "关联消失效应" 的影响. [54]

在这两种极限情形之间, Hamaker 系数 $A_{\mathrm{Am/Bm}}(l)$ 随间距的变化与相互作用材料的具体介电性质有关. 从重要的最高频率贡献开始, 范德瓦尔斯力有一个逐步的相对论性衰减. 仍然考虑两种全同材料通过真空发生的相互作用, 其在波长 $\lambda_{\mathrm{absorption}} = 500$ Å 处有一个重要的吸收频率 (见图 L1.13).

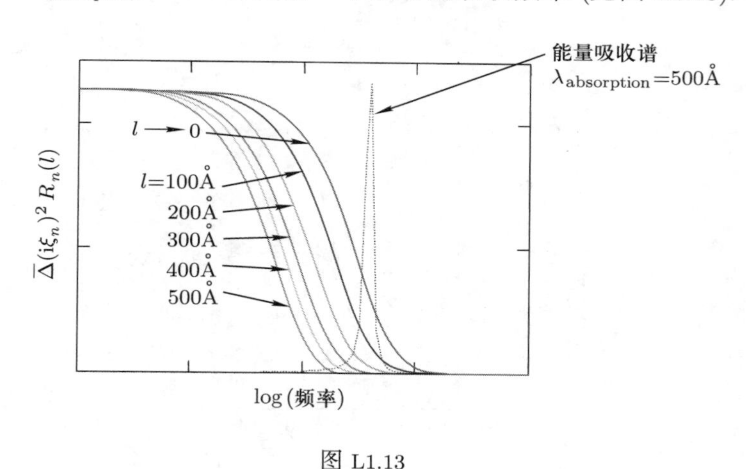

图 L1.13

即使在间隔为 100 Å, 即主吸收波长的 1/5 处, 也有衰减. 实际上, 在间隔 $l = \lambda_{\mathrm{abs}} = 500$ Å 处, 不存在来自于吸收频率段的贡献. 我们也可以通过不同频率处相互作用能量贡献的密度谱的变化, 清楚地看到推迟屏蔽的效应 (见图 L1.14).

通过求和至有限的极大频率 $\xi_{n_{\max}}$, 我们可以观察此谱的累积效应, 就像在 $\sum\limits_{n=0}^{n_{\max}}{}' \overline{\Delta}(\mathrm{i}\xi_n)^2 R_n(l)$ 中那样. 这样就能够看到, 当 $n_{\max}$ 增长到足够大以至于其后面的频率再无贡献时, 整个过程中相互作用是怎样发展的. 间距 l 越大, 此 "足够大" 就出现得越早, 故截止到 $n_{\max}$ 的部分求和实际上相当于取至无限大频率, 就像在求和 $\sum\limits_{n=0}^{\infty}{}' \overline{\Delta}(\mathrm{i}\xi_n)^2 R_n(l)$ 中一样. 当 $r_n = r_{n_{\max}} = 1$ 时就达到此极限. 在我们所选的吸收波长为 500 Å 的例子中, 如果 $l = 100$ Å, 则故事到 $n_{\max} \approx 62$ 结束; 如果 $l = 500$ Å, 则故事到 $n_{\max} \approx 12$ 就结束了 (见图 L1.15). [55]

此推迟屏蔽的整体后果表现在, 它改变了对 Hamaker 系数 $\mathrm{A}_{\mathrm{Am/Bm}}(l)$ 的

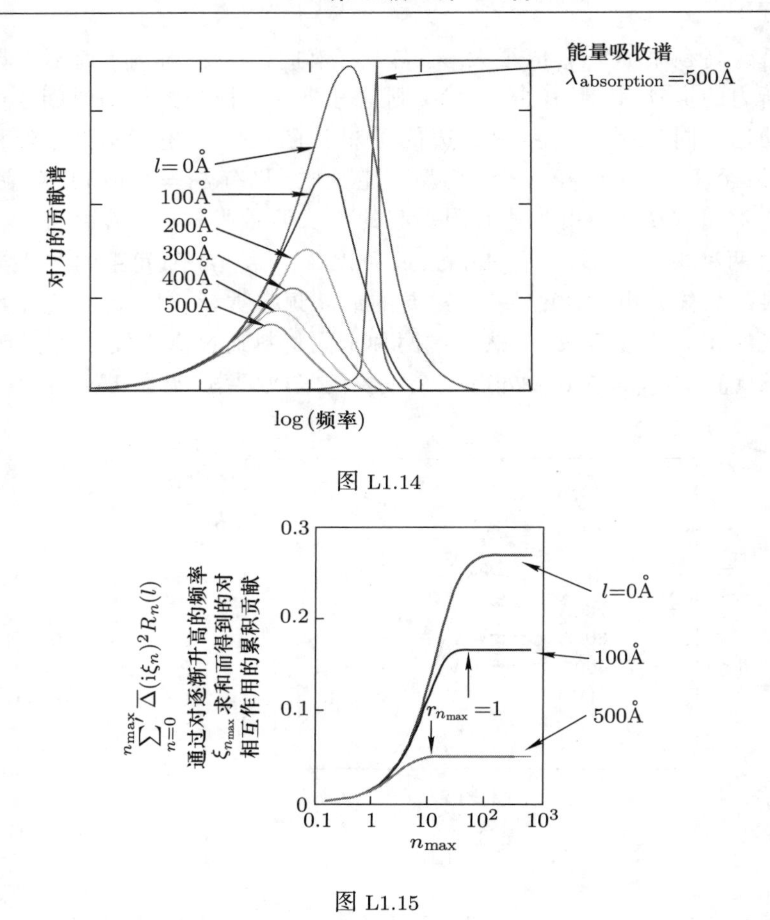

图 L1.14

图 L1.15

贡献. 分别画出 $A_{Am/Bm}(l)$ 随着 $\log(l)$ 的变化 (见图 L1.16) 以及随着 l 本身的变化 (见图 L1.17), 其减小的情形看起来是不同的.

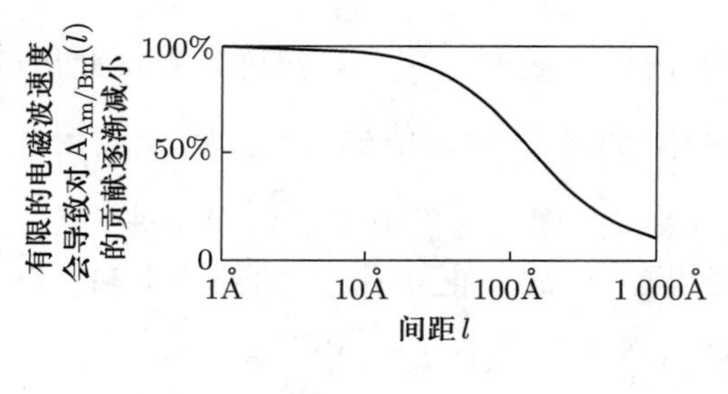

图 L1.16

这里 Hamaker 系数仅在一个很小的间距段是常数. 当吸收波长为 500 Å 时, $A_{Am/Bm}(l)$ 在间距 100 Å 处减小了 $\sim 50\%$. 当间距 l 等于吸收波长本身时,

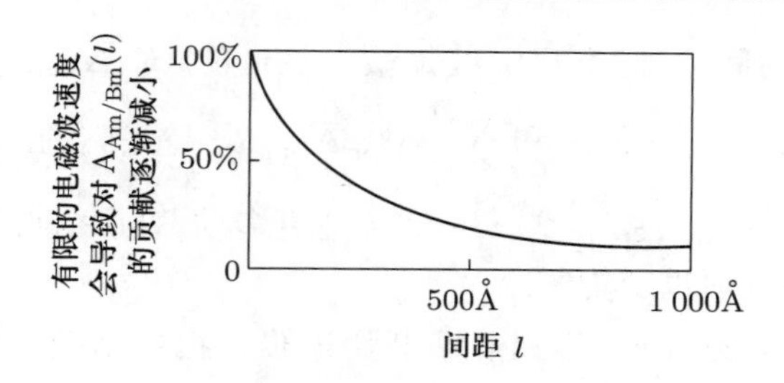

图 L1.17

此贡献降至其在 $l = 0$ 处值的 $\sim 25\%$.

范德瓦尔斯相互作用随着间距变化的有效幂律

当人们谈及相互作用能量 $G_{\mathrm{AmB}}(l) = -\{[A_{\mathrm{Am/Bm}}(l)]/(12\pi l^2)\}$ 时, 经常喜欢把它当作是以间距 l 的 p 次幂变化的. 如果我们坚持使用此类术语, 则必须认为幂次 p 本身也随间距变化. 形式上, 这就要求 $G_{\mathrm{AmB}}(l)$ 对 l 的所有依赖关系都存在于因子 $1/l^{p(l)}$中. $G_{\mathrm{AmB}}(l)$ 与待求的 $p(l)$ 的关系为

$$p(l) = -\frac{\mathrm{d}\ln[G_{\mathrm{AmB}}(l)]}{\mathrm{d}\ln(l)}. \tag{L1.18}$$ [56]

问题 L1.5: 说明如何从自由能 $G_{\mathrm{AmB}}(l)$ 中推出此幂律.

此单一吸收波长的例子显示了 $p(l)$ 与计算出的 $G_{\mathrm{AmB}}(l)$ 之间的关系 (见图 L1.18).

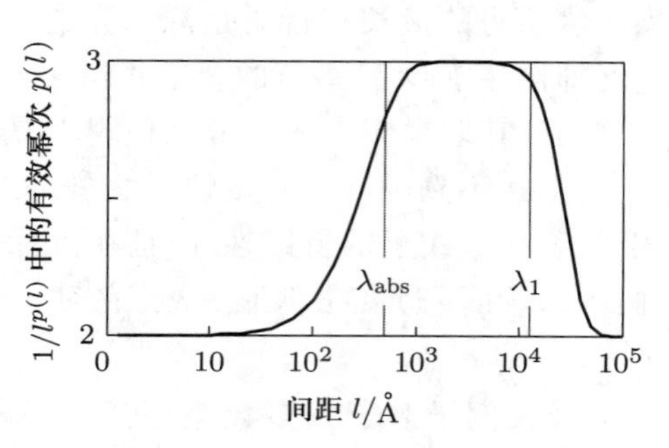

图 L1.18

对小于 ~ 20 Å 的 l, 幂次 $p(l)$ 几乎保持为常数 2. 当间距 l 接近吸收波长 500 Å 时, 幂次很快地增大为 3. 然后在 $l \approx 1\,000$ 至 10 000 Å 的区间内此指数都近似等于 3, 直到大间距极限时再降回至 2. 为什么呢?

在接近于零的间距处, 推迟屏蔽是微不足道的. 对 $\overline{\Delta}_{\mathrm{Am}}\overline{\Delta}_{\mathrm{Bm}} = \overline{\Delta}(\mathrm{i}\xi_n)^2 = \{[\varepsilon(\mathrm{i}\xi_n) - 1]/[\varepsilon(\mathrm{i}\xi_n + 1)]\}^2$ 的求和 $\sum_{n=0}^{\infty}{}' \overline{\Delta}_{\mathrm{Am}}\overline{\Delta}_{\mathrm{Bm}}R_n$ 是完整的. 就是说, 在推迟屏蔽 $R_n(l;\xi_n) = [1 + r_n(l;\xi_n)]\mathrm{e}^{-r_n(l;\xi_n)} \leqslant 1$ 把更多项截断之前, $\overline{\Delta}(\mathrm{i}\xi_n)^2$ 已经变为零, 故求和中的各项也变为零.

当间距大于 ~ 20 Å 时, 推迟屏蔽开始逐步地把更高频的贡献截断. 由于 $\overline{\Delta}(\mathrm{i}\xi_n)^2$ 和 $R_n(l;\xi_n)$ 两者在同一段 ξ_n 区间上趋于零, 故求和中的各项消失.

在更大间距处, 对应于 $\overline{\Delta}(\mathrm{i}\xi_n)^2$ 减小的所有频率都已被屏蔽掉; 对于剩下的各项, $\overline{\Delta}(\mathrm{i}\xi)^2$ 基本上为常数. 它取零频率值 $\overline{\Delta}(\xi = 0)^2$, 但屏蔽因子会继续起作用. 结果使得系数 $A(l)$ 与 l 成反比, 而总相互作用能量与间距的三次方成反比. 此特殊行为有时被称为纯推迟极限, 在第 2 级中会对其进行更严格的考察.

---

[57] **问题 L1.6**: 当求和的收敛性仅受到推迟函数 $R_n(l;\xi_n)$ 的影响时, 它是如何产生自由能的变化关系 $1/l^3$的?

最后, 当间距大于波长 $\lambda_1 = 2\pi c/\xi_1 = 7.82 \times 10^4$ Å (室温) 时, 两个平表面之间的范德瓦尔斯吸引作用的有效幂次 $p(l)$ 又降回至 2. 推迟效应甚至把与最低有限取样频率 ξ_1 相关的涨落也屏蔽掉了. 首项 $\frac{1}{2}\overline{\Delta}(\xi_{n=0})^2$ 就是求和 $\sum_{n=0}^{\infty}{}' \overline{\Delta}_{\mathrm{Am}}\overline{\Delta}_{\mathrm{Bm}}R_n$ 中所剩下的全部了. 此 $n = 0$ 项保持为关于间距的简单平方反比变化关系, 与间距很小情形中的幂次律形式类似.

我们能否说范德瓦尔斯力的最长程行为是源于光的有限速度? 在负面的意义上, 是的. 有限速度抑制了有限频率值的全部贡献. 但是如果能够认识光的量子本质, 可能就更好了. 其取样频率的离散性使得 (与 kT 有关的) 零频率贡献保留下来. 除了物理上达不到的 $T = 0$ K 情形之外, 此 $n = 0$ 项会在最大距离处凸显出来. 由于此项在形式上的持续性, 而且在极性体系中其值可能很大, 所以它引起了人们的兴趣. 不过在很低频率处, 它对于流动电荷传导性渗漏的屏蔽也是脆弱的.

这里用作说明的单吸收例子对于大多数范德瓦尔斯电荷涨落力是合适的, 因为重要的、通常占绝对优势的涨落位于紫外频率波段. 通常温度并不是需要考虑的因素; 对取样频率 ξ_n 的求和通常可以平滑化为一个连续的积分. 不过, 推迟屏蔽效应在间距大于 $20 - 30$ Å 的任何情形都起作用. 仅对小于 ~ 20 Å 的距离, 或者 (有时) 对大于 10 000 Å 的距离, 才可以认为平行平表面间的范德瓦尔斯相互作用是按照 $1/l^2$ 的幂律变化的, 而这个关系在其最简单的表达中已经正式出现过了.

范德瓦尔斯压强

注意到近似式 (L1.5) 的求和中每个频率项都与间距有关, 这就立刻提示我们, 导出压强

$$P(l) \equiv -\frac{\partial G(l)}{\partial l} \tag{L1.19}$$

是各项的微商之和. 利用 (L1.16)式的 $R_n(l)=[1+r_n(l)]\mathrm{e}^{-r_n(l)}$, 以及 (L1.15) 式的 $r_n(l)=[(2\varepsilon_{\mathrm{m}}^{1/2}\xi_n)/c]l$, 可以得到 A 与 B 之间通过介质 m 产生的压强为

$$P_{\mathrm{AmB}}(l) \approx -\frac{kT}{4\pi l^3}\sum_{n=0}^{\infty}{}'\overline{\Delta}_{\mathrm{Am}}\overline{\Delta}_{\mathrm{Bm}}\left(1+r_n+\frac{r_n^2}{2}\right)\mathrm{e}^{-r_n}, \tag{L1.20}$$

按照惯例, 负的压强表示吸引作用. 我们在后面推导小颗粒之间的力时将会用到此类微商. 在间距很小故所有的 $r_n \to 0$ 情形, 此压强以 l^{-3} 变化. 除此之外, 压强的空间变化及其积分 (相互作用自由能) 都不是简单的幂律关系.

问题 L1.7: 在等光速近似下, 取 $G_{\mathrm{AmB}}(l)$ (近似式 (L1.5)) 对 l 的导数, 来得到 $P_{\mathrm{AmB}}(l)$, 即近似式 (L1.20). [58]

不对称体系

特异性

把电动相互作用写成对乘积 $-\overline{\Delta}_{\mathrm{Am}}\overline{\Delta}_{\mathrm{Bm}}$ 的求和, 它们就会表现出一种特殊性. 与不同种类物质间的相互作用相比, 它们更偏爱同类的、共振材料之间的相互作用. 不过, 此特殊性表现为相互作用的各种可能组合之间的差别: 如果 A 和 B 由不同物质构成, 则 A–A 与 B–B 相互作用之和总是小于 A–B 相互作用的 2 倍. 把求和 $\sum_{n=0}^{\infty}{}'$ 中的每一项进行比较, 得到如下不等式 [由几何平均值与算术平均值的不等式 $ab \leqslant (a^2+b^2)/2$ 推出]:

$$-\overline{\Delta}_{\mathrm{Am}}\overline{\Delta}_{\mathrm{Am}}-\overline{\Delta}_{\mathrm{Bm}}\overline{\Delta}_{\mathrm{Bm}} \leqslant -2\overline{\Delta}_{\mathrm{Am}}\overline{\Delta}_{\mathrm{Bm}}. \tag{L1.21}$$

此约束可以解读为关于自由能的不等式,

$$G_{\mathrm{AmA}}(l)+G_{\mathrm{BmB}}(l) \leqslant 2G_{\mathrm{AmB}}(l), \tag{L1.22}$$

以及关于导出压强的不等式,

$$P_{\mathrm{AmA}}(l)+P_{\mathrm{BmB}}(l)\leqslant 2P_{\mathrm{AmB}}(l). \tag{L1.23}$$

此不等式并不是很有用的. 它并未说 A 与 A 发生的相互作用比 A 与 B 发生的相互作用更强烈. 它只是说, 如果给出各种不同的组合 (A–A, B–B, A–B), 则其相互作用强度的差异如上所示. 它表明, 如果 A、B 类物质可以在介质 m 中自由混合, 而且仅有范德瓦尔斯力起作用的话, 则在一定程度上 A、B 类物质倾向于形成 A–A 和 B–B 组合而非 A–B 组合. 当然, 这种偏向的程度取决于能量与 kT (会引起无规混合) 相差多少. (请别混淆. 虽然我们一般讨论的是由 A 或 B 组成的离散物体的相互作用, 但这里所指的却是 A、B 和 m 的连续材料.)

范德瓦尔斯排斥作用?

同类物质之间的相互作用自由能总是吸引的. 在不同类材料之间, 如果 ε_{m} 介于 ε_{A} 和 ε_{B} 之间, 则 $\overline{\Delta}_{\mathrm{Am}}$ 与 $\overline{\Delta}_{\mathrm{Bm}}$ 的符号相反. 乘积 $-\overline{\Delta}_{\mathrm{Am}}\overline{\Delta}_{\mathrm{Bm}}$ 对范德瓦尔斯相互作用的贡献 $G_{\mathrm{AmB}}(l)\approx-(kT/8\pi l^2)\sum_{n=0}^{\infty}{}'\overline{\Delta}_{\mathrm{Am}}\overline{\Delta}_{\mathrm{Bm}}R_n(l)$ [近似式 (L1.5)] 实际上是正的.

介质 m 中 A 和 B 之间的正压强, 以及正的范德瓦尔斯相互作用能量, 都提示我们: 插入一个界面会干扰材料 A、m 和 B 相互之间的作用. 一个正的压强就表示增厚 m 所需的力, 即为了从纯 m 域中把更多材料 m 拉进 A 和 B 之间所需的力. 这发生在物质 m 之间的相互作用强于 m 与物质 A 间的相互作用但弱于 m 与物质 B 间的相互作用情形; 所以 m 域中的材料会尽可能多地流出以靠近 A, 而非留在库中与自身物质发生相互作用. 其代价是 m 更多地暴露给 B, 而根据定义这个代价是值得付出的. [59]

例如, 考虑位于衬底 A 之上、蒸气 B 之下的一层 m 薄膜, 其中 $\varepsilon_{\mathrm{A}}>\varepsilon_{\mathrm{m}}>\varepsilon_{\mathrm{B}}$. 变化趋势为: 把 m 从其库中往外拉, 使薄膜增厚. 如果薄膜由表面张力很小的液体组成, 则它会润湿容器壁. 于是用于增厚的范德瓦尔斯力就是把密度为 ρ 的液体 m 从其底部的 "库" 中提升上去的力. 为把质元 $\rho\mathrm{d}l$ 提升一个高度 h, 就需要克服重力 $\rho g\mathrm{d}l$ 做功 $\rho gh\mathrm{d}l$ (g 是重力常量, 为 9.8 N/kg). 此提升功与使薄膜增厚一个微量 $\mathrm{d}l$ 所获得的电动性收益平衡. 在变化量 $(\mathrm{d}G/\mathrm{d}l)\mathrm{d}l=-P(l)\mathrm{d}l$ 和 $\rho gh\mathrm{d}l$ 之间存在的平衡为 (见图 L1.19):

$$\rho gh+(\mathrm{d}G/\mathrm{d}l)=0 \quad 或 \quad \rho gh=P(l). \tag{L1.24}$$

从测得的厚度 l 相对于提升高度 h 的剖面, 可以研究出 $P(l)$ 和 $G(l)$ 的形式. 在物理上发生了什么呢? 对于微层 $\mathrm{d}l$ 中的材料来说, 它和相距 l 的壁发生

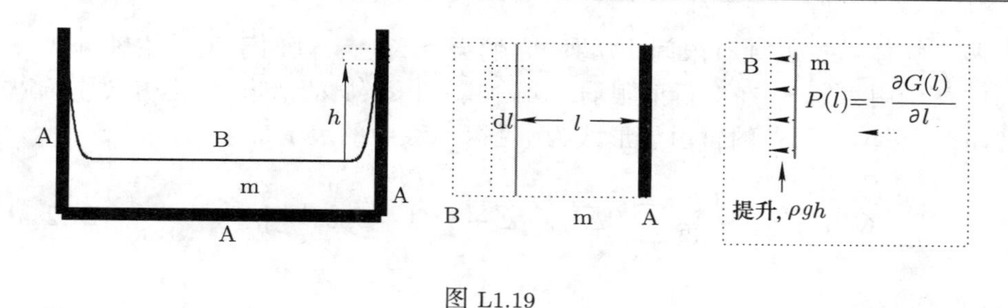

图 L1.19

相互作用的倾向, 超过它与同样距离处的同类物质发生作用的倾向. 于是薄膜中液体就有增多的趋势, 直到此收益被传输它们所需的重力功所抵消为止.

两个界面 (m 与壁 A 之间的 Am, 以及 m 与蒸气 B 之间的 Bm) 的总能量与厚度 l 有关. 总能量是无限厚液体介质的液 – 壁界面以及液 – 气界面的能量加上自由能 $G(l)$. $G(l)$为正, 但随着 l 的增加而递减, 这意味着有一个使薄膜增厚的力.

问题 L1.8: 被真空隔开的两个物体间会存在范德瓦尔斯排斥作用吗? (牵强吗? 这就是卡西米尔大师曾经有滋有味地讨论过的问题.[3])

力矩

我们通常用基于各材料极化率之差异的吸引或排斥来考虑范德瓦尔斯力. 对于各向异性的材料, 比如, 在不同方向上的极化率值不同的双折射材料, 情况会怎样? 想象物质 A 有一个主光轴, 其指向平行于 A 和 m 间的界面, 即介电响应系数 $\varepsilon_{\parallel}^{\mathrm{A}}$ 平行于此界面, 而电容率 $\varepsilon_{\perp}^{\mathrm{A}} < \varepsilon_{\parallel}^{\mathrm{A}}$ 则是在垂直于主轴的方向上 (见图 L1.20).

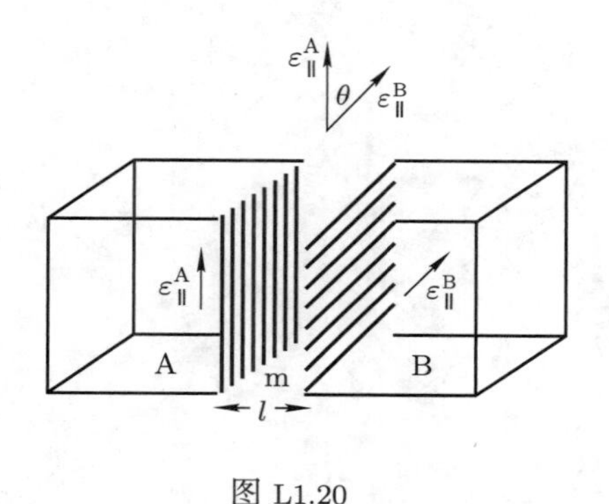

图 L1.20

和以前一样, 假设介质 m 为各向同性的, 但考虑 B 与 A 为同种材料的情形, 即 $\varepsilon_{\parallel}^{\mathrm{B}} = \varepsilon_{\parallel}^{\mathrm{A}} = \varepsilon_{\parallel}$ 以及 $\varepsilon_{\perp}^{\mathrm{B}} = \varepsilon_{\perp}^{\mathrm{A}} = \varepsilon_{\perp}$, 而其主轴与材料 A 的主轴相差 θ 角. [60]

当两个物体被拉近到有限间距 l 处, 它们会受到一个倾向于使其主轴排成一列的互作用力矩 τ. 在双折射很弱, 即 $|\varepsilon_\parallel - \varepsilon_\perp| \ll \varepsilon_\perp$ 的情形, 且推迟效应可以忽略时, 每单位面积的自由能形式为 (见第 2 级中的表 P.9.e)

$$G(l,\theta) = -\frac{kT}{8\pi l^2}\sum_{n=0}^{\infty}{}'[\overline{\Delta}^2 + \gamma\overline{\Delta} + \gamma^2(1+2\cos^2\theta)], \tag{L1.24a}$$

其中

$$\overline{\Delta} \equiv \left(\frac{\sqrt{\varepsilon_\perp\varepsilon_\parallel} - \varepsilon_{\mathrm{m}}}{\sqrt{\varepsilon_\perp\varepsilon_\parallel} + \varepsilon_{\mathrm{m}}}\right), \quad \gamma \equiv \frac{\sqrt{\varepsilon_\perp\varepsilon_\parallel}(\varepsilon_\perp - \varepsilon_\parallel)}{2\varepsilon_\parallel(\sqrt{\varepsilon_\perp\varepsilon_\parallel} + \varepsilon_{\mathrm{m}})} \ll 1.$$

每单位面积的导出力矩为:

$$\tau(l,\theta) = -\left.\frac{\partial G(l,\theta)}{\partial\theta}\right|_l = -\frac{kT}{2\pi l^2}\sum_{n=0}^{\infty}{}'\gamma^2\cos\theta\sin\theta = -\frac{kT}{4\pi l^2}\sum_{n=0}^{\infty}{}'\gamma^2\sin(2\theta). \tag{L1.24b}$$

注意, $G(l,\theta)$ 和 $\tau(l,\theta)$ 两者都是关于 θ 为双周期的.

问题 L1.9: 利用第 2 级中表 P.9.e 给出的结果, 推导自由能和力矩 [(L1.24a) 和 (L1.24b) 式].

问题 L1.10: 假设 $\sum_{n=0}^{\infty}{}'\gamma^2 = 10^{-2}$, 如果两个平面平行表面的相对方向转过 90°, 则面积 L^2 为多大时, 所发生的能量变化为 kT?

L1.2 范德瓦尔斯相互作用谱

[61]

对于真实材料的相互作用而言，哪些频率是重要的？最好的方法是通过实例来研究. 如果我们能够建立起一种直觉，知道哪些涨落频率是重要的，则对于吸收谱的部分忽略就不至于使我们在计算中犯晕，而更好的情况是，此直觉可以给我们提供一些关于计算精度的思路. 介电响应的差异可以产生力；取样频率密度使得来自于较高频率的贡献加大；而推迟效应首先把最高频率的贡献消除掉. 这些普遍性质体现在具体的例子中. 水，碳氢化合物 (液体十四烷)，金和云母不仅是测量范德瓦尔斯力的常用材料，而且作为一个群体，它们也反映出介电响应的巨大差异 (例如，见 L2.4.D 部分中的表格).

它们的详细能量吸收谱为圆频率 ω_{R} 的函数，可以转化成虚频率的平滑函数 $\varepsilon(\mathrm{i}\xi)$. 此 $\varepsilon(\mathrm{i}\xi)$ 中的细节是模糊的，所以即使没有完整的谱信息，我们通常也能够比较精确地算出范德瓦尔斯力 (见图 L1.21).

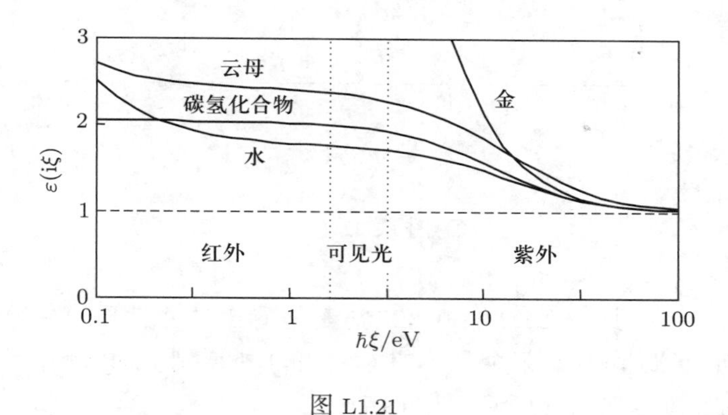

图 L1.21

为了看出这些不同的 $\varepsilon(\mathrm{i}\xi)$ 函数是怎样组合起来产生一个相互作用的，我们考虑两个碳氢化合物半空间 A=B=H 被水介质 $m = W$ 隔开的情形. 首先把 $\varepsilon_{\mathrm{H}}(\mathrm{i}\xi)$ 与 $\varepsilon_{\mathrm{W}}(\mathrm{i}\xi)$ 画成连续函数 [见图 L1.22(a)]. 其实我们画出的仅是那些需要计算的取样频率 ξ_n 的离散点；而把对应于指标 n 的算术等间距 $\hbar\xi_n = 0.159n$ eV 进行对数压缩后，所得到的随频率对数变化的曲线则显示出，$\varepsilon_{\mathrm{H}}(\mathrm{i}\xi_n)$ 与 $\varepsilon_{\mathrm{W}}(\mathrm{i}\xi_n)$ 之间的差异是如何变化的 [见图 L1.22(b)].

当这两个响应函数相等 (在 $\hbar\xi = 0.2$ eV 附近) 时，功能函数 $\overline{\Delta}^2_{\mathrm{HW}}(\mathrm{i}\xi_n) = [(\varepsilon_{\mathrm{H}} - \varepsilon_{\mathrm{W}})/(\varepsilon_{\mathrm{H}} + \varepsilon_{\mathrm{W}})]^2$ 趋于零. 两条 $\varepsilon(\mathrm{i}\xi)$ 曲线能够相交，以及在红外区域内取样频率寥寥的事实提示出：它们对包含全部相互作用的 $\overline{\Delta}^2_{\mathrm{HW}}(\mathrm{i}\xi_n)$ 求和式几乎没什么贡献. 取样频率的密度分布保证了：除了零频率的贡献之外，对相互作用能量的主要贡献来自于寿命为紫外频率的特征周期的涨落. 在关于

[62]

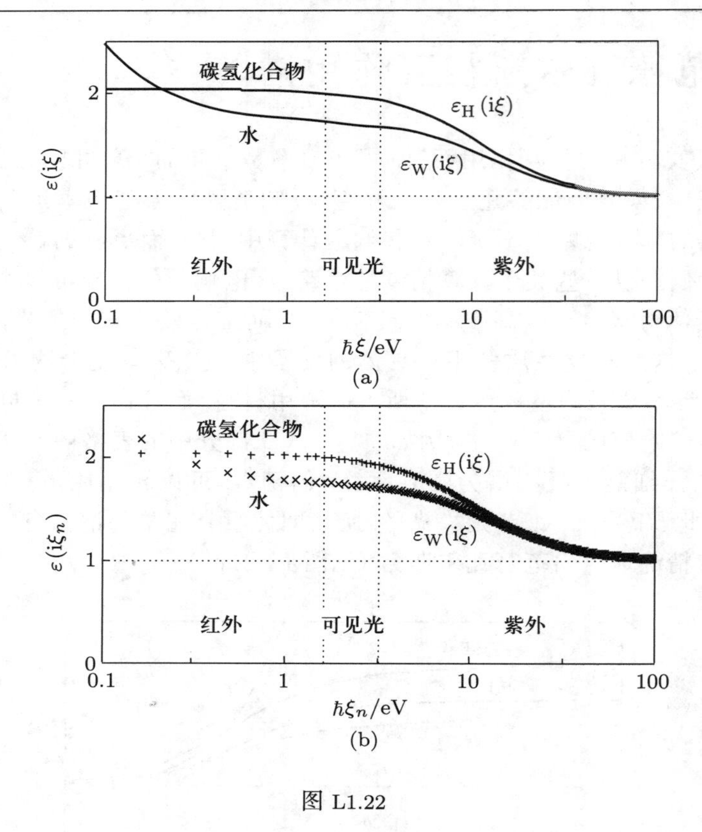

图 L1.22

$\overline{\Delta}^2_{\mathrm{HW}}(\mathrm{i}\xi_n)$ 的曲线 (见图 L1.23) 中可以清楚地看出这些性质. 在对各频率的 $\overline{\Delta}^2_{\mathrm{HW}}(\mathrm{i}\xi_n)$ 进行累加 (直至某个具体的 $\xi_{n_{\max}}$ 值) 所得到的曲线中, 不同频率的相对贡献也会清楚地显现出来 (见图 L1.24).

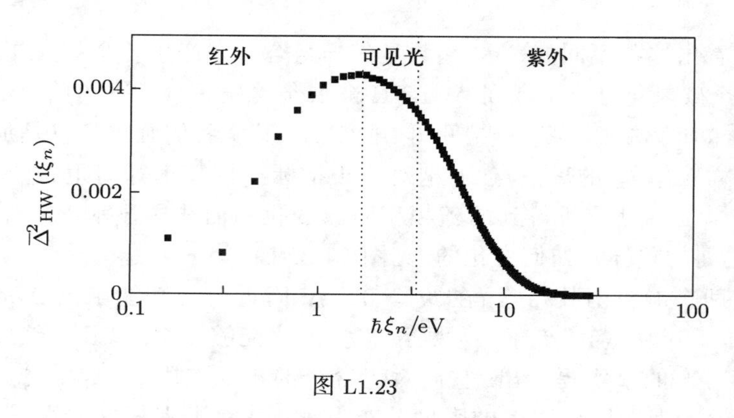

图 L1.23

在不同频率段内发生的电磁涨落对于力的贡献的重要性如何?

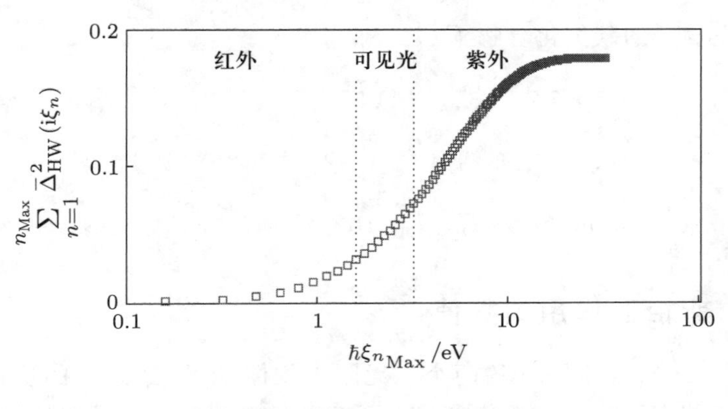

图 L1.24

如果 $\varepsilon_{\rm W}(0)\approx 80 \gg \varepsilon_{\rm H}(0)\approx 2$, 则 $\overline{\Delta}_{\rm HW}^2(0)\approx(80-2/80+2)^2=0.905$. 此项贡献的权重只有那些有限频率项 (求和式中的带撇项) 的一半, 即为 0.452. [63]

对应于红外频率的各点 $n=1-9$, $\overline{\Delta}_{\rm HW}^2({\rm i}\xi_n)$ 对频率的求和为 0.027; 而对可见光区域, 即 $n=10-20$, 求和结果为 0.045; 对于紫外区域, 结果为 0.107.

有限频率的涨落力多半被紫外区域中的作用所主导, 但由于水在低频极限下具有很高的极化率, 故 $n=0$ 项的值 0.452 对 $\overline{\Delta}_{\rm HW}^2$ 的总和所贡献的比重最大: 0.452 ($n=0$) + 0.002 7 (红外) + 0.045 (可见光) + 0.107 (紫外) = 0.631 (全部).

当我们考虑被真空隔开的两个相同的碳氢化合物半空间 (即 $\varepsilon_{\rm m}=\varepsilon_{\rm vacuum}\equiv 1$) 发生相互作用时, 力的大小以及贡献谱就与上述结果完全不同. $n=0$ 项的结果为 $0.5(2.04-1/2.04+1)^2=0.059$. 九个红外项相加给出 1.031, 其后的可见光频率项相加给出 1.162, 而最后是来自于紫外频率的最大贡献值 5.449. 全部求和的结果近似为 7.7, 可以与上面进行对比: 同一种碳氢化合物通过水发生的相互作用大小为 0.63.

对于被真空隔开的水之间发生相互作用的情形, 可用于比较的数字有: 来自于 $n=0$ 项的 0.476, 来自于红外的值 0.8, 来自于可见光的值 0.782, 以及来自于紫外的值 4.226. 其总和 6.284 仍然由紫外贡献项所主导.

由这些求和结果, 并忽略所有的推迟或离子屏蔽, 则非屏蔽的 Hamaker 系数 $A_{\rm Am/Bm}(l=0)\approx(3kT/2)\sum_{n=0}^{\infty}{}'\,\overline{\Delta}_{\rm Am}\overline{\Delta}_{\rm Bm}$ 以如下表达式出现:

对于被水隔开的碳氢化合物 (反之亦然)

$$A_{\rm HW/HW}=1.5\times 0.631\ kT_{\rm room}=0.947\ kT\approx 4\times 10^{-14}\ {\rm ergs}=4\times 10^{-21}\ {\rm J}=4\ {\rm zJ};$$

对于被真空隔开的碳氢化合物 (反之亦然);

$$A_{\mathrm{HV/HV}} = 1.5 \times 7.7\ kT_{\mathrm{room}} = 11.55\ kT \approx 5 \times 10^{-13}\ \mathrm{ergs} = 50\ \mathrm{zJ};$$

对于被真空隔开的水 (反之亦然).

$$A_{\mathrm{WV/WV}} = 1.5 \times 6.28\ kT_{\mathrm{room}} = 9.42\ kT \approx 4 \times 10^{-13}\ \mathrm{ergs} = 40\ \mathrm{zJ}.$$

范德瓦尔斯相互作用的数值

被介质 m 或真空隔开的两个半无限大物体 A 和 B 之间的这种长程范德瓦尔斯力有多强? 前一部分中画出了四种材料的介电响应曲线, 这里我们把对应的 Hamaker 系数 (忽略推迟效应) 做成一个表格, 方便读者使用. 见表 L1.3.

[64]

表 L1.3 典型的 Hamaker 系数, 对称体系, 忽略推迟屏蔽

相互作用	$A_{\mathrm{Am/Am}}(l=0)^a$
被水隔开的碳氢化合物	$0.95\ kT_{\mathrm{room}} = 3.6$ zJ
被碳氢化合物隔开的云母	$2.1\ kT_{\mathrm{room}} = 8.5$ zJ
被水隔开的云母	$3.9\ kT_{\mathrm{room}} = 15.0$ zJ
被水隔开的金	$28.9\ kT_{\mathrm{room}} = 117.0$ zJ
被真空隔开的水	$9.4\ kT_{\mathrm{room}} = 40.0$ zJ
被真空隔开的碳氢化合物	$11.6\ kT_{\mathrm{room}} = 46.9$ zJ
被真空隔开的云母	$21.8\ kT_{\mathrm{room}} = 88.0$ zJ
被真空隔开的金	$48.6\ kT_{\mathrm{room}} = 196$ zJ

$^a kT_{\mathrm{room}} = 4.04 \times 10^{-14}$ erg$= 4.04 \times 10^{-21}$ J $= 4.04$ zJ.

对于处在凝聚态介质中的不导电的同类材料之间的吸引作用, 求和 $\sum_{n=0}^{\infty}{}' \overline{\Delta}_{\mathrm{Am}}^2$ 通常为 1 的量级, 而系数 $A_{\mathrm{Am/Am}} \sim kT$. 就是说, 每单位面积的能量为 $G_{\mathrm{AmA}}(l) = G_{\mathrm{Am/Am}}(l) = -(A_{\mathrm{Am/Am}}/12\pi l^2) \sim -(kT/12\pi l^2)$. 如果发生相互作用的表面积 $S \geqslant 12\pi l^2 \sim (6l)^2$, 其能量可达到热学上重要的量 kT.

做一个更简单的陈述: 如果两个平行平表面的横向尺寸大于其间距 (并且间距足够小以至于推迟屏蔽不重要), 则它们之间的范德瓦尔斯相互作用大于 kT. 同样的道理对于非平面物体也成立. 例如, 对于液体中的小球, 当其间距小于半径时, 我们可以预期它们之间存在的吸引作用 $> kT$. 当两种材料体处于蒸气中, 例如在气溶胶中, 其相互作用比凝聚态介质中的情形大一个数量级.

L1.3 多层平面物体

[65]

单层表面

假设物体 B 不是由单一材料组成, 在其表面上覆盖着厚度为 (常量) b_1 的单层材料 B_1. 于是最简单的 AmB 情形的 $G_{\mathrm{AmB}}(l)$ 变成了 $G_{\mathrm{AmB_1B}}(l;b_1)$. 两种材料介电响应的差异形成了电磁界面, 故范德瓦尔斯能量中出现的是各界面之间的距离. 由于现在有两个间距: l 和 $(l+b_1)$, 故在自由能的最简单形式中包含两项. 对于固定厚度 b_1 以及可变间距 l, 当各 ε 值的差异很小时, 自由能变成 (见第 2 级中的表 P.2.b.2)

$$\begin{aligned}G_{\mathrm{AmB_1B}}(l;b_1) &= G_{\mathrm{Am/B_1m}}(l) + G_{\mathrm{Am/BB_1}}(l_{\mathrm{Am/BB_1}}) \\ &= -\frac{A_{\mathrm{Am/B_1m}}(l)}{12\pi l^2} - \frac{A_{\mathrm{Am/BB_1}}(l+b_1)}{12\pi(l+b_1)^2}\end{aligned} \tag{L1.25}$$

(见图 L1.25).

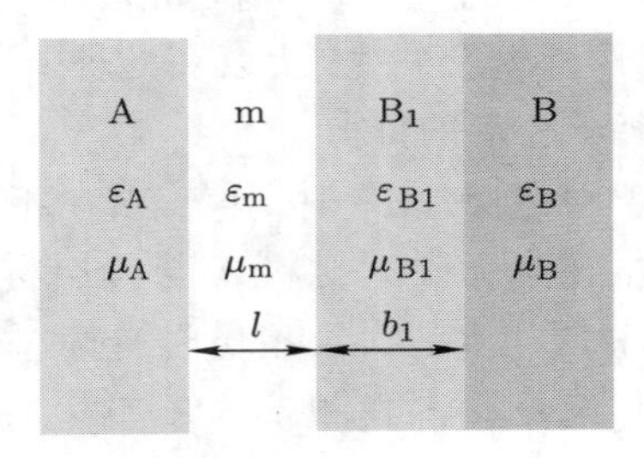

图 L1.25

由前面可知, 相距 l 的一对界面之间存在相互作用 $G_{\mathrm{Am/B_1m}}(l) = -\{[A_{\mathrm{Am/B_1}m(l)}]/12\pi l^2\}$, 现在的情况则不同: 有两对相互作用表面, 每对都有各自的系数和间距. 由于涉及三种材料, 我们在自由能和 Hamaker 系数中注明下标以表示其对应于哪两个表面. 为清楚起见, 我们用 “外侧 – 内侧” 的顺序来标注各界面上的材料.

$G_{\mathrm{Am/B_1m}}$ 和 $A_{\mathrm{Am/B_1m}}$ 表示被可变间距 l 隔开的两个界面 Am 和 B_1m 之间的相互作用 (下标 Am 表示 A 为 “外侧”, 在 m 的左边; B_1m 表示 B_1 为 “外侧”, 在 m 的右边), 而 $G_{\mathrm{Am/BB_1}}$ 和 $A_{\mathrm{Am/BB_1}}$ 表示界面 Am 和界面 BB_1 间的相互作用, 其间距为 $l_{\mathrm{Am/BB_1}} = (l+b_1)$, 而厚度 b_1 保持不变.

关于两个 Hamaker 系数的计算方法与前面基本相同, 只有如下两处差别:

■ 各 ε 值必须与相应界面处的相应材料匹配, 以及

■ 相对论性屏蔽项中的各距离值就是那些相关界面间的距离.

[66]

$$A_{\mathrm{Am/B_1m}}(l) \approx \frac{3kT}{2}\sum_{n=0}^{\infty}{}' \overline{\Delta}_{\mathrm{Am}}\overline{\Delta}_{\mathrm{BB_1}}R_n(l), \tag{L1.26}$$

$$A_{\mathrm{Am/BB_1}}(l+b_1) \approx \frac{3kT}{2}\sum_{n=0}^{\infty}{}' \overline{\Delta}_{\mathrm{Am}}\overline{\Delta}_{\mathrm{BB_1}}R_n(l+b_1), \tag{L1.27}$$

其中

$$\overline{\Delta}_{\mathrm{Am}} \approx \frac{\varepsilon_{\mathrm{A}}-\varepsilon_{\mathrm{m}}}{\varepsilon_{\mathrm{A}}+\varepsilon_{\mathrm{m}}},\quad \overline{\Delta}_{\mathrm{B_1m}} \approx \frac{\varepsilon_{\mathrm{B_1}}-\varepsilon_{\mathrm{m}}}{\varepsilon_{\mathrm{B_1}}+\varepsilon_{\mathrm{m}}},\quad \overline{\Delta}_{\mathrm{BB_1}} \approx \frac{\varepsilon_{\mathrm{B}}-\varepsilon_{\mathrm{B_1}}}{\varepsilon_{\mathrm{B}}+\varepsilon_{\mathrm{B_1}}}. \tag{L1.28}$$

注意, 各 ε 值的顺序必须保证此相互作用具有正确的符号. 排在前面的 ε 值所对应的材料可以如下确定: 当我们朝着介质 m 看过去时, 它总是位于界面外侧.

对于一个重要的例外情况, 相对论性屏蔽函数 R_n 的关系式和以前一样, $R_n=(1+r_n)\mathrm{e}^{-r_n}$, 其比值 r_n 代表距离 l 或 $(l+b_1)$. 这是一个近似, 即我们假设发生相对论性推迟的频率处的光速在材料 m 和 $\mathrm{B_1}$ 中的差别微乎其微. 当任一区域为盐溶液时, 此例外就会发生; 所以在处理 $n=0$ 项时并不是总能用此近似的. (见随后关于离子涨落的部分.)

当可变间距 l 远小于固定层厚 b_1 时, $1/l^2$ 项在相互作用中为主导; 看起来就好像相互作用仅发生在半无限大材料 A 与覆层材料 $\mathrm{B_1}$ 之间、而材料 B 不存在那样. 一旦间距 l 和层厚 b 的大小相仿时, 衬底材料 B 的介电性质就变得很重要. 取至首阶近似, 范德瓦尔斯相互作用可以"看到"的结构深度与各结构之间的距离相仿.

双层表面

至少在这个最简单的 Hamaker 式的近似中, 把更多层不断加上去的方案是着实乏味的. 例如, 把厚度 a_1 的一层材料 $\mathrm{A_1}$ 加到物体 A 上 (见图 L1.26).

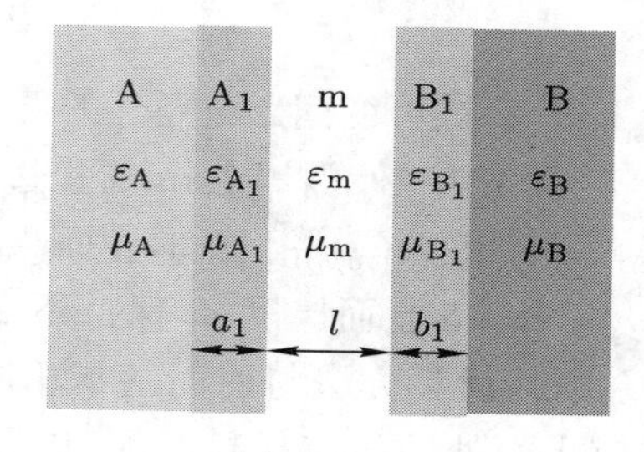

图 L1.26

现在有四对界面, 对应于以下四项 (见第 2 级中的表 P.3.b.2):

$$G(l;a_1,b_1) = -\frac{A_{\mathrm{A_1m/B_1m}}(l)}{12\pi l^2} - \frac{A_{\mathrm{A_1m/BB_1}}(l+b_1)}{12\pi(l+b_1)^2} - \frac{A_{\mathrm{AA_1/B_1m}}(l+a_1)}{12\pi(l+a_1)^2} - \frac{A_{\mathrm{AA_1/BB_1}}(l+a_1+b_1)}{12\pi(l+a_1+b_1)^2}. \qquad \text{(L1.29)}$$

相对论性屏蔽函数 R_n 的最简单版本具有同样的形式 $(1+r_n)\mathrm{e}^{-r_n}$, 其中各比值 r_n 分别代表距离 $l, (l+a_1), (l+b_1)$ 以及 $(l+a_1+b_1)$.

在介质中的两个平行平板间相互作用 vs. 在衬底上的两个平行平板间相互作用

[67]

如果区域 A 和 B 与介质 m 的材料性质相同, 则剩余的相互作用就是两块平行平板间的相互作用 (见图 L.1.27).

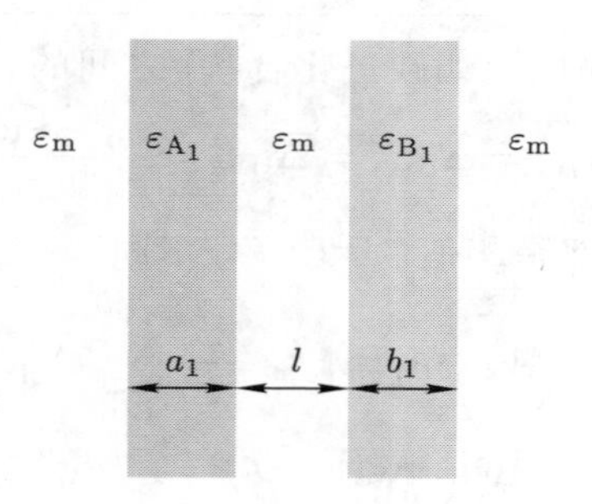

图 L1.27

例如, 当忽略推迟效应时 (见第 2 级中的表 P.3.c.3),

$$G(l;a_1,b_1) = -\frac{A_{\mathrm{A_1m/B_1m}}}{12\pi}\left[\frac{1}{l^2} - \frac{1}{(l+b_1)^2} - \frac{1}{(l+a_1)^2} + \frac{1}{(l+a_1+b_1)^2}\right]. \qquad \text{(L1.30)}$$

问题 L1.11: 证明: 在忽略推迟效应的情况下, 两个有涂层的物体之间的相互作用式 (L1.29) 如何转化成两块平行平板之间的相互作用式 (L1.30).

已解决的问题: 把溶液中的两个碳氢化合物层之间的相互作用与固定在固体衬底上的这两层之间的相互作用进行比较. 给出间距大于或小于层厚的极限行为.

答案: 这些平板公式可以进一步应用于一些有趣而且有用的极限情形. 例如, 设 A_1 和 B_1 是厚度为常量 h 的同种材料 H, 并且假设 A, B 与 m 是同种材料 W, 其中的间距用 w 表示.

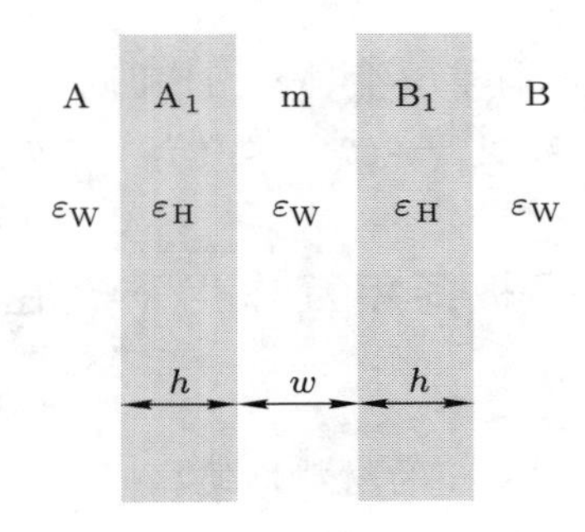

这是在介质 (如水) 中的两层 (如碳氢化合物) 之间的相互作用. 其中

$$\overline{\Delta}_{\mathrm{A_1m}} = \overline{\Delta}_{\mathrm{B_1m}} = \overline{\Delta}_{\mathrm{HW}} = \frac{\varepsilon_{\mathrm{H}} - \varepsilon_{\mathrm{W}}}{\varepsilon_{\mathrm{H}} + \varepsilon_{\mathrm{W}}}.$$

[68] 各 Hamaker 系数的公式都是相似的, 但符号不同:

$$\begin{aligned}
A_{\mathrm{A_1m/B_1m}}(l) &= A_{\mathrm{HWHW}}(w) \approx \frac{3kT}{2}\sum_{n=0}^{\infty}{}' \overline{\Delta}_{\mathrm{HW}}^2 R_n(w), \\
A_{\mathrm{mA_1/B_1m}}(l+a_1) &= A_{\mathrm{WH/HW}}(w+h) \\
&= A_{\mathrm{A_1m/BB_1}}(l+b_1) = A_{\mathrm{HW/WH}}(w+h) \\
&= -A_{\mathrm{HW/HW}}(w+h) \approx -\frac{3kT}{2}\sum_{n=0}^{\infty}{}' \overline{\Delta}_{\mathrm{HW}}^2 R_n(w+h), \\
A_{\mathrm{AA_1/BB_1}}(l+\mathrm{a}_1+b_1) &= A_{\mathrm{HW/HW}}(w+2h) \approx \frac{3kT}{2}\sum_{n=0}^{\infty}{}' \overline{\Delta}_{\mathrm{HW}}^2 R_n(w+2h).
\end{aligned}$$

当这些层足够靠近从而可忽略各推迟项 (所有的 $R_n = 1$) 时, 相互作用式 (L1.30) 就变成了一个特别简单的形式:

$$G(w;h) = -\frac{A_{\mathrm{HW/HW}}}{12\pi}\left[\frac{1}{w^2} - \frac{2}{(w+h)^2} + \frac{1}{(w+2h)^2}\right],$$

其中

$$A_{\mathrm{HW/HW}} \approx \frac{3kT}{2}\sum_{n=0}^{\infty}{}' \overline{\Delta}_{\mathrm{HW}}^2.$$

同样可以把 $G(w;h)$ 写成

$$G(w;h) = -\frac{A_{\mathrm{HW/HW}}}{12\pi w^2}\left[1 - \frac{2w^2}{(w+h)^2} + \frac{w^2}{(w+2h)^2}\right],$$

它看起来就像应用于相互作用 $-(A_{\mathrm{HW/HW}}/12\pi w^2)$ 上的一个修正因子

$$\left[1 - \frac{2w^2}{(w+h)^2} + \frac{w^2}{(w+2h)^2}\right],$$

此相互作用发生在被间隙 w 隔开的两个半无限大材料体 H 之间. 当 $w \ll h$, 第一项就变成精确的结果; 故相互作用由最近间距 w 所主导, 各层都 "看" 不到距离 h 之外的另一侧. 当 $w \gg h$, 此因子变成 $6(h/w)^2$, 而相互作用则为

$$G(w;h) = -\frac{A_{\mathrm{HW/HW}} h^2}{2\pi w^4}.$$

问题 L1.12: 证明: 两个平板间的非推迟相互作用是如何从平方反比关系变成四次方反比关系的.

这里, 我们仍然认为能 "看" 到物体内部的深度随着间距而变化. 如果想象各 H 层位于另一种材料 M 上, 即材料 A 和 B 处, 则此视线深度甚至会更清晰.

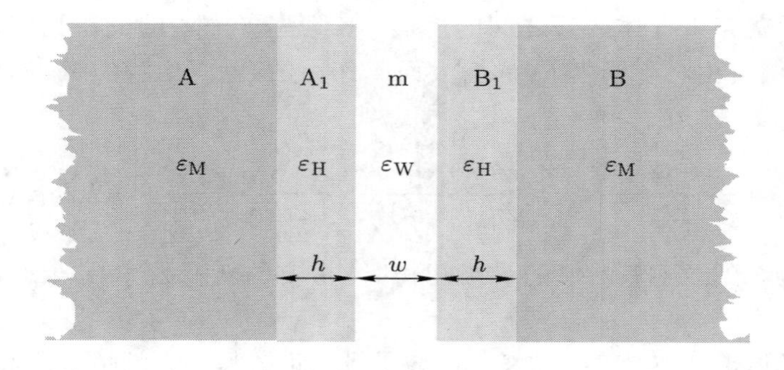

我们利用 (L1.29) 式 (见第 2 级中的表 P.3.b2): [69]

$$G(w;h) = -\frac{A_{\mathrm{HW/HW}}}{12\pi w^2} - 2\frac{A_{\mathrm{HW/MH}}}{12\pi(w+h)^2} - \frac{A_{\mathrm{MH/MH}}}{12\pi(w+2h)^2},$$

其中

$$A_{\mathrm{HW/HW}}(w) \approx \frac{3kT}{2}\sum_{n=0}^{\infty}{}' \overline{\Delta}_{\mathrm{HW}}^2 R_n(w), \quad A_{\mathrm{HW/MH}} \approx \frac{3kT}{2}\sum_{n=0}^{\infty}{}' \overline{\Delta}_{\mathrm{HW}}\overline{\Delta}_{\mathrm{MH}} R_n(w+h),$$

$$A_{\mathrm{MH/MH}}(w+2h) \approx \frac{3kT}{2}\sum_{n=0}^{\infty}{}' \overline{\Delta}_{\mathrm{MH}}^2 R_n(w+2h),$$

而

$$\overline{\Delta}_{\mathrm{HW}}=\frac{\varepsilon_{\mathrm{H}}-\varepsilon_{\mathrm{W}}}{\varepsilon_{\mathrm{H}}+\varepsilon_{\mathrm{W}}},\quad \overline{\Delta}_{\mathrm{MH}}=\frac{\varepsilon_{\mathrm{M}}-\varepsilon_{\mathrm{H}}}{\varepsilon_{\mathrm{M}}+\varepsilon_{\mathrm{H}}}.$$

对于间距 w 远小于层厚 h 的情形, 如果没有推迟屏蔽, 则相互作用由首项 $-(A_{\mathrm{HW/HW}}/12\pi w^2)$ 所主导, 与厚度 h 为无限大的情形相同, 就好像衬底 M 根本不存在一样 (即使其极化率比 W 和 H 中大得多).

在间距很大的极限下, $w \gg h$, 各分母项几乎相同, 即 $w^2 \sim (w+h)^2$. 定性地看, 相互作用公式基本上就是一个单项:

$$G(w;h)=-\frac{A_{\mathrm{eff}}}{12\pi w^2}=G_{\mathrm{W/H/W/H/W}}$$

其中

$$A_{\mathrm{eff}}=A_{\mathrm{HW/HW}}+2A_{\mathrm{HW/MH}}+A_{\mathrm{MH/MH}}.$$

考察 Hamaker 系数表达式中的各求和项, 我们发现此 A_{eff} 有如下的简洁形式

$$A_{\mathrm{eff}}\approx\frac{3kT}{2}\sum_{n=0}^{\infty}{}'(\overline{\Delta}_{\mathrm{HW}}+\overline{\Delta}_{\mathrm{MH}})^2.$$

如果各极化率的值满足 $|\overline{\Delta}_{\mathrm{MH}}| \gg |\overline{\Delta}_{\mathrm{HW}}|$, 则在此极限下, 涂层的贡献与衬底的贡献相比甚至可以变得微不足道.

[70] 通过考察介于上述两者之间的情形, 来理解源于 M 的范德瓦尔斯力是如何随着间距 w (相对于厚度 h) 的增大而起作用的, 可以给我们带来启发. 由下式

$$G(w;h)=-\frac{A_{\mathrm{HW/HW}}}{12\pi w^2}-2\frac{A_{\mathrm{HW/MH}}}{12\pi(w+h)^2}-\frac{A_{\mathrm{MH/MH}}}{12\pi(w+2h)^2}=G_{\mathrm{M/H/W/H/M}}$$

可以清楚地看到, 当各 A 值的量级相仿时, 重要的转变发生在 h 近似等于 w 的情形.

我们具体考虑 H 为碳氢化合物, W 为水, 而 M 为云母的情形: $A_{\mathrm{HW/HW}}=0.95\ kT_{\mathrm{room}}, A_{\mathrm{MH/MH}}=2.1\ kT_{\mathrm{room}}$, 及 $A_{\mathrm{HW/MH}}=-0.226\ kT_{\mathrm{room}}$. 只有在接触极限下, 即间距 $w \ll$ 厚度 h 时, h 的界限才可以忽略. 涂上碳氢化合物的云母与纯的碳氢化合物多层的相互作用之比值随着间距 w 而单调递增, 仅在非常接近的极限下才等于 1.[4]

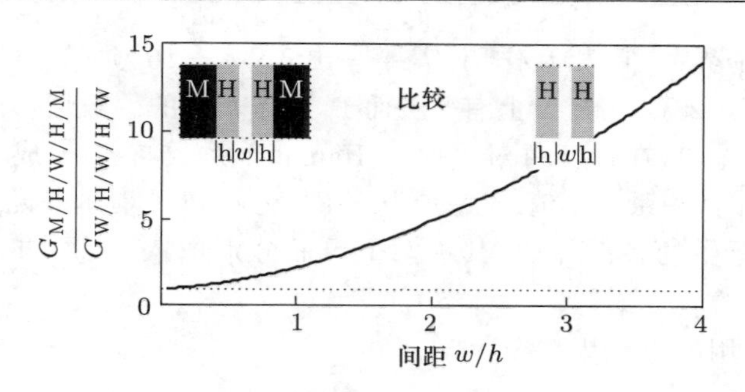

与两个半无限大碳氢化合物物体的相互作用进行比较, 涂上碳氢化合物的两个云母表面之间的相互作用随着间距而稳定增加, 而我们预期两个有限大的碳氢化合物平板间的相互作用会减小. 在 $w/h=1$, 即可变间距 w 等于 (常数) 层厚 h 处, 已经可以清楚地看到显著的偏离.

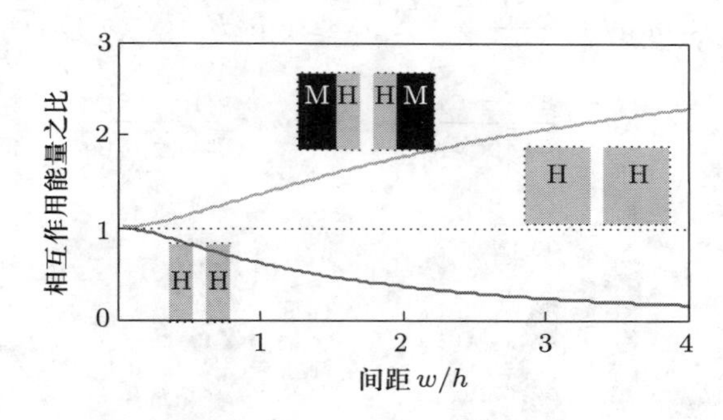

在一种碳氢化合物被水隔成两部分的情形, 当给 (溶剂) 水中加入一个溶质时, 碳氢化合物之间的相互作用会如何变化?

没有普遍性的答案. 相互作用与各 ε 值之差有关. 回忆一下, 在图 L1.22(a) 和 L1.22(b) 中 $\varepsilon_{\mathrm{W}}(\mathrm{i}\xi_n)$ 和 $\varepsilon_{\mathrm{H}}(\mathrm{i}\xi_n)$ 相交两次 —— 一次在红外区域, 另一次 (勉强可见) 在紫外区域. 如果加入溶质使得 $\varepsilon_{\mathrm{W}}(\mathrm{i}\xi_n)$ 增大, 则在可见光及其两侧区域中各 ε 值间的差异变小而在远紫外区域中此差异变大. 净结果就是, 当加入溶质而使得折射率增大时, 被水隔开的碳氢化合物的相互作用变弱. 当加入足够多的溶质后, 即使在可见光区域中, $\varepsilon_{\mathrm{W}}(\mathrm{i}\xi_n)$ —— 实际上是 $\varepsilon_{\mathrm{solution}}(\mathrm{i}\xi_n)$ —— 也会变得比 $\varepsilon_{\mathrm{H}}(\mathrm{i}\xi_n)$ 大. 当继续加入溶质后, 被水溶液隔开的碳氢化合物之间的吸引作用可以变得更强. [71]

多层, 一般图像

可以直接把上述最后两个例子推广. 在每一对界面之间都分别有一项, 对应于各自的 Hamaker 系数及平方反比的分母. 例如, 为了计算两个三层的

物体 (各有四个界面) 间相互作用, 需要写出 $4\times4=16$ 项 (前面讨论过的) 近似形式 (见图 L1.28). 对于 A 上有 i 层而 B 上有 k 层的一般情形, 则需要写出 $(i+1)\times(k+1)$ 项. 在计算每对界面的 Hamaker 系数与各 $\overline{\Delta}$ 成分时, 所用的程序都相同. 计算一系列 ε 值时, 总是从外侧算到内侧. 具体来说, 考虑间距为 $l_{\mathrm{A'A''/B'B''}}$ 情形中的各对界面, 其中两个界面分别把 A′A″ 层与 B′B″ 层分开 (见图 L1.29).

此相互作用的贡献为

$$G_{\mathrm{A'A''/B'B''}}(l_{\mathrm{A'A''/B'B''}})=-\frac{A_{\mathrm{A'A''/B'B''}}}{12\pi l^2_{\mathrm{A'A''/B'B''}}},\tag{L1.31}$$

其中, 在各 ε 值差异很小的区域,

$$\begin{gathered}A_{\mathrm{A'A''/B'B''}}\approx\frac{3kT}{2}\sum_{n=0}^{\infty}{}'\,\overline{\Delta}_{\mathrm{A'A''}}\overline{\Delta}_{\mathrm{B'B''}}R_n(l_{\mathrm{A'A''/B'B''}}),\\ \overline{\Delta}_{\mathrm{A'A''}}=\frac{\varepsilon_{\mathrm{A'}}-\varepsilon_{\mathrm{A''}}}{\varepsilon_{\mathrm{A'}}+\varepsilon_{\mathrm{A''}}},\quad \overline{\Delta}_{\mathrm{B'B''}}=\frac{\varepsilon_{\mathrm{B'}}-\varepsilon_{\mathrm{B''}}}{\varepsilon_{\mathrm{B'}}+\varepsilon_{\mathrm{B''}}}.\end{gathered}\tag{L1.32}$$

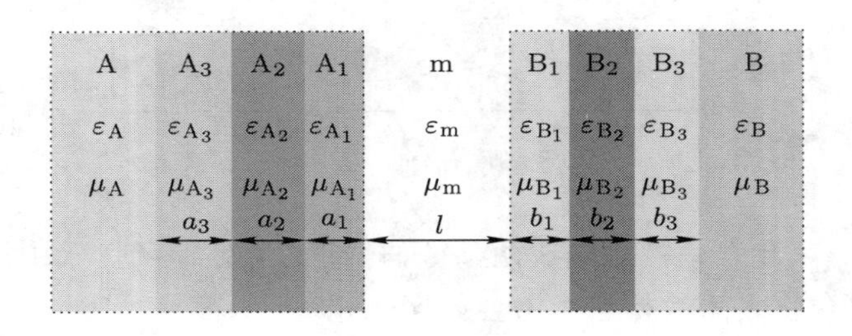

图 L1.28

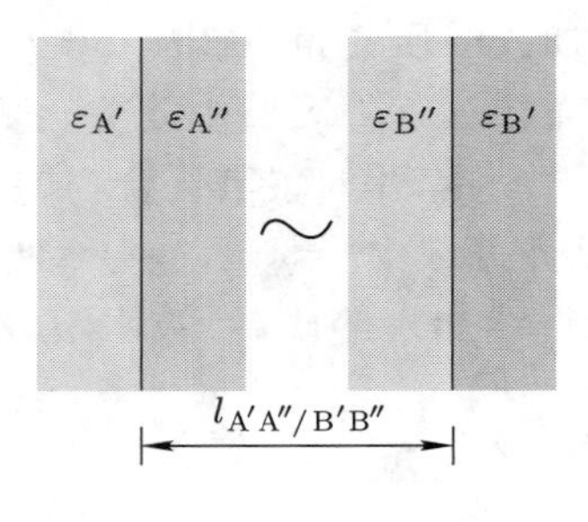

图 L1.29

注意各 $\overline{\Delta}$ 值的符号是如何由分子中的各 ε 值排列顺序 (由外及里) 确定的, 以及相互作用符号是如何由 (公式最前面的) 负号确定的.

平滑变化的 $\varepsilon(z)$

[72]

任一界面都不可能是一个无限尖锐的数学台阶. 理由很充分: 要改变具有无限大尖锐度的材料性质需要无限大的能量值; 不过通常仍然用台阶来作为界面的模型. 利用电动能量, 可以把产生台阶所需的虚拟无限大能量, 重新变为在间距 l 趋于 (数学上的) 虚拟零值的极限下以 $1/l^2$ 形式发散的虚拟相互作用能量.

介电响应随着横跨真实表面和界面的位置而平滑地变化. 对于一个与 z 方向正交的平界面, $\varepsilon(z)$ 值可以看成是连续变化的. 与溶液中各物体的相互作用更相关的是, 溶质在材料界面附近呈不均匀分布. 如果此界面带电, 而介质为盐溶液, 则正离子和负离子会分别被推和拉至一个静电双层的不同区域中. 我们知道溶质会明显地改变折射率, 而折射率决定了光学频率对电荷涨落力的贡献. 因此溶质的不均匀分布会在悬浮胶体或大分子溶液的各界面附近形成不均匀的 $\varepsilon(z)$. 反过来说, 可以预期溶质分布受到电荷涨落力的扰动, 而溶质分布又会通过 $\varepsilon(z)$ 干扰此电荷涨落力.[5]

现在考虑两个半空间之间的相互作用, 其中 ε 可在每个物体内任意变化 (见图 L1.30).

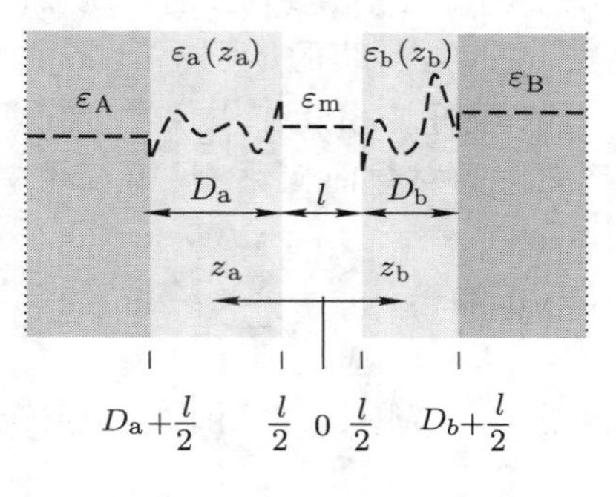

图 L1.30

我们可以利用有限多个涂层的程序, 把连续变化的 $\varepsilon(z)$ 看作为很多无限薄层 (极限) 的组合 (第 2 级的公式, 关于连续变化极化率的 L2.3.B 部分), 或者利用我们掌握的非均匀介质中的电磁场知识来处理 (就像分析波在地球大气中传播的情形那样)(第 3 级, 关于非均匀介质的 L3.5 部分). 新的相互作用性质和 $\varepsilon(z)$ 的形状有关, 更重要的是, 还和与介质 m 相交的各界面处 $\varepsilon(z)$ 及 $\mathrm{d}\varepsilon(z)/\mathrm{d}z$ 的连续性有关, 此性质在接触极限 $l \to 0$ 处表现出来. 考虑趋于接触的两个对称物体间相互作用的三种情形:

1. 在与介质 m 相交的各界面处 ε 是不连续的. 想象把两个厚度为 D 的区域 (在此厚度上 $\varepsilon_a(z)$ 呈指数变化) 对称放置, 在中间介质 m 处 ε 是不连续

的 (见图 L1.31)(也可见第 2 级中的表 P.7.c.1).

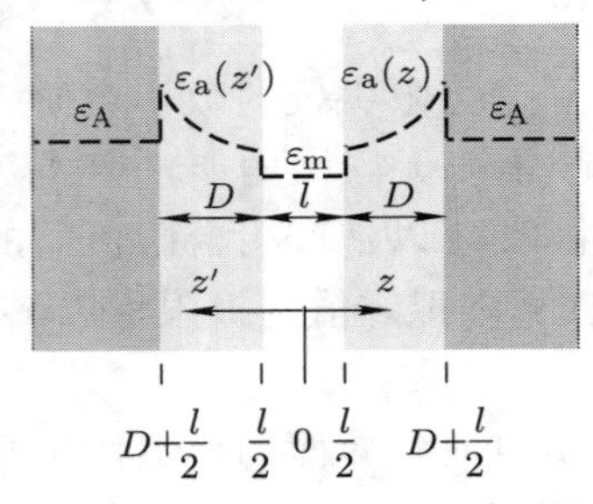

图 L1.31

[73] 在 $l \to 0$的极限下, 相互作用的主要部分来源于 ε 在 $z = z' = l/2$ 处的跃变. 在尖锐界面情形它通常表现为 $1/l^2$ 的发散形式. 就是说, 相互作用变成我们所熟悉的栗弗席兹形式 (见第 2 级中表 P.7.c.1 的脚注):

$$G(l \to 0; \mathrm{D}) = -\frac{kT}{8\pi l^2} \sum_{n=0}^{\infty}{}' \left[\frac{\varepsilon_{\mathrm{a}}(l/2) - \varepsilon_{\mathrm{m}}}{\varepsilon_{\mathrm{a}}(l/2) + \varepsilon_{\mathrm{m}}} \right]^2 . \tag{L1.33}$$

2. ε 是连续的, 而 $\mathrm{d}\varepsilon(z)/\mathrm{d}z$ 是不连续的. 想象 $\varepsilon(z)$ 呈现相同指数变化的两个区域, 但在中间介质 m 处是连续的 (见图 L1.32) (也可见第 2 级中的表 P.7.c.2). 在 $l \to 0$ 的极限下, 就好像相互作用仅发生在两个可变区域之间 (见图 L1.33). 此自由能随着间距的对数而变化 (见第 2 级中的表 P.7.c.3):

$$G(\gamma_e l \to 0) = \frac{kT}{32\pi} \sum_{n=0}^{\infty}{}' \gamma_e^2 \ln(\gamma_e l) \tag{L1.34}$$

[不要忘了, 当 $\gamma_e l \to 0$ 时 $\ln(\gamma_e l)$ 为负, 如图 L1.33 中所示]. 导出压强以 $1/l$ 的形式发散.

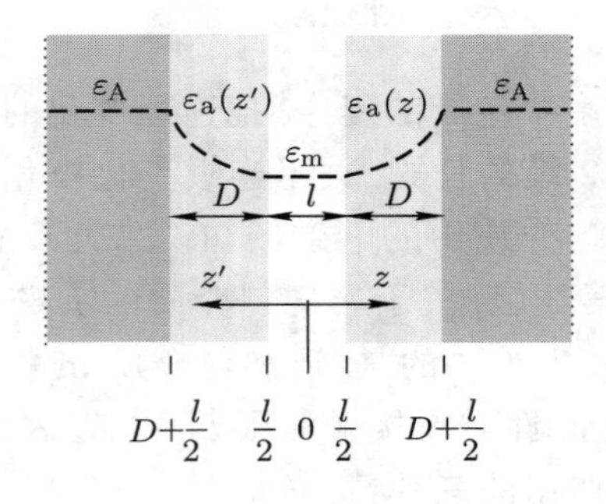

图 L1.32

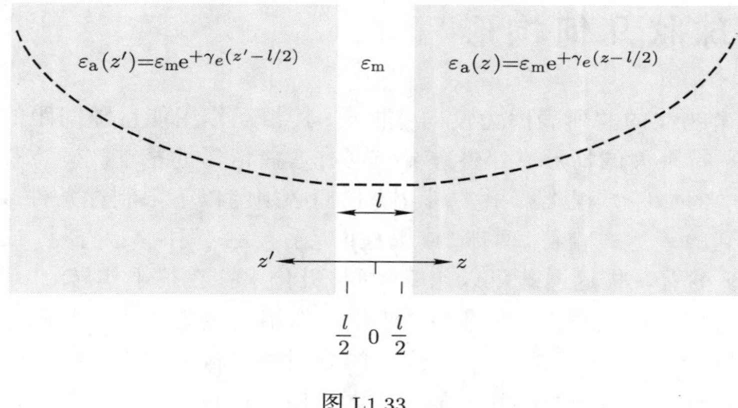

图 L1.33

3. ε 和 $\mathrm{d}\varepsilon(z)/\mathrm{d}z$ 都是连续的. 其实这种情况更有趣. 例如, 考虑 $\varepsilon_{\mathrm{a}}(z)$ 呈高斯型变化, 在其与介质 m 相交的界面处 (仍是在 $l \to 0$ 的极限) 斜率 $\mathrm{d}\varepsilon_{\mathrm{a}}(z)/\mathrm{d}z = 0$ (见图 L1.34) (也可见第 2 级中的表 P.7.e). 现在相互作用自由能根本就不发散了, 而是趋于一个有限的极限值: [74]

$$\lim_{l\to 0} G(l) = -\frac{kT}{2^8\pi}\sum_{n=0}^{\infty}{}' \gamma_{\mathrm{g}}^2. \tag{L1.35}$$

二次型的 $\varepsilon_{\mathrm{a}}(z)$ (在其与 m 相交的界面处 $\mathrm{d}\varepsilon_{\mathrm{a}}(z)/\mathrm{d}z = 0$) 也可以达到同类的有限极限 (见第 2 级中的表 P.7.d.2).

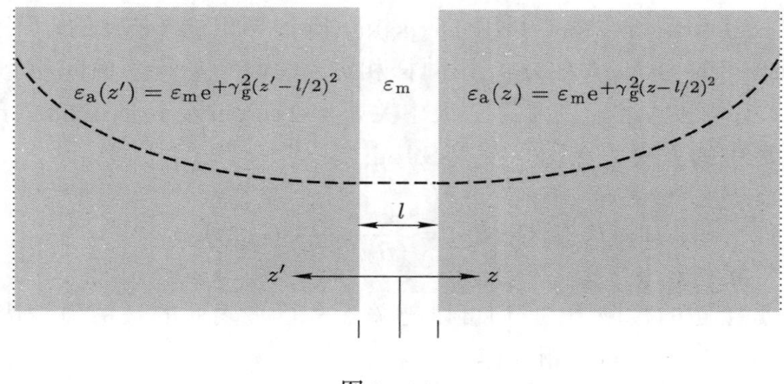

图 L1.34

[75]

L1.4 球状几何构形

当两个物体的并列表面为反向弯曲时, 其相互作用能量随间距的变化关系与两个平行平面的情形有定性差异. 首先, 弯曲情形的基本波动方程比平面几何构形中的那些方程难解得多. 其次, 它们必须与以下限制性条件或极限情形中所得到的表达式相符: 两球 (或圆柱) 近乎接触 (间距 $\ll$ 直径) 或相隔很远 (间距 $\gg$ 直径), 推迟屏蔽可以忽略, 并且极化率存在很小差异.

即使忽略了推迟屏蔽, 范德瓦尔斯相互作用的表观幂次也是随着间距本身而变化的. 当我们考虑位于介质 m 中的分别由材料 1 和 2 组成、半径为 R_1 和 R_2、对心距离为 $z = l + R_1 + R_2$ 的两个球之间的相互作用时, 其以幂律变化的原因是很清楚的 (见图 L1.35).

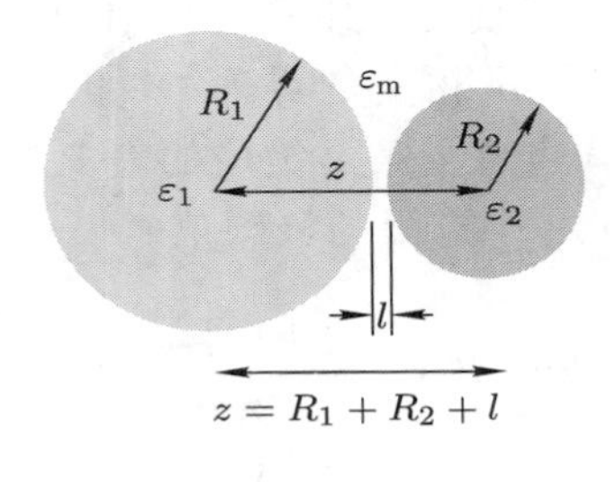

图 L1.35

靠近一些, 当间距 $l \ll R_1$ 和 $l \ll R_2$ 时, 两球的相互作用由其最接近部分之间的相互作用所主导. 利用 Derjaguin 所推导出的 (非凡的) 程序, 我们可以把两球间的力 $F_{ss}(l; R_1, R_2)$ 用同样相隔 l 的两个平行平面间相互作用能 $G_{pp}(l)$ 来表示 [请见绪论以及第 2 级中关于 Derjaguin 变换的 L2.3.C 部分; 也可见第 2 级中的方程 (L2.106) 及表 S.1.a]:

$$F_{ss}(l; R_1, R_2) = \frac{2\pi R_1 R_2}{(R_1 + R_2)} G_{pp}(l). \tag{L1.36}$$

在这个近乎接触的极限下, 我们可以把关于平行平表面的最精确表达式应用于两个反向弯曲表面间的相互作用.

当 $R_1 = R_2 = R \gg l$ 时 [也可见第 2 级中的方程 (L2.109) 及表 S.1.c.1],

$$F_{ss}(l; R) = \pi R G_{pp}(l), \tag{L1.37}$$

相互作用强度就正比于半径 R (见图 L1.36).

当 R_1 为无限大 (即图 L1.35 中左边的球看上去为平的), 而 $R_2 = R \gg l$

时, 力 F_{ss} 的形式为 [也可见第 2 级中的方程 (L2.110) 及表 S.1.c.2]

$$F_{\text{ss}}(l; R_1 \to \infty, R_2 = R) = F_{\text{sp}}(l; R) = 2\pi R G_{\text{pp}}(l), \tag{L1.38}$$

(见图 L1.37), 即正比于 R 而两倍于相同球 $R - R$ 间的相互作用.

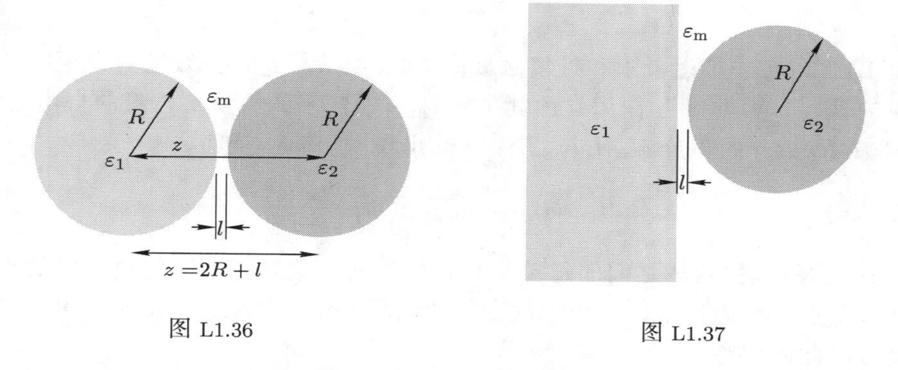

图 L1.36

图 L1.37

在 Hamaker 系数 $A_{1\text{m}/2\text{m}}$ 的语言中, 即局限于 $\varepsilon_1, \varepsilon_2$ 和 ε_{m} 近乎相等的情形, $G_{\text{pp}}(l)$ 看起来就像在平面情形中多次用到的表达式一样:

$$G_{1\text{m}/2\text{m}}(l) = -\frac{A_{1\text{m}/2\text{m}}}{12\pi l^2}, \quad A_{1\text{m}/2\text{m}} \approx \frac{3kT}{2} \sum_{n=0}^{\infty}{}' \overline{\Delta}_{1\text{m}} \overline{\Delta}_{2\text{m}} R_n(l). \tag{L1.39}$$

如果忽略推迟效应, $R_{n(l)} = 1$, 则可以预计两球间作用力为 $1/l^2$ 幂律; 其积分 (即近乎接触的两球之间的相互作用自由能) 与间距成反比.

两个近乎接触的球之间的相互作用自由能, 为什么会比两个相近的平面或平板间的自由能关系式 $1/l^2$ 变化更慢呢? 从相互作用关系式 $1/l$ 来看, 其作用范围更大, 这是否意味着两球之间的力比两个平面之间的力更强呢? 做比较的时候应该小心. 请注意: 我们正在比较的是不同类型的量. 两球之间的能量是关于每单位相互作用的, 而平面之间的能量是关于每单位面积的.

这个令人感兴趣的 $1/l$ 关系式来源于两个相互作用物体的反向曲率. 当两个物体被拉近时, 在某个确定的间距处就会有越来越多的材料发生相互作用. 表面上的这些更远部分所做的贡献不断往上加, 使得球形物体间相互作用的范围看起来更长了 (在平面相互作用中的距离已经达到 l 了).

更精细地说, 两个物体表面上的面积相互对视, 看见的是几乎平行的小块表面. 相向表面的最小块 (面积很小) 就在距离 l 处. 按圆环排列的渐次增大的面积, 隔着稍大的距离对视. 间距 l 的变化不仅意味着片块间距离的改变, 也意味着两表面间各距离处的面积数量会有变化. 两个反向弯曲的表面间相互作用为每单位面积的平面 – 平面能量的累加, 由起始间距 l 直到无限远处, 其

面积权重逐渐增大 (因为半径远大于最小间距). 在形式上, 积分必定是随着间距的较高次幂律变化的, 从而导致比初始的平面 – 平面相互作用更长程的一个表观范围.

表观作用程较长是否真的意味着整合效应更强? 不. 可以认为在不同间隔处相互作用的有效面积改变了.

---

[77] **问题 L1.13**: 在非推迟极限和近接触极限 (即 $l \ll R_1, R_2$) 情形, 把两个相向平表面的每单位面积相互作用自由能 $G_{1\mathrm{m}/2\mathrm{m}}(l)$, 与每单位相互作用的自由能, 即 $F_{\mathrm{ss}}(l; R_1, R_2)$ 的积分 $G_{\mathrm{ss}}(l; R_1, R_2)$ 进行比较. 具体地, 证明

$$G_{\mathrm{ss}}(l; R_1, R_2) = G_{1\mathrm{m}/2\mathrm{m}}(l)\frac{2\pi R_1 R_2 l}{(R_1 + R_2)}.$$

这就好像说, 两球之间的每单位相互作用的能量等于两个同样材料的平面间每单位面积能量乘以一个连续变化的面积 $2\pi R_1 R_2 l/(R_1 + R_2)$, 当两球相互接触时此面积趋于零.

反过来, 如果我们把半径相等的两球的相互作用自由能 $-(A_{1\mathrm{m}/2\mathrm{m}}/12) \cdot (R/l)$, 与同种介质中同样材料构成的相向平面上的两个半径 R、面积 πR^2 的圆形平行片块的相互作用自由能进行比较, 则得到 $[-(A_{1\mathrm{m}/2\mathrm{m}}/12\pi l^2)]\pi R^2 = [-(A_{1\mathrm{m}/2\mathrm{m}}/12)](R/l)(R/l)$. 就是说, 每单位面积的平面 – 平面相互作用能量比前者增大了一个可变因子 $(R/l) \gg 1$.

在 $\varepsilon_1, \varepsilon_2$ 和 ε_{m} 间差异很小并且没有推迟, 即 $A_{1\mathrm{m}/2\mathrm{m}} \approx (3kT/2)\sum_{n=0}^{\infty}{}' \overline{\Delta}_{1\mathrm{m}}\overline{\Delta}_{2\mathrm{m}}$ 的情形中, 关于球 – 球相互作用能量有一个简单的近似代数表达式, 它最初由 Hamaker 得到; 对于所有的 l 值都表现为闭合形式 (见表 S.3.a):

$$G_{\mathrm{ss}}(z; R_1, R_2) = -\frac{A_{1\mathrm{m}/2\mathrm{m}}}{3}\left[\frac{R_1 R_2}{z^2 - (R_1 + R_2)^2} + \frac{R_1 R_2}{z^2 - (R_1 - R_2)^2} + \frac{1}{2}\ln\frac{z^2 - (R_1 + R_2)^2}{z^2 - (R_1 - R_2)^2}\right]. \tag{L1.40}$$

对于 $R_1 = R_2 = R$ 情形, 它变成 (见图 L1.38) (也可见表 S.3.b.3)

$$G_{\mathrm{ss}}(z; R) = -\frac{A_{1\mathrm{m}/2\mathrm{m}}}{3}\left[\frac{R^2}{z^2 - 4R^2} + \frac{R^2}{z^2} + \frac{1}{2}\ln\left(1 - \frac{4R^2}{z^2}\right)\right]. \tag{L1.41}$$

对于 $R_1 \to \infty, R_2 = R$ 情形, 此近似形式中的球 – 平面相互作用为 (见图 L1.39) (也可见表 S.5.b.1)

$$G_{\mathrm{sp}}(l, R) = -\frac{A_{1\mathrm{m}/2\mathrm{m}}}{6}\left(\frac{R}{l} + \frac{R}{2R + l} + \ln\frac{l}{2R + l}\right). \tag{L1.42}$$

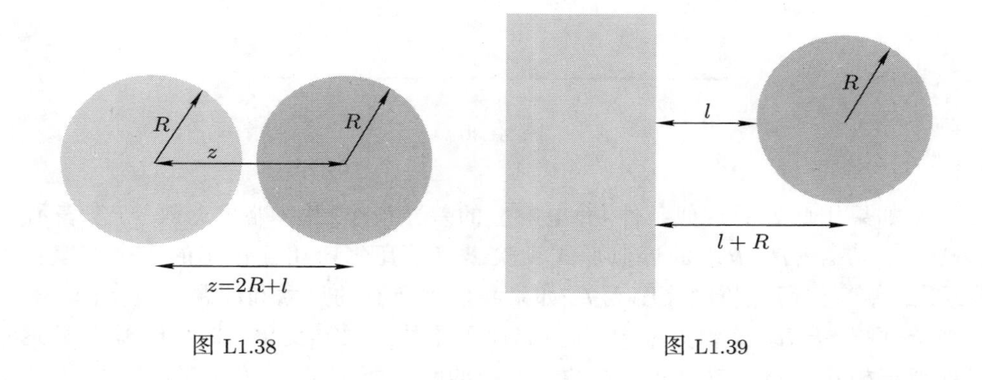

图 L1.38　　　　图 L1.39

问题 L1.14: 从关于球 – 球相互作用的 (L1.40) 式推出关于球 – 平面相互作用的 (L1.42) 式. [78]

回到球的情形, 在两球近乎接触的极限下, 其表面间距 $l \ll R_1$ 和 R_2, 则关于 $G_{ss}(z; R_1, R_2)$ 的 (L1.40) 式转变为对最小间距 l 的反比关系 (见表 S.3.b.2):

$$G_{ss}(z; R_1, R_2) \rightarrow G_{ss}(l; R_1, R_2) = -\frac{A_{1m/2m}}{6}\frac{R_1 R_2}{(R_1 + R_2)l}. \tag{L1.43}$$

由于 l 与半径相比是非常小的, 故即使在 $A_{1m/2m}$ 为 kT 的量级时, 此相互作用在热学上也是很重要的.

当 $R_1 = R_2 = R \gg 1$ 时,

$$G_{ss}(l; R) \rightarrow -\frac{A_{1m/2m}}{12}\frac{R}{l}. \tag{L1.44a}$$

对于 $R_1 \rightarrow \infty, R_2 = R \gg l$ 情形,

$$G_{sp}(l; R) = -\frac{A_{1m/2m}}{6}\frac{R}{l}. \tag{L1.44b}$$

问题 L1.15: 从 (L1.40) 式出发, 推导出近接触极限下 (即 $l \ll R_1$ 和 R_2) 的球 – 球相互作用关系式 (L1.43).

在相反的极限, 即中心 – 中心间距 z 远大于尺寸 R_1 和 R_2 的极限情形, 两球的相互作用 (见图 L1.40) 按照 $1/z^6$ 变化 (假设没有推迟!) (见表 S.3.b.1):

$$G_{ss}(z; R_1, R_2) \rightarrow -\frac{16A_{1m/2m}R_1^3 R_2^3}{9z^6}, \quad z \gg R_1, R_2 \tag{L1.45}$$

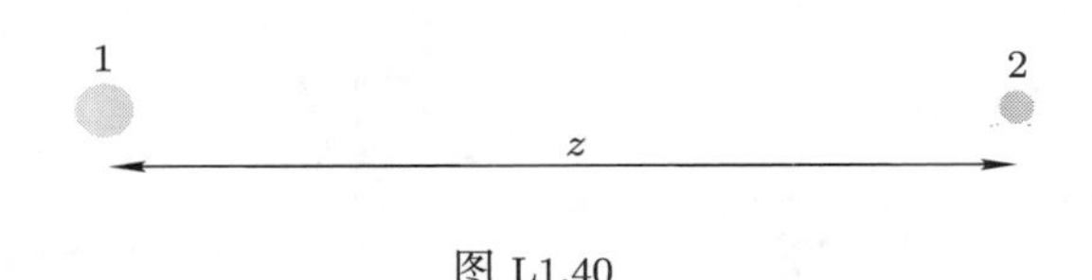

图 L1.40

如果用此处的近似条件 (介电响应的差异很小, 并忽略推迟效应) 来表示, 则这个 $G_{\rm ss}(z;R_1,R_2)$ 的近似形式反映出范德瓦尔斯相互作用的一个普遍性质. 此相互作用与长度尺度无关. 如果我们把所有的尺寸和间距都改变同一个因子, 则分子 $R_1^3R_2^3$ 和分母 z^6 都将以此因子的六次方变化. 事实上, 由于推迟屏蔽把相互作用有效地截断在纳米量级的距离处, 所以比较合理的是: 仅对于原子或小分子之类尺寸量级为埃的粒子, 认为其相互作用为负六次方的形式.

在球 – 平面情形, 即 $R_1 \to \infty, R_2 = R \ll z$ 时, 可以得到同样的标度关系 (见表 S.12.b),

$$G_{\rm sp}(z;R) = -\frac{2A_{\rm Am/sm}}{9}\frac{R^3}{z^3} \tag{L1.46}$$

[79] 在此 "小球极限" 下, $G_{\rm ss}(z;R_1,R_2)$ 和 $G_{\rm sp}(z;R)$ 的公式都表明: 当 $A_{\rm 1m/2m}$ 为 kT 量级时, 总相互作用必定远小于热能 kT.

毛茸茸的球. 径向变化的介电响应

胶体悬浮液常常通过吸附高分子聚合物来达到稳定, 因为它们可以给胶体再加上额外的构型 – 空间排斥力. 在稳定性分析中, 聚合物涂层之间的这种额外的范德瓦尔斯相互作用对势的贡献很重要, 是不可忽略的.[6] 为了一窥各层之间可能存在的吸引作用, 我们可以很容易地把关于球的 Hamaker 近似公式推广到介电常量连续变化, 即 $\varepsilon_1 = \varepsilon_1(r_1), \varepsilon_2 = \varepsilon_2(r_2)$ 的情形 (见图 L1.41).

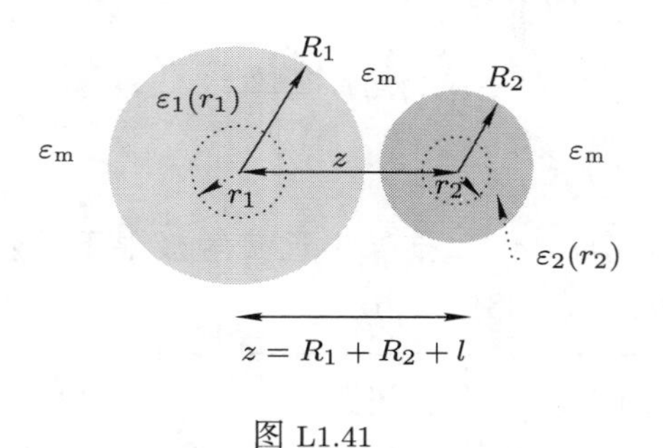

图 L1.41

如果把不均匀球之间的相互作用视为洋葱类球之间相互作用的总和 (即壳层 – 壳层相互作用相加), 就可以帮助我们理解. 其中 ε 各台阶间的离散变化用导数来代替. 在此情形, 球中各处的 ε 值是不同的, 而在 R_1 和 R_2 处等于介质中的 ε_{m} (见表 S.4.a),

$$G_{\mathrm{ss}}(z) = -\frac{kT}{8}\sum_{n=0}^{\infty}{}' \int_0^{R_1} \mathrm{d}r_1 \frac{\mathrm{d}\ln[\varepsilon_1(r_1)]}{\mathrm{d}r_1} \int_0^{R_2} \mathrm{d}r_2 \frac{\mathrm{d}\ln[\varepsilon_2(r_2)]}{\mathrm{d}r_2} \times \left[\frac{r_1 r_2}{z^2-(r_1+r_2)^2} + \frac{r_1 r_2}{z^2-(r_1-r_2)^2} + \frac{1}{2}\ln\frac{z^2-(r_1+r_2)^2}{z^2-(r_1-r_2)^2}\right]. \quad \text{(L1.47)}$$

我们看到, 方括号内的因子与球 – 球相互作用情形 (L1.40) 式中的因子很相似. 但是, 为什么要用 $\{\mathrm{d}\ln[\varepsilon(r)]\}/\mathrm{d}r$ 来替代通常的差值与和值之比 $\overline{\Delta}$? 通过如下展开

$$\mathrm{d}r\frac{\mathrm{d}\ln[\varepsilon(r)]}{\mathrm{d}r} \sim \mathrm{d}r\frac{\mathrm{d}\varepsilon(r)}{\mathrm{d}r}\frac{1}{\varepsilon(r)} \sim \frac{\varepsilon(r+\mathrm{d}r)-\varepsilon(r)}{\varepsilon(r)} \sim 2\frac{\varepsilon(r+\mathrm{d}r)-\varepsilon(r)}{\varepsilon(r+\mathrm{d}r)+\varepsilon(r)} \leftrightarrow 2\overline{\Delta}$$

可以看出, 它与 (L1.40) 式是一致的, 甚至系数都相同.

像平表面的相互作用情形一样, 介电响应的不均匀性会定性地改变相互作用形式. 当两球近乎接触时, 这种改变特别重要. 在此情形, 通常更实用的方法是利用平面相互作用和球相互作用之间的变换, 而不必辛苦地在球坐标系中工作.

"点粒子" 相互作用

传统上, 我们认为此负六次方幂律的变化关系是范德瓦尔斯相互作用的最基本形式. 小尺寸和大间距的条件就是在范德瓦尔斯气体中得到的. 事实上, 在我们对范德瓦尔斯力进行研究而得到一些有趣的结果时, 很少有满足此种条件的. 室温时的相互作用能量在热学上是不重要的. Hamaker 系数不大于 $\sim 100kT_{\mathrm{room}}$, 通常在凝聚态介质中仅为 $\sim kT_{\mathrm{room}}$. 即使间距 z 仅为半径 R_1 和 R_2 的四倍, 球 – 球相互作用 $G_{\mathrm{ss}}(z; R_1, R_2)$ 也是微不足道的, 为 $\sim 2 \times 100kT_{\mathrm{room}} \times 1/4^6 \sim kT_{\mathrm{room}}/20$. [80]

此 $1/z^6$ 形式的相互作用在热学方面有所欠缺, 但它也做出了极好的补偿: 向我们显示了从几个不同角度研究它们的方法, 以及它们的几个不同来源.

稀薄悬浮液中的粒子

我们可以不取 (极化率增量为 $\alpha(\mathrm{i}\xi)$ 的) 小球 a 之间相隔很远的极限, 而是考虑稀薄悬浮液或溶液内部的相互作用. 在相对大的间距处, 真实小斑点的形状以及微观细节变得不重要了. 唯一有意义的性质是: 与纯介质情形相比, 这些稀疏的斑点会非常轻微地改变悬浮液的介电和离子响应. 当小球悬浮液稀薄到趋于零密度时, $\varepsilon_{\mathrm{susp}}$ 就正比于其数密度 N_{a} 乘以 $\alpha(\mathrm{i}\xi)$, 即 $\varepsilon_{\mathrm{susp}} = \varepsilon_{\mathrm{m}}(\mathrm{i}\xi) + N_{\mathrm{a}}\alpha(\mathrm{i}\xi)$ [见图 L1.42(a)].

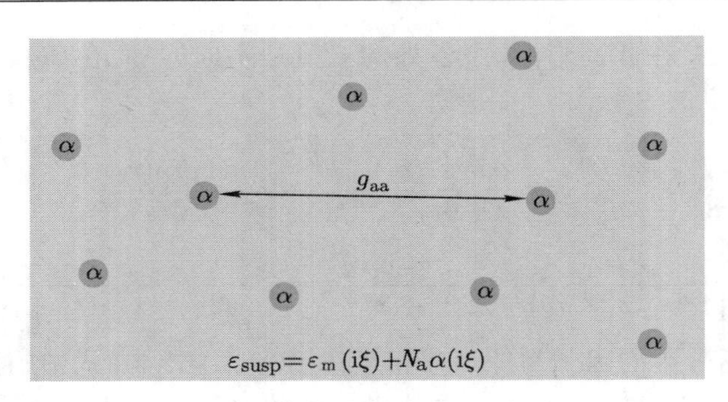

图 L1.42a

实际上, 如果通过稀薄悬浮液或稀溶液介电体来考虑小粒子的相互作用, 就可以不必把 α 加进理论中去. 我们只需测量

$$\alpha(\mathrm{i}\xi)\equiv\left.\frac{\partial\varepsilon_{\rm susp}(\mathrm{i}\xi)}{\partial N_{\rm a}}\right|_{N_{\rm a}=0},$$

即 $\varepsilon_{\rm susp}$ 随着小颗粒数密度 $N_{\rm a}$ 的变化, 并利用此 α 来计算距离大于颗粒尺寸处的相互作用能量.

在此稀薄极限下, 并忽略推迟效应, 则同类的溶质粒子或悬浮颗粒 a 之间的成对相互作用形式为

$$g_{\rm aa}(z)=-\frac{6kT}{z^6}\sum_{n=0}^{\infty}{}'\left[\frac{\alpha(\mathrm{i}\xi_n)}{4\pi\varepsilon_{\rm m}(\mathrm{i}\xi_n)}\right]^2 \tag{L1.48}$$

[81] 而两类不同颗粒 a 与 b 之间的相互作用形式为 (见表 S.6.b)

$$g_{\rm ab}(z)=-\frac{6kT}{z^6}\sum_{n=0}^{\infty}{}'\left\{\frac{\alpha(\mathrm{i}\xi_n)\beta(\mathrm{i}\xi_n)}{[4\pi\varepsilon_{\rm m}(\mathrm{i}\xi_n)]^2}\right\}, \tag{L1.49}$$

其中 $\alpha(\mathrm{i}\xi)$ 和 $\beta(\mathrm{i}\xi)$ 分别是对于颗粒 a 和 b 的数密度 $N_{\rm a}$ 和 $N_{\rm b}$ 所观察到的量

$$\alpha(\mathrm{i}\xi)\equiv\left.\frac{\partial\varepsilon_{\rm susp}(\mathrm{i}\xi)}{\partial N_{\rm a}}\right|_{N_{\rm a}=0,N_{\rm b}=0},\quad \beta(\mathrm{i}\xi)\equiv\left.\frac{\partial\varepsilon_{\rm susp}(\mathrm{i}\xi)}{\partial N_{\rm b}}\right|_{N_{\rm a}=0,N_{\rm b}=0} \tag{L1.50}$$

[见图 L1.42(b)].

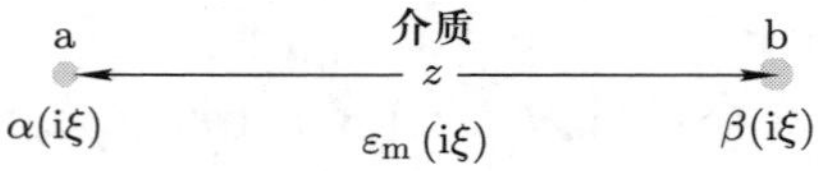

a 介质 b
z
$\alpha(\mathrm{i}\xi)$ $\varepsilon_{\rm m}(\mathrm{i}\xi)$ $\beta(\mathrm{i}\xi)$

图 L1.42b

因此, 不同类点粒子之间的相互作用和同类粒子之间的相互作用形式是一样的, 只需用量 $\alpha\beta$ 来代替量 α^2 (或 β^2) 即可. 在对频率求和式中的每一项都是相应的各同类粒子相互作用项的几何平均.

由于 $\alpha^2+\beta^2\geqslant 2\alpha\beta$, 此几何平均是不等式 $g_{\mathrm{aa}}+g_{\mathrm{bb}}\leqslant 2g_{\mathrm{ab}}$ 的基础. 对此不等式的物理解释为: 如果 a 类粒子互相靠近, b 类粒子也互相靠近, 则总自由能会比较低. 事实上, 当考虑稀薄悬浮液时, 由于点粒子相互作用能量比热能小, 这个不等式没什么用处. 但是, 在范德瓦尔斯相互作用能量比热能大的其它几何构形或条件中 (例如, 最小间距小于相互作用物体的尺寸时), 确实要用到此类不等式. 于是, 这些倾向于聚合的能量可能会超过无规混合熵.

从概念上看, 这些成对相互作用可以从半空间 A 和 B 通过当中的 m 所发生的相互作用表达式中自动导出. 在此情形, A 是 a 类颗粒的悬浮液, 其对 ε_{A} 的增量贡献为 $\alpha(\mathrm{i}\xi)$; B 是 b 类颗粒的悬浮液, 其对 ε_{B} 的增量贡献为 $\beta(\mathrm{i}\xi)$. 当 $\varepsilon_{\mathrm{A}}=\varepsilon_{\mathrm{m}}(\mathrm{i}\xi)+N_{\mathrm{a}}\alpha(\mathrm{i}\xi),\varepsilon_{\mathrm{B}}=\varepsilon_{\mathrm{m}}(\mathrm{i}\xi)+N_{\mathrm{b}}\beta(\mathrm{i}\xi)$ 时, 就会出现相互作用 $g_{\mathrm{ab}}(z)$, 故

$$\frac{\varepsilon_{\mathrm{A}}-\varepsilon_{\mathrm{m}}}{\varepsilon_{\mathrm{A}}+\varepsilon_{\mathrm{m}}}\approx\frac{N_{\mathrm{a}}\alpha}{2\varepsilon_{\mathrm{m}}}\quad 和\quad \frac{\varepsilon_{\mathrm{B}}-\varepsilon_{\mathrm{m}}}{\varepsilon_{\mathrm{B}}+\varepsilon_{\mathrm{m}}}\approx\frac{N_{\mathrm{b}}\beta}{2\varepsilon_{\mathrm{m}}}. \tag{L1.51}$$

在此图像中, 我们看到右边的 β 响应颗粒与左边的 α 响应颗粒发生相互作用, 其强度由求和式 $\sum_{n=0}^{\infty}{}'\alpha\beta$ 给出. 显然, 仅当悬浮液非常稀薄以至于其介电响应与颗粒密度成线性关系时, 才能够应用关于 α/β 相互作用的此类成对求和 (见图 L1.43).[7]

如果颗粒是小球, 则每个半径为 a、材料介电响应为 ε_{s}的球可以把稀薄悬浮液的总介电响应提高一个量 [见第 2 级中的 (L2.167) 式和表 S.7]

$$\alpha=4\pi a^3\varepsilon_{\mathrm{m}}\frac{(\varepsilon_{\mathrm{s}}-\varepsilon_{\mathrm{m}})}{(\varepsilon_{\mathrm{s}}+2\varepsilon_{\mathrm{m}})} \tag{L1.52}$$

(关于 β 有对等的关系).

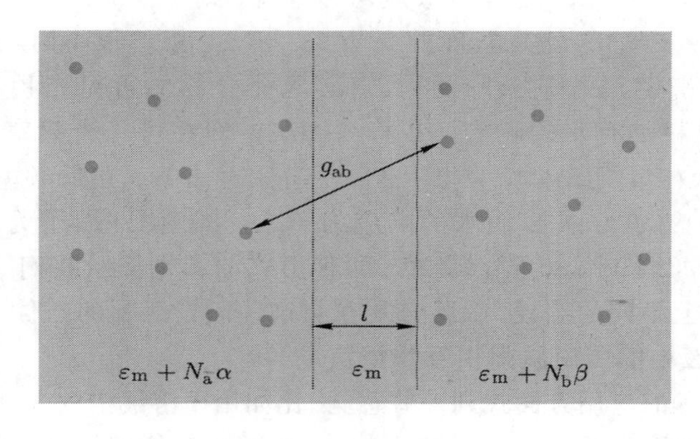

图 L1.43

当小球由导电性无限大的材料组成, 即 ε_{s} 实际上为无限大时, 对应于 α [82]

的最大可能值; 因此, $\alpha = 4\pi a^3$, 即三倍于球的体积. 在相反的极限情形, 当 $\varepsilon_{\rm s}$ 近似等于 $\varepsilon_{\rm m}$ 时, 则 $\alpha \approx [(4\pi a^3)/3](\varepsilon_{\rm s} - \varepsilon_{\rm m})$, 即球体积乘以两个 ε 值之差.

忽略推迟效应, 我们可以把材料小球的相互作用写成形式 (见表 S.7.a)

$$g_{\rm aa}(z) = -\frac{6kT}{z^6}a^6\sum_{n=0}^{\infty}{}'\left[\frac{(\varepsilon_{\rm s}-\varepsilon_{\rm m})}{(\varepsilon_{\rm s}+2\varepsilon_{\rm m})}\right]^2. \tag{L1.53}$$

大颗粒与小颗粒语言的调和

上述结果, 即 (L1.53) 式, 是否与间距远大于其半径 R_1 和 R_2 的两球间非推迟相互作用一致?

在前面的情形中, 不同类小球间的相互作用为 $G_{\rm ss}(z;R_1,R_2) = \{-[(16A_{\rm 1m/2m}R_1^3R_2^3)/9z^6]\}$, 即 (L1.45) 式, 其非推迟 Hamaker 系数 $A_{\rm 1m/2m} \approx (3kT/2)\sum_{n=0}^{\infty}{}'\overline{\Delta}_{\rm 1m}\overline{\Delta}_{\rm 2m}$, 和 (L1.40) 式中所用的一样. 如果我们把语言契合起来, 可以设 $R_1 = R_2 = a$ 和 $\varepsilon_1 = \varepsilon_2 = \varepsilon_{\rm s}$, 则关于相同球的 (L1.45) 式就变成

$$-\frac{8kTa^6}{3z^6}\sum_{n=0}^{\infty}{}'\left(\frac{\varepsilon_{\rm s}-\varepsilon_{\rm m}}{\varepsilon_{\rm s}+\varepsilon_{\rm m}}\right)^2.$$

为什么它会与小粒子响应语言中的

$$-\frac{6kTa^6}{z^6}\sum_{n=0}^{\infty}{}'\left[\frac{(\varepsilon_{\rm s}-\varepsilon_{\rm m})}{(\varepsilon_{\rm s}+2\varepsilon_{\rm m})}\right]^2$$

有明显不同? 对求和式中的每一项, 两者之比为 $(9/4)\{[(\varepsilon_{\rm s}+\varepsilon_{\rm m})/(\varepsilon_{\rm s}+2\varepsilon_{\rm m})]^2\}$. 缺陷在于: 在介电差异很小的近似式 (L1.45) 中用到了近似形式 $[(\varepsilon_{\rm s}-\varepsilon_{\rm m})/(\varepsilon_{\rm s}+2\varepsilon_{\rm m})]^2$. 只要 $\alpha N \ll \varepsilon_{\rm m}$ 且推迟效应可以忽略, 则 (L1.53) 式中用到的形式 $[(\varepsilon_{\rm s}-\varepsilon_{\rm m})/(\varepsilon_{\rm s}+2\varepsilon_{\rm m})]^2$ 就是精确的. 当 $\varepsilon_{\rm s}$ 与 $\varepsilon_{\rm m}$ 相差很小时, 此差异因子接近 1. 举例来说, 如果一种材料具有碳氢化合物的可见光频率响应 $\varepsilon \sim 2$, 而另一种材料具有水的响应 (小了 $\sim 10\%$), 即在可见光频率处为 ~ 1.8, 则差异因子为 $(9/4)\{[(2+1.8)/(2+2\times1.8)]^2\} \sim 1.04$. 在低频率极限, 即碳氢化合物的响应为 $\varepsilon_{\rm s} \sim 2$ 而水的响应为 $\varepsilon_{\rm m} \sim 80$, 则此因子为非平庸的值 $(9/4)\{[(2+80)/(2+2\times80)]^2\} \approx 0.58$. 两种形式的差别提示我们, 其推导过程中使用了概念上不同的假设, 因此必须在与这些假设匹配的条件下应用.

[83] **例子: 溶液中的蛋白质间相互作用值**

为了在方程的应用方面找到一些感觉 (比如用于溶液中的大分子), 我们可以把相距很远的两个蛋白质看成两个球, 而对其相互作用做一个粗略的估计.

在可见光频率处, 通过加入溶质后的溶液折射率变化, 我们可以得到关于溶质与溶剂的相对极化率值的定性概念. 在本书其它部分详细描述过, 复

数介电响应 $\varepsilon = \varepsilon'(\omega) + \mathrm{i}\varepsilon''(\omega)$, 就等于复数折射率的平方 $(n_{\mathrm{ref}} + \mathrm{i}k_{\mathrm{abs}})^2 = (n_{\mathrm{ref}}^2 - k_{\mathrm{abs}}^2) + 2\mathrm{i}n_{\mathrm{ref}}k_{\mathrm{abs}}$, 其中 n_{ref} 为折射率, 而 k_{abs} 是吸收系数. 在 $k_{\mathrm{abs}} = 0$ 的透明区域里, 介电响应函数 $\varepsilon = n_{\mathrm{ref}}^2$. (见第 2.4 级中关于介电响应的短文.)

为了求出 $\varepsilon = \varepsilon_{\mathrm{m}} + N\alpha_{\mathrm{solute}}$ 中要用到的系数 α_{solute}, 我们取导数

$$\partial\varepsilon/\partial N = \alpha_{\mathrm{solute}} = 2n_{\mathrm{ref}}\partial n_{\mathrm{ref}}/\partial N.$$

记住: N是溶质数密度. 它正比于重量浓度 c_{wt}, 比例因子为单个蛋白质分子的真实分子质量, 即, 摩尔质量 MW (单位是 g/mol, 或者大家比较困惑的"道尔顿") 除以阿伏伽德罗常量或每摩尔分子数 N_{Avogadro}. 以 g/体积为单位, 重量浓度为 $c_{\mathrm{wt}} = (\mathrm{MW}/N_{\mathrm{Avogadro}})N$:

$$\alpha_{\mathrm{solute}} = 2(\mathrm{MW}/N_{\mathrm{Avogadro}})\partial n_{\mathrm{ref}}/\partial c_{\mathrm{wt}}.$$

通常, 量 $\partial n_{\mathrm{ref}}/\partial c_{\mathrm{wt}}$ 可以通过非吸收性蛋白质溶液的差示折光术和光散射来测量. 它的变化范围很小, 从 ~ 1.7 到 $\sim 2.0 \times 10^{-4}$ l/g.[8]

在低频处, 可见光频率的折射率已经无关紧要了. 好几种蛋白质的介电色散数据都能找到.[9] 例如, 对于低频极限情形的血红蛋白, $\partial\varepsilon(0)/\partial c_{\mathrm{wt}} = 0.3$ l/g. $\alpha_{\mathrm{solute}}(0)$ 可直接从 $\partial\varepsilon(0)/\partial c_{\mathrm{wt}}$ 求出:

$$\alpha_{\mathrm{solute}}(0) \equiv \partial\varepsilon(0)/\partial N = [\partial\varepsilon(0)/\partial c_{\mathrm{wt}}](\mathrm{MW}/N_{\mathrm{Avo}}).$$

从这些数字可以估计出水中的蛋白质小球间相互作用值. 假设一个分子取血红蛋白的尺寸, 其摩尔质量近似为 66 000 g/mol, 或者

$$(\mathrm{MW}/N_{\mathrm{Avogadro}}) = (66\ 000/0.602 \times 10^{+24}) = 1.1 \times 10^{-19}\ \mathrm{g}.$$

则其低频极化率为

$$\begin{aligned}\alpha_{\mathrm{solute}}(0) &= \partial\varepsilon(0)/\partial c_{\mathrm{wt}} \times (\mathrm{MW}/N_{\mathrm{Avogadro}}) \\ &= (0.3\ \mathrm{l/g}) \times (1.1 \times 10^{-19}\ \mathrm{g}) \times (10^3\ \mathrm{cm^3/l}) \\ &= 3.3 \times 10^{-17}\ \mathrm{cm^3}.\end{aligned}$$

而可见光频率的极化率为 [84]

$$\begin{aligned}\alpha_{\mathrm{solute}} &= 2\partial n_{\mathrm{ref}}/\partial c_{\mathrm{wt}} \times (\mathrm{MW}/N_{\mathrm{Avogadro}}) \\ &= 2 \times (1.8 \times 10^{-4}\ \mathrm{l/g}) \times (1.1 \times 10^{-19}\ \mathrm{g}) \times (10^3\ \mathrm{cm^3/l}) \\ &= 4 \times 10^{-20}\ \mathrm{cm^3}.\end{aligned}$$

为了继续进行粗略的计算, 假定这个值到紫外频率的起始波长 2 000 Å、或者截止频率 ξ_{uv} 或 $\xi_{\text{cutoff}} \sim 10^{16}$ (rad/s) 处都成立.

蛋白质的比重为水的 $\sim 4/3$ 倍, 即 $\sim 4/3$ g/cm^3, 故此分子的体积近似为 $(1.1 \times 10^{-19}$ g$)/(4/3$ g/cm$^3) = 8.2 \times 10^{-20}$ cm^3. 对于单球情形, 其半径为 27 Å=2.7 nm. 因此, 仅当间距远大于球的直径 ~ 5 nm时, 点粒子公式才成立.

为清楚起见, 把关于 $g_{\text{p}}(z)$ 的求和

$$g_{\text{p}}(z) = -\frac{3kT}{8\pi^2 z^6}\sum_{n=0}^{\infty}{}'\left[\frac{\alpha_{\text{solute}}(\text{i}\xi_n)}{\varepsilon_{\text{w}}(\text{i}\xi_n)}\right]^2,$$

拆分成 $n = 0$ 的零频率项,

$$-\frac{3kT}{16\pi^2 z^6}\left[\frac{\alpha_{\text{solute}}(0)}{\varepsilon_{\text{w}}(0)}\right]^2,$$

加上剩余项,

$$-\frac{3kT}{8\pi^2 z^6}\sum_{n=1}^{\infty}\left[\frac{\alpha_{\text{solute}}(\text{i}\xi_n)}{\varepsilon_{\text{w}}(\text{i}\xi_n)}\right]^2.$$

由于低频处水的介电常量为 $\varepsilon_{\text{w}}(0) = 80$, 故零频率项中 z^{-6} 的系数为 (以 kT_{room} 为单位)

$$\begin{aligned}-\frac{3kT}{16\pi^2}\left[\frac{\alpha_{\text{solute}}(0)}{\varepsilon_{\text{w}}(0)}\right]^2 &= -\frac{3}{16\pi^2}\left(\frac{3.3\times 10^{-17}\ \text{cm}^3}{80}\right)^2 kT_{\text{room}}\\ &= -3.2\times 10^{-39}\ \text{cm}^6 kT_{\text{room}}\ \text{or} - (3.84\ \text{nm})^6 kT_{\text{room}}.\end{aligned}$$

对于中心 – 中心间距 z 为 7.5 nm 的情形, 半径相当于表面 – 表面间距, 即已经打破了大间距假设, 则相互作用为

$$-(3.84\ \text{nm})^6/(7.5\ \text{nm})^6 kT_{\text{room}} = -1.8\times 10^{-2} kT_{\text{room}} \approx kT_{\text{room}}/60.$$

此计算忽略了离子性屏蔽因子 (其会使得低频相互作用更弱).

对于有限频率的电荷涨落能量,

$$-\frac{3kT}{8\pi^2 z^6}\sum_{n=1}^{\infty}\left[\frac{\alpha_{\text{solute}}(\text{i}\xi_n)}{\varepsilon_{\text{w}}(\text{i}\xi_n)}\right]^2,$$

我们也可以把它转化成一个积分, 就像计算伦敦相互作用时那样, 但是把它作为求和来处理更简单, 其中被加数 $[\alpha_{\text{solute}}(\text{i}\xi_n)/\varepsilon_{\text{w}}(\text{i}\xi_n)]^2$ 取为介于 ξ_1 和对应于 $\xi_{\text{cutoff}} = 10^{16}$ (rad/s) 的截止频率项之间的一个常数. 由于 (在 $T = 20$ °C 时) ξ 值的变化关系为 $\xi_n = [(2\pi kT)/\hbar]n = 2.411\times 10^{14}$ (rad/s)n, 故求和式中包

含 $\approx [10^{16}(\text{rad/s})]/[2.411 \times 10^{14}(\text{rad/s})] = 41$ 项. 为了快速地做出估计, 我们可以把求和 $\sum_{n=1}^{\infty}\{[\alpha_{\text{solute}}(\text{i}\xi_n)/\varepsilon_{\text{w}}(\text{i}\xi_n)]^2\}$ 用因子 $41 \times (\alpha_{\text{solute}}/\varepsilon_{\text{w}})^2$ 代替. [85]

对 α_{solute}, 我们取以前推导出来的值 $\alpha_{\text{solute}} = 4 \times 10^{-20}\ \text{cm}^3$; 对 ε_{w}, 我们取水的折射率的平方, 即 $\varepsilon_{\text{w}} = 1.333^2 = 1.78$.

在有限频率项中, z^{-6} 的系数为 (以 kT 为单位)

$$-\frac{3}{8\pi^2}41\left(\frac{\alpha_{\text{solute}}}{\varepsilon_{\text{w}}}\right)^2 kT = -\frac{3}{8\pi^2}41\left(\frac{4\times 10^{-20}\ \text{cm}^3}{1.78}\right)^2 kT$$
$$= -7.9\times 10^{-40}\ \text{cm}^6 kT = -7.9\times 10^{+2}\ \text{nm}^6 kT.$$

它小于前面所估算出的零频率贡献的系数 $-3.2\times 10^{+3}\ \text{nm}^6 kT$, 因此再次说明相互作用能量是非常弱的. 另外, 在这些间距处会发生相当程度的推迟屏蔽, 如果把这个因素包括进来的话, 能量就更小了.

负六次方形式的范德瓦尔斯相互作用的强度永远不可能超过热能. 当表面 – 表面间距小于粒子尺寸时, 这些色散力就会成为使分子组织起来的重要因素. 这些谱值给出 $A_{\text{Ham}} \sim 2.5kT_{\text{room}} \sim 10\times 10^{-14}$ ergs 或 10^{-20} J 或 10 zJ.[10] 如果我们暂时忽略连续图像的局限性, 那么对于面积为 $L^2 = 1\ \text{nm}^2$、相距 $l = 0.22\ \text{nm} = 2.5$ Å 的两个平行表面, 此 A_{Ham} 意味着什么?

$$\frac{A_{\text{Ham}}}{12\pi l^2}\times L^2 = \frac{2.5}{12\pi}\frac{1}{0.25^2}kT_{\text{room}} \sim kT_{\text{room}}.$$

对蛋白质而言, 在此间距处发生了太多的其它事情, 以至于我们不能再假设范德瓦尔斯能量是唯一重要的因素.

点粒子与衬底的相互作用

与推导小粒子相互作用的思路一样, 我们可以把平面半空间的相互作用一般表达式用于推导点粒子和衬底之间的相互作用公式 (见图 L1.44).

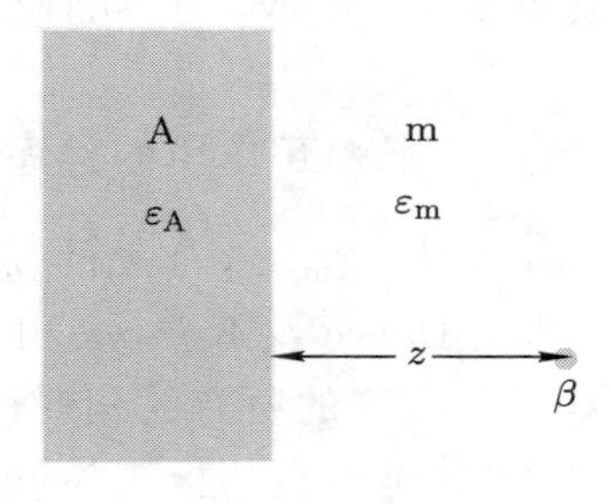

图 L1.44

在如下极限情形中: (1) 推迟可忽略, (2) ε_{A} 与 ε_{m} 差别不大, 以及 (3) 粒子在稀薄悬浮液中故 $N_{\mathrm{b}}\beta \ll \varepsilon_{\mathrm{m}}$ (见表 S.11.b.1),

$$g_{\mathrm{p}}(z) = -\frac{kT}{2z^3}\sum_{n=0}^{\infty}{}' \left[\frac{\beta(\mathrm{i}\xi_n)}{4\pi\varepsilon_{\mathrm{m}}(\mathrm{i}\xi_n)}\right]\left[\frac{\varepsilon_{\mathrm{A}}(\mathrm{i}\xi_n)-\varepsilon_{\mathrm{m}}(\mathrm{i}\xi_n)}{\varepsilon_{\mathrm{A}}(\mathrm{i}\xi_n)+\varepsilon_{\mathrm{m}}(\mathrm{i}\xi_n)}\right]. \tag{L1.54}$$

对于半径为 b、材料介电响应为 $\varepsilon_{\mathrm{sph}}$ 的小球, 可以用 $4\pi b^3\varepsilon_{\mathrm{m}}\dfrac{(\varepsilon_{\mathrm{sph}}-\varepsilon_{\mathrm{m}})}{(\varepsilon_{\mathrm{sph}}+2\varepsilon_{\mathrm{m}})}$ 代替 β, 故 (见表 S.12.a)

$$g_{\mathrm{p}}(z) = -\frac{kT}{2z^3}b^3\sum_{n=0}^{\infty}{}' \frac{\varepsilon_{\mathrm{sph}}-\varepsilon_{\mathrm{m}}}{\varepsilon_{\mathrm{sph}}+2\varepsilon_{\mathrm{m}}}\frac{\varepsilon_{\mathrm{A}}-\varepsilon_{\mathrm{m}}}{\varepsilon_{\mathrm{A}}+\varepsilon_{\mathrm{m}}}. \tag{L1.55}$$

[86] 稀薄气体中的粒子

在稀溶液、悬浮液或蒸气的情形中, 我们可以放心地使用 (历史上) 最早的理想模型 —— 负六次方形式的相互作用. 以下这些是在范德瓦尔斯气体中成立的条件: 介质为真空; 前面所引入的各粒子的 α 和 β 值, 现在是原子或小分子的 α 和 β 值. 蒸气非常稀薄, 故其介电响应为真空中的值加上正比于粒子数密度的 (非常小的) 贡献.

为了能有效地进行思考 (尽管只是形式上的), 我们将再次用到两个半平面通过介质发生相互作用的最简单表达式. 想象两个蒸气域 A 和 B 通过真空“介质” 发生相互作用:

$$\varepsilon_{\mathrm{A}} = 1 + N_{\mathrm{A}}\alpha, \quad \varepsilon_{\mathrm{B}} = 1 + N_{\mathrm{B}}\beta, \quad N_{\mathrm{A}}\alpha \ll 1, \quad N_{\mathrm{B}}\beta \ll 1,$$
$$\overline{\Delta}_{\mathrm{Am}} = \frac{\varepsilon_{\mathrm{A}}-1}{\varepsilon_{\mathrm{A}}+1} \to \frac{N_{\mathrm{A}}\alpha}{2}, \quad \overline{\Delta}_{\mathrm{Bm}} \to \frac{N_{\mathrm{B}}\beta}{2}.$$

位于介质 m 两边的区域 A 和 B 之间的相互作用 $G_{\mathrm{Am/Bm}}(l) \approx [-(kT/8\pi l^2)]\sum_{n=0}^{\infty}{}'\overline{\Delta}_{\mathrm{Am}}\overline{\Delta}_{\mathrm{Bm}}R_n$, 变成密度 N_{a} 和 N_{b} 与各响应 α 和 β 之积, 即 $[-(kT/32\pi l^2)]N_{\mathrm{a}}N_{\mathrm{b}}\sum_{n=0}^{\infty}{}'\alpha\beta R_n$. 推导点粒子相互作用的程序 (其严格结果在第 2 级 L2.3.E 部分给出), 就是要找出加到 $G_{\mathrm{Am/Bm}}(l)$ 上的 $g_{\mathrm{ab}}(r)$ 形式 (见图 L1.45).

此推导方法可以把 London, Debye 及 Keesom 相互作用精确地复制出来, 包括在前面公式中很费劲地推导出来的所有的相对论性推迟项. 这些相互作用可以根据如下情况加以区别: 其是否包括极矩为 μ_{dipole} 的两个永久偶极子的相互作用, 或者是否包括感应极化率 α_{ind}. 例如, 一个水分子既有永久偶极

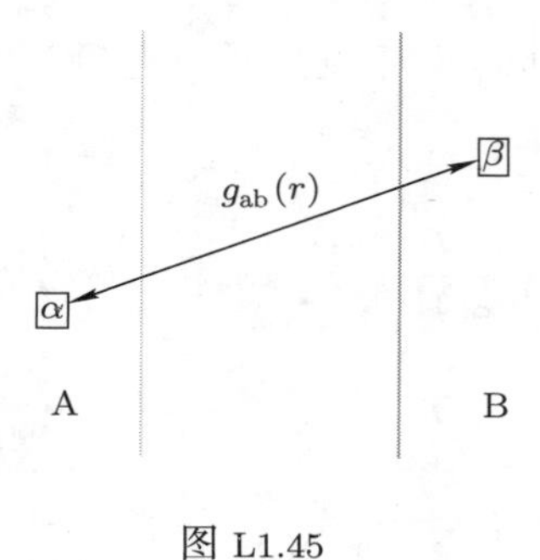

图 L1.45

矩, 也有感应极化率. 所以每个水分子对总介电响应的贡献是 (L2.163) 式和 (L2.173) 式之和: 在 mks 制中,

$$\frac{\alpha(\mathrm{i}\xi)}{4\pi} = \frac{\mu_{\text{dipole}}^2}{3kT \times 4\pi\varepsilon_0(1+\xi\tau)} + \frac{\alpha_{\text{ind}}(\mathrm{i}\xi)}{4\pi\varepsilon_0};$$

在 cgs 制中,

$$\frac{\alpha(\mathrm{i}\xi)}{4\pi} = \frac{\mu_{\text{dipole}}^2}{3kT(1+\xi\tau)} + \alpha_{\text{ind}}(\mathrm{i}\xi). \tag{L1.56}$$

在对虚数取样频率 ξ_n 的求和中, 第一项即永久偶极子项仅在零频率处是重要的. 弛豫时间 τ 很大, 故对于 $\xi_{n=1}$, α 中的永久偶极子项实际上为零; 仅需在零频率处计入此项. 在 mks 制 (SI 或国际单位制) 和 cgs 制 ("高斯" 制) 中, 相距 d 的两个电荷 $\pm q$ 的偶极矩为 $\mu_{\text{dipole}} = qd$. [见表 S.8 以及第 2 级中的 (L2.171) 式.]

问题 L1.16: 证明: 对于 $\tau = 1/1.05 \times 10^{11}$ rad/s (第 2 级中的表 L2.1, 以及 L2.4.D 部分), 室温下的 $\xi_{n=1}\tau \gg 1$.

会出现三种传统的相互作用类型: [87]

■ Keesom 关于各永久偶极子在零频率处的相互排列 [见表 S.8.a 和 (L2.177) 式]:

$$g_{\text{Keesom}}(r) = -\frac{\mu_{\text{dipole}}^4}{3(4\pi\varepsilon_0)^2 kTr^6}(\text{mks 制}) = -\frac{\mu_{\text{dipole}}^4}{3kTr^6}(\text{cgs 制}). \tag{L1.57}$$

■ "Debye", 关于永久偶极子与分子极化率在零频率处的耦合 [见表 S.8.b 和 (L2.178) 式]:

$$g_{\text{Debye}}(r) = -\frac{2\mu_{\text{dipole}}^2}{(4\pi\varepsilon_0)^2 r^6}\alpha_{\text{ind}}(0)(\text{mks 制}) = -\frac{2\mu_{\text{dipole}}^2}{r^6}\alpha_{\text{ind}}(0)(\text{cgs 制}). \tag{L1.58}$$

■ London-Casimir-Polder 关于发生在所有频率处的感应偶极子之间的关联 (见表 S.6.a):

$$g_{\text{London}}(r) = -\frac{6kT}{(4\pi\varepsilon_0)^2 r^6}\sum_{n=0}^{\infty}{}' \alpha_{\text{ind}}^2(\mathrm{i}\xi_n)\mathrm{e}^{-r_n} \times \left(1 + r_n + \frac{5}{12}r_n^2 + \frac{1}{12}r_n^3 + \frac{1}{48}r_n^4\right) (\text{mks 制})$$

$$g_{\text{London}}(r) = -\frac{6kT}{r^6}\sum_{n=0}^{\infty}{}' \alpha_{\text{ind}}^2(\mathrm{i}\xi_n)\mathrm{e}^{-r_n} \times \left(1 + r_n + \frac{5}{12}r_n^2 + \frac{1}{12}r_n^3 + \frac{1}{48}r_n^4\right) (\text{cgs 制}). \quad \text{(L1.59)}$$

问题 L1.17: 证明: 从表 S.6.a 的方程中如何得到 (L1.59) 式.

形式上, 推迟因子 $(1 + r_n + \frac{5}{12}r_n^2 + \frac{1}{12}r_n^3 + \frac{1}{48}r_n^4)\mathrm{e}^{-r_n}$ 会产生三种幂律形态:

■ 当 $r_n = 0$ 时, 为非推迟的负六次方形式 [见表 S.8.c.1 和 (L2.179) 式]:

$$g_{\text{London}}(r) = -\frac{6kT}{(4\pi\varepsilon_0)^2 r^6}\sum_{n=0}^{\infty}{}' \alpha_{\text{ind}}(\mathrm{i}\xi_n)^2 (\text{mks 制}),$$

$$g_{\text{London}}(r) = -\frac{6kT}{r^6}\sum_{n=0}^{\infty}{}' \alpha_{\text{ind}}(\mathrm{i}\xi_n)^2 (\text{cgs 制}), \quad \text{(L1.60)}$$

■ 当求和收敛时 (仅仅由于推迟因子的作用), 为负七次方形式的相互作用 (虽然被引用很多但在物理上不可能实现). 不可能吗? 注意, 就像关于平面相互作用的立方反比律那样, 此形式仅在假设的、物理上达不到的 $T = 0$ 极限下严格成立. (见表 S.6.c)

$$g_{\text{London}}(r) = -\frac{23\hbar c}{4\pi r^7}\left[\frac{\alpha_{\text{ind}}(0)}{4\pi\varepsilon_0}\right]^2 (\text{mks 制}),$$

$$g_{\text{London}}(r) = -\frac{23\hbar c}{4\pi r^7}\alpha_{\text{ind}}(0)^2 (\text{cgs 制}). \quad \text{(L1.61)}$$

[88] ■ 当相距很远故所有的有限频率项都被屏蔽时, 为全推迟的负六次方律的最长程变化关系 $(3kT/r^6)\alpha_{\text{ind}}^2(0)$, (见表 S.6.d):

$$g_{\text{London}}(r) = -\frac{3kT}{r^6}\left[\frac{\alpha_{\text{ind}}(0)}{4\pi\varepsilon_0}\right]^2 (\text{mks 制}),$$

$$g_{\text{London}}(r) = -\frac{3kT}{r^6}\alpha_{\text{ind}}(0)^2 (\text{cgs 制}). \quad \text{(L1.62)}$$

在此处的表观幂律中所看到的变化关系，本质上类似于前面描述过的平行表面间的相互作用.

问题 L1.18: 从 (L1.59) 式推导出 (L1.62) 式.

点粒子之间的力的预期值 两个点粒子之间的范德瓦尔斯相互作用 (即使不计入推迟屏蔽使其减小的因素) 比热能 kT 小. 这可以从以下几个例子看出来.

具有永久偶极矩的分子 考虑两个相当强的偶极子 ($\mu_{\text{dipole}} = 2\text{D} = 2 \times 10^{-18}$ esu cm, 略大于水分子的偶极矩 1.87D) 间相互作用.[11] 假设此分子近似取水分子的尺寸, 即横向 ~ 3 Å, 故在远大于 3 Å 的间距处可以应用点分子近似. 以 kT 为单位, 则 Keesom 相互作用为

$g_{\text{Keesom}}(r) = -\dfrac{kT}{3}\left(\dfrac{\mu_{\text{dipole}}^2}{4\pi\varepsilon_0 kTr^3}\right)^2$ 在 mks 制中, $-\dfrac{kT}{3}\left(\dfrac{\mu_{\text{dipole}}^2}{kTr^3}\right)^2$ 在 cgs 制中.

在中心 - 中心间距 $l = 10$ Å $= 10^{-7}$ cm 处, 对应 $kT = kT_{\text{room}} \approx 4 \times 10^{-14}$ ergs, 则能量为 $(kT_{\text{room}}/3)[(4 \times 10^{-36})/(4 \times 10^{-14} \times 10^{-21})]^2 = (kT_{\text{room}}/300)$, 与热激发能量相比可以忽略. 在表面 - 表面间距为一个直径大小, 即 $l = 6$ Å 处, 相互作用比前一情形强 $(10/6)^6 = 21$ 倍, 即 $\sim (kT_{\text{room}}/15)$. 仅当两个分子中心间距略小于 4 Å, 即其外表面相距仅 1 Å 时, 此能量才会接近 kT_{room}; 但那时, 间距大于粒子尺寸这一限制已经差不多被破坏了, 故关于 $g_{\text{Keesom}}(r)$ 的公式也不再成立.

感应偶极子 – 感应偶极子相互作用 类似地, 伦敦力也是很弱的. 例如, 假设相互作用小球取可能的最大极化率, 即理想金属导体球的极化率, 在 cgs 制中为 $\alpha = 4\pi a^3 = 4\pi\alpha_{\text{ind}}$. 假设其直到近紫外频率 ξ_{uv} 处 (对应于波长 1 000 Å$=10^{-5}$ cm 或圆频率 $(2\pi c/\lambda) \approx 2 \times 10^{16}$ rad/s) 都取此值. 由于低频极化率 $\alpha_{\text{ind}} = a^3$, 故 $g_{\text{London}}(r)$ 具有非常动人的简单形式. 这样两个小球间的相互作用自由能为

$$g_{\text{London}}(r) = -\frac{6kT}{r^6}\sum_{n=0}^{\infty}{}'[\alpha_{\text{ind}}(\mathrm{i}\xi_n)]^2 = -\frac{3\hbar}{\pi r^6}\int_0^{\infty}\alpha_{\text{ind}}(\mathrm{i}\xi)^2\mathrm{d}\xi$$
$$= -\frac{3\hbar}{\pi r^6}(a^3)^2\xi_{\text{uv}} = -\frac{3}{\pi}\frac{a^6}{r^6}\hbar\xi_{\text{uv}}.$$

光子能量 $\hbar\xi_{\text{uv}} = 1.05 \times 10^{-27}$ ergs/s $\times\, 2 \times 10^{16}$ rad/s $= 2.1 \times 10^{-11}$ ergs. 对于相隔 $r = 4a$ 的小球, 即其表面之间的距离为一个直径, 相互作用能量为 4.9×10^{-15} ergs $\approx kT_{\text{room}}/8$. 即使在室温以及基本满足间距远大于粒子尺寸的 [89]

条件下,此值也是远小于热能的. 对于 $r = 3a$, 即表面间距为一个半径, 其能量为 2.7×10^{-14} ergs $\approx kT_{\mathrm{room}}/1.5$, 近似等于 kT_{room}, 但此时距离太近了, 故不能满足公式所适用的稀薄悬浮液的条件.

离子溶液中“零频率”涨落的屏蔽

我们已经强调过,要完整地计算出电荷涨落力,必须计入所有种类电荷的运动. 由于电子的数量多, 以及对高频率响应的能力强, 我们通常认为其是涨落力中最重要的电荷. 虽然在“干”系统中情况通常和预期的一样, 但对于极性液体 (诸如水) 却未必如此, 因为这时可能存在源于偶极振荡 (在红外频率处)、极性分子转动 (在微波频率处), 以及离子涨落 (从微波频率一直降到零频率处) 的电荷涨落. 如果介电极化率还包括对应于流动电荷 (金属中的电子或盐溶液中的离子) 所载电流的零频率电荷位移, 那么在现代形式中发展起来的完整理论就隐式地包含了所有这些贡献.

在生物和胶体系统中特别重要的盐溶液,值得一个一个地加以研究. 由于流动离子能形成扩散的静电双层, 故它们会表现出电荷涨落与其引起的电场屏蔽之间的特别迷人的耦合. 零频率 ($\xi_{n=0} = 0$) 电荷涨落的“盐屏蔽”就可以看成此耦合的第一个例子. 想象介质 m 是德拜屏蔽长度为 $\lambda_{\mathrm{Debye}} = \lambda_{\mathrm{D}}$ 的盐溶液.

从物体 A 发射出的低频电场会被盐溶液屏蔽而成指数衰减, 这是两个平行平面物体之间双层的典型情形. 就是说, 当信号从物体 A 进入介质 m 中, 它会随着与界面的距离 x 以 $\mathrm{e}^{-x/\lambda_{\mathrm{D}}}$ 衰减. 在信号传输距离 l 到达物体 B 之前它被屏蔽的程度是 $\mathrm{e}^{-l/\lambda_{\mathrm{D}}}$. 从 B 又返回 A 的响应也会受到一个因子 $\mathrm{e}^{-l/\lambda_{\mathrm{D}}}$ 的屏蔽.

比较引人注意的是, 电荷涨落的“穿过 – 返回”屏蔽的形式类似于由光速有限而引起的相对论性屏蔽. 为强调它发生在 $\xi_{n=0} = 0$ 情形, 我们把此因子称为 R_0, 并写成近似形式 [见表 P.1.d.4、P.1.d.5 以及 (L3.199) 和 (L3.201) 式]:

$$R_0 = (1 + 2l/\lambda_{\mathrm{D}})\mathrm{e}^{-2l/\lambda_{\mathrm{D}}}. \tag{L1.63}$$

1–1 电解质的德拜屏蔽长度为 ~ 3 Å$/\sqrt{I(\mathrm{M})}$, 其中 $I(\mathrm{M})$ 是以 mol 为单位的离子强度 (第 2 级, 表 P.1.d); 在一个 0.1 mol 的溶液中, $\lambda_{\mathrm{D}} \sim 10$ Å. 低频涨落的离子屏蔽可能受到抑制. 当间距 $l = 10$ Å (这对于范德瓦尔斯理论所适用的连续极限已经几乎太小了), R_0 可以达到 $(1 + 2)\mathrm{e}^{-2} \approx 0.4$; 对于 $l = 20$ Å 情形, $(1 + 3)\mathrm{e}^{-3} \approx 0.2$, 屏蔽程度为 80%.

[90] 当表面带有永久电荷时, 低频涨落的离子屏蔽会更强. 在此情形, 异号离

子的平均数密度很高, 导致盐的浓度也很高, 故消减了低频的电涨落.

由离子的局域浓度涨落产生的力

离子的动性能屏蔽电场, 也同样能够使得离子密度、净电荷区域的暂态构形, 以及从这些区域发射出的电场产生涨落. 当介质 m 为盐水, 则盐的基本用途就是屏蔽 A 与 B 之间的相互作用. 当半无限大区域 A 与 B 为离子溶液, 而 m 为无盐的介电体时, 流动电荷涨落会产生额外的相互作用; 离子位移所赋予的额外 "极化率" 会产生一个实际上非常高的介电响应. 离子涨落力仅对于零频率涨落是重要的. 为什么呢? 因为当电场所处的频率 (即便是) 对应于首个非零本征频率 $\xi_1 = (2\pi kT/\hbar) = 2.41 \times 10^{14}$ rad/s $= 3.84 \times 10^{13}$ Hz 时, 离子位移也不会发生、更不会对电场做出响应. 如果我们记得一个典型的小离子的扩散常量为 $\sim 10^{-5}$ cm^2/s $= 10^{-9}$ m^2/s $= 10^{+11}$ Å^2/s, 就可以很快地理解这个结果. 要扩散与其自身尺寸 ~ 1Å $= 0.1$ nm 相仿的一段距离, 需要 10^{-11} s, 即比第一本征频率的周期 $\sim 10^{-13}$ s 长 100 倍. 反过来说, 在第一本征频率的周期内, 离子仅微微移动了相当于其半径的 $\sim 1/100$ 的距离.[12]

具体地, 当 A 与 B 为盐溶液, 而介质 m 为不导电的介电体 (其介电常量不像水那么高), 则各 $\overline{\Delta}$ 值都趋于 1. 相互作用自由能近似式 (L1.5) 的 $n = 0$ 贡献中的首项变成 (见图 L1.46)

$$G_{\mathrm{Am/Bm}}(l) \approx -\frac{kT}{16\pi l^2}\overline{\Delta}_{\mathrm{Am}}\overline{\Delta}_{\mathrm{Bm}} \to -\frac{kT}{16\pi l^2}. \tag{L1.64}$$

对于相隔间距 l 的关联涨落, 没有额外的双层屏蔽.

反过来说, 如果 A 与 B 是纯的介电体, 而 m 为盐溶液, 则各 $\overline{\Delta}$ 值仍趋于 1, 但会有很强的盐屏蔽 (见图 L1.47), 因此 [方程 (L3.201), 其中 $\kappa = 1/\lambda_{\mathrm{D}}$]

$$G_{\mathrm{AmB}}(l) \approx -\frac{kT}{16\pi l^2}(1 + 2l/\lambda_{\mathrm{D}})\mathrm{e}^{-2l/\lambda_{\mathrm{D}}}. \tag{L1.65}$$

相互作用所取的形式非常类似于有限频率涨落力的相对论性屏蔽形式.

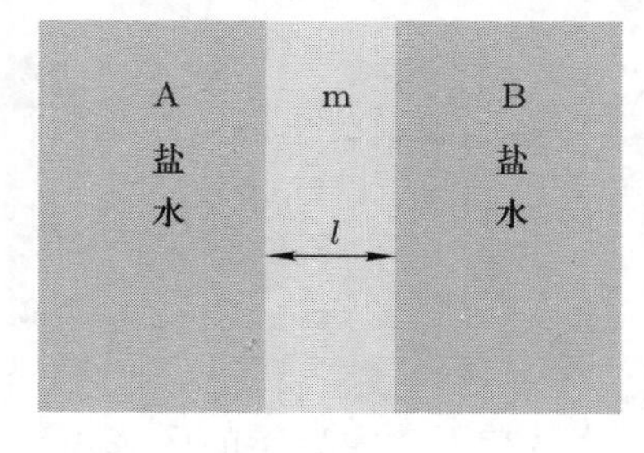

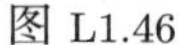

图 L1.46

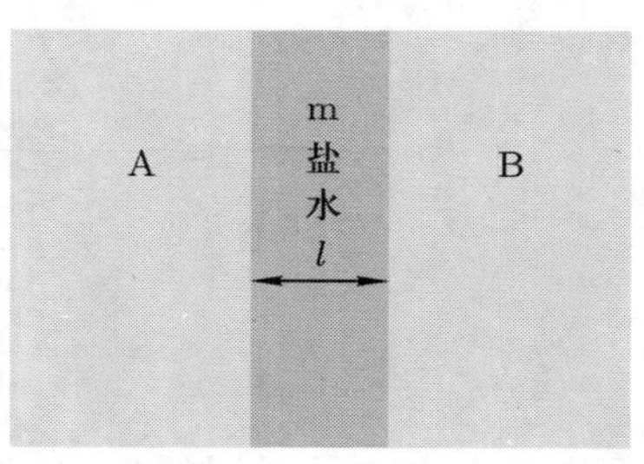

图 L1.47

[91] 盐会赋予双重性质: 可以导出很大 $\overline{\Delta}$ 值的 "无限大" 极化率, 以及关联电荷涨落的屏蔽.

小球的离子涨落力

现在从气体再回到稀薄悬浮液. 具体地, 想象带电球形胶体粒子或高分子电解质的悬浮液, 这些粒子比浸浴介质中构成盐的各种流动离子要大, 但比它们与邻近胶体或高分子电解质的距离要小. 胶体或高分子电解质之间的平均距离也比浸浴介质的德拜屏蔽长度 λ_D 要小. 在每一个粒子周围, 浸浴盐溶液中的各类流动小离子分布是不均匀的. 各 ν 价离子的平均数目与浸浴介质中距离胶体或高分子电解质无限远处的数密度浓度 $n_\nu(\mathrm{m})$ 不同. (带单个正电荷的离子价为 $\nu=+1$; 带单个负电荷的离子价为 $\nu=-1$.) 如果距小球中心 r 处的 ν 价离子浓度为 $n_\nu(r)$, 则各 ν 价离子的剩余数为 [见表 S.10 以及 (L2.188) 式]:

$$\varGamma_\nu \equiv \int_0^\infty [n_\nu(r)-n_\nu(\mathrm{m})]4\pi r^2\mathrm{d}r. \tag{L1.66}$$

就是说, 把球形胶体附近的 ν 价离子总数与不含胶体的浸浴溶液中的此类离子数相比较, 可以得到剩余函数 $\varGamma_\nu$.

更具体地看, 悬浮于 1–1 盐溶液中的带负电荷 z^- 的固体球会形成离子双层: 带负电的流动离子被排斥, 而正离子受到吸引. 而且, 所有的盐会被排斥到半径为 a 的介电体核之外. 了解盐的这种排斥效应是很重要的. 涨落电荷的有效数目不同于 z^-, 与不含排斥离子的带电胶体情形中的流动离子数相比, 甚至可以是负的 (见图 L1.48).

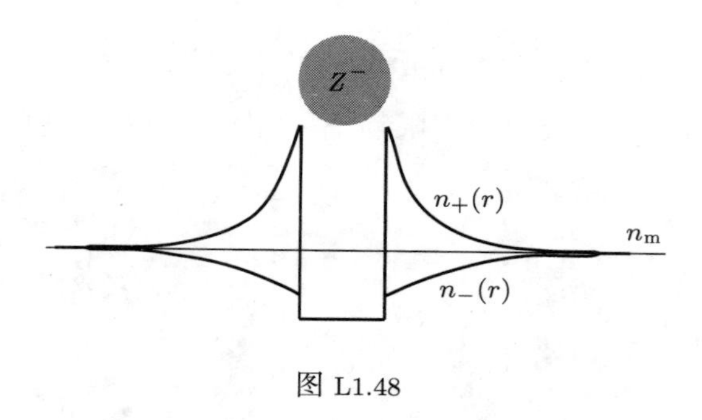

图 L1.48

每个带电大离子附近的各类离子数目的涨落与不含大离子的区域相比也是不同的. 类似于稀薄气体或悬浮液中 $(\varepsilon=1+N\alpha)$ 的额外介电响应 $\alpha(\mathrm{i}\xi)$,

有一个离子响应 [见表 S.10 以及 (L2.191) 式]:

$$\Gamma_s \equiv \sum_{\{\nu\}} \Gamma_\nu \nu^2, \tag{L1.67}$$

其中各类离子的平均剩余或不足数目以价的平方为权重. 用 Γ_s 来描述, 整个悬浮液 (其胶体或高分子电解质的数密度为 N) 的离子强度正比于 [见 (L2.191) 式] [92]

$$n_{\text{susp}} = n_{\text{m}} + N\Gamma_s. \tag{L1.68}$$

盐溶液的离子强度 n_{m} (即数密度) 是以价平方为权重的平均 [见表 P.1.d, 表 S.9, 以及 (L2.184) 式]:

$$n_{\text{m}} \equiv \sum_{\{\nu\}} n_\nu(\text{m})\nu^2. \tag{L1.69}$$

在间距大于粒子尺寸处, 两个带电胶体之间的相互作用来自于围绕它们的净电荷涨落之间的关联. (在更短距离处存在多极项, 还有势在胶体间隔上的涨落, 而这些会导致额外的力.) 这是一个单极 – 单极关联能 [见表 S.9.c 以及 (L2.206) 式]:

$$g_{\text{M}-\text{M}}(z) = -\frac{kT}{2}\Gamma_s^2 \frac{\mathrm{e}^{-2z/\lambda_{\text{D}}}}{(z/\lambda_{\text{Bj}})^2}. \tag{L1.70}$$

前面已经强调过, 此离子电荷涨落的吸引作用仅发生在对 (构成范德瓦尔斯力的) 频率求和中的零频率项极限处. 在指数上, 中心 – 中心间距 z 是以德拜长度 λ_{D} 来量度的; 在分母中, z 是以 λ_{Bjerrum} 来量度的, 通常写成 λ_{Bj}, 即 Bjerrum 长度, 在此长度处库仑相互作用能量为 kT (见表 S.9):

$$\begin{aligned} &\lambda_{\text{Bjerrum}} \equiv e^2/4\pi\varepsilon_0\varepsilon_{\text{m}}kT \text{ 在 mks 制中}, \\ &\lambda_{\text{Bjerrum}} \equiv e^2/\varepsilon_{\text{m}}kT \text{ 在 cgs 制中}. \end{aligned} \tag{L1.71}$$

应该怎样来考虑呢?

盐溶液中的所有离子都会经历持续的、热驱动的涨落. 这些涨落可以描述为数密度对其平均值的偏离. 平均密度越大, 则数密度的涨落也越大. 在包含胶体的区域中, 离子数密度与仅由盐溶液组成的区域中不同. 用偏离量 Γ_s 来量度的话, 带电胶体周围的涨落所形成的静电势不同于在其背景盐溶液中的值. 此势以 (围绕一个小球的双层的) $\mathrm{e}^{-r/\lambda_{\text{D}}}/r$ 形式衰减. 源于一个中心的势可以辐射至相距 $r = z$ 处的另一个胶体位置, 并扰动那里的电荷密度使之偏离其平均电荷值.

此扰动的程度正比于原始的辐射势; 而响应又正比于第二个粒子周围的额外电荷数 Γ_s. 第二个胶体上的这个瞬态扰动电荷再辐射回第一个粒子. 于

是两个涨落发生的相互作用为，来自于第一个胶体的 $e^{-z/\lambda_D}/z$ 乘以再从第二个胶体返回的 $e^{-z/\lambda_D}/z$，就给出双重屏蔽形式 $e^{-2z/\lambda_D}/z^2$.

驱动所有这些涨落的都是热能 kT，它足以引起各类离子数目的短暂变化. 所有种类的离子都处于相同的平均势中，这个平均值是对于一个尺度比静电涨落势变化距离小的区域取的.

[93] 各类离子都会受到一个正比于其价数的电场力 (或者源于电势的能量变化)，然后各类离子又会产生一个电势 (也是正比于其价数的). 于是，就导致了对组成 Γ_s 的价数平方的依赖关系，以及对两粒子相互作用的各 Γ_s 之积的价数平方的依赖关系. 间距 z 通过指数型屏蔽中的德拜长度 λ_D 以及库仑势中的 Bjerrum 长度 λ_{Bj} 来量度. 这个想法可以追溯到 Kirkwood 和 Shumaker,[13] 他们曾指出，蛋白质可滴定群的涨落能够产生单极涨落力.

对于胶体及其周围溶液而言，既有净电荷的单极涨落；也有偶极涨落 (即胶体周围的离子电荷分布的一阶矩) 以及胶体本身的极化. 单极与偶极涨落相耦合可以导致一个混合的相互作用，g_{D-M}，仍是发生在 $n=0$ 取样频率的极限处 (离子可以在此频率处涨落). 盐溶液甚至可以屏蔽偶极涨落，就像在平面相互作用中屏蔽低频率涨落项那样. 对于半径为 a、介电常量为 ε_s 的介电体球，其对介电响应的微量贡献是 $\alpha = 4\pi a^3\varepsilon_m[(\varepsilon_s-\varepsilon_m)/(\varepsilon_s+2\varepsilon_m)]$ (见图 L1.49)，我们可以把三种形式 (偶极 – 偶极，偶极 – 单极，以及单极 – 单极) 的相互作用理想化.

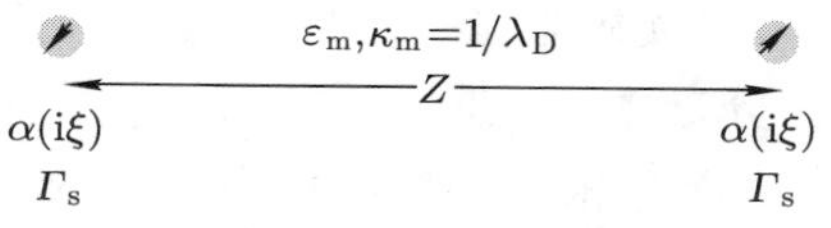

$\varepsilon_m, \kappa_m = 1/\lambda_D$

$\alpha(i\xi)$ ←— Z —→ $\alpha(i\xi)$

Γ_s Γ_s

图 L1.49

偶极 – 偶极

$$g_{D-D}(z) = -3kT\frac{a^6}{z^6}\left(\frac{\varepsilon_s-\varepsilon_m}{\varepsilon_s+2\varepsilon_m}\right)^2\left[1+(2z/\lambda_D)+\frac{5}{12}(2z/\lambda_D)^2 + \frac{1}{12}(2z/\lambda_D)^3+\frac{1}{96}(2z/\lambda_D)^4\right]e^{-2z/\lambda_D} \quad \text{(L1.72)}$$

(参见表 S.10.a). 对于平行平面相互作用，离子型屏蔽因子 [(L1.63) 式] 看起来像 $[1+(2z/\lambda_D)]e^{-2z/\lambda_D}$，类似于相对论性推迟中的 R_n. 在球形几何构形中，公式与一般形式相同，但是会产生一个更复杂的因子.

偶极 – 单极

$$g_{D-M}(z) = -kT\lambda_{Bj}a^3\left(\frac{\varepsilon_s-\varepsilon_m}{\varepsilon_s+2\varepsilon_m}\right)\Gamma_s\left[1+(2z/\lambda_D)+\frac{1}{4}(2z/\lambda_D)^2\right]\frac{e^{-2z/\lambda_D}}{z^4} \quad \text{(L1.73)}$$

(见表 S.10.b), 其中包括离子型屏蔽, 也包括来自于离子剩余量 Γ_s 的贡献.

单极 – 单极

$$g_{\mathrm{M-M}}(z) = -\frac{kT}{2}\Gamma_s^2\frac{\mathrm{e}^{-2z/\lambda_D}}{(z/\lambda_{\mathrm{Bj}})^2} \tag{L1.74}$$

与前面部分中一样 (参见表 S.10.c).

同样, 始终记得 (表 S.9) [94]

$\lambda_{\mathrm{Bj}} \equiv e^2/4\pi\varepsilon_0\varepsilon kT$ 在 mks 制中, $\lambda_{\mathrm{Bj}} \equiv e^2/\varepsilon kT$ 在 cgs 制中; 还有

$$\lambda_{\mathrm{Bj}} = \kappa_{\mathrm{m}}^2/4\pi n_{\mathrm{m}} = 1/4\pi n_{\mathrm{m}}\lambda_{\mathrm{D}}^2, \text{ 其中 } \lambda_{\mathrm{D}} = 1/\kappa_{\mathrm{m}}$$

机敏的读者马上就会意识到, 我们漏掉了以下两个内容之间的联系: 一个是不均匀的溶质分布, 它是离子涨落力的基础, 即介电不均匀性的结果 [前面所称的 "平滑变化的 $\varepsilon(z)$"]; 另一个是当悬浮小球周围存在一个径向变化的介电响应时 (前面所称的 "毛茸茸的球") 所发生的高频率电荷涨落的额外修正.

[95]

L1.5 柱状几何构形

圆柱体在维度上介于球和平面之间，其相互作用所揭示的性质也是两者所不具备的. 具体来说，除了力之外，还有力矩存在；相互作用能量不仅与间距 z 有关，而且与交角 θ 有关. 如果两个平行圆柱的长度相对于厚度和间距来说是不确定的，则其相互作用可以表示为力或每单位长度的能量. 和球的情形一样，关于圆柱 – 圆柱的范德瓦尔斯力几乎没有精确的表达式. 由于存在诸多的近似表达式，使用时必须很小心 (见图 L1.50).

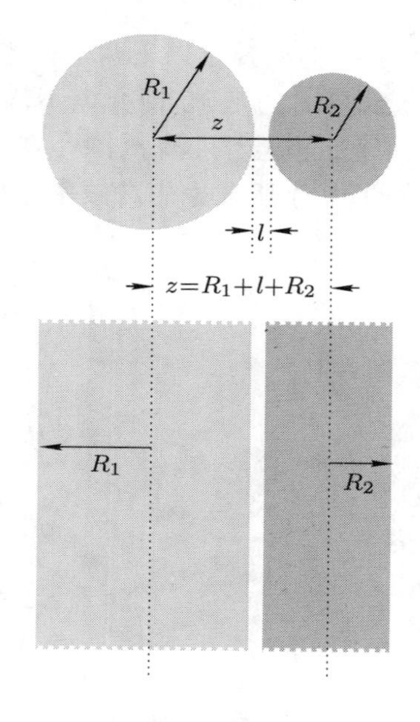

图 L1.50

在圆柱和介质的介电响应相差不大的极限下，并忽略推迟效应，当间距大于厚度时，平行圆柱的相互作用按照轴间距 $z \gg R_1, R_2$ 的负五次方变化 (见表 C.3.b.2):

$$G_{\mathrm{c}\|\mathrm{c}}(z;R_1,R_2) = -\frac{3A_{\mathrm{1m/2m}}}{8\pi}\frac{(\pi R_1)^2(\pi R_2)^2}{z^5}. \tag{L1.74}$$

在相反的极限下，即两个圆柱近乎接触 ($z \to R_1 + R_2$)，则每单位长度的相互作用能量以表面 – 表面间距 l 的负 3/2 次幂律变化 (见表 C.3.b.3):

$$G_{\mathrm{c}\|\mathrm{c}}(l;R_1,R_2) = -\sqrt{\frac{2R_1R_2}{R_1+R_2}}\frac{A_{\mathrm{1m/2m}}}{24l^{3/2}}. \tag{L1.75}$$

这些简化的表达式依赖于如下假设： Hamaker 系数为常量，而介电响应

$\varepsilon_1, \varepsilon_2$ 和 ε_{m} 的量值相仿.

细长的圆柱, 与点粒子类似

[96]

无盐溶液中的中性圆柱体

回顾一下推导点粒子相互作用的过程, 利用类似的简化, 可以推导出关于细长柱体相互作用的很多结果. 这些结果甚至可以把杆内材料的各向异性都包括进去, 例如设 $\varepsilon_{\mathrm{c}\perp}$ 和 $\varepsilon_{\mathrm{c}\parallel}$ 分别为垂直于和平行于杆轴的介电响应. 因此有两类不同的 $\overline{\Delta}$ [见表 C.4 与 (L2.224) 式]:

$$\overline{\Delta}_{\parallel} = \frac{\varepsilon_{\mathrm{c}\parallel} - \varepsilon_{\mathrm{m}}}{\varepsilon_{\mathrm{m}}}, \quad \overline{\Delta}_{\perp} = \frac{\varepsilon_{\mathrm{c}\perp} - \varepsilon_{\mathrm{m}}}{\varepsilon_{\mathrm{c}\perp} + \varepsilon_{\mathrm{m}}} \tag{L1.76}$$

(见图 L1.51). 在两个半径为 R 的圆柱之间, 最小轴间距为 z, 交角为 θ, 则相互作用能量为 [见表 C.4.b.1 与 (L2.234) 式],

$$\begin{aligned} g(z,\theta;R) = &-\frac{3kT(\pi R^2)^2}{4\pi z^4 \sin\theta} \times \\ &\sum_{n=0}^{\infty}{}' \left\{ \overline{\Delta}_{\perp}^2 + \frac{\overline{\Delta}_{\perp}}{4}(\overline{\Delta}_{\parallel} - 2\overline{\Delta}_{\perp}) + \frac{2\cos^2\theta + 1}{2^7}(\overline{\Delta}_{\parallel} - 2\overline{\Delta}_{\perp})^2 \right\}, \end{aligned} \tag{L1.77}$$

其力矩为 $\tau(z,\theta)$ [见表 C.4.b.2 与 (L2.235) 式],

$$\begin{aligned} \tau(z;\theta;R) &= -\left.\frac{\partial g(z,\theta;R)}{\partial\theta}\right|_z \\ &= -\frac{3kT(\pi R^2)^2}{4\pi z^4}\left[\frac{\cos\theta}{\sin^2\theta}\sum_{n=0}^{\infty}{}'\{\} + \frac{\cos\theta}{2^5}\sum_{n=0}^{\infty}{}'(\overline{\Delta}_{\parallel} - 2\overline{\Delta}_{\perp})^2\right] \end{aligned} \tag{L1.78}$$

即倾向于平行排列 (见图 L1.52).

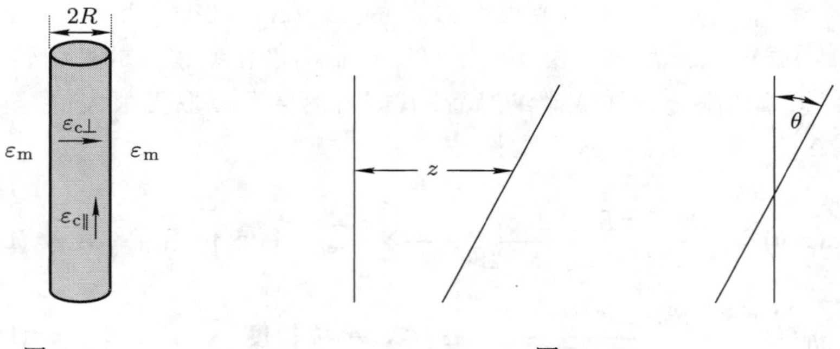

图 L1.51

图 L1.52

在两个平行细杆之间, $\theta = 0$ [见表 C.4.a 与 (L2.233) 式], 每单位长度相互作用能量为

$$g_{\parallel}(z;R) = -\frac{9kT(\pi R^2)^2}{16\pi z^5}\sum_{n=0}^{\infty}{}'\left[\overline{\Delta}_{\perp}^2 + \frac{\overline{\Delta}_{\perp}}{4}(\overline{\Delta}_{\parallel} - 2\overline{\Delta}_{\perp}) + \frac{3}{2^7}(\overline{\Delta}_{\parallel} - 2\overline{\Delta}_{\perp})^2\right] \tag{L1.79}$$

(见图 L1.53).

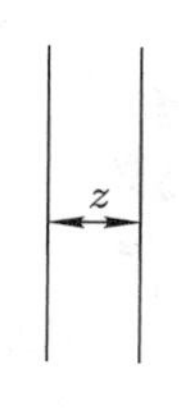

图 L1.53

尽管这些线状杆的表达式仅是形式上的,并且其应用也是有限的,但它们具有的一些特性仍是令人感兴趣的.

首先, 与球的情形一样, 相互作用强度正比于体积之积, 此处为每单位长度的体积 πR^2 之积. 至少在表面上, 两个杆的质量起着极化单元的作用.

[97] 其次, 取至首项, 当两杆以某个角度排列时, 其相互作用反比于它们交角的正弦; 当两个无限长的杆平行排列时, 相互作用必然有一个趋于无限大的发散. 不过其对于角度的依赖更大. 即使杆的极化率本身是各向同性的, 即 $\varepsilon_{c\parallel} = \varepsilon_{c\perp}$, 在 $2\overline{\Delta}_{\perp}$ 和 $\overline{\Delta}$ 之间也会有微弱差别. 此差别表现为一个额外的角度依赖关系 $[(2\cos^2\theta+1)/2^7](\overline{\Delta}_{\parallel} - 2\overline{\Delta}_{\perp})^2$, 在两杆从垂直变到平行的过程中它相差一个因子 3.

第三, 可能是最吸引人的但也最具致命诱惑力的一点, $\overline{\Delta}_{\parallel} = [(\varepsilon_{c\parallel} - \varepsilon_{m})/\varepsilon_{m}]$ 的取值并不限于 0 和 1 之间, 这与 $\overline{\Delta}_{\perp} = [(\varepsilon_{c\perp} - \varepsilon_{m})/(\varepsilon_{c\perp} + \varepsilon_{m})]$ 不同, 也与迄今为止在范德瓦尔斯求和中所遇到的其余各 $\overline{\Delta}$ 值的情形都不同. 由于在 $\varepsilon_{c\parallel} \gg \varepsilon_{m}$ 情形 $\overline{\Delta}_{\parallel}$ 可以取很大的值, 故 $\overline{\Delta}_{\perp}(\overline{\Delta}_{\parallel} - 2\overline{\Delta}_{\perp})$ 和 $(\overline{\Delta}_{\parallel} - 2\overline{\Delta}_{\perp})^2$ 两项表明, 很强的范德瓦尔斯相互作用可以把轴向极化率很高的杆扭转.

例如, 想象两根金属线或碳纳米管, 其固有的 ε 可以取无限大值. 至少在形式上, $2\overline{\Delta}_{\perp} \to 1$ 而 $\overline{\Delta}_{\parallel} \to \infty$, 因此

$$g(z,\theta) = -\frac{3kT(\pi R^2)^2}{4\pi z^4 \sin\theta}\frac{2\cos^2\theta + 1}{2^7}\sum_{n=0}^{\infty}{}'\overline{\Delta}_{\parallel}^2 \quad \text{每单位相互作用,} \tag{L1.80}$$

$$g_{\parallel}(z) = -\frac{9kT(\pi R^2)^2}{16\pi z^5}\frac{3}{2^7}\sum_{n=0}^{\infty}{}'\overline{\Delta}_{\parallel}^2 \quad \text{每单位长度.} \tag{L1.81}$$

这些很强的相互作用是 (一个无限长导电杆可能具有的) 无限大极化度的形式结果. 可以预期它们发生在一对孤立杆之间, 但是, 在同时有很多杆 (线状分子) 发生相互作用的溶液或液晶排列中, 它们仅具有形式上的意义. 在此情形, “介质” 就是溶液本身. 就是说, 两个线状分子通过其它线状分子的悬浮液 “看到” 彼此, 因此在这个公式中不存在有限的 ε_{m} 值, 相反地, 介质 (假设其中有许多无限极化的分子) 自身极化率发散至无限大. $\overline{\Delta}_{\|}$ 不会按照这里 (即纯介质中仅有两个线状分子) 构造的方式发散. 由于忽略了相互作用的这种集体性质, 关于溶液中 “很强” 的杆 – 杆相互作用的结论, 有一些是很荒谬的.

盐溶液中的带电圆柱

我们知道, 在盐水中的一个带电小球周围环绕着许多流动离子, 与没有小球存在时占据这些区域的离子不同; 当盐水中有一个带电圆柱时, 情况也是这样. 和小球情形一样, 存在着低频离子涨落, 可以导致同类圆柱之间的吸引力. 在细长圆柱的特殊情形 (材料的介电响应与介质的介电响应相同) 中, 如果圆柱间距小于其德拜屏蔽长度, 则此离子涨落力的极限形式是很有趣的.

在两个平行杆之间 $(\theta=0)$, 每单位长度有

$$g_{\|}(z)=-\frac{kT\lambda_{\mathrm{Bj}}^{2}}{2}\Gamma_{\mathrm{c}}^{2}\sqrt{\pi}\frac{\mathrm{e}^{-2z/\lambda_{\mathrm{D}}}}{z(z/\lambda_{\mathrm{D}})^{1/2}} \tag{L1.82}$$

[见表 C.5.b.1 与关系式 (L2.257)].

在交角为 θ 的两杆之间, 每一相互作用对为 [98]

$$g(z,\theta)=-\frac{kT\pi\lambda_{\mathrm{Bj}}^{2}}{\sin\theta}\Gamma_{\mathrm{c}}^{2}\frac{\mathrm{e}^{-2z/\lambda_{\mathrm{D}}}}{(2z/\lambda_{\mathrm{D}})} \tag{L1.83}$$

[见表 C.5.b.2 与 (L2.256) 式].

在柱坐标系中, 以每单位长度为单位, 各类离子的剩余量为 [见表 C.5 与 (L2.241)式],

$$\Gamma_{\nu}\equiv\int_{0}^{\infty}[n_{\nu}(r)-n_{\nu}(\mathrm{m})]2\pi r\mathrm{d}r, \tag{L1.84}$$

其中关于流动电荷响应的有效强度的含权求和为 [见 (L2.241) 式]

$$\Gamma_{\mathrm{c}}\equiv\sum_{\{\nu\}}\Gamma_{\nu}\nu^{2} \tag{L1.85}$$

第 2 级
实践

[99]

[100] 第 2 级就是开展工作了. 在学完了绪论和第 1 级之后, 读者就应该能够根据自己的喜好和兴趣, 来到第 2 级和第 3 级的任何部分. 可以直接到达各个公式 (根据其几何构形编制成表格), 并与各部分中的方程序数相互参照 —— 不仅能联结到第 1 级的介绍部分, 还能与第 2 级的解释性短文部分, 以及第 3 级的推导部分相联系. 本书的思路就是从这些表格出发开展工作 —— 可以回溯到第 1 级, 也可以前进到第 2 级和第 3 级.

开始的记号部分, 即 L2.1 部分, 不仅可用于表格中, 还可以应用到第 1 级和第 2 级的文本部分. 紧随表格部分之后的是关于公式的短文部分, 即 L2.3 部分, 它把第 3 级中推导出的结果约化成较简单的形式. 而计算部分, 即 L2.4 部分, 则勾勒出最重要的介电响应函数的物理基础, 并给出关于计算的数学准则.

制表的顺序为, 首先给出我们所能得到的最精确的表达式, 接着列出近似形式. 前面已经描述过,

■ 当介电极化率存在很小的差异时, 在间距很小和很大的极限下, 一般的栗弗席兹公式就约化成较简单的幂律形式.

■ Pitaevskii 密度展开可以把栗弗席兹型的公式特殊化, 以推导出稀薄悬浮液中点粒子之间以及细杆之间的相互作用.

■ Derjaguin 变换或近似把平行平表面间相互作用变换为反向弯曲的表面 (诸如两个球面) 间相互作用. 此程序及其逆程序可以应用到最近间距远小于曲率半径的极限情形中.

■ 用 Hamaker 求和处理相互作用的形式时, 认为所有介质的介电响应好像都具有气体的性质一样. 就是说, 假设介电响应正比于成分原子或分子的数密度.

由于现代计算具有强大的威力, 原则上最好是利用能够得到的最精确公式来估算范德瓦尔斯力. 不过, 无论出于直觉还是为了方便, 无论可以选择还是出于必需, 我们都经常用到近似形式. 对于一个具体的几何构形而言, 理解其公式的不同版本之间的差别, 并计算出各种结果的差异, 可以使我们得到启发 (关于公式的短文部分). 类似地, 在没有完整的光谱数据时, 只要我们不嫌麻烦, 把根据不同的近似光谱计算得到的数字进行比较, 则所做的计算也是具有启发性的 (计算部分). 事实上, 即使我们用最精确的公式, 不完整的光谱数据也会降低这种优势. 对于不准确结果的精度必须很小心.

L2.1 记号与符号

[101]

在这一部分,我们把全书从头至尾所有用到的记号与符号按照字母顺序排列在合适的标题下. 变量通常用斜体给出,而常数以非斜体给出. (这只是一般法则. 按照惯例,玻尔兹曼常量 k、普朗克常量 h,以及其它物理学常量都采用斜体.) 粗体表示矢量和矩阵. 除了 L2.4.A 部分以外, cgs (cm-g-s) 制和 mks (m-kg-s) 制的记号都是并行使用的. 而那些没有列在此部分中的符号都是在用到的地方或第 3 级中的记号部分定义的.

L2.1.A 几何量

a, b, c	线段、长方形,以及长方固体的常数尺寸.
$a_1, a_2, \cdots, b_1, b_2, \cdots$	在半空间 A, B 上的第一、第二等各层的常数厚度;也可以是球或圆柱体的半径.
A, B	组成半空间的材料 (左和右,或者在第 3 级的推导中为了方便起见写成 L, R).
$\mathrm{A}_1, \mathrm{A}_2, \cdots, \mathrm{B}_1, \mathrm{B}_2, \cdots$	组成半空间 A, B 上的第一、第二等各层的材料.
l	两个平行平表面间的可变间距;球之间、圆柱体之间,以及两个反向弯曲表面之间的最小间距.
m	中间介质的材料.
$\mathrm{R}, \mathrm{R}_1, \mathrm{R}_2 \cdots$	球或圆柱体的常数半径.
z	中心–中心之间的可变距离;在两球或两圆柱体之间, $z = l + R_1 + R_2$;在球或圆柱体与壁之间, $z = l + R$.
$1, 2$	球或圆柱体的材料,也可作为下标;有时记做 sph 或 cyl,亦为 s 或 c.

L2.1.B 力和能量

[102]

G	相互作用自由能.
$G_{\mathrm{AmB}}(l)$	两个半空间 A 和 B 隔着厚度 l 可变的介质 m 所组成的平面系统.
$G_{\mathrm{Am/Bm}}(l)$	以材料的外部/内部顺序标记的平面系统,来强调界面 Am 和 Bm 之间的相互作用.
$G_{\mathrm{AmB_1B}}(l; b_1)$	用于半空间 B 上有厚度为 (常量) b_1 的单层材料 B_1 的情形,或者更一般地,当 A 和 B 上都有多层材料时,

用 $G(l;a_1,a_2,\cdots,b_1,b_2,\cdots)$ 表示可变间距 l (斜体) 以及其它常数距离 (非斜体) .

L2.1.C 球形和柱形物体

F	力, 即有限尺寸物体之间的每单位相互作用 G 的空间微商的负值.
$g_{\mathrm{ab}}(z)$	用于相距 z 的两个点粒子 a, b 之间
$g_{\mathrm{p}}(z)$	用于相距 z 的一个点粒子和一个壁之间
$G_{\mathrm{ss}}(l;R_1,R_2)$ 或 $G_{\mathrm{cc}}(l;R_1,R_2)$	用于材料 1,2 组成的、半径为常数 R_1,R_2 的两或 $G_{\mathrm{1m/2m}}(l;R_1,R_2)$ 个球或圆柱体之间
$\hbar=\dfrac{h}{2\pi},h$	普朗克常量.
k	玻尔兹曼常量.
kT	热能.
kT_{room}	室温时的热能.
P	压强, 两个平行平表面之间每单位面积的 G 的空间微商的负值; 负压强表示吸引 (通常表面上的压强方向定义为向外的法线矢量, 而这里的约定与此相反) .
τ	力矩, $G(l,\theta)$ 相对于角 θ (平行于两个相距 l 的半空间界面的矢量夹角) 的负微商.

L2.1.D 材料的性质

	$c_{\mathrm{A}},c_{\mathrm{B}},c_{\mathrm{m}}$	Hamaker 求和中所用到的相互作用系数.
	i, 有时为 j	用于表示材料的常数, 例如, $\mathrm{i}=\mathrm{A}$ 或 B 或 $\mathrm{B_2}$ 或 $\mathrm{A_i}$ 等等 (非斜体)
	$I(\mathrm{M})$	用摩尔单位表示的离子强度.
	$J_{\mathrm{cv}}=J'_{\mathrm{cv}}+\mathrm{i}J''_{\mathrm{cv}}$	能带间的迁移强度.
[103]	$n_{\mathrm{ref\ i}}=\sqrt{\varepsilon_{\mathrm{i}}}$	材料 i 的透明区域中的折射率.
	$\{n_\nu^{(\mathrm{i})}\}$ 或 $\{n_\nu(\mathrm{i})\}$	区域 i 中一组 ν 价离子的数密度 (下标 ν 应与频率求和的指标、折射率加以区别).
	$N,N_{\mathrm{i}},n_{\mathrm{i}}$	悬浮粒子、分子、原子、极化单元的数密度.
	N_e	电子的数密度.
	$\mathrm{Rel}(r_n)$	在介电响应差异很小的情形中, 平行平表面间能量的真实 (计算出的) 推迟屏蔽因子.

$R_n(r_n) = R_n(l;\xi_n) \equiv (1+r_n)\mathrm{e}^{-r_n}$	平行平表面间相互作用能量的推迟屏蔽因子的近似形式, 有时也写成 $R_n(l)$ 以强调其与距离有关.
$R_{\alpha\beta}(r_n) \equiv \mathrm{e}^{-r_n}\left(1+r_n+\frac{5}{12}r_n^2+\frac{1}{12}r_n^3+\frac{1}{48}r_n^4\right)$	点粒子相互作用能量的屏蔽因子.
α	一个粒子对稀薄气体或悬浮液的介电响应的微量贡献, 在悬浮液情形中, 介质的 ε_{m} 变成 $\varepsilon_{\mathrm{m}}+\alpha N$.
α 或 α_{mks} 或 α_{cgs}	大小为 E 的电场在单个小粒子 a 上产生的极化系数. (有时把系数 α 分解为源于永久偶极子 μ_{dipole} 的电场取向的贡献, 以及源于一个极化粒子上的瞬态偶极子电场感应的贡献.) 在两种单位制中, 极化分别 $=\alpha_{\mathrm{mks}}E_{\mathrm{mks}}$ 或 $\alpha_{\mathrm{cgs}}E_{\mathrm{cgs}}$. 对于单个小粒子 b, 类似地有 β 或 β_{mks} 或 β_{cgs}.
Γ_{s}	在一个大的带电粒子周围、或者一个延展物体的每单位长度或面积上的离子剩余数目的含权求和, 例如, 圆柱体每单位长度上为 Γ_{c}.
Γ_ν	在一个大的带电粒子周围、或者一个延展物体的每单位长度或面积上的 ν 价离子的剩余数目.
$\varepsilon=(n_{\mathrm{ref}}+\mathrm{i}\kappa_{\mathrm{abs}})^2$	n_{ref} 是折射率, 而 κ_{abs} 是吸收系数, 其中 $\mathrm{i}=\sqrt{-1}$.
ε^{i}	(材料 i 的) 各向异性相对介电响应矩阵, 例如, 在 x, y 或 z 方向的矩阵元分别为 $\varepsilon_x^{\mathrm{i}}, \varepsilon_y^{\mathrm{i}}, \varepsilon_z^{\mathrm{i}}$; 或者, 在垂直或平行于主轴方向的矩阵元分别为 $\varepsilon_\perp$ 或 $\varepsilon_\parallel$.
$\varepsilon_{\mathrm{i}}=\varepsilon_{\mathrm{i}}'+\mathrm{i}\varepsilon_{\mathrm{i}}''$	对于材料 i, ε_{i} 的实部 (弹性的) 和虚部 (耗散的) 分别为 $\varepsilon_{\mathrm{i}}'$ 和 $\varepsilon_{\mathrm{i}}''$ (在讨论一般性质时通常不加下标) .
$\varepsilon_{\mathrm{i}}, \mu_{\mathrm{i}}$	各向同性的相对介电极化率和磁化率; 在零频率处 $\varepsilon(0)$ 为介电常量.
κ_{i}	区域 i 中溶液的离子屏蔽常数, 反比于德拜屏蔽长度.
$\lambda_{\mathrm{Bjerrum}}$ 或 λ_{Bj}	Bjerrum 长度, 相隔此距离的两个单价电荷的相互作用能量等于热能 kT.
λ_{Debye} 或 λ_{D}	离子溶液中的德拜屏蔽长度.
μ_{dipole}	小粒子的永久偶极矩.
σ	电导率
χ	材料的极化系数或介电极化率, 故极化密度在 mks (“国际”) 单位制中为 $\boldsymbol{P}=\varepsilon_0\chi^{\mathrm{mks}}\boldsymbol{E}$ 而在 cgs (“高斯”) 单位制中为 $\chi^{\mathrm{cgs}}\boldsymbol{E}$.

[104]

L2.1.E 表示各点位置的变量

r 表示径向距离.

x, y 表示与各表面平行的面上的距离.

z 表示垂直于平面的距离 (z 也可用于两个圆柱体的轴间距离, 两球心之间的距离, 以及从球心到壁的距离, 或者圆柱体到壁的距离).

L2.1.F 积分与求和中用到的变量

$\rho_{\rm m}^2 = \rho^2 + \varepsilon_{\rm m}\mu_{\rm m}\xi_n^2/c^2$, $\rho_{\rm i}^2 = \rho^2 + \varepsilon_{\rm i}\mu_{\rm i}\xi_n^2/c^2$, $\rho^2 = (u^2+v^2), u, v$.

$x, x_{\rm i}^2 = x_{\rm m}^2 + \left(\dfrac{2l\xi_n}{c}\right)^2 (\varepsilon_{\rm i}\mu_{\rm i} - \varepsilon_{\rm m}\mu_{\rm m})$, $(x_{\rm m} = x)$,

$p = x/r_n$, $r_n = r_n(l;\xi_n) = (2l\varepsilon_{\rm m}^{1/2}\mu_{\rm m}^{1/2}/c)\xi_n$,

$s_{\rm i} = \sqrt{p^2 - 1 + (\varepsilon_{\rm i}\mu_{\rm i}/\varepsilon_{\rm m}\mu_{\rm m})}$, $s_{\rm m} = p$. 径向波矢量的各分量.

ξ_n 一组等间隔的本征频率.

$\xi_n = \dfrac{2\pi kT}{\hbar}n, n = 0, 1, 2, \cdots; {\rm i}\xi_n$ 有时被称为 Matsubara 虚频率.

${\rm i}\xi$ 连续的虚频率

$\omega = \omega_{\rm R} + {\rm i}\xi$ 复频率, 其中实部为 $\omega_{\rm R}$.

$\sum\limits_{n=0}^{\infty}{}'$ 求和式, 其中 $n = 0$ 项须乘以 1/2.

$\zeta(2) \equiv \sum\limits_{q=1}^{\infty}\dfrac{1}{q^2}, \zeta(3) \equiv \sum\limits_{q=1}^{\infty}\dfrac{1}{q^3}$ 黎曼 zeta 函数.

[105]

L2.1.G 关于材料性质的 “差值与和值之比”

$$\overline{\Delta}_{\rm ji} = \frac{s_{\rm i}\varepsilon_{\rm j} - s_{\rm j}\varepsilon_{\rm i}}{s_{\rm i}\varepsilon_{\rm j} + s_{\rm j}\varepsilon_{\rm i}} = \frac{x_{\rm i}\varepsilon_{\rm j} - x_{\rm j}\varepsilon_{\rm i}}{x_{\rm i}\varepsilon_{\rm j} + x_{\rm j}\varepsilon_{\rm i}} = \frac{\rho_{\rm i}\varepsilon_{\rm j} - \rho_{\rm j}\varepsilon_{\rm i}}{\rho_{\rm i}\varepsilon_{\rm j} + \rho_{\rm j}\varepsilon_{\rm i}}$$

关于介电性质的

$$\Delta_{\rm ji} = \frac{s_{\rm i}\mu_{\rm j} - s_{\rm j}\mu_{\rm i}}{s_{\rm i}\mu_{\rm j} + s_{\rm j}\mu_{\rm i}} = \frac{x_{\rm i}\mu_{\rm j} - x_{\rm j}\mu_{\rm i}}{x_{\rm i}\mu_{\rm j} + x_{\rm j}\mu_{\rm i}}$$

关于磁性质的 (在非推迟极限情形, 忽略光速为有限的, 则 $\overline{\Delta}_{\rm ji} \to \dfrac{\varepsilon_{\rm j} - \varepsilon_{\rm i}}{\varepsilon_{\rm j} + \varepsilon_{\rm i}}, \Delta_{\rm ji} \to \dfrac{\mu_{\rm j} - \mu_{\rm i}}{\mu_{\rm j} + \mu_{\rm i}}$).

$\overline{\Delta}_{\rm Am}, \overline{\Delta}_{\rm Bm}, \Delta_{\rm Am}, \Delta_{\rm Bm}$ 用于相互作用为 $G_{\rm AmB}(l)$ 的最简单平面几何构形 AmB.

$\overline{\Delta}_{\rm Am}^{\rm eff}, \overline{\Delta}_{\rm Bm}^{\rm eff}, \Delta_{\rm Am}^{\rm eff}, \Delta_{\rm Bm}^{\rm eff}$ 用于多层体系, 有时以一个自变量来表

	示各层数, 例如, 用 $\overline{\Delta}_{\mathrm{Am}}^{\mathrm{eff}}$ (N_{A} 层) 表示 $G(l;\mathrm{a}_1,\mathrm{a}_2,\cdots,\mathrm{a}_{N_{\mathrm{A}}},\mathrm{b}_1,\mathrm{b}_2,\cdots,\mathrm{b}_{N_{\mathrm{B}}})$.
$\varepsilon_{\mathrm{a}}(z_{\mathrm{a}})$, 有时为 $\varepsilon_{\mathrm{a}}(z')$	用于平面体系, 其中 $\varepsilon(z)$ 在垂直于平界面的 z 方向上连续变化, 在紧挨着左侧空间 (材料 A 或第 3 级中的 L)、厚度为 D_{a} 的有限层内 ε 是变化的, $z_{\mathrm{a}}=-z$ (由于左、右两侧标记的对称性, 我们向左测量).
$\varepsilon_{\mathrm{b}}(z_{\mathrm{b}})$, 有时为 $\varepsilon_{\mathrm{b}}(z')$	在紧挨着右侧空间 (材料 B 或第 3 级中的 R)、厚度为 D_{b} 的有限层内 ε 是变化的, $z_{\mathrm{b}}=+z$.
$\varepsilon_{\mathrm{A}},\varepsilon_{\mathrm{B}}$, (第 3 级中为 $\varepsilon_{\mathrm{out}},\varepsilon_{\mathrm{L}},\varepsilon_{\mathrm{R}}$)	在无限大的半空间中, 介电极化率不随空间位置变化.
$\varepsilon_1=\varepsilon_1(r_1),\varepsilon_2=\varepsilon_2(r_2)$	用于球形或圆柱形体系, 其中 $\varepsilon(r)$ 随着径向位置 r 而变化, 在物体 1 和 2 中的变化不同.
$\theta(z),u(z)\equiv\theta(z)\mathrm{e}^{+2\rho(z)z}$	在 $\varepsilon(z)$ 连续变化的情形中, 用于建立各 $\overline{\Delta}^{\mathrm{eff}}$ 和各 Δ^{eff}.

L2.1.H Hamaker 系数

$A_{\mathrm{A'A''/B'B''}}$	用于 (隔开材料 A′ 和 A″ 的) 界面 A′A″ 和 (隔开材料 B′ 和 B″ 的) 界面 B′B″ 之间的相互作用, 其中材料 A′ 和 B′ 分别位于两个界面较远的两侧, 由 $\overline{\Delta}_{\mathrm{A'A''}},\overline{\Delta}_{\mathrm{B'B''}},\Delta_{\mathrm{A'A''}},\Delta_{\mathrm{B'B''}}$ 构成.
$A_{\mathrm{Am/Bm}}$	用于 (隔开材料 A 和 m 的) 界面 Am 和 (隔开材料 B 和 m 的) 界面 Bm 之间的相互作用.
A_{Ham}	用于强调各方程形式的一般表达式中.
$l_{\mathrm{A'A''/B'B''}}$	这些界面之间的距离.

[106]

L2.1.I cgs 与 mks 制中记号的比较

通常范德瓦尔斯力仅与介电响应的相对差异有关, 所以我们最需要担心的并非 cm-g-s (cgs) 高斯制和 m-kg-s (mks) 国际 (SI) 单位制的不同. 过去, 有关范德瓦尔斯力的基本工作都是在 cgs 制中做的, 现在也常常如此. 而大多数学生学习的是 mks 制. 所以, 这里把两种单位制进行比较, 是为了避免在计算中出现混乱, 也便于读者更容易找到源文献. 接下来, 我们把 mks 制的公式列在左边, 而把 cgs 制的公式列在右边.

真空中两个“点”电荷 q_1 和 q_2 之间的力由库仑定律给出:

力 $= \dfrac{q_1q_2}{4\pi\varepsilon_0 r^2}$ N, q_1, q_2 的单位是库仑 C, r 的单位是 m,
$\varepsilon_0 = 8.85 \times 10^{-12}\ \mathrm{C^2N^{-1}m^{-2}}$
或
$(1/4\pi\varepsilon_0) = 8.992 \times 10^9\ \mathrm{N\ m^2/C^2}$;

力 $= \dfrac{q_1q_2}{r^2}$ dyn, q_1, q_2 的单位是 sc (静库仑), r 的单位是 cm.

在一个假想的连续介电体材料中, 我们引入无量纲的相对介电常量 ε, 使得两种单位制中都有 $\varepsilon_{\text{vacuum}} \equiv 1$. 因此, 两个“点”电荷之间的力为

$$\text{Force} = [(q_1q_2)/(4\pi\varepsilon_0\varepsilon r^2)], \qquad \text{Force} = [(q_1q_2)/(\varepsilon r^2)].$$

在此处以及大多数情形中避免混淆的最简单方法就是要记得: 在 cgs “高斯制”中的 ε 在 mks “国际制”中则为 $4\pi\varepsilon_0\varepsilon$.

从一个点电荷 q 发出的电场为

$$\boldsymbol{E} = \frac{q}{4\pi\varepsilon_0\varepsilon r^2}\ \text{N/C 或 V/m}, \qquad \boldsymbol{E} = \frac{q}{\varepsilon r^2}\text{dyn/sc 或 sv/cm}.$$

在真空中, 由密度为 ρ_{free} 的“自由”或“外部”“源”电荷发出的电场满足

$\nabla\cdot\boldsymbol{E} = \rho_{\text{free}}/\varepsilon_0$, 其中 $\boldsymbol{E}$ 的单位是 V/m 而 ρ_{free} 的单位是 $\mathrm{C/m^3}$;

$\nabla\cdot\boldsymbol{E} = 4\pi\rho_{\text{free}}$, 其中 $\boldsymbol{E}$ 的单位是 sv/cm 而 ρ_{free} 的单位是 $\mathrm{sc/cm^3}$

对于介电连续体中的场以及源电荷来说, 在两个单位制中 ε 的意义是相同的:

$$\nabla\cdot(\varepsilon\boldsymbol{E}) = \rho_{\text{free}}/\varepsilon_0, \qquad \nabla\cdot(\varepsilon\boldsymbol{E}) = 4\pi\rho_{\text{free}}.$$

介电位移矢量 $\boldsymbol{D}$ 写成

$\boldsymbol{D} = \varepsilon_0\boldsymbol{E} + \boldsymbol{P} = \varepsilon\varepsilon_0$
$\boldsymbol{E} = \varepsilon_0(1 + \chi^{\text{mks}})\boldsymbol{E}$,
[107] $\boldsymbol{P} = \varepsilon_0\chi^{\text{mks}}\boldsymbol{E}$,
$\boldsymbol{D}$ 和 $\boldsymbol{P}$ 与 $\varepsilon_0\boldsymbol{E}$ 的单位一致, 为 $\mathrm{C/m^2}$
χ^{mks} 和 $\varepsilon = (1 + \chi^{\text{mks}})$ 是无量纲的;

$\boldsymbol{D} = \boldsymbol{E} + 4\pi\boldsymbol{P} = \varepsilon$
$\boldsymbol{E} = (1 + 4\pi\chi^{\text{cgs}})\boldsymbol{E}$,
$\boldsymbol{P} = \chi^{\text{cgs}}\boldsymbol{E}$,
$\boldsymbol{D}, \boldsymbol{E}$, 和 $\boldsymbol{P}$ 的单位都是 sv/cm 或 $\mathrm{sc/cm^2}$,
χ^{cgs} 和 $\varepsilon = (1 + 4\pi\chi^{\text{cgs}})$ 是无量纲的.

极化是每单位体积 (以 1/长度^3 为单位) 的电荷移动 (以电荷×长度为单位), 即以电荷/长度^2 为单位.

在气体以及稀薄悬浮液的几个例子中, 我们把悬浮介质的介电响应 ε 分别对于其真空值 1 或纯溶剂值 ε_{m} 展开. 在这些情形中, 气体或悬浮液的无量纲值 χ 在总体上正比于粒子的数密度 (以 1/长度^3 为单位) , 而各粒子对极化率的贡献则具有体积的单位 (长度^3).

L2.1.J 单位换算, mks–cgs

$e = 1.609 \times 10^{-19}$ C (mks) $= 4.803 \times 10^{-10}$ sc (cgs).

1 sc $= (1.609 \times 10^{-19})/(4.803 \times 10^{-10})$ C $= 3.35 \times 10^{-10}$ C.

$\varepsilon_0 = 8.854\ 10^{-12}$ F/m 或 $\mathrm{C}^2/(\mathrm{N} \cdot \mathrm{m}^2)$.

$4\pi\varepsilon_0 = 1.113\ 10^{-10}$ F/m 或 $\mathrm{C}^2/(\mathrm{N} \cdot \mathrm{m}^2)$.

每单位面积的电容 C 对应于每单位面积的电荷 Q.

电容器极板之间的电场

$$\boldsymbol{E} = \frac{Q}{\varepsilon_0 \varepsilon}, \qquad \boldsymbol{E} = \frac{4\pi Q}{\varepsilon}.$$

间距 d 会导致一个电势差,

$$V = \frac{Qd}{\varepsilon_0 \varepsilon}, \qquad V = \frac{4\pi Q}{\varepsilon} d.$$

而每单位面积的电容为

$$C = \frac{Q}{V} = \frac{\varepsilon_0 \varepsilon}{d}, \qquad C = \frac{Q}{V} = \frac{\varepsilon}{4\pi d}.$$

介电位移矢量随自由电荷密度的变化关系为

$$\mathrm{div}\boldsymbol{D} = \rho, \qquad \mathrm{div}\boldsymbol{D} = 4\pi\rho.$$

用 ε 和 ε_0 来表示 $\boldsymbol{D}$、电场 $\boldsymbol{E}$, 与极化 $\boldsymbol{P}$ 之间的关系为

$$\boldsymbol{D} = \varepsilon_0 \varepsilon \boldsymbol{E} = \varepsilon_0 \boldsymbol{E} + \boldsymbol{P}, \qquad \boldsymbol{D} = \varepsilon \boldsymbol{E} = \boldsymbol{E} + 4\pi \boldsymbol{P},$$

或

$$\begin{aligned} \boldsymbol{D} &\equiv \varepsilon_0 \boldsymbol{E} + \boldsymbol{P} = \varepsilon \varepsilon_0 \boldsymbol{E} \\ &= \varepsilon_0 (1 + \chi^{\mathrm{mks}}) \boldsymbol{E}, \end{aligned} \qquad \begin{aligned} \boldsymbol{D} &\equiv \boldsymbol{E} + 4\pi \boldsymbol{P} = \varepsilon \boldsymbol{E} \\ &= (1 + 4\pi \chi^{\mathrm{cgs}}) \boldsymbol{E}. \end{aligned}$$

[108] **气体的介电响应** 对于数密度为 N 的气体, 如果其粒子的永久偶极矩为 μ_{dipole}, 则当 $\boldsymbol{E}$ 为常量时,

$\boldsymbol{P}=\varepsilon_0\chi^{\text{mks}}\ \boldsymbol{E}$yields $\chi^{\text{mks}}=N\dfrac{\mu^2_{\text{dipole}}}{3kT\varepsilon_0}$, $\boldsymbol{P}=\chi^{\text{cgs}}\boldsymbol{E}$ yields $\chi^{\text{cgs}}=N\dfrac{\mu^2_{\text{dipole}}}{3kT}$,

$\varepsilon=1+\chi^{\text{mks}}=1+N\dfrac{\mu^2_{\text{dipole}}}{3kT\varepsilon_0}$, $\varepsilon=1+4\pi\chi^{\text{cgs}}=1+N4\pi\dfrac{\mu^2_{\text{dipole}}}{3kT}$.

为了把气体中各分子上感应出的极化 $\alpha\boldsymbol{E}$ 加进去, 我们在两个单位制中都用以下形式

$$\boldsymbol{P}_{\text{induced}}=N\alpha\boldsymbol{E}.$$

因此,

$\boldsymbol{P}_{\text{induced}}=\varepsilon_0\chi^{\text{mks}}_{\text{induced}}\boldsymbol{E}$, 把 $N\alpha/\varepsilon_0$ 加到 χ^{mks} 或 ε 上,

$\boldsymbol{P}_{\text{induced}}=\chi^{\text{cgs}}_{\text{induced}}\boldsymbol{E}$, 把 $N\alpha$ 加到 χ^{cgs} 上, 而把 $4\pi N\alpha$ 加到 ε 上.

这样, 当具有永久偶极矩的极化分子组成气体时, 其相对于静电场的介电响应为

$$\begin{aligned}\varepsilon_{\text{gas}}&=1+\chi^{\text{mks}}\\&=1+\frac{\mu^2_{\text{dipole}}}{3kT\varepsilon_0}N+\frac{\alpha}{\varepsilon_0}N,\end{aligned}$$

$$\begin{aligned}\varepsilon_{\text{gas}}&=1+4\pi\chi^{\text{cgs}}\\&=1+4\pi\frac{\mu^2_{\text{dipole}}}{3kT}N+4\pi\alpha N.\end{aligned}$$

我们把上式写成对虚频率的显式依赖关系, 并计入弛豫时间为 τ 的永久偶极子项的德拜弛豫, 可以得到

$$\begin{aligned}\varepsilon_{\text{gas}}(\mathrm{i}\xi)&=1+\chi^{\text{mks}}(\mathrm{i}\xi)\\&=1+\frac{\mu^2_{\text{dipole}}}{3kT\varepsilon_0(1+\xi\tau)}N+\frac{\alpha^{\text{mks}}(\mathrm{i}\xi)}{\varepsilon_0}N\\&=1+N\left[\frac{\mu^2_{\text{dipole}}}{3kT\varepsilon_0(1+\xi\tau)}+\frac{\alpha^{\text{mks}}(\mathrm{i}\xi)}{\varepsilon_0}\right]\\&=1+N\frac{\alpha^{\text{mks}}_{\text{total}}(\mathrm{i}\xi)}{\varepsilon_0},\\ \alpha^{\text{mks}}_{\text{total}}(\mathrm{i}\xi)&\equiv\left[\frac{\mu^2_{\text{dipole}}}{3kT(1+\xi\tau)}+\alpha^{\text{mks}}(\mathrm{i}\xi)\right];\end{aligned}$$

$$\begin{aligned}\varepsilon_{\text{gas}(\mathrm{i}\xi)}&=1+4\pi\chi^{\text{cgs}}(\mathrm{i}\xi)\\&=1+4\pi\frac{\mu^2_{\text{dipole}}}{3kT(1+\xi\tau)}N+4\pi\alpha^{\text{cgs}}(\mathrm{i}\xi)N\\&=1+4\pi N\left[\frac{\mu^2_{\text{dipole}}}{3kT(1+\xi\tau)}+\alpha^{\text{cgs}}(\mathrm{i}\xi)\right]\\&=1+4\pi N\alpha^{\text{cgs}}_{\text{total}}(\mathrm{i}\xi),\\ \alpha^{\text{cgs}}_{\text{total}}(\mathrm{i}\xi)&\equiv\left[\frac{\mu^2_{\text{dipole}}}{3kT(1+\xi\tau)}+\alpha^{\text{cgs}}(\mathrm{i}\xi)\right].\end{aligned}$$

也可见 218 页* 的 “抽点时间讲讲单位制” .

* 指页边方括号中的页码.

L2.2 公式列表

[109]

用大写字母 P, S, 或 C (分别表示平面、球或柱状几何构形), 以及一个数字 (从 "1" 开始递增), 可以给各公式列表分类. 而各子集可以用一个小写字母标记 (有时还要再加上一个数字). 例如: 表 P.2.a.1 或表 S.5.

由本书其它部分的公式改编而来的、或者原样照搬过来的那些公式, 则规定为与他处的号码相同, 并用方括号括起来, 例如 [L3.118]. 只有数字而无字母的方程编号 (例如 [47]) 指的是其原始出处的脚注.

[110]

L2.2.A　在平面几何构形中的公式列表

表 P.1.a　两个半无限大介质之间的范德瓦尔斯相互作用形式

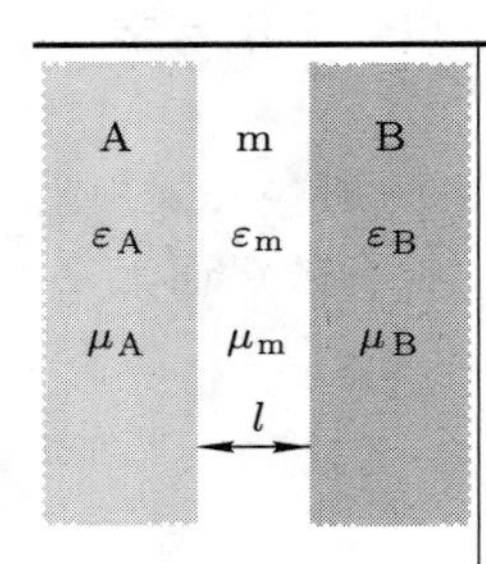

P.1.a.1　精确的栗弗席兹形式

$$G_{\mathrm{AmB}}(l,T)$$
$$=\frac{kT}{8\pi l^2}\sum_{n=0}^{\infty}{}'\int_{r_n}^{\infty}x\ln[(1-\overline{\Delta}_{\mathrm{Am}}\overline{\Delta}_{\mathrm{Bm}}\mathrm{e}^{-x})(1-\Delta_{\mathrm{Am}}\Delta_{\mathrm{Bm}}\mathrm{e}^{-x})]\mathrm{d}x$$
$$=\frac{kT}{2\pi c^2}\sum_{n=0}^{\infty}{}'\varepsilon_{\mathrm{m}}\mu_{\mathrm{m}}\xi_n^2$$
$$\times\int_1^{\infty}p\ln[(1-\overline{\Delta}_{\mathrm{Am}}\overline{\Delta}_{\mathrm{Bm}}\mathrm{e}^{-r_np})(1-\Delta_{\mathrm{Am}}\Delta_{\mathrm{Bm}}\mathrm{e}^{-r_np})]\mathrm{d}p$$
$$=-\frac{kT}{8\pi l^2}\sum_{n=0}^{\infty}{}'r_n^2\sum_{q=1}^{\infty}\frac{1}{q}$$
$$\times\int_1^{\infty}p[(\overline{\Delta}_{\mathrm{Am}}\overline{\Delta}_{\mathrm{Bm}})^q+(\Delta_{\mathrm{Am}}\Delta_{\mathrm{Bm}})^q]\mathrm{e}^{-r_npq}\mathrm{d}p;$$

$$\overline{\Delta}_{\mathrm{ji}}=\frac{s_{\mathrm{i}}\varepsilon_{\mathrm{j}}-s_{\mathrm{j}}\varepsilon_{\mathrm{i}}}{s_{\mathrm{i}}\varepsilon_{\mathrm{j}}+s_{\mathrm{j}}\varepsilon_{\mathrm{i}}},\Delta_{\mathrm{ji}}=\frac{s_{\mathrm{i}}\mu_{\mathrm{j}}-s_{\mathrm{j}}\mu_{\mathrm{i}}}{s_{\mathrm{i}}\mu_{\mathrm{j}}+s_{\mathrm{j}}\mu_{\mathrm{i}}},$$
$$s_{\mathrm{i}}=\sqrt{p^2-1+(\varepsilon_{\mathrm{i}}\mu_{\mathrm{i}}/\varepsilon_{\mathrm{m}}\mu_{\mathrm{m}})},s_{\mathrm{m}}=p,$$

或 $$\overline{\Delta}_{\mathrm{ji}}=\frac{x_{\mathrm{i}}s_{\mathrm{j}}-x_{\mathrm{j}}\varepsilon_{\mathrm{i}}}{x_{\mathrm{i}}\varepsilon_{\mathrm{j}}+x_{\mathrm{j}}\varepsilon_{\mathrm{i}}},\Delta_{\mathrm{ji}}=\frac{x_{\mathrm{i}}\mu_{\mathrm{j}}-x_{\mathrm{j}}\mu_{\mathrm{i}}}{x_{\mathrm{i}}\mu_{\mathrm{j}}+x_{\mathrm{j}}\mu_{\mathrm{i}}},$$
$$x_{\mathrm{i}}^2=x_{\mathrm{m}}^2+\left(\frac{2l\xi_n}{c}\right)^2(\varepsilon_{\mathrm{i}}\mu_{\mathrm{i}}-\varepsilon_{\mathrm{m}}\mu_{\mathrm{m}}),x_{\mathrm{m}}=x,$$
$$p=x/r_n,r_n=(2l\varepsilon_{\mathrm{m}}^{1/2}\mu_{\mathrm{m}}^{1/2}/c)\xi_n.$$　[方程. (L3.50) – (L3.57)]

P.1.a.2　Hamaker 形式

$$G_{\mathrm{AmB}}(l,T)=-\frac{A_{\mathrm{Am/Bm}}(l,T)}{12\pi l^2}.\qquad\text{[L2.5]}$$

P.1.a.3　非推迟的, 间距趋于接触, $l\to 0,r_n\to 0$

$$G_{\mathrm{AmB}}(l\to 0,T)\to-\frac{kT}{8\pi l^2}\sum_{n=0}^{\infty}{}'\sum_{q=1}^{\infty}\frac{(\overline{\Delta}_{\mathrm{Am}}\overline{\Delta}_{\mathrm{Bm}})^q+(\Delta_{\mathrm{Am}}\Delta_{\mathrm{Bm}})^q}{q^3},$$
$$\overline{\Delta}_{\mathrm{ji}}\to\frac{\varepsilon_{\mathrm{j}}-\varepsilon_{\mathrm{i}}}{\varepsilon_{\mathrm{j}}+\varepsilon_{\mathrm{i}}},\Delta_{\mathrm{ji}}\to\frac{\mu_{\mathrm{j}}-\mu_{\mathrm{i}}}{\mu_{\mathrm{j}}+\mu_{\mathrm{i}}}.\qquad\text{[L2.8]}$$

P.1.a.4　非推迟的, 电容率有小差异

$$G_{\mathrm{AmB}}(l\to 0,T)\approx-\frac{kT}{8\pi l^2}\sum_{n=0}^{\infty}{}'(\overline{\Delta}_{\mathrm{Am}}\overline{\Delta}_{\mathrm{Bm}}+\Delta_{\mathrm{Am}}\Delta_{\mathrm{Bm}}),$$
$$\overline{\Delta}_{\mathrm{ji}}=\frac{\varepsilon_{\mathrm{j}}-\varepsilon_{\mathrm{i}}}{\varepsilon_{\mathrm{j}}+\varepsilon_{\mathrm{i}}}\ll 1,\Delta_{\mathrm{ji}}=\frac{\mu_{\mathrm{j}}-\mu_{\mathrm{i}}}{\mu_{\mathrm{j}}+\mu_{\mathrm{i}}}\ll 1.\qquad\text{[L2.10]}$$

P.1.a.5　无限大间距, $l\to\infty$

$$G_{\mathrm{AmB}}(l\to\infty,T)\to-\frac{kT}{16\pi l^2}\sum_{q=1}^{\infty}\frac{(\overline{\Delta}_{\mathrm{Am}}\overline{\Delta}_{\mathrm{Bm}})^q+(\Delta_{\mathrm{Am}}\Delta_{\mathrm{Bm}})^q}{q^3}.\qquad\text{[L2.11]}$$

仍然有 $\overline{\Delta}_{\mathrm{ji}}=[(\varepsilon_{\mathrm{j}}-\varepsilon_{\mathrm{i}})(\varepsilon_{\mathrm{j}}+\varepsilon_{\mathrm{i}})],\Delta_{\mathrm{ji}}=[(\mu_{\mathrm{j}}-\mu_{\mathrm{i}})(\mu_{\mathrm{j}}+\mu_{\mathrm{i}})]$, 但是所有的 ε 和 μ 都仅在零频率处取值. 此表达式忽略了离子涨落和材料导电性.

表 P.1.b 在零度极限下, 两个半空间被一块厚度 l 的平板隔开 [111]

A m B
ε_{A} ε_{m} ε_{B}
μ_{A} μ_{m} μ_{B}
l

P.1.b.1 有推迟效应

$$\begin{aligned}&G(l,T\to 0)\\&=\frac{\hbar}{(4\pi)^2l^2}\int_0^\infty \mathrm{d}\xi\\&\quad\times\int_{r_n}^\infty x\ln[(1-\overline{\Delta}_{\mathrm{Am}}\overline{\Delta}_{\mathrm{Bm}}\mathrm{e}^{-x})(1-\Delta_{\mathrm{Am}}\Delta_{\mathrm{Bm}}\mathrm{e}^{-x})]\mathrm{d}x\\&=\frac{\hbar}{(2\pi)^2c^2}\int_0^\infty \mathrm{d}\xi\varepsilon_{\mathrm{m}}\mu_{\mathrm{m}}\xi^2\\&\quad\times\int_1^\infty p\ln[(1-\overline{\Delta}_{\mathrm{Am}}\overline{\Delta}_{\mathrm{Bm}}\mathrm{e}^{-r_np})(1-\Delta_{\mathrm{Am}}\Delta_{\mathrm{Bm}}\mathrm{e}^{-r_np})]\mathrm{d}p.\end{aligned}$$

[L2.12]

P.1.b.2 小间距极限 (无推迟效应)

$$G(l\to 0,T\to 0)=\frac{-\hbar}{(4\pi)^2l^2}\int_0^\infty \mathrm{d}\xi\sum_{q=1}^\infty\frac{(\overline{\Delta}_{\mathrm{Am}}\overline{\Delta}_{\mathrm{Bm}})^q+(\Delta_{\mathrm{Am}}\Delta_{\mathrm{Bm}})^q}{q^3},$$

[L2.13]

$$\overline{\Delta}_{\mathrm{ji}}=\frac{\varepsilon_{\mathrm{j}}-\varepsilon_{\mathrm{i}}}{\varepsilon_{\mathrm{j}}+\varepsilon_{\mathrm{i}}},\Delta_{\mathrm{ji}}=\frac{\mu_{\mathrm{j}}-\mu_{\mathrm{i}}}{\mu_{\mathrm{j}}+\mu_{\mathrm{i}}}.$$

用光子平均能量 $\hbar\overline{\xi}$ 来表示,

$$G(l\to 0,T\to 0)=[\hbar\overline{\xi}/(4\pi)^2l^2],$$

$\overline{\xi}$ 仅取首项, $q=1,\overline{\xi}\approx\int_0^\infty(\overline{\Delta}_{\mathrm{Am}}\overline{\Delta}_{\mathrm{Bm}}+\Delta_{\mathrm{Am}}\Delta_{\mathrm{Bm}})\mathrm{d}\xi$.

P.1.b.3 大间距极限

$l\gg$ 所有吸收波长

$$G_{\mathrm{AmB}}(l,T\to 0)\approx-\frac{\hbar c}{8\pi^2l^3\varepsilon_{\mathrm{m}}^{1/2}}\overline{\Delta}_{\mathrm{Am}}\overline{\Delta}_{\mathrm{Bm}}$$ [L2.15]

$$\begin{aligned}\overline{\Delta}_{\mathrm{Am}}&=\frac{\sqrt{\varepsilon_{\mathrm{A}}}-\sqrt{\varepsilon_{\mathrm{m}}}}{\sqrt{\varepsilon_{\mathrm{A}}}+\sqrt{\varepsilon_{\mathrm{m}}}}=\frac{n_{\mathrm{A}}-n_{\mathrm{m}}}{n_{\mathrm{A}}+n_{\mathrm{m}}},\overline{\Delta}_{\mathrm{Bm}}=\frac{\sqrt{\varepsilon_{\mathrm{B}}}-\sqrt{\varepsilon_{\mathrm{m}}}}{\sqrt{\varepsilon_{\mathrm{B}}}+\sqrt{\varepsilon_{\mathrm{m}}}}\\&=\frac{n_{\mathrm{B}}-n_{\mathrm{m}}}{n_{\mathrm{B}}+n_{\mathrm{m}}}\end{aligned}$$

通常同一个透明区域中的折射率 $n_{\mathrm{A}},n_{\mathrm{m}},n_{\mathrm{B}}$ 计算出来

$$G_{\mathrm{AmB}}(l,T\to 0)\approx-\frac{\hbar c}{8\pi^2n_{\mathrm{m}}l^3}\frac{n_{\mathrm{A}}-n_{\mathrm{m}}}{n_{\mathrm{A}}+n_{\mathrm{m}}}\frac{n_{\mathrm{B}}-n_{\mathrm{m}}}{n_{\mathrm{B}}+n_{\mathrm{m}}}.$$

[112]

表 P.1.c 理 想 导 体

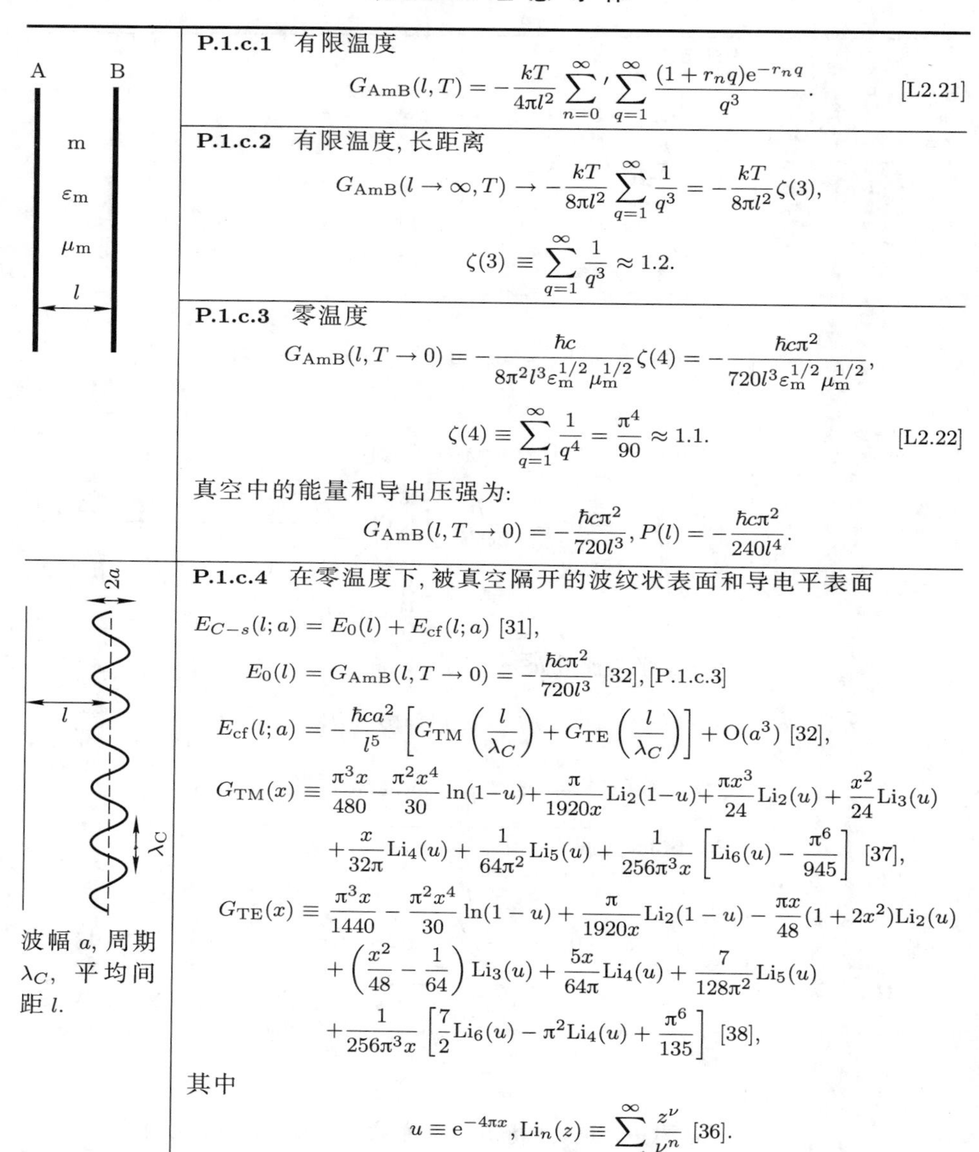

P.1.c.1 有限温度

$$G_{\mathrm{AmB}}(l,T)=-\frac{kT}{4\pi l^2}\sum_{n=0}^{\infty}{}'\sum_{q=1}^{\infty}\frac{(1+r_n q)\mathrm{e}^{-r_n q}}{q^3}. \quad \text{[L2.21]}$$

P.1.c.2 有限温度, 长距离

$$G_{\mathrm{AmB}}(l\to\infty,T)\to-\frac{kT}{8\pi l^2}\sum_{q=1}^{\infty}\frac{1}{q^3}=-\frac{kT}{8\pi l^2}\zeta(3),$$

$$\zeta(3)\equiv\sum_{q=1}^{\infty}\frac{1}{q^3}\approx 1.2.$$

P.1.c.3 零温度

$$G_{\mathrm{AmB}}(l,T\to 0)=-\frac{\hbar c}{8\pi^2 l^3\varepsilon_{\mathrm{m}}^{1/2}\mu_{\mathrm{m}}^{1/2}}\zeta(4)=-\frac{\hbar c\pi^2}{720 l^3\varepsilon_{\mathrm{m}}^{1/2}\mu_{\mathrm{m}}^{1/2}},$$

$$\zeta(4)\equiv\sum_{q=1}^{\infty}\frac{1}{q^4}=\frac{\pi^4}{90}\approx 1.1. \quad \text{[L2.22]}$$

真空中的能量和导出压强为:

$$G_{\mathrm{AmB}}(l,T\to 0)=-\frac{\hbar c\pi^2}{720 l^3},\ P(l)=-\frac{\hbar c\pi^2}{240 l^4}.$$

P.1.c.4 在零温度下, 被真空隔开的波纹状表面和导电平表面

$$E_{C-s}(l;a)=E_0(l)+E_{\mathrm{cf}}(l;a)\ [31],$$

$$E_0(l)=G_{\mathrm{AmB}}(l,T\to 0)=-\frac{\hbar c\pi^2}{720 l^3}\ [32],[\mathrm{P.1.c.3}]$$

$$E_{\mathrm{cf}}(l;a)=-\frac{\hbar c a^2}{l^5}\left[G_{\mathrm{TM}}\left(\frac{l}{\lambda_C}\right)+G_{\mathrm{TE}}\left(\frac{l}{\lambda_C}\right)\right]+\mathrm{O}(a^3)\ [32],$$

$$G_{\mathrm{TM}}(x)\equiv\frac{\pi^3 x}{480}-\frac{\pi^2 x^4}{30}\ln(1-u)+\frac{\pi}{1920x}\mathrm{Li}_2(1-u)+\frac{\pi x^3}{24}\mathrm{Li}_2(u)+\frac{x^2}{24}\mathrm{Li}_3(u)$$
$$+\frac{x}{32\pi}\mathrm{Li}_4(u)+\frac{1}{64\pi^2}\mathrm{Li}_5(u)+\frac{1}{256\pi^3 x}\left[\mathrm{Li}_6(u)-\frac{\pi^6}{945}\right]\ [37],$$

$$G_{\mathrm{TE}}(x)\equiv\frac{\pi^3 x}{1440}-\frac{\pi^2 x^4}{30}\ln(1-u)+\frac{\pi}{1920x}\mathrm{Li}_2(1-u)-\frac{\pi x}{48}(1+2x^2)\mathrm{Li}_2(u)$$
$$+\left(\frac{x^2}{48}-\frac{1}{64}\right)\mathrm{Li}_3(u)+\frac{5x}{64\pi}\mathrm{Li}_4(u)+\frac{7}{128\pi^2}\mathrm{Li}_5(u)$$
$$+\frac{1}{256\pi^3 x}\left[\frac{7}{2}\mathrm{Li}_6(u)-\pi^2\mathrm{Li}_4(u)+\frac{\pi^6}{135}\right]\ [38],$$

其中

$$u\equiv\mathrm{e}^{-4\pi x},\ \mathrm{Li}_n(z)\equiv\sum_{\nu=1}^{\infty}\frac{z^\nu}{\nu^n}\ [36].$$

波幅 a, 周期 λ_C, 平均间距 l.

来源: 出自 T.Emig, A. Hanke, R. Golestanian, and M. Kardar, “Normal and lateral Casimir forces between deformed plates,” Phys. Rev. A **67**, 022114 (2003) (“变形平板之间的法向和横向卡西米尔力”), [ ] 中的数字是此源文章中的方程序号. 这里用 l 代替文中的间距 H; 用 λ_C 代替波纹的周期 λ; 用 E 代替能量 ε. 而这里的符号 $G_{\mathrm{TM}}, G_{\mathrm{TE}}, \mathrm{Li}_n, a, x, z, u$, 以及 n 都与源文章中一样.

表 P.1.c (续) [113]

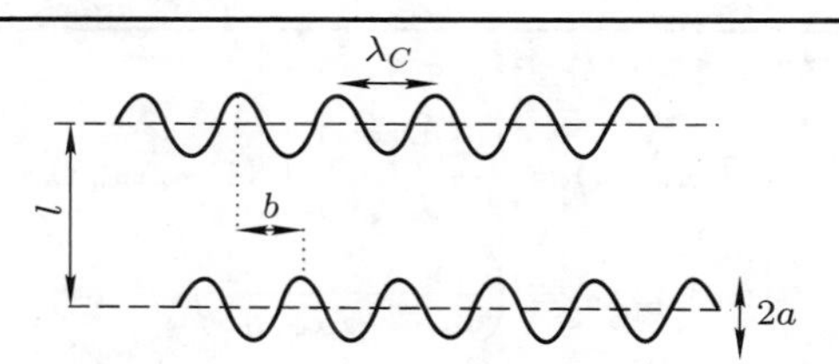

波幅 a, 周期 λ_C, 平均间距 l, 横向平移 b.

P1.c.5 在零温度下, 被真空隔开的两个波纹状的导电表面

$$E_{C-C}(l;a,b) = E_0(l) + 2E_{\mathrm{cf}}(l;a) + E_{\mathrm{cc}}(l;a,b) \ [44]$$

$$E_0(l) = -\frac{\hbar c\pi^2}{720 l^3} \ [31],\ [\text{P.1.c.3}]$$

$$E_{\mathrm{cf}}(l;a) = -\frac{\hbar c a^2}{l^5}\left[G_{\mathrm{TM}}\left(\frac{l}{\lambda_C}\right) + G_{\mathrm{TE}}\left(\frac{l}{\lambda_C}\right)\right] + \mathrm{O}(a^3) \ [32];$$

$$G_{\mathrm{TM}}\left(\frac{l}{\lambda_C}\right), G_{\mathrm{TE}}\left(\frac{l}{\lambda_C}\right),\ [\text{同表 P.1.c.4}]$$

$$E_{\mathrm{cc}}(l;a,b) = \frac{\hbar c a^2}{l^5}\cos\left(\frac{2\pi \mathrm{b}}{\lambda_C}\right)\left[J_{\mathrm{TM}}\left(\frac{l}{\lambda_C}\right) + J_{\mathrm{TE}}\left(\frac{l}{\lambda_C}\right)\right] + \mathrm{O}(a^3) \ [46],$$

$$J_{\mathrm{TM}}(x) \equiv \frac{\pi^2}{120}(16x^4-1)\mathrm{arctanh}(\sqrt{u}) + \sqrt{u}\Big[\frac{\pi}{12}\left(x^3 - \frac{1}{80x}\right)\Phi\left(u,2,\frac{1}{2}\right) + \frac{x^2}{12}\Phi\left(u,3,\frac{1}{2}\right)$$
$$+\frac{x}{16\pi}\Phi\left(u,4,\frac{1}{2}\right) + \frac{1}{32\pi^2}\Phi\left(u,5,\frac{1}{2}\right) + \frac{1}{128\pi^3 x}\Phi\left(u,6,\frac{1}{2}\right)\Big] \ [50\mathrm{a}],$$

$$J_{\mathrm{TE}}(x) \equiv \frac{\pi^2}{120}(16x^4-1)\mathrm{arctanh}(\sqrt{u}) + \sqrt{u}\Big[-\frac{\pi}{12}\left(x^3 + \frac{x}{2} + \frac{1}{80x}\right)\Phi\left(u,2,\frac{1}{2}\right)$$
$$+\frac{1}{24}\left(x^2 - \frac{3}{4}\right)\Phi\left(u,3,\frac{1}{2}\right) + \frac{5}{32\pi}\left(x - \frac{1}{20x}\right)\Phi\left(u,4,\frac{1}{2}\right) + \frac{7}{64\pi^2}\Phi\left(u,5,\frac{1}{2}\right)$$
$$+\frac{7}{256\pi^3 x}\Phi\left(u,6,\frac{1}{2}\right)\Big] \ [50\mathrm{b}],$$

其中

$$u \equiv \mathrm{e}^{-4\pi x} \ [36],$$

$$\Phi(z,s,a) \equiv \sum_{k=0}^{\infty}\frac{z^k}{(a+k)^s} \ [49].$$

来源: 出自 T.Emig, A. Hanke, R. Golestanian, and M. Kardar, “Normal and lateral Casimir forces between deformed plates,” Phys. Rev. A **67**, 022114 (2003) (“变形平板之间的法向和横向卡西米尔力”), [ ] 中的数字是此源文章中的方程序号. 这里用 l 代替文中的间距 H; 用 λ_C 代替波纹的周期 λ; 用 E 代替能量 ε. 而这里的符号 $G_{\mathrm{TM}}, G_{\mathrm{TE}}, J_{\mathrm{TM}}, J_{\mathrm{TE}}, \mathrm{Li}_n, \Phi, a, b, x, s, z, u$ 以及 n 都与源文章中一样.

[114]

表 P.1.d 离子溶液, 零频率涨落, 被 m 层隔开的两个半空间

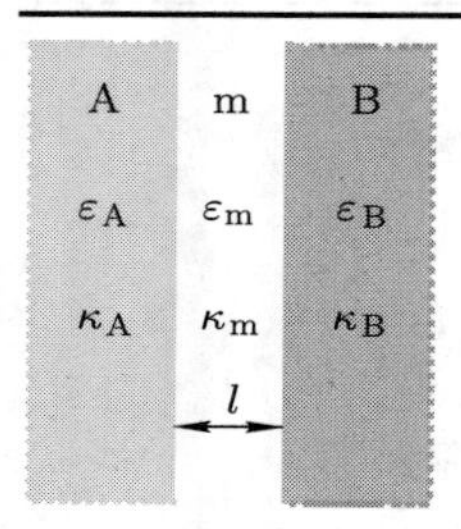

区域 A, m 和 B 中的离子溶液. 为方便起见,可以在对变量 β_m, p 或 x 的积分之间选择.

P.1.d.1 积分变量为 β_m

$$G_{AmB}(l)=\frac{kT}{4\pi}\int_{\kappa_m}^{\infty}\beta_m\ln(1-\overline{\Delta}_{Am}\overline{\Delta}_{Bm}e^{-2\beta_m l})d\beta_m,$$

$$\overline{\Delta}_{Am}\equiv\left(\frac{\beta_A\varepsilon_A-\beta_m\varepsilon_m}{\beta_A\varepsilon_A+\beta_m\varepsilon_m}\right),\beta_A^2=\beta_m^2+(\kappa_A^2-\kappa_m^2),$$

$$\overline{\Delta}_{Bm}\equiv\left(\frac{\beta_B\varepsilon_B-\beta_m\varepsilon_m}{\beta_B\varepsilon_B+\beta_m\varepsilon_m}\right),\beta_B^2=\beta_m^2+(\kappa_B^2-\kappa_m^2),$$

$$\kappa_m\leqslant\beta_m<\infty.$$

注意有效介电响应 $\beta_i\varepsilon_i$ 的形式. 零频率涨落的双层屏蔽以 $e^{-2\beta_m l}$ 形式出现.

P1.d.2 积分变量为 p

$$G_{AmB}(l)=\frac{kT\kappa_m^2}{4\pi}\int_1^{\infty}p\ \ln(1-\overline{\Delta}_{Am}\overline{\Delta}_{Bm}e^{-2\kappa_m lp})dp,$$

$$\overline{\Delta}_{Am}\equiv\left(\frac{s_A\varepsilon_A-p\varepsilon_m}{s_A\varepsilon_A+p\varepsilon_m}\right),s_A=\sqrt{p^2-1+\kappa_A^2/\kappa_m^2},$$

$$\overline{\Delta}_{Bm}\equiv\left(\frac{s_B\varepsilon_B-p\varepsilon_m}{s_B\varepsilon_B+p\varepsilon_m}\right),s_B=\sqrt{p^2-1+\kappa_B^2/\kappa_m^2},$$

$$1\leqslant p<\infty,\beta_m=p\kappa_m.$$

注意: 这里的 s_L, p, s_R 要乘以 $\varepsilon_L, \varepsilon_m, \varepsilon_R$, 与偶极涨落公式不同.

P.1.d.3 积分变量为 x

$$G_{AmB}(l)=\frac{kT}{16\pi l^2}\int_{2\kappa_m l}^{\infty}x[\ln(1-\overline{\Delta}_{Am}\overline{\Delta}_{Bm}e^{-x})]dx,$$

$$\overline{\Delta}_{Am}\equiv\left(\frac{x_A\varepsilon_A-x\varepsilon_m}{x_A\varepsilon_A+x\varepsilon_m}\right),x_A=\sqrt{x^2+(\kappa_A^2-\kappa_m^2)(2l)^2},$$

$$\overline{\Delta}_{Bm}\equiv\left(\frac{x_B\varepsilon_B-x\varepsilon_m}{x_B\varepsilon_B+x\varepsilon_m}\right),x_B=\sqrt{x^2+(\kappa_B^2-\kappa_m^2)(2l)^2},$$

$$x=2\beta_m l,2\kappa_m l\leqslant x<\infty.$$

注意: 德拜屏蔽长度 λ_{Debye} 的倒数, 即各区域 $i = A, m, B$ 中的屏蔽常数 κ_i, 依赖于由材料 i 中各 ν 价流动离子数密度 $n_\nu^{(i)}$ 所建立起来的离子强度 [见方程 (L3.176), (L2.184) 和 (L2.185)]: 在 mks 制中 $\kappa_i^2\equiv[e^2/(\varepsilon\varepsilon_0 kT)]\sum_{\{\nu\}}n_\nu^{(i)}\nu^2$, 离子密度以 cm^3 为单位; 在 cgs 制中 $\kappa_i^2\equiv[(4\pi e^2)/(\varepsilon kT)]\sum_{\{\nu\}}n_\nu^{(i)}\nu^2$, 密度以 cm^3 为单位.

求和式 $\sum_{\{\nu\}}$ 计入了所有 ν 价流动离子的集合 $\{\nu\}$. 量 $\sum_{\{\nu\}}n_\nu^{(i)}\nu^2$ 正比于材料 i 区域中的离子强度.

在摩尔单位制中, 离子强度为 $I(M)\equiv\frac{1}{2}\sum_{\{\nu\}}n_\nu^{(i)}(M)\nu^2$, 其中数密度是以 mol/L 表示的浓度 (1 mol/L=6.02×10^{23} 粒子/L=6.02×10^{26} 粒子/m^3=6.02×10^{20} 粒子/cm^3).

表 P.1.d (续) [115]

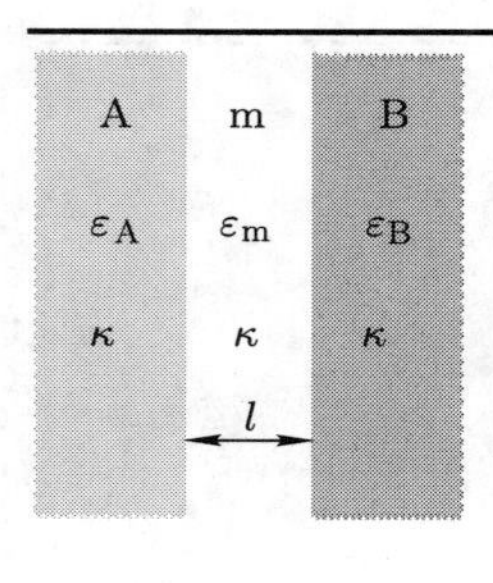

P.1.d.4 均匀的离子强度 $\kappa_A = \kappa_m = \kappa_B = \kappa$

$$G_{LmR}(l) = \frac{kT}{4\pi}\int_{\kappa}^{\infty}\beta\ln(1-\overline{\Delta}_{Lm}\overline{\Delta}_{Rm}e^{-2\beta l})d\beta, \beta_L = \beta_m = \beta_R = \beta.$$

$$\overline{\Delta}_{Lm} \equiv \left(\frac{\varepsilon_L - \varepsilon_m}{\varepsilon_L + \varepsilon_m}\right), \overline{\Delta}_{Rm} \equiv \left(\frac{\varepsilon_R - \varepsilon_m}{\varepsilon_R + \varepsilon_m}\right).$$

对于 $2\kappa l \ll 1$,

$$\begin{aligned} G_{AmB}(l) &\approx -\frac{kT}{16\pi l^2}\overline{\Delta}_{Am}\overline{\Delta}_{Bm}(1+2\kappa l)e^{-2\kappa l} \\ &= -\frac{kT}{16\pi l^2}\overline{\Delta}_{Am}\overline{\Delta}_{Bm}\left(1+\frac{2l}{\lambda_D}\right)e^{-2l/\lambda_D} \\ &= -\frac{kT}{16\pi l^2}\overline{\Delta}_{Am}\overline{\Delta}_{Bm}R_0. \end{aligned}$$

离子屏蔽因子

$$R_0 = (1+2\kappa l)e^{-2\kappa l} = [1+(2l/\lambda_D)]e^{-2l/\lambda_D} \leqslant 1.$$

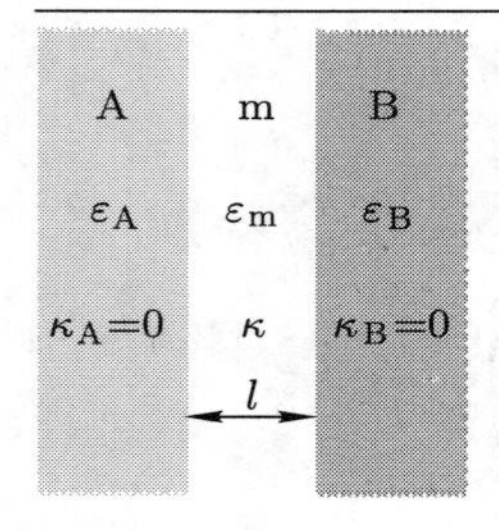

P.1.d.5 m 为盐溶液; A, B 是纯的介电体, $\varepsilon_m \ll \varepsilon_A, \varepsilon_B, \kappa_A = \kappa_B = 0$

$$\begin{aligned} G_{AmB}(l) &= \frac{kT}{4\pi}\int_{\kappa}^{\infty}\beta_m\ln(1-\overline{\Delta}_{Am}\overline{\Delta}_{Bm}e^{-2\beta_m l})d\beta_m, \\ \kappa_m &= \kappa, \beta_L^2 = \beta_R^2 = \beta_m^2 - \kappa^2, \\ \overline{\Delta}_{Am} &= \left(\frac{\varepsilon_A\beta_A - \varepsilon_m\beta_m}{\varepsilon_A\beta_A + \varepsilon_m\beta_m}\right), \\ \overline{\Delta}_{Bm} &= \left(\frac{\varepsilon_B\beta_B - \varepsilon_m\beta_m}{\varepsilon_B\beta_B + \varepsilon_m\beta_m}\right)\overline{\Delta}_{Am}\overline{\Delta}_{Bm} \approx 1. \end{aligned}$$

对于 $2\kappa l \gg 1$,

$$\begin{aligned} G_{AmB}(l) &\approx -\frac{kT}{16\pi l^2}(1+2\kappa l)e^{-2\kappa l} = -\frac{kT}{16\pi l^2}\left(1+\frac{2l}{\lambda_D}\right)e^{-2l/\lambda_D} \\ &= -\frac{kT}{16\pi l^2}R_0. \end{aligned}$$

离子屏蔽因子 $R_0 = (1+2\kappa l)e^{-2\kappa l} = [1+2l/\lambda_D]e^{-2l/\lambda_D} \leqslant 1.$

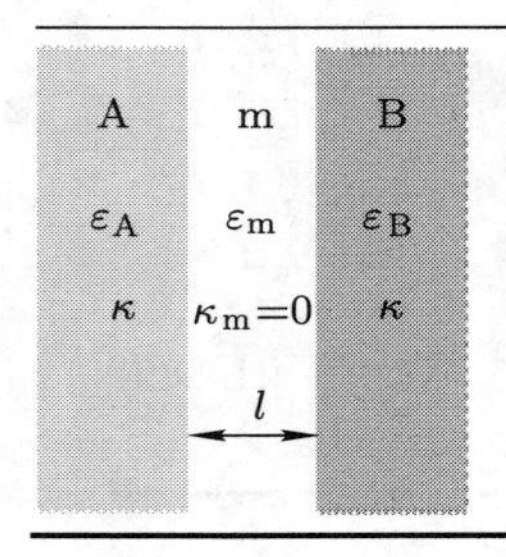

P.1.d.6 A, B 为盐溶液; m 是纯的介电体, $\varepsilon_m \ll \varepsilon_A, \varepsilon_B, \kappa_A = \kappa_B = \kappa$

$$G_{AmB}(l) = \frac{kT}{4\pi}\int_0^{\infty}\beta_m\ln(1-\overline{\Delta}_{Am}\overline{\Delta}_{Bm}e^{-2\beta_m l})d\beta_m \approx -\frac{1.202kT}{16\pi l^2},$$

$\overline{\Delta}_{Am}\overline{\Delta}_{Bm} \approx 1.$

参见 R. Netz, “Static van der Waals interaction in electrolytes,” (“电解质中的静范德瓦尔斯相互作用,”) Eur. J. Phys. E 5, 189 – 205 (2001).

[116]

表 P.2.a 一个单涂层的表面

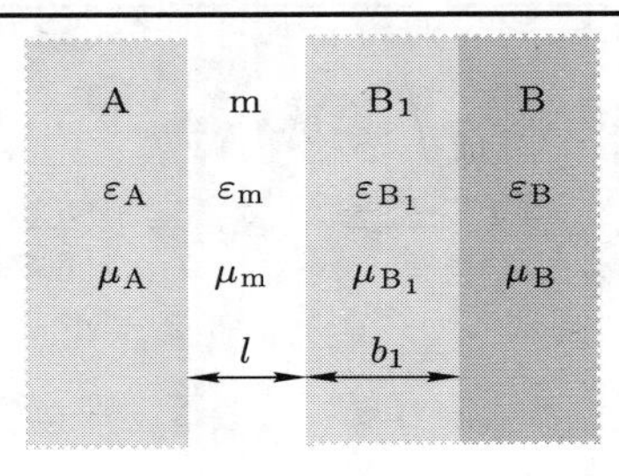

P.2.a.1 精确的栗弗席兹形式

$$\begin{aligned}
&G_{\mathrm{AmB_1B}}(l;b_1)\\
&=\frac{kT}{2\pi}\sum_{n=0}^{\infty}{}'\int_{\frac{\varepsilon_{\mathrm{m}}^{1/2}\mu_{\mathrm{m}}^{1/2}\xi_n}{c}}^{\infty}\rho_{\mathrm{m}}\ln[(1-\overline{\Delta}_{\mathrm{Am}}\overline{\Delta}_{\mathrm{Bm}}^{\mathrm{eff}}\mathrm{e}^{-2\rho_{\mathrm{m}}l})(1-\Delta_{\mathrm{Am}}\Delta_{\mathrm{Bm}}^{\mathrm{eff}}\mathrm{e}^{-2\rho_{\mathrm{m}}l})]\mathrm{d}\rho_{\mathrm{m}}\\
&=\frac{kT}{8\pi l^2}\sum_{n=0}^{\infty}{}'\int_{r_n}^{\infty}x\ln[(1-\overline{\Delta}_{\mathrm{Am}}\overline{\Delta}_{\mathrm{Bm}}^{\mathrm{eff}}\mathrm{e}^{-x})(1-\Delta_{\mathrm{Am}}\Delta_{\mathrm{Bm}}^{\mathrm{eff}}\mathrm{e}^{-x})]\mathrm{d}x\\
&=\frac{kT}{2\pi c^2}\sum_{n=0}^{\infty}{}'\varepsilon_{\mathrm{m}}\mu_{\mathrm{m}}\xi_n^2\int_1^{\infty}p\ln[(1-\overline{\Delta}_{\mathrm{Am}}\overline{\Delta}_{\mathrm{Bm}}^{\mathrm{eff}}\mathrm{e}^{-r_np})(1-\Delta_{\mathrm{Am}}\Delta_{\mathrm{Bm}}^{\mathrm{eff}}\mathrm{e}^{-r_np})]\mathrm{d}p
\end{aligned}$$

[(L2.31) − (L2.33)]

$$\begin{aligned}
\overline{\Delta}_{\mathrm{Bm}}^{\mathrm{eff}}(b_1)&=\frac{(\overline{\Delta}_{\mathrm{BB_1}}\mathrm{e}^{-2\rho_{\mathrm{B_1}}b_1}+\overline{\Delta}_{\mathrm{B_1m}})}{1+\overline{\Delta}_{\mathrm{BB_1}}\overline{\Delta}_{\mathrm{B_1m}}\mathrm{e}^{-2\rho_{\mathrm{B_1}}b_1}}=\frac{[\overline{\Delta}_{\mathrm{BB_1}}\mathrm{e}^{-x_{\mathrm{B_1}}(b_1/l)}+\overline{\Delta}_{\mathrm{B_1m}}]}{1+\overline{\Delta}_{\mathrm{BB_1}}\overline{\Delta}_{\mathrm{B_1m}}\mathrm{e}^{-x_{\mathrm{B_1}}(b_1/l)}}\\
&=\frac{[\overline{\Delta}_{\mathrm{BB_1}}\mathrm{e}^{-s_{\mathrm{B_1}}r_n(b_1/l)}+\overline{\Delta}_{\mathrm{B_1m}}]}{1+\overline{\Delta}_{\mathrm{BB_1}}\overline{\Delta}_{\mathrm{B_1m}}\mathrm{e}^{-s_{\mathrm{B_1}}r_n(b_1/l)}},
\end{aligned}\qquad [(\mathrm{L2.36})]$$

$$\begin{aligned}
\Delta_{\mathrm{Bm}}^{\mathrm{eff}}(b_1)&=\frac{(\Delta_{\mathrm{BB_1}}\mathrm{e}^{-2\rho_{\mathrm{B_1}}b_1}+\Delta_{\mathrm{B_1m}})}{1+\Delta_{\mathrm{BB_1}}\Delta_{\mathrm{B_1m}}\mathrm{e}^{-2\rho_{\mathrm{B_1}}b_1}}=\frac{[\Delta_{\mathrm{BB_1}}\mathrm{e}^{-x_{\mathrm{B_1}}(b_1/l)}+\Delta_{\mathrm{B_1m}}]}{1+\Delta_{\mathrm{BB_1}}\Delta_{\mathrm{B_1m}}\mathrm{e}^{-x_{\mathrm{B_1}}(b_1/l)}}\\
&=\frac{[\Delta_{\mathrm{BB_1}}\mathrm{e}^{-s_{\mathrm{A_1}}r_n(b_1/l)}+\Delta_{\mathrm{B_1m}}]}{1+\Delta_{\mathrm{BB_1}}\Delta_{\mathrm{B_1m}}\mathrm{e}^{-s_{\mathrm{B_1}}r_n(b_1/l)}}.
\end{aligned}\qquad [(\mathrm{L2.37})]$$

$$\rho_{\mathrm{i}}^2=\rho^2+\varepsilon_{\mathrm{i}}\mu_{\mathrm{i}}\xi_n^2/c^2,x_{\mathrm{i}}\equiv 2\rho_{\mathrm{i}}l,x_{\mathrm{i}}^2=x^2+\left(\frac{2l\xi_n}{c}\right)^2(\varepsilon_{\mathrm{i}}\mu_{\mathrm{i}}-\varepsilon_{\mathrm{m}}\mu_{\mathrm{m}}),p=x/r_n,$$

$$r_n\equiv(2l\varepsilon_{\mathrm{m}}^{1/2}\mu_{\mathrm{m}}^{1/2}/c)\xi_n,s_{\mathrm{i}}=\sqrt{p^2-1+(\varepsilon_{\mathrm{i}}\mu_{\mathrm{i}}/\varepsilon_{\mathrm{m}}\mu_{\mathrm{m}})}$$

$$\overline{\Delta}_{\mathrm{ji}}=\frac{\rho_{\mathrm{i}}\varepsilon_{\mathrm{j}}-\rho_{\mathrm{j}}\varepsilon_{\mathrm{i}}}{\rho_{\mathrm{i}}\varepsilon_{\mathrm{j}}+\rho_{\mathrm{j}}\varepsilon_{\mathrm{i}}}=\frac{x_{\mathrm{i}}\varepsilon_{\mathrm{j}}-x_{\mathrm{j}}\varepsilon_{\mathrm{i}}}{x_{\mathrm{i}}\varepsilon_{\mathrm{j}}+x_{\mathrm{j}}\varepsilon_{\mathrm{i}}}=\frac{s_{\mathrm{i}}\varepsilon_{\mathrm{j}}-s_{\mathrm{j}}\varepsilon_{\mathrm{i}}}{s_{\mathrm{i}}\varepsilon_{\mathrm{j}}+s_{\mathrm{j}}\varepsilon_{\mathrm{i}}},\qquad [(\mathrm{L2.38})]$$

$$\Delta_{\mathrm{ji}}=\frac{\rho_{\mathrm{i}}\mu_{\mathrm{j}}-\rho_{\mathrm{j}}\mu_{\mathrm{i}}}{\rho_{\mathrm{i}}\mu_{\mathrm{j}}+\rho_{\mathrm{j}}\mu_{\mathrm{i}}}=\frac{x_{\mathrm{i}}\mu_{\mathrm{j}}-x_{\mathrm{j}}\mu_{\mathrm{i}}}{x_{\mathrm{i}}\mu_{\mathrm{j}}+x_{\mathrm{j}}\mu_{\mathrm{i}}}=\frac{s_{\mathrm{i}}\mu_{\mathrm{j}}-s_{\mathrm{j}}\mu_{\mathrm{i}}}{s_{\mathrm{i}}\mu_{\mathrm{j}}+s_{\mathrm{j}}\mu_{\mathrm{i}}}.\qquad [(\mathrm{L2.39})]$$

表 P.2.b 一个单涂层的表面: 几种极限形式 [117]

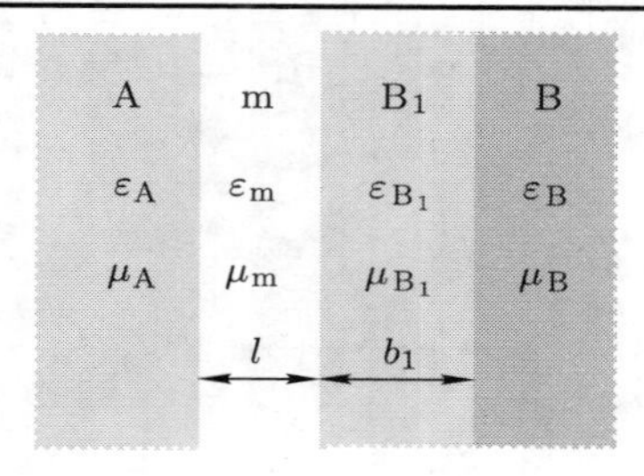

P.2.b.1 介电电容率很高的层

$\varepsilon_{\mathrm{B}_1}/\varepsilon_{\mathrm{m}} \to \infty, \overline{\Delta}_{\mathrm{B}_1\mathrm{m}} \to 1, \overline{\Delta}^{\mathrm{eff}}_{\mathrm{Bm}}(b_1) \to \dfrac{(\overline{\Delta}_{\mathrm{BB}_1}\mathrm{e}^{-2\rho_{\mathrm{B}_1}b_1} + 1)}{1 + \overline{\Delta}_{\mathrm{BB}_1}\mathrm{e}^{-2\rho_{\mathrm{B}_1}b_1}} = 1$, 忽略各磁性项;

$$\begin{aligned}G_{\mathrm{AmB_1B}}(l;b_1) \to G_{\mathrm{AmB_1}}(l) &= \frac{kT}{2\pi}\sum_{n=0}^{\infty}{}'\int_{\frac{\varepsilon_{\mathrm{m}}^{1/2}\mu_{\mathrm{m}}^{1/2}\xi_n}{c}}^{\infty}\rho_{\mathrm{m}}\ln(1-\overline{\Delta}_{\mathrm{Am}}\mathrm{e}^{-2\rho_{\mathrm{m}}l})\mathrm{d}\rho_{\mathrm{m}}\\ &= \frac{kT}{8\pi l^2}\sum_{n=0}^{\infty}{}'\int_{r_n}^{\infty}x\ln(1-\overline{\Delta}_{\mathrm{Am}}\mathrm{e}^{-x})\mathrm{d}x\\ &= \frac{kT}{2\pi c^2}\sum_{n=0}^{\infty}{}'\varepsilon_{\mathrm{m}}\mu_{\mathrm{m}}\xi_n^2\int_1^{\infty}p\ln(1-\overline{\Delta}_{\mathrm{Am}}\mathrm{e}^{-r_n p})\mathrm{d}p.\end{aligned}$$

[(L2.41)]

P.2.b.2 各 ε 和 μ 值的差异很小, 有推迟效应

$$\varepsilon_{\mathrm{A}} \approx \varepsilon_{\mathrm{m}} \approx \varepsilon_{\mathrm{B}} \approx \varepsilon_{\mathrm{B}}, \overline{\Delta}_{\mathrm{ji}'}\mathrm{s} \quad \Delta_{\mathrm{ij}'}\mathrm{s} \ll 1,$$

$$\begin{aligned}G_{\mathrm{AmB_1B}}(l;b_1) =& -\frac{kT}{2\pi}\sum_{n=0}^{\infty}{}'\int_{\frac{\varepsilon_{\mathrm{m}}^{1/2}\mu_{\mathrm{m}}^{1/2}\xi_n}{c}}^{\infty}\rho_{\mathrm{m}}(\overline{\Delta}_{\mathrm{Am}}\overline{\Delta}_{\mathrm{B_1m}} + \Delta_{\mathrm{Am}}\Delta_{\mathrm{B_1m}})\mathrm{e}^{-2\rho_{\mathrm{m}}l}\mathrm{d}\rho_{\mathrm{m}}\\ &-\frac{kT}{2\pi}\sum_{n=0}^{\infty}{}'\int_{\frac{\varepsilon_{\mathrm{m}}^{1/2}\mu_{\mathrm{m}}^{1/2}\xi_n}{c}}^{\infty}\rho_{\mathrm{m}}(\overline{\Delta}_{\mathrm{Am}}\overline{\Delta}_{\mathrm{BB_1}}+\Delta_{\mathrm{Am}}\Delta_{\mathrm{BB_1}})\mathrm{e}^{-2\rho_{\mathrm{B_1}}b_1}\mathrm{e}^{-2\rho_{\mathrm{m}}l}\mathrm{d}\rho_{\mathrm{m}}\\ =& -\frac{A_{\mathrm{Am/B_1m}}(l)}{12\pi l^2} - \frac{A_{\mathrm{Am/BB_1}}(l+b_1)}{12\pi(l+b_1)^2}.\end{aligned}$$

[(L2.45)]

P.2.b.3 各 ε 和 μ 值的差异很小, 无推迟效应

$$\begin{aligned}G_{\mathrm{AmB_1B}}(l;b_1) \to & -\frac{kT}{8\pi l^2}\sum_{n=0}^{\infty}{}'(\overline{\Delta}_{\mathrm{Am}}\overline{\Delta}_{\mathrm{B_1m}} + \Delta_{\mathrm{Am}}\Delta_{\mathrm{B_1m}})\\ &-\frac{kT}{8\pi(l+b_1)^2}\sum_{n=0}^{\infty}{}'(\overline{\Delta}_{\mathrm{Am}}\overline{\Delta}_{\mathrm{BB_1}} + \Delta_{\mathrm{Am}}\Delta_{\mathrm{BB_1}}).\end{aligned}$$

[(L2.46)]

[118]

表 P.2.c 有限厚的平板与半无限大的介质

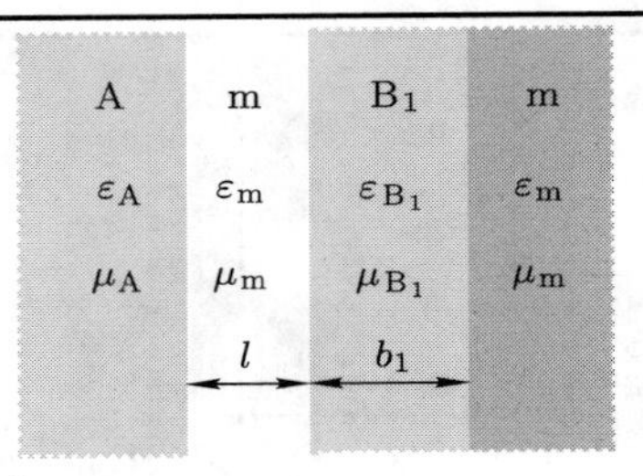

P.2.c.1 精确的栗弗席兹形式

$$G_{AmB_1}(l;b_1)=\frac{kT}{2\pi}\sum_{n=0}^{\infty}{}'\int_{\frac{\varepsilon_m^{1/2}\mu_m^{1/2}\xi_n}{c}}^{\infty}\rho_m\ln[(1-\overline{\Delta}_{Am}\overline{\Delta}_{Bm}^{eff}e^{-2\rho_m l})(1-\Delta_{Am}\Delta_{Bm}^{eff}e^{-2\rho_m l})]d\rho_m$$

$$=\frac{kT}{8\pi l^2}\sum_{n=0}^{\infty}{}'\int_{r_n}^{\infty}x\ln[(1-\overline{\Delta}_{Am}\overline{\Delta}_{Bm}^{eff}e^{-x})(1-\Delta_{Am}\Delta_{Bm}^{eff}e^{-x})]dx$$

$$=\frac{kT}{2\pi c^2}\sum_{n=0}^{\infty}{}'\varepsilon_m\mu_m\xi_n^2\int_1^{\infty}\rho\ln[(1-\overline{\Delta}_{Am}\overline{\Delta}_{Bm}^{eff}e^{-r_np})(1-\Delta_{Am}\Delta_{Bm}^{eff}e^{-r_np})]dp. \quad [(L2.51)]$$

$$\overline{\Delta}_{Bm}^{eff}(b_1)=\overline{\Delta}_{B_1m}\frac{1-e^{-2\rho_{B_1}b_1}}{1-\overline{\Delta}_{B_1m}^2e^{-2\rho_{B_1}b_1}}=\overline{\Delta}_{B_1m}\frac{1-e^{-x_{B_1}(b_1/l)}}{1-\overline{\Delta}_{B_1m}^2e^{-x_{B_1}(b_1/l)}}$$

$$=\overline{\Delta}_{B_1m}\frac{1-e^{-s_{B_1}r_n(b_1/l)}}{1-\overline{\Delta}_{B_1m}^2e^{-s_{B_1}r_n(b_1/l)}}.$$

$$\Delta_{Bm}^{eff}(b_1)=\Delta_{B_1m}\frac{1-e^{-2\rho_{B_1}b_1}}{1-\Delta_{B_1m}^2e^{-2\rho_{B_1}b_1}}=\Delta_{B_1m}\frac{1-e^{-x_{B_1}(b_1/l)}}{1-\Delta_{B_1m}^2e^{-x_{B_1}(b_1/l)}}$$

$$=\Delta_{B_1m}\frac{1-e^{-s_{B_1}r_n(b_1/l)}}{1-\Delta_{B_1m}^2e^{-s_{B_1}r_n(b_1/l)}}. \quad [(L2.49),(L2.50)]$$

$$\rho_i^2=\rho^2+\varepsilon_i\mu_i\xi_n^2/c^2,\ x_i\equiv 2\rho_i l,\ x_i^2=x^2+[(2l\xi_n/c)^2](\varepsilon_i\mu_i-\varepsilon_m\mu_m),\ p=x/r_n,$$

$$r_n\equiv(2l\varepsilon_m^{1/2}\mu_m^{1/2}/c)\xi_n,\ s_i=\sqrt{p^2-1+(\varepsilon_i\mu_i/\varepsilon_m\mu_m)},$$

$$\overline{\Delta}_{ji}=\frac{\rho_i\varepsilon_j-\rho_j\varepsilon_i}{\rho_i\varepsilon_j+\rho_j\varepsilon_i}=\frac{x_i\varepsilon_j-x_j\varepsilon_i}{x_i\varepsilon_j+x_j\varepsilon_i}=\frac{s_i\varepsilon_j-s_j\varepsilon_i}{s_i\varepsilon_j+s_j\varepsilon_i},\ \Delta_{ji}=\frac{\rho_i\mu_j-\rho_j\mu_i}{\rho_i\mu_j+\rho_j\mu_i}=\frac{x_i\mu_j-x_j\mu_i}{x_i\mu_j+x_j\mu_i}$$

$$=\frac{s_i\mu_j-s_j\mu_i}{s_i\mu_j+s_j\mu_i}.$$

P.2.c.2 各 ε 和 μ 值的差异很小

$\overline{\Delta}_{Am},\Delta_{Am},\Delta_{B_1m},\Delta_{B_1m}\ll 1,$

$$G_{AmB_1m}(l;b_1)=-\frac{kT}{2\pi}\sum_{n=0}^{\infty}{}'\int_{\frac{\varepsilon_m^{1/2}\mu_m^{1/2}\xi_n}{c}}^{\infty}\rho_m(\overline{\Delta}_{Am}\overline{\Delta}_{B_1m}+\Delta_{Am}\Delta_{B_1m})(1-e^{-2\rho_{B_1}b_1})e^{-2\rho_m l}d\rho_m$$

$$=-\frac{kT}{2\pi}\sum_{n=0}^{\infty}{}'\int_{\frac{\varepsilon_m^{1/2}\mu_m^{1/2}\xi_n}{c}}^{\infty}\rho_m(\overline{\Delta}_{Am}\overline{\Delta}_{B_1m}+\Delta_{Am}\Delta_{B_1m})e^{-2\rho_m l}d\rho_m$$

$$+\frac{kT}{2\pi}\sum_{n=0}^{\infty}{}'\int_{\frac{\varepsilon_m^{1/2}\mu_m^{1/2}\xi_n}{c}}^{\infty}\rho_m(\overline{\Delta}_{Am}\overline{\Delta}_{B_1m}+\Delta_{Am}\Delta_{B_1m})e^{-2\rho_{B_1}b_1}e^{-2\rho_m l}d\rho_m. \quad [(L2.54)]$$

P.2.c.3 各 ε 和 μ 值的差异很小, 无推迟极限

$c\to\infty,\rho_{B_1}\to\rho_m\to\rho,$

$$G_{AmB_1m}(l;b_1)\to-\frac{kT}{8\pi}\left[\frac{1}{l^2}-\frac{1}{(1+b_1)^2}\right]\sum_{n=0}^{\infty}{}'(\overline{\Delta}_{Am}\overline{\Delta}_{B_1m}+\Delta_{Am}\Delta_{B_1m}). \quad [(L2.55)]$$

表 P.3.a 两个单涂层的表面 [119]

A	A_1	m	B_1	B
ε_A	ε_{A_1}	ε_m	ε_{B_1}	ε_B
μ_A	μ_{A_1}	μ_m	μ_{B_1}	μ_B
	a_1	l	b_1	

P.3.a.1 精确的栗费席兹形式

$$\begin{aligned}
&G_{\mathrm{AA_1mB_1B}}(l;a_1,b_1)\\
&=\frac{kT}{2\pi}\sum_{n=0}^{\infty}{}'\int_{\frac{\varepsilon_m^{1/2}\mu_m^{1/2}\xi_n}{c}}^{\infty}\rho_m\ln[(1-\overline{\Delta}_{\mathrm{Am}}^{\mathrm{eff}}\overline{\Delta}_{\mathrm{Bm}}^{\mathrm{eff}}\mathrm{e}^{-2\rho_m l})(1-\Delta_{\mathrm{Am}}^{\mathrm{eff}}\Delta_{\mathrm{Bm}}^{\mathrm{eff}}\mathrm{e}^{-2\rho_m l})]\mathrm{d}\rho_m\\
&=\frac{kT}{8\pi l^2}\sum_{n=0}^{\infty}{}'\int_{r_n}^{\infty}x\ln[(1-\overline{\Delta}_{\mathrm{Am}}^{\mathrm{eff}}\overline{\Delta}_{\mathrm{Bm}}^{\mathrm{eff}}\mathrm{e}^{-x})(1-\Delta_{\mathrm{Am}}^{\mathrm{eff}}\Delta_{\mathrm{Bm}}^{\mathrm{eff}}\mathrm{e}^{-x})]\mathrm{d}x\\
&=\frac{kT}{2\pi c^2}\sum_{n=0}^{\infty}{}'\varepsilon_m\mu_m\xi_n^2\int_1^{\infty}p\ln[(1-\overline{\Delta}_{\mathrm{Am}}^{\mathrm{eff}}\overline{\Delta}_{\mathrm{Bm}}^{\mathrm{eff}}\mathrm{e}^{-r_np})(1-\Delta_{\mathrm{Am}}^{\mathrm{eff}}\Delta_{\mathrm{Bm}}^{\mathrm{eff}}\mathrm{e}^{-r_np})]\mathrm{d}p,
\end{aligned}$$

[(L2.56) − (L2.58))]

$$\begin{aligned}
\overline{\Delta}_{\mathrm{Am}}^{\mathrm{eff}}(a_1)&=\frac{(\overline{\Delta}_{\mathrm{AA_1}}\mathrm{e}^{-2\rho_{A_1}a_1}+\overline{\Delta}_{\mathrm{A_1m}})}{1+\overline{\Delta}_{\mathrm{AA_1}}\overline{\Delta}_{\mathrm{A_1m}}\mathrm{e}^{-2\rho_{A_1}a_1}}=\frac{[\overline{\Delta}_{\mathrm{AA_1}}\mathrm{e}^{-x_{A_1}(a_1/l)}+\overline{\Delta}_{\mathrm{A_1m}}]}{1+\overline{\Delta}_{\mathrm{AA_1}}\overline{\Delta}_{\mathrm{A_1m}}\mathrm{e}^{-x_{A_1}(a_1/l)}}\\
&=\frac{[\overline{\Delta}_{\mathrm{AA_1}}\mathrm{e}^{-s_{A_1}r_n(a_1/l)}+\overline{\Delta}_{\mathrm{A_1m}}]}{1+\overline{\Delta}_{\mathrm{AA_1}}\overline{\Delta}_{\mathrm{A_1m}}\mathrm{e}^{-s_{A_1}r_n(a_1/l)}}
\end{aligned}$$

[(L2.63) 和 (L2.64)]

对于 $\Delta_{\mathrm{Am}}^{\mathrm{eff}}(a_1),\overline{\Delta}_{\mathrm{Bm}}^{\mathrm{eff}}(b_1),\Delta_{\mathrm{Bm}}^{\mathrm{eff}}(b_1)$ 也有类似的形式.

$$\rho_i^2=\rho^2+\varepsilon_i\mu_i\xi_n^2/c^2,\ x_i\equiv 2\rho_i l,\ x_i^2=x^2+[(2l\xi_n/c)^2](\varepsilon_i\mu_i-\varepsilon_m\mu_m),\ p=x/r_n,$$

$$r_n\equiv(2l\varepsilon_m^{1/2}\mu_m^{1/2}/c)\xi_n,\ s_i=\sqrt{p^2-1+(\varepsilon_i\mu_i/\varepsilon_m\mu_m)},$$

[(L2.59) − (L2.62)]

$$\overline{\Delta}_{ji}=\frac{\rho_i\varepsilon_j-\rho_j\varepsilon_i}{\rho_i\varepsilon_j+\rho_j\varepsilon_i}=\frac{x_i\varepsilon_j-x_j\varepsilon_i}{x_i\varepsilon_j+x_j\varepsilon_i}=\frac{s_i\varepsilon_j-s_j\varepsilon_i}{s_i\varepsilon_j+s_j\varepsilon_i},$$

$$\Delta_{ji}=\frac{\rho_i\mu_j-\rho_j\mu_i}{\rho_i\mu_j+\rho_j\mu_i}=\frac{x_i\mu_j-x_j\mu_i}{x_i\mu_j+x_j\mu_i}=\frac{s_i\mu_j-s_j\mu_i}{s_i\mu_j+s_j\mu_i},$$

i, j 指的是 A, A_1, m, B_1, 或 B.

[120]

表 P.3.b 两个单涂层的表面: 几种极限形式

A	A_1	m	B_1	B
ε_A	ε_{A_1}	ε_m	ε_{B_1}	ε_B
μ_A	μ_{A_1}	μ_m	μ_{B_1}	μ_B
	a_1	l	b_1	

P.3.b.1 介电电容率很高的层

$\varepsilon_{A_1}/\varepsilon_m \to \infty, \varepsilon_{B_1}/\varepsilon_m \to \infty$, 忽略各磁性项, $\overline{\Delta}_{A_1m}, \overline{\Delta}_{B_1m} \to 1$,

$$\overline{\Delta}_{Am}^{eff}(a_1) \to \frac{(\overline{\Delta}_{AA_1}e^{-2\rho_{A_1}a_1}+1)}{1+\overline{\Delta}_{AA_1}e^{-2\rho_{A_1}a_1}} = 1, \overline{\Delta}_{Bm}^{eff}(b_1) \to \frac{(\overline{\Delta}_{BB_1}e^{-2\rho_{B_1}b_1}+1)}{1+\overline{\Delta}_{BB_1}e^{-2\rho_{B_1}b_1}} = 1, \quad [(L2.67)]$$

$$\begin{aligned} G_{AA_1mB_1B}(l;a_1,b_1) \to G_{A_1mB_1}(l) &= \frac{kT}{2\pi}\sum_{n=0}^{\infty}{}'\int_{\frac{\varepsilon_m^{1/2}\mu_m^{1/2}\xi_n}{c}}^{\infty}\rho_m\ln(1-e^{-2\rho_m l})d\rho_m \quad [(L2.68)] \\ &= \frac{kT}{8\pi l^2}\sum_{n=0}^{\infty}{}'\int_{r_n}^{\infty}x\ln(1-e^{-x})dx \\ &= \frac{kT}{2\pi c^2}\sum_{n=0}^{\infty}{}'\varepsilon_m\mu_m\xi_n^2\int_1^{\infty}p\ln(1-e^{-r_n p})dp. \end{aligned}$$

P.3.b.2 各 ε 和 μ 值的差异很小, 有推迟效应

$\varepsilon_A \approx \varepsilon_{A_1} \approx \varepsilon_m \approx \varepsilon_{B_1} \approx \varepsilon_B$, $\overline{\Delta}_{ji'}$, $\Delta_{ij'} \ll 1$,

$$\begin{aligned} & G_{A_1AmB_1B}(l;a_1,b_1) \\ &= -\frac{kT}{2\pi}\sum_{n=0}^{\infty}{}'\int_{\frac{\varepsilon_m^{1/2}\mu_m^{1/2}\xi_n}{c}}^{\infty}\rho_m I_{A_1AmB_1B}e^{-2\rho_m l}d\rho_m \quad [(L2.71)] \\ &= -\frac{A_{A_1m/B_1m}(l)}{12\pi l^2} - \frac{A_{A_1m/BB_1}(l+b_1)}{12\pi(l+b_1)^2} - \frac{A_{AA_1/B_1m}(l+a_1)}{12\pi(l+a_1)^2} - \frac{A_{AA_1/BB_1}(l+a_1+b_1)}{12\pi(l+a_1+b_1)^2}, \end{aligned}$$

$$\begin{aligned} & I_{A_1AmB_1B} \\ &= (\overline{\Delta}_{A_1m}\overline{\Delta}_{B_1m}+\Delta_{A_1m}\Delta_{B_1m}) + (\overline{\Delta}_{B_1m}\overline{\Delta}_{AA_1}+\Delta_{B_1m}\Delta_{AA_1})e^{-2\rho_{A_1}a_1} \\ &+ (\overline{\Delta}_{A_1m}\overline{\Delta}_{BB_1}+\Delta_{A_1m}\Delta_{BB_1})e^{-2\rho_{B_1}b_1} + (\overline{\Delta}_{BB_1}\overline{\Delta}_{AA_1}+\Delta_{BB_1}\Delta_{AA_1})e^{-2\rho_{A_1}a_1}e^{-2\rho_{B_1}b_1}. \end{aligned}$$

P.3.b.3 各 ε 和 μ 值的差异很小, 无推迟效应

$$\begin{aligned} & G_{AA_1mB_1B}(l;a_1,b_1) \to \\ & -\frac{kT}{8\pi l^2}\sum_{n=0}^{\infty}{}'(\overline{\Delta}_{A_1m}\overline{\Delta}_{B_1m}+\Delta_{A_1m}\Delta_{B_1m}) - \frac{kT}{8\pi(l+a_1)^2}\sum_{n=0}^{\infty}{}'(\overline{\Delta}_{B_1m}\overline{\Delta}_{AA_1}+\Delta_{B_1m}\Delta_{AA_1}) \\ & -\frac{kT}{8\pi(l+b_1)^2}\sum_{n=0}^{\infty}{}'(\overline{\Delta}_{A_1m}\overline{\Delta}_{BB_1}+\Delta_{A_1m}\Delta_{BB_1}) \\ & -\frac{kT}{8\pi(l+a_1+b_1)^2}\sum_{n=0}^{\infty}{}'(\overline{\Delta}_{BB_1}\overline{\Delta}_{AA_1}+\Delta_{BB_1}\Delta_{AA_1}). \quad [(L2.72)] \end{aligned}$$

表 P.3.c 在介质 m 中的两块有限大平板 [121]

m	A_1	m	B_1	m
ε_m	ε_{A_1}	ε_m	ε_{B_1}	ε_m
μ_m	μ_{A_1}	μ_m	μ_{B_1}	μ_m
	a_1	l	b_1	

P.3.c.1 精确的栗弗席兹形式

$$\begin{aligned} G_{A_1mB_1}(l;a_1,b_1) &= \frac{kT}{2\pi}\sum_{n=0}^{\infty}{}'\int_{\frac{\varepsilon_m^{1/2}\mu_m^{1/2}\xi_n}{c}}^{\infty}\rho_m \ln[(1-\overline{\Delta}_{Am}^{eff}\overline{\Delta}_{Bm}^{eff}e^{-2\rho_m l})(1-\Delta_{Am}^{eff}\Delta_{Bm}^{eff}e^{-2\rho_m l})]d\rho_m \\ &= \frac{kT}{8\pi l^2}\sum_{n=0}^{\infty}{}'\int_{r_n}^{\infty} x\ln[(1-\overline{\Delta}_{Am}^{eff}\overline{\Delta}_{Bm}^{eff}e^{-x})(1-\Delta_{Am}^{eff}\Delta_{Bm}^{eff}e^{-x})]dx \\ &= \frac{kT}{2\pi c^2}\sum_{n=0}^{\infty}{}'\varepsilon_m\mu_m\xi_n^2\int_1^{\infty} p\ln[(1-\overline{\Delta}_{Am}^{eff}\overline{\Delta}_{Bm}^{eff}e^{-r_n p})(1-\Delta_{Am}^{eff}\Delta_{Bm}^{eff}e^{-r_n p})]dp. \end{aligned}$$

[(L2.77)]

$$\overline{\Delta}_{Am}^{eff}(a_1) = \overline{\Delta}_{A_1m}\frac{1-e^{-2\rho_{A_1}a_1}}{1-\overline{\Delta}_{A_1m}^2 e^{-2\rho_{A_1}a_1}} = \overline{\Delta}_{A_1m}\frac{1-e^{-x_{A_1}(a_1/l)}}{1-\overline{\Delta}_{A_1m}^2 e^{-x_{A_1}(a_1/l)}} = \overline{\Delta}_{A_1m}\frac{1-e^{-s_{A_1}r_n(a_1/l)}}{1-\overline{\Delta}_{A_1m}^2 e^{-s_{A_1}r_n(a_1/l)}},$$

$$\Delta_{Am}^{eff}(a_1) = \Delta_{A_1m}\frac{1-e^{-2\rho_{A_1}a_1}}{1-\Delta_{A_1m}^2 e^{-2\rho_{A_1}a_1}} = \Delta_{A_1m}\frac{1-e^{-x_{A_1}(a_1/l)}}{1-\Delta_{A_1m}^2 e^{-x_{A_1}(a_1/l)}} = \Delta_{A_1m}\frac{1-e^{-s_{A_1}r_n(a_1/l)}}{1-\Delta_{A_1m}^2 e^{-s_{A_1}r_n(a_1/l)}},$$

$$\overline{\Delta}_{Bm}^{eff}(b_1) = \overline{\Delta}_{B_1m}\frac{1-e^{-2\rho_{B_1}b_1}}{1-\overline{\Delta}_{B_1m}^2 e^{-2\rho_{B_1}b_1}} = \overline{\Delta}_{B_1m}\frac{1-e^{-x_{B_1}(b_1/l)}}{1-\overline{\Delta}_{B_1m}^2 e^{-x_{B_1}(b_1/l)}} = \overline{\Delta}_{B_1m}\frac{1-e^{-s_{B_1}r_n(b_1/l)}}{1-\overline{\Delta}_{B_1m}^2 e^{-s_{B_1}r_n(b_1/l)}},$$

$$\Delta_{Bm}^{eff}(b_1) = \Delta_{B_1m}\frac{1-e^{-2\rho_{B_1}b_1}}{1-\Delta_{B_1m}^2 e^{-2\rho_{B_1}b_1}} = \Delta_{B_1m}\frac{1-e^{-x_{B_1}(b_1/l)}}{1-\Delta_{B_1m}^2 e^{-x_{B_1}(b_1/l)}} = \Delta_{B_1m}\frac{1-e^{-s_{B_1}r_n(b_1/l)}}{1-\Delta_{B_1m}^2 e^{-s_{B_1}r_n(b_1/l)}}.$$

[(L2.73) − (L2.76)]

P.3.c.2 各 ε 和 μ 值的差异很小

$$\begin{aligned} G_{A_1mB_1}(l;a_1,b_1) = &-\frac{kT}{2\pi}\sum_{n=0}^{\infty}{}'\int_{\frac{\varepsilon_m^{1/2}\mu_m^{1/2}\xi_n}{c}}^{\infty}\rho_m(\overline{\Delta}_{A_1m}\overline{\Delta}_{B_1m}+\Delta_{A_1m}\Delta_{B_1m}) \\ &\times(1-e^{-2\rho_{A_1}a_1}-e^{-2\rho_{B_1}b_1}+e^{-2\rho_{A_1}a_1}e^{-2\rho_{B_1}b_1})e^{-2\rho_m l}d\rho_m. \end{aligned}$$ [(L2.79)]

P.3.c.3 各 ε 和 μ 值的差异很小, 无推迟极限

$$\begin{aligned} &G_{A_1mB_1}(l;a_1,b_1) \\ &\to -\frac{kT}{8\pi}\left[\frac{1}{l^2}-\frac{1}{(l+b_1)^2}-\frac{1}{(l+a_1)^2}+\frac{1}{(l+a_1+b_1)^2}\right]\sum_{n=0}^{\infty}{}'(\overline{\Delta}_{A_1m}\overline{\Delta}_{B_1m}+\Delta_{A_1m}\Delta_{B_1m}) \\ &= -\frac{A_{A_1m/B_1m}}{12\pi}s\left[\frac{1}{l^2}-\frac{1}{(l+b_1)^2}-\frac{1}{(l+a_1)^2}+\frac{1}{(l+a_1+b_1)^2}\right]. \end{aligned}$$ [(L2.80)]

$a_1=b_1=a$:

$$G(l;a,T) = -\frac{kT}{8\pi}\left[\frac{1}{l^2}-\frac{2}{(l+a)^2}+\frac{1}{(l+2a)^2}\right]\sum_{n=0}^{\infty}{}'(\overline{\Delta}_{A_1m}\overline{\Delta}_{B_1m}+\Delta_{A_1m}\Delta_{B_1m}).$$

[122]

表 P.4.a 两个半空间, 每一个上的涂层数目是任意的

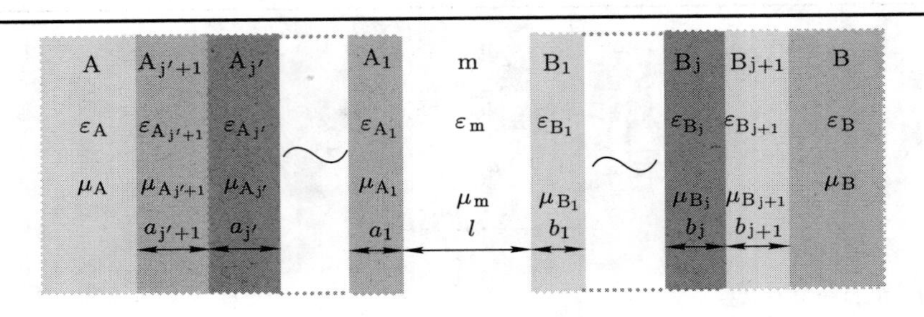

G_{AmB} (l; A 上有 $j'+1$ 层, B 上有 $j+1$ 层)

$$= \frac{kT}{2\pi}\sum_{n=0}^{\infty}{}' \int_{\frac{\varepsilon_m^{1/2}\mu_m^{1/2}\xi_n}{c}}^{\infty} \rho_m \ln[(1-\overline{\Delta}_{\mathrm{Am}}^{\mathrm{eff}}(j'+1\text{ 层})\ \overline{\Delta}_{\mathrm{Bm}}^{\mathrm{eff}}(j+1\text{ 层})\mathrm{e}^{-2\rho_m l})$$
$$\times(1-\Delta_{\mathrm{Am}}^{\mathrm{eff}}(j'+1\text{ 层})\Delta_{\mathrm{Bm}}^{\mathrm{eff}}(j+1\text{ 层})\mathrm{e}^{-2\rho_m l})]\mathrm{d}\rho_m$$
$$= \frac{kT}{8\pi l^2}\sum_{n=0}^{\infty}{}' \int_{r_n}^{\infty} x\ln[(1-\overline{\Delta}_{\mathrm{Am}}^{\mathrm{eff}}(j'+1\text{ 层})\overline{\Delta}_{\mathrm{Bm}}^{\mathrm{eff}}(j+1\text{ 层})\mathrm{e}^{-x})$$
$$\times(1-\Delta_{\mathrm{Am}}^{\mathrm{eff}}\Delta_{\mathrm{Bm}}^{\mathrm{eff}}(j+1\text{ 层})\mathrm{e}^{-x})]\mathrm{d}x$$
$$= \frac{kT}{2\pi c^2}\sum_{n=0}^{\infty}{}' \varepsilon_m\mu_m\xi_n^2 \int_1^{\infty} p\ln[(1-\overline{\Delta}_{\mathrm{Am}}^{\mathrm{eff}}(j'+1\text{ 层})\overline{\Delta}_{\mathrm{Bm}}^{\mathrm{eff}}(j+1\text{ 层})\mathrm{e}^{-r_n p})$$
$$\times(1-\Delta_{\mathrm{Am}}^{\mathrm{eff}}(j'+1\text{ 层})\Delta_{\mathrm{Bm}}^{\mathrm{eff}}(j+1\text{ 层})\mathrm{e}^{-r_n p})]\mathrm{d}p.$$

通过迭代可以得到 $\overline{\Delta}_{\mathrm{Am}}^{\mathrm{eff}}(j'+1\text{ 层})$, $\overline{\Delta}_{\mathrm{Bm}}^{\mathrm{eff}}(j+1\text{ 层})$, $\Delta_{\mathrm{Am}}^{\mathrm{eff}}(j'+1\text{ 层})$, $\Delta_{\mathrm{Bm}}^{\mathrm{eff}}(j+1\text{ 层})$ [见表达式 (L3.90)].

表 P.4.b 再加上一层, 迭代程序

[123]

由: $\overline{\Delta}_{\mathrm{Am}}^{\mathrm{eff}}(\mathrm{j}')$, 表示半无限大介质 A 上有 j′ 个涂层

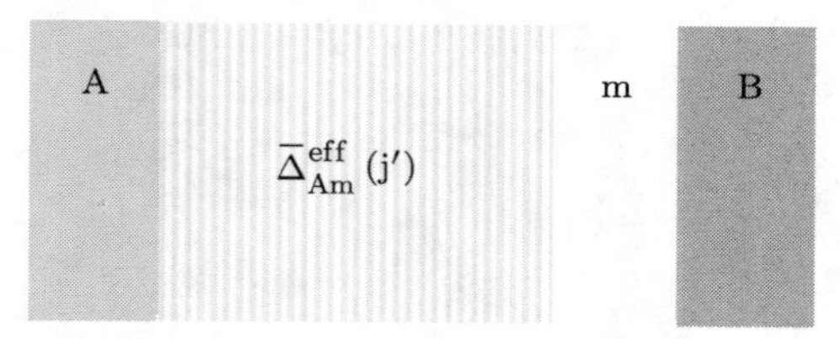

推出: $\overline{\Delta}_{\mathrm{Am}}^{\mathrm{eff}}(\mathrm{j}'+1)$, 表示 A 上有 $j'+1$ 个涂层

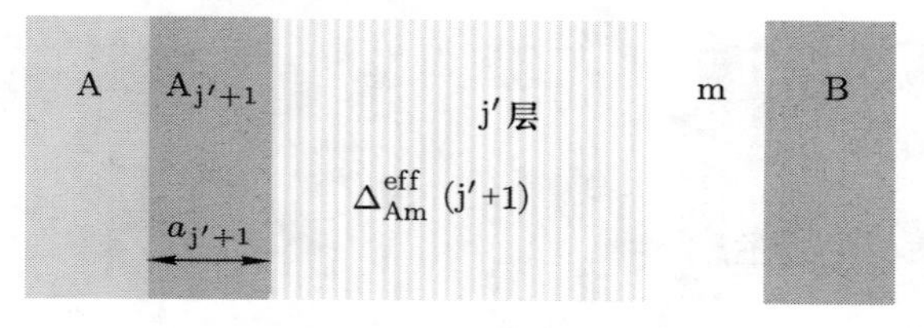

$$\overline{\Delta}_{\mathrm{Am}}^{\mathrm{eff}}(j'+1\text{ 层})=\frac{\overline{\Delta}_{\mathrm{AA_1}}^{\mathrm{eff}}(\mathrm{j}'\text{ 层})\mathrm{e}^{-2\rho_{\mathrm{A_1}}a_1}+\overline{\Delta}_{\mathrm{A_1m}}}{[1+\overline{\Delta}_{\mathrm{AA_1}}^{\mathrm{eff}}(j'\text{ 层})\overline{\Delta}_{\mathrm{A_1m}}\mathrm{e}^{-2\rho_{\mathrm{A_1}}a_1}]},\qquad [(\mathrm{L2.85})\text{ 和 }(\mathrm{L3.90})]$$

对于物体 B 上的涂层以及各磁性项, 方程的结构相同.
为推出 $\overline{\Delta}_{\mathrm{Am}}^{\mathrm{eff}}(\mathrm{j}'+1\text{ 层})$, 把

$$\overline{\Delta}_{\mathrm{Am}}^{\mathrm{eff}}(\mathrm{j}'\text{ 层})\text{ 中的 }\overline{\Delta}_{\mathrm{AA_{j'}}}=\frac{x_{\mathrm{A_{j'}}}\varepsilon_{\mathrm{A}}-x_{\mathrm{A}}\varepsilon_{\mathrm{A_{j'}}}}{x_{\mathrm{A_{j'}}}\varepsilon_{\mathrm{A}}+x_{\mathrm{A}}\varepsilon_{\mathrm{A_{j'}}}}=\frac{s_{\mathrm{A_{j'}}}\varepsilon_{\mathrm{A}}-s_{\mathrm{A}}\varepsilon_{\mathrm{A_{j'}}}}{s_{\mathrm{A_{j'}}}\varepsilon_{\mathrm{A}}+s_{\mathrm{A}}\varepsilon_{\mathrm{A_{j'}}}}$$

替换为

$$\frac{\overline{\Delta}_{\mathrm{AA_{j'+1}}}\mathrm{e}^{-x_{\mathrm{A_{j'+1}}}[(a_{\mathrm{j'+1}})/l]}+\overline{\Delta}_{\mathrm{A_{j'+1}A_{j'}}}}{1+\overline{\Delta}_{\mathrm{AA_{j'+1}}}\overline{\Delta}_{\mathrm{A_{j'+1}A_{j'}}}\mathrm{e}^{-x_{\mathrm{A_{j'+1}}}[(a_{\mathrm{j'+1}})/l]}}=\frac{\overline{\Delta}_{\mathrm{AA_{j'+1}}}\mathrm{e}^{-s_{\mathrm{A_{j'+1}}}r_n[(a_{\mathrm{j'+1}})/l]}+\overline{\Delta}_{\mathrm{A_{j'+1}A_{j'}}}}{1+\overline{\Delta}_{\mathrm{AA_{j'+1}}}\overline{\Delta}_{\mathrm{A_{j'+1}A_{j'}}}\mathrm{e}^{-s_{\mathrm{A_{j'+1}}}r_n[(a_{\mathrm{j'+1}})/l]}}$$

经过归纳, $\overline{\Delta}_{\mathrm{Am}}^{\mathrm{eff}}(0\text{ 层})=\overline{\Delta}_{\mathrm{Am}}$ [见方程 (L2.81)–(L2.84)]:

$$\overline{\Delta}_{\mathrm{Am}}^{\mathrm{eff}}(1\text{ 层})=\frac{\overline{\Delta}_{\mathrm{AA_1}}\mathrm{e}^{-x_{\mathrm{A_1}}(a_1/l)}+\overline{\Delta}_{\mathrm{A_1m}}}{1+\overline{\Delta}_{\mathrm{AA_1}}\overline{\Delta}_{\mathrm{A_1m}}\mathrm{e}^{-x_{\mathrm{A_1}}(a_1/l)}}=\frac{\overline{\Delta}_{\mathrm{AA_1}}^{\mathrm{eff}}(0\text{ 层})\mathrm{e}^{-x_{\mathrm{A_1}}(a_1/l)}+\overline{\Delta}_{\mathrm{A_1m}}}{1+\overline{\Delta}_{\mathrm{AA_1}}^{\mathrm{eff}}(0\text{ 层})\overline{\Delta}_{\mathrm{A_1m}}\mathrm{e}^{-x_{\mathrm{A_1}}(a_1/l)}},$$

$$\overline{\Delta}_{\mathrm{Am}}^{\mathrm{eff}}(2\text{ 层})=\frac{\left[\dfrac{\overline{\Delta}_{\mathrm{AA_2}}\mathrm{e}^{-x_{\mathrm{A_2}}(a_2/l)}+\overline{\Delta}_{\mathrm{A_2A_1}}}{1+\overline{\Delta}_{\mathrm{AA_2}}\overline{\Delta}_{\mathrm{A_2A_1}}\mathrm{e}^{-x_{\mathrm{A_2}}(a_2/l)}}\right]\mathrm{e}^{-x_{\mathrm{A_1}}(a_1/l)}+\overline{\Delta}_{\mathrm{A_1m}}}{\left\{1+\left[\dfrac{\overline{\Delta}_{\mathrm{AA_2}}\mathrm{e}^{-x_{\mathrm{A_2}}(a_2/l)}+\overline{\Delta}_{\mathrm{A_2A_1}}}{1+\overline{\Delta}_{\mathrm{AA_2}}\overline{\Delta}_{\mathrm{A_2A_1}}\mathrm{e}^{-x_{\mathrm{A_2}}(a_2/l)}}\right]\overline{\Delta}_{\mathrm{A_1m}}\mathrm{e}^{-x_{\mathrm{A_1}}(a_1/l)}\right\}}$$

$$=\frac{\overline{\Delta}_{\mathrm{AA_1}}^{\mathrm{eff}}(1\text{ 层})\mathrm{e}^{-x_{\mathrm{A_1}}(a_1/l)}+\overline{\Delta}_{\mathrm{A_1m}}}{[1+\overline{\Delta}_{\mathrm{AA_1}}^{\mathrm{eff}}(1\text{ 层})\overline{\Delta}_{\mathrm{A_1m}}\mathrm{e}^{-x_{\mathrm{A_1}}(a_1/l)}]}.$$

[124]

表 P.4.c 再加上一层, 各极化率有小差异情形的迭代程序

由: $\overline{\Delta}_{\mathrm{Am}}^{\mathrm{eff}}(\mathrm{j}')$, 表示半无限大介质 A 上有 j′ 个涂层

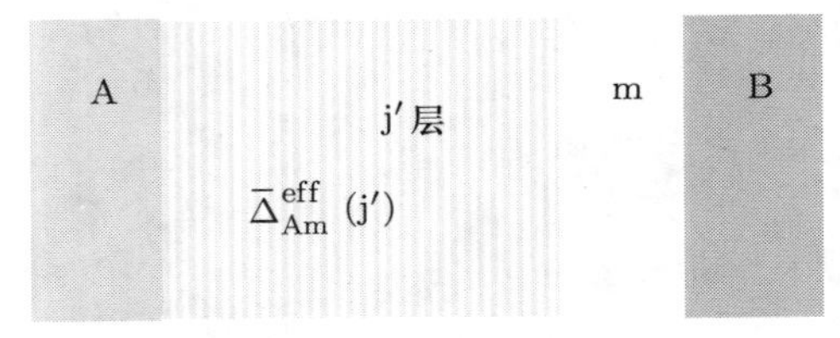

推出: $\overline{\Delta}_{\mathrm{Am}}^{\mathrm{eff}}(\mathrm{j}'+1)$, 表示 A 上有 j′ + 1 个涂层

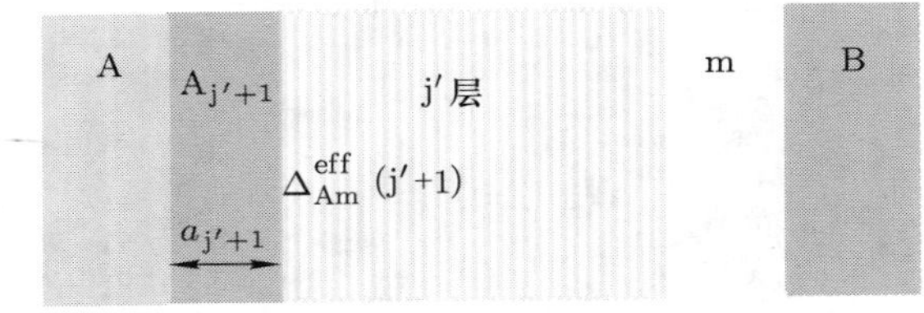

$\overline{\Delta}_{\mathrm{Am}}^{\mathrm{eff}}(\mathrm{j}'+1\text{ 层}) = \overline{\Delta}_{\mathrm{AA_1}}^{\mathrm{eff}}(\mathrm{j}'\text{ 层})\mathrm{e}^{-2\rho_{\mathrm{A_1}}a_1} + \overline{\Delta}_{\mathrm{A_1m}}$,

对于物体 B 上的涂层以及各磁性项, 方程的结构相同.

为推出 $\overline{\Delta}_{\mathrm{Am}}^{\mathrm{eff}}(\mathrm{j}'+1\text{ 层})$, 把

$$\overline{\Delta}_{\mathrm{Am}}^{\mathrm{eff}}(\mathrm{j}'\text{ 层})\text{ 中的 }\overline{\Delta}_{\mathrm{AA_{j'}}} = \frac{x_{\mathrm{A_{j'}}}\varepsilon_{\mathrm{A}} - x_{\mathrm{A}}\varepsilon_{\mathrm{A_{j'}}}}{x_{\mathrm{A_{j'}}}\varepsilon_{\mathrm{A}} + x_{\mathrm{A}}\varepsilon_{\mathrm{A_{j'}}}} = \frac{s_{\mathrm{A_{j'}}}\varepsilon_{\mathrm{A}} - s_{\mathrm{A}}\varepsilon_{\mathrm{A_{j'}}}}{s_{\mathrm{A_{j'}}}\varepsilon_{\mathrm{A}} + s_{\mathrm{A}}\varepsilon_{\mathrm{A_{j'}}}}\text{ 替换为}$$

$$\overline{\Delta}_{\mathrm{AA_{j'+1}}}\mathrm{e}^{-x_{\mathrm{A_{j'+1}}}[(a_{\mathrm{j'}}+1)/l]} + \overline{\Delta}_{\mathrm{A_{j'+1}A_{j'}}} = \overline{\Delta}_{\mathrm{AA_{j'+1}}}\mathrm{e}^{-s_{\mathrm{A_{j'+1}}}rn[(a_{\mathrm{j'}+1})/l]} + \overline{\Delta}_{\mathrm{A_{j'+1}A_{j'}}}.$$

经过归纳 $\overline{\Delta}_{\mathrm{Am}}^{\mathrm{eff}}(0\text{ 层}) = \overline{\Delta}_{\mathrm{Am}}$,

$$\overline{\Delta}_{\mathrm{Am}}^{\mathrm{eff}}(1\text{ 层}) = \overline{\Delta}_{\mathrm{AA_1}}\mathrm{e}^{-x_{\mathrm{A_1}}(a_1/l)} + \overline{\Delta}_{\mathrm{A_1m}}, \qquad [(\mathrm{L2.87})]$$

$$\begin{aligned}\overline{\Delta}_{\mathrm{Am}}^{\mathrm{eff}}(2\text{ 层}) &= \left[\overline{\Delta}_{\mathrm{AA_2}}\mathrm{e}^{-x_{\mathrm{A_2}}(a_2/l)} + \overline{\Delta}_{\mathrm{A_2A_1}}\right]\mathrm{e}^{-x_{\mathrm{A_1}}(a_1/l)} + \overline{\Delta}_{\mathrm{A_1m}}\\ &= \overline{\Delta}_{\mathrm{AA_2}}\mathrm{e}^{-x_{\mathrm{A_2}}(a_2/l)}\mathrm{e}^{-x_{\mathrm{A_1}}(a_1/l)} + \overline{\Delta}_{\mathrm{A_2A_1}}\mathrm{e}^{-x_{\mathrm{A_1}}(a_1/l)} + \overline{\Delta}_{\mathrm{A_1m}} \qquad [(\mathrm{L2.88})]\end{aligned}$$

$$\begin{aligned}\overline{\Delta}_{\mathrm{Am}}^{\mathrm{eff}}(3\text{ 层}) &= \overline{\Delta}_{\mathrm{AA_3}}\mathrm{e}^{-x_{\mathrm{A_3}}(a_3/l)}\mathrm{e}^{-x_{\mathrm{A_2}}(a_2/l)}\mathrm{e}^{-x_{\mathrm{A_1}}(a_1/l)}\\ &\quad + \overline{\Delta}_{\mathrm{A_3A_2}}\mathrm{e}^{-x_{\mathrm{A_2}}(a_2/l)}\mathrm{e}^{-x_{\mathrm{A_1}}(a_1/l)} + \overline{\Delta}_{\mathrm{A_2A_1}}\mathrm{e}^{-x_{\mathrm{A_1}}(a_1/l)} + \overline{\Delta}_{\mathrm{A_1m}}. \qquad [(\mathrm{L2.89})]\end{aligned}$$

表 P.5 半无限大物体 A 和 B 上都有多涂层, 各 ε 和 μ 的 Hamaker 形式有小差异 [125]

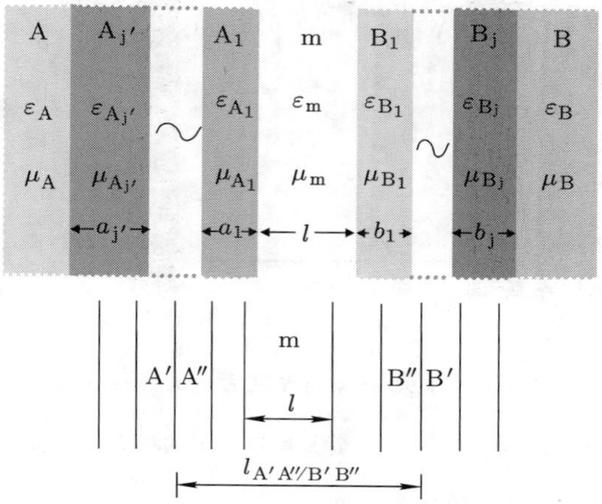

A | $A_{j'}$ | A_1 | m | B_1 | B_j | B

ε_A | $\varepsilon_{A_{j'}}$ | ε_{A_1} | ε_m | ε_{B_1} | ε_{B_j} | ε_B

μ_A | $\mu_{A_{j'}}$ | μ_{A_1} | μ_m | μ_{B_1} | μ_{B_j} | μ_B

$a_{j'}$, a_1, l, b_1, b_j

m, A′ A″, B″ B′, l, $l_{A'A''/B'B''}$

一对界面 A′A″ 和 B′B″ 相距 $l_{A'A''/B'B''}$; 间距 l 是可变的; 层厚 $a_1, \cdots, a_i, b_1, \cdots, b_k$ 是固定的.

$$G(l; a_1, a_2, \cdots, a_{j'}, b_1, b_2, \cdots, b_j) = \sum_{(\text{全部界面}A'A''/B'B'')} G_{A'A''/B'B''}(l_{A'A''/B'B''}), \qquad [(L2.93)]$$

$$G_{A'A''/B'B''}(l_{A'A''/B'B''}) = -\frac{kT}{8\pi l^2_{A'A''/B'B''}} \sum_{n=0}^{\infty}{}' (\overline{\Delta}_{A'A''}\overline{\Delta}_{B'B''} + \Delta_{A'A''}\Delta_{B'B''}), \qquad [(L2.94)]$$

$$\overline{\Delta}_{A'A''} = \frac{\varepsilon_{A'} - \varepsilon_{A''}}{\varepsilon_{A'} + \varepsilon_{A''}}, \overline{\Delta}_{B'B''} = \frac{\varepsilon_{B'} - \varepsilon_{B''}}{\varepsilon_{B'} + \varepsilon_{B''}}. \qquad [(L2.92)]$$

在 $\overline{\Delta}_{A'A''}\overline{\Delta}_{B'B''}$ 和 $\Delta_{A'A''}\Delta_{B'B''}$ 项中, 带单撇号的材料 A′ 和 b′ 位于界面的较远侧.

在 Hamaker 形式中,

$$G_{A'A''/B'B''}(l_{A'A''/B'B''}) = -\frac{A_{A'A''/B'B''}}{12\pi l^2_{A'A''/B'B''}}, A_{A'A''/B'B''} = \frac{3kT}{2}\sum_{n=0}^{\infty}{}' \overline{\Delta}_{A'A''}\overline{\Delta}_{B'B''}.$$

[126]

表 P.6.a 半无限大介质上有多涂层

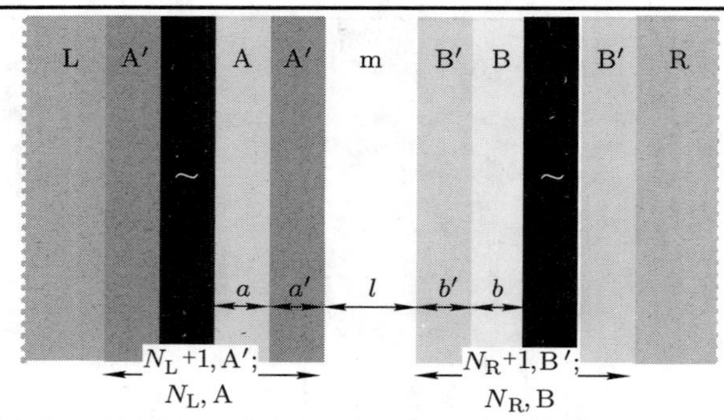

半空间 L 上有: 厚度为 a' 的材料 A′ 涂层, 接着是厚度为 a 的材料 A 涂层、和厚度为 a' 的材料 A′ 涂层共重复 N_L 次.
半空间 R 上有: 厚度为 b' 的材料 B′ 涂层, 接着是厚度为 b 的材料 B 涂层、和厚度为 b' 的材料 B′ 涂层共重复 N_R 次.
上述两个半空间被具有可变厚度 l 的介质 m 隔开:

$$G_{L\sim R}(l;a,a',b,b') = \frac{kT}{2\pi}\sum_{n=0}^{\infty}{}' \int_{\frac{\varepsilon_m^{1/2}\mu_m^{1/2}\xi_n}{c}}^{\infty} \rho_m \ln[(1-\overline{\Delta}_{Lm}^{eff}\overline{\Delta}_{Rm}^{eff}e^{-2\rho_m l})(1-\Delta_{Lm}^{eff}\Delta_{Rm}^{eff}e^{-2\rho_m l})]d\rho_m$$

[(L3.50) 和 (L3.110)]

对于 $N=N_L$ 或 $N_R, x=x_L$ 或 $x_R, \zeta=\zeta_L$ 或 ζ_R, 定义 (L3.106) 形式的 Chebyshev 多项式:

$$U_{N-1}(x) = \frac{\sinh(N\zeta)}{\sinh(\zeta)} = \frac{e^{+N\zeta}-e^{-N\zeta}}{e^{+\zeta}-e^{-\zeta}},\quad U_{N-2}(x) = \frac{\sinh[(N-1)\zeta]}{\sinh(\zeta)},\quad x = \frac{m_{11}+m_{22}}{2} = \cosh(\zeta)$$

下面方程中明确地列出关于电的各项 $\overline{\Delta}_{Lm}^{eff}\overline{\Delta}_{Rm}^{eff}\Delta_{Lm}^{eff}$ 和 Δ_{Rm}^{eff}: 各磁性项可写成相同的形式:

$$\overline{\Delta}_{Lm}^{eff} = \frac{[n_{22}^{(L)}\overline{\Delta}_{LA'} - n_{12}^{(L)}]e^{-2\rho_{A'}a'} + [n_{11}^{(L)} - n_{21}^{(L)}\overline{\Delta}_{LA'}]\overline{\Delta}_{A'm}}{[n_{11}^{(L)} - n_{21}^{(L)}\overline{\Delta}_{LA'}] + [n_{22}^{(L)}\overline{\Delta}_{LA'} - n_{12}^{(L)}]\overline{\Delta}_{A'm}e^{-2\rho_{A'}a'}},$$

$$\overline{\Delta}_{Rm}^{eff} = \frac{[n_{22}^{(R)}\overline{\Delta}_{RB'} - n_{12}^{(R)}]e^{-2\rho_{B'}b'} + [n_{11}^{(R)} - n_{21}^{(R)}\overline{\Delta}_{RB'}]\overline{\Delta}_{B'm}}{[n_{11}^{(R)} - n_{21}^{(R)}\overline{\Delta}_{RB'}] + [n_{22}^{(R)}\overline{\Delta}_{RB'} - n_{12}^{(R)}]\overline{\Delta}_{B'm}e^{-2\rho_{B'}b'}}, \qquad [(L3.109)]$$

$$n_{11}^{(L)} = m_{11}^{(L)}U_{N_L-1}(x_L) - U_{N_L-2}(x_L),\quad n_{12}^{(L)} = m_{12}^{(L)}U_{N_L-1}(x_L),$$

$$n_{11}^{(R)} = m_{11}^{(R)}U_{N_R-1}(x_R) - U_{N_R-2}(x_R), n_{12}^{(R)} = m_{12}^{(R)}U_{N_R-1}(x_R); \qquad [(L3.111)]$$

$$n_{21}^{(L)} = m_{21}^{(L)}U_{N_L-1}(x_L),\quad n_{22}^{(L)} = m_{22}^{(L)}U_{N_L-1}(x_L) - U_{N_L-2}(x_L)$$

$$n_{21}^{(R)} = m_{21}^{(R)}U_{N_R-1}(x_R), n_{22}^{(R)} = m_{22}^{(R)}U_{N_R-1}(x_R) - U_{N_R-2}(x_R); \qquad [(L3.112)]$$

$$x_L = \frac{m_{11}^{(L)}+m_{22}^{(L)}}{2},\qquad x_R = \frac{m_{11}^{(R)}+m_{22}^{(R)}}{2}, \qquad [(L3.113)]$$

$$m_{11}^{(L)} = \frac{1-\overline{\Delta}_{A'A}^2 e^{-2\rho_A a}}{(1-\overline{\Delta}_{A'A}^2)e^{-\rho_A a}e^{-\rho_{A'}a'}},\qquad m_{11}^{(R)} = \frac{1-\overline{\Delta}_{B'B}^2 e^{-2\rho_B b}}{(1-\overline{\Delta}_{B'B}^2)e^{-\rho_B b}e^{-\rho_{B'}b'}},$$

$$m_{12}^{(L)} = \frac{\overline{\Delta}_{A'A}(1-e^{-2\rho_A a})}{(1-\overline{\Delta}_{A'A}^2)e^{-\rho_A a}e^{-\rho_{A'}a'}},\qquad m_{12}^{(R)} = \frac{\overline{\Delta}_{B'B}(1-e^{-2\rho_B b})}{(1-\overline{\Delta}_{B'B}^2)e^{-\rho_B b}e^{-\rho_{B'}b'}}, \qquad [(L3.114)]$$

$$m_{21}^{(L)} = \frac{(e^{-2\rho_A a}-1)\overline{\Delta}_{A'A}e^{-2\rho_{A'}a'}}{(1-\overline{\Delta}_{A'A}^2)e^{-\rho_A a}e^{-\rho_{A'}a'}},\qquad m_{21}^{(R)} = \frac{(e^{-2\rho_B b}-1)\overline{\Delta}_{B'B}e^{-2\rho_{B'}b'}}{(1-\overline{\Delta}_{B'B}^2)e^{-\rho_B b}e^{-\rho_{B'}b'}},$$

$$m_{22}^{(L)} = \frac{(e^{-2\rho_A a}-\overline{\Delta}_{A'A}^2)e^{-2\rho_{A'}a'}}{(1-\overline{\Delta}_{A'A}^2)e^{-\rho_A a}e^{-\rho_{A'}a'}},\qquad m_{22}^{(R)} = \frac{(e^{-2\rho_B b}-\overline{\Delta}_{B'B}^2)e^{-2\rho_{B'}b'}}{(1-\overline{\Delta}_{B'B}^2)e^{-\rho_B b}e^{-\rho_{B'}b'}}, \qquad [(L3.115)]$$

[127]

表 P.6.b 涂层数很多的极限情形

$N_{\rm L}$ 很大的极限:

$$\overline{\Delta}_{\rm Lm}^{\rm eff} \to \frac{{\rm m}_{21}^{(\rm L)}\overline{\Delta}_{\rm B'm} - [{\rm m}_{22}^{(\rm L)} - {\rm e}^{-\zeta_{\rm L}}]{\rm e}^{-2\rho_{\rm A'}a'}}{{\rm m}_{21}^{(\rm L)} - [{\rm m}_{22}^{(\rm L)} - {\rm e}^{-\zeta_{\rm L}}]\overline{\Delta}_{\rm A'm}{\rm e}^{-2\rho_{\rm A'}a'}}.$$

$N_{\rm R}$ 很大的极限:

$$\overline{\Delta}_{\rm Rm}^{\rm eff} \to \frac{{\rm m}_{21}^{(\rm R)}\overline{\Delta}_{\rm B'm} - [{\rm m}_{22}^{(\rm R)} - {\rm e}^{-\zeta_{\rm R}}]{\rm e}^{-2\rho_{\rm B'}b'}}{{\rm m}_{21}^{(\rm R)} - [{\rm m}_{22}^{(\rm R)} - {\rm e}^{-\zeta_{\rm R}}]\overline{\Delta}_{\rm B'm}{\rm e}^{-2\rho_{\rm B'}b'}}.$$

[(L3.108)]

表 P.6.c 在多层堆叠上再加有限厚度的一层

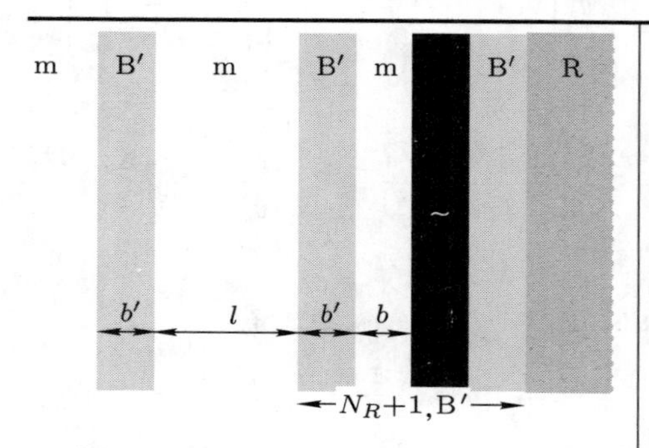

我们可以立刻把上述结果用到一个有限厚度层与原来存在的 $N+1$ 层堆叠发生相互作用的情形. 假设半空间 L 及所有材料 B 与介质 m 的介电性质相同. 假设材料 A′ 和材料 B′ 的性质也相同:

$$G_{\rm B'\sim R}(l;b,b') = \frac{kT}{2\pi}\sum_{n=0}^{\infty}{}' \int_{\frac{\varepsilon_{\rm m}^{1/2}\mu_{\rm m}^{1/2}\xi_n}{c}}^{\infty} \cdot\rho_{\rm m}\ln[(1-\overline{\Delta}_{\rm Lm}^{\rm eff}\overline{\Delta}_{\rm Rm}^{\rm eff}{\rm e}^{-2\rho_{\rm m}l}) \times(1-\Delta_{\rm Lm}^{\rm eff}\Delta_{\rm Rm}^{\rm eff}{\rm e}^{-2\rho_{\rm m}l})]{\rm d}\rho_{\rm m}:$$

P.6.c.1 涂层数有限

$$\overline{\Delta}_{\rm Lm}^{\rm eff} = \overline{\Delta}_{\rm B'm}\frac{1-{\rm e}^{-2\rho_{\rm B'}b'}}{1-\overline{\Delta}_{\rm B'm}^2{\rm e}^{-2\rho_{\rm B'}b'}}, \quad [(\text{L3.116})]$$

$$\overline{\Delta}_{\rm Rm}^{\rm eff} = \{[n_{22}^{(\rm R)}\overline{\Delta}_{\rm RB'} - n_{12}^{(\rm R)}]{\rm e}^{-2\rho_{\rm B'}b'} + [n_{11}^{(\rm R)} - n_{21}^{(\rm R)}\overline{\Delta}_{\rm RB'}]\overline{\Delta}_{\rm B'm}\}/\{[n_{11}^{(\rm R)} - n_{21}^{(\rm R)}\overline{\Delta}_{\rm RB'}] + [n_{22}^{(\rm R)}\overline{\Delta}_{\rm RB'} - n_{12}^{(\rm R)}]\overline{\Delta}_{\rm B'm}{\rm e}^{-2\rho_{\rm B'}b'}\}, \quad [(\text{L3.117})]$$

$${\rm m}_{11}^{(\rm R)} = \frac{1-\overline{\Delta}_{\rm B'm}^2{\rm e}^{-2\rho_{\rm m}b}}{(1-\overline{\Delta}_{\rm B'm}^2){\rm e}^{-\rho_{\rm m}b}{\rm e}^{-\rho_{\rm B'}b'}},$$

$${\rm m}_{12}^{(\rm R)} = \frac{\overline{\Delta}_{\rm B'm}(1-{\rm e}^{-2\rho_{\rm m}b})}{(1-\overline{\Delta}_{\rm B'm}^2){\rm e}^{-\rho_{\rm m}b}{\rm e}^{-\rho_{\rm B'}b'}},$$

$${\rm m}_{21}^{(\rm R)} = \frac{({\rm e}^{-2\rho_{\rm m}b}-1)\overline{\Delta}_{\rm B'm}{\rm e}^{-2\rho_{\rm B'}b'}}{(1-\overline{\Delta}_{\rm B'm}^2){\rm e}^{-\rho_{\rm m}b}{\rm e}^{-\rho_{\rm B'}b'}},$$

$${\rm m}_{22}^{(\rm R)} = \frac{({\rm e}^{-2\rho_{\rm m}b}-\overline{\Delta}_{\rm B'm}^2){\rm e}^{-2\rho_{\rm B'}b'}}{(1-\overline{\Delta}_{\rm B'm}^2){\rm e}^{-\rho_{\rm m}b}{\rm e}^{-\rho_{\rm B'}b'}}.$$

[(L3.118)]

P.6.c.2 涂层数很多的极限情形

$$\overline{\Delta}_{\rm Rm}^{\rm eff} \to \frac{{\rm m}_{21}^{(\rm R)}\overline{\Delta}_{\rm B'm} - [{\rm m}_{22}^{(\rm R)} - {\rm e}^{-\zeta_{\rm R}}]{\rm e}^{-2\rho_{\rm B'}b'}}{{\rm m}_{21}^{(\rm R)} - [{\rm m}_{22}^{(\rm R)} - {\rm e}^{-\zeta_{\rm R}}]\overline{\Delta}_{\rm B'm}{\rm e}^{-2\rho_{\rm B'}b'}}$$

[(L3.108)]

其中 $\cosh(\zeta_{\rm R}) = \{[{\rm m}_{11}^{(\rm R)} + {\rm m}_{22}^{(\rm R)}]/2\}$ [表 P.6.a 以及方程 (L3.105)], ${\rm m}_{11}^{(\rm R)}$ 和 ${\rm m}_{22}^{(\rm R)}$ 仍然与有限涂层数情形的表 P.6.c.1 中一样.

[128]

表 P.7.a 介电响应随着空间变化

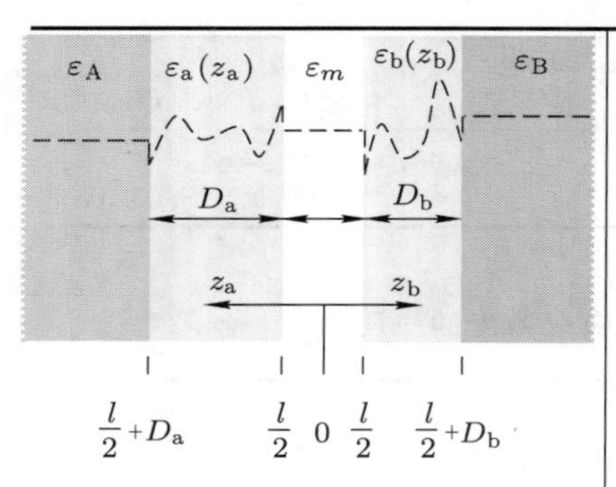

每个 $\varepsilon_a(z_a), \varepsilon_b(z_b)$ 都是关于 $z_a, z_b = 0$ 不对称的；在 $z_a(l/2)+D_a, z_b(l/2)+D_b$ 以及 $z_a, z_b = (l/2)$ 处是不连续的.

$i = A, a, m, b, B$ 对于 $\rho_a(z_a), \rho_b(z_b)$, 有

$$\rho_i^2 = \rho^2 + \frac{\xi_n^2}{c^2}\varepsilon_i\mu_i$$

$$\overline{\Delta}_{am} = \frac{\varepsilon_a\left(\frac{l}{2}\right)\rho_m - \varepsilon_m\rho_a\left(\frac{l}{2}\right)}{\varepsilon_a\left(\frac{l}{2}\right)\rho_m + \varepsilon_m\rho_a\left(\frac{l}{a}\right)}, \quad [(L3.172a)]$$

$$\overline{\Delta}_{bm} = \frac{\varepsilon_b\left(\frac{l}{2}\right)\rho_m - \varepsilon_m\rho_b\left(\frac{l}{2}\right)}{\varepsilon_b\left(\frac{l}{2}\right)\rho_m + \varepsilon_m\rho_b\left(\frac{l}{2}\right)}, \quad [(L3.172b)]$$

$$\overline{\Delta}_{Aa} = \frac{\varepsilon_A\rho_a\left(\frac{l}{2}+D_a\right) - \varepsilon_a\left(\frac{l}{2}+D_a\right)\rho_A}{\varepsilon_a\left(\frac{l}{2}\right)\rho_A + \varepsilon_A\rho_a\left(\frac{l}{2}\right)}, \quad [(L3.167a)]$$

$$\overline{\Delta}_{Bb} = \frac{\varepsilon_B\rho_b\left(\frac{l}{2}+D_b\right) - \varepsilon_b\left(\frac{l}{2}+D_b\right)\rho_B}{\varepsilon_B\rho_b\left(\frac{l}{2}+D_b\right) + \varepsilon_b\left(\frac{l}{2}+D_b\right)\rho_B}. \quad [(L3.167b)]$$

如果没有不连续，则 $\overline{\Delta}_{am}$，$\overline{\Delta}_{bm}$，$\overline{\Delta}_{Aa}$，$\overline{\Delta}_{Bb}$ 趋于零

P.7.a.1 有限层中的介电响应 $\varepsilon(z)$ 随空间变化，不对称，在各界面处是不连续的，有推迟效应

$$G(l; D_a, D_b) = \frac{kT}{2\pi}\sum_{n=0}^{\infty}{}'\int_0^{\infty}\rho\ln \cdot [(1-\overline{\Delta}_{Am}^{eff}\overline{\Delta}_{Bm}^{eff}e^{-2\rho l})(1-\Delta_{Am}^{eff}\Delta_{Bm}^{eff}e^{-2\rho l})]d\rho, \quad [(L3.165)]$$

$$\overline{\Delta}_{Am}^{eff} \equiv \left[\frac{\theta_a\left(\frac{l}{2}\right)e^{+\rho_a\left(\frac{l}{2}\right)l} + \overline{\Delta}_{am}}{1+\theta_a\left(\frac{l}{2}\right)e^{+\rho_a\left(\frac{l}{2}\right)l}\overline{\Delta}_{am}}\right] = \left[\frac{u_a\left(\frac{l}{2}\right)+\overline{\Delta}_{am}}{1+u_a\left(\frac{l}{2}\right)\overline{\Delta}_{am}}\right], \quad [(L3.170a)]$$

$$\overline{\Delta}_{Bm}^{eff} \equiv \left[\frac{\theta_b\left(\frac{l}{2}\right)e^{+\rho_b\left(\frac{l}{2}\right)l} + \overline{\Delta}_{bm}}{1+\theta_b\left(\frac{l}{2}\right)e^{+\rho_b\left(\frac{l}{2}\right)l}\overline{\Delta}_{bm}}\right] = \left[\frac{u_b\left(\frac{l}{2}\right)+\overline{\Delta}_{bm}}{1+u_b\left(\frac{l}{2}\right)\overline{\Delta}_{bm}}\right]. \quad [(L3.170b)]$$

$i = a, b$, $u_i(z_i) \equiv e^{2\rho_i(z_i)z_i}\theta(z_i)$；通过解

$$\frac{du_i(z_i)}{dz_i} = +2\rho_i(z_i)u_i(z_i) - \frac{d\ln[\varepsilon_i(z_i)/\rho(z_i)]}{2dz_i}[1-u_i^2(z_i)], \quad [(L3.168a) 和 (L3.168b)]$$

$$\frac{d\theta_i(z_i)}{dz_i} = -2z_i\frac{d\rho_i(z_i)}{dz_b}\theta_i(z_i) - \frac{d\ln[\varepsilon_i(z_i)/\rho_i(z_i)]}{2dz_i} \cdot e^{-2\rho_i(z_i)z_i}[1-e^{+4\rho_i(z_i)z_i}\theta_i^2(z_i)] \quad [(L3.169a) 和 (L3.169b)]$$

来求出 $u_i\left(\frac{l}{2}\right)$ 或 $\theta_i\left(\frac{l}{2}\right)$，其解——无论数值解还是解析解——从 $(l/2)+D_i$ (外侧界面处) 开始:

$$\theta_a\left(\frac{l}{2}+D_a\right)e^{+\rho_a\left(\frac{l}{2}+D_a\right)(l+2D_a)} = u_a\left(\frac{l}{2}+D_a\right) = +\overline{\Delta}_{Aa}, \quad [(L3.166a)]$$

$$\theta_b\left(\frac{l}{2}+D_b\right)e^{+\rho_b\left(\frac{l}{2}+D_b\right)(l+2D_b)} = u_b\left(\frac{l}{2}+D_b\right) = +\overline{\Delta}_{Bb}, \quad [(L3.166b)]$$

关于磁性项 $\mu_a(z_a), \mu_b(z_b)$ 的 $\Delta_{Am}^{eff}\Delta_{Bm}^{eff}$，有类似的结果.

表 P.7.a (续) [129]

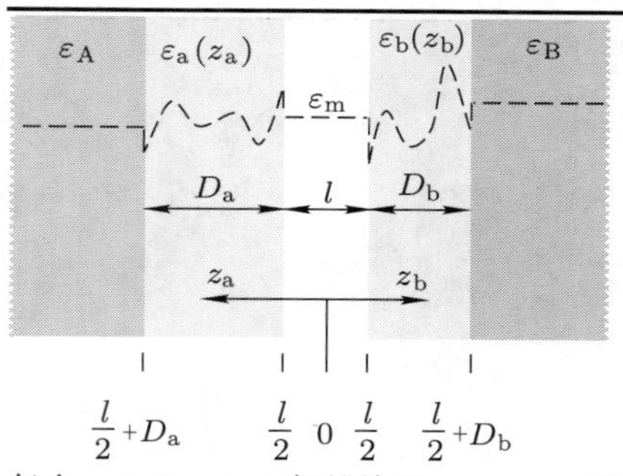

每个 $\varepsilon_a(z_a), \varepsilon_b(z_b)$ 都是关于 $z_a, z_b = 0$ 不对称的; 在 $z_a(l/2)+D_a, z_b(l/2)+D_b$ 以及 $z_a, z_b = (l/2)$ 处是不连续的.

对于 $i = A, a, m, b, B$, 在各处都有 $\rho_i^2 = \rho^2$:

$$\overline{\Delta}_{am} = \frac{\varepsilon_a\left(\frac{l}{2}\right)-\varepsilon_m}{\varepsilon_a\left(\frac{l}{2}\right)+\varepsilon_m}, \quad [(L3.144a)]$$

$$\overline{\Delta}_{bm} = \frac{\varepsilon_b\left(\frac{l}{2}\right)-\varepsilon_m}{\varepsilon_b\left(\frac{l}{2}\right)+\varepsilon_m}, \quad [(L3.144b)]$$

$$\overline{\Delta}_{Aa} = \frac{\varepsilon_A-\varepsilon_a\left(\frac{l}{2}+D_a\right)}{\varepsilon_A+\varepsilon_a\left(\frac{l}{2}+D_a\right)}, \quad [(L3.148)]$$

$$\overline{\Delta}_{Bb} = \frac{\varepsilon_B-\varepsilon_b\left(\frac{l}{2}+D_b\right)}{\varepsilon_B+\varepsilon_b\left(\frac{l}{2}+D_b\right)}. \quad [(L3.145)]$$

如果没有不连续, 则 $\overline{\Delta}_{am}, \overline{\Delta}_{bm}, \overline{\Delta}_{Aa}$, 和 $\overline{\Delta}_{Bb}$ 趋于零

P.7.a.2 有限层中的介电响应 $\varepsilon(z)$ 随空间变化, 不对称, 在内侧和外侧界面处都是不连续的, 无推迟效应

$$G(l; D_a, D_b) = \frac{kT}{2\pi}\sum_{n=0}^{\infty}{}' \int_0^{\infty} \rho \ln[(1-\overline{\Delta}_{Am}^{eff}\overline{\Delta}_{Bm}^{eff}e^{-2\rho l}) \cdot (1-\Delta_{Am}^{eff}\Delta_{Bm}^{eff}e^{-2\rho l})]d\rho, \quad [(L3.142)]$$

$$\overline{\Delta}_{Am}^{eff} \equiv \left[\frac{\theta_a\left(\frac{l}{2}\right)e^{+\rho l}+\overline{\Delta}_{am}}{1+\theta_a\left(\frac{l}{2}\right)e^{+\rho l}\overline{\Delta}_{am}}\right] = \left[\frac{u_a\left(\frac{l}{2}\right)+\overline{\Delta}_{am}}{1+u_a\left(\frac{l}{2}\right)\overline{\Delta}_{am}}\right], \quad [(L3.143a)]$$

$$\overline{\Delta}_{Bm}^{eff} \equiv \left[\frac{\theta_b\left(\frac{l}{2}\right)e^{+\rho l}+\overline{\Delta}_{bm}}{1+\theta_b\left(\frac{l}{2}\right)e^{+\rho l}\overline{\Delta}_{bm}}\right] = \left[\frac{u_b\left(\frac{l}{2}\right)+\overline{\Delta}_{bm}}{1+u_b\left(\frac{l}{2}\right)\overline{\Delta}_{bm}}\right]. \quad [(L3.143b)]$$

$i = a, b, u_i(z_i) \equiv e^{2\rho_i(z_i)z_i}\theta(z_i)$; 通过解

$$\frac{du_i(z_i)}{dz_i} = +2\rho u_i(z_i) - \frac{d\ln[\varepsilon_i(z_i)]}{2dz_i}[1-u_i^2(z_i)], \quad [(L3.147) 和 (L3.150)]$$

$$\frac{d\theta_i(z_i)}{dz_i} = -\frac{e^{-2\rho z_i}}{2}\frac{d\ln[\varepsilon_i(z_i)]}{dz_i}[1-e^{+4\rho z_i}\theta_i^2(z_i)], \quad [(L3.146) 和 (L3.149)]$$

来求出 $u_i\left(\frac{l}{2}\right)$ 或 $\theta_i\left(\frac{l}{2}\right)$, 其解 —— 无论数值解还是解析解 —— 从 $(l/2)+D_i$ (外侧界面处) 开始:

$$\theta_a\left(\frac{l}{2}+D_a\right)e^{+\rho(l+2D_a)} = u_a\left(\frac{l}{2}+D_a\right) = +\overline{\Delta}_{Aa}, \quad [(L3.145)]$$

$$\theta_b\left(\frac{l}{2}+D_b\right)e^{+\rho(l+2D_b)} = u_b\left(\frac{l}{2}+D_b\right) = +\overline{\Delta}_{Bb}, \quad [(L3.149)]$$

关于磁性项 $\mu_a(z_a), \mu_b(z_b)$ 的 $\Delta_{Am}^{eff}\Delta_{Bm}^{eff}$, 有类似的结果.

表 P.7.b 有限层内的 $\varepsilon(z)$ 是不均匀的, ε 的取值范围很小, 忽略推迟效应

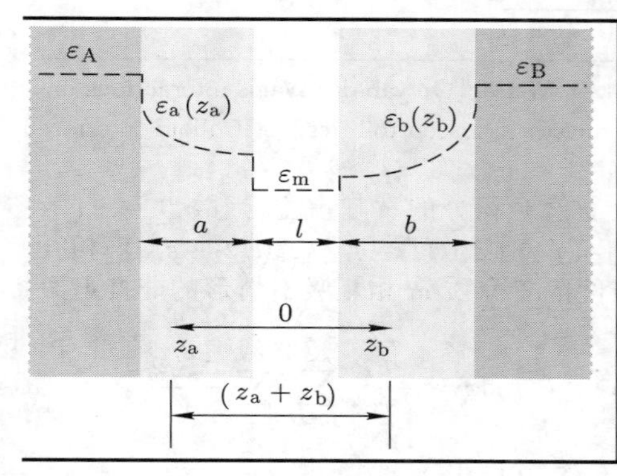

$$G(l; a, b) = -\frac{kT}{32\pi}\sum_{n=0}^{\infty}{}' \iint_{z_b, z_a} \cdot \frac{d\ln[\varepsilon_b(z_b)]}{dz_b}\frac{d\ln[\varepsilon_a(z_a)]}{dz_a}\frac{dz_a dz_b}{(z_a+z_b)^2}. [(L2.96)]$$

z_a, z_b 是从中点往外测量的.

取至 $(\varepsilon_A-\varepsilon_m), (\varepsilon_B-\varepsilon_m), [\varepsilon_a(z_a)-\varepsilon_m], [\varepsilon_B(z_b)-\varepsilon_m] \ll \varepsilon_m$ 中的最低阶.

在 $z_a = \frac{l}{2}+a, \frac{l}{2}, z_b = \frac{l}{2}+b, \frac{l}{2}$ 各处 ε 值的有限跃变会导致一些额外的离散项, 与 ε 在横跨平面的区域内取常数的情形比较, 两者形式相同.

[130] **表 P.7.c 在有限层内 $\varepsilon(z)$ 为指数形式, 对称体系**

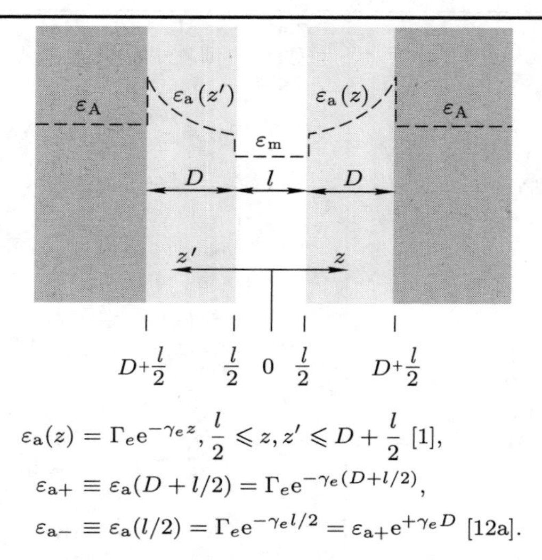

$$\varepsilon_a(z) = \Gamma_e e^{-\gamma_e z}, \frac{l}{2} \leqslant z, z' \leqslant D + \frac{l}{2} \text{ [1]},$$

$$\varepsilon_{a+} \equiv \varepsilon_a(D + l/2) = \Gamma_e e^{-\gamma_e(D+l/2)},$$

$$\varepsilon_{a-} \equiv \varepsilon_a(l/2) = \Gamma_e e^{-\gamma_e l/2} = \varepsilon_{a+} e^{+\gamma_e D} \text{ [12a]}.$$

P.7.c.1 在两个半无限大介质 A 上对称地涂有厚度 D 的有限层a, 其 $\varepsilon_a(z)$ 在垂直于界面的方向成指数变化, 忽略推迟效应

$$G(l;D) = \frac{kT}{2\pi}\sum_{n=0}^{\infty}{}'\int_0^{\infty}\rho\ln(1-\overline{\Delta}_c^2 e^{-2\rho l})\mathrm{d}\rho$$

$$= \frac{kT}{8\pi l^2}\sum_{n=0}^{\infty}{}'\int_0^{\infty}x\ln(1-\overline{\Delta}_c^2 e^{-x})\mathrm{d}x, \quad x \equiv 2\rho l \quad \text{[16][18]},$$

$$\overline{\Delta}_c = \frac{(\alpha_+\varepsilon_{a-} - \rho\varepsilon_m) - (\alpha_-\varepsilon_{a-} - \rho\varepsilon_m)\overline{\Delta}_{Aa}e^{-\beta D}}{(\alpha_+\varepsilon_{a-} + \rho\varepsilon_m) - (\alpha_-\varepsilon_{a-} + \rho\varepsilon_m)\overline{\Delta}_{Aa}e^{-\beta D}} \quad \text{[13]},$$

$$\overline{\Delta}_{Aa} = \frac{\varepsilon_A\rho - \varepsilon_{a+}\alpha_+}{\varepsilon_A\rho - \varepsilon_{a+}\alpha_-}, \quad \text{[12b]}; \quad 2\alpha_\pm = -\gamma_e \pm \beta \quad \text{[9]},$$

$$\beta = \sqrt{(2\rho)^2 + \gamma_e^2} = \sqrt{(x/l)^2 + \gamma_e^2} \quad \text{[12b]},$$

$$G(l \to 0; D) \to -\frac{kT}{8\pi l^2}\sum_{n=0}^{\infty}{}'\left[\frac{\varepsilon_a(l/2) - \varepsilon_m}{\varepsilon_a(l/2) + \varepsilon_m}\right]^2.$$

来源: 方程的序号对应于 V. A. Parsegian and G. H. Weiss, "On van der Waals interactions between macroscopic bodies having inhomogeneous dielectric susceptibilities," J. Colloid Interface Sci., **40**, 35 – 41 (1972) 中推导出的公式.

注意: 在 $l \to 0$ 的极限下, $l \ll D$ =常数, 大 ρ 值对积分的贡献占主导, 故 $\beta \to 2\rho \to \infty, \alpha_\pm \to \pm\rho, \overline{\Delta}_c \to \overline{\Delta}_{a-m} = [(\varepsilon_{a-} - \varepsilon_m)/(\varepsilon_{a-} + \varepsilon_m)] = \{[\varepsilon_a(l/2) - \varepsilon_m]/[\varepsilon_a(l/2) + \varepsilon_m]\}$. 相互作用趋于电容率为 $\varepsilon_{a-} = \varepsilon_a(l/2)$ 的两个半空间隔着介质 m 相互吸引情形的非推迟栗弗席兹形式(表 P.1.a.3) (没有磁性项),

$$G(l \to 0; D) \to \frac{kT}{8\pi l^2}\sum_{n=0}^{\infty}{}'\int_0^{\infty}x\ln(1-\overline{\Delta}_{a-m}^2 e^{-x})\mathrm{d}x = -\frac{kT}{8\pi l^2}\sum_{n=0}^{\infty}{}'\sum_{q=1}^{\infty}\frac{\overline{\Delta}_{a-m}^{2q}}{q^3}$$

$$\approx -\frac{kT}{8\pi l^2}\sum_{n=0}^{\infty}{}'\overline{\Delta}_{a-m}^2 = -\frac{kT}{8\pi l^2}\sum_{n=0}^{\infty}{}'\left[\frac{\varepsilon_a(l/2) - \varepsilon_m}{\varepsilon_a(l/2) + \varepsilon_m}\right]^2.$$

表 P.7.c (续)

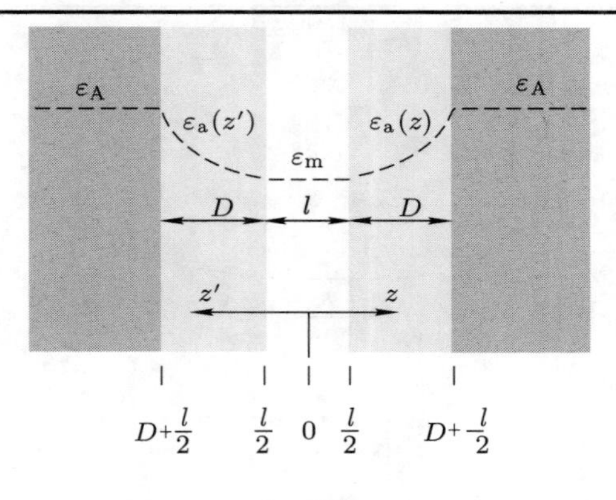

$$\varepsilon_a(z) = \Gamma_e e^{-\gamma_e z} = \varepsilon_m e^{-\gamma_e(z-l/2)},$$

$$\varepsilon_{a'}(z') = \Gamma_e e^{-\gamma_e z'} = \varepsilon_m e^{-\gamma_e(z'-l/2)}, \frac{l}{2} \leqslant z, z' \leqslant D + \frac{l}{2} \quad [1],$$

$$\varepsilon_{a+} \equiv \varepsilon_a(D + l/2) = \Gamma_e e^{-\gamma_e(D+l/2)} = \varepsilon_A \quad [19],$$

$$\varepsilon_{a-} \equiv \varepsilon_a(l/2) = \Gamma_e e^{-\gamma_e l/2} = \varepsilon_m = \varepsilon_A e^{+\gamma_e D},$$

$$\gamma_e D = \ln\left(\frac{\varepsilon_m}{\varepsilon_A}\right) \quad [20].$$

P.7.c.2 在厚度为 D 的有限层中 ε 值以指数变化, 对称结构, 没有不连续性, 忽略推迟效应

$$G(l; D) = \frac{kT}{2\pi} \sum_{n=0}^{\infty}{}' \int_0^{\infty} \rho \ln(1 - \overline{\Delta}_c^2 e^{-2\rho l}) d\rho$$

$$= \frac{kT}{8\pi l^2} \sum_{n=0}^{\infty}{}' \int_0^{\infty} x \ln(1 - \overline{\Delta}_c^2 e^{-x}) dx, x \equiv 2\rho l \quad [16][18],$$

$$\overline{\Delta}_c = \frac{\gamma_e(1 - e^{-\beta D})}{2\rho(1 - e^{-\beta D}) + \beta(1 + e^{-\beta D})} \quad [21],$$

$$\beta = \sqrt{(2\rho)^2 + \gamma_e^2} = \sqrt{(x/l)^2 + \gamma_e^2} \quad [12b].$$

在 D/l 很小的极限, $\overline{\Delta}_c^2 = \overline{\Delta}_{Am}^2 = [(\varepsilon_A - \varepsilon_m)/(\varepsilon_A + \varepsilon_m)]^2 \quad [22].$

来源: 方程的序号对应于 V. A. Parsegian and G. H. Weiss, "On van der Waals interactions between macroscopic bodies having inhomogeneous dielectric susceptibilities," J. Colloid Interface Sci., **40**, 35–41 (1972) 中推导出的公式. 由此文可知, ε_1 =这里的 $\varepsilon_A, \varepsilon_3 = \varepsilon_m, \lambda = \gamma_e, \theta = \gamma_e D, \sqrt{\theta^2 + a^2x^2} = \beta D, ax = 2\rho D$.

在间隔 $l \gg$ 层厚 D 的极限下, 对 ρ 的积分由 $\rho = 0$ 附近的值主导, 其中 $\beta \approx \gamma_e \gg 2\rho$, 故

$$\overline{\Delta}_c \approx \frac{\gamma_e(1 - e^{-\beta D})}{\gamma_e(1 + e^{-\beta D})} = -\frac{\varepsilon_A - \varepsilon_m}{\varepsilon_A + \varepsilon_m}.$$

[132]

表 P.7.c (续)

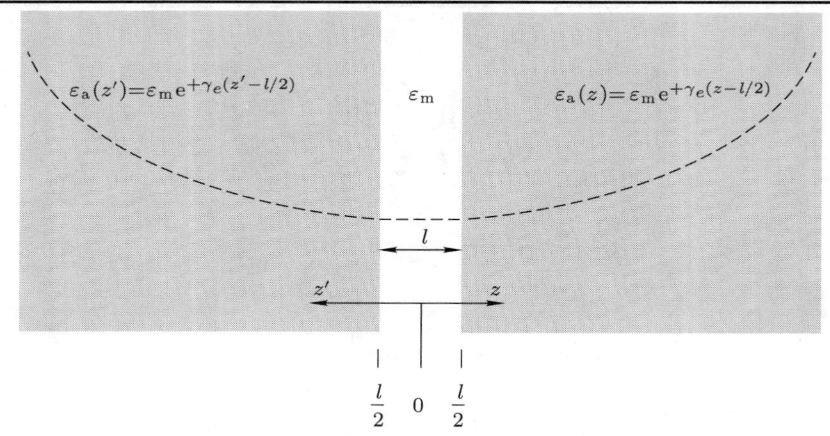

P.7.c.3 介电响应在无限厚的层中以指数变化, ε 值没有不连续性, $d\varepsilon(z)$ 在界面处具有不连续性, 忽略推迟效应

$$G(l)=\frac{kT}{8\pi}\sum_{n=0}^{\infty}{}'\gamma_e^2\int_0^{\infty}x\ln\left\{1-\left[\frac{x-1-(x^2+1)^{1/2}}{x+1+(x^2+1)^{1/2}}\right]^2 e^{-\gamma_e l x}\right\}dx \quad [2.10],[2.11]$$

在小 $\gamma_e l$ 值的极限 [$\ln(\gamma_e l)$ 为负数!]:

$$G(\gamma_e l\to 0)\sim+\frac{kT}{32\pi}\sum_{n=0}^{\infty}{}'\gamma_e^2\ln(\gamma_e l)\quad [2.14].$$

在大 $\gamma_e l$ 值的极限:

$$G(\gamma_e l\to\infty)\sim-\frac{kT}{8\pi l^2}\sum_{j=1}^{\infty}\frac{1}{j^3}$$

[在 $\xi_n\to\infty$ 处, $\gamma_e(\mathrm{i}\xi_n)\to 0$ 求和 $\sum_{\xi_n=0}^{\infty}{}'$ 是不适用的].

来源: 在 G. H. Weiss, J. E. Kiefer, and V. A. Parsegian, "Effects of dielectric inhomogeneity on the magnitude of van der Waals interactions," J. Colloid Interface Sci., **45**, 615–625 (1973) 的第 2 部分中导出的公式.

注意: 当 $\gamma_e l\to 0$ 时, 大 x 值对积分的贡献占主导, 即

$$\left[\frac{x-1-(x^2+1)^{1/2}}{x+1+(x^2+1)^{1/2}}\right]^2\to\frac{1}{4x^2}.$$

对于大 x 值, 各项的积分

$$G(l)\to-\frac{kT\gamma_e^2}{8\pi}\frac{1}{4}\int_{\sim 1}^{\infty}\frac{e^{-\gamma_e l x}}{x}dx=-\frac{kT\gamma_e^2}{32\pi}\int_{\sim\gamma_e l}^{\infty}\frac{e^{-v}}{v}dv\sim+\frac{kT\gamma_e^2}{32\pi}\ln(\gamma_e l).$$

当 $l\to\infty$ 时, 积分由 $x=0$ 附近的值主导, 其中

$$\left[\frac{x-1-(x^2+1)^{1/2}}{x+1+(x^2+1)^{1/2}}\right]^2\to 1: G(l\to\infty)\sim\frac{kT}{8\pi}\sum_{n=0}^{\infty}{}'\gamma_e^2\int_0^{\infty}x\ln(1-e^{-\gamma_e l x})dx$$

$$=-\frac{kT}{8\pi}\sum_{n=0}^{\infty}{}'\gamma_e^2\sum_{j=1}^{\infty}\frac{1}{j}\int_0^{\infty}xe^{-j\gamma_e l x}dx=-\frac{kT\gamma_e^2}{8\pi}\sum_{1}^{\infty}\frac{1}{j(j\gamma_e l)^2}=-\frac{kT}{8\pi l^2}\sum_{j=1}^{\infty}\frac{1}{j^3}.$$

表 P.7.d $\varepsilon(z)$ 在有限层中为幂律形式, 对称体系 [133]

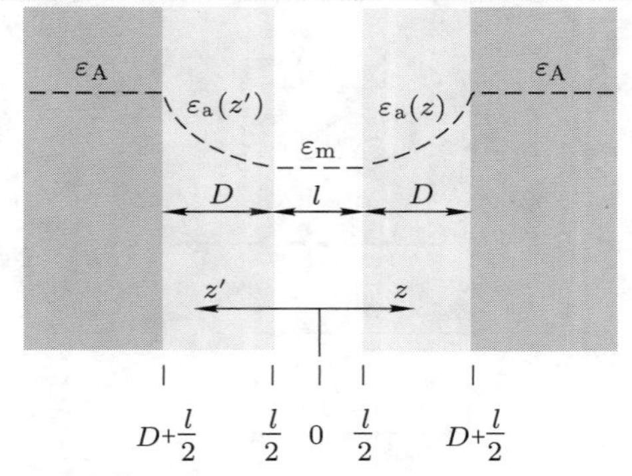

$D+\frac{l}{2}$ $\frac{l}{2}$ 0 $\frac{l}{2}$ $D+\frac{l}{2}$

$z_{\mathrm{a}}, z_{\mathrm{b}}$ 是从中点 0 往外测量的,

$$\frac{l}{2} \leqslant z, z' \leqslant D + \frac{l}{2},$$

$\varepsilon_{\mathrm{a}}(z) = (\alpha + \beta z)^{\gamma_p}$ [1.1], γ_p 可以取所有的实数,
关于边界处的连续性,

$$\alpha = \alpha(l) = \varepsilon_{\mathrm{m}}^{1/\gamma_p} - \frac{l/2}{D}(\varepsilon_{\mathrm{A}}^{1/\gamma_p} - \varepsilon_{\mathrm{m}}^{1/\gamma_p}), \beta \equiv \frac{1}{D}(\varepsilon_{\mathrm{A}}^{1/\gamma_p} - \varepsilon_{\mathrm{m}}^{1/\gamma_p})\ [5.2].$$

在函数的自变量中, $\psi \equiv \varepsilon_{\mathrm{A}}/\varepsilon_{\mathrm{m}}, u \equiv 1/|\psi^{1/\gamma_p} - 1|, v \equiv \psi^{1/\gamma_p} u$ [5.7].
在贝塞尔函数的指标 (下标) 中, $\nu \equiv (1 - \gamma_p)/2$ [5.6].

P.7.d.1 ε 值在厚度为 D 的有限层中以幂律形式变化, 对称结构, 没有不连续性, 但 $\mathrm{d}\varepsilon/\mathrm{d}z$ 在界面处有不连续性, 忽略推迟效应

$$G(l;D) = \frac{kT}{2\pi}\sum_{n=0}^{\infty}{}' g_{\pm}(\xi_n), g_{\pm}(l;D,\xi_n) = \frac{kT}{2\pi D^2}\int_0^{\infty} x\ln[1 - \overline{\Delta}_{\pm}^2(x,\xi_n)\mathrm{e}^{-2xl/D}]\mathrm{d}x.$$

当 $\beta > 0$ 时用下标 $+$, $\varepsilon_{\mathrm{A}}^{1/n}(\xi_n) > \varepsilon_{\mathrm{m}}^{1/n}(\xi_n)$.
当 $\beta < 0$ 时用下标 $-$, $\varepsilon_{\mathrm{A}}^{1/n}(\xi_n) < \varepsilon_{\mathrm{m}}^{1/n}(\xi_n)$.
当指标 $\nu \equiv (1 - \gamma_p)/2$ 为整数时, 利用 [Eq.5.7]:

$$\overline{\Delta}_{+}(x,\xi_n) = \frac{\eta_{+}(vx) - \eta_{+}(ux)}{\eta_{+}(vx) - \eta_{-}(ux)}\frac{1}{U(ux)}, \overline{\Delta}_{-}(x,\xi_n) = \frac{\eta_{-}(vx) - \eta_{-}(ux)}{\eta_{-}(vx) - \eta_{+}(ux)}U(ux),$$

$\eta_{\pm}(x) = \dfrac{K_{\nu-1}(x) \mp K_{\nu}(x)}{I_{\nu-1}(x) \pm I_{\nu}(x)}, U(x) = \dfrac{I_{\nu}(x) - I_{\nu-1}(x)}{I_{\nu}(x) + I_{\nu-1}(x)}$ 其中 I 和 K 为修正的贝塞尔函数.
当指标 $\nu \equiv (1 - \gamma_p)/2$ 不是整数时, 利用

$$\overline{\Delta}_{+}(x,\xi_n) = \frac{\Gamma_{+}(ux) - \Gamma_{+}(vx)}{\Gamma_{-}(ux) - \Gamma_{+}(vx)}\frac{1}{U(ux)}, \overline{\Delta}_{-}(x,\xi_n) = \frac{\Gamma_{-}(ux) - \Gamma_{-}(vx)}{\Gamma_{+}(ux) - \Gamma_{-}(vx)}U(ux) \qquad [5.11],$$

$\Gamma_{\pm}(x) = \dfrac{I_{1-\nu}(x) \pm I_{\nu}(x)}{I_{\nu-1}(x) \pm I_{\nu}(x)}$ [5.10] 其中仅包括修正的贝塞尔函数 I.

来源: G. H. Weiss, J. E. Kiefer, and V. A. Parsegian, "Effects of dielectric inhomogeneity on the magnitude of van der Waals interactions," J. Colloid Interface Sci., **45**, 615–625 (1973) 的第 5 部分中导出的公式: [ ] 中的方程序号出自于此文章. 这里的 γ_p 就是源文章中的 "n".

[134]

表 P.7.d (续)

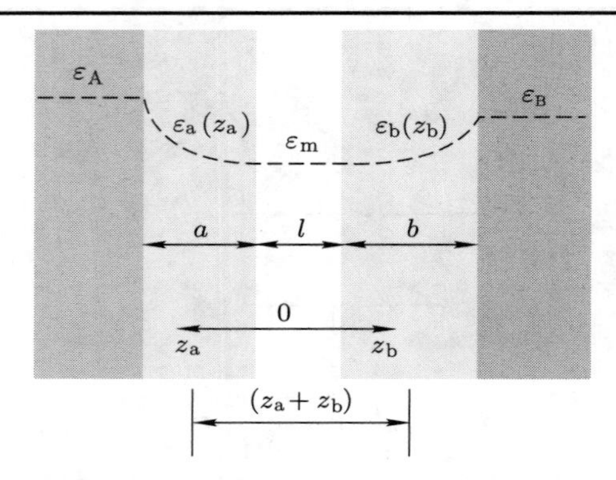

$z_{\rm a}, z_{\rm b}$ 是从中点 0 往外测量的, 在与 m 的界面处 $\mathrm{d}\varepsilon(z)/\mathrm{d}z = 0$

P.7.d.2 $\varepsilon(z)$ 连续变化, 在内侧界面处 $\mathrm{d}\varepsilon/\mathrm{d}z$ 为连续的; 在有限层的整个范围内呈二次方变化关系, 忽略推迟效应

$$\varepsilon_{\rm a}(z_{\rm a}) = \varepsilon_{\rm m} + \frac{(\varepsilon_{\rm A}-\varepsilon_{\rm m})}{a^2}\left(z_{\rm a}-\frac{l}{2}\right)^2, \quad \varepsilon_{\rm b}(z_{\rm b}) = \varepsilon_{\rm m} + \frac{(\varepsilon_{\rm B}-\varepsilon_{\rm m})}{b^2}\left(z_{\rm b}-\frac{l}{2}\right)^2,$$

[(L2.97) 和 (L2.98)]

$$G(l;a,b) = -\frac{kT}{16\pi}\left\{\frac{l^2}{a^2b^2}\ln\left[\frac{(l+a)(l+b)}{(l+a+b)l}\right] + \frac{1}{b^2}\ln\left(\frac{l+a+b}{l+a}\right) + \frac{1}{a^2}\ln\left(\frac{l+a+b}{l+b}\right) - \frac{1}{ab}\right\}\sum_{n=0}^{\infty}{}'\frac{(\varepsilon_{\rm A}-\varepsilon_{\rm m})(\varepsilon_{\rm B}-\varepsilon_{\rm m})}{\varepsilon_{\rm m}^2},$$

[(L2.99)]

$$G(l\to 0;a,b) = -\frac{kT}{16\pi}\left[\frac{\ln\left(1+\dfrac{b}{a}\right)}{b^2} + \frac{\ln\left(1+\dfrac{a}{b}\right)}{a^2} - \frac{1}{ab}\right]\sum_{n=0}^{\infty}{}'\frac{(\varepsilon_{\rm A}-\varepsilon_{\rm m})(\varepsilon_{\rm B}-\varepsilon_{\rm m})}{\varepsilon_{\rm m}^2},$$

[(L2.100)]

$$P(l\to 0;a,b) = -\frac{kT}{8\pi}\frac{1}{ab(a+b)}\sum_{n=0}^{\infty}{}'\frac{(\varepsilon_{\rm A}-\varepsilon_{\rm m})(\varepsilon_{\rm B}-\varepsilon_{\rm m})}{\varepsilon_{\rm m}^2}.$$

[(L2.102)]

表 P.7.e 在无限厚的层中介电响应呈高斯型变化关系, $\varepsilon(z)$ 和 $\mathrm{d}\varepsilon/\mathrm{d}z$ 都没有不连续性, 对称剖面, 忽略推迟效应 [135]

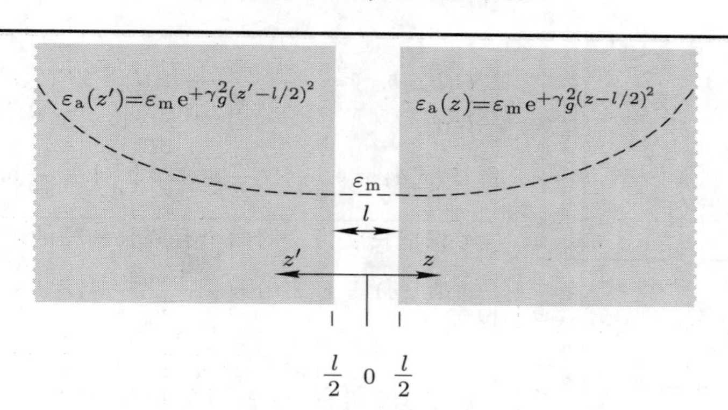

$$G(l)=\frac{2kT}{\pi}\sum_{n=0}^{\infty}{}'\gamma_g^2\int_0^\infty x\ln\left\{1-\left[\frac{x-F(x)}{x+F(x)}\right]^2\mathrm{e}^{-4\gamma_g lx}\right\}\mathrm{d}x, \qquad [2.18]$$

$$F(x)=\Gamma(1+x^2)/\Gamma\left(\frac{1}{2}+x^2\right). \qquad [2.19]$$

$\Gamma(x)$ 是伽马函数 (Abramowitz 和Stegun, 6.1 部分):

$$G(l\to 0)\sim -\frac{kT}{2^8\pi}\sum_{n=0}^{\infty}{}'\gamma_g^2$$

(在接触处为有限值, 当 $\xi_n\to\infty$ 时 $\gamma_g(\mathrm{i}\xi_n)\to 0$).

来源: 在 G. H. Weiss, J. E. Kiefer, and V. A. Parsegian, "Effects of dielectric inhomogeneity on the magnitude of van der Waals interactions," J. Colloid Interface Sci., **45**, 615–625 (1973) 的第 2 部分中导出的公式.

注意: 当 $l\to 0$, [2.18] 中的积分由 $x\sim\infty$ 的区域所主导. 在此区域 $F(x)\sim x+(1/8x)$ [M. Abramowitz and I. A. Stegun, *Handbook of Mathematical Functions, with Formulas, Graphs and Mathematical Tables* (Dover Books, New York, 1965). Eq. (6.1.47)]:

$$\begin{aligned}&\{[x-\mathrm{F}(x)]\ /\ [x+\mathrm{F}(x)]\}^2\sim 1/2^8x^4,\\ &G(l\to 0)\sim -\frac{kT}{2^7\pi}\sum_{n=0}^{\infty}{}'\gamma_g^2\int_{\sim 1}^\infty\frac{\mathrm{e}^{-4\gamma_g lx}}{x^3}\mathrm{d}x\\ &\qquad=-\frac{kT}{2^7\pi}\sum_{n=0}^{\infty}{}'\gamma_g^2(4\gamma_g l)^2\int_{\sim 4\gamma_g l}^\infty\frac{\mathrm{e}^{-q}}{q^3}\mathrm{d}q\sim -\frac{kT}{2^8\pi}\sum_{n=0}^{\infty}{}'\gamma_g^2.\end{aligned}$$

[136] **表 P.8.a 长度 a, 宽度 b, 间距 $l \gg$ 厚度 c 的两个薄长方体之间的边缘 – 边缘相互作用, Hamaker 极限**

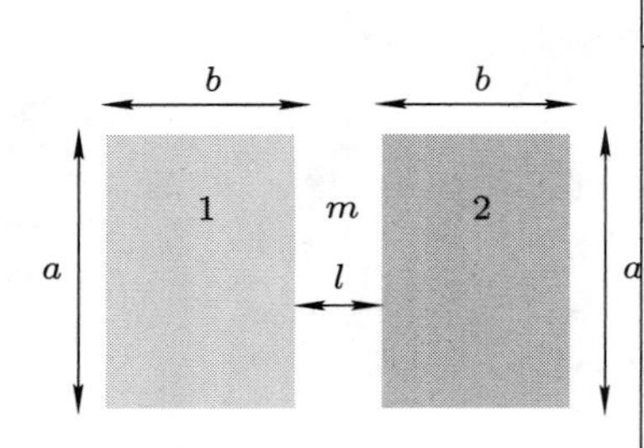

$$G(l;a,b,c) = -\frac{A_{1\mathrm{m}/2\mathrm{m}}c^2}{24\pi^2}[F(l) - 2F(l+b)+F(l+2b)],$$

其中

$$F(x;a) \equiv -\frac{1}{x^2} + \frac{3x}{a^3}\arctan\left(\frac{x}{a}\right) + \frac{3a}{x^3}\arctan\left(\frac{a}{x}\right).$$

考虑把长度为 a 的两个有限长细杆的表达式,

$$E(z;a) = E(z,a) = -\frac{A_{1\mathrm{m}/2\mathrm{m}}}{4\pi^2}A_1A_2 \cdot\left[\frac{1}{z^4} - \frac{1}{z^2(a^2+z^2)} + \frac{3a}{z^5}\arctan\left(\frac{a}{z}\right)\right],$$

对宽度变量 x_1 和 x_2 计算积分, 使得 $z = l + x_1 + x_2$. 现在这些细杆微元的横截面积为 $c\mathrm{d}x_1$ 和 $c\mathrm{d}x_2$, 故待求的积分为

$$-\frac{A_{1\mathrm{m}/2\mathrm{m}}c^2}{4\pi^2}\int_0^b\int_0^b\left\{\frac{1}{(l+x_1+x_2)^4} - \frac{1}{(l+x_1+x_2)^2[a^2+(l+x_1+x_2)^2]} + \frac{3a}{(l+x_1+x_2)^5}\arctan\left[\frac{a}{(l+x_1+x_2)}\right]\right\}\mathrm{d}x_1\mathrm{d}x_2.$$

为避免冗长的篇幅, 定义

$$H(l) = -\frac{1}{48l^2} + \frac{l}{16a^3}\arctan\left(\frac{l}{a}\right) + \frac{a}{16l^3}\arctan\left(\frac{a}{l}\right) = \frac{1}{8}\int_0^\infty\int_0^\infty\left\{\frac{1}{(l+x_1+x_2)^4} - \frac{1}{(l+x_1+x_2)^2[a^2+(l+x_1+x_2)^2]} + \frac{3a}{(l+x_1+x_2)^5}\arctan\left[\frac{a}{(l+x_1+x_2)}\right]\right\}\mathrm{d}x_1\mathrm{d}x_2.$$

[A. G. DeRocco and, W. G. Hoover, "On the interaction of colloidal particles," Proc. Natl. Acad. Sci. USA, **46**, 1057–1065 (1960)]

这里用到了

$$F(x) = 48H(x) = -\frac{1}{x^2} + \frac{3x}{a^3}\arctan\left(\frac{x}{a}\right) + \frac{3a}{x^3}\arctan\left(\frac{a}{x}\right),$$

因此, 两个长方体之间的相互作用为 $F(l) - 2F(l+b) + F(l+2b)$.

表 P.8.b 长度 a, 宽度 b, 间距 $l \gg$ 厚度 c 的两个薄长方体之间的面 – 面相互作用, Hamaker 极限 [137]

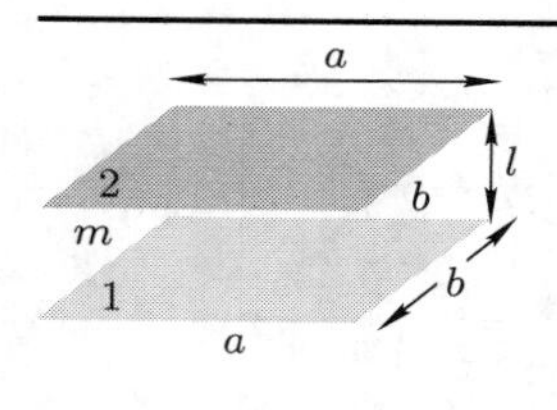

$$E(l;a,b,c) = -\frac{A_{1\mathrm{m}/2\mathrm{m}}\mathrm{c}^2}{\pi^2} K_6(l;a,b),$$

$$K_6(l;a,b) = \left[\frac{bl^2+2a^2b}{2l^4(l^2+a^2)^{1/2}}\right]\arctan\left[\frac{b}{(l^2+a^2)^{1/2}}\right] + \left[\frac{al^2+2ab^2}{2l^4(l^2+b^2)^{1/2}}\right]\arctan\left[\frac{a}{(l^2+b^2)^{1/2}}\right] - \frac{b}{2l^3}\arctan\frac{b}{l} - \frac{a}{2l^3}\arctan\frac{a}{l}.$$

对两个薄层的 $1/r^6$ 积分为

$$K_6(l;a,b)$$

[A. G. DeRocco and W. G. Hoover, "On the interaction of colloidal particles," Proc. Natl. Acad. Sci. USA, **46**, 1057–1065 (1960)]. 在 $l \to 0$ 的极限, 前两项占主导, 变成

$$\frac{ab}{l^4}\left(\arctan\frac{b}{a} + \arctan\frac{a}{b}\right) = \frac{\pi ab}{2l^4},$$
$$[\arctan(a/b) + \arctan(b/a) = \alpha + \beta = \pi/2]$$

和预期的一样, 正比于面积 ab, 同时与两个平行薄层间距的四次方成反比. 回想一下, 关于厚度 c、间距 l 的两个无限延展薄板的每单位面积能量的 Hamaker 求和为 $-[(A_{\mathrm{Ham}}\mathrm{c}^2)/2\pi l^4]$. 因此, 为了得到相互作用能量, 这里给出的薄长方体的 $K_6(l;a,b)$ 必须乘以: $-[(A_{\mathrm{Ham}}\mathrm{c}^2)/\pi^2]$

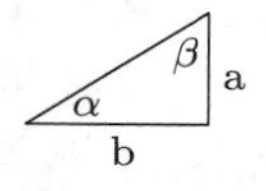

[138] **表 P.8.c 长度 a, 宽度 b, 高度 c 的两个长方固体相互平行, 其间距 l 与 a,b 平面垂直, Hamaker 极限**

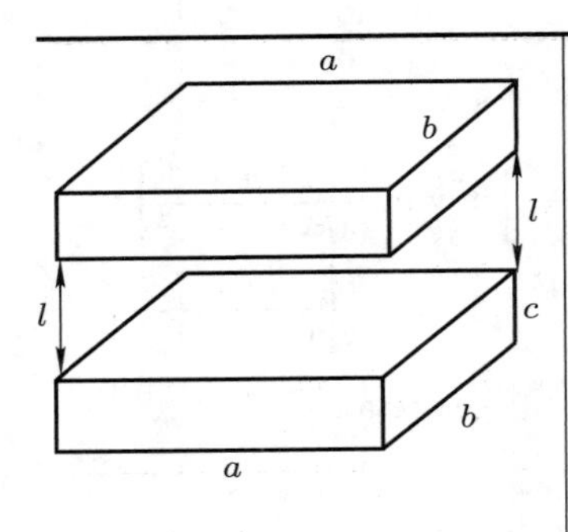

$$G_{\rm pp}(l;a,b,c) = -\frac{A_{\rm 1m2}}{\pi^2}K_{\rm pp}(x)\Big|_{l+\rm c,\it l+\rm c,}^{l+2\rm c,\it l}$$

$$K_{\rm pp}(x)\Big|_{l+\rm c,\it l+\rm c}^{l+2\rm c,\it l} = K_{\rm pp}(l+2\rm c) - 2K_{\rm pp}(\it l+\rm c) + \it K_{\rm pp}(l),$$

$$\begin{aligned}K_{\rm pp}(x) = & \frac{1}{4}\ln\left(\frac{x^4+x^2a^2+x^2b^2+a^2b^2}{x^4+x^2a^2+x^2b^2}\right)\\ & +\left(\frac{x^2-a^2}{4ax}\right)\arctan\left(\frac{a}{x}\right)\\ & +\left(\frac{x^2-b^2}{4bx}\right)\arctan\left(\frac{b}{x}\right)\\ & +\frac{x(a^2+b^2)^{3/2}}{6a^2b^2}\arctan\left[\frac{x}{(a^2+b^2)^{1/2}}\right]\\ & +\left(\frac{1}{6x^2}+\frac{1}{6a^2}\right)b(x^2+a^2)^{1/2}\\ & \cdot\arctan\left[\frac{b}{(x^2+a^2)^{1/2}}\right]\\ & +\left(\frac{1}{6x^2}+\frac{1}{6b^2}\right)a(x^2+b^2)^{1/2}\\ & \cdot\arctan\left[\frac{a}{(x^2+b^2)^{1/2}}\right].\end{aligned}$$

当 l 与 a,b 和 c 相比趋于零时, 此相互作用就变成通过面积 ab 发生相互作用的两个平面之间的平方反比关系, $K_{\rm pp}(x)\Big|_{l+\rm c,\it l+\rm c}^{l+2\rm c,\it l} \to [(\pi ab)/(12l^2)]$ (其推导太冗长了, 此处略去). 由于在此极限下的相互作用能量为 $[(A_{\rm 1m/2m})/(12\pi l^2)]\times ab$, 故 a,b,c 取任意值的平行六面体相互作用能量与前面给出的相同. [A. G. DeRocco and W. G. Hoover, "On the interaction of colloidal particles," Proc. Natl. Acad. Sci. USA, **46**, 1057–1065 (1960)].

表 P.8.d 长方固体, 长度 = 宽度 = a, 高度 c, 两个棱被边长 d 的正方形对角线分开, Hamaker 极限 [139]

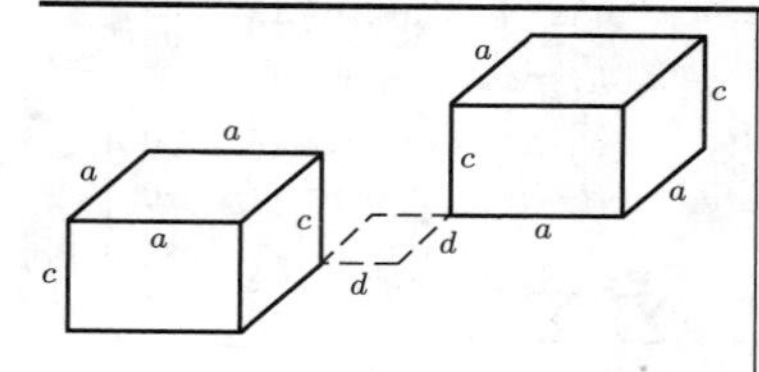

其结果太长了, 所以即使在原始文献中也没有把它列出来 [A. G. DeRocco and w. G. Hoover, "On the interaction of colloidal particles," Proc. Natl. Acad. Sci. USA, **46**, 1057–1065 (1960)]. ("关于胶体粒子的相互作用"). 它包括相同形式的三个表达式: 一个是函数 $K_{\mathrm{sp}}(x;d)\big|_{d+a,d+a}^{d+2a,d}$ 取值为 d 的结果. 另两项的函数与此相同, 差别仅在于: 第一项是把各处的 d 值替换为 $(d+a)$, 而所得的函数 $K_{\mathrm{sp}}(x;d+a)$ 乘以 (–2); 第二项是把各处的 d 值替换为 $(d+2a)$, 而所得的函数 $K_{\mathrm{sp}}(x;d+2a)$ 乘以 (+2). 结果为下面的方程.

$$\begin{aligned}&K_{\mathrm{sp}}(x;d)\big|_{d+a,d+a}^{d+2a,d}\\ &=K_{\mathrm{sp}}(d+2a;d)-2K_{\mathrm{sp}}(d+a;d)+K_{\mathrm{ap}}(d;d),\end{aligned}$$

其中

$$\begin{aligned}K_{\mathrm{sp}}(x;d)=&\frac{1}{8}\ln\left(\frac{d^2+x^2}{\mathrm{c}^2+d^2+x^2}\right)+\frac{1}{8}\left(\frac{x}{d}-\frac{d}{x}\right)\\ &\times\arctan\left(\frac{d}{x}\right)+\frac{(\mathrm{c}^2+d^2)^{3/2}x}{12\mathrm{c}^2d^2}\\ &\times\arctan\frac{x}{(\mathrm{c}^2+d^2)^{1/2}}+\frac{\mathrm{c}(d^2+x^2)^{1/2}}{12}\\ &\times\left(\frac{1}{d^2}+\frac{1}{x^2}\right)\arctan\frac{\mathrm{c}}{(d^2+x^2)^{1/2}}\\ &+\frac{d(\mathrm{c}^2+x^2)^{1/2}}{12}\left(\frac{1}{\mathrm{c}^2}+\frac{1}{x^2}\right)\\ &\times\arctan\frac{d}{(\mathrm{c}^2+x^2)^{1/2}}.\end{aligned}$$

在两个物体趋于接触的极限 (要把它全部写出来也是太过冗长了), 当其间距 $d^*=\sqrt{2}d$ 趋于零, 则相互作用趋于反比关系 $(\pi\mathrm{c})/(6d^*)$, 类似于在非常接近的两球之间的情形.

[140]

表 P.9.a　被各向异性介质隔开的两个各向异性介质之间的相互作用

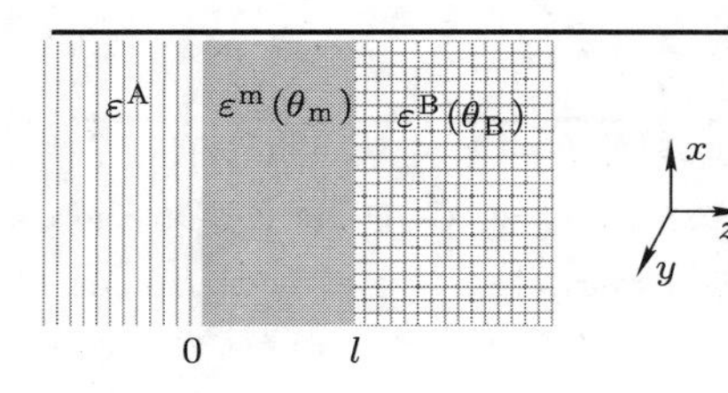

各向异性介质, $\mathrm{i}=\mathrm{A},\mathrm{m},\mathrm{B}$
主轴在 x,y,z 方向上

$$\varepsilon^{\mathrm{i}} \equiv \begin{bmatrix} \varepsilon_x^{\mathrm{i}} & 0 & 0 \\ 0 & \varepsilon_y^{\mathrm{i}} & 0 \\ 0 & 0 & \varepsilon_z^{\mathrm{i}} \end{bmatrix}.$$

把 m 和/或 B 绕着 z 轴相对于 A 转动一个角度 θ_{m} 和/或 θ_{R}, 可以导致介电张量 $\varepsilon^{\mathrm{m}}(\theta_{\mathrm{m}})$ 和 $\varepsilon^{\mathrm{B}}(\theta_{\mathrm{B}})(\theta_{\mathrm{A}}\equiv 0)$.

$$\varepsilon^{\mathrm{i}}(\theta_{\mathrm{i}}) = \begin{bmatrix} \varepsilon_x^{\mathrm{i}}+(\varepsilon_y^{\mathrm{i}}-\varepsilon_x^{\mathrm{i}})\sin^2(\theta_{\mathrm{i}}) & (\varepsilon_x^{\mathrm{i}}-\varepsilon_y^{\mathrm{i}})\sin(\theta_{\mathrm{i}})\cos(\theta_{\mathrm{i}}) & 0 \\ (\varepsilon_x^{\mathrm{i}}-\varepsilon_y^{\mathrm{i}})\sin(\theta_{\mathrm{i}})\cos(\theta_{\mathrm{i}}) & \varepsilon_y^{\mathrm{i}}+(\varepsilon_x^{\mathrm{i}}-\varepsilon_y^{\mathrm{i}})\sin^2(\theta_{\mathrm{i}}) & 0 \\ 0 & 0 & \varepsilon_z^{\mathrm{i}} \end{bmatrix},$$

$$G(l;\theta_{\mathrm{m}},\theta_{\mathrm{B}}) = \frac{kT}{16\pi^2 l^2}\sum_{n=0}^{\infty}{}'\sum_{j=1}^{\infty}\frac{1}{j^3}\int_0^{2\pi} \times\frac{[\overline{\Delta}_{\mathrm{Am}}(\xi_n,\theta_{\mathrm{m}},\psi)\overline{\Delta}_{\mathrm{Bm}}(\xi_n,\theta_{\mathrm{m}},\theta_{\mathrm{B}},\psi)]^j\,\mathrm{d}\psi}{g_{\mathrm{m}}^2(\theta_{\mathrm{m}}-\psi)} \quad \text{[L3.222]}$$

$$g_{\mathrm{i}}^2(\theta_{\mathrm{i}}-\psi) \equiv \frac{\varepsilon_x^{\mathrm{i}}}{\varepsilon_z^{\mathrm{i}}} + \frac{(\varepsilon_y^{\mathrm{i}}-\varepsilon_x^{\mathrm{i}})}{\varepsilon_z^{\mathrm{i}}}\sin^2(\theta_{\mathrm{i}}-\psi), \quad \text{[L3.217]}$$

$$\overline{\Delta}_{\mathrm{Am}}(\xi_n,\theta_{\mathrm{m}},\psi) = \left[\frac{\varepsilon_z^{\mathrm{A}}g_{\mathrm{A}}(-\psi)-\varepsilon_z^{\mathrm{m}}g_{\mathrm{m}}(\theta_{\mathrm{m}}-\psi)}{\varepsilon_z^{\mathrm{A}}g_{\mathrm{A}}(-\psi)+\varepsilon_z^{\mathrm{m}}g_{\mathrm{m}}(\theta_{\mathrm{m}}-\psi)}\right], \quad \text{[L3.218]}$$

$$\overline{\Delta}_{\mathrm{Bm}}(\xi_n,\theta_{\mathrm{m}},\theta_{\mathrm{B}},\psi) = \left[\frac{\varepsilon_z^{\mathrm{B}}g_{\mathrm{B}}(\theta_{\mathrm{B}}-\psi)-\varepsilon_z^{\mathrm{m}}g_{\mathrm{m}}(\theta_{\mathrm{m}}-\psi)}{\varepsilon_z^{\mathrm{B}}g_{\mathrm{B}}(\theta_{\mathrm{B}}-\psi)+\varepsilon_z^{\mathrm{m}}g_{\mathrm{m}}(\theta_{\mathrm{m}}-\psi)}\right] \quad \text{[L3.219]}$$

注意: 约化到各向同性情形:

$$g_{\mathrm{i}}^2(\theta_{\mathrm{i}}-\psi)=1, \int_0^{2\pi}\mathrm{d}\psi = 2\pi, G(l) = [-(kT/8\pi l^2)]\sum_{n=0}^{\infty}{}'\sum_{j=1}^{\infty}[(\overline{\Delta}_{\mathrm{Am}}\overline{\Delta}_{\mathrm{Bm}})^j/j^3].$$

表 P.9.b　被各向同性介质 $\mathrm{m}(\varepsilon_x^{\mathrm{m}}=\varepsilon_y^{\mathrm{m}}=\varepsilon_z^{\mathrm{m}}=\varepsilon_{\mathrm{m}})$ 隔开的两个各向异性介质 A 和 B 之间的相互作用

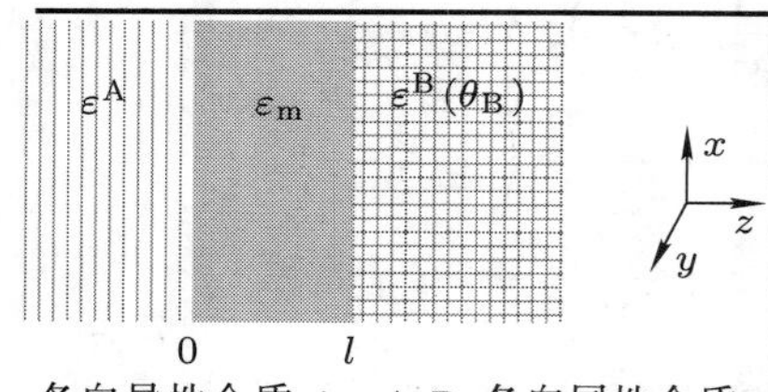

各向异性介质, $\mathrm{i}=\mathrm{A},\mathrm{B}$; 各向同性介质 m. 主轴在 x,y,z 方向上

$$\varepsilon^{\mathrm{i}} \equiv \begin{bmatrix} \varepsilon_x^{\mathrm{i}} & 0 & 0 \\ 0 & \varepsilon_y^{\mathrm{i}} & 0 \\ 0 & 0 & \varepsilon_z^{\mathrm{i}} \end{bmatrix}.$$

把 B 绕着 z 轴相对于 A 转动一个角度 θ_{B}, 可以导致介电张量 $\varepsilon^{\mathrm{B}}(\theta_{\mathrm{B}})(\theta_{\mathrm{A}}\equiv 0)$.

$$\varepsilon^{\mathrm{B}}(\theta_{\mathrm{B}}) = \begin{bmatrix} \varepsilon_x^{\mathrm{B}}+(\varepsilon_y^{\mathrm{B}}-\varepsilon_x^{\mathrm{B}})\sin^2(\theta_{\mathrm{B}}) & (\varepsilon_x^{\mathrm{B}}-\varepsilon_y^{\mathrm{B}})\sin(\theta_{\mathrm{B}})\cos(\theta_{\mathrm{B}}) & 0 \\ (\varepsilon_x^{\mathrm{B}}-\varepsilon_y^{\mathrm{B}})\sin(\theta_{\mathrm{B}})\cos(\theta_{\mathrm{B}}) & \varepsilon_y^{\mathrm{B}}+(\varepsilon_x^{\mathrm{B}}-\varepsilon_y^{\mathrm{B}})\sin^2(\theta_{\mathrm{B}}) & 0 \\ 0 & 0 & \varepsilon_z^{\mathrm{B}} \end{bmatrix},$$

$$G(l,\theta_{\mathrm{B}}) = \frac{-kT}{16\pi^2 l^2}\sum_{n=0}^{\infty}{}'\sum_{j=1}^{\infty}\frac{1}{j^3}\int_0^{2\pi} \times[\overline{\Delta}_{\mathrm{Am}}(\xi_n,\psi)\overline{\Delta}_{\mathrm{Bm}}(\xi_n,\theta_{\mathrm{B}},\psi)]^j\,\mathrm{d}\psi$$

$$\overline{\Delta}_{\mathrm{Am}}(\xi_n,\psi) = \left[\frac{\varepsilon_z^{\mathrm{A}}g_{\mathrm{A}}(-\psi)-\varepsilon_{\mathrm{m}}}{\varepsilon_z^{\mathrm{A}}g_{\mathrm{A}}(-\psi)+\varepsilon_{\mathrm{m}}}\right],$$

$$\overline{\Delta}_{\mathrm{Bm}}(\xi_n,\theta_{\mathrm{B}},\psi) = \left[\frac{\varepsilon_z^{\mathrm{B}}g_{\mathrm{B}}(\theta_{\mathrm{B}}-\psi)-\varepsilon_{\mathrm{m}}}{\varepsilon_z^{\mathrm{B}}g_{\mathrm{B}}(\theta_{\mathrm{B}}-\psi)+\varepsilon_{\mathrm{m}}}\right],$$

$$g_{\mathrm{i}}^2(\theta_{\mathrm{i}}-\psi) \equiv \frac{\varepsilon_x^{\mathrm{i}}}{\varepsilon_z^{\mathrm{i}}} + \frac{(\varepsilon_y^{\mathrm{i}}-\varepsilon_x^{\mathrm{i}})}{\varepsilon_z^{\mathrm{i}}}\sin^2(\theta_{\mathrm{i}}-\psi), \mathrm{i}=\mathrm{A},\mathrm{B}.$$

注意: $g_{\mathrm{m}}^2 \equiv 1$.

表 P.9.c 被各向异性介质隔开的两个各向异性介质之间的低频离子涨落相互作用（忽略各磁性项） [141]

ε^{A} $\{n_\nu^{\mathrm{A}}\}$ | $\varepsilon^{\mathrm{m}}(\theta_{\mathrm{m}})$ $\{n_\nu^{\mathrm{m}}\}$ | $\varepsilon^{\mathrm{B}}(\theta_{\mathrm{B}})$ $\{n_\nu^{\mathrm{B}}\}$; 0, l; x, y, z

各向异性介质, i=A,m,B
主轴在 x, y, z 方向上

$$\varepsilon^{\mathrm{i}} \equiv \begin{bmatrix} \varepsilon_x^{\mathrm{i}} & 0 & 0 \\ 0 & \varepsilon_y^{\mathrm{i}} & 0 \\ 0 & 0 & \varepsilon_z^{\mathrm{i}} \end{bmatrix},$$

$\{n_\nu^{\mathrm{i}}\}$ 表示各区域 $\mathrm{i} = \mathrm{A, m, B}$ 中的 ν 价离子集合.

$$G_{n=0}(l, \theta_{\mathrm{m}}, \theta_{\mathrm{B}}) = \frac{kT}{8\pi^2}\int_0^{2\pi} \mathrm{d}\psi \int_0^\infty \rho \ln[D(l, \rho, \psi, \theta_{\mathrm{m}}, \theta_{\mathrm{B}})]\mathrm{d}\rho, \quad \text{[L3.238]}$$

$$D(l, \rho, \psi, \theta_{\mathrm{m}}, \theta_{\mathrm{B}}) = 1 - \overline{\Delta}_{\mathrm{Am}}(\theta_{\mathrm{m}}, \psi) \times \overline{\Delta}_{\mathrm{Bm}}(\theta_{\mathrm{m}}, \theta_{\mathrm{B}}, \psi)\mathrm{e}^{-2\sqrt{\rho^2 g_{\mathrm{m}}^2(\theta_{\mathrm{m}}-\psi)+\kappa_{\mathrm{m}}^2}\,l},$$

$$\overline{\Delta}_{\mathrm{Am}}(\theta_{\mathrm{m}}, \psi) = \left[\frac{\varepsilon_z^{\mathrm{A}}(0)\beta_{\mathrm{A}} - \varepsilon_z^{\mathrm{m}}(0)\beta_{\mathrm{m}}(\theta_{\mathrm{m}})}{\varepsilon_z^{\mathrm{A}}(0)\beta_{\mathrm{A}} + \varepsilon_z^{\mathrm{m}}(0)\beta_{\mathrm{m}}(\theta_{\mathrm{m}})}\right],$$

$$\overline{\Delta}_{\mathrm{Bm}}(\theta_{\mathrm{m}}, \theta_{\mathrm{B}}, \psi) = \left[\frac{\varepsilon_z^{\mathrm{B}}(0)\beta_{\mathrm{B}}(\theta_{\mathrm{B}}) - \varepsilon_z^{\mathrm{m}}(0)\beta_{\mathrm{m}}(\theta_{\mathrm{m}})}{\varepsilon_z^{\mathrm{B}}(0)\beta_{\mathrm{B}}(\theta_{\mathrm{B}}) + \varepsilon_z^{\mathrm{m}}(0)\beta_{\mathrm{m}}(\theta_{\mathrm{m}})}\right], \quad \text{[L3.239]}$$

$$g_{\mathrm{i}}^2(\theta_{\mathrm{i}} - \psi) \equiv \frac{\varepsilon_x^{\mathrm{i}}}{\varepsilon_z^{\mathrm{i}}} + \frac{(\varepsilon_y^{\mathrm{i}} - \varepsilon_x^{\mathrm{i}})}{\varepsilon_z^{\mathrm{i}}}\sin^2(\theta_{\mathrm{i}} - \psi); \quad \text{[L3.235]}$$

$$\beta_{\mathrm{i}}^2(\theta_{\mathrm{i}}) = \rho^2 g_{\mathrm{i}}^2(\theta_{\mathrm{i}} - \psi) + \kappa_{\mathrm{i}}^2, \quad \text{[L3.234]}$$

$$\kappa_{\mathrm{i}}^2 \equiv \frac{e^2}{\varepsilon_0 \varepsilon_z^{\mathrm{i}} kT}\sum_{\nu=-\infty}^{\nu=\infty} \nu^2 n_\nu^{\mathrm{i}} \mathrm{mks},$$

$$\kappa_{\mathrm{i}}^2 \equiv \frac{4\pi e^2}{\varepsilon_z^{\mathrm{i}} kT}\sum_{\nu=-\infty}^{\nu=\infty} \nu^2 n_\nu^{\mathrm{i}} \mathrm{cgs}; \quad \text{[L3.233]}$$

其中 n_ν^{i} 是各区域 $\mathrm{i} = \mathrm{A, m}$ 或 B 中的 ν 价离子的平均数密度; 而各 $\varepsilon(0)$ 值是零频率极限 $(\xi_{n=0})$ 下的介电常量.

[142] **表 P.9.d 双折射介质 A 和 B 位于各向同性介质 m 两边，它们的主轴垂直于界面**

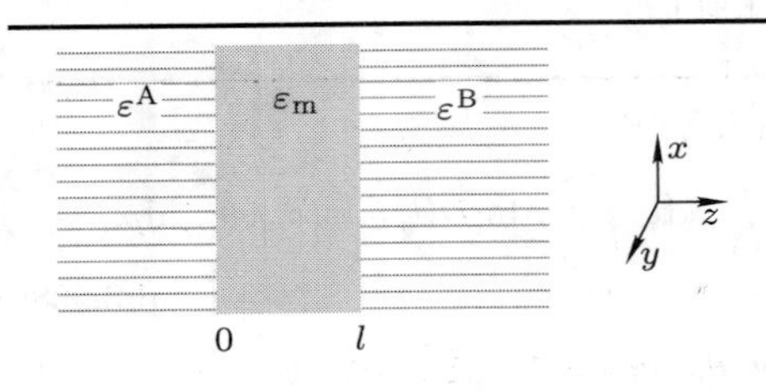

$$\varepsilon_x^{\mathrm{A}}=\varepsilon_y^{\mathrm{A}}=\varepsilon_{\parallel}^{\mathrm{A}};\varepsilon_x^{\mathrm{B}}=\varepsilon_y^{\mathrm{B}}=\varepsilon_{\parallel}^{\mathrm{B}};\varepsilon_z^{\mathrm{A}}=\varepsilon_{\perp}^{\mathrm{A}};$$

$$\varepsilon_z^{\mathrm{B}}=\varepsilon_{\perp}^{\mathrm{B}};\varepsilon_x^{\mathrm{m}}=\varepsilon_y^{\mathrm{m}}=\varepsilon_z^{\mathrm{m}}=\varepsilon_{\mathrm{m}};$$

$$\varepsilon^{\mathrm{i}}=\begin{bmatrix}\varepsilon_{\parallel}^{\mathrm{i}} & 0 & 0\\ 0 & \varepsilon_{\parallel}^{\mathrm{i}} & 0\\ 0 & 0 & \varepsilon_{\perp}^{\mathrm{i}}\end{bmatrix},\mathrm{i}=\mathrm{A},\mathrm{B}.$$

$$G(l)=-\frac{kT}{8\pi l^2}\sum_{n=0}^{\infty}{}'\sum_{j=1}^{\infty}\frac{\overline{\Delta}_{\mathrm{Am}}^{j}\overline{\Delta}_{\mathrm{Bm}}^{j}}{j^3},$$

$$\overline{\Delta}_{\mathrm{Am}}=\left(\frac{\sqrt{\varepsilon_{\perp}^{\mathrm{A}}\varepsilon_{\parallel}^{\mathrm{A}}}-\varepsilon_{\mathrm{m}}}{\sqrt{\varepsilon_{\perp}^{\mathrm{A}}\varepsilon_{\parallel}^{\mathrm{A}}}+\varepsilon_{\mathrm{m}}}\right),$$

$$\overline{\Delta}_{\mathrm{Bm}}=\left(\frac{\sqrt{\varepsilon_{\perp}^{\mathrm{B}}\varepsilon_{\parallel}^{\mathrm{B}}}-\varepsilon_{\mathrm{m}}}{\sqrt{\varepsilon_{\perp}^{\mathrm{B}}\varepsilon_{\parallel}^{\mathrm{B}}}+\varepsilon_{\mathrm{m}}}\right).$$

注意:

$$g_{\mathrm{i}}^2(\theta_{\mathrm{i}}-\psi)\equiv\frac{\varepsilon_x^{\mathrm{i}}}{\varepsilon_z^{\mathrm{i}}}+\frac{(\varepsilon_y^{\mathrm{i}}-\varepsilon_x^{\mathrm{i}})}{\varepsilon_z^{\mathrm{i}}}\sin^2(\theta_{\mathrm{i}}-\psi)=\frac{\varepsilon_{\parallel}^{\mathrm{i}}}{\varepsilon_{\perp}^{\mathrm{i}}},\mathrm{i}=\mathrm{A},\mathrm{B};g_{\mathrm{m}}^2=1;$$

$$\overline{\Delta}_{\mathrm{im}}(\xi_n,\theta_{\mathrm{m}},\psi)=\left[\frac{\varepsilon_z^{\mathrm{i}}g_{\mathrm{i}}(-\psi)-\varepsilon_z^{\mathrm{m}}g_{\mathrm{m}}(\theta_{\mathrm{m}}-\psi)}{\varepsilon_z^{\mathrm{i}}g_{\mathrm{i}}(-\psi)+\varepsilon_z^{\mathrm{m}}g_{\mathrm{m}}(\theta_{\mathrm{m}}-\psi)}\right]=\left(\frac{\sqrt{\varepsilon_{\parallel}^{\mathrm{i}}\varepsilon_{\perp}^{\mathrm{i}}}-\varepsilon_{\mathrm{m}}}{\sqrt{\varepsilon_{\parallel}^{\mathrm{i}}\varepsilon_{\perp}^{\mathrm{i}}}+\varepsilon_{\mathrm{m}}}\right);$$

$$\int_0^{2\pi}\frac{[\overline{\Delta}_{\mathrm{Am}}(\xi_n,\theta_{\mathrm{m}},\psi)\overline{\Delta}_{\mathrm{Bm}}(\xi_n,\theta_{\mathrm{m}},\theta_{\mathrm{B}},\psi)]^j\mathrm{d}\psi}{g_{\mathrm{m}}^2(\theta_{\mathrm{m}}-\psi)}=[\overline{\Delta}_{\mathrm{Am}}\overline{\Delta}_{\mathrm{Bm}}]^j\int_0^{2\pi}\mathrm{d}\psi$$

$$G(l,\theta_{\mathrm{m}},\theta_{\mathrm{B}})=-\frac{kT}{16\pi^2l^2}\sum_{n=0}^{\infty}{}'\sum_{j=1}^{\infty}\frac{1}{j^3}\int_0^{2\pi}\frac{[\overline{\Delta}_{\mathrm{Am}}(\xi_n,\theta_{\mathrm{m}},\psi)\overline{\Delta}_{\mathrm{Bm}}(\xi_n,\theta_{\mathrm{m}},\theta_{\mathrm{B}},\psi)]^j\mathrm{d}\psi}{g_{\mathrm{m}}^2(\theta_{\mathrm{m}}-\psi)}$$

$$=-\frac{kT}{8\pi l^2}\sum_{n=0}^{\infty}{}'\sum_{j=1}^{\infty}\frac{[\overline{\Delta}_{\mathrm{Am}}\overline{\Delta}_{\mathrm{Bm}}]^j}{j^3}$$

表 P.9.e 双折射介质 A 和 B 位于各向同性介质 m 两边, 它们的主轴平行于界面, 交角为 θ [143]

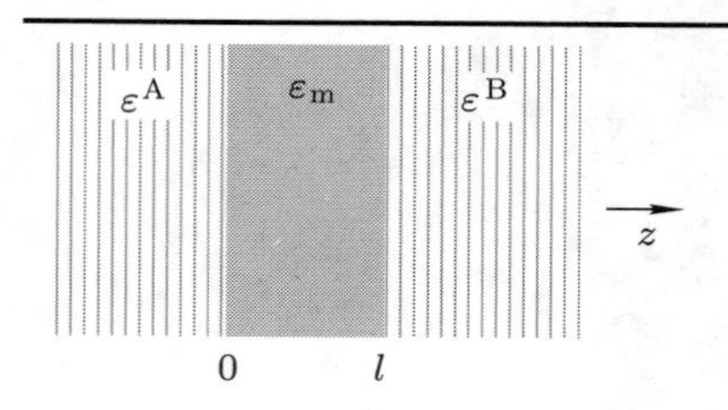

$$\varepsilon^{\mathrm{i}}=\begin{pmatrix}\varepsilon^{\mathrm{i}}_{\parallel} & 0 & 0\\ 0 & \varepsilon^{\mathrm{i}}_{\perp} & 0\\ 0 & 0 & \varepsilon^{\mathrm{i}}_{\perp}\end{pmatrix},\mathrm{i}=\mathrm{A},\mathrm{B}$$

$$\varepsilon^{\mathrm{A}}_{x_{\mathrm{A}}}=\varepsilon^{\mathrm{A}}_{\parallel},\varepsilon^{\mathrm{A}}_{y_{\mathrm{A}}}=\varepsilon^{\mathrm{A}}_{z}=\varepsilon^{\mathrm{A}}_{\perp};$$

$$\varepsilon^{\mathrm{B}}_{x_{\mathrm{B}}}=\varepsilon^{\mathrm{B}}_{\parallel},\varepsilon^{\mathrm{B}}_{y_{\mathrm{B}}}=\varepsilon^{\mathrm{B}}_{z}=\varepsilon^{\mathrm{B}}_{\perp};$$

$$\varepsilon^{\mathrm{m}}_{x}=\varepsilon^{\mathrm{m}}_{y}=\varepsilon^{\mathrm{m}}_{z}=\varepsilon_{\mathrm{m}};$$

$x_{\mathrm{A}},x_{\mathrm{B}},y_{\mathrm{A}},y_{\mathrm{B}}$ 平行于各界面; $\theta_{\mathrm{A}}\equiv 0,\theta_{\mathrm{B}}\equiv\theta;\theta=$ A 和 B 的主轴间夹角.

x_{A} θ x_{B}

$$G(l,\theta)=-\frac{kT}{16\pi^2 l^2}\sum_{n=0}^{\infty}{}'\sum_{j=1}^{\infty}\frac{1}{j^3}\int_0^{2\pi}\times[\overline{\Delta}_{\mathrm{Am}}(\xi_n,\psi)\overline{\Delta}_{\mathrm{Bm}}(\xi_n,\theta,\psi)]^j\mathrm{d}\psi,\quad[(\mathrm{L3.222})]$$

$$\overline{\Delta}_{\mathrm{im}}(\xi_n,\theta_{\mathrm{i}},\psi)=\left\{\frac{\sqrt{\varepsilon^{\mathrm{i}}_{\perp}\varepsilon^{\mathrm{i}}_{\parallel}}\sqrt{1+[(\varepsilon^{\mathrm{i}}_{\perp}-\varepsilon^{\mathrm{i}}_{\parallel})/\varepsilon^{\mathrm{i}}_{\parallel}]\sin^2(\theta_{\mathrm{i}}-\psi)}-\varepsilon_{\mathrm{m}}}{\sqrt{\varepsilon^{\mathrm{i}}_{\perp}\varepsilon^{\mathrm{i}}_{\parallel}}\sqrt{1+[(\varepsilon^{\mathrm{i}}_{\perp}-\varepsilon^{\mathrm{i}}_{\parallel})/\varepsilon^{\mathrm{i}}_{\parallel}]\sin^2(\theta_{\mathrm{i}}-\psi)}+\varepsilon_{\mathrm{m}}}\right\},$$

力矩: $\tau=-\partial G(l,\theta)/\partial\theta\big|_l$

双折射很弱, 即 $|\varepsilon^{\mathrm{i}}_{\perp}-\varepsilon^{\mathrm{i}}_{\parallel}|\ll\varepsilon^{\mathrm{i}}_{\parallel}$, 仅取 $j=1$ 项.

$$G(l,\theta)=-\frac{kT}{8\pi l^2}\sum_{n=0}^{\infty}{}'\Big[\overline{\Delta}_{\overline{\mathrm{A}}\mathrm{m}}\overline{\Delta}_{\overline{\mathrm{B}}\mathrm{m}}+\overline{\Delta}_{\overline{\mathrm{A}}\mathrm{m}}\frac{\gamma_{\mathrm{B}}}{2}+\overline{\Delta}_{\overline{\mathrm{B}}\mathrm{m}}\frac{\gamma_{\mathrm{A}}}{2}+\frac{\gamma_{\mathrm{A}}\gamma_{\mathrm{B}}}{8}(1+2\cos^2\theta)\Big],\quad[\mathrm{L1.24}]$$

$$\overline{\Delta}_{\overline{\mathrm{i}}\mathrm{m}}\equiv\frac{\sqrt{\varepsilon^{\mathrm{i}}_{\perp}\varepsilon^{\mathrm{i}}_{\parallel}}-\varepsilon_{\mathrm{m}}}{\sqrt{\varepsilon^{\mathrm{i}}_{\perp}\varepsilon^{\mathrm{i}}_{\parallel}}+\varepsilon_{\mathrm{m}}},$$

$$\gamma_{\mathrm{i}}\equiv\frac{\sqrt{\varepsilon^{\mathrm{i}}_{\perp}\varepsilon^{\mathrm{i}}_{\parallel}}(\varepsilon^{\mathrm{i}}_{\perp}-\varepsilon^{\mathrm{i}}_{\parallel})}{2\varepsilon^{\mathrm{i}}_{\parallel}\left(\sqrt{\varepsilon^{\mathrm{i}}_{\perp}\varepsilon^{\mathrm{i}}_{\parallel}}+\varepsilon_{\mathrm{m}}\right)}\ll 1,\mathrm{i}=\mathrm{A},\mathrm{B}.$$

注意:

$$g_{\mathrm{i}}^2(\theta_{\mathrm{i}}-\psi)\equiv\frac{\varepsilon^{\mathrm{i}}_{\parallel}}{\varepsilon^{\mathrm{i}}_{\perp}}+\frac{(\varepsilon^{\mathrm{i}}_{\perp}-\varepsilon^{\mathrm{i}}_{\parallel})}{\varepsilon^{\mathrm{i}}_{\perp}}\sin^2(\theta_{\mathrm{i}}-\psi),\mathrm{i}=\mathrm{A},\mathrm{B},g_{\mathrm{m}}^2=1,\quad[(\mathrm{L3.217})]$$

$$\overline{\Delta}_{\mathrm{im}}(\xi_n,\theta_{\mathrm{m}},\theta_{\mathrm{i}},\psi)=\left[\frac{\varepsilon^{\mathrm{i}}_z g_{\mathrm{i}}(\theta_{\mathrm{i}}-\psi)-\varepsilon^{\mathrm{m}}_z g_{\mathrm{m}}(\theta_{\mathrm{m}}-\psi)}{\varepsilon^{\mathrm{i}}_z g_{\mathrm{i}}(\theta_{\mathrm{i}}-\psi)+\varepsilon^{\mathrm{m}}_z g_{\mathrm{m}}(\theta_{\mathrm{m}}-\psi)}\right],\quad[(\mathrm{L3.218})\text{ and }(\mathrm{L3.219})]$$

$|\varepsilon^{\mathrm{i}}_{\perp}-\varepsilon^{\mathrm{i}}_{\parallel}|\ll\varepsilon^{\mathrm{i}}_{\parallel},\overline{\Delta}_{\mathrm{im}}(\xi_n,\theta_{\mathrm{i}},\psi)\approx\left(\frac{\sqrt{\varepsilon^{\mathrm{i}}_{\perp}\varepsilon^{\mathrm{i}}_{\parallel}}-\varepsilon_{\mathrm{m}}}{\sqrt{\varepsilon^{\mathrm{i}}_{\perp}\varepsilon^{\mathrm{i}}_{\parallel}}+\varepsilon_{\mathrm{m}}}\right)+\frac{\sqrt{\varepsilon^{\mathrm{i}}_{\perp}\varepsilon^{\mathrm{i}}_{\parallel}}(\varepsilon^{\mathrm{i}}_{\perp}-\varepsilon^{\mathrm{i}}_{\parallel})\sin^2(\theta_{\mathrm{i}}-\psi)}{2\varepsilon^{\mathrm{i}}_{\parallel}\left(\sqrt{\varepsilon^{\mathrm{i}}_{\perp}\varepsilon^{\mathrm{i}}_{\parallel}}+\varepsilon_{\mathrm{m}}\right)}=\overline{\Delta}_{\overline{\mathrm{i}}\mathrm{m}}+\gamma_{\mathrm{i}}\sin^2(\theta_{\mathrm{i}}-\psi)$; use $\int_0^{2\pi}\sin^2(-\psi)\mathrm{d}\psi=\int_0^{2\pi}\sin^2(\theta-\psi)\mathrm{d}\psi=\pi,\int_0^{2\pi}\sin^2(-\psi)\sin^2(\theta-\psi)\mathrm{d}\psi=\sin^2(\theta)\frac{\pi}{4}+\cos^2(\theta)\frac{3}{4}\pi=\frac{\pi}{4}[1+2\cos^2(\theta)]$ (I. S. Gradshteyn & I. M. Ryzhik, *Table of Integrals, Series, and Products*, Academic Press, New York, 1965, Eqs. 2.513.7 and 2.513.21), $\int_0^{2\pi}\overline{\Delta}_{\mathrm{Am}}(\xi_n,\psi)\overline{\Delta}_{\mathrm{Bm}}(\xi_n,\theta_{\mathrm{B}},\psi)\mathrm{d}\psi=\overline{\Delta}_{\overline{\mathrm{A}}\mathrm{m}}\overline{\Delta}_{\overline{\mathrm{B}}\mathrm{m}}2\pi+\overline{\Delta}_{\overline{\mathrm{A}}\mathrm{m}}\gamma_{\mathrm{B}}\pi+\overline{\Delta}_{\overline{\mathrm{B}}\mathrm{m}}\gamma_{\mathrm{A}}\pi+\gamma_{\mathrm{A}}\gamma_{\mathrm{B}}\frac{\pi}{4}\ (1+2\cos^2(\theta))$.

[144]

表 P.10.a 一个球在另一个球内, 栗弗席兹形式, 忽略推迟效应以及各磁性项

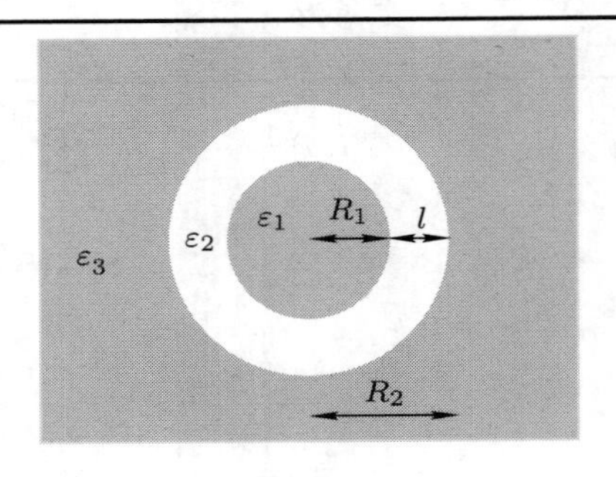

$$G_{\mathrm{sph}}(l;R_1,R_2)=kT\sum_{n=0}^{\infty}{}'\sum_{m=1}^{\infty}(2m+1)\ln$$
$$\times\left\{1-\frac{m(m+1)(\varepsilon_1-\varepsilon_2)(\varepsilon_3-\varepsilon_2)}{[(m+1)\varepsilon_2+m\varepsilon_1][m\varepsilon_2+(m+1)\varepsilon_3]}\left(\frac{R_1}{R_2}\right)^{2m+1}\right\}.$$

注意. 此能量是对界面能的补充, 会随着 l, R_1 和/或 R_2 而变化. 这里给出的能量是组成 (上边所示的) 1–2–3 构形的能量减去在介质 2 中形成半径 R_1、材料 1 的物体能量,

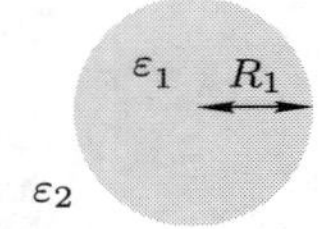

以及在介质 3 中形成半径 R_2、材料 2 的物体能量之差.

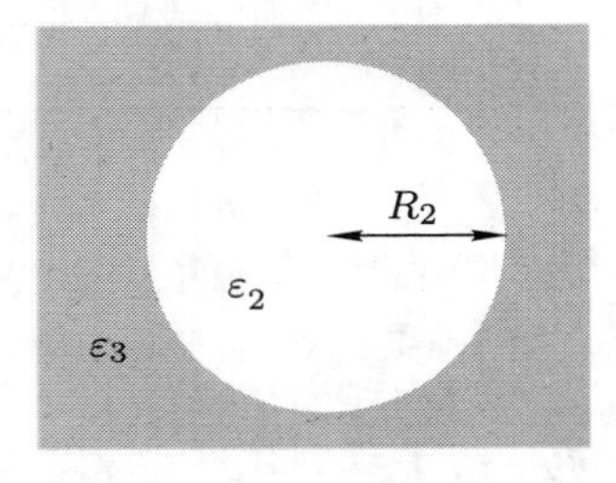

来源: $G_{\mathrm{sph}}(l;R_1,R_2)$ 出自于 V. A. Parsegian and G. H. Weiss, "Electrodynamic interaction between curved parallel surfaces," J. Chem. Phys. **60**, 5080–5085 (1974) 中的式 (33).

表 P.10.b 小球在一个同心的大球内, $R_1 \ll R_2$ 的特殊情形 [145]

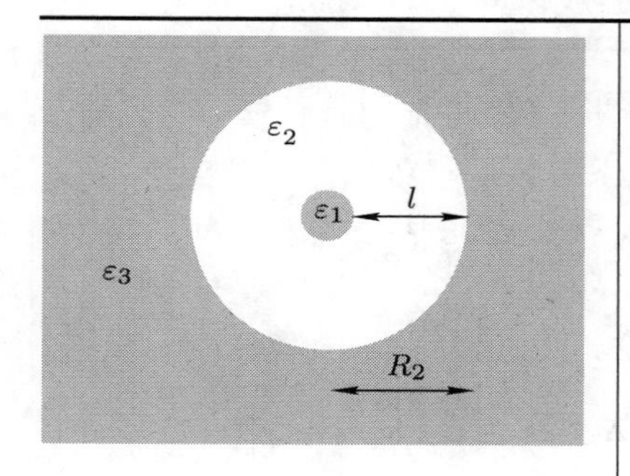

仅取 m = 1 项:

$$
\begin{aligned}
&G_{\mathrm{sph}}(l; R_1, R_2) \\
&= -6kT\left(\frac{R_1}{R_2}\right)^3 \sum_{n=0}^{\infty}{}' \frac{(\varepsilon_1-\varepsilon_2)(\varepsilon_3-\varepsilon_2)}{(\varepsilon_1+2\varepsilon_2)(\varepsilon_2+2\varepsilon_3)} \\
&\approx -\frac{8kT}{3}\left(\frac{R_1}{R_2}\right)^3 \sum_{n=0}^{\infty}{}' \frac{(\varepsilon_1-\varepsilon_2)(\varepsilon_3-\varepsilon_2)}{(\varepsilon_1+\varepsilon_2)(\varepsilon_2+\varepsilon_3)}, \\
&\varepsilon_1 \approx \varepsilon_2 \approx \varepsilon_3.
\end{aligned}
$$

比较: 在各 ε 值差异很小的极限下, 半径为 R 的球形点粒子与一个平表面发生相互作用 (见表 S.12.a, 把 R 替换为 R_1, z 替换为 $R_2 \approx l$, ε_{s} 替换为 ε_1, ε_m 替换为 ε_2, ε_{A}, 替换为 ε_3):

$$
\begin{aligned}
g_{\mathrm{p}}(z) &= -\frac{kT}{2}\left(\frac{R_1}{R_2}\right)^2 \sum_{n=0}^{\infty}{}' \frac{\varepsilon_1-\varepsilon_2}{\varepsilon_1+2\varepsilon_2}\frac{\varepsilon_3-\varepsilon_2}{\varepsilon_3+\varepsilon_2} \\
&\approx -\frac{kT}{3}\left(\frac{R_1}{R_2}\right)^3 \sum_{n=0}^{\infty}{}' \frac{\varepsilon_1-\varepsilon_m}{\varepsilon_1+\varepsilon_m}\frac{\varepsilon_3-\varepsilon_2}{\varepsilon_3+\varepsilon_2}.
\end{aligned}
$$

[146] **表 P.10.c 两个同心平行表面, $R_1 \approx R_2 \gg R_2 - R_1 = l$ 的特殊情形, 平面是微折的; 忽略推迟效应与各磁性项**

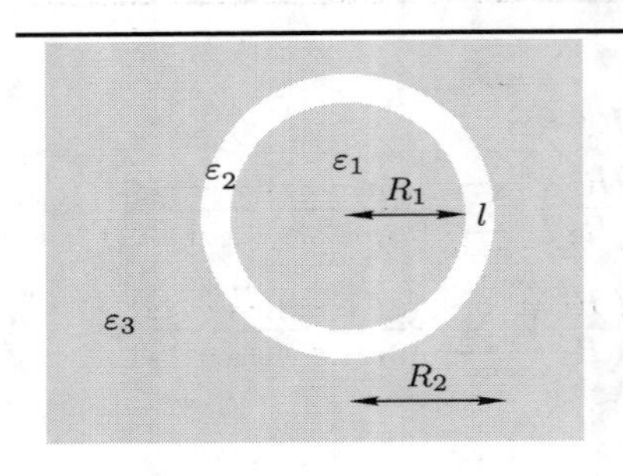

P.10.c.1 一球在另一球内

$$G_{\mathrm{sph}}(l;R_1\approx R_2)$$
$$=-\frac{kTR_1^2}{2l^2}\sum_{n=0}^{\infty}{}'\sum_{q=1}^{\infty}\frac{\overline{\Delta}_{12}\overline{\Delta}_{32}}{q^3}$$
$$-\frac{kTR_1}{2l}\sum_{n=0}^{\infty}{}'\Big[\sum_{q=1}^{\infty}\frac{\overline{\Delta}_{12}\overline{\Delta}_{32}}{q^3}$$
$$+(\overline{\Delta}_{12}-\overline{\Delta}_{32})\ln(1-\overline{\Delta}_{12}\overline{\Delta}_{32})\Big]+O\left[\ln\left(\frac{l}{R_1}\right)\right].$$

对球的面积 $4\pi R_1^2$ 归一化:

$$G_{\mathrm{sph}}(l;R_1\approx R_2)$$
$$=-\frac{kT}{8\pi l^2}\sum_{n=0}^{\infty}{}'\sum_{q=1}^{\infty}\frac{\overline{\Delta}_{12}\overline{\Delta}_{32}}{q^3}$$
$$-\frac{kT}{8\pi lR_1}\sum_{n=0}^{\infty}{}'\Big[\sum_{q=1}^{\infty}\frac{\overline{\Delta}_{12}\overline{\Delta}_{32}}{q^3}$$
$$+(\overline{\Delta}_{12}-\overline{\Delta}_{32})\ln(1-\overline{\Delta}_{12}\overline{\Delta}_{32})\Big]+\cdots.$$

这是两个平行平面之间的相互作用加上比其小一个因子 $\sim l/R_1$ 的修正项.
取至各 (很小的) $\overline{\Delta}$ 值的最低阶:

$$G_{\mathrm{sph}}(l;R_1\approx R_2)$$
$$=-\frac{kT}{8\pi l^2}\left(1+\frac{l}{R_1}\right)\sum_{n=0}^{\infty}{}'\overline{\Delta}_{12}\overline{\Delta}_{32}+\cdots+$$
$$=G_{\mathrm{planar}}(l)\left(1+\frac{l}{R_1}\right)+\cdots.$$

P.10.c.2 一个圆柱体在另一个圆柱体内每单位长度的能量:

$$G_{\mathrm{cyl}}(l;R_1\approx R_2)\sim-\frac{kTR_1}{4l^2}\sum_{n=0}^{\infty}{}'\sum_{q=1}^{\infty}\frac{\overline{\Delta}_{12}\overline{\Delta}_{32}}{q^3}$$
$$+\frac{kT}{4l}(\overline{\Delta}_{32}-\overline{\Delta}_{12})\sum_{n=0}^{\infty}{}'\sum_{q=1}^{\infty}\frac{\overline{\Delta}_{12}\overline{\Delta}_{32}}{q^2}$$

每单位面积的能量

$$G_{\mathrm{cyl}}(l;R_1\approx R_2)\sim-\frac{kT}{8\pi l^2}\sum_{n=0}^{\infty}{}'\sum_{q=1}^{\infty}\frac{\overline{\Delta}_{12}\overline{\Delta}_{32}}{q^3}$$
$$+\frac{kT}{8\pi lR_1}(\overline{\Delta}_{32}-\overline{\Delta}_{12})\sum_{n=0}^{\infty}{}'\sum_{q=1}^{\infty}\frac{\overline{\Delta}_{12}\overline{\Delta}_{32}}{q^2}.$$

表 P.10.c (续) [147]

	取至各 (很小的) $\overline{\Delta}$ 值的最低阶: $$\begin{aligned} &G_{\rm cyl}(l;R_1\approx R_2)\\ &\to -\frac{kT}{8\pi l^2}\sum_{n=0}^{\infty}{}'\overline{\Delta}_{12}\overline{\Delta}_{32}\\ &+\frac{kT}{8\pi lR_1}\sum_{n=0}^{\infty}{}'(\overline{\Delta}_{32}-\overline{\Delta}_{12})\overline{\Delta}_{12}\overline{\Delta}_{32}\\ &=G_{\rm planar}(l)+\frac{kT}{8\pi lR_1}\sum_{n=0}^{\infty}{}'\\ &(\overline{\Delta}_{32}-\overline{\Delta}_{12})\overline{\Delta}_{12}\overline{\Delta}_{32}. \end{aligned}$$ 材料 1 与材料 3 相同时, 每单位面积的能量为 $$\begin{aligned} &G_{\rm cyl}(l;R_1\approx R_2)\\ &=-\frac{kT}{8\pi l^2}\sum_{n=0}^{\infty}{}'\sum_{q=1}^{\infty}\frac{\overline{\Delta}_{12}\overline{\Delta}_{32}}{q^3}. \end{aligned}$$

注意: 球: 出自于V. A. Parsegian and G. H. Weiss, "Electrodynamic interaction between curved parallel surfaces," J. Chem. Phys. **60**, 5080–5085 (1974): 中的式 41:

$$\begin{aligned}\frac{G_n}{kT}&=-\frac{R_1^2}{2l^2}\sum_{q=1}^{\infty}\frac{\overline{\Delta}_{12}\overline{\Delta}_{32}}{q^3}-\frac{R_1}{2l}\sum_{q=1}^{\infty}\frac{\overline{\Delta}_{12}\overline{\Delta}_{32}}{q^3}-\frac{R_1}{2l}(\overline{\Delta}_{21}+\overline{\Delta}_{32})\ln(1-\overline{\Delta}_{12}\overline{\Delta}_{32})+\mathrm{O}\left[\ln\left(\frac{l}{R_1}\right)\right]\\ &=-\frac{R_1^2}{2l^2}\sum_{q=1}^{\infty}\frac{\overline{\Delta}_{12}\overline{\Delta}_{32}}{q^3}-\frac{R_1}{2l}\left[\sum_{q=1}^{\infty}\frac{\overline{\Delta}_{12}\overline{\Delta}_{32}}{q^3}+(\overline{\Delta}_{12}-\overline{\Delta}_{32})\ln(1-\overline{\Delta}_{12}\overline{\Delta}_{32})\right]+\mathrm{O}\left[\ln\left(\frac{l}{R_1}\right)\right].\end{aligned}$$

除以 $4\pi R_1^2$ 可以得到每单位面积的能量:

$$G_n=-\frac{kT}{8\pi l^2}\sum_{q=1}^{\infty}\frac{\overline{\Delta}_{12}\overline{\Delta}_{32}}{q^3}-\frac{kT}{8\pi R_1 l}\left[\sum_{q=1}^{\infty}\frac{\overline{\Delta}_{12}\overline{\Delta}_{32}}{q^3}+(\overline{\Delta}_{12}-\overline{\Delta}_{32})\ln(1-\overline{\Delta}_{12}\overline{\Delta}_{32})\right]+\mathrm{O}\left[\ln\left(\frac{l}{R_1}\right)/R_1^2\right].$$

取至各 $\overline{\Delta}$ 值的最低阶:

$$\begin{aligned}G_n&=-\frac{kT}{8\pi l^2}\overline{\Delta}_{12}\overline{\Delta}_{32}-\frac{kT}{8\pi R_1 l}[\overline{\Delta}_{12}\overline{\Delta}_{32}+(\overline{\Delta}_{12}-\overline{\Delta}_{32})\ln(1-\overline{\Delta}_{12}\overline{\Delta}_{32})]+\mathrm{O}\left[\ln\left(\frac{l}{R_1}\right)/R_1^2\right]\\ &\approx-\frac{kT}{8\pi l^2}\left(1+\frac{l}{R_1}\right)\overline{\Delta}_{12}\overline{\Delta}_{32}.\end{aligned}$$

对于材料 1 与材料 2 相同的情形:

$$G_n=-\frac{kT}{8\pi l^2}\overline{\Delta}_{12}^2-\frac{kT}{8\pi R_1 l}\overline{\Delta}_{12}^2=-\frac{kT}{8\pi l^2}\overline{\Delta}_{12}^2\left(1+\frac{l}{R_1}\right).$$

参见 A. A. Saharian, "Scalar Casimir effect for D-dimensional spherically symmetric Robin boundaries," Phys. Rev. D, 63, 125007 (2001) 以及其中的参考文献.

圆柱体: 出自于 V. A. Parsegian and G. H. Weiss, "Electrodynamic interaction between curved parallel surfaces," J. Chem. Phys. **60**, 5080–5085 (1974) 中的式 28:

$$G_{\rm cyl}(l)\sim-\frac{kTR_1}{4l^2}\sum_{n=0}^{\infty}{}'\sum_{q=1}^{\infty}\frac{\overline{\Delta}_{12}\overline{\Delta}_{32}}{q^3}+\frac{kT}{4l}(\overline{\Delta}_{32}-\overline{\Delta}_{12})\sum_{n=0}^{\infty}{}'\sum_{q=1}^{\infty}\frac{\overline{\Delta}_{12}\overline{\Delta}_{32}}{q^2}.$$

除以 $2\pi R_1$ 可以得到每单位面积的能量.

$$G_{\rm cyl}(l)\sim-\frac{kT}{8\pi l^2}\sum_{n=0}^{\infty}{}'\sum_{q=1}^{\infty}\frac{\overline{\Delta}_{12}\overline{\Delta}_{32}}{q^3}+\frac{kT}{8\pi lR_1}(\overline{\Delta}_{32}-\overline{\Delta}_{12})\sum_{n=0}^{\infty}{}'\sum_{q=1}^{\infty}\frac{\overline{\Delta}_{12}\overline{\Delta}_{32}}{q^2}.$$

参见 F. D. Mazzitelli, M. J. Sanchez, N. N. Scoccala, and J. von Stecher, "Casimir interaction between two concentric cylinders: exact versus semiclassical result," Phys. Rev. A, 67, 013807 (2003) 以及其中的参考文献.

[148]

表 P.10.c (续)

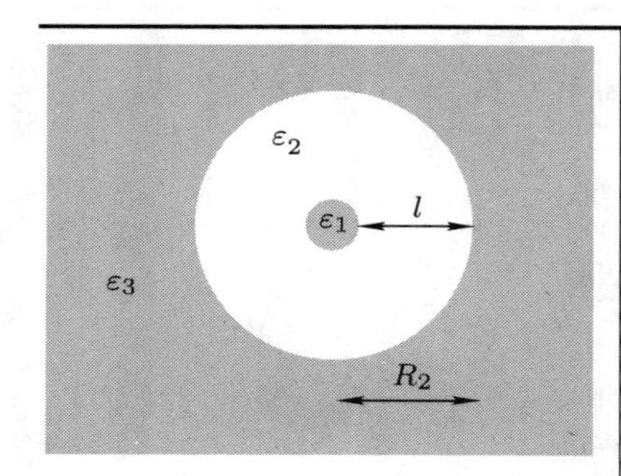

P.10.c.3 细圆柱体在同心的大圆柱体内, $R_1 \ll R_2$ 的特殊情形:

在 Hamaker 近似中,

$$G_{\mathrm{cyl}}(l; R_1, R_2) \approx -\frac{9A_{\mathrm{H}}}{4}\frac{\pi R_1^2}{R_2^2}$$

对各微元间相互作用

$$-\frac{A_{\mathrm{H}}}{\pi^2}\frac{\mathrm{d}V_1\mathrm{d}V_2}{r^6}$$

计算 Hamaker 积分 (见 L2.3.D 部分).

由于内圆柱体的半径 $R_1 \ll l \approx R_2$, 故两个体积元之间的距离 r 满足 $r^2 = r_2^2 + z_2^2, R_2 \leqslant r_2 < \infty, -\infty < z_2 < +\infty$ (z_2 垂直于图所在的平面), 每单位长度的体积 $\mathrm{d}V_1 = \pi R_1^2$; 每单位长度的体积 $\mathrm{d}V_2 = 2\pi r_2 \mathrm{d}r_2 \mathrm{d}z_2$.

待求的积分为

$$\begin{aligned}
&-\frac{A_{\mathrm{H}}}{\pi^2}\pi R_1^2 2\pi \int_{-\infty}^{\infty}\int_{l}^{\infty}\frac{r_2\mathrm{d}r_2\mathrm{d}z_2}{(r_2^2+z_2^2)^3} \\
&= -\frac{A_{\mathrm{H}}}{4}3\pi R_1^2 \int_{l}^{\infty}\frac{\mathrm{d}r_2}{r_2^4} \\
&= -\frac{9A_{\mathrm{H}}}{4}\frac{\pi R_1^2}{l^3} \approx -\frac{9A_{\mathrm{H}}}{4}\frac{\pi R_1^2}{R_2^2},
\end{aligned}$$

其中

$$\int_{-\infty}^{\infty}\frac{\mathrm{d}z_2}{(r_2^2+z_2^2)^3} = \frac{3\pi}{8r_2^5}.$$

(I. S. Gradshteyn and I. M. Ryzhik, *Table of Integrals, Series, and Products*, Academic Press, New York, 1965, 式 3.252.2).

L2.2.B 在球形几何构形中的公式列表

表 S.1 各球的间距小于其半径, 由栗弗席兹的平面结果得到 Derjaguin 变换, 包括推迟效应和所有的更高阶相互作用 [149]

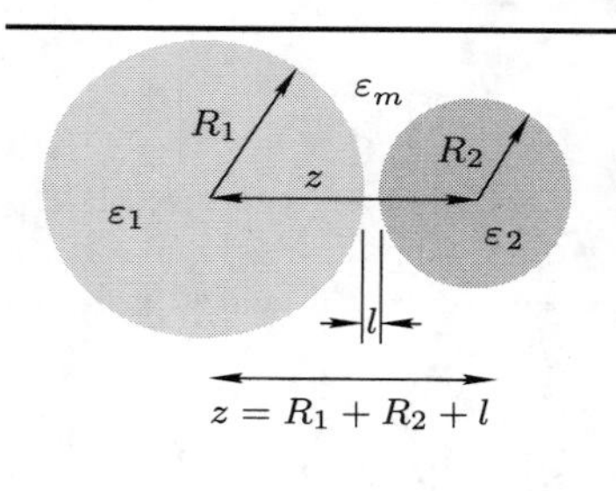

S.1.a 力

$$F_{ss}(l; R_1, R_2) = \frac{2\pi R_1 R_2}{(R_1+R_2)} G_{pp}(l) = -\frac{kT}{4l^2}\frac{R_1R_2}{R_1+R_2}\sum_{n=0}^{\infty}{}' r_n^2 \sum_{q=1}^{\infty}\frac{1}{q} \times \int_1^{\infty} p[(\overline{\Delta}_{1m}\overline{\Delta}_{2m})^q + (\Delta_{1m}\Delta_{2m})^q]\mathrm{e}^{-r_n pq}\mathrm{d}p. \quad [(L2.108)]$$

S.1.b 相互作用自由能

$$G_{ss}(l; R_1, R_2) = -\frac{kT}{4l}\frac{R_1R_2}{R_1+R_2}\sum_{n=0}^{\infty}{}' r_n \sum_{q=1}^{\infty}\frac{1}{q^2} \times \int_1^{\infty} [(\overline{\Delta}_{1m}\overline{\Delta}_{2m})^q + (\Delta_{1m}\Delta_{2m})^q]\mathrm{e}^{-r_n pq}\mathrm{d}p, \quad [(L2.113)]$$

$$\overline{\Delta}_{ji} = \frac{S_i\varepsilon_j - S_j\varepsilon_i}{S_i\varepsilon_j + S_j\varepsilon_i}, \overline{\Delta}_{ji} = \frac{S_i\mu_j - S_j\mu_i}{S_i\mu_j + S_j\mu_i},$$

$$S_i = \sqrt{p^2 - 1 + (\varepsilon_i\mu_i/\varepsilon_m\mu_m)},$$

$$r_n = (2l\varepsilon_m^{1/2}\mu_m^{1/2}/c)\xi_n.$$

S.1.c 非推迟极限

$$G_{ss}(l; R_1, R_2) = -\frac{kT}{4l}\frac{R_1R_2}{R_1+R_2} \sum_{n=0}^{\infty}{}'\sum_{q=1}^{\infty}\frac{(\overline{\Delta}_{1m}\overline{\Delta}_{2m})^q + (\Delta_{1m}\Delta_{2m})^q}{q^3} \quad [(L2.115)]$$

S.1.c.1 半径相同的两球

$$R_2 = R_1 = R, \frac{R_1R_2}{R_1+R_2} = \frac{R}{2}.$$

S.1.c.2 一球与一平面, $R_2 \to \infty$

$$R_1 = R, \frac{R_1R_2}{R_1+R_2} = R.$$

注意: 由自由能导出的力:

$$F_{ss}(l; R_1, R_2) = \frac{2\pi R_1R_2}{R_1+R_2}G_{pp}(l); G_{pp}(l) = -\frac{kT}{8\pi l^2}\sum_{n=0}^{\infty}{}' r_n^2\sum_{q=1}^{\infty}\frac{1}{q}\int_1^{\infty} p[(\overline{\Delta}_{1m}\overline{\Delta}_{2m})^q + (\Delta_{1m}\Delta_{2m})^q]\mathrm{e}^{-r_n pq}\mathrm{d}p,$$

$$F_{ss}(l; R_1, R_2) = -\frac{kT}{4l^2}\frac{R_1R_2}{R_1+R_2}\sum_{n=0}^{\infty}{}' r_n^2\sum_{q=1}^{\infty}\frac{1}{q}\int_1^{\infty} p[(\overline{\Delta}_{1m}\overline{\Delta}_{2m})^q + (\Delta_{1m}\Delta_{2m})^q]\mathrm{e}^{-r_n pq}\mathrm{d}p.$$

[150]

表 S.2 球 – 球相互作用, 极限形式

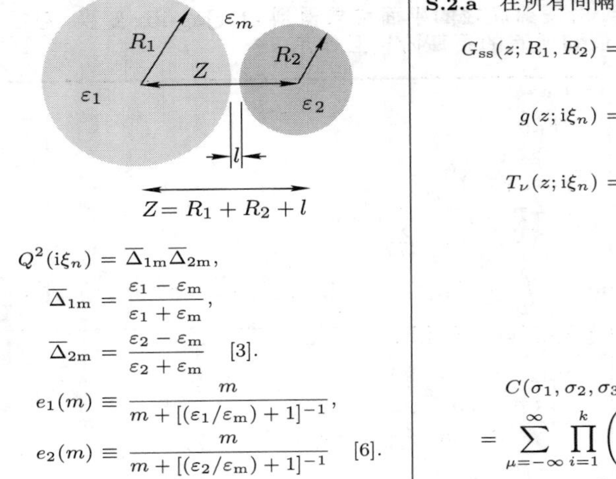

$$Q^2(\mathrm{i}\xi_n) = \overline{\Delta}_{1\mathrm{m}}\overline{\Delta}_{2\mathrm{m}},$$
$$\overline{\Delta}_{1\mathrm{m}} = \frac{\varepsilon_1 - \varepsilon_\mathrm{m}}{\varepsilon_1 + \varepsilon_\mathrm{m}},$$
$$\overline{\Delta}_{2\mathrm{m}} = \frac{\varepsilon_2 - \varepsilon_\mathrm{m}}{\varepsilon_2 + \varepsilon_\mathrm{m}} \quad [3].$$
$$e_1(m) \equiv \frac{m}{m + [(\varepsilon_1/\varepsilon_\mathrm{m}) + 1]^{-1}},$$
$$e_2(m) \equiv \frac{m}{m + [(\varepsilon_2/\varepsilon_\mathrm{m}) + 1]^{-1}} \quad [6].$$

S.2.a 在所有间隔处, 多体展开至全部阶, 无推迟效应

$$G_{\mathrm{ss}}(z; R_1, R_2) = -kT \sum_{n=0}^{\infty}{}' g(z; \mathrm{i}\xi_n) \quad [1],$$
$$g(z; \mathrm{i}\xi_n) = \sum_{\nu=1}^{\infty} T_\nu(z; \mathrm{i}\xi_n) \frac{Q^{2\nu}(\mathrm{i}\xi_n)}{\nu} \quad [2],$$
$$T_\nu(z; \mathrm{i}\xi_n) = \sum_{m_1=1}^{\infty} \cdots \sum_{n_\nu=1}^{\infty} C(m_1, n_1, m_2, n_2, \cdots, m_\nu, n_\nu) \times \prod_{i=1}^{\nu} e_1(m_i) e_2(n_i) \left(\frac{R_1}{z}\right)^{2m_i+1} \left(\frac{R_2}{z}\right)^{2n_i+1} \quad [4],$$
$$C(\sigma_1, \sigma_2, \sigma_3, \sigma_4, \cdots, \sigma_k) = \sum_{\mu=-\infty}^{\infty} \prod_{i=1}^{k} \begin{pmatrix} \sigma_i + \sigma_{i+1} \\ \sigma_i + \mu \end{pmatrix}, \sigma_{k+1} = \sigma_1 \quad [5],$$
$$C(\sigma) = 4^\sigma, C(\sigma_1, \sigma_2) = \begin{pmatrix} 2\sigma_1 + 2\sigma_2 \\ 2\sigma_1 \end{pmatrix} \quad [7].$$

来源: D. Langbein, *Van der Waals Attraction*, Springer Tracts in Modern physics (Springer-Verlag, Berlin, 1974) (以后记作 L1974) 中 4.2 部分的原始多体公式, 以及 "Non-retarded dispersion energy between macroscopic spheres," J. Phys. Chem. Solids, **32**, 1657 (1971) (以后记作 L1974). 这里陈述的内容可以在 J. E. Kiefer, V. A. Parsegian, and G. H. Weiss, "Some convenient bounds and approximations for many body van der Waals attraction between two spheres," J. Colloid Interface Sci., **63**, 140–153 (1978) (以后记作 KPW1978) 中的记号部分找到. [ ] 中的序号对应于 KPW1978 中的那些序号.

这里用到的方程 [1] 的系数与 KPW1978 中不同, 因为用关于 $\xi_n = (2\pi kT/\hbar)n$ 的求和替代积分会产生一个因子 $2\pi kT/\hbar$: $\frac{\hbar}{8\pi^2}\int_{-\infty}^{\infty} \mathrm{d}\xi = \frac{\hbar}{2\pi}\int_0^{\infty} \mathrm{d}\xi = \frac{\hbar}{2\pi}\frac{2\pi kT}{\hbar}\int_0^{\infty} \mathrm{d}n = kT\sum_{n=0}^{\infty}{}'$.

这里以及 KPW1978 中关于 $e_1(m), e_2(m)$ 的方程 [6] 来源于 L1971 中关于 $\eta_1(m)$, $\eta_2(m)$ 的式 (10), 即把 $Q^2(\mathrm{i}\xi_n) = \overline{\Delta}_{1\mathrm{m}}\overline{\Delta}_{2\mathrm{m}}$, 分解为: $e_1(m) = \eta_1(m)\overline{\Delta}_{1\mathrm{m}}, e_2(m) = \eta_2(m)\overline{\Delta}_{2\mathrm{m}}$.

[5] 中的求和 $\sum_{\mu=-\infty}^{\infty}$ 非常庞大, 意味着 "包括不会出现负数的 (零值) 阶乘的所有 μ 值." 把 [5] 中的乘积展开,

$$\prod_{i=1}^{k} \begin{pmatrix} \sigma_\mathrm{i} + \sigma_{\mathrm{i}+1} \\ \sigma_\mathrm{i} + \mu \end{pmatrix} = \frac{(\sigma_1 + \sigma_2)!}{(\sigma_1 + \mu)!(\sigma_2 - \mu)!} \frac{(\sigma_2 + \sigma_3)!}{(\sigma_2 + \mu)!(\sigma_3 - \mu)!} \cdots \frac{(\sigma_k + \sigma_1)!}{(\sigma_k + \mu)!(\sigma_1 - \mu)!}$$
$$= \frac{\prod_{i=1}^{k}(\sigma_i + \sigma_{i+1})!}{\prod_{i=1}^{k}(\sigma_i + \mu)!(\sigma_{i+1} - \mu)!},$$

可以清楚地看到为什么 μ 值不可能大于各 σ_i 的最小值.

在 [7] 中, $C(\sigma) = \sum_{\mu=-\sigma}^{+\sigma} \begin{pmatrix} \sigma + \sigma \\ \sigma + \mu \end{pmatrix} = (2\sigma)^2 = 4^\sigma$ 来自于二次项系数之和; 关于 $C(\sigma_1, \sigma_2)$, 参见 L1971 的式 (15) 和 L1974 的式 (4.33). J. D. Love, "On the van der Waals force between two spheres or a sphere and a wall," J. Chem. Soc. Faraday Trans. 2, **73**, 669–668 (1977) 一文用类似的思路处理了球 – 球相互作用.

表 S.2 (续) [151]

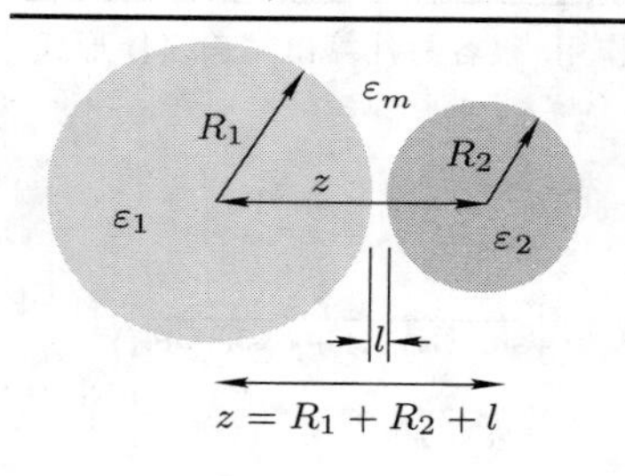

S.2.b 对长距离极限展开的球 – 球相互作用, 忽略推迟效应

$$G_{ss}(z) = -kT\sum_{n=0}^{\infty}{}'\Big[\sum_{n_1=1}^{\infty}\eta_1(n_1)\left(\frac{R_1}{z}\right)^{2n_1+1}$$

$$\sum_{n_2=1}^{\infty}\eta_2(n_2)\left(\frac{R_2}{z}\right)^{2n_2+1}\frac{(2n_1+2n_2)!}{(2n_1)!(2n_2)!}\Big],$$

$$\eta_1(n_1) \equiv \frac{n_1(\varepsilon_1-\varepsilon_m)}{n_1(\varepsilon_1+\varepsilon_m)+\varepsilon_m};$$

$$\eta_2(n_2) \equiv \frac{n_2(\varepsilon_2-\varepsilon_m)}{n_2(\varepsilon_2+\varepsilon_m)+\varepsilon_m}$$

$n_1, n_2 = 1, 2, \cdots$; ε's are $\varepsilon(\mathrm{i}\xi_n)$.

$R_1, R_2 \ll z$(仅计入 $n_1 = n_2 = 1$ 项):

$$G_{ss}(z; R_1, R_2) \to -kT\frac{R_1^3R_2^3}{z^6}$$

$$\sum_{n=0}^{\infty}{}'\left[\frac{(\varepsilon_1-\varepsilon_m)}{\varepsilon_1+2\varepsilon_m}\frac{(\varepsilon_2-\varepsilon_m)}{\varepsilon_2+2\varepsilon_m}\right].$$

注意: 比 Hamaker 极限好一些, 但仍然只适用于极化率 $(\varepsilon_1-\varepsilon_m)$ 和 $(\varepsilon_2-\varepsilon_m)$ 有小差异的情形, 参见 L1974 的方程 (4.32) 和 (4.33).

[152]

表 S.2 (续)

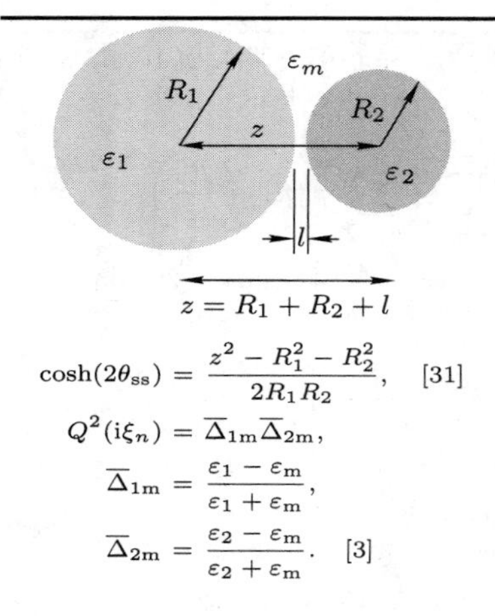

$$\cosh(2\theta_{\rm ss}) = \frac{z^2 - R_1^2 - R_2^2}{2R_1R_2}, \quad [31]$$

$$Q^2(\mathrm{i}\xi_n) = \overline{\Delta}_{1\rm m}\overline{\Delta}_{2\rm m},$$

$$\overline{\Delta}_{1\rm m} = \frac{\varepsilon_1 - \varepsilon_{\rm m}}{\varepsilon_1 + \varepsilon_{\rm m}},$$

$$\overline{\Delta}_{2\rm m} = \frac{\varepsilon_2 - \varepsilon_{\rm m}}{\varepsilon_2 + \varepsilon_{\rm m}}. \quad [3]$$

S.2.c 球 – 球相互作用, 很容易计算出精确多体形式的准确近似, 无推迟效应

$$G_{\rm ss}(z; R_1, R_2) = -kT\sum_{n=0}^{\infty}{}' g(z; \mathrm{i}\xi_n) \quad [1],$$

$$g(z, \mathrm{i}\xi_n) = \sum_{\nu=1}^{\infty}\left\{\frac{1}{8\nu}\left[\frac{1}{\sinh^2(\nu\theta_{\rm ss}) + \cosh^2(\nu\theta_{\rm ss})}\right] + P_\nu\right\}\widetilde{Q}^{2\nu} \quad [51];$$

关于 P_ν, 见下列方程

易于计算的近似: 利用 $\widetilde{Q} = Q_{\rm E}(z, \mathrm{i}\xi_n; R_1, R_2) = (x_3/E_{22})^{1/2}Q$ [41].

不太容易的近似: 利用 $\widetilde{Q} = Q_{\rm NSE}(z, \mathrm{i}\xi_n; R_1, R_2) = (\widetilde{T}/E_{22})^{1/2}Q$ [35].

注意:

$$E_{11} = E_{11}(z; R_1, R_2) = \frac{R_1R_2}{2}\left[\frac{1}{z^2 - (R_1+R_2)^2} + \frac{1}{z^2 - (R_1-R_2)^2}\right] + \frac{1}{4}\ln\left[\frac{z^2 - (R_1+R_2)^2}{z^2 - (R_1-R_2)^2}\right] \quad [36],$$

$$E_{22} = E_{22}(z; R_1, R_2) = \frac{R_1R_2}{2}\left[\frac{1}{z^2 - (R_1+R_2)^2} + \frac{1}{z^2 - (R_1-R_2)^2} - \frac{1}{z^2 - R_1^2} - \frac{1}{z^2 - R_2^2} + 1\right] \quad [33],$$

$$E_{12} = E_{12}(z; R_1, R_2) = \frac{R_1R_2}{2}\left[\frac{1}{z^2 - (R_1+R_2)^2} + \frac{1}{z^2 - (R_1-R_2)^2} - \frac{1}{z^2 - R_1^2}\right] - \frac{R_2}{4z}\ln\left[\frac{(z+R_1+R_2)(z+R_1-R_2)(z-R_1)^2}{(z-R_1+R_2)(z-R_1-R_2)(z+R_1)^2}\right] \quad [37],$$

$E_{21} = E_{21}(z; R_1, R_2) = E_{12}(z; R_2, R_1)$, 即与 $E_{12}(z; R_1, R_2)$ 相同的函数, 但其中的 R_1 和 R_2 位置对换.

$$x_1 = x_1(z, \mathrm{i}\xi_n; R_1, R_2) = E_{22}\frac{\varepsilon_1 + \varepsilon_{\rm m}}{\varepsilon_1 - \varepsilon_{\rm m} + 2\varepsilon_{\rm m}(E_{22}/E_{12})} \quad [38],$$

$$x_2 = x_2(z, \mathrm{i}\xi_n; R_1, R_2) = E_{21}\frac{\varepsilon_1 + \varepsilon_{\rm m}}{\varepsilon_1 - \varepsilon_{\rm m} + 2\varepsilon_{\rm m}(E_{21}/E_{11})} \quad [39],$$

$$x_3 = x_3(z, \mathrm{i}\xi_n; R_1, R_2) = x_1\frac{\varepsilon_2 + \varepsilon_{\rm m}}{\varepsilon_2 - \varepsilon_{\rm m} + 2\varepsilon_{\rm m}(x_1/x_2)} \quad [40],$$

$$\widetilde{T} = \widetilde{T}(z, \mathrm{i}\xi_n; R) = E_{22} + \sum_{m=1}^{\infty}\sum_{m'=1}^{\infty}\binom{2m+2m'}{2m}\cdot \frac{m}{m + [(\varepsilon_{\rm s}/\varepsilon_{\rm m})+1]^{-1}}\frac{m'}{m' + [(\varepsilon_{\rm s}/\varepsilon_{\rm m})+1]^{-1}}\left(\frac{R}{z}\right)^{2m+2m'+2} \quad [34],$$

$$P_\nu = \sum_{k=1}^{2\nu}\frac{(-1)^k}{k}[f(k, 2\nu) + g(k, 2\nu)] \quad [50],$$

其中 $f(k, 2\nu)$ 和 $g(k, 2\nu)$ 的形式与它们的自变量有关.

$$f(1, m) = 1/f_{\rm m} \text{ 和 } g(1, m) = 1/g_{\rm m}, \quad [46]$$

$$f_{\rm m} = g_{\rm m} = \frac{z}{\sqrt{R_1R_2}}\frac{\sinh[(m+1)\theta_{\rm ss}]}{\sinh(2\theta_{\rm ss})}, m \text{ 为奇数} \quad [42], [43];$$

表 S.2 (续) [153]

$$f_{\mathrm{m}} = \frac{\sinh[(m+2)\theta_{\mathrm{ss}}]}{\sinh(2\theta_{\mathrm{ss}})} + \frac{R_2}{R_1}\frac{\sinh(m\theta_{\mathrm{ss}})}{\sinh(2\theta_{\mathrm{ss}})}, m \text{ 为偶数} \quad [44];$$

$$g_{\mathrm{m}} = \frac{\sinh[(m+2)\theta_{\mathrm{ss}}]}{\sinh(2\theta_{\mathrm{ss}})} + \frac{R_1}{R_2}\frac{\sinh(m\theta_{\mathrm{ss}})}{\sinh(2\theta_{\mathrm{ss}})}, m \text{ 为偶数} \quad [45].$$

因此, 对于 m 为偶数的情形

$$f(k,m) = \sum_{j=1}^{m+1-k} f(1,j)f(k-1,m-j) \quad [47],$$

$$g(k,m) = \sum_{j=1}^{m+1-k} g(1,j)g(k-1,m-j) \quad [47],[48].$$

对于 m 为奇数的情形

$$f(k,m) = g(k,m) = \sum_{j=1}^{m+1-k} f(1,j)f(k-1,m-j) = \sum_{j=1}^{m+1-k} g(1,j)g(k-1,m-j) \quad [49].$$

来源: 出自于 KPW1978. [ ] 中的数字对应于 KPW1978 中的那些数字. 这里的下标 "E" 对应于那篇文章中的 "容易的近似", "NSE" 表示 "不太容易的近似". 容易的近似在 ~1% 的程度上是好的; NSE 则在 ~0.2% 的程度上是好的.

原始的多体形式可以在 L1974 和 L1971 中找到. 用关于 $\xi_n = (2\pi kT/\hbar)n$ 的求和代替积分, 会产生一个因子 $2\pi kT/\hbar$, 所以方程 [1] 的系数有所不同.

[154]

表 S.2 (续)

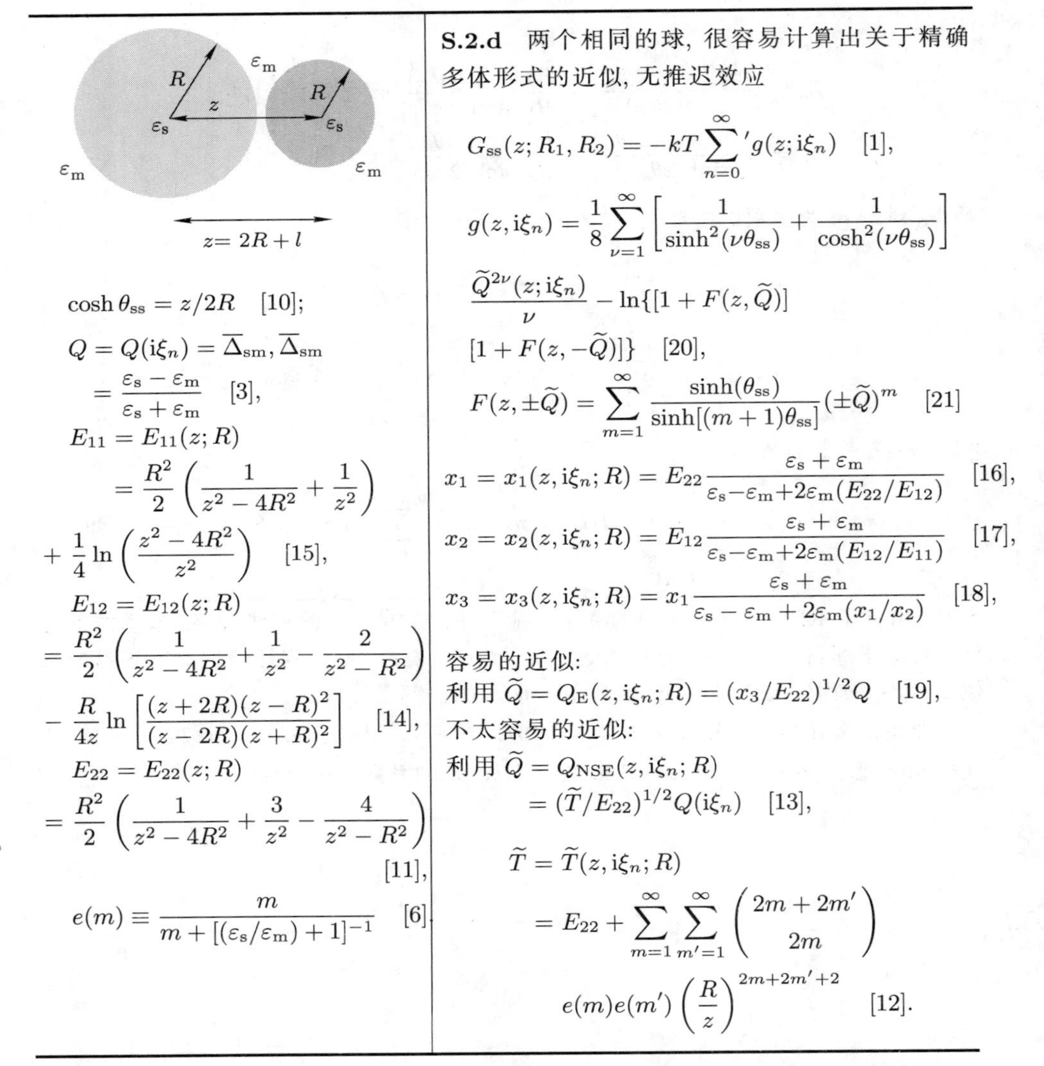

$$\cosh\theta_{ss} = z/2R \quad [10];$$

$$Q = Q(\mathrm{i}\xi_n) = \overline{\Delta}_{sm}, \overline{\Delta}_{sm} = \frac{\varepsilon_s - \varepsilon_m}{\varepsilon_s + \varepsilon_m} \quad [3],$$

$$E_{11} = E_{11}(z;R) = \frac{R^2}{2}\left(\frac{1}{z^2-4R^2} + \frac{1}{z^2}\right) + \frac{1}{4}\ln\left(\frac{z^2-4R^2}{z^2}\right) \quad [15],$$

$$E_{12} = E_{12}(z;R) = \frac{R^2}{2}\left(\frac{1}{z^2-4R^2} + \frac{1}{z^2} - \frac{2}{z^2-R^2}\right) - \frac{R}{4z}\ln\left[\frac{(z+2R)(z-R)^2}{(z-2R)(z+R)^2}\right] \quad [14],$$

$$E_{22} = E_{22}(z;R) = \frac{R^2}{2}\left(\frac{1}{z^2-4R^2} + \frac{3}{z^2} - \frac{4}{z^2-R^2}\right) \quad [11],$$

$$e(m) \equiv \frac{m}{m + [(\varepsilon_s/\varepsilon_m)+1]^{-1}} \quad [6]$$

S.2.d 两个相同的球, 很容易计算出关于精确多体形式的近似, 无推迟效应

$$G_{ss}(z;R_1,R_2) = -kT\sum_{n=0}^{\infty}{}' g(z;\mathrm{i}\xi_n) \quad [1],$$

$$g(z,\mathrm{i}\xi_n) = \frac{1}{8}\sum_{\nu=1}^{\infty}\left[\frac{1}{\sinh^2(\nu\theta_{ss})} + \frac{1}{\cosh^2(\nu\theta_{ss})}\right] \frac{\widetilde{Q}^{2\nu}(z;\mathrm{i}\xi_n)}{\nu} - \ln\{[1+F(z,\widetilde{Q})][1+F(z,-\widetilde{Q})]\} \quad [20],$$

$$F(z,\pm\widetilde{Q}) = \sum_{m=1}^{\infty}\frac{\sinh(\theta_{ss})}{\sinh[(m+1)\theta_{ss}]}(\pm\widetilde{Q})^m \quad [21]$$

$$x_1 = x_1(z,\mathrm{i}\xi_n;R) = E_{22}\frac{\varepsilon_s+\varepsilon_m}{\varepsilon_s-\varepsilon_m+2\varepsilon_m(E_{22}/E_{12})} \quad [16],$$

$$x_2 = x_2(z,\mathrm{i}\xi_n;R) = E_{12}\frac{\varepsilon_s+\varepsilon_m}{\varepsilon_s-\varepsilon_m+2\varepsilon_m(E_{12}/E_{11})} \quad [17],$$

$$x_3 = x_3(z,\mathrm{i}\xi_n;R) = x_1\frac{\varepsilon_s+\varepsilon_m}{\varepsilon_s-\varepsilon_m+2\varepsilon_m(x_1/x_2)} \quad [18],$$

容易的近似:

利用 $\widetilde{Q} = Q_{\mathrm{E}}(z,\mathrm{i}\xi_n;R) = (x_3/E_{22})^{1/2}Q \quad [19],$

不太容易的近似:

利用 $\widetilde{Q} = Q_{\mathrm{NSE}}(z,\mathrm{i}\xi_n;R) = (\widetilde{T}/E_{22})^{1/2}Q(\mathrm{i}\xi_n) \quad [13],$

$$\widetilde{T} = \widetilde{T}(z,\mathrm{i}\xi_n;R) = E_{22} + \sum_{m=1}^{\infty}\sum_{m'=1}^{\infty}\binom{2m+2m'}{2m} e(m)e(m')\left(\frac{R}{z}\right)^{2m+2m'+2} \quad [12].$$

来源: 出自于 KPW1978. [ ] 中的数字对应于源文章中的那些数字. 这里的下标 “E” 对应于那篇文章中的 “容易的近似”, “NSE” 表示 “不太容易的近似”. 用关于 $\xi_n = (2\pi kT/\hbar)n$ 的求和替代积分, 会产生一个因子 $2\pi kT/\hbar$, 故方程 [1] 的系数有所不同. 原始的多体形式可以在 L1974 和 L1971 中找到.

表 S.3 球 – 球相互作用, Hamaker 混合形式

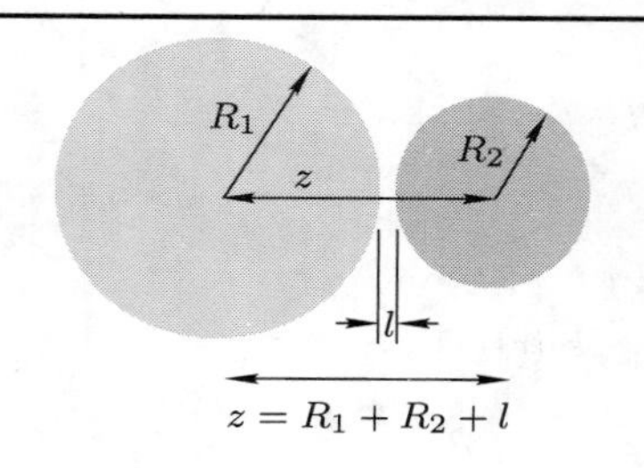

S.3.a Hamaker 求和

$$G_{\mathrm{ss}}(z;R_1,R_2) = -\frac{A_{1\mathrm{m}/2\mathrm{m}}}{3}\left[\frac{R_1R_2}{z^2-(R_1+R_2)^2}+\frac{R_1R_2}{z^2-(R_1-R_2)^2}+\frac{1}{2}\ln\frac{z^2-(R_1+R_2)^2}{z^2-(R_1-R_2)^2}\right].$$

S.3.b.1 点粒子极限

$$G_{\mathrm{ss}}(z;R_1,R_2) \to -\frac{R_1^3R_2^3}{z^6}\frac{16}{9}A_{1\mathrm{m}/2\mathrm{m}} = -\frac{V_1V_2}{\pi^2z^6}A_{1\mathrm{m}/2\mathrm{m}}.$$

R_1 和 $R_2 \ll z \approx l, V_1, V_2$ 是球体积.

S.3.b.2 近接触极限

$$G_{\mathrm{ss}}(z;R_1,R_2) = -\frac{A_{1\mathrm{m}/2\mathrm{m}}}{6}\frac{R_1R_2}{(R_1+R_2)l},$$

$$l \ll R_1 \text{ 或 } R_2,$$

$$A_{1\mathrm{m}/2\mathrm{m}} \approx \frac{3kT}{2}\sum_{n=0}^{\infty}{}'\frac{\varepsilon_1-\varepsilon_{\mathrm{m}}}{\varepsilon_1+\varepsilon_{\mathrm{m}}}\frac{\varepsilon_2-\varepsilon_{\mathrm{m}}}{\varepsilon_2+\varepsilon_{\mathrm{m}}}.$$

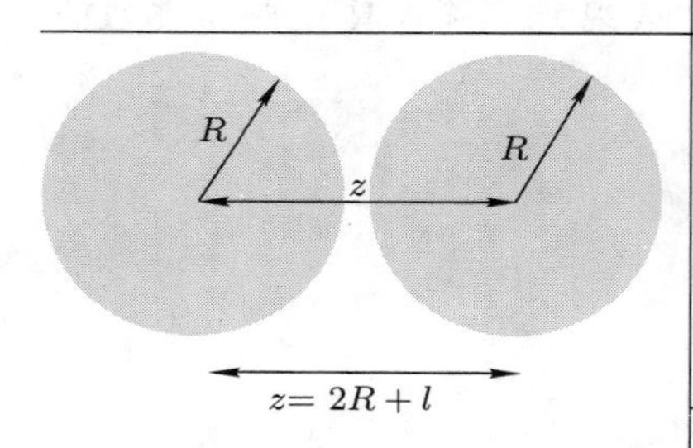

S.3.b.3 相同尺寸的两球

$$R_1 = R_2 = R:$$

$$G_{\mathrm{ss}}(z;R) = -\frac{A_{1\mathrm{m}/2\mathrm{m}}}{3}\left[\frac{R^2}{z^2-4R^2}+\frac{R^2}{z^2}+\frac{1}{2}\ln\left(1-\frac{4R^2}{z^2}\right)\right].$$

S.3.b.4 相同尺寸的两球, 间隔很大

$$R \ll z \approx l, G_{\mathrm{ss}}(z;R) \to -\frac{R^6}{z^6}\frac{16}{9}A_{1\mathrm{m}/2\mathrm{m}} = -\frac{V_2}{\pi^2z^6}A_{1\mathrm{m}/2\mathrm{m}}.$$

注意: 对于相同的两球, 很容易得到长距离极限下的系数, 对于 $R_1 \neq R_2$ 也几乎可以同样容易得到. 令 $\alpha \equiv (2R)^2/z^2$; 展开为

$$[\,] = \frac{\alpha}{4}\frac{1}{1-\alpha}+\frac{\alpha}{4}+\frac{1}{2}\ln(1-\alpha) = \frac{\alpha}{4}(1+\alpha+\alpha^2+1)+\frac{1}{2}\left(-\alpha-\frac{\alpha^2}{2}-\frac{\alpha^3}{3}\right) = \left(\frac{1}{4}-\frac{1}{6}\right)\alpha^3,$$

因此

$$\frac{A}{3}\frac{\alpha^3}{12} = \frac{A}{3}\frac{(2R)^6}{12z^6} = \frac{R^6}{z^6}\frac{16}{9}A.$$

[156]

表 S.4 毛茸茸的球, 介电响应沿径向变化

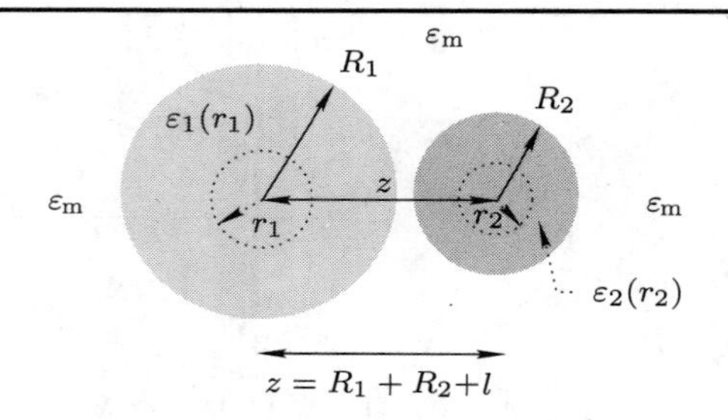

S.4.a ε 值有小差异, 无推迟效应

$$G_\mathrm{ss}(z) = -\frac{kT}{8}\sum_{n=0}^{\infty}{}' \int_0^{R_1} \mathrm{d}r_1 \frac{\mathrm{d}\ln[\varepsilon_1(r_1)]}{\mathrm{d}r_1} \int_0^{R_2} \mathrm{d}r_2 \frac{\mathrm{d}\ln[\varepsilon_2(r_2)]}{\mathrm{d}r_2} K(r_1, r_2),$$

$$K(r_1, r_2) = \left[\frac{r_1 r_2}{z^2 - (r_1 + r_2)^2} + \frac{r_1 r_2}{z^2 - (r_1 - r_2)^2} + \frac{1}{2}\ln\frac{z^2 - (r_1 + r_2)^2}{z^2 - (r_1 - r_2)^2}\right].$$

注意: 各 ε 的值域有小差异, 对连续变化的介电响应求和. $K(r_1, r_2)$ 的积分 (出自于 L1974 的 Eq.4.101) 区间与 Hamaker 成对求和极限下的球 – 球相互作用的几何形式相同. 把原始推导中的零温度积分转换为关于频率的有限温度求和时, 会产生 Eq.4.101 中的因子 $2\pi kT/\hbar$. $\varepsilon_1(r_1)$ 和 $\varepsilon_2(r_2)$ 的不连续性可以表现为: 其微商具有 delta 函数的形式.

表 S.4 (续)

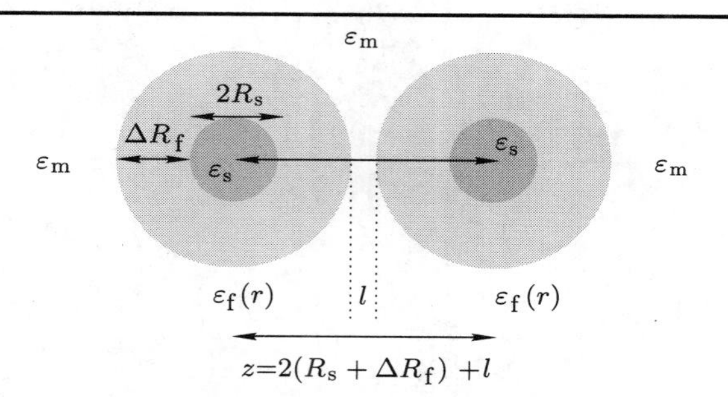

球核半径 R_{s}, 茸毛层厚度 ΔR_{f}, 中心 - 中心距离 z
各 ε 值在 R_{s} 和 $R_{\mathrm{s}}+\Delta R_{\mathrm{f}}$ 两处可以有小跃变

$$r < R_{\text{sphere}} = R_{\mathrm{s}}, \varepsilon = \varepsilon_{\text{sphere}} = \varepsilon_{\mathrm{s}},$$

$$R_{\mathrm{s}} < r < R_{\mathrm{s}} + \Delta R_{\mathrm{f}}, \varepsilon_{\text{fuzz}} = \varepsilon_{\mathrm{f}}(r),$$

$$r > R_{\mathrm{s}} + \Delta R_{\mathrm{f}}, \varepsilon = \varepsilon_{\text{medium}} = \varepsilon_{\mathrm{m}},$$

$$K(r_1, r_2) = \left[\frac{r_1 r_2}{z^2 - (r_1+r_2)^2} + \frac{r_1 r_2}{z^2 - (r_1 - r_2)^2} + \frac{1}{2}\ln\frac{z^2-(r_1+r_2)^2}{z^2-(r_1-r_2)^2}\right] \quad [2].$$

S.4.b 两个同类的球, ε 有小差异, 无推迟效应

$$G_{\mathrm{fs/fs}}(z; R_{\mathrm{s}}, \Delta R_{\mathrm{f}}) = -\frac{kT}{8}\sum_{n=0}^{\infty}{}' I(\mathrm{i}\xi_n) = -\frac{kT}{8}\sum_{n=0}^{\infty}{}' \int_0^{R_1} \mathrm{d}r_1 \frac{\mathrm{d}\ln[\varepsilon_{\mathrm{f}}(r_1)]}{\mathrm{d}r_1}$$
$$\int_0^{R_2} \mathrm{d}r_2 \frac{\mathrm{d}\ln[\varepsilon_{\mathrm{f}}(r_2)]}{\mathrm{d}r_2} K(r_1, r_2) \quad [1],$$

$$\begin{aligned}I(\mathrm{i}\xi_n) = {} & \ln^2\left[\frac{\varepsilon_{\mathrm{f}}(R_{\mathrm{s}})}{\varepsilon_{\mathrm{s}}}\right] K(R_{\mathrm{s}}, R_{\mathrm{s}}) + 2\ln\left[\frac{\varepsilon_{\mathrm{f}}(R_{\mathrm{s}})}{\varepsilon_{\mathrm{s}}}\right] \ln\left[\frac{\varepsilon_{\mathrm{m}}}{\varepsilon_{\mathrm{f}}(R_{\mathrm{s}}+\Delta R_{\mathrm{f}})}\right] K(R_{\mathrm{s}}+\Delta R_f, R_{\mathrm{s}}) \\ & + \ln^2\left[\frac{\varepsilon_{\mathrm{m}}}{\varepsilon_{\mathrm{f}}(R_{\mathrm{s}}+\Delta R_{\mathrm{f}})}\right] K(R_{\mathrm{s}}+\Delta R_{\mathrm{f}}, R_{\mathrm{s}}+\Delta R_{\mathrm{f}}) + 2\ln\left[\frac{\varepsilon_{\mathrm{f}}(R_{\mathrm{s}})}{\varepsilon_{\mathrm{s}}}\right] \\ & \int_{R_{\mathrm{s}}}^{R_{\mathrm{s}}+\Delta R_{\mathrm{f}}} K(R_{\mathrm{s}}, r)\frac{\mathrm{d}\ln[\varepsilon_{\mathrm{f}}(r)]}{\mathrm{d}r}\mathrm{d}r \\ & + 2\ln\left[\frac{\varepsilon_{\mathrm{m}}}{\varepsilon_{\mathrm{f}}(R_{\mathrm{s}}+\Delta R_{\mathrm{f}})}\right] \int_{R_{\mathrm{s}}}^{R_{\mathrm{s}}+\Delta R_{\mathrm{f}}} K(R_{\mathrm{s}}+\Delta R_{\mathrm{f}}, r)\frac{\mathrm{d}\ln[\varepsilon_{\mathrm{f}}(r)]}{\mathrm{d}r}\mathrm{d}r \\ & + \int_{R_{\mathrm{s}}}^{R_{\mathrm{s}}+\Delta R_{\mathrm{f}}} \mathrm{d}r_1 \int_{R_{\mathrm{s}}}^{R_{\mathrm{s}}+\Delta R_{\mathrm{f}}} K(r_1, r_2)\frac{\mathrm{d}\ln[\varepsilon_{\mathrm{f}}(r_1)]}{\mathrm{d}r_1}\frac{\mathrm{d}\ln[\varepsilon_{\mathrm{f}}(r_2)]}{\mathrm{d}r_2}\mathrm{d}r_2 \quad [3].\end{aligned}$$

来源: [ ] 中的方程序号与 J. E. Kiefer, V. A. Parsegian, and G. H. Weiss, "Model for van der Waals attraction between spherical particles with nonuniform adsorbed polymer," J. Colloid Interface Sci., **51**, 543–545 (1975) 中的一样.

[158]

表 S.4 (续)

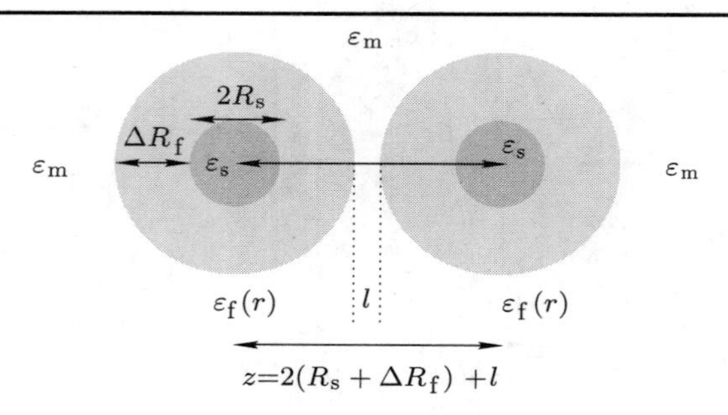

球核半径 R_s, 茸毛层厚度 ΔR_f, 中心 – 中心距离 z, 连续变化的 ε:

$$r < R_{\text{sphere}} = R_s, \varepsilon = \varepsilon_{\text{sphere}} = \varepsilon_s,$$

$$r = R_s, \varepsilon = \varepsilon_s = \varepsilon_f(R_s)$$

$$R_s < r < R_s + \Delta R_f, \varepsilon_{\text{fuzz}} = \varepsilon_f(r) = \varepsilon_s e^{\left(\frac{r-R}{\Delta R}\right)\ln\frac{\varepsilon_m}{\varepsilon_s}},$$

$$r = R_s + \Delta R_f, \varepsilon = \varepsilon_f(R_s + \Delta R_f) = \varepsilon_m,$$

$$r > R_s + \Delta R_f, \varepsilon = \varepsilon_{\text{medium}} = \varepsilon_m.$$

S.4.c 两个同类的球, 其涂层的 $\varepsilon_f(r)$ 呈指数变化: ε 有小差异, 无推迟效应

$$G_{fs/fs}(z; R_s, \Delta R_f) = -\frac{kT}{8}\sum_{n=0}^{\infty}{}' I(i\xi_n) \quad [1],$$

$$\begin{aligned} I(i\xi_n) = {} & 2\left(\alpha - \frac{\alpha^3}{3}\right) f(2\alpha) + \left(\alpha^2 + \frac{2}{3}\right) g(2\alpha) + 2\left(\beta - \frac{\beta^3}{3}\right) f(2\beta) + \left(\beta^2 + \frac{2}{3}\right) g(2\beta) \\ & -2\left(\alpha + \beta - \frac{\alpha^3 + \beta^3}{3}\right) f(\alpha+\beta) - \left(2\alpha\beta + \frac{4}{3}\right) g(\alpha+\beta) \\ & -2\left(\beta - \alpha - \frac{\beta^3 - \alpha^3}{3}\right) f(\beta-\alpha) + \left(2\alpha\beta - \frac{4}{3}\right) g(\beta-\alpha) \quad [8], \end{aligned}$$

$$\alpha \equiv \frac{\left(1 - \frac{\Delta R_f}{R_s}\right)}{\left(2 + \frac{l}{R_s}\right)}, \beta \equiv \frac{1}{\left(2 + \frac{l}{R_s}\right)} \quad [6],$$

$$f(x) \equiv \frac{1}{2}\ln\left[\frac{(1+x)}{(1-x)}\right], g(x) \equiv \frac{1}{2}\ln(1-x^2)[7].$$

注意: 通过加上额外的球 – 球项 (其 ε 值满足不连续性的要求), 我们可以很容易地去掉 "各 ε 值在 R_s 和 $R_s + \Delta R_f$ 两处为连续" 的条件. [ ] 中的方程序号与 J. E. Kiefer, V. A. Parsegian, and G. H. Weiss, "Model for van der Waals attraction between spherical particles with nonuniform adsorbed polymer," J. Colloid Interface Sci., **51**, 543–545 (1975) 中的一样.

表 S.5 球 – 平面相互作用 [159]

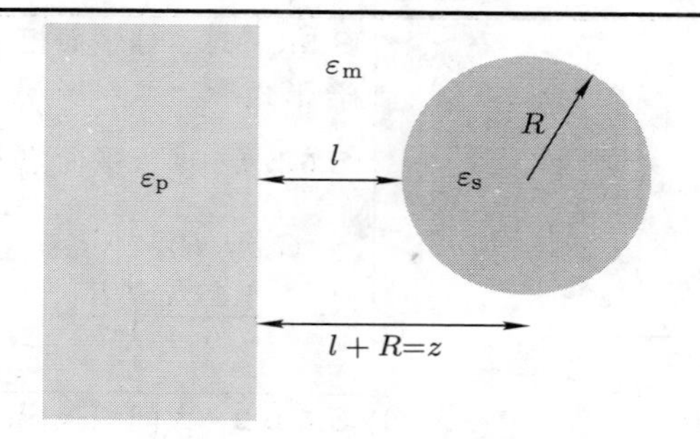

$$\cosh(2\theta_{\mathrm{sp}}) = 1 + \frac{l}{R} = \frac{z}{R} \quad [22],$$

$$Q^2(\mathrm{i}\xi_n) = \overline{\Delta}_{\mathrm{sm}}\overline{\Delta}_{\mathrm{pm}}, \overline{\Delta}_{\mathrm{sm}} = \frac{\varepsilon_{\mathrm{s}} - \varepsilon_{\mathrm{m}}}{\varepsilon_{\mathrm{s}} + \varepsilon_{\mathrm{m}}}, \overline{\Delta}_{\mathrm{pm}} = \frac{\varepsilon_{\mathrm{p}} - \varepsilon_{\mathrm{m}}}{\varepsilon_{\mathrm{p}} + \varepsilon_{\mathrm{m}}} \quad [3],$$

$$E_{11} = E_{11}(l;R) = \frac{R}{4}\left(\frac{1}{l} - \frac{1}{l+2R}\right) - \frac{1}{4}\ln\left(\frac{l+2R}{l}\right) \quad [26],$$

$$E_{22} = E_{22}(l;R) = \frac{R}{4}\left(\frac{1}{l} + \frac{1}{l+2R} - \frac{2}{l+R}\right) \quad [23].$$

S.5.a 关于精确的多体形式的准确近似, 无推迟效应

$$G_{\mathrm{sp}}(l;R) = G_{\mathrm{sp}}(\theta_{\mathrm{sp}};R) = -kT\sum_{n=0}^{\infty}{}' g_{\mathrm{sp}}(z;\mathrm{i}\xi_n) \quad [1],$$

$$g(z;\mathrm{i}\xi_n) = \frac{1}{8}\sum_{\nu=1}^{\infty}\left[\frac{1}{\sinh^2(\nu\theta_{\mathrm{sp}})} + \frac{1}{\cosh^2(\nu\theta_{\mathrm{sp}})}\right]\frac{\widetilde{Q}^{2\nu}(z;\mathrm{i}\xi_n)}{\nu} - \ln\{1 + F[\theta_{\mathrm{sp}}, \widetilde{Q}(z;\mathrm{i}\xi_n)]\} \quad [29],$$

$$F(\theta_{\mathrm{sp}}, \widetilde{Q}) = \sum_{m=1}^{\infty}\frac{\sinh(2\theta_{\mathrm{sp}})}{\sinh[(m+1)2\theta_{\mathrm{sp}}]}\widetilde{Q}^{2m} \quad [30].$$

容易的近似:

利用 $\widetilde{Q} = Q_{\mathrm{E}}(z;\mathrm{i}\xi_n;R) = (x_3/E_{22})^{1/2}Q(\mathrm{i}\xi_n)$ [28],

$$x_3 = x_3(z;\mathrm{i}\xi_n;R) = E_{22}\frac{\varepsilon_{\mathrm{s}} + \varepsilon_{\mathrm{m}}}{\varepsilon_{\mathrm{s}} - \varepsilon_{\mathrm{m}} + 2\varepsilon_{\mathrm{m}}(E_{22}/E_{11})} \quad [27].$$

不太容易的近似 (更准确):

利用 $\widetilde{Q} = Q_{\mathrm{NSE}}(z;\mathrm{i}\xi_n) = (\widetilde{T}/E_{22})^{1/2}Q$ [25],

$$\widetilde{T} = \widetilde{T}(l;R;\mathrm{i}\xi_n) = E_{22} + \frac{1}{2}\sum_{m=1}^{\infty}\left\{\frac{m}{m + [(\varepsilon_{\mathrm{p}}/\varepsilon_{\mathrm{m}}) + 1]^{-1}}\right\}\left(\frac{R}{z}\right)^{2m+1} \quad [24],$$

来源: 出自于 KPW1978. 这里的下标 “E” 对应于文章中的 “容易的近似”, “NSE” 表示 “不太容易的近似”. 用关于 $\xi_n = (2\pi kT/\hbar)n$ 的求和替代积分, 会产生一个因子 $2\pi kT/\hbar$, 故方程 [1] 的系数有所不同. 原始的多体形式可以在 L1974 和 L1971 中找到. [ ] 中的数字对应于 KPW1978 中的那些数字. 在 J. D. Love, “On the van der Waals force between two spheres or a sphere and a wall,” J. Chem. Soc. Faraday Trans. 2, **73**, 669–688 (1977) 一文中也处理了球 – 壁相互作用.

[160]

表 S.5 (续)

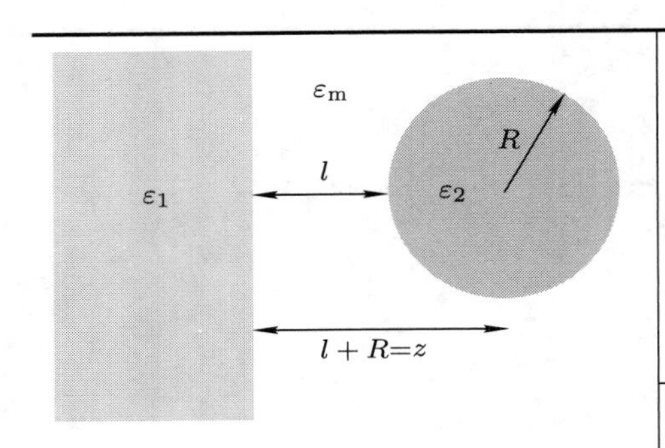

S.5.b 球 – 球平面相互作用, Hamaker 混合形式

S.5.b.1 球 – 平面,各种间距

$$G_{sp}(l,R) = -\frac{A_{1m/2m}}{6}\left(\frac{R}{l}+\frac{R}{2R+l}+\ln\frac{l}{2R+l}\right).$$

S.5.b.2 大间距极限

$$z \approx l \gg R, G_{sp}(z;R) = -\frac{2A_{1m/2m}}{9}\frac{R^3}{l^3}.$$

S.5.b.3 近乎接触

$$l \ll R, G_{sp}(l;R) = -\frac{A_{1m/2m}}{6}\frac{R}{l},$$

$$A_{1m/2m} \approx \frac{3kT}{2}\sum_{n=0}^{\infty}{}'\frac{\varepsilon_1-\varepsilon_m}{\varepsilon_1+\varepsilon_m}\frac{\varepsilon_2-\varepsilon_m}{\varepsilon_2+\varepsilon_m}.$$

注意: 来自于 Hamaker 近似中的球 – 球相互作用, $z^2-(R_1+R_2)^2=[(R_1+R_2)+l]^2-(R_1+R_2)^2=2l(R_1+R_2)+l^2\to 2lR_1; z^2-(R_1-R_2)^2=[(R_1+R_2)+l]^2-(R_1-R_2)^2=4R_1R_2+2l(R_1+R_2)+l^2\to 4R_1R_2+2lR_1$.

当 $R_1 \gg l$ 和 $R_2=R$, 在球 – 球相互作用表达式

$$\left[\frac{R_1R_2}{z^2-(R_1+R_2)^2}+\frac{R_1R_2}{z^2-(R_1-R_2)^2}+\frac{1}{2}\ln\frac{z^2-(R_1+R_2)^2}{z^2-(R_1-R_2)^2}\right]$$

中, 可以消去 R_1 而得到

$$\frac{1}{2}\left[\frac{R}{l}+\frac{R}{2R+l}+\ln\frac{l}{2R+l}\right].$$

当 $\alpha\equiv R/l\ll 1$, [ ] 展开为 $\alpha+[\alpha/(1+2\alpha)]-\ln(1+2\alpha)=\alpha+\alpha(1-2\alpha+(2\alpha)^2-\cdots)-[+2\alpha-(2\alpha)^2/2+(2\alpha)^3/3-\cdots]=(4-8/3)\alpha^3=(4/3)R^3/l^3$, 故相互作用变成

$$-\frac{A_{1m/2m}}{6}\frac{4R^3}{3l^3}=-\frac{2A_{1m2}}{9}\frac{R^3}{l^3};$$

通过 ε 有小差异、且无推迟极限情形中的点球与平面间相互作用也可以推导出此结果.

当 $R\gg l$ 时, [ ] 中的首项占主导地位, 从而给出 $[-(A_{1m/2m}/6)](R/l)$. 对于 ε 有小差异、并忽略推迟的情形, 由 Derjaguin 变换的结果也可得到此极限.

表 S.6 点粒子 (没有离子涨落或离子屏蔽)

[161]

介质

a b

z

$\alpha(\mathrm{i}\xi)$ $\varepsilon_{\mathrm{m}}(\mathrm{i}\xi)$ $\beta(\mathrm{i}\xi)$

胶体或大分子 a, b (数密度为 $N_{\mathrm{a}}, N_{\mathrm{b}}$) 的稀薄悬浮液或溶液:

$$\alpha(\mathrm{i}\xi) \equiv \left.\frac{\partial \varepsilon_{\text{suspension}}}{\partial N_{\mathrm{a}}}\right|_{N_{\mathrm{a}},N_{\mathrm{b}}=0}, \quad \beta(\mathrm{i}\xi) \equiv \left.\frac{\partial \varepsilon_{\text{suspension}}}{\partial N_{\mathrm{b}}}\right|_{N_{\mathrm{a}},N_{\mathrm{b}}=0}.$$

S.6.a 一般形式

$$g_{\mathrm{ab}}(z) = -\frac{6kT}{z^6}\sum_{n=0}^{\infty}{}'\left\{\frac{\alpha(\mathrm{i}\xi_n)\beta(\mathrm{i}\xi_n)}{[4\pi\varepsilon_{\mathrm{m}}(\mathrm{i}\xi_n)]^2}\right\}\left(1 + r_n + \frac{5}{12}r_n^2 + \frac{1}{12}r_n^3 + \frac{1}{48}r_n^4\right)\mathrm{e}^{-r_n}.$$

[L2.150] 和 [L2.151]

S.6.b 非推迟极限

$z \ll$ 各吸收波长:

$$g_{\mathrm{ab}}(z) = -\frac{6kT}{z^6}\sum_{n=0}^{\infty}{}'\frac{\alpha(\mathrm{i}\xi_n)\beta(\mathrm{i}\xi_n)}{[4\pi\varepsilon_{\mathrm{m}}(\mathrm{i}\xi_n)]^2}. \quad \text{[L2.152]}$$

S.6.c 零温度的推迟极限

$z \gg$ 各吸收波长, 仅在假想的 $T = 0$ 极限时成立:

$$g_{\mathrm{ab}}(z) = -\frac{23\hbar c}{(4\pi)^3 z^7}\frac{\alpha(0)\beta(0)}{\varepsilon_{\mathrm{m}}(0)^{5/2}}. \quad \text{[L2.154]}$$

S.6.d 全推迟的有限温度低频率极限

$z \gg \lambda_1$ (对应于首个有限取样频率 ξ_1 的波长)

$$g_{\mathrm{ab}}(z) = -\frac{3kT}{z^6}\frac{\alpha(0)\beta(0)}{[4\pi\varepsilon_{\mathrm{m}}(0)]^2}. \quad \text{[L2.155]}$$

注意: 一般的 α, β 可以与 mks 和 cgs 制中的粒子极化率 $\alpha_{\mathrm{mks}}, \beta_{\mathrm{mks}}$ 或 $\alpha_{\mathrm{cgs}}, \beta_{\mathrm{cgs}}$ 相联系 [Eq. (L2.162)–(L2.164), (L2.169)]:

一般地

$$\varepsilon_{\mathrm{susp}} = \varepsilon_{\mathrm{m}} + N_{\mathrm{a}}\alpha + N_{\mathrm{b}}\beta, \qquad \frac{\alpha\beta}{(4\pi\varepsilon_{\mathrm{m}})^2}$$

mks

$$\varepsilon_{\mathrm{susp}} = \varepsilon_{\mathrm{m}} + N_{\mathrm{a}}(\alpha_{\mathrm{mks}}/\varepsilon_0) + N_{\mathrm{b}}(\beta_{\mathrm{mks}}/\varepsilon_0), \qquad \frac{\alpha_{\mathrm{mks}}\beta_{\mathrm{mks}}}{(4\pi\varepsilon_0\varepsilon_{\mathrm{m}})^2}$$

cgs

$$\varepsilon_{\mathrm{susp}} = \varepsilon_{\mathrm{m}} + N_{\mathrm{a}}(4\pi\alpha_{\mathrm{cgs}}) + N_{\mathrm{b}}(4\pi\beta_{\mathrm{cgs}}), \qquad \frac{\alpha_{\mathrm{cgs}}\beta_{\mathrm{cgs}}}{\varepsilon_{\mathrm{m}}^2}$$

[162]

表 S.7 小球 (没有离子涨落或离子屏蔽)

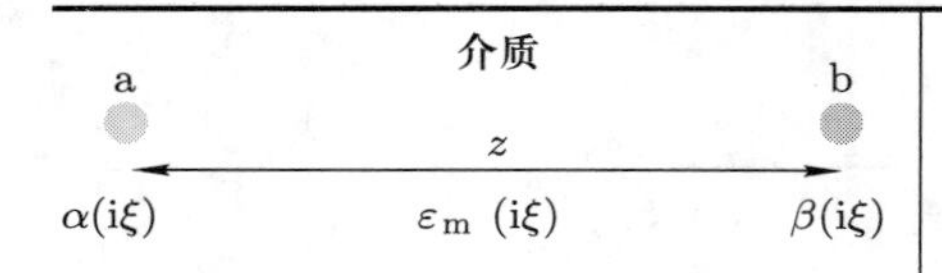

$$\frac{\alpha(\mathrm{i}\xi)}{4\pi\varepsilon_{\mathrm{m}}(\mathrm{i}\xi)}=a^3\frac{[\varepsilon_{\mathrm{a}}(\mathrm{i}\xi)-\varepsilon_{\mathrm{m}}(\mathrm{i}\xi)]}{[\varepsilon_{\mathrm{a}}(\mathrm{i}\xi)+2\varepsilon_{\mathrm{m}}(\mathrm{i}\xi)]},$$
$$\frac{\beta(\mathrm{i}\xi)}{4\pi\varepsilon_{\mathrm{m}}(\mathrm{i}\xi)}=b^3\frac{[\varepsilon_{\mathrm{b}}(\mathrm{i}\xi)-\varepsilon_{\mathrm{m}}(\mathrm{i}\xi)]}{[\varepsilon_{\mathrm{b}}(\mathrm{i}\xi)+2\varepsilon_{\mathrm{m}}(\mathrm{i}\xi)]}.$$

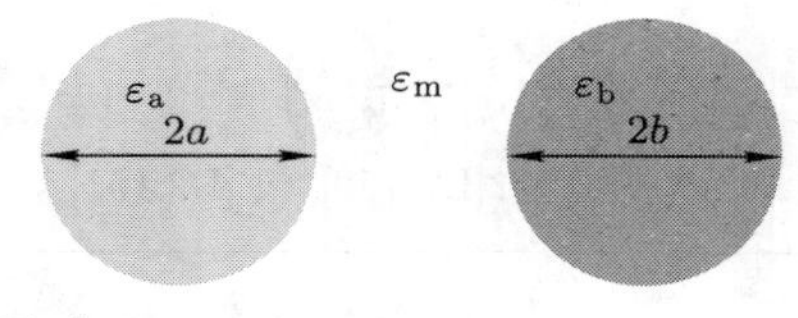

见式 (L2.166)–(L2.169).

S.7.a 一般形式

$$g_{\mathrm{ab}}(z)=-\frac{6kTa^3b^3}{z^6}\sum_{n=0}^{\infty}{}'\frac{[\varepsilon_{\mathrm{a}}(\mathrm{i}\xi_n)-\varepsilon_{\mathrm{m}}(\mathrm{i}\xi_n)]}{[\varepsilon_{\mathrm{a}}(\mathrm{i}\xi_n)+2\varepsilon_{\mathrm{m}}(\mathrm{i}\xi_n)]}\frac{[\varepsilon_{\mathrm{b}}(\mathrm{i}\xi_n)-\varepsilon_{\mathrm{m}}(\mathrm{i}\xi_n)]}{[\varepsilon_{\mathrm{b}}(\mathrm{i}\xi_n)+2\varepsilon_{\mathrm{m}}(\mathrm{i}\xi_n)]}\times\left(1+r_n+\frac{5}{12}r_n^2+\frac{1}{12}r_n^3+\frac{1}{48}r_n^4\right)\mathrm{e}^{-r_n}$$

[L2.168]

S.7.b 非推迟极限

$z \ll$ 各吸收波长:

$$g_{\mathrm{ab}}(z)=-\frac{6kTa^3b^3}{z^6}\sum_{n=0}^{\infty}{}'\frac{[\varepsilon_{\mathrm{a}}(\mathrm{i}\xi_n)-\varepsilon_{\mathrm{m}}(\mathrm{i}\xi_n)]}{[\varepsilon_{\mathrm{a}}(\mathrm{i}\xi_n)+2\varepsilon_{\mathrm{m}}(\mathrm{i}\xi_n)]}\frac{[\varepsilon_{\mathrm{b}}(\mathrm{i}\xi_n)-\varepsilon_{\mathrm{m}}(\mathrm{i}\xi_n)]}{[\varepsilon_{\mathrm{b}}(\mathrm{i}\xi_n)+2\varepsilon_{\mathrm{m}}(\mathrm{i}\xi_n)]}.$$

S.7.c 零温度的推迟极限, $T=0$

$z \gg$ 各吸收波长, 仅在假想的 $T=0$ 极限时成立:

$$g_{\mathrm{ab}}(z)=-\frac{23\hbar c}{4\pi\varepsilon_{\mathrm{m}}^{1/2}(0)}\frac{a^3b^3}{z^7}\frac{[\varepsilon_{\mathrm{a}}(0)-\varepsilon_{\mathrm{m}}(0)]}{[\varepsilon_{\mathrm{a}}(0)+2\varepsilon_{\mathrm{m}}(0)]}\frac{[\varepsilon_{\mathrm{b}}(0)-\varepsilon_{\mathrm{m}}(0)]}{[\varepsilon_{\mathrm{b}}(0)+2\varepsilon_{\mathrm{m}}(0)]}.$$

S.7.d 全推迟的有限温度低频率极限

$z \gg \lambda_1$ (对应于首个有限取样频率 ξ_1 的波长):

$$g_{\mathrm{ab}}(z)=-\frac{3kTa^3b^3}{z^6}\sum_{n=0}^{\infty}{}'\frac{[\varepsilon_{\mathrm{a}}(0)-\varepsilon_{\mathrm{m}}(0)]}{[\varepsilon_{\mathrm{a}}(0)+2\varepsilon_{\mathrm{m}}(0)]}\frac{[\varepsilon_{\mathrm{b}}(0)-\varepsilon_{\mathrm{m}}(0)]}{[\varepsilon_{\mathrm{b}}(0)+2\varepsilon_{\mathrm{m}}(0)]}.$$

表 S.8 蒸气中的点粒子相互作用，无推迟屏蔽的同类粒子

[163]

真空

$\varepsilon_{\mathrm{m}}=1$

z

$\varepsilon_{\text{vapor}}(\mathrm{i}\xi) = 1 + \alpha_{\text{total}}(\mathrm{i}\xi)N$ (粒子数密度 N), $\alpha_{\text{total}} = \alpha_{\text{permanent}} + \alpha_{\text{induced}}$, $\alpha_{\text{permanent}}(\mathrm{i}\xi) = \dfrac{\mu^2_{\text{dipole}}}{3kT(1+\xi\tau)}$, 偶极矩 μ_{dipole}.

单位: 采用

$$\alpha = \alpha_{\text{mks}}/\varepsilon_0 = 4\pi\alpha_{\text{cgs}};$$

$$\alpha_{\text{cgs}} = \alpha_{\text{mks}}/(4\pi\varepsilon_0).$$

S.8.a "Keesom" 能量, 永久偶极子的相互排列

$$g_{\text{Keesom}}(z) = -\frac{\mu^4_{\text{dipole}}}{3(4\pi\varepsilon_0)^2kTz^6}(\text{mks})$$
$$= -\frac{\mu^4_{\text{dipole}}}{3kTz^6}(\text{cgs}) \quad [\text{L2.177}]$$

S.8.b "Debye" 相互作用, 永久偶极子和感应偶极子

零频率的极化率为 $\alpha_{\text{induced}}(0)$

$$g_{\text{Debye}}(z) = -\frac{2\mu^2_{\text{dipole}}}{(4\pi\varepsilon_0)^2z^6}\alpha_{\text{ind}}(0)(\text{mks})$$
$$= -\frac{2\mu^2_{\text{dipole}}}{z^6}\alpha_{\text{ind}}(0)(\text{cgs}). \quad [\text{L2.178}]$$

S.8.c 两个相互感应的偶极子之间的"伦敦"能量

1. 有限温度

$$g_{\text{London}}(z) = -\frac{6kT}{(4\pi\varepsilon_0)^2z^6}\sum_{n=0}^{\infty}{}'\alpha_{\text{ind}}(\mathrm{i}\xi_n)^2(\text{mks}),$$

$$g_{\text{London}}(z) = -\frac{6kT}{(z^6)}\sum_{n=0}^{\infty}{}'\alpha_{\text{ind}}(\mathrm{i}\xi_n)^2(\text{cgs}).$$

[L2.179]

2. 低温

$$g_{\text{London}}(z, T\to 0)$$
$$= -\frac{3\hbar}{\pi(4\pi\varepsilon_0)^2z^6}\int_0^{\infty}\alpha^2_{\text{ind}}(\mathrm{i}\xi)\mathrm{d}\xi(\text{mks}),$$
$$= -\frac{3\hbar}{\pi z^6}\int_0^{\infty}\alpha^2_{\text{ind}}(\mathrm{i}\xi)\mathrm{d}\xi(\text{cgs}). \quad [\text{L2.180}]$$

注意: 偶极矩 μ_{Dipole} = 电荷×距离: 在 mks 制中, 为 C×m; 在 cgs 制中, 为 sc×cm. 由于历史的原因, 偶极矩或强度通常在德拜单位制中表述 (P. Debye, *Polar Molecules*, Dover, New York, 1929),

$$1\ \text{德拜单位} = 10^{-18}\ \text{sc}\times\text{cm}.$$

例如, 电荷 $+q$ 与 $-q$ 组成的偶极子对 (各带基本电荷值 $e = 4.803\times10^{-10}$ sc, 间距为 d= 1 Å=10^{-8} cm) 的极矩为 $\mu_{\text{dipole}} = 4.803$ 德拜单位.

[164]

表 S.9 盐水中的带电小粒子, 仅有零频率涨落, 有离子屏蔽

$\varepsilon_{\mathrm{m}}, \kappa_{\mathrm{m}}$

z

$\alpha(0)$ Γ_{s} $\alpha(0)$ Γ_{s}

$$\kappa_{\mathrm{m}}^2 = n_{\mathrm{m}} e^2/\varepsilon_0\varepsilon_{\mathrm{m}} kT \text{ mks 单位}$$
$$= 4\pi n_{\mathrm{m}} e^2/\varepsilon_{\mathrm{m}} kT \text{ cgs 单位},$$
$$n_{\mathrm{m}} \equiv \sum_{\{\nu\}} n_\nu(m)\nu^2.$$

n_ν (m) 为浸浴溶液中各 ν 价离子的平均数密度 (不包括带电小粒子上的电荷);

$$\lambda_{\mathrm{Debye}} = 1/\kappa_{\mathrm{m}};$$

$\Gamma_{\mathrm{s}} \equiv \sum_{\{\nu\}} \Gamma_\nu \nu^2, \Gamma_\nu$ 是带电小粒子周围的各 ν 价移动离子的平均剩余数.

$$\lambda_{\mathrm{B}} \equiv e^2/4\pi\varepsilon_0\varepsilon_{\mathrm{m}} kT(\mathrm{mks}),$$
$$\lambda_{\mathrm{B}} \equiv [e^2/(\varepsilon_{\mathrm{m}} kT)](\mathrm{cgs}).$$

在两个单位制中 $[\kappa_{\mathrm{m}}^2/(4\pi n_{\mathrm{m}})] = \lambda_{\mathrm{B}}$ 分别为:

$$\left(\frac{\alpha}{4\pi\varepsilon_{\mathrm{m}}}\right) = \frac{\alpha_{\mathrm{mks}}}{4\pi\varepsilon_0\varepsilon_{\mathrm{m}}}(\mathrm{mks}),$$
$$\frac{\alpha}{4\pi\varepsilon_{\mathrm{m}}} = \frac{\alpha_{\mathrm{cgs}}}{\varepsilon_{\mathrm{m}}}(\mathrm{cgs}).$$

S.9.a 感应偶极子 – 感应偶极子的涨落关联

$$g_{\mathrm{D-D}}(z) = -3kT\left[\frac{\alpha(0)}{4\pi\varepsilon_{\mathrm{m}}(0)}\right]^2 \times \left[1 + (2\kappa_{\mathrm{m}} z) + \frac{5}{12}(2\kappa_{\mathrm{m}} z)^2 + \frac{1}{12}(2\kappa_{\mathrm{m}} z)^3 + \frac{1}{96}(2\kappa_{\mathrm{m}} z)^4\right]\frac{\mathrm{e}^{-2\kappa_{\mathrm{m}} z}}{z^6}. \quad \text{[L2.200]}$$

S.9.b 感应偶极子 – 单极子的涨落关联

$$g_{\mathrm{D-M}}(z) = -\frac{kT\kappa_{\mathrm{m}}^2}{4\pi}\left[\frac{\alpha(0)}{4\pi\varepsilon_{\mathrm{m}}(0)}\right]\left(\frac{\Gamma_{\mathrm{s}}}{n_{\mathrm{m}}}\right) \times \left[1 + (2\kappa_{\mathrm{m}} z) + \frac{1}{4}(2\kappa_{\mathrm{m}} z)^2\right]\frac{\mathrm{e}^{-2\kappa_{\mathrm{m}} z}}{z^4}$$

或

$$g_{\mathrm{D-M}}(l) = -kT\lambda_{\mathrm{Bjerrum}}\left[\frac{\alpha(0)}{4\pi\varepsilon_{\mathrm{m}}(0)}\right] \times \Gamma_{\mathrm{s}}\left[1 + (2\kappa_{\mathrm{m}} z) + \frac{1}{4}(2\kappa_{\mathrm{m}} z)^2\right] \frac{\mathrm{e}^{-2\kappa_{\mathrm{m}} z}}{z^4}. \quad \text{[L2.204]}$$

S.9.c 单极子 – 单极子的涨落关联

$$g_{\mathrm{M-M}}(l) = -\frac{kT\kappa_{\mathrm{m}}^4}{2}\left(\frac{\Gamma_{\mathrm{s}}}{4\pi n_{\mathrm{m}}}\right)^2\frac{\mathrm{e}^{-2\kappa_{\mathrm{m}} z}}{z^2}$$
$$= -\frac{kT}{2}\Gamma_{\mathrm{s}}^2\frac{\mathrm{e}^{-2z/\lambda_{\mathrm{Debye}}}}{(z/\lambda_{\mathrm{Bj}})^2} \quad \text{[L2.206]}$$

公式仅在“稀薄悬浮液”极限下成立, 其中粒子的数密度 N 很低故满足

$$N|\Gamma_{\mathrm{s}}| \ll n_{\mathrm{m}},$$
$$N|\alpha| \ll \varepsilon_{\mathrm{m}}, \text{以及}$$

$\varepsilon_{\mathrm{suspension}} = \varepsilon_{\mathrm{m}} + (\alpha_{\mathrm{mks}}/\varepsilon_0)N$ 或 $\varepsilon_{\mathrm{suspension}} = \varepsilon_{\mathrm{m}} + 4\pi\alpha_{\mathrm{cgs}} N$.

表 S.10 盐水中的带电小球, 仅有零频率波动, 有离子屏蔽 [165]

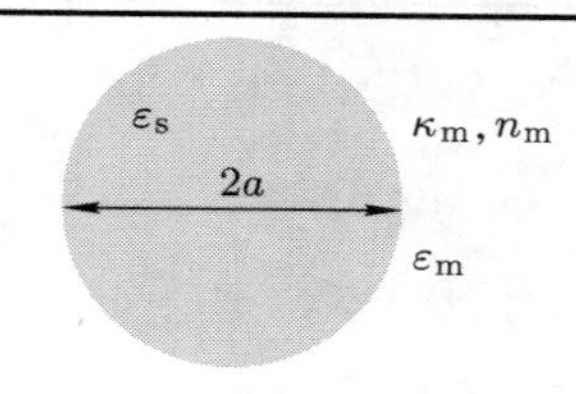

$$\frac{\alpha}{4\pi\varepsilon_m} = a^3\left(\frac{\varepsilon_s-\varepsilon_m}{\varepsilon_s+2\varepsilon_m}\right) \quad [(L2.166)-(L2.169)]$$

半径 a、介电常量 ε_s 的球在介质 m (其介电常量为 ε_m, 平均离子密度为 n_m, 离子屏蔽常数为 κ_m) 中.

小球上的电荷会使得周围的流动离子重新分布:

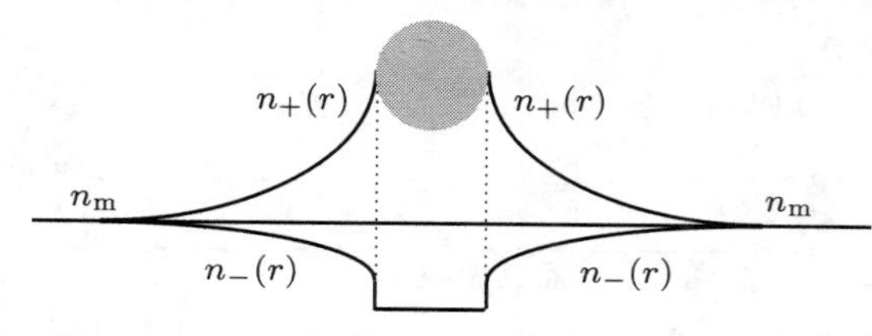

对于 1–1 的盐浴溶液

$$\Gamma_s = \Gamma_{+1} + \Gamma_{-1} \equiv \int_0^\infty \{(n_+(r)-n_m)+[n_-(r)-n_m]\}4\pi r^2 dr.$$

S.10.a 感应偶极子 – 感应偶极子的涨落关联

$$g_{D-D}(z) = -3kTa^6\left(\frac{\varepsilon_s-\varepsilon_m}{\varepsilon_s+2\varepsilon_m}\right)^2 \left[1+(2\kappa_m z)+\frac{5}{12}(2\kappa_m z)^2 + \frac{1}{12}(2\kappa_m z)^3+\frac{1}{96}(2\kappa_m z)^4\right]\frac{e^{-2\kappa_m z}}{z^6}.$$

S.10.b 感应偶极子 – 单极子的涨落关联

$$g_{D-M}(z) = -kT\lambda_{Bj}a^3\left(\frac{\varepsilon_s-\varepsilon_m}{\varepsilon_s+2\varepsilon_m}\right) \times\Gamma_s\left[1+(2\kappa_m z)+\frac{1}{4}(2\kappa_m z)^2\right]\frac{e^{-2\kappa_m z}}{z^4}.$$

S.10.c 单极子 – 单极子的涨落关联

$$g_{M-M}(z) = -\frac{kT\lambda_{Bj}^2}{2}\Gamma_s^2\frac{e^{-2z/\lambda_D}}{z^2} = -\frac{kT}{2}\Gamma_s^2\frac{e^{-2z/\lambda_D}}{(z/\lambda_{Bj})^2},$$

$$\lambda_{Bjerrum} = \lambda_{Bj} = \kappa_m^2/4\pi n_m,$$

$$\lambda_{Debye} = \lambda_D = 1/\kappa_m,$$

$$\lambda_{Bj} \equiv e^2/4\pi\varepsilon_0\varepsilon_m kT(\text{mks}),$$

$$\lambda_{Bj} \equiv e^2/\varepsilon_m kT(\text{cgs}),$$

$$\Gamma_s \equiv \sum_{\{\nu\}}\Gamma_\nu \nu^2,$$

$$\Gamma_\nu \equiv \int_0^\infty [n_\nu(r)-n_\nu(m)]\cdot 4\pi r^2 dr.$$

[166]

表 S.11 点粒子与衬底的相互作用

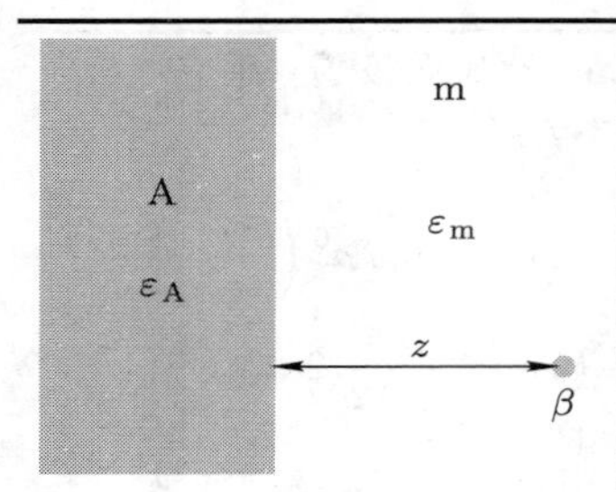

间距 $z \gg$ 粒子尺寸

$$\overline{\Delta}_{\mathrm{Am}} = \frac{p\varepsilon_{\mathrm{A}} - s_{\mathrm{A}}\varepsilon_{\mathrm{m}}}{p\varepsilon_{\mathrm{A}} + s_{\mathrm{A}}\varepsilon_{\mathrm{m}}},$$

$$\Delta_{\mathrm{Am}} = \frac{p - s_{\mathrm{A}}}{p + s_{\mathrm{A}}}.$$

β 与表 S.6 和 S.7 以及式 (L2.166)–(L2.169) 中一样.

S.11.a.1 一般情形

$$g_p(z) = -\frac{kT}{8z^3}\sum_{n=0}^{\infty}{}'\left[\frac{\beta(\mathrm{i}\xi_n)}{4\pi\varepsilon_{\mathrm{m}}(\mathrm{i}\xi_n)}\right]r_n^3 \int_1^{\infty}[\overline{\Delta}_{\mathrm{Am}}(2p^2-1) - \Delta_{\mathrm{Am}}]\mathrm{e}^{-r_n p}\mathrm{d}p$$

$$= -\frac{kT}{8z^3}\sum_{n=0}^{\infty}{}'\left[\frac{\beta(\mathrm{i}\xi_n)}{4\pi\varepsilon_{\mathrm{m}}(\mathrm{i}\xi_n)}\right] \int_{r_n}^{\infty}[\overline{\Delta}_{\mathrm{Am}}(2x^2-r_n^2) - \Delta_{\mathrm{Am}}r_n^2]\mathrm{e}^{-x}\mathrm{d}x.$$

[L2.211]

S.11.a.2 $\overline{\Delta}_{\mathrm{Am}}$ 值很小的极限

$$g_p(z) = -\frac{kT}{2z^3}\sum_{n=0}^{\infty}{}'\left[\frac{\beta(\mathrm{i}\xi_n)}{4\pi\varepsilon_{\mathrm{m}}(\mathrm{i}\xi_n)}\right]\left[\frac{\varepsilon_{\mathrm{A}}(\mathrm{i}\xi_n) - \varepsilon_{\mathrm{m}}(\mathrm{i}\xi_n)}{\varepsilon_{\mathrm{A}}(\mathrm{i}\xi_n) + \varepsilon_{\mathrm{m}}(\mathrm{i}\xi_n)}\right]\left(1 + r_n + \frac{r_n^2}{4}\right)\mathrm{e}^{-r_n}.$$

[L2.212]

S.11.b.1 非推迟极限, 有限温度

$$g_p(z) = -\frac{kT}{2z^3}\sum_{n=0}^{\infty}{}'\frac{\beta(\mathrm{i}\xi_n)}{4\pi\varepsilon_{\mathrm{m}}(\mathrm{i}\xi_n)}\left[\frac{\varepsilon_{\mathrm{A}}(\mathrm{i}\xi_n) - \varepsilon_{\mathrm{m}}(\mathrm{i}\xi_n)}{\varepsilon_{\mathrm{A}}(\mathrm{i}\xi_n) + \varepsilon_{\mathrm{m}}(\mathrm{i}\xi_n)}\right].$$

[L2.215]

S.11.b.2 非推迟极限, $T \to 0$

$$g_{p,T\to 0}(z) = -\frac{\hbar}{4\pi z^3}\int_0^{\infty}\left[\frac{\beta(\mathrm{i}\xi)}{4\pi\varepsilon_{\mathrm{m}}(\mathrm{i}\xi)}\right]\left[\frac{\varepsilon_{\mathrm{A}}(\mathrm{i}\xi) - \varepsilon_{\mathrm{m}}(\mathrm{i}\xi)}{\varepsilon_{\mathrm{A}}(\mathrm{i}\xi) + \varepsilon_{\mathrm{m}}(\mathrm{i}\xi)}\right]\mathrm{d}\xi.$$

[L2.216]

S.11.c 全推迟极限

对于 $\xi_n \ll$ 各吸收频率情形, $T = 0$ 以及 $r_n = (2l\xi_n\varepsilon_{\mathrm{m}}^{1/2})/c \to \infty$:

$$g_p(z) = -\frac{3\hbar c}{8\pi z^4}\frac{(\beta/4\pi)}{\varepsilon_{\mathrm{m}}^{3/2}}\Theta(\varepsilon_{\mathrm{A}}/\varepsilon_{\mathrm{m}}), \qquad [\mathrm{L2.217}]$$

$$\Theta(\varepsilon_{\mathrm{A}}/\varepsilon_{\mathrm{m}}) \equiv \frac{1}{2}\int_1^{\infty}\{[\overline{\Delta}_{\mathrm{Am}}(2p^2-1) - \Delta_{\mathrm{Am}}]/p^4\}\mathrm{d}p.$$

$$\varepsilon_{\mathrm{A}} \gg \varepsilon_{\mathrm{m}}, \Theta(\varepsilon_{\mathrm{A}}/\varepsilon_{\mathrm{m}}) = 1, \varepsilon_{\mathrm{A}} \approx \varepsilon_{\mathrm{m}},$$

$$\Theta(\varepsilon_{\mathrm{A}}/\varepsilon_{\mathrm{m}}) \approx \frac{23}{30}\left(\frac{\varepsilon_{\mathrm{A}} - \varepsilon_{\mathrm{m}}}{\varepsilon_{\mathrm{A}} + \varepsilon_{\mathrm{m}}}\right).$$

[L2.220]

表 S.12 小球与衬底的相互作用

[167]

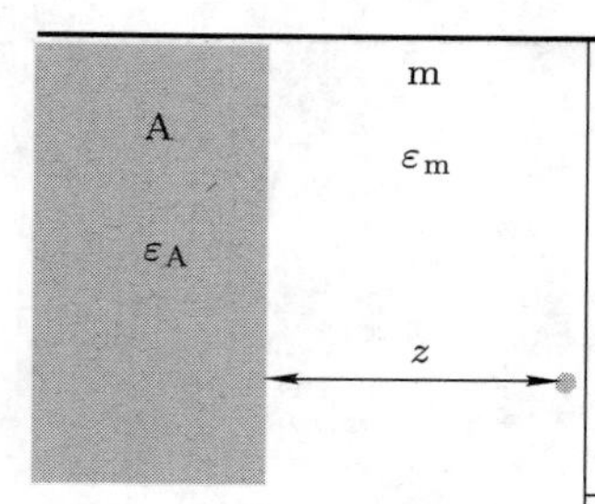

间距 z 是从界面 A/m 测量到球心的

S.12.a 在 ε 值差异很小的极限下，半径为 b 的球形点粒子

$$g_p(z) = -\frac{kT}{2z^3} b^3 \sum_{n=0}^{\infty}{}' \frac{\varepsilon_{\text{sph}} - \varepsilon_{\text{m}}}{\varepsilon_{\text{sph}} + 2\varepsilon_{\text{m}}} \frac{\varepsilon_{\text{A}} - \varepsilon_{\text{m}}}{\varepsilon_{\text{A}} + \varepsilon_{\text{m}}}$$

$$\approx -\frac{kT}{3z^3} b^3 \sum_{n=0}^{\infty}{}' \frac{\varepsilon_{\text{sph}} - \varepsilon_{\text{m}}}{\varepsilon_{\text{sph}} + \varepsilon_{\text{m}}} \frac{\varepsilon_{\text{A}} - \varepsilon_{\text{m}}}{\varepsilon_{\text{A}} + \varepsilon_{\text{m}}}.$$

S.12.b 大间距情形的 Hamaker 形式

$$G_{\text{sp}}(z;b) = -\frac{2A_{\text{Am/sm}}}{9} \frac{b^3}{z^3},$$

$$A_{\text{Am/sm}} = \frac{3kT}{2} \sum_{n=0}^{\infty}{}' \frac{\varepsilon_{\text{sph}} - \varepsilon_{\text{m}}}{\varepsilon_{\text{sph}} + \varepsilon_{\text{m}}} \frac{\varepsilon_{\text{A}} - \varepsilon_{\text{m}}}{\varepsilon_{\text{A}} + \varepsilon_{\text{m}}}.$$

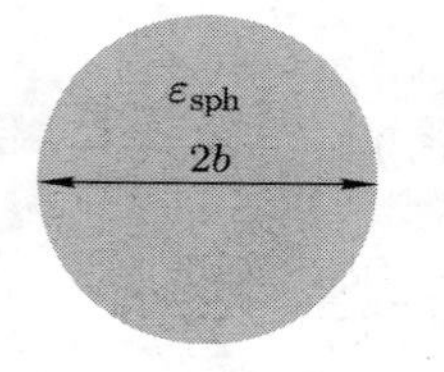

小球材料的介电响应为 ε_{sph}，球半径为 b

S.12.c 半径为 b 的小球位于半径 $R_2 \approx z$ 的同心大球内 [见表 (P.10.b)；把 R_1 替换为 b, $R_2 \approx l$ 替换为 z, ε_1 替换为 ε_{sph}, ε_2 替换为 ε_{m}, ε_3 替换为 ε_{A}]:

$$G_{\text{sph}}(z;b) \to -\frac{6kT}{z^3} b^3 \sum_{n=0}^{\infty}{}' \frac{(\varepsilon_{\text{sph}} - \varepsilon_{\text{m}})(\varepsilon_{\text{A}} - \varepsilon_{\text{m}})}{(\varepsilon_{\text{sph}} + 2\varepsilon_{\text{m}})(\varepsilon_{\text{m}} + 2\varepsilon_{\text{A}})}$$

$$\approx -\frac{8kT}{3z^3} b^3 \sum_{n=0}^{\infty}{}' \frac{\varepsilon_{\text{sph}} - \varepsilon_{\text{m}}}{\varepsilon_{\text{sph}} + \varepsilon_{\text{m}}} \frac{\varepsilon_{\text{A}} - \varepsilon_{\text{m}}}{\varepsilon_{\text{A}} + \varepsilon_{\text{m}}}.$$

注意: 对于介质 m 中的半径为 b、材料介电响应为 ε_{s} 的小球，点粒子的 $(\beta/4\pi\varepsilon_{\text{m}})$ 变为 $b^3[(\varepsilon_{\text{sph}} - \varepsilon_{\text{m}})/(\varepsilon_{\text{sph}} + 2\varepsilon_{\text{m}})]$. 当 $\varepsilon_{\text{s}} \approx \varepsilon_{\text{m}}$ 时, $(\varepsilon_{\text{sph}} + 2\varepsilon_{\text{m}}) \approx (3/2)(\varepsilon_{\text{sph}} + \varepsilon_{\text{m}})$, 故

$$\sum_{n=0}^{\infty}{}' \frac{(\varepsilon_{\text{sph}} - \varepsilon_{\text{m}})}{(\varepsilon_{\text{sph}} + 2\varepsilon_{\text{m}})} \left(\frac{\varepsilon_{\text{A}} - \varepsilon_{\text{m}}}{\varepsilon_{\text{A}} + \varepsilon_{\text{m}}}\right) \approx \frac{2}{3} \sum_{n=0}^{\infty}{}' \left(\frac{\varepsilon_{\text{sph}} - \varepsilon_{\text{m}}}{\varepsilon_{\text{sph}} + \varepsilon_{\text{m}}}\right) \left(\frac{\varepsilon_{\text{A}} - \varepsilon_{\text{m}}}{\varepsilon_{\text{A}} + \varepsilon_{\text{m}}}\right).$$

[168]

表 S.13 蒸气中的两个点粒子, 接近或接触一个衬底 (非推迟极限)

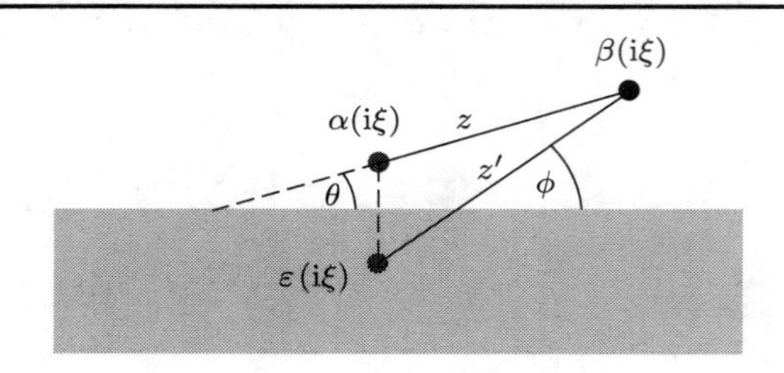

$z=$ 从 α 中心到 β 中心的距离

$z'=$ 从 α 的镜像中心到 β 中心的距离

衬底 ε 和其上的蒸气之间的界面位于 α 及其镜像中心的当中.

S.13.a 接近的情形

极化率为 $\alpha(\mathrm{i}\xi),\beta(\mathrm{i}\xi)$ 的两个粒子:

$$g(z,z')=-\frac{3kT}{8\pi^2z^6}\sum_{n=0}^{\infty}{}'\alpha(\mathrm{i}\xi_n)\beta(\mathrm{i}\xi_n)-\frac{3kT}{8\pi^2z'^6}\sum_{n=0}^{\infty}{}'\alpha(\mathrm{i}\xi_n)\beta(\mathrm{i}\xi_n)\left[\frac{\varepsilon(\mathrm{i}\xi_n)-1}{\varepsilon(\mathrm{i}\xi_n)+1}\right]^2$$
$$+\frac{[2+3\cos(2\theta)+3\cos(2\phi)]kT}{16\pi^2z^3z'^3}\sum_{n=0}^{\infty}{}'\alpha(\mathrm{i}\xi_n)\beta(\mathrm{i}\xi_n)\left[\frac{\varepsilon(\mathrm{i}\xi_n)-1}{\varepsilon(\mathrm{i}\xi_n)+1}\right]$$

S.13.b 接触的情形

极化率为 $\alpha(\mathrm{i}\xi),\beta(\mathrm{i}\xi)$ 的两个粒子几乎位于界面上: $z\to z';\theta,\phi\to 0$

$$g(z)=-\frac{kT}{4\pi^2z^6}\sum_{n=0}^{\infty}{}'\alpha(\mathrm{i}\xi_n)\beta(\mathrm{i}\xi_n)\frac{\varepsilon(\mathrm{i}\xi_n)^2+5}{(\varepsilon(\mathrm{i}\xi_n)+1)^2}.$$

来源: 出自于 A. D. McLachlan, “Van der Waals forces between and atom and a surface,” Mol. Phys., **7**, 381–388 (1964) 中的式 1.4. 注意文章中的 $\alpha(\mathrm{i}\xi_n),\beta(\mathrm{i}\xi_n)$ 与此处所用的同样符号相差一个因子 4π, 而且, 为了计入有限温度效应, 已经引进了代换 $\xi=\xi_n=[2\pi kT/\hbar]n$; 由于

$$\frac{2\pi kT}{(4\pi)^2}=\frac{kT}{8\pi},$$

就可以把列在公式中的 $\hbar\mathrm{d}\xi$ 替换掉, 并把积分替换为求和.

L2.2.C 圆柱几何构形中的公式列表

[169]

表 C.1 间距小于其半径的两个平行圆柱体，由完整的栗弗席兹结果得到的 Derjaguin 变换形式，计入推迟效应

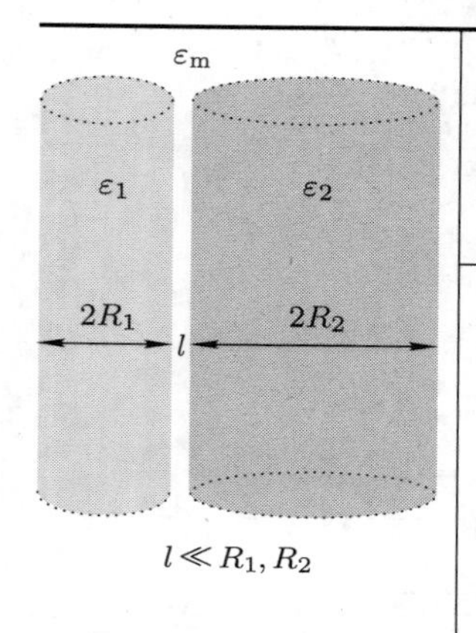

$l \ll R_1, R_2$

C.1.a 每单位长度的力

$$F_{c\|c}(l;R_1,R_2) = -\sqrt{\frac{2\pi R_1R_2}{R_1+R_2}}\frac{kT}{8\pi l^{5/2}}\sum_{n=0}^{\infty}{}' r_n^{5/2}\sum_{q=1}^{\infty}\frac{1}{q^{1/2}}$$

$$\times\int_1^{\infty}p^{3/2}[(\overline{\Delta}_{Am}\overline{\Delta}_{Bm})^q+(\Delta_{Am}\Delta_{Bm})^q]e^{-r_npq}dp. \quad [L2.117]$$

C.1.b 每单位长度的相互作用自由能

$$G_{c\|c}(l;R_1,R_2) = -\sqrt{\frac{2\pi R_1R_2}{R_1+R_2}}\frac{kT}{8\pi l^{3/2}}\sum_{n=0}^{\infty}{}' r_n^{3/2}\sum_{q=1}^{\infty}\frac{1}{q}$$

$$\times\int_1^{\infty}p[(\overline{\Delta}_{Am}\overline{\Delta}_{Bm})^q+(\Delta_{Am}\Delta_{Bm})^q]\frac{e^{-r_npq}}{\sqrt{pq}}dp, \quad [L2.116]$$

$$\overline{\Delta}_{ji} = \frac{s_i\varepsilon_j - s_j\varepsilon_i}{s_i\varepsilon_j + s_j\varepsilon_i}, \quad \Delta_{ji} = \frac{s_i\mu_j - s_j\mu_i}{s_i\mu_j + s_j\mu_i},$$

$$s_i = \sqrt{p^2-1+(\varepsilon_i\mu_i/\varepsilon_m\mu_m)}, r_n = (2l\varepsilon_m^{1/2}\mu_m^{1/2}/c)\xi_n.$$

C.1.c.1 非推迟 (光速无限大) 极限

$$G_{c\|c}(l;R_1,R_2) = -\sqrt{\frac{2R_1R_2}{R_1+R_2}}\frac{kT}{16l^{3/2}}\sum_{n=0}^{\infty}{}'\sum_{q=1}^{\infty}\frac{[(\overline{\Delta}_{1m}\overline{\Delta}_{2m})^q+(\Delta_{1m}\Delta_{2m})^q]}{q^3}. \quad [L2.118]$$

C.1.c.2 半径相等的两个圆柱体

$$R_2 = R_1 = R, \sqrt{\frac{2\pi R_1R_2}{R_1+R_2}} = \sqrt{\pi R}.$$

C.1.c.3 一个圆柱体与一个平面

$$R_2\to\infty, R_1 = R, \sqrt{\frac{2\pi R_1R_2}{R_1+R_2}} = \sqrt{2\pi R}.$$

注意: 非推迟极限, $r_n\to 0$, 积分由大 p 值主导, 其中 $s_i = s_2 = p$

$$r_n^{3/2}\sum_{q=1}^{\infty}\frac{1}{q}\int_1^{\infty}p[(\overline{\Delta}_{1m}\overline{\Delta}_{2m})^q+(\Delta_{1m}\Delta_{2m})^q]\frac{e^{-r_npq}}{\sqrt{pq}}dp$$

$$\to\sum_{q=1}^{\infty}\frac{[(\overline{\Delta}_{1m}\overline{\Delta}_{2m})^q+(\Delta_{1m}\Delta_{2m})^q]}{q^3}\int_{r_nq}^{\infty}\sqrt{r_npq}\,e^{-r_npq}d(r_npq)$$

$$\to\frac{\pi^{1/2}}{2}\sum_{q=1}^{\infty}\frac{[(\overline{\Delta}_{1m}\overline{\Delta}_{2m})^q+(\Delta_{1m}\Delta_{2m})^q]}{q^3},\int_{r_nq\to 0}^{\infty}\sqrt{r_npq}e^{-r_npq}d(r_npq)$$

$$\to\int_0^{\infty}\sqrt{x}e^{-x}dx = \Gamma\left(\frac{3}{2}\right) = \frac{\pi^{1/2}}{2};$$

$$G_{c\|c}(l;R_1,R_2) = -\sqrt{\frac{2\pi R_1R_2}{R_1+R_2}}\frac{kT}{8\pi l^{3/2}}\frac{\pi^{1/2}}{2}\sum_{n=0}^{\infty}{}'\sum_{q=1}^{\infty}\frac{[(\overline{\Delta}_{1m}\overline{\Delta}_{2m})^q+(\Delta_{1m}\Delta_{2m})^q]}{q^3}$$

$$= -\sqrt{\frac{2R_1R_2}{R_1+R_2}}\frac{kT}{16l^{3/2}}\sum_{q=1}^{\infty}\frac{[(\overline{\Delta}_{1m}\overline{\Delta}_{2m})^q+(\Delta_{1m}\Delta_{2m})^q]}{q^3}.$$

[170]

表 C.2 相互垂直的两个圆柱体, $R_1 = R_2 = R$, 由平面的完整栗弗席兹结果得到的 Derjaguin 变换形式, 计入推迟效应

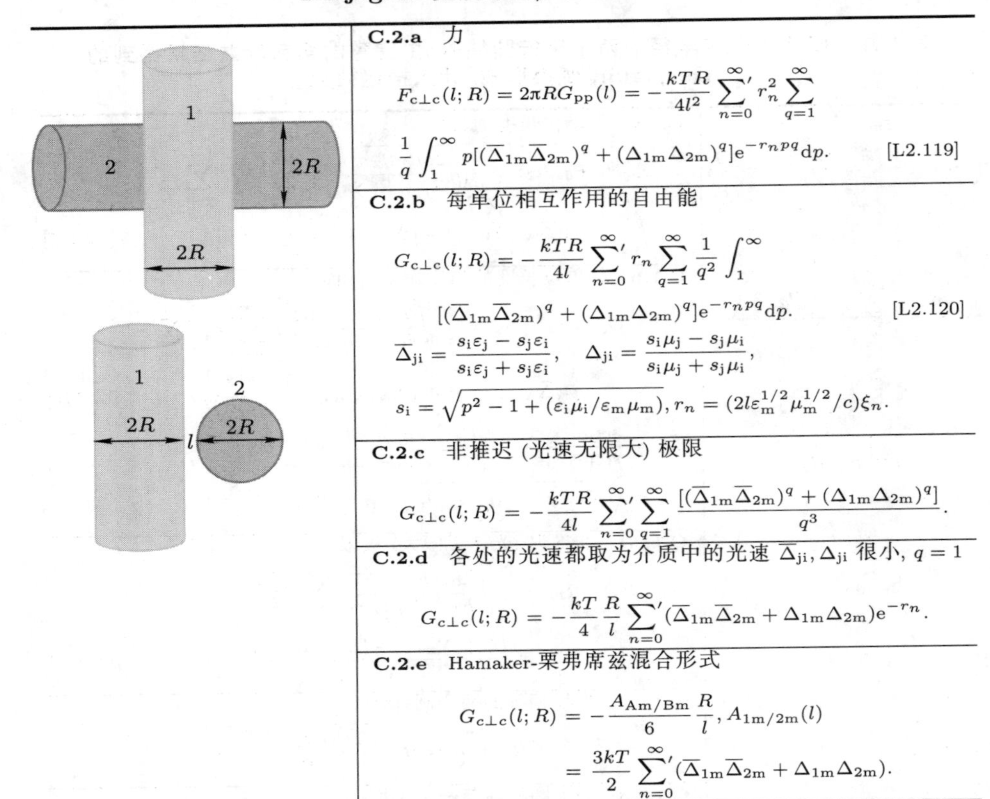

C.2.a 力

$$F_{c\perp c}(l;R) = 2\pi R G_{\rm pp}(l) = -\frac{kTR}{4l^2}\sum_{n=0}^{\infty}{}' r_n^2 \sum_{q=1}^{\infty}$$

$$\frac{1}{q}\int_1^{\infty} p[(\overline{\Delta}_{\rm 1m}\overline{\Delta}_{\rm 2m})^q + (\Delta_{\rm 1m}\Delta_{\rm 2m})^q]{\rm e}^{-r_n pq}{\rm d}p. \qquad [L2.119]$$

C.2.b 每单位相互作用的自由能

$$G_{c\perp c}(l;R) = -\frac{kTR}{4l}\sum_{n=0}^{\infty}{}' r_n \sum_{q=1}^{\infty}\frac{1}{q^2}\int_1^{\infty}$$

$$[(\overline{\Delta}_{\rm 1m}\overline{\Delta}_{\rm 2m})^q + (\Delta_{\rm 1m}\Delta_{\rm 2m})^q]{\rm e}^{-r_n pq}{\rm d}p. \qquad [L2.120]$$

$$\overline{\Delta}_{\rm ji} = \frac{s_{\rm i}\varepsilon_{\rm j} - s_{\rm j}\varepsilon_{\rm i}}{s_{\rm i}\varepsilon_{\rm j} + s_{\rm j}\varepsilon_{\rm i}}, \quad \Delta_{\rm ji} = \frac{s_{\rm i}\mu_{\rm j} - s_{\rm j}\mu_{\rm i}}{s_{\rm i}\mu_{\rm j} + s_{\rm j}\mu_{\rm i}},$$

$$s_{\rm i} = \sqrt{p^2 - 1 + (\varepsilon_{\rm i}\mu_{\rm i}/\varepsilon_{\rm m}\mu_{\rm m})}, r_n = (2l\varepsilon_{\rm m}^{1/2}\mu_{\rm m}^{1/2}/c)\xi_n.$$

C.2.c 非推迟 (光速无限大) 极限

$$G_{c\perp c}(l;R) = -\frac{kTR}{4l}\sum_{n=0}^{\infty}{}' \sum_{q=1}^{\infty}\frac{[(\overline{\Delta}_{\rm 1m}\overline{\Delta}_{\rm 2m})^q + (\Delta_{\rm 1m}\Delta_{\rm 2m})^q]}{q^3}.$$

C.2.d 各处的光速都取为介质中的光速 $\overline{\Delta}_{\rm ji}, \Delta_{\rm ji}$ 很小, $q = 1$

$$G_{c\perp c}(l;R) = -\frac{kT}{4}\frac{R}{l}\sum_{n=0}^{\infty}{}'(\overline{\Delta}_{\rm 1m}\overline{\Delta}_{\rm 2m} + \Delta_{\rm 1m}\Delta_{\rm 2m}){\rm e}^{-r_n}.$$

C.2.e Hamaker-栗弗席兹混合形式

$$G_{c\perp c}(l;R) = -\frac{A_{\rm Am/Bm}}{6}\frac{R}{l}, A_{\rm 1m/2m}(l)$$

$$= \frac{3kT}{2}\sum_{n=0}^{\infty}{}'(\overline{\Delta}_{\rm 1m}\overline{\Delta}_{\rm 2m} + \Delta_{\rm 1m}\Delta_{\rm 2m}).$$

注意: 非推迟极限, $r_n \to 0$, 积分由大 p 值主导, 其中 $s_i = s_2 = p$:

$$r_n\sum_{q=1}^{\infty}\frac{1}{q^2}\int_1^{\infty}[(\overline{\Delta}_{\rm 1m}\overline{\Delta}_{\rm 2m})^q + (\Delta_{\rm 1m}\Delta_{\rm 2m})^q]{\rm e}^{-r_n pq}{\rm d}p$$

$$\to \sum_{q=1}^{\infty}\frac{[(\overline{\Delta}_{\rm 1m}\overline{\Delta}_{\rm 2m})^q + (\Delta_{\rm 1m}\Delta_{\rm 2m})^q]}{q^3}\int_{r_n q\to 0}^{\infty}{\rm e}^{-r_n pq}{\rm d}(r_n pq)$$

$$= \sum_{q=1}^{\infty}\frac{[(\overline{\Delta}_{\rm 1m}\overline{\Delta}_{\rm 2m})^q + (\Delta_{\rm 1m}\Delta_{\rm 2m})^q]}{q^3}.$$

所有速度相同, 小 delta 值近似: 仅用 $q = 1$ 项, $s_{\rm i} = s_{\rm j} = p$:

$$\sum_{n=0}^{\infty}{}' r_n\sum_{q=1}^{\infty}\frac{1}{q^2}\int_1^{\infty}[(\overline{\Delta}_{\rm 1m}\overline{\Delta}_{\rm 2m})^q + (\Delta_{\rm 1m}\Delta_{\rm 2m})^q]{\rm e}^{-r_n pq}{\rm d}p$$

$$\to \sum_{n=0}^{\infty}{}'(\overline{\Delta}_{\rm 1m}\overline{\Delta}_{\rm 2m} + \Delta_{\rm 1m}\Delta_{\rm 2m})r_n\int_1^{\infty}{\rm e}^{-r_n p}{\rm d}p$$

$$= \sum_{n=0}^{\infty}{}'(\overline{\Delta}_{\rm 1m}\overline{\Delta}_{\rm 2m} + \Delta_{\rm 1m}\Delta_{\rm 2m}){\rm e}^{-r_n}.$$

表 C.3 两个平行圆柱体

[171]

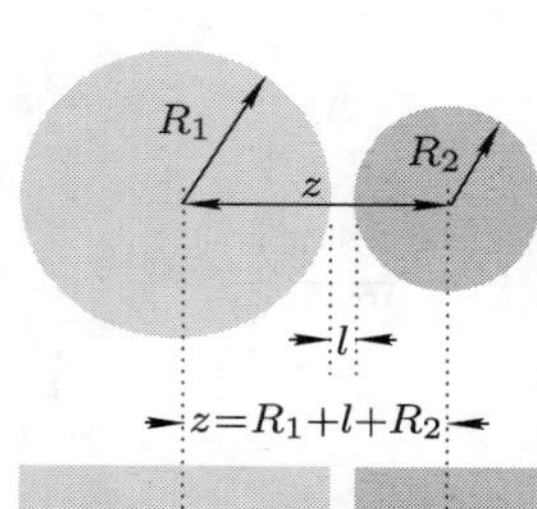

C.3.a 两个平行圆柱体, 忽略推迟屏蔽, 通过多重反射来求解
每单位长度为

$$G_{c\|c}(z;R_1,R_2)=-\frac{kT}{\pi z}\sum_{n=0}^{\infty}{}'\sum_{q=1}^{2}\frac{(\overline{\Delta}_{1m}\overline{\Delta}_{2m})^q}{q}$$
$$\sum_{i,j=1}^{\infty}A(q,i,j)\left(\frac{R_1}{z}\right)^{2i}\left(\frac{R_2}{z}\right)^{2j}$$

关于各系数 $A(q,i,j)$, 请见下表. 半径 R_1, R_2, 轴间距 z.

$q=1$						$q=2$					
i	$j=1$	2	3	4	5	i	$j=1$	2	3	4	5
1	5.5517	17.35	35.42	59.77	90.40	1	0	0	0	0	0
2	17.35	106.3	358.6	904.1	1910.0	2	0	6.731	31.25	90.48	206.9
3	35.42	358.6	1808.0	6366.0	17904.0	3	0	31.25	212.2	847.7	2556.0
4	59.77	904.1	6366.0	29841.0	107799	4	0	90.48	847.7	2556.0	6439.0
5	90.40	1910.0	17904.0	107799.0	486443.0	5	0	206.9	2556.0	4468.0	17216.0
6	127.3	3581.0	43119.0	257629.0		6	0	408.4	6439.0	17216.0	
7	170.5	6160.0	92654.0			7	0	728.7	14274.0		
8	220.0	9928.0				8	0	1207.0			

来源: 关于两个平行圆柱体 (其长度 L 远大于半径和间距) 之间相互作用能量的文章: D. Langbein, Phys. Kondens. Mat., **15**, 61–86 (1972) [式 (41), p. 71, 和表 2, p. 79] 在 p.79 给出的表达式中, 分母显然少了一个因子 π, 正确的应该是

$$\Delta E_{12}(z;R_1,R_2)=-\frac{\hbar L}{4\pi^2 z}\sum_{q=1}^{2}\frac{\Omega_q}{q}\sum_{i,j=1}^{\infty}A(q,i,j)\left(\frac{R_1}{z}\right)^{2i}\left(\frac{R_2}{z}\right)^{2j}.$$

[为了验证这个拓扑修正, 可以和细杆的极限情形式 (58) 和式 (59) 做比较.] 我们对记号进行了微调以便与此处所用的保持一致. 各系数 $A(q,i,j)$ 是通过数值方法解出的. $\Omega_q\equiv\int_{-\infty}^{\infty}(\overline{\Delta}_{1m}\overline{\Delta}_{2m})^q\mathrm{d}\xi$ [式 (59), p. 73. 同上].

这里, 在低温极限的假设下要用到的乘积 $\hbar\mathrm{d}\xi$ 通过 $\hbar\xi_n=2\pi kTn$ 被变回有限温度形式. (回忆一下, 在低温极限, 虽然 n 为一组离散的整数, 但 ξ_n 取连续值.) 在有限温度, 离散的 ξ_n 会产生一个求和 (而非积分):

$$\hbar\Omega_q=\hbar\int_{\xi=-\infty}^{\infty}(\overline{\Delta}_{1m}\overline{\Delta}_{2m})^q\mathrm{d}\xi\to 2\pi kT\int_{n=-\infty}^{\infty}(\overline{\Delta}_{1m}\overline{\Delta}_{2m})^q\mathrm{d}n$$
$$\to 2\pi kT\sum_{n=-\infty}^{\infty}(\overline{\Delta}_{1m}\overline{\Delta}_{2m})^q=4\pi kT\sum_{n=0}^{\infty}{}'(\overline{\Delta}_{1m}\overline{\Delta}_{2m})^q.$$

于是, 此求和中的 $\hbar\Omega_q$ 被 $4\pi kT\sum_{n=0}^{\infty}{}'(\overline{\Delta}_{1m}\overline{\Delta}_{2m})^q$ 代替, 而能量 E_{12} 可以看成是两个平行圆柱体之间的功或相互作用自由能 $G_{c\|c}$

$$G_{c\|c}(z;R_1,R_2)=-\frac{kTL}{\pi z}\sum_{n=0}^{\infty}{}'\sum_{q=1}^{2}\frac{(\overline{\Delta}_{1m}\overline{\Delta}_{2m})^q}{q}\sum_{i,j=1}^{\infty}A(q,i,j)\left(\frac{R_1}{z}\right)^{2i}\left(\frac{R_2}{z}\right)^{2j}.$$

[172]

表 C.3　(续)

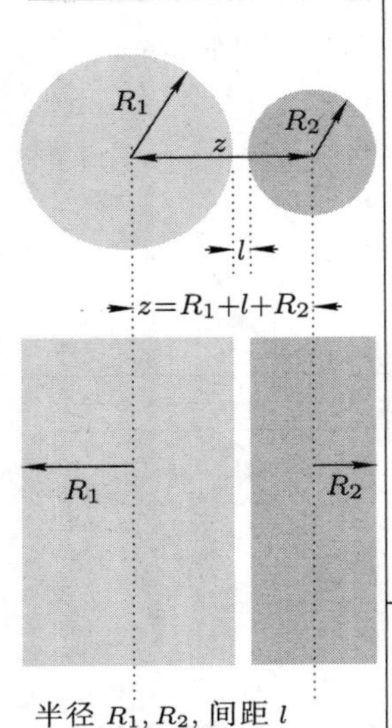

半径 R_1, R_2, 间距 l

C.3.b　两个平行圆柱体, 成对求和近似, Hamaker – 栗弗席兹混合形式, 忽略推迟屏蔽

C.3.b.1　各种间距的情形

每单位长度的自由能为

$$G_{\mathrm{c}\|\mathrm{c}}(z;R_1,R_2)=-\frac{2A_{1\mathrm{m}/2\mathrm{m}}}{3z}\sum_{i,j=1}^{\infty}\frac{\Gamma^2\left(i+j+\dfrac{1}{2}\right)}{i!j!(i-1)!(j-1)!}\left(\frac{R_1}{z}\right)^{2i}\left(\frac{R_2}{z}\right)^{2j},$$

对于整数 n, $\Gamma(n+1)=n!$ 以及

$$\Gamma\left(n+\frac{1}{2}\right)=\frac{1\times3\times5\times7\times\cdots\times(2n-1)}{2^n}\pi^{1/2},$$

$$A_{1\mathrm{m}/2\mathrm{m}}\approx\frac{3kT}{2}\sum_{n=0}^{\infty}{}'\,\overline{\Delta}_{1\mathrm{m}}\overline{\Delta}_{2\mathrm{m}}.$$

C.3.b.2　大间距情形

$z\gg R_1$ 和 R_2, 仅有 $i=j=1$ 项, $\Gamma^2(5/2)=(9\pi/16)$:

$$G_{\mathrm{c}\|\mathrm{c}}(z;R_1,R_2)=-\frac{3A_{1\mathrm{m}/2\mathrm{m}}}{8\pi}\frac{(\pi R_1)^2(\pi R_2)^2}{z^5}.$$

C.3.b.3　小间距情形

$l\ll R_1$ 和 R_2:

$$G_{\mathrm{c}\|\mathrm{c}}(l;R_1,R_2)=-\sqrt{\frac{2R_1R_2}{R_1+R_2}}\frac{A_{1\mathrm{m}/2\mathrm{m}}}{24l^{3/2}}.$$

注意: 见 D. Langbein, *Van der Waals Attraction*, Springer Tracts in Modern Physics (Springer-Verlag, Berlin, 1974) 中的方程 (4.62) 和 (4.63), 或者 D. Langbein, “Van der Waals attraction between cylinders, rods or fibers,” Phys. Kondens. Mat., **15**, 61–86 (1972) 中的方程 (4) 和 (10). 如果把它们转化为这里所用的几何与求和变量, 则通过第 3 级中推导原始栗弗席兹结果时所用的回路积分程序, 就可以把下面形式

$$\frac{\hbar\langle\omega_1\rangle}{4\pi z}\sum_{i=1}^{\infty}\sum_{j=1}^{\infty}\frac{\Gamma^2\left(i+j+\dfrac{1}{2}\right)}{i!j!(i-1)!(j-1)!}\left(\frac{R_1}{z}\right)^{2i}\left(\frac{R_2}{z}\right)^{2j}$$

中的系数 $\hbar\langle\omega_1\rangle$ (式 4.62, 同上) 从积分变换为求和. 具体地, 由式 4.63 (同上),

$$\begin{aligned}\hbar\langle\omega_1\rangle&=\hbar\int_{\xi=-\infty}^{\infty}\mathrm{d}\xi\coth\left(\frac{\hbar\xi}{kT}\right)\left(\frac{\varepsilon_1-\varepsilon_{\mathrm{m}}}{\varepsilon_1+\varepsilon_{\mathrm{m}}}\right)\left(\frac{\varepsilon_2-\varepsilon_{\mathrm{m}}}{\varepsilon_2+\varepsilon_{\mathrm{m}}}\right)\\&\to 2\pi kT\sum_{n=-\infty}^{\infty}\overline{\Delta}_{1\mathrm{m}}\overline{\Delta}_{2\mathrm{m}}=4\pi kT\sum_{n=0}^{\infty}{}'\,\overline{\Delta}_{1\mathrm{m}}\overline{\Delta}_{2\mathrm{m}},\end{aligned}$$

并利用

$$A_{1\mathrm{m}/2\mathrm{m}}=\frac{3kT}{2}\sum_{n=0}^{\infty}{}'\,\overline{\Delta}_{1\mathrm{m}}\overline{\Delta}_{2\mathrm{m}},\ \frac{\hbar\langle\omega_1\rangle}{4\pi z}=\frac{kT}{z}\sum_{n=0}^{\infty}{}'\,\overline{\Delta}_{1\mathrm{m}}\overline{\Delta}_{2\mathrm{m}}\to\frac{2A_{1\mathrm{m}/2\mathrm{m}}}{3z}$$

或

$$G_{\mathrm{c}\|\mathrm{c}}(z;R_1,R_2)=-\frac{2A_{1\mathrm{m}/2\mathrm{m}}}{3z}\sum_{i,j=1}^{\infty}\frac{\Gamma^2\left(i+j+\dfrac{1}{2}\right)}{i!j!(i-1)!(j-1)!}\left(\frac{R_1}{z}\right)^{2i}\left(\frac{R_2}{z}\right)^{2j}.$$

Langbein 给出了一个更详尽的求和, 把 $\overline{\Delta}_{1\mathrm{m}}$ 和 $\overline{\Delta}_{2\mathrm{m}}$ 的更高阶项也包括在内.

表 C.4 两个介电“细”圆柱体; 平行或成各种角度, 轴间距 $z \ll$ 半径 R; 栗弗席兹形式; 不计入推迟、磁性项, 以及离子涨落项 [173]

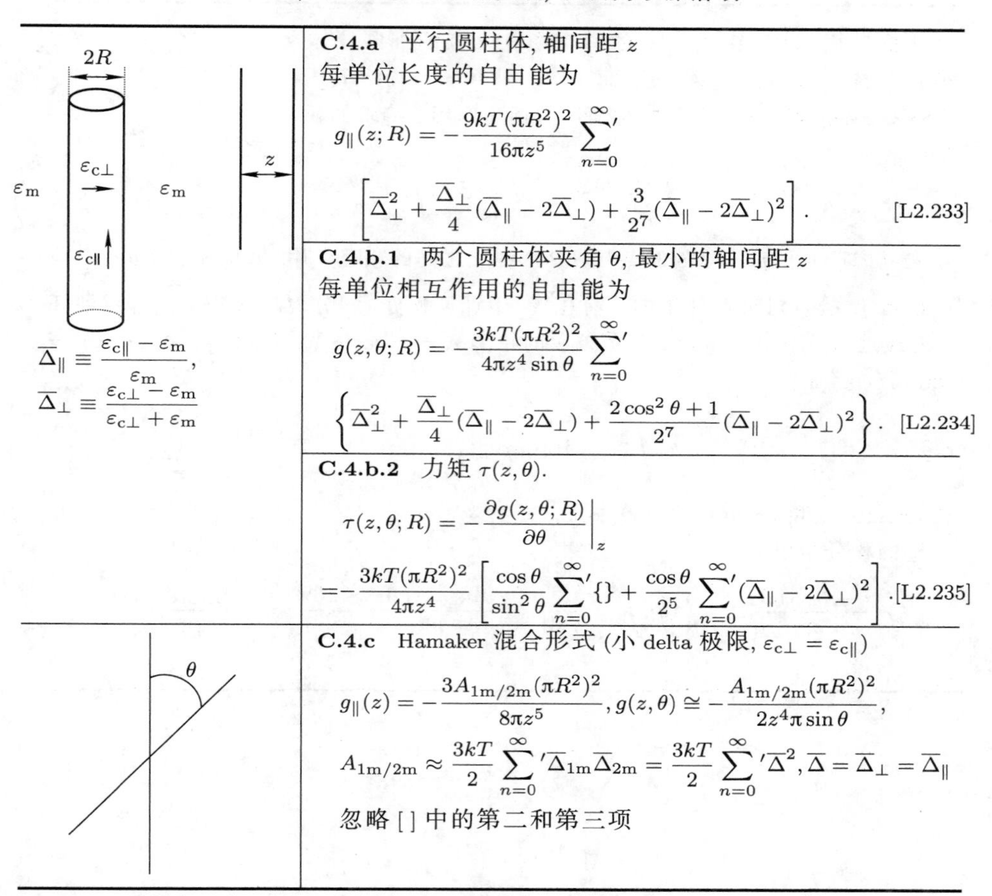

$\overline{\Delta}_{\parallel} \equiv \dfrac{\varepsilon_{c\parallel}-\varepsilon_m}{\varepsilon_m}$, $\overline{\Delta}_{\perp} \equiv \dfrac{\varepsilon_{c\perp}-\varepsilon_m}{\varepsilon_{c\perp}+\varepsilon_m}$	**C.4.a** 平行圆柱体, 轴间距 z 每单位长度的自由能为 $g_{\parallel}(z;R) = -\dfrac{9kT(\pi R^2)^2}{16\pi z^5}\sum_{n=0}^{\infty}{}' \left[\overline{\Delta}_{\perp}^2 + \dfrac{\overline{\Delta}_{\perp}}{4}(\overline{\Delta}_{\parallel}-2\overline{\Delta}_{\perp}) + \dfrac{3}{2^7}(\overline{\Delta}_{\parallel}-2\overline{\Delta}_{\perp})^2\right].$ [L2.233]
	C.4.b.1 两个圆柱体夹角 θ, 最小的轴间距 z 每单位相互作用的自由能为 $g(z,\theta;R) = -\dfrac{3kT(\pi R^2)^2}{4\pi z^4 \sin\theta}\sum_{n=0}^{\infty}{}' \left\{\overline{\Delta}_{\perp}^2 + \dfrac{\overline{\Delta}_{\perp}}{4}(\overline{\Delta}_{\parallel}-2\overline{\Delta}_{\perp}) + \dfrac{2\cos^2\theta+1}{2^7}(\overline{\Delta}_{\parallel}-2\overline{\Delta}_{\perp})^2\right\}.$ [L2.234]
	C.4.b.2 力矩 $\tau(z,\theta)$. $\tau(z,\theta;R) = -\left.\dfrac{\partial g(z,\theta;R)}{\partial\theta}\right\|_z$ $= -\dfrac{3kT(\pi R^2)^2}{4\pi z^4}\left[\dfrac{\cos\theta}{\sin^2\theta}\sum_{n=0}^{\infty}{}'\{\} + \dfrac{\cos\theta}{2^5}\sum_{n=0}^{\infty}{}'(\overline{\Delta}_{\parallel}-2\overline{\Delta}_{\perp})^2\right]$.[L2.235]
	C.4.c Hamaker 混合形式 (小 delta 极限, $\varepsilon_{c\perp}=\varepsilon_{c\parallel}$) $g_{\parallel}(z) = -\dfrac{3A_{1m/2m}(\pi R^2)^2}{8\pi z^5}, g(z,\theta) \cong -\dfrac{A_{1m/2m}(\pi R^2)^2}{2z^4\pi\sin\theta}$, $A_{1m/2m} \approx \dfrac{3kT}{2}\sum_{n=0}^{\infty}{}'\overline{\Delta}_{1m}\overline{\Delta}_{2m} = \dfrac{3kT}{2}\sum_{n=0}^{\infty}{}'\overline{\Delta}^2, \overline{\Delta}=\overline{\Delta}_{\perp}=\overline{\Delta}_{\parallel}$ 忽略 [ ] 中的第二和第三项

注意: 对两个体积的 Hamaker 求和 (其实是积分) 为

$$-\frac{A_{\mathrm{Ham}}}{\pi^2}\iint_{V_1,V_2}\frac{\mathrm{d}V_1\mathrm{d}V_2}{r^6}[\text{式 (L2.125)}].$$

对于横截面积为 A_1 和 A_2 的两个平行的细圆柱体, $\mathrm{d}V_1 = A_1\mathrm{d}y_1, \mathrm{d}V_2 = A_2\mathrm{d}y_2$, 而 $r^2 = z^2 + (y_2-y_1)^2$. 关于每单位长度的相互作用能量, 待求的积分为

$$-\frac{A_{\mathrm{Ham}}A_1A_2}{\pi^2}\int_{-\infty}^{\infty}\frac{\mathrm{d}y_2}{r^6}$$

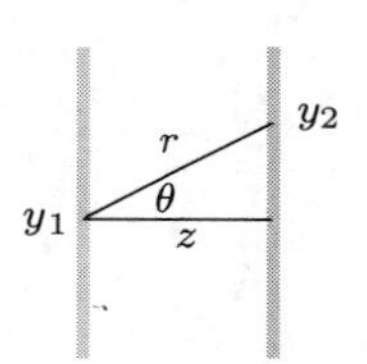

其中用到 $\mathrm{d}y_2 = z\mathrm{d}[\tan(\theta)] = [z\mathrm{d}\theta/\cos^2(\theta)]; r = z/\cos(\theta)$, 因此

$$\int_{-\infty}^{\infty}\frac{\mathrm{d}y_2}{r^6} = \frac{1}{z^5}\int_{-\frac{\pi}{2}}^{\frac{\pi}{2}}\cos^4(\theta)\mathrm{d}\theta = \frac{3\pi}{8z^5}$$

(Gradshteyn 和 Ryzhik, p. 369, 式 3.621.3).

[174]

表 C.4 (续)

对于横截面积为 A_1 和 A_2 的两个相互垂直的细圆柱体, $\mathrm{d}V_1 = A_1\mathrm{d}x_1, \mathrm{d}V_2 = A_2\mathrm{d}y_2$, 而 $r^2 = x_1^2 + z^2 + y_2^2$, 其中 $-\infty < x_1, y_2 < +\infty$. 关于每对细杆的相互作用, 待求的积分为

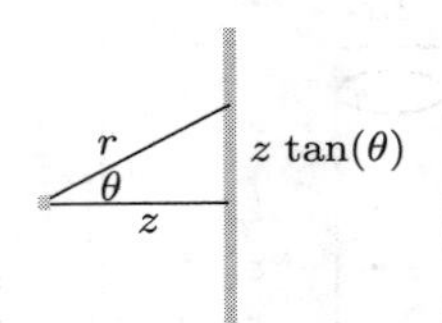

$$-\frac{A_{\mathrm{Ham}}A_1A_2}{\pi^2}\int_{-\infty}^{\infty}\mathrm{d}x_1\int_{-\infty}^{\infty}\frac{\mathrm{d}y_2}{r^6}.$$

首先考虑杆 1 上 $x_1 = 0$ 处的点与杆 2 上各点之间的相互作用: 仍有 $\int_{-\infty}^{\infty}(\mathrm{d}y_2/r^6) = (3\pi/8z^5)$. 接着对沿着杆 1 的所有位置 x_1 计算积分. 积分覆盖从杆 1 上各点到杆 2 上最近点（图中画出为 z 的终端）的距离 $r = z/\cos(\theta')$. 故 $\mathrm{d}x_1 = z\mathrm{d}[\tan(\theta')] = (z\mathrm{d}\theta')/\cos^2(\theta')$:

$$\int_{-\infty}^{\infty}\frac{\mathrm{d}x_1}{r^5} = \frac{1}{z^4}\int_{-\frac{\pi}{2}}^{\frac{\pi}{2}}\cos^3(\theta)\mathrm{d}\theta = \frac{4}{3z^4}$$

(Gradshteyn 和 Ryzhik, p. 369, 式 3.621.4).

完整的积分给出:

$$-\frac{A_{\mathrm{Ham}}A_1A_2}{\pi^2}\int_{-\infty}^{\infty}\mathrm{d}x_1\int_{-\infty}^{\infty}\frac{\mathrm{d}y_2}{r^6} = -\frac{A_{\mathrm{Ham}}A_1A_2}{\pi^2}\frac{4}{3z^4}\frac{3\pi}{8} = -\frac{A_{\mathrm{Ham}}A_1A_2}{2\pi z^4}.$$

表 C.5.a 盐水中的两个介电细杆, 平行或成一角度, 低频 ($n = 0$) 偶极涨落和离子涨落 [175]

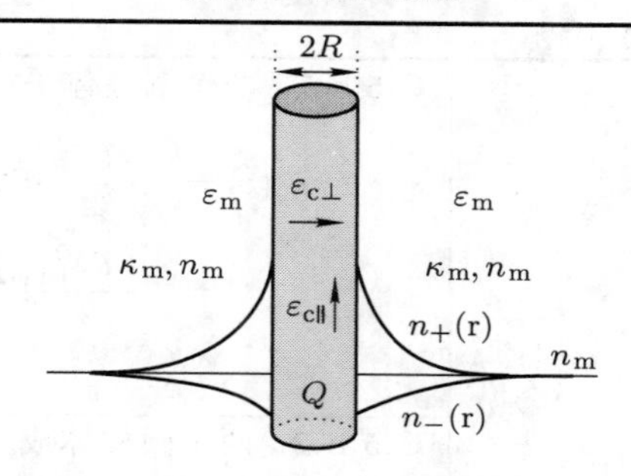

圆柱体每单位长度上所带的固定负电荷数值为 Qe. 周围的净流动电荷会中和圆柱体上的电荷.
在电荷涨落中出现的流动电荷的总剩余数 Γ_c 为 $\Gamma_c \equiv \sum_{\{\nu\}} \Gamma_\nu \nu^2$, 即每单位长度上各 ν 价流动电荷数之和减去不存在圆柱体时盐溶液中的所有流动电荷数 (图是对 1-1 电解质画出的). 故每单位长度上为 $\Gamma_\nu \equiv \int_0^\infty [n_\nu(r) - n_\nu(m)] 2\pi r \mathrm{d}r$.

C.5.a.1 两个圆柱体平行, 中心 – 中心间距为 z

$$g_{\|}(z) = -\frac{2kT\kappa_m^5(\pi R^2)^2}{\pi^2}\{\ \};$$

$$\begin{aligned}\{\ \} = &\left[\overline{\Delta}_\perp^2 + \frac{\overline{\Delta}_\perp(\overline{\Delta}_\| - 2\overline{\Delta}_\perp)}{4} + \frac{3(\overline{\Delta}_\| - 2\overline{\Delta}_\perp)^2}{2^7}\right]\int_1^\infty K_0(2\kappa_m pz)p^4\mathrm{d}p \\
&+\left[\begin{array}{l}\left(\frac{\Gamma_c}{\pi a^2 n_m}\right)\frac{\overline{\Delta}_\perp}{2} + \left(\frac{\Gamma_c}{\pi a^2 n_m}\right)\frac{(\overline{\Delta}_\| - 2\overline{\Delta}_\perp)}{16} \\ -\overline{\Delta}_\perp^2 - \frac{3\overline{\Delta}_\perp(\overline{\Delta}_\| - 2\overline{\Delta}_\perp)}{8} - \frac{3(\overline{\Delta}_\| - 2\overline{\Delta}_\perp)^2}{2^6}\end{array}\right]\int_1^\infty K_0(2\kappa_m pz)p^2\mathrm{d}p \\
&+\left[\begin{array}{l}\left(\frac{\Gamma_c}{\pi a^2 n_m}\right)^2\frac{1}{16} - \left(\frac{\Gamma_c}{\pi a^2 n_m}\right)\frac{\overline{\Delta}_\perp}{4} - \left(\frac{\Gamma_c}{\pi a^2 n_m}\right)\frac{(\overline{\Delta}_\| - 2\overline{\Delta}_\perp)}{16} \\ +\frac{\overline{\Delta}_\perp^2}{4} + \frac{\overline{\Delta}_\perp(\overline{\Delta}_\| - 2\overline{\Delta}_\perp)}{8} + \frac{3(\overline{\Delta}_\| - 2\overline{\Delta}_\perp)^2}{2^7}\end{array}\right]\int_1^\infty K_0(2\kappa_m pz)\mathrm{d}p.\end{aligned} \quad \text{[L2.254]}$$

对于 $x \to 0$, $K_0(x) \to -\ln x$, M. Abramowitz and I. A. Stegun, *Handbook of Mathematical Functions, with Formulas, Graphs and Mathematical Tables*, p. 375, Dover Books, New York (1965), 式 9.6.8. 对于 $x \to \infty$, $K_0(x) \to \sqrt{\frac{\pi}{2x}}\mathrm{e}^{-x}$, 同上, p. 378, 式 9.7.2.

C.5.a.2 两个圆柱体交角为 θ, 其最近的中心 – 中心间距为 z

$$g(z,\theta) = -\frac{kT\kappa_m^4(\pi R^2)^2}{\pi\sin\theta}\{\ \};$$

$$\begin{aligned}\{\ \} = &\left[\overline{\Delta}_\perp^2 + \frac{\overline{\Delta}_\perp(\overline{\Delta}_\| - 2\overline{\Delta}_\perp)}{4} + \frac{(\overline{\Delta}_\| - 2\overline{\Delta}_\perp)^2}{2^7}(1 + 2\cos^2\theta)\right]\frac{6\mathrm{e}^{-2\kappa_m z}}{(2\kappa_m z)^4}\left[1 + 2\kappa_m z + \frac{(2\kappa_m z)^2}{2} + \frac{(2\kappa_m z)^3}{6}\right] \\
&+\left[\begin{array}{l}\left(\frac{\Gamma_c}{\pi R^2 n_m}\right)\frac{\overline{\Delta}_\perp}{2}\left(\frac{\Gamma_c}{\pi R^2 n_m}\right)\frac{(\overline{\Delta}_\| - 2\overline{\Delta}_\perp)}{16} \\ -\frac{\overline{\Delta}_\perp^2}{2} - \frac{3\overline{\Delta}_\perp(\overline{\Delta}_\| - 2\overline{\Delta}_\perp)}{8} - \frac{(\overline{\Delta}_\| - 2\overline{\Delta}_\perp)^2}{2^6}(1 + 2\cos^2\theta)\end{array}\right]\frac{1}{(2\kappa_m z)^2}\mathrm{e}^{-2\kappa_m z}(1 + 2\kappa_m z) \\
&+\left[\begin{array}{l}\left(\frac{\Gamma_c}{\pi R^2 n_m}\right)^2\frac{1}{16} - \left(\frac{\Gamma_c}{\pi R^2 n_m}\right)\frac{\overline{\Delta}_\perp}{4} - \left(\frac{\Gamma_c}{\pi R^2 n_m}\right)\frac{(\overline{\Delta}_\| - 2\overline{\Delta}_\perp)}{16} \\ +\frac{\overline{\Delta}_\perp^2}{4} + \frac{\overline{\Delta}_\perp(\overline{\Delta}_\| - 2\overline{\Delta}_\perp)}{8} + \frac{(\overline{\Delta}_\| - 2\overline{\Delta}_\perp)^2}{2^7}(1 + 2\cos^2\theta)\end{array}\right]E_1(2\kappa_m z).\end{aligned} \quad \text{[L2.252]}$$

指数积分 $E_1(2\kappa_m z) = -\gamma - \ln(2\kappa_m z) - \sum_{n=1}^\infty \frac{(-2\kappa_m z)^n}{nn!}$, $\gamma = 0.5772156649$. 对于大的自变量有 $E_1(2\kappa_m z) \to [(\mathrm{e}^{-2\kappa_m z})/(2k_m z)]$.

[176] **表 C.5.b 盐水中的两个细圆柱体, 平行或成一个角度, 仅有离子涨落, 其间距 ≫ 德拜长度**

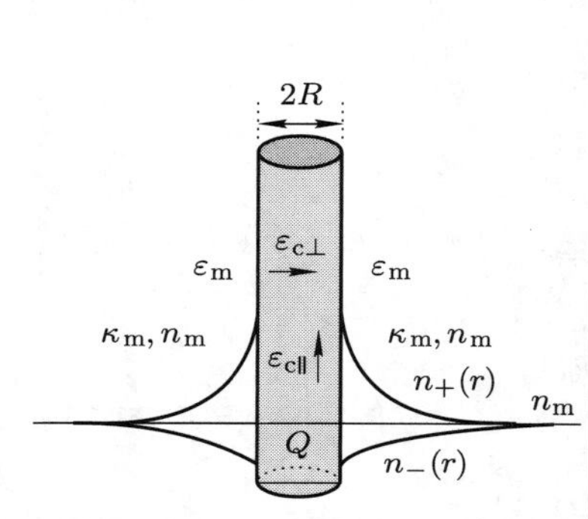

圆柱体每单位长度上所带的固定负电荷数值为 Qe.

周围的净流动电荷会中和圆柱体上的电荷. 在电荷涨落中出现的流动电荷总剩余数, 是对所有流动电荷数进行价平方含权求和, 再减去不存在圆柱体时盐溶液中的流动电荷数.

C.5.b.1 两个圆柱体平行

$$g_{\parallel}(z) = -\frac{kT\lambda_{\rm Bj}^2}{2}\Gamma_{\rm c}^2\sqrt{\pi}\frac{{\rm e}^{-2\kappa_{\rm m}z}}{\kappa_{\rm m}^{1/2}z^{3/2}} = -\frac{kT\lambda_{\rm Bj}^2}{2}\Gamma_{\rm c}^2\sqrt{\pi}\frac{{\rm e}^{-2z/\lambda_{\rm D}}}{z(z/\lambda_{\rm D})^{1/2}}.$$

[L2.257]

C.5.b.2 两个圆柱体成一角度, 最小间距为 z

$$g(z,\theta) = -\frac{kT\lambda_{\rm Bj}^2}{\sin\theta}\Gamma_{\rm c}^2\frac{{\rm e}^{-2\kappa_{\rm m}z}}{2\kappa_{\rm m}z} = -\frac{kT\pi\lambda_{\rm Bj}^2}{\sin\theta}\Gamma_{\rm c}^2\frac{{\rm e}^{-2z/\lambda_{\rm D}}}{(2z/\lambda_{\rm D})},$$ [L2.256]

$\Delta_{\parallel} \to 0, \quad \Delta_{\perp} \to 0; \quad z \gg \lambda_{\rm Debye} = \lambda_{\rm D} = 1/\kappa_{\rm m}.$

表 C.6 两个长度相同的平行细杆, 长为 a, 轴间距为 z, Hamaker 形式 [177]

C.6.a 横截面积为 A_1, A_2

$$G(z;a) = -\frac{A_{1\mathrm{m}/2\mathrm{m}}}{4\pi^2}A_1A \left[\frac{1}{z^4} - \frac{1}{z^2(a^2+z^2)} + \frac{3a}{z^5}\arctan\left(\frac{a}{z}\right)\right]$$

每单位相互作用为

$$A_{1\mathrm{m}/2\mathrm{m}} \approx \frac{3kT}{2}\sum_{n=0}^{\infty}{}'\overline{\Delta}_{1\mathrm{m}}\overline{\Delta}_{2m}.$$

C.6.b 两个半径为 R_1, R_2 的圆杆

$$G(z;a) = -\frac{A_{1\mathrm{m}/2\mathrm{m}}}{4}\pi R_1^2R_2^2 \left[\frac{1}{z^4} - \frac{1}{z^2(a^2+z^2)} + \frac{3a}{z^5}\arctan\left(\frac{a}{z}\right)\right].$$

在极限 $a/z \to \infty$ 处, $\arctan(a/z) \to (\pi/2)$.
每单位长度的相互作用能量为

$$\frac{G(z;a)}{a} \to -\frac{3A_{1\mathrm{m}/2\mathrm{m}}}{8\pi}\frac{A_1A_2}{z^5}.$$

注意: 系数可能会引起混淆. 这些公式是关于全体相互作用的, 而非分解为各杆的. 回忆一下, 微元间相互作用的 Hamaker 形式为,

$$-\frac{A_{\mathrm{Ham}}}{\pi^2}\frac{\mathrm{d}V_1\mathrm{d}V_2}{r^6}.$$

在此处的两个细杆之间, 体积元分别为 $\mathrm{d}V_1 = A_1\mathrm{d}x_1, \mathrm{d}V_2 = A_2\mathrm{d}x_2$; 其间隔 r 的变化关系为 $r^2 = [z^2 + (x_2 - x_1)^2]$. 对于两个无限长的杆, 计算它们之间的每单位长度相互作用能量仅需一个积分, 即对 $x = (x_2 - x_1)$ 从 $x = -\infty$ 积到 $+\infty$,

$$-\frac{A_{\mathrm{Ham}}}{\pi^2}A_1A_2\int_{-\infty}^{\infty}\frac{\mathrm{d}x}{(z^2+x^2)^3} = -\frac{A_{\mathrm{Ham}}}{\pi^2}A_1A_2\frac{3\pi}{8z^5} = -\frac{3A_{\mathrm{Ham}}}{8\pi}\frac{A_1A_2}{z^5}.$$

这就等于上面给出的 $a \to \infty$ 情形的结果 $[G(z;a)]/a$, 而且与半径为 R 的两个同类平行圆柱体的栗弗席兹结果 (表 C.4.a) 具有类似的形式. 对 $1/r^6$ 的积分出自于 A. G. DeRocco and W. G. Hoover, "On the interaction of colloidal particles," Proc. Natl. Acad.Sci. USA, **46**, 1057–1065 (1960).

[178]

表 C.7 两个同轴的细杆, 最近间隔为 l, 长为 a, Hamaker 形式

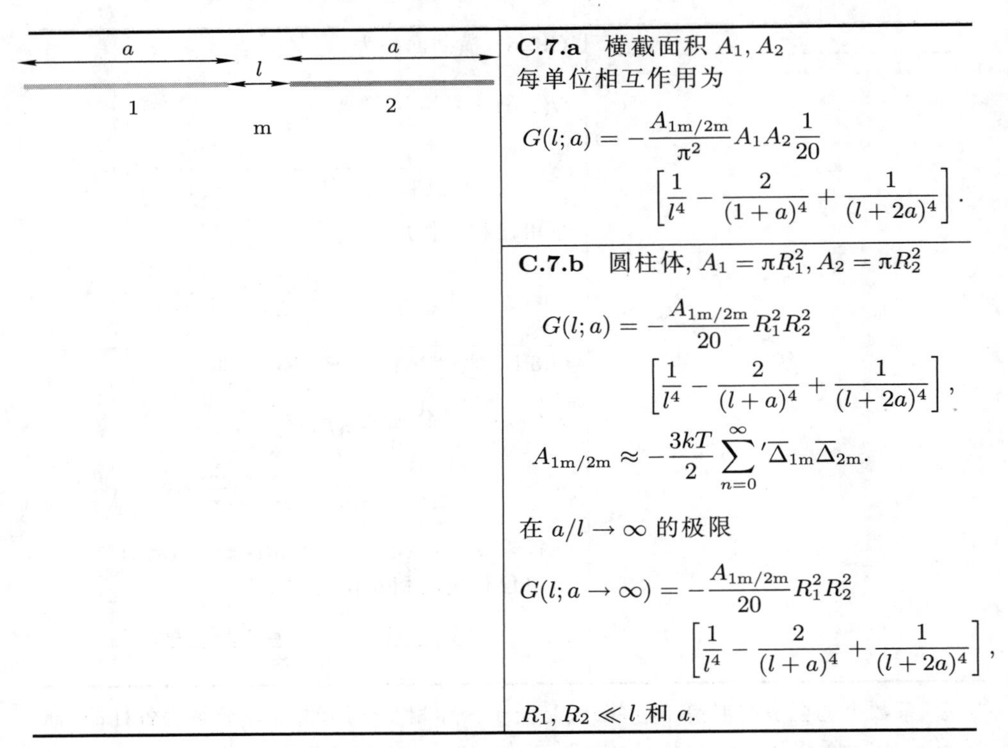

C.7.a 横截面积 A_1, A_2

每单位相互作用为

$$G(l;a) = -\frac{A_{1\mathrm{m}/2\mathrm{m}}}{\pi^2} A_1 A_2 \frac{1}{20} \left[\frac{1}{l^4} - \frac{2}{(1+a)^4} + \frac{1}{(l+2a)^4}\right].$$

C.7.b 圆柱体, $A_1 = \pi R_1^2, A_2 = \pi R_2^2$

$$G(l;a) = -\frac{A_{1\mathrm{m}/2\mathrm{m}}}{20} R_1^2 R_2^2 \left[\frac{1}{l^4} - \frac{2}{(l+a)^4} + \frac{1}{(l+2a)^4}\right],$$

$$A_{1\mathrm{m}/2\mathrm{m}} \approx -\frac{3kT}{2} \sum_{n=0}^{\infty}{}' \overline{\Delta}_{1\mathrm{m}} \overline{\Delta}_{2\mathrm{m}}.$$

在 $a/l \to \infty$ 的极限

$$G(l;a\to\infty) = -\frac{A_{1\mathrm{m}/2\mathrm{m}}}{20} R_1^2 R_2^2 \left[\frac{1}{l^4} - \frac{2}{(l+a)^4} + \frac{1}{(l+2a)^4}\right],$$

$R_1, R_2 \ll l$ 和 a.

注意:

$$-\frac{A_{\mathrm{Ham}}}{\pi^2} A_1 A_2 \int_0^a \int_0^a \frac{\mathrm{d}z_1 \mathrm{d}z_2}{(z_1+z_2+l)^6} = -\frac{A_{\mathrm{Ham}}}{\pi^2} \frac{A_1 A_2}{20} \left[\frac{1}{l^4} - \frac{2}{(l+a)^4} + \frac{1}{(l+2a)^4}\right].$$

表 C.8 圆盘与杆

[179]

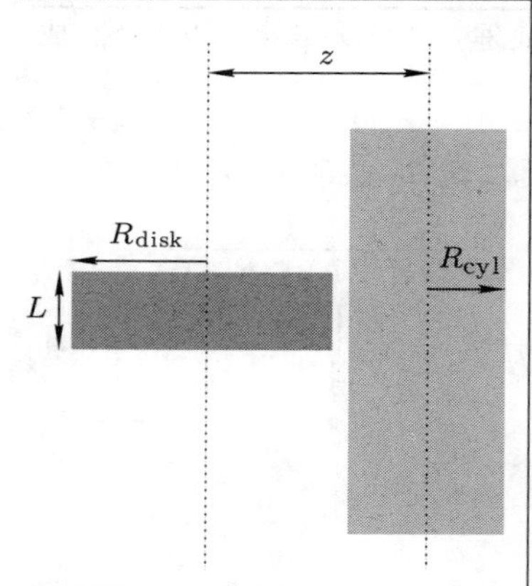

盘的厚度 L, 半径 R_{disk}, 圆柱体半径 R_{cyl}, 轴间距 z

C.8.a 圆盘或有限长度的杆, 其轴平行于无限长圆柱体, 成对求和形式

$$G_{\mathrm{disk/cylinder}}(z;R_{\mathrm{disk}},R_{\mathrm{cyl}},L)=-\frac{A_{\mathrm{Ham}}L}{4}\{\ \};$$

$$\begin{aligned}
\{\ \}=&\frac{\pi}{2}\left[\frac{-1}{z+R_{\mathrm{disk}}-R_{\mathrm{cyl}}}-\frac{R_{\mathrm{cyl}}}{2(z+R_{\mathrm{disk}}-R_{\mathrm{cyl}})^2}\right.\\
&\left.+\frac{1}{z-R_{\mathrm{disk}}-R_{\mathrm{cyl}}}+\frac{R_{\mathrm{cyl}}}{2(z-R_{\mathrm{disk}}-R_{\mathrm{cyl}})^2}\right]\\
&-\frac{\pi}{2}\left[\frac{-1}{z+R_{\mathrm{disk}}+R_{\mathrm{cyl}}}+\frac{R_{\mathrm{cyl}}}{2(z+R_{\mathrm{disk}}+R_{\mathrm{cyl}})^2}\right.\\
&\left.+\frac{1}{z-R_{\mathrm{disk}}+R_{\mathrm{cyl}}}+\frac{R_{\mathrm{cyl}}}{2(z-R_{\mathrm{disk}}+R_{\mathrm{cyl}})^2}\right]\\
&+\frac{R_{\mathrm{disk}}^2-z^2}{2z}\left[\frac{-1}{2(z+R_{\mathrm{disk}}-R_{\mathrm{cyl}})^2}\right.\\
&\left.+\frac{1}{2(z-R_{\mathrm{disk}}-R_{\mathrm{cyl}})^2}\right]+\frac{z^2-R_{\mathrm{disk}}^2}{2z}\\
&\left[\frac{-1}{2(z+R_{\mathrm{disk}}+R_{\mathrm{cyl}})^2}\right.\\
&\left.+\frac{1}{2(z-R_{\mathrm{disk}}+R_{\mathrm{cyl}})^2}\right]\\
&-\frac{1}{2z}\left[\ln\left(\frac{z+R_{\mathrm{disk}}-R_{\mathrm{cyl}}}{z-R_{\mathrm{disk}}-R_{\mathrm{cyl}}}\right)-\frac{2R_{\mathrm{cyl}}}{z+R_{\mathrm{disk}}-R_{\mathrm{cyl}}}\right.\\
&+\frac{2R_{\mathrm{cyl}}}{z-R_{\mathrm{disk}}-R_{\mathrm{cyl}}}-\frac{R_{\mathrm{cyl}}^2}{2(z+R_{\mathrm{disk}}-R_{\mathrm{cyl}})^2}\\
&\left.+\frac{R_{\mathrm{cyl}}^2}{2(z-R_{\mathrm{disk}}-R_{\mathrm{cyl}})^2}\right]\\
&+\frac{1}{2z}\left[\ln\left(\frac{z+R_{\mathrm{disk}}+R_{\mathrm{cyl}}}{z-R_{\mathrm{disk}}+R_{\mathrm{cyl}}}\right)-\frac{2R_{\mathrm{cyl}}}{z+R_{\mathrm{disk}}+R_{\mathrm{cyl}}}\right.\\
&-\frac{2R_{\mathrm{cyl}}}{z-R_{\mathrm{disk}}+R_{\mathrm{cyl}}}-\frac{R_{\mathrm{cyl}}^2}{2(z+R_{\mathrm{disk}}+R_{\mathrm{cyl}})^2}\\
&\left.+\frac{R_{\mathrm{cyl}}^2}{2(z-R_{\mathrm{disk}}+R_{\mathrm{cyl}})^2}\right]\qquad[41].
\end{aligned}$$

来源: 结果由 S. W. Montgomery, M. A. Franchek, and V. W. Goldschmidt, "Analytical dispersion force calculations for nontraditional geometries," J. Colloid Interface Sci., **227**, 567–587 (2000) 变换而来.

记号: 文章中的 $U_{P/P}=(-\beta/l^6)$, 式 [3], 类似于两个粒子通过真空相互吸引的 $\mathrm{d}U=[-Q/\beta/l^6]\mathrm{d}V$, 式 [4], 对体积积分所得到的 $-(c_{\mathrm{A}}c_{\mathrm{B}}/r^6)$ [出自于表达式 (L2.121)]; Q 表示每单位体积的数密度, 与本书中的 N 相同. 文中 $A_{\mathrm{Ham}}=\pi^2Q_{\mathrm{A}}Q_{\mathrm{B}}\beta$, 而在本书中, 通过真空为 $A_{\mathrm{Ham}}=\pi^2N_{\mathrm{A}}c_{\mathrm{A}}N_{\mathrm{B}}c_{\mathrm{B}}$, 通过介质 m 为 $A_{\mathrm{Ham}}=\pi^2(N_{\mathrm{A}}c_{\mathrm{A}}-N_{\mathrm{m}}c_{\mathrm{m}})(N_{\mathrm{B}}c_{\mathrm{B}}-N_{\mathrm{m}}c_{\mathrm{m}})$ [式 (L2.124)]. $R_2=R_{\mathrm{cyl}}$; $R_3=R_{\mathrm{disk}}$; $H_2=z=$轴间距; $D=l=z-R_{\mathrm{cyl}}-R_{\mathrm{disk}}$.

[180]

表 C.8 (续)

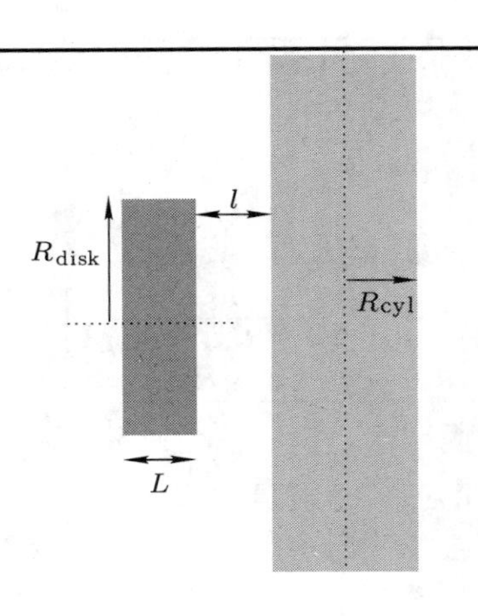

盘的厚度 L, 半径 R_{disk}, 圆柱体半径 R_{cyl}, 最近间距为 l

C.8.b 圆盘的轴垂直于无限长圆柱体的轴, 成对求和形式

$$G_{perp-disk/cylinder}(l; R_{disk}, R_{cyl}, L) = -\frac{A_{Ham}\pi R_{disk}^3}{8}\left[\frac{1}{l^2} + \frac{1}{(l+L+2R_{cyl})^2} - \frac{1}{(l+L)^2} - \frac{1}{(l+2R_{cyl})^2}\right] \quad [52].$$

来源: S. W. Montgomery, M. A. Franchek, and V. W. Goldschmidt, "Analytical dispersion force calculations for nontraditional geometries," J. Colloid Interface Sci., **227**, 567–584 (2000).

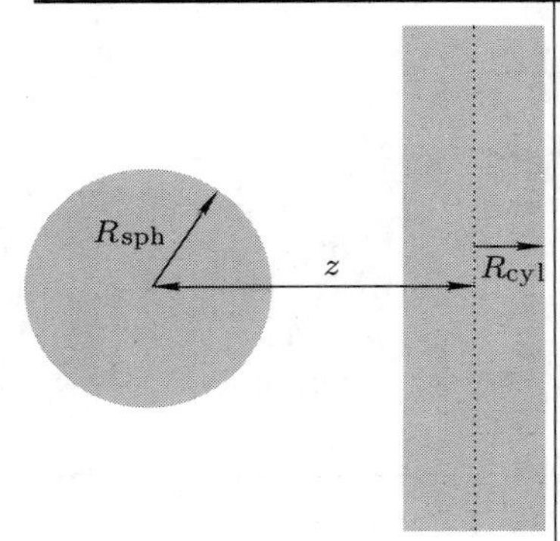

球半径 R_{sph}, 圆柱体半径 R_{cyl}, 球心到圆柱轴的距离为 z.

C.8.c 球与无限长圆柱体, 成对求和形式

$$G_{sphere/cylinder}(z; R_{sph}, R_{cyl}) = -\frac{A_{Ham}\pi}{8}\{\ \};$$

$$\begin{aligned}\{\ \} = {} & \frac{R_{sph}^3 - (z+R_{cyl})^2}{2(z+R_{cyl}+R_{sph})^2} + \frac{(z-R_{cyl})^2 - R_{sph}^3}{2(z-R_{cyl}+R_{sph})^2} \\ & - \frac{(z-R_{cyl})^2 - R_{sph}^3}{2(z-R_{cyl}-R_{sph})^2} + \frac{(z+R_{cyl})^2 - R_{sph}^3}{2(z+R_{cyl}-R_{sph})^2} \\ & + \frac{2z+2R_{cyl}}{z+R_{cyl}+R_{sph}} - \frac{2z+2R_{cyl}}{z+R_{cyl}-R_{sph}} \\ & + \frac{2R_{cyl}-2z}{z-R_{cyl}+R_{sph}} + \frac{2z-2R_{cyl}}{z-R_{cyl}-R_{sph}} \\ & + \ln\left(\frac{z+R_{cyl}+R_{sph}}{z+R_{cyl}-R_{sph}}\right) + \ln\left(\frac{z-R_{cyl}-R_{sph}}{z-R_{cyl}+R_{sph}}\right)\end{aligned} \quad [60].$$

来源: 公式出自于 S. W. Montgomery, M. A. Franchek and V. W. Goldschmidt, "Analytical dispersion force calculations for nontraditional geometries," J.Colloid Interface Sci., **227**, 567–587 (2000).

L2.3 关于公式的短文

[181]

for · mu · lary\′ fȯr-myə-, ler-ē*n*, *pl* -lar · ies (1541) **1**: 具有规定或固定格式的一本书或文集, 诸如祈祷文等 **2**: 以公式表达的陈述 **3**: 一种固定的格式或模式; 一个公式 **4**: 包含制药物质及其配方、用法和配制方法的列表的一本书

—**formulary** *adj*

The American Heritage Dictionary of the English Language, Fourth Edition Copyright © 2000 by Houghton Mifflin Company.

在牧师 (定义 1) 和操作 (定义 4) 之间, 在起源 (第 3 级) 和结果 (第 2 级的表格) 之间, 就是注解部分. 从第 3 级的基础部分到第 2 级的列表部分, 各种不同的想法都可以找到各自的途径来实现. 以下各部分不仅简单描述了一组具体的步骤, 而且更重要的是, 还给出了所采取的步骤类型:

■ 考察两个半空间之间相互作用的完整表达式, 看看从其特殊的极限形式中可以揭示出哪些性质 (L2.3.A 部分);

■ 把原始的半空间几何构形推广到有叠层的不均匀平面物体 (L2.3.B 部分);

■ 变换到弯曲结构的情形 (L.2.3.C 部分);

■ 对于气体和稀薄悬浮液, 约简为 Hamaker 理论 (L2.3.D 部分), 但是需要:

■ 在离子溶液中加入涨落和屏蔽 (L2.3.E 部分), 然后

■ 扩展以计入小粒子和衬底间的相互作用 (L2.3.F 部分) 以及一维线性物体之间的相互作用 (L2.3.G 部分).

在下文中, 方程旁边或下方的圆括号内的数字是方程的真实序数. 方括号内给出的数字对应于第 2 级中的表格 (以 P, S, 或 C 开头) 或本书其它地方给出的方程与表达式 (以级的序数开头).

现在我们应该动动笔来熟悉一些操作方法, 从中可以导出重要的或有启发性的相互作用性质, 并且能够探讨在 “公式到数字的自动转换” 之外的力. [182]

L2.3.A 两个半无限大介质之间的相互作用

精确的栗弗席兹形式

两个半无限大介质 A 和 B 被厚度 l、材料 m 的平板隔开, 它们之间的每

单位面积电动自由能的一般公式为

$$G_{\mathrm{AmB}}(l,T)=\frac{kT}{8\pi l^2}\sum_{n=0}^{\infty}{}'\int_{r_n}^{\infty}x\ln[(1-\overline{\Delta}_{\mathrm{Am}}\overline{\Delta}_{\mathrm{Bm}}\mathrm{e}^{-x})(1-\Delta_{\mathrm{Am}}\Delta_{\mathrm{Bm}}\mathrm{e}^{-x})]\mathrm{d}x$$
$$=\frac{kT}{2\pi c^2}\sum_{n=0}^{\infty}{}'\varepsilon_{\mathrm{m}}\mu_{\mathrm{m}}\xi_n^2\int_1^{\infty}p\ln[(1-\overline{\Delta}_{\mathrm{Am}}\overline{\Delta}_{\mathrm{Bm}}\mathrm{e}^{-r_np})(1-\Delta_{\mathrm{Am}}\Delta_{\mathrm{Bm}}\mathrm{e}^{-r_np})]\mathrm{d}p$$
$$=-\frac{kT}{8\pi l^2}\sum_{n=0}^{\infty}{}'r_n^2\sum_{q=1}^{\infty}\frac{1}{q}\int_1^{\infty}p[(\overline{\Delta}_{\mathrm{Am}}\overline{\Delta}_{\mathrm{Bm}})^q+(\Delta_{\mathrm{Am}}\Delta_{\mathrm{Bm}})^q]\mathrm{e}^{-r_npq}\mathrm{d}p,\quad \text{(L2.1)}$$

[P.1.a.1]

求和 $\sum_{n=0}^{\infty}{}'$ 中的撇号规定 $n=0$ 项须乘以 1/2, 以及

$$\overline{\Delta}_{\mathrm{ji}}=\frac{s_{\mathrm{i}}\varepsilon_{\mathrm{j}}-s_{\mathrm{j}}\varepsilon_{\mathrm{i}}}{s_{\mathrm{i}}\varepsilon_{\mathrm{j}}+s_{\mathrm{j}}\varepsilon_{\mathrm{i}}},\quad \overline{\Delta}_{\mathrm{ji}}=\frac{s_{\mathrm{i}}\mu_{\mathrm{j}}-s_{\mathrm{j}}\mu_{\mathrm{i}}}{s_{\mathrm{i}}\mu_{\mathrm{j}}+s_{\mathrm{j}}\mu_{\mathrm{i}}},\quad s_{\mathrm{i}}=\sqrt{p^2-1+(\varepsilon_{\mathrm{i}}\mu_{\mathrm{i}}/\varepsilon_{\mathrm{m}}\mu_{\mathrm{m}})},$$
$$s_{\mathrm{m}}=p \quad \text{(L2.2)}$$

或

$$\overline{\Delta}_{\mathrm{ji}}=\frac{x_{\mathrm{i}}\varepsilon_{\mathrm{j}}-x_{\mathrm{j}}\varepsilon_{\mathrm{i}}}{x_{\mathrm{i}}\varepsilon_{\mathrm{j}}+x_{\mathrm{j}}\varepsilon_{\mathrm{i}}},\quad \overline{\Delta}_{\mathrm{ji}}=\frac{x_{\mathrm{i}}\mu_{\mathrm{j}}-x_{\mathrm{j}}\mu_{\mathrm{i}}}{x_{\mathrm{i}}\mu_{\mathrm{j}}+x_{\mathrm{j}}\mu_{\mathrm{i}}},\quad x_{\mathrm{i}}^2=x_{\mathrm{m}}^2+\left(\frac{2l\xi_n}{c}\right)^2(\varepsilon_{\mathrm{i}}\mu_{\mathrm{i}}-\varepsilon_{\mathrm{m}}\mu_{\mathrm{m}}),$$
$$x_{\mathrm{m}}=x, \quad \text{(L2.3)}$$

其中

$$p=x/r_n,\quad r_n=(2l\varepsilon_{\mathrm{m}}^{1/2}\mu_{\mathrm{m}}^{1/2}/c)\xi_n. \quad \text{(L2.4)}$$

用来计算材料 i=A, m 和 B 的 $\varepsilon_{\mathrm{i}}(\mathrm{i}\xi_n)$和 $\mu_{\mathrm{i}}(\mathrm{i}\xi_n)$ 的各本征频率 ξ_n 是等间距的, 为

$$\xi_n=\frac{2\pi kT}{\hbar}n,\quad n=0,1,2,\cdots \quad \text{(L2.5)}$$

在物理上, r_n 是电磁信号在一段厚度 l 的介质 m 中来回传输所需的时间除以一个电磁涨落的特征时间 $1/\xi_n$ 的比值.

利用 Hamaker 系数 $A_{\mathrm{AmB}}(l,T)$, 此公式也可以写成 Hamaker 形式 (见表 P.1.a.2):

$$G_{\mathrm{AmB}}(l,T)=-\frac{A_{\mathrm{AmB}}(l,T)}{12\pi l^2}. \quad \text{(L2.6)}$$

[183] 参量 $\varepsilon_{\mathrm{i}},\varepsilon_{\mathrm{j}}$ 和 $\mu_{\mathrm{i}},\mu_{\mathrm{j}}$ 分别是各材料的介电响应函数和磁响应函数. 指标 i 和 j 表示材料 A, B 或 m; x 和 p 为积分变量. 变量 x 的物理意义是: $x=2\rho_m l$, 其中

$$\rho_{\mathrm{m}}^2=\rho^2+\varepsilon_{\mathrm{m}}\mu_{\mathrm{m}}\xi_n^2/c^2 \quad \text{(L2.7)}$$

而 $\rho^2=(u^2+v^2)$ 是表面波矢的各径向分量平方之和. 正是这些表面波 (或表面模式) 在可变间距 l 上的涨落产生了范德瓦尔斯力. 原则上, 介电响应 ε 和磁响应 μ 与波矢 ρ 有关, 但在宏观连续体理论中会忽略此依赖关系. (关于这种忽略的讨论, 请见 L2.4 部分, pp. 258–260*).

非推迟的, 间隔趋于接触, $l\to 0, r_n\to 0$

$$G_{\mathrm{AmB}}(l\to 0,T)\to\frac{kT}{8\pi l^2}\sum_{n=0}^{\infty}{}'\int_0^{\infty}x[\ln(1-\overline{\Delta}_{\mathrm{Am}}\overline{\Delta}_{\mathrm{Bm}}\mathrm{e}^{-x})(1-\Delta_{\mathrm{Am}}\Delta_{\mathrm{Bm}}\mathrm{e}^{-x})]\mathrm{d}x$$

$$=-\frac{kT}{8\pi l^2}\sum_{n=0}^{\infty}{}'\sum_{q=1}^{\infty}\frac{(\overline{\Delta}_{\mathrm{Am}}\overline{\Delta}_{\mathrm{Bm}})^q+(\Delta_{\mathrm{Am}}\Delta_{\mathrm{Bm}})^q}{q^3}. \tag{L2.8}$$

[P.1.a.3]

在此情形中, 各 Δ 值可以写成较简单的形式:

$$\overline{\Delta}_{\mathrm{ji}}=\frac{\varepsilon_{\mathrm{j}}-\varepsilon_{\mathrm{i}}}{\varepsilon_{\mathrm{j}}+\varepsilon\mathrm{i}},\quad \Delta_{\mathrm{ji}}=\frac{\mu_{\mathrm{j}}-\mu_{\mathrm{i}}}{\mu_{\mathrm{j}}+\mu_{\mathrm{i}}}. \tag{L2.9}$$

至少有两种途径可以让我们看出把 Δ 值简化的原因: 首先, 由于 $p=x/r_n$, 在对 x 的积分中 p 实际上是无限大的. 当 p 为无限大时, s_{i} 变得与 p 相同, 而 Δ 的分子和分母中的各 s 和 p 相互抵消. 或者, 考虑第二种形式的积分, 即对 p 的积分

$$\int_1^{\infty}p[\ln(1-\overline{\Delta}_{\mathrm{Am}}\overline{\Delta}_{\mathrm{Bm}}\mathrm{e}^{-r_n p})(1-\Delta_{\mathrm{Am}}\Delta_{\mathrm{Bm}}\mathrm{e}^{-r_n p})]\mathrm{d}p.$$

要使此积分在 $r_n\to 0$ 时收敛, 对被积函数有重要贡献的必定是 $p\to\infty$ 的极限部分.

非推迟的, 极化率有小差异 当 $\overline{\Delta}_{\mathrm{ji}}=[(\varepsilon_{\mathrm{j}}-\varepsilon_{\mathrm{i}})/(\varepsilon_{\mathrm{j}}+\varepsilon_{\mathrm{i}})]\ll 1, \Delta_{\mathrm{ji}}=[(\mu_{\mathrm{j}}-\mu_{\mathrm{i}})/(\mu_{\mathrm{j}}+\mu_{\mathrm{i}})]\ll 1$ 时, 只有 q 的首项是重要的:

$$G_{\mathrm{AmB}}(l\to 0,T)\approx-\frac{kT}{8\pi l^2}\sum_{n=0}^{\infty}{}'(\overline{\Delta}_{\mathrm{Am}}\overline{\Delta}_{\mathrm{Bm}}+\Delta_{\mathrm{Am}}\Delta_{\mathrm{Bm}}). \tag{L2.10}$$

[P.1.a.4]

无限大间隔, $l\to\infty$ 除了 $r_{n=0}=0$ 之外, 这里所有的 $r_n\to\infty$. 除了 $n=0$ 项, 因子 $\mathrm{e}^{-x}\to 0$ 的作用使得所有被积函数都趋于零. 在求和 $\sum_{n=0}^{\infty}{}'$ 中仅 $n=0$ 项保留下来了, 故相互作用自由能取如下形式

$$G_{\mathrm{AmB}}(l\to\infty,T)\to-\frac{kT}{16\pi l^2}\sum_{q=1}^{\infty}\frac{(\overline{\Delta}_{\mathrm{Am}}\overline{\Delta}_{\mathrm{Bm}})^q+(\Delta_{\mathrm{Am}}\Delta_{\mathrm{Bm}})^q}{q^3}. \tag{L2.11}$$

[P.1.a.5]

这里仍有 $\overline{\Delta}_{\mathrm{ji}}=[(\varepsilon_{\mathrm{j}}-\varepsilon_{\mathrm{i}})/(\varepsilon_{\mathrm{j}}+\varepsilon_{\mathrm{i}})], \overline{\Delta}_{\mathrm{ji}}=[(\mu_{\mathrm{j}}-\mu_{\mathrm{i}})/(\mu_{\mathrm{j}}+\mu_{\mathrm{i}})]$, 但所有的 ε 和 μ [184]

* 指页边方括号中的页码.

值都是在零频率处计算的. (此表达式忽略了离子涨落和材料导电性.)

“低” 温, 有推迟效应

当 kT 远小于光子能量 $\hbar\xi$, 则电荷涨落不再是由热涨落驱动的. 仅有源于零点不确定性原理的涨落保留下来. 在低温域, 两个相邻本征频率 ($\xi_n = [(2\pi kT)/\hbar]n$) 的间隔变得很小, 以至于可以把这些频率视为连续而非离散的值. 由于各频率 ξ_n 的间隔非常小, (对离散 n 值的) 求和 $\sum\limits_{n=0}^{\infty}{}'$ 中的一系列项可以视为对连续变化的 n 成连续变化的函数. 就是说, 我们可以把 $\sum\limits_{n=0}^{\infty}{}'$ 看作积分 $\int_0^{\infty}\mathrm{d}n$. 把微元 $\mathrm{d}n$ 替换为 $(\hbar/2\pi kT)\mathrm{d}\xi$, 则求和就转化成了对频率 ξ 的积分:

$$\frac{kT}{8\pi l^2}\sum_{n=0}^{\infty}{}' \to \frac{kT}{8\pi l^2}\int_0^{\infty}\mathrm{d}n = \frac{kT}{8\pi l^2}\frac{\hbar}{2\pi kT}\int_0^{\infty}\mathrm{d}\xi = \frac{\hbar}{(4\pi)^2 l^2}\int_0^{\infty}\mathrm{d}\xi.$$

相互作用自由能变成

$$\begin{aligned}G(l, T\to 0) &= \frac{\hbar}{(4\pi)^2 l^2}\int_0^{\infty}\mathrm{d}\xi\int_{r_n}^{\infty} x\ln[(1-\overline{\Delta}_{\mathrm{Am}}\overline{\Delta}_{\mathrm{Bm}}\mathrm{e}^{-x})(1-\Delta_{\mathrm{Am}}\Delta_{\mathrm{Bm}}\mathrm{e}^{-x})]\mathrm{d}x \\ &= \frac{\hbar}{(2\pi)^2 c^2}\int_0^{\infty}\mathrm{d}\xi\varepsilon_{\mathrm{m}}\mu_{\mathrm{m}}\xi_2\int_1^{\infty} p\ln[(1-\overline{\Delta}_{\mathrm{Am}}\overline{\Delta}_{\mathrm{Bm}}\mathrm{e}^{-r_n p}) \\ &\quad (1-\Delta_{\mathrm{Am}}\Delta_{\mathrm{Bm}}\mathrm{e}^{-r_n p})]\mathrm{d}p. \end{aligned} \tag{L2.12}$$

[P.1.b.1]

低温, 小间隔极限 (无推迟效应)

如果我们取进一步的限制, 即忽略所有的推迟因子, 则

$$G(l\to 0, T\to 0) = \frac{\hbar}{(4\pi)^2 l^2}\int_0^{\infty}\mathrm{d}\xi\sum_{q=1}^{\infty}\frac{(\overline{\Delta}_{\mathrm{Am}}\overline{\Delta}_{\mathrm{Bm}})^q + (\Delta_{\mathrm{Am}}\Delta_{\mathrm{Bm}})^q}{q^3}, \tag{L2.13}$$

[P.1.b.2]

其中仍有 $\overline{\Delta}_{\mathrm{ji}} = [(\varepsilon_{\mathrm{j}}-\varepsilon_{\mathrm{i}})/(\varepsilon_{\mathrm{j}}+\varepsilon_{\mathrm{i}})], \Delta_{\mathrm{ji}} = [(\mu_{\mathrm{j}}-\mu_{\mathrm{i}})/(\mu_{\mathrm{j}}+\mu_{\mathrm{i}})]$.

假设光子平均能量为 $\hbar\overline{\xi}$, 就可以把此低温下的小间隔形式简洁地表示如下:

$$G(l\to 0, T\to 0) = \frac{-\hbar\overline{\xi}}{(4\pi)^2 l^2}, \tag{L2.14}$$

通常 $\overline{\xi}$ 由其首项 ($q=1$ 项) 来近似表示:

$$\overline{\xi} \approx \int_0^{\infty}(\overline{\Delta}_{\mathrm{Am}}\overline{\Delta}_{\mathrm{Bm}} + \Delta_{\mathrm{Am}}\Delta_{\mathrm{Bm}})\mathrm{d}\xi.$$

低温, 大间隔极限

在把此极限公式化的过程中, 通常假设各响应 ε_{i} 和 μ_{i} 实际上是不变的, 即在对频率 ξ 的整个积分区间都保持为其低频值. 实际上, 真正的低频值是被忽略的. 反之, ε_{i} 和 μ_{i} 的重要值出现在有限的频率域内, 在此域中它们实际上是常量. 通常为可见光频率域, 其中 $\varepsilon_{\mathrm{i}}=n_{\mathrm{refi}}^2$, 即折射率的平方. 在此域中各磁响应 μ_{i} 实际上等于 1, 而各介电响应 ε_{i} 为折射率的平方. 所取的距离足够大, 故对频率的积分纯粹是由于推迟屏蔽而收敛. ε_{i} 值的差异足够小, 故各 $\overline{\Delta}$ 和 Δ 值 $\ll 1$: [185]

$$G_{\mathrm{AmB}}(l,T\to 0)=\frac{\hbar}{(4\pi)^2l^2}\int_0^\infty \mathrm{d}\xi\int_{r_n}^\infty x\ln[(1-\overline{\Delta}_{\mathrm{Am}}\overline{\Delta}_{\mathrm{Bm}}\mathrm{e}^{-x})(1-\Delta_{\mathrm{Am}}\Delta_{\mathrm{Bm}}\mathrm{e}^{-x})]\mathrm{d}x$$

$$\approx -\frac{\hbar c}{8\pi^2l^3\varepsilon_m^{1/2}}(\overline{\Delta}_{\mathrm{Am}}\overline{\Delta}_{\mathrm{Bm}}),\tag{L2.15}$$

[P.1.b.3]

其中

$$\overline{\Delta}_{\mathrm{Am}}=\frac{\sqrt{\varepsilon_{\mathrm{A}}}-\sqrt{\varepsilon_{\mathrm{m}}}}{\sqrt{\varepsilon_{\mathrm{A}}}+\sqrt{\varepsilon_{\mathrm{m}}}}=\frac{n_{\mathrm{A}}-n_{\mathrm{m}}}{n_{\mathrm{A}}+n_{\mathrm{m}}},\quad \overline{\Delta}_{\mathrm{Bm}}=\frac{\sqrt{\varepsilon_{\mathrm{B}}}-\sqrt{\varepsilon_{\mathrm{m}}}}{\sqrt{\varepsilon_{\mathrm{B}}}+\sqrt{\varepsilon_{\mathrm{m}}}}=\frac{n_{\mathrm{B}}-n_{\mathrm{m}}}{n_{\mathrm{B}}+n_{\mathrm{m}}},\tag{L2.16}$$

因此

$$G_{\mathrm{AmB}}(l,T\to 0)\approx -\frac{\hbar c}{8\pi^2 n_{\mathrm{m}}l^3}\frac{n_{\mathrm{A}}-n_{\mathrm{m}}}{n_{\mathrm{A}}+n_{\mathrm{m}}}\frac{n_{\mathrm{B}}-n_{\mathrm{m}}}{n_{\mathrm{B}}+n_{\mathrm{m}}}.\tag{L2.17}$$

这个高度具化而又非常流行的公式的推导过程还是值得我们解释一下的. 其中包括: 取几种不同的极限, 以及关于各变量的重要取值的严格假设.

对频率计算积分时, 如果所有的 r_n 都可以趋于无穷大, 则 $n=0$ 项不可能再像 "无限大" 间隔情形中那样产生一个剩余的 $1/l^2$ 贡. 对 x 和 p 的积分收敛得非常快, 故分别由 $x\sim r_n$ 和 $p\sim 1$ 的贡献占主导. 换个角度来说, 被积函数通过指数 e^{-x} 和 e^{-r_np} 而很快地下降, 因此所有的其它项实际上都是常量. 由于 $p=1$, $s_{\mathrm{i}}=\sqrt{p^2-1+(\varepsilon_{\mathrm{i}}\mu_{\mathrm{i}}/\varepsilon_{\mathrm{m}}\mu_{\mathrm{m}})}=\sqrt{(\varepsilon_{\mathrm{i}}\mu_{\mathrm{i}}/\varepsilon_{\mathrm{m}}\mu_{\mathrm{m}})}$, 故 $\overline{\Delta}_{\mathrm{ji}}=[(s_{\mathrm{i}}\varepsilon_{\mathrm{j}}-s_{\mathrm{j}}\varepsilon_{\mathrm{i}})/(s_{\mathrm{i}}\varepsilon_{\mathrm{j}}+s_{\mathrm{j}}\varepsilon_{\mathrm{i}})]$ 和 $\overline{\Delta}_{\mathrm{ji}}=[(s_{\mathrm{i}}\mu_{\mathrm{j}}-s_{\mathrm{j}}\mu_{\mathrm{i}})/(s_{\mathrm{i}}\mu_{\mathrm{j}}+s_{\mathrm{j}}\mu_{\mathrm{i}})]$不再是 p 或 x 的函数:

$$\Delta_{\mathrm{Am}}=\frac{\sqrt{\varepsilon_{\mathrm{m}}}-\sqrt{\varepsilon_{\mathrm{A}}}}{\sqrt{\varepsilon_{\mathrm{m}}}+\sqrt{\varepsilon_{\mathrm{A}}}}=-\overline{\Delta}_{\mathrm{Am}},\quad \Delta_{\mathrm{Am}}=\frac{\sqrt{\varepsilon_{\mathrm{m}}}-\sqrt{\varepsilon_{\mathrm{B}}}}{\sqrt{\varepsilon_{\mathrm{m}}}+\sqrt{\varepsilon_{\mathrm{B}}}}=-\overline{\Delta}_{\mathrm{Bm}}.$$

由于推迟屏蔽, 积分收敛得很快, 以至于材料的响应来不及变化, 故可以把响应函数看成是相对于频率不变的.

对 x 的积分可以作如下展开

$$\begin{aligned}&\int_{r_n}^{\infty} x[\ln(1-\overline{\Delta}_{\mathrm{Am}}\overline{\Delta}_{\mathrm{Bm}}\mathrm{e}^{-x})(1-\Delta_{\mathrm{Am}}\Delta_{\mathrm{Bm}}\mathrm{e}^{-x})]\mathrm{d}x\\&=-\int_{r_n}^{\infty} x\left[\sum_{q=1}^{\infty}\frac{(\overline{\Delta}_{\mathrm{Am}}\overline{\Delta}_{\mathrm{Bm}}\mathrm{e}^{-x})^q+(\Delta_{\mathrm{Am}}\Delta_{\mathrm{Bm}}\mathrm{e}^{-x})^q}{q}\right]\mathrm{d}x\\&=-\sum_{q=1}^{\infty}\left[\frac{(\overline{\Delta}_{\mathrm{Am}}\overline{\Delta}_{\mathrm{Bm}})^q}{q}+\frac{(\Delta_{\mathrm{Am}}\Delta_{\mathrm{Bm}})^q}{q}\right]\int_{r_n}^{\infty} x\mathrm{e}^{-qx}\mathrm{d}x\\&=-\sum_{q=1}^{\infty}[(\overline{\Delta}_{\mathrm{Am}}\overline{\Delta}_{\mathrm{Bm}})^q+(\Delta_{\mathrm{Am}}\Delta_{\mathrm{Bm}})^q]\frac{(1+qr_n)\mathrm{e}^{-qr_n}}{q^2}.\end{aligned}\tag{L2.18}$$

[186] 对频率 ξ 的积分实际上就是对 $r_n=(2l\varepsilon_{\mathrm{m}}^{1/2}\mu_{\mathrm{m}}^{1/2}/c)\xi_n$ 的积分, 其中离散的 ξ_n 已经变为连续的, 而 r_n 也可以视为连续的, 从 0 直到无穷大; 由 $\int_0^{\infty}\mathrm{d}\xi\to[c/(2l\varepsilon_{\mathrm{m}}^{1/2}\mu_{\mathrm{m}}^{1/2})]\int_0^{\infty}\mathrm{d}r_n$ 可以导出形式为 $\int_0^{\infty}(1+qr_n)\mathrm{e}^{-qr_n}\mathrm{d}r_n=(2/q^2)$ 的积分.

利用这些模糊的设计, 并把各 μ_{i} 取为相等, 则每单位面积的相互作用自由能可以写成近似形式:

$$\begin{aligned}&G(l\to\infty,T\to0)\\&=\frac{\hbar}{(4\pi)^2l^2}\int_0^{\infty}\mathrm{d}\xi\int_{r_n}^{\infty}x[\ln(1-\overline{\Delta}_{\mathrm{Am}}\overline{\Delta}_{\mathrm{Bm}}\mathrm{e}^{-x})(1-\Delta_{\mathrm{Am}}\Delta_{\mathrm{Bm}}\mathrm{e}^{-x})]\mathrm{d}x\\&=-\frac{\hbar}{(4\pi)^2l^2}\frac{c}{2l\varepsilon_{\mathrm{m}}^{1/2}\mu_{\mathrm{m}}^{1/2}}\int_0^{\infty}\mathrm{d}r_n\sum_{q=1}^{\infty}[(\overline{\Delta}_{\mathrm{Am}}\overline{\Delta}_{\mathrm{Bm}})^q\\&\quad+(\Delta_{\mathrm{Am}}\Delta_{\mathrm{Bm}})^q]\frac{(1+qr_n)\mathrm{e}^{-qr_n}}{q^2}\\&=-\frac{\hbar c}{16\pi^2l^3\varepsilon_{\mathrm{m}}^{1/2}\mu_{\mathrm{m}}^{1/2}}\sum_{q=1}^{\infty}\left[\frac{(\overline{\Delta}_{\mathrm{Am}}\overline{\Delta}_{\mathrm{Bm}})^q+(\overline{\Delta}_{\mathrm{Am}}\overline{\Delta}_{\mathrm{Bm}})^q}{q^4}\right]\\&\approx-\frac{\hbar c}{16\pi^2l^3\varepsilon_{\mathrm{m}}^{1/2}\mu_{\mathrm{m}}^{1/2}}[(\overline{\Delta}_{\mathrm{Am}}\overline{\Delta}_{\mathrm{Bm}})+(\overline{\Delta}_{\mathrm{Am}}\overline{\Delta}_{\mathrm{Bm}})]\\&\approx-\frac{\hbar c}{8\pi^2l^3\varepsilon_{\mathrm{m}}^{1/2}\mu_{\mathrm{m}}^{1/2}}(\overline{\Delta}_{\mathrm{Am}}\overline{\Delta}_{\mathrm{Bm}}).\end{aligned}\tag{L2.19}$$

理想导体

如果我们假设在所有频率处物体 A 和 B 都是理想导体 (零电阻) 材料, 则其通过位于中间的非导体发生的相互作用就变成特别简单的形式. 假设 $\varepsilon_{\mathrm{A}}=\varepsilon_{\mathrm{B}}=\varepsilon_{\mathrm{C}}\to\infty$ 而 ε_{m} 保持为有限值, 并使得 $\mu_{\mathrm{A}}=\mu_{\mathrm{m}}=\mu_{\mathrm{B}}$. 于是

$s_{\mathrm{A}} = S_{\mathrm{B}} = S_{\mathrm{C}} = \sqrt{p^2 - 1 + (\varepsilon_{\mathrm{C}}/\varepsilon_{\mathrm{m}})} \to \sqrt{\varepsilon_{\mathrm{C}}/\varepsilon_{\mathrm{m}}} \to \infty$:

$$\overline{\Delta}_{\mathrm{Am}} = \overline{\Delta}_{\mathrm{Bm}} = \overline{\Delta}_{\mathrm{Cm}} \to \frac{\varepsilon_{\mathrm{C}} p - \varepsilon_{\mathrm{m}} s_{\mathrm{C}}}{\varepsilon_{\mathrm{C}} p + \varepsilon_{\mathrm{m}} s_{\mathrm{C}}} = \frac{\sqrt{\varepsilon_{\mathrm{C}}} p - \sqrt{\varepsilon_{\mathrm{m}}}}{\sqrt{\varepsilon_{\mathrm{C}}} p + \sqrt{\varepsilon_{\mathrm{m}}}} \to 1,$$

$$\Delta_{\mathrm{Am}} = \Delta_{\mathrm{Bm}} = \Delta_{\mathrm{Cm}} \to \frac{p - s_{\mathrm{C}}}{p + s_{\mathrm{C}}} = \frac{p - \sqrt{\varepsilon_{\mathrm{C}}/\varepsilon_{\mathrm{m}}}}{p + \sqrt{\varepsilon_{\mathrm{C}}/\varepsilon_{\mathrm{m}}}} \to -1.$$

$$\begin{aligned} G_{\mathrm{AmB}}(l,T) &= -\frac{kT}{8\pi l^2} \sum_{n=0}^{\infty}{}' r_n^2 \sum_{q=1}^{\infty} \frac{1}{q} \int_1^{\infty} p[(\overline{\Delta}_{\mathrm{Am}} \overline{\Delta}_{\mathrm{Bm}})^q + (\Delta_{\mathrm{Am}} \Delta_{\mathrm{Bm}})^q] \mathrm{e}^{-r_n p q} \mathrm{d}p \\ &\to -\frac{kT}{4\pi l^2} \sum_{n=0}^{\infty}{}' r_n^2 \sum_{q=1}^{\infty} \frac{1}{q} \int_1^{\infty} p \mathrm{e}^{-r_n p q} \mathrm{d}p \\ &= -\frac{kT}{4\pi l^2} \sum_{n=0}^{\infty}{}' \sum_{q=1}^{\infty} \frac{(1 + r_n q) \mathrm{e}^{-r_n q}}{q^3}. \end{aligned} \tag{L2.20}$$

[P.1.c.1]

在 $r_1 \gg 1$ 的无限大间隔极限, 只有 $n = 0$ 项在推迟屏蔽的作用下仍不为零:

$$G_{\mathrm{AmB}}(l \to \infty, T) \to -\frac{kT}{8\pi l^2} \sum_{q=1}^{\infty} \frac{1}{q^3} = -\frac{kT}{8\pi l^2} \zeta(3) \tag{L2.21}$$

[P.1.c.2]

其中 $\zeta^{(3)} \equiv \sum_{q=1}^{\infty} (1/q^3) \sim 1.2$是黎曼 ζ 函数.

当忽略有限温度时, $\sum_{n=0}^{\infty}{}' (1 + r_n q) \mathrm{e}^{-r_n q} \to \int_{n=0}^{\infty} (1 + r_n q) \mathrm{e}^{-r_n q} \mathrm{d}n$, 其中 $\mathrm{d}n = [\hbar c/(4\pi kTl \varepsilon_{\mathrm{m}}^{1/2} \mu_{\mathrm{m}}^{1/2} q)] \mathrm{d}(r_n q)$, 故 [187]

$$\begin{aligned} G_{\mathrm{AmB}}(l, T \to 0) &\to -\frac{kT}{4\pi l^2} \sum_{n=0}^{\infty}{}' \sum_{q=1}^{\infty} \frac{(1 + r_n q) \mathrm{e}^{-r_n q}}{q^3} \\ &= -\frac{2\hbar c}{16\pi^2 l^3 \varepsilon_{\mathrm{m}}^{1/2} \mu_{\mathrm{m}}^{1/2}} \sum_{q=1}^{\infty} \frac{1}{q^4} \\ &= -\frac{\hbar c}{8\pi^2 l^3 \varepsilon_{\mathrm{m}}^{1/2} \mu_{\mathrm{m}}^{1/2}} \zeta(4) = -\frac{\hbar c \pi^2}{720 l^3 \varepsilon_{\mathrm{m}}^{1/2} \mu_{\mathrm{m}}^{1/2}} \end{aligned} \tag{L2.22}$$

[P.1.c.3]

这里 $\zeta(4) \equiv \sum_{q=1}^{\infty} (1/q^4) = (\pi^4/90) \approx 1.1$ 采取了紧致形式.

在居间的 m 为真空的情形中, $\varepsilon_{\mathrm{m}} = \mu_{\mathrm{m}} = 1$, 因此 $G_{\mathrm{AmB}}(l, T \to 0)$ 与卡西米尔相互作用能量一致, 其金属板之间的导出压强为

$$p(l) = -\frac{\hbar c \pi^2}{240 l^4}. \tag{L2.23}$$

警告: 这些赏心悦目的极限形式不能用于计算真实金属的相互作用. 除了低频率情形之外, 真实金属的介电响应并非理想导体的值. 仅当 $T \to 0$ 时, 对本征频率的求和可以变成积分, 而在推导以上迷人的流行形式时需要用到这个积分.

暂停一下, 来讨论推迟

虽然各变量 s_{i} 是 p 的函数, 但 $G_{\mathrm{AmB}}(l,T)$ 对 x 或 p 的积分还是能够解析算出. 通常, ε_{i} 和 μ_{i} 所具有的一些性质使得我们可以近似认为: 所有的 $s_{\mathrm{i}} = \sqrt{p^2-1+(\varepsilon_{\mathrm{i}}\mu_{\mathrm{i}}/\varepsilon_{\mathrm{m}}\mu_{\mathrm{m}})}$ 和 p 实际上都相等. 因此, $\overline{\Delta}_{\mathrm{ji}} = [(s_{\mathrm{i}}\varepsilon_{\mathrm{j}}-s_{\mathrm{j}}\varepsilon_{\mathrm{i}})/(s_{\mathrm{i}}\varepsilon_{\mathrm{j}}+s_{\mathrm{j}}\varepsilon_{\mathrm{i}})]$ 和 $\Delta_{\mathrm{ji}} = [(s_{\mathrm{i}}\mu_{\mathrm{j}}-s_{\mathrm{j}}\mu_{\mathrm{i}})/(s_{\mathrm{i}}\mu_{\mathrm{j}}+s_{\mathrm{j}}\mu_{\mathrm{i}})]$ 的分子与分母中的各 s 和 p 都抵消掉了.

这些相关的性质为:

1. 大多数材料的磁化率 μ_{i} 都接近 1, 仅在零频率 $(\xi_n = 0)$ 处可能出现例外. 对于可见光以及更高频率, 各介电电容率 ε 也是相互接近的. 在这些情形中比值 $(\varepsilon_{\mathrm{i}}\mu_{\mathrm{i}}/\varepsilon_{\mathrm{m}}\mu_{\mathrm{m}})$ 与 1 相差不大.

2. 由积分 $\int_{r_n}^{\infty} x\ln[(1-\overline{\Delta}_{\mathrm{Am}}\overline{\Delta}_{\mathrm{Bm}}\mathrm{e}^{-x})(1-\Delta_{\mathrm{Am}}\Delta_{\mathrm{Bm}}\mathrm{e}^{-x})]\mathrm{d}x$ 和 $\int_1^{\infty} p\ln[(1-\overline{\Delta}_{\mathrm{Am}}\overline{\Delta}_{\mathrm{Bm}}\mathrm{e}^{-r_n p})(1-\Delta_{\mathrm{Am}}\Delta_{\mathrm{Bm}}\mathrm{e}^{-r_n p})]\mathrm{d}p$ (表 P.1.a.1) 的形式可知, 被积函数在 $x \sim 1$ 或 $p \sim 1/r_n = (c/2l\xi_n\varepsilon_{\mathrm{m}}^{1/2}\mu_m^{1/2})$ 附近取其最大值.

a. 对于 $\xi_{n=0} = 0$, 这意味着重要的贡献发生在 $p \to \infty$ 处. 在此情形中各 s_{i} 值都严格等于 p.

b. 对有限的频率, 当 $r_n \ll 1$ 时, 主要的贡献仍然来自于 $p \gg 1$ 的积分区域, 而且在重要贡献的区域中所有的 $s_{\mathrm{i}} \approx p$ [只要 $(\varepsilon_{\mathrm{i}}\mu_{\mathrm{i}}/\varepsilon_{\mathrm{m}}\mu_{\mathrm{m}})$ 与 1 相差不大].

c. 在很高频率 (X 射线) 的极限下, 所有的 ε 和 μ 都趋于 1, 故比值 $(\varepsilon_{\mathrm{i}}\mu_{\mathrm{i}}/\varepsilon_{\mathrm{m}}\mu_{\mathrm{m}})$ 也趋于 1. 仍有 $s_{\mathrm{i}} \approx p$. 于是, 在 $s_{\mathrm{i}} = p$ 的近似中, $\overline{\Delta}_{\mathrm{ji}} \approx [(\varepsilon_{\mathrm{j}}-\varepsilon_{\mathrm{i}})/(\varepsilon_{\mathrm{j}}+\varepsilon_{\mathrm{i}})]$ 以及 $\Delta_{\mathrm{ji}} \approx [(\mu_{\mathrm{j}}-\mu_{\mathrm{i}})/(\mu_{\mathrm{j}}+\mu_{\mathrm{i}})]$.

---

[188] 问题 L2.1: 证明: 如果光速有限但处处相等, 就可以立刻得到 $\overline{\Delta}_{\mathrm{ji}}$ 和 Δ_{ji} 的上述简单形式.

进一步来看, 除了在零频率 $(\xi_{n=0} = 0)$ 附近以外, 各磁化率通常都接近于 1, 故一般把此 Δ_{ji} 的值近似取为零; 通常各 ε 值的差异足够小故 $\overline{\Delta}_{\mathrm{ji}} \ll 1$. 于是被积函数中的对数仅展开至首项:

$\ln(1-\overline{\Delta}_{\mathrm{Am}}\overline{\Delta}_{\mathrm{Bm}}\mathrm{e}^{-x}) \approx -\overline{\Delta}_{\mathrm{Am}}\overline{\Delta}_{\mathrm{Bm}}\mathrm{e}^{-x}$. 在求和 $\sum_{n=0}^{\infty}{}'$ 中, 把 $\xi_n = 0$ 项与其余部

分分离开, 给出

$$\begin{aligned} G_{\mathrm{AmB}}(l,T) &\approx \frac{kT}{8\pi l^2}\left\{\frac{1}{2}\int_0^{\infty} x\ln[(1-\overline{\Delta}_{\mathrm{Am}}\overline{\Delta}_{\mathrm{Bm}}\mathrm{e}^{-x})(1-\Delta_{\mathrm{Am}}\Delta_{\mathrm{Bm}}\mathrm{e}^{-x})]\mathrm{d}x \right.\\ &\quad \left. -\sum_{n=1}^{\infty}\overline{\Delta}_{\mathrm{Am}}\overline{\Delta}_{\mathrm{Bm}}\int_{r_n}^{\infty} x\mathrm{e}^{-x}\mathrm{d}x\right\} \\ &= -\frac{kT}{8\pi l^2}\left\{\frac{1}{2}\sum_{q=1}^{\infty}\frac{(\overline{\Delta}_{\mathrm{Am}}\overline{\Delta}_{\mathrm{Bm}})^q+(\Delta_{\mathrm{Am}}\Delta_{\mathrm{Bm}})^q}{q^3}\right. \\ &\quad \left. +\sum_{n=1}^{\infty}\overline{\Delta}_{\mathrm{Am}}\overline{\Delta}_{\mathrm{Bm}}(1+r_n)\mathrm{e}^{-r_n}\right\} \end{aligned} \tag{L2.24}$$

{ } 中的第一项是一组快速收敛的 ($)^q/q^3$ 之和, 其中各 ε 和 μ 都在零频率处取值. 由于各 $\overline{\Delta}_{\mathrm{ji}}$ 和 Δ_{ji} 函数永远不可能大于 1, 故对 q 的求和收敛很快, 通常由首项主导. { } 中的第二项是对有限频率的求和,

$$\xi_n = \frac{2\pi kT}{\hbar}n, \quad 其中\ n=1,2,\cdots$$

忽略所有的磁性贡献, 即取各 $\mu=1$, 并且只计入对 (零频率) q 求和中的首项, 给出

$$\begin{aligned} G_{\mathrm{AmB}}(l,T) &\approx -\frac{kT}{8\pi l^2}\left[\frac{\overline{\Delta}_{\mathrm{Am}}(0)\overline{\Delta}_{\mathrm{Bm}}(0)}{2}+\sum_{n=1}^{\infty}\overline{\Delta}_{\mathrm{Am}}(\xi_n)\overline{\Delta}_{\mathrm{Bm}}(\xi_n)(1+r_n)\mathrm{e}^{-r_n}\right] \\ &= -\frac{kT}{8\pi l^2}\sum_{n=0}^{\infty}{}'\overline{\Delta}_{\mathrm{Am}}(\xi_n)\overline{\Delta}_{\mathrm{Bm}}(\xi_n)(1+r_n)\mathrm{e}^{-r_n} \\ &= -\frac{kT}{8\pi l^2}\sum_{n=0}^{\infty}{}'\overline{\Delta}_{\mathrm{Am}}(\xi_n)\overline{\Delta}_{\mathrm{Bm}}(\xi_n)R_n(\xi_n), \end{aligned} \tag{L2.25}$$

其中

$$R_n(r_n) \equiv (1+r_n)\mathrm{e}^{-r_n}. \tag{L2.26}$$

在 Hamaker 形式中,

$$G_{\mathrm{AmB}}(l) = -\frac{A_{\mathrm{Ham}}}{12\pi l^2}, \quad A_{\mathrm{Ham}} \approx +\frac{3kT}{2}\sum_{n=0}^{\infty}{}'\overline{\Delta}_{\mathrm{Am}}(\xi_n)\overline{\Delta}_{\mathrm{Bm}}(\xi_n)R_n(\xi_n). \tag{L2.27}$$

[P.1.a.2]

但是, “各处的光速都等于其在介质 m 中的值” 的假设, 究竟有多可靠呢? 此假设只是定性正确的. 不能用于仔细的计算中. 例如, 设 $\mu_{\mathrm{i}}=\mu_{\mathrm{m}}$ 并认为 $\varepsilon_{\mathrm{A}}=\varepsilon_{\mathrm{B}}=\varepsilon, s_{\mathrm{A}}=s_{\mathrm{B}}=s=\sqrt{p^2-1+\varepsilon/\varepsilon_{\mathrm{m}}}$, 则 $\overline{\Delta}_{\mathrm{Am}}=\overline{\Delta}_{\mathrm{Bm}}=\overline{\Delta}=[(p\varepsilon-s\varepsilon_{\mathrm{m}})/(p\varepsilon+s\varepsilon_{\mathrm{m}})], \Delta_{\mathrm{Am}}=\Delta_{\mathrm{Bm}}=\Delta=[(p-s)/(p+s)]$. 由 “光速处处相等”

假设而得到的形式 $[(\varepsilon-\varepsilon_{\rm m})/(\varepsilon+\varepsilon_{\rm m})]^2(1+r_n){\rm e}^{-r_n}$, 与积分 $\int_{r_n}^{\infty} x(\overline{\Delta}^2+\Delta^2){\rm e}^{-x}{\rm d}x$ 有什么区别?

[189] 为了便于比较, 定义作用于 $[(\varepsilon-\varepsilon_{\rm m})/(\varepsilon+\varepsilon_{\rm m})]^2$ 上的一个屏蔽因子 ${\rm Rel}(r_n)$, 其满足下式

$$\mathrm{Rel}(r_n)\left(\frac{\varepsilon-\varepsilon_{\rm m}}{\varepsilon+\varepsilon_{\rm m}}\right)^2 \equiv \int_{r_n}^{\infty} x(\overline{\Delta}^2+\Delta^2){\rm e}^{-x}{\rm d}x. \tag{L2.28}$$

在 $\varepsilon=1.001\varepsilon_{\rm m}$ 和 $\varepsilon=2\varepsilon_{\rm m}$ 两种情形, 计算出的屏蔽结果基本相同 (见图 L2.1 中下面两条几乎不可区分的曲线).

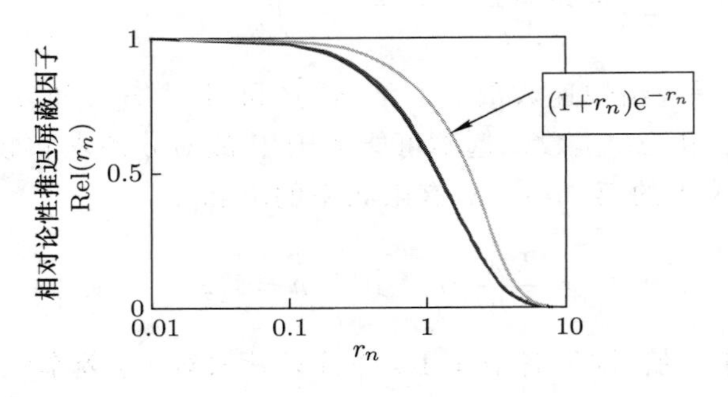

图 L2.1

为什么各 ε 值的如此小的差异会导致比 "等光速" 形式所描述的更强的屏蔽呢? 还是假设 $\varepsilon_{\rm A}=\varepsilon_{\rm B}=\varepsilon, \mu_{\rm i}=\mu_{\rm m}$ 并记 $(\varepsilon/\varepsilon_{\rm m})=1+\eta, s_{\rm A}=s_{\rm B}=s=\sqrt{p^2+\eta}$, 我们再来仔细分析一下积分 $\int_{r_n}^{\infty} x(\overline{\Delta}^2+\Delta^2){\rm e}^{-x}{\rm d}x$.

对于小 η 值,

$$\overline{\Delta}=\frac{p\varepsilon-s\varepsilon_{\rm m}}{p\varepsilon+s\varepsilon_{\rm m}}=\frac{(1+\eta)-\sqrt{1+\eta/p^2}}{(1+\eta)+\sqrt{1+\eta/p^2}}\approx\frac{\eta}{2}(1-1/2p^2) \text{ 或 } \frac{2}{\eta}\overline{\Delta}=1-\frac{1}{2p^2};$$

$$\Delta=\frac{p-s}{p+s}=\frac{1-\sqrt{1+\eta/p^2}}{1+\sqrt{1+\eta/p^2}}\approx-\frac{\eta}{4p^2} \text{ 或 } \frac{2}{\eta}\Delta=-\frac{1}{2p^2} \text{ 和 } \frac{\varepsilon-\varepsilon_{\rm m}}{\varepsilon+\varepsilon_{\rm m}}=\frac{\eta}{2+\eta}\approx\frac{\eta}{2}.$$

在此近似中,

$$(\overline{\Delta}^2+\Delta^2)\left(\frac{2}{\eta}\right)^2=\left(1-\frac{1}{2p^2}\right)^2+\left(\frac{1}{2p^2}\right)^2=1-\frac{r_n^2}{x^2}+\frac{r_n^4}{2x^4},$$

故

$$\int_{r_n}^{\infty} x(\overline{\Delta}^2+\Delta^2){\rm e}^{-x}{\rm d}x=\left(\frac{\varepsilon-\varepsilon_{\rm m}}{\varepsilon+\varepsilon_{\rm m}}\right)^2\int_{r_n}^{\infty} x\left(1-\frac{r_n^2}{x^2}+\frac{r_n^4}{2x^4}\right){\rm e}^{-x}{\rm d}x.$$

第一项对 xe^{-x} 的积分给出屏蔽因子

$$R_n(r_n) = (1 + r_n)e^{-r_n}. \tag{L2.29}$$

第二和第三项积分是指数积分:

$$-r_n^2\int_{r_n}^{\infty}\frac{e^{-x}}{x}dx = -r_n^2E_1(r_n),$$
$$\frac{r_n^4}{2}\int_{r_n}^{\infty}\frac{e^{-x}}{x^3}dx = \frac{r_n^4}{2}\int_{r_n}^{\infty}\frac{e^{-r_np}}{(r_np)^3}d(r_np) = \frac{r_n^2}{2}\int_{1}^{\infty}\frac{e^{-r_np}}{p^3}dp = \frac{r_n^2}{2}E_3(r_n).$$

真实的推迟因子

[190]

$$\mathrm{Rel}(r_n) = R_n(r_n) - r_n^2E_1(r_n) + \frac{r_n^2}{2}E_3(r_n) \tag{L2.30}$$

与近似结果 $(1+r_n)e^{-r_n}$ 相差为 $-r_n^2\left[E_1(r_n) - \dfrac{E_3(r_n)}{2}\right]$, 这个量虽然数值很小, 但在性质上* 很重要.

等价地来看, 考虑被积函数为 xe^{-x} 和 $\left(1-\dfrac{r_n^2}{x^2}+\dfrac{r_n^4}{2x^4}\right)$ 之积, 前者的最大值位于 $x = 1$ 处, 后者的初始值为 $x = r_n$ 处的 1/2, 而在 $x \to \infty$ 处趋于最大值 1. "等光速" 近似中的推迟效应就是把积分截断, 即把积分域限制为 $x \geqslant r_n$. 近似函数 $R(r_n) = (1 + r_n)e^{-r_n}$ 抓住了很多重要特性, 所以它可用于研究推迟效应的主要性质.

L2.3.B 多叠层体系

半无限大介质以及具有单涂层的半无限大介质

精确的

关于半空间 A 和半空间 B (覆有一层厚度为 b_1 的材料 B_1) 的相互作用的一般公式 (表 P.2.a.1), 表面上看起来与两个半空间相互作用的栗弗席兹原始公式相同. 考虑用不同的积分变量来表示单层相互作用, 以认识其内部可能存在的联系:

1. 积分变量为 ρ_{m},

$$G_{\mathrm{AmB_1B}}(l;b_1) = \frac{kT}{2\pi}\sum_{n=0}^{\infty}{}'\int_{\frac{\varepsilon_{\mathrm{m}}^{1/2}\mu_{\mathrm{m}}^{1/2}\xi_n}{c}}^{\infty}\rho_{\mathrm{m}}$$
$$\times\ln[(1-\overline{\Delta}_{\mathrm{Am}}\overline{\Delta}_{\mathrm{Bm}}^{\mathrm{eff}}e^{-2\rho_{\mathrm{m}}l})(1-\Delta_{\mathrm{Am}}\Delta_{\mathrm{Bm}}^{\mathrm{eff}}e^{-2\rho_{\mathrm{m}}l})]d\rho_{\mathrm{m}}. \tag{L2.31}$$

* 原文为: 定量上,有误. ——译者注

2. 积分变量为 $x=2\rho_{\rm m}l$, 而 $r_n\equiv(2l\varepsilon_{\rm m}^{1/2}\mu_{\rm m}^{1/2}/c)\xi_n$,

$$G_{\rm AmB_1B}(l;b_1)=\frac{kT}{8\pi l^2}\sum_{n=0}^{\infty}{}'\int_{r_n}^{\infty}x\ln[(1-\overline{\Delta}_{\rm Am}\overline{\Delta}_{\rm Bm}^{\rm eff}{\rm e}^{-x})(1-\Delta_{\rm Am}\Delta_{\rm Bm}^{\rm eff}{\rm e}^{-x})]{\rm d}x. \tag{L2.32}$$

[见 (L3.83) 和 (L3.84)]

3. 积分变量为 $p=x/r_n$,

$$G_{\rm AmB_1B}(l;b_1)=\frac{kT}{2\pi c^2}\sum_{n=0}^{\infty}{}'\varepsilon_{\rm m}\mu_{\rm m}\xi_n^2 \times\int_1^{\infty}p\ln[(1-\overline{\Delta}_{\rm Am}\overline{\Delta}_{\rm Bm}^{\rm eff}{\rm e}^{-r_np})(1-\Delta_{\rm Am}\Delta_{\rm Bm}^{\rm eff}{\rm e}^{-r_np})]{\rm d}p. \tag{L2.33}$$

[L3.85]

推导过程中所用到的变量

$$\rho_{\rm i}^2=\rho^2+\varepsilon_{\rm i}\mu_{\rm i}\xi_n^2/c^2 \tag{L2.34}$$

可以很容易地变换为

$$x_{\rm i}\equiv 2\rho_{\rm i}l=s_{\rm i}r_n,\quad x_{\rm i}^2=x_{\rm m}^2+\left(\frac{2l\xi_n}{c}\right)^2(\varepsilon_{\rm i}\mu_{\rm i}-\varepsilon_{\rm m}\mu_{\rm m}),$$
$$s_{\rm i}=\sqrt{p^2-1+(\varepsilon_{\rm i}\mu_{\rm i}/\varepsilon_{\rm m}\mu_{\rm m})}. \tag{L2.35}$$

[191] 最简单的 AmB 情形中的函数 $\overline{\Delta}_{\rm Bm},\Delta_{\rm Bm}$ 替换为

$$\overline{\Delta}_{\rm Bm}^{\rm eff}(b_1)=\frac{(\overline{\Delta}_{\rm BB_1}{\rm e}^{-2\rho_{\rm B_1}b_1}+\overline{\Delta}_{\rm B_1m})}{1+\overline{\Delta}_{\rm BB_1}\overline{\Delta}_{\rm B_1m}{\rm e}^{-2\rho_{\rm B_1}b_1}}=\frac{(\overline{\Delta}_{\rm BB_1}{\rm e}^{-x_{\rm B_1}(b_1/l)}+\overline{\Delta}_{\rm B_1m})}{1+\overline{\Delta}_{\rm BB_1}\overline{\Delta}_{\rm B_1m}{\rm e}^{-x_{\rm B_1}(b_1/l)}}$$
$$=\frac{(\overline{\Delta}_{\rm BB_1}{\rm e}^{-s_{\rm B_1}r_n(b_1/l)}+\overline{\Delta}_{\rm B_1m})}{1+\overline{\Delta}_{\rm BB_1}\overline{\Delta}_{\rm B_1m}{\rm e}^{-s_{\rm B_1}r_n(b_1/l)}}, \tag{L2.36}$$

$$\Delta_{\rm Bm}^{\rm eff}(b_1)=\frac{(\Delta_{\rm BB_1}{\rm e}^{-2\rho_{\rm B_1}b_1}+\Delta_{\rm B_1m})}{1+\Delta_{\rm BB_1}\Delta_{\rm B_1m}{\rm e}^{-2\rho_{\rm B_1}b_1}}=\frac{(\Delta_{\rm BB_1}{\rm e}^{-x_{\rm B_1}(b_1/l)}+\Delta_{\rm B_1m})}{1+\Delta_{\rm BB_1}\Delta_{\rm B_1m}{\rm e}^{-x_{\rm B_1}(b_1/l)}}$$
$$=\frac{(\Delta_{\rm BB_1}{\rm e}^{-s_{\rm A_1}r_n(b_1/l)}+\Delta_{\rm B_1m})}{1+\Delta_{\rm BB_1}\Delta_{\rm B_1m}{\rm e}^{-s_{\rm B_1}r_n(b_1/l)}}. \tag{L2.37}$$

基本的 $\overline{\Delta}_{\rm ji}$ 和 $\Delta_{\rm ij}$ 仍然是

$$\overline{\Delta}_{\rm ji}=\frac{\rho_{\rm i}\varepsilon_{\rm j}-\rho_{\rm j}\varepsilon_{\rm i}}{\rho_{\rm i}\varepsilon_{\rm j}+\rho_{\rm j}\varepsilon_{\rm i}}=\frac{x_{\rm i}\varepsilon_{\rm j}-x_{\rm j}\varepsilon_{\rm i}}{x_{\rm i}\varepsilon_{\rm j}+x_{\rm j}\varepsilon_{\rm i}}=\frac{s_{\rm i}\varepsilon_{\rm j}-s_{\rm j}\varepsilon_{\rm i}}{s_{\rm i}\varepsilon_{\rm j}+s_{\rm j}\varepsilon_{\rm i}}, \tag{L2.38}$$

$$\Delta_{\rm ji}=\frac{\rho_{\rm j}\mu_{\rm j}-\rho_{\rm j}\mu_{\rm i}}{\rho_{\rm i}\mu_{\rm j}+\rho_{\rm j}\mu_{\rm i}}=\frac{x_{\rm i}\mu_{\rm j}-x_{\rm j}\mu_{\rm i}}{x_{\rm i}\mu_{\rm j}+x_{\rm j}\mu_{\rm i}}=\frac{s_{\rm i}\mu_{\rm j}-s_{\rm j}\mu_{\rm i}}{s_{\rm i}\mu_{\rm j}+s_{\rm j}\mu_{\rm i}}. \tag{L2.39}$$

$\varepsilon_{\rm i},\varepsilon_{\rm j}$ 和 $\mu_{\rm i},\mu_{\rm j}$ 为各材料的介电响应和磁响应函数. 此处的指标 i 和 j 表示四种材料: $\rm A, B, B_1$ 或 m.

各种极限形式

$\rm B_1 = B$ 很明显, 当材料 $\rm B_1$ 与材料 B 相同时, 则 $\overline{\Delta}_{\rm BB_1}$ 和 $\Delta_{\rm BB_1}$ 等于零; $\overline{\Delta}_{\rm Bm}^{\rm eff}(b_1)$ 和 $\Delta_{\rm Bm}^{\rm eff}(b_1)$ 转变为 $\overline{\Delta}_{\rm Bm}$ 和 $\overline{\Delta}_{\rm Bm}$, 即 B 和 A 通过厚度 l 的 m 发生相互作用.

$\rm B_1 = m$ 几乎同样明显的是, 当材料 $\rm B_1$ 与材料 m 相同时, 则

$$\overline{\Delta}_{\rm Bm}^{\rm eff}(b_1) \to \overline{\Delta}_{\rm BB_1}{\rm e}^{-2\rho_{\rm B_1}b_1} = \overline{\Delta}_{\rm Bm}{\rm e}^{-2\rho_{\rm m}b_1}$$

于是,

$$\overline{\Delta}_{\rm Am}\overline{\Delta}_{\rm Bm}^{\rm eff}{\rm e}^{-2\rho_{\rm m}l} \to \overline{\Delta}_{\rm Am}\overline{\Delta}_{\rm Bm}{\rm e}^{-2\rho_{\rm m}b_1}{\rm e}^{-2\rho_{\rm m}l} = \overline{\Delta}_{\rm Am}\overline{\Delta}_{\rm Bm}{\rm e}^{-2\rho_{\rm m}(b_1+l)} \tag{L2.40}$$

(对 $\Delta_{\rm Am}\Delta_{\rm Bm}^{\rm eff}{\rm e}^{-2\rho_{\rm m}l}$ 也一样). 因此, 相互作用仍然是 A 和 B 通过 m 发生的, 不过中间介质 m 的厚度为 (b_1+l).

$b_1 \gg l$ 当厚度 $b_1 \gg l$, 则 $\overline{\Delta}_{\rm Bm}^{\rm eff}(b_1) \to \overline{\Delta}_{\rm B_1m}, \Delta_{\rm Bm}^{\rm eff}(b_1) \to \Delta_{\rm B_1m}$, 即材料 B 从相互作用中消失了. 结果是: $\rm B_1$ 与 A 通过厚度 l 的 m 发生相互作用.

高介电极化率层 当 $\varepsilon_{\rm B_1}/\varepsilon_{\rm m} \to \infty$ 时, 忽略各磁性项, $\overline{\Delta}_{\rm B_1m} \to 1$, 则 [192]

$$\overline{\Delta}_{\rm Bm}^{\rm eff}(b_1) \to \frac{(\overline{\Delta}_{\rm BB_1}{\rm e}^{-2\rho_{\rm B_1}b_1}+1)}{1+\overline{\Delta}_{\rm BB_1}{\rm e}^{-2\rho_{\rm B_1}b_1}} = 1,$$

$$G_{\rm AmB_1B}(l;b_1) \to G_{\rm AmB_1}(l) = \frac{kT}{2\pi}\sum_{n=0}^{\infty}{}'\int_{\frac{\varepsilon_{\rm m}^{1/2}\mu_{\rm m}^{1/2}\xi_n}{c}}^{\infty}\rho_{\rm m}\ln(1-\overline{\Delta}_{\rm Am}{\rm e}^{-2\rho_{\rm m}l}){\rm d}\rho_{\rm m}. \tag{L2.41}$$

[P.2.b.1]

半无限大材料 B 被理想金属 $\rm B_1$ 屏蔽掉了.

各 ε 和 μ 有小差异 当各 $\overline{\Delta}_{\rm ji}$ 和 $\Delta_{\rm ij}$ 值都 $\ll 1$, 我们可以限制为只取首项:

$$\begin{aligned}\overline{\Delta}_{\rm Bm}^{\rm eff}(b_1) &\to (\overline{\Delta}_{\rm BB_1}{\rm e}^{-2\rho_{\rm B_1}b_1}+\overline{\Delta}_{\rm B_1m})\\ &= (\overline{\Delta}_{\rm BB_1}{\rm e}^{-x_{\rm B_1}(b_1/l)}+\overline{\Delta}_{\rm B_1m})\\ &= (\overline{\Delta}_{\rm BB_1}{\rm e}^{-s_{\rm B_1}r_n(b_1/l)}+\overline{\Delta}_{\rm B_1m}) \ll 1,\end{aligned} \tag{L2.42}$$

$$\begin{aligned}\Delta_{\rm Bm}^{\rm eff}(b_1) &\to (\Delta_{\rm BB_1}{\rm e}^{-2\rho_{\rm B_1}b_1}+\Delta_{\rm B_1m})\\ &= (\Delta_{\rm BB_1}{\rm e}^{-x_{\rm B_1}(b_1/l)}+\Delta_{\rm B_1m})\\ &= (\Delta_{\rm BB_1}{\rm e}^{-s_{\rm B_1}r_n(b_1/l)}+\Delta_{\rm B_1m}) \ll 1,\end{aligned} \tag{L2.43}$$

$$\begin{aligned}
&\ln[(1-\overline{\Delta}_{\mathrm{Am}}\overline{\Delta}_{\mathrm{Bm}}^{\mathrm{eff}}\mathrm{e}^{-2\rho_{\mathrm{m}}l})(1-\Delta_{\mathrm{Am}}\Delta_{\mathrm{Bm}}^{\mathrm{eff}}\mathrm{e}^{-2\rho_{\mathrm{m}}l})]\\
\to\ &-\overline{\Delta}_{\mathrm{Am}}\overline{\Delta}_{\mathrm{Bm}}^{\mathrm{eff}}\mathrm{e}^{-2\rho_{\mathrm{m}}l}-\Delta_{\mathrm{Am}}\Delta_{\mathrm{Bm}}^{\mathrm{eff}}\mathrm{e}^{-2\rho_{\mathrm{m}}l}\\
\to\ &-\overline{\Delta}_{\mathrm{Am}}(\overline{\Delta}_{\mathrm{BB_1}}\mathrm{e}^{-2\rho_{\mathrm{B_1}}b_1}+\overline{\Delta}_{\mathrm{B_1m}})\mathrm{e}^{-2\rho_{\mathrm{m}}l}\\
&-\Delta_{\mathrm{Am}}(\Delta_{\mathrm{BB_1}}\mathrm{e}^{-2\rho_{\mathrm{B_1}}b_1}+\Delta_{\mathrm{B_1m}})\mathrm{e}^{-2\rho_{\mathrm{m}}l}\\
=\ &-(\overline{\Delta}_{\mathrm{Am}}\overline{\Delta}_{\mathrm{B_1m}}+\Delta_{\mathrm{Am}}\Delta_{\mathrm{B_1m}})\mathrm{e}^{-2\rho_{\mathrm{m}}l}\\
&-(\overline{\Delta}_{\mathrm{Am}}\overline{\Delta}_{\mathrm{BB_1}}+\Delta_{\mathrm{Am}}\Delta_{\mathrm{BB_1}})\mathrm{e}^{-2\rho_{\mathrm{B_1}}b_1}\mathrm{e}^{-2\rho_{\mathrm{m}}l}.
\end{aligned}\tag{L2.44}$$

相互作用自由能简化为两项:

$$\begin{aligned}
G_{\mathrm{AmB_1B}}(l;b_1)=&-\frac{kT}{2\pi}\sum_{n=0}^{\infty}{}'\int_{\frac{\varepsilon_{\mathrm{m}}^{1/2}\mu_{\mathrm{m}}^{1/2}\xi_n}{c}}^{\infty}\rho_{\mathrm{m}}(\overline{\Delta}_{\mathrm{Am}}\overline{\Delta}_{\mathrm{B_1m}}+\Delta_{\mathrm{Am}}\Delta_{\mathrm{B_1m}})\mathrm{e}^{-2\rho_{\mathrm{m}}l}\mathrm{d}\rho_{\mathrm{m}}\\
&-\frac{kT}{2\pi}\sum_{n=0}^{\infty}{}'\int_{\frac{\varepsilon_{\mathrm{m}}^{1/2}\mu_{\mathrm{m}}^{1/2}\xi_n}{c}}^{\infty}\rho_{\mathrm{m}}(\overline{\Delta}_{\mathrm{Am}}\overline{\Delta}_{\mathrm{BB_1}}+\Delta_{\mathrm{Am}}\Delta_{\mathrm{BB_1}})\\
&\mathrm{e}^{-2\rho_{\mathrm{B_1}}b_1}\mathrm{e}^{-2\rho_{\mathrm{m}}l}\mathrm{d}\rho_{\mathrm{m}}.
\end{aligned}\tag{L2.45}$$

[P.2.b.2]

首项是 A 与 B_1 通过厚度 l 的 m 发生栗弗席兹相互作用; 第二项是 B 与 A 通过 m 和 B_1 发生的相互作用. 由于材料 B_1 和 m 中的光速不同, 所以用来量度厚度 b_1 和 l 的 $\rho_{\mathrm{B_1}}$ 和 ρ_{m} 不相等. 第二项则几乎 (但非精确地) 是最简单的栗弗席兹形式.

各 ε 和 μ 有小差异, 非推迟极限 当各极化率有小差异, 并且 $c\to\infty,\rho_{\mathrm{B_1}}\to\rho_{\mathrm{m}}\to\rho$ 时,

$$\begin{aligned}
G_{\mathrm{AmB_1B}}(l;b_1)\to&-\frac{kT}{2\pi}\sum_{n=0}^{\infty}{}'(\overline{\Delta}_{\mathrm{Am}}\overline{\Delta}_{\mathrm{B_1m}}+\Delta_{\mathrm{Am}}\Delta_{\mathrm{B_1m}})\int_0^{\infty}\rho\mathrm{e}^{-2\rho l}\mathrm{d}\rho\\
&-\frac{kT}{2\pi}\sum_{n=0}^{\infty}{}'(\overline{\Delta}_{\mathrm{Am}}\overline{\Delta}_{\mathrm{BB_1}}+\Delta_{\mathrm{Am}}\Delta_{\mathrm{BB_1}})\int_0^{\infty}\rho\mathrm{e}^{-2\rho(l+b_1)}\mathrm{d}\rho\\
=&-\frac{kT}{8\pi l^2}\sum_{n=0}^{\infty}{}'(\overline{\Delta}_{\mathrm{Am}}\overline{\Delta}_{\mathrm{B_1m}}+\Delta_{\mathrm{Am}}\Delta_{\mathrm{B_1m}})\\
&-\frac{kT}{8\pi(l+b_1)^2}\sum_{n=0}^{\infty}{}'(\overline{\Delta}_{\mathrm{Am}}\overline{\Delta}_{\mathrm{BB_1}}+\Delta_{\mathrm{Am}}\Delta_{\mathrm{BB_1}}).
\end{aligned}\tag{L2.46}$$

[P.2.b.3]

[193] **非推迟极限** 当我们想象光速为无限大时, 所有的 $r_n\to 0,\rho_{\mathrm{i}}\to\rho_{\mathrm{m}}\to\rho,x_{\mathrm{i}}\to x_{\mathrm{m}}=x\ s_{\mathrm{i}}\to p$, 则

$$\overline{\Delta}_{\mathrm{Am}}\overline{\Delta}_{\mathrm{Bm}}^{\mathrm{eff}}\mathrm{e}^{-2\rho_{\mathrm{m}}l}\to\overline{\Delta}_{\mathrm{Am}}\frac{(\overline{\Delta}_{\mathrm{BB}_1}\mathrm{e}^{-2\rho b_1}+\overline{\Delta}_{\mathrm{B_1m}})}{1+\overline{\Delta}_{\mathrm{BB}_1}\overline{\Delta}_{\mathrm{B_1m}}\mathrm{e}^{-2\rho b_1}}\mathrm{e}^{-2\rho l}$$
$$=\overline{\Delta}_{\mathrm{Am}}\frac{(\overline{\Delta}_{\mathrm{BB}_1}\mathrm{e}^{-x(b_1/l)}+\overline{\Delta}_{\mathrm{B_1m}})}{1+\overline{\Delta}_{\mathrm{BB}_1}\overline{\Delta}_{\mathrm{B_1m}}\mathrm{e}^{-x(b_1/l)}}\mathrm{e}^{-x}$$
$$=\overline{\Delta}_{\mathrm{Am}}\frac{(\overline{\Delta}_{\mathrm{BB}_1}\mathrm{e}^{-pr_n(b_1/l)}+\overline{\Delta}_{\mathrm{B_1m}})}{1+\overline{\Delta}_{\mathrm{BB}_1}\overline{\Delta}_{\mathrm{B_1m}}\mathrm{e}^{-pr_n(b_1/l)}}\mathrm{e}^{-pr_n},\tag{L2.47}$$

而各磁性项也是类似的. 这些可以展开为一个无穷级数:

$$\overline{\Delta}_{\mathrm{Am}}\overline{\Delta}_{\mathrm{Bm}}^{\mathrm{eff}}\mathrm{e}^{-2\rho_{\mathrm{m}}l}\to\overline{\Delta}_{\mathrm{Am}}(\overline{\Delta}_{\mathrm{B_1m}}+\overline{\Delta}_{\mathrm{BB}_1}\mathrm{e}^{-2\rho b_1})\mathrm{e}^{-2\rho l}\sum_{j=0}^{\infty}(-\overline{\Delta}_{\mathrm{BB}_1}\overline{\Delta}_{\mathrm{B_1m}})^j\mathrm{e}^{-2\rho \mathrm{j} b_1}.\tag{L2.48}$$

由此展开式我们发现, 在最简单的 AmB 相互作用中导致因子 $1/l^2$ 的指数因子 $\mathrm{e}^{-2\rho l}$, 现在已经被一组 (无穷多的) 因子所取代, 它们分别对应于距离 $l, l+b_1, l+2b_1, \cdots, l+jb_1, \cdots$, 依次乘以 $-\overline{\Delta}_{\mathrm{BB}_1}\overline{\Delta}_{\mathrm{B_1m}}$ 的各幂次. 其前几项对小 $\overline{\Delta}_{\mathrm{ji}}$ 值成立, 分别为 B_1 和 A 通过厚度 l 的 m 发生的相互作用, 即 $\overline{\Delta}_{\mathrm{Am}}\overline{\Delta}_{\mathrm{B_1m}}\mathrm{e}^{-2\rho l}$, 以及 B 和 A 通过厚度为 $l+b_1$ 的 B_1 和 m 发生的相互作用, 即 $\overline{\Delta}_{\mathrm{Am}}\overline{\Delta}_{\mathrm{BB}_1}\mathrm{e}^{-2\rho(l+b_1)}$.

由于 $\overline{\Delta}_{\mathrm{Am}}\overline{\Delta}_{\mathrm{Bm}}^{\mathrm{eff}}$ 和 $\Delta_{\mathrm{Am}}\Delta_{\mathrm{Bm}}^{\mathrm{eff}}$ 本身是通过对数 $\ln[(1-\overline{\Delta}_{\mathrm{Am}}\overline{\Delta}_{\mathrm{Bm}}^{\mathrm{eff}}\mathrm{e}^{-2\rho_{\mathrm{m}}l})(1-\Delta_{\mathrm{Am}}\Delta_{\mathrm{Bm}}^{\mathrm{eff}}\mathrm{e}^{-2\rho_{\mathrm{m}}l})]$ 发生相互作用的, 而此对数可以展开为其自身求和, 故要求把各项逐一算出是不现实的. 我们只需指出: 即使仅取到第一级的详细程度 (即加上一层), 也会导致复杂的行为.

半无限大介质和一块有限厚度的平板

精确的

设材料 B 与介质材料 m 相同. 则 $\overline{\Delta}_{\mathrm{BB}_1}=-\overline{\Delta}_{\mathrm{B_1m}}$:

$$\overline{\Delta}_{\mathrm{Bm}}^{\mathrm{eff}}(b_1)=\overline{\Delta}_{\mathrm{B_1m}}\frac{1-\mathrm{e}^{-2\rho_{\mathrm{B}_1}b_1}}{1-\overline{\Delta}_{\mathrm{B_1m}}^2\mathrm{e}^{-2\rho_{\mathrm{B}_1}b_1}}=\overline{\Delta}_{\mathrm{B_1m}}\frac{1-\mathrm{e}^{-x_{\mathrm{B}_1}(b_1/l)}}{1-\overline{\Delta}_{\mathrm{B_1m}}^2\mathrm{e}^{-x_{\mathrm{B}_1}(b_1/l)}}$$
$$=\overline{\Delta}_{\mathrm{B_1m}}\frac{1-\mathrm{e}^{-s_{\mathrm{B}_1}r_n(b_1/l)}}{1-\overline{\Delta}_{\mathrm{B_1m}}^2\mathrm{e}^{-s_{\mathrm{B}_1}r_n(b_1/l)}},\tag{L2.49}$$

$$\Delta_{\mathrm{Bm}}^{\mathrm{eff}}(b_1)=\Delta_{\mathrm{B_1m}}\frac{1-\mathrm{e}^{-2\rho_{\mathrm{B}_1}b_1}}{1-\Delta_{\mathrm{B_1m}}^2\mathrm{e}^{-2\rho_{\mathrm{B}_1}b_1}}=\Delta_{\mathrm{B_1m}}\frac{1-\mathrm{e}^{-x_{\mathrm{B}_1}(b_1/l)}}{1-\Delta_{\mathrm{B_1m}}^2\mathrm{e}^{-x_{\mathrm{B}_1}(b_1/l)}}$$
$$=\Delta_{\mathrm{B_1m}}\frac{1-\mathrm{e}^{-s_{\mathrm{B}_1}r_n(b_1/l)}}{1-\Delta_{\mathrm{B_1m}}^2\mathrm{e}^{-s_{\mathrm{B}_1}r_n(b_1/l)}}\tag{L2.50}$$

[194]

$$
\begin{aligned}
&G_{\mathrm{AmB_1m}}(l;b_1)\\
&=\frac{kT}{2\pi}\sum_{n=0}^{\infty}{}'\int_{\frac{\varepsilon_{\mathrm{m}}^{1/2}\mu_{\mathrm{m}}^{1/2}\xi_n}{c}}^{\infty}\rho_{\mathrm{m}}[\ln(1-\overline{\Delta}_{\mathrm{Am}}\overline{\Delta}_{\mathrm{Bm}}^{\mathrm{eff}}\mathrm{e}^{-2\rho_{\mathrm{m}}l})(1-\Delta_{\mathrm{Am}}\Delta_{\mathrm{Bm}}^{\mathrm{eff}}\mathrm{e}^{-2\rho_{\mathrm{m}}l})]\mathrm{d}\rho_{\mathrm{m}}\\
&=\frac{kT}{8\pi l^2}\sum_{n=0}^{\infty}{}'\int_{r_n}^{\infty}x[\ln(1-\overline{\Delta}_{\mathrm{Am}}\overline{\Delta}_{\mathrm{Bm}}^{\mathrm{eff}}\mathrm{e}^{-x})(1-\Delta_{\mathrm{Am}}\Delta_{\mathrm{Bm}}^{\mathrm{eff}}\mathrm{e}^{-x})]\mathrm{d}x\\
&=\frac{kT}{2\pi c^2}\sum_{n=0}^{\infty}{}'\varepsilon_{\mathrm{m}}\mu_{\mathrm{m}}\xi_n^2\int_1^{\infty}p[\ln(1-\overline{\Delta}_{\mathrm{Am}}\overline{\Delta}_{\mathrm{Bm}}^{\mathrm{eff}}\mathrm{e}^{-r_np})(1-\Delta_{\mathrm{Am}}\Delta_{\mathrm{Bm}}^{\mathrm{eff}}\mathrm{e}^{-r_np})]\mathrm{d}p.
\end{aligned}
\tag{L2.51}
$$

[P.2.c.1]

各 ε 和 μ 有小差异

当 $\overline{\Delta}_{\mathrm{Am}},\Delta_{\mathrm{Am}},\overline{\Delta}_{\mathrm{B_1m}},\Delta_{\mathrm{B_1m}}\ll 1$,

$$
\begin{aligned}
\overline{\Delta}_{\mathrm{Bm}}^{\mathrm{eff}}(b_1)\to\overline{\Delta}_{\mathrm{B_1m}}(1-\mathrm{e}^{-2\rho_{\mathrm{B_1}}b_1})&=\overline{\Delta}_{\mathrm{B_1m}}(1-\mathrm{e}^{-x_{\mathrm{B_1}}(b_1/l)})\\
&=\overline{\Delta}_{\mathrm{B_1m}}(1-\mathrm{e}^{-s_{\mathrm{B_1}}r_n(b_1/l)}),
\end{aligned}
\tag{L2.52}
$$

$$
\begin{aligned}
\Delta_{\mathrm{Bm}}^{\mathrm{eff}}(b_1)\to\Delta_{\mathrm{B_1m}}(1-\mathrm{e}^{-2\rho_{\mathrm{B_1}}b_1})&=\Delta_{\mathrm{B_1m}}(1-\mathrm{e}^{-x_{\mathrm{B_1}}(b_1/l)})\\
&=\Delta_{\mathrm{B_1m}}(1-\mathrm{e}^{-s_{\mathrm{B_1}}r_n(b_1/l)}),
\end{aligned}
\tag{L2.53}
$$

则自由能约简为两项:

$$
\begin{aligned}
&G_{\mathrm{AmB_1m}}(l;b_1)\\
&=-\frac{kT}{2\pi}\sum_{n=0}^{\infty}{}'\int_{\frac{\varepsilon_{\mathrm{m}}^{1/2}\mu_{\mathrm{m}}^{1/2}\xi_n}{c}}^{\infty}\rho_{\mathrm{m}}(\overline{\Delta}_{\mathrm{Am}}\overline{\Delta}_{\mathrm{B_1m}}+\Delta_{\mathrm{Am}}\Delta_{\mathrm{B_1m}})(1-\mathrm{e}^{-2\rho_{\mathrm{B_1}}b_1})\mathrm{e}^{-2\rho_{\mathrm{m}}l}\mathrm{d}\rho_{\mathrm{m}}\\
&=-\frac{kT}{2\pi}\sum_{n=0}^{\infty}{}'\int_{\frac{\varepsilon_{\mathrm{m}}^{1/2}\mu_{\mathrm{m}}^{1/2}\xi_n}{c}}^{\infty}\rho_{\mathrm{m}}(\overline{\Delta}_{\mathrm{Am}}\overline{\Delta}_{\mathrm{B_1m}}+\Delta_{\mathrm{Am}}\Delta_{\mathrm{B_1m}})\mathrm{e}^{-2\rho_{\mathrm{m}}l}\mathrm{d}\rho_{\mathrm{m}}\\
&\quad+\frac{kT}{2\pi}\sum_{n=0}^{\infty}{}'\int_{\frac{\varepsilon_{\mathrm{m}}^{1/2}\mu_{\mathrm{m}}^{1/2}\xi_n}{c}}^{\infty}\rho_{\mathrm{m}}(\overline{\Delta}_{\mathrm{Am}}\overline{\Delta}_{\mathrm{B_1m}}+\Delta_{\mathrm{Am}}\Delta_{\mathrm{B_1m}})\mathrm{e}^{-2\rho_{\mathrm{B_1}}b_1}\mathrm{e}^{-2\rho_{\mathrm{m}}l}\mathrm{d}\rho_{\mathrm{m}}.
\end{aligned}
\tag{L2.54}
$$

[P.2.c.2]

各 ε 和 μ 有小差异, 非推迟极限

继续取极限 $c\to\infty$ 和 $\rho_{\mathrm{B_1}}\to\rho_{\mathrm{m}}\to\rho$, 则

$$
G_{\mathrm{AmB_1m}}(l;b_1)\to-\frac{kT}{8\pi}\left[\frac{1}{l^2}-\frac{1}{(l+b_1)^2}\right]\cdot\sum_{n=0}^{\infty}{}'(\overline{\Delta}_{\mathrm{Am}}\overline{\Delta}_{\mathrm{B_1m}}+\Delta_{\mathrm{Am}}\Delta_{\mathrm{B_1m}}).
\tag{L2.55}
$$

[P.2.c.3]

两个有单涂层的半无限大介质

精确的

如果半空间 A 上涂有厚度为 a_1 的材料 A_1 单层, 半空间 B 上涂有厚度为 b_1 的材料 B_1 单层, 则它们之间的相互作用仍然是栗弗席兹形式 [见表 P.3.a.1 和式 (L3.87)]:

1. 与推导中所用到的积分一样, [195]

$$G_{AA_1mB_1B}(l;a_1,b_1) = \frac{kT}{2\pi}\sum_{n=0}^{\infty}{}'\int_{\frac{\varepsilon_m^{1/2}\mu_m^{1/2}\xi_n}{c}}^{\infty}\rho_m \ln[(1-\overline{\Delta}_{Am}^{eff}\overline{\Delta}_{Bm}^{eff}e^{-2\rho_m l})(1-\Delta_{Am}^{eff}\Delta_{Bm}^{eff}e^{-2\rho_m l})]d\rho_m. \tag{L2.56}$$

2. 利用 $x=2\rho_m l$ 以及 $r_n\equiv(2l\varepsilon_m^{1/2}\mu_m^{1/2}/c)\xi_n$, 则

$$G_{AA_1mB_1B}(l;a_1,b_1) = \frac{kT}{8\pi l^2}\sum_{n=0}^{\infty}{}'\int_{r_n}^{\infty}x\ln[(1-\overline{\Delta}_{Am}^{eff}\overline{\Delta}_{Bm}^{eff}e^{-x})(1-\Delta_{Am}^{eff}\Delta_{Bm}^{eff}e^{-x})]dx. \tag{L2.57}$$

3. 利用 $p=x/r_n$, 则

$$G_{AA_1mB_1B}(l;a_1,b_1) = \frac{kT}{2\pi c^2}\sum_{n=0}^{\infty}{}'\varepsilon_m\mu_m\xi_n^2\int_1^{\infty}p \times\ln[(1-\overline{\Delta}_{Am}^{eff}\overline{\Delta}_{Bm}^{eff}e^{-r_n p})(1-\Delta_{Am}^{eff}\Delta_{Bm}^{eff}e^{-r_n p})]dp, \tag{L2.58}$$

$$\rho_i^2=\rho^2+\varepsilon_i\mu_i\xi_n^2/c^2,\quad x_i\equiv 2\rho_i l,$$

$$x_i^2=x_m^2+\left(\frac{2l\xi_n}{c}\right)^2(\varepsilon_i\mu_i-\varepsilon_m\mu_m), \tag{L2.59}$$

$$s_i=\sqrt{p^2-1+(\varepsilon_i\mu_i/\varepsilon_m\mu_m)}, \tag{L2.60}$$

$$\overline{\Delta}_{ji}=\frac{\rho_i\varepsilon_j-\rho_j\varepsilon_i}{\rho_i\varepsilon_j+\rho_j\varepsilon_i}=\frac{x_i\varepsilon_j-x_j\varepsilon_i}{x_i\varepsilon_j+x_j\varepsilon_i}=\frac{s_i\varepsilon_j-s_j\varepsilon_i}{s_i\varepsilon_j+s_j\varepsilon_i}, \tag{L2.61}$$

$$\Delta_{ji}=\frac{\rho_i\mu_j-\rho_j\mu_i}{\rho_i\mu_j+\rho_j\mu_i}=\frac{x_i\mu_j-x_j\mu_i}{x_i\mu_j+x_j\mu_i}=\frac{s_i\mu_j-s_j\mu_i}{s_i\mu_j+s_j\mu_i}. \tag{L2.62}$$

在 A/m/B 和 $A/m/B_1/B$ 情形中, 各函数 $\overline{\Delta}_{Am},\Delta_{Am}$ 已经被替换为

$$\overline{\Delta}_{Am}^{eff}(a_1)=\frac{(\overline{\Delta}_{AA_1}e^{-2\rho_{A_1}a_1}+\overline{\Delta}_{A_1m})}{1+\overline{\Delta}_{AA_1}\overline{\Delta}_{A_1m}e^{-2\rho_{A_1}a_1}}=\frac{[\overline{\Delta}_{AA_1}e^{-x_{A_1}(a_1/l)}+\overline{\Delta}_{A_1m}]}{1+\overline{\Delta}_{AA_1}\overline{\Delta}_{A_1m}e^{-x_{A_1}(a_1/l)}} =\frac{(\overline{\Delta}_{AA_1}e^{-s_{A_1}r_n(a_1/l)}+\overline{\Delta}_{A_1m})}{1+\overline{\Delta}_{AA_1}\overline{\Delta}_{A_1m}e^{-s_{A_1}r_n(a_1/l)}}, \tag{L2.63}$$

(L3.86)

$$\Delta^{\mathrm{eff}}_{\mathrm{Am}}(a_1)=\frac{[\Delta_{\mathrm{AA_1}}\mathrm{e}^{-2\rho_{\mathrm{A_1}}a_1}+\Delta_{\mathrm{A_1m}}]}{1+\Delta_{\mathrm{AA_1}}\Delta_{\mathrm{A_1m}}\mathrm{e}^{-2\rho_{\mathrm{A_1}}a_1}}=\frac{(\Delta_{\mathrm{AA_1}}\mathrm{e}^{-x_{\mathrm{A_1}}(a_1/l)}+\Delta_{\mathrm{A_1m}})}{1+\Delta_{\mathrm{AA_1}}\Delta_{\mathrm{A_1m}}\mathrm{e}^{-x_{\mathrm{A_1}}(a_1/l)}}$$
$$=\frac{[\Delta_{\mathrm{AA_1}}\mathrm{e}^{-s_{\mathrm{B_1}}r_na_1/l}+\Delta_{\mathrm{A_1m}}]}{1+\Delta_{\mathrm{AA_1}}\Delta_{\mathrm{A_1m}}\mathrm{e}^{-s_{\mathrm{A_1}}r_n(a_1/l)}}. \tag{L2.64}$$

此处的指标 i 和 j 表示五种材料: $\mathrm{A},\mathrm{A_1},\mathrm{B},\mathrm{B_1}$, 或 m.

[196]

各种极限形式

$\mathrm{A_1}=\mathrm{A},\mathrm{B_1}=\mathrm{B}$ 很明显, 当 $\mathrm{A_1}$ 和 A 相同, 而 $\mathrm{B_1}$ 和 B 相同时, 则 $\overline{\Delta}^{\mathrm{eff}}_{\mathrm{Am}}(a_1),\Delta^{\mathrm{eff}}_{\mathrm{Am}}(a_1)$ 和 $\overline{\Delta}^{\mathrm{eff}}_{\mathrm{Bm}}(b_1),\Delta^{\mathrm{eff}}_{\mathrm{Bm}}(b_1)$ 还原为 $\overline{\Delta}_{\mathrm{Am}},\overline{\Delta}_{\mathrm{Am}}$ 和 $\overline{\Delta}_{\mathrm{Bm}},\overline{\Delta}_{\mathrm{Bm}}$, 这样我们就重新得到了 B 和 A 之间通过厚度 l 的 m 所发生的相互作用.

$\mathrm{A_1}=\mathrm{B_1}=\mathrm{m}$ 这里

$$\overline{\Delta}^{\mathrm{eff}}_{\mathrm{Am}}(a_1)\to\overline{\Delta}_{\mathrm{AA_1}}\mathrm{e}^{-2\rho_{\mathrm{A_1}}a_1}=\overline{\Delta}_{\mathrm{Am}}\mathrm{e}^{-2\rho_{\mathrm{m}}a_1},$$
$$\overline{\Delta}^{\mathrm{eff}}_{\mathrm{Bm}}(b_1)\to\overline{\Delta}_{\mathrm{BB_1}}\mathrm{e}^{-2\rho_{\mathrm{B_1}}b_1}=\overline{\Delta}_{\mathrm{Bm}}\mathrm{e}^{-2\rho_{\mathrm{m}}b_1}, \tag{L2.65}$$

故

$$\overline{\Delta}^{\mathrm{eff}}_{\mathrm{Am}}\overline{\Delta}^{\mathrm{eff}}_{\mathrm{Bm}}\mathrm{e}^{-2\rho_{\mathrm{m}}l}\to\overline{\Delta}_{\mathrm{Am}}\overline{\Delta}_{\mathrm{Bm}}\mathrm{e}^{-2\rho_{\mathrm{m}}a_1}\mathrm{e}^{-2\rho_{\mathrm{m}}b_1}\mathrm{e}^{-2\rho_{\mathrm{m}}l}=\overline{\Delta}_{\mathrm{Am}}\overline{\Delta}_{\mathrm{Bm}}\mathrm{e}^{-2\rho_{\mathrm{m}}(a_1+b_1+l)}$$

(对于 $\Delta^{\mathrm{eff}}_{\mathrm{Am}}\Delta^{\mathrm{eff}}_{\mathrm{Bm}}\mathrm{e}^{-2\rho_{\mathrm{m}}l}$ 也是一样的). 于是仍为 A 和 B 通过 m 所发生的相互作用, 只是这次相隔的距离为 (a_1+b_1+l).

$a_1,b_1\gg l$ 当厚度 a_1 和 $b_1\gg l$ 时,

$$\overline{\Delta}^{\mathrm{eff}}_{\mathrm{Am}}(a_1)\to\overline{\Delta}_{\mathrm{A_1m}},\quad\Delta^{\mathrm{eff}}_{\mathrm{Am}}(a_1)\to\Delta_{\mathrm{A_1m}},$$
$$\overline{\Delta}^{\mathrm{eff}}_{\mathrm{Bm}}(b_1)\to\overline{\Delta}_{\mathrm{B_1m}},\quad\Delta^{\mathrm{eff}}_{\mathrm{Bm}}(b_1)\to\Delta_{\mathrm{B_1m}}, \tag{L2.66}$$

材料 A 和 B 从相互作用中消失了. $\mathrm{A_1}$ 和 $\mathrm{B_1}$ 通过厚度 l 的 m 发生相互作用.

高介电电容率的多层　如果 $\varepsilon_{\mathrm{A_1}}/\varepsilon_{\mathrm{m}}\to\infty,\varepsilon_{\mathrm{B_1}}/\varepsilon_{\mathrm{m}}\to\infty$, 并忽略各磁性项, $\overline{\Delta}_{\mathrm{A_1m}},\overline{\Delta}_{\mathrm{B_1m}}\to1$, 则

$$\overline{\Delta}^{\mathrm{eff}}_{\mathrm{Am}}(a_1)\to\frac{(\overline{\Delta}_{\mathrm{AA_1}}\mathrm{e}^{-2\rho_{\mathrm{A_1}}a_1}+1)}{1+\overline{\Delta}_{\mathrm{AA_1}}\mathrm{e}^{-2\rho_{\mathrm{A_1}}a_1}}=1,\quad\overline{\Delta}^{\mathrm{eff}}_{\mathrm{Bm}}(b_1)\to\frac{(\overline{\Delta}_{\mathrm{BB_1}}\mathrm{e}^{-2\rho_{\mathrm{B_1}}b_1}+1)}{1+\overline{\Delta}_{\mathrm{BB_1}}\mathrm{e}^{-2\rho_{\mathrm{B_1}}b_1}}=1, \tag{L2.67}$$

$$\begin{aligned}G_{\mathrm{AA_1mB_1B}}(l;a_1,b_1)&\to G_{\mathrm{A_1mB_1}}(l)\\&=\frac{kT}{2\pi}\sum_{n=0}^{\infty}{}'\int_{\frac{\varepsilon_{\mathrm{m}}^{1/2}\mu_{\mathrm{m}}^{1/2}\xi_n}{c}}^{\infty}\rho_{\mathrm{m}}\ln(1-\mathrm{e}^{-2\rho_{\mathrm{m}}l})\mathrm{d}\rho_{\mathrm{m}}\\&=\frac{kT}{8\pi l^2}\sum_{n=0}^{\infty}{}'\int_{r_n}^{\infty}x\ln(1-\mathrm{e}^{-x})\mathrm{d}x\\&=\frac{kT}{2\pi c^2}\sum_{n=0}^{\infty}{}'\varepsilon_{\mathrm{m}}\mu_{\mathrm{m}}\xi_n^2\int_1^{\infty}p\ln(1-\mathrm{e}^{-r_np})\mathrm{d}p.\end{aligned} \tag{L2.68}$$

[P.3.b.1]

半无限大材料 A 和 B 被理想金属 A_1和 B_1 屏蔽掉了.

各 ε 和 μ 有小差异 当各 $\overline{\Delta}_{ji}$ 和 Δ_{ij} 都 $\ll 1$ 时, 我们可以仅取前几项:

[197]

$$\begin{aligned}\overline{\Delta}^{\text{eff}}_{\text{Am}}(a_1) &\to (\overline{\Delta}_{\text{AA}_1}\mathrm{e}^{-2\rho_{\text{A}_1}a_1} + \overline{\Delta}_{\text{A}_1\text{m}})\\ &= (\overline{\Delta}_{\text{AA}_1}\mathrm{e}^{-x_{\text{A}_1}(a_1/l)} + \overline{\Delta}_{\text{A}_1\text{m}})\\ &= (\overline{\Delta}_{\text{AA}_1}\mathrm{e}^{-s_{\text{A}_1}r_n(a_1/l)} + \overline{\Delta}_{\text{A}_1\text{m}}) \ll 1,\end{aligned} \tag{L2.69}$$

对 $\Delta^{\text{eff}}_{\text{Am}}(a_1), \overline{\Delta}^{\text{eff}}_{\text{Bm}}(b_1), \Delta^{\text{eff}}_{\text{Bm}}(b_1)$ 也是类似的, 故

$$\begin{aligned}&\ln[(1-\overline{\Delta}^{\text{eff}}_{\text{Am}}\overline{\Delta}^{\text{eff}}_{\text{Bm}}\mathrm{e}^{-2\rho_{\text{m}}l})(1-\Delta^{\text{eff}}_{\text{Am}}\Delta^{\text{eff}}_{\text{Bm}}\mathrm{e}^{-2\rho_{\text{m}}l})]\\ \to &-\overline{\Delta}^{\text{eff}}_{\text{Am}}\overline{\Delta}^{\text{eff}}_{\text{Bm}}\mathrm{e}^{-2\rho_{\text{m}}l} - \Delta^{\text{eff}}_{\text{Am}}\Delta^{\text{eff}}_{\text{Bm}}\mathrm{e}^{-2\rho_{\text{m}}l}\\ \to &-(\overline{\Delta}_{\text{A}_1\text{m}}\overline{\Delta}_{\text{B}_1\text{m}} + \Delta_{\text{A}_1\text{m}}\Delta_{\text{B}_1\text{m}})\mathrm{e}^{-2\rho_{\text{m}}l}\\ &-(\overline{\Delta}_{\text{A}_1\text{m}}\overline{\Delta}_{\text{BB}_1} + \Delta_{\text{A}_1\text{m}}\Delta_{\text{BB}_1})\mathrm{e}^{-2\rho_{\text{B}_1}b_1}\mathrm{e}^{-2\rho_{\text{m}}l}\\ &-(\overline{\Delta}_{\text{B}_1\text{m}}\overline{\Delta}_{\text{AA}_1} + \Delta_{\text{B}_1\text{m}}\Delta_{\text{AA}_1})\mathrm{e}^{-2\rho_{\text{A}_1}a_1}\mathrm{e}^{-2\rho_{\text{m}}l}\\ &-(\overline{\Delta}_{\text{BB}_1}\overline{\Delta}_{\text{AA}_1} + \Delta_{\text{BB}_1}\Delta_{\text{AA}_1})\mathrm{e}^{-2\rho_{\text{A}_1}a_1}\mathrm{e}^{-2\rho_{\text{B}_1}b_1}\mathrm{e}^{-2\rho_{\text{m}}l}.\end{aligned} \tag{L2.70}$$

相互作用自由能简化为四项:

$$\begin{aligned}&-\frac{kT}{2\pi}\sum_{n=0}^{\infty}{}'\int_{\frac{\varepsilon_{\text{m}}^{1/2}\mu_{\text{m}}^{1/2}\xi_n}{c}}^{\infty}\rho_{\text{m}}(\overline{\Delta}_{\text{A}_1\text{m}}\overline{\Delta}_{\text{B}_1\text{m}} + \Delta_{\text{A}_1\text{m}}\Delta_{\text{B}_1\text{m}})\mathrm{e}^{-2\rho_{\text{m}}l}\mathrm{d}\rho_{\text{m}},\\ &-\frac{kT}{2\pi}\sum_{n=0}^{\infty}{}'\int_{\frac{\varepsilon_{\text{m}}^{1/2}\mu_{\text{m}}^{1/2}\xi_n}{c}}^{\infty}\rho_{\text{m}}(\overline{\Delta}_{\text{A}_1\text{m}}\overline{\Delta}_{\text{BB}_1} + \Delta_{\text{A}_1\text{m}}\Delta_{\text{BB}_1})\mathrm{e}^{-2\rho_{\text{B}_1}b_1}\mathrm{e}^{-2\rho_{\text{m}}l}\mathrm{d}\rho_{\text{m}},\\ &-\frac{kT}{2\pi}\sum_{n=0}^{\infty}{}'\int_{\frac{\varepsilon_{\text{m}}^{1/2}\mu_{\text{m}}^{1/2}\xi_n}{c}}^{\infty}\rho_{\text{m}}(\overline{\Delta}_{\text{B}_1\text{m}}\overline{\Delta}_{\text{AA}_1} + \Delta_{\text{B}_1\text{m}}\Delta_{\text{AA}_1})\mathrm{e}^{-2\rho_{\text{A}_1}a_1}\mathrm{e}^{-2\rho_{\text{m}}l}\mathrm{d}\rho_{\text{m}},\\ &-\frac{kT}{2\pi}\sum_{n=0}^{\infty}{}'\int_{\frac{\varepsilon_{\text{m}}^{1/2}\mu_{\text{m}}^{1/2}\xi_n}{c}}^{\infty}\rho_{\text{m}}(\overline{\Delta}_{\text{BB}_1}\overline{\Delta}_{\text{AA}_1} + \Delta_{\text{BB}_1}\Delta_{\text{AA}_1})\mathrm{e}^{-2\rho_{\text{A}_1}a_1}\mathrm{e}^{-2\rho_{\text{B}_1}b_1}\mathrm{e}^{-2\rho_{\text{m}}l}\mathrm{d}\rho_{\text{m}}.\end{aligned} \tag{L2.71}$$

[P.3.b.2]

第一项是 A 和 B_1 通过厚度 l 的 m 发生的栗弗席兹相互作用; 第二项是 B 和 A_1 通过 m 和 B_1 所发生的相互作用. 最后两项对应于被 m 隔开的另两对界面之间的相互作用, 近似为栗弗席兹形式. 其细微差别是由于各介质中的光速不同而形成的.

各 ε 和 μ 有小差异, 非推迟极限 当各极化率有小差异时, 如果 $c \to$

$\infty, \rho_\mathrm{i} \to \rho_\mathrm{m} \to \rho$, 则

$$G_{\mathrm{AA_1mB_1B}}(l;a_1,b_1) \to -\frac{kT}{8\pi l^2}\sum_{n=0}^{\infty}{}'(\overline{\Delta}_{\mathrm{A_1m}}\overline{\Delta}_{\mathrm{B_1m}} + \Delta_{\mathrm{A_1m}}\Delta_{\mathrm{B_1m}})$$
$$-\frac{kT}{8\pi(l+a_1)^2}\sum_{n=0}^{\infty}{}'(\overline{\Delta}_{\mathrm{B_1m}}\overline{\Delta}_{\mathrm{AA_1}} + \Delta_{\mathrm{B_1m}}\Delta_{\mathrm{AA_1}})$$
$$-\frac{kT}{8\pi(l+b_1)^2}\sum_{n=0}^{\infty}{}'(\overline{\Delta}_{\mathrm{A_1m}}\overline{\Delta}_{\mathrm{BB_1}} + \Delta_{\mathrm{A_1m}}\Delta_{\mathrm{BB_1}})$$
$$-\frac{kT}{8\pi(l+a_1+b_1)^2}\sum_{n=0}^{\infty}{}'(\overline{\Delta}_{\mathrm{BB_1}}\overline{\Delta}_{\mathrm{AA_1}} + \Delta_{\mathrm{BB_1}}\Delta_{\mathrm{AA_1}}). \quad \text{(L2.72)}$$

[P.3.b.3]

[198] 两块有限厚度的平板

精确的

令材料 $\mathrm{A}=\mathrm{B}=\mathrm{m}, \overline{\Delta}_{\mathrm{AA_1}}=-\overline{\Delta}_{\mathrm{A_1m}}, \overline{\Delta}_{\mathrm{BB_1}}=-\overline{\Delta}_{\mathrm{B_1m}}$:

$$\overline{\Delta}_{\mathrm{Am}}^{\mathrm{eff}}(a_1) = \overline{\Delta}_{\mathrm{A_1m}}\frac{1-\mathrm{e}^{-2\rho_{\mathrm{A_1}}a_1}}{1-\overline{\Delta}_{\mathrm{A_1m}}^2\mathrm{e}^{-2\rho_{\mathrm{A_1}}a_1}} = \overline{\Delta}_{\mathrm{A_1m}}\frac{1-\mathrm{e}^{-x_{\mathrm{A_1}}(a_1/l)}}{1-\overline{\Delta}_{\mathrm{A_1m}}^2\mathrm{e}^{-x_{\mathrm{A_1}}(a_1/l)}}$$
$$= \overline{\Delta}_{\mathrm{A_1m}}\frac{1-\mathrm{e}^{-s_{\mathrm{A_1}}r_n(a_1/l)}}{1-\overline{\Delta}_{\mathrm{A_1m}}^2\mathrm{e}^{-s_{\mathrm{A_1}}r_n(a_1/l)}}, \quad \text{(L2.73)}$$

$$\Delta_{\mathrm{Am}}^{\mathrm{eff}}(a_1) = \Delta_{\mathrm{A_1m}}\frac{1-\mathrm{e}^{-2\rho_{\mathrm{A_1}}a_1}}{1-\Delta_{\mathrm{A_1m}}^2\mathrm{e}^{-2\rho_{\mathrm{A_1}}a_1}} = \Delta_{\mathrm{A_1m}}\frac{1-\mathrm{e}^{-x_{\mathrm{A_1}}(a_1/l)}}{1-\Delta_{\mathrm{A_1m}}^2\mathrm{e}^{-x_{\mathrm{A_1}}(a_1/l)}}$$
$$= \Delta_{\mathrm{A_1m}}\frac{1-\mathrm{e}^{-s_{\mathrm{A_1}}r_n(a_1/l)}}{1-\Delta_{\mathrm{A_1m}}^2\mathrm{e}^{-s_{\mathrm{A_1}}r_n(a_1/l)}}. \quad \text{(L2.74)}$$

$$\overline{\Delta}_{\mathrm{Bm}}^{\mathrm{eff}}(b_1) = \overline{\Delta}_{\mathrm{B_1m}}\frac{1-\mathrm{e}^{-2\rho_{\mathrm{B_1}}b_1}}{1-\overline{\Delta}_{\mathrm{B_1m}}^2\mathrm{e}^{-2\rho_{\mathrm{B_1}}b_1}} = \overline{\Delta}_{\mathrm{B_1m}}\frac{1-\mathrm{e}^{-x_{\mathrm{B_1}}(b_1/l)}}{1-\overline{\Delta}_{\mathrm{B_1m}}^2\mathrm{e}^{-x_{\mathrm{B_1}}(b_1/l)}}$$
$$= \overline{\Delta}_{\mathrm{B_1m}}\frac{1-\mathrm{e}^{-s_{\mathrm{B_1}}r_n(b_1/l)}}{1-\overline{\Delta}_{\mathrm{B_1m}}^2\mathrm{e}^{-s_{\mathrm{B_1}}r_n(b_1/l)}}, \quad \text{(L2.75)}$$

$$\Delta_{\mathrm{Bm}}^{\mathrm{eff}}(b_1) = \Delta_{\mathrm{B_1m}}\frac{1-\mathrm{e}^{-2\rho_{\mathrm{B_1}}b_1}}{1-\Delta_{\mathrm{B_1m}}^2\mathrm{e}^{-2\rho_{\mathrm{B_1}}b_1}} = \Delta_{\mathrm{B_1m}}\frac{1-\mathrm{e}^{-x_{\mathrm{B_1}}(b_1/l)}}{1-\Delta_{\mathrm{B_1m}}^2\mathrm{e}^{-x_{\mathrm{B_1}}(b_1/l)}}$$
$$= \Delta_{\mathrm{B_1m}}\frac{1-\mathrm{e}^{-s_{\mathrm{B_1}}r_n(b_1/l)}}{1-\Delta_{\mathrm{B_1m}}^2\mathrm{e}^{-s_{\mathrm{B_1}}r_n(b_1/l)}}, \quad \text{(L2.76)}$$

$$
\begin{aligned}
&G_{\mathrm{A_1mB_1}}(l;a_1,b_1)\\
&=\frac{kT}{2\pi}\sum_{n=0}^{\infty}{}'\int_{\frac{\varepsilon_{\mathrm{m}}^{1/2}\mu_{\mathrm{m}}^{1/2}\xi_n}{c}}^{\infty}\rho_{\mathrm{m}}\ln[(1-\overline{\Delta}_{\mathrm{Am}}^{\mathrm{eff}}\overline{\Delta}_{\mathrm{Bm}}^{\mathrm{eff}}\mathrm{e}^{-2\rho_{\mathrm{m}}l})(1-\Delta_{\mathrm{Am}}^{\mathrm{eff}}\Delta_{\mathrm{Bm}}^{\mathrm{eff}}\mathrm{e}^{-2\rho_{\mathrm{m}}l})]\mathrm{d}\rho_{\mathrm{m}}\\
&=\frac{kT}{8\pi l^2}\sum_{n=0}^{\infty}{}'\int_{r_n}^{\infty}x\ln[(1-\overline{\Delta}_{\mathrm{Am}}^{\mathrm{eff}}\overline{\Delta}_{\mathrm{Bm}}^{\mathrm{eff}}\mathrm{e}^{-x})(1-\Delta_{\mathrm{Am}}^{\mathrm{eff}}\Delta_{\mathrm{Bm}}^{\mathrm{eff}}\mathrm{e}^{-x})]\mathrm{d}x\\
&=\frac{kT}{2\pi c^2}\sum_{n=0}^{\infty}{}'\varepsilon_{\mathrm{m}}\mu_{\mathrm{m}}\xi_n^2\int_1^{\infty}p\ln[(1-\overline{\Delta}_{\mathrm{Am}}^{\mathrm{eff}}\overline{\Delta}_{\mathrm{Bm}}^{\mathrm{eff}}\mathrm{e}^{-r_np})(1-\Delta_{\mathrm{Am}}^{\mathrm{eff}}\Delta_{\mathrm{Bm}}^{\mathrm{eff}}\mathrm{e}^{-r_np})]\mathrm{d}p
\end{aligned}
\tag{L2.77}
$$

[P.3.c.1]

各 ε 和 μ 有小差异 当 $\overline{\Delta}_{\mathrm{Am}},\Delta_{\mathrm{Am}},\overline{\Delta}_{\mathrm{B_1m}}\Delta_{\mathrm{B_1m}}\ll 1$, 则

$$
\begin{aligned}
\overline{\Delta}_{\mathrm{Am}}^{\mathrm{eff}}(a_1)\to\overline{\Delta}_{\mathrm{A_1m}}(1-\mathrm{e}^{-2\rho_{\mathrm{A_1}}a_1})&=\overline{\Delta}_{\mathrm{A_1m}}(1-\mathrm{e}^{-x_{\mathrm{A_1}}(a_1/l)})\\
&=\overline{\Delta}_{\mathrm{A_1m}}(1-\mathrm{e}^{-s_{\mathrm{A_1}}r_n(a_1/l)}),
\end{aligned}
\tag{L2.78}
$$

对 $\Delta_{\mathrm{Am}}^{\mathrm{eff}}(a_1),\overline{\Delta}_{\mathrm{Bm}}^{\mathrm{eff}}(b_1),\Delta_{\mathrm{Bm}}^{\mathrm{eff}}(b_1)$ 也有类似的结果. 自由能约简为以下四项的积分:

[199]

$$
\begin{aligned}
G_{\mathrm{A_1mB_1}}(l;a_1,b_1)=&-\frac{kT}{2\pi}\sum_{n=0}^{\infty}{}'\int_{\frac{\varepsilon_{\mathrm{m}}^{1/2}\mu_{\mathrm{m}}^{1/2}\xi_n}{c}}^{\infty}\rho_{\mathrm{m}}(\overline{\Delta}_{\mathrm{A_1m}}\overline{\Delta}_{\mathrm{B_1m}}+\Delta_{\mathrm{A_1m}}\Delta_{\mathrm{B_1m}})\\
&\times(1-\mathrm{e}^{-2\rho_{\mathrm{A_1}}a_1}-\mathrm{e}^{-2\rho_{\mathrm{B_1}}b_1}+\mathrm{e}^{-2\rho_{\mathrm{A_1}}a_1}\mathrm{e}^{-2\rho_{\mathrm{B_1}}b_1})\mathrm{e}^{-2\rho_{\mathrm{m}}l}\mathrm{d}\rho_{\mathrm{m}}.
\end{aligned}
\tag{L2.79}
$$

[P.3.c.2]

各 ε 和 μ 有小差异, 非推迟极限 取进一步的极限, $c\to\infty,\rho_{\mathrm{A_1}},\rho_{\mathrm{B_1}}\to\rho_{\mathrm{m}}\to\rho$:

$$
\begin{aligned}
G_{\mathrm{A_1mB_1}}(l;a_1,b_1)\to&-\frac{kT}{8\pi}\left[\frac{1}{l^2}-\frac{1}{(l+b_1)^2}-\frac{1}{(l+a_1)^2}+\frac{1}{(l+a_1+b_1)^2}\right]\\
&\times\sum_{n=0}^{\infty}{}'(\overline{\Delta}_{\mathrm{A_1m}}\overline{\Delta}_{\mathrm{B_1m}}+\Delta_{\mathrm{A_1m}}\Delta_{\mathrm{B_1m}}).
\end{aligned}
\tag{L2.80}
$$

[P.3.c.3]

两个多涂层的半无限大介质

精确的

逐个往上加层可以产生一连串的 $\overline{\Delta}_{\mathrm{Am}}^{\mathrm{eff}},\overline{\Delta}_{\mathrm{Bm}}^{\mathrm{eff}},\Delta_{\mathrm{Am}}^{\mathrm{eff}},\Delta_{\mathrm{Bm}}^{\mathrm{eff}}$ 项, 即成为 $\int_{\frac{\varepsilon_{\mathrm{m}}^{1/2}\mu_{\mathrm{m}}^{1/2}\xi_n}{c}}^{\infty}\rho_{\mathrm{m}}\ln[(1-\overline{\Delta}_{\mathrm{Am}}^{\mathrm{eff}}\overline{\Delta}_{\mathrm{Bm}}^{\mathrm{eff}}\mathrm{e}^{-2\rho_{\mathrm{m}}l})(1-\Delta_{\mathrm{Am}}^{\mathrm{eff}}\Delta_{\mathrm{Bm}}^{\mathrm{eff}}\mathrm{e}^{-2\rho_{\mathrm{m}}l})]\mathrm{d}\rho_{\mathrm{m}}$ 或其变体. 通过

矩阵乘法或者归纳, 可以把 j′ 层的 $\overline{\Delta}_{\mathrm{Am}}^{\mathrm{eff}}(\mathrm{j}')$ 转化为 $\overline{\Delta}_{\mathrm{Am}}^{\mathrm{eff}}(\mathrm{j}'+1)$ (见图 L2.2).

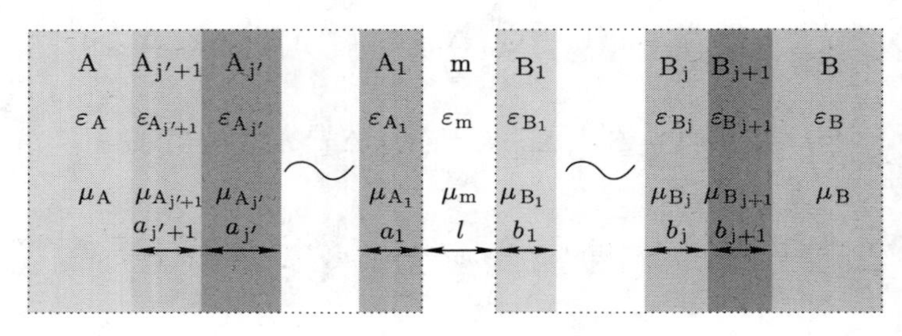

图 L2.2

利用如下约定: 材料 $\mathrm{A}_{\mathrm{j}'}$ 位于半空间 A 旁边, 而厚度为 $a_{\mathrm{j}'+1}$ 的第 $\mathrm{j}'+1$ 层夹在 $\mathrm{A}_{\mathrm{j}'}$ 和 A 之间. 因此, 原来出现于 $\overline{\Delta}_{\mathrm{AA}_{\mathrm{j}'}}$ 中的极化率差异现在被替换为

$$\begin{aligned}&\frac{\overline{\Delta}_{\mathrm{AA}_{\mathrm{j}'+1}}\mathrm{e}^{-2\rho_{\mathrm{A}_{\mathrm{j}'+1}}a_{\mathrm{j}'+1}}+\overline{\Delta}_{\mathrm{A}_{\mathrm{j}'+1}\mathrm{A}_{\mathrm{j}'}}}{1+\overline{\Delta}_{\mathrm{AA}_{\mathrm{j}'+1}}\overline{\Delta}_{\mathrm{A}_{\mathrm{j}'+1}\mathrm{A}_{\mathrm{j}'}}\mathrm{e}^{-2\rho_{\mathrm{A}_{\mathrm{j}'+1}}a_{\mathrm{j}'+1}}}\\
=&\frac{\overline{\Delta}_{\mathrm{AA}_{\mathrm{j}'+1}}\mathrm{e}^{-x_{\mathrm{A}_{\mathrm{j}'+1}}(a_{\mathrm{j}'+1}/l)}+\overline{\Delta}_{\mathrm{A}_{\mathrm{j}'+1}\mathrm{A}_{\mathrm{j}'}}}{1+\overline{\Delta}_{\mathrm{AA}_{\mathrm{j}'+1}}\overline{\Delta}_{\mathrm{A}_{\mathrm{j}'+1}\mathrm{A}_{\mathrm{j}'}}\mathrm{e}^{-x_{\mathrm{A}_{\mathrm{j}'+1}}(a_{\mathrm{j}'+1}/l)}}\\
=&\frac{\overline{\Delta}_{\mathrm{AA}_{\mathrm{j}'+1}}\mathrm{e}^{-s_{\mathrm{A}_{\mathrm{j}'+1}}r_n(a_{\mathrm{j}'+1}/l)}+\overline{\Delta}_{\mathrm{A}_{\mathrm{j}'+1}\mathrm{A}_{\mathrm{j}'}}}{1+\overline{\Delta}_{\mathrm{AA}_{\mathrm{j}'+1}}\overline{\Delta}_{\mathrm{A}_{\mathrm{j}'+1}\mathrm{A}_{\mathrm{j}'}}\mathrm{e}^{-s_{A_{\mathrm{j}'+1}}r_n(a_{\mathrm{j}'+1}/l)}}.\end{aligned}\tag{L2.81}$$

[L3.90]

在此记号中, 无叠层的半空间 A 表示为

$$\overline{\Delta}_{\mathrm{Am}}^{\mathrm{eff}}(0)=\overline{\Delta}_{\mathrm{Am}},\tag{L2.82}$$

[200] 有单涂层的 A 为

$$\begin{aligned}\overline{\Delta}_{\mathrm{Am}}^{\mathrm{eff}}(1)&=\frac{(\overline{\Delta}_{\mathrm{AA}_1}\mathrm{e}^{-2\rho_{\mathrm{A}_1}a_1}+\overline{\Delta}_{\mathrm{A}_1\mathrm{m}})}{1+\overline{\Delta}_{\mathrm{AA}_1}\overline{\Delta}_{\mathrm{A}_1\mathrm{m}}\mathrm{e}^{-2\rho_{\mathrm{A}_1}a_1}}=\frac{(\overline{\Delta}_{\mathrm{AA}_1}\mathrm{e}^{-x_{\mathrm{A}_1}(a_1/l)}+\overline{\Delta}_{\mathrm{A}_1\mathrm{m}})}{1+\overline{\Delta}_{\mathrm{AA}_1}\overline{\Delta}_{\mathrm{A}_1\mathrm{m}}\mathrm{e}^{-x_{\mathrm{A}_1}(a_1/l)}}\\
&=\frac{(\overline{\Delta}_{\mathrm{AA}_1}\mathrm{e}^{-s_{\mathrm{A}_1}r_n(a_1/l)}+\overline{\Delta}_{\mathrm{A}_1\mathrm{m}})}{1+\overline{\Delta}_{\mathrm{AA}_1}\overline{\Delta}_{\mathrm{A}_1\mathrm{m}}\mathrm{e}^{-s_{\mathrm{A}_1}r_n(a_1/l)}},\end{aligned}\tag{L2.83}$$

有双涂层的 A 为

$$\begin{aligned}\overline{\Delta}_{\mathrm{Am}}^{\mathrm{eff}}(2)&=\frac{\left(\dfrac{\overline{\Delta}_{\mathrm{AA}_2}\mathrm{e}^{-2\rho_{\mathrm{A}_2}a_2}+\overline{\Delta}_{\mathrm{A}_2\mathrm{A}_1}}{1+\overline{\Delta}_{\mathrm{AA}_2}\overline{\Delta}_{\mathrm{A}_2\mathrm{A}_1}\mathrm{e}^{-2\rho_{\mathrm{A}_2}a_2}}\right)\mathrm{e}^{-2\rho_{\mathrm{A}_1}a_1}+\overline{\Delta}_{\mathrm{A}_1\mathrm{m}}}{\left[1+\left(\dfrac{\overline{\Delta}_{\mathrm{AA}_2}\mathrm{e}^{-2\rho_{\mathrm{A}_2}a_2}+\overline{\Delta}_{\mathrm{A}_2\mathrm{A}_1}}{1+\overline{\Delta}_{\mathrm{AA}_2}\overline{\Delta}_{\mathrm{A}_2\mathrm{A}_1}\mathrm{e}^{-2\rho_{\mathrm{A}_2}a_2}}\right)\overline{\Delta}_{\mathrm{A}_1\mathrm{m}}\mathrm{e}^{-2\rho_{\mathrm{A}_1}a_1}\right]}\\
&=\frac{\overline{\Delta}_{\mathrm{AA}_1}^{\mathrm{eff}}(1)\mathrm{e}^{-2\rho_{\mathrm{A}_1}a_1}+\overline{\Delta}_{\mathrm{A}_1\mathrm{m}}}{[1+\overline{\Delta}_{\mathrm{AA}_1}^{\mathrm{eff}}(1)\overline{\Delta}_{\mathrm{A}_1\mathrm{m}}\mathrm{e}^{-2\rho_{\mathrm{A}_1}a_1}]},\end{aligned}\tag{L2.84}$$

而一般形式为

$$\overline{\Delta}_{\mathrm{Am}}^{\mathrm{eff}}(\mathrm{j}'+1)=\frac{\overline{\Delta}_{\mathrm{AA}_1}^{\mathrm{eff}}(\mathrm{j}')\mathrm{e}^{-2\rho_{\mathrm{A}_1}a_1}+\overline{\Delta}_{\mathrm{A}_1\mathrm{m}}}{[1+\overline{\Delta}_{\mathrm{AA}_1}^{\mathrm{eff}}(\mathrm{j}')\overline{\Delta}_{\mathrm{A}_1\mathrm{m}}\mathrm{e}^{-2\rho_{\mathrm{A}_1}a_1}]} \tag{L2.85}$$

[P.4.b]

记住: $\mathrm{e}^{-2\rho_{\mathrm{A}_{\mathrm{j}'}}a_{\mathrm{j}'}}$ 或 $\mathrm{e}^{-x_{\mathrm{A}_{\mathrm{j}'}}(a_{\mathrm{j}'}/l)}$ 或 $\mathrm{e}^{-s_{\mathrm{A}_{\mathrm{j}'}}r_n(a_{\mathrm{j}'}/l)}$ 中包括了多种可能性, 并且 $\overline{\Delta}_{\mathrm{Bm}}^{\mathrm{eff}}, \Delta_{\mathrm{Am}}^{\mathrm{eff}}\Delta_{\mathrm{Bm}}^{\mathrm{eff}}$ 也适用与 $\overline{\Delta}_{\mathrm{Am}}^{\mathrm{eff}}$ 相同的一般性规定. 于是对相向表面上的任意一组叠层, 都可以得到相应的表达式并进行操作.

各 ε 和 μ 有小差异 当各极化率仅有小差异, 且位于材料界面处的 $\overline{\Delta}_{\mathrm{ij}}$ 和 Δ_{ij} 都 $\ll 1$ 时, 我们只需保留前几项. A 和其邻近材料层 j′ 之间的 $\overline{\Delta}_{\mathrm{AA}_{\mathrm{j}'}}$ 值现在可以替换为

$$\begin{aligned}\overline{\Delta}_{\mathrm{AA}_{\mathrm{j}'+1}}\mathrm{e}^{-2\rho_{\mathrm{A}_{\mathrm{j}+1}}a_{\mathrm{j}+1}}+\overline{\Delta}_{\mathrm{A}_{\mathrm{j}'+1}\mathrm{A}_{\mathrm{j}'}}&=\overline{\Delta}_{\mathrm{AA}_{\mathrm{j}'+1}}\mathrm{e}^{-x_{\mathrm{A}_{\mathrm{j}'+1}}(a_{\mathrm{j}'+1}/l)}+\overline{\Delta}_{\mathrm{A}_{\mathrm{j}'+1}\mathrm{A}_{\mathrm{j}'}}\\&=\overline{\Delta}_{\mathrm{AA}_{\mathrm{j}'+1}}\mathrm{e}^{-s_{\mathrm{A}_{\mathrm{j}'+1}}r_n(a_{\mathrm{j}'+1}/l)}+\overline{\Delta}_{\mathrm{A}_{\mathrm{j}'+1}\mathrm{A}_{\mathrm{j}'}}\end{aligned} \tag{L2.86}$$

从而导出求和

$$\overline{\Delta}_{\mathrm{Am}}^{\mathrm{eff}}(1)\to(\overline{\Delta}_{\mathrm{AA}_1}\mathrm{e}^{-2\rho_{\mathrm{A}_1}a_1}+\overline{\Delta}_{\mathrm{A}_1\mathrm{m}}), \tag{L2.87}$$

$$\overline{\Delta}_{\mathrm{Am}}^{\mathrm{eff}}(2)\to\overline{\Delta}_{\mathrm{AA}_2}\mathrm{e}^{-2\rho_{\mathrm{A}_2}a_2}\mathrm{e}^{-2\rho_{\mathrm{A}_1}a_1}+\overline{\Delta}_{\mathrm{A}_2\mathrm{A}_1}\mathrm{e}^{-2\rho_{\mathrm{A}_1}a_1}+\overline{\Delta}_{\mathrm{A}_1\mathrm{m}}, \tag{L2.88}$$

$$\begin{aligned}\overline{\Delta}_{\mathrm{Am}}^{\mathrm{eff}}(3)\to\,&\overline{\Delta}_{\mathrm{AA}_3}\mathrm{e}^{-2\rho_{\mathrm{A}_3}a_3}\mathrm{e}^{-2\rho_{\mathrm{A}_2}a_2}\mathrm{e}^{-2\rho_{\mathrm{A}_1}a_1}+\overline{\Delta}_{\mathrm{A}_3\mathrm{A}_2}\mathrm{e}^{-2\rho_{\mathrm{A}_2}a_2}\mathrm{e}^{-2\rho_{\mathrm{A}_1}a_1}\\&+\overline{\Delta}_{\mathrm{A}_2\mathrm{A}_1}\mathrm{e}^{-2\rho_{\mathrm{A}_1}a_1}+\overline{\Delta}_{\mathrm{A}_1\mathrm{m}}.\end{aligned} \tag{L2.89}$$

$\overline{\Delta}_{\mathrm{Am}}^{\mathrm{eff}}$ 和 $\overline{\Delta}_{\mathrm{Bm}}^{\mathrm{eff}}$ 的乘积可以产生对应于 A 和 B 上各层之间界面组合的成对项. 积分

$$\int_{\frac{\varepsilon_{\mathrm{m}}^{1/2}\mu_{\mathrm{m}}^{1/2}\xi_n}{c}}^{\infty}\rho_{\mathrm{m}}\ln[(1-\overline{\Delta}_{\mathrm{Am}}^{\mathrm{eff}}\overline{\Delta}_{\mathrm{Bm}}^{\mathrm{eff}}\mathrm{e}^{-2\rho_{\mathrm{m}}l})(1-\Delta_{\mathrm{Am}}^{\mathrm{eff}}\Delta_{\mathrm{Bm}}^{\mathrm{eff}}\mathrm{e}^{-2\rho_{\mathrm{m}}l})]\mathrm{d}\rho_{\mathrm{m}}$$

可以导出如下形式的各项之和

[201]

$$\int_{\frac{\varepsilon_{\mathrm{m}}^{1/2}\mu_{\mathrm{m}}^{1/2}\xi_n}{c}}^{\infty}\rho_{\mathrm{m}}\overline{\Delta}_{\mathrm{A}_{k'}\mathrm{A}_{k'-1}}\overline{\Delta}_{\mathrm{B}_k\mathrm{B}_{k-1}}\mathrm{e}^{-2\left(\sum\limits_{g=1}^{k'}\rho_{\mathrm{A}_g\mathrm{a}_g}+\sum\limits_{h=1}^{k}\rho_{\mathrm{B}_h\mathrm{b}_h+\rho_{\mathrm{m}}l}\right)}\mathrm{d}\rho_{\mathrm{m}}, \tag{L2.90}$$

[P.4.c]

其中 $1\leqslant k\leqslant \mathrm{j}, 1\leqslant k'\leqslant \mathrm{j}'$. 这个表面上看起来很繁杂的表达式告诉我们, 各界面通过不同间距 $\sum\limits_{g=1}^{k'}a_g+\sum\limits_{h=1}^{k}b_h+l$ 发生相互作用, 其层厚为 a_g 和 b_h 的各段权重为 ρ (其值反映出局域的光速).

各 ε 和 μ 有小差异, 非推迟极限 在光速为无穷大的极限下, 所有的 $\rho_{\mathrm{i}}^2=\rho^2+\varepsilon_{\mathrm{i}}\mu_{\mathrm{i}}\xi_n^2/c^2\to\rho^2$, 相距 $l_{k'/k}=\sum\limits_{g=1}^{k'}a_g+\sum\limits_{h=1}^{k}b_h+l$ 的各对界面之间的相

互作用积分现在变成非常直观的

$$\overline{\Delta}_{\mathrm{A}_{k'}\mathrm{A}_{k'-1}}\overline{\Delta}_{\mathrm{B}_k\mathrm{B}_{k-1}}\int_0^{\infty}\rho_{\mathrm{m}}\mathrm{e}^{-2\rho_{\mathrm{m}}l_{k'/k}}\mathrm{d}\rho_{\mathrm{m}}. \tag{L2.91}$$

再回来讨论相互作用自由能,

$$\int_{\frac{\varepsilon_{\mathrm{m}}^{1/2}\mu_{\mathrm{m}}^{1/2}\xi_n}{c}}^{\infty}\rho_{\mathrm{m}}\ln[(1-\overline{\Delta}_{\mathrm{Am}}^{\mathrm{eff}}\overline{\Delta}_{\mathrm{Bm}}^{\mathrm{eff}}\mathrm{e}^{-2\rho_{\mathrm{m}}l})(1-\Delta_{\mathrm{Am}}^{\mathrm{eff}}\Delta_{\mathrm{Bm}}^{\mathrm{eff}}\mathrm{e}^{-2\rho_{\mathrm{m}}l})]\mathrm{d}\rho_{\mathrm{m}},$$

则各对之间的相互作用表现为熟悉的形式

$$\begin{aligned}&-\frac{kT}{2\pi}\sum_{n=0}^{\infty}{}'\overline{\Delta}_{\mathrm{A}_{k'}\mathrm{A}_{k'-1}}\overline{\Delta}_{\mathrm{B}_k\mathrm{B}_{k-1}}\int_0^{\infty}\rho_{\mathrm{m}}\mathrm{e}^{-2\rho_{\mathrm{m}}l_{k'/k}}\mathrm{d}\rho_{\mathrm{m}}\\&=-\frac{kT}{8\pi l_{k'/k}^2}\sum_{n=0}^{\infty}{}'\overline{\Delta}_{\mathrm{A}_{k'}\mathrm{A}_{k'-1}}\overline{\Delta}_{\mathrm{B}_k\mathrm{B}_{k-1}},\end{aligned} \tag{L2.92}$$

其中 $\overline{\Delta}_{\mathrm{ji}}=[(\varepsilon_{\mathrm{j}}-\varepsilon_{\mathrm{i}})/(\varepsilon_{\mathrm{j}}+\varepsilon_{\mathrm{i}})^2]$, 而各磁性项也有类似的形式.

总的相互作用是各对界面通过可变距离 l 所发生的相互作用之和. 其结果非常直观而清楚, 但记号却乱得一塌糊涂, 所以最好写成常见的各项. 把 "$l_{k/k'}$" 替换掉. 而用 $l_{\mathrm{A'A''/B'B''}}$ 表示 A 侧界面和 B 侧界面之间的距离. 有 j′ 涂层的 A 和有 j 涂层的 B 之间的相互作用为多项之和:

$$G(l;a_1,a_2,\cdots,a_{\mathrm{j'}},b_1,b_2,\cdots,b_{\mathrm{j}})=\sum_{\substack{\text{(all pairs of}\\ \text{interfaces A}'\text{A}''/\text{B}'\text{B}'')}}G_{\mathrm{A'A''/B'B''}}(l_{\mathrm{A'A/B'B''}}), \tag{L2.93}$$

其中每一项都是两个半空间之间的非推迟、小 $\overline{\Delta}_{\mathrm{ij}},\Delta_{\mathrm{ij}}$ 值情形的相互作用:

$$G_{\mathrm{A'A''/B'B''}}(l_{\mathrm{A'A''/B'B''}})=-\frac{kT}{8\pi l_{\mathrm{A'A''/B'B''}}^2}\sum_{n=0}^{\infty}{}'(\overline{\Delta}_{\mathrm{A'A''}}\overline{\Delta}_{\mathrm{B'B''}}+\Delta_{\mathrm{A'A''}}\Delta_{\mathrm{B'B''}}). \tag{L2.94}$$

[P.5]

提醒: 只要记得 $\overline{\Delta}_{\mathrm{A'A''}}\overline{\Delta}_{\mathrm{B'B''}}$ 和 $\Delta_{\mathrm{A'A''}}\Delta_{\mathrm{B'B''}}$ 中的单撇材料 (A′ 和 B′) 是位于界面的较远一侧, 就能确保相互作用的符号正确.

[202]

极化率连续变化, 不均匀介质

当 ε 在垂直于平界面的方向上变化时, 我们可以通过平面涂层公式得到关于体系性质的很多结果. 用第 3 级 (列表) 中推导出来的一般公式进行计算是最理想的, 不过, 观察 $\varepsilon(z)$ 缓慢变化的特殊极限情形中系统所表现出的行为也是很有教益的.

非推迟极限

想象 $\varepsilon(z)$ 以一系列无限小的台阶变化: $\mathrm{d}\varepsilon_{\mathrm{b}} = [\mathrm{d}\varepsilon_{\mathrm{b}}(z_{\mathrm{b}})/\mathrm{d}z_{\mathrm{b}}]\mathrm{d}z_{\mathrm{b}}$, 和 $\mathrm{d}\varepsilon_{\mathrm{a}} = [\mathrm{d}\varepsilon_{\mathrm{a}}(z_{\mathrm{a}})/\mathrm{d}z_{\mathrm{a}}]\mathrm{d}z_{\mathrm{a}}$, 其中的两个位置变量 z_{a} 和 z_{b} 是从宽为 l 的介质中央向外测量的. 过渡区中的位置 z_{a} 和 z_{b} 之间的距离为 $(z_{\mathrm{a}}+z_{\mathrm{b}})$. ε 值除了在过渡区中有变化之外, 在界面处也可能以台阶变化. 这些台阶对总相互作用能量的贡献与迄今所考虑过的台阶状变化情形相同 (见图 L2.3).

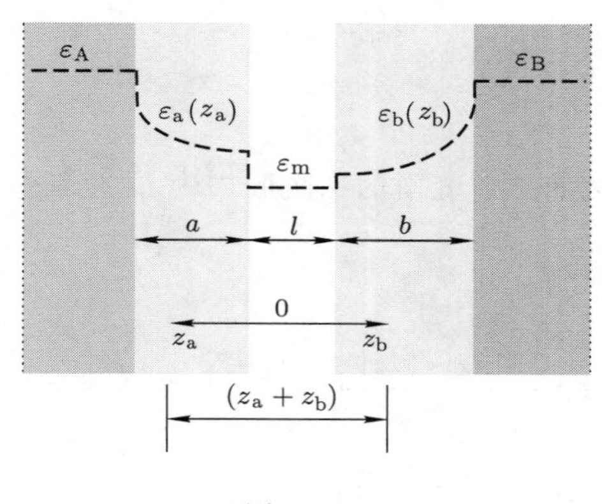

图 L2.3

当各 ε 值的差异都远小于 ε_{m}、并且忽略推迟屏蔽时, 可以把连续区域的贡献想象为源于无限小台阶 $\mathrm{d}\varepsilon_{\mathrm{a}}(z_{\mathrm{a}})$ 和 $\mathrm{d}\varepsilon_{\mathrm{b}}(z_{\mathrm{b}})$ 之和 (见图 L2.4). 来自于此连续变化区域的贡献就是对以下形式的能量元

$$-\frac{kT}{8\pi}\frac{\sum\limits_{n=0}^{\infty}{}'\overline{\Delta}(z_{\mathrm{a}})\overline{\Delta}(z_{\mathrm{b}})}{(z_{\mathrm{a}}+z_{\mathrm{b}})^2}$$

的积分. 连续变化的各 $\overline{\Delta}$ 值为

$$\begin{aligned}\overline{\Delta}_{\mathrm{a}}(z_{\mathrm{a}}) &= \left\{\frac{[\varepsilon_{\mathrm{a}}(z_{\mathrm{a}})+\mathrm{d}\varepsilon_{\mathrm{a}}(z_{\mathrm{a}})]-\varepsilon_{\mathrm{a}}(z_{\mathrm{a}})}{[\varepsilon_{\mathrm{a}}(z_{\mathrm{a}})+\mathrm{d}\varepsilon_{\mathrm{a}}(z_{\mathrm{a}})]+\varepsilon_{\mathrm{a}}(z_{\mathrm{a}})}\right\} = \frac{\mathrm{d}\ln[\varepsilon_{\mathrm{a}}(z_{\mathrm{a}})]}{2\mathrm{d}z_{\mathrm{a}}}\mathrm{d}z_{\mathrm{a}},\\ \overline{\Delta}_{\mathrm{b}}(z_{\mathrm{b}}) &= \frac{\mathrm{d}\ln[\varepsilon_{\mathrm{b}}(z_{\mathrm{b}})]}{2\mathrm{d}z_{\mathrm{b}}}\mathrm{d}z_{\mathrm{b}},\end{aligned}\tag{L2.95}$$

因此, 我们对介电极化率连续变化的两层进行积分, 就得到相互作用能量的形式为

$$G(l;a,b) = -\frac{kT}{32\pi}\sum_{n=0}^{\infty}{}'\iint_{z_{\mathrm{b}},z_{\mathrm{a}}}\frac{\mathrm{d}\ln[\varepsilon_{\mathrm{b}}(z_{\mathrm{b}})]}{\mathrm{d}z_{\mathrm{b}}}\frac{\mathrm{d}\ln[\varepsilon_{\mathrm{a}}(z_{\mathrm{a}})]}{\mathrm{d}z_{\mathrm{a}}}\frac{\mathrm{d}z_{\mathrm{a}}\mathrm{d}z_{\mathrm{b}}}{(z_{\mathrm{a}}+z_{\mathrm{b}})^2}.\tag{L2.96}$$

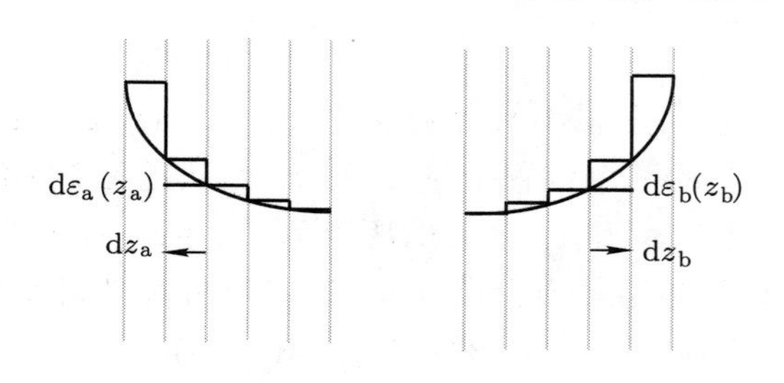

图 L2.4

[203] 为了便于解释, 考虑 ε 以光滑的二次形式从 ε_m 分别过渡到半无限大区域 A 和 B 中的 ε_A 和 ε_B:

$$\varepsilon_a(z_a) = \varepsilon_m + \frac{(\varepsilon_A - \varepsilon_m)}{a^2}\left(z_a - \frac{l}{2}\right)^2, \quad \frac{l}{2} \leqslant z_a \leqslant a + \frac{l}{2}, \tag{L2.97}$$

$$\varepsilon_b(z_b) = \varepsilon_m + \frac{(\varepsilon_B - \varepsilon_m)}{b^2}\left(z_b - \frac{l}{2}\right)^2, \quad \frac{l}{2} \leqslant z_a \leqslant b + \frac{l}{2}. \tag{L2.98}$$

在此特殊情形, 介电剖面中没有台阶, 而且其与介质交界面处的斜率也没有变化 (见图 L2.5).

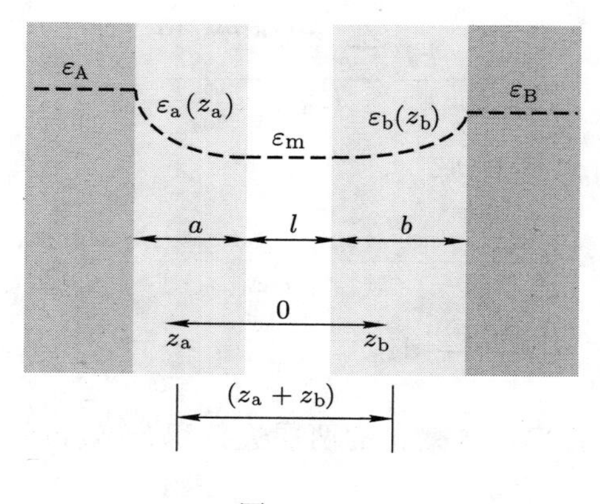

图 L2.5

在此情形中, 如果忽略推迟, 并且仅考虑各介电差异的首项, 则对各层的

积分变成

$$G(l;a,b)=-\frac{kT}{8\pi a^2b^2}\sum_{n=0}^{\infty}{}'\frac{(\varepsilon_{\rm A}-\varepsilon_{\rm m})(\varepsilon_{\rm B}-\varepsilon_{\rm m})}{\varepsilon_{\rm m}^2}\int_{l/2}^{b+l/2}\int_{l/2}^{a+l/2}\frac{z_{\rm a}z_{\rm b}}{(z_{\rm a}+z_{\rm b})^2}{\rm d}z_{\rm a}{\rm d}z_{\rm b}$$
$$=-\frac{kT}{16\pi}\left\{\frac{l^2}{a^2b^2}\ln\left[\frac{(l+a)(l+b)}{(l+a+b)l}\right]+\frac{1}{b^2}\ln\left(\frac{l+a+b}{l+a}\right)\right.$$
$$\left.+\frac{1}{a^2}\ln\left(\frac{l+a+b}{l+b}\right)-\frac{1}{ab}\right\}\sum_{n=0}^{\infty}{}'\frac{(\varepsilon_{\rm A}-\varepsilon_{\rm m})(\varepsilon_{\rm B}-\varepsilon_{\rm m})}{\varepsilon_{\rm m}^2}. \quad \text{(L2.99)}$$

[P.7.d.2]

当间距 l 远大于层厚 a 和 b 时, $G(l;a,b)$ 简化为 ε 以阶跃函数变化的通常结果. 更有趣的是, 在接触极限 $l\to0$ 中, 能量趋于一个有限值:

$$G(l\to0;a,b)=-\frac{kT}{16\pi}\left[\frac{\ln\left(1+\frac{b}{a}\right)}{b^2}+\frac{\ln\left(1+\frac{a}{b}\right)}{a^2}-\frac{1}{ab}\right]\cdot$$
$$\sum_{n=0}^{\infty}{}'\frac{(\varepsilon_{\rm A}-\varepsilon_{\rm m})(\varepsilon_{\rm B}-\varepsilon_{\rm m})}{\varepsilon_{\rm m}^2}. \quad \text{(L2.100)}$$

而压强 (即对间距 l 的负导数) 为

$$P(l;a,b)=\left.\frac{\partial G(l;a,b)}{\partial l}\right|_{a,b}$$
$$=-\frac{kT}{4\pi a^2b^2}\sum_{n=0}^{\infty}{}'\frac{(\varepsilon_{\rm A}-\varepsilon_{\rm m})(\varepsilon_{\rm B}-\varepsilon_{\rm m})}{\varepsilon_{\rm m}^2}\cdot$$
$$\int_{l/2}^{b+l/2}\int_{l/2}^{a+l/2}\frac{z_{\rm b}z_{\rm a}}{(z_{\rm a}+z_{\rm b})^3}{\rm d}z_{\rm a}{\rm d}z_{\rm b}. \quad \text{(L2.101)}$$

在 $l\to0$ 的极限中, 此压强趋于一个有限值:

$$p(l\to0;a,b)=-\frac{kT}{8\pi}\frac{1}{ab(a+b)}\sum_{n=0}^{\infty}{}'\frac{(\varepsilon_{\rm A}-\varepsilon_{\rm m})(\varepsilon_{\rm B}-\varepsilon_{\rm m})}{\varepsilon_{\rm m}^2}. \quad \text{(L2.102)}$$

ε 取其它连续剖面时也会导致类似的有趣行为. 如果 ε 值本身或其对 z 的导数都是连续的, 自由能和压强就不会表现出发散性, 这与栗弗席兹理论中的幂律发散存在定性差别. 关于此类行为的更深入思考需要用到超越宏观连续体语言的知识. [204]

问题 L2.2: 关于方程 (L2.102) 中的极限有限压强, 我们应该进行更多的思考. 证明它来自于 (1) $G(l;a,b)$ [(L2.99) 式] 的导数在 $l\to0$ 极限下的值; 以及 (2) $P(l;a,b)$ [积分式 (L2.101)] 在同样的零 $-l$ 极限下的值.

L2.3.C　关于两个反向弯曲表面之间相互作用的 Derjaguin 变换

B. V. Derjaguin 在 1934 年证明了, 近乎接触的两球之间或一球与一个平面之间的相互作用可以由两个相向平行平表面间的相互作用推导出来.[1] 有两种情况:

■ 最接近处的距离 l 必须小于曲率半径 R_1, R_2. 就是说, 间距在相互作用的区域内应该变化不大.

■ 相互作用能量必须足够局域化, 即一个斑块上的相互作用不会干扰到表面上的其它地方 (见图 L2.6).

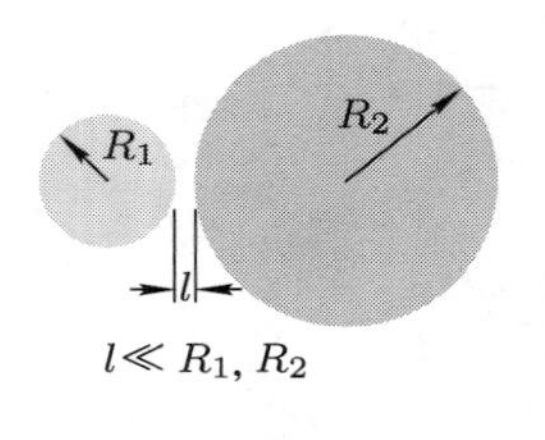

图 L2.6

此变换可以示意地看成一个弯曲表面上的一系列台阶 (见图 L2.7). 相向斑块间的距离从最小值 l 开始增大, 增大的速率与曲率半径有关 (见图 L2.8).

具体地, 把两个斑块间的距离写成 $h = l + R_1(1-\cos\theta_1) + R_2(1-\cos\theta_2)$. 由于半径远大于 l, 并且平表面间相互作用减小的速率大于或等于 $1/l^2$, 故仅当 θ_1, θ_2 很小时才对相互作用有重要贡献. 余弦函数的作用范围使得我们可以取近似 $\cos\theta = 1 - \theta^2/2$.

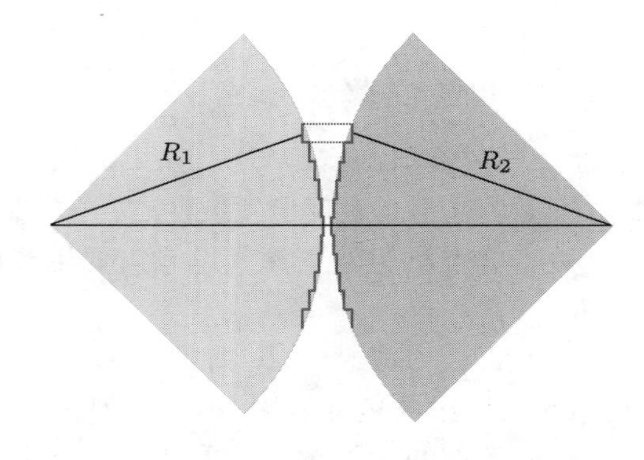

图 L2.7

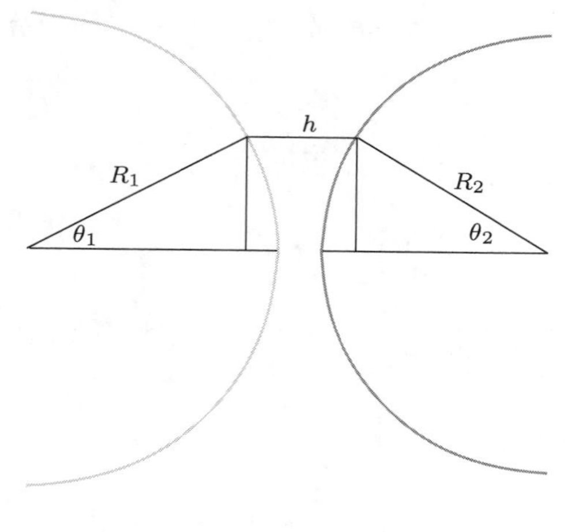

图 L2.8

球 – 球相互作用 [205]

在每个球上位于距离 h 处的一个斑块面积为 $(2\pi R\sin\theta)R\,\mathrm{d}\theta$. 把各对相向斑块间的相互作用相加, 涉及对两个角 θ_1 和 θ_2 进行积分, 这两个角的约束关系为: 两个相向斑块到 (连接两个球心的) 主轴的距离相等, 即 $(R_1\sin\theta_1) = (R_2\sin\theta_2)$. 同样, 由于 θ 值很小, $\sin\theta$ 可以近似为 θ. 此约束条件变为 $R_1\theta_1 = R_2\theta_2$ 或 $\theta_2 = (R_1/R_2)\theta_1$. 在此小角极限下, 两个斑块的面积必然相等, $(2\pi R_1\sin\theta_1)\cdot R_1\mathrm{d}\theta_1 = (2\pi R_2\sin\theta_2)R_2\,\mathrm{d}\theta_2$. 两个斑块的间距可以写成

$$\begin{aligned} h &= l + R_1(1-\cos\theta_1) + R_2(1-\cos\theta_2) \approx l + R_1(\theta_1^2/2) + R_2(\theta_2^2/2) \\ &= l + R_1(\theta_1^2/2) + (R_1^2/R_2)(\theta_1^2/2) \\ &= l + (R_1/2)[1+(R_1/R_2)]\theta_1^2. \end{aligned} \tag{L2.103}$$

对两个反向弯曲的球形表面进行积分, 就是把平面间的每单位面积相互作用能量 $G_{\mathrm{pp}}(h)$ 乘以面积:

$$\begin{aligned} (2\pi R_1\sin\theta_1)(R_1\mathrm{d}\theta_1) &= 2\pi R_1^2\theta_1\mathrm{d}\theta_1 \\ &= \pi R_1^2\,\mathrm{d}\theta_1^2 \text{ 或 } \pi R_2^2\,\mathrm{d}\theta_2^2. \end{aligned} \tag{L2.104}$$

假定 $G_{\mathrm{pp}}(h)$ 随着 h 快速收敛, 故积分的角变量 (这里写作 $t=\theta_1^2$) 可以从 0 取到 ∞. 为了简洁起见, 写成

$$h = l + \alpha t, \quad \alpha = (R_1/2)[1+(R_1/R_2)]. \tag{L2.105}$$

两球之间的相互作用能量变为 $\pi R_1^2\displaystyle\int_0^\infty G_{\mathrm{pp}}(l+\alpha t)\mathrm{d}t$. 两球之间的力

$F(l;R_1,R_2)$ 是能量对间距 l 的负导数. 它仍是对 t 的积分. 由此, 通过积分引入一个因子 $1/\alpha$:

$$F_{\rm ss}(l;R_1,R_2)=-\pi R_1^2\int_0^{\infty}G'_{\rm pp}(l+\alpha t){\rm d}t=\frac{\pi R_1^2}{\alpha}G_{\rm pp}(l)=\frac{2\pi R_1R_2}{(R_1+R_2)}G_{\rm pp}(l). \tag{L2.106}$$

利用栗弗席兹表达式

$$G_{\rm pp}(l)=-\frac{kT}{8\pi l^2}\sum_{n=0}^{\infty}{}'r_n^2\sum_{q=1}^{\infty}\frac{1}{q}\int_1^{\infty}p[(\overline{\Delta}_{\rm Am}\overline{\Delta}_{\rm Bm})^q+(\Delta_{\rm Am}\Delta_{\rm Bm})^q]{\rm e}^{-r_npq}{\rm d}p, \tag{L2.107}$$

[P.1.a.1]

则两球间的力变为

$$F_{\rm ss}(l;R_1,R_2)=-\frac{kT}{4l^2}\frac{R_1R_2}{R_1+R_2}\sum_{n=0}^{\infty}{}'r_n^2\sum_{q=1}^{\infty}\frac{1}{q}\cdot \int_1^{\infty}p[(\overline{\Delta}_{\rm Am}\overline{\Delta}_{\rm Bm})^q+(\Delta_{\rm Am}\Delta_{\rm Bm})^q]{\rm e}^{-r_npq}{\rm d}p. \tag{L2.108}$$

[S.1.a]

当 $R_2=R_1=R$ 时, 此力变成如下的简单形式:

$$F_{\rm ss}(l;R)=\pi RG_{\rm pp}(l). \tag{L2.109}$$

当 $R_2\to\infty, R_1=R$ 时, 即球与一个平面发生相互作用的情形, 此力增大为两倍:

$$F_{\rm sp}(l;R)=2\pi RG_{\rm pp}(l) \tag{L2.110}$$

[206] 值得注意的是, 即使对于 $G_{\rm pp}(l)$ 的最完整表达式, 两球间力与两平面间能量的关系也成立. 在与最小间距相比为大半径的区域内, 对其它弯曲表面或具有渐进局域球形曲率的突起, 此关系也成立.

对于球的具体情形, 可以在同样的极限 $l\ll R_1,R_2$ 下对力 $F_{\rm ss}(l;R_1,R_2)$ 进行积分来给出自由能 $G_{\rm ss}(l;R_1,R_2)$:

$$G_{\rm ss}(l;R_1,R_2)=-\int_{\infty}^{l}F_{\rm ss}(l;R_1,R_2){\rm d}l=-\frac{2\pi R_1R_2}{R_1+R_2}\int_{\infty}^{l}G_{\rm pp}(l){\rm d}l. \tag{L2.111}$$

利用形式

$$\begin{aligned}G_{\rm pp}(l)&=G_{\rm AmB}(l)\\&=-\frac{kT}{8\pi l^2}\sum_{n=0}^{\infty}{}'r_n^2\sum_{q=1}^{\infty}\frac{1}{q}\int_1^{\infty}p[(\overline{\Delta}_{\rm Am}\overline{\Delta}_{\rm Bm})^q+\\&\quad(\Delta_{\rm Am}\Delta_{\rm Bm})^q]{\rm e}^{-r_npq}{\rm d}p,\end{aligned} \tag{L2.112}$$

[P.1.a.1]

其中 $r_n=(2l\varepsilon_{\mathrm{m}}^{1/2}\mu_{\mathrm{m}}^{1/2}/c)\xi_n$, 对间距 l 的唯一依赖关系就出现在指数因子 $\mathrm{e}^{-r_n pq}$ 中. 对间距 l 进行必要的积分仅意味着

$$\int_{\infty}^{l}\mathrm{e}^{-\gamma ql}\mathrm{d}l=-\frac{\mathrm{e}^{-\gamma ql}}{\gamma q}=-\frac{\mathrm{e}^{-r_n pq}}{r_n pq}l \quad [\text{其中 } \gamma\equiv r_n p/l=(2\varepsilon_{\mathrm{m}}^{1/2}\mu_{\mathrm{m}}^{1/2}/c)\xi_n p].$$

于是, 用下标 1 和 2 替代 A 和 B, 取

$$\int_{\infty}^{l}G_{\mathrm{pp}}(l)\mathrm{d}l=\frac{kT}{8\pi l}\sum_{n=0}^{\infty}{}'r_n\sum_{q=1}^{\infty}\frac{1}{q^2}\int_1^{\infty}[(\overline{\Delta}_{1\mathrm{m}}\overline{\Delta}_{2\mathrm{m}})^q+(\Delta_{1\mathrm{m}}\Delta_{2\mathrm{m}})^q]\mathrm{e}^{-r_n pq}\mathrm{d}p,$$

则两球间的相互作用自由能变为

$$G_{\mathrm{ss}}(l;R_1,R_2)=-\frac{kT}{4l}\frac{R_1R_2}{R_1+R_2}\sum_{n=0}^{\infty}{}'r_n\sum_{q=1}^{\infty}\frac{1}{q^2}\cdot \int_1^{\infty}[(\overline{\Delta}_{1\mathrm{m}}\overline{\Delta}_{2\mathrm{m}})^q+(\Delta_{1\mathrm{m}}\Delta_{2\mathrm{m}})^q]\mathrm{e}^{-r_n pq}\mathrm{d}p. \quad \text{(L2.113)}$$

[S.1.b]

在光速实际上为无限大的极限下, r_n 实际上为零, 故只有 p 趋于无限大值时积分才收敛. [ ] 项来自于对 p 的积分, 因为 $s_{\mathrm{i}}=\sqrt{p^2-1+(\varepsilon_{\mathrm{i}}\mu_{\mathrm{i}}/\varepsilon_{\mathrm{m}}\mu_{\mathrm{m}})}\to p$, 从而有 $\overline{\Delta}_{\mathrm{ji}}=[(\varepsilon_{\mathrm{j}}-\varepsilon_{\mathrm{i}})/(\varepsilon_{\mathrm{j}}+\varepsilon_{\mathrm{i}})],\Delta_{\mathrm{ji}}=[(\mu_{\mathrm{j}}-\mu_{\mathrm{i}})/(\mu_{\mathrm{j}}+\mu_{\mathrm{i}})]$. 由栗弗席兹结果的相应形式,

$$G_{\mathrm{pp}}(l\to 0,T)\to\frac{kT}{8\pi l^2}\sum_{n=0}^{\infty}{}'\sum_{q=1}^{\infty}\frac{(\overline{\Delta}_{1\mathrm{m}}\overline{\Delta}_{2\mathrm{m}})^q+(\Delta_{1m}\Delta_{2m})^q}{q^3}$$

$$G_{\mathrm{ss}}(l;R_1,R_2)=-\frac{2\pi R_1R_2}{R_1+R_2}\int_{\infty}^{l}G_{\mathrm{pp}}(l)\mathrm{d}l \quad \text{(L2.114)}$$

[P.1.a.3]

可以导出

$$G_{\mathrm{ss}}(l;R_1,R_2)=-\frac{kT}{4l}\frac{R_1R_2}{R_1+R_2}\sum_{n=0}^{\infty}{}'\sum_{q=1}^{\infty}\frac{(\overline{\Delta}_{1\mathrm{m}}\overline{\Delta}_{2\mathrm{m}})^q+(\Delta_{1\mathrm{m}}\Delta_{2\mathrm{m}})^q}{q^3}. \quad \text{(L2.115)}$$

[S.1.c]

平行圆柱体

[207]

在两个圆柱体上, 距离为 h 的相向斑块的每单位长度线性 "面积" 为 $R_1\,\mathrm{d}\theta_1=R_2\,\mathrm{d}\theta_2$. 和球的情形一样, $(R_1\sin\theta_1)=(R_2\sin\theta_2)$, 并可以写出 $\theta=\theta_1,h=l+\alpha\theta^2$, 其中 $\alpha=(R_1/2)[1+(R_1/R_2)]$.

对两个反向弯曲的圆柱体表面的积分为: 两个平面间每单位面积的相互作用能量 $G_{\mathrm{pp}}(h)$ 关于权重因子 $R_1\mathrm{d}\theta$ 的积分, 其中 θ^2 可以看成对无限大区域取值, 即从 $-\infty$ 到 $+\infty$. 故两个平行圆柱体之间的相互作用能量变为

$$G_{\mathrm{c}\parallel\mathrm{c}}(l;R_1,R_2)=R_1\int_{-\infty}^{\infty}G_{\mathrm{pp}}(l+\alpha\theta^2)\mathrm{d}\theta.$$

仍然和球的情形一样, 利用形式

$$G_{\mathrm{pp}}(h)=-\frac{kT}{8\pi h^2}\sum_{n=0}^{\infty}{}'r_n^2\sum_{n=0}^{\infty}\frac{1}{q}\int_1^{\infty}p[(\overline{\Delta}_{1\mathrm{m}}\overline{\Delta}_{2\mathrm{m}})^q+(\Delta_{1\mathrm{m}}\Delta_{2\mathrm{m}})^q]\mathrm{e}^{-r_np}\mathrm{d}p.$$

[P.1.a.1]

其对间距 h 的唯一依赖关系在于指数因子 e^{-r_npq} 中, 这里 $r_n=(2l\varepsilon_{\mathrm{m}}^{1/2}\mu_{\mathrm{m}}^{1/2}/c)\xi_n$. 对 θ 积分,

$$R_1\int_{-\infty}^{\infty}\mathrm{e}^{-\gamma qh(\theta)}\mathrm{d}\theta=R_1\int_{-\infty}^{\infty}\mathrm{e}^{-\gamma q(l+\alpha\theta^2)}\mathrm{d}\theta=R_1\mathrm{e}^{-\gamma ql}\sqrt{\frac{\pi}{\alpha\gamma q}}$$

$$=\sqrt{\frac{2\pi R_1R_2}{R_1+R_2}}l^{1/2}\frac{\mathrm{e}^{-r_npq}}{\sqrt{r_npq}},$$

就给出两个非常接近的平行圆柱体之间的每单位长度相互作用能量:

$$G_{\mathrm{c\|c}}(l;R_1,R_2)$$

$$=-\sqrt{\frac{2\pi R_1R_2}{R_1+R_2}}\frac{kT}{8\pi l^{3/2}}\sum_{n=0}^{\infty}{}'r_n^{3/2}\sum_{q=1}^{\infty}\frac{1}{q}\int_1^{\infty}p[(\overline{\Delta}_{1\mathrm{m}}\Delta_{2\mathrm{m}})^q+(\overline{\Delta}_{1\mathrm{m}}\Delta_{2\mathrm{m}})^q]\frac{\mathrm{e}^{-r_npq}}{\sqrt{pq}}\mathrm{d}p.$$

(L2.116)

[C.1.b]

由于对 l 的所有依赖关系仅存在于指数 $\mathrm{e}^{-r_npq}=\mathrm{e}^{-\gamma ql}$ 之中, 两个圆柱体之间每单位长度的力 $F_{\mathrm{c\|c}}(l;R_1,R_2)$ 就是一个负导数, 它可以引入因子 $\gamma q=r_npq/l$, 故

$$F_{\mathrm{c\|c}}(l;R_1,R_2)=-\sqrt{\frac{2\pi R_1R_2}{R_1+R_2}}\frac{kT}{8\pi l^{5/2}}\sum_{n=0}^{\infty}{}'r_n^{5/2}\sum_{q=1}^{\infty}\frac{1}{q^{1/2}}\cdot$$

$$\int_1^{\infty}p^{3/2}[(\overline{\Delta}_{1\mathrm{m}}\Delta_{2\mathrm{m}})^q+(\overline{\Delta}_{1\mathrm{m}}\Delta_{2\mathrm{m}})^q]\mathrm{e}^{-r_npq}\mathrm{d}p.\quad\text{(L2.117)}$$

[C.1.a]

当 $R_2=R_1=R$ 时, $\{[(2\pi R_1R_2)/(R_1+R_2)]^{1/2}\}=\sqrt{\pi R}$. 当 $R_2\to\infty, R_1=R$ 时, 即圆柱与平面相互作用的情形, $\{[(2\pi R_1R_2)/(R_1+R_2)]^{1/2}\}=\sqrt{2\pi R}$.

在非推迟极限下, $G_{\mathrm{c\|c}}(l;R_1,R_2)=R_1\int_{-\infty}^{\infty}G_{\mathrm{pp}}(l+\alpha\theta^2)\mathrm{d}\theta$, $\int_{-\infty}^{\infty}[\mathrm{d}x/(1+x^2)^2]=(\pi/2)$, $(\alpha/R_1^2)=[(R_1+R_2)/(2R_1R_2)]$, 故

$$G_{\mathrm{pp}}(l\to0,T)=-\frac{kT}{8\pi l^2}\sum_{n=0}^{\infty}{}'\sum_{q=1}^{\infty}\frac{(\overline{\Delta}_{1\mathrm{m}}\overline{\Delta}_{2\mathrm{m}})^q+(\Delta_{1\mathrm{m}}\Delta_{2\mathrm{m}})^q}{q^3}\quad\text{[P.1.a.3]}$$

[208] 给出

$$G_{\mathrm{c\|c}}(l;R_1,R_2)=-\sqrt{\frac{2R_1R_2}{R_1+R_2}}\frac{kT}{16l^{3/2}}\sum_{q=1}^{\infty}\frac{[(\overline{\Delta}_{1\mathrm{m}}\overline{\Delta}_{2\mathrm{m}})^q+(\Delta_{1\mathrm{m}}\Delta_{2\mathrm{m}})^q]}{q^2}\quad\text{(L2.118)}$$

[C.1.c.1]

具有相同半径 R 的两个正交圆柱体

两个表面的外形轮廓应该满足以下条件: 它们之间的距离 h 关于角度的函数, 就和半径为 R 的球与平表面之间的距离关于角度的函数一样. 因此两个正交圆柱体之间的力为

$$\begin{aligned}F_{\mathrm{c}\perp\mathrm{c}}(l;R) &= 2\pi R G_{\mathrm{pp}}(l)\\ &= -\frac{kTR}{4l^2}\sum_{n=0}^{\infty}{}' r_n^2 \sum_{q=1}^{\infty}\frac{1}{q}\int_1^{\infty} p[(\overline{\Delta}_{1\mathrm{m}}\overline{\Delta}_{2\mathrm{m}})^q + (\Delta_{1\mathrm{m}}\Delta_{2\mathrm{m}})^q]\mathrm{e}^{-r_n p q}\mathrm{d}p.\end{aligned} \tag{L2.119}$$

[C.2.a]

其相互作用自由能为

$$G_{\mathrm{c}\perp\mathrm{c}}(l;R) = -\frac{kTR}{4l}\sum_{n=0}^{\infty}{}' r_n \sum_{q=1}^{\infty}\frac{1}{q^2}\int_1^{\infty} [(\overline{\Delta}_{1\mathrm{m}}\overline{\Delta}_{2\mathrm{m}})^q + (\Delta_{1\mathrm{m}}\Delta_{2\mathrm{m}})^q]\mathrm{e}^{-r_n p q}\mathrm{d}p. \tag{L2.120}$$

[C.2.b]

L2.3.D Hamaker 近似: 与现代理论的混合

即使现在, 很多人偶尔还会提及 Hamaker "常量", 也会谈论 H. C. Hamaker 于 1937 年发表的极具影响力的文章中用成对求和语言描述的范德瓦尔斯力.[2] 幸运的是, 现代理论能够告诉我们: 当我们需要对力的数值做出精确估计时, 在哪些情况下仍然可以保留这种富有吸引力的语言. 当材料的各极化率差别很小, 并且材料的间隔足够小故可以忽略推迟屏蔽时, 就可以把成对求和语言 "嫁接" 到现代观点中.

事实上, 如果某些几何构形很难用现代理论的场方程求解但成对求和 (其实是积分) 方法有效时, 此 "嫁接" 特别有用. 相互作用对距离的依赖关系来源于求和, 而 Hamaker 系数可以用现代理论估算出来. 为了研究如何把旧理论和新理论联系起来, 我们考虑正规的求和程序, 这样就能看出其与一般理论的简化版本是等价的.

想象两个相同的半无限大物体, 就是第一次应用栗弗席兹表达式的情形 (见图 L2.9).

Hamaker 的思路是: 对两个体积元 $\mathrm{d}V_{\mathrm{A}}$ 和 $\mathrm{d}V_{\mathrm{B}}$ 中的原子间相互作用进行求和. 如果这些原子分别堆积成数密度 N_{A} 和 N_{B}, 则相距为 r 时共有 $N_{\mathrm{A}}\mathrm{d}V_{\mathrm{A}}\times N_{\mathrm{B}}\mathrm{d}V_{\mathrm{B}}$ 项相互作用. 其中各对原子的相互作用形式为

$$-\frac{c_{\mathrm{A}}c_{\mathrm{B}}}{r^6}. \tag{L2.121}$$

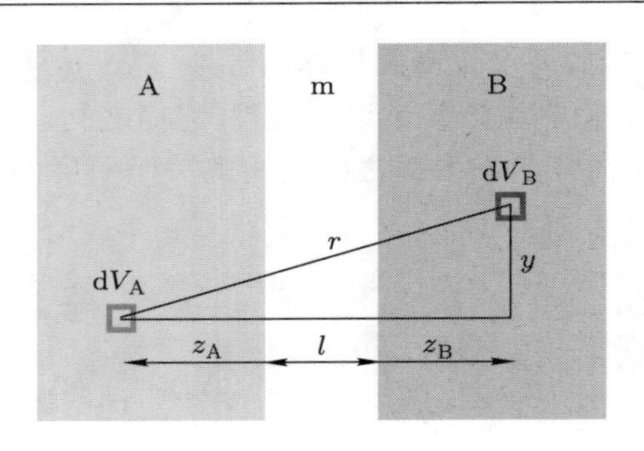

图 L2.9

[209] $-(c_Ac_B/r^6)$ 中的负号清楚地表明两个同类粒子间的相互作用能量是负的. 分子上的系数对应于真空中点粒子的相互作用. 由于 $-(c_Ac_B/r^6)$ 是相互作用能量, 故系数 c_Ac_B 的单位是能量 × 长度^6.

对各 r^{-6} 项求和, 就可以得到相隔 l 的两个半空间 A 和 B 之间的每单位面积净相互作用能量. 基于此, 我们把 A 面上单位面积的斑块相互作用相加, 并对 A 区域 $0 \leqslant z_A < \infty$ 进行积分, 而对 B 的全部区域 $0 \leqslant z_B < \infty, 0 \leqslant y < \infty$ 进行积分. 间距 r 的变化关系为 $r^2 = y^2 + (z_A + l + z_B)^2$. 这里我们把坐标 z_A, z_B, y 都取为正值, 即从 0 到 ∞, 如图 L2.9 所示. 对各个 y 值, 周长为 $2\pi y$ 的一圈位点都对应于一个 r 值; 即每个 y 值的权重因子为 $2\pi y$. 于是积分的形式为

$$\int_0^\infty \int_0^\infty \int_0^\infty \frac{dz_A dz_B 2\pi y dy}{r^6}. \tag{L2.122}$$

显然, 相互作用的重要性质就是它会随间隔 l 而变化. 当 l 增大时, 原本被材料 A 或 B 占据的空间区域就被介质 m 所占据, 其原子与 A、B 和 m 的原子都会发生相互作用. 浮力! 考察相互作用随间隔 l 的变化时, 只要知道 A 和 B 的体积元 dV_A 和 dV_B 中的材料与介质不同就行了. 如果介质为真空, 则相互作用是对量 $(c_AN_Ac_BN_B)/r^6$ 取积分. 如果介质是原子密度为 N_m 的材料, 其本身的原子间相互作用形式为 c_mc_m/r^6, 其与材料 A 和 B 的原子间相互作用形式为 c_Ac_m/r^6 和 c_Bc_m/r^6, 则必须从 N_Ac_A 和 N_Bc_B 中减去 N_mc_m. 积分中 $1/r^6$ 的有效系数变为差值之积:

$$(N_Ac_A - N_mc_m)(N_Bc_B - N_mc_m) = N_Ac_AN_Bc_B - N_mc_m(N_Ac_A + N_Bc_B) + (N_mc_m)^2. \tag{L2.123}$$

如果介质的相互作用密度 N_mc_m 与 N_Ac_A 和 N_Bc_B 中的任一个相等, 则物体 A 和 B 之间不存在相互作用. 如果 N_mc_m 大于 N_Ac_A 和 N_Bc_B 中的任一个, 则相互作用会变号. 而如果 N_mc_m 比 N_Ac_A 或 N_Bc_B 都大, 相互作用的符号又变回

来了.

如果区域 A 和 B 都是真空而区域 m 不是真空, 则 A 和 B 之间仍有一个有限的相互作用, 就像栗弗席兹公式中的吸引作用一样. 此吸引作用表明: 如果把材料 m 放在两个真空之间, 那么它更愿意被排开, 就是说, 介质更愿意处于自己的无限大介质中, 而不是待在有限厚度 l 的平板区域中.

通常我们按照以下方法定义 "Hamaker 常量" A_{Ham} (在本书中有时也写成 A_{H}): 在成对求和的语言中,

$$A_{\mathrm{Ham}}=\pi^2(N_{\mathrm{A}}c_{\mathrm{A}}-N_{\mathrm{m}}c_{\mathrm{m}})(N_{\mathrm{B}}c_{\mathrm{B}}-N_{\mathrm{m}}c_{\mathrm{m}}). \tag{L2.124}$$

两个物体的各小块之间的有效相互作用元可以由此 "常量" 表示为

$$-\frac{A_{\mathrm{Ham}}}{\pi^2}\frac{\mathrm{d}V_1\mathrm{d}V_2}{r^6}. \tag{L2.125}$$

对半空间 A 和 B 求积分, [210]

$$\begin{aligned}\int_0^\infty\int_0^\infty\int_0^\infty\frac{\mathrm{d}z_{\mathrm{A}}\mathrm{d}z_{\mathrm{B}}2\pi y\mathrm{d}y}{r^6}&=\pi\int_0^\infty\mathrm{d}z_{\mathrm{A}}\int_0^\infty\mathrm{d}z_{\mathrm{B}}\int_0^\infty\frac{\mathrm{d}y^2}{[y^2+(z_{\mathrm{A}}+z_{\mathrm{B}}+l)^2]^3}\\&=\frac{\pi}{2}\int_0^\infty\mathrm{d}z_{\mathrm{A}}\int_0^\infty\frac{\mathrm{d}z_{\mathrm{B}}}{(z_{\mathrm{A}}+z_{\mathrm{B}}+l)^4}=\frac{\pi}{12l^2},\end{aligned}$$

就给出每单位面积的能量

$$E(l)=-\frac{A_{\mathrm{Ham}}}{12\pi l^2}, \tag{L2.126}$$

其中 A_{Ham} 以能量为单位, 负号单独写在前面是为了明确说明同类材料之间总是吸引的. (无限延展的平行物体必然有无限大的能量. 为了对强度进行合理度量, 采用的是每单位面积或单位长度的能量.)

压强 (或每单位面积的力或每单位位移体积的能量) 就是微商

$$P(l)=-\frac{\partial E(l)}{\partial l}=-\frac{A_{\mathrm{Ham}}}{6\pi l^3}, \tag{L2.127}$$

负号说明同类物体间是相互吸引的.

由于 $A_{\mathrm{Ham}}=\pi^2(N_{\mathrm{A}}c_{\mathrm{A}}-N_{\mathrm{m}}c_{\mathrm{m}})(N_{\mathrm{B}}c_{\mathrm{B}}-N_{\mathrm{m}}c_{\mathrm{m}})$ [式 (L2.124)], 容易使我们想到: 不同类材料 A 和 B 之间通过 m 发生的相互作用就像是 A – A 和 B – B 相互作用的几何平均:

$$\begin{aligned}&A_{\mathrm{Am/Am}}=\pi^2(N_{\mathrm{A}}c_{\mathrm{A}}-N_{\mathrm{m}}c_{\mathrm{m}})^2\ \text{A–A 通过 m;}\\&A_{\mathrm{Bm/Bm}}=\pi^2(N_{\mathrm{B}}c_{\mathrm{B}}-N_{\mathrm{m}}c_{\mathrm{m}})^2\ \text{B–B 通过 m;}\\&A_{\mathrm{Am/Bm}}=\pi^2(N_{\mathrm{A}}c_{\mathrm{A}}-N_{\mathrm{m}}c_{\mathrm{m}})(N_{\mathrm{B}}c_{\mathrm{B}}-N_{\mathrm{m}}c_{\mathrm{m}})\ \text{A–B 通过 m;}\end{aligned} \tag{L2.128}$$

因此

$$A_{\mathrm{Am/Bm}} = (A_{\mathrm{Am/Am}}A_{\mathrm{Bm/Bm}})^{1/2}. \tag{L2.129}$$

由于几何平均总是小于或等于算术平均,

$$(A_{\mathrm{Am/Am}}A_{\mathrm{Bm/Bm}})^{1/2} \leqslant (A_{\mathrm{Am/Am}} + A_{\mathrm{Bm/Bm}})/2, \tag{L2.130}$$

故 A – B 吸引作用的两倍总是弱于或等于一个 A – A 加上一个 B – B 吸引作用:

$$2E_{\mathrm{Am/Bm}} = -\frac{A_{\mathrm{Am/Bm}}}{12\pi l^2} \geqslant -\frac{A_{\mathrm{Am/Am}}}{12\pi l^2} - \frac{A_{\mathrm{Bm/Bm}}}{12\pi l^2} = (E_{\mathrm{Am/Am}} + E_{\mathrm{Bm/Bm}}). \tag{L2.131}$$

事实上, 当 $N_{\mathrm{A}}c_{\mathrm{A}} > N_{\mathrm{m}}c_{\mathrm{m}} > N_{\mathrm{B}}c_{\mathrm{B}}$ 或 $N_{\mathrm{A}}c_{\mathrm{A}} < N_{\mathrm{m}}c_{\mathrm{m}} < N_{\mathrm{B}}c_{\mathrm{B}}$ 时, $E_{\mathrm{Am/Bm}}$ 可以为排斥的. 而 $E_{\mathrm{Am/Am}}$ 和 $E_{\mathrm{Bm/Bm}}$ 总是负的.

Hamaker 成对求和图像与现代理论之间的关系

当我们把现代理论限定在忽略所有相对论性推迟并且介电极化率差异很小的极限时, 两个半空间之间的相互作用 (忽略各磁性项) 为

$$G_{\mathrm{Am/Bm}}(l,T) \approx -\frac{kT}{8\pi l^2}\sum_{n=0}^{\infty}{}'\overline{\Delta}_{\mathrm{Am}}\overline{\Delta}_{\mathrm{Bm}}. \tag{L2.132}$$

[P.1.a.4]

[211]　其 Hamaker 形式为,

$$G_{\mathrm{Am/Bm}}(l,T) = -\frac{A_{\mathrm{Am/Bm}}}{12\pi l^2} \tag{L2.133}$$

[P.1.a.4]

$$A_{\mathrm{Am/Bm}} \approx +\frac{3kT}{2}\sum_{n=0}^{\infty}{}'\overline{\Delta}_{\mathrm{Am}}\overline{\Delta}_{\mathrm{Bm}}. \tag{L2.134}$$

如何由栗弗席兹理论的约简导出 Hamaker 成对求和?

在原子密度 N 很低的情形, 介质的介电响应可以写成流行的 Clausius-Mossotti 或 Lorentz-Lorenz 形式, 即为 N 和 α 的函数, 而系数 α 中包含了原子或分子极化率:

$$\varepsilon \approx \frac{1 + 2N\alpha/3}{1 - N\alpha/3}. \tag{L2.135}$$

此形式对于从气体到高压强的情形都成立. 对于稀薄气体, $N\alpha/3$ 非常小以至于 ε 可以近似为线性形式 $\varepsilon \to 1 + N\alpha$. 在此情形中,$N\alpha \ll 1$, 可以把 $\overline{\Delta}_{\mathrm{Am}} = [(\varepsilon_{\mathrm{A}} - \varepsilon_{\mathrm{m}})/(\varepsilon_{\mathrm{A}} + \varepsilon_{\mathrm{m}})], \overline{\Delta}_{\mathrm{Bm}} = [(\varepsilon_{\mathrm{B}} - \varepsilon_{\mathrm{m}})/(\varepsilon_{\mathrm{B}} + \varepsilon_{\mathrm{m}})]$ 写成

$$\overline{\Delta}_{\mathrm{Am}} = \frac{N_{\mathrm{A}}\alpha_{\mathrm{A}} - N_{\mathrm{m}}\alpha_{\mathrm{m}}}{2}, \quad \overline{\Delta}_{\mathrm{Bm}} = \frac{N_{\mathrm{B}}\alpha_{\mathrm{B}} - N_{\mathrm{m}}\alpha_{\mathrm{m}}}{2}. \tag{L2.136}$$

在且仅在此极限下 (材料 A, m 和 B 中的每一个都可以看成稀薄气体), Hamaker 成对求和极限形式与现代理论严格相符. 把

$$\begin{aligned}A_{\mathrm{Am/Bm}} &\equiv \pi^2(N_\mathrm{A}c_\mathrm{A}-N_\mathrm{m}c_\mathrm{m})(N_\mathrm{B}c_\mathrm{B}-N_\mathrm{m}c_\mathrm{m})\\ &=\pi^2[N_\mathrm{A}c_\mathrm{A}N_\mathrm{B}c_\mathrm{B}-N_\mathrm{m}c_\mathrm{m}(N_\mathrm{A}c_\mathrm{A}+N_\mathrm{B}c_\mathrm{B})+(N_\mathrm{m}c_\mathrm{m})^2]\end{aligned}$$

和

$$\begin{aligned}A_{\mathrm{Am/Bm}} &\approx +\frac{3kT}{2}\sum_{n=0}^{\infty}{}'\frac{N_\mathrm{A}\alpha_\mathrm{A}-N_\mathrm{m}\alpha_\mathrm{m}}{2}\frac{N_\mathrm{B}\alpha_\mathrm{B}-N_\mathrm{m}\alpha_\mathrm{m}}{2}\\ &=+\frac{3kT}{8}\sum_{n=0}^{\infty}{}'(N_\mathrm{A}N_\mathrm{B}\alpha_\mathrm{A}\alpha_\mathrm{B}-N_\mathrm{A}N_\mathrm{m}\alpha_\mathrm{A}\alpha_\mathrm{m}-N_\mathrm{B}N_\mathrm{m}\alpha_\mathrm{B}\alpha_\mathrm{m}+N_\mathrm{m}^2\alpha_\mathrm{m}^2).\end{aligned} \tag{L2.137}$$

比较一下 [(L2.123) 和 (L2.124) 两式].

当成对相互作用系数 $c_\mathrm{A}c_\mathrm{B}, c_\mathrm{A}c_\mathrm{m}, c_\mathrm{B}c_\mathrm{m}$ 和 c_m^2 可以用 $c_\mathrm{i}c_\mathrm{j}=(3kT/8\pi^2)\cdot\sum_{n=0}^{\infty}{}'\alpha_\mathrm{i}\alpha_\mathrm{j}$ 计算时, 两种理论相符. 纯 Hamaker 形式的不等式 $2E_{\mathrm{Am/Bm}}\geqslant(E_{\mathrm{Am/Am}}+E_{\mathrm{Bm/Bm}})$ 得以保留, 但导致此不等式的几何平均仅对频率求和式 $\sum_{n=0}^{\infty}{}'$ 中的各项成立. 总相互作用自由能 $G_{\mathrm{Am/Bm}}(l,T)$ 不是 $G_{\mathrm{Am/Am}}(l,T)$ 和 $G_{\mathrm{Bm/Bm}}(l,T)$ 的几何平均.

问题 L2.3: 在两个浓缩气体通过真空 ($\varepsilon_\mathrm{m}=1$) 发生的相互作用表达式 (L2.138) 中, 我们采用的不是极限形式 $\varepsilon\to 1+N\alpha$, 而是 Clausius-Mossotti 表示$\varepsilon\approx[(1+2N\alpha/3)/(1-N\alpha/3)]$ [近似式 (L2.135)]. 因此, $\overline{\Delta}_{\mathrm{Am}}=\overline{\Delta}_{\mathrm{Bm}}=(\varepsilon-1)/(\varepsilon+1)$. 证明: 结果是密度 N 的幂级数, 其中对首项 $N^2\alpha^2$ 的修正来自于两个连续的因子 $N\alpha/3$ 和 $49N^2\alpha^2/288$.

Hamaker 公式和栗弗席兹公式的混合 [212]

我们可以不把稀薄气体极限下的两套公式相结合, 而是把一般形式约简为看起来很像此极限的形式. 回忆一下, 当忽略推迟效应和磁化率时, 栗弗席兹结果 (忽略各磁性项) 变为

$$G_{\mathrm{Am/Bm}}(l,T)\to-\frac{kT}{8\pi l^2}\sum_{n=0}^{\infty}{}'\sum_{q=1}^{\infty}\frac{(\overline{\Delta}_{\mathrm{Am}}\overline{\Delta}_{\mathrm{Bm}})^q}{q^3}. \tag{L2.138}$$

[P.1.a.3]

当各差值 $\varepsilon_{\rm A}-\varepsilon_{\rm m}$ 和 $\varepsilon_{\rm B}-\varepsilon_{\rm m}$ 远小于 $\varepsilon_{\rm m}$ 时, 求和中仅有 $q=1$ 项是重要的, 并且

$$\overline{\Delta}_{\rm Am}=\frac{\varepsilon_{\rm A}-\varepsilon_{\rm m}}{\varepsilon_{\rm A}+\varepsilon_{\rm m}}\approx\frac{\varepsilon_{\rm A}-\varepsilon_{\rm m}}{2\varepsilon_{\rm m}},\quad \overline{\Delta}_{\rm Bm}=\frac{\varepsilon_{\rm B}-\varepsilon_{\rm m}}{\varepsilon_{\rm B}+\varepsilon_{\rm m}}\approx\frac{\varepsilon_{\rm B}-\varepsilon_{\rm m}}{2\varepsilon_{\rm m}}. \tag{L2.139}$$

$G_{\rm Am/Bm}(l,T)$ 中起作用的部分就是乘积 $(\varepsilon_{\rm A}-\varepsilon_{\rm m})(\varepsilon_{\rm B}-\varepsilon_{\rm m})$ 之和, 形式上 (但仅是形式上!) 类似于成对求和中的差值乘积 $(N_{\rm A}c_{\rm A}-N_{\rm m}c_{\rm m})(N_{\rm B}c_{\rm B}-N_{\rm m}c_{\rm m})$. 构成电动力的电磁波就好像是介质 m 中的波一样, 即由于 $\varepsilon_{\rm A},\varepsilon_{\rm B}$ 和 $\varepsilon_{\rm m}$ 的差异很小故其仅受到小扰动. 这并不是因为不同介质中的原子可以分别看到彼此每一个 (就如我们在成对求和中所想象的那样); 各 $\varepsilon_{\rm i}$ 值并不正比于各自的数密度 $N_{\rm i}$.

于是, 在此 “小差异” 极限下, 可以把 Hamaker 系数精确地计算出来

$$A_{\rm Am/Bm}\approx+\frac{3kT}{2}\sum_{n=0}^{\infty}{}'\overline{\Delta}_{\rm Am}\overline{\Delta}_{\rm Bm}, \tag{L2.140}$$

这个系数可以移植到源于 Hamaker 求和的几何变化形式中. 对于存在完整栗弗席兹解的那些情形, 此假设可以严格地算出来. 此类情形之一就是平板的相互作用.

关于半空间 A 和材料 B 的有限平板间相互作用情形的 Hamaker 求和

用 Hamaker 方法研究平板相互作用时, 需要对 $z_{\rm A}$ 或 $z_{\rm B}$ 的有限域进行积分. 对于半空间 A 和有限厚度 b 的平行板 B 之间的相互作用, 此程序等价于从 $E(l)=-(A_{\rm Ham}/12\pi l^2)$ 中减去一个量 $-[A_{\rm Ham}/12\pi(l+b)^2]$ (见图 L2.10). 相减后就导出一个等价于表 P.2.b.3 中方程的式子 (见图 L2.11):

$$E(l;b)=-\frac{A_{\rm Ham}}{12\pi}\left[\frac{1}{l^2}-\frac{1}{(l+b)^2}\right] \tag{L2.141}$$

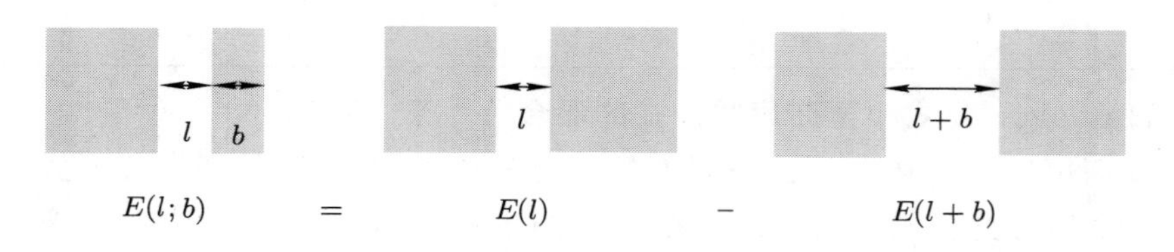

图 L2.10

[213] 当平板比间隔薄得多, 即 $b\ll l$ 时, $E(l;b)$ 与 l 成立方反比的关系, 而与厚度 b 成线性关系:

$$E(l;b)\approx-\frac{A_{\rm Ham}b}{6\pi l^3}. \tag{L2.142}$$

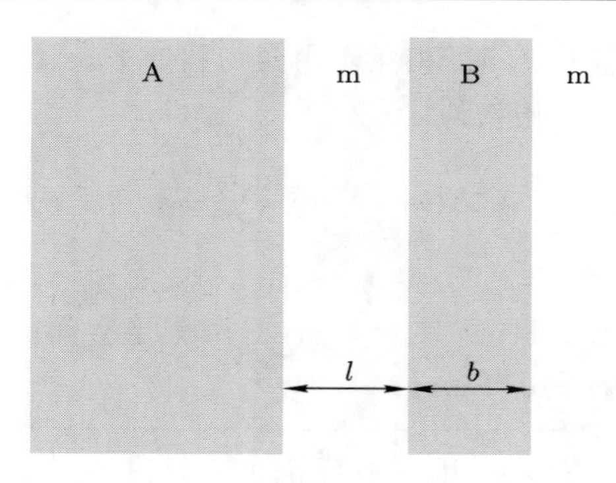

图 L2.11

问题 L2.4: 证明: 薄物体的相互作用公式通常可以导出为展开式或微商.

关于材料 A 的有限平板和材料 B 的有限平板间相互作用情形的 Hamaker 求和

对于两个有限厚度 a 和 b 的平板, 最容易的程序就是再做减法, 这次取为$E(l;b)-E(l+a;b)$ (见图 L2.12):

$$E(l;a,b)=-\frac{A_{\mathrm{Ham}}}{12\pi}\left[\frac{1}{l^2}-\frac{1}{(l+b)^2}-\frac{1}{(l+a)^2}+\frac{1}{(l+a+b)^2}\right] \tag{L2.143}$$

(请与表 P.3.c.3 中的方程相比较).

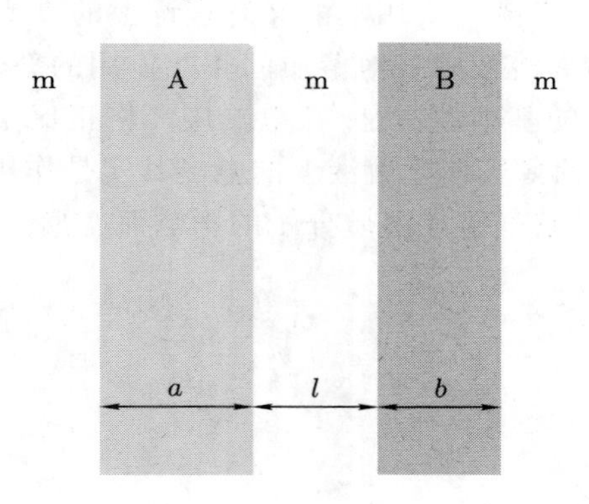

图 L2.12

当两块平板的厚度相同, 即 $a=b$ 时, 每单位面积能量为

$$E(l;b)=-\frac{A_{\mathrm{Ham}}}{12\pi}\left[\frac{1}{l^2}-\frac{2}{(l+b)^2}+\frac{1}{(l+2b)^2}\right]. \tag{L2.144}$$

当厚度 b 远小于间隔 l 时, 相互作用变为四次方反比关系, 而与厚度成 b^2 变化关系, 即为各相互作用物质之积:

$$E(l;b) \approx -\frac{A_{\mathrm{Ham}}b^2}{2\pi l^4}. \tag{L2.145}$$

问题 L2.5: 通过把 (L2.144) 式展开, 并且对两个半空间的相互作用 $-[A_{\mathrm{Ham}}/12\pi l^2]$ 求微商, 导出近似式 (L2.145).

[214] 事实上在大多数情形中, 用一般理论来推导进一步的结果要比通过成对求和的方法容易得多. 不过, 在这里可以看到新旧两种语言的融合. 在严格限定的条件下, 虚拟的成对求和中的 Hamaker "常量" 变形为栗弗席兹理论中的 Hamaker "系数" . 只要各介电极化率差别不太大, 而且相对论性推迟可以忽略的话, 就可以这样做. 此 Hamaker 系数可以作为与各相互作用几何构形有关的空间变化函数的前置因子. 基于把新旧两种语言相结合的原则, 我们可以列出不同形状粒子间范德瓦尔斯相互作用结果的目录.

L2.3.E 稀薄气体和悬浮液中的点粒子

偶极相互作用, 栗弗席兹结果的约简

范德瓦尔斯力的现代理论可以约简为以前对稀薄气体中各小分子相互作用所导出的形式, 这一点既有实用上的又有理论上的重要性. 实际上, 可以用现代方法来推导出稀薄溶液中各对溶质间相互作用的新表达式. ε 在稀薄气体或稀薄溶液极限下的基本性质是: 介电响应严格正比于气体或溶质分子的数密度. 就是说, 加在稀薄气体或溶液上的电场其实是作用于各类稀薄物质上的, 此电场不会由于其它气体或溶质分子的影响而变形.

把介质 A 和 B 想象为稀薄的悬浮液或气体 ($\varepsilon_{\mathrm{m}} = 1$), 其粒子数密度 $N_{\mathrm{A}}, N_{\mathrm{B}}$ 以及极化率都很小, 故介电极化率可以写成 $\varepsilon_{\mathrm{A}} = \varepsilon_{\mathrm{m}} + N_{\mathrm{A}}\alpha$和 $\varepsilon_{\mathrm{B}} = \varepsilon_{\mathrm{m}} + N_{\mathrm{B}}\beta$, 其值相对于纯介质的 ε_{m} 偏离很小. 关于极化率的微变量 α 和 β,

我们会在后面给出详细解释. 而此处需要用到的只是它与数密度 $N_\mathrm{A}, N_\mathrm{B}$ 成正比的性质.

在此极限下, 我们可以把 Hamaker 求和程序 (参照前一部分) 倒过来, 并且把两块区域间的每单位面积相互作用能量 $G_{\mathrm{AmB}}(l)$ 看成对各悬浮粒子间相互作用 $g_{\alpha\beta}(r)$ 的积分. 区域 A 和 B 中各体积元的间隔为 $r=\sqrt{(z_\mathrm{A}+l+z_\mathrm{B})^2+y_\mathrm{B}^2}$. 距离 z_A 是从 A/m 边界向左测量, 而 z_B 是从 B/m 边界向右测量. 通过成对求和得到 [215]

$$G_{\mathrm{AmB}}(l)=N_\mathrm{A}N_\mathrm{B}\int_0^\infty\int_0^\infty\int_0^\infty g_{\alpha\beta}\left(\sqrt{(z_\mathrm{A}+l+z_\mathrm{B})^2+y_\mathrm{B}^2}\right)2\pi y_\mathrm{B}\mathrm{d}y_\mathrm{B}\mathrm{d}z_\mathrm{B}\mathrm{d}z_\mathrm{A}. \tag{L2.146}$$

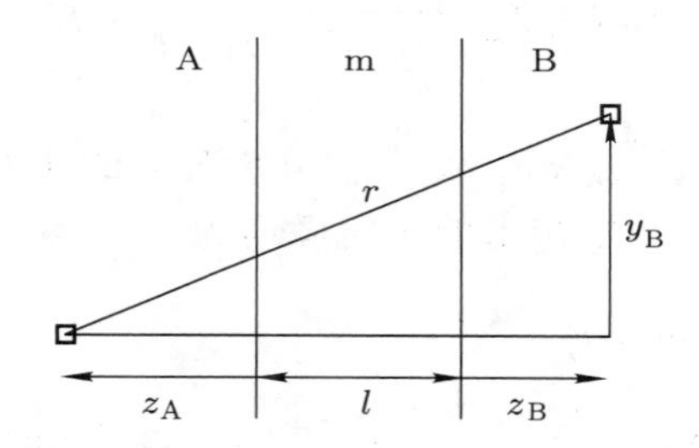

由于 $G_{\mathrm{AmB}}(l)$ 是每单位面积的相互作用能量, 故积分变量遍取一侧的所有位置 $(y_\mathrm{B}, z_\mathrm{B})$, 而在另一侧仅取 z_A方向. 式中的因子 $2\pi y_\mathrm{B}$ 把与 z_A 相同距离 (给定 z_B 和 y_B) 的所有位置都包括在内了.

为了推导出这三个积分号内部的函数 $g_{\alpha\beta}(r)$, 我们分别取三个相对应的微商. 可以通过几种精巧的策略来实现:

■ 为了从 $\int_0^\infty f(l+x)\mathrm{d}x$ 形式的积分里得到函数 $f(l)$, 取微商

$$(\mathrm{d}/\mathrm{d}l)\int_0^\infty f(l+x)\mathrm{d}x=(\mathrm{d}/\mathrm{d}l)[F(\infty)-F(l)]=-f(l).$$

■ 为了从 $\int_0^\infty f(l^2+y^2)2y\mathrm{d}y$ 形式的积分里得到函数 $f(l)$, 仍然取微商 $(\mathrm{d}/\mathrm{d}l)\int_0^\infty f(l^2+y^2)2y\mathrm{d}y=(\mathrm{d}/\mathrm{d}l)\int_0^\infty f(l^2+q)\mathrm{d}q=(\mathrm{d}/\mathrm{d}l)[F(\infty)-F(l^2)]=-2lf(l^2)$, 注意这里有一个因子 $2l$.

(L2.146) 式的右边变成 $2\pi l g_{\alpha\beta}(l)$, 而其左边变为 $G_{\mathrm{AmB}}(l)$对 l 的三阶微商:

$$-G'''_{\mathrm{AmB}}(l)=2\pi l N_\mathrm{A}N_\mathrm{B}g_{\alpha\beta}(l).$$

在求微商之前, 我们把完整的栗弗席兹表达式

$$G_{\mathrm{AmB}}(l,T)=\frac{kT}{2\pi c^2}\sum_{n=0}^{\infty}{}'\varepsilon_{\mathrm{m}}\mu_{\mathrm{m}}\xi_n^2\times\int_1^{\infty}p\ln[(1-\overline{\Delta}_{\mathrm{Am}}\overline{\Delta}_{\mathrm{Bm}}\mathrm{e}^{-r_np})(1-\Delta_{\mathrm{Am}}\Delta_{\mathrm{Bm}}\mathrm{e}^{-r_np})]\mathrm{d}p$$

简化, 这样就能写成易处理的形式, 并重新揭示出其成对求和的特性.

[216] 利用下式:

$$s_{\mathrm{A}}\approx p+\frac{N_{\mathrm{A}}\alpha}{2p\varepsilon_{\mathrm{m}}},\quad s_{\mathrm{B}}\approx p+\frac{N_{\mathrm{B}}\beta}{2p\varepsilon_{\mathrm{m}}},\tag{L2.147}$$

来定义 $\overline{\Delta}_{\mathrm{Am}},\overline{\Delta}_{\mathrm{Bm}}$ 和 $\Delta_{\mathrm{Am}},\Delta_{\mathrm{Bm}}$ 各量, 故

$$G_{\mathrm{AmB}}(l,T)=-\frac{kT}{8\pi l^2}N_{\mathrm{A}}N_{\mathrm{B}}\sum_{n=0}^{\infty}{}'\frac{\alpha\beta}{(4\varepsilon_{\mathrm{m}})^2}r_n^2\int_1^{\infty}\frac{1}{p^3}(4p^4-4p^2+2)\mathrm{e}^{-r_np}\mathrm{d}p.\tag{L2.148}$$

由于 $r_n=(2\varepsilon_{\mathrm{m}}^{1/2}\mu_{\mathrm{m}}^{1/2}\xi_n/c)l$, 故 $G_{\mathrm{AmB}}(l)$ 对 l 的所有依赖关系都在指数 $\mathrm{e}^{-r_np}=\mathrm{e}^{-(2\varepsilon_{\mathrm{m}}^{1/2}\mu_{\mathrm{m}}^{1/2}\xi_n/c)pl}$ 中. 待求的三阶微商为

$$\begin{aligned}-G_{\mathrm{AmB}}'''(l)&=2\pi lN_{\mathrm{A}}N_{\mathrm{B}}g_{\alpha\beta}(l)\\&=-12\frac{kT}{\pi l^5}N_{\mathrm{A}}N_{\mathrm{B}}\sum_{n=0}^{\infty}{}'\frac{\alpha\beta}{(\varepsilon_{\mathrm{m}})^2}\mathrm{e}^{-r_n}\left(1+r_n+\frac{5}{12}r_n^2+\frac{1}{12}r_n^3+\frac{1}{48}r_n^4\right).\end{aligned}\tag{L2.149}$$

点状粒子之间的相互作用表现为

$$\begin{aligned}g_{\alpha\beta}(l)&=-\frac{6kT}{l^6}\sum_{n=0}^{\infty}{}'\frac{\alpha(\mathrm{i}\xi_n)\beta(\mathrm{i}\xi_n)}{[4\pi\varepsilon_{\mathrm{m}}(\mathrm{i}\xi_n)]^2}\mathrm{e}^{-r_n}\left(1+r_n+\frac{5}{12}r_n^2+\frac{1}{12}r_n^3+\frac{1}{48}r_n^4\right)\\&=-\frac{6kT}{l^6}\sum_{n=0}^{\infty}{}'\frac{\alpha(\mathrm{i}\xi_n)\beta(\mathrm{i}\xi_n)}{[4\pi\varepsilon_{\mathrm{m}}(\mathrm{i}\xi_n)]^2}R_{\alpha\beta}(r_n),\end{aligned}\tag{L2.150}$$

[S.6.a]

其中屏蔽函数为

$$R_{\alpha\beta}(r_n)\equiv\mathrm{e}^{-r_n}\left(1+r_n+\frac{5}{12}r_n^2+\frac{1}{12}r_n^3+\frac{1}{48}r_n^4\right).\tag{L2.151}$$

在低温极限下, 对 n 的求和被频率积分 (含因子 $\hbar/(2\pi kT)$) 所取代.

值得注意的是, 此结果对距离的依赖关系就和 1948 年卡西米尔与 Polder 从完整的量子理论中推导出来的一样. [3]

写出 $\varepsilon_{\mathrm{A}}=\varepsilon_{\mathrm{m}}+N_{\mathrm{A}}\alpha_{\mathrm{E}}$和 $\varepsilon_{\mathrm{B}}=\varepsilon_{\mathrm{m}}+N_{\mathrm{B}}\beta_{\mathrm{E}}$, 以及 $\mu_{\mathrm{A}}=\mu_{\mathrm{m}}+N_{\mathrm{A}}\alpha_{\mathrm{M}}$ 和 $\mu_{\mathrm{B}}=\mu_{\mathrm{m}}+N_{\mathrm{B}}\beta_{\mathrm{M}}$ (下标 M 表示磁性), 并继续进行相同的展开, 我们就可以把栗弗席兹结果的约简形式扩展到点粒子的相互作用, 而且其中包括了磁化率.

问题 L2.6: 下面列出从 $G_{\mathrm{AmB}}(l,T)$ 的一般形式推出 (L2.150) 和 (L2.151) 式的过程中所用到的各种方法, 由于它们能以多种方式应用于其它情形, 所以值得我们好好地练习一下:

1. 忽略各磁化率的差异, 把 $\varepsilon_{\mathrm{A}}=\varepsilon_{\mathrm{m}}+N_{\mathrm{A}}\alpha_{\mathrm{E}}$ 和 $\varepsilon_{\mathrm{B}}=\varepsilon_{\mathrm{m}}+N_{\mathrm{B}}\beta_{\mathrm{E}}$ 代入 $s_{\mathrm{A}}=\sqrt{p^2-1+(\varepsilon_{\mathrm{A}}/\varepsilon_{\mathrm{m}})}, s_{\mathrm{B}}=\sqrt{p^2-1+(\varepsilon_{\mathrm{B}}/\varepsilon_{\mathrm{m}})}$中; 展开至数密度的最低几次幂, 来证明近似式 (L2.147).

2. 类似地, 把近似式 (L2.147) 引入 $\overline{\Delta}_{\mathrm{Am}},\overline{\Delta}_{\mathrm{Bm}}$ 和 $\Delta_{\mathrm{Am}},\Delta_{\mathrm{Bm}}$ 中, 并对密度展开, 来证明 (L2.148) 式.

3. 从这里开始, 就可以很容易地进行一系列步骤: 对 l 取微商, 接着对 p 进行积分, 来得到 (L2.150) 和 (L2.151) 式. [217]

非推迟极限

在 $r_n=0$ 的极限, 由于光速有限故不考虑推迟效应, 则屏蔽因子 $R_{\alpha\beta}(r_n)$ 趋于 1, 而小粒子相互作用变为

$$g_{\alpha\beta}(l)=-\frac{6kT}{l^6}\sum_{n=0}^{\infty}{}'\frac{\alpha(\mathrm{i}\xi_n)\beta(\mathrm{i}\xi_n)}{[4\pi\varepsilon_{\mathrm{m}}(\mathrm{i}\xi_n)]^2}, \tag{L2.152}$$

[S.6.b] [L1.49]

此六次方反比变化关系即我们所熟悉的点偶极子间的范德瓦尔斯力.

全推迟极限

在相反的极限下, 间距非常大故 $r_n=(2\varepsilon_{\mathrm{m}}^{1/2}\mu_{\mathrm{m}}^{1/2}\xi_n/c)l\gg 1$, 而重要涨落电场的波长比粒子间距小, 即 $\alpha(\mathrm{i}\xi_n)\beta(\mathrm{i}\xi_n)/\varepsilon_{\mathrm{m}}(\mathrm{i}\xi_n)^2$ 随频率的变化比屏蔽因子 $R_{\alpha\beta}(r_n)$ 的变化率慢得多 (而可以忽略) 时, 我们把 $\alpha(\mathrm{i}\xi_n)\beta(\mathrm{i}\xi_n)/\varepsilon_{\mathrm{m}}(\mathrm{i}\xi_n)^2$ 看成常量, 取其在零频率处的值, 因此对频率的求和具有以下形式

$$\frac{6kT}{l^6}\frac{\alpha(0)\beta(0)}{[4\pi\varepsilon_{\mathrm{m}}(0)]^2}\sum_{n=0}^{\infty}{}'R_{\alpha\beta}(r_n). \tag{L2.153}$$

[S.6.d]

当且仅当 $T=0$ 时, 求和光滑化为对指标 n 的积分, 给出

$$g_{\alpha\beta}(l)=-\frac{23\hbar c}{(4\pi)^3l^7}\frac{\alpha(0)\beta(0)}{\varepsilon_{\mathrm{m}}(0)^{5/2}}, \tag{L2.154}$$

[S.6.c]

即七次方反比关系.

问题 L2.7: 证明: 在高度理想化的零温度极限下, 求和 $\sum_{n=0}^{\infty}{}' \mathrm{e}^{-r_n}(\cdots)$ 中的各项 [(L2.151) 式和表达式 (L2.153)] 相对于指标 n 的变化很慢, 故求和可以近似为积分 $\int_0^{\infty}(\cdots)\mathrm{e}^{-r_n}\mathrm{d}n$. 在此极限下, 推导出 (L2.154) 式, 其中的因子 23 已经多次出现了.

间距大于第一有限取样频率 ξ_1 的波长

在 $g_{\alpha\beta}(l) = -\frac{6kT}{l^6}\sum_{n=0}^{\infty}{}' \frac{\alpha(\mathrm{i}\xi_n)\beta(\mathrm{i}\xi_n)}{[4\pi\varepsilon_\mathrm{m}(\mathrm{i}\xi_n)]^2}\mathrm{e}^{-r_n}\left(1 + r_n + \frac{5}{12}r_n^2 + \frac{1}{12}r_n^3 + \frac{1}{48}r_n^4\right)$ 中, 除了第一项之外, 把所有项都设为零, 考虑到求和中的撇号, 再乘以 1/2:

$$g_{\alpha\beta}(l) = -\frac{3kT}{l^6}\frac{\alpha(0)\beta(0)}{[4\pi\varepsilon_\mathrm{m}(0)]^2} \tag{L2.155}$$

[S.6.d]

一旦有需要的话, 就可以直接把各磁性涨落项加到所有这些点粒子结果上.

[218] **几种特殊情形**

抽点时间讲讲单位制 现在我们可以更仔细地考虑把小粒子加入稀薄悬浮液后介质响应的微小变化. 关于单位制的讨论可能有点麻烦, 所以这里先给出结果. 聚焦于加入一个粒子之后稀薄悬浮液的极化在物理上的重要变化 $\partial\boldsymbol{P}/\partial N$. 接着, 我们就得慢慢地一步步加以对照说明.

在两种单位制中: 定义 $N \to 0$ 的稀薄极限下, 加入一个粒子之后体系极化的微小变化,

$$\left.\frac{\partial \boldsymbol{P}}{\partial N}\right|_{N=0} = \alpha_{\mathrm{mks}}\boldsymbol{E}, \quad \left.\frac{\partial \boldsymbol{P}}{\partial N}\right|_{N=0} = \alpha_{\mathrm{cgs}}\boldsymbol{E}. \tag{L2.156}$$

介质相对于真空值 1 的介电响应 ε_m 可以写成

$$\varepsilon_\mathrm{m} = 1 + \chi_\mathrm{m}^{\mathrm{mks}}(\mathrm{mks}), \quad \varepsilon_\mathrm{m} = 1 + 4\pi\chi_\mathrm{m}^{\mathrm{cgs}}(\mathrm{cgs}). \tag{L2.157}$$

于是总的介电位移矢量为

$$\begin{aligned}\boldsymbol{D} &= \varepsilon_0\varepsilon_\mathrm{m}\boldsymbol{E} = \varepsilon_0\boldsymbol{E} + \boldsymbol{P} = \varepsilon_0(1 + \chi_\mathrm{m}^{\mathrm{mks}})\boldsymbol{E},\\ \boldsymbol{D} &= \varepsilon_\mathrm{m}\boldsymbol{E} = \boldsymbol{E} + 4\pi\boldsymbol{P} = (1 + 4\pi\chi_\mathrm{m}^{\mathrm{cgs}})\boldsymbol{E},\end{aligned} \tag{L2.158}$$

故材料的极化密度可以写成

$$\boldsymbol{P} = \varepsilon_0\chi_\mathrm{m}^{\mathrm{mks}}\boldsymbol{E}\ (\mathrm{mks}), \quad \boldsymbol{P} = \chi_\mathrm{m}^{\mathrm{cgs}}\boldsymbol{E}\ (\mathrm{cgs}). \tag{L2.159}$$

外加数密度 N 的稀薄悬浮液所引起的额外感应极化变为

$$N\alpha_{\text{mks}}\boldsymbol{E}=\varepsilon_0\chi_{\text{induced}}^{\text{mks}}\boldsymbol{E},\quad N\alpha_{\text{cgs}}\boldsymbol{E}=\chi_{\text{induced}}^{\text{cgs}}\boldsymbol{E},\tag{L2.160}$$

因此

$$\chi_{\text{induced}}^{\text{mks}}=(\alpha_{\text{mks}}/\varepsilon_0)N,\quad \chi_{\text{induced}}^{\text{cgs}}=\alpha_{\text{cgs}}N,\tag{L2.161}$$

而表述中需要用到的相对介电响应演变为

$$\begin{aligned}\varepsilon_{\text{suspension}}&=\varepsilon_{\text{m}}+\chi_{\text{induced}}^{\text{mks}}=\varepsilon_{\text{m}}+(\alpha_{\text{mks}}/\varepsilon_0)N,\\ \varepsilon_{\text{suspension}}&=\varepsilon_{\text{m}}+4\pi\chi_{\text{induced}}^{\text{cgs}}=\varepsilon_{\text{m}}+4\pi\alpha_{\text{cgs}}N.\end{aligned}\tag{L2.162}$$

就是说,通用的比例因子 α 与各粒子极化率 α_{mks} 和 α_{cgs} 的联系为

$$\alpha=\alpha_{\text{mks}}/\varepsilon_0,\quad \alpha=4\pi\alpha_{\text{cgs}},\tag{L2.163}$$

而粒子 – 粒子相互作用的系数为 [S. 6]

$$\frac{\alpha\beta}{(4\pi\varepsilon_{\text{m}})^2}=\frac{\alpha_{\text{mks}}\beta_{\text{mks}}}{(4\pi\varepsilon_0\varepsilon_{\text{m}})^2},\quad \frac{\alpha\beta}{(4\pi\varepsilon_{\text{m}})^2}=\frac{\alpha_{\text{cgs}}\beta_{\text{cgs}}}{\varepsilon_{\text{m}}^2}.\tag{L2.164}$$

顺便说一下,我们熟悉的、在范德瓦尔斯表述中曾经用到过的“差值与和值之比”改变为

$$\frac{\varepsilon_{\text{suspension}}-\varepsilon_{\text{m}}}{\varepsilon_{\text{suspension}}+\varepsilon_{\text{m}}}\sim\frac{\alpha N}{2\varepsilon_{\text{m}}}=\frac{\alpha_{\text{mks}}}{2\varepsilon_0\varepsilon_{\text{m}}}N,\quad \frac{\varepsilon_{\text{suspension}}-\varepsilon_{\text{m}}}{\varepsilon_{\text{suspension}}+\varepsilon_{\text{m}}}\sim\frac{\alpha N}{2\varepsilon_{\text{m}}}=\frac{2\pi\alpha_{\text{cgs}}}{\varepsilon_{\text{m}}}N.\tag{L2.165}$$

两种单位制之间的变换遵循下述经验法则: mks 制中 $4\pi\varepsilon_0\varepsilon_{\text{m}}$ 对应于 cgs 制中的 ε_{m}. [219]

小球 半径 a、体积分数 $v_{\text{sph}}=N_{\text{A}}V_{\text{A}}=N(4\pi/3)a^3$ 的小球 (材料 a) 的稀薄悬浮液具有组合介电响应[4]:

$$\begin{aligned}\varepsilon_{\text{suspension}}&=\varepsilon_{\text{m}}+3v_{\text{sph}}\varepsilon_{\text{m}}(\varepsilon_{\text{sph}}-\varepsilon_{\text{m}})/(\varepsilon_{\text{sph}}+2\varepsilon_{\text{m}})N\\ &=\varepsilon_{\text{m}}+4\pi a_{\text{sph}}^3\varepsilon_{\text{m}}(\varepsilon_{\text{sph}}-\varepsilon_{\text{m}})/(\varepsilon_{\text{sph}}+2\varepsilon_{\text{m}})N,\end{aligned}\tag{L2.166}$$

故

$$\frac{\alpha}{4\pi\varepsilon_{\text{m}}}=a^3\frac{(\varepsilon_{\text{a}}-\varepsilon_{\text{m}})}{(\varepsilon_{\text{a}}+2\varepsilon_{\text{m}})},$$

类似地,对于半径 b (材料 b) 的小球有

$$\frac{\beta}{4\pi\varepsilon_{\text{m}}}=b^3\frac{(\varepsilon_{\text{b}}-\varepsilon_{\text{m}})}{(\varepsilon_{\text{b}}+2\varepsilon_{\text{m}})}\tag{L2.167}$$

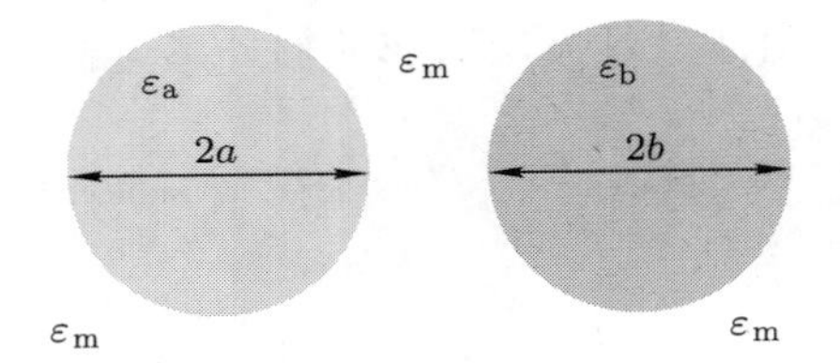

点粒子表达式中的 $[\alpha(\mathrm{i}\xi_n)\beta(\mathrm{i}\xi_n)]/\{[4\pi\varepsilon_{\mathrm{m}}(\mathrm{i}\xi_n)]^2\}$ 变为 $a^3b^3\dfrac{(\varepsilon_{\mathrm{a}}-\varepsilon_{\mathrm{m}})}{(\varepsilon_{\mathrm{a}}+2\varepsilon_{\mathrm{m}})}\cdot\dfrac{(\varepsilon_{\mathrm{b}}-\varepsilon_{\mathrm{m}})}{(\varepsilon_{\mathrm{b}}+2\varepsilon_{\mathrm{m}})}$. 由于各 ε_0 和 4π 约掉了, 所以关于 mks–cgs 的担心就不复存在. 由点粒子相互作用导出的 $g_{\alpha\beta}(l)$ 可知, 在相对大的球心 –球心间隔 $z \gg a, b$ 处, 两球间的相互作用变为

$$g_{\mathrm{ab}}(z) = -\frac{6kTa^3b^3}{z^6}\sum_{n=0}^{\infty}{}' \frac{(\varepsilon_{\mathrm{a}}-\varepsilon_{\mathrm{m}})}{(\varepsilon_{\mathrm{a}}+2\varepsilon_{\mathrm{m}})}\frac{(\varepsilon_{\mathrm{b}}-\varepsilon_{\mathrm{m}})}{(\varepsilon_{\mathrm{b}}+2\varepsilon_{\mathrm{m}})}\cdot \mathrm{e}^{-r_n}\left(1+r_n+\frac{5}{12}r_n^2+\frac{1}{12}r_n^3+\frac{1}{48}r_n^4\right). \qquad \text{(L2.168)}$$

[S.7.a]

作为记录, 由于

$$\alpha = 4\pi a_{\mathrm{sph}}^3\varepsilon_{\mathrm{m}}(\varepsilon_{\mathrm{sph}}-\varepsilon_{\mathrm{m}})/(\varepsilon_{\mathrm{sph}}+2\varepsilon_{\mathrm{m}}),$$

故在两种单位制中各球的额外感应极化率为

$$\begin{aligned}\alpha_{\mathrm{mks}} &= \varepsilon_0\alpha \\ &= 4\pi\varepsilon_0\varepsilon_{\mathrm{m}}a_{\mathrm{sph}}^3(\varepsilon_{\mathrm{sph}}-\varepsilon_{\mathrm{m}})/(\varepsilon_{\mathrm{sph}}+2\varepsilon_{\mathrm{m}}), \\ \alpha_{\mathrm{cgs}} &= \alpha/4\pi \\ &= \varepsilon_{\mathrm{m}}a_{\mathrm{sph}}^3(\varepsilon_{\mathrm{sph}}-\varepsilon_{\mathrm{m}})/(\varepsilon_{\mathrm{sph}}+2\varepsilon_{\mathrm{m}}),\end{aligned} \qquad \text{(L2.169)}$$

小球的介电响应表达式非常巧妙、也非常重要, 所以值得我们在以下几方面加以详细描述.

极化率随半径的立方变化 由偶极矩为 μ_{dipole} 的偶极子产生的静电势形式为 $(\mu_{\mathrm{dipole}}/r^2)\cos\vartheta$, 其中 ϑ 是偶极子指向和其与所测的偶极势位置连线之间的夹角. [5] 例如, 置于外加匀强电场 $\boldsymbol{E}_0$ 中的半径为 a 的金属球会被极化, 从而改变场 $\boldsymbol{E}_0$ 的势 $-\boldsymbol{E}_0 r\cos\vartheta$, 即在球外产生附加的势 $(b/r^2)\cos\vartheta$. 可以把这个附加势看成极化的金属球所产生的偶极势. 取球心的总势值为零, 并意识到导体球各处的势为常量, 则位于球半径 $r=a$ 处的势 $-E_0a\cos\vartheta+(b/a^2)\cos\vartheta$ 也必须为零. (不要把这里所用的斜体系数 b 与非斜体的球半径 a, b 混淆!) 这样就得出系数 b 等于 E_0a^3. 此 b 在形式上等价于公式中所用到的偶极矩 μ_{dipole}.

[220]

由于偶极矩 μ_{dipole} 是极化率乘以外加电场 ($\boldsymbol{E}_0$), 故金属球的极化率随着半径立方 a^3 变化.

当 $a^3/z^3 \ll 1$, 即小球只占据小部分体积时, 表现为稀薄极限 为了看出体系在什么情况下表现为稀薄极限, 假设稠密悬浮液的介电响应满足 Lorentz–Lorenz 或 Clausius-Mossotti 关系 [6], $\varepsilon = [(1+2N\alpha/3)/(1-N\alpha/3)]$ (这就是当数密度 N 很大以至于线性关系 $\varepsilon = 1+N\alpha$ 不成立时的次级近似形式.) 当密度 N 低于什么值的时候, 此 ε 实际上与极化率成线性关系呢? 把

$$\varepsilon = \frac{1+2N\alpha/3}{1-N\alpha/3}$$

展开为 $N\alpha/3$ 的幂级数:

$$\begin{aligned}\varepsilon &= (1+2N\alpha/3)(1+N\alpha/3+(N\alpha/3)^2+(N\alpha/3)^3+\cdots)\\ &= 1+N\alpha+(N\alpha)^2/3+(N\alpha)^3/9+\cdots.\end{aligned}$$

仅当第三项 (非线性项) 比第二项 (线性项) $N\alpha$ 小得多, 即 $N\alpha \ll 3$ 时, 它才可以被忽略.

问题 L2.8: 假设最坏的情形, 一个金属球的 $\alpha = 4\pi a^3$, 并用两球的中心 – 中心间距 z 来测量数密度, N 的取值为: 每立方体积 z^3 中有一个球. 证明: 不等式条件 $N\alpha \ll 3$ 变成 $4\pi a^3 \ll 3z^3$.

对于 $z = 4a$, 即直径等于两球间距的情形, 证明 $N\alpha$ 和 $(N\alpha)^2/3$ 间的差异表现为 $\sim 1/16$ 的因子.

稀薄气体中的原子或分子: Keesom, Debye, London 力 在气体中, "介质" 为真空, $\varepsilon_{\text{m}} = 1$, 而介电响应的变化正比于分子密度 N. 为了理解气体中的粒子间相互作用, 应该更仔细地考虑此响应 (而非像现在这样简单地写成比例系数). 我们要把具有永久偶极矩以及能够被极化的分子包括进去.

为了直观地思考 "点" 偶极子及其偶极矩, 我们从相距 z 的两个点电荷 Q 和 q 之间的库仑能 $(Qq/4\pi\varepsilon_0\varepsilon z)$ (mks 单位制中) 开始.

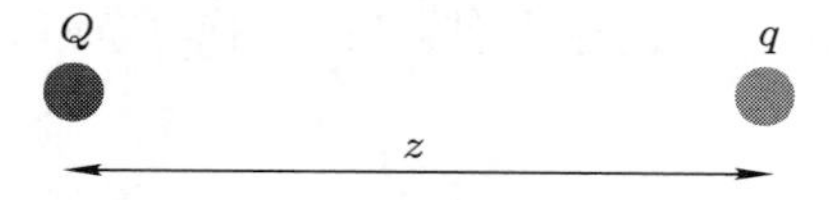

接着, 把相距 z 的两个点电荷 Q 和 q 之间的相互作用加上相距 $z+d$ 的两个点电荷 Q 和 $-q$ 之间的相互作用, 其中 $d \lll z$, 而 d 与 z 在相同方向: [221]

$$\frac{Qq}{4\pi\varepsilon_0\varepsilon}\left(\frac{1}{z}-\frac{1}{z+d}\right) \approx \frac{Qq}{4\pi\varepsilon_0\varepsilon z}\left[1-\left(1-\frac{d}{z}\right)\right] = \frac{Q}{4\pi\varepsilon_0\varepsilon}\frac{qd}{z^2}, \tag{L2.170}$$

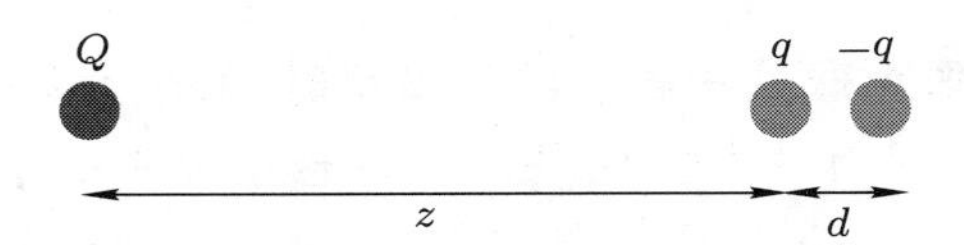

这里由 qd/z^2 替代了前面的 q/z.

在 cgs 单位制中, 这些相互作用分别写成 $(Qq/\varepsilon z)$ 和 $(Q/\varepsilon)/(qd/z^2)$. 在每个情形中, $(q,-q)$ 对或偶极子的有效部分为偶极矩

$$\mu_{\text{dipole}} \equiv qd. \tag{L2.171}$$

其单位为电荷 × 长度 (在 mks 制中, 为库仑 × 米或 Cm; 在 cgs 制中, 为静库仑 × 厘米或 sc cm). 在物理学以及在本书中, 它是从 $-q$ 指向 $+q$ 的矢量 * (在化学中, 按惯例取为从 $+q$ 指向 $-q$).

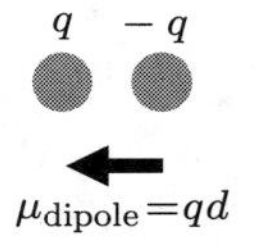

这样一个偶极子是如何响应外加电场的? 如果偶极子 $\boldsymbol{\mu}_{\text{dipole}}$ 的指向与电场 $\boldsymbol{E}$ 成夹角 θ, 则其能量为 $-\boldsymbol{E}\cdot\mu_{\text{dipole}} = -\mu_{\text{dipole}}E\cos\theta$. (记住: 电场会把正电荷推开, 而把负电荷拉近.)

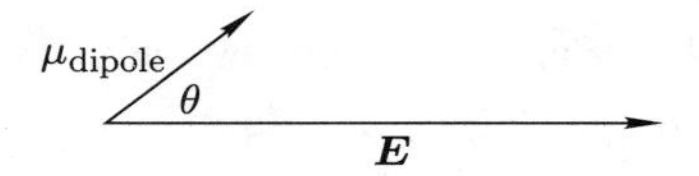

点偶极子沿电场方向的取向极化数值为 $\mu_{\text{dipole}}\cos\theta$. 在与电场成线性响应的极限下, 一个可自由转动的永久偶极子的平均净极化为

$$\frac{\mu_{\text{dipole}}^2}{3kT}E$$

其单位与 μ_{dipole} (电荷 × 距离) 相同.

---

* 原文有误.——译者注

问题 L2.9: 证明: 在弱场即 $\mu_{\text{dipole}}E \ll kT$ 的状态下, 把取向极化 $\mu_{\text{dipole}}\cos\theta$ 对所有角度取平均, 并且以玻尔兹曼分布中的能量 $\mu_{\text{dipole}}E\cos\theta$ 为权重, 得到的结果为 $(\mu_{\text{dipole}}^2/3kT)E$. [222]

于是在大小为 E 的匀强电场中, 数密度为 N 的永久偶极子气体的极化密度为

$$\boldsymbol{P}_{\text{dipole}} = N\frac{\mu_{\text{dipole}}^2}{3kT}\boldsymbol{E} = N\alpha_{\text{perm}}\boldsymbol{E} \tag{L2.172}$$

在 mks 和 cgs 制中, 其量纲都是“每单位体积的电荷 × 距离”.

通过此响应对范德瓦尔斯相互作用虚频率 ξ 的依赖关系, 可以引入弛豫时间 τ, 其函数形式是由德拜给出的[7]:

$$\alpha_{\text{perm}}(\mathrm{i}\xi) = \frac{\mu_{\text{dipole}}^2}{3kT(1+\xi\tau)}. \tag{L2.173}$$

这就是由弱的静电场引起部分转向的永久偶极子的响应. “弱”意味着用于转向的能量远小于热能; 没有场的情况下取向是随机的, 而场会轻微地干扰这种取向. 此响应是缓慢的; τ 非常大, 故偶极子转向对力的贡献仅“计入”低频的 $n=0$ 极限.

对于一个可极化粒子, 把永久偶极子的响应 α_{perm}, 加上由电场感应出的偶极子系数 α_{ind}, 就得到其总极化率 $\alpha_{\text{perm}}+\alpha_{\text{ind}}$. 于是, 从一般形式出发, 我们可以立即把气体中的分子相互作用写成:

$$g_{\alpha\beta}(l) = -\frac{6kT}{l^6}\sum_{n=0}^{\infty}{}'\frac{\alpha(\mathrm{i}\xi_n)\beta(\mathrm{i}\xi_n)}{[4\pi\varepsilon_{\mathrm{m}}(\mathrm{i}\xi_n)]^2}\mathrm{e}^{-r_n}\left(1+r_n+\frac{5}{12}r_n^2+\frac{1}{12}r_n^3+\frac{1}{48}r_n^4\right). \tag{L2.174}$$

[S.6.a]

取 $\varepsilon_{\mathrm{m}}=1$, 并且回忆起

$$\alpha = \alpha_{\text{mks}}/\varepsilon_0, \quad \alpha = 4\pi\alpha_{\text{cgs}'}$$

就可以得到两个同类粒子 $\alpha=\beta$ 的相互作用

$$\begin{aligned} g_{\alpha\alpha}(l) &= -\frac{6kT}{l^6}\sum_{n=0}^{\infty}{}'\frac{\alpha_{\text{mks}}^2(\mathrm{i}\xi_n)}{(4\pi\varepsilon_0)^2}\mathrm{e}^{-r_n}\left(1+r_n+\frac{5}{12}r_n^2+\frac{1}{12}r_n^3+\frac{1}{48}r_n^4\right), \\ g_{\alpha\alpha}(l) &= -\frac{6kT}{l^6}\sum_{n=0}^{\infty}{}'\alpha_{\text{cgs}}^2(\mathrm{i}\xi_n)^2\mathrm{e}^{-r_n}\left(1+r_n+\frac{5}{12}r_n^2+\frac{1}{12}r_n^3+\frac{1}{48}r_n^4\right). \end{aligned} \tag{L2.175}$$

[S.6.a]

气体中的成对相互作用包括与 $\alpha_{\text{total}}^2 = \alpha_{\text{perm}}^2 + 2\alpha_{\text{perm}}\alpha_{\text{ind}} + \alpha_{\text{ind}}^2$ 对应的三项:

$$\frac{1}{2}\left(\frac{\mu_{\text{dipole}}^2}{3kT}\right)^2 + \left(\frac{\mu_{\text{dipole}}^2}{3kT}\right)\alpha_{\text{ind}}(0) + \sum_{n=0}^{\infty}{}'\alpha_{\text{ind}}(\text{i}\xi)^2, \tag{L2.176}$$

[223] 其中, $n = 0$ 项的因子 1/2 仍是来源于求和中的撇号. 在 mks 制中, 这些项应乘以 $-\frac{6kT}{(4\pi\varepsilon_0)^2 l^6}$, 而在 cgs 制中, 则应乘以 $-\frac{6kT}{l^6}$.

各项都有对应的来源:

■ 来自于永久偶极子相互排列的 *Keesom* 能量:

$$g_{\text{Keesom}}(l) = -\frac{\mu_{\text{dipole}}^4}{3(4\pi\varepsilon_0)^2 kTl^6}(\text{mks}) = -\frac{\mu_{\text{dipole}}^4}{3kTl^6}(\text{cgs})\text{单位}. \tag{L2.177}$$

[S.8.a]

■ 永久偶极子 μ_{dipole} 和感应偶极子之间的德拜相互作用, 由零频率极限下的极化率 $\alpha_{\text{ind}}(0)$表示:

$$g_{\text{Debye}}(l) = -\frac{2\mu_{\text{dipole}}^2}{(4\pi\varepsilon_0)^2 l^6}\alpha_{\text{ind}}(0)(\text{mks}) = -\frac{2\mu_{\text{dipole}}^2}{l^6}\alpha_{\text{ind}}(0)(\text{cgs})\ \text{单位}. \tag{L2.178}$$

[S.8.b]

■ 当两个感应偶极子的间距小于其涨落电场的波长时, 其伦敦能量为(表 S.8.c, 第一式):

$$g_{\text{London}}(l) = -\frac{6kT}{(4\pi\varepsilon_0)^2 l^6}\sum_{n=0}^{\infty}{}'\alpha_{\text{ind}}^2(\text{i}\xi_n)^2(\text{mks})\ \text{单位},$$

$$g_{\text{London}}(l) = -\frac{6kT}{l^6}\sum_{n=0}^{\infty}{}'\alpha_{\text{ind}}^2(\text{i}\xi_n)^2(\text{cgs})\ \text{单位}. \tag{L2.179}$$

由于伦敦力与能量远大于热能 kT 的那些光子频率有关, 通常可以把求和 $\sum_{n=0}^{\infty}{}'\alpha_{\text{ind}}^2(\text{i}\xi)$ 转换为积分[8] (表 S.8.c, 第二式):

$$g_{\text{London}}(l, \text{T} \to 0) = -\frac{3\hbar}{\pi(4\pi\varepsilon_0)^2 l^6}\int_0^{\infty}\alpha_{\text{ind}}^2(\text{i}\xi)\text{d}\xi(\text{mks})\text{和}$$

$$-\frac{3\hbar}{\pi l^6}\int_0^{\infty}\alpha_{\text{ind}}^2(\text{i}\xi)\text{d}\xi(\text{cgs}). \tag{L2.180}$$

带电小粒子间的单极相互作用, 离子涨落力

效仿从两个半无限大介质间相互作用推导出小粒子范德瓦尔斯相互作用的技巧, 我们把离子涨落力的一般表达式用于推导盐溶液中粒子间的力. 由于离子对低频率发生响应, 故仅 $n=0$ 或零频率项对力有贡献. 除了偶极涨落的离子屏蔽以外, 还有源于各粒子周围剩余离子数的离子涨落.

想象带电或中性粒子在盐溶液中形成的两个稀薄悬浮液通过无粒子盐溶液(它们处于电化学平衡) 发生的相互作用 (见图 L2.13). 除去导电性之外, 悬浮液的介电响应为

$$\varepsilon_{\text{susp}} = \varepsilon_{\text{m}} + N\alpha, \tag{L2.181}$$

[224]

而其平均离子强度 (表示为离子的数密度) 为

$$n_{\text{susp}} = n_{\text{m}} + N\varGamma_{\text{s}}. \tag{L2.182}$$

微量 α 和 $\varGamma_{\text{s}}$ 分别是加入一个粒子后介电响应以及超出介质 m 的平均离子数的增量. 在此构造中, 悬浮液中的小球密度 N 比重要涨落的波长高很多以至于悬浮液可以看作连续介质. 同时, 这些悬浮粒子又是足够稀薄的, 故左右两个区域的介电响应可以精确地展开至小球数密度的最低几阶项. "稀薄"可以由下列条件定义:

$$N|\varGamma_{\text{s}}| \ll n_{\text{m}}, \quad N|\alpha| \ll \varepsilon_{\text{m}} \tag{L2.183}$$

(见图 L2.13).

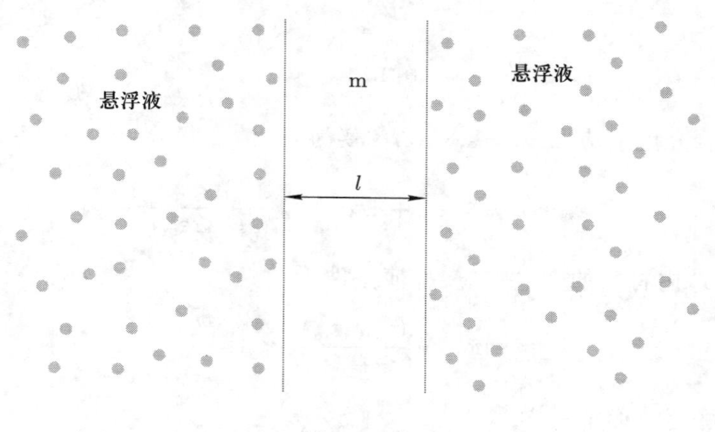

图 L2.13

此情形中, 不仅存在着电场涨落 (可以导致大多数范德瓦尔斯力的偶极涨落), 还有电势涨落 (伴随着离子以及这些小球上和其周围的净电荷数密度涨落). 当小球的离子涨落不同于介质中的离子涨落时, 会出现单极电荷涨落力. 也许更好的说法是: 在悬浮粒子周围的离子涨落不同于无粒子溶液的情形中, 会出现这些力. 为了把这些相互作用写成公式, 我们可以认为小球的离子数与周围的盐溶液相平衡, 并把它们互换. 接着我们把有小球存在和没有小

球存在的情形中发生的离子涨落进行比较. 为此, 我们必须找到一种方法来计算每个小球的额外离子数 (与小球不存在时的离子数相比较).

设区域 m 为纯盐溶液, 其介电响应函数为 ε_{m}, 以价为权重的浓度总和 (表示为数密度) 是

[225]

$$n_{\mathrm{m}} \equiv \sum_{\{\nu\}} n_{\nu}(\mathrm{m})\nu^2 \tag{L2.184}$$

而德拜常量为

$$\begin{aligned}\kappa_{\mathrm{m}}^2 &= n_{\mathrm{m}}e^2/\varepsilon_0\varepsilon_{\mathrm{m}}kT(\mathrm{mks}) = 4\pi n_{\mathrm{m}}e^2/\varepsilon_{\mathrm{m}}kT(\mathrm{cgs}) \\ &= 4\pi n_{\mathrm{m}}\lambda_{\mathrm{Bj}}\ (\text{两个单位制中的任何一个}).\end{aligned} \tag{L2.185}$$

小球

为了进行说明, 暂且考虑以下特殊情形: 半径 a、体积分数 $N(4\pi/3)a^3$ 的带电小球悬浮液 (见图 L2.14).

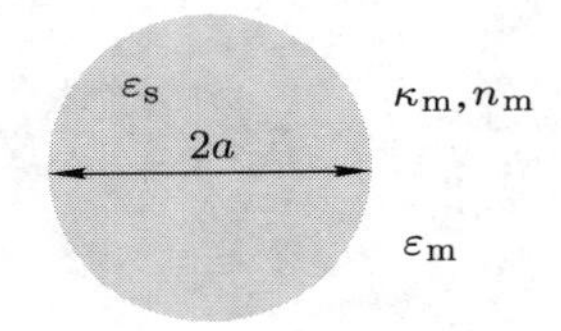

图 L2.14

其组合介电响应 $\varepsilon_{\mathrm{susp}} = \varepsilon_{\mathrm{m}} + N\alpha$ 变为

$$\varepsilon_{\mathrm{m}} + N\alpha = \varepsilon_{\mathrm{m}} + 4\pi a^3 N\varepsilon_{\mathrm{m}}\frac{(\varepsilon_{\mathrm{s}} - \varepsilon_{\mathrm{m}})}{(\varepsilon_{\mathrm{s}} + 2\varepsilon_{\mathrm{m}})}, \tag{L2.186}$$

其中 ε_{s} 是球内材料的介电响应. 稀薄条件为

$$4\pi a^3 N\frac{(\varepsilon_{\mathrm{s}} - \varepsilon_{\mathrm{m}})}{(\varepsilon_{\mathrm{s}} + 2\varepsilon_{\mathrm{m}})} \ll 1, \tag{L2.187}$$

就像偶极涨落情形中一样.

当一个球 (无论带电还是不带电) 与其异号离子一起浸入盐溶液时, 会积累或排斥流动离子而导致各类离子数目过剩或不足. 我们用记号 $\varGamma_{\nu}$ 表示每个球的 ν 价离子平均剩余数. 剩余数定义为

$$\varGamma_{\nu} \equiv \int_0^{\infty}[n_{\nu}(r) - n_{\nu}(\mathrm{m})]4\pi r^2\mathrm{d}r, \tag{L2.188}$$

其中 r 是从球心向外测量的, 而 $n_{\nu}(r)$ 是位置 r 处的 ν 价离子平均数密度. 注意: 这些 “剩余” 数可以为负. 球内的材料可以把离子排开, 因此在整个积分中

的离子数可以少于没有被小球移开时的离子数. 中性球的作用仅仅是把离子和溶剂排除在外, 其导致的不足为

$$\Gamma_\nu = -n_\nu(\mathrm{m})(4\pi a^3/3). \tag{L2.189}$$

一般情形

并非只能考虑小球情形. 对任一个具体的体系, 介电响应函数和离子剩余密度可以通过尺寸、形状和悬浮粒子的电荷来量度并表达为它们的函数, 也可以由浸浴溶液的离子性质来表示. 从平均场理论来计算剩余数 Γ_ν 则是另一个单独的程序. 这里直接把它们给出来了.

总体而言, 悬浮液中 ν 价类的离子平均浓度与区域 m 中不同, 其差值为每个球的 Γ_ν 乘以小球数密度 N: [226]

$$n_\nu(\mathrm{A}) = n_\nu(\mathrm{B}) = n_\nu(\mathrm{m}) + N\Gamma_\nu. \tag{L2.190}$$

相应地, 离子平均强度也与区域 m 中不同, 为

$$n_{\mathrm{susp}} = \sum_{\{\nu\}}[n_\nu(\mathrm{m}) + N\Gamma_\nu]\nu^2 = n_{\mathrm{m}} + N\Gamma_{\mathrm{s}}, \quad \Gamma_{\mathrm{s}} \equiv \sum_{\{\nu\}}\Gamma_\nu\nu^2. \tag{L2.191}$$

每个带电小粒子周围的流动离子平均剩余数 Γ_{s} 就是驱动离子涨落力的物理量. 它就是各 ν 价的剩余离子数以其价的平方为权重的总和. 以此 ν^2 为权重, Γ_{s} 类似于离子强度 (见表 P.1.d).

在悬浮液中各处, 势 $\phi(x,y,z)$ 都在 $\sim l$ 的距离上变化, 而悬浮粒子的尺寸小于此距离. 当势有一个偏离其平均值的微弱涨落 ϕ 时, 离子浓度的偏离就像在线性化的德拜–休克尔理论中那样:

$$n_\nu(\mathrm{s},\phi) - n_\nu(\mathrm{s}) = n_\nu(\mathrm{s})[\mathrm{e}^{-e\nu\phi/kT} - 1] = -\frac{e\nu n_\nu(\mathrm{s})}{kT}\phi. \tag{L2.192}$$

说到波动方程 $\nabla^2\phi = \kappa^2\phi$, 我们可以对悬浮介质及组成球的材料的离子强度取体积平均. 为了看出计算的依据, 回忆一下: $\kappa^2\phi$ 项是电荷密度中与势 ϕ 值有关的部分. 此电荷密度正比于整个悬浮液的离子平均强度 $\Sigma_\nu n_\nu\nu^2$. 这里的波延展至许多悬浮粒子, 取体积平均 (正比于总的离子强度),

$$n_{\mathrm{susp}} = n_{\mathrm{m}} + N\Gamma_{\mathrm{s}}, \tag{L2.193}$$

可以给出合成悬浮液的离子平均响应. 利用平均介电响应 $\varepsilon_{\mathrm{susp}} = \varepsilon_{\mathrm{m}} + N\alpha$, 则

$$\nabla^2\phi = \kappa^2_{\mathrm{susp}}\phi \tag{L2.194}$$

其中

$$\kappa_{\text{susp}}^2 = \kappa_{\text{m}}^2 \frac{\left(1 + N\dfrac{\Gamma_{\text{s}}}{n_{\text{m}}}\right)}{\left(1 + N\dfrac{\alpha}{\varepsilon_{\text{m}}}\right)} \approx \kappa_{\text{m}}^2 \left[1 + N\left(\frac{\Gamma_{\text{s}}}{n_{\text{m}}} - \frac{\alpha}{\varepsilon_{\text{m}}}\right)\right] \tag{L2.195}$$

对应于悬浮液的合成德拜常量.

当不存在源于离子电荷位移的离子电流所产生的磁场涨落时, 两个悬浮液之间通过 m 产生的范德瓦尔斯相互作用中的 $n = 0$ 项, 可以表示为变量 $p(1 \leqslant p < \infty)$ 的积分 [见 (L3.192)–(L3.194) 式]

$$G_{\text{SmS}}(l) = \frac{kT\kappa_{\text{m}}^2}{4\pi} \int_1^{\infty} p \ln(1 - \overline{\Delta}_{\text{Sm}}^2 \text{e}^{-2\kappa_{\text{m}} lp}) \text{d}p \approx -\frac{kT\kappa_{\text{m}}^2}{4\pi} \int_1^{\infty} p \overline{\Delta}_{\text{Sm}}^2 \text{e}^{-2\kappa_{\text{m}} lp} \text{d}p, \tag{L2.196}$$

其中 (注意: 把此处 $\overline{\Delta}_{\text{Sm}}$ 中的位置 p 和 s 之差与非离子情形进行对比)

$$\overline{\Delta}_{\text{Sm}} = \left(\frac{s\varepsilon_{\text{susp}} - p\varepsilon_{\text{m}}}{s\varepsilon_{\text{susp}} + p\varepsilon_{\text{m}}}\right), \quad \Delta_{\text{Sm}} = \left(\frac{s-p}{s+p}\right),$$

$$s = \left[p^2 - 1 + \kappa_{\text{susp}}^2/\kappa_{\text{m}}^2\right]^{\frac{1}{2}} \approx \left[p^2 + N\left(\frac{\Gamma_{\text{s}}}{n_{\text{m}}} - \frac{\alpha}{\varepsilon_{\text{m}}}\right)\right]^{\frac{1}{2}}. \tag{L2.197}$$

[227] 回忆一下: 推导稀疏粒子间的成对相互作用 $g_{\text{p}}(l)$, 需要用到 G_{SmS} 对间距 l 的三阶微商 [见 (L2.149) 式]:

$$-G_{\text{SmS}}'''(l) = 2\pi l N^2 g_{\text{p}}(l) \approx -\frac{2kT\kappa_{\text{m}}^5}{\pi} \int_1^{\infty} p^4 \overline{\Delta}_{\text{Sm}}^2 \text{e}^{-2\kappa_{\text{m}} lp} \text{d}p. \tag{L2.198}$$

把被积函数展开至 N 的最低阶, 然后对 p 积分, 这样导出的点粒子相互作用包括三项,

$$g_{\text{p}}(l) = g_{\text{D-D}}(l) + g_{\text{D-M}}(l) + g_{\text{M-M}}(l), \tag{L2.199}$$

其中各项分别反映了偶极子 – 偶极子、偶极子 – 单极子和单极子 – 单极子的关联作用. 由于这三项对应于小球的三类不同的相互作用, 所以把它们分开写.

偶极子 – 偶极子关联

$$g_{\text{D-D}}(l) = -3kT\left(\frac{\alpha}{4\pi\varepsilon_{\text{m}}}\right)^2 \left[1 + (2\kappa_{\text{m}} l) + \frac{5}{12}(2\kappa_{\text{m}} l)^2 + \frac{1}{12}(2\kappa_{\text{m}} l)^3 + \frac{1}{96}(2\kappa_{\text{m}} l)^4\right] \frac{\text{e}^{-2\kappa_{\text{m}} l}}{l^6}. \tag{L2.200}$$

[S.9.a]

此相互作用类似于小粒子范德瓦尔斯力的首项 ($n=0$), 只不过此处不是推迟屏蔽, 而是离子屏蔽. 在盐浓度很低的极限情形, $\kappa_m \to 0$, 其为我们熟悉的 $1/l^6$ 形式:

$$g_{D-D}(l) \to -\frac{3kT}{l^6}\left(\frac{\alpha}{4\pi\varepsilon_m}\right)^2. \tag{L2.201}$$

对于 $\kappa_m l \gg l$, 它由指数形式主导:

$$g_{D-D}(l) = -\frac{kT\kappa_m^4}{2}\left(\frac{\alpha}{4\pi\varepsilon_m}\right)^2\frac{e^{-2\kappa_m l}}{l^2}. \tag{L2.202}$$

回忆一下, $\kappa_m^2/n_m = 4\pi\lambda_{Bj}$, 其中 λ_{Bj} 是介质的 Bjerrum 长度; 而系数可以重新写为

$$g_{D-D}(l) = -\frac{kT}{2}\left(\frac{n_m\alpha}{\varepsilon_m}\right)^2\frac{e^{-2\kappa_m l}}{(l/\lambda_{Bj})^2}. \tag{L2.203}$$

这里和后面的公式中一样, 在盐浓度很高的极限下存在着双重屏蔽: 其一, 相互作用经过距离 l 的屏蔽因子为 $e^{-\kappa_m l}/l$, 其二, 经过间隔 l 的另一个相互作用也存在屏蔽 $e^{-\kappa_m l}/l$, 结果是两者在相互微扰中产生关联.

偶极子 – 单极子关联

$$g_{D-M}(l) = -\frac{kT\kappa_m^2}{4\pi}\left(\frac{\alpha}{4\pi\varepsilon_m}\right)\left(\frac{\Gamma_s}{n_m}\right)\left[1+(2\kappa_m l)+\frac{1}{4}(2\kappa_m l)^2\right]\frac{e^{-2\kappa_m l}}{l^4} \tag{L2.204}$$

[S.9.b]

或

$$g_{D-M}(l) = -kT\lambda_{Bj}\left(\frac{\alpha}{4\pi\varepsilon_m}\right)\Gamma_s\left[1+(2\kappa_m l)+\frac{1}{4}(2\kappa_m l)^2\right]\frac{e^{-2\kappa_m l}}{l^4}.$$

在大 $\kappa_m l$ 的极限下,

$$g_{D-M}(l) = -kT\lambda_{Bj}\left(\frac{\alpha}{4\pi\varepsilon_m}\right)\Gamma_s\kappa_m^2\frac{e^{-2\kappa_m l}}{l^2} = -kT\left(\frac{n_m\alpha}{\varepsilon_m}\right)\Gamma_s\frac{e^{-2\kappa_m l}}{(l/\lambda_{Bj})^2} \tag{L2.205}$$

单极子 – 单极子关联 [228]

$$\begin{aligned} g_{M-M}(l) &= -\frac{kT\kappa_m^4}{2}\left(\frac{\Gamma_s}{4\pi n_m}\right)^2\frac{e^{-2\kappa_m l}}{l^2} \\ &= -\frac{kT}{2}\Gamma_s^2\frac{e^{-2\kappa_m l}}{(l/\lambda_{Bj})^2} \text{或} -\frac{kT}{2}\Gamma_s^2\frac{e^{-2l/\lambda_{Debye}}}{(l/\lambda_{Bj})^2} \end{aligned} \tag{L2.206}$$

[S.9.c]

单极子 – 单极子的关联力受到玻尔兹曼热能 kT 的驱动, 并以 kT 为单位来量度, (通过吉布斯的方法/自由能) 和许多有效流动离子电荷 Γ_s 相耦合, 在长度

$2l$ 的间距上由 λ_{Debye} 所屏蔽, 并在两个点粒子间来回往复. 同时, 其对长度的幂律依赖关系以自然热单位 λ_{Bj} 来量度. 玻尔兹曼、吉布斯、德拜、Bjerrum —— 都是这一时期的. 还有比这更好的年代吗?

这些小粒子公式在盐浓度为零 $(\kappa_{\mathrm{m}}, n_{\mathrm{m}} \to 0)$ 的极限下仅具有象征意义. 为什么呢? 因为即使结果中不一定会显式地出现 κ_{m} 和 n_{m}, 但其毕竟是在 $N|\Gamma_{\mathrm{s}}| \ll n_{\mathrm{m}}$ 的条件下推导出的. 它们仅在此不等式严格成立的条件下适用. 在小 n_{m} 极限下, 比值 $|\Gamma_{\mathrm{s}}|/n_{\mathrm{m}}$ 对任何有限的 Γ_{s} 都是发散的; 而此发散又破坏了导出这些表达式的条件.

问题 L2.10: 结合 (L2.181), (L2.182), (L2.195) 和 (L2.196) 式, 把各量都展开至粒子数密度的最低几阶项, 并利用 (L2.198) 和 (L2.199) 式, 推导出关于 $g_{\mathrm{D-D}}(l), g_{\mathrm{D-M}}(l)$ 和 $g_{\mathrm{M-M}}(l)$ 的 (L2.200), (L2.204) 和 (L2.206) 各式.

L2.3.F 点粒子与平面衬底

一般形式

从半空间 A 和 B 之间的每单位面积相互作用能量的一般形式开始:

$$G_{\mathrm{AmB}}(l,T) = \frac{kT}{2\pi c^2}\sum_{n=0}^{\infty}{}'\varepsilon_{\mathrm{m}}\mu_{\mathrm{m}}\xi_n^2\int_1^{\infty}\cdot$$
$$p\ln[(1-\overline{\Delta}_{\mathrm{Am}}\overline{\Delta}_{\mathrm{Bm}}\mathrm{e}^{-r_n p})(1-\Delta_{\mathrm{Am}}\Delta_{\mathrm{Bm}}\mathrm{e}^{-r_n p})]\mathrm{d}p. \quad \text{[P.1.a.1]}$$

假设空间 A 充满了极化率为 ε_{A} 的凝聚材料而空间 B 充满了介电极化率为 $\varepsilon_{\mathrm{B}} = \varepsilon_{\mathrm{m}} + N_{\mathrm{B}}\beta$ 的稀薄气体(或溶液)(见图 L2.15). 于是, 固体或液体 A 与稀薄云团 B 之间的相互作用 G_{AmB} 为右边各分子与左边衬底间各相互作用 $g_{\mathrm{p}}(r)$ 的总和.

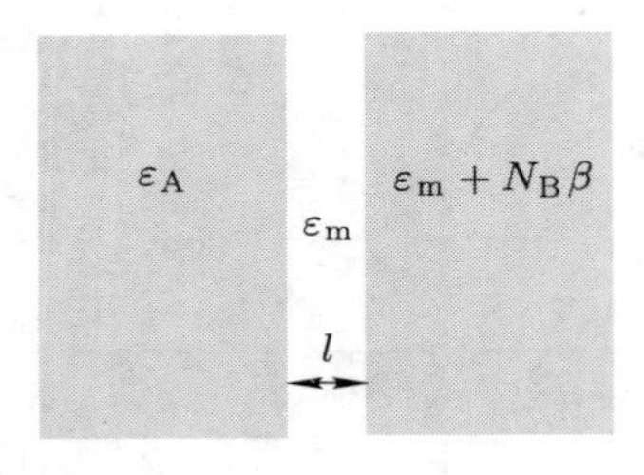

图 L2.15

如果我们想象把间隔 l 增加一个微量 $\mathrm{d}l$, 这就等价于把每单位面积相互作用减少一个量 $N\mathrm{d}l g_p(l)$, 即导致每单位面积相互作用能量改变 $-N\mathrm{d}l g_p(l)$.

由于每单位体积的粒子密度为 N, 故间隔 l 处的 "细条" $\mathrm{d}l$ 中每单位面积的粒子数为 $N\mathrm{d}l$. 如果相互作用是吸引的, 则 $g_p(l)$ 为负, 而把 l 增加 $+\mathrm{d}l$ 的能量变化为正. 因此这里为负号. 同时, 在宏观连续体的语言中, 从间隔 l 移动到 $l+\mathrm{d}l$ 的能量变化为 $[\mathrm{d}G_{\mathrm{AmB}}(l)/\mathrm{d}l]\mathrm{d}l$ (见图 L2.16).　[229]

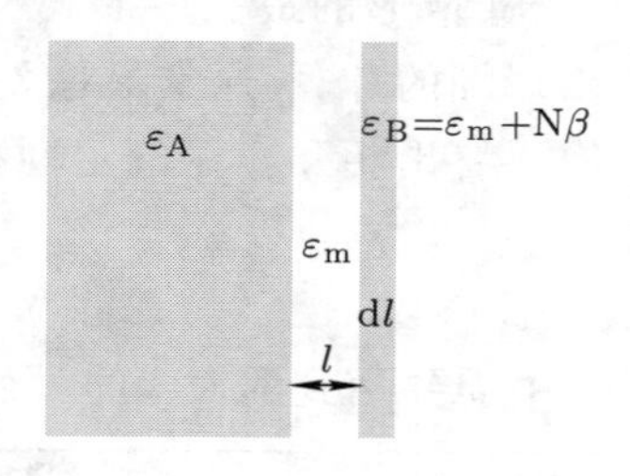

图 L2.16

形式上, $-N\mathrm{d}lg_p(l)=[\mathrm{d}G_{\mathrm{AmB}}(l)/\mathrm{d}l]\mathrm{d}l$, 或

$$Ng_p(l)=-[\mathrm{d}G_{\mathrm{AmB}}(l)/\mathrm{d}l]. \tag{L2.207}$$

就是说, 为了得到函数 $g_p(l)$, 仅需对 $G_{\mathrm{AmB}}(l)$ 求一次导数. 与推导点粒子 – 粒子相互作用时一样, 首先把完整的表达式简化, 但这里我们保留 $\overline{\Delta}_{\mathrm{Am}}$ 和 Δ_{Am} 的无限制的一般形式:

$$\overline{\Delta}_{\mathrm{Am}}=\frac{p\varepsilon_{\mathrm{A}}-s_{\mathrm{A}}\varepsilon_{\mathrm{m}}}{p\varepsilon_{\mathrm{A}}+s_{\mathrm{A}}\varepsilon_{\mathrm{m}}};\quad \Delta_{\mathrm{Am}}=\frac{p-s_{\mathrm{A}}}{p+s_{\mathrm{A}}};\quad s_{\mathrm{A}}=\sqrt{p^2-1+(\varepsilon_{\mathrm{A}}/\varepsilon_{\mathrm{m}})}. \tag{L2.208}$$

(此处先忽略磁化率的差异; 而在需要时可以很容易地把它们恢复.)

由于稀薄悬浮液中 $\overline{\Delta}_{\mathrm{Bm}}$ 和 Δ_{Bm} 的绝对值远小于 1, 我们可以把 $G_{\mathrm{AmB}}(l,T)$ 精确地展开至 N 的最低阶项. 利用下式

$$s_{\mathrm{B}}\approx p+\frac{N\beta}{2p\varepsilon_{\mathrm{m}}},\quad \overline{\Delta}_{\mathrm{Bm}}\approx\left(\frac{N\beta}{4\varepsilon_{\mathrm{m}}}\right)\frac{1}{p^2}(2p^2-1),\quad \Delta_{\mathrm{Bm}}\approx-\left(\frac{N\beta}{4\varepsilon_{\mathrm{m}}}\right)\left(\frac{1}{p^2}\right) \tag{L2.209}$$

则每单位面积的相互作用自由能为

$$G_{\mathrm{AmB}}(l,T)\approx-N\frac{kT}{8l^2}\sum_{n=0}^{\infty}{}'\left[\frac{\beta(\mathrm{i}\xi_n)}{4\pi\varepsilon_{\mathrm{m}}(\mathrm{i}\xi_n)}\right]r_n^2\int_1^{\infty}\cdot$$
$$p\left[\overline{\Delta}_{\mathrm{Am}}\left(\frac{2p^2-1}{p^2}\right)-\Delta_{\mathrm{Am}}\frac{1}{p^2}\right]\mathrm{e}^{-r_np}\mathrm{d}p. \tag{L2.210}$$

利用 (L2.207) 式, 由微商 $[\mathrm{d}G_{\mathrm{AmB}}(l)/\mathrm{d}l]$ 可以导出粒子 – 衬底相互作用:

$$g_p(l)=-\frac{kT}{8l^3}\sum_{n=0}^{\infty}{}'\left[\frac{\beta(\mathrm{i}\xi_n)}{4\pi\varepsilon_{\mathrm{m}}(\mathrm{i}\xi_n)}\right]r_n^3\int_1^{\infty}[\overline{\Delta}_{\mathrm{Am}}(2p^2-1)-\Delta_{\mathrm{Am}}]\mathrm{e}^{-r_np}\mathrm{d}p \tag{L2.211}$$

[S.11.a.1]

或

$$-\frac{kT}{8l^3}\sum_{n=0}^{\infty}{}'\left[\frac{\beta(\mathrm{i}\xi_n)}{4\pi\varepsilon_{\mathrm{m}}(\mathrm{i}\xi_n)}\right]\int_{r_n}^{\infty}[\overline{\Delta}_{\mathrm{Am}}(2x^2-r_n^2)-\Delta_{\mathrm{Am}}r_n^2]\mathrm{e}^{-x}\mathrm{d}x.$$

这就是间距 l 大于粒子尺寸情形的最一般形式. 再做任何进一步的简化都需要特殊的假设. 为了给出仔细的计算, 通常最稳妥的是用数值方法把这个完整的表达式积分出来. 为便于看出相互作用的定性特质, 我们可以考察几种极限形式.

问题 L2.11: 计算 (L2.211) 式中需要用到的对 l 的微商.

---

[230]

小 $\overline{\Delta}_{\mathrm{Am}}$ 值极限

在计入推迟效应、但把 $\overline{\Delta}_{\mathrm{Am}}$ 简单近似为 $[(\varepsilon_{\mathrm{A}}-\varepsilon_{\mathrm{m}})/(\varepsilon_{\mathrm{A}}+\varepsilon_{\mathrm{m}})]$ (故可以提到对 p 的积分外面) 的情形中, 一个小粒子和壁之间的相互作用是[9]

$$\begin{aligned}g_p(l)&=-\frac{kT}{8l^3}\sum_{n=0}^{\infty}{}'\left[\frac{\beta(\mathrm{i}\xi_n)}{4\pi\varepsilon_{\mathrm{m}}(\mathrm{i}\xi_n)}\right]\overline{\Delta}_{\mathrm{Am}}r_n^3\int_1^{\infty}(2p^2-1)\mathrm{e}^{-r_np}\mathrm{d}p\\&=-\frac{kT}{2l^3}\sum_{n=0}^{\infty}{}'\left[\frac{\beta(\mathrm{i}\xi_n)}{4\pi\varepsilon_{\mathrm{m}}(\mathrm{i}\xi_n)}\right]\left[\frac{\varepsilon_{\mathrm{A}}(\mathrm{i}\xi_n)-\varepsilon_{\mathrm{m}}(\mathrm{i}\xi_n)}{\varepsilon_{\mathrm{A}}(\mathrm{i}\xi_n)+\varepsilon_{\mathrm{m}}(\mathrm{i}\xi_n)}\right]\left(1+r_n+\frac{r_n^2}{4}\right)\mathrm{e}^{-r_n},\end{aligned}\tag{L2.212}$$

[S.11.a.2]

磁性相互作用贡献的形式与之相似.

非推迟极限

在无推迟屏蔽的极限下, $r_n=0$, 仅被积函数中的首项保留下来. 在此情形, 一般的相互作用简化为

$$g_p(l)=-\frac{kT}{4l^3}\sum_{n=0}^{\infty}{}'\left[\frac{\beta(\mathrm{i}\xi_n)}{4\pi\varepsilon_{\mathrm{m}}(\mathrm{i}\xi_n)}\right]\int_0^{\infty}\overline{\Delta}_{\mathrm{Am}}x^2\mathrm{e}^{-x}\mathrm{d}x.\tag{L2.213}$$

[S.11.b]

这是一个纯粹的立方反比相互作用, 即使函数 $\overline{\Delta}_{\mathrm{Am}}$ 本身 (通过 p) 依赖于 x (在 ε_{A} 取很大值的情形中就有这种麻烦), 其系数仍可以写成闭合形式的积分. 事实上, 这并不是一个严格的限制, 因为对于 $\varepsilon_{\mathrm{A}}\gg\varepsilon_{\mathrm{m}}$, $\overline{\Delta}_{\mathrm{Am}}$ 仍趋于 1 ($-\Delta_{\mathrm{Am}}$ 也一样). 特别地, 对于 $\varepsilon_{\mathrm{A}}/\varepsilon_{\mathrm{m}}\to\infty$, 有 $s_{\mathrm{i}}=\sqrt{p^2-1+(\varepsilon_{\mathrm{i}}\mu_{\mathrm{i}}/\varepsilon_{\mathrm{m}}\mu_{\mathrm{m}})}$,

$$\begin{aligned}\overline{\Delta}_{\mathrm{Am}}&=\frac{p\varepsilon_{\mathrm{A}}-s_{\mathrm{A}}\varepsilon_{\mathrm{m}}}{p\varepsilon_{\mathrm{A}}+s_{\mathrm{A}}\varepsilon_{\mathrm{m}}}\to\frac{\sqrt{\varepsilon_{\mathrm{A}}}-\sqrt{\varepsilon_{\mathrm{m}}}/p}{\sqrt{\varepsilon_{\mathrm{A}}}+\sqrt{\varepsilon_{\mathrm{m}}}/p}\to1,\\\Delta_{\mathrm{Am}}&=\frac{p-s_{\mathrm{A}}}{p+s_{\mathrm{A}}}\to-\frac{\sqrt{\varepsilon_{\mathrm{A}}}-p\sqrt{\varepsilon_{\mathrm{m}}}}{\sqrt{\varepsilon_{\mathrm{A}}}+p\sqrt{\varepsilon_{\mathrm{m}}}}\to-1.\end{aligned}\tag{L2.214}$$

警告: 在这些高 ε 值的极限下, 用简化形式进行计算是特别冒险的. 写出这些 Δ 的极限仅是为了说明: 即使对很大的 $\varepsilon_{\rm A}$ 值, 非推迟的立方反比形式也是可以实现的.

当 $r_n \to 0$ 时, 积分变量 $x = r_n p$ 的值在 p 很大处才是重要的, 故 $\overline{\Delta}_{\rm Am}$ 即为 $[(\varepsilon_{\rm A} - \varepsilon_{\rm m})/(\varepsilon_{\rm A} + \varepsilon_{\rm m})]$ (只要 $\varepsilon_{\rm A}$ 不是像导体那样趋于无限大值, 则对很大的 p 有 $s_{\rm A} \to p$).

在这个较简单的无推迟极限下,

$$\begin{aligned} g_p(l) &= -\frac{kT}{4l^3}\sum_{n=0}^{\infty}{}'\left[\frac{\beta(\mathrm{i}\xi_n)}{4\pi\varepsilon_{\rm m}(\mathrm{i}\xi_n)}\right]\int_0^\infty \overline{\Delta}_{\rm Am}x^2\mathrm{e}^{-x}\mathrm{d}x \\ &\to -\frac{kT}{2l^3}\sum_{n=0}^{\infty}{}'\frac{\beta(\mathrm{i}\xi_n)}{4\pi\varepsilon_{\rm m}(\mathrm{i}\xi_n)}\left[\frac{\varepsilon_{\rm A}(\mathrm{i}\xi_{\rm n}) - \varepsilon_{\rm m}(\mathrm{i}\xi_{\rm n})}{\varepsilon_{\rm A}(\mathrm{i}\xi_n) + \varepsilon_{\rm m}(\mathrm{i}\xi_n)}\right]. \end{aligned} \tag{L2.215}$$

[S.11.b.1]

当温度基本为零时, 各离散值 $\xi_{\rm n} = (2\pi kT/\hbar)n$ 混合为连续体; 不存在离子或推迟屏蔽时的相互作用能量是对频率 ξ 的积分

$$g_{p,T\to 0}(l) = -\frac{\hbar}{4\pi l^3}\int_0^\infty \left[\frac{\beta(\mathrm{i}\xi)}{4\pi\varepsilon_{\rm m}(\mathrm{i}\xi)}\right]\left[\frac{\varepsilon_{\rm A}(\mathrm{i}\xi) - \varepsilon_{\rm m}(\mathrm{i}\xi)}{\varepsilon_{\rm A}(\mathrm{i}\xi) + \varepsilon_{\rm m}(\mathrm{i}\xi)}\right]\mathrm{d}\xi. \tag{L2.216}$$

[231]

[S.11.b.2]

所有这些表达式都是随 $1/l^3$ 变化的, 就像把范德瓦尔斯能量取为悬浮粒子与衬底微元之间的负六次方相互作用的总和时, 能量所遵循的代数幂律一样. 我们不能由此相似性而把成对求和的理论用于计算. 此理论要求衬底“A”和介质“m”都具有稀薄气体的密度依赖关系. 而其系数可能是不对的.

全推迟的、零温度极限

在全推迟极限中, 温度实际上为零但光速足够小, 故对于那些比重要吸收频率小的 ξ_n, 比值 $r_n = (2l\xi_n\varepsilon_{\rm m}^{1/2})/c$ 趋于无穷大, 而 β 和各 ε 可以看成常量 (原则上取零频率值). 因此, 相互作用能量与间距四次方成反比*:

$$g_p(l) = -\frac{3\hbar c}{8\pi l^4}\frac{(\beta/4\pi)}{\varepsilon_{\rm m}^{3/2}}\Theta(\varepsilon_{\rm A}/\varepsilon_{\rm m}), \tag{L2.217}$$

[S.11.c]

其中

$$\Theta(\varepsilon_{\rm A}/\varepsilon_{\rm m}) \equiv \frac{1}{2}\int_1^\infty \{[\overline{\Delta}_{\rm Am}(2p^2-1) - \Delta_{\rm Am}]/p^4\}\mathrm{d}p. \tag{L2.218}$$

如果 $\varepsilon_{\rm A} \gg \varepsilon_{\rm m}$, 则 $\overline{\Delta}_{\rm Am}$ 趋于 $+1$ 而 $\Delta_{\rm Am}$ 趋于 -1:

$$\Theta(\varepsilon_{\rm A}/\varepsilon_{\rm m}) \to \frac{1}{2}\int_1^\infty \{(2p^2)/p^4\}\mathrm{d}p = \int_1^\infty \{1/p^2\}\mathrm{d}p = 1. \tag{L2.219}$$

* 原文有误. ——译者注

如果 $\varepsilon_{\mathrm{A}} \approx \varepsilon_{\mathrm{m}}$, 则

$$\Theta(\varepsilon_{\mathrm{A}}/\varepsilon_{\mathrm{m}}) \approx \frac{23}{30}\left(\frac{\varepsilon_{\mathrm{A}}-\varepsilon_{\mathrm{m}}}{\varepsilon_{\mathrm{A}}+\varepsilon_{\mathrm{m}}}\right). \tag{L2.220}$$

问题 L2.12: 从 (L2.211) 式出发, 把求和转换为零温度极限的积分 (L2.217) 和 (L2.218) 式.

问题 L2.13: 把 (L2.218) 式对 $\varepsilon_{\mathrm{A}} \approx \varepsilon_{\mathrm{m}}$ 的小差值展开, 说明近似式 (L2.220) 中的因子 23/30 是如何导出的.

容易证明: 在这些方程成立的条件下, 相互作用能量比 kT 大不了多少, 这点对我们很有启发. 这里所用的粒子极化率参数与估算粒子 – 粒子相互作用中用到的一样.

为了进行仔细的研究, 把相互作用的最一般形式 (包括 "差值与和值之比" $\overline{\Delta}_{\mathrm{Am}}$ 和 Δ_{Am} 函数对 p 的依赖关系) 求和并积分. 这里给出以上极限形式主要是便于我们建立起直觉, 并说明用来估计能量的简单预备方法.

[232]

L2.3.G 稀薄悬浮液中的线型粒子

细圆柱体之间的偶极涨落力

先考虑两个同类的各向异性介质隔着各向同性介质 m 发生的相互作用 (见图 L2.17) (也可见 L3.7 部分). 两个各向异性区域的主轴间夹角为 θ (当 $\theta = 0$ 时两个区域都指向 x 方向).

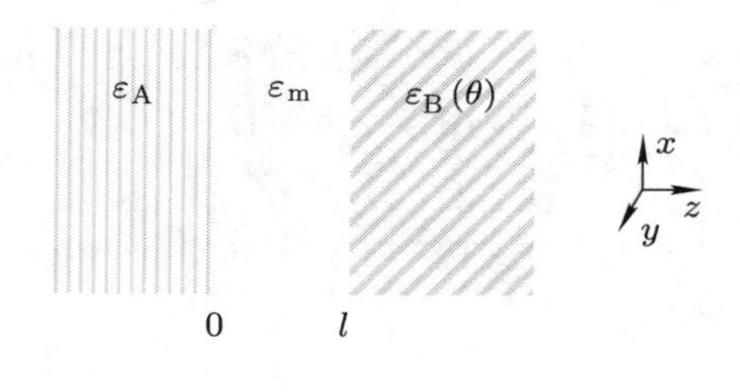

图 L2.17

在目前情形中, 两个介质 A 和 B 的各向异性来源于其中的圆柱形杆 (它们本身就可能具有各向异性的极化率). 居中的空间充满了各向同性介质, 其 (标量) 极化率为 ε_{m}. 此 m 渗透进 A 和 B, 充满了各杆间的空间. 杆材料沿 z 方向的极化率为 $\varepsilon_{\mathrm{c}\perp}$ (垂直于 A/m/B 界面) 而沿轴方向的极化率为 $\varepsilon_{\mathrm{c}\parallel}$ (见图 L2.18).

每个区域中的杆都是平行的, 其在横截面上的平均数密度为 N. 半径为 a 的杆的体积分数为

$$v = \pi a^2 N. \tag{L2.221}$$

在低密度时, $v \ll 1$, 各向异性介质中的单轴极化率张量为

$$\begin{pmatrix} \varepsilon_{\parallel} & 0 & 0 \\ 0 & \varepsilon_{\perp} & 0 \\ 0 & 0 & \varepsilon_{\perp} \end{pmatrix}$$

其平行于杆轴的对角元为

$$\varepsilon_{\parallel} = \varepsilon_{\mathrm{m}}(1-v) + v\varepsilon_{\mathrm{c}\parallel} = \varepsilon_{\mathrm{m}}(1+v\overline{\Delta}_{\parallel}) \tag{L2.222}$$

而垂直于杆轴的对角元为

$$\varepsilon_{\perp} = \varepsilon_{\mathrm{m}}\left(1+\frac{2v\overline{\Delta}_{\perp}}{1-v\overline{\Delta}_{\perp}}\right) = \varepsilon_{\mathrm{m}}\left(\frac{1+v\overline{\Delta}_{\perp}}{1-v\overline{\Delta}_{\perp}}\right) \approx \varepsilon_{\mathrm{m}}(1+2v\overline{\Delta}_{\perp}) \tag{L2.223}$$

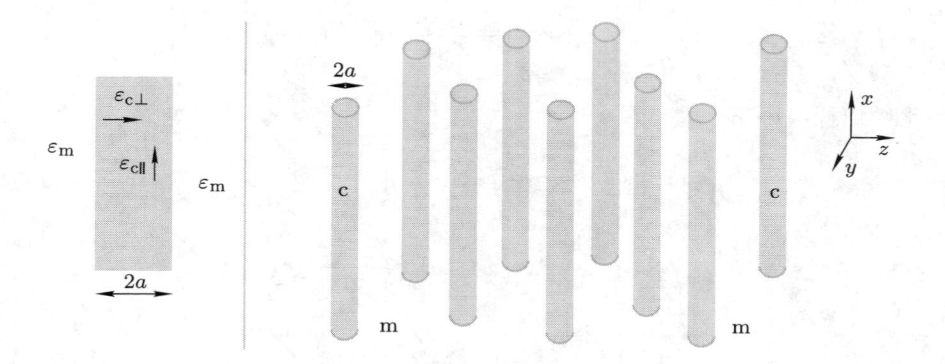

图 L2.18

其中[10] [233]

$$\overline{\Delta}_{\parallel} \equiv \frac{\varepsilon_{\mathrm{c}\parallel}-\varepsilon_{\mathrm{m}}}{\varepsilon_{\mathrm{m}}}, \quad \overline{\Delta}_{\perp} \equiv \frac{\varepsilon_{\mathrm{c}\perp}-\varepsilon_{\mathrm{m}}}{\varepsilon_{\mathrm{c}\perp}+\varepsilon_{\mathrm{m}}}. \tag{L2.224}$$

交角为 θ 的单轴介质 A 和 B 之间隔着各向同性区域 m 发生的相互作用为 [(L3.222) 式]

$$G_{\mathrm{AmB}}(l,\theta) = -\frac{kT}{16\pi^2 l^2}\sum_{n=0}^{\infty}{}'\sum_{j=1}^{\infty}\frac{1}{j^3}\int_0^{2\pi}[\overline{\Delta}_{\mathrm{Am}}(\xi_n,\psi)\overline{\Delta}_{\mathrm{Bm}}(\xi_n,\theta,\psi)]^j \mathrm{d}\psi, \tag{L2.225}$$

其中

$$\overline{\Delta}_{\rm Am}(\xi_n,\psi)=\left[\frac{\varepsilon_\perp g_{\rm A}(-\psi)-\varepsilon_{\rm m}}{\varepsilon_\perp g_{\rm A}(-\psi)+\varepsilon_{\rm m}}\right],\quad \overline{\Delta}_{\rm Bm}(\xi_n,\theta,\psi)=\left(\frac{\varepsilon_\perp g_{\rm B}(\theta-\psi)-\varepsilon_{\rm m}}{\varepsilon_\perp g_{\rm B}(\theta-\psi)+\varepsilon_{\rm m}}\right),\tag{L2.226}$$

而 [(L3.217) 式]

$$g_{\rm A}^2(-\psi)=1+\gamma\cos^2(-\psi),\quad g_{\rm B}^2(\theta-\psi)=1+\gamma\cos^2(\theta-\psi),\quad g_{\rm m}=1,\tag{L2.227}$$

$$\gamma\equiv\frac{(\varepsilon_\parallel-\varepsilon_\perp)}{\varepsilon_\perp}\approx v(\overline{\Delta}_\parallel-2\overline{\Delta}_\perp)\ll 1,$$

$$g_{\rm A}(-\psi)\approx 1+(\gamma/2)\cos^2(-\psi),\quad g_{\rm B}(\theta-\psi)=1+(\gamma/2)\cos^2(\theta-\psi).$$

取至杆密度的几个最低阶项,

$$\begin{aligned}\overline{\Delta}_{\rm Am}(\xi_n,\psi)&=\left\{\frac{\varepsilon_{\rm m}(1+2v\overline{\Delta}_\perp)[1+(\gamma/2)\cos^2(-\psi)]-\varepsilon_{\rm m}}{\varepsilon_{\rm m}(1+2v\overline{\Delta}_\perp)[1+(\gamma/2)\cos^2(-\psi)]+\varepsilon_{\rm m}}\right\}\\&=v\left[\overline{\Delta}_\perp+\frac{(\overline{\Delta}_\parallel-2\overline{\Delta}_\perp)}{4}\cos^2(-\psi)\right],\end{aligned}\tag{L2.228}$$

$$\overline{\Delta}_{\rm Bm}(\xi_n,\theta,\psi)=v\left[\overline{\Delta}_\perp+\frac{(\overline{\Delta}_\parallel-2\overline{\Delta}_\perp)}{4}\cos^2(\theta-\psi)\right].$$

在此稀疏杆极限下,

$$\begin{aligned}G_{\rm AmB}(l,\theta)&\approx-\frac{kT}{16\pi^2l^2}\sum_{n=0}^{\infty}{}'\int_0^{2\pi}\overline{\Delta}_{\rm Am}(\xi_n,\psi)\overline{\Delta}_{\rm Bm}(\xi_n,\theta,\psi){\rm d}\psi\\&=-\frac{kT}{8\pi l^2}(\pi a^2)^2N^2\sum_{n=0}^{\infty}{}'\Big[\overline{\Delta}_\perp^2+\frac{\overline{\Delta}_\perp}{4}(\overline{\Delta}_\parallel-2\overline{\Delta}_\perp)\\&\quad+\frac{2\cos^2(\theta)+1}{2^7}(\overline{\Delta}_\parallel-2\overline{\Delta}_\perp)^2\Big].\end{aligned}\tag{L2.229}$$

问题 L2.14: 从关于 $G_{\rm AmB}(l,\theta)$ 的 (L2.225) 式中的首项 ($j=1$) 出发, 并由 (L2.228) 式引入 $\overline{\Delta}_{\rm Am}(\xi_n,\psi)$ 和 $\overline{\Delta}_{\rm Bm}(\xi_n,\theta,\psi)$ 的最低几阶项, 推导出 (L2.229) 式.

细杆的成对相互作用

我们可以在两个程序中选一个 (取决于 A 和 B 中的杆是平行 ($\theta=0$) 还是倾斜的) 来推导成对相互作用势. 以前我们曾经把平面各向同性物体的栗弗席兹结果约简来给出点粒子之间的相互作用, 与此相同, 这里我们把包含很多圆柱体的平面区域间每单位面积相互作用 $G_{\rm AmB}(l,\theta)$, 与交角 θ 的圆柱体间成

[234]

对相互作用势 $g(l,\theta)$ 或平行圆柱体间每单位长度的成对相互作用势 $g(l,\theta=0)$ 相联系. 能够进行这种联系的一个充分条件是: $G_{\mathrm{AmB}}(l,\theta)$ 可以用对密度 N 或体积分数 v 的级数展开中的首项 (二次项) 来精确地表达.

对于平行圆柱体情形, 此联系是一个积分:

$$\lim_{N\to 0}\frac{\mathrm{d}^2 G_{\mathrm{AmB}}(l,\theta=0)}{\mathrm{d}l^2}=N^2\int_{-\infty}^{+\infty}g(\sqrt{l^2+y^2},\theta=0)\mathrm{d}y+\mathrm{O}(N^3). \qquad \text{(L2.230)}$$

这里 $g(l,\theta=0)$ 为每单位长度的能量; 假设 A 中的每个杆都与 B 中的所有杆发生相互作用. 把二阶微商看成是两个相距 l 的无限薄平板之间的相互作用. 如果这些板平行于 x,y 平面, 而所有平行杆都指向 x 方向, 那么我们就必须对平行的 y 方向积分, 以把 A 板中一根杆与并列的 B 板中所有杆之间的全部相互作用累加起来.

对于交角为 θ 的圆柱体, 此联系为

$$\lim_{N\to 0}\frac{\mathrm{d}^2 G_{\mathrm{AmB}}(l,\theta)}{\mathrm{d}l^2}=N^2\sin\theta g(l,\theta)+\mathrm{O}(N^3). \qquad \text{(L2.231)}$$

考虑 A 和 B 中两个无限薄层之间的每单位面积相互作用. 两个薄层中每单位面积的杆 – 杆相互作用的数目为 $N^2\sin\theta$. 由于每对相互作用的能量是 $g(l,\theta)$, 故 $N^2\sin\theta g(l,\theta)$ 是每单位面积上的能量.

在两种情形中, l 是两个圆柱体间的最小间距. 令人高兴的是, 这里 $G_{\mathrm{AmB}}(l,\theta)$ 取容易处理的形式

$$G_{\mathrm{AmB}}(l,\theta)\approx -N^2\frac{C(\theta)}{l^2},$$

其中

$$C(\theta)=\frac{kT}{8\pi}(\pi a^2)^2{\sum_{n=0}^{\infty}}'\left[\overline{\Delta}_{\perp}^2+\frac{\overline{\Delta}_{\perp}}{4}(\overline{\Delta}_{\parallel}-2\overline{\Delta}_{\perp})+\frac{2\cos^2(\theta)+1}{2^7}(\overline{\Delta}_{\parallel}-2\overline{\Delta}_{\perp})^2\right]. \qquad \text{(L2.232)}$$

两个平行细杆间的每单位长度相互作用 $g(l,\theta=0)=g_{\parallel}(l)$ 可以写成简洁的形式

$$\begin{aligned}
&g(l,\theta=0)=g_{\parallel}(l)=-\frac{c_{\parallel}}{l^5},\\
&c_{\parallel}=\frac{9kT}{16\pi}(\pi a^2)^2{\sum_{n=0}^{\infty}}'\Big[\overline{\Delta}_{\perp}^2+\frac{\overline{\Delta}_{\perp}}{4}(\overline{\Delta}_{\parallel}-2\overline{\Delta}_{\perp})\\
&\qquad+\frac{3}{2^7}(\overline{\Delta}_{\parallel}-2\overline{\Delta}_{\perp})^2\Big].
\end{aligned} \qquad \text{(L2.233)}$$

[L1.79][C.4.a]

两个有交角的细杆间相互作用 $g(l,\theta)$ 则变为

[235]

$$
\begin{aligned}
g(l,\theta) &= -\frac{6C(\theta)}{l^4 \sin\theta} = -\frac{c(\theta)}{l^4}, \\
c(\theta) &= \frac{6C(\theta)}{\sin\theta} \\
&= \frac{3kT(\pi a^2)^2}{4\pi \sin\theta} {\sum_{n=0}^{\infty}}' \left\{ \overline{\Delta}_\perp^2 + \frac{\overline{\Delta}_\perp}{4}(\overline{\Delta}_\parallel - 2\overline{\Delta}_\perp) + \frac{2\cos^2(\theta)+1}{2^7}(\overline{\Delta}_\parallel - 2\overline{\Delta}_\perp)^2 \right\}.
\end{aligned}
\tag{L2.234}
$$

[L1.77][C.4.b.1]

对应于此相互作用有一个力矩 $\tau(l,\theta)$,

$$
\begin{aligned}
\tau(l,\theta) &= -\left.\frac{\partial g(l,\theta)}{\partial\theta}\right|_l \\
&= -\frac{3kT(\pi a^2)^2}{4\pi l^4} \left[\frac{\cos\theta}{\sin^2\theta} {\sum_{n=0}^{\infty}}' \{\} + \frac{\cos\theta}{2^5} {\sum_{n=0}^{\infty}}' (\overline{\Delta}_\parallel - 2\overline{\Delta}_\perp)^2 \right],
\end{aligned}
\tag{L2.235}
$$

[L1.78][C.4.b.2]

它使得两个杆扭转以达到平行排列.

问题 L2.15: 由 (L2.229) 式, 并把 (L2.230) 式代入阿贝尔变换式 $h(l)=\int_{-\infty}^{\infty} g(l^2+y^2)\mathrm{d}y$ 中 (例如, 见 *Transforms and Applications Handbook*, Alexander D. Poularikas, ed., CRC Press, Boca Raton, FL, 1996 中的 8.11 部分), 利用逆阿贝尔变换

$$
g(l) = -\frac{1}{\pi}\int_l^{\infty} \frac{h'(y)}{\sqrt{y^2+l^2}}\mathrm{d}y,
$$

推导出关于平行细杆吸引作用的 (L2.233) 式.

在高密度或强极化率情形中成对相加方法的失败

我们可以提出这样的问题: 当圆柱体并非无限稀疏时, 它们会如何响应电场? 为简单起见, 考虑所有杆平行排列的情形. 当电场垂直于此排列时, 会产生一个集合性的介电响应,

$$
\varepsilon_{\text{array}}^{\perp} = \varepsilon_{\text{m}} \left(1 + 2\frac{N\pi a^2 \overline{\Delta}_\perp}{1 - N\pi a^2 \overline{\Delta}_\perp} \right),
\tag{L2.236}
$$

以及关于横截面密度的更高阶项.

N 是每单位面积中杆的数目, 而 $N\pi a^2$ 为此排列中杆的体积分数. 仅当 $N\pi a^2\overline{\Delta}_\perp \ll 1$ 时, 此排列的响应才简单地正比于其密度 N. 除此之外, 每个杆

所受到的电场都是被其邻居改变过的. 这样, 由发生电动相互作用的那些杆所产生及接收的电场实际上可以同时被很多杆感受到.

当电场平行于此排列时, 其所感受到的响应就是杆和介质响应的体积平均:

$$\varepsilon_{\text{array}}^{\|} = \varepsilon_{\text{m}}(1 + N\pi a^2 \overline{\Delta}_{\|}) \tag{L2.237}$$

(考虑一个电容器, 在跨越其两个极板间的不同地点分布有多种材料). 虽然 $\varepsilon_{\text{array}}^{\|}$ 正比于 N, 但 $\overline{\Delta}_{\|}$ 与 $\overline{\Delta}_{\perp}$ 不同, 因为 $\overline{\Delta}_{\|}$ 可以取远大于 1 的值. 即使在低密度时, 杆也可以在净响应 $\varepsilon_{\text{array}}^{\|}$ 中占据主要贡献. 如果两根杆之间存在其它杆, 则其间的组合介质看起来就不像无限稀薄悬浮液的纯 ε_{m}. 我们可以想到：当 $\overline{\Delta}_{\|}$ 取很大值时, 存在着 (L2.234) 式

$$g(l,\theta) = -\frac{3kT(\pi a^2)^2}{4\pi l^4 \sin\theta}\frac{2\cos^2\theta + 1}{2^7}\sum_{n=0}^{\infty}{}'\overline{\Delta}_{\|}^2 \qquad [236]$$

或 (L2.233) 式

$$g_{\|}(l) = -\frac{9kT(\pi a^2)^2}{16\pi l^5}\frac{3}{2^7}\sum_{n=0}^{\infty}{}'\overline{\Delta}_{\|}^2,$$

这样的强相互作用, 则构成这些表达式基础的无限稀疏假设就失效了.

细圆柱体之间的单极离子涨落力

Pitaevskii 所用的技巧是: 通过推导小粒子范德瓦尔斯相互作用, 来得到悬浮液之间的相互作用. 我们也可以按照此方法, 由离子涨落力的一般表达式推导出圆柱体间的力 (第 3 级). 与推导两杆间偶极力所用的方法一样, 我们考虑两个区域 A 和 B, 即平行杆浸没于盐溶液中形成的两个稀疏悬浮液, 它们隔着盐溶液 m 区域发生相互作用 (见图 L2.19).

各圆柱体上的剩余离子数会引起单极涨落力. 仅, 即零频率项对此有贡献 (见图 L2.20).

区域 m 的离子强度就是数密度对价 (平方) 的加权平均

$$n_{\text{m}} = \sum_{\{\nu\}} n_\nu(\text{m})\nu^2 \tag{L2.238}$$

其对应的德拜常量为

$$\begin{aligned}\kappa_{\text{m}}^2 &= n_{\text{m}}e^2/\varepsilon_0\varepsilon_{\text{m}}kT(\text{mks}) = 4\pi n_{\text{m}}e^2/\varepsilon_{\text{m}}kT(\text{cgs}) \\ &= 4\pi n_{\text{m}}\lambda_{\text{Bj}}(\text{以上两个单位中的任何一个}).\end{aligned} \tag{L2.239}$$

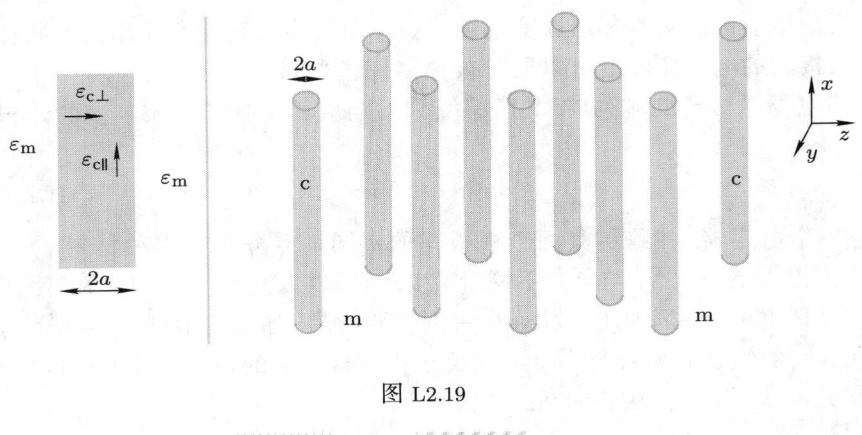

图 L2.19

图 L2.20

[237] 而在稀疏悬浮液 A 和 B 中, 等价的量是各圆柱体上每单位长度的额外值 Γ_c:

$$n_A = n_B = n_{\text{susp}} = n_m + N\Gamma_c, \tag{L2.240}$$

$$\Gamma_c \equiv \sum_{\{\nu\}} \Gamma_\nu \nu^2, \quad \Gamma_\nu \equiv \int_0^\infty [n_\nu(r) - n_\nu(\mathrm{m})] 2\pi r \mathrm{d}r, \tag{L2.241}$$

其中 $N\Gamma_c \ll n_m$. Γ_ν 是来自于各杆每单位长度上的 ν 价离子剩余数目.

不计离子导电性, 区域 m 中的悬浮液介电响应为 ε_m, 而单轴张量为

$$\begin{pmatrix} \varepsilon_\parallel & 0 & 0 \\ 0 & \varepsilon_\perp & 0 \\ 0 & 0 & \varepsilon_\perp \end{pmatrix},$$

其矩阵元为区域 A 和 B 中平行或垂直于杆的值. 与忽略离子涨落的情形中一样, 并且在杆体积分数很低时, $v = \pi a^2 N$, 故

$$\varepsilon_\parallel = \varepsilon_m(1 + v\overline{\Delta}_\parallel), \quad \varepsilon_\perp \approx \varepsilon_m(1 + 2v\overline{\Delta}_\perp),$$
$$\overline{\Delta}_\parallel \equiv \frac{\varepsilon_{c\parallel} - \varepsilon_m}{\varepsilon_m}, \quad \overline{\Delta}_\perp \equiv \frac{\varepsilon_{c\perp} - \varepsilon_m}{\varepsilon_{c_\perp} + \varepsilon_m}. \tag{L2.242}$$

波动方程满足

$$\nabla \cdot (\varepsilon_i \nabla \phi) = k_i^2 \phi, \tag{L2.243}$$

其中

$$k_i^2 = n_i e^2/\varepsilon_0 kT(\text{mks}) \ \text{或} \ k_i^2 = 4\pi n_i e^2/kT(\text{cgs}). \tag{L2.244}$$

在各个区域 $i = \text{A}, \text{m}, \text{B}$ 中, 上述表达式都与德拜 κ^2 几乎相同, 区别仅在于分母中没有 ε. 由于现在 ε 可以是张量, 所以不能把它拿到 ∇ 的运算之外、并用它去除 $k_i^2\phi$. 关键的特性是, k_i^2 通过 n_i 而与离子强度的体积平均相联系.

由于波动方程的解要求在垂直于 $z = 0$ 和 l 处界面上的 $\varepsilon\nabla\phi$ 是连续的, 所以 ε_B 的垂直响应 $\varepsilon_\perp$* 与 $k_\text{A}^2 = k_\text{B}^2$ 相耦合从而在两个半无限大区域中都产生了离子屏蔽长度. 对于足够小的体积分数 $v = N\pi a^2$ 以及外加的离子强度 $N\Gamma_\text{c}/n_\text{m}$, 我们定义

$$\begin{aligned}\kappa_\text{A}^2 = \kappa_\text{B}^2 \equiv \frac{k_\text{A}^2}{\varepsilon_\perp} = \frac{k_\text{B}^2}{\varepsilon_\perp} &\approx \frac{k_\text{m}^2(1 + N\Gamma_\text{c}/n_\text{m})}{\varepsilon_\text{m}(1 + 2v\overline{\Delta}_\perp)} \\ &\approx \kappa_\text{m}^2[1 + N(\Gamma_\text{c}/n_\text{m} - 2\pi a^2\overline{\Delta}_\perp)],\end{aligned} \tag{L2.245}$$

因此

$$\kappa_\text{A} = \kappa_\text{B} \approx \kappa_\text{m}[1 + (N/2)(\Gamma_\text{c}/n_\text{m} - 2\pi a^2\overline{\Delta}_\perp)]. \tag{L2.246}$$

A 和 B 之间的相互作用能 当两个半无限大的各向异性区域 A 和 B 位于厚度 l 的平板 m 两边, 它们之间所发生的每单位面积范德瓦尔斯相互作用自由能的零频率部分为 [见 (L3.237) 和 (L3.238) 式],

$$G_\text{AmB}(l, \theta) = \frac{kT}{8\pi^2}\int_0^{2\pi} \text{d}\psi \int_0^\infty \ln[D(\rho, \psi, l, \theta)]\rho \text{d}\rho. \tag{L2.247}$$

[238]

ρ 为 x, y 平面中的径向波矢; 考虑到各向异性的因素, ψ 表示对 ρ 的所有方向的角度积分.

在此情形中, 相关模式 (L3.237) 的常用行列式可写成以下形式

$$D(\rho, \psi, l, \theta) = 1 - \overline{\Delta}_\text{Am}(\psi)\overline{\Delta}_\text{Bm}(\theta - \psi)\text{e}^{-2\sqrt{\rho^2 + \kappa_\text{m}^2 l}}, \tag{L2.248}$$

其中 $\overline{\Delta}_\text{Am}(\psi)\overline{\Delta}_\text{Bm}(\theta - \psi) \ll 1$.

杆 – 杆相互作用的推导

当 $N\pi a^2\overline{\Delta}_\parallel, N\pi a^2\overline{\Delta}_\perp$, 以及 $N\Gamma_\text{c}/n_\text{m}$ 的值足够小时, 我们可以把 $\overline{\Delta}_\text{Am}$ 和 $\overline{\Delta}_\text{Bm}$ 展开至数密度 N 的线性项. 因此相互作用能量随着 N^2 变化. 在此稀薄极限下, 两个介质中的杆隔着距离 l 发生的成对相互作用为[11]

$$G_\text{AmB}(l, \theta) \approx N^2\frac{kT}{4\pi}\kappa_\text{m}^2\int_1^\infty f(p, \theta)\text{e}^{-2p\kappa_\text{m}^l}p\text{d}p, \tag{L2.249}$$

---

* 原文有误 —— 重复了 ε_B. —— 译者注

其中 $f(p,\theta)$ 与间距无关. 与偶极涨落力的推导一样, 相互成一个交角的细杆间相互作用 $g(l,\theta)$ 由 G_{AmB} 对间距的二阶微商得到,

$$\lim_{N\to 0}\frac{\mathrm{d}^2G_{\mathrm{AmB}}(l,\theta)}{\mathrm{d}l^2}=N^2\sin\theta g(l,\theta)+\mathrm{O}(N^3), \tag{L2.250}$$

其中

$$\frac{\mathrm{d}^2G_{\mathrm{AmB}}(l,\theta)}{\mathrm{d}l^2}=-N^2\frac{kT}{\pi}\kappa_{\mathrm{m}}^4\int_1^\infty f(p,\theta)\mathrm{e}^{-2p\kappa_{\mathrm{m}}^l}p^3\mathrm{d}p \tag{L2.251}$$

故

$$g(l,\theta)=-\frac{kT\kappa_{\mathrm{m}}^4(\pi a^2)^2}{\pi\sin\theta}\{\}, \tag{L2.252}$$

[C.5.a.2]

这里对 p 的积分导致如下的冗长结果[12]:

$$\begin{aligned}\{\ \}=&\left[\overline{\Delta}_\perp^2+\frac{\overline{\Delta}_\perp(\overline{\Delta}_\parallel-2\overline{\Delta}_\perp)}{4}+\frac{(\overline{\Delta}_\parallel-2\overline{\Delta}_\perp)^2}{2^7}(1+2\cos^2\theta)\right]\\&\times\frac{6\mathrm{e}^{-2\kappa_{\mathrm{m}}l}}{(2\kappa_{\mathrm{m}}l)^4}\left[1+2\kappa_{\mathrm{m}}l+\frac{(2\kappa_{\mathrm{m}}l)^2}{2}+\frac{(2\kappa_{\mathrm{m}}l)^3}{6}\right]\\&+\left[\begin{array}{l}\left(\dfrac{\Gamma_{\mathrm{c}}}{\pi a^2n_{\mathrm{m}}}\right)\dfrac{\overline{\Delta}_\perp}{2}+\left(\dfrac{\Gamma_{\mathrm{c}}}{\pi a^2n_{\mathrm{m}}}\right)\dfrac{(\overline{\Delta}_\parallel-2\overline{\Delta}_\perp)}{16}\\-\overline{\Delta}_\perp^2-\dfrac{3\overline{\Delta}_\perp(\overline{\Delta}_\parallel-2\overline{\Delta}_\perp)}{8}-\dfrac{(\overline{\Delta}_\parallel-2\overline{\Delta}_\perp)^2}{2^6}(1+2\cos^2\theta)\end{array}\right]\\&\times\frac{1}{(2\kappa_{\mathrm{m}}l)^2}\mathrm{e}^{-2\kappa_{\mathrm{m}}l}[1+2\kappa_{\mathrm{m}}l]\\&+\left[\begin{array}{l}\left(\dfrac{\Gamma_{\mathrm{c}}}{\pi a^2n_{\mathrm{m}}}\right)^2\dfrac{1}{16}-\left(\dfrac{\Gamma_{\mathrm{c}}}{\pi a^2n_{\mathrm{m}}}\right)\dfrac{\overline{\Delta}_\perp}{4}-\left(\dfrac{\Gamma_{\mathrm{c}}}{\pi a^2n_{\mathrm{m}}}\right)\dfrac{(\overline{\Delta}_\parallel-2\overline{\Delta}_\perp)}{16}\\+\dfrac{\overline{\Delta}_\perp^2}{4}+\dfrac{\overline{\Delta}_\perp(\overline{\Delta}_\parallel-2\overline{\Delta}_\perp)}{8}+\dfrac{(\overline{\Delta}_\parallel-2\overline{\Delta}_\perp)^2}{2^7}(1+2\cos^2\theta)\end{array}\right]E_1(2\kappa_{\mathrm{m}}l).\end{aligned}$$

[239] 这里我们用到了指数型积分 $E_1(2\kappa_{\mathrm{m}}l)=-\gamma-\ln(2\kappa_{\mathrm{m}}l)-\sum_{n=1}^{\infty}[(-2\kappa_{\mathrm{m}}l)^n/nn!]$, 其中 $\gamma=0.5772156649$; 当自变量很大时, $E_1(2\kappa_{\mathrm{m}}l)\to[(\mathrm{e}^{-2\kappa_{\mathrm{m}}l})/(2\kappa_{\mathrm{m}}l)]$.

对于平行杆, 我们需要用到更复杂的程序, 并可导出下式[13]

$$g(l,\theta=0)=g_\parallel(l)=-\frac{2kT}{\pi^2}\kappa_{\mathrm{m}}^5\int_1^\infty f(p,\theta=0)K_0(2\kappa_{\mathrm{m}}pl)p^4\mathrm{d}p. \tag{L2.253}$$

这里 $K_0(x)$ 为修正的零阶贝塞尔圆柱函数:

$$g_\parallel(l)=-\frac{2kT\kappa_{\mathrm{m}}^5(\pi a^2)^2}{\pi^2}\{\}, \tag{L2.254}$$

[C.5.a.1]

其中

$$
\begin{aligned}
\{\ \} = & \left[\overline{\Delta}_{\perp}^{2} + \frac{\overline{\Delta}_{\perp}(\overline{\Delta}_{\parallel} - 2\overline{\Delta}_{\perp})}{4} + \frac{3(\overline{\Delta}_{\parallel} - 2\overline{\Delta}_{\perp})^{2}}{2^{7}}\right] \int_{1}^{\infty} K_{0}(2\kappa_{\mathrm{m}} pl) p^{4} \mathrm{d}p \\
& + \left[\begin{array}{l} \left(\dfrac{\Gamma_{\mathrm{c}}}{\pi a^{2} n_{\mathrm{m}}}\right) \dfrac{\overline{\Delta}_{\perp}}{2} + \left(\dfrac{\Gamma_{\mathrm{c}}}{\pi a^{2} n_{\mathrm{m}}}\right) \dfrac{(\overline{\Delta}_{\parallel} - 2\overline{\Delta}_{\perp})}{16} \\ -\overline{\Delta}_{\perp}^{2} - \dfrac{3\overline{\Delta}_{\perp}(\overline{\Delta}_{\parallel} - 2\overline{\Delta}_{\perp})}{8} - \dfrac{3(\overline{\Delta}_{\parallel} - 2\overline{\Delta}_{\perp})^{2}}{2^{6}} \end{array}\right] \int_{1}^{\infty} K_{0}(2\kappa_{\mathrm{m}} pl) p^{2} \mathrm{d}p \\
& + \left[\begin{array}{l} \left(\dfrac{\Gamma_{\mathrm{c}}}{\pi a^{2} n_{\mathrm{m}}}\right)^{2} \dfrac{1}{16} - \left(\dfrac{\Gamma_{\mathrm{c}}}{\pi a^{2} n_{\mathrm{m}}}\right) \dfrac{\overline{\Delta}_{\perp}}{4} - \left(\dfrac{\Gamma_{\mathrm{c}}}{\pi a^{2} n_{\mathrm{m}}}\right) \dfrac{(\overline{\Delta}_{\parallel} - 2\overline{\Delta}_{\perp})}{16} \\ + \dfrac{\overline{\Delta}_{\perp}^{2}}{4} + \dfrac{\overline{\Delta}_{\perp}(\overline{\Delta}_{\parallel} - 2\overline{\Delta}_{\perp})}{8} + \dfrac{3(\overline{\Delta}_{\parallel} - 2\overline{\Delta}_{\perp})^{2}}{2^{7}} \end{array}\right] \\
& \times \int_{1}^{\infty} K_{0}(2\kappa_{\mathrm{m}} pl) \mathrm{d}p.
\end{aligned}
$$

不幸的是, 上述关于 p 的积分并非对 $2\kappa_{\mathrm{m}}l$ 的所有值都是完全可解的. 当 $2\kappa_{\mathrm{m}}l \gg 1$ 时, 其为指数形式[14]:

$$
\int_{1}^{\infty} K_{0}(2\kappa_{\mathrm{m}} pl) p^{2q} \mathrm{d}p \sim \sqrt{\frac{\pi}{2}} \frac{\mathrm{e}^{-2\kappa_{\mathrm{m}} l}}{(2\kappa_{\mathrm{m}} l)^{3/2}}. \tag{L2.255}
$$

纯离子涨落

在仅有离子涨落的情形中, $\Delta_{\parallel} \to 0$ 和 $\Delta_{\perp} \to 0$, 并且当 $\kappa_{\mathrm{m}}l \gg 1$ 时,

$$
\begin{aligned}
g(l, \theta) & \rightarrow -\frac{kT \kappa_{\mathrm{m}}^{4} (\pi a^{2})^{2}}{\pi \sin\theta} \left[\left(\frac{\Gamma_{\mathrm{c}}}{\pi a^{2} n_{\mathrm{m}}}\right)^{2} \frac{1}{16}\right] E_{1}(2\kappa_{\mathrm{m}} l) \\
& = -\frac{kT (4\pi \lambda_{\mathrm{Bj}} n_{\mathrm{m}})^{2}}{16\pi \sin\theta} \left[\left(\frac{\Gamma_{\mathrm{c}}}{n_{\mathrm{m}}}\right)^{2}\right] \frac{\mathrm{e}^{-2\kappa_{\mathrm{m}} l}}{2\kappa_{\mathrm{m}} l} = -\frac{kT \pi \lambda_{\mathrm{Bj}}^{2}}{\sin\theta} \Gamma_{\mathrm{c}}^{2} \frac{\mathrm{e}^{-2\kappa_{\mathrm{m}} l}}{2\kappa_{\mathrm{m}} l},
\end{aligned} \tag{L2.256}
$$

[C.5.b.2]

$$
\begin{aligned}
g_{\parallel}(l) & \rightarrow -\frac{2kT \kappa_{\mathrm{m}}^{5} (\pi a^{2})^{2}}{\pi^{2}} \left\{\left[\left(\frac{\Gamma_{\mathrm{c}}}{\pi a^{2} n_{\mathrm{m}}}\right)^{2} \frac{1}{16}\right] \int_{1}^{\infty} K_{0}(2\kappa_{\mathrm{m}} pl) \mathrm{d}p\right\} \\
& \rightarrow -\frac{2kT \kappa_{\mathrm{m}}^{5}}{16\pi^{2}} \left(\frac{\Gamma_{\mathrm{c}}}{n_{\mathrm{m}}}\right)^{2} \sqrt{\frac{\pi}{2}} \frac{\mathrm{e}^{-2\kappa_{\mathrm{m}} l}}{(2\kappa_{\mathrm{m}} l)^{3/2}} = -\frac{kT \lambda_{\mathrm{Bj}}^{2}}{2} \Gamma_{\mathrm{c}}^{2} \sqrt{\pi} \frac{\mathrm{e}^{-2\kappa_{\mathrm{m}} l}}{\kappa_{\mathrm{m}}^{1/2} l^{3/2}}.
\end{aligned} \tag{L2.257}
$$

[240]

[C.5.b.1]

与平面和球形几何构形中的离子涨落力一样, 这里的指数形式也显示出双重屏蔽的效应, 唯一的区别在于分母与距离有关.

[241]

L2.4 计算

看法

值得注意的是, 很多人都认为直接由栗弗席兹理论来计算范德瓦尔斯力是很难的. 在几分钟的教学之后, 总是会出现这样的反应 “我以前不知道它这么容易”. 基本上, 我们要做的就是引入关于各 ε 值的实验列表信息, 并进行数值求和或积分以得到相互作用能.

光谱学的快速发展使我们可以这样来计算: 直接把材料对外加电磁场的响应变换为范德瓦尔斯力. 精确计算的发展前景取决于对材料 (与测量力时所用的材料相同) 的这些响应的测量. 这是因为: 在材料的成分、引起导电性的掺质、改变光谱的溶质、甚至引起各向异性的原子排列中的小变化, 都会产生定量的结果. 光谱的各种细节 (无论是处理材料所造成的意外结果, 还是为产生作用力所进行的人工修正) 都值得重视.

把这些数据与介电体理论相结合, 可以帮助我们思考吸收光谱的具体性质和力之间的联系, 从而建立起设计材料的技巧或找出关于所测得的力的解释. 在本书的范围之外, 有很多物理和工程方面的文献详细描述了如何把数据进行组合以得到可用的 $\varepsilon(\omega)$ 和 $\varepsilon(\mathrm{i}\xi)$ 值的实用方法. 为了使读者能够看懂这些文献, 本章首先介绍用来导出计算 ε 的方法的基本物理性质和语言. 接着给出利用 ε 的不同近似表达来计算力的各种方法的例子.

L2.4.A 介电响应的性质

本书其它地方强调过, 在物理上建立一个电磁力, 就是构成系统的各种材料中所有电荷与电磁场随时间变化的相关涨落. 每一处的电荷涨落可以是自发的, 也可以是它对于别处涨落所建立的电场的响应. 介电极化率是一个实验上的量, 它可以把材料对外加电场的响应以及自发涨落的大小加以整理并表示出来.

[242]

在应用较简单的范德瓦尔斯力现代理论时, 有很多无谓的失败是来自于其语言, 即介电极化率所采用的不平常形式. 对许多人而言, “复数介电极化率” 和 “虚频率” 都是陌生语言中的术语. 介电极化率描述的是: 材料被置于电场中之后的反应. 一个虚频率的场就是随时间成指数变化的场, 而非振荡的正弦波.

实际上, 通常考虑的是材料对振荡场的响应 —— 吸收、反射、透射、折射, 等等. 我们可以把电磁波的各吸收频率与材料的固有运动相联系. 如果必要的话, 可以利用振荡场的响应来了解材料在非振荡场中的行为.

也可以从另一个途径来考虑因果关系. 材料中电荷的固有运动必定会产生电场, 其随时间变化的光谱性质来自于材料是如何吸收外加场能量的知识 (“涨落耗散定理”). 正是这些自发产生的电场和其源电荷之间的关联导致了范德瓦尔斯力. 在更深的层次上, 我们甚至可以把所有这些电荷与场的涨落看成为在 (空无一物的) 真空中自发产生的电磁场的结果或畸变.

技巧

如何理解从光谱到电荷涨落的转换? 它可以归结为创建出适当的语言来保存信息:

1. 认识到因果性. 一个结果 (电荷位移) 必定来自于一个原因 (外加电场).

2. 对原因和结果作频率分析, 以便导出对全频率段上的电磁波的响应函数.

3. 利用材料的全频率响应, 来说明材料是如何响应 (并产生) 随时间变化的任意电磁场的.

实际上, 即使是关于 “全频率段” 的要求有时也可以降低些, 因为我们可以识别出在力的具体计算中起重要作用的响应性质. 关于介电响应语言的主要限定条件是: 其对电场的约束应该足够弱而仅导致线性响应. 此 “弱场条件” 不会对处于热平衡态的材料间力的计算带来限制.

一些基本定义

“介电” 指的是材料对于施加在它整体上的电场的响应 ($\delta\iota$ 或 $\delta\iota\alpha$, 希腊文 *di* 或 *dia* 表示 “整体”). 回忆一下, “介电常量” ε 是把材料中的常量电场 $\boldsymbol{E}$ 和材料对场的响应 (电极化 $\boldsymbol{P}$) 联系起来的比例系数 (注意, 这里用的是 cgs 高斯制).

$$\boldsymbol{E}+4\pi\boldsymbol{P}=\varepsilon\boldsymbol{E}\quad[\text{或 } 4\pi\boldsymbol{P}=\boldsymbol{E}(\varepsilon-1)], \tag{L2.258}$$

其中 $\boldsymbol{E}+4\pi\boldsymbol{P}$ 是介电感应 [243]

$$\boldsymbol{D}=\boldsymbol{E}+4\pi\boldsymbol{P}. \tag{L2.259}$$

如果介质是 “真空”, 则不可能有极化, 故 $\boldsymbol{E}=\varepsilon\boldsymbol{E}$ 和 $\varepsilon\equiv 1$. 但在材料物质中, 正、负电荷会有正比于电场的移动. 极化率系数 χ 定义为

$$\boldsymbol{P}=\chi\boldsymbol{E},\ \text{故}\ \ \varepsilon=1+4\pi\chi. \tag{L2.260}$$

任何物质的材料性质都可以通过 ε 对 1 的偏离来测量. 这里所用的 $\boldsymbol{E},\boldsymbol{P}$ 和 $\boldsymbol{D}$ 是对材料内部的一个小体积求出的平均值, 此体积比分子尺寸和间距大得多, 故能够把其所含的材料看成宏观连续体.

在测量中, 当已知的外场 $\boldsymbol{E}_{\text{outside}}$ 施于材料样品时, 通过不带自由电荷的材料界面处的两个边界条件, 可以把此 $\boldsymbol{E}_{\text{outside}}$ 与内场 $\boldsymbol{E}_{\text{inside}}$ 联系起来:

1. $\boldsymbol{E}_{\text{outside}}$ 和 $\boldsymbol{E}_{\text{inside}}$ 的平行于表面的分量是相同的,

2. 垂直于表面的分量之间的关系为 $\varepsilon_{\text{outside}}\boldsymbol{E}_{\text{outside}} = \varepsilon_{\text{inside}}\boldsymbol{E}_{\text{inside}}$.

极化响应的因果性

现在来研究材料对于随时间变化的电场 $\boldsymbol{E}(t)$ 的响应. 材料对于外加场有一些记忆, 故其在时刻 t 的极化度 $\boldsymbol{P}(t)$ 会反映出时刻 t 以及此前的外加电场. 从早于 t 的各时刻 τ 的外加电场 $\boldsymbol{E}(t-\tau)$ 出发, 想象有一个记忆函数 $f(\tau)$ 可以给出时刻 t 的 $4\pi\boldsymbol{P}(t)$. 当 τ 趋于无穷大, $f(\tau)$ 必须趋于 0, 因为极化度无法反映出在无限长时间之前所施加的场的效应. (忽略滞后现象). 函数 $f(\tau)$ 不可能趋于无限值, 因为这将意味着材料对有限场有一个无限快或无限强的响应. 由于 $\boldsymbol{E}(t)$ 和 $\boldsymbol{P}(t)$ 都是物理真实量, 故 $f(\tau)$ 是数学上的实数.

$\boldsymbol{P}(t)$ 和 $\boldsymbol{E}(t-\tau)$ 的这种关系可以写成一个积分, 把此前所有时间的经历累加起来:

$$4\pi\boldsymbol{P}(t) = \int_0^\infty f(\tau)\boldsymbol{E}(t-\tau)\mathrm{d}\tau. \tag{L2.261}$$

由于因果关系, 我们仅考虑正的 τ 值. 这点虽然看起来是明显的, 但还是值得明确地指出. 所以结果 ($\boldsymbol{P}$) 只能发生在原因 ($\boldsymbol{E}$) 之后.

使用频率的语言

一个随时间变化的电场可以表示为各傅里叶分量 $\boldsymbol{E}_\omega$ 与时间变化因子 $\mathrm{e}^{-\mathrm{i}\omega t}$ 的乘积之和:

$$\boldsymbol{E}(t) = \int_{-\infty}^\infty \boldsymbol{E}_\omega \mathrm{e}^{-\mathrm{i}\omega t}\mathrm{d}\omega/2\pi. \tag{L2.262}$$

ω 是以弧度每秒为单位的圆频率. 通常实验人员考虑的频率 ν 是以 Hz 为单位, 或者描述得更清楚些, 以 "圈数每秒" 为单位. 两者间的转换为 $\omega = 2\pi\nu$. 圆频率的优势在于书面表达上, 即可以写成 $\cos(\omega t)$, 而非 $\cos(2\pi\nu t)$. (以弧度单位来定义时, 单位圆的周长为 2π.)

[244] 类似地, 电位移 $\boldsymbol{D}(t)$ 和极化度 $\boldsymbol{P}(t)$ 也可以对频率做分解. 各 $\boldsymbol{D}_\omega$ 和 $\boldsymbol{E}_\omega$ 之间的关系可以通过系数 $\varepsilon(\omega)$ 来表示:

$$\boldsymbol{D}_\omega = \boldsymbol{E}_\omega + 4\pi\boldsymbol{P}_\omega = \varepsilon(\omega)\boldsymbol{E}_\omega, \tag{L2.263}$$

其中

$$\varepsilon(\omega) \equiv 1 + \int_0^\infty f(\tau)\mathrm{e}^{\mathrm{i}\omega\tau}\mathrm{d}\tau. \tag{L2.264}$$

这里需要详细说明一下. 考虑

$$\boldsymbol{E}_\omega \equiv \int_{-\infty}^\infty \boldsymbol{E}(t)\mathrm{e}^{\mathrm{i}\omega t}\mathrm{d}t;\quad \boldsymbol{P}_\omega \equiv \int_{-\infty}^\infty \boldsymbol{P}(t)\mathrm{e}^{\mathrm{i}\omega t}\mathrm{d}t;\quad \boldsymbol{D}_\omega \equiv \int_{-\infty}^\infty \boldsymbol{D}(t)\mathrm{e}^{\mathrm{i}\omega t}\mathrm{d}t, \tag{L2.265}$$

并利用关系 [(L2.261) 式]

$$4\pi\boldsymbol{P}(t)=\int_0^\infty f(\tau)\boldsymbol{E}(t-\tau)\mathrm{d}\tau. \tag{L2.266}$$

就得到

$$\begin{aligned}4\pi\boldsymbol{P}_\omega&\equiv\int_{-\infty}^\infty\int_0^\infty f(\tau)\boldsymbol{E}(t-\tau)\mathrm{e}^{\mathrm{i}\omega t}\mathrm{d}\tau\mathrm{d}t\\&=\int_{-\infty}^\infty\int_0^\infty f(\tau)\mathrm{e}^{\mathrm{i}\omega\tau}\mathrm{d}\tau\boldsymbol{E}(t-\tau)\mathrm{e}^{\mathrm{i}\omega(t-\tau)}\mathrm{d}(t-\tau) \qquad (\text{L2.267})\\&=\left[\int_0^\infty f(\tau)\mathrm{e}^{\mathrm{i}\omega\tau}\mathrm{d}\tau\right]\times\left[\int_{-\infty}^\infty\boldsymbol{E}(t')\mathrm{e}^{\mathrm{i}\omega t'}\mathrm{d}t'\right]=\int_0^\infty f(\tau)\mathrm{e}^{\mathrm{i}\omega\tau}\mathrm{d}\tau\times\boldsymbol{E}_\omega,\end{aligned}$$

(L2.268)

从中可以推导出 (L2.264) 式.

我们看到, 由此关系式中的 $\varepsilon(\omega)$ 可以找出记忆函数 $f(\tau)$ 的频率特性. 利用此数学形式, 从纯数学的角度把 $\varepsilon(\omega)$ 看成一个复函数

$$\varepsilon(\omega)=\varepsilon'(\omega)+\mathrm{i}\varepsilon''(\omega) \tag{L2.269}$$

实部和虚部分别为 $\varepsilon'(\omega)$ 和 $\varepsilon''(\omega)$. 因为 (L2.264) 式中用于推导 $\varepsilon(\omega)$ 的因子 $\mathrm{e}^{\mathrm{i}\omega t}$ 为实部与虚部之和, 所以可自动得到关于 $\varepsilon(\omega)$ 的分解.

频率 ω 本身可以看成是一个复变量. 我们不仅考虑场的正弦振荡, 还要用频率的语言来讨论呈指数减小或增大的场. 此语言能用于讨论真实材料, 在材料内部可以发生电场或电荷涨落, 其以物质的固有频率振荡, 并随时间衰减.

由此, 我们把 ω 看成 “实” ω_R 和 “虚” ξ 两部分的组合:

$$\omega=\omega_\mathrm{R}+\mathrm{i}\xi \tag{L2.270}$$

就像第 1 级中描述过的那样, 函数 $\mathrm{e}^{\mathrm{i}\omega t}$ 可以分解成两个指数因子之积 $\mathrm{e}^{\mathrm{i}\omega t}=\mathrm{e}^{\mathrm{i}\omega_\mathrm{R}t}\mathrm{e}^{-\xi t}$. “复频率” 的语言可用于描述振荡 $\mathrm{e}^{\mathrm{i}\omega_\mathrm{R}t}$, 以及指数变化 $\mathrm{e}^{-\xi t}$. 这样, 当我们说起 $\varepsilon(\omega)$ 时, 想到的就是两个实变量 ω_R 和 ξ 的函数. 我们可以很方便地在以 ω_R 和 ξ 为轴的复频率平面上画出响应 $\varepsilon(\omega)$. 材料的介电响应 $\varepsilon(\omega)$ 是这两个变量的函数 (见图 L2.21). [245]

响应函数必定具备的性质

把 $\varepsilon(\omega)=\varepsilon'(\omega)+\mathrm{i}\varepsilon''(\omega)$ 对 ω_R 和 ξ 展开:

$$\varepsilon(\omega)=\varepsilon'(\omega)+\varepsilon''(\omega)=1+\int_0^\infty f(\tau)\mathrm{e}^{\mathrm{i}\omega\tau}\mathrm{d}\tau=1+\int_0^\infty f(\tau)\mathrm{e}^{\mathrm{i}\omega_\mathrm{R}\tau}\mathrm{e}^{-\xi\tau}\mathrm{d}\tau. \tag{L2.271}$$

由此形式我们就可以推断 $\varepsilon(\omega)$ 具有下列性质:

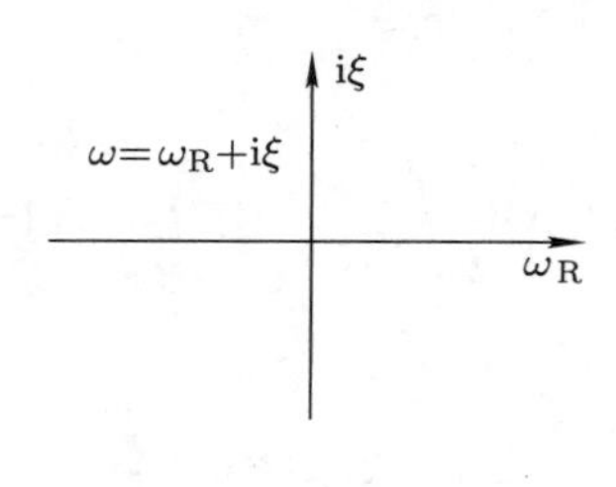

图 L2.21

1. 对于 $\xi > 0$, 即在复频率平面的上半部分, $\varepsilon(\omega)$ 必定保持为有限, 因为 $f(\tau)$ 是有限的. (又是因果性! τ 只能取正值.) ξ 因子为正, 即 $\mathrm{e}^{-\xi\tau} \leqslant 1$, 保证了此积分绝不会发散.

2. 在实频率轴上, $\xi = 0$ 以及 $\mathrm{e}^{\mathrm{i}\omega_{\mathrm{R}}\tau} = \cos(\omega_{\mathrm{R}}\tau) + \mathrm{i}\sin(\omega_{\mathrm{R}}\tau)$, $\varepsilon(\omega_{\mathrm{R}})$ 的实部是频率的偶函数,

$$\varepsilon'(\omega_{\mathrm{R}}) = 1 + \int_0^\infty f(\tau)\cos(\omega_{\mathrm{R}}\tau)\mathrm{d}\tau, \quad \varepsilon'(\omega_{\mathrm{R}}) = \varepsilon'(-\omega_{\mathrm{R}}); \tag{L2.272}$$

而 $\varepsilon(\omega_{\mathrm{R}})$ 的虚部是奇函数,

$$\varepsilon''(\omega_{\mathrm{R}}) = \int_0^\infty f(\tau)\sin(\omega_{\mathrm{R}}\tau)\mathrm{d}\tau, \quad \varepsilon''(\omega_{\mathrm{R}}) = -\varepsilon''(-\omega_{\mathrm{R}}). \tag{L2.273}$$

3. 在虚频率轴上, $\omega_{\mathrm{R}} = 0$, 而

$$\varepsilon(\mathrm{i}\xi) = 1 + \int_0^\infty f(\tau)\mathrm{e}^{-\xi\tau}\mathrm{d}\tau \tag{L2.274}$$

是纯的实函数, $\varepsilon''(\mathrm{i}\xi) = 0$. 对于正的 $\xi, \varepsilon(\mathrm{i}\xi)$ 随着 ξ 而单调递减. 由于响应函数的基本性质蕴含在 $f(\tau)$ 中, 故在 $\varepsilon'(\omega_{\mathrm{R}}), \varepsilon''(\omega_{\mathrm{R}})$, 以及 $\varepsilon(\mathrm{i}\xi)$ (由于其在计算中的重要性) 之间必然存在着联系, 即 Kramers-Kronig 关系式[1]. 对于正的 ξ,

$$\varepsilon(\mathrm{i}\xi) = 1 + \frac{2}{\pi}\int_0^\infty \frac{\omega_{\mathrm{R}}\varepsilon''(\omega_{\mathrm{R}})}{\omega_{\mathrm{R}}^2 + \xi^2}\mathrm{d}\omega_{\mathrm{R}} \tag{L2.275}$$

[246] 此变换提供了在实频率 ω_{R} 处测得的结果和计算力时所用到的 $\varepsilon(\mathrm{i}\xi)$ 之间的转换. 对于导体, $\varepsilon(\xi \to 0) = \infty$, 除此之外, $\varepsilon(0)$ 都是有限的. 在复频率平面的整个下半部分, $\xi < 0$, 而由于因子 $\mathrm{e}^{-\xi\tau}$ 趋于无穷大, 故 $\varepsilon(\mathrm{i}\xi)$ 可以取无限大值.

理想电容器中的介电响应

我们不再继续如此正式的讨论, 而从例证模型的角度来考虑介电极化率. 概念上最简单的介电响应图像就是材料在电路中的响应. 考虑一个像三明治那样的电容器, 其两块平行导电极板间充满了有趣的材料 (见图 L2.22).

这里, 电容器的两块单位面积平行极板间距为 d. 它们当中的空间充满了一种均匀物质. 在此例中, 取厚度 d 小于任一外加电场的波长. (厚度 d 与横向尺度相比也是非常小的, 故无边界效应.)

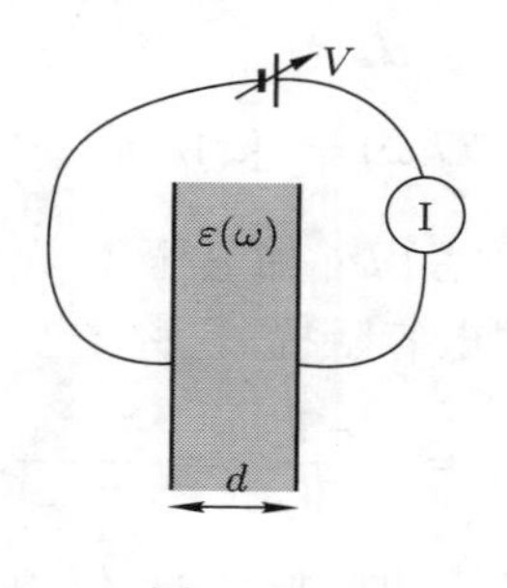

图 L2.22

在这里讨论的线性响应范围内, 物质两侧的振荡电压差 V 可以写成以下形式

$$V(t) = V_\omega \mathrm{Re}(\mathrm{e}^{-\mathrm{i}\omega t}) = V_\omega \cos(\omega t). \tag{L2.276}$$

把外加电压写成这样冗长的方式, 是为了既保持复数振荡 $\mathrm{e}^{-\mathrm{i}\omega t}$ 的语言, 又能提醒我们电压是数学上的实数. 这里用了电容器模型来描述, 同时把 V_ω 和 ω 也定义为实数 (把 ω_R 中麻烦的下标 R 暂时略去, 表示施加到电容器极板上或在其间测到的正弦频率).

此系统的电容定义为: 在给定电压 V_ω 时, 每块极板上可以储存的电荷值为 Q_ω:

$$C(\omega) = Q_\omega / V_\omega. \tag{L2.277}$$

电容的有趣之处来源于两块极板间所存在的材料. 在相对平庸的情形中, 两块极板仅由真空隔开, 其电容记为 C_0. 居间物质的介电极化率 $\varepsilon(\omega)$ 定义为测得的电容 $C(\omega)$ 与 C_0 的比值:

$$\varepsilon(\omega) \equiv C(\omega)/C_0. \tag{L2.278}$$

物质能够通过其内部的电荷移动对外加电压发生反应. 正电荷朝着负极板移动; 而负电荷朝着正极板移动. 如果外加电压是振荡的, 则电荷的响应必须足够快以便跟上电压的变化.

在外加频率很高的极限下, 材料内部的电荷无法再与外场保持同步. 材料的响应就和真空情形中一样:

$$\varepsilon(\omega \to \infty) \to 1. \tag{L2.279}$$

[247] 真空中的每单位面积电容为 (在 cgs 制中)

$$C_0 = 1/4\pi d. \tag{L2.280}$$

极板间有介质材料的电容为

$$C(\omega) = \varepsilon(\omega)/4\pi d. \tag{L2.281}$$

为了帮助我们培养直觉, 考虑外加电压 $V(t)$ 所产生的电流 $I(t)$. 由基本的电路理论可知, 对此电压的电容阻抗, 或称 "电抗", 为

$$Z_\omega = \frac{-1}{\mathrm{i}\omega C(\omega)} = \frac{-4\pi d}{\mathrm{i}\omega\varepsilon(\omega)}. \tag{L2.282}$$

振荡的 $V(t)$ 所产生的电流 $I(t)$ 也是振荡的, 但相位有所变化. 我们还可以把对应于频率 ω 的 $I(t)$ 写成

$$I(t) = \mathrm{Re}(I_\omega \mathrm{e}^{-\mathrm{i}\omega t}), \tag{L2.283}$$

但是必须记住: I_ω 可以是复数. 从形式上看, 这是因为阻抗是复数; 在物理上, 则是因为 I_ω 与外加电压部分 V_ω 的相位不同 (为了把电压取为相位的参考点, V_ω 定义为实数):

$$I_\omega = \frac{V_\omega}{Z_\omega} = -V_\omega \frac{\mathrm{i}\omega\varepsilon(\omega)}{4\pi d} = +\frac{\omega V_\omega}{4\pi d}[-\mathrm{i}\varepsilon'(\omega) + \varepsilon''(\omega)]. \tag{L2.284}$$

于是, 明确地写出 $\mathrm{e}^{-\mathrm{i}\omega t} = \cos(\omega t) - \mathrm{i}\sin(\omega t)$, 我们就可以得到电流为

$$\begin{aligned} I(t) = \mathrm{Re}(I_\omega \mathrm{e}^{-\mathrm{i}\omega t}) &= +\frac{\omega V_\omega}{4\pi d}\{-\mathrm{i}\varepsilon'(\omega)[-\mathrm{i}\sin(\omega t)] + \varepsilon''(\omega)\cos(\omega t)\} \\ &= +\frac{\omega V_\omega}{4\pi d}[\varepsilon''(\omega)\cos(\omega t) - \varepsilon'(\omega)\sin(\omega t)]. \end{aligned} \tag{L2.285}$$

此电流的一部分, $\varepsilon''(\omega)\cos(\omega t)$, 随着 $V_\omega\cos(\omega t)$ 同时变化, 而第二部分, $-\varepsilon'(\omega)\sin(\omega t)$, 与电压的相位差为 90°.

由此特征我们看出, $\varepsilon(\omega)$ 的实部和虚部之间存在着物理上的差异, 这点可以给我们启发. 考察维持振荡电流所需的平均功率, 即 "电流 × 电压" 的时间平均. 结果中会出现两个特点:

1. 相位差 90° 的项的平均值为零, 因为

$$\lim_{T\to\infty}\frac{1}{2T}\int_{-T}^{T}\sin(\omega t)\cos(\omega t)\mathrm{d}(\omega t) = 0. \tag{L2.286}$$

2. 同相位项的平均值不为零, 因为

$$\lim_{T\to\infty}\frac{1}{2T}\int_{-T}^{T}\cos^2(\omega t)\mathrm{d}(\omega t) = 1/2. \tag{L2.287}$$

这里的时间平均中出现了因子 1/2, 故由 "电流 × 驱动电压" 得到的平均能量损耗为

$$\frac{1}{2}\mathrm{Re}(I_\omega V_\omega)=\frac{1}{2}\mathrm{Re}\left(\frac{V_\omega}{Z_\omega}V_\omega\right)=\frac{1}{2}\mathrm{Re}\left[-V_\omega^2\frac{\mathrm{i}\omega\varepsilon(\omega)}{4\pi d}\right]=\frac{1}{2}\frac{V_\omega^2}{4\pi d}\omega\varepsilon''(\omega). \quad \text{(L2.288)}$$

这就是电路系统中为大家所熟知的结果, 它向我们传递了一些基本信息. 由于实频率轴上的 $\varepsilon''(\omega_\mathrm{R})$ 是奇函数 [(L2.273) 式], 故乘积 $\omega_\mathrm{R}\varepsilon''(\omega_\mathrm{R})$ 总是正的. 一个外加的正弦实频率只会消耗能量. $\omega_\mathrm{R}\varepsilon''(\omega_\mathrm{R})$ 正比于材料的 "振子强度", 可用来测量耗散, 即从振荡场吸收的电能. 这种吸收电磁能的能力是材料的特性, 可以转换为计算力时所用到的虚频率极化率 $\varepsilon(\mathrm{i}\xi)$. [248]

在 $\varepsilon''(\omega)$ 为零的那些频率处, 不需要任何功来维持外加电压. 电场在半个周期中对材料做功; 而材料中的回复力在另外半个周期中又把这部分功归还回去. 极化率的实部 $\varepsilon'(\omega)$ 所测量的是材料的弹性, 即储存并归还电能的能力.

在 "共振频率" 处, $\varepsilon(\omega)$ 的实部 $\varepsilon'(\omega)$ 等于或接近于零, 而 $\varepsilon''(\omega)$ 是比较大的. 系统中的电荷与外加电压同步运动; 只有很少的功或没有功归还给外部的驱动电压源. 场所做的功退化为样品内部的热量.

当电荷运动的固有频率接近外加场的频率时, 就会出现共振频率或吸收频率. 吸收频率就是在力中出现的值, 其与电荷自发涨落有关, 这点并不奇怪 (见图 L2.23).

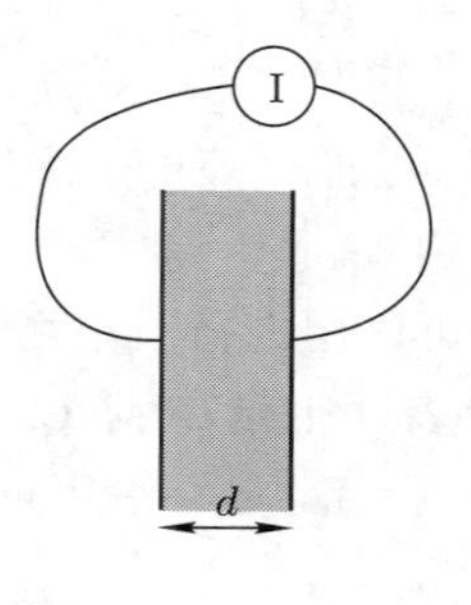

图 L2.23

现在考虑电容性响应的逆过程. 移除驱动电压源 $V(t)$; 把旧的电流计替换为理想的灵敏设计, 来测量电荷自发涨落所引起的电流. 由于材料处于有限温度, 故电荷会发生热扰动. 此类涨落的频率对应于材料内部电荷的固有运动. [2] 由于不确定性, 不可能同时测量出位置和运动, 即使在很低温度下, 基于不确定性原理的零点运动也能建立起具有固有频率的电场和磁场.

由关于任意电路系统中电流涨落的一般定理, 在圆频率 ω 处的方均电流为 [3]

$$(I^2)_\omega=\frac{\hbar\omega}{2\pi}\coth\left(\frac{\hbar\omega}{2kT}\right)\mathrm{Re}\left(\frac{1}{Z_\omega}\right). \quad \text{(L2.289)}$$

其中, $\hbar\omega$ 是频率为 ω 值的光子能量, 而 kT 是热能.

对于 $\hbar\omega \ll kT$ 的频率, 即经典极限,

$$\frac{\hbar\omega}{2\pi}\coth\left(\frac{\hbar\omega}{2kT}\right) \to \frac{kT}{\pi}, \tag{L2.290}$$

电流涨落是正比于温度的.

对于量子极限, $\hbar\omega \gg kT$,

$$\frac{\hbar\omega}{2\pi}\coth\left(\frac{\hbar\omega}{2kT}\right) \to \frac{\hbar\omega}{2\pi}, \tag{L2.291}$$

电流涨落的强度随光子能量 $\hbar\omega$ 而变化.

[249] 利用

$$Z_\omega = \frac{-1}{\mathrm{i}\omega \mathrm{C}(\omega)} = \frac{-4\pi d}{\mathrm{i}\omega\varepsilon(\omega)}, \quad \mathrm{Re}\left[\frac{1}{Z_\omega}\right] = \frac{\omega\varepsilon''(\omega)}{4\pi d},$$

可以把频率 ω 处的电流涨落的平方写成

$$(I^2)_\omega = \frac{\hbar\omega}{2\pi}\coth\left(\frac{\hbar\omega}{2kT}\right)\frac{\omega\varepsilon''(\omega)}{4\pi d}, \tag{L2.292}$$

其涨落显式地依赖于 $\omega\varepsilon''(\omega)$, 就像耗散情形一样.

例如, 在高温时, 我们的理想设计中的电流涨落为

$$\frac{kT}{\pi}\frac{\omega\varepsilon''(\omega)}{4\pi d} = kT\frac{\omega\varepsilon''(\omega)}{(2\pi)^2 d}. \tag{L2.293}$$

从这里出发, 只需要一小步就可以推出等价的表述, 即关于电路 (电阻为 R) 中热涨落的电流噪声的 Nyquist 定理. [4]

涨落可以用电流表示, 也可以用电荷或电场表示.

电荷涨落: I_ω 是电容器表面上的电荷 Q_ω 对时间的导数. 即 $I(t) = (\partial Q/\partial t)$, 其中 $Q(t)$ 为 $\mathrm{Re}(Q_\omega \mathrm{e}^{-\mathrm{i}\omega t})$. 对于给定的频率分量, $|I_\omega| = \omega|Q_\omega|$, 而 (L2.292) 式给出

$$(Q^2)_\omega = \frac{\hbar}{8\pi^2 d}\coth\left(\frac{\hbar\omega}{2kT}\right)\varepsilon''(\omega). \tag{L2.294}$$

虽然这里只用了电容器模型来进行描述, 但涨落与极化率的耗散部分 $\varepsilon''(\omega)$ 之间的这些关系式是普遍成立的. 它们的适用范围远大于此处用作说明的理想电容器的例子. 由于电路方程给出了明确的关系式, 这里我们可以把涨落用许多等价的术语 (电流, 电压, 电荷, 场) 来表示, 但这并非普遍情形. 不过, 一个变量的某类涨落常常可以转换为另一个变量的涨落.

这里所讨论的几种涨落中, 哪一种是真正基本的? 在理论上, 最容易的概念可能就是考虑电荷涨落. 而在实验中, 最可行的操作是测出电压或电流中的涨落. 我们用各种方法进行研究.

在各光学频率处所看到的极化率: 在各光学频率处, 我们通常考虑圆频率 $\omega_{\rm R}$ 的光的传播和衰减过程中的折射率 $n_{\rm ref}(\omega_{\rm R})$ 以及吸收系数 $\kappa_{\rm abs}(\omega_{\rm R})$. 这些值与极化率 ε 的关系为

$$\varepsilon = (n_{\rm ref} + {\rm i}\kappa_{\rm abs})^2, \tag{L2.295}$$

因此

$$\varepsilon'(\omega) = n_{\rm ref}^2 - \kappa_{\rm abs}^2, \tag{L2.296}$$

$$\varepsilon''(\omega) = 2n_{\rm ref}\kappa_{\rm abs}. \tag{L2.297}$$

由测得的 $n_{\rm ref}$ 和 $\kappa_{\rm abs}$ 可以导出 $\varepsilon'(\omega)$ 和 $\varepsilon''(\omega)$. 例如, 它们可以通过光反射得到, 当物质在真空中时, 光垂直入射到平表面上的反射系数为

$$\text{反射率} = \frac{(n_{\rm ref} - 1)^2 + \kappa_{\rm abs}^2}{(n_{\rm ref} + 1)^2 + \kappa_{\rm abs}^2} \tag{L2.298}$$

在透明介质中, $\kappa_{\rm abs} = 0$, 平面波的形式为 ${\rm e}^{{\rm i}\kappa_{\rm abs} n_{\rm ref} x}$, 其中 $\kappa_{\rm abs} = (2\pi/\lambda_0)$, 而 λ_0 是真空中的波长. [250]

在吸收介质中, $\kappa_{\rm abs} \neq 0$, 此波以 ${\rm e}^{{\rm i}\kappa_{\rm abs} n_{\rm ref} x}$ 的形式衰减. 复折射率 $n_{\rm ref} + {\rm i}\kappa_{\rm abs}$ 的虚部 κ 可用来量度电磁波的衰减 (如在分光光度计中所看到的那样). 我们把 $\kappa_{\rm abs}(\omega)$ 称为光的吸收谱. 在高吸收的极限下 ($\kappa_{\rm abs} \to \infty$), 例如理想金属, 物体会表现出最大的反射率 (反射率 $\to 1$) (见图 L2.24).

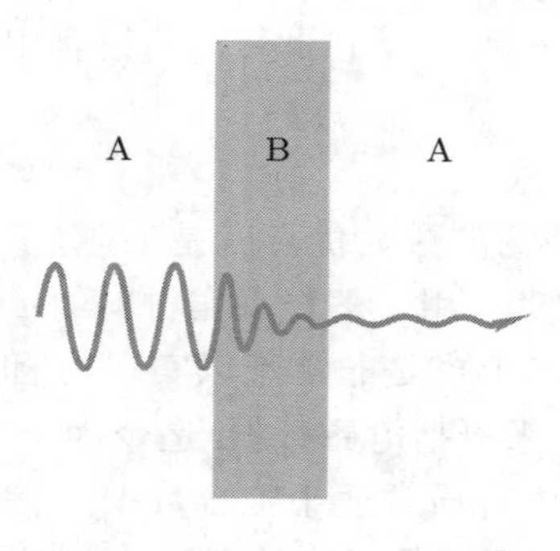

图 L2.24

能量损耗谱

除了讨论光发出的电磁场以外, 我们还可以考虑带电粒子穿过电介质的情形. 在运动电荷周围的材料中, 各点都会感受到一个随时间变化的电场 $\boldsymbol{E}(t)$, 其频率分布与粒子速度有关. 此场做的功正比于 $\varepsilon''(\omega)$, 更精确地说, 是正比于 $\{[\omega\varepsilon''(\omega)]/[\varepsilon'(\omega)^2 + \varepsilon''(\omega)^2]\}$, 即使得带电粒子运动变慢的耗散功, 其中

$\omega = \omega_{\rm R}$ [5]. 通过探测各粒子在不同速度时的能量损耗, 或“阻止能力”, 可以给出材料的响应谱 (见图 L2.25).

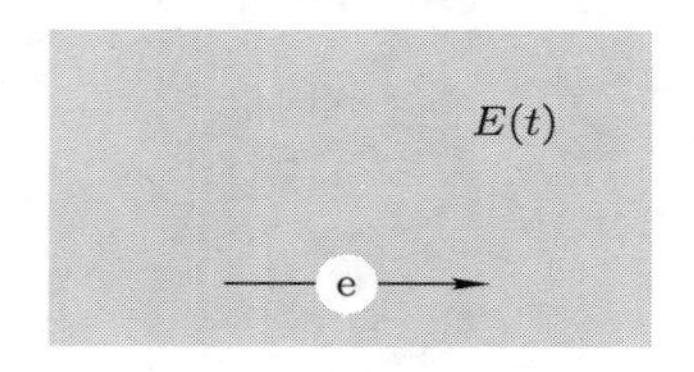

图 L2.25

已经证明: 在计算范德瓦尔斯力所需收集的数据中, 价电子的能量损耗谱是最有用的 (由于其速度范围很大).

数据的数值存储

在现代的工作中, 通常把几种光谱学的组合信息以数值方式存储起来. 对于无法由光谱得到的电子响应, 以及由不同测量形式所给出的各类信息的差别, 通常可以由“求和规则”来调和, 此规则对所有电子所表现出的总作用做了限制. [6]

在实际应用中, 质量 m_e 的电子的“带间跃迁强度”为

$$J_{\rm cv}(\omega) = J'_{\rm cv}(\omega) + {\rm i}J''_{\rm cv}(\omega) = \frac{m_e^2}{e^2}\frac{\omega^2}{8\pi^2}[\varepsilon''(\omega) + {\rm i}\varepsilon'(\omega)] = -\frac{m_e^2}{e^2}\frac{\omega^2}{8\pi^2}\varepsilon^*(\omega), \quad \text{(L2.299)}$$

其中, 在实频率 $\omega = \omega_{\rm R}$ 处测得的 $\varepsilon^*(\omega) = \varepsilon'(\omega) - {\rm i}\varepsilon'(\omega)$, 把电子响应与各种探测紧密联系起来, 汇编成条目. [7,8] 在此 $J_{\rm cv}$ 的语言中, 数据被储存、转换, 并用于数值计算.

[251]

关于 ε 的近似振子形式

关于电动力的现代理论的最大优点就是: 其对于介电极化率和磁化率抱有“经验 – 不可知论”的态度. 用于解释真实材料的 ε 行为的严格物理理论通常是不完整的, 而且在技术上也是非常难以实现的. 但出于计算的目的, 我们仅需要以一种方便的形式来概括电磁数据. 迄今为止, 实际的方法是利用光谱学家的经验, 因为他们的语言通常适于拟合数据, 或者至少可以存储数据. [9] 在实践中, 通常更倾向于把原始数据或处理过的数据储存起来, 而不是硬把它们套进一个特定的形式中.

不过, 使用把数据放进模型的数学形式中的方法, 通常有助于我们思考产生力的电荷涨落源. 简化的形式常常能够帮助我们思考材料的相关行为; 它们也可以确保我们对不完整数据的解释与介电响应的根本性质相符合.

幸运的是, $\varepsilon(\omega)$ 的定性数学形式, 或更具体地说, $\varepsilon({\rm i}\xi)$ 的定性数学形式, 实际上是由其物理定义给出的. 基本的性质为:

1. ε 是电场和极化之间的线性系数 [(L2.263)–(L2.268) 式].

2. ε 不会破坏因果律的方向 [(L2.261) 式].

随时间而变的极化度与外加电场之间的一般线性关系可以写成微商之和:

$$\sum_k a_k \frac{\mathrm{d}^k \boldsymbol{P}(t)}{\mathrm{d}t^k} = \boldsymbol{E}(t). \tag{L2.300}$$

在各个频率处, $\boldsymbol{P}(t) \sim \boldsymbol{P}_\omega \mathrm{e}^{-\mathrm{i}\omega t}, \boldsymbol{E}(t) \sim \boldsymbol{E}_\omega \mathrm{e}^{-\mathrm{i}\omega t}$, 微商可以产生因子 $(-\mathrm{i}\omega)^k$:

$$\sum_k (-i\omega)^k a_k \boldsymbol{P}_\omega = \boldsymbol{E}_\omega. \tag{L2.301}$$

由因果律, $\varepsilon(\mathrm{i}\xi)$ [(L2.275) 式] 必定为正, 并随正的 ξ 值增大而单调递减. 对于$\omega = \mathrm{i}\xi$, 由 $\xi > 0$, 形式

$$\sum_k (-\mathrm{i}\omega)^k a_k = \sum_k \xi^k a_k \tag{L2.302}$$

要求所有的 a_k 都必须为正实数.

在实频率轴 ($\omega = \omega_\mathrm{R}$) 上, 以及在复频率平面的下半部分 ($\xi \leqslant 0$), 分母 $\sum\limits_{k=0}^{\infty} (\mathrm{i}\omega)^k a_k$ 都可以趋于零. 在这些地方, $\varepsilon(\omega)$ 可以取对应于共振条件 (即一个外加振荡场可以激发很大的电荷位移) 的形式上无限大的值.

实际上, 方程 (L2.301) 和 (L2.302) 的多项式包含的项太多了. 为什么呢? 由于电子有质量, 故它能摆动得多快是有一个极限的, 在能够对一个变化电场做出响应的所有电荷中, 电子是最轻的.

电子振子模型 为直观起见, 把电荷位移看成一个受迫振子: 质量 m_e 的负电荷 $-e$, 受到弹簧常量为 k_h 的回复力 (由胡克定律) 以及黏滞阻力的限制, 故其位移 $x = x(t)$ 不会很大. 在此语言中, 极化度 $p(t) = -ex(t)$. 作用于粒子上的弹簧力为 $-k_\mathrm{h}x$. (负号提醒我们, 当位移 x 为正时弹性力是拉向负 x 的.) 我们需要知道振荡的 $p(t) = -ex(t)$ 与外加振荡电场 $\boldsymbol{E}(t)$ 的力 $-eE(t)$ 之间的关系. 电力和机械力相平衡. [252]

在位移的语言中, $p - E$ 关系 [(L2.300) 式] 变为

$$-e \sum_{k=0}^{2} a_k \frac{\mathrm{d}^k x(t)}{\mathrm{d}t^k} = E(t), \tag{L2.303}$$

或者, 考虑作用在电子上的电场力 $-eE(t)$, 则有

$$e^2 \sum_{k=0}^{2} a_k \frac{\mathrm{d}^k x(t)}{\mathrm{d}t^k} = -eE(t). \tag{L2.304}$$

这些项可以与物理图像联系起来. 驱动力 $-eE(t)$ 与机械力、黏滞力以及惯性力之和大小相等、符号相反. 就是说, $-eE(t)$ 等于胡克回复力、黏滞阻力以及加速 (力) 之和:

1. 胡克定律力对应于 $a_0x(t)$, 其 $a_0 \propto -k_{\mathrm{h}}$; 向右的移动 $(x>0)$ 会受到一个向左的弹性力.

2. 斯托克斯类型的黏滞阻力正比于速度 $\mathrm{d}x(t)/\mathrm{d}t$, 它使得粒子减速, $a_1 \propto -b_{\mathrm{d}}$, 即向右的速度 $([\mathrm{d}x(t)/\mathrm{d}t]>0)$ 会受到向左的阻力.

3. 牛顿加速度, 力 = 质量 × 加速度, 其加速度为 $\mathrm{d}^2x(t)/\mathrm{d}t^2$, 而系数 $a_2 \propto$ 粒子质量 m_e.

综上, 给电子加速的各力的平衡为

$$m_e\frac{\mathrm{d}^2x(t)}{\mathrm{d}t^2}=-eE(t)-b_{\mathrm{d}}\frac{\mathrm{d}x(t)}{\mathrm{d}t}-k_{\mathrm{h}}x(t). \tag{L2.305}$$

这里我们重提一下: 此直观的语言显然并不能构成物理理论. 它仅是考虑随时间变化的电场中电荷位移的一个简便方法.

在外加场的某个频率处, $E(t)=E_\omega\mathrm{e}^{-\mathrm{i}\omega t}$, 位移 $x(t)$ 会振荡,

$$x(t)=\mathrm{Re}(x_\omega\mathrm{e}^{-\mathrm{i}\omega t}) \tag{L2.306}$$

从而导致频率的 $x-E$ 关系,

$$m_e(-\mathrm{i}\omega)^2x_\omega=-eE_\omega-b_{\mathrm{d}}(-\mathrm{i}\omega)x_\omega-k_{\mathrm{h}}x_\omega, \tag{L2.307}$$

$$(k_{\mathrm{h}}-\mathrm{i}\omega b_{\mathrm{d}}-\omega^2m_e)x_\omega=-eE_\omega, \tag{L2.308}$$

或者, 由 $p_\omega=-ex_\omega$,

$$p_\omega=\left(\frac{e^2}{k_{\mathrm{h}}-\mathrm{i}\omega b_{\mathrm{d}}-\omega^2m_e}\right)E_\omega. \tag{L2.309}$$

[253] 尽管这是用单个振动粒子的语言来描述的, 但它等价于简正模式的方程, 其中 $k_{\mathrm{h}}, b_{\mathrm{d}}, m_e$ 与 e 是描述整体集合振荡的有效量. 对于某些更理想化的响应形式, $e^2/(k_{\mathrm{h}}-\mathrm{i}\omega b_{\mathrm{d}}-\omega^2m_e)$ 有几种特殊情形.

共振电子: 在振子语言中, 最吸引人的部分是红外和更高频率处的形式, 其共振频率大小为 $\sqrt{k_{\mathrm{h}}/m_e}$. 我们把总响应 $\varepsilon(\omega)$ 表达为各个共振响应之和或积分. 总的极化度就是: 对诸如 (L2.309) 式中的 p_ω 项以在各频率 ω_j 处发生共振的质量为 m_e 的电子数密度 n_j 为权重求和 (取代在 $\sqrt{k_{\mathrm{h}}/m_e}$ 处的单个共振以及特定系数为 γ_j 的单个阻力项). 由 (L2.263) 式的 $E_\omega+4\pi P_\omega=D_\omega=\varepsilon(\omega)E_\omega$, 并与 (L2.309) 式相结合, 可以给出

$$\varepsilon(\omega)=1+\frac{4\pi e^2}{m_e}\sum_j\frac{n_j}{\omega_j^2-i\omega\gamma_j-\omega^2}. \tag{L2.310}$$

在此语言中, 振子或材料的耗散强度随频率的变化为

$$\omega\varepsilon''(\omega)=\frac{4\pi e^2}{m_e}\sum_j\frac{n_j\gamma_j\omega^2}{(\omega_j^2-\omega^2)^2+(\omega\gamma_j)^2}.$$

由此形式我们可以看出, 对频率 ω 处记录到的所有振子 j 求和或积分, 就得到此特定频率处的耗散响应.

很高频率: 当频率 $\omega\gg$ 所有共振频率 ω_j 时, 这个关于电子色散的关系式收敛为 (L2.310) 式, 其电子总密度须满足求和规则 $N_e=\sum_j n_j$. 只有最轻的粒子, 即质量为 m_e 的电子, 可以跟上快速变化的场. 分母中的 $\omega^2 m_e$ 项在介电响应中占据主导. 如果整块材料中电子的总数密度为 N_e, 则每单位体积的极化响应为 $N_e p_\omega$, 而介电极化率为

$$\varepsilon(\omega)=1-\frac{4\pi N_e e^2}{m_e\omega^2}. \tag{L2.311}$$

由于电子能量没有耗散, 此 $\varepsilon(\omega)$ 是一个纯实数. 这就是在"硬的"或最高频 X 射线频率处的响应, 其与电子密度成正比关系, 故 X 射线衍射可以给出电子分布. 事实上, X 射线区域内的 (L2.311) 式表明: 把方程 (L2.303) 和 (L2.304) 中多项式的较高幂次丢掉是有道理的. 此极限行为发生在 $\omega>10^{17}\text{rad/s}$ 区域 (从远紫外到 X 射线以及更高), 在那些频率处 $\varepsilon(\omega)$ 是很难测量的, 而上式就清楚地告诉我们可以放弃这些项. 计算那些容易由权重密度得到的较轻元素的电子密度 N_e.

利用 $\omega=\mathrm{i}\xi$, (L2.311) 式也解释了在无限大频率极限下的行为可以用

$$\varepsilon(\mathrm{i}\xi)=1+\frac{4\pi N_e e^2}{m_e\xi^2} \tag{L2.312}$$

描述. $\varepsilon(\mathrm{i}\xi)$ 的这个形式保证了: 当 ξ_n 趋于力计算中涉及的"无限大"频率时, 关于 ξ_n 的求和 $\sum_{n=0}^{\infty}{}'$ 可以顺利过渡到积分.

金属: 理想情况下, 传导电子运动时不受到回复力, 即 $k_\mathrm{h}=0$. 电场作用使电荷加速, 而最重要的是, 它可以反抗一些曳阻力而做功, 故 m 和 b_d 仍是有限的. 于是响应的形式为 [254]

$$\frac{-e^2}{\omega(\omega m_e+\mathrm{i}b_\mathrm{d})}. \tag{L2.313a}$$

在低频率处, $\omega\ll b_\mathrm{d}/m_e$, 此响应具有导体的纯耗散形式 $(-e^2/\mathrm{i}b_\mathrm{d}\omega)=(\mathrm{i}e^2/b_\mathrm{d}\omega)$, 并且当频率趋于零时, 它趋于无限大, 就和 σ/ω 的行为一样 (σ 为电导). 在高频率处, $\omega\gg b_\mathrm{d}/m_e$, 电荷被前后推拉得太快, 故无法导电. 介电响应以 $-e^2/m_e\omega^2$ 形式趋于零, 无能量耗散.

非理想情况下, 物理学家仍在和真实导体 (不同于无限大 ε 值的理想金属) 较劲. 真正的问题在于范德瓦尔斯自由能求和中的 $n = 0$ 项. 其特性与有限频率处不同, 因此必定只适用于验证过的具体情形中. 对于真实的导体, $-e^2/[\omega(\omega m_e + \mathrm{i}\gamma)]$ 形式的性质可以用电导 σ 明确地表示为

$$\frac{4\pi\mathrm{i}\sigma}{\omega(1-\mathrm{i}\omega b)}. \tag{L2.313b}$$

这仅在电荷流动不受壁限制的几乎无限大介质情形中成立. 我们必须在边界表面所设置的不同限制条件下, 对导体的各种情形分别加以考虑. 例如, 可以参看离子溶液的处理方法 (第 1 级, 离子涨落力; 表 P.1.d, P.9.c, S.9, S.10 和 C.5; 第 2 级, L2.3.E 和 L2.3.G 部分; 以及第 3 级, L3.6 和 L3.7 部分).

永久偶极子: 在支配振动的各力的平衡中, 如果粒子的加速度只占其中微乎其微的部分, 那么就只剩下回复力 (源于转动扩散) 以及曳阻力了. 极化率为德拜形式

$$\frac{e^2}{k_{\mathrm{h}} - \mathrm{i}\omega b_{\mathrm{d}}}. \tag{L2.314a}$$

在使用偶极矩 μ_{dipole} 和弛豫时间 τ 的记号中, [10] 此式变为

$$\frac{\mu_{\mathrm{dipole}}^2}{3kT(1-\mathrm{i}\omega\tau)'} \tag{L2.314b}$$

与 (L1. 56) 和 (L2.173) 式以及表 S. 8 中列出的一样.

稀薄的和“不太稀薄”的蒸气 在稀薄蒸气中, 外电场可以使任一粒子 (原子或分子) 极化, 而此电场却不会被其它粒子上的感应偶极子所发出的电场所改变. (这些偶极场反比于粒子间距的立方而减小.) 稀薄气体每单位体积的总极化度为各粒子偶极子之和. 如果 $\alpha(\omega)$ 表示单粒子极化率而 N 为每单位体积的粒子数, 则对于蒸气有

$$\varepsilon_{\mathrm{vap}}(\omega) = 1 + 4\pi N\alpha(\omega). \tag{L2.315}$$

当同样的粒子处于液体或固体的密度时, 必须认识到它们与各相邻粒子上的感应偶极子间存在着相互作用. 在某些情形中, 可以方便地把固体或液体的介电极化率 $\varepsilon(\omega)$ 用前面测得的各原子或分子极化率 $\alpha(\omega)$ 表示出来. [255] 在 Lorentz-Lorenz 模型里, 想象各个粒子都位于连续介质内凿出来的各球形空穴中心处, 而其周围介质的均匀极化不受干扰. 在此空穴中心处的电场和整块物质中的平均场相差一个因子 $[\varepsilon(\omega) + 2]/3$. 每个原子或分子的极化为 $\alpha(\omega)\{[\varepsilon(\omega)+2]/3\}E_\omega$ 而非 $\alpha(\omega)E_\omega$. 所有粒子的极化之和为

$$P_\omega = \alpha(\omega)N\frac{\varepsilon(\omega)+2}{3}E_\omega. \tag{L2.316}$$

由于定义 $\varepsilon(\omega)E_\omega = 1 + 4\pi P_\omega$ 已经把 P_ω 与 E_ω 联系起来了, 故 $\varepsilon(\omega)$ 和 $\alpha(\omega)$ 之间的关系为

$$\varepsilon(\omega) = \frac{1 + 2\left[\dfrac{4\pi N\alpha(\omega)}{3}\right]}{1 - \left[\dfrac{4\pi N\alpha(\omega)}{3}\right]} \text{ 或 } \alpha(\omega) = \frac{3}{4\pi N}\frac{\varepsilon(\omega) - 1}{\varepsilon(\omega) + 2}. \tag{L2.317}$$

问题 L2.16: 证明: 如果一个孤立粒子的 $\alpha(\omega)$ 具有共振振子的形式, 即 $\alpha(\omega) = [f_\alpha/(\omega_\alpha^2 - \omega^2 - \mathrm{i}\omega\gamma_\alpha)]$, 则当我们对数密度为 N 的粒子应用 Lorentz-Lorenz 变换 $\varepsilon(\omega) = \{[1 + 2N\alpha(\omega)/3]/[1 - N\alpha(\omega)/3]\}$ 时, $\varepsilon(\omega)$ 也具有相同形式. 把 f_α 替换为 Nf_α, 源于粒子总数的响应强度是守恒的; 共振频率 ω_α^2 改变为 $\omega_\alpha^2 - Nf_\alpha/3$; 而宽度参数 γ_α 保持不变.

问题 L2.17: 多稀薄才算稀薄呢? 利用 $\varepsilon(\omega) = \{[1 + 2N\alpha(\omega)/3]/[1 - N\alpha(\omega)/3]\}$ 来说明: 当数密度 N 增大时, 能量是如何偏离"稀薄气体成对相加性" 的? 忽略推迟效应, 想象两个同类的非稀薄气体 (其中 $\varepsilon_\mathrm{A} = \varepsilon_\mathrm{B} = \varepsilon = [(1 + 2N\alpha/3)/(1 - N\alpha/3)]$) 通过真空 ($\varepsilon_\mathrm{m} = 1$) 发生相互作用. 把此 $\varepsilon(\omega)$ 展开至 N 的线性项之上, 然后把结果代入计算力时所用的"差与和之比" $\overline{\Delta}^2 = [(\varepsilon - 1)/(\varepsilon + 1)]^2$ 中 (表 P.1.a.4).

把此结果应用于半径 a 的金属球, 其 $\alpha/4\pi = a^3$ [表 S.7 以及 (L2.166)–(L2.169) 式], 每个粒子占据的平均体积为 $(1/N) = (4\pi/3)\rho^3$. 证明：当粒子中心间的平均距离为 $z \sim 2\rho$ 时，稀薄条件变成 $z \gg 2a$.

$\varepsilon(\omega)$ 的实际做功形式

利用模型是一个好办法. 它们能给予我们漂亮的图像和语言, 以及不时闪现的灵感. 但先要对数据进行处理. 我们可以把 $\varepsilon(\omega)$ 的定义具体化为偶极子和共振衰减振子形式的各项之和 (或者积分):

$$\begin{aligned}\varepsilon(\omega) &= 1 + \sum_j \frac{d_j}{1 - \mathrm{i}\omega\tau_j} + \sum_j \frac{f_j}{\omega_j^2 + g_j(-\mathrm{i}\omega) + (-\mathrm{i}\omega)^2} \\ &= 1 + \sum \frac{c_d}{1 - \mathrm{i}\omega\tau_\mathrm{d}} + \sum \frac{c_j\omega_j^2}{\omega_j^2 - \mathrm{i}\omega\gamma_j - \omega^2}\end{aligned} \tag{L2.318}$$

或

$$\varepsilon(\omega) = 1 + \sum \frac{c_d}{1 - \mathrm{i}\omega\tau_\mathrm{d}} + \sum \frac{c_j}{1 - \mathrm{i}(\omega\gamma_j/\omega_j^2) - (\omega^2/\omega_j^2)} \tag{L2.319}$$

[256]

其中, 系数 c_d 和 c_j 反映了响应强度而 ω_j 为共振频率.

在此语言中, 各个 f、c 、ω_j 与 τ 值是光谱学家把数据归纳为表达式时所用到的拟合参数. 它们的构造原则是: 仅对过去的事件产生线性响应, 故反映的仅是此原则的后果. 它们并不构成关于响应的理论, 甚至不能作为用于归纳数据的真实材料的恰当表示. 不幸的是, 关于这点有一些混淆, 因为人们把用于整理数据的模型语言太当真了. 其实我们的目标只是用更精确和易于处理的简便形式来表示数据.

随着我们对数据进行数值处理的能力不断增强, 用数学形式来表示数据的必要性就越来越少. 但同时面临的风险是: 太过依赖数字而对产生力的涨落源理解太少; 一个可行的应对之策是: 对光谱数据写出近似的解析式, 来搞清楚光谱是怎样与力相耦合的. 基于这个原因, 我们还是应该把通过传统思考形式中的光谱而得到的直觉保留下来.

各 $\sum[c_d/(1-\mathrm{i}\omega\tau_d)]$ 项出现在微波频率处 (最高到 10^{11}Hz 或 $\sim 10^{12}$rad/s, 或弛豫时间 τ 大于 $\sim 10^{-12}$s). 我们通常把求和替换为给单项加上一个额外的参数 α,

$$\frac{c_d}{(1-\mathrm{i}\omega\tau_d)^{1-\alpha_d}} \tag{L2.320}$$

来覆盖以平均弛豫时间为中心的响应范围. 通过 $\varepsilon''(\omega)$ 对 $\varepsilon'(\omega)$ 的 "Cole–Cole" 曲线可以导出各参数. [11]

考察下列形式

$$\varepsilon(\omega)=1+\sum\frac{c_d}{1-\mathrm{i}\omega\tau_d}+\sum\frac{c_j\omega_j^2}{\omega_j^2-\mathrm{i}\omega\gamma_j-\omega^2} \tag{L2.321}$$

可以看出: 仅当 $\omega=\omega_{\mathrm{R}}+\mathrm{i}\xi$ 的虚部 ξ 小于或等于零时, 分母才会趋于零. 函数仅在频率平面的下半部发散至无限大. 而 c_d 项仅在虚频率轴上, 即 $\omega=-\mathrm{i}/\tau_d$ 或 $\xi=-1/\tau_d$ 时, 其值为无限大.

对于各共振振子项, 分母

$$\omega_j^2-\mathrm{i}\omega\gamma_j-\omega^2=\omega_j^2-\mathrm{i}(\omega_{\mathrm{R}}+\mathrm{i}\xi)\gamma_j-(\omega_{\mathrm{R}}+\mathrm{i}\xi)^2 \tag{L2.322}$$

有一个虚部 $-\mathrm{i}\omega_{\mathrm{R}}\gamma_j-2\mathrm{i}\omega_{\mathrm{R}}\xi$, 仅当 $\xi=-\gamma_j/2$ 时它可以为零.

把 $\varepsilon(\omega)=\varepsilon'(\omega)+\mathrm{i}\varepsilon''(\omega)$ 分成两部分:

$$\varepsilon'(\omega)=1+\sum\frac{c_d}{1+(\omega\tau_d)^2}+\sum\frac{c_j\omega_j^2(\omega_j^2-\omega^2)}{(\omega_j^2-\omega^2)^2+(\omega\gamma_j)^2}, \tag{L2.323}$$

$$\varepsilon''(\omega)=\sum\frac{c_d\omega\tau_d}{(1+\omega\tau_d)^2}+\sum\frac{c_j\omega_j^2\gamma_j\omega}{(\omega_j^2-\omega^2)^2+(\omega\gamma_j)^2}. \tag{L2.324}$$

[257] 各共振频率项在 $\omega=\omega_j$ 处及其附近取很大值, 频率 ω_j 为实数, 就对应于耗散

部分 $\varepsilon''(\omega)$ 在实频率轴上的极大值 (见图 L2.26).

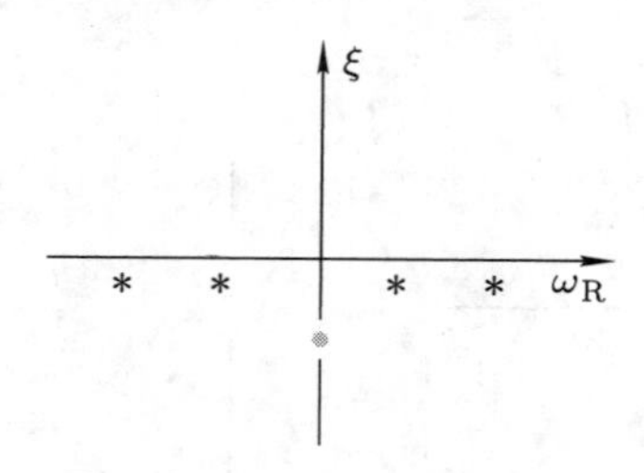

图 L2.26

$\varepsilon(\omega)=\varepsilon(\omega_{\rm R}+{\rm i}\xi)$ 的各无限大值仅出现在频率平面的一半中 (图 L2.26 中的记号 $*$). 对于无限尖锐的共振 ($\gamma_j\to 0$), 各极点趋近于 $\omega_{\rm R},\xi=0$ 轴. 对于偶极 "共振", 极点出现在负 ξ 轴上 (记号 $\bullet$). (图 L2.26 中画出的 $*$和 $\bullet$的位置仅用于示意, 它们与真实材料中出现的共振位置并不成比例.)

对于某个 ω_j 值, 如果 $\omega=\omega_j$, 则

$$\frac{c_j\omega_j^2(\omega_j^2-\omega^2)}{(\omega_j^2-\omega^2)^2+(\omega\gamma_j)^2}\to 0 \text{ 在 } \varepsilon'(\omega) \text{ 中,} \tag{L2.325}$$

$$\frac{c_j\omega_j^2\gamma_j\omega}{(\omega_j^2-\omega^2)^2+(\omega\gamma_j)^2}\to \frac{c_j\omega_j}{\gamma_j} \text{ 在 } \varepsilon''(\omega) \text{ 中.} \tag{L2.326}$$

对于确定的锐共振, ω_j 远大于 γ_j, 而 $(c_j\omega_j)/\gamma_j$ 趋于很大的值.

$\varepsilon'(\omega_{\rm R})$ 和 $\varepsilon''(\omega_{\rm R})$ 的曲线给出各参数之间的关系 (见图 L2.27 和图 L2.28).

[258]

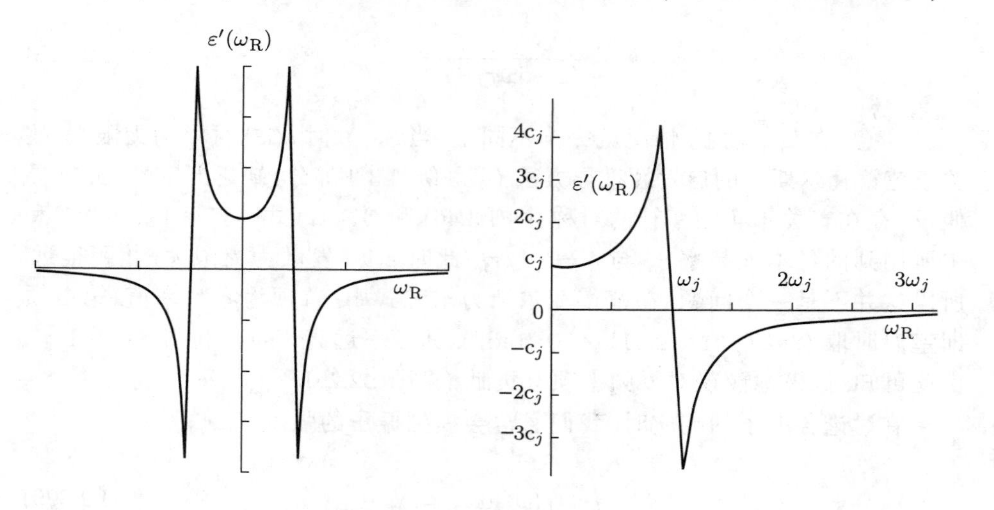

图 L2.27

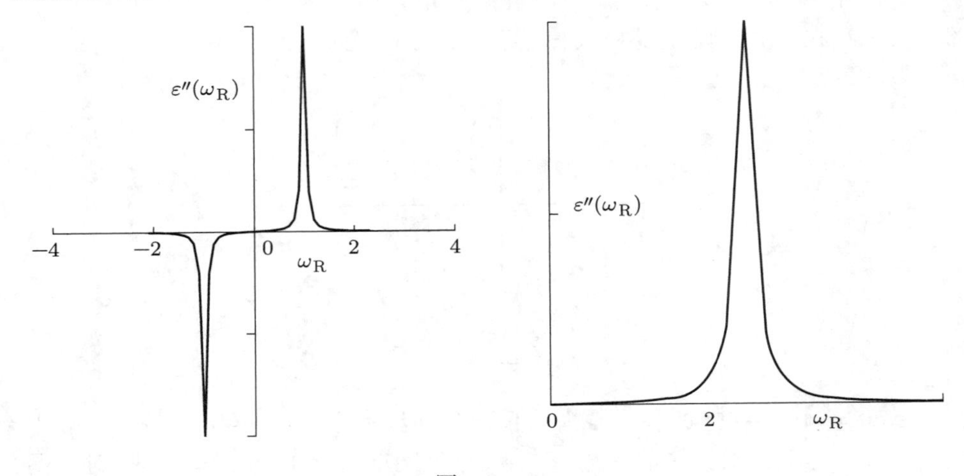

图 L2.28

计算力时要用到正 ξ 轴, $\varepsilon(\mathrm{i}\xi)$ 在其上是很平稳的函数:

$$\varepsilon(\mathrm{i}\xi)=1+\sum_j \frac{d_j}{1+\xi\tau_j}+\sum_j \frac{f_j}{\omega_j^2+g_j\xi+\xi^2}. \tag{L2.327}$$

就像一般原则 [(L2.274) 和 (L2.275) 式] 所规定的那样, $\varepsilon(\mathrm{i}\xi)$ 在正 ξ 轴上单调下降, 而不会突然出现无限大值. 由于 γ_j 比已知共振处的 ω_j 值小, 故 $\varepsilon(\mathrm{i}\xi)$ 中的各 γ_j 项并非都是重要的. 实际上, 我们把 γ_j 当成对一系列共振频率计算平均的参数, 就像把指数 α_d 用于微波偶极弛豫中一样:

$$\frac{c_d}{(1-\mathrm{i}\omega\tau_d)^{1-\alpha_d}} \tag{L2.328}$$

注意: 在负 ξ 轴上, 情况就完全不同了. 当 $\xi<0$ 时 $\varepsilon(\mathrm{i}\xi)$ 可以为无限大, 故关于范德瓦尔斯力的启发性推导方法 (第 3 级, L3.3 部分) 缺乏严密性. 此推导假设: 存在着关于实频率轴的对称性 [(L3.46) 和 (L3.47) 式]. 实际上, 对力求和中所用到的各本征频率 ξ_n 与 $\xi=-1/\tau_j$ (此时 $\varepsilon(\mathrm{i}\xi)$ 发散为无限大) 相距很远, 所以这并不是一个问题. 在范德瓦尔斯力求和式中, 首项为零频率值. 第二项即室温时取 $(2\pi kT/\hbar)\approx 2.411\times 10^{14}\mathrm{rad/s}$, 其频率远高于奇点位置 $\xi=-1/\tau_j$. 由此可知, 偶极弛豫仅对零频率项有贡献 (见图 L2.29).

[259] 在讨论各电子的响应时, 我们通常会提到振子的强度 $f(\omega_j)$:

$$\int_0^\infty f(\omega_j)\mathrm{d}\omega_j=N_e. \tag{L2.329}$$

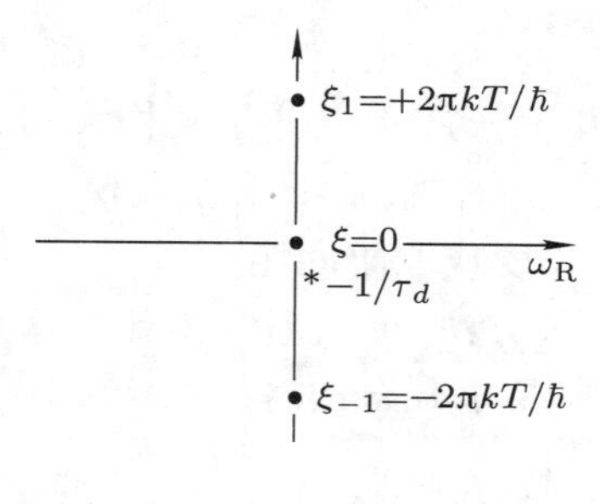

图 L2.29

非局域的介电响应

栗弗席兹理论仅用到所谓的 “局域” 介电响应和磁响应. 就是说, 一处的电场能且仅能使此处极化. 如果此电场来源于在空间做正弦振荡的波, 情况会如何呢? 那么, 材料极化度肯定随着场一起在空间振荡. 如果空间中的振荡波长很短故材料结构不能适应波的空间变化, 情况会如何呢? 此时, 我们将面临所谓的 “非局域” 响应: 在某一处的极化度受到其它地方的极化度和电场的限制.

此响应不仅依赖于频率, 还与空间波矢 $\boldsymbol{k}$ (大小为 $2\pi/\lambda$) 有关, 其中 λ 是外加电场在材料中传播的 (空间变化) 波长: $\varepsilon(\omega)$ 变为 $\varepsilon(\omega;\boldsymbol{k})$. 介电函数中的波矢 $\boldsymbol{k}$ 使我们立即想到材料的结构. 通常我们所说的极限对应于 $\lambda=\infty$ 或 $\boldsymbol{k}=0$, 即在 λ 几乎为无限大时所出现的情形.

X 射线衍射就是此类非局域响应的一个具有指导意义的例子. 材料的极化程度正比于电子的局域密度. 但并非在沿着正弦波的所有点上都是可极化的. 对于一个样品而言, 当入射的 X 射线仅能被其微弱吸收, 但却随着波的空间变化与样品空间变化的耦合方式而强烈弯曲时, X 射线衍射的结构因子描述了其对波的非局域响应. 源于电子加速运动的再辐射会引起波动, 它可以反映电子的分布. 原始波的散射不能用一般介电响应的连续体极限来描述或写成公式. 由于通常 X 射线的频率很高, 故材料吸收的能量很少, 我们可以通过对 X 射线散射的解读来推断分子结构.

时间是没有边界的. 我们可以谈论某一时刻 t 之前所有时间的 “原因” 积累起来而在时刻 t 产生的 “结果” . 空间是有边界的. 除了 $\boldsymbol{k}=0$ 的连续体极限以外, 界面的位置会影响我们应用 $\varepsilon(\omega;\boldsymbol{k})$ 的方式. 因此到目前为止, 对于包含有限 $\boldsymbol{k}$ 值的 $\varepsilon(\omega;\boldsymbol{k})$ 响应涨落的范德瓦尔斯力而言, 把其用公式表示出来仍然是很困难的. [12]

不连续的介质

因为栗弗席兹理论中忽略了原子或分子特性, 故相互作用物体间的距离不能太小, 即不能在它们之间 "看到" 这些特性. 在宏观连续体的栗弗席兹方法中, 所做的计算局限于比原子间距或分子结构大的距离. 定性地说, 在相距 l 的两个平表面之间, 源于连续体假设的误差表现为 $\sim (a/l)^2$ 阶的项, 其中 a 是相互作用物体中的特征长度或原子间距.

[260] 通过一个简单而粗略的方法, 可以理解为什么这是有限 $\boldsymbol{k}$ 值的一阶修正形式. 想象我们把介电响应展开为 $\boldsymbol{k}$ 的幂级数:

$$\varepsilon(\omega, \boldsymbol{k}) = \varepsilon(\omega, \boldsymbol{k}=0) + \alpha \boldsymbol{k} + \beta \boldsymbol{k}^2 + \cdots$$

无论光是从左往右还是从右往左穿过一个各向同性材料传播, 光速都是不变的, 所以不会有线性项 $\alpha \boldsymbol{k}$. 对于小的 $\boldsymbol{k}$ 值, 第一个重要的项就是 $\beta \boldsymbol{k}^2$ 的形式.

另外, 由于 $\boldsymbol{k}$ 的单位是 1/长度, 而 ε 是无量纲的, 故 $\boldsymbol{k}^2$ 的系数必定为长度平方的单位. 与此系数相关的长度是什么? 唯一可用的长度就是材料中的某个特征间距. 例如, 考虑原子间距 a:

$$\varepsilon(\omega, \boldsymbol{k}) \sim \varepsilon(\omega, \boldsymbol{k}=0) \pm a^2 \boldsymbol{k}^2.$$

假设此 $a^2\boldsymbol{k}^2$ 项出现在栗弗席兹积分表达式的 ε 中:

$$G(l,T) = \frac{kT}{8\pi l^2} \sum_{n=0}^{\infty}{}' \int_{r_n}^{\infty} x \ln[(1-\overline{\Delta}_{\mathrm{Am}}\overline{\Delta}_{\mathrm{Bm}} \mathrm{e}^{-x})(1-\Delta_{\mathrm{Am}}\Delta_{\mathrm{Bm}} \mathrm{e}^{-x})] \mathrm{d}x$$

则情况会如何呢? 我们把它简化到底. 忽略推迟效应, 即设 $r_n = 0$, 仅保留各介电项, 并想象: 在两个同类材料通过真空发生相互作用的情形中, $\overline{\Delta}_{\mathrm{Am}} = \overline{\Delta}_{\mathrm{Bm}} = \overline{\Delta}$ 值很小:

$$\overline{\Delta}^2 = \left[\frac{\varepsilon(\omega,\boldsymbol{k})-1}{\varepsilon(\omega,\boldsymbol{k})+1}\right]^2 \sim \left[\frac{\varepsilon(\omega,\boldsymbol{k}=0)-1+\beta\boldsymbol{k}^2}{2}\right]^2 \sim \left(\frac{\varepsilon-1}{2}\right)^2 \pm \left(\frac{\varepsilon-1}{2}\right) a^2\boldsymbol{k}^2,$$

其中 $\varepsilon \equiv \varepsilon(\omega, \boldsymbol{k}=0)$. 在关于 $\boldsymbol{k}$ 的一阶修正的粗略描述中, 波矢 $\boldsymbol{k}$ 的大小由表面模式的径向分量 ρ 来表示 *, 其与积分变量 x 的关系为 $x = 2\rho l = 2kl$, 就是说, 我们可以把 $a^2\boldsymbol{k}^2$ 替换为 $(a/2l)^2x^2$. 于是, 剩下的积分 $\int_0^{\infty} \overline{\Delta}^2 \mathrm{e}^{-x} x \mathrm{d}x$ 和 x 的关系为

$$\overline{\Delta}^2 \approx \left(\frac{\varepsilon-1}{2}\right)^2 \pm \left(\frac{\varepsilon-1}{2}\right)\left(\frac{a}{2l}\right)^2 x^2,$$

其给出 x^2 形式的额外项.

结果就是两个积分: 其一为 $\boldsymbol{k}=0$ 的栗弗席兹极限

$$\left(\frac{\varepsilon-1}{2}\right)^2 \int_0^{\infty} \mathrm{e}^{-x} x \mathrm{d}x = \left(\frac{\varepsilon-1}{2}\right)^2,$$

* 原文有误. —— 译者注

其二为有限 $\boldsymbol{k}$ 值的修正项

$$\left(\frac{\varepsilon-1}{2}\right)\left(\frac{a}{2l}\right)^2\int_0^\infty x^3\mathrm{e}^{-x}\mathrm{d}x=\frac{3}{2}\left(\frac{\varepsilon-1}{2}\right)\left(\frac{a}{l}\right)^2.$$

$\int_0^\infty x^3\mathrm{e}^{-x}\mathrm{d}x$ 中的被积函数在 $x=2\rho l=3$ 附近取最大值. 对于 $a\ll l$, 如果我们在 $\boldsymbol{k}$ 展开式中的高阶项变得重要之前就用 $a^2\boldsymbol{k}^2=(a/2l)^2x^2$ 所对应的 x 值来代替积分上限 (∞), 则此积分结果与精确结果相差不多.

问题 L2.18: 证明: 在适用成对相加性的地方, 连续体极限被 $(a/z)^2$ 阶的各项破坏, 其中 a 为原子间距.

L2.4.B　积分算法

[261]

在数值计算中有几种算法可供选择, 就是通常在人类智慧和计算能力之间的折衷. 现在最好的方法就是把积分拆成最细小的小段, 然后把这些积分对数量极大的取样频率与波矢求和. 这甚至已变成一种时尚 (就像有一段时间母亲们都在镇静状态下分娩那样): 把一个积分输入普适的程序中, 然后等待好的数据输出.

不过, 思考仍是有益的. 它可以使计算变得更有效. 而更好的一点是, 如果我们对于待求积分的性质有些理解的话, 它可以帮助我们对正在计算的物理量进行思考. 有时甚至程序包也可以提供关于积分算法的选择; 它使我们知道应该告诉程序什么.

考虑我们所感兴趣的, 即相互作用自由能形式的积分之总和:

$$G(l,T)=\frac{kT}{8\pi l^2}\sum_{n=0}^{\infty}{}'\int_{r_n}^{\infty}x\ln[D(x,\xi_n)]\mathrm{d}x \tag{L2.330}$$

被积函数 $x\ln[D(x,\xi_n)]$ 可以包含推导这些公式用到的所有几何构形, 以及收集光谱数据并转换到计算中所处的全部温度.

每个波矢 x 积分的范围是无限大, 在带撇号求和中频率指标 n 的集合也是无限大. $D(x,\xi_n)$ 的正确形式为

$$D(x,\xi_n)=\left(1-\overline{\Delta}_{\mathrm{Am}}^{\mathrm{eff}}\overline{\Delta}_{\mathrm{Bm}}^{\mathrm{eff}}\mathrm{e}^{-x}\right)\left(1-\Delta_{\mathrm{Am}}^{\mathrm{eff}}\Delta_{\mathrm{Bm}}^{\mathrm{eff}}\mathrm{e}^{-x}\right). \tag{L2.331}$$

各 delta 与 x 和 ξ_n 都有关, 但其数值在 0 和 1 之间平滑地变化. 当 ξ_n 值很大时它们总是趋于零. 对于所有的 ξ_n 值, $x\ln[D(x,\xi_n)]$ 在 x 很大时以指数形式减少, 而在 $x=0$ 处绝对趋于零. $x\ln[D(x,\xi_n)]$ 的最大值出现在 $x\sim1$ 处:

■ 波矢 x 积分的麻烦部分仅在于: $x\ln[D(x,\xi_n)]$ 对 x 的依赖关系与一般可积的 $x\mathrm{e}^{-x}$ 偏离程度有多大. 对大 x 值以及大的 ξ_n 值, 此偏离都是可以忽略的.

■ 对频率 n 求和的麻烦部分在于, 要找出各 delta 值在几项之后会趋于一个稳定的形式, 从而使我们可以把求和写成积分.

高斯型积分的拉盖尔形式 (参看 25.4.45 部分和表 25.9, Abramowitz and Stegun, 1965) 通过求和式 $\sum_{j=1}^{J} w_j I(y_j)$ 来计算 $\int_0^\infty I(y)\mathrm{e}^{-y}\mathrm{d}y$ 形式的积分. 表中列出了项数 J 取不同值时对应的各权重 w_j 以及所选的各估值点 y_j. 如果我们选择对函数 $I(y)$ 拟合得最好的 J 阶多项式, 求和式就变回一个精确的积分. (对于各 delta 值与 y 无关的极限情形, "多项式" 就是一个常数乘以 y.) 由于我们对 Simpson 法则很熟悉, 故可以把 y 细分为很多相同的小微元, 并算出被积函数 $I(y)\mathrm{e}^{-y}$ 在 $y=0$ 到 $y\gg 1$ 区间中的几百个点的值, 这样就能够仅用十来项或更少项计算出积分. 唯一的问题是: 在我们的情形中, 真正的积分区间是从 r_n 到 ∞, 而非程序所设的从 0 到 ∞. 对于 $0\leqslant y\leqslant r_n$ 区域, 可以设 $I(y)=0$, [262] 但这样做会在 $I(y)$ 中产生一个台阶, 从而使我们无法找到拟合很好的多项式. 所以, 更有效的是引入一个新的积分变量 $(y-r_n)$, 它能够保持前面所设置的权重以及取值点的分布不变. 同时, 指数因子 e^{-y} 也不是作为积分计算中的一个纯因子出现的. 所以, 更简单的是把被积函数取为函数 $K(y)=I(y)\mathrm{e}^{-y}$, 从而使得待求的积分可以写成

$$\int_0^\infty K(y)\mathrm{d}y=\int_0^\infty I(y)\mathrm{e}^{-y}\mathrm{d}y=\sum_{j=1}^{J} w_j I(y_j)$$

$$=\sum_{j=1}^{J}(w_j\mathrm{e}^{+y_j})(I(y_j)\mathrm{e}^{-y_j})=\sum_{j=1}^{J} w_j\mathrm{e}^{+y_j}K(y_j). \tag{L2.332}$$

具体地说, 把 $\int_{r_n}^\infty x\ln[D(x,\xi_n)]\mathrm{d}x$ 看成各项 $x_j\ln[D(x_j,\xi_n)]$ 在一组 x_j 上取值的含权求和, 这些 x_j 由列表中的 y_j 得到 (关系式为 $x_j=y_j+r_n$). 各项的权重为 $w_j\mathrm{e}^{+y_j}$. 变量的转换如下

$$I_n(\xi_n)\equiv\int_{r_n}^\infty x\ln[D(x,\xi_n)]\mathrm{d}x=\sum_{j=1}^{J} w_j\mathrm{e}^{+y_j}x_j\ln[D(x_j,\xi_n)]$$

$$=\sum_{j=1}^{J} w_j\mathrm{e}^{+y_j}(y_j+r_n)\ln[D((y_j+r_n),\xi_n)]. \tag{L2.333}$$

这些积分 $I_n(\xi_n)=\int_{r_n}^{\infty}x\ln[D(x,\xi_n)]\mathrm{d}x$ 对所有取样频率 ξ_n 的求和

$$G(l,T)=\frac{kT}{8\pi l^2}{\sum_{n=0}^{\infty}}'\int_{r_n}^{\infty}x\ln[D(x,\xi_n)]\mathrm{d}x=\frac{kT}{8\pi l^2}{\sum_{n=0}^{\infty}}'I_n(\xi_n) \quad \text{(L2.334)}$$

可以直接求出, 只要实际算出的最大 ξ_n 远大于任何一个介电响应函数中的所有吸收频率. 这个条件要求频率取值所对应的 $\hbar\xi_n$ 趋于几百 eV. 回忆一下, 室温时的 $\hbar\xi_n=0.159n$ eV, 故意味着可能需要对几百项求和.

对 $I_n(\xi_n)$ 仅求和至极限 $n=n_{\mathrm{s}}$, 接着把求和式中的剩余部分转变为对频率的积分, 这样就可以大大地缩短求和式. 由于频率具有对数性质, 故对于大的 n 值, 各项积分 $I_n(\xi_n)$ 之间的变化可能是很缓慢的. 在此情形, 对离散 n 值的求和可以转换为对连续变化的 n 值的积分, 而积分变量则转换为连续变化的频率 $\mathrm{d}\xi=[(2\pi kT)/\hbar]\mathrm{d}n$:

$${\sum_{n=0}^{\infty}}'I_n(\xi_n)\to{\sum_{n=0}^{n_{\mathrm{s}}}}'I_n(\xi_n)+\int_{n_{\mathrm{s}}+\frac{1}{2}}^{\infty}I_n(\xi_n)\mathrm{d}n={\sum_{n=0}^{n_{\mathrm{s}}}}'I_n(\xi_n)+\frac{\hbar}{2\pi kT}\int_{\xi_{n_{\mathrm{s}}+\frac{1}{2}}}^{\infty}I(\xi)\mathrm{d}\xi. \quad \text{(L2.335)}$$

为什么以 $n_{\mathrm{s}}+1/2$ 而不是 $n_{\mathrm{s}}+1$ 为积分的开始呢?

回忆一下, 求和式中的撇号表示 $n=0$ 项只计入一半权重, 即, 和求和式中的其它各项相比, 其应乘以 1/2. 这是因为对 n 求和本身就源于积分 [第 3 级, (L3.32)–(L3.47) 式], 此积分中各点所取的整数 n 对应于从 $n-(1/2)$ 到 $n+(1/2)$ 的积分区间, 只有 $n=0$ 项例外 —— 其取值范围在 0 到 1/2 之间. 这里, 方程 (L2.335) 中的求和式 ${\sum_{n=0}^{n_{\mathrm{s}}}}'$ 覆盖了对应于 0 到 $n_{\mathrm{s}}+1/2$ 的频率范围. 积分 $\int_{n_{\mathrm{s}}+\frac{1}{2}}^{\infty}I_n(\xi_n)\mathrm{d}n$ 就是由此而来的. [263]

如果我们把 ξ 转换为 $\xi=10^{\nu}$, 并使变量 ν 的取值范围从一个有限值开始直到 "无限大", 则对 ξ 的积分可以大大缩短. 对 ν 的积分就表现为步长 $\Delta\nu=0.1$ (或者可以使问题有意义的任何其它小量) 的求和式:

$$\int_{\xi_{n_{\mathrm{s}}+\frac{1}{2}}}^{\infty}I(\xi)\mathrm{d}\xi\to\int_{\nu_{n_{\mathrm{s}}+\frac{1}{2}}}^{\infty}I(10^{\nu})\mathrm{d}10^{\nu}=2.303\int_{\nu_{n_{\mathrm{s}}+\frac{1}{2}}}^{\infty}I(10^{\nu})10^{\nu}\mathrm{d}\nu$$
$$\to 2.303\Delta\nu\sum_{t=0}^{t_{\max}}I(10^{\nu})10^{\nu},\nu=\nu_{n_{\mathrm{s}}+\frac{1}{2}}+t\Delta\nu. \quad \text{(L2.336)}$$

把求和替换为积分并非一种普遍的程序. 我们必须确定从求和转到积分的指标 n_{s} 值, 或频率 $\xi_{n_{\mathrm{s}}+\frac{1}{2}}$ 值. 为了确保精度, n_{s} 应该足够大, 但为了适合所考察的材料以及由此得到的谱信息, n_{s} 又应该足够小, 要满足以上条件, 必须

付出很大的努力. 而我们得到的回报是, 程序所运行的速度比基于老式的求和方法要快几个数量级. 其加速的程度使我们能够省下时间, 用于计算在诸如非均匀体系中遇到的冗长的被积函数 (例如, 第 2 级中的表 P.7, 以及第 3 级中的 L3.C.2 部分).

问题 L2.19: 何种情况下可以把对离散取样频率求和替换为对一个虚频率的积分呢? 证明: 只要满足以下条件

$$\frac{I(\xi_{n+1})-2I(\xi_n)+I(\xi_{n-1})}{24I(\xi_n)} \ll 1$$

就可以达成目的.

L2.4.C 从完整光谱到力的数值转换

现代的计算总是和数字连在一起. 把光谱进行纯数字转换的方法的优点, 可以用图像很好地表示出来. 图 L2.30 给出了晶体 AlN, Al_2O_3, MgO, SiO_2, 水

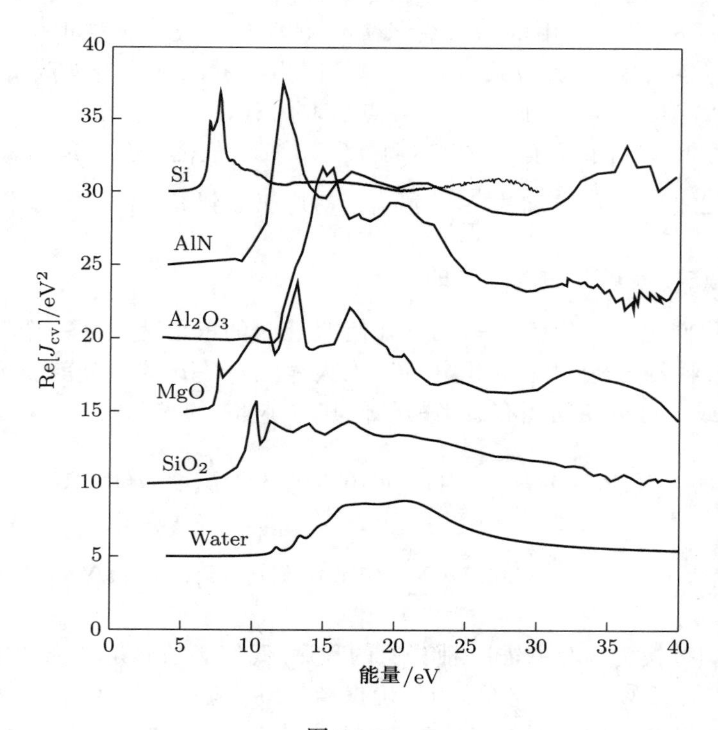

图 L2.30

以及硅的 $\omega_R^2 \varepsilon''(\omega_R)$ 随 $\mathrm{Re}[J_{cv}(\omega_R)]$ 的变化 [(L2.299) 式]. [14] 为了描述在这些光谱中的巨大信息量, 我们把它们用两种方式画出来: 分别考虑各物质的竖直偏移量 (左边); 还有, 各物质都在同一个竖直轴 (右边) 上. *

通过变换 $\varepsilon(\mathrm{i}\xi) = 1 + \dfrac{2}{\pi}\displaystyle\int_0^\infty \{[\omega_R \varepsilon''(\omega_R)]/(\omega_R^2 + \xi^2)\}\mathrm{d}\omega_R$ [(L2.275) 式] 来产生计算所需的函数 $\varepsilon(\mathrm{i}\xi)$, 这些光谱会给出非常普通的曲线 (见图 L2.31). [14]　[264]

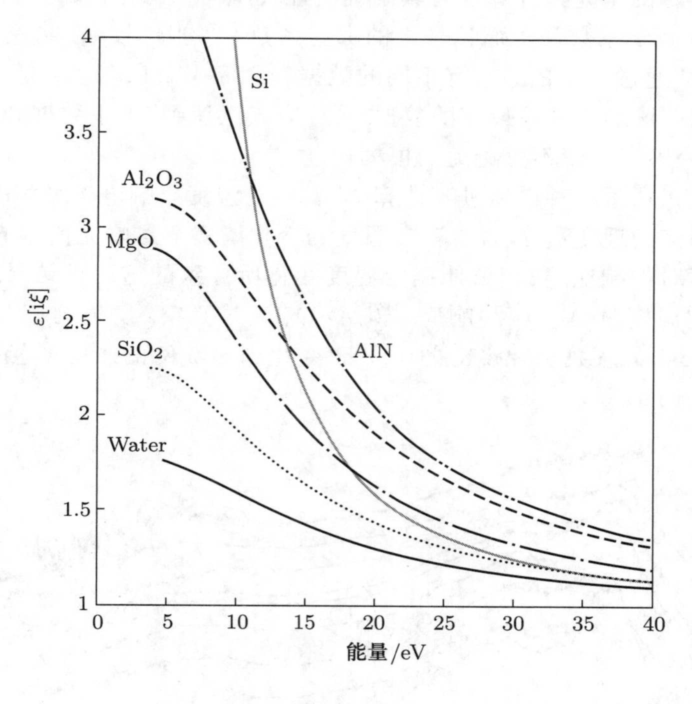

图 L2.31

为了显示在较高频率处的特点, 函数 $\mathrm{Re}[J_{cv}(\omega_R)]$ 是通过 ω_R^2 乘以 $\varepsilon''(\omega_R)$ 得到的, 而 $\varepsilon(\mathrm{i}\xi)$ 与 $\varepsilon''(\omega_R)$ 及其权重 ω_R 有关. 于是这些 $\varepsilon(\mathrm{i}\xi)$ 可用于计算在无推迟情形中, 通过真空 [13] 或水 [14] 所产生的吸引之间的 Hamaker 系数 (其中 1 zJ=10^{-21} J), 结果见下表:　[265]

$A_{\mathrm{AlN/water/AlN}}$=102.2 zJ	$A_{\mathrm{AlN/vac/AlN}}$=228.5 zJ
$A_{\mathrm{Al_2O_3/water/Al_2O_3}}$=58.9 zJ(27.5 zJ[15])	$A_{\mathrm{Al_2O_3/vac/Al_2O_3}}$=168.7 zJ(145 zJ[15])
$A_{\mathrm{MgO/water/MgO}}$=26.9 zJ	$A_{\mathrm{MgO/vac/MgO}}$=114.5 zJ
$A_{\mathrm{SiO_2/water/SiO_2}}$=6.0 zJ(1.6 zJ[15])	$A_{\mathrm{SiO_2/vac/SiO_2}}$=66.6 zJ(66 zJ[15])
$A_{\mathrm{Si/water/Si}}$=112.5 zJ	$A_{\mathrm{Si/vac/Si}}$=212.6 zJ

* 似乎和下图不符, 可能漏了一半曲线? —— 译者注

由于两种不同的原因, $A_{AlN/vac/AlN}$ 和 $A_{Si/vac/Si}$ 是这里的大赢家. 氮化铝在高频率处有很强的共振, 因此 $\varepsilon(\mathrm{i}\xi)$ 会在一个很宽的频率范围上延展. 硅在高频率处呈现相对弱的共振, 但是如果我们比较上述物质在低频率处的响应, 则它是最强的. 由于低频率处的响应在 $\mathrm{Re}[J_{\mathrm{cv}}(\omega_{\mathrm{R}})]$ 的结构中所占的权重很小, 所以在 $\mathrm{Re}[J_{\mathrm{cv}}(\omega_{\mathrm{R}})]$ 转变到 $\varepsilon(\mathrm{i}\xi)$ 之前, 这种强响应都是不太明显的.

即使详尽的全光谱计算也有其不确定性, 这难免令我们感到沮丧. 把这些列表的 Hamaker 系数和上面括号中的那些系数 [15] 相比较 (在绪论中引用过这些系数, 即通过较早的、略有不同的数据和程序 [16] 来产生 $\varepsilon(\mathrm{i}\xi)$). 这种比较提醒我们应该继续寻求最好的数据, 并且应该意识到: 由于数据和计算程序的限制, 结果中存在着不可避免的模糊性.

温度可以通过两种渠道进入计算中. 其一为温度影响电磁涨落的方式, 即公式中是如何处理变量 T 的. 其二, 温度的变化确实会影响光谱响应. 通过测量不同温度时的响应, 我们就能确定温度变化所导致的这两种结果. 图 L2.32 给出了不同温度时 Al_2O_3 的响应. [17] Al_2O_3 通过真空 (发生的相互作用) 的非推迟 Hamaker 系数从 300 K 的 145 zJ 变化到 800 K 的152 zJ, 接着就降到 $T = 1925$ K 的 125 zJ. [14]

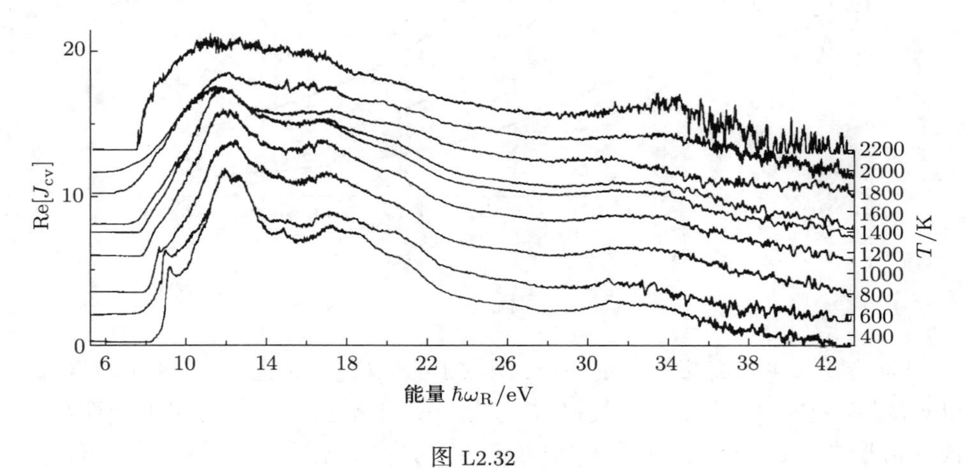

图 L2.32

[266]

L2.4.D　样品的光谱参数

这些是关于各参数 d_j, τ_j, f_j, g_j 和 ω_j 的数据列表, 可以把介电频散描述为虚频率 ξ 的函数:

$$\varepsilon(\mathrm{i}\xi) = 1 + \sum_j \frac{d_j}{1 + \xi\tau_j} + \sum_j \frac{f_j}{\omega_j^2 + g_j\xi + \xi^2}.$$

第一个求和中的各项称为德拜振子形式, 而第二个求和中的各项为阻尼振子形式. 由于这些形式都是 ξ 的单调递减函数, 故通常用相对少的项求和就能够给出 $\varepsilon(\mathrm{i}\xi)$ 的近似值. 因为有限的光谱数据就足以恰当地估计出范德瓦尔斯力, 所以在这点上我们是幸运的.

对于一些研究得很透彻的材料, 各常数已经确定下来了. 表 L2.1–L2.7 中描述了几种这样的材料. 在很多情形中, 我们用了另几种程序来拟合实验光谱, 而且给出了相应的表格. 通常由这些不同参数组计算得到的力没有太大差别. 不过, 我们还是应该经常查询数据的来源并且尝试用不同的近似方法来验证计算的可靠性. [267]

表 L2.1　纯　水 [18,19]

1. 微波频率: 德拜偶极弛豫形式 [20]

$$d = 74.8, 1/\tau = 1.05 \times 10^{11}\ \mathrm{rad/s} = 6.55 \times 10^{-5}\ \mathrm{eV}.$$

2. 红外频率： 阻尼振子形式 [21,22]

ω_j, eV	f_j, (eV)^2	g_j, eV
2.07×10^{-2}	6.25×10^{-4}	1.5×10^{-2}
6.9×10^{-2}	3.5×10^{-3}	3.8×10^{-2}
9.2×10^{-2}	1.28×10^{-3}	2.8×10^{-2}
2.0×10^{-1}	5.44×10^{-4}	2.5×10^{-2}
4.2×10^{-1}	1.35×10^{-2}	5.6×10^{-2}

3. 紫外频率： 阻尼振子形式 [23,24]

ω_j, eV	f_j, (eV)^2	g_j, eV
8.25	2.68	0.51
10.0	5.67	0.88
11.4	12.0	1.54
13.0	26.3	2.05
14.9	33.8	2.96
18.5	92.8	6.26

4. 不用限制条件来确定折射率值的情况下, 对光谱数据的另一种拟合; 关于详细情况, 请见注解 24.

ω_j, eV	f_j, (eV)^2	g_j, eV
8.2	3.2	0.61
10.0	3.9	0.81
11.2	10.0	1.73
12.9	24.0	2.49
14.4	27.1	3.41
18.0	159.0	9.90

表 L2.2 十 四 烷

1. 四项拟合[24]: 仅需紫外频率

ω_j, eV	f_j, $(\mathrm{eV})^2$	g_j, eV
8.76	14.76	0.72
10.16	32.91	1.45
12.45	43.13	2.55
16.92	72.26	5.14

2. 四项拟合: 不考虑折射率限制, 紫外频率

ω_j, eV	f_j, $(\mathrm{eV})^2$	g_j, eV
8.71	16.83	0.82
10.15	42.26	1.82
12.78	64.18	3.72
18.70	146.06	9.65

3. 十项拟合: 紫外频率

ω_j, eV	f_j, $(\mathrm{eV})^2$	g_j, eV
8.44	6.61	0.36
8.97	9.94	0.55
9.70	13.79	0.74
10.54	16.54	0.91
11.58	17.48	1.14
12.92	19.66	1.44
14.58	21.21	1.77
16.56	22.30	2.11
18.97	22.23	2.50
22.03	19.22	2.68

4. 十项拟合: 不考虑折射率限制, 紫外频率

ω_j, eV	f_j, $(\mathrm{eV})^2$	g_j, eV
8.45	10.00	0.51
9.07	12.65	0.71
9.87	19.22	1.01
10.81	21.24	1.24
11.97	21.39	1.53
13.38	24.22	1.91
15.20	29.42	2.49
17.58	36.91	3.39
20.97	43.72	4.60
26.46	56.23	3.73

[268]

表 L2.3 聚苯乙烯

四项拟合[25]: 仅需紫外频率		
ω_j, eV	f_j, $(\mathrm{eV})^2$	g_j, eV
6.35	14.6	0.65
14.0	96.9	5.0
11.0	44.4	3.5
20.1	136.9	11.5

表 L2.4 金

1. 对吸收数据[26] 的四项拟合[24]		
ω_j, eV	f_j, $(\mathrm{eV})^2$	g_j, eV
–	9.7	3.21
2.9	4.95	0.67
4.0	41.55	2.22
8.9	207.76	8.50
2. 对吸收数据的四项拟合[27]		
ω_j, eV	f_j, $(\mathrm{eV})^2$	g_j, eV
–	40.11	–
3.87	59.61	2.62
8.37	122.55	6.41
23.46	1031.19	27.57
3. 对吸收数据的四项拟合[28]		
ω_j, eV	f_j, $(\mathrm{eV})^2$	g_j, eV
–	53.0	1.8
3.0	5.0	0.8
4.8	104.0	4.4

表 L2.5 银

1. 对吸收数据[26] 的四项拟合[24]		
ω_j, eV	f_j, $(\mathrm{eV})^2$	g_j, eV
–	56.3	–
5.6	54.5	2.7
2. 对吸收数据的四项拟合[27]		
ω_j, eV	f_j, $(\mathrm{eV})^2$	g_j, eV
–	91.9	–
5.2	41.1	1.9
15.5	131.0	5.4
22.6	88.5	3.6
34.6	2688.4	94.2

[269]

表 L2.6 铜

对吸收和反射数据[27] 的四项拟合[24]		
ω_j, eV	f_j, $(\text{eV})^2$	g_j, eV
–	77.9	–
2.6	10.1	0.9
4.8	71.3	3.5
16.1	498.6	24.9
78.3	900.5	78.0

在计算中, 尽可能地利用同一种近似方法来确定涉及的所有材料的 $\varepsilon(\mathrm{i}\xi)$ 值. 即使在最简单的 A|m|B 计算中, 如果对材料 A 用一组详细的数据, 而对 m 和 B 仅做粗略的估计, 这种方法还是很冒险的. 最好是对 A、m 和 B 采用同样的近似方法来处理.

函数 $\varepsilon(\mathrm{i}\xi)$ 本身是无量纲的. 频率 ξ 的单位是 rad/s, 但为了简洁起见通常以 eV 为单位 (相同圆频率的光子能量). 如果列在表中的量以 eV 为单位, 通过乘以 1.519×10^{15} 就可以把它转换为 rad/s (例如第 1 级, 关于频率光谱的表格). 对于以 eV 为单位所给出的 ω_j 和 g_j, 这个关系也成立. 分子 f_j 是以 eV 的平方给出的 [保持 $\varepsilon(\mathrm{i}\xi)$ 为无量纲], 如果把它乘以 $(1.519\times 10^{15})^2$, 则其单位可以转换为 $(\text{rad/s})^2$. 在德拜形式 $d_j/(1+\xi\tau_j)$ 中, 分子 d_j 是无量纲的, 而弛豫时间的倒数 $1/\tau_j$ 以 eV 为单位.

在后面列举的参考文献中给出了对光谱数据进行拟合以导出参数的方法. 我们应该明确地意识到, 即使在相同的材料中, 由不同种类数据所得到的不同参数组 (例如, 反射率 vs. 吸收) 所观察到的光谱也是相当不同的. 利用表中给出的不同参数组来理解计算出的范德瓦尔斯力的大致范围, 一直都是个好办法. (记住: 在栗弗席兹理论之前, 范德瓦尔斯力的模糊性可能是相差一千倍的因子! 这里出现的因子仅为二或三, 其模糊性是相对小的.)

表 L2.7 云 母[29]

数据组 a[30]

1. 微波项: 德拜形式

$$\mathrm{d} = 1.36, 1/\tau = 6.58 \times 10^{-5}\ \mathrm{eV}$$

2. 红外项: 阻尼振子形式

ω_j, eV	$f_j, (\mathrm{eV})^2$	g_j, eV
8.4×10^{-2}	1.058×10^{-2}	0

3. 紫外项: 阻尼振子形式

ω_j, eV	$f_j, (\mathrm{eV})^2$	g_j, eV
12.8	252.3	0

数据组 b[31]

1. 微波项: 德拜形式

$$\mathrm{d}=0.4,\ 1/\tau = 1.24 \times 10^{-6}\ \mathrm{eV}$$

2. 红外项: 阻尼振子形式

ω_j, eV	$f_j, (\mathrm{eV})^2$	g_j, eV
3.95×10^{-2}	0.312×10^{-2}	0

3. 紫外项: 阻尼振子形式

ω_j, eV	$f_j, (\mathrm{eV})^2$	g_j, eV
10.33	157.93	0

数据组 c[31]

1. 微波项: 德拜形式

$$\mathrm{d}=0.4,\ 1/\tau = 1.24 \times 10^{-6}\ \mathrm{eV}$$

2. 红外项: 阻尼振子形式

ω_j, eV	$f_j, (\mathrm{eV})^2$	g_j, eV
3.95×10^{-2}	0.312×10^{-2}	0

3. 紫外项: 阻尼振子形式

ω_j, eV	$f_j, (\mathrm{eV})^2$	g_j, eV
15.66	355.6	7.62

[270]

L2.4.E 关于技巧、缺点以及绝对必要的部分

许多年来, 因为没有数据组能够用于可靠的计算, 人们未能好好利用范德瓦尔斯力的现代理论. 即使是现在, 由于光谱的信息或经验有限, 这种同样的恐惧也困扰着人们. 实际上, 与适合于气体 (而非固体或液体) 的公式所得到的结果相比, 即使有限的光谱信息给出的计算也可靠得多.

我们试着来看看, 从最简单的或最基本的介电频散数据可以得到哪些数字. 就像在物理学中经常出现的情况那样, 尝试对计算中的所有材料光谱做同样粗糙度的近似通常是个好办法. 相似的假设能够很好地抵消掉一些近似, 而不同的假设会产生很大的人为误差.

出人意料的是, 近似的光谱信息常常会很有用. 也许最简单的近似方法就是, 利用折射率来估计在可见光区域近乎透明的材料的介电电容率. 接着, 利用通常可以在手册中查到电离势, 来导出单个吸收频率. 例如, 考虑几种非极性程度很高的塑料, 故我们可以忽略源于微波和红外区域的任何重要项.

Handbook of Chemistry and Physics (CRC Press, Boca Raton, FL) 一书给出了折射率 n 以及第一电离势 I.P. (使第一个电子从材料中脱离出来所需的能量 $e \times$ I.P. 所对应的电压). 低频处的介电电容率必定等于 n^2. (这就是在拟合更详细数据的 "有限制的" 参数中所提到的限制.) 单个紫外吸收频率 $\omega_{\rm uv}$ 对应于光子能量 $\hbar\omega_{\rm uv} = e \times \text{I.P.}$

[271]

$\varepsilon(\mathrm{i}\xi)$ 的一般形式中仅包含一项:

$$\varepsilon(\mathrm{i}\xi) = 1 + \frac{f_{\rm uv}}{\omega_{\rm uv}^2 + \xi^2},$$

它也可以写成等价的形式

$$\varepsilon(\mathrm{i}\xi) = 1 + \frac{c_{\rm uv}}{1 + (\xi/\omega_{\rm uv}^2)},$$

其中 $c_{\rm uv} = f_{\rm uv}/\omega_{\rm uv}^2$, 为了满足在可见光频率 $\xi \ll \omega_{\rm uv}$ 处的条件 $\varepsilon(\mathrm{i}\xi) = n^2$, 其值为 $n_2 - 1$.

如果电离势的单位取为 (常用的) V, 则电离能等于电子电荷值 $|e| = 1.6 \times 10^{-19}$ C 乘以 I.P., 即以 eV 为单位; $\omega_{\rm uv}$ 就是能量除以 $\hbar = 1.0545 \times 10^{-34}$ J · s. 实际上, 正如在一些已经解决的例子中所假设的那样, 直接把 ξ 和 $\omega_{\rm uv}$ 用 eV 来表示要容易得多. 因此 $\omega_{\rm uv}$ 就等于以 V 为单位的 I.P. 值.

材料	$\varepsilon(0)=n^2$	n^{a}	$C_{\mathrm{uv}}=n^2-1$	I.P.[b](eV)	ω_{uv}(rad/s)
聚乙烯	2.34	1.53	1.34	10.15[c]	1.54×10^{16}
聚丙烯	2.22	1.49	1.22	10.15[c]	1.54×10^{16}
聚四氟乙烯 (特氟隆)	1.96	1.40	0.96	10.15[c]	1.54×10^{16}
聚苯乙烯	2.53	1.59	1.53	8.47	1.29×10^{16}

a 各折射率值取自 *Handbook of Chemistry & Physics*, 50th ed 一书.

b 各电离势 I.P. 值取自 R. W. Kiser, *Introduction to Mass Spectrometry* (Prentice-Hall, Englewood Cliffs, NJ, 1965) 一书.

c 这里用了聚乙烯的 I. P. 值.

注意: 以上数字未经加工! 数值对于不同样品是变化的, 从不同手册取来的也是变化的.

来源: 表格由 D. Gingell and V. A. Parsegian, "Prediction of van der Waals interactions between plastics in water using the Lifshitz theory," J. Colloid Interface Sci. **44**, 456–463 (1973) 一文修改而来.

L2.4.F 示例程序, 近似程序

振子模型是对光谱的近似拟合, 所以常常会遗漏一些关于材料响应的物理的基本细节. 真实样品的光谱揭示出关于电子结构的成分、结构、掺杂、氧化或还原、多相、污染或导入电荷等的结果. 源于样品制备的这些结果可以定性地影响分子间力. 最好的程序是: 尽可能地利用在力测量中所用的真实材料 (或为特定的力性质所设计的材料) 上能够收集到的最好的光谱数据. 从光谱学目前的发展来看, 关于光谱和力的此类耦合可能很快就会成为一种常规.

为什么还要用简单的振子模型呢? 对于很多材料而言, 计算所能做的就是用此类模型来拟合不完整的数据. 更重要的是, 为了研究光谱和力之间的关系, 可以把力与介电函数的解析形式联系起来. 虽然这些形式本身是近似的, 但它们还是给出了我们所熟悉的、可以直观地表达更详细光谱信息的语言. 需要提请注意的是: 这些模型仅能给出关于力的大小和方向的相对粗糙的估计. 基于这种思想, 本部分给出关于 $\varepsilon(\mathrm{i}\xi)$ 的各参数列表, 以及一些基本程序.

任一个线性介电响应可以表达成各阻尼谐振子之和 (或积分), 即 (L2.318) 式, [272]

$$\varepsilon(\omega)=1+\sum_j\frac{d_j}{1-i\omega\tau_j}+\sum_j\frac{f_j}{\omega_j^2+g_j(-i\omega)+(-i\omega)^2},\tag{L2.337}$$

对于 $\omega = \mathrm{i}\xi$, 上式立刻变成 (L2.327) 式:

$$\varepsilon(\mathrm{i}\xi) = 1 + \sum_j \frac{d_j}{1+\xi\tau_j} + \sum_j \frac{f_j}{\omega_j^2 + g_j\xi + \xi^2}. \quad \text{(L2.338)}$$

这是一个缓慢减小的形式, 它可以说明为什么光谱信息的不完整未必都会阻碍力的计算. 即使是有限的数据也常常能给出关于力的大小的正确看法.

考虑最简单的情形, 两个同类材料通过一个平层发生相互作用, 这里为水 (表 L2.1 的参数) 通过碳氢化合物 (表 L2.2) 发生相互作用: 首先是取其最简单形式的计算程序, 接着是经过注释的同一程序, 可以解释每一步背后的物理和数学.

例子: 计算水通过厚度 l 的碳氢化合物薄膜发生的范德瓦尔斯力 (记作 MathCad 程序)

$$\mathrm{Ew(z)} := 1 + \frac{4.9\times10^{-3}}{z + 6.55\times10^{-5}}$$

$$\mathrm{Ew(z)} := \mathrm{Ew(z)} + \frac{6.3\times10^{-4}}{0.021^2 + 0.015z + z^2} + \frac{3.5\times10^{-3}}{0.069^2 + 0.038z + z^2} + \frac{1.3\times10^{-3}}{0.092^2 + 0.028z + z^2} + \frac{5.44\times10^{-4}}{0.2^2 + 0.025z + z^2} + \frac{1.4\times10^{-2}}{0.42^2 + 0.056z + z^2}$$

$$\mathrm{Ew(z)} := \mathrm{Ew(z)} + \frac{2.68}{8.25^2 + 0.51z + z^2} + \frac{5.67}{10.0^2 + 0.88z + z^2} + \frac{12.0}{11.4^2 + 1.54z + z^2} + \frac{26.3}{13.0^2 + 2.05z + z^2} + \frac{33.8}{14.9^2 + 2.96z + z^2} + \frac{92.8}{18.5^2 + 6.26z + z^2}$$

$$\mathrm{Eh(w)} := 1 + \frac{14.76}{8.76^2 + 0.72z + z^2} + \frac{32.91}{10.16^2 + 1.45z + z^2} + \frac{43.13}{12.45^2 + 2.55z + z^2} + \frac{72.26}{16.92^2 + 5.14z + z^2}$$

$$\mathrm{Fwh(z)} := \left[\frac{(\mathrm{Ew(z)} - \mathrm{Eh(z)})}{(\mathrm{Ew(z)} + \mathrm{Eh(z)})}\right]$$

$$\mathrm{r(z)} := \mathrm{p(z)}l; \quad \mathrm{p(z)} := \frac{2\mathrm{Ew}(z)^{1/2}z}{3\times10^{10}}1.5072\times10^{15}; \quad \mathrm{R(z)} = (1+r(z))^{*}\mathrm{e}^{-\mathrm{r(z)}}$$

$$\mathrm{N} := 1000$$

$$\mathrm{n} := 1..\mathrm{N}$$

$$\mathrm{Swh} := \sum_{\mathrm{n}} \mathrm{Fhw(z)}^2\mathrm{R(z)}.$$

$$\mathrm{Q} := 5$$

$$\mathrm{q} := 1..\mathrm{Q}$$

$$\mathrm{Swh} := \mathrm{Swh} + .5^* \sum_{\mathrm{q}} \frac{\mathrm{Fhw}(0)^{2\mathrm{q}}}{\mathrm{q}^3} \quad [273]$$

$$\mathrm{Awh(l)} := -\frac{3}{2}\mathrm{kT\ Swh};$$

$$\mathrm{Gwh(l)} := -\frac{\mathrm{kT}}{8\pi \mathrm{l}^2}\mathrm{Swh}$$

经过注释的同一程序，用于计算水通过厚度 l 的碳氢化合物薄膜发生的范德瓦尔斯力 (记作 MathCad 程序)

在此情形中，材料 A 和 B 是相同的；水是“w”；居于 A 和 B 之间的介质 m 为碳氢化合物“h”. 相互作用能量的近似公式为

$$G(l) = -\frac{A_{\mathrm{wh/wh}}}{12\pi l^2},$$

其中系数 $A_{\mathrm{wh/wh}}$ 为

$$A_{\mathrm{wh/wh}} = \frac{3}{2}kT\sum_n{}' \overline{\Delta}_{\mathrm{wh}}^2 R_n,$$

$$\overline{\Delta}_{\mathrm{wh}} = \frac{\varepsilon_{\mathrm{w}} - \varepsilon_{\mathrm{h}}}{\varepsilon_{\mathrm{w}} + \varepsilon_{\mathrm{h}}}.$$

在各频率 ξ_n 处都取水中的光速 $c/\varepsilon_{\mathrm{w}}^{1/2}$, 则屏蔽因子为

$$R_n = (1 + r_n)\mathrm{e}^{-r_n}, r_n = \left(\frac{2l}{c/\varepsilon_{\mathrm{w}}^{1/2}}\right) \Big/ \left(\frac{1}{\xi_n}\right).$$

求和从 $n = 0$ 到 ∞ (记得 $n = 0$ 项要乘以因子 1/2). 虚数本征频率 $\xi_n = [(2\pi kT)/\hbar]n$ 可以写成 rad/s 的单位 (最合乎逻辑)，也可以写成 eV 的单位，对应于光子能量 $\hbar\xi_n$ (在列表和计算各 ε 值时最方便的数字).

在 $T = 20°\mathrm{C}$, 把求和指标 n 与虚数本征频率 ξ_n 联系起来的系数为

$$\frac{2\pi kT}{\hbar} = \frac{2 \times 3.14159 \times 1.38054 \times 10^{-16}(\mathrm{ergs/K}) \times 293.15\ \mathrm{K}}{1.0545 \times 10^{-27}}$$

因此 $\xi_n = 2.411 \times 10^{14} n\ \mathrm{rad/s} = 0.159 n\ \mathrm{eV}$.

计算过程: **首先**，我们通过表 L2.1–L2.7中给出 d_j, τ_j, f_j, g_j, 以及 ω_j 的常数值来定义介电电容率函数

$$\varepsilon(\mathrm{i}\xi) = 1 + \sum_j \frac{d_j}{1 + \xi\tau_j} + \sum_j \frac{f_j}{\omega_j^2 + g_j\xi + \xi^2}.$$

由于计算程序通常不允许在公式中使用希腊字母, 故我们写"z" 来代替"ξ", 用"E" 来代替"ε", 因此 $\varepsilon_{\mathrm{w}}(\mathrm{i}\xi)$ 变成 $\mathrm{Ew}(z)$, 等等. 同样地, 无须为下标操心. 对于水 (数据由表 L2.1 复制过来), 我们得到

$$\mathrm{Ew}(z) := 1 + \frac{4.9\times10^{-3}}{z+6.55\times10^{-5}}\text{(德拜, 偶极弛豫)}$$

[274]

$$\begin{aligned}\mathrm{Ew}(z) := \mathrm{Ew}(z) &+ \frac{6.3\times10^{-4}}{0.021^2+0.015z+z^2} + \frac{3.5\times10^{-3}}{0.069^2+0.038z+z^2}\\ &+\frac{1.3\times10^{-3}}{0.092^2+0.028z+z^2} + \frac{5.44\times10^{-4}}{0.2^2+0.025z+z^2}\\ &+\frac{1.4\times10^{-2}}{0.42^2+0.056z+z^2}\text{(红外吸收频率)}\end{aligned}$$

$$\begin{aligned}\mathrm{Ew}(z) := \mathrm{Ew}(z) &+ \frac{2.68}{8.25^2+0.51z+z^2} + \frac{5.67}{10.0^2+0.88z+z^2} + \frac{12.}{11.4^2+1.54z+z^2}\\ &+\frac{26.3}{13.0^2+2.05z+z^2} + \frac{33.8}{14.9^2+2.96z+z^2}\\ &+\frac{92.8}{18.5^2+6.26z+z^2}\text{(紫外吸收频率)}\end{aligned}$$

对于碳氢化合物 (由表 L2.2.1 中复制出来的十四烷数据), 我们得到

$$\begin{aligned}\mathrm{Eh}(\mathrm{w}) := 1 &+ \frac{14.76}{8.76^2+0.72z+z^2} + \frac{32.91}{10.16^2+1.45z+z^2}\\ &+ \frac{43.13}{12.45^2+2.55z+z^2} + \frac{72.26}{16.92^2+5.14z+z^2}\end{aligned}$$

其次, 引入各 epsilon 的差值与和值之比 $\overline{\Delta}_{\mathrm{Am}} = [(\varepsilon_{\mathrm{A}}-\varepsilon_{\mathrm{m}})/(\varepsilon_{\mathrm{A}}+\varepsilon_{\mathrm{m}})]$, 其中 $\varepsilon_{\mathrm{A}} = \varepsilon_{\mathrm{water}}\varepsilon_{\mathrm{m}} = \varepsilon_{\mathrm{hydrocarbon}}$:

$$\mathrm{Fwh(z)} := \left[\frac{(\mathrm{Ew(z)}-\mathrm{Eh(z)})}{(\mathrm{Ew(z)}+\mathrm{Eh(z)})}\right]$$

第三, (光学的, 相对论性屏蔽效应), 引入运动时间对涨落寿命的比值,

$$\begin{aligned}r_n &= \left(\frac{2l}{c/\varepsilon_w^{1/2}}\right)\bigg/\left(\frac{1}{\xi_n}\right),\\ r(z) &:= \mathrm{p}(z)l\\ p(z) &:= \frac{2\mathrm{Ew}(z)^{1/2}z}{3\times10^{10}}1.5072\times10^{15}\end{aligned}$$

注意: 这里我们已经把光速取为 3×10^{10}cm/s, 故 l 也必须取 cm 为单位. 由于下面求和中的虚数频率 z 在 eV 的单位中看起来更方便, 所以这里用因子 1.5072×10^{15} 把 eV 转换为 rad/s, 但频率必须以 rad/s 为单位.

于是, 在每个频率 z (即 ξ_n) 处的相对论性屏蔽因子为 (通过近似的等光速公式) [(L1.16) 式, 图 L1.12, (L2.26) 式]:

$$R(z) = [1 + r(z)]\mathrm{e}^{-r(z)}.$$

第四, 进行计算, 把积 $\mathrm{Fhw(z)}^2 R(\mathrm{z})$ 对所有频率 z (即 ξ_n) 求和, $\sum_{n=0}^{\infty}{}' \mathrm{Fhw(z)}^2 R(\mathrm{z})$, 记住: 由于出现了因子 1/2 (并且, 由于 $\mathrm{Fhw(z)}^2$ 的较高阶项也可能是重要的), 故对 $z = 0$ (亦称为 $n = 0$) 项的处理应该有所区别.

原则上, 此求和 $\sum_{n=0}^{\infty}{}'$ 会一步步趋于无限大频率. 而实际上, 求和受到两种因素的强烈限制.

其一, 当频率 z 趋于很大值时, 相对论性推迟屏蔽因子 $R(z)$ 趋于零.

其二, 介电函数的形式为: 对很大的 z 值, 分母 $\omega_j^2 + g_j z + z^2$ (或 $w_j^2 + g_j\xi + \xi^2$) 中的各项由 z^2 项占优. 于是, 对介电极化率 Ew(z) 和 Eh(z) ($\varepsilon_\mathrm{w}(\mathrm{i}\xi_\mathrm{n})$ 和 $\varepsilon_\mathrm{h}(\mathrm{i}\xi_\mathrm{n})$) 的各项贡献都随着 z 的平方而减小. $\mathrm{Fhw(z)}^2$ 中的各极化率间差异随着 z 的四次方而减小. {形式上, 德拜项 $[d/(1+\xi\tau)] = [d/(1+z\tau)]$ 似乎衰减得最慢, 但实际上在大多数情况下, 系数 d_j 和 τ_j 的取值会使它在最前面几个本征频率之后就变为零了. } [275]

为了确保计算的可靠性, 一个好办法就是让计算机给出不同 N 值的结果, N 为项数的上限:

$$\mathrm{N} := 1000$$

$$\mathrm{n} := 1..\mathrm{N}$$

$$\mathrm{Swh} := \sum_{\mathrm{n}} \mathrm{Fhw(z)^2R(z)}$$

取至首阶近似, 零频率项需要一个额外的贡献 0.5 $\mathrm{Fhw}(0)^2$. 事实上 (见下面的完整推导), 取首阶近似是不够的, 此 $n = 0$ 项实际上是 $\mathrm{Fhw}(0)^2$ 的幂级数: $\frac{1}{2}\sum_{q=1}^{\infty}\mathrm{Fhw}(0)^{2q}/q^3$. 因为 $\mathrm{Fhw}(0)^2$ 小于 1, 又由于分母为 q^{3*} , 故此级数收敛很快, 通常最多在四项或五项之内收敛. [如果介质为德拜屏蔽长度 $1/\kappa$ 的盐溶液, 则此低频项有一个形式为 $(1 + 2\kappa l)\mathrm{e}^{-2\kappa l}$ 的屏蔽. 这个额外的屏蔽不会在此处的碳氢化合物介质情形出现, 但它在水溶液中可能非常重要.]

* 原文有误. ——译者注

于是, Swh 的完整求和为

$$\mathrm{Q} := 5$$

$$\mathrm{q} := 1..\mathrm{Q}$$

$$\mathrm{Swh} := \mathrm{Swh} + 0.5^{*}\sum_{\mathrm{q}} \frac{\mathrm{Fhw}(0)^{2\mathrm{q}}}{\mathrm{q}^{3}}$$

一旦找到能够可靠地估计出求和 Swh 的 Q 和 N 值, 则只需乘以 $-\dfrac{kT}{8\pi l^2}$ 或 $-\dfrac{3}{2}kT$, 就可以得到相互作用能量 Gwh(l) 以及 Hamaker 系数 Awh(l):

$$\mathrm{Gwh(l)} := -\frac{kT}{8\pi l^2}\mathrm{Swh} \quad 和 \quad \mathrm{Awh(l)} := -\frac{3}{2}\mathrm{kT\ Swh}$$

在实际应用中, 对几种不同薄膜厚度来计算 Hamaker 系数和相互作用自由能, 建立起关于力的大小的直觉并且看出何时能感觉到推迟屏蔽, 可能不失为一个好办法.

第 3 级

基础

[277]

L3.1 故事, 立场, 技巧

[278]

正如前面部分中描述的那样, 任何两种材料体都会通过中间的物质或空间发生相互作用. 此相互作用源于材料体和真空腔中产生的电磁涨落, 即自发的、暂态的电场和磁场. 这些涨落的频率谱只跟电磁吸收谱 (即具体材料的固有共振频率值) 有关. 原则上, 电动力可以从吸收谱计算出来.

栗弗席兹于 1954 年发表的原始公式 (见绪论, 注解 17) 利用了 Rytov 的方法, 来考虑被真空隙隔开的两个物体间电磁涨落的关联. 在两个边界面 (普朗克 – 卡西米尔箱子的壁) 之间的空隙中会产生自发电磁场, 由其对应的麦克斯韦应力张量可以推导出两个物体之间的力. 栗弗席兹关于两个半无限大介质被平面平板空隙隔开的情形所得到的结果, 在特殊的极限下可以约简为前面出现过的所有正确结果, 特别是分别由卡西米尔[1]、卡西米尔和 Polder[2] 对于两块金属平板和两个点粒子之间的相互作用所得到的结果. Dzyaloshinskii, 栗弗席兹和 Pitaevskii[3] (DLP) 利用量子场论的图论方法研究了两个物体间的空隙填满非真空材料的情形, 并在 1959 年发表了推导结果.

DLP 结果也可以通过一个直观而具有启发意义的方法推导出来, 就是把电磁相互作用能量看成存在于平面间隙的两个介电边界之间的电磁波能量. 当 "普朗克 – 卡西米尔箱子为空而壁为导体" 的限制条件撤销之后, 就可以按照 van Kampen 等人引入的方法, 利用模式求和来推导出[4] 任意两种材料通过 (被第三种材料填满的) 空隙发生的电磁相互作用.[5] Langbein[6] 把这个方法建立在一个更稳定的基础上, 而 Mahanty 和 Ninham[7] 给出了详细的阐述. Barash 和 Ginsburg 认为其相当于一个严格的理论.[8] 我相信它还只是启发性质的, 因为其中至少有一个步骤是不稳固的, 就是假设 "在吸收频率区域也仅有纯振动". 不过没关系. 相对于它在公式化和实用性方面的便利性, 有关它严格性的讨论仅是第二位的. van Kampen 等人的程序给出的结果与用 DLP 方法的更深奥步骤所推出的相同. 我已经决定在这里给出此程序, 因为它阐明了凝聚态介质中范德瓦尔斯力的基础, 使我们能够创造性地思考很多相似的物理问题. 即使在其更冗长的步骤中, 只要完整地做出这个程序就可以解释范德瓦尔斯力的一些难以捉摸的特性: 介电极化率和磁化率的作用, 通过量子来思考的必要性, 虚数频率的使用, 本征频率的出现等 (如果搞不清这些性质的话, 会阻碍初学者充分地利用现代思想). 展开、分部积分、回路积分等这些原来看似是小心翼翼穿过迷宫的方法, 现在则变成了通往 (能够产生力的) 电磁涨落的更高阶观点的一系列台阶.

[279]

一旦这个启发性的方法能够成功地验证栗弗席兹的原始结果, 就可以立刻应用到更复杂的几何构形中.

[280]

L3.2 第 3 级推导中所用到的记号

注意: 第 3 级的推导中不用 A 和 B 来表示半无限大物体, 而是用 L 和 R 来确定解方程过程中的 “左边” 和 “右边”.

L3.2.A 栗弗席兹的结果

$\mathrm{A_i}, \mathrm{B_i}$	在 $\mathrm{i} = \mathrm{L}, \mathrm{m}$ 或 R 中的各表面模式的系数
c	真空中的光速; 在 mks 制 (“SI” 或国际单位制) 中为 $c^2\varepsilon_0\mu_0 = 1$; 课文中通常把 $\varepsilon_0\mu_0$ 写成 $1/c^2$
$D_{\mathrm{E}}(\omega), D_{\mathrm{M}}(\omega)$ 或 $D_{\mathrm{E}}(\mathrm{i}\xi), D_{\mathrm{M}}(\mathrm{i}\xi)$	关于频率 ω 或 ξ 的电模式和磁模式的色散关系
$\boldsymbol{E}, \boldsymbol{H}$	电场和磁场
$E_\eta = \left(\eta + \dfrac{1}{2}\right)\hbar\omega_j$,	各振子能级; 在其它情况下 η 也可以被局部地用作求和
$\eta = 0, 1, 2, \cdots$	指标
E_ω, H_ω	$E(t)$和 $H(t)$ 的傅里叶频率分量; 在推导过程中略去了下标 ω
$g(\omega_j) = -kT\ln[Z(\omega_j)]$	模式 ω_j 的自由能
$G_l(\rho)$	区域 L 和 R 相隔为 l 时, 径向波矢大小为 ρ 的表面波自由能
$G_{\mathrm{LmR}}(l)$	与无限大间隔作比较, 相距 l 的区域 L 和 R 之间的相互作用自由能
$(\boldsymbol{u}, \boldsymbol{v})$	在 (x, y) 方向上的径向波矢: $\rho^2 = u^2 + v^2$; $\rho_{\mathrm{i}}^2 = u^2 + v^2 - \dfrac{\varepsilon_{\mathrm{i}}\mu_{\mathrm{i}}\omega^2}{c^2} = \rho^2 - \dfrac{\varepsilon_{\mathrm{i}}\mu_{\mathrm{i}}\omega^2}{c^2}$
$Z(\omega_j)$	配分函数
$\overline{\Delta}_{\mathrm{ji}}, \Delta_{\mathrm{ji}}$	电和磁模式的差值与和值之比的函数
$\varepsilon_{\mathrm{i}}, \mu_{\mathrm{i}}$	各区域 $\mathrm{i} = \mathrm{L}$ (左边), $\mathrm{i} = \mathrm{m}$ (中间), 以及 $\mathrm{i} = \mathrm{R}$ (右边) 中的相对电极化率和磁化率
$\xi_n = \dfrac{2\pi kT}{\hbar}n,\ n = 0, \pm1, \pm2, \pm3, \cdots$	求和中的各本征频率
σ	电导率
ω	圆频率 (实的或复的)

[281]

$\{\omega_j\}$ 一组表面模式

$p \equiv 2\rho_{\mathrm{m}} l / r_n,$

$s_{\mathrm{i}} = \sqrt{p^2 - 1} + (\varepsilon_{\mathrm{i}}\mu_{\mathrm{i}}/\varepsilon_{\mathrm{m}}\mu_{\mathrm{m}})$

$r_n \equiv (2l\varepsilon_{\mathrm{m}}^{1/2}\mu_{\mathrm{m}}^{1/2}/c)\xi_n$

$x_{\mathrm{i}} = 2l\rho_{\mathrm{i}}, x_{\mathrm{m}} = x = 2l\rho_{\mathrm{m}},$

$$x_{\mathrm{i}}^2 = x_{\mathrm{m}}^2 + \left(\frac{2l\xi_n}{c}\right)^2 (\varepsilon_{\mathrm{i}}\mu_{\mathrm{i}} - \varepsilon_{\mathrm{m}}\mu_{\mathrm{m}})$$

$$\rho_{\mathrm{i}}^2 = \rho_{\mathrm{m}}^2 + \frac{\xi_n^2}{c^2}(\varepsilon_{\mathrm{i}}\mu_{\mathrm{i}} - \varepsilon_{\mathrm{m}}\mu_{\mathrm{m}})$$

L3.2.B 层状体系

$l_{\mathrm{i/i+1}}$ 材料 i 和 i+1 间界面的位置, i 在 i + 1 的左边

$\mathbf{M}_{\mathrm{i+1/i}}$ 把材料 i 中的表面波系数 $\mathrm{A_i}, \mathrm{B_i}$ 转换为材料中的 $\mathrm{A_{i+1}}, \mathrm{B_{i+1}}$ 的矩阵

$$\overline{\Delta}_{\mathrm{i+1/i}} \equiv \left(\frac{\varepsilon_{\mathrm{i+1}}\rho_{\mathrm{i}} - \varepsilon_{\mathrm{i}}\rho_{\mathrm{i+1}}}{\varepsilon_{\mathrm{i+1}}\rho_{\mathrm{i}} + \varepsilon_{\mathrm{i}}\rho_{\mathrm{i+1}}}\right)$$

$$\Delta_{\mathrm{i+1/i}} \equiv \left(\frac{\mu_{\mathrm{i+1}}\rho_{\mathrm{i}} - \mu_{\mathrm{i}}\rho_{\mathrm{i+1}}}{\mu_{\mathrm{i+1}}\rho_{\mathrm{i}} + \mu_{\mathrm{i}}\rho_{\mathrm{i+1}}}\right)$$

在不会引起歧义的时候, 可以略去下标中的斜线, 比如 $\overline{\Delta}_{\mathrm{Lm}}, \mathbf{M}_{\mathrm{mL}}$ 或 $\mathbf{M}_{\mathrm{Rm}}^{\mathrm{eff}}$ (表示在衬底 R 和介质 m 之间, 通过各中间层). "有限的层数" 适用于以下情形: 在半空间 L 有厚度为 $a_1, a_2, \cdots, a_{j'}$ 的材料层 $\mathrm{A}_1, \mathrm{A}_2, \cdots, \mathrm{A}_{j'}$; 在半空间 R 有厚度为 $b_1, b_2, \cdots, b_{j'}$ 的材料层 $\mathrm{B}_1, \mathrm{B}_2, \cdots, \mathrm{B}_j$. 指标 j 或 j' 从位于中心的介质 m 往外计数. "重复的层和多层" 适用于以下情形: 在半空间 R 有厚度为 b' 的材料 B′ 单层, 后面逐层依次为 N 对厚度为 b 的材料 B 和厚度为 b' 的材料 B′.

$U_v(x)$ 第二类 Chebyshev 多项式

L3.2.C 离子涨落力

ν 离子价

n_ν ν 价离子的平均数密度

$\kappa_{\mathrm{i}}^2 \equiv \dfrac{k_{\mathrm{i}}^2}{\varepsilon_z^{\mathrm{i}}}$ 在介质 i = L, m 或 R 中的德拜常量

ρ_{ext} 外加电荷密度

σ 电导率

ϕ　　　电势

[282]

$k_{\mathrm{i}}^2 \equiv \dfrac{e^2}{\varepsilon_0 kT} \sum_{\nu=-\infty}^{\nu=\infty} \nu^2 n_\nu^{\mathrm{i}}$ 在 mks 制中,

$k_{\mathrm{i}}^2 \equiv \dfrac{4\pi e^2}{kT} \sum_{\nu=-\infty}^{\nu=\infty} \nu^2 n_\nu^{\mathrm{i}}$ 在 cgs 制中

$p = \beta_{\mathrm{m}}/\kappa_{\mathrm{m}}, s_{\mathrm{i}} = \sqrt{p^2 - 1 + \kappa_{\mathrm{i}}^2/\kappa_{\mathrm{m}}^2}$

$x = 2\beta_{\mathrm{m}} l, x_{\mathrm{i}} = \sqrt{x^2 - (\kappa_{\mathrm{i}}^2 - \kappa_{\mathrm{m}}^2)(2l)^2}$

$\beta_{\mathrm{i}}^2 = \rho^2 + \kappa_{\mathrm{i}}^2, \mathrm{i} = \mathrm{L}, \mathrm{m}$ 或 R

$\rho^2 = u^2 + v^2$

L3.2.D　各向异性介质

$\beta_{\mathrm{i}}(\theta_{\mathrm{i}})$	介质 $\mathrm{i} = \mathrm{L}, \mathrm{m}$ 或 R 中的径向波矢; 也可写成 $\beta_{\mathrm{i}}(\theta_{\mathrm{i}}) = \rho g_{\mathrm{i}}(\theta_{\mathrm{i}} - \psi)$, 其中的积分变量为 ψ
$\varepsilon^{\mathrm{m}}(\theta_{\mathrm{m}}), \varepsilon^{\mathrm{R}}(\theta_{\mathrm{R}})$	经过转动之后, 介质 m 和 R 在 x, y, z 方向上的介电响应矩阵
$\varepsilon_x^{\mathrm{i}}, \varepsilon_y^{\mathrm{i}}, \varepsilon_z^{\mathrm{i}}$	材料 $\mathrm{i} = \mathrm{L}, \mathrm{m}$ 或 R 在 x, y, z 方向上的相对介电响应; x, y 平行于平表面
θ_{m} 和 θ_{R}	介质 m 或 R 的主轴相对于介质 L 的主轴的转动 ($\theta_{\mathrm{R}} \equiv 0$)

L3.2.E　各向异性离子型介质

$$\beta_{\mathrm{i}}^2(\theta_{\mathrm{i}}) = \rho^2 g_{\mathrm{i}}^2(\theta_{\mathrm{i}} - \psi) + \kappa_{\mathrm{i}}^2$$

L3.3 关于两个半无限大介质通过一个平面间隙发生相互作用的栗弗席兹一般结果的启发式推导

[283]

方案

形式上, 任意一组物体中的电磁场随机涨落之和可以通过傅里叶 (频率) 分解为在空间延展的振子模式之和. 前面提到过, 在此推导中有一个 "不稳固的步骤", 就是我们把在耗散介质中延展的模式看作纯正弦振动了. 这种处理方法含蓄地筛选掉了所有的涨落和耗散, 而把模式想象为纯振动; 只有这样, 推导过程才能把振动转换为随机涨落的呈指数衰减的平滑扰动.

考虑原始的栗弗席兹几何构形, 即两个半空间被厚度 l 的介质隔开 (见图 L3.1).

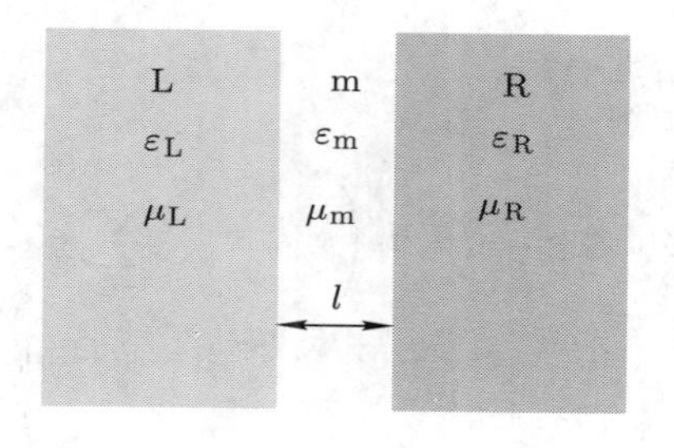

图 L3.1

我们特别感兴趣的是这些模式的圆频率 ω_j 的集合 $\{\omega_j\}$, 这些模式出现在不同介质之间边界表面的地方, 即 "表面模式": $\omega_j = \omega_j(l)$. 我们可以通过直接解麦克斯韦方程组来确定这些模式. 此集合 $\{\omega_j(l)\}$ 依赖于材料 L, R 和 m 的介电性质, 也与厚度 l 有关. 各振动的自由能为 $g(\omega_j)$; 对这些能量求和可以得到总自由能,

$$G(l) = \sum_{\{\omega_j\}} g(\omega_j). \tag{L3.1}$$

因为 ω_j 是间距 l 的函数, $\omega_j = \omega_j(l)$, 故 G 和间距有关.

推导的第一步是求出 $g(\omega_j)$ 的形式. 接着是求解麦克斯韦方程组以得到一组表面波 $\{\omega_j(l)\}$. 随后, 通过对 $g(\omega_j)$ 求和就可以导出范德瓦尔斯相互作用的一般形式. 为了清楚起见, 在求解波动方程时我们用 "L" 和 "R" (而非本书其余部分中用的 "A" 和 "B") 来表示左边和右边的材料.

振子自由能 $g(\omega_j)$ 的形式

我们通常认为非经典振子具有两个独立的量子特性, 即以量子单位表示的能级变化 $h\nu$ (或 $\hbar\omega$) 以及振子在其最低态的 (有限的) 零点能 $\frac{1}{2}h\nu$ (或 $\frac{1}{2}\hbar\omega$). 事实上, 两者是有联系的. 零点涨落是不确定性原理的直接结果. 在与频率成反比的时间上观测, 一个电磁模式或自由度所对应的能量具有不确定性, 其不确定度反比于* 观测时间. 入射和发出的能量总是以 $\hbar\omega$ 的倍数出现的, 这个事实也会不可避免地导致零点能. 如果最低能态的能量不是 $\frac{1}{2}\hbar\omega$, 则振子能量在高温时就不会趋于经典极限 kT.[9]

[284]

当振子能级为

$$E_\eta = \left(\eta + \frac{1}{2}\right)\hbar\omega_j, \quad \eta = 0, 1, 2, \cdots \tag{L3.2}$$

时, 其自由能 $g(\omega_j)$ 可以表示成配分函数的对数:

$$Z(\omega_j) = \sum_{\eta=0}^{\infty} \mathrm{e}^{-\hbar\omega_j\left(\eta+\frac{1}{2}\right)/kT}, \tag{L3.3}$$

$$\begin{aligned} g(\omega_j) &= -kT\ln[Z(\omega_j)] = -kT\ln\left(\mathrm{e}^{-\hbar\omega_j/2kT}\sum_{\eta=0}^{\infty}\mathrm{e}^{-\hbar\omega_j\eta/kT}\right) \\ &= -kT\ln[\mathrm{e}^{-\hbar\omega_j/2kT}/(1-\mathrm{e}^{-\hbar\omega_j/kT})] = kT\ln[2\sinh(\hbar\omega_j/2kT)]. \end{aligned} \tag{L3.4}$$

寻找电磁表面模式的集合 $\{\omega_j\}$

我们通过傅里叶分量 E_ω 和 H_ω 来研究电场和磁场涨落, 这些场写成时间的函数为

$$E(t) = \mathrm{Re}\left(\sum_\omega E_\omega \mathrm{e}^{-\mathrm{i}\omega t}\right), \quad H(t) = \mathrm{Re}\left(\sum_\omega H_\omega \mathrm{e}^{-\mathrm{i}\omega t}\right). \tag{L3.5}$$

因此麦克斯韦方程组变为关于 E_ω 和 H_ω 的波动方程. 在外加电流、电导率以及外加电荷都为零的情况下, 如果各区域中的电极化率 ε 和磁化率 μ 为常数, 就可以写成 [10]

$$\nabla^2\boldsymbol{E} + \frac{\varepsilon\mu\omega^2}{c^2}\boldsymbol{E} = 0, \quad \nabla\cdot\boldsymbol{E} = 0; \quad \nabla^2\boldsymbol{H} + \frac{\varepsilon\mu\omega^2}{c^2}\boldsymbol{H} = 0, \quad \nabla\cdot\boldsymbol{H} = 0. \tag{L3.6}$$

* 原文有误.——译者注

$\boldsymbol{E}$ 和 $\boldsymbol{H}$ 是矢量, 即

$$\boldsymbol{E}=\widehat{i}E_x+\widehat{j}E_y+\widehat{k}E_z,\quad \boldsymbol{H}=\widehat{i}H_x+\widehat{j}H_y+\widehat{k}H_z. \tag{L3.7}$$

如果把 z 方向取为与两种材料间界面垂直的方向, 则 $E_x, E_y, \varepsilon E_z, H_x, H_y$ 和 μH_z 在每个材料的边界上是连续的 (即额外电荷及电流为零的情况下的高斯型边界条件). 同样地, x, y, z 分量受到 (L3.6) 式中的条件 $\nabla\cdot\boldsymbol{H}=0, \nabla\cdot\boldsymbol{E}=0$ 的约束.

$\boldsymbol{E}$ 和 $\boldsymbol{H}$ 场的各分量在 x, y 平面内是周期性的, 其一般形式为 $f(z)\mathrm{e}^{\mathrm{i}(ux+vy)}$, 即

$$E_x=e_x(z)\mathrm{e}^{\mathrm{i}(ux+vy)};\quad E_y=e_y(z)\mathrm{e}^{\mathrm{i}(ux+vy)};\quad E_z=e_z(z)\mathrm{e}^{\mathrm{i}(ux+vy)}; \tag{L3.8a}$$

$$H_x=h_x(z)\mathrm{e}^{\mathrm{i}(ux+vy)};\quad H_y=h_y(z)\mathrm{e}^{\mathrm{i}(ux+vy)};\quad H_z=h_z(z)\mathrm{e}^{\mathrm{i}(ux+vy)}; \tag{L3.8b}$$

代入波动方程, 可以得到公式

$$f''(z)=\rho_{\mathrm{i}}^2 f(z), \tag{L3.9}$$

其中, 在各材料区域 i,

[285]

$$\rho_{\mathrm{i}}^2=(u^2+v^2)-\frac{\varepsilon_{\mathrm{i}}\mu_{\mathrm{i}}\omega^2}{c^2}. \tag{L3.10}$$

这会导出以下形式的六个解

$$f_{\mathrm{i}}(z)=\mathrm{A_i}\mathrm{e}^{\rho_{\mathrm{i}}z}+\mathrm{B_i}\mathrm{e}^{-\rho_{\mathrm{i}}z}. \tag{L3.11}$$

如果我们按照惯例取 $\mathrm{Re}(\rho_{\mathrm{i}})>0$, 则系数 A 和 B 必定会受到约束, 即满足

$$\begin{aligned}&\mathrm{A_R}=0,\quad z>l\ (\mathrm{R}\ 区域),\\&\mathrm{B_L}=0,\quad z<0\ (\mathrm{L}\ 区域).\end{aligned} \tag{L3.12}$$

在每个区域内, 各类模式的系数 A 和 B 之间还有一个约束:

$$\begin{aligned}\nabla\cdot\boldsymbol{E}&=0=\mathrm{i}ue_x(z)+\mathrm{i}ve_y(z)+e_z'(z)\\&=(\mathrm{i}u\mathrm{A}_x+\mathrm{i}v\mathrm{A}_y+\rho\mathrm{A}_z)\mathrm{e}^{\rho z}+(\mathrm{i}u\mathrm{B}_x+\mathrm{i}v\mathrm{B}_y-\rho\mathrm{B}_z)\mathrm{e}^{-\rho z},\end{aligned} \tag{L3.13}$$

故

$$\mathrm{A}_z=-\frac{\mathrm{i}}{\rho}(u\mathrm{A}_x+v\mathrm{A}_y),\quad \mathrm{B}_z=\frac{\mathrm{i}}{\rho}(u\mathrm{B}_x+v\mathrm{B}_y), \tag{L3.14}$$

对 $\nabla\cdot\boldsymbol{H}=0$ 也有类似的关系.

电的模式在 $z=0$ 处的边界条件给出

$$\begin{aligned}E_{\mathrm{L}x}=E_{\mathrm{m}x}\rightarrow \mathrm{A}_{\mathrm{L}x}&=\mathrm{A}_{\mathrm{m}x}+\mathrm{B}_{\mathrm{m}x},\\ E_{\mathrm{L}y}=E_{\mathrm{m}y}\rightarrow \mathrm{A}_{\mathrm{L}y}&=\mathrm{A}_{\mathrm{m}y}+\mathrm{B}_{\mathrm{m}y},\\ \varepsilon_{\mathrm{L}}E_{\mathrm{L}z}=\varepsilon_{\mathrm{m}}E_{\mathrm{m}z}\rightarrow \varepsilon_{\mathrm{L}}\mathrm{A}_{\mathrm{L}z}&=\varepsilon_{\mathrm{m}}\mathrm{A}_{\mathrm{m}z}+\varepsilon_{\mathrm{m}}\mathrm{B}_{\mathrm{m}z}.\end{aligned} \tag{L3.15}$$

把上面方程中的第一个乘以 $\mathrm{i}u$, 第二个乘以 $\mathrm{i}v$, 并利用以前的条件 $\nabla\cdot\boldsymbol{E}=0$ 来消去所有的系数 $\mathrm{A}_x,\mathrm{A}_y,\mathrm{B}_x$ 和 B_y. 这些系数和我们要做的事情无关. 于是得到

$$-\mathrm{A}_{\mathrm{L}z}\rho_{\mathrm{L}}=(-\mathrm{A}_{\mathrm{m}z}+\mathrm{B}_{\mathrm{m}z})\rho_{\mathrm{m}}. \tag{L3.16}$$

在 $z=l$ 处同样的边界条件给出

$$E_{\mathrm{R}x}=E_{\mathrm{m}x}\rightarrow \mathrm{B}_{\mathrm{R}x}\mathrm{e}^{-\rho_{\mathrm{R}}l}=\mathrm{A}_{\mathrm{m}x}\mathrm{e}^{\rho_{\mathrm{m}}l}+\mathrm{B}_{\mathrm{m}x}\mathrm{e}^{-\rho_{\mathrm{m}}l}, \tag{L3.17a}$$

$$E_{\mathrm{R}y}=E_{\mathrm{m}y}\rightarrow \mathrm{B}_{\mathrm{R}y}\mathrm{e}^{-\rho_{\mathrm{R}}l}=\mathrm{A}_{\mathrm{m}y}\mathrm{e}^{\rho_{\mathrm{m}}l}+\mathrm{B}_{\mathrm{m}y}\mathrm{e}^{-\rho_{\mathrm{m}}l}, \tag{L3.17b}$$

$$\varepsilon_{\mathrm{R}}E_{\mathrm{R}z}=\varepsilon_{\mathrm{m}}E_{\mathrm{m}z}\rightarrow \varepsilon_{\mathrm{R}}\mathrm{B}_{\mathrm{R}z}\mathrm{e}^{-\rho_{\mathrm{R}}l}=\varepsilon_{\mathrm{m}}\mathrm{A}_{\mathrm{m}z}\mathrm{e}^{\rho_{\mathrm{m}}l}+\varepsilon_{\mathrm{m}}\mathrm{B}_{\mathrm{m}z}\mathrm{e}^{-\rho_{\mathrm{m}}l}. \tag{L3.18}$$

再次消去所有的 $\mathrm{A}_x,\mathrm{A}_y,\mathrm{B}_x,\mathrm{B}_y$, 可以得到

$$\mathrm{B}_{\mathrm{R}z}\mathrm{e}^{-\rho_{\mathrm{R}}l}\rho_{\mathrm{R}}=(-\mathrm{A}_{\mathrm{m}z}\mathrm{e}^{\rho_{\mathrm{m}}l}+\mathrm{B}_{\mathrm{m}z}\mathrm{e}^{-\rho_{\mathrm{m}}l})\rho_{\mathrm{m}}. \tag{L3.19}$$

现在我们有了关于四个系数 A_z 和 B_z 的四个方程:

$$\begin{aligned}\varepsilon_{\mathrm{L}}\mathrm{A}_{\mathrm{L}z}&=\varepsilon_{\mathrm{m}}\mathrm{A}_{\mathrm{m}z}+\varepsilon_{\mathrm{m}}\mathrm{B}_{\mathrm{m}z},\\ -\mathrm{A}_{\mathrm{L}z}\rho_{\mathrm{L}}&=(-\mathrm{A}_{\mathrm{m}z}+\mathrm{B}_{\mathrm{m}z})\rho_{\mathrm{m}},\\ \varepsilon_{\mathrm{R}}\mathrm{B}_{\mathrm{R}z}\mathrm{e}^{-\rho_{\mathrm{R}}l}&=\varepsilon_{\mathrm{m}}\mathrm{A}_{\mathrm{m}z}\mathrm{e}^{\rho_{\mathrm{m}}l}+\varepsilon_{\mathrm{m}}\mathrm{B}_{\mathrm{m}z}\mathrm{e}^{-\rho_{\mathrm{m}}l},\\ \mathrm{B}_{\mathrm{R}z}\mathrm{e}^{-\rho_{\mathrm{R}}l}\rho_{\mathrm{R}}&=(-\mathrm{A}_{\mathrm{m}z}\mathrm{e}^{\rho_{\mathrm{m}}l}+\mathrm{B}_{\mathrm{m}z}\mathrm{e}^{-\rho_{\mathrm{m}}l})\rho_{\mathrm{m}}.\end{aligned} \tag{L3.20}$$

[286] 消去这四个系数, 可以得到

$$1-\left(\frac{\rho_{\mathrm{L}}\varepsilon_{\mathrm{m}}-\rho_{\mathrm{m}}\varepsilon_{\mathrm{L}}}{\rho_{\mathrm{L}}\varepsilon_{\mathrm{m}}+\rho_{\mathrm{m}}\varepsilon_{\mathrm{L}}}\right)\left(\frac{\rho_{\mathrm{R}}\varepsilon_{\mathrm{m}}-\rho_{\mathrm{m}}\varepsilon_{\mathrm{R}}}{\rho_{\mathrm{R}}\varepsilon_{\mathrm{m}}+\rho_{\mathrm{m}}\varepsilon_{\mathrm{R}}}\right)\mathrm{e}^{-2\rho_{\mathrm{m}}l}=0. \tag{L3.21}$$

这就是为了找到容许存在的表面电模式所需要的条件. 各 ε 和 ρ 都是频率的函数. 只要频率的取值满足 (L3.21), 则对应于这个频率的波就符合在箱子中 "适宜" 的条件, 即: 它存在于两壁之间, 而在壁外逐渐消失 (按照从每个壁向外的距离成指数衰减). 定义函数

$$D_{\mathrm{E}}(\omega)\equiv 1-\left(\frac{\rho_{\mathrm{L}}\varepsilon_{\mathrm{m}}-\rho_{\mathrm{m}}\varepsilon_{\mathrm{L}}}{\rho_{\mathrm{L}}\varepsilon_{\mathrm{m}}+\rho_{\mathrm{m}}\varepsilon_{\mathrm{L}}}\right)\left(\frac{\rho_{\mathrm{R}}\varepsilon_{\mathrm{m}}-\rho_{\mathrm{m}}\varepsilon_{\mathrm{R}}}{\rho_{\mathrm{R}}\varepsilon_{\mathrm{m}}+\rho_{\mathrm{m}}\varepsilon_{\mathrm{R}}}\right)\mathrm{e}^{-2\rho_{\mathrm{m}}l} \tag{L3.22}$$

并认为我们感兴趣的频率集合 $\{\omega_j(l)\}$ 就是 $D_{\mathrm{E}}(\omega)=0$所对应的频率值, 则可以更容易地对此条件进行思考.

除了这些电涨落以外, 所有的磁场涨落也可以满足同类条件. 经过检查可以看到, 确定这些磁模式所用的方法和确定电模式的方法完全一样, 只不过用的是磁化率 $\mu_{\mathrm{m}},\mu_{\mathrm{L}}$ 和 μ_{R}, 而非 $\varepsilon_{\mathrm{m}},\varepsilon_{\mathrm{L}}$ 和 ε_{R}:

$$D_{\mathrm{M}}(\omega)\equiv 1-\left(\frac{\rho_{\mathrm{L}}\mu_{\mathrm{m}}-\rho_{\mathrm{m}}\mu_{\mathrm{L}}}{\rho_{\mathrm{L}}\mu_{\mathrm{m}}+\rho_{\mathrm{m}}\mu_{\mathrm{L}}}\right)\left(\frac{\rho_{\mathrm{R}}\mu_{\mathrm{m}}-\rho_{\mathrm{m}}\mu_{\mathrm{R}}}{\rho_{\mathrm{R}}\mu_{\mathrm{m}}+\rho_{\mathrm{m}}\mu_{\mathrm{R}}}\right)\mathrm{e}^{-2\rho_{\mathrm{m}}l}, \tag{L3.23}$$

由此我们可以定义函数

$$D(\omega)\equiv D_{\mathrm{E}}(\omega)D_{\mathrm{M}}(\omega), \tag{L3.24}$$

每个容许的表面模式都具有性质

$$D(\omega_j)=0. \tag{L3.25}$$

每组频率 $\{\omega_j\}$ 对应于复合径向波矢 $(\rho_{\mathrm{L}},\rho_{\mathrm{m}},\rho_{\mathrm{R}})$ 中出现的一对给定径向波分量值 (u,v). 我们必须对所有可能的径向波矢 (u,v), 以及在各 u,v 处所有容许存在的频率求和. 为简洁起见, 定义

$$\rho^2\equiv u^2+v^2, \tag{L3.26}$$

故每种材料都满足

$$\rho_{\mathrm{i}}^2=u^2+v^2-\frac{\varepsilon_{\mathrm{i}}\mu_{\mathrm{i}}\omega^2}{c^2}=\rho^2-\frac{\varepsilon_{\mathrm{i}}\mu_{\mathrm{i}}\omega^2}{c^2}; \tag{L3.27}$$

显然,

$$\rho_{\mathrm{L}}^2=\rho^2-\frac{\varepsilon_{\mathrm{L}}\mu_{\mathrm{L}}\omega^2}{c^2},\quad \rho_{\mathrm{m}}^2=\rho^2-\frac{\varepsilon_{\mathrm{m}}\mu_{\mathrm{m}}\omega^2}{c^2},\quad \rho_{\mathrm{R}}^2=\rho^2-\frac{\varepsilon_{\mathrm{R}}\mu_{\mathrm{R}}\omega^2}{c^2}. \tag{L3.28}$$

如果存在表面模式 (即离边界表面无限远处趋于零的那些激发), 我们要求这些波矢 ρ_{i} 的实部为正, $\mathrm{Re}(\rho_{\mathrm{i}})>0$, 或

$$\rho^2>\mathrm{Re}\left(\frac{\varepsilon_{\mathrm{i}}\mu_{\mathrm{i}}\omega^2}{c^2}\right). \tag{L3.29}$$

用常识性的术语, 此不等式意味着不是所有的 u 和 v 值都可以用的. 波矢的值必须足够大, 以确保这些模式在远离表面处消失. 如果模式在无限大空间中传输, 则此条件对应于圆频率 $\omega=2\pi\nu$ 的模式的波长λ, $\lambda=(c/\sqrt{\varepsilon\mu})/\nu$. 如果光速 c 为无限大, 则波长也是; 于是所有的 u,v 值都是容许的. 但是实际上光速是有限的. 太小的 u,v 值会导出负的 ρ_{i}^2, 即组合波矢 ρ_{i} 为虚数. 这样的波 $\mathrm{e}^{\pm\rho_{\mathrm{i}}z}$ 不会像表面模式所要求的那样以指数衰减. 此波不可能包含在与边界表面位置有关的一组模式中. 由光速有限而导致的对 (u,v) 的这个限制, 正是范德瓦尔斯力的相对论性屏蔽的根源. 让我们看看它是如何转变为关于总相互作用自由能的积分界限的. [287]

容许的表面模式的自由能之和

显然, 对于所有可能情形的求和 – 积分既包括所有容许的 $u^2+v^2=\rho^2$, 也包括各 ρ 值处的所有频率. 先考虑某个 ρ 值处的自由能 $G_l(\rho)$, 即一组频率 $\{\omega_j\}$ 的自由能之和, 接着把这些 $G_l(\rho)$ 对所有容许的 ρ 值求和.

形式上, 在各 ρ 值处

$$G_l(\rho)=\sum_{\{\omega_j\}} g(\omega_j). \tag{L3.30}$$

于是总自由能 $G_{\mathrm{LmR}}(l)$ 可以定义为对所有 ρ 值积分的实部:

$$G_{\mathrm{LmR}}(l)=\frac{1}{(2\pi)^2}\mathrm{Re}\left\{\int_0^\infty 2\pi\rho[G_l(\rho)-G_\infty(\rho)]\mathrm{d}\rho\right\}. \tag{L3.31}$$

计算 ρ 值的这个积分用到了对波矢求和中的标准程序. 因为 (u,v) 与圆频率的关系为 $\omega=2\pi\nu$, 故 u 和 ν 的单位为 2π. 由于 $u^2+v^2=\rho^2$, 我们可以把对 ρ 有贡献的所有 (u,v) 值组合到 ρ 至 $\rho+\mathrm{d}\rho$ 的范围内. 这些 (u,v) 值的组合数是圆环的面积 $2\pi\rho\mathrm{d}\rho$ 除以每个 (u,v) 组合的面积 $(2\pi)^2$. 积分的下限是介质 m 的极化率所容许的那些 (u,v) 值.

剩下的工作就是真正完成对 $\{\omega_j\}$ 的求和. 这项任务可以通过模式分析中的两个标准技巧得以实现.

技巧 #1 利用柯西积分定理,

$$\sum_{\{\omega_j\}} g(\omega_j)=\frac{1}{2\pi\mathrm{i}}\oint_C g(\omega)\frac{\mathrm{d}\ln[D(\omega)]}{\mathrm{d}\omega}\mathrm{d}\omega, \tag{L3.32}$$

其中复平面内的积分回路包含 $D(\omega)$ 的所有零点.[11]

通过对整个复频率平面的积分, 可以使得实频率和虚频率相结合而进入范德瓦尔斯相互作用公式中. 把频率 ω 看成一个复变量 $\omega=\omega_{\mathrm{R}}+\mathrm{i}\xi$, 其中实分量 ω_{R} 和虚分量 ξ 分别描述振动 $\mathrm{e}^{\mathrm{i}\omega_{\mathrm{R}}t}$ 和指数衰减 $\mathrm{e}^{-\xi t}$ (见图 L3.2) (也可见第 2 级计算的 L2.4.A 部分).

为了采集到满足条件 $D(\omega)=0$ 的所有可能的正频率 ω_{R}, 我们所取的回路为: 以原点为中心、半径无限大的半圆, 接着是从 $\xi=+\infty$ 到 $\xi=-\infty$ 的直线.

[288] 在虚频率轴上, 自由能函数

$$g(\omega)=kT\ln[2\sinh(\hbar\omega/2kT)]=kT\ln(\mathrm{e}^{\hbar\omega/2kT}-\mathrm{e}^{-\hbar\omega/2kT}) \tag{L3.33}$$

在

$$\omega=\mathrm{i}\xi=\mathrm{i}\frac{2\pi kT}{\hbar}n,\quad n=0,\pm1,\pm2,\pm3,\cdots, \tag{L3.34}$$

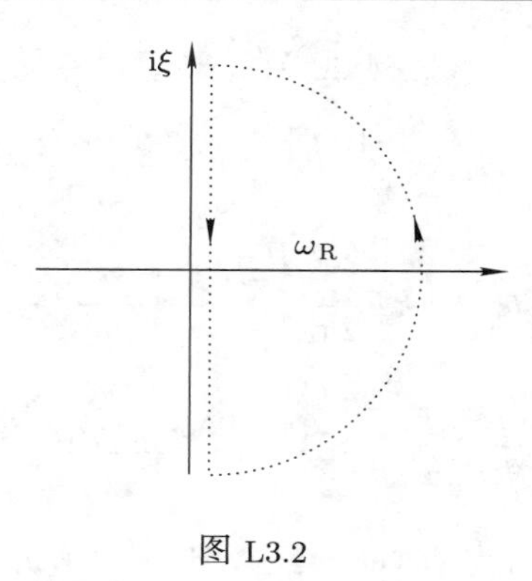

图 L3.2

或

$$\xi_n = \frac{2\pi kT}{\hbar} n \tag{L3.35}$$

处为支点无穷大. 这些点仅位于积分路径上. 这个关于函数 $g(\omega)$ 的限制可以利用技巧 #2 来避免.

技巧 #2 把对数展开为无限级数[12]

$$g(\omega) = \frac{\hbar\omega}{2} - kT\sum_{\eta=1}^{\infty}\frac{\mathrm{e}^{-(\hbar\omega/kT)\eta}}{\eta}. \tag{L3.36}$$

此回路积分可以取为仅在虚频率轴上的线积分,

$$\begin{aligned} G_l(\rho) &= \sum_{\{\omega_j\}} g(\omega_j) = \frac{1}{2\pi\mathrm{i}}\oint_C g(\omega)\frac{\mathrm{d}\ln[D(\omega)]}{\mathrm{d}\omega}\mathrm{d}\omega \\ &= \frac{1}{2\pi\mathrm{i}}\int_{+\mathrm{i}\infty}^{-\mathrm{i}\infty} g(\omega)\frac{\mathrm{d}\ln[D(\omega)]}{\mathrm{d}\omega}\mathrm{d}\omega, \end{aligned} \tag{L3.37}$$

这是因为当 $|\omega| \to \infty$ 时 $\varepsilon(\omega) \to 1, \mu(\omega) \to 1$. 由于任何材料都不可能对变化无限快的电场和磁场做出反应, 故可以很自然地得到这个 (趋于 1 的) 收敛性. 在此极限下, 所有材料的各 ε 和 μ 值都与真空中相同; $D(\omega)$ 等于 1. 其导数必定等于 0.

各径向波矢 ρ 的自由能 $G_l(\rho)$ 可以通过对频率的分部积分得到. 结果就

清清楚楚地分成两部分: 其一是物理实在, 其二是与物理无关的成分:

$$
\begin{aligned}
G_l(\rho) &= \sum_{\{\omega_j\}} g(\omega_j) = \frac{-1}{2\pi\mathrm{i}} \int_{-\infty}^{+\infty} g(\mathrm{i}\xi) \frac{\mathrm{d}\ln[D(\mathrm{i}\xi)]}{\mathrm{d}\xi} \mathrm{d}\xi \\
&= \sum_{\{\omega_j\}} \frac{1}{2}\hbar\omega_j + kT\frac{1}{2\pi\mathrm{i}} \left[\sum_{\eta=1}^{\infty} \frac{\mathrm{e}^{-(\hbar\mathrm{i}\xi/kT)\eta}}{\eta} \ln D(\mathrm{i}\xi)|_{-\infty}^{+\infty} \right. \\
&\quad \left. + \sum_{\eta=1}^{\infty} \frac{\hbar\mathrm{i}}{kT} \int_{-\infty}^{+\infty} \mathrm{e}^{-(\hbar\mathrm{i}\xi/kT)\eta} \ln D(\mathrm{i}\xi)\mathrm{d}\xi \right].
\end{aligned} \tag{L3.38}
$$

[289] [ ] 中的第一项等于零, 因为 (前面已经提到过) $D(|\omega| \to \pm\infty) = 1$. 另一项积分中的 e 指数可以展开成 sine 和 cosine 函数,

$$
\sum_{\eta=1}^{\infty} \mathrm{e}^{-(\hbar\mathrm{i}\xi/kT)\eta} = \sum_{\eta=1}^{\infty} \cos[(\hbar\xi/kT)\eta] - \mathrm{i}\sum_{\eta=1}^{\infty} \sin[(\hbar\xi/kT)\eta], \tag{L3.39}
$$

其中利用变换[13]

$$
\sum_{\eta=1}^{\infty} \cos(\eta x) = \pi \sum_{\eta=-\infty}^{+\infty} \delta(x - 2\pi\eta) - \frac{1}{2} \tag{L3.40}
$$

可以得到三个积分:

$$
\begin{aligned}
&+\frac{\hbar}{2\pi} \left\{ \int_{-\infty}^{\infty} \pi \sum_{\eta=-\infty}^{+\infty} \delta[(\hbar\xi/kT) - 2\pi\eta] \ln D(\mathrm{i}\xi)\mathrm{d}\xi \right. \\
&\quad \left. -\frac{1}{2}\int_{-\infty}^{+\infty} \ln D(\mathrm{i}\xi)\mathrm{d}\xi - \mathrm{i}\sum_{\eta=1}^{\infty} \int_{-\infty}^{\infty} \sin[(\hbar\xi/kT)\eta] \ln D(\mathrm{i}\xi)\mathrm{d}\xi \right\}.
\end{aligned} \tag{L3.41}
$$

因为我们感兴趣的仅是相互作用能 $G_l(\rho)$ 的实部, 故 [ ] 中的第三个积分 $\mathrm{i}\sum_{\eta=1}^{\infty} \int_{-\infty}^{\infty} \sin[(\hbar\xi/kT)\eta] \ln D(\mathrm{i}\xi)\mathrm{d}\xi$ 对能量的贡献为零. 为此, 我们所需要确定的就是: 极化率 $\varepsilon(\mathrm{i}\xi)$ 和 $\mu(\mathrm{i}\xi)$ 在虚数频率轴上是实的. 所以 $D(\mathrm{i}\xi)$ 是一个纯实数, 而 $\mathrm{i}\ln[D(\mathrm{i}\xi)]$ 是纯虚数.

把积分号外面的因子放进括号里面, 则 [ ] 中的第一个积分为

$$
\frac{\hbar}{2} \int_{-\infty}^{\infty} \sum_{\eta=-\infty}^{+\infty} \delta[(\hbar\xi/kT) - 2\pi\eta] \ln D(\mathrm{i}\xi)\mathrm{d}\xi, \tag{L3.42}
$$

取 $x \equiv (\hbar\xi/kT)$, 可以写成

$$
\frac{kT}{2} \sum_{n=-\infty}^{\infty} \int_{-\infty}^{\infty} \delta(x - 2\pi n) \ln D(\mathrm{i}kTx/\hbar)\mathrm{d}x = \frac{kT}{2} \sum_{n=-\infty}^{\infty} \ln D(\mathrm{i}\xi_n). \tag{L3.43}
$$

此变换提示我们, 力和能量计算中所用到的虚数取样频率可以定义为

$$\xi_n = \frac{2\pi kT}{\hbar} n. \tag{L3.44}$$

[ ] 中的第二个积分为[14]

$$\begin{aligned} -\frac{1}{2}\frac{\hbar}{2\pi}\int_{-\infty}^{+\infty} \ln D(\mathrm{i}\xi)\mathrm{d}\xi &= -\frac{\hbar}{2}\frac{1}{2\pi\mathrm{i}}\int_{-\mathrm{i}\infty}^{+\mathrm{i}\infty} \ln D(\omega)\mathrm{d}\omega \\ &= -\frac{\hbar}{2}\frac{1}{2\pi\mathrm{i}}\oint_C \omega\frac{\mathrm{d}\ln D(\omega)}{\mathrm{d}\omega}\mathrm{d}\omega = -\sum_{\{\omega_j\}}\frac{1}{2}\hbar\omega_j, \end{aligned} \tag{L3.45}$$

为了把 $\{\omega_j\}$ 频率包括进来, 这里我们又用到了回路积分. 此项和 (L3.38) 式中的首项 $G_l(\rho)$相抵消.

于是, 得到量 $G_l(\rho)$ 的一个简单结果

$$G_l(\rho) = \frac{kT}{2}\sum_{n=-\infty}^{\infty} \ln D(\mathrm{i}\xi_n), \tag{L3.46}$$

其中 $\xi_n = [(2\pi kT)/\hbar]n, n = 0, \pm1, \pm2, \pm3, \cdots$ [式 (L3.44)].

在这里我们要复述一下: 此函数是在虚数频率轴上各点取值, 其振子的自由能函数为无穷大, 即表达式 (L3.41) 中的 δ 函数. 函数 $D(\mathrm{i}\xi)$ 的值仍是各点的极化率值 $\varepsilon(\mathrm{i}\xi)$ 和 $\mu(\mathrm{i}\xi)$ 的函数. 习惯上, 我们通常假设这些极化率为 ξ 的偶函数. 但原则上这是不正确的, 因为它们所取的仅是对应于复数频率平面的下半部分的各共振频率的无限大值 (见第 2 级计算的 L2.4.A 部分). 不过, $\mathrm{i}\xi_n$ 的位置通常远离共振频率的位置, 这使得我们可以假设 $\varepsilon(\mathrm{i}\xi_n) = \varepsilon(\mathrm{i}|\xi_n|)$ 和 $\mu(\mathrm{i}\xi_n) = \mu(\mathrm{i}|\xi_n|)$, 或至少是 $D(\mathrm{i}\xi_n) = D(\mathrm{i}|\xi_n|)$. 因此, 我们习惯于把能量写成对正 n 值的求和: [290]

$$G_l(\rho) = kT\sum_{n=0}^{\infty}{}' \ln D(\mathrm{i}\xi_n), \tag{L3.47}$$

其中求和号上的撇号提醒我们, $n = 0$ 项须乘以 1/2.

对所有波矢积分以得到总相互作用自由能

现在对 $G_l(\rho)$ 已经给出了明确定义, 再让我们回忆一下 [式 (L3.31)]

$$G_{\mathrm{LmR}}(l) = \frac{1}{(2\pi)^2}\int_0^{\infty} 2\pi\rho[G_l(\rho) - G_\infty(\rho)]\mathrm{d}\rho, \tag{L3.48}$$

和 [式 (L3.24)]

$$D(\omega) \equiv D_{\mathrm{E}}(\omega)D_{\mathrm{M}}(\omega)$$

其中 [式 (L3.22) 和 (L3.23)]

$$D_{\mathrm{E}}(\omega) \equiv 1-\left(\frac{\rho_{\mathrm{L}}\varepsilon_{\mathrm{m}}-\rho_{\mathrm{m}}\varepsilon_{\mathrm{L}}}{\rho_{\mathrm{L}}\varepsilon_{\mathrm{m}}+\rho_{\mathrm{m}}\varepsilon_{\mathrm{L}}}\right)\left(\frac{\rho_{\mathrm{R}}\varepsilon_{\mathrm{m}}-\rho_{\mathrm{m}}\varepsilon_{\mathrm{R}}}{\rho_{\mathrm{R}}\varepsilon_{\mathrm{m}}+\rho_{\mathrm{m}}\varepsilon_{\mathrm{R}}}\right)\mathrm{e}^{-2\rho_{\mathrm{m}}l},$$

$$D_{\mathrm{M}}(\omega) \equiv 1-\left(\frac{\rho_{\mathrm{L}}\mu_{\mathrm{m}}-\rho_{\mathrm{m}}\mu_{\mathrm{L}}}{\rho_{\mathrm{L}}\mu_{\mathrm{m}}+\rho_{\mathrm{m}}\mu_{\mathrm{L}}}\right)\left(\frac{\rho_{\mathrm{R}}\mu_{\mathrm{m}}-\rho_{\mathrm{m}}\mu_{\mathrm{R}}}{\rho_{\mathrm{R}}\mu_{\mathrm{m}}+\rho_{\mathrm{m}}\mu_{\mathrm{R}}}\right)\mathrm{e}^{-2\rho_{\mathrm{m}}l},$$

和 [式 (L3.28)]

$$\rho_{\mathrm{L}}^2=\rho^2-\frac{\varepsilon_{\mathrm{L}}\mu_{\mathrm{L}}\omega^2}{c^2},\quad \rho_{\mathrm{m}}^2=\rho^2-\frac{\varepsilon_{\mathrm{m}}\mu_{\mathrm{m}}\omega^2}{c^2},\quad \rho_{\mathrm{R}}^2=\rho^2-\frac{\varepsilon_{\mathrm{R}}\mu_{\mathrm{R}}\omega^2}{c^2}.$$

这样我们就知道了, 上述值应该在各虚频率 $\omega=\mathrm{i}\xi_n$ 处计算, 其中 $\omega^2=-\xi_n^2$. 用到的各 ρ_{i} 值都是正的纯实数:

$$\rho_{\mathrm{L}}^2=\rho^2+\frac{\varepsilon_{\mathrm{L}}\mu_{\mathrm{L}}\xi_n^2}{c^2},\quad \rho_{\mathrm{m}}^2=\rho^2+\frac{\varepsilon_{\mathrm{m}}\mu_{\mathrm{m}}\xi_n^2}{c^2},\quad \rho_{\mathrm{R}}^2=\rho^2+\frac{\varepsilon_{\mathrm{R}}\mu_{\mathrm{R}}\xi_n^2}{c^2}. \tag{L3.49}$$

积分变量 $\rho, 0\leqslant\rho<\infty$, 可以变换为 $[(\varepsilon_{\mathrm{m}}\mu_{\mathrm{m}}\xi_n^2)/c^2]\leqslant\rho_{\mathrm{m}}<\infty$, 其中 $\rho\mathrm{d}\rho=\rho_{\mathrm{m}}\mathrm{d}\rho_{\mathrm{m}}$. 总相互作用自由能的形式为对各本征频率求和, 可以变换为用径向矢量表示的位置积分, 于是就写成一系列等价形式:

1. 对 ρ_{m} 积分:

$$\begin{aligned}G_{\mathrm{LmR}}(l)=\frac{kT}{(2\pi)}\sum_{n=0}^{\infty}{}'\int_{\frac{\varepsilon_{\mathrm{m}}^{1/2}\mu_{\mathrm{m}}^{1/2}\xi_n}{c}}^{\infty}\rho_{\mathrm{m}}\ln[(1-\overline{\Delta}_{\mathrm{Lm}}\overline{\Delta}_{\mathrm{Rm}}\mathrm{e}^{-2\rho_{\mathrm{m}}l})\cdot\\(1-\Delta_{\mathrm{Lm}}\Delta_{\mathrm{Rm}}\mathrm{e}^{-2\rho_{\mathrm{m}}l})]\mathrm{d}\rho_{\mathrm{m}},\end{aligned} \tag{L3.50}$$

$$\overline{\Delta}_{\mathrm{ji}}=\frac{\rho_{\mathrm{i}}\varepsilon_{\mathrm{j}}-\rho_{\mathrm{j}}\varepsilon_{\mathrm{i}}}{\rho_{\mathrm{i}}\varepsilon_{\mathrm{j}}+\rho_{\mathrm{j}}\varepsilon_{\mathrm{i}}},\quad \Delta_{\mathrm{ji}}=\frac{\rho_{\mathrm{i}}\mu_{\mathrm{j}}-\rho_{\mathrm{j}}\mu_{\mathrm{i}}}{\rho_{\mathrm{i}}\mu_{\mathrm{j}}+\rho_{\mathrm{j}}\mu_{\mathrm{i}}},$$

$$\rho_{\mathrm{i}}^2=\rho_{\mathrm{m}}^2+\frac{\xi_n^2}{c^2}(\varepsilon_{\mathrm{i}}\mu_{\mathrm{i}}-\varepsilon_{\mathrm{m}}\mu_{\mathrm{m}}). \tag{L3.51}$$

[291] 2. 利用积分变量 $x=2\rho_{\mathrm{m}}l$, 以及

$$r_n\equiv(2l\varepsilon_{\mathrm{m}}^{1/2}\mu_{\mathrm{m}}^{1/2}/c)\xi_n \tag{L3.52}$$

使得 x 的极小值满足 $r_n\leqslant x<\infty, \rho_{\mathrm{m}}\mathrm{d}\rho_{\mathrm{m}}=(2l)^2x\mathrm{d}x$, 我们得到

$$\begin{aligned}G_{\mathrm{LmR}}(l)=\frac{kT}{8\pi l^2}\sum_{n=0}^{\infty}{}'\int_{r_n}^{\infty}x\ln[(1-\overline{\Delta}_{\mathrm{Lm}}\overline{\Delta}_{\mathrm{Rm}}\mathrm{e}^{-x})\cdot\\(1-\Delta_{\mathrm{Lm}}\Delta_{\mathrm{Rm}}\mathrm{e}^{-x})]\mathrm{d}x,\end{aligned} \tag{L3.53}$$

$$\overline{\Delta}_{\mathrm{ji}}=\frac{x_{\mathrm{i}}\varepsilon_{\mathrm{j}}-x_{\mathrm{j}}\varepsilon_{\mathrm{i}}}{x_{\mathrm{i}}\varepsilon_{\mathrm{j}}+x_{\mathrm{j}}\varepsilon_{\mathrm{i}}},\quad \Delta_{\mathrm{ji}}=\frac{x_{\mathrm{i}}\mu_{\mathrm{j}}-x_{\mathrm{j}}\mu_{\mathrm{i}}}{x_{\mathrm{i}}\mu_{\mathrm{j}}+x_{\mathrm{j}}\mu_{\mathrm{i}}},$$

$$x_{\mathrm{i}}^2=x_{\mathrm{m}}^2+\left(\frac{2l\xi_n}{c}\right)^2(\varepsilon_{\mathrm{i}}\mu_{\mathrm{i}}-\varepsilon_{\mathrm{m}}\mu_{\mathrm{m}}). \tag{L3.54}$$

3. 对 p 积分, 其中

$$\rho_{\mathrm{m}}=\frac{\varepsilon_{\mathrm{m}}^{1/2}\mu_{\mathrm{m}}^{1/2}\xi_n}{c}p;\quad x=2\rho_{\mathrm{m}}l=r_n p,\tag{L3.55}$$

$$\rho_{\mathrm{m}}\mathrm{d}\rho_{\mathrm{m}}=\frac{\varepsilon_{\mathrm{m}}\mu_{\mathrm{m}}\xi_n^2}{c^2}p\mathrm{d}p\quad 或\quad x\mathrm{d}x=r_n^2p\mathrm{d}p=\frac{4\varepsilon_{\mathrm{m}}\mu_{\mathrm{m}}\xi_n^2l^2}{c^2}p\mathrm{d}p,\quad 1\leqslant p<\infty.$$

$$G_{\mathrm{LmR}}(l)=\frac{kT}{2\pi c^2}\sum_{n=0}^{\infty}{}'\varepsilon_{\mathrm{m}}\mu_{\mathrm{m}}\xi_n^2\int_1^{\infty}p\ln[(1-\overline{\Delta}_{\mathrm{Lm}}\overline{\Delta}_{\mathrm{Rm}}\mathrm{e}^{-r_np})\cdot(1-\Delta_{\mathrm{Lm}}\Delta_{\mathrm{Rm}}\mathrm{e}^{-r_np})]\mathrm{d}p,\tag{L3.56}$$

$$\overline{\Delta}_{\mathrm{ji}}=\frac{s_{\mathrm{i}}\varepsilon_{\mathrm{j}}-s_{\mathrm{j}}\varepsilon_{\mathrm{i}}}{s_{\mathrm{i}}\varepsilon_{\mathrm{j}}+s_{\mathrm{j}}\varepsilon_{\mathrm{i}}},\quad \Delta_{\mathrm{ji}}=\frac{s_{\mathrm{i}}\mu_{\mathrm{j}}-s_{\mathrm{j}}\mu_{\mathrm{i}}}{s_{\mathrm{i}}\mu_{\mathrm{j}}+s_{\mathrm{j}}\mu_{\mathrm{i}}},$$

$$s_{\mathrm{i}}=\sqrt{p^2-1+(\varepsilon_{\mathrm{i}}\mu_{\mathrm{i}}/\varepsilon_{\mathrm{m}}\mu_{\mathrm{m}})},\quad s_{\mathrm{m}}=p.\tag{L3.57}$$

把 $\ln[D(\mathrm{i}\xi_n)]$ 对间距 l 求导, 从上述最后一个形式可以很容易地得到每单位面积的力 $-\mathrm{d}G_{\mathrm{LmR}}(l)/\mathrm{d}l$.

L3.4 对层状平面体系中的范德瓦尔斯相互作用的推导

[292]

对函数 $D(\mathrm{i}\xi_n)$ 做一些修改, 就可以利用形式

$$G_{\mathrm{LmR}}(l) = \frac{kT}{2\pi c^2}\sum_{n=0}^{\infty}{}'\varepsilon_{\mathrm{m}}\mu_{\mathrm{m}}\xi_n^2\int_1^{\infty} p\ln[D(\mathrm{i}\xi_n)]\mathrm{d}p \tag{L3.58}$$

来表示两个层状平面体系间的相互作用. 和值与差值之比 $\overline{\Delta}_{\mathrm{Rm}}, \overline{\Delta}_{\mathrm{Lm}}$ 以及 $\Delta_{\mathrm{Rm}}, \Delta_{\mathrm{Lm}}$ 可以修改为包含所有层间边界的各有效 Δ 值.

每个区域中的各电磁表面模式仍然具有形式 $f(z) = A\mathrm{e}^{\rho z} + B\mathrm{e}^{-\rho z}$ [式 (L3.11)], 其中系数 A 和 B 局限于半无限大空间中: 向左为 $B_{\mathrm{L}} = 0$, 而向右为 $A_{\mathrm{R}} = 0$ [式 (L3.12)]. 和以前一样, 这些限制保证了我们所研究的是与表面相关的模式. 为了提高书写的效率, 对程序的描述中仅包含了电场的边界条件.

和推导栗弗席兹表述时一样, 在两个相邻材料 i 和 i+1 之间的位置 $l_{\mathrm{i/i+1}}$ 处的界面上, 由连续电场 E_x, E_y 和 εE_z 的边界条件可以导出 $A_{\mathrm{i}}, A_{\mathrm{i+1}}$ 和 $B_{\mathrm{i}}, B_{\mathrm{i+1}}$ 之间的联系[15]:

$$\begin{aligned}
&(-A_{\mathrm{i+1}}\mathrm{e}^{\rho_{\mathrm{i+1}}l_{\mathrm{i/i+1}}} + B_{\mathrm{i+1}}\mathrm{e}^{-\rho_{\mathrm{i+1}}l_{\mathrm{i/i+1}}})\rho_{\mathrm{i+1}} = (-A_{\mathrm{i}}\mathrm{e}^{\rho_{\mathrm{i}}l_{\mathrm{i/i+1}}} + B_{\mathrm{i}}\mathrm{e}^{-\rho_{\mathrm{i}}l_{\mathrm{i/i+1}}})\rho_{\mathrm{i}},\\
&(A_{\mathrm{i+1}}\mathrm{e}^{\rho_{\mathrm{i+1}}l_{\mathrm{i/i+1}}} + B_{\mathrm{i+1}}\mathrm{e}^{-\rho_{\mathrm{i+1}}l_{\mathrm{i/i+1}}})\varepsilon_{\mathrm{i+1}} = (A_{\mathrm{i}}\mathrm{e}^{\rho_{\mathrm{i}}l_{\mathrm{i/i+1}}} + B_{\mathrm{i}}\mathrm{e}^{-\rho_{\mathrm{i}}l_{\mathrm{i/i+1}}})\varepsilon_{\mathrm{i}}.
\end{aligned} \tag{L3.59}$$

这两个方程可以写成矩阵形式,

$$\begin{pmatrix} A_{\mathrm{i+1}} \\ B_{\mathrm{i+1}} \end{pmatrix} = \boldsymbol{M}_{\mathrm{i+1/i}}\begin{pmatrix} A_{\mathrm{i}} \\ B_{\mathrm{i}} \end{pmatrix} \tag{L3.60}$$

来描述 i 层和 i + 1 层的表面模式系数之间的转换. 按照惯例, 材料 i + 1 位于材料 i 的右侧; i 位于 i − 1 的右侧 (见图 L3.3).

$\varepsilon_{\mathrm{i-1}}$	ε_{i}	$\varepsilon_{\mathrm{i+1}}$
$\rho_{\mathrm{i-1}}$	ρ_{i}	$\rho_{\mathrm{i+1}}$

$l_{\mathrm{i-1/i}}$ $l_{\mathrm{i+1/i}}$

图 L3.3

除了倍增因子 $[(\varepsilon_{\mathrm{i+1}}\rho_{\mathrm{i}}+\varepsilon_{\mathrm{i}}\rho_{\mathrm{i+1}})/(2\varepsilon_{\mathrm{i+1}}\rho_{\mathrm{i+1}})]$ 之外, 矩阵 $\boldsymbol{M}_{\mathrm{i+1/i}}$ 的形式为[16]

$$\begin{bmatrix} \mathrm{e}^{-\rho_{\mathrm{i+1}}l_{\mathrm{i/i+1}}}\mathrm{e}^{+\rho_{\mathrm{i}}l_{\mathrm{i/i+1}}} & -\overline{\Delta}_{\mathrm{i+1/i}}\mathrm{e}^{-\rho_{\mathrm{i+1}}l_{\mathrm{i/i+1}}}\mathrm{e}^{-\rho_{\mathrm{i}}l_{\mathrm{i/i+1}}} \\ -\overline{\Delta}_{\mathrm{i+1/i}}\mathrm{e}^{+\rho_{\mathrm{i+1}}l_{\mathrm{i/i+1}}}\mathrm{e}^{+\rho_{\mathrm{i}}l_{\mathrm{i/i+1}}} & \mathrm{e}^{+\rho_{\mathrm{i+1}}l_{\mathrm{i/i+1}}}\mathrm{e}^{-\rho_{\mathrm{i}}l_{\mathrm{i/i+1}}} \end{bmatrix}, \tag{L3.61}$$

其中

[293]

$$\overline{\Delta}_{\mathrm{i+1/i}} \equiv \left(\frac{\varepsilon_{\mathrm{i+1}}\rho_{\mathrm{i}} - \varepsilon_{\mathrm{i}}\rho_{\mathrm{i+1}}}{\varepsilon_{\mathrm{i+1}}\rho_{\mathrm{i}} + \varepsilon_{\mathrm{i}}\rho_{\mathrm{i+1}}}\right) \tag{L3.62}$$

磁模式有一个等价的转换矩阵, 其中

$$\Delta_{\mathrm{i+1/i}} \equiv \left(\frac{\mu_{\mathrm{i+1}}\rho_{\mathrm{i}} - \mu_{\mathrm{i}}\rho_{\mathrm{i+1}}}{\mu_{\mathrm{i+1}}\rho_{\mathrm{i}} + \mu_{\mathrm{i}}\rho_{\mathrm{i+1}}}\right). \tag{L3.63}$$

为了推导加层和多层的形式, 利用下述变量:

$$\rho_{\mathrm{i}}^2 = \rho_{\mathrm{m}}^2 + \frac{\xi_n^2}{c^2}(\varepsilon_{\mathrm{i}}\mu_{\mathrm{i}} - \varepsilon_{\mathrm{m}}\mu_{\mathrm{m}}), \tag{L3.64}$$

$$\overline{\Delta}_{\mathrm{ji}} = \left(\frac{\varepsilon_{\mathrm{j}}\rho_{\mathrm{i}} - \varepsilon_{\mathrm{i}}\rho_{\mathrm{j}}}{\varepsilon_{\mathrm{j}}\rho_{\mathrm{i}} + \varepsilon_{\mathrm{i}}\rho_{\mathrm{j}}}\right), \quad \Delta_{\mathrm{ji}} = \left(\frac{\mu_{\mathrm{j}}\rho_{\mathrm{i}} - \mu_{\mathrm{i}}\rho_{\mathrm{j}}}{\mu_{\mathrm{j}}\rho_{\mathrm{i}} + \mu_{\mathrm{i}}\rho_{\mathrm{j}}}\right); \tag{L3.65}$$

$$x_{\mathrm{i}} = 2l\rho_{\mathrm{i}}, \quad x_{\mathrm{m}} = x = 2l\rho_{\mathrm{m}}, \tag{L3.66}$$

$$x_{\mathrm{i}}^2 = x_{\mathrm{m}}^2 + \left(\frac{l\xi_n}{c}\right)^2(\varepsilon_{\mathrm{i}}\mu_{\mathrm{i}} - \varepsilon_{\mathrm{m}}\mu_{\mathrm{m}}), \tag{L3.67}$$

$$\overline{\Delta}_{\mathrm{ji}} = \frac{x_{\mathrm{i}}\varepsilon_{\mathrm{j}} - x_{\mathrm{j}}\varepsilon_{\mathrm{i}}}{x_{\mathrm{i}}\varepsilon_{\mathrm{j}} + x_{\mathrm{j}}\varepsilon_{\mathrm{i}}}, \quad \Delta_{\mathrm{ji}} = \frac{x_{\mathrm{i}}\mu_{\mathrm{j}} - x_{\mathrm{j}}\mu_{\mathrm{i}}}{x_{\mathrm{i}}\mu_{\mathrm{j}} + x_{\mathrm{j}}\mu_{\mathrm{i}}}; \tag{L3.68}$$

$$s_{\mathrm{i}} = x_{\mathrm{i}}/r_n, \quad s_{\mathrm{m}} = p = x/r_n, \quad \rho_{\mathrm{m}} = \frac{\varepsilon_{\mathrm{m}}^{1/2}\mu_{\mathrm{m}}^{1/2}\xi_n}{c}p, \tag{L3.69}$$

$$s_{\mathrm{i}} = \sqrt{p^2 - 1 + (\varepsilon_{\mathrm{i}}\mu_{\mathrm{i}}/\varepsilon_{\mathrm{m}}\mu_{\mathrm{m}})}, \tag{L3.70}$$

$$\overline{\Delta}_{\mathrm{ji}} = \frac{s_{\mathrm{i}}\varepsilon_{\mathrm{j}} - s_{\mathrm{j}}\varepsilon_{\mathrm{i}}}{s_{\mathrm{i}}\varepsilon_{\mathrm{j}} + s_{\mathrm{j}}\varepsilon_{\mathrm{i}}}, \quad \Delta_{\mathrm{ji}} = \frac{s_{\mathrm{i}}\mu_{\mathrm{j}} - s_{\mathrm{j}}\mu_{\mathrm{i}}}{s_{\mathrm{i}}\mu_{\mathrm{j}} + s_{\mathrm{j}}\mu_{\mathrm{i}}}. \tag{L3.71}$$

当材料域 i 是有限厚度 $(l_{\mathrm{i/i+1}} - l_{\mathrm{i-1/i}})$ 的平板时, 我们可以把 (纳入加层所需用到的) 矩阵相乘简化: 引入因子 $\mathrm{e}^{+\rho_{\mathrm{i+1}}l_{\mathrm{i/i+1}}}$ 和 $\mathrm{e}^{-\rho_{\mathrm{i+1}}l_{\mathrm{i/i+1}}}$, 分别乘以 $A_{\mathrm{i+1}}, B_{\mathrm{i+1}}$, 再引入因子 $\mathrm{e}^{+\rho_{\mathrm{i}}l_{\mathrm{i-1/i}}}$ 和 $\mathrm{e}^{-\rho_{\mathrm{i}}l_{\mathrm{i-1/i}}}$, 分别乘以 $A_{\mathrm{i}}, B_{\mathrm{i}}$. 此变换消除了关于各界面位置的任意附加参考点, 使我们能够专注于在界面处发生的、物理上重要的电和磁事件.

对于材料 i + 1 和 i 中各系数之间的转换, 我们写出[17]

$$\begin{pmatrix} A_{\mathrm{i+1}} \\ B_{\mathrm{i+1}} \end{pmatrix} = \boldsymbol{M}_{\mathrm{i+1/i}} \begin{pmatrix} A_{\mathrm{i}} \\ B_{\mathrm{i}} \end{pmatrix}, \tag{L3.72}$$

$$\boldsymbol{M}_{\mathrm{i+1/i}} = \begin{bmatrix} 1 & -\overline{\Delta}_{\mathrm{i+1/i}}\mathrm{e}^{-2\rho_{\mathrm{i}}(l_{\mathrm{i/i+1}} - l_{\mathrm{i-1/i}})} \\ -\overline{\Delta}_{\mathrm{i+1/i}} & \mathrm{e}^{-2\rho_{\mathrm{i}}(l_{\mathrm{i/i+1}} - l_{\mathrm{i-1/i}})} \end{bmatrix}. \tag{L3.73}$$

此简化告诉我们一个基本事实: 平板厚度是对距离的重要量度; 而且这个简化能维持 “最后一个矩阵的 1–1 元素等于零” 的条件不变.

[294]

重新导出栗弗席兹结果

在最简单的 L, m, R 情形中, 各系数 $A_{\mathrm{L}}, B_{\mathrm{L}}, A_{\mathrm{m}}, B_{\mathrm{m}}$ 和 $A_{\mathrm{R}}, B_{\mathrm{R}}$ 之间的联系现在变为 (见图 L3.4)

$$\begin{pmatrix} A_{\mathrm{R}} \\ B_{\mathrm{R}} \end{pmatrix} = \boldsymbol{M}_{\mathrm{Rm}} \boldsymbol{M}_{\mathrm{mL}} \begin{pmatrix} A_{\mathrm{L}} \\ B_{\mathrm{L}} \end{pmatrix}. \tag{L3.74}$$

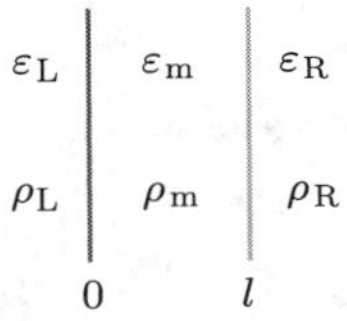

ε_{L}　ε_{m}　ε_{R}

ρ_{L}　ρ_{m}　ρ_{R}

0　l

图 L3.4

表面模式的要求 $A_{\mathrm{R}} = 0, B_{\mathrm{L}} = 0$ 可以通过 “矩阵乘积 $\boldsymbol{M}_{\mathrm{Rm}} \boldsymbol{M}_{\mathrm{mL}}$ 的 $1-1$ 元素等于零” 的条件来达成. 形式上,

$$\begin{pmatrix} 0 \\ B_{\mathrm{R}} \end{pmatrix} = \boldsymbol{M}_{\mathrm{Rm}} \boldsymbol{M}_{\mathrm{mL}} \begin{pmatrix} A_{\mathrm{L}} \\ 0 \end{pmatrix}. \tag{L3.75}$$

在 R/m 界面处的矩阵中引入平板厚度 $(l_{\mathrm{i/i+1}} - l_{\mathrm{i-1/i}}) = (l_{\mathrm{m/R}} - l_{\mathrm{L/m}}) = l$:

$$\boldsymbol{M}_{\mathrm{Rm}} = \begin{bmatrix} 1 & -\overline{\Delta}_{\mathrm{Rm}} \mathrm{e}^{-2\rho_{\mathrm{m}} l} \\ -\overline{\Delta}_{\mathrm{Rm}} & \mathrm{e}^{-2\rho_{\mathrm{m}} l} \end{bmatrix}. \tag{L3.76}$$

因为 L 是半无限大介质, 所以 $(l_{\mathrm{i/i+1}} - l_{\mathrm{i-1/i}})$ 是不确定的, 而矩阵 $\boldsymbol{M}_{\mathrm{mL}}$ 似乎也是模糊的. 但是, 由表面模式条件 $B_{\mathrm{L}} = 0$, 通过

$$\boldsymbol{M}_{\mathrm{mL}} \begin{pmatrix} A_{\mathrm{L}} \\ 0 \end{pmatrix} = \begin{bmatrix} 1 & -\overline{\Delta}_{\mathrm{mL}} \mathrm{e}^{-2\rho_{\mathrm{i}}(l_{\mathrm{i/i+1}} - l_{\mathrm{i-1/i}})} \\ -\overline{\Delta}_{\mathrm{mL}} & \mathrm{e}^{-2\rho_{\mathrm{i}}(l_{\mathrm{i/i+1}} - l_{\mathrm{i-1/i}})} \end{bmatrix} \begin{pmatrix} A_{\mathrm{L}} \\ 0 \end{pmatrix} = \begin{pmatrix} 1 \\ -\overline{\Delta}_{\mathrm{mL}} \end{pmatrix} A_{\mathrm{L}}, \tag{L3.77}$$

立刻就可以消除这个非物理的模糊性, 故

$$\begin{pmatrix} 0 \\ B_{\mathrm{R}} \end{pmatrix} = \boldsymbol{M}_{\mathrm{Rm}} \boldsymbol{M}_{\mathrm{mL}} \begin{pmatrix} A_{\mathrm{L}} \\ 0 \end{pmatrix} = \begin{pmatrix} 1 + \overline{\Delta}_{\mathrm{mL}} \overline{\Delta}_{\mathrm{Rm}} \mathrm{e}^{-2\rho_{\mathrm{m}} l} \\ -\overline{\Delta}_{\mathrm{Rm}} - \overline{\Delta}_{\mathrm{mL}} \mathrm{e}^{-2\rho_{\mathrm{m}} l} \end{pmatrix} A_{\mathrm{L}}. \tag{L3.78}$$

为了满足 $A_{\mathrm{R}} = 0$, 把元素 $1 + \overline{\Delta}_{\mathrm{mL}} \overline{\Delta}_{\mathrm{Rm}} \mathrm{e}^{-2\rho_{\mathrm{m}} l} = 1 - \overline{\Delta}_{\mathrm{Lm}} \overline{\Delta}_{\mathrm{Rm}} \mathrm{e}^{-2\rho_{\mathrm{m}} l}$ 取为零, 并与关于磁性项的等价关系相结合, 可以得到色散关系

$$D(\mathrm{i}\xi_n) = (1 - \overline{\Delta}_{\mathrm{Lm}} \overline{\Delta}_{\mathrm{Rm}} \mathrm{e}^{-2\rho_{\mathrm{m}} l})(1 - \Delta_{\mathrm{Lm}} \Delta_{\mathrm{Rm}} \mathrm{e}^{-2\rho_{\mathrm{m}} l}) = 0, \tag{L3.79}$$

就是在最简单的平面情形中已经推出的结果 [式 (L3.22)–(L3.25)].

一个单涂层表面

推广至层状结构, 实际上就是一系列矩阵相乘的问题. 接着考虑材料 R 上有厚度 b_1 的材料 B_1 涂层的情形 (见图 L3.5). 这里, 对于一侧有一个涂层的情形, 以及两侧都有一系列涂层的情形, 会产生形式为 $\boldsymbol{M}_{\mathrm{Rm}}^{\mathrm{eff}}\boldsymbol{M}_{\mathrm{mL}}^{\mathrm{eff}}$ 的矩阵乘积, 其中内侧指标 m 表示中间介质, 而我们要研究的是涂层材料 R 和 L 之间的相互作用. 在图 L3.5 的单涂层情形, 矩阵 $\boldsymbol{M}_{\mathrm{Rm}}$ 替换为 $\boldsymbol{M}_{\mathrm{Rm}}^{\mathrm{eff}} = \boldsymbol{M}_{\mathrm{RB}}\boldsymbol{M}_{\mathrm{B_1m}}$, [295] 其中界面 $l_{\mathrm{R/B_1}}$ 在位置 $z = l + b_1$ 处. 通过不断代入转换矩阵的一般形式, 可以得到[18]

$$\begin{aligned}\boldsymbol{M}_{\mathrm{Rm}}^{\mathrm{eff}} &= \boldsymbol{M}_{\mathrm{RB_1}}\boldsymbol{M}_{\mathrm{B_1m}} \\ &= (1+\overline{\Delta}_{\mathrm{RB_1}}\overline{\Delta}_{\mathrm{B_1m}}\mathrm{e}^{-2\rho_{\mathrm{B_1}}b_1}) \\ &\times\begin{bmatrix} 1 & -\dfrac{\overline{\Delta}_{\mathrm{RB_1}}\mathrm{e}^{-2\rho_{\mathrm{B_1}}b_1}+\overline{\Delta}_{\mathrm{B_1m}}}{1+\overline{\Delta}_{\mathrm{RB_1}}\overline{\Delta}_{\mathrm{B_1m}}\mathrm{e}^{-2\rho_{\mathrm{B_1}}b_1}}\mathrm{e}^{-2\rho_{\mathrm{m}}l} \\ -\dfrac{\overline{\Delta}_{\mathrm{RB_1}}+\overline{\Delta}_{\mathrm{B_1m}}\mathrm{e}^{-2\rho_{\mathrm{B_1}}b_1}}{1+\overline{\Delta}_{\mathrm{RB_1}}\overline{\Delta}_{\mathrm{B_1m}}\mathrm{e}^{-2\rho_{\mathrm{B_1}}b_1}} & \dfrac{\overline{\Delta}_{\mathrm{RB_1}}\overline{\Delta}_{\mathrm{B_1m}}+\mathrm{e}^{-2\rho_{\mathrm{B_1}}b_1}}{1+\overline{\Delta}_{\mathrm{RB_1}}\overline{\Delta}_{\mathrm{B_1m}}\mathrm{e}^{-2\rho_{\mathrm{B_1}}b_1}}\mathrm{e}^{-2\rho_{\mathrm{m}}l}\end{bmatrix}\end{aligned} \tag{L3.80}$$

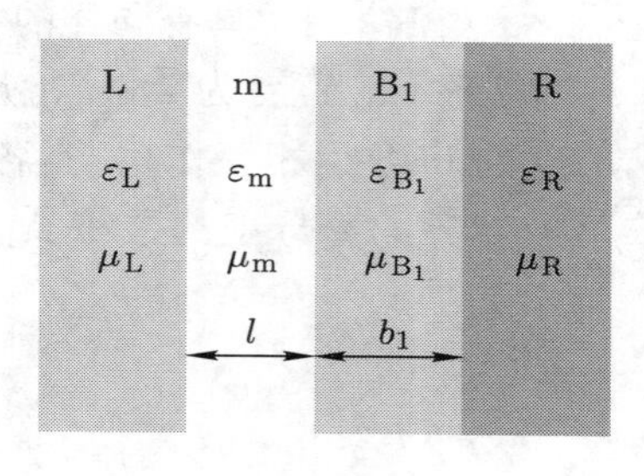

图 L3.5

表面模式条件

$$\begin{pmatrix} 0 \\ B_{\mathrm{R}} \end{pmatrix} = \boldsymbol{M}_{\mathrm{Rm}}^{\mathrm{eff}}\boldsymbol{M}_{\mathrm{mL}}\begin{pmatrix} A_{\mathrm{L}} \\ 0 \end{pmatrix}$$

以及

$$\boldsymbol{M}_{\mathrm{mL}}\begin{pmatrix} A_{\mathrm{L}} \\ 0 \end{pmatrix} = \begin{pmatrix} 1 \\ -\overline{\Delta}_{\mathrm{mL}} \end{pmatrix} A_{\mathrm{L}}$$

给出

$$1-\overline{\Delta}_{\mathrm{Lm}}\overline{\Delta}_{\mathrm{Rm}}^{\mathrm{eff}}\mathrm{e}^{-2\rho_{\mathrm{m}}l} = 0, \tag{L3.81}$$

其中

$$\overline{\Delta}_{\mathrm{Rm}}^{\mathrm{eff}} = -\frac{\overline{\Delta}_{\mathrm{RB_1}}\mathrm{e}^{-2\rho_{\mathrm{B_1}}b_1} + \overline{\Delta}_{\mathrm{B_1m}}}{1 + \overline{\Delta}_{\mathrm{RB_1}}\overline{\Delta}_{\mathrm{B_1m}}\mathrm{e}^{-2\rho_{\mathrm{B_1}}b_1}}. \tag{L3.82}$$

包括各磁性项的完整色散关系变成

$$D_{\mathrm{LmB_1R}}(\mathrm{i}\xi_n) = (1 - \overline{\Delta}_{\mathrm{Lm}}\overline{\Delta}_{\mathrm{Rm}}^{\mathrm{eff}}\mathrm{e}^{-2\rho_{\mathrm{m}}l})(1 - \Delta_{\mathrm{Lm}}\Delta_{\mathrm{Rm}}^{\mathrm{eff}}\mathrm{e}^{-2\rho_{\mathrm{m}}l}) = 0. \tag{L3.83}$$

最简单的 L/m/R 情形中的函数 $\overline{\Delta}_{\mathrm{Rm}}, \Delta_{\mathrm{Rm}}$ 已经替换为

$$\overline{\Delta}_{\mathrm{Rm}}^{\mathrm{eff}}(b_1) = \frac{(\overline{\Delta}_{\mathrm{RB_1}}\mathrm{e}^{-2\rho_{\mathrm{B_1}}b_1} + \overline{\Delta}_{\mathrm{B_1m}})}{1 + \overline{\Delta}_{\mathrm{RB_1}}\overline{\Delta}_{\mathrm{B_1m}}\mathrm{e}^{-2\rho_{\mathrm{B_1}}b_1}}, \quad \Delta_{\mathrm{Rm}}^{\mathrm{eff}}(b_1) = \frac{(\Delta_{\mathrm{RB_1}}\mathrm{e}^{-2\rho_{\mathrm{B_1}}b_1} + \Delta_{\mathrm{B_1m}})}{1 + \Delta_{\mathrm{RB_1}}\Delta_{\mathrm{B_1m}}\mathrm{e}^{-2\rho_{\mathrm{B_1}}b_1}}. \tag{L3.84}$$

和最简单的 LmR 情形中一样 (除了把 $\overline{\Delta}_{\mathrm{Rm}}^{\mathrm{eff}}, \Delta_{\mathrm{Rm}}^{\mathrm{eff}}$ 替换掉以外), 完整的自由能形式为

$$G_{\mathrm{LmB_1R}}(l; b_1) = \frac{kT}{2\pi c^2}\sum_{n=0}^{\infty}{}'\varepsilon_{\mathrm{m}}\mu_{\mathrm{m}}\xi_n^2\int_1^{\infty} p[\ln D_{\mathrm{LmB_1R}}(\mathrm{i}\xi_n)]\mathrm{d}p. \tag{L3.85}$$

现在界面 Rm 分成两个界面 —— $\mathrm{RB_1}$ 和 $\mathrm{B_1m}$, 所以相对于涂层厚度而言, $\overline{\Delta}_{\mathrm{RB_1}}$ 减小了一个因子 $\mathrm{e}^{-2\rho_{\mathrm{B_1}}b_1}$. 当 R 和 $\mathrm{B_1}$ 具有同样的材料性质时, $\overline{\Delta}_{\mathrm{RB_1}} = 0$, 故 $\overline{\Delta}_{\mathrm{Rm}}^{\mathrm{eff}}$ 恢复为 $\overline{\Delta}_{\mathrm{Rm}}$. 当 $b_1 \gg l$ 时, $\overline{\Delta}_{\mathrm{Rm}}^{\mathrm{eff}}$ 变为 $\overline{\Delta}_{\mathrm{B_1m}}$, 就好像材料 R 不存在一样, 即材料 $\mathrm{B_1}$ 和 L 通过厚度 l 的 m 发生相互作用. 当各材料性质有小差别时, 各 $\overline{\Delta}$ 和 Δ 值都 $\ll 1$; $\overline{\Delta}_{\mathrm{Rm}}^{\mathrm{eff}}$ 和 $\Delta_{\mathrm{Rm}}^{\mathrm{eff}}$ 的分母中的乘积 $\overline{\Delta}_{\mathrm{RB_1}}\overline{\Delta}_{\mathrm{B_1m}}$ 和 $\Delta_{\mathrm{RB_1}}\Delta_{\mathrm{B_1m}}$ 可以忽略. [296]

两个单涂层表面

由此可见, 当两个物体上都有一个单涂层时 (见图 L3.6), $\overline{\Delta}_{\mathrm{Lm}}$应该变换为

$$\overline{\Delta}_{\mathrm{Lm}}^{\mathrm{eff}} = \frac{(\overline{\Delta}_{\mathrm{LA_1}}\mathrm{e}^{-2\rho_{\mathrm{A_1}}a_1} + \overline{\Delta}_{\mathrm{A_1m}})}{1 + \overline{\Delta}_{\mathrm{LA_1}}\overline{\Delta}_{\mathrm{A_1m}}\mathrm{e}^{-2\rho_{\mathrm{A_1}}a_1}}, \tag{L3.86}$$

其中

$$D_{\mathrm{LA_1mB_1R}}(\mathrm{i}\xi_n) = (1 - \overline{\Delta}_{\mathrm{Lm}}^{\mathrm{eff}}\overline{\Delta}_{\mathrm{Rm}}^{\mathrm{eff}}\mathrm{e}^{-2\rho_{\mathrm{m}}l})(1 - \Delta_{\mathrm{Lm}}^{\mathrm{eff}}\Delta_{\mathrm{Rm}}^{\mathrm{eff}}\mathrm{e}^{-2\rho_{\mathrm{m}}l}) = 0. \tag{L3.87}$$

添加多层

进一步添加涂层, 就需要对 $\overline{\Delta}_{\mathrm{LA_1}}, \overline{\Delta}_{\mathrm{LB_1}}, \Delta_{\mathrm{LA_1}}$ 和 $\Delta_{\mathrm{LB_1}}$ 做一系列替换. 在 L 或 R 上 (或者在两者上) 加第二层, 做以下替换.[19]

在单层的 $\overline{\Delta}_{\mathrm{Lm}}^{\mathrm{eff}}$ 中,

$$\overline{\Delta}_{\mathrm{LA_1}}\ \text{替换为}\ \frac{(\overline{\Delta}_{\mathrm{LA_2}}\mathrm{e}^{-2\rho_{\mathrm{A_2}}a_2}+\overline{\Delta}_{\mathrm{A_2A_1}})}{1+\overline{\Delta}_{\mathrm{LA_2}}\overline{\Delta}_{\mathrm{A_2A_1}}\mathrm{e}^{-2\rho_{\mathrm{A_2}}a_2}}; \tag{L3.88}$$

在 $\overline{\Delta}_{\mathrm{Rm}}^{\mathrm{eff}}$ 中,

$$\overline{\Delta}_{\mathrm{RB_1}}\ \text{替换为}\ \frac{(\overline{\Delta}_{\mathrm{RB_2}}\mathrm{e}^{-2\rho_{\mathrm{B_2}}b_2}+\overline{\Delta}_{\mathrm{B_2B_1}})}{1+\overline{\Delta}_{\mathrm{RB_2}}\overline{\Delta}_{\mathrm{B_2B_1}}\mathrm{e}^{-2\rho_{\mathrm{B_2}}b_2}} \tag{L3.89}$$

(见图 L3.7).

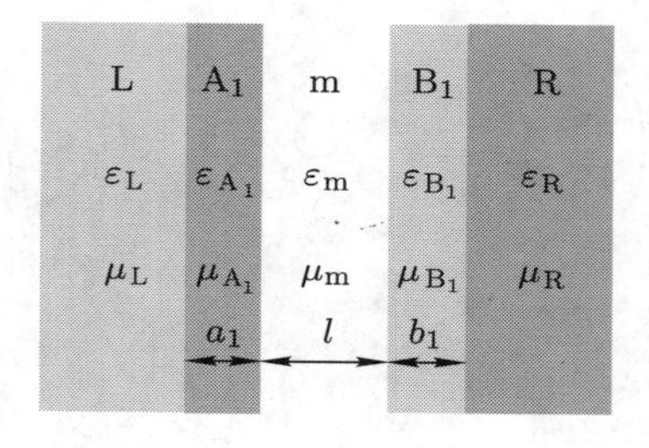

图 L3.6

图 L3.7

接着进行归纳. 假设物体 L 上已涂了 j′ 层, 再添加上第 j′ + 1 层; 或者物体 R 上已涂了 j 层, 再添加上第 j + 1 层. 想象把 L (或 R) 切开以产生另一层厚度为 $a_{\mathrm{j'+1}}$ (或 $b_{\mathrm{j+1}}$) 的材料 $\mathrm{A_{j'+1}}$ (或 $\mathrm{B_{j+1}}$) (见图 L3.8).

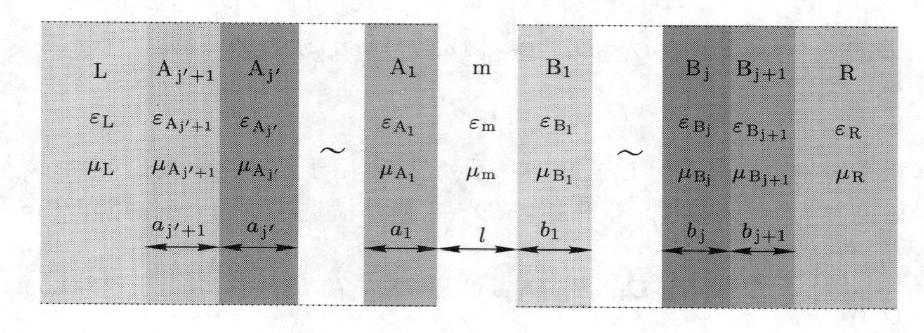

图 L3.8

前面的函数 $\overline{\Delta}_{\mathrm{LA_{j'}}}$ 和 $\overline{\Delta}_{\mathrm{RB_j}}$ 变成[20]

$$\frac{(\overline{\Delta}_{\mathrm{LA_{j'+1}}}\mathrm{e}^{-2\rho_{\mathrm{A_{j'+1}}}a_{\mathrm{j'+1}}}+\overline{\Delta}_{\mathrm{A_{j'+1}A_{j'}}})}{1+\overline{\Delta}_{\mathrm{LA_{j'+1}}}\overline{\Delta}_{\mathrm{A_{j'+1}A_{j'}}}\mathrm{e}^{-2\rho_{\mathrm{A_{j'+1}}}a_{\mathrm{j'+1}}}},\ \frac{(\overline{\Delta}_{\mathrm{RB_{j+1}}}\mathrm{e}^{-2\rho_{\mathrm{B_{j+1}}}b_{\mathrm{j+1}}}+\overline{\Delta}_{\mathrm{B_{j+1}B_j}})}{1+\overline{\Delta}_{\mathrm{RB_{j+1}}}\overline{\Delta}_{\mathrm{B_{j+1}B_j}}\mathrm{e}^{-2\rho_{\mathrm{B_{j+1}}}b_{\mathrm{j+1}}}}. \tag{L3.90}$$

这样构建出的组合量 $\overline{\Delta}_{\mathrm{Lm}}^{\mathrm{eff}},\overline{\Delta}_{\mathrm{Rm}}^{\mathrm{eff}}$ 和 $\Delta_{\mathrm{Lm}}^{\mathrm{eff}},\Delta_{\mathrm{Rm}}^{\mathrm{eff}}$ 可能复杂得要命, 但在数学上还是可以处理的. 幸运的是, 在下列情形中它们可以简化: 当各 ε 值的差异足够

[297] 小故我们可以忽略 $\overline{\Delta}$ 的和值与差值之比的较高阶乘积, 以及各 ρ 函数的差异, 也就是说, 可以把它们都取为介质中的值 ρ_{m}.

多层

多层情形更有意思. 想象区域 R 上交替涂了 N 层厚度分别为 b' 和 b 的材料 B′ 和 B, 其最后一层是 B′. 在此叠层之上为厚度 l 的介质 m (见图L3.9). 关于这个无限延展的体系, 如何建立其完整的转换矩阵呢? 转换的方案仍然与最简单情形中一样:

$$\begin{pmatrix} \mathrm{A_R} \\ \mathrm{B_R} \end{pmatrix} = \boldsymbol{M}^{\mathrm{eff}}_{\mathrm{Rm}} \boldsymbol{M}^{\mathrm{eff}}_{\mathrm{mL}} \begin{pmatrix} \mathrm{A_L} \\ \mathrm{B_L} \end{pmatrix}. \tag{L3.91}$$

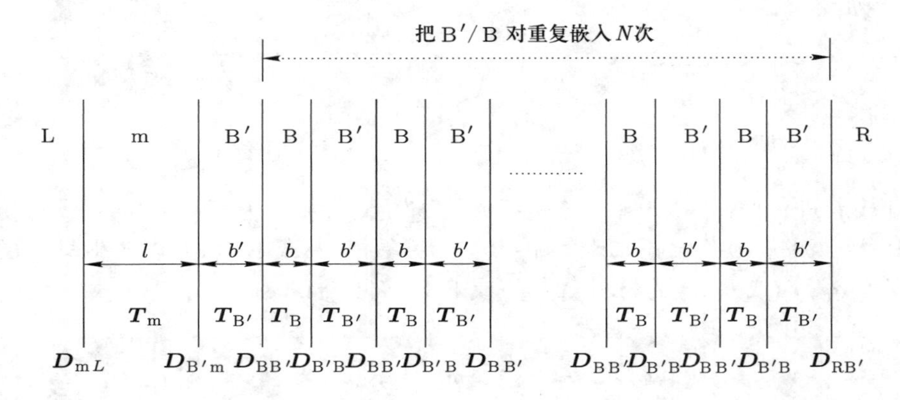

图 L3.9

矩阵相乘的顺序对应于由 L 至 R 的一系列界面. 由于结构是重复的, 考虑被介电界面隔开的一系列片段 (记作矩阵 $\boldsymbol{D}$), 它们是横贯各层的 (记作矩阵 $\boldsymbol{T}$)[21]:

$$\begin{pmatrix} \mathrm{A_R} \\ \mathrm{B_R} \end{pmatrix} = \boldsymbol{D}_{\mathrm{RB'}} (\boldsymbol{T}_{\mathrm{B'}} \boldsymbol{D}_{\mathrm{B'B}} \boldsymbol{T}_{\mathrm{B}} \boldsymbol{D}_{\mathrm{BB'}})^{\mathrm{N}} \boldsymbol{T}_{\mathrm{B'}} \boldsymbol{D}_{\mathrm{B'm}} \boldsymbol{T}_{\mathrm{m}} \boldsymbol{D}_{\mathrm{mL}} \begin{pmatrix} \mathrm{A_L} \\ \mathrm{B_L} \end{pmatrix}. \tag{L3.92}$$

把矩阵分解为区域 i + 1 和 i 之间的转换

$$\boldsymbol{M}_{\mathrm{i+1/i}} = \begin{bmatrix} 1 & -\overline{\Delta}_{\mathrm{i+1/i}} \mathrm{e}^{-2\rho_{\mathrm{i}}(l_{\mathrm{i/i+1}} - l_{\mathrm{i-1/i}})} \\ -\overline{\Delta}_{\mathrm{i+1/i}} & \mathrm{e}^{-2\rho_{\mathrm{i}}(l_{\mathrm{i/i+1}} - l_{\mathrm{i-1/i}})} \end{bmatrix} = \boldsymbol{D}_{\mathrm{i+1/i}} \boldsymbol{T}_{\mathrm{i}} \tag{L3.93}$$

就可以给出

$$\boldsymbol{D}_{\mathrm{i+1/i}} = \begin{bmatrix} 1 & -\overline{\Delta}_{\mathrm{i+1/i}} \\ -\overline{\Delta}_{\mathrm{i+1/i}} & 1 \end{bmatrix}, \quad \boldsymbol{T}_{\mathrm{i}} = \begin{bmatrix} 1 & 0 \\ 0 & \mathrm{e}^{-2\rho_{\mathrm{i}}(l_{\mathrm{i/i+1}} - l_{\mathrm{i-1/i}})} \end{bmatrix} \tag{L3.94}$$

(见图 L3.10). [298]

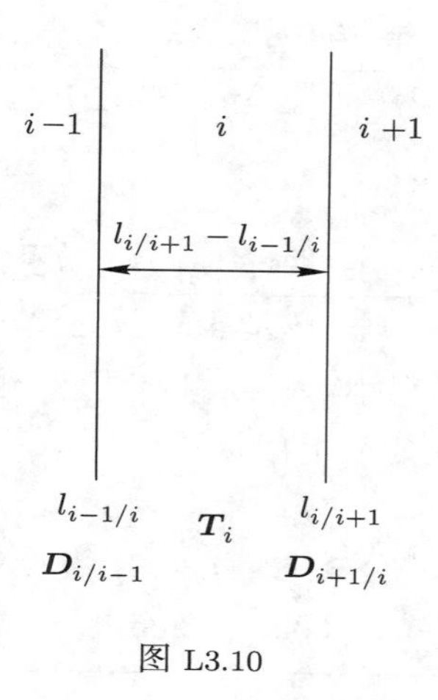

图 L3.10

对于重复 N 次的 B/B′ 对, 即 $(\boldsymbol{T}_{\mathrm{B}'}\boldsymbol{D}_{\mathrm{B}'\mathrm{B}}\boldsymbol{T}_{\mathrm{B}}\boldsymbol{D}_{\mathrm{BB}'})^N$, 定义

$$\boldsymbol{M}_{\mathrm{B}'\mathrm{B}} \equiv \boldsymbol{T}_{\mathrm{B}'}\boldsymbol{D}_{\mathrm{B}'\mathrm{B}}\boldsymbol{T}_{\mathrm{B}}\boldsymbol{D}_{\mathrm{BB}'} \tag{L3.95}$$

而其中的

$$\boldsymbol{M}_{\mathrm{B}'\mathrm{B}} = \begin{bmatrix} m_{11} & m_{12} \\ m_{21} & m_{22} \end{bmatrix}$$

是归一化的, 故[22] $m_{11}m_{22}-m_{12}m_{21}=1$:

$$m_{11}=\frac{1-\overline{\Delta}_{\mathrm{B}'\mathrm{B}}^2\mathrm{e}^{-2\rho_{\mathrm{B}}b}}{(1-\overline{\Delta}_{\mathrm{B}'\mathrm{B}}^2)\mathrm{e}^{-\rho_{\mathrm{B}}b}\mathrm{e}^{-\rho_{\mathrm{B}'}b'}},\quad m_{12}=\frac{\overline{\Delta}_{\mathrm{B}'\mathrm{B}}(1-\mathrm{e}^{-2\rho_{\mathrm{B}}b})}{(1-\overline{\Delta}_{\mathrm{B}'\mathrm{B}}^2)\mathrm{e}^{-\rho_{\mathrm{B}}b}\mathrm{e}^{-\rho_{\mathrm{B}'}b'}},$$
$$m_{21}=\frac{(\mathrm{e}^{-2\rho_{\mathrm{B}}b}-1)\overline{\Delta}_{\mathrm{B}'\mathrm{B}}\mathrm{e}^{-2\rho_{\mathrm{B}'}b'}}{(1-\overline{\Delta}_{\mathrm{B}'\mathrm{B}}^2)\mathrm{e}^{-\rho_{\mathrm{B}}b}\mathrm{e}^{-\rho_{\mathrm{B}'}b'}},\quad m_{22}=\frac{(\mathrm{e}^{-2\rho_{\mathrm{B}}b}-\overline{\Delta}_{\mathrm{B}'\mathrm{B}}^2)\mathrm{e}^{-2\rho_{\mathrm{B}'}b'}}{(1-\overline{\Delta}_{\mathrm{B}'\mathrm{B}}^2)\mathrm{e}^{-\rho_{\mathrm{B}}b}\mathrm{e}^{-\rho_{\mathrm{B}'}b'}}. \tag{L3.96}$$

一旦我们确定了转换矩阵的各矩阵元, 并把此矩阵归一化以满足幺正性条件, 则立刻就得到完整的多层色散关系. 于是此矩阵的 N 次方为

$$\boldsymbol{N}_{\mathrm{B}'\mathrm{B}} = \begin{bmatrix} m_{11} & m_{12} \\ m_{21} & m_{22} \end{bmatrix}^N \equiv \begin{bmatrix} n_{11} & n_{12} \\ n_{21} & n_{22} \end{bmatrix}. \tag{L3.97}$$

通过

$$\begin{pmatrix} \mathrm{A_R} \\ \mathrm{B_R} \end{pmatrix} = \boldsymbol{D}_{\mathrm{RB}'}\boldsymbol{N}_{\mathrm{B}'\mathrm{B}}\boldsymbol{T}_{\mathrm{B}'}\boldsymbol{D}_{\mathrm{B}'\mathrm{m}}\boldsymbol{T}_{\mathrm{m}}\boldsymbol{D}_{\mathrm{mL}}\begin{pmatrix} \mathrm{A_L} \\ \mathrm{B_L} \end{pmatrix} \tag{L3.98}$$

可以看到[23] $\boldsymbol{N}_{\mathrm{B'B}}$ 的矩阵元在待求的色散关系中所起的作用:

$$D(\mathrm{i}\xi_n) = 1 - \frac{(n_{22}\overline{\Delta}_{\mathrm{RB'}} - n_{12})\mathrm{e}^{-2\rho_{\mathrm{B'}}b'} + (n_{11} - n_{21}\overline{\Delta}_{\mathrm{RB'}})\overline{\Delta}_{\mathrm{B'm}}}{(n_{11} - n_{21}\overline{\Delta}_{\mathrm{RB'}}) + (n_{22}\overline{\Delta}_{\mathrm{RB'}} - n_{12})\overline{\Delta}_{\mathrm{B'm}}\mathrm{e}^{-2\rho_{\mathrm{B'}}b'}}\overline{\Delta}_{\mathrm{Lm}}\mathrm{e}^{-2\rho_{\mathrm{m}}l} = 0, \tag{L3.99}$$

这里, 我们考虑一个有效的 $\overline{\Delta}_{\mathrm{Rm}}^{\mathrm{eff}}$:

$$\overline{\Delta}_{\mathrm{Rm}}^{\mathrm{eff}} = \frac{(n_{22}\overline{\Delta}_{\mathrm{RB'}} - n_{12})\mathrm{e}^{-2\rho_{\mathrm{B'}}b'}(n_{11} - n_{21}\overline{\Delta}_{\mathrm{RB'}})\overline{\Delta}_{\mathrm{B'm}}}{(n_{11} - n_{21}\overline{\Delta}_{\mathrm{RB'}}) + (n_{22}\overline{\Delta}_{\mathrm{RB'}} - n_{12})\overline{\Delta}_{\mathrm{B'm}}\mathrm{e}^{-2\rho_{\mathrm{B'}}b'}}. \tag{L3.100}$$

[299] 对于仅有几层的情形 (即 N 很小), 直接相乘是可行的. 但对于延展的多层, 源于光学和固态物理的技巧就能派上用场了.

问题: 证明: 当 $N=0$ 时, 这些公式 [式 (L3.99) 和 (L3.100)] 就回到 R 上有一个涂层而 L 上无涂层的情形 [式 (L3.82)–(L3.85)].

解答: 在除了厚度为 b' 的材料 B′ 以外没有其它涂层的情形中,

$$\boldsymbol{N}_{\mathrm{B'B}} = \begin{bmatrix} 1 & 0 \\ 0 & 1 \end{bmatrix},$$

即为单位矩阵. 色散关系约简为我们所熟悉的形式:

$$D(\mathrm{i}\xi_n) = 1 - \frac{(\overline{\Delta}_{\mathrm{RB'}}\mathrm{e}^{-2\rho_{\mathrm{B'}}b'} + \overline{\Delta}_{\mathrm{B'm}})}{(1 + \overline{\Delta}_{\mathrm{RB'}}\overline{\Delta}_{\mathrm{B'm}}\mathrm{e}^{-2\rho_{\mathrm{B'}}b'})}\overline{\Delta}_{\mathrm{Lm}}\mathrm{e}^{-2\rho_{\mathrm{m}}l}$$

即 R 上有单层材料 B′ 的形式.

问题: 证明: 当 $\mathrm{B'}=\mathrm{B}$ 时, 式 (L3.99) 和 (L3.100) 变成如下情形: 半空间 R 上有厚度 $[(N+1)(b+b')+b']$ 的单涂层, 而半空间 L 上无涂层.

解答: 当材料 B′ 和 B 相同时, 实际上就是 $N+1$ 层材料 B′ 以及 N 层材料 B 所组成的大涂层. 在此情形中, $\overline{\Delta}_{\mathrm{B'B}} = 0, \rho_{\mathrm{B'}} = \rho_{\mathrm{B}}$:

$$m_{11} = \mathrm{e}^{+\rho_{\mathrm{B'}}(b'+b)}, \quad m_{12} = 0, \quad m_{21} = 0, \quad m_{22} = \mathrm{e}^{-\rho_{\mathrm{B'}}(b'+b)}.$$

矩阵 $\boldsymbol{M}$ 的 N 次方为

$$n_{11} = \mathrm{e}^{+\rho_{\mathrm{B'}}N(b'+b)}, \quad n_{12} = 0, \quad n_{21} = 0, \quad n_{22} = \mathrm{e}^{-\rho_{\mathrm{B'}}N(b'+b)},$$

故

$$\begin{aligned}\overline{\Delta}_{\mathrm{Rm}}^{\mathrm{eff}} &= \frac{(n_{22}\overline{\Delta}_{\mathrm{RB'}} - n_{12})\mathrm{e}^{-2\rho_{\mathrm{B'}}b'} + (n_{11} - n_{21}\overline{\Delta}_{\mathrm{RB'}})\overline{\Delta}_{\mathrm{B'm}}}{(n_{11} - n_{21}\overline{\Delta}_{\mathrm{RB'}}) + (n_{22}\overline{\Delta}_{\mathrm{RB'}} - n_{12})\overline{\Delta}_{\mathrm{B'm}}\mathrm{e}^{-2\rho_{\mathrm{B'}}b'}} \\ &= \frac{\overline{\Delta}_{\mathrm{RB'}}\mathrm{e}^{-2\rho_{\mathrm{B'}}N(b'+b)}\mathrm{e}^{-2\rho_{\mathrm{B'}}b'} + \overline{\Delta}_{\mathrm{B'm}}}{1 + \overline{\Delta}_{\mathrm{RB'}}\overline{\Delta}_{\mathrm{B'm}}\mathrm{e}^{-2\rho_{\mathrm{B'}}N(\mathrm{B'}+b)}\mathrm{e}^{-2\rho_{\mathrm{B'}}\mathrm{B'}}},\end{aligned}$$

其中单层 B′ 替换为: 厚度为 $N(b+b')+b'$ 的 B′ 层再加上间距为 b 的 N 层.

对于多层, 我们可以利用以下事实: 当矩阵 $\boldsymbol{M}$ 是单模的, 即 $\det|\boldsymbol{M}|=1$, 则其 N 次方可以写成

$$\boldsymbol{M}^N=\begin{bmatrix} m_{11}U_{N-1}-U_{N-2} & m_{12}U_{N-1} \\ m_{21}U_{N-1} & m_{22}U_{N-1}-U_{N-2} \end{bmatrix}. \tag{L3.101}$$

$m_{\rm ij}$ 为原始矩阵 $\boldsymbol{M}$ 的矩阵元, 而车比雪夫多项式 U_N 定义为

$$U_\nu(x)=\frac{\sin[(\nu+1)\cos^{-1}(x)]}{(1-x^2)^{1/2}},\quad 其中\ x=\frac{m_{11}+m_{22}}{2},\quad 当\ \nu>0, \tag{L3.102}$$
$$U_{\nu=0}(x)=1,\quad U_{\nu<0}(x)=0.$$

由于 $\boldsymbol{M}_{\rm B'B}$ 构建为单模的, 其矩阵元之间满足以下条件: [300]

$$m_{11}=(1+m_{12}m_{21})/m_{22}. \tag{L3.103}$$

关于车比雪夫多项式的自变量, 有时我们可以方便地定义一个变量 ζ, 即满足

$$x=\frac{m_{11}+m_{22}}{2}=\cosh(\zeta)\quad 或\quad m_{11}+m_{22}={\rm e}^{+\zeta}+{\rm e}^{-\zeta}. \tag{L3.104}$$

ζ 的定义及其单模性质给出一个有用的约束条件:

$$(m_{11}-{\rm e}^{-\zeta})(m_{22}-{\rm e}^{-\zeta})=m_{12}m_{21}. \tag{L3.105}$$

对于$x>1$ (就和在此情形中必须满足的一样),

$$U_{N-1}(x)=\frac{\sinh(N_\zeta)}{\sinh(\zeta)}=\frac{{\rm e}^{+N\zeta}-{\rm e}^{-N\zeta}}{{\rm e}^{+\zeta}-{\rm e}^{-\zeta}},$$
$$U_{N-2}(x)=\frac{\sinh[(N-1)\zeta]}{\sinh(\zeta)}. \tag{L3.106}$$

因此,

$$\boldsymbol{N}_{\rm B'B}=(\boldsymbol{T}_{\rm B'}\boldsymbol{D}_{\rm B'B}\boldsymbol{T}_{\rm B}\boldsymbol{D}_{\rm BB'})^N=\begin{bmatrix} n_{11} & n_{12} \\ n_{21} & n_{22} \end{bmatrix}$$

的矩阵元就是

$$\begin{aligned} n_{11}&=m_{11}U_{N-1}-U_{N-2}, & n_{12}&=m_{12}U_{N-1}, \\ n_{21}&=m_{21}U_{N-1}, & n_{22}&=m_{22}U_{N-1}-U_{N-2}. \end{aligned} \tag{L3.107}$$

大 N 极限

在大 N 的极限下, 色散关系约简为[24]

$$D(\mathrm{i}\xi_n) = 1 - \frac{m_{21}\overline{\Delta}_{\mathrm{B'm}} - (m_{22} - \mathrm{e}^{-\zeta})\mathrm{e}^{-2\rho_{\mathrm{B'}}b'}}{m_{21} - (m_{22} - \mathrm{e}^{-\zeta})\overline{\Delta}_{\mathrm{B'm}}\mathrm{e}^{-2\rho_{\mathrm{B'}}b'}}\overline{\Delta}_{\mathrm{Lm}}\mathrm{e}^{-2\rho_{\mathrm{m}}l} = 0. \tag{L3.108}$$

这是半空间 L 和具有无限多涂层的半空间 R 之间的相互作用. 对于取 N 很大的极限值的情形, 右侧的半空间 R 从公式中消失了.

通过对称性关系, 可以推广到 L 上有多涂层的情形.

两个具有多涂层的表面间相互作用

一个十分简单的方法是: 把半空间 L 用 L 上涂有它自己的多层所组成的体系来代替. 假设体系为一系列涂层: 厚度为 a' 的材料 A$'$ 紧贴着 L, 然后是厚度为 a 的材料 A, 以及厚度为 a' 的材料 A$'$ 重复 N_L 次. R 上的多层为 b, b' 涂层重复 N_R次, 注意这里把 N 替换为 N_R 了 (见图 L3.11).

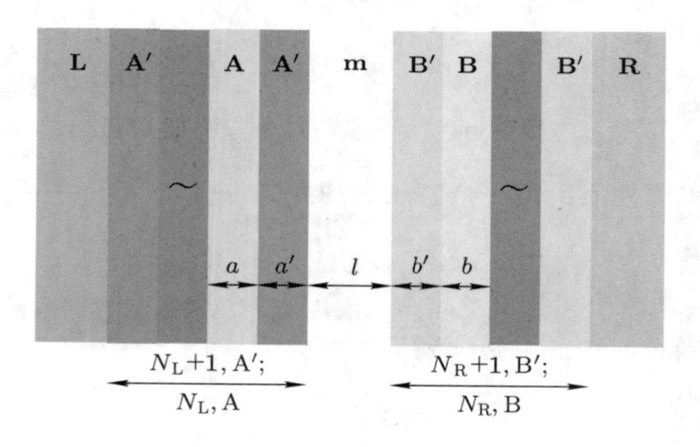

图 L3.11

为了看出其普遍性, 我们应该认识到: 如果 R 上无涂层, 而 L 上具有多涂层, 那么相互作用与上面推导出的形式是相同的. 而公式中应该用 N_L (厚度为 a', a 的 A$'$, A 对总数) 来替换 N_R (厚度为 b', b 的 B$'$, B 涂层, 前面作为 N).

[301] 根据这个观点, 可以写出有效的 $\overline{\Delta}_{\mathrm{Lm}}^{\mathrm{eff}}$ 和 $\overline{\Delta}_{\mathrm{Rm}}^{\mathrm{eff}}$:

$$\overline{\Delta}_{\mathrm{Lm}}^{\mathrm{eff}} = \frac{[n_{22}^{(\mathrm{L})}\overline{\Delta}_{\mathrm{LA'}} - n_{12}^{(\mathrm{L})}]\mathrm{e}^{-2\rho_{\mathrm{A'}}a'} + [n_{11}^{(\mathrm{L})} - n_{21}^{(\mathrm{L})}\overline{\Delta}_{\mathrm{LA'}}]\overline{\Delta}_{\mathrm{A'm}}}{[n_{11}^{(\mathrm{L})} - n_{21}^{(\mathrm{L})}\overline{\Delta}_{\mathrm{LA'}}] + [n_{22}^{(\mathrm{L})}\overline{\Delta}_{\mathrm{LA'}} - n_{12}^{(\mathrm{L})}]\overline{\Delta}_{\mathrm{A'm}}\mathrm{e}^{-2\rho_{\mathrm{A'}}a'}},$$

$$\overline{\Delta}_{\mathrm{Rm}}^{\mathrm{eff}} = \frac{[n_{22}^{(\mathrm{R})}\overline{\Delta}_{\mathrm{RB'}} - n_{12}^{(\mathrm{R})}]\mathrm{e}^{-2\rho_{\mathrm{B'}}b'} + [n_{11}^{(\mathrm{R})} - n_{21}^{(\mathrm{R})}\overline{\Delta}_{\mathrm{RB'}}]\overline{\Delta}_{\mathrm{B'm}}}{[n_{11}^{(\mathrm{R})} - n_{21}^{(\mathrm{R})}\overline{\Delta}_{\mathrm{RB'}}] + [n_{22}^{(\mathrm{R})}\overline{\Delta}_{\mathrm{RB'}} - n_{12}^{(\mathrm{R})}]\overline{\Delta}_{\mathrm{B'm}}\mathrm{e}^{-2\rho_{\mathrm{B'}}b'}}. \tag{L3.109}$$

它们变成熟悉的色散关系

$$D(\mathrm{i}\xi_n)=1-\overline{\Delta}_{\mathrm{Rm}}^{\mathrm{eff}}\overline{\Delta}_{\mathrm{Lm}}^{\mathrm{eff}}\mathrm{e}^{-2\rho_{\mathrm{m}}l}=0, \tag{L3.110}$$

其中, 矩阵元 $n_{\mathrm{ij}}^{(\mathrm{R})}$ 和 $n_{\mathrm{ij}}^{(\mathrm{L})}$ 可以通过前面的方法构造出来:

$$n_{11}^{(\mathrm{L})}=m_{11}^{(\mathrm{L})}U_{N_{\mathrm{L}}-1}(x_{\mathrm{L}})-U_{N_{\mathrm{L}}-2}(x_{\mathrm{L}}),\quad n_{11}^{(\mathrm{R})}=m_{11}^{(\mathrm{R})}U_{N_{\mathrm{R}}-1}(x_{\mathrm{R}})-U_{N_{\mathrm{R}}-2}(x_{\mathrm{R}}),$$
$$n_{12}^{(\mathrm{L})}=m_{12}^{(\mathrm{L})}U_{N_{\mathrm{L}}-1}(x_{\mathrm{L}}),\quad n_{12}^{(\mathrm{R})}=m_{12}^{(\mathrm{R})}U_{N_{\mathrm{R}}-1}(x_{\mathrm{R}}). \tag{L3.111}$$

$$n_{21}^{(\mathrm{L})}=m_{21}^{(\mathrm{L})}U_{N_{\mathrm{L}}-1}(x_{\mathrm{L}}),\quad n_{21}^{(\mathrm{R})}=m_{21}^{(\mathrm{R})}U_{N_{\mathrm{R}}-1}(x_{\mathrm{R}}),$$
$$n_{22}^{(\mathrm{L})}=m_{22}^{(\mathrm{L})}U_{N_{\mathrm{L}}-1}(x_{\mathrm{L}})-U_{N_{\mathrm{L}}-2}(x_{\mathrm{L}}),\quad n_{22}^{(\mathrm{R})}=m_{22}^{(\mathrm{R})}U_{N_{\mathrm{R}}-1}(x_{\mathrm{R}})-U_{N_{\mathrm{R}}-2}(x_{\mathrm{R}}). \tag{L3.112}$$

$$x_{\mathrm{L}}=\frac{m_{11}^{(\mathrm{L})}+m_{22}^{(\mathrm{L})}}{2},\quad x_{\mathrm{R}}=\frac{m_{11}^{(\mathrm{R})}+m_{22}^{(\mathrm{R})}}{2}, \tag{L3.113}$$

$$m_{11}^{(\mathrm{L})}=\frac{1-\overline{\Delta}_{\mathrm{A'A}}^{2}\mathrm{e}^{-2\rho_{\mathrm{A}}a}}{(1-\overline{\Delta}_{\mathrm{A'A}}^{2})\mathrm{e}^{-\rho_{\mathrm{A}}a}\mathrm{e}^{-\rho_{\mathrm{A'}}a'}},\quad m_{11}^{(\mathrm{R})}=\frac{1-\overline{\Delta}_{\mathrm{B'B}}^{2}\mathrm{e}^{-2\rho_{\mathrm{B}}b}}{(1-\overline{\Delta}_{\mathrm{B'B}}^{2})\mathrm{e}^{-\rho_{\mathrm{B}}b}\mathrm{e}^{-\rho_{\mathrm{B'}}b'}},$$
$$m_{12}^{(\mathrm{L})}=\frac{\overline{\Delta}_{\mathrm{A'A}}(1-\mathrm{e}^{-2\rho_{\mathrm{A}}a})}{(1-\overline{\Delta}_{\mathrm{A'A}}^{2})\mathrm{e}^{-\rho_{\mathrm{A}}a}\mathrm{e}^{-\rho_{\mathrm{A'}}a'}},\quad m_{12}^{(\mathrm{R})}=\frac{\overline{\Delta}_{\mathrm{B'B}}(1-\mathrm{e}^{-2\rho_{\mathrm{B}}b})}{(1-\overline{\Delta}_{\mathrm{B'B}}^{2})\mathrm{e}^{-\rho_{\mathrm{B}}b}\mathrm{e}^{-\rho_{\mathrm{B'}}b'}}. \tag{L3.114}$$

$$m_{21}^{(\mathrm{L})}=\frac{(\mathrm{e}^{-2\rho_{\mathrm{A}}a}-1)\overline{\Delta}_{\mathrm{A'A}}\mathrm{e}^{-2\rho_{\mathrm{A'}}a'}}{(1-\overline{\Delta}_{\mathrm{A'A}}^{2})\mathrm{e}^{-\rho_{\mathrm{A}}a}\mathrm{e}^{-\rho_{\mathrm{A'}}a'}},\quad m_{21}^{(\mathrm{R})}=\frac{(\mathrm{e}^{-2\rho_{\mathrm{B}}b}-1)\overline{\Delta}_{\mathrm{B'B}}\mathrm{e}^{-2\rho_{\mathrm{B'}}b'}}{(1-\overline{\Delta}_{\mathrm{B'B}}^{2})\mathrm{e}^{-\rho_{\mathrm{B}}b}\mathrm{e}^{-\rho_{\mathrm{B'}}b'}},$$
$$m_{22}^{(\mathrm{L})}=\frac{(\mathrm{e}^{-2\rho_{\mathrm{A}}a}-\overline{\Delta}_{\mathrm{A'A}}^{2})\mathrm{e}^{-2\rho_{\mathrm{A'}}a'}}{(1-\overline{\Delta}_{\mathrm{A'A}}^{2})\mathrm{e}^{-\rho_{\mathrm{A}}a}\mathrm{e}^{-\rho_{\mathrm{A'}}a'}},\quad m_{22}^{(\mathrm{R})}=\frac{(\mathrm{e}^{-2\rho_{\mathrm{B}}b}-\overline{\Delta}_{\mathrm{B'B}}^{2})\mathrm{e}^{-2\rho_{\mathrm{B'}}b'}}{(1-\overline{\Delta}_{\mathrm{B'B}}^{2})\mathrm{e}^{-\rho_{\mathrm{B}}b}\mathrm{e}^{-\rho_{\mathrm{B'}}b'}}. \tag{L3.115}$$

有限厚度的涂层加到一个多层的堆叠上

[302]

前面的结果可以立即用于研究有限厚度的单层和原先就存在的 $N+1$ 层堆叠发生相互作用的情形. 设半空间 L 以及所有材料 B 都具有和介质 m 相同的介电性质. 设材料 A′ 具有和材料 B′ 同样的性质 (见图 L3.12).

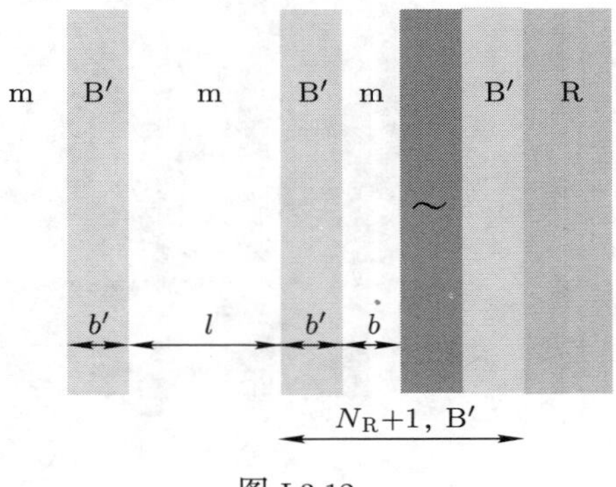

图 L3.12

因此 (表 P.6.c.1)

$$\overline{\Delta}_{\mathrm{Lm}}^{\mathrm{eff}} = \frac{\overline{\Delta}_{\mathrm{mB'}}\mathrm{e}^{-2\rho_{\mathrm{B'}}b'} + \overline{\Delta}_{\mathrm{B'm}}}{1 + \overline{\Delta}_{\mathrm{mB'}}\overline{\Delta}_{\mathrm{B'm}}\mathrm{e}^{-2\rho_{\mathrm{B'}}b'}} = \overline{\Delta}_{\mathrm{B'm}}\frac{1 - \mathrm{e}^{-2\rho_{\mathrm{B'}}b'}}{1 - \overline{\Delta}_{\mathrm{B'm}}^{2}\mathrm{e}^{-2\rho_{\mathrm{B'}}b'}}, \tag{L3.116}$$

$$\overline{\Delta}_{\mathrm{Rm}}^{\mathrm{eff}} = \frac{(n_{22}^{(\mathrm{R})}\overline{\Delta}_{\mathrm{RB'}} - n_{12}^{(\mathrm{R})})\mathrm{e}^{-2\rho_{\mathrm{B'}}b'} + (n_{11}^{(\mathrm{R})} - n_{21}^{(\mathrm{R})}\overline{\Delta}_{\mathrm{RB'}})\overline{\Delta}_{\mathrm{B'm}}}{(n_{11}^{(\mathrm{R})} - n_{21}^{(\mathrm{R})}\overline{\Delta}_{\mathrm{RB'}}) + (n_{22}^{(\mathrm{R})}\overline{\Delta}_{\mathrm{RB'}} - n_{12}^{(\mathrm{R})})\overline{\Delta}_{\mathrm{B'm}}\mathrm{e}^{-2\rho_{\mathrm{B'}}b'}}, \tag{L3.117}$$

其中

$$m_{11}^{(\mathrm{R})} = \frac{1 - \overline{\Delta}_{\mathrm{B'm}}^{2}\mathrm{e}^{-2\rho_{\mathrm{m}}b}}{(1 - \overline{\Delta}_{\mathrm{B'm}}^{2})\mathrm{e}^{-\rho_{\mathrm{m}}b}\mathrm{e}^{-\rho_{\mathrm{B'}}b'}}, \quad m_{12}^{(\mathrm{R})} = \frac{\overline{\Delta}_{\mathrm{B'm}}(1 - \mathrm{e}^{-2\rho_{\mathrm{m}}b})}{(1 - \overline{\Delta}_{\mathrm{B'm}}^{2})\mathrm{e}^{-\rho_{\mathrm{m}}b}\mathrm{e}^{-\rho_{\mathrm{B'}}b'}},$$

$$m_{21}^{(\mathrm{R})} = \frac{(\mathrm{e}^{-2\rho_{\mathrm{m}}b} - 1)\overline{\Delta}_{\mathrm{B'm}}\mathrm{e}^{-2\rho_{\mathrm{B'}}b'}}{(1 - \overline{\Delta}_{\mathrm{B'm}}^{2})\mathrm{e}^{-\rho_{\mathrm{m}}b}\mathrm{e}^{-\rho_{\mathrm{B'}}b'}}, \quad m_{22}^{(\mathrm{R})} = \frac{(\mathrm{e}^{-2\rho_{\mathrm{m}}b} - \overline{\Delta}_{\mathrm{B'm}}^{2})\mathrm{e}^{-2\rho_{\mathrm{B'}}b'}}{(1 - \overline{\Delta}_{\mathrm{B'm}}^{2})\mathrm{e}^{-\rho_{\mathrm{m}}b}\mathrm{e}^{-\rho_{\mathrm{B'}}b'}}. \tag{L3.118}$$

L3.5 非均匀介质

[303]

介电性质不一定是剧烈变化的. 如果认识到它们可以连续变化, 就能揭示出力随着距离变化的 (定性上的) 新形式. 例如, 想象可以写出 $\varepsilon=\varepsilon(z)$ 的区域. 在非推迟极限, 电波满足方程

$$\nabla\cdot[\varepsilon(z)E(x,y,z)]=0, \tag{L3.119}$$

或者, 由于 $E(x,y,z)=-\nabla\phi(x,y,z)$, 故

$$\nabla\cdot[\varepsilon(z)\nabla\phi(x,y,z)]=0. \tag{L3.120}$$

其解的形式为 $\phi(x,y,z)=f(z)\mathrm{e}^{\mathrm{i}(ux+vy)}$, 利用 $\rho^2=u^2+v^2$, 可以导出一个微分方程,

$$f''(z)+\frac{\mathrm{d}\varepsilon/\mathrm{d}z}{\varepsilon(z)}f'(z)-\rho^2 f(z)=0, \tag{L3.121}$$

其中, 撇号表示对 z 的一阶或二阶微分.[25]

有几种形式的 $\varepsilon(z)$ 可以满足 $f(z)$ 的精确解, 以及与范德瓦尔斯相互作用对应的表面模式. 为了研究这些解, 考虑两个半无限大区域 L 和 R 之间的相互作用 (其介电响应 ε_{L} 和 ε_{R} 不随空间位置变化; L 和 R 上分别覆有两块厚度为 D_{L} 和 D_{R}、介电响应 $\varepsilon_{\mathrm{a}}(z)$ 和 $\varepsilon_{\mathrm{b}}(z)$ 随空间变化的平板, 它们被可变厚度 l、介电常量 ε_{m} 的介质 m 分开) (见图 L3.13).

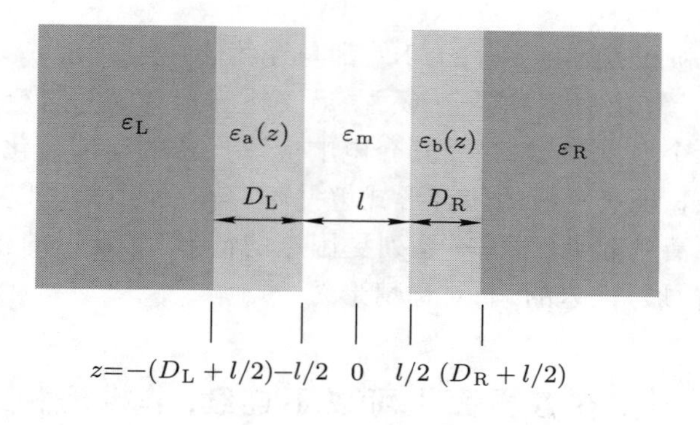

图 L3.13

注意: z 是从材料的中点而非界面处开始测量的距离. 我们不是基于材料模型 (如聚合物) 来构建出数学上难以处理的 $\varepsilon(z)$ 形式, 而通常会采取更实用的 “灯光策略” . 考察数学上易于处理的形式 $(\mathrm{d}\varepsilon/\mathrm{d}z)/\varepsilon(z)=\mathrm{d}\ln[\varepsilon(z)]/\mathrm{d}z$.

在表格中给出了两种这样的形式, 分别为指数型的公式 (表 P.7.c):

$$\varepsilon(z) = \Gamma e^{-\gamma z}, \quad z > 0, \quad \varepsilon(z) = \Gamma e^{+\gamma z}, \quad z < 0,$$
$$\mathrm{d}\ln[\varepsilon(z)]/\mathrm{d}z = -\gamma, \quad z > 0; \quad \mathrm{d}\ln[\varepsilon(z)]/\mathrm{d}z = +\gamma, \quad z < 0, \quad \text{(L3.122)}$$

其中 $\Gamma > 0$, 以及幂律公式 (表 P.7.d)

$$\varepsilon(z) = (\alpha + \beta z)^n, \quad z > 0, \quad \varepsilon(z) = (\alpha - \beta z)^n, \quad z < 0,$$
$$\mathrm{d}\ln[\varepsilon(z)]/\mathrm{d}z = n\beta/(\alpha + \beta z), \quad z > 0; \quad \mathrm{d}\ln[\varepsilon(z)]/\mathrm{d}z = -n\beta/(\alpha - \beta z), \quad z < 0, \quad \text{(L3.123)}$$

[304] 其中关于 α, β 的限制仅是: 对于计算中所取的各正数虚频率, 应保持其介电响应为物理上允许的 $\varepsilon(z) \geqslant 1$.

通过利用已知解 (例如, 在高空大气层中的电磁波) 的经验, 当 $\varepsilon(z)$ 取其它各种形式时都是可以处理的. 已经证明, 当 ε 或者 (甚至) $\mathrm{d}\varepsilon/\mathrm{d}z$ 在 m|2 界面, 即 $z = \pm l/2$ 处连续时, 就会表现出非均匀特质, 这点很有启发性. 当我们把结果进行比较时, 这些特质变得很明显. 例如, 对两个指数函数

$$\varepsilon(z) = \varepsilon_{\mathrm{m}} e^{\gamma_{\mathrm{e}}(z-l/2)}, \quad z > l/2; \quad \varepsilon(z) = \varepsilon_{\mathrm{m}} e^{-\gamma_{\mathrm{e}}(z+l/2)}, \quad z < -l/2, \quad \text{(L3.124)}$$

进行比较时, ε 在 $z = \pm l/2$ 处是连续的; 对两个高斯型函数

$$\varepsilon(z) = \varepsilon_{\mathrm{m}} e^{\gamma_g^2 (z-l/2)^2}, \quad z > l/2; \quad \varepsilon(z) = \varepsilon_{\mathrm{m}} e^{\gamma_g^2 (z+l/2)^2}, \quad z < -l/2,$$

进行比较时, ε 和 $\mathrm{d}\varepsilon/\mathrm{d}z$ 在 $z = \pm l/2$ 处都是连续的.

这里我们计算出以下几种情形: 在每个外侧半空间与可变厚度 l 的中心介质之间, 有一个厚度固定的层, 其介电响应取任意的连续变化函数 $\varepsilon = \varepsilon(z)$. 对于任意的 $\varepsilon(z)$, 虽然一般的闭合形式解并不存在, 但还是可以推导出计算的数学程序. 为了清楚起见, 考虑一系列更困难的情形: 非推迟的相互作用, 对称与非对称几何构形, 推迟的, 非对称情形.

任意的连续 $\varepsilon(z)$, 在各界面上可以不连续, 非推迟相互作用

两个涂层, 对称构形

采取由外及里的技巧. 考虑一个半无限大物体, 其电容率为 ε_{out}, 覆有厚度为常量 D、电容率为 $\varepsilon(z)$ 的非均匀层, 与可变厚度 l 的介质 ε_{m} 相对. 后面将会加上 a, b, L 和 R 的下标 (图 L3.14).

为了利用我们知道的关于多涂层结构间力的知识, 首先把可变 $\varepsilon(z)$ 的层近似分为 N 个相同厚度 D/N 的平板, 由 $N+1$ 个界面隔开, 这些界面位于

$$z_r = \frac{l}{2} + r\frac{D}{N}, \quad 其中\ r = 0, 1, 2, \cdots, N \tag{L3.125}$$

处. 介质 m 的可变区域界面以及外侧半空间的界面分别位于 $z_0 = (l/2)$ 和 $z_N = (l/2) + D$ 处 (见图 L3.15). [305]

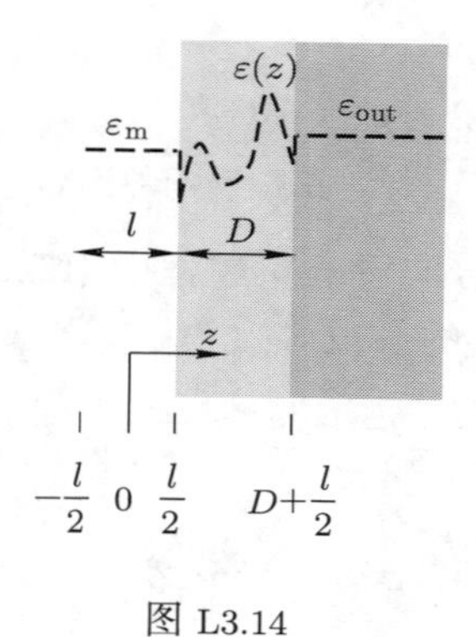

图 L3.14

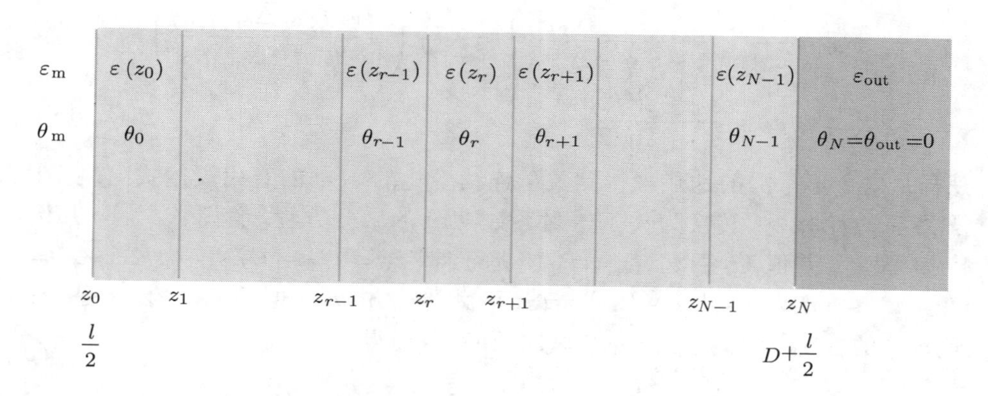

图 L3.15

通常, 我们要找的是关于波动方程 $f''(z) - \rho^2 f(z) = 0$ 的形式为 $Ae^{+\rho z} + Be^{-\rho z}$ 的解, 其中 [式 (L3.59)]

$$\begin{aligned} A_{r-1}e^{\rho z_r} - B_{r-1}e^{-\rho z_r} &= A_r e^{\rho z_r} - B_r e^{-\rho z_r}, \\ \varepsilon_{r-1}(A_{r-1}e^{\rho z_r} + B_{r-1}e^{-\rho z_r}) &= \varepsilon_r(A_r e^{\rho z_r} + B_r e^{-\rho z_r}), \\ \varepsilon_{r-1} \equiv \varepsilon(z_{r-1}), \quad \varepsilon_r &\equiv \varepsilon(z_r). \end{aligned} \tag{L3.126}$$

我们定义

$$\theta_r \equiv \mathrm{A}_r/\mathrm{B}_r, \quad \overline{\Delta}_{r-1/r} \equiv \frac{\varepsilon_{r-1}-\varepsilon_r}{\varepsilon_{r-1}+\varepsilon_r} = -\overline{\Delta}_{r/r-1}, \tag{L3.127}$$

则由外及里, 有[26]

$$\theta_{r-1} = \frac{1}{\mathrm{e}^{+2\rho z_r}}\left(\frac{\theta_r \mathrm{e}^{+2\rho z_r} - \overline{\Delta}_{r-1/r}}{1-\theta_r \mathrm{e}^{+2\rho z_r}\overline{\Delta}_{r-1/r}}\right). \tag{L3.128}$$

在最右侧界面处, 下标 $r = N$, 即介于材料 $\varepsilon(z_{N-1}) = \varepsilon_{N-1}$ 和 $\varepsilon_{\mathrm{out}} = \varepsilon_N$ 之间的位置 $z_N = (l/2) + D$ 处,

$$\theta_{N-1} = \frac{1}{\mathrm{e}^{+\rho(l+2D)}}\left(\frac{\theta_N \mathrm{e}^{+\rho(l+2D)} - \overline{\Delta}_{N-1/N}}{1-\theta_N \mathrm{e}^{+\rho(l+2D)}\overline{\Delta}_{N-1/N}}\right). \tag{L3.129}$$

回忆一下在栗弗席兹原始结果的推导过程中 (L3.2.A 部分) 的表面模式条件 [式 (L3.15)–(L3.18)], 则 $\mathrm{e}^{+\rho z}$ 的系数必定为零. 这意味着 $\theta_N = \theta_{\mathrm{out}} = 0$, 故

$$\theta_{N-1} = -\frac{\overline{\Delta}_{N-1/\mathrm{out}}}{\mathrm{e}^{+\rho(l+2D)}} = -\frac{\overline{\Delta}_{l/2+D/\mathrm{out}}}{\mathrm{e}^{+\rho(l+2D)}}, \quad \overline{\Delta}_{(l/2+D)/\mathrm{out}} = \frac{\varepsilon(l/2+D)-\varepsilon_{\mathrm{out}}}{\varepsilon(l/2+D)+\varepsilon_{\mathrm{out}}}. \tag{L3.130}$$

在始于下标 $r = 0, z_0 = l/2$ 的可变区域和介质 m 之间的界面上 [我们再次应用式 (L3.128)],

$$\theta_{\mathrm{m}} = \frac{1}{\mathrm{e}^{+\rho l}}\left(\frac{\theta_0 \mathrm{e}^{+\rho l} - \overline{\Delta}_{\mathrm{m}/0}}{1-\theta_0 \mathrm{e}^{+\rho l}\overline{\Delta}_{\mathrm{m}/0}}\right) = \frac{1}{\mathrm{e}^{+\rho l}}\left(\frac{\theta_0 \mathrm{e}^{+\rho l} - \overline{\Delta}_{\mathrm{m}/(l/2)}}{1-\theta_0 \mathrm{e}^{+\rho l}\overline{\Delta}_{\mathrm{m}/(l/2)}}\right),$$

$$\overline{\Delta}_{\mathrm{m}/(l/2)} = \frac{\varepsilon_{\mathrm{m}}-\varepsilon(l/2)}{\varepsilon_{\mathrm{m}}+\varepsilon(l/2)}. \tag{L3.131}$$

[306] 怎样从这个不平滑的迭代来得到关于连续变化的 $\varepsilon(z)$ 的有用表达式呢? 把递推关系式 (L3.128) 转换为关于透射系数 $\theta(z)$ 的微分方程. 假设 $N \to \infty$ 并保持 D 固定. 差值 $(z_r - z_{r-1}) = D/N$ 趋于零, $z_1 = l/2 + D/N \to l/2, z_{N-1} = l/2 + (N-1)D/N \to l/2 + D$. 在 $\varepsilon(z)$ 可微的地方, $\theta(z)$ 也是可微的. 于是, 取至 $1/N$ 的首阶, 仍然按照由外及里的顺序, 我们得到

$$\varepsilon_{r-1} \sim \varepsilon_r - \left.\frac{\mathrm{d}\varepsilon(z)}{\mathrm{d}z}\right|_{z=z_r}\frac{D}{N}, \quad \overline{\Delta}_{r-1/r} \equiv \frac{\varepsilon_{r-1}-\varepsilon_r}{\varepsilon_{r-1}+\varepsilon_r} \sim -\left.\frac{\mathrm{d}\varepsilon(z)/\mathrm{d}z}{2\varepsilon(z)}\right|_{z=z_r}\frac{D}{N}, \tag{L3.132}$$

$$\theta_{r-1} \sim \theta_r - \left.\frac{\mathrm{d}\theta(z)}{\mathrm{d}z}\right|_{z=z_r}\frac{D}{N}. \tag{L3.133}$$

类似地, 把式 (L3.128) 展开至 $\overline{\Delta}_{r-1/r}$ 的首阶:

$$\begin{aligned}\theta_{r-1} &\sim (\theta_r - \overline{\Delta}_{r-1/r}/\mathrm{e}^{+2\rho z_r})(1+\theta_r \mathrm{e}^{+2\rho z_r}\overline{\Delta}_{r-1/r}) \\ &\sim \theta_r - \overline{\Delta}_{r-1/r}\left(\frac{1}{\mathrm{e}^{+2\rho z_r}} - \mathrm{e}^{+2\rho z_r}\theta_r^2\right).\end{aligned} \tag{L3.134}$$

我们把关于 θ_{r-1} 的近似式 (L3.133) 和 (L3.134) 等同起来, 引入关于 $\overline{\Delta}_{r-1/r}$ 的近似式 (L3.132):

$$\theta_{r-1} \sim \theta_r - \left.\frac{\mathrm{d}\theta(z)}{\mathrm{d}z}\right|_{z=z_r} \frac{D}{N} \sim \theta_r + \left.\frac{\mathrm{d}\varepsilon(z)/\mathrm{d}z}{2\varepsilon(z)}\right|_{z=z_r} \frac{D}{N}\left(\frac{1}{\mathrm{e}^{+2\rho z_r}} - \mathrm{e}^{+2\rho z_r}\theta_r^2\right), \tag{L3.135}$$

并转向连续极限来得到关于 $\theta(z)$ 的微分方程:

$$\frac{\mathrm{d}\theta(z)}{\mathrm{d}z} = -\frac{\mathrm{e}^{-2\rho z}}{2}\frac{\mathrm{d}\ln[\varepsilon(z)]}{\mathrm{d}z}[1 - \mathrm{e}^{+4\rho z}\theta^2(z)]. \tag{L3.136}$$

通过定义

$$u(z) \equiv \mathrm{e}^{2\rho z}\theta(z) \tag{L3.137}$$

可以构建一个等价的、有时更方便的形式

$$\frac{\mathrm{d}u(z)}{\mathrm{d}z} = 2\rho u(z) - \frac{\mathrm{d}\ln[\varepsilon(z)]}{2\mathrm{d}z}[1 - u^2(z)]. \tag{L3.138}$$

在 $z = (l/2) + D$ 处可能出现不连续阶跃的地方, 其边界条件为式 (L3.130). 在 $N \to \infty$ 的极限下,

$$\theta_{N-1} \to \theta\left(\frac{l}{2} + D\right) = -\overline{\Delta}_{(l/2+D)/\mathrm{out}}\mathrm{e}^{-\rho(l+2D)} \tag{L3.139a}$$

或

$$u\left(\frac{l}{2} + D\right) \equiv \theta\left(\frac{l}{2} + D\right)\mathrm{e}^{+\rho(l+2D)} = -\overline{\Delta}_{(l/2+D)/\mathrm{out}}. \tag{L3.139b}$$

我们从这个关于 $\theta\left(\frac{l}{2} + D\right)$ 或 $u\left(\frac{l}{2} + D\right)$ 的边界条件出发, 利用微分方程 (L3.136) 或 (L3.138) 传播至 $z = (l/2)$ 处, 求出所需的 $\theta(l/2)$ 或 $u(l/2)$ 的值. 把此 $\theta(l/2)$ 或 $u(l/2)$ 用到

$$\theta_{\mathrm{m}} = \left[\frac{\theta(l/2)\mathrm{e}^{+\rho l} - \overline{\Delta}_{\mathrm{m}/(l/2)}}{1 - \theta(l/2)\mathrm{e}^{+\rho l}\overline{\Delta}_{\mathrm{m}/(l/2)}}\right]\mathrm{e}^{-\rho l} = \overline{\Delta}^{\mathrm{eff}}\mathrm{e}^{-\rho l} \tag{L3.140a}$$

中, 并利用 [式 (L3.127), 其中 $r = 1$]: [307]

$$\overline{\Delta}_{(l/2)/\mathrm{m}} = \frac{\varepsilon(l/2) - \varepsilon_{\mathrm{m}}}{\varepsilon(l/2) + \varepsilon_{\mathrm{m}}} = -\overline{\Delta}_{\mathrm{m}/(l/2)},$$

$$\overline{\Delta}^{\mathrm{eff}} \equiv \frac{\theta(l/2)\mathrm{e}^{+\rho l} + \overline{\Delta}_{(l/2)/\mathrm{m}}}{1 + \theta(l/2)\mathrm{e}^{+\rho l}\overline{\Delta}_{(l/2)/\mathrm{m}}} = \frac{u(l/2) + \overline{\Delta}_{(l/2)/\mathrm{m}}}{1 + u(l/2)\overline{\Delta}_{(l/2)/\mathrm{m}}}. \tag{L3.140b}$$

那么, 这个带涂层的半无限大物体与另一个对称的覆涂层物体的相互作用是怎样的呢? 为了避免不必要的数学处理, 考虑上述刚解出的问题的镜像. 把

图 L3.16 中的变量 z_{a} 和 z_{b} 取为: 从厚度 l 的变化区域的中点分别向左和向右增大. 这些 $z_{\mathrm{a}}, z_{\mathrm{b}}$ 可以方便地与 "实" z 相联系: $z_{\mathrm{a}} = -z, z_{\mathrm{b}} = +z$. 由对称性, $\varepsilon(z_{\mathrm{a}}) = \varepsilon(z_{\mathrm{b}})$.

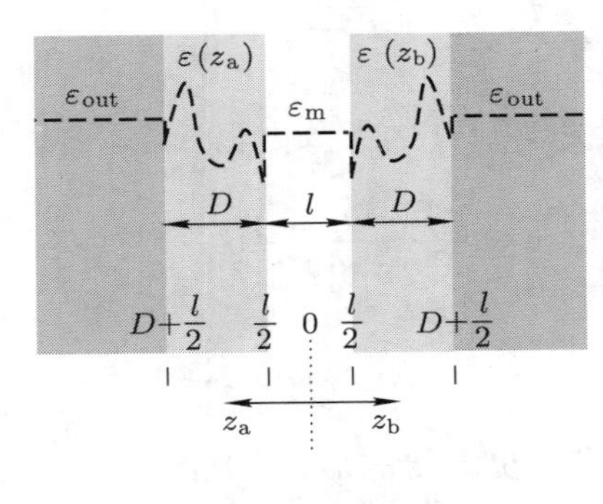

图 L3.16

除了 θ 的作用由 $1/\theta$ 所取代以外, 一切都相同. 原因如下: 为了能够产生出一个表面模式, 在右半空间, $A\mathrm{e}^{+\rho z} + B\mathrm{e}^{-\rho z}$ 中 $\mathrm{e}^{+\rho z}$ 的系数必须趋于零, 而在左半空间, $\mathrm{e}^{-\rho z}$ 的系数必须趋于零.

确定 $1/\theta$ 的程序是: 从左向右计算. 其在介质 m 中的结果为 $1/\theta_{\mathrm{m}}$. 而此 $1/\theta_{\mathrm{m}}$ 所确定的介质 m 中的 A_{m} 和 B_{m}, 和从右向左的计算程序给出的一样. 就是说, 对于中间位置, 我们可以写出从左边开始计算的系数, $A_{\mathrm{m(L)}}\mathrm{e}^{+\rho z_{\mathrm{a}}} + B_{\mathrm{m(L)}}\mathrm{e}^{-\rho z_{\mathrm{a}}}$, 或从右边开始计算的系数, $A_{\mathrm{m(R)}}\mathrm{e}^{+\rho z_{\mathrm{b}}} + B_{\mathrm{m(R)}}\mathrm{e}^{-\rho z_{\mathrm{b}}}$. 在物理上, 这是同一个函数. 由于 $z_{\mathrm{a}} = -z_{\mathrm{b}}$, 故 $A_{\mathrm{m(L)}} = B_{\mathrm{m(R)}}, A_{\mathrm{m(R)}} = B_{\mathrm{m(L)}}$ 可以导出等式 $1/\theta_{\mathrm{m}} = \theta_{\mathrm{m}}$. 把联系左边和右边的这个条件写成 $1 - \theta_{\mathrm{m}}^2 = 0$, 就能得到我们所需要的表面模式色散关系式, $D(l; D) = \ln(1 - \theta_{\mathrm{m}}^2)$, 以及自由能:

$$G(l; D) = \frac{kT}{2\pi}\sum_{n=0}^{\infty}{}'\int_0^{\infty}\rho\ln(1-\theta_{\mathrm{m}}^2)\mathrm{d}\rho = \frac{kT}{2\pi}\sum_{n=0}^{\infty}{}'\int_0^{\infty}\rho\ln[1+\overline{\Delta}^{\mathrm{eff}^2}\mathrm{e}^{-2\rho l}]\mathrm{d}\rho, \tag{L3.141}$$

这里的 θ_{m}、$\overline{\Delta}^{\mathrm{eff}}$ 就和式 (L3.131)、(L3.140b) 中定义的一样.

问题: 这是显然的吗?

解答: 好好思考, 直到把它变成显然的.

两个涂层, 非对称构形, 无推迟

可以立即推广到非对称的构形. 这里, 位于左边、厚度 D_{L} 固定的区域中 ε

的变化写成 $\varepsilon_{\mathrm{a}}(z_{\mathrm{a}})$, 其在内侧界面和外侧界面的值分别为 $\varepsilon_{\mathrm{a}}(l/2), \varepsilon_{\mathrm{a}}\left(D_{\mathrm{L}}+\dfrac{l}{2}\right)$; 位于右边、厚度 D_{R} 固定的区域中 ε 的变化函数为 $\varepsilon_{\mathrm{b}}(z_{\mathrm{b}})$, 其在内侧界面和外侧界面的值分别为 $\varepsilon_{\mathrm{b}}(l/2), \varepsilon_{\mathrm{b}}[D_{\mathrm{R}}+(l/2)]$; $\varepsilon_{\mathrm{a}}[D_{\mathrm{L}}+(l/2)]$ 不一定等于 ε_{L}; $\varepsilon_{\mathrm{a}}(l/2)$ 和 $\varepsilon_{\mathrm{b}}(l/2)$ 不一定等于 ε_{m}; $\varepsilon_{\mathrm{b}}[D_{\mathrm{R}}+(l/2)]$ 不一定等于 ε_{R}. 在各界面处可以存在不连续性 (见图 L3.17).

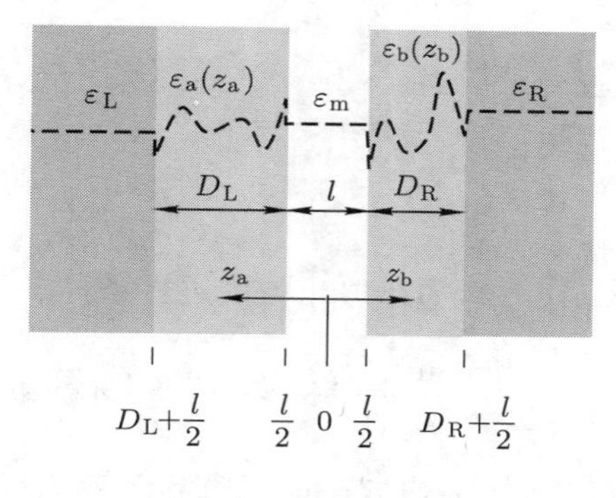

图 L3.17

通过由外及里的计算程序, 如果利用 z_{b}, 我们可以从右边开始推导出 $\theta_{\mathrm{m(R)}}$; 而用 z_{a} 则可以从左边开始推导出 $1/\theta_{\mathrm{m(L)}}$. 此外, 由于它们在同一个介质 m 中, 故应该相等. 色散关系为 $D(l;D_{\mathrm{L}},D_{\mathrm{R}})=\ln[1-\theta_{\mathrm{m(R)}}\theta_{\mathrm{m(L)}}]$, 而自由能为 [308]

$$\begin{aligned}G(l;D_{\mathrm{L}},D_{\mathrm{R}})&=\frac{kT}{2\pi}\sum_{n=0}^{\infty}{}'\int_0^{\infty}\rho\ln[1-\theta_{\mathrm{m(R)}}\theta_{\mathrm{m(L)}}]\mathrm{d}\rho\\&=\frac{kT}{2\pi}\sum_{n=0}^{\infty}{}'\int_0^{\infty}\rho\ln[1-\overline{\Delta}_{\mathrm{Lm}}^{\mathrm{eff}}\overline{\Delta}_{\mathrm{Rm}}^{\mathrm{eff}}\mathrm{e}^{-2\rho l}]\mathrm{d}\rho,\end{aligned}\tag{L3.142}$$

其中 [式 (L3.140a) 和 (L3.140b)]

$$\theta_{\mathrm{m(L)}}=\left[\frac{\theta_{\mathrm{a}}(l/2)\mathrm{e}^{+\rho l}-\overline{\Delta}_{\mathrm{m/a}}}{1-\theta_{\mathrm{a}}(l/2)\mathrm{e}^{+\rho l}\overline{\Delta}_{\mathrm{m/a}}}\right]\mathrm{e}^{-\rho l}=\overline{\Delta}_{\mathrm{Lm}}^{\mathrm{eff}}\mathrm{e}^{-\rho l}\tag{L3.143a}$$

$$\theta_{\mathrm{m(R)}}=\left[\frac{\theta_{\mathrm{b}}(l/2)\mathrm{e}^{+\rho l}-\overline{\Delta}_{\mathrm{m/b}}}{1-\theta_{\mathrm{b}}(l/2)\mathrm{e}^{+\rho l}\overline{\Delta}_{\mathrm{m/b}}}\right]\mathrm{e}^{-\rho l}=\overline{\Delta}_{\mathrm{Rm}}^{\mathrm{eff}}\mathrm{e}^{-\rho l},\tag{L3.143b}$$

$$\overline{\Delta}_{\mathrm{Lm}}^{\mathrm{eff}}\equiv\frac{\theta_{\mathrm{a}}(l/2)\mathrm{e}^{+\rho l}+\overline{\Delta}_{\mathrm{am}}}{1+\theta_{\mathrm{a}}(l/2)\mathrm{e}^{+\rho l}\overline{\Delta}_{\mathrm{am}}}=\frac{u_{\mathrm{a}}(l/2)+\overline{\Delta}_{\mathrm{am}}}{1+u_{\mathrm{a}}(l/2)\overline{\Delta}_{\mathrm{am}}},\quad\overline{\Delta}_{\mathrm{am}}=\frac{\varepsilon_{\mathrm{a}}\left(\dfrac{l}{2}\right)-\varepsilon_{\mathrm{m}}}{\varepsilon_{\mathrm{a}}\left(\dfrac{l}{2}\right)+\varepsilon_{\mathrm{m}}}=-\overline{\Delta}_{\mathrm{ma}},\tag{L3.144a}$$

$$\overline{\Delta}_{\mathrm{Rm}}^{\mathrm{eff}} \equiv \frac{\theta_{\mathrm{b}}(l/2)\mathrm{e}^{+\rho l}+\overline{\Delta}_{\mathrm{bm}}}{1+\theta_{\mathrm{b}}(l/2)\mathrm{e}^{+\rho l}\overline{\Delta}_{\mathrm{bm}}}=\frac{u_{\mathrm{b}}(l/2)+\overline{\Delta}_{\mathrm{bm}}}{1+u_{\mathrm{b}}(l/2)\overline{\Delta}_{\mathrm{bm}}},\quad \overline{\Delta}_{\mathrm{bm}}=\frac{\varepsilon_{\mathrm{b}}\left(\dfrac{l}{2}\right)-\varepsilon_{\mathrm{m}}}{\varepsilon_{\mathrm{b}}\left(\dfrac{l}{2}\right)+\varepsilon_{\mathrm{m}}}=-\overline{\Delta}_{\mathrm{mb}}. \tag{L3.144b}$$

为了推导右侧的可变厚度 D_{R} 的层与介质 m 之间的界面处的 $\theta_{\mathrm{b}}(l/2)$, 我们从半空间 R 的变化区域外侧界面处的式 (L3.139a) 开始 (和以前一样):

$$\theta_{\mathrm{b}}\left(z_{\mathrm{b}}=D_{\mathrm{R}}+\frac{l}{2}\right)=-\overline{\Delta}_{\mathrm{bR}}\mathrm{e}^{-\rho(l+2D_{\mathrm{R}})},\quad \overline{\Delta}_{\mathrm{bR}}\equiv\frac{\varepsilon_{\mathrm{b}}\left(\dfrac{l}{2}+D_{\mathrm{R}}\right)-\varepsilon_{\mathrm{R}}}{\varepsilon_{\mathrm{b}}\left(\dfrac{l}{2}+D_{\mathrm{R}}\right)+\varepsilon_{\mathrm{R}}}. \tag{L3.145}$$

接着把此 $\theta_{\mathrm{b}}[D_{\mathrm{R}}+(l/2)]$ 作为式 (L3.136) 中的边界条件:

$$\frac{\mathrm{d}\theta_{\mathrm{b}}(z_{\mathrm{b}})}{\mathrm{d}z_{\mathrm{b}}}=-\frac{\mathrm{e}^{-2\rho z_{\mathrm{b}}}}{2}\frac{\mathrm{d}\ln[\varepsilon_{\mathrm{b}}(z_{\mathrm{b}})]}{\mathrm{d}z_{\mathrm{b}}}[1-\mathrm{e}^{+4\rho z_{\mathrm{b}}}\theta_{\mathrm{b}}^2(z_{\mathrm{b}})], \tag{L3.146}$$

[309] 或者, 利用 $u(z)\equiv \mathrm{e}^{2\rho z}\theta(z)$ [式 (L3.137) 和 (L3.138)], 我们得到

$$\frac{\mathrm{d}u_{\mathrm{b}}(z_{\mathrm{b}})}{\mathrm{d}z_{\mathrm{b}}}=2\rho u_{\mathrm{b}}(z_{\mathrm{b}})-\frac{\mathrm{d}\ln[\varepsilon_{\mathrm{b}}(z_{\mathrm{b}})]}{2\mathrm{d}z_{\mathrm{b}}}[1-u_{\mathrm{b}}^2(z_{\mathrm{b}})], \tag{L3.147}$$

它是从 $z_{\mathrm{b}}=D_{\mathrm{R}}+(l/2)$ 传播 (解析地或数值地) 至 $z_{\mathrm{b}}=(l/2)$. 把结果 $\theta_{\mathrm{b}}(l/2)$ 代入式 (L3.143b) 的 $\theta_{\mathrm{m(R)}}$ 中, 再代入源于式 (L3.142) 的关于自由能的积分 $G(l;D_{\mathrm{L}},D_{\mathrm{R}})$ 中.

也可以从左侧开始进行类似的计算. 为了合理起见, z_{a} 是从介质 m 的中点向左测量的. 于是有关 L 和 a 的方程与有关 R 和 b 的方程保持为相同. 在最左侧的边界上, 模仿式 (L3.145):

$$\theta_{\mathrm{a}}\left(z_{\mathrm{a}}=D_{\mathrm{L}}+\frac{l}{2}\right)=-\overline{\Delta}_{\mathrm{aL}}\mathrm{e}^{-\rho(l+2D_{\mathrm{L}})},\quad \overline{\Delta}_{\mathrm{aL}}\equiv\frac{\varepsilon_{\mathrm{a}}\left(\dfrac{l}{2}+D_{\mathrm{L}}\right)-\varepsilon_{\mathrm{L}}}{\varepsilon_{\mathrm{a}}\left(\dfrac{l}{2}+D_{\mathrm{L}}\right)+\varepsilon_{\mathrm{L}}}. \tag{L3.148}$$

横跨变化区域 a, 模仿以前对于变化区域 b 所推出的式 (L3.146) 和 (L3.147):

$$\frac{\mathrm{d}\theta_{\mathrm{a}}(z_{\mathrm{a}})}{\mathrm{d}z_{\mathrm{a}}}=-\frac{\mathrm{e}^{-2\rho z_{\mathrm{a}}}}{2}\frac{\mathrm{d}\ln[\varepsilon_{\mathrm{a}}(z_{\mathrm{a}})]}{\mathrm{d}z_{\mathrm{a}}}[1-\mathrm{e}^{+4\rho z_{\mathrm{a}}}\theta_{\mathrm{a}}^2(z_{\mathrm{a}})], \tag{L3.149}$$

$$\frac{\mathrm{d}u_{\mathrm{a}}(z_{\mathrm{a}})}{\mathrm{d}z_{\mathrm{a}}}=2\rho u_{\mathrm{a}}(z_{\mathrm{a}})-\frac{\mathrm{d}\ln[\varepsilon_{\mathrm{a}}(z_{\mathrm{a}})]}{2\mathrm{d}z_{\mathrm{a}}}[1-u_{\mathrm{a}}^2(z_{\mathrm{a}})]. \tag{L3.150}$$

接着, 把结果 $\theta_{\mathrm{a}}(l/2)$ 代入式 (L3.143a) 中的 $\theta_{\mathrm{m(L)}}$, 以及式 (L3.142) 中的 $G(l;D_{\mathrm{L}},D_{\mathrm{R}})$.

任意的连续 $\varepsilon(z)$, 在各界面上可以有不连续性, 对于有限光速情形可以是对称与非对称的

为了计入有限光速, 回忆一下在推导栗弗席兹 L|m|R 构形 (有加层以及多层相互作用) 中所用的关于电场和磁场的边界条件. 现在变量 ρ 与各层中的光速有关. 具体地 (L3.2.A 部分),

$$\rho_r^2 = \rho^2 + \frac{\xi_n^2}{c^2}\varepsilon_r\mu_r = \rho_{\mathrm{m}}^2 + \frac{\xi_n^2}{c^2}(\varepsilon_r\mu_r - \varepsilon_{\mathrm{m}}\mu_{\mathrm{m}}), \tag{L3.151}$$

这里需要考虑的变量是 $\rho_r = \rho(z_r)$ 以及 $\varepsilon_r = \varepsilon(z_r)$ (见图 L3.18).

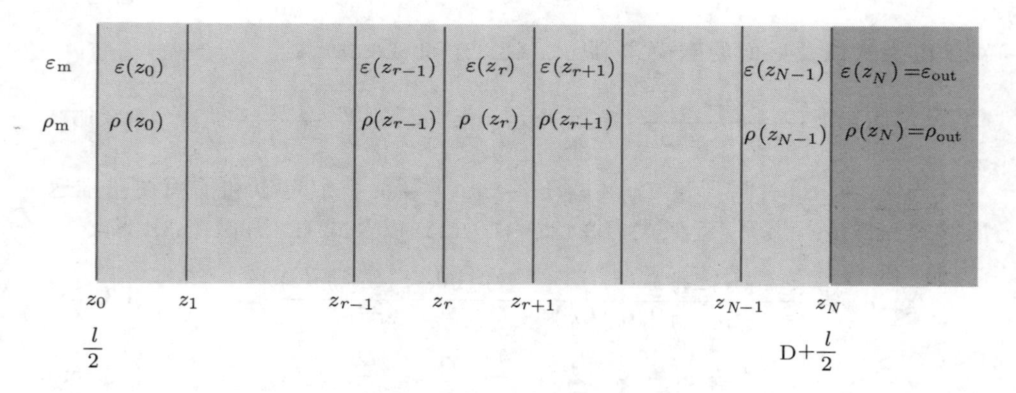

图 L3.18

在第 $r-1$ 层与第 r 层间的边界 Z_r 处 (见图 L3.19), 相邻层中波的系数之间的关系为式 (L3.59) 的形式: [310]

$$(A_r\mathrm{e}^{\rho_r z_r} + B_r\mathrm{e}^{-\rho_r z_r})\varepsilon_r = (A_{r-1}\mathrm{e}^{\rho_{r-1}z_r} + B_{r-1}\mathrm{e}^{-\rho_{r-1}z_r})\varepsilon_{r-1},$$
$$(A_r\mathrm{e}^{\rho_r z_r} - B_r\mathrm{e}^{-\rho_r z_r})\rho_r = (A_{r-1}\mathrm{e}^{\rho_{r-1}z_r} - B_{r-1}\mathrm{e}^{-\rho_{r-1}z_r})\rho_{r-1} \tag{L3.152}$$

$$\begin{array}{r|l} \varepsilon(z_{r-1})=\varepsilon_{r-1} & \varepsilon(z_r)=\varepsilon_r \\ \rho(z_{r-1})=\rho_{r-1} & \rho(z_r)=\rho_r \\ \theta(z_{r-1})=\theta_{r-1} & \theta(z_r)=\theta_r \end{array}$$
$$z_r$$

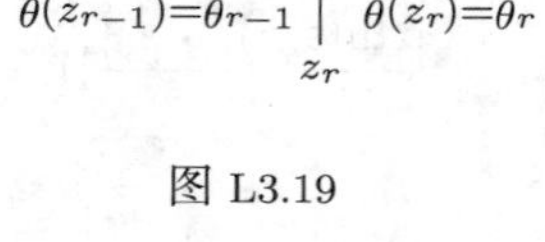

图 L3.19

这样, $\theta_r \equiv A_r/B_r$ 和 θ_{r-1} 之间的联系包含了 ρ_r,[27]

$$\theta_{r-1}\mathrm{e}^{+2\rho_{r-1}z_r} = \left(\frac{\theta_r\mathrm{e}^{+2\rho_r z_r} - \overline{\Delta}_{r-1/r}}{1-\theta_r\mathrm{e}^{+2\rho_r z_r}\overline{\Delta}_{r-1/r}}\right), \tag{L3.153}$$

$$u_{r-1}\mathrm{e}^{2\rho_{r-1}(z_r-z_{r-1})} = \left(\frac{u_r - \overline{\Delta}_{r-1/r}}{1-u_r\overline{\Delta}_{r-1/r}}\right), \tag{L3.154}$$

其中

$$u_r = u(z_r) = \theta(z_r)\mathrm{e}^{2\rho(z_r)z_r} = \theta_r\mathrm{e}^{2\rho_r z_r}, \quad u_{r-1} = \theta_{r-1}\mathrm{e}^{2\rho_{r-1}z_{r-1}} \tag{L3.155}$$

来源于连续函数的定义

$$u(z) \equiv \mathrm{e}^{2\rho(z)z}\theta(z). \tag{L3.156}$$

对于电模式以及后面的磁模式 [见式 (L3.62) 和 (L3.63)],

$$\overline{\Delta}_{r-1/r} \equiv \left(\frac{\varepsilon_{r-1}\rho_r - \varepsilon_r\rho_{r-1}}{\varepsilon_{r-1}\rho_r + \varepsilon_r\rho_{r-1}}\right), \quad \Delta_{r-1/r} \equiv \left(\frac{\mu_{r-1}\rho_r - \mu_r\rho_{r-1}}{\mu_{r-1}\rho_r + \mu_r\rho_{r-1}}\right). \tag{L3.157}$$

当 $N\to\infty$ 时, 层厚度 $D/N = (z_r - z_{r-1}) \to 0$, 我们可以和前面在非推迟情形中一样进行展开 [近似式 (L3.132)–(L3.135) 以及式 (L3.136)–(L3.138)]:

$$\overline{\Delta}_{r-1/r} = \frac{(\varepsilon_{r-1}/\rho_{r-1}) - (\varepsilon_r/\rho_r)}{(\varepsilon_{r-1}/\rho_{r-1}) + (\varepsilon_r/\rho_r)} \sim -\left.\frac{\mathrm{d}\ln[\varepsilon(z)/\rho(z)\rho(z)]}{2\mathrm{d}z}\right|_{z=z_r}\frac{D}{N}, \tag{L3.158}$$

$$\theta_{r-1} \sim \theta(z_r) - \left.\frac{\mathrm{d}\theta(z)}{\mathrm{d}z}\right|_{z=z_r}\frac{D}{N}, \tag{L3.159}$$

$$\rho_{r-1} \sim \rho_r - \left.\frac{\mathrm{d}\rho(z)}{\mathrm{d}z}\right|_{z=z_r}\frac{D}{N}, \tag{L3.160}$$

$$u_{r-1} \sim u_r - \left.\frac{\mathrm{d}u(z)}{\mathrm{d}z}\right|_{z=z_r}\frac{D}{N}, \tag{L3.161}$$

$$u_{r-1}\mathrm{e}^{2\rho_{r-1}(D/N)} \sim u_{r-1}\left(1+2\rho_{r-1}\frac{D}{N}\right) = u_{r-1} + 2\rho_{r-1}u_{r-1}\frac{D}{N}. \tag{L3.162}$$

利用近似式 (L3.158), 取至 $\overline{\Delta}_{r-1/r}$ 的首阶, 式 (L3.154) 变为

$$u_{r-1}\mathrm{e}^{2\rho_{r-1}(D/N)} \sim u_r - \overline{\Delta}_{r-1/r}(1-u_r^2) \sim u_r + \left.\frac{\mathrm{d}\ln[\varepsilon(z)/\rho(z)]}{2\mathrm{d}z}\right|_{z=z_r}(1-u_r^2)\frac{D}{N}. \tag{L3.163}$$

把近似式 (L3.161)–(L3.163) 相结合, 就产生一个微分方程[28]:

$$\frac{\mathrm{d}u(z)}{\mathrm{d}z} = +2\rho(z)u(z) - \frac{\mathrm{d}\ln[\varepsilon(z)/\rho(z)]}{2\mathrm{d}z}[1-u^2(z)]. \tag{L3.164a}$$

利用式 (L3.155), 可以把 $\theta(z)$ 表示为 [311]

$$\frac{\mathrm{d}\theta(z)}{\mathrm{d}z}=-2z\frac{\mathrm{d}\rho(z)}{\mathrm{d}z}\theta(z)-\frac{\mathrm{d}\ln[\varepsilon(z)/\rho(z)]}{2\mathrm{d}z}\mathrm{e}^{-2\rho(z)z}[1-\mathrm{e}^{+4\rho(z)z}\theta^2(z)]. \quad \text{(L3.164b)}$$

就像在非推迟情形中那样, 我们从外侧边界开始, 朝着中心一步一步地解出这些方程. 尽管此程序是直接的, 但我们仍要给出明确的描述. 由式 (L3.142) 的形式出发,

$$G(l;D_\mathrm{L},D_\mathrm{R})=\frac{kT}{2\pi}\sum_{n=0}^{\infty}{}'\int_0^\infty\rho\ln[(1-\overline{\Delta}_\mathrm{Lm}^\mathrm{eff}\overline{\Delta}_\mathrm{Rm}^\mathrm{eff}\mathrm{e}^{-2\rho l})(1-\Delta_\mathrm{Lm}^\mathrm{eff}\Delta_\mathrm{Rm}^\mathrm{eff}\mathrm{e}^{-2\rho l})]\mathrm{d}\rho \quad \text{(L3.165)}$$

并从两边向里建立起 $\overline{\Delta}_\mathrm{Lm}^\mathrm{eff},\overline{\Delta}_\mathrm{Rm}^\mathrm{eff}$ 和 $\Delta_\mathrm{Lm}^\mathrm{eff},\Delta_\mathrm{Rm}^\mathrm{eff}$. 对于各介电项, 我们已经详细说明了这些步骤, 接着, 关于各磁性项也就是显而易见的了.

在 $z_\mathrm{a}=(l/2)+D_\mathrm{L}$ 处,

$$\theta_\mathrm{a}\left(\frac{l}{2}+D_\mathrm{L}\right)\mathrm{e}^{+\rho_\mathrm{a}(l/2+D_\mathrm{L})(l+2D_\mathrm{L})}=u_\mathrm{a}\left(\frac{l}{2}+D_\mathrm{L}\right)=+\overline{\Delta}_\mathrm{La}, \quad \text{(L3.166a)}$$

而在 $z_\mathrm{b}=(l/2)+D_\mathrm{R}$ 处,

$$\theta_\mathrm{b}\left(\frac{l}{2}+D_\mathrm{R}\right)\mathrm{e}^{+\rho_\mathrm{b}(l/2+D_\mathrm{R})(l+2D_\mathrm{R})}=+\overline{\Delta}_\mathrm{Rb}, \quad \text{(L3.166b)}$$

因此, 利用式 (L3.139a), (L3.139b), (L3.153) 和 (L3.154) 就可以推出

$$\overline{\Delta}_\mathrm{La}=\frac{\varepsilon_\mathrm{L}\rho_\mathrm{a}\left(\frac{l}{2}+D_\mathrm{L}\right)-\varepsilon_\mathrm{a}\left(\frac{l}{2}+D_\mathrm{L}\right)\rho_\mathrm{L}}{\varepsilon_\mathrm{L}\rho_\mathrm{a}\left(\frac{l}{2}+D_\mathrm{L}\right)+\varepsilon_\mathrm{a}\left(\frac{l}{2}+D_\mathrm{L}\right)\rho_\mathrm{L}}, \quad \text{(L3.167a)}$$

$$\overline{\Delta}_\mathrm{Rb}=\frac{\varepsilon_\mathrm{R}\rho_\mathrm{b}\left(\frac{l}{2}+D_\mathrm{R}\right)-\varepsilon_\mathrm{b}\left(\frac{l}{2}+D_\mathrm{R}\right)\rho_\mathrm{R}}{\varepsilon_\mathrm{R}\rho_\mathrm{b}\left(\frac{l}{2}+D_\mathrm{R}\right)+\varepsilon_\mathrm{b}\left(\frac{l}{2}+D_\mathrm{R}\right)\rho_\mathrm{R}}, \quad \text{(L3.167b)}$$

其中, 对于半空间 L 或 R , $r=N,\theta_N=\theta_\mathrm{L}=\theta_\mathrm{R}=0$.

从 $z_\mathrm{a}=\dfrac{l}{2}+D_\mathrm{L}$ 至 $z_\mathrm{a}=\dfrac{l}{2}$,

$$\frac{\mathrm{d}u_\mathrm{a}(z_\mathrm{a})}{\mathrm{d}z_\mathrm{a}}=+2\rho_\mathrm{a}(z_\mathrm{a})u_\mathrm{a}(z_\mathrm{a})-\frac{\mathrm{d}\ln[\varepsilon_\mathrm{a}(z_\mathrm{a})/\rho(z_\mathrm{a})]}{2\mathrm{d}z_\mathrm{a}}[1-u_\mathrm{a}^2(z_\mathrm{a})]. \quad \text{(L3.168a)}$$

从 $z_\mathrm{b}=(l/2)+D_\mathrm{R}$ 至 $z_\mathrm{b}=(l/2)$,

$$\frac{\mathrm{d}u_\mathrm{b}(z_\mathrm{b})}{\mathrm{d}z_\mathrm{b}}=+2\rho_\mathrm{b}(z_\mathrm{b})u_\mathrm{b}(z_\mathrm{b})-\frac{\mathrm{d}\ln[\varepsilon_\mathrm{b}(z_\mathrm{b})/\rho(z_\mathrm{b})]}{2\mathrm{d}z_\mathrm{b}}[1-u_\mathrm{b}^2(z_\mathrm{b})], \quad \text{(L3.168b)}$$

$$\frac{d\theta_a(z_a)}{dz_a}=-2z_a\frac{d\rho_a(z_a)}{dz_a}\theta_a(z_a)-\frac{d\ln[\varepsilon_a(z_a)/\rho_a(z_a)]}{2dz_a}e^{-2\rho_a(z_a)z_a}[1-e^{+4\rho_a(z_a)z_a}\theta_a^2(z_a)], \tag{L3.169a}$$

$$\frac{d\theta_b(z_b)}{dz_b}=-2z_b\frac{d\rho_b(z_b)}{dz_b}\theta_b(z_b)-\frac{d\ln[\varepsilon_b(z_b)/\rho_b(z_b)]}{2dz_b}e^{-2\rho_b(z_b)z_b}[1-e^{+4\rho_b(z_b)z_b}\theta_b^2(z_b)]. \tag{L3.169b}$$

利用式 (L3.164a) 和 (L3.164b), 就可以由 $\theta_a\left(\dfrac{l}{2}+D_L\right),\theta_b\left(\dfrac{l}{2}+D_R\right)$ 计算出 $\theta_a\left(\dfrac{l}{2}\right),\theta_b\left(\dfrac{l}{2}\right)$.

[312] 在 $z_a=(l/2)$ 处,

$$\theta_{m(L)}e^{+\rho_m l}=\left[\frac{\theta_a\left(\dfrac{l}{2}\right)e^{+\rho_a(l/2)l}-\overline{\Delta}_{ma}}{1-\theta_a\left(\dfrac{l}{2}\right)e^{+\rho_a(l/2)l}\overline{\Delta}_{ma}}\right], \tag{L3.170a}$$

而在 $z_b=(l/2)$ 处,

$$\theta_{m(R)}e^{+\rho_m l}=\left[\frac{\theta_b\left(\dfrac{l}{2}\right)e^{+\rho_b(l/2)l}-\overline{\Delta}_{mb}}{1-\theta_b\left(\dfrac{l}{2}\right)e^{+\rho_b(l/2)l}\overline{\Delta}_{mb}}\right], \tag{L3.170b}$$

$$\overline{\Delta}_{Lm}^{eff}\equiv\left[\frac{\theta_a\left(\dfrac{l}{2}\right)e^{+\rho_a(l/2)l}+\overline{\Delta}_{am}}{1+\theta_a\left(\dfrac{l}{2}\right)e^{+\rho_a(l/2)l}\overline{\Delta}_{am}}\right]=\left[\frac{u_a\left(\dfrac{l}{2}\right)+\overline{\Delta}_{am}}{1+u_a\left(\dfrac{l}{2}\right)\overline{\Delta}_{am}}\right], \tag{L3.171a}$$

$$\overline{\Delta}_{Rm}^{eff}\equiv\left[\frac{\theta_b\left(\dfrac{l}{2}\right)e^{+\rho_b(l/2)l}+\overline{\Delta}_{bm}}{1+\theta_b\left(\dfrac{l}{2}\right)e^{+\rho_b(l/2)l}\overline{\Delta}_{bm}}\right]=\left[\frac{u_b\left(\dfrac{l}{2}\right)+\overline{\Delta}_{bm}}{1+u_b\left(\dfrac{l}{2}\right)\overline{\Delta}_{bm}}\right], \tag{L3.171b}$$

$$\overline{\Delta}_{am}=\frac{\varepsilon_a\left(\dfrac{l}{2}\right)\rho_m-\varepsilon_m\rho_a\left(\dfrac{l}{2}\right)}{\varepsilon_a\left(\dfrac{l}{2}\right)\rho_m+\varepsilon_m\rho_a\left(\dfrac{l}{2}\right)}=-\overline{\Delta}_{ma}, \tag{L3.172a}$$

$$\overline{\Delta}_{bm}=\frac{\varepsilon_b\left(\dfrac{l}{2}\right)\rho_m-\varepsilon_m\rho_b\left(\dfrac{l}{2}\right)}{\varepsilon_b\left(\dfrac{l}{2}\right)\rho_m+\varepsilon_m\rho_b\left(\dfrac{l}{2}\right)}=-\overline{\Delta}_{mb}, \tag{L3.172b}$$

这次还是利用了式 (L3.143a)–(L3.144b) 和式 (L3.153)–(L3.157), 其中对于 $r-1$, 有 $r=0[z_0=(l/2)]$ 和 m.

问题 L3.1: 证明: 当 $\varepsilon(z)$ 为常数时, 这个结果收敛为单涂层表面的形式.

解答: $\varepsilon_{\mathrm{a}}(z_{\mathrm{a}})=\varepsilon_{\mathrm{a}}, \rho_{\mathrm{a}}(z_{\mathrm{a}})=\rho_{\mathrm{a}}$, 以及 $\theta_{\mathrm{a}}(z_{\mathrm{a}})=\theta_{\mathrm{a}}$ 都是不随位置变化的常数. 在 $z_{\mathrm{a}}=(l/2)+D_{\mathrm{L}}$ 处,

$$\theta_{\mathrm{a}}\mathrm{e}^{+\rho_{\mathrm{a}}(l+2D_{\mathrm{L}})}=+\overline{\Delta}_{\mathrm{La}},\ \theta_{\mathrm{a}}\mathrm{e}^{+\rho_{\mathrm{a}}l}=+\overline{\Delta}_{\mathrm{La}}\mathrm{e}^{-2\rho_{\mathrm{a}}D_{\mathrm{L}}},\quad \overline{\Delta}_{\mathrm{Lm}}^{\mathrm{eff}}=\left(\frac{\overline{\Delta}_{\mathrm{La}}\mathrm{e}^{-2\rho_{\mathrm{a}}D_{\mathrm{L}}}+\overline{\Delta}_{\mathrm{am}}}{1+\overline{\Delta}_{\mathrm{La}}\overline{\Delta}_{\mathrm{am}}\mathrm{e}^{-2\rho_{\mathrm{a}}D_{\mathrm{L}}}}\right),$$

接下去对其它各项也是类似的, 故可以重新推导出式 (L3.145) 和 (L3.147), 以及表 (P.3.a.1) 所列的结果.

[313]

L3.6 离子电荷涨落

由于离子电荷涨落力具有很多出乎意料的性质, 而且它们与静电双层力组成某种形式的混合, 所以值得单独考虑.

在介电响应的语言中, 怎样看待流动离子的运动呢?

首先, 通过电导率来考虑. 外加电场在盐溶液中会产生电流. 形式上, 电导率 σ 随着介电电容率 $\varepsilon(\omega)$ 中频率的变化关系为 $\sim \{i\sigma/[\omega(1-i\omega\tau)]\}$. 在低频率极限, $\omega\tau \to 0$, 它以 $\sim (i\sigma/\omega)$ 的形式发散. 在此极限下, 导电材料开始作为一种无限可极化介质出现, 其流动电荷可以运动无限长的距离.

我们知道, 在现实生活中不一定都是这样的. 加在导电介质上的电场仅能维持到其壁上有反应或电荷转移发生的时候. 电源输出电子并能使之移动; 电极对此作出反应, 移动或产生离子. 在现实生活中, 我们必须搞清楚在包围导电介质的壁上发生了什么. 在理想的 "不良电极" 极限, 壁上没有电子移动, 也不会产生反应. 此时, 在常数外加电场的作用下, 电荷堆积起来而产生静电双层. 当 $\omega \to 0$ 时振荡场稳定下来, 而电场在横跨边界壁之间的空间是变化的.

从电容器方面来考虑. 对于纯的绝缘介电材料, 两个极板间有一个常数电场 (见图 L3.20). 但是对于两个不易反应、绝缘的理想不良电极之间的盐溶液 (界面上没有化学反应), 横跨它的是由两个电极壁建立起来的随空间变化的静电双层场 (图 L3.21).

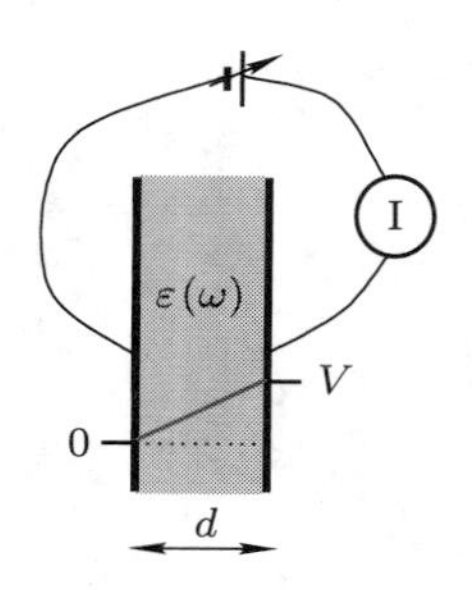

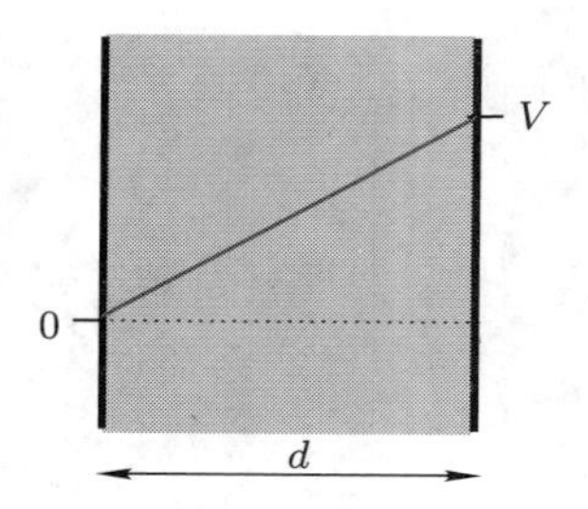

图 L3.20

非局域的离子响应与边界界面的位置有关, 而这只是我们在离子溶液中所遇到的麻烦之一. 电场涨落通过流动电荷的平动来驱动电流. 这些涨落电流通过其相互作用又反过来产生涨落的磁场. 本书中, 通过仅考虑静电双层中的涨落, 可以避免电流的复杂性. 把离子视为外部或 "源" 电荷 ρ_{ext}, 而把其余材料看成为无离子的介电体. 由于离子运动的特征时间小于电信号传播的时间, 并且实际上光速 $c \to \infty$, 所以同样可以忽略相对论性.

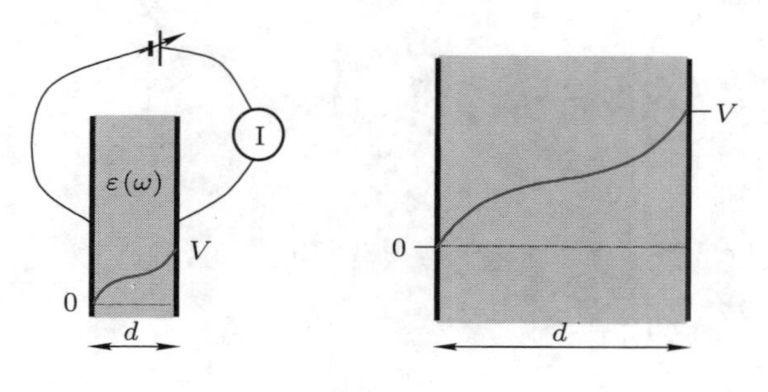

图 L3.21

麦克斯韦方程组化简为[29] [314]

$$\nabla \times \boldsymbol{H} = 0, \quad \nabla \times \boldsymbol{E} = 0, \quad \nabla \cdot \boldsymbol{H} = 0, \tag{L3.173}$$

以及

$$\nabla \cdot (\varepsilon \boldsymbol{E}) = \rho_{\text{ext}}/\varepsilon_0(\text{mks 单位制}) \quad \text{或} \quad \nabla \cdot (\varepsilon \boldsymbol{E}) = 4\pi\rho_{\text{ext}}(\text{cgs 单位制}) \tag{L3.174}$$

由 $\nabla \cdot \boldsymbol{E} \propto \rho_{\text{ext}}/\varepsilon$ 可以构建其波动方程. 对于静电双层, 用电势 ϕ 比用电场 $\boldsymbol{E} = -\nabla\phi$ 表示的方程考虑起来更容易, 所以我们用电势建立起关于离子电荷涨落力的问题. 通过玻尔兹曼关系可以从电势 ϕ 得到电荷 ρ_{ext}:

$$\rho_{\text{ext}} = \sum_{\nu=-\infty}^{\nu=\infty} e\nu n_\nu \mathrm{e}^{-e\nu\phi/kT} \approx \sum_{\nu=-\infty}^{\nu=\infty} e\nu n_\nu \left(1 - \frac{3\nu\phi}{kT}\right) = -\sum_{\nu=-\infty}^{\nu=\infty} \frac{e^2\nu^2 n_\nu}{kT}\phi, \tag{L3.175}$$

把它用于德拜长度 l/κ, 其中

$$\kappa^2 \equiv \frac{e^2}{\varepsilon\varepsilon_0 kT}\sum_{\{\nu\}} n_\nu \nu^2(\text{mks 单位制}) \quad \text{或} \quad \kappa^2 \equiv \frac{4\pi e^2}{\varepsilon kT}\sum_{\{\nu\}} n_\nu \nu^2(\text{cgs 单位制}). \tag{L3.176}$$

这里 n_ν 是在势 $\phi = 0$ 的对照溶液中 ν 价离子的数密度. 求和形式 $\sum\limits_{\{\nu\}}$ 意味着计入所有 ν 价的流动离子, 而特定的求和 $\sum\limits_{\{\nu\}} n_\nu \nu^2$ 则正比于浸浴溶液的离子强度.

用电势表达的静电双层 "波动" 方程为

$$\nabla^2\phi = \kappa^2\phi. \tag{L3.177}$$

和平面半空间之间的栗弗席兹相互作用的 L|m|R 几何构形中一样, 电势 ϕ 的涨落形式为: 在和表面平行的 x, y 方向上波动, 指数因子 $f(z)$ 随着与平面的距离增大而衰减.[30] 其一般形式和推导栗弗席兹结果时所用到的类似. 对于每个径向波矢 $\boldsymbol{i}u + \boldsymbol{j}v$, 电势 $\phi(x, y, z)$ 的形式为 [315]

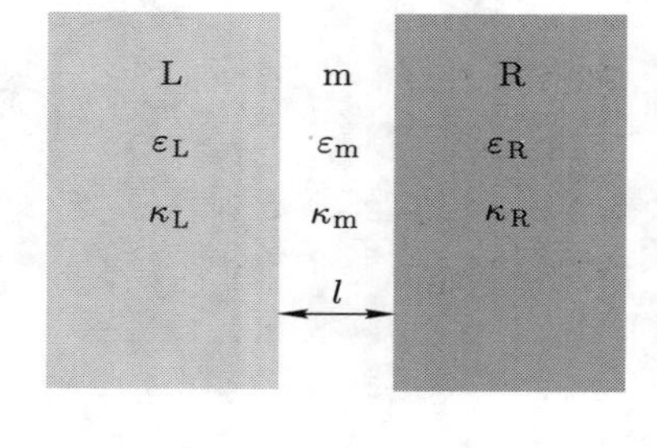

图 L3.22

$$\phi(x,y,z)=f(z)\mathrm{e}^{\mathrm{i}(ux+vy)}, \tag{L3.178}$$

其中

$$f_\mathrm{i}(z)=A_\mathrm{i}\mathrm{e}^{\beta_\mathrm{i}z}+B_\mathrm{i}\mathrm{e}^{-\beta_\mathrm{i}z}, \tag{L3.179}$$

在各区域 $\mathrm{i}=\mathrm{L},\mathrm{m}$, 或 R 中,

$$\beta_\mathrm{i}^2=(u^2+v^2)+\kappa_\mathrm{i}^2=\rho^2+\kappa_\mathrm{i}^2 \tag{L3.180}$$

(见图 L3.22).

取虚频率 $\omega=\mathrm{i}\xi$ 时, 有限频率力所用到的 $\rho_\mathrm{i}^2=\rho^2-[(\varepsilon_\mathrm{i}\mu_\mathrm{i}\omega^2)/c^2]$ 变为 $\rho_\mathrm{i}^2=\rho^2+[(\varepsilon_\mathrm{i}\mu_\mathrm{i}\xi^2)/c^2]$, 与形式 $\beta_\mathrm{i}^2=\rho^2+\kappa_\mathrm{i}^2$ 进行比较. 有一点已经很清楚了: 至少有部分离子涨落作用在形式上类似于有限频率涨落的推迟屏蔽的效果.

把解 $f(z)=A\mathrm{e}^{\beta z}+B\mathrm{e}^{-\beta z}$ 局限于那些受到边界表面位置影响的电场涨落, 则对于区域 R 我们必然得到 $A=0$, 而对于区域 L 得到 $B=0$. 当界面上没有外加电荷时, 两边的电势 ϕ 必然相等,

$$A_\mathrm{L}=A_\mathrm{m}+B_\mathrm{m},\quad B_\mathrm{R}\mathrm{e}^{-\beta_\mathrm{R}l}=A_\mathrm{m}\mathrm{e}^{\beta_\mathrm{m}l}+B_\mathrm{m}\mathrm{e}^{-\beta_\mathrm{m}l}; \tag{L3.181}$$

而电位移矢量 $\varepsilon\boldsymbol{E}_z=-\varepsilon\partial\phi/\partial z$ 也必然相等,

$$\begin{aligned}&\varepsilon_\mathrm{L}A_\mathrm{L}\beta_\mathrm{L}=\varepsilon_\mathrm{m}A_\mathrm{m}\beta_\mathrm{m}-\varepsilon_\mathrm{m}B_\mathrm{m}\beta_\mathrm{m},\\&-\varepsilon_\mathrm{R}B_\mathrm{R}\beta_\mathrm{R}\mathrm{e}^{-\beta_\mathrm{R}l}=\varepsilon_\mathrm{m}A_\mathrm{m}\beta_\mathrm{m}\mathrm{e}^{\beta_\mathrm{m}l}-\varepsilon_\mathrm{m}B_\mathrm{m}\beta_\mathrm{m}e^{-\beta_\mathrm{m}l}.\end{aligned} \tag{L3.182}$$

这个关于 ε、β 以及 l 的条件可以导致一个色散关系, 其与非离子性栗弗席兹问题的形式式 (L3.22) 相同[31]:

$$D_\mathrm{ionic}(\varepsilon_\mathrm{L},\varepsilon_\mathrm{m},\varepsilon_\mathrm{R},\kappa_\mathrm{L},\kappa_\mathrm{m},\kappa_\mathrm{R},l)\equiv1-\overline{\Delta}_\mathrm{Lm}\overline{\Delta}_\mathrm{Rm}\mathrm{e}^{-2\beta_\mathrm{m}l}=0, \tag{L3.183}$$

其中

$$\overline{\Delta}_\mathrm{Lm}\equiv\left(\frac{\beta_\mathrm{L}\varepsilon_\mathrm{L}-\beta_\mathrm{m}\varepsilon_\mathrm{m}}{\beta_\mathrm{L}\varepsilon_\mathrm{L}+\beta_\mathrm{m}\varepsilon_\mathrm{m}}\right),\quad\overline{\Delta}_\mathrm{Rm}\equiv\left(\frac{\beta_\mathrm{R}\varepsilon_\mathrm{R}-\beta_\mathrm{m}\varepsilon_\mathrm{m}}{\beta_\mathrm{R}\varepsilon_\mathrm{R}+\beta_\mathrm{m}\varepsilon_\mathrm{m}}\right). \tag{L3.184}$$

和在原始的栗弗席兹情形中一样 [式 (L3.27) 和 (L3.49)], 我们对横向波矢 $\boldsymbol{i}u+\boldsymbol{j}v$ 的各个模式求和, 其中 u 和 v 组合成大小为 ρ 的波矢

$$\rho^2\equiv(u^2+v^2), \tag{L3.185}$$

因此

$$\beta_\mathrm{m}^2=\rho^2+\kappa_\mathrm{m}^2;$$

$$\beta_{\mathrm{L}}^2=\rho^2+\kappa_{\mathrm{L}}^2=\beta_{\mathrm{m}}^2-(\kappa_{\mathrm{m}}^2-\kappa_{\mathrm{L}}^2);$$
$$\beta_{\mathrm{R}}^2=\rho^2+\kappa_{\mathrm{R}}^2=\beta_{\mathrm{m}}^2-(\kappa_{\mathrm{m}}^2-\kappa_{\mathrm{R}}^2). \tag{L3.186}$$

与栗弗席兹情形不同, 因为只有零频率的离子电荷涨落是重要的, 所以不存在对有限频率的求和. 通过对波矢大小 ρ 的积分可以得到自由能 $G_{\mathrm{LmR}}(l)$ [式 (L3.31)]: [316]

$$G_{\mathrm{LmR}}(l)=\frac{l}{(2\pi)^2}\int_0^{\infty}2\pi\rho[G_l(\rho)-G_{\infty}(\rho)]\mathrm{d}\rho, \tag{L3.187}$$
$$G_l(\rho)=(kT/2)\ln D_{\mathrm{ionic}}, \tag{L3.188}$$

所以

$$G_{\mathrm{LmR}}(l)=\frac{kT}{4\pi}\int_0^{\infty}\rho[\ln(D_{\mathrm{ionic}})]\mathrm{d}\rho. \tag{L3.189}$$

相互作用自由能可以写成通过不同积分变量表示的等价形式:

1. 满足 $\beta_{\mathrm{m}}^2=\rho^2+\kappa_{\mathrm{m}}^2, \beta_{\mathrm{m}}\mathrm{d}\beta_{\mathrm{m}}=\rho\mathrm{d}\rho, \kappa_{\mathrm{m}}\leqslant\beta_{\mathrm{m}}<\infty$ 的变量 β_{m}:

$$G_{\mathrm{LmR}}(l)=\frac{kT}{4\pi}\int_{\kappa_{\mathrm{m}}}^{\infty}\beta_{\mathrm{m}}\ln(1-\overline{\Delta}_{\mathrm{Lm}}\overline{\Delta}_{\mathrm{Rm}}\mathrm{e}^{-2\beta_{\mathrm{m}}l})\mathrm{d}\beta_{\mathrm{m}}, \tag{L3.190}$$

$$\overline{\Delta}_{\mathrm{Lm}}\equiv\left(\frac{\beta_{\mathrm{L}}\varepsilon_{\mathrm{L}}-\beta_{\mathrm{m}}\varepsilon_{\mathrm{m}}}{\beta_{\mathrm{L}}\varepsilon_{\mathrm{L}}+\beta_{\mathrm{m}}\varepsilon_{\mathrm{m}}}\right),\quad \overline{\Delta}_{\mathrm{Rm}}\equiv\left(\frac{\beta_{\mathrm{R}}\varepsilon_{\mathrm{R}}-\beta_{\mathrm{m}}\varepsilon_{\mathrm{m}}}{\beta_{\mathrm{R}}\varepsilon_{\mathrm{R}}+\beta_{\mathrm{m}}\varepsilon_{\mathrm{m}}}\right). \tag{L3.191}$$

ε 乘以 β 可以产生一个包含离子位移的有效介电响应. 零频率涨落的双层屏蔽是通过指数 $\mathrm{e}^{-2\beta_{\mathrm{m}}l}$ 实现的. 其与推迟屏蔽在形式上是相似的, 这点在此处以及后面类似的因子中都表现得很清楚.

2. 满足 $\beta_{\mathrm{m}}=p\kappa_{\mathrm{m}}, 1\leqslant p<\infty$ 的变量 p:

$$G_{\mathrm{LmR}}(l)=\frac{kT\kappa_{\mathrm{m}}^2}{4\pi}\int_1^{\infty}p\ln(1-\overline{\Delta}_{\mathrm{Lm}}\overline{\Delta}_{\mathrm{Rm}}\mathrm{e}^{-2\kappa_{\mathrm{m}}lp})\mathrm{d}p, \tag{L3.192}$$

$$\overline{\Delta}_{\mathrm{Lm}}\equiv\left(\frac{s_{\mathrm{L}}\varepsilon_{\mathrm{L}}-p\varepsilon_{\mathrm{m}}}{s_{\mathrm{L}}\varepsilon_{\mathrm{L}}+p\varepsilon_{\mathrm{m}}}\right),\quad s_{\mathrm{L}}=\sqrt{p^2-1+\kappa_{\mathrm{L}}^2/\kappa_{\mathrm{m}}^2}, \tag{L3.193}$$

$$\overline{\Delta}_{\mathrm{Rm}}\equiv\left(\frac{s_{\mathrm{R}}\varepsilon_{\mathrm{R}}-p\varepsilon_{\mathrm{m}}}{s_{\mathrm{R}}\varepsilon_{\mathrm{R}}+p\varepsilon_{\mathrm{m}}}\right),\quad s_{\mathrm{R}}=\sqrt{p^2-1+\kappa_{\mathrm{R}}^2/\kappa_{\mathrm{m}}^2} \tag{L3.194}$$

($s_{\mathrm{L}}, p, s_{\mathrm{R}}$ 乘以 $\varepsilon_{\mathrm{L}}, \varepsilon_{\mathrm{m}}, \varepsilon_{\mathrm{R}}$, 与偶极涨落公式 [式 (L3.57)] 不同).

3. 满足 $x=2\beta_{\mathrm{m}}l, 2\kappa_{\mathrm{m}}l\leqslant x<\infty$ 的变量 x:

$$G_{\mathrm{LmR}}(l)=\frac{kT}{16\pi l^2}\int_{2\kappa_{\mathrm{m}}l}^{\infty}x[\ln(1-\overline{\Delta}_{\mathrm{Lm}}\overline{\Delta}_{\mathrm{Rm}}\mathrm{e}^{-x})]\mathrm{d}x, \tag{L3.195}$$

$$\overline{\Delta}_{\mathrm{Lm}}\equiv\left(\frac{x_{\mathrm{L}}\varepsilon_{\mathrm{L}}-x\varepsilon_{\mathrm{m}}}{x_{\mathrm{L}}\varepsilon_{\mathrm{L}}+x\varepsilon_{\mathrm{m}}}\right),\quad x_{\mathrm{L}}=2\rho_{\mathrm{L}}l=\sqrt{x^2+(\kappa_{\mathrm{L}}^2-\kappa_{\mathrm{m}}^2)(2l)^2}, \tag{L3.196}$$

$$\overline{\Delta}_{\mathrm{Rm}}\equiv\left(\frac{x_{\mathrm{R}}\varepsilon_{\mathrm{R}}-x\varepsilon_{\mathrm{m}}}{x_{\mathrm{R}}\varepsilon_{\mathrm{R}}+x\varepsilon_{\mathrm{m}}}\right),\quad x_{\mathrm{R}}=2\rho_{\mathrm{R}}l=\sqrt{x^2+(\kappa_{\mathrm{R}}^2-\kappa_{\mathrm{m}}^2)(2l)^2}. \tag{L3.197}$$

($x_{\rm L}, x, x_{\rm R}$ 乘以 $\varepsilon_{\rm L}, \varepsilon_{\rm m}, \varepsilon_{\rm R}$, 与偶极涨落公式 [式 (L3.54)] 不同).

我们可以在这些等价的形式中进行选择, 就看哪一个方便了. 如果各 ε 是在零频率处取值, 并且把离子电导项排除在外, 则自由能可以通过数值积分方便地算出来. 当函数 $\overline{\Delta}_{\rm Lm}, \overline{\Delta}_{\rm Rm}$ 简化为特殊情形, 就会出现一些有意思的性质, 比如在下面的例子中: [317]

1. 把 L, m, 和 R 浸没在离子强度均匀的盐水中, 故 $\kappa_{\rm L} = \kappa_{\rm m} = \kappa_{\rm R} = \kappa$. 于是 $\beta_{\rm L} = \beta_{\rm m} = \beta_{\rm R} = \beta$, 以及

$$\overline{\Delta}_{\rm Lm} \equiv \left(\frac{\varepsilon_{\rm L} - \varepsilon_{\rm m}}{\varepsilon_{\rm L} + \varepsilon_{\rm m}}\right), \quad \overline{\Delta}_{\rm Rm} \equiv \left(\frac{\varepsilon_{\rm R} - \varepsilon_{\rm m}}{\varepsilon_{\rm R} + \varepsilon_{\rm m}}\right). \tag{L3.198}$$

对于 $2\kappa l \gg 1$,[32]

$$\begin{aligned} G_{\rm LmR}(l) &= \frac{kT}{4\pi}\int_{\kappa}^{\infty} \beta \ln(1 - \overline{\Delta}_{\rm Lm}\overline{\Delta}_{\rm Rm}{\rm e}^{-2\beta l}){\rm d}\beta \\ &\approx -\frac{kT}{16\pi l^2}\overline{\Delta}_{\rm Lm}\overline{\Delta}_{\rm Rm}(1 + 2\kappa l){\rm e}^{-2\kappa l}. \end{aligned} \tag{L3.199}$$

其中离子屏蔽因子 $(1 + 2\kappa l){\rm e}^{-2\kappa l} \leqslant 1$.

2. 设介质 m 是盐溶液, $\kappa_{\rm m} = \kappa$, 并设 L 和 R 为纯的介电体,[33] 故 $\kappa_{\rm L} = \kappa_{\rm R} = 0$, 其中 $\varepsilon_{\rm m} \gg \varepsilon_{\rm L}, \varepsilon_{\rm R}$.

于是 $\beta_{\rm m}^2 = \rho^2 + \kappa^2, \beta_{\rm L}^2 = \beta_{\rm R}^2 = \rho^2 = \beta_{\rm m}^2 - \kappa^2$, 以及

$$\begin{aligned} \overline{\Delta}_{\rm Lm} &= \left(\frac{\varepsilon_{\rm L}\rho - \varepsilon_{\rm m}\sqrt{\rho^2 + \kappa^2}}{\varepsilon_{\rm L}\rho + \varepsilon_{\rm m}\sqrt{\rho^2 + \kappa^2}}\right), \\ \overline{\Delta}_{\rm Rm} &= \left(\frac{\varepsilon_{\rm R}\rho - \varepsilon_{\rm m}\sqrt{\rho^2 + \kappa^2}}{\varepsilon_{\rm R}\rho + \varepsilon_{\rm m}\sqrt{\rho^2 + \kappa^2}}\right), \quad \overline{\Delta}_{\rm Lm}\overline{\Delta}_{\rm Rm} \approx 1, \end{aligned} \tag{L3.200}$$

$$\begin{aligned} G_{\rm LmR}(l) &= \frac{kT}{4\pi}\int_{\kappa}^{\infty} \beta_{\rm m} \ln(1 - \overline{\Delta}_{\rm Lm}\overline{\Delta}_{\rm Rm}{\rm e}^{-2\beta_{\rm m} l}){\rm d}\beta_{\rm m} \\ &\approx -\frac{kT}{16\pi l^2}(1 + 2\kappa l){\rm e}^{-2\kappa l}. \end{aligned} \tag{L3.201}$$

除了屏蔽因子 $(1 + 2\kappa l){\rm e}^{-2\kappa l}$ 之外, 离子涨落还会导致更大的 $\overline{\Delta}_{\rm Lm}\overline{\Delta}_{\rm Rm}$.

3. 反过来, 设 L 和 R 是盐溶液, $\kappa_{\rm L} = \kappa_{\rm R} = \kappa$, 并设介质 m 为纯的介电体, $\kappa_{\rm m} = 0$. 仍然有 $\overline{\Delta}_{\rm Lm}\overline{\Delta}_{\rm Rm} \approx 1$, 故[34]

$$\begin{aligned} G_{\rm LmR}(l) &= \frac{kT}{4\pi}\int_{0}^{\infty} \beta_{\rm m} \ln(1 - \overline{\Delta}_{\rm Lm}\overline{\Delta}_{\rm Rm}{\rm e}^{-2\beta_{\rm m} l}){\rm d}\beta_{\rm m} \\ &\approx -\frac{kT}{16\pi l^2}\sum_{j=1}^{\infty}\frac{1}{j^3} \approx -\frac{1.202kT}{16\pi l^2}. \end{aligned} \tag{L3.202}$$

由于 L 和 R 为离子溶液, 故电荷涨落有一个最大系数, 但横跨间距 l 的相关涨落之间不存在额外的双层屏蔽.

L3.7 各向异性介质

[318]

两个各向异性物体之间通过另一个各向异性介质所发生的关联电荷涨落会导致吸引或排斥, 也会产生力矩. 这里对于半无限大介质所推导出的公式, 同样可用来表示各向异性的小粒子之间或者棒状长分子之间的力矩和力. (例如, 表 C.4 和 L2.3.G. 部分).

在此情形中, 介电电容率 ε 是一个矩阵, 而非标量. 当每种材料的主轴相互垂直时, 此张量可以写成

$$\varepsilon^{\mathrm{i}} \equiv \begin{bmatrix} \varepsilon_x^{\mathrm{i}} & 0 & 0 \\ 0 & \varepsilon_y^{\mathrm{i}} & 0 \\ 0 & 0 & \varepsilon_z^{\mathrm{i}} \end{bmatrix}, \tag{L3.203}$$

其中 $\mathrm{i} = \mathrm{L}, \mathrm{m}$, 或 R. 为了清楚起见, 我们仅限于讨论所有材料的 z 轴都垂直于界面的情形. (如果要摆脱这种直线情形的限制, 在几何上是很繁琐的, 但原则上是没问题的.) 通常, 每个分量 $\varepsilon_x^{\mathrm{i}}, \varepsilon_y^{\mathrm{i}}$ 和 $\varepsilon_z^{\mathrm{i}}$ 都与频率有关 (见图 L3.23). 现在的讨论中不包含磁化率, 但可以很容易地把它们加进来.

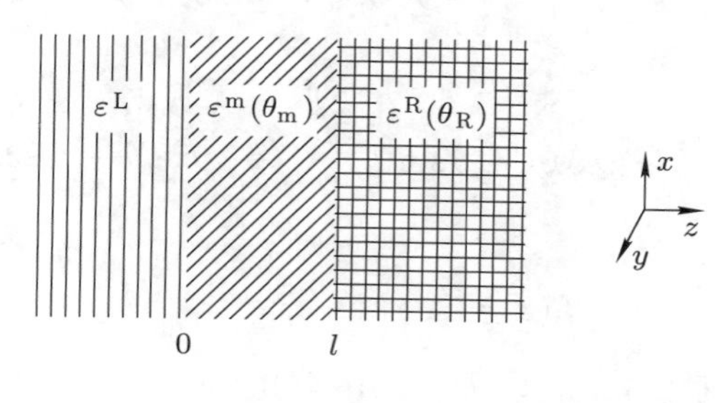

图 L3.23

这些材料可以围绕着垂直于界面的 z 轴进行相对转动. 假设当各材料的主轴取 x, y 和 z 方向时, 其相对指向即为零转动的角度. 于是, 材料 m 和 R 相对于 θ_{L} (保持 $\theta_{\mathrm{L}} = 0$) 转动角度 θ_{m} 和 θ_{R} 的效果可以用介电张量 $\varepsilon^{\mathrm{m}}(\theta_{\mathrm{m}})$ 和 $\varepsilon^{\mathrm{R}}(\theta_{\mathrm{R}})$ 表示出来, 其中 $\mathrm{i} = \mathrm{m}$ 或 R:

$$\varepsilon^{\mathrm{i}}(\theta_{\mathrm{i}}) = \begin{bmatrix} \varepsilon_x^{\mathrm{i}} + (\varepsilon_y^{\mathrm{i}} - \varepsilon_x^{\mathrm{i}})\sin^2(\theta_{\mathrm{i}}) & (\varepsilon_x^{\mathrm{i}} - \varepsilon_y^{\mathrm{i}})\sin(\theta_{\mathrm{i}})\cos(\theta_{\mathrm{i}}) & 0 \\ (\varepsilon_x^{\mathrm{i}} - \varepsilon_y^{\mathrm{i}})\sin(\theta_{\mathrm{i}})\cos(\theta_{\mathrm{i}}) & \varepsilon_y^{\mathrm{i}} + (\varepsilon_x^{\mathrm{i}} - \varepsilon_y^{\mathrm{i}})\sin^2(\theta_{\mathrm{i}}) & 0 \\ 0 & 0 & \varepsilon_z^{\mathrm{i}} \end{bmatrix} \tag{L3.204}$$

与栗弗席兹结果的推导一样, 需要给出与界面位置有关的那些电磁模式的描述. 在 (忽略光速为有限的) 非推迟情形, 相关的麦克斯韦方程组可以写

成

$$\nabla \cdot (\varepsilon \boldsymbol{E}) = 0, \quad \nabla \times \boldsymbol{E} = 0. \tag{L3.205}$$

[319] 由上述第二个方程, 可以引入满足 $\boldsymbol{E} = -\nabla\phi$ 的标势 ϕ. 这样就可以把第一个方程变换为

$$\nabla \cdot (\varepsilon \nabla \phi) = 0 \tag{L3.206}$$

其解必须满足的条件为: E_x, E_y 和 $(\varepsilon E)_z$ 在各边界上是连续的.

在每个材料中, 势函数 $\phi_{\mathrm{i}}(x, y, z)$ 具有式 (L3.178) 的形式:

$$\phi_{\mathrm{i}} = f_{\mathrm{i}}(z)\mathrm{e}^{\mathrm{i}(ux+vy)}, \quad \mathrm{i} = \mathrm{L, m,}\ 或\ \mathrm{R}, \tag{L3.207}$$

由此可以导出关于 $f_{\mathrm{i}}(z)$ 的方程,

$$\varepsilon_z^{\mathrm{i}} f_{\mathrm{i}}''(z) - (\varepsilon_{11}^{\mathrm{i}} u^2 + 2\varepsilon_{12}^{\mathrm{i}} uv + \varepsilon_{22}^{\mathrm{i}} v^2) f_{\mathrm{i}}(z) = 0, \tag{L3.208}$$

其中 $\varepsilon_{pq}^{\mathrm{i}}$ 为式 (L3.204) 中给出的旋转矩阵的 pq 元素 (行/列).

此微分方程可以写成更简洁的形式:

$$f_{\mathrm{i}}''(z) - \beta_{\mathrm{i}}^2(\theta_{\mathrm{i}}) f_{\mathrm{i}}(z) = 0, \tag{L3.209}$$

其中

$$\beta_{\mathrm{i}}^2(\theta_{\mathrm{i}}) = \frac{\varepsilon_x^{\mathrm{i}}}{\varepsilon_z^{\mathrm{i}}}(u\cos\theta_{\mathrm{i}} + v\sin\theta_{\mathrm{i}})^2 + \frac{\varepsilon_y^{\mathrm{i}}}{\varepsilon_z^{\mathrm{i}}}(v\cos\theta_{\mathrm{i}} - u\sin\theta_{\mathrm{i}})^2,$$

因此

$$f_{\mathrm{i}}(z) = A_{\mathrm{i}}\mathrm{e}^{\beta_{\mathrm{i}} z} + B_{\mathrm{i}}\mathrm{e}^{-\beta_{\mathrm{i}} z}. \tag{L3.210}$$

由于我们仅关注表面模式, 故设 $B_{\mathrm{L}} = A_{\mathrm{R}} = 0$.

在 $z = 0$ 和 l 处的边界条件变为

$$\begin{gathered} f_{\mathrm{L}}(0) = f_{\mathrm{m}}(0), \\ \varepsilon_z^{\mathrm{L}} f_{\mathrm{L}}'(0) = \varepsilon_z^{\mathrm{m}} f_{\mathrm{m}}'(0), \\ f_{\mathrm{m}}(l) = f_{\mathrm{R}}(l), \\ \varepsilon_z^{\mathrm{m}} f_{\mathrm{m}}'(l) = \varepsilon_z^{\mathrm{R}} f_{\mathrm{R}}'(l). \end{gathered} \tag{L3.211}$$

解出其余的 $A_{\mathrm{i}}, B_{\mathrm{i}}$ 需要用到色散关系:

$$D(\xi_n, l, \theta_{\mathrm{m}}, \theta_{\mathrm{R}}) = 1 - \left[\frac{\varepsilon_z^{\mathrm{L}}\beta_{\mathrm{L}} - \varepsilon_z^{\mathrm{m}}\beta_{\mathrm{m}}(\theta_{\mathrm{m}})}{\varepsilon_z^{\mathrm{L}}\beta_{\mathrm{L}} + \varepsilon_z^{\mathrm{m}}\beta_{\mathrm{m}}(\theta_{\mathrm{m}})}\right]\left[\frac{\varepsilon_z^{\mathrm{R}}\beta_{\mathrm{R}}(\theta_{\mathrm{R}}) - \varepsilon_z^{\mathrm{m}}\beta_{\mathrm{m}}(\theta_{\mathrm{m}})}{\varepsilon_z^{\mathrm{R}}\beta_{\mathrm{R}}(\theta_{\mathrm{R}}) + \varepsilon_z^{\mathrm{m}}\beta_{\mathrm{m}}(\theta_{\mathrm{m}})}\right]\mathrm{e}^{-2\beta_{\mathrm{m}}(\theta_{\mathrm{m}})l} = 0. \tag{L3.212}$$

[320] 容易看出, 关于各向异性介质的这些关系式可以立刻简化为关于各向同

性介质的非推迟栗弗席兹结果 [见式 (L2.8)], 其中 $\varepsilon_x^{\mathrm{i}}=\varepsilon_y^{\mathrm{i}}=\varepsilon_z^{\mathrm{i}}=\varepsilon_{\mathrm{i}},\beta_{\mathrm{i}}^2(\theta)=u^2+v^2$. 和各向同性介质的情形一样, 相互作用自由能的形式为

$$G(l,\theta_{\mathrm{m}},\theta_{\mathrm{R}})=\frac{kT}{4\pi^2}\sum_{n=0}^{\infty}{}'\int_{-\infty}^{\infty}\int_{-\infty}^{\infty}\mathrm{d}u\mathrm{d}v\ln[1-\overline{\Delta}_{\mathrm{Lm}}(\xi_n,u,v,\theta_{\mathrm{m}})\overline{\Delta}_{\mathrm{Rm}}\times(\xi_n,u,v,\theta_{\mathrm{m}},\theta_{\mathrm{R}})\mathrm{e}^{-2\beta_{\mathrm{m}}(\theta_{\mathrm{m}})l}],\tag{L3.213}$$

$$\overline{\Delta}_{\mathrm{Lm}}(\xi_n,u,v,\theta_{\mathrm{m}})=\left[\frac{\varepsilon_z^{\mathrm{L}}\beta_{\mathrm{L}}-\varepsilon_z^{\mathrm{m}}\beta_{\mathrm{m}}(\theta_{\mathrm{m}})}{\varepsilon_z^{\mathrm{L}}\beta_{\mathrm{L}}+\varepsilon_z^{\mathrm{m}}\beta_{\mathrm{m}}(\theta_{\mathrm{m}})}\right],\tag{L3.214}$$

$$\overline{\Delta}_{\mathrm{Rm}}(\xi_n,u,v,\theta_{\mathrm{m}},\theta_{\mathrm{R}})=\left[\frac{\varepsilon_z^{\mathrm{R}}\beta_{\mathrm{R}}(\theta_{\mathrm{R}})-\varepsilon_z^{\mathrm{m}}\beta_{\mathrm{m}}(\theta_{\mathrm{m}})}{\varepsilon_z^{\mathrm{R}}\beta_{\mathrm{R}}(\theta_{\mathrm{R}})+\varepsilon_z^{\mathrm{m}}\beta_{\mathrm{m}}(\theta_{\mathrm{m}})}\right].\tag{L3.215}$$

在这些表达式中, 色散关系对于 x 和 y 方向的径向波矢 u 和 v 的依赖, 可以通过各 β 值包括进来.

定义 $u=\rho\cos\psi$ 和 $v=\rho\sin\psi$, 则关于 u 和 v 的双重积分可以变换为对极坐标 ρ 和 ψ 的积分. 于是,

$$\beta_{\mathrm{i}}^2(\theta_{\mathrm{i}})=\frac{\varepsilon_x^{\mathrm{i}}}{\varepsilon_z^{\mathrm{i}}}(u\cos\theta_{\mathrm{i}}+v\sin\theta_{\mathrm{i}})^2+\frac{\varepsilon_y^{\mathrm{i}}}{\varepsilon_z^{\mathrm{i}}}(v\cos\theta_{\mathrm{i}}-u\sin\theta_{\mathrm{i}})^2=\rho^2g_{\mathrm{i}}^2(\theta_{\mathrm{i}}-\psi),\tag{L3.216}$$

这里,

$$g_{\mathrm{i}}^2(\theta_{\mathrm{i}}-\psi)\equiv\frac{\varepsilon_x^{\mathrm{i}}}{\varepsilon_z^{\mathrm{i}}}+\frac{(\varepsilon_y^{\mathrm{i}}-\varepsilon_x^{\mathrm{i}})}{\varepsilon_z^{\mathrm{i}}}\sin^2(\theta_{\mathrm{i}}-\psi)=\frac{\varepsilon_y^{\mathrm{i}}}{\varepsilon_z^{\mathrm{i}}}+\frac{(\varepsilon_x^{\mathrm{i}}-\varepsilon_y^{\mathrm{i}})}{\varepsilon_z^{\mathrm{i}}}\cos^2(\theta_{\mathrm{i}}-\psi).\tag{L3.217}$$

β 中的 ρ 因子和 $\overline{\Delta}$ 中的相互抵消, 从而给出

$$\overline{\Delta}_{\mathrm{Lm}}(\xi_n,\theta_{\mathrm{m}},\psi)=\left[\frac{\varepsilon_z^{\mathrm{L}}g_{\mathrm{L}}(-\psi)-\varepsilon_z^{\mathrm{m}}g_{\mathrm{m}}(\theta_{\mathrm{m}}-\psi)}{\varepsilon_z^{\mathrm{L}}g_{\mathrm{L}}(-\psi)+\varepsilon_z^{\mathrm{m}}g_{\mathrm{m}}(\theta_{\mathrm{m}}-\psi)}\right],\tag{L3.218}$$

$$\overline{\Delta}_{\mathrm{Rm}}(\xi_n,\theta_{\mathrm{m}},\theta_{\mathrm{R}},\psi)=\left[\frac{\varepsilon_z^{\mathrm{R}}g_{\mathrm{R}}(\theta_{\mathrm{R}}-\psi)-\varepsilon_z^{\mathrm{m}}g_{\mathrm{m}}(\theta_{\mathrm{m}}-\psi)}{\varepsilon_z^{\mathrm{R}}g_{\mathrm{R}}(\theta_{\mathrm{R}}-\psi)+\varepsilon_z^{\mathrm{m}}g_{\mathrm{m}}(\theta_{\mathrm{m}}-\psi)}\right]\tag{L3.219}$$

故可以写成

$$G(l,\theta_{\mathrm{m}},\theta_{\mathrm{R}})=\frac{kT}{4\pi^2}\sum_{n=0}^{\infty}{}'\int_0^{2\pi}\mathrm{d}\psi\int_0^{\infty}\rho\mathrm{d}\rho\ln[1-\overline{\Delta}_{\mathrm{Lm}}(\xi_n,\theta_{\mathrm{m}},\psi)\times\overline{\Delta}_{\mathrm{Rm}}(\xi_n,\theta_{\mathrm{m}},\theta_{\mathrm{R}},\psi)\mathrm{e}^{-2\rho g_{\mathrm{m}}(\theta_{\mathrm{m}}-\psi)l}].\tag{L3.220}$$

把积分变量转换为 $x\equiv2\rho g_{\mathrm{m}}(\theta_{\mathrm{m}}-\psi)l$, 我们得到

$$G(l,\theta_{\mathrm{m}},\theta_{\mathrm{R}})=\frac{kT}{16\pi^2l^2}\sum_{n=0}^{\infty}{}'\int_0^{2\pi}\frac{\mathrm{d}\psi}{g_{\mathrm{m}}^2(\theta_{\mathrm{m}}-\psi)}\int_0^{\infty}x\mathrm{d}x\ln[1-\overline{\Delta}_{\mathrm{Lm}}(\xi_n,\theta_{\mathrm{m}},\psi)\times\overline{\Delta}_{\mathrm{Rm}}(\xi_n,\theta_{\mathrm{m}},\theta_{\mathrm{R}},\psi)\mathrm{e}^{-x}].\tag{L3.221}$$

[321] 把 $G(l,\theta_{\mathrm{m}},\theta_{\mathrm{R}})$ 展开为 $\overline{\Delta}_{\mathrm{Lm}}\overline{\Delta}_{\mathrm{Rm}}\leqslant 1$ 的幂级数, 就可以明确地写出对 x 的积分:

$$G(l,\theta_{\mathrm{m}},\theta_{\mathrm{R}})=-\frac{kT}{16\pi^2 l^2}{\sum_{n=0}^{\infty}}'\sum_{j=1}^{\infty}\frac{1}{j^3}\int_0^{2\pi}\frac{[\overline{\Delta}_{\mathrm{Lm}}(\xi_n,\theta_{\mathrm{m}},\psi)\overline{\Delta}_{\mathrm{Rm}}(\xi_n,\theta_{\mathrm{m}},\theta_{\mathrm{R}},\psi)]^j\mathrm{d}\psi}{g_{\mathrm{m}}^2(\theta_{\mathrm{m}}-\psi)}. \tag{L3.222}$$

此自由能约简为关于各向同性材料的熟悉形式 (式 [L2.8] 和 [P.1.a.3]).

含离子的各向异性介质 (忽略各磁性项)

从泊松方程着手, 但是把 ε 矩阵放在散度算符内, 即 $\nabla\cdot(\varepsilon\nabla\phi)=-4\pi\rho_{\mathrm{ext}}$ (见图 L3.24). 和德拜 – 休克尔理论中一样, 给定点处的净电荷密度 ρ_{ext} 与电势大小有关. 如同以前的关系式 (L3.175), 有

$$\rho_{\mathrm{ext}}=\sum_{\nu=-\infty}^{\nu=\infty}e\nu n_{\nu}^{\mathrm{i}}\mathrm{e}^{-e\nu\varphi/kT}\approx\sum_{\nu=-\infty}^{\nu=\infty}e\nu n_{\nu}^{\mathrm{i}}\left(1-\frac{e\nu\varphi}{kT}\right)=-\sum_{\nu=-\infty}^{\nu=\infty}\frac{e^2\nu^2 n_{\nu}^{\mathrm{i}}}{kT}\varphi. \tag{L3.223}$$

这里 n_{ν}^{i} 是溶液的浸浴区域 $\mathrm{i}=\mathrm{L},\mathrm{m}$ 或 R 中的 ν 价离子平均数密度. (根据盐溶液的净中性条件, 对所有流动离子价求和, $\sum\limits_{\nu=-\infty}^{\nu=\infty}\nu n_{\nu}^{\mathrm{i}}=0$.)

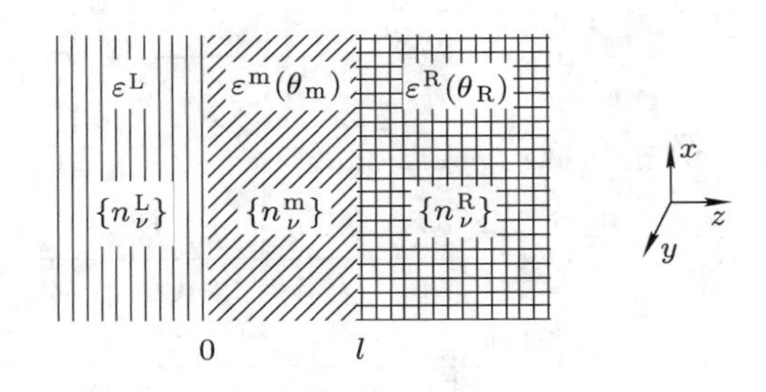

图 L3.24

定义

$$k_{\mathrm{i}}^2\equiv\frac{e^2}{\varepsilon_0 kT}\sum_{\nu=-\infty}^{\nu=\infty}n_{\nu}\nu^2\ (\text{mks (“SI”) 单位制) 或}$$

$$k_{\mathrm{i}}^2\equiv\frac{4\pi e^2}{kT}\sum_{\nu=-\infty}^{\nu=\infty}n_{\nu}\nu^2\ (\text{cgs (“高斯”) 单位制}), \tag{L3.224}$$

则待解的方程变为以下形式

$$\nabla\cdot(\varepsilon\nabla\phi)=\boldsymbol{k}^2\phi. \tag{L3.225}$$

我们注意到, $\boldsymbol{k}^2$ 与德拜常量 κ^2 相差一个因子 ε. 由于介电电容率不是一个简单的标量, 所以不能把它移到方程左边而写为 $\nabla\cdot(\varepsilon\nabla\phi)$ 的分母. 除了这个差别之外, 其它都可以和各向同性介质中的离子涨落一样处理.

在各个区域中, 把电势进行傅里叶分解, 表示为 x 和 y 方向上的周期性函数

$$\phi_{\rm i}(x,y,z)=f_{\rm i}(z){\rm e}^{{\rm i}(ux+vy)},\quad {\rm i}={\rm L,m,R}. \tag{L3.226}$$

关于其在垂直于界面的 z 方向上的变化, 微分方程为 [322]

$$\varepsilon_z^{\rm i}f_{\rm i}''(z)-(\varepsilon_{11}^{\rm i}u^2+2\varepsilon_{12}^{\rm i}uv+\varepsilon_{22}^{\rm i}v^2)f_{\rm i}(z)=k_{\rm i}^2f_{\rm i}(z) \tag{L3.227}$$

或

$$\varepsilon_z^{\rm i}f_{\rm i}''(z)-\beta_{\rm i}^2(\theta_{\rm i})f_{\rm i}(z)=0, \tag{L3.228}$$

其中

$$\beta_{\rm i}^2(\theta_{\rm i})=\frac{\varepsilon_x^{\rm i}}{\varepsilon_z^{\rm i}}(u\cos\theta_{\rm i}+v\sin\theta_{\rm i})^2+\frac{\varepsilon_y^{\rm i}}{\varepsilon_z^{\rm i}}(v\cos\theta_{\rm i}-u\sin\theta_{\rm i})^2+\frac{k_{\rm i}^2}{\varepsilon_z^{\rm i}}, \tag{L3.229}$$

故可以表示为

$$f_{\rm i}(z)=A_{\rm i}{\rm e}^{\beta_{\rm i}z}+B_{\rm i}{\rm e}^{-\beta_{\rm i}z}. \tag{L3.230}$$

现在, $\beta_{\rm i}^2(\theta_{\rm i})$ 中出现了一个额外项,

$$\kappa_{\rm i}^2\equiv\frac{k_{\rm i}^2}{\varepsilon_z^{\rm i}} \tag{L3.231}$$

即

$$\beta_{\rm i}^2(\theta_{\rm i})=\frac{\varepsilon_x^{\rm i}}{\varepsilon_z^{\rm i}}(u\cos\theta_{\rm i}+v\sin\theta_{\rm i})^2+\frac{\varepsilon_y^{\rm i}}{\varepsilon_z^{\rm i}}(v\cos\theta_{\rm i}-u\sin\theta_{\rm i})^2+\kappa_{\rm i}^2, \tag{L3.232}$$

这里 $\kappa_{\rm i}^2$ 是由 ${\rm i}={\rm L,m}$ 或 R 区域中各 ν 价离子的平均数密度 $n_\nu^{\rm i}$ 构成的:

$$\kappa_{\rm i}^2\equiv\frac{e^2}{\varepsilon_0\varepsilon_z^{\rm i}kT}\sum_{\nu=-\infty}^{\nu=\infty}\nu^2n_\nu^{\rm i}\ (\text{mks 单位制})\quad \kappa_{\rm i}^2\equiv\frac{4\pi e^2}{\varepsilon_z^{\rm i}kT}\sum_{\nu=-\infty}^{\nu=\infty}\nu^2n_\nu^{\rm i}\ (\text{cgs 单位制}). \tag{L3.233}$$

取 $u=\rho\cos\psi$ 和 $v=\rho\sin\psi$ 并使其满足

$$\beta_{\rm i}^2(\theta_{\rm i})=\rho^2g_{\rm i}^2(\theta_{\rm i}-\psi)+\kappa_{\rm i}^2, \tag{L3.234}$$

其中

$$g_{\rm i}^2(\theta_{\rm i}-\psi)\equiv\frac{\varepsilon_x^{\rm i}}{\varepsilon_z^{\rm i}}+\frac{(\varepsilon_y^{\rm i}-\varepsilon_x^{\rm i})}{\varepsilon_z^{\rm i}}\sin^2(\theta_{\rm i}-\psi)=\frac{\varepsilon_y^{\rm i}}{\varepsilon_z^{\rm i}}+\frac{(\varepsilon_x^{\rm i}-\varepsilon_y^{\rm i})}{\varepsilon_z^{\rm i}}\cos^2(\theta_{\rm i}-\psi), \tag{L3.235}$$

就像在无离子的情形中一样.

由于各函数 $f_{\rm i}(z)$ 的形式与无离子情形中一样, 所以可设 $B_{\rm L}=A_{\rm R}=0$, 并应用以前的 ($z=0$ 和 l 处的) 边界条件:

$$f_{\rm L}(0)=f_{\rm m}(0),\quad \varepsilon_z^{\rm L}f_{\rm L}'(0)=\varepsilon_z^{\rm m}f_{\rm m}'(0),\quad f_{\rm m}(l)=f_{\rm R}(l),\varepsilon_z^{\rm m}f_{\rm m}'(l)=\varepsilon_z^{\rm R}f_{\rm R}'(l). \tag{L3.236}$$

而 $A_{\rm i},B_{\rm i}$ 的解可以导出一个类似于无离子情形的色散关系, 差别仅在于各 $\beta_{\rm r}^2(\theta_{\rm r})$ 函数中要加上一项 $\kappa_{\rm i}^2$:

$$\begin{aligned}
&D(l,\theta_{\rm m},\theta_{\rm R})\\
&=1-\left[\frac{\varepsilon_z^{\rm L}\beta_{\rm L}-\varepsilon_z^{\rm m}\beta_{\rm m}(\theta_{\rm m})}{\varepsilon_z^{\rm L}\beta_{\rm L}+\varepsilon_z^{\rm m}\beta_{\rm m}(\theta_{\rm m})}\right]\left[\frac{\varepsilon_z^{\rm R}\beta_{\rm R}(\theta_{\rm R})-\varepsilon_z^{\rm m}\beta_{\rm m}(\theta_{\rm m})}{\varepsilon_z^{\rm R}\beta_{\rm R}(\theta_{\rm R})+\varepsilon_z^{\rm m}\beta_{\rm m}(\theta_{\rm m})}\right]{\rm e}^{-2\beta_{\rm m}(\theta_{\rm m})l}\\
&=1-\left[\frac{\varepsilon_z^{\rm L}\beta_{\rm L}-\varepsilon_z^{\rm m}\beta_{\rm m}(\theta_{\rm m})}{\varepsilon_z^{\rm L}\beta_{\rm L}+\varepsilon_z^{\rm m}\beta_{\rm m}(\theta_{\rm m})}\right]\left[\frac{\varepsilon_z^{\rm R}\beta_{\rm R}(\theta_{\rm R})-\varepsilon_z^{\rm m}\beta_{\rm m}(\theta_{\rm m})}{\varepsilon_z^{\rm R}\beta_{\rm R}(\theta_{\rm R})+\varepsilon_z^{\rm m}\beta_{\rm m}(\theta_{\rm m})}\right]{\rm e}^{-2\sqrt{\rho^2g_{\rm m}^2(\theta_{\rm m}-\psi)+\kappa_{\rm m}^2}\,l}\\
&=0.
\end{aligned}\tag{L3.237}$$

[323] 对于离子涨落力而言, 各 ε 值就是零频率极限 ($\xi_n=0$) 的介电常量. 对波矢 u,v 的积分可以变换为对 ρ,ψ 的积分:

$$\begin{aligned}G_{n=0}(l,\theta_{\rm m},\theta_{\rm R})=&\frac{kT}{8\pi^2}\int_0^{2\pi}{\rm d}\psi\int_0^{\infty}\rho{\rm d}\rho\ln[1-\overline{\Delta}_{\rm Lm}(\theta_{\rm m},\psi)\overline{\Delta}_{\rm Rm}(\theta_{\rm m},\theta_{\rm R},\psi)\\
&\times{\rm e}^{-2\sqrt{\rho^2g_{\rm m}^2(\theta_{\rm m}-\psi)+\kappa_{\rm m}^2}\,l}],\end{aligned}\tag{L3.238}$$

$$\begin{aligned}\overline{\Delta}_{\rm Lm}(\theta_{\rm m},\psi)&=\left[\frac{\varepsilon_z^{\rm L}(0)\beta_{\rm L}-\varepsilon_z^{\rm m}(0)\beta_{\rm m}(\theta_{\rm m})}{\varepsilon_z^{\rm L}(0)\beta_{\rm L}+\varepsilon_z^{\rm m}(0)\beta_{\rm m}(\theta_{\rm m})}\right],\\
\overline{\Delta}_{\rm Rm}(\theta_{\rm m},\theta_{\rm R},\psi)&=\left[\frac{\varepsilon_z^{\rm R}(0)\beta_{\rm R}(\theta_{\rm R})-\varepsilon_z^{\rm m}(0)\beta_{\rm m}(\theta_{\rm m})}{\varepsilon_z^{\rm R}(0)\beta_{\rm R}(\theta_{\rm R})+\varepsilon_z^{\rm m}(0)\beta_{\rm m}(\theta_{\rm m})}\right],\end{aligned}\tag{L3.239}$$

在第 2 级对各具体情形的研究, 以及公式列表中, 已经多次出现过这个结果.

问题集

[325]

绪论的问题集

问题 Pr.1: 平均来说, 稀薄气体中的分子间距为多少? 证明: 对于室温时压强为 1-atm 的气体, 平均粒子间距为 ~ 30 Å.

解答: 由理想气体定律, $pV = NkT$. 取大气压 $p = 101.3\,\text{kP} = 101.3\times 10^3\ \text{N/m}^2 = 1.013\times 10^6\ \text{erg/cm}^3$, $N = N_{\text{Avogadro}} = 6.02\times 10^{23}$, $kT = kT_{\text{room}} = 4.04\times 10^{-21}$ J $= 4.04\times 10^{-14}$ erg. 因此, 在这些 "标准" 条件下的 1 mol 体积为 $V = 24\times 10^3\ \text{cm}^3 = 24\times 10^{-3}\ \text{m}^3 = 24\ \text{l}$.

反过来, 0.602×10^{24} 个粒子占据的体积为 $24\times 10^{-3}\ \text{m}^3 = 24\times 10^{-3}\times 10^{+27}\ \text{nm}^3 = 24\times 10^{+24}\ \text{nm}^3$; 因此, 每个粒子所占据的平均体积为 $40\ \text{nm}^3 = (3.4\ \text{nm})^3$, 即粒子间距为 $\sim 3\ \text{nm} = 30$ Å, 远大于一个原子或小分子的半径约 1 Å $\sim$ 2 Å.

问题 Pr.2: 计算球形原子和金表面之间的有效 Hamaker 系数.

解答: 原子和表面之间的相互作用能量为 $-K_{\text{attr}}/z^3$, 其中 $K_{\text{attr}} = 7.0\times 10^{-49}\ \text{Jm}^3$. 通过表中的点粒子 – 表面形式 $[-(2A_{\text{Ham}}/9)](R/z)^3$, 可以把 K_{attr} 转换为 $A_{\text{Ham}}, K_{\text{attr}} = (2A_{\text{Ham}}/9)R^3$. 取离子半径 $R \sim 2$ Å $= 2\times 10^{-10}$ m. 则

$$\begin{aligned} A_{\text{Ham}} &= (9/2)(K_{\text{attr}}/R^3) \approx [(9\times 7\times 10^{-49}\ \text{J m}^3)/(2\times 8\times 10^{-30}\ \text{m}^3)] \\ &= 3.9\times 10^{-19}\ \text{J} = 390\ \text{zJ}. \end{aligned}$$

问题 Pr.3: 对于间距远大于其半径的各球, 证明: 它们之间的相互作用总是远小于热能 kT.

解答: 在正文中详细讨论过小粒子之间的微弱的范德瓦尔斯力 (即负六次方关系). 可以很容易地看出其在热学上是微不足道的. 从半径 R、中心间距 z

的两球间相互作用能量 $[-(16/9)](R_6/z^6)A_{\mathrm{Ham}}$ 开始, 如果问: 能够使得此能量大小与 kt 相仿的 A_{Ham} 应该为多大, 则答案是: $(16/9)(R_6/z^6)A_{\mathrm{Ham}} = kT$ 或 $A_{\mathrm{Ham}} = (9/16)(z^6/R^6)kT$. 即使中心间距 z 等于 $4R$, 两球的最近间隔等于直径, 其 R^6/z^6 也要达到 $4^6 = 4096$. 为了产生热学上重要的吸引, A_{Ham} 将是一个荒谬的结果: $4096 \times (9/16)kT = 2304\ kT$.

问题 Pr.4: 试着讨论一些比球困难的情形. 考虑半径 R, 长度 L 固定, 表面间距 [326] l 的两个平行圆柱体. 利用表中列出的每单位长度能量 $[-(A_{\mathrm{Ham}}/24l^{3/2})]R^{1/2}$, 证明: 如果 $A_{\mathrm{Ham}} \approx 2\ kT_{\mathrm{room}}$, 即蛋白质的典型值 (见前一部分中的表格), 则当

1. $R = L = 1\ \mu\mathrm{m} \gg l = 10\ \mathrm{nm}$ (胶体的尺度), 以及
2. $R = 1\ \mathrm{nm}$, $L = 5\ \mathrm{nm} \gg l = 0.2\ \mathrm{nm}$ (蛋白质的尺度) 时,

此能量 $\gg kT$.

解答:

$R = L = 1\ \mu\mathrm{m} = 1000\ \mathrm{nm}$, $l = 10\ \mathrm{nm}$,

$$-\frac{A_{\mathrm{Ham}}}{24l^{3/2}}R^{1/2}L = -\frac{2}{24}10^{+3}kT \approx -83\ kT;$$

$R = 1\ \mathrm{nm}$, $l = 0.2\ \mathrm{nm}$, $L = 5\ \mathrm{nm}$,

$$-\frac{A_{\mathrm{Ham}}}{24l^{3/2}}R^{1/2}L = -\frac{2}{24}\frac{5}{0.089}kT \approx 5\ kT.$$

问题 Pr.5: 或者尝试一些比球容易的问题. 考虑表面形状为互补的情形, 可以想像为两个平行平表面. 证明: 相距 3 Å 的两个 $1\ \mathrm{nm} \times 1\ \mathrm{nm}$ 斑块之间* 所产生的相互作用能 $\sim kT$.

解答:

$$\frac{A_{\mathrm{Ham}}}{12\pi(3\times10^{-10}\ \mathrm{m})^2}(10^{-9}\ \mathrm{m})^2 = 2kT_{\mathrm{room}}\frac{(10^{-9}\ \mathrm{m})^2}{12\pi(3\times10^{-10}\ \mathrm{m})^2} \approx \frac{kT_{\mathrm{room}}}{2}.$$

问题 Pr.6: 证明: 间距为 100 Å 的范德瓦尔斯吸引作用足够强, 即使当 $A_{\mathrm{Ham}} = kT_{\mathrm{room}}$ 时, 它也可以抓住一个大小 $\sim 2\ \mathrm{cm}$ 的立方体.

解答: 设向下的力 $F_{\downarrow} = F_{\mathrm{gravity}} = \rho L^3 g$ 等于向上的力 $F_{\uparrow} = F_{\mathrm{vdW}} = (A_{\mathrm{Ham}}/6\pi l^3)(L^2)$, 求出满足此平衡的尺寸 $L = L_{\mathrm{bug}}$. 对于 $l = 100$ Å,

$$L_{\mathrm{bug}} = \frac{A_{\mathrm{Ham}}}{6\pi l^3 \rho g} = \frac{4\times10^{-14}\ \mathrm{erg}}{6\pi(10^{-6}\ \mathrm{cm})^3 \times 1\dfrac{\mathrm{g}}{\mathrm{cm}^3} \times 980\dfrac{\mathrm{dyn}}{\mathrm{g}}}$$

* 原文重复 "相互作用能量"——有误. ——译者注

$$= \frac{4 \times 10^{-21}\ \mathrm{J}}{6\pi(10^{-8}\ \mathrm{m})^3 \times 1\dfrac{\mathrm{kg}}{(0.1\ \mathrm{m})^3} \times 9.8\dfrac{\mathrm{N}}{\mathrm{kg}}}$$

可以给出 $L_{\mathrm{bug}} \sim 2\ \mathrm{cm} = 0.02\ \mathrm{m}$.

问题 Pr.7: 说明: 当物体的形状变化时, 范德瓦尔斯力所能抓住的物体重量会如何改变.

解答: 一个球与邻近平面之间的力为相互作用自由能 $[-(A_{\mathrm{Ham}}/6)](R/l)$ 对 l 的负导数, 即 $F_{\mathrm{vdW}} = F_{\uparrow} = (A_{\mathrm{Ham}}/6)(R/l^2)$. 此力与 $F_{\mathrm{gravity}} = F_{\downarrow} = \dfrac{4}{3}\pi R^3\rho g$ 的方向相反. 当

$$R_{\mathrm{bug}}^2 = \frac{A_{\mathrm{Ham}}}{8\pi l^2 \rho g} = \frac{4 \times 10^{-14}\ \mathrm{erg}}{8\pi(10^{-6}\ \mathrm{cm})^2 \times 1\dfrac{\mathrm{g}}{\mathrm{cm}^3} \times 980\dfrac{\mathrm{dyn}}{\mathrm{g}}}$$

$$= \frac{4 \times 10^{-21}\ \mathrm{J}}{8\pi(10^{-8}\ \mathrm{m})^2 \times 1\dfrac{\mathrm{kg}}{(0.1\ \mathrm{m})^3} \times 9.8\dfrac{\mathrm{N}}{\mathrm{kg}}}$$

它们达到平衡 (仍是对于 $l = 100$ Å), 可以给出.

$$R_{\mathrm{bug}} = 1.3 \times 10^{-3}\ \mathrm{cm} = 1.3 \times 10^{-5}\ \mathrm{m} = 13\ \mu\mathrm{m}.$$

问题 Pr.8: 说明: 范德瓦尔斯吸引作用是如何把一个球向着一个平表面拉平一些的. [327]

解答: 一个标准的球与一个平表面之间的相互作用自由能为 $[-(A_{\mathrm{Ham}}/6)](R/l)$, 而两个平面之间的相互作用自由能为每单位面积 $-(A_{\mathrm{Ham}}/12\pi l^2)$. 如果球变得略微平一些, 结果会怎样?

取至首阶近似时, 面积或体积的变化可以忽略.

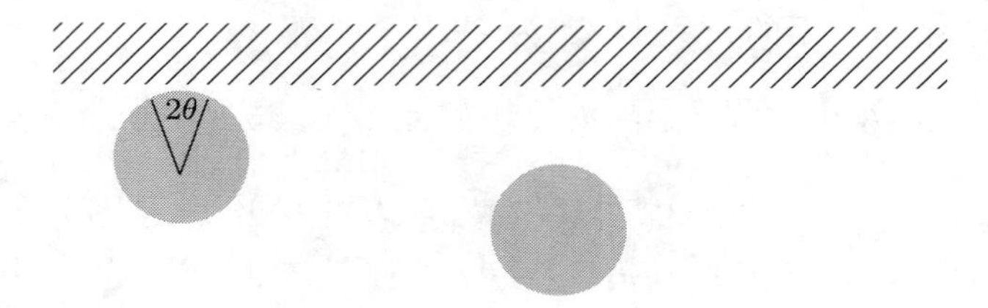

通过把球拉平而减少的面积为

$$\int_0^{\theta} 2\pi R \sin\theta \mathrm{d}(R\theta) = 2\pi R^2 \int_0^{\theta} \sin\theta \mathrm{d}\theta = 2\pi R^2(1 - \cos\theta) \approx \pi R^2\theta^2,$$

拉平的圆盘面积也是一样, $\pi(R\sin\theta)^2 \approx \pi R^2\theta^2$. 把拉平部分的面积对应的相互作用能量看成两个平面间的相互作用, 并忽略球的其余弯曲部分的任何额外相互作用, 我们得到相互作用能量为

$$-\frac{A_{\text{Ham}}}{12\pi l^2}\pi R^2\theta^2 = -\frac{A_{\text{Ham}}}{12}\left(\frac{R}{l}\right)^2\theta^2.$$

取 $R = 1.3 \times 10^{-5}$ m, $l = 100$ Å$= 10^{-8}$ m, 以及由球形虫子的数据得到 $A_{\text{Ham}} = kT$, 则 $(A_{\text{Ham}}/12)(R/l)^2 \sim (kT/7)10^6$. 如果只有原始球形面积的 5% 被拉平, $[(\pi R^2\theta^2)/(4\pi R^2)] = 0.05$, 即 $\theta^2 = 0.2$, 则相互作用能量为 $[-(A_{\text{Ham}}/12)](R/l)^2\theta^2 = -0.2(kT/7)10^6 = -3 \times 10^4\ kT$, 可以把它与未变形的小球能量 $[-(A_{\text{Ham}}/6)](R/l) - 1.6 \times 10^2\ kT$ 相比较.

首次弯折仅需要很小的弯折能, 但会产生很大的吸引能. 相反地, 在实际情形中, 一个很小的吸引力会随着弯折而放大. 此放大伴随着弯折变形, 在解释反向弯曲表面间的作用力时, 它也会导致歧义.

提示: 上述解不是本问题的完整解; 它只能给出由微弱的范德瓦尔斯吸引作用所导致的拉平力大小.

问题 Pr.9: 在什么情况下, 空气中的两个球形水滴之间的范德瓦尔斯吸引力等于它们之间的引力? (忽略推迟效应.)

解答: 两个物体的万有引力作用与其质量之积成正比, 而与距离的平方成反比:

$$F_{\text{gravity}}(z) = -G\frac{M_1M_2}{z^2}$$

(负号提醒我们, 此力是吸引力). 万有引力常量 $G = 6.673 \times 10^{-11}$ m^3/(s·kg); 质量为 $M_1 = M_2 = (4\pi/3)R^3\rho$, 其密度 $\rho = 1$ g/cm^3 $= 10^3$ kg/m^3, 因此 $F_{\text{gravity}}(z) = -6.673 \times 10^{-11}$ m^{3}s^{-2}kg$^{-1}(4\pi/3)^2(R^6/z^2)10^6$ kg^2/m$^2 = -1.17 \times 10^{-3}(R^6/z^2)$ N, 回忆一下: 力=质量×加速度, 故得到 1 N=kg×(m/s)/s.

[328] 范德瓦尔斯吸引力与间距七次方成反比, $[-(16/9)](R^6/z^6)A_{\text{Ham}}$ 的负导数 (利用表 Pr.1. 相互作用的长程形式) 为:

$$F_{\text{vdW}}(z) = -6(16/9)(R^6/z^7)A_{\text{Ham}}.\quad \text{引入 } A_{\text{Ham}} \approx 55.1 \times 10^{-21}\ \text{J (表 Pr.2)},$$

可以得到 $F_{\text{vdW}}(z) = -5.88 \times 10^{-19}(R^6/z^7)$ N(J/m=N).

如果设 $F_{\text{vdW}}(z)$ 等于 $F_{\text{gravity}}(z)$, $1.17 \times 10^{-3} = [(5.88 \times 10^{-19})/z^5]$, 则 R^6 就消失了. 当 $z = (5.88 \times 10^{-19}/1.17 \times 10^{-3})^{\frac{1}{5}} = 0.87$ mm 时, 两个力相等. 令人吃惊的是, 这是一个宏观距离, 而且似乎是一个相当稳固的结果. 甚至当 $A_{\text{Ham}} = KT_{\text{room}} \approx 4 \times 10^{-21}$ J, 即前面假设的强度的 $\sim 7\%$ 时, 对于 $z = 0.52$ mm, 满足力平衡的间距 z 会按照因子 $\sim (55.1/4)^{1/5} = 1.7$ 而变小.

问题 Pr.10: 对于空气中的两个半径为 1 μm 的小水滴, 其间距多大时, 相互吸引可以达到 $-10\ kT_{\text{room}}$? (忽略推迟效应.)

解答: 忽略推迟效应: $A_{\text{Ham}} = 55.1$ zJ$= 13.6\ kT_{\text{room}}$. 当半径相同时, $R_1 = R_2 = R$, 表中的 $[-(A_{\text{Ham}}/6)\{(R_1R_2)/[(R_1+R_2)l]\}]$ 变成 $[-(A_{\text{Ham}}/12)](R/l) \approx -1.1\ kT_{\text{room}}(R/l)$.

令其等于 $-10\ kT_{\text{room}}$, 此相互作用能量为 $-1.1\ kT_{\text{room}}(R/l) = -10\ kT_{\text{room}}$, 即 $l = 0.11R = 0.11$ μm $= 110$ nm. 其满足 "间距 l 应该远大于球的分子细节" 的要求; 也满足公式所适用的要求 $l \ll R$. 如果把这个公式用于相互作用能为 $-1\ kT$ 的情形, 后一个要求是不满足的.

问题 Pr.11: 证明: 这些力 "看" 到相互作用物体内的深度正比于其间距.

解答: 正文中已经详细叙述过, 在规定的限制下, 我们可以把带涂层物体间的相互作用看成很多界面间相互作用之和. 考虑物体 B、涂层 C, 以及介质 m 组成的系统. 设各涂层间距为 l, 厚度为 c. 因此共有四项对应于四对相互作用表面 (材料 m 在中间):

$$-\frac{\mathrm{A_{Cm/Cm}}}{12\pi l^2} - \frac{\mathrm{A_{BC/Cm}}}{12\pi(l+\mathrm{c})^2} - \frac{\mathrm{A_{BC/Cm}}}{12\pi(l+\mathrm{c})^2} - \frac{\mathrm{A_{BC/BC}}}{12\pi(l+2\mathrm{c})^2}.$$

每个相互作用的系数是各介电响应差值之积的总和. 例如, 当各介电响应之间的差别不大时,

$$\mathrm{A_{BC/Cm}} \sim \sum_{\substack{\text{sampling}\\ \text{frequencies}}} (\varepsilon_{\mathrm{B}} - \varepsilon_{\mathrm{C}})(\varepsilon_{\mathrm{C}} - \varepsilon_{\mathrm{m}})$$

(本书从头到尾都约定为: 界面外侧的材料写在介电响应差值的首位.) 近接触时, 间距 $l \ll$ 厚度 c, 则首项 $-(\mathrm{A_{Cm/Cm}}/12\pi l^2)$ 占优.

当间距 $l \gg$ 厚度 c 时, c 实际上为零, 故所有的分母都相同. 我们可以得到分子的集合为:

$$\begin{aligned}
&(\varepsilon_{\mathrm{C}} - \varepsilon_{\mathrm{m}})(\varepsilon_{\mathrm{C}} - \varepsilon_{\mathrm{m}}) + (\varepsilon_{\mathrm{B}} - \varepsilon_{\mathrm{C}})(\varepsilon_{\mathrm{C}} - \varepsilon_{\mathrm{m}}) + (\varepsilon_{\mathrm{B}} - \varepsilon_{\mathrm{C}})(\varepsilon_{\mathrm{C}} - \varepsilon_{\mathrm{m}}) \\
&\quad + (\varepsilon_{\mathrm{B}} - \varepsilon_{\mathrm{C}})(\varepsilon_{\mathrm{B}} - \varepsilon_{\mathrm{C}}) \\
&= (\varepsilon_{\mathrm{C}}^2 - 2\varepsilon_{\mathrm{C}}\varepsilon_{\mathrm{m}} + \varepsilon_{\mathrm{m}}^2) + (\varepsilon_{\mathrm{B}}\varepsilon_{\mathrm{C}} - \varepsilon_{\mathrm{B}}\varepsilon_{\mathrm{m}} - \varepsilon_{\mathrm{C}}^2 + \varepsilon_{\mathrm{C}}\varepsilon_{\mathrm{m}}) \\
&\quad + (\varepsilon_{\mathrm{B}}\varepsilon_{\mathrm{C}} - \varepsilon_{\mathrm{B}}\varepsilon_{\mathrm{m}} - \varepsilon_{\mathrm{C}}^2 + \varepsilon_{\mathrm{C}}\varepsilon_{\mathrm{m}}) + (\varepsilon_{\mathrm{B}}^2 - 2\varepsilon_{\mathrm{B}}\varepsilon_{\mathrm{C}} + \varepsilon_{\mathrm{C}}^2) \\
&= \varepsilon_{\mathrm{B}}^2 - 2\varepsilon_{\mathrm{B}}\varepsilon_{\mathrm{m}} + \varepsilon_{\mathrm{m}}^2 = (\varepsilon_{\mathrm{B}} - \varepsilon_{\mathrm{m}})(\varepsilon_{\mathrm{B}} - \varepsilon_{\mathrm{m}}),
\end{aligned}$$

因此相互作用看起来像 $-(\mathrm{A_{Bm/Bm}}/12\pi l^2)$ (有点混乱, 但却是真的!)

[329] **问题 Pr.12**: 证明: $A_{A-A}+A_{B-B}\geqslant 2A_{A-B}$.

解答: 在数学上有不等式 $(\alpha-\beta)^2\geqslant 0$ 即 $\alpha^2+\beta^2\geqslant +2\alpha\beta$. 把 A_{A-A} 与形式为 α^2 的各项之和联系起来, A_{B-B} 与形式为 β^2 的各项之和联系起来, A_{A-B} 与形式为 $\alpha\beta$ 的各项之和联系起来. 此结果所包含的物理仅仅是: $\alpha\leftrightarrow[(\varepsilon_A-\varepsilon_m)/(\varepsilon_A+\varepsilon_m)]$ 和 $\beta\leftrightarrow[(\varepsilon_B-\varepsilon_m)/(\varepsilon_B+\varepsilon_m)]$ 是数学上的实数.

问题 Pr.13: 在真空中, 当间距 l 为多大时, 往返旅行一次的时间等于 $\sim 10^{-14}$ s, 即红外频率的周期?

解答: 取真空中的光速, $c\approx 3\times 10^8$ m/s$=3\times 10^{10}$ cm/s. 所需时间为 $(2l/c)=10^{-14}$ s, $l=[(3\times 10^8\times 10^{-14})/2]=1.5$ μm.

对于紫外频率的周期 $\sim 10^{-16}$ s, 则 $l=15$ nm.

问题 Pr.14: 证明: 在一个球与平表面的力平衡中, 胡克型弹簧是如何对抗负幂次的范德瓦尔斯相互作用的.

解答: 具体来说, 考虑一个半径 R 的球和一个平面 (或其等价的 Derjaguin- 近似, 即两个互相垂直、半径为 R 的圆柱), 除了非推迟范德瓦尔斯力以外, 忽略所有其它的力. 非推迟范德瓦尔斯力是自由能 $-(A_{\rm Ham}/6)(R/l)$ 的负导数,

$$F_{\rm interaction}(l)=F_{\rm vdW}(l)=-\frac{A_{\rm Ham}}{6l^2}R\equiv-\frac{k_{\rm vdW}}{l^2}$$

(在正文的图中, 它指向左边), 其中 l 是两个物体间的最小距离. 由胡克定律, 弹簧力可以写为

$$F_{\rm spring}(x)=k_{\rm Hooke}[(x-l)-x_0]$$

(它指向右边), 其中 x 是由装置的施力者所设的间距. 在平衡点, $F_{\rm vdW}(l)+F_{\rm spring}(x)=0$, 可以得到 x 和 (测得的) l 之间的关系, 即 $x=x_0+l+[(k_{\rm vdW}/k_{\rm Hooke})/l^2]$. 如果把 x 替换为 dx, 就可以看出 l 的变化为 dl, 其满足

$$\mathrm{d}x=\frac{\mathrm{d}x}{\mathrm{d}l}\mathrm{d}l=\left(1-2\frac{k_{\rm vdW}/k_{\rm Hooke}}{l^3}\right)\mathrm{d}l.$$

对于硬弹簧或 l 很大的情形, 有 $\mathrm{d}x=\mathrm{d}l$. 对 $\mathrm{d}x=\mathrm{d}l$ 的偏离可以给出 $k_{\rm vdW}$. 最具启发性的是: 当 l 足够小以至于 $\{1-2[(k_{\rm vdW}/k_{\rm Hooke})/l^3]\}=0$ 时, 体系会表现出不稳定性. 因此, 当 $l^3=2k_{\rm vdW}/k_{\rm Hooke}$ 时, 外加的变化 dx 可以引起 l 的跃变.

问题 Pr.15: 把表面轮廓的偏离角转换为薄膜两边的吸引能估值.

解答: 通过几种方法可以进行近似的计算. (严格解超出了本书的范围.) 考虑一个变薄的区域, 其每单位面积的表面自由能为正, $\gamma = \gamma' + \gamma_{\mathrm{vdW}}$, 与没有变薄的膜上每单位面积的表面自由能 γ' 相比, 差一个负值 γ_{vdW}. 角度 θ 揭示了两个能量之间的平衡, 每个都是沿着膜线拉的: $\gamma' + \gamma_{\mathrm{vdW}} = \gamma' \cos\theta \approx \gamma'[1-(\theta^2/2)]$, 故 $\gamma_{\mathrm{vdW}} \approx -\gamma'(\theta^2/2)$. 因为薄膜有两个界面, 所以源于范德瓦尔斯相互作用的能量是源于薄膜一侧能量的两倍.

Haydon 和 Taylor [Nature (London), **217**, 739–740 (1968)] 一文中记录了角度 θ 为 $1°52' = 0.03258$ rad, 并且提到体介质的界面张力 γ' 为 3.72 erg/cm^2, 表现为 $\gamma_{\mathrm{vdW}} \approx -\gamma'(\theta^2/2) = -0.00197$ erg/cm^2 或范德瓦尔斯能量 -0.00394 erg/cm^2. [330]

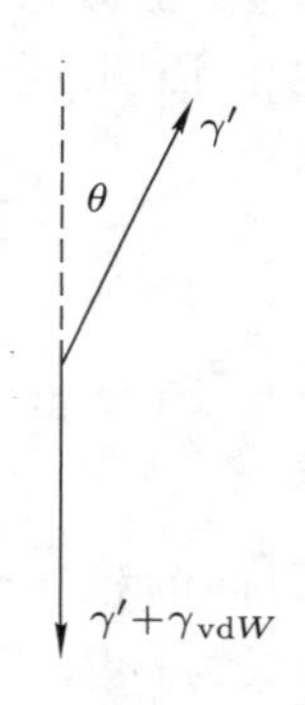

问题 Pr.16: 在张力 $\overline{\boldsymbol{T}}$ 作用下, 能够在两个囊泡之间产生拉平效果的吸引能是多少?

解答: 讨论囊泡的圆形部分和扁平部分之间的角度 θ. 考虑沿着囊泡的各张力矢量 $\overline{\boldsymbol{T}}$, 以及把两个囊泡互相拉平所获得的每单位面积额外 (负的!) 自由能 G. 此能量在接合点上起额外的牵拉作用, 可以增加扁平的面积.

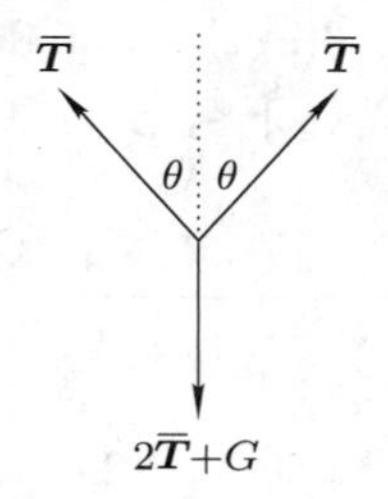

当 $2\overline{\boldsymbol{T}} + G = 2\overline{\boldsymbol{T}}\cos\theta$ 或 $G = -2\overline{\boldsymbol{T}}(1-\cos\theta)$ 时, 各矢量达到平衡.

问题 Pt.17: 为了估计出长程和短程的电荷涨落力之差, 计算位于 3 nm 真空两边的两个平行的碳氢化合物平直区域之间的范德瓦尔斯吸引自由能. 把此长程自由能与油的表面张力 $\sim 20\ \mathrm{mJ/m^2}$ (=mN/m=erg/cm²=dyn/cm) 进行比较.

解答: 把位于真空两边的十四烷之间相互作用的 Hamaker 系数 $A_{\mathrm{Ham}} = 47 \times 10^{-21}$ J, 代入相距 $l = 3 \times 10^{-9}$ m 的两个平面平行半空间的每单位面积相互作用能量 $-(A_{\mathrm{Ham}}/12\pi l^2)$ 中:

$$-\frac{A_{\mathrm{Ham}}}{12\pi l^2} = -\frac{47 \times 10^{-21}\ \mathrm{J}}{12\pi(3 \times 10^{-9}\ \mathrm{m})^2} \approx 1.4 \times 10^{-4} = 0.14\ \mathrm{mJ/m^2}.$$

问题 Pr.18: 为了得到关于颗粒性起源的概念, 考虑一个点粒子和一对相隔很小间距 a 的点粒子之间的相互作用; 证明: 当点和对之间的距离 z 远大于 a 时, 相互作用变为正比于 a^2/z^2 的.

[331] **解答**: 想象如下场景:

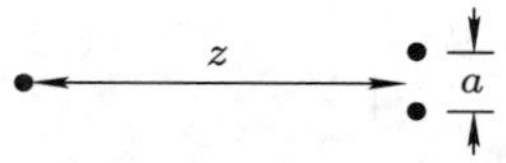

z a

其中左边的粒子与右边每个粒子之间的相互作用为负六次方关系. 假设各相互作用是可以叠加的, 因此能量形式为

$$\frac{2}{[z^2 + (a/2)^2]^3} = \frac{2}{z^6[1 + (a/2z)^2]^3}.$$

对于 $z \ll a$, 展开 $[1 + (a/2z)^2]^3 \approx 1 + 3(a/2z)^2$, 故各相互作用之和的形式为

$$\frac{2}{z^6[1 + (a/2z)^2]^3} \approx \frac{2}{z^6}[1 - 3(a/2z)^2].$$

即使当 $a = 5z$ 时, a^2 项也能给出 $3(a/2z)^2 = 0.03$.

当三个粒子的相对位置变成如下情形:

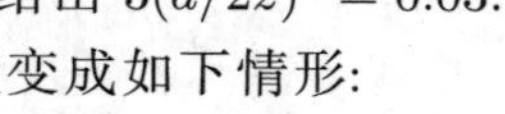

a z

则

$$\frac{1}{\left(z - \frac{a}{2}\right)^6} + \frac{1}{\left(z + \frac{a}{2}\right)^6} \approx \frac{2}{z^6}\left[1 + 21\left(\frac{a}{2z}\right)^2\right].$$

这里, 对于 $a = 5z$, 修正项为 $21(a/2z)^2 = 0.21$; 对于 $a = 10z$, 其为 $21(a/2z)^2 \approx 0.05$.

问题 Pr.19: 剥开 vs. 牵拉. 想象一个宽度 w 的胶带, 其每单位面积的黏附能为 G. 剥开长度 z, 即移除的附着面积为 Wz, 需要做功 GWz. 垂直举起面积 $A = 1\ \mathrm{cm}^2$ 的一个斑块, 耗费的功是 GA.

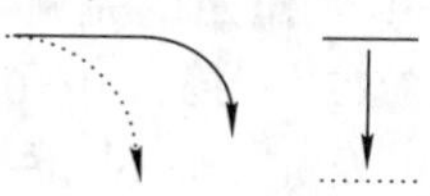

假设附着力仅源于范德瓦尔斯吸引作用 $G = -[A_{\mathrm{Ham}}/(12\pi l^2)]$, 忽略所有平衡力或胶带的弹性性质, 证明: 当胶带表面间距 $l = 0.5\ \mathrm{nm}$ (5 Å), $W = z = 0.01\ \mathrm{m}$ (1 cm), 以及 $G = 0.2\ \mathrm{mJ/m^2}$ ($0.2\ \mathrm{erg/cm^2}$) 时, 把胶带剥开的力是一个微小的常量 0.002 mN· s=0.2 dyn, 而作用在此方形斑块上的最大垂直牵拉力是很大的, 为 80 N=8×10^6 dyn.

解答: 剥开一段距离 Δz 意味着: 接触面积减少了 $W\Delta z$, 而能量变化为 $GW\Delta z$. 力为 GW, 即长度的每单位变化所对应的能量变化, $GW = 0.2\ \mathrm{mJ/m^2}\times 0.01\ \mathrm{m}=0.002\ \mathrm{mN}=0.2\ \mathrm{dyn}$.

垂直于接触平面向上牵拉, 会产生压强 $P = -(\partial G/\partial l) = -(A_{\mathrm{Ham}}/6\pi l^3) = (2/l)G$, 以及力 (即压强×面积),

$$P\times W\times z = \frac{2Wz}{l}G = \frac{2(0.01\ \mathrm{m})^2}{5\times10^{-10}\ \mathrm{m}}0.2\times10^{-3}\frac{\mathrm{J}}{\mathrm{m}^2} = 80\ \mathrm{N} = 8\times10^{+6}\ \mathrm{dyn}$$

这里, 当 $l = 0.5\ \mathrm{nm}$ 时其达到最大值.

[332]

第 1 级的问题集

问题 L1.1: 要确定电荷涨落力中起作用的是哪个取样频率, 温度的因素有多重要? 对于 $n=1,10$ 和 100, 计算 $T=0.1,1.0,10,100$ 和 1000 K 处的虚数圆频率 $\xi_1(T)$ 和对应的频率 $\nu_1(T)$, 以及光子能量 $\hbar\xi_1(T)$ 和波长 λ_1.

解答: 由 $\xi_n(T)\equiv\{[(2\pi kT)/\hbar)]n\}$, 其中 $k=1.3807\times10^{-16}$ ergs/K $=1.3807\times10^{-23}$ J/K $=8.6173\times10^{-5}$ eV/K, $\hbar=1.0546\times10^{-27}$ ergs s $=1.0546\times10^{-34}$ J s $=6.5821\times10^{-16}$ eVs, 利用: $[(2\pi kT)/\hbar]=8.22\times10^{+11}T=$ 以 rad/s 表示的 ξ_1, 而对于以 eV/s 表示的 $\hbar\xi_1(T)$, $2\pi kT=5.4\times10^{-4}\ T$. "波长" λ_1 实际上是与虚频率耦合时的衰减距离, 为 $2\pi\lambda_1=\xi_1/c$, 其中光速.

$$c=3\times10^{10}\ \text{cm/s}=3\times10^{8}\ \text{m/s}.$$

T/K	ξ_1/(rad/s)	ν_1/Hz	$\hbar\xi_1$/eV	λ_1/Å
0.1	8.2×10^{10}	$1.3\times10^{10}\approx10^{10.1}$	5.4×10^{-5}	2.3×10^{8} Å $=2.3$ cm
1.0	8.2×10^{11}	$1.3\times10^{11}\approx10^{11.1}$	5.4×10^{-4}	2.3×10^{7} Å $=2.3$ mm
10	8.2×10^{12}	$1.3\times10^{12}\approx10^{12.1}$	5.4×10^{-3}	2.3×10^{6} Å $=.23$ mm
100	8.2×10^{13}	$1.3\times10^{13}\approx10^{13.1}$	5.4×10^{-2}	2.3×10^{5} Å $=23.$μm
300	$25.\times10^{13}$	$3.9\times10^{13}\approx10^{13.6}$	0.159	7.7×10^{4} Å $=7.7$ μm
1000	8.2×10^{14}	$1.3\times10^{14}\approx10^{14.1}$	0.54	2.3×10^{4} Å $=2.3$ μm

当温度较高时, 红外频率光谱的细节是如何逐渐消失的, 这些清楚吗? 在 $T=1000$ K, 首个有限取样频率 $\xi_{n=1}=8.2\times10^{14}$ rad/s 出现在可见光区域附近, 而 $\xi_{n=3}=3\times\xi_1=24.6\times10^{14}=10^{15.4}$ rad/s 就在红外和可见光频率之间的边界处. 对 ξ_n 的求和从零一下子跳到可见光域附近.

问题 L1.2: 如果我们把因子 kT 太当真, 那么看起来就好像范德瓦尔斯相互作用是随着绝对温度线性增长的. 证明: 从各 $\overline{\Delta}$ 值变化很小的取样频率区间 $\Delta\xi$ 所产生的贡献来看, 除了各个 ε 值本身会随着温度变化之外, 范德瓦尔斯力随着温度的变化很小.

解答: 尽管源于各取样频率 ξ_n 的贡献都有一个系数 kT, 但取样频率的密度随着温度增加而减小. 由 $\xi_n=[(2\pi kT)/\hbar]n$, 可以知道 $\Delta\xi$ 的值域包含了 $\Delta n=[\hbar/(2\pi kT)]\Delta\xi$ 个取样频率. 在这个频率域 $\Delta\xi$, 关于自由能的求和中有贡献项

$\{-[(\hbar\Delta\xi)/(16\pi^2 l^2)]\}\overline{\Delta}^2$, 其乘积源于

$$\frac{kT}{8\pi l^2}\frac{\hbar}{2\pi kT}=\frac{\hbar}{16\pi^2 l^2}.$$

除了组成 $\overline{\Delta}$ 的各介电极化率对温度的依赖关系之外, 温度已经消失了. (注意: 在没有仔细验证 "$\overline{\Delta}$ 在 $\Delta\xi$ 的范围内几乎不变" 的条件之前, 不要尝试这个策略.) 关于更进一步的讨论, 请见第 2 级, L2.3.A 部分.

问题 L1.3: 如果相互作用确实是随间距变化的自由能, 那么它必定包含能量部分和熵部分. 范德瓦尔斯相互作用的熵是什么?

解答: 这里所定义的功 (自由能) 对温度的导数要求我们对整个 $G_{\text{AmB}}(l)\approx -\frac{kT}{8\pi l^2}\sum_{n=0}^{\infty}{}'\overline{\Delta}_{\text{Am}}\overline{\Delta}_{\text{Bm}}R_n(l)$ 取微商. 为了清楚起见, 忽略推迟效应 [设 $R_n(l)=1$]; 取材料 A = 材料 B, 介质 m = 真空, 因此 [333]

$$G(l;T)\approx -\frac{kT}{8\pi l^2}\sum_{n=0}^{\infty}{}'\overline{\Delta}^2,\quad \overline{\Delta}=\frac{\varepsilon(\mathrm{i}\xi_n)-1}{\varepsilon(\mathrm{i}\xi_n)+1},$$

$$\xi_n=\frac{2\pi kT}{\hbar}n=\xi_n(T),\quad \varepsilon(\mathrm{i}\xi_n)=\varepsilon[T,\mathrm{i}\xi_n(T)],$$

有两类温度效应需要考虑:

1. 如果光子能量与热能相仿或略小, 即 $\hbar\xi_n(T)\leqslant kT$, 则电磁激发本身也是由温度引起的.

2. 如果各介电响应值随着温度变化, 那么, 即使在满足 $\hbar\xi_n(T)\gg kT$ 的取样频率处, 其所贡献的强度也随着温度变化.

在很高的取样频率处, 源于频率域 $\Delta\xi$ 的贡献 $-\frac{\hbar\Delta\xi}{16\pi^2 l^2}\overline{\Delta}^2$ 包含着一个重要的熵成分

$$-\frac{\hbar\Delta\xi}{16\pi^2 l^2}\frac{\partial\overline{\Delta}^2}{\partial T}=-\frac{\hbar\Delta\xi}{8\pi^2 l^2}\frac{\partial\overline{\Delta}}{\partial T}=-\frac{\hbar\Delta\xi}{8\pi^2 l^2}\frac{2}{(\varepsilon+1)^2}\frac{\partial\varepsilon}{\partial T}.$$

在单独的 $n=0$ 项 $-\frac{kT}{16\pi l^2}\overline{\Delta}^2(0)$ 中, 可以看到温度变化的两个结果, 其中

$$S_{n=0}=-\frac{\partial G_{n=0}}{\partial T}=\frac{\partial}{\partial T}\frac{kT}{16\pi l^2}\overline{\Delta}^2(0)=\frac{k}{16\pi l^2}\overline{\Delta}^2(0)+\frac{kT}{16\pi l^2}\frac{\partial\overline{\Delta}^2(0)}{\partial T},$$

这里

$$\frac{\partial\overline{\Delta}^2}{\partial T}=2\frac{2}{(\varepsilon+1)^2}\frac{\partial\varepsilon(0;T)}{\partial T}.$$

根据此推导过程, 如果介电响应随温度的变化可以忽略, 则 $G_{n=0}=-TS_{n=0}$. 全部是熵. 请认真思考一下.

问题 L1.4: 对于各取样频率 ξ_n, 或其相应的光子能量 $\hbar\xi_n$, 满足 $r_n=[(2l_n\varepsilon_{\mathrm{m}}^{1/2}\xi_n)/c]=1$ 的间距 l_n 为多少?

解答: 取介质为真空的情形, 可以找出在室温时成立的答案. 利用 $\xi_n=[(2\pi kT)/\hbar]n$, $[(2\pi kT_{\mathrm{room}})/\hbar]=2.411\times10^{14}$ rad/s=0.159 eV,

$$l_n=\frac{c}{2\xi_n}\approx\frac{3\times10^8\ \mathrm{m/s}}{2\times2.4\times10^{14}\ n\ \mathrm{rad/s}}\approx\frac{6.25\times10^{-7}}{n}\ \mathrm{m}=\frac{6.25\times10^{+3}}{n}\ \text{Å}.$$

当 $n=100$ 时, $\hbar\xi_{n=1000}\approx160$ eV, $l_{n=1000}=62.5$ Å; 当 $n=1000$ 时, $\hbar\xi_{n=100}\approx16$ eV, $l_{n=100}=625$ Å. 此结果给我们提供了一个精致的方法, 来思考在给定间隔处, 各取样频率占据了多少贡献.

问题 L1.5: 证明: 如何从自由能 $G_{\mathrm{AmB}}(l)$ 得到这个幂律.

解答: 为了显示 l 的有效幂次, 把 $G_{\mathrm{AmB}}(l)$ 代入公式 $G_{\mathrm{Am/Bm}}(l)=[b/l^{p(l)}]$, 这里对 l 的所有依赖关系都在指数 $p(l)$ 中. 取其对数, $\ln[G_{\mathrm{AmB}}(l)]=\ln(b)-p(l)\ln(l)$. 立刻就可以清楚地看到, $\ln[G_{\mathrm{AmB}}(l)]$ 对 $\ln(l)$ 的 (负) 导数能够给出我们所要找的幂次.

[334] **问题 L1.6**: 如果仅有推迟函数 $R_n(l;\xi_n)$ 的影响, 求和的收敛性是如何导出自由能的 $1/l^3$ 变化关系的?

解答: 求和的收敛性来源于 $R_n(l;\xi_n)=[1+r_n(l;\xi_n)]\mathrm{e}^{-r_n(l;\xi_n)}\approx r_n(l;\xi_n)\mathrm{e}^{-r_n(l;\xi_n)}$ 中的大 $r_n(l;\xi_n)$ 值贡献. 回想一下, $r_n=[(2l\varepsilon_{\mathrm{m}}^{1/2}\xi_n)/c]$ 以及 $\xi_n=[(2\pi kT)/\hbar]n$ 如果用十的幂次作为间隔的区间, 即图 L1.18 中曲线的平坦部分, 起作用的是以下事实: r_n 正比于 $l\times n$, 即 $r_n=\alpha ln$. 求和看起来像 $\sum_{n=0}^{\infty}{}'r_n(l;\xi_n)\mathrm{e}^{-r_n(l;\xi_n)}=\sum_{n=0}^{\infty}{}'\alpha ln\mathrm{e}^{-\alpha ln}$, 可以平滑化为积分 $\int\alpha ln\mathrm{e}^{-\alpha ln}\mathrm{d}n$. 这等价于 $(1/\alpha l)\int x\mathrm{e}^{-x}\mathrm{d}x$, 积分号前面的部分引入了因子 $1/l$, 而其它部分则贡献了 $1/l^2$ 形式的能量.

问题 L1.7: 在 "光速相等" 的近似中, 取 $G_{\mathrm{AmB}}(l)$ (近似式 (L1.5)) 对 l 的微商, 导出 $P_{\mathrm{AmB}}(l)$, 即近似式 (L1.20).

解答: 直接对 $G_{\mathrm{AmB}}(l)\approx-\dfrac{kT}{8\pi l^2}\sum_{n=0}^{\infty}{}'\overline{\Delta}_{\mathrm{Am}}\overline{\Delta}_{\mathrm{Bm}}\mathrm{R}_n(l)=-[kT/(8\pi l^2)]\sum_{n=0}^{\infty}{}'\overline{\Delta}_{\mathrm{Am}}$

$\overline{\Delta}_{\mathrm{Bm}}(1+r_n(l))\mathrm{e}^{-r_n(l)}$ 求微商, 利用 $r_n(l)=[(2\varepsilon_{\mathrm{m}}^{1/2}\xi_n)/c]l$, 其中

$$\frac{\partial[1+r_n(l)]\mathrm{e}^{-r_n(l)}}{\partial l}=\frac{\partial[1+r_n(l)]\mathrm{e}^{-r_n(l)}}{\partial r_n(l)}\frac{\partial r_n(l)}{\partial l}=[\mathrm{e}^{-r_n}-(1+r_n)\mathrm{e}^{-r_n}]\frac{r_n}{l}$$

$$=-\frac{r_n^2}{l}\mathrm{e}^{-r_n}.$$

$$\frac{\partial G_{\mathrm{AmB}}(l)}{\partial l}=-\frac{kT}{8\pi}\left[-\frac{2}{l^3}\sum_{n=0}^{\infty}{}'\overline{\Delta}_{\mathrm{Am}}\overline{\Delta}_{\mathrm{Bm}}(1+r_n)\mathrm{e}^{-r_n}\right.$$

$$\left.+\frac{1}{l^2}\sum_{n=0}^{\infty}{}'\overline{\Delta}_{\mathrm{Am}}\overline{\Delta}_{\mathrm{Bm}}\left(\frac{-r_n^2}{l}\right)\mathrm{e}^{-r_n}\right]$$

$$=+\frac{kT}{4\pi l^3}\sum_{n=0}^{\infty}{}'\overline{\Delta}_{\mathrm{Am}}\overline{\Delta}_{\mathrm{Bm}}\left(1+r_n+\frac{r_n^2}{2}\right)\mathrm{e}^{-r_n}=-P_{\mathrm{AmB}}(l).$$

问题 L1.8: 被真空隔开的两个物体间会存在范德瓦尔斯排斥作用吗? (卡西米尔力方面的行家对此做了许多热烈而又牵强的讨论.)

解答: 是的, 即使隔着真空, 不对称性也会引起范德瓦尔斯排斥作用. 在真空中, $\varepsilon_{\mathrm{m}}=\mu_{\mathrm{m}}=1$. 例如, 我们设 $\varepsilon_{\mathrm{A}}>1,\mu_{\mathrm{A}}=1,\varepsilon_{\mathrm{B}}=1,\mu_{\mathrm{B}}>1$. 为了证明这些物体是相互排斥的, 只要证明 $\overline{\Delta}_{\mathrm{Am}},\overline{\Delta}_{\mathrm{Bm}}$ 对和 $\Delta_{\mathrm{Am}},\Delta_{\mathrm{Bm}}$ 对中的两个符号相反就足够了. 这里,

$$S_{\mathrm{A}}=\sqrt{p^2-1+\varepsilon_{\mathrm{A}}\mu_{\mathrm{A}}/\varepsilon_{\mathrm{m}}\mu_{\mathrm{m}}}=p\sqrt{1+\frac{\varepsilon_{\mathrm{A}}-1}{p^2}},\quad s_{\mathrm{B}}=p\sqrt{1+\frac{\mu_{\mathrm{B}}-1}{p^2}}$$

而与往常一样, $1\leqslant p<\infty$.

$\overline{\Delta}_{\mathrm{Am}}=[(p\varepsilon_{\mathrm{A}}-s_{\mathrm{A}}\varepsilon_{\mathrm{m}})/(p\varepsilon_{\mathrm{A}}+s_{\mathrm{A}}\varepsilon_{\mathrm{m}})]$ 的符号就是$\varepsilon_{\mathrm{A}}-\sqrt{1+\frac{\varepsilon_{\mathrm{A}}-1}{p^2}}\geqslant\varepsilon_{\mathrm{A}}-\sqrt{\varepsilon_{\mathrm{A}}}\geqslant 0$ 的符号. $\overline{\Delta}_{\mathrm{Bm}}=[(p\varepsilon_{\mathrm{B}}-s_{\mathrm{B}}\varepsilon_{\mathrm{m}})/(p\varepsilon_{\mathrm{B}}+s_{\mathrm{B}}\varepsilon_{\mathrm{m}})]$ 的符号就是 $1-\sqrt{1+\frac{\mu_{\mathrm{B}}-1}{p^2}}\leqslant 1-\sqrt{\mu_{\mathrm{B}}}\leqslant 0$ 的符号. 类似地,

$$\Delta_{\mathrm{Am}}=[(p\mu_{\mathrm{A}}-s_{\mathrm{A}}\mu_{\mathrm{m}})/(p\mu_{\mathrm{A}}+s_{\mathrm{A}}\mu_{\mathrm{m}})]\leqslant 0;$$

$$\Delta_{\mathrm{Bm}}=[(p\mu_{\mathrm{B}}-s_{\mathrm{B}}\mu_{\mathrm{m}})/(p\mu_{\mathrm{B}}+s_{\mathrm{B}}\mu_{\mathrm{m}})]\geqslant 0.$$

问题 L1.9: 利用第 2 级的表 P.9.e 中所给的结果, 推导出自由能和力矩 [式 (L1.24a) 和 (L1.24b)].

解答: 对于具有微弱双折射的材料 A 和 B, 表 P.9.e 给出了有限间距的相互作用自由能, 其形式为

$$G(l,\theta)=-\frac{kT}{8\pi l^2}\sum_{n=0}^{\infty}{}'\left[\overline{\Delta}_{\overline{\mathrm{A}}\mathrm{m}}\overline{\Delta}_{\overline{\mathrm{B}}\mathrm{m}}+\overline{\Delta}_{\overline{\mathrm{A}}\mathrm{m}}\frac{\gamma_{\mathrm{B}}}{2}+\overline{\Delta}_{\overline{\mathrm{B}}\mathrm{m}}\frac{\gamma_{\mathrm{A}}}{2}+\frac{\gamma_{\mathrm{A}}\gamma_{\mathrm{B}}}{8}(1+2\cos^2\theta)\right].$$

[335] 对于具有相同材料性质的 A 和 B, $\overline{\Delta}_{\overline{\mathrm{A}}\mathrm{m}}=\overline{\Delta}_{\overline{\mathrm{B}}\mathrm{m}}=\overline{\Delta},\gamma_{\mathrm{A}}=\gamma_{\mathrm{B}}=\gamma$,

$$G(l,\theta)=-\frac{kT}{8\pi l^2}\sum_{n=0}^{\infty}{}'[\overline{\Delta}^2+\gamma\overline{\Delta}+\gamma^2(1+2\cos^2\theta)].$$

对 θ 求导时要用到 $\partial(2\cos^2\theta)/\partial\theta=-4\cos\theta\sin\theta=-2\sin(2\theta)$.

问题 L1.10: 如果 $\sum_{n=0}^{\infty}{}'\gamma^2=10^{-2}$, 则两个平行平表面的面积 L^2 多大时, 其相对取向转动 90° 会导致能量变化 kT?

解答: 仅取每单位面积自由能 $G(l,\theta)$ 中与 θ 有关的部分, 再乘以 L^2, 即

$$-\frac{kT}{8\pi l^2}L^2 2\cos^2\theta\sum_{n=0}^{\infty}{}'\gamma^2=-\frac{kT}{4\pi l^2}L^2\cos^2\theta\sum_{n=0}^{\infty}{}'\gamma^2$$

考虑 $\theta=0$ 和 $\theta=\pi/2$. 对于后者, $\cos^2\theta=0$; 对于前者, $-\frac{kT}{8\pi l^2}L^2 2\cos^2\theta\sum_{n=0}^{\infty}{}'\gamma^2=-\frac{kT}{4\pi l^2}L^2 10^{-2}$, 故要求 $-\frac{kT}{4\pi l^2}L^2 10^{-2}=-KT$ 或 $\frac{L^2}{l^2}=4\pi 10^{+2}$, 即 $L=20\pi^{1/2}l\approx 35l$. 当 $l\sim 100$ Å 时, $L\sim 0.35$ μm.

问题 L1.11: 忽略推迟效应, 证明: 两个有涂层物体间的相互作用, 即式 (L1.29),

$$\begin{aligned}G(l;a_1,b_1)=&-\frac{\mathrm{A}_{\mathrm{A_1m/B_1m}}(l)}{12\pi l^2}-\frac{\mathrm{A}_{\mathrm{A_1m/BB_1}}(l+b_1)}{12\pi(l+b_1)^2}-\frac{\mathrm{A}_{\mathrm{AA_1/B_1m}}(l+a_1)}{12\pi(l+a_1)^2}\\&-\frac{\mathrm{A}_{\mathrm{AA_1/BB_1}}(l+a_1+b_1)}{12\pi(l+a_1+b_1)^2}\end{aligned}$$

可以变换为两个平行厚板之间的相互作用, 即式 (L1.30),

$$G(l;a_1,b_1)=-\frac{\mathrm{A}_{\mathrm{A_1m/B_1m}}}{12\pi}\left[\frac{1}{l^2}-\frac{1}{(l+b_1)^2}-\frac{1}{(l+a_1)^2}+\frac{1}{(l+a_1+b_1)^2}\right].$$

解答: 设 A = m = B. 由于

$$\overline{\Delta}_{\mathrm{A_1m}}=\frac{\varepsilon_{\mathrm{A_1}}-\varepsilon_{\mathrm{m}}}{\varepsilon_{\mathrm{A_1}}+\varepsilon_{\mathrm{m}}}=-\overline{\Delta}_{\mathrm{mA_1}},\quad \overline{\Delta}_{\mathrm{B_1m}}=\frac{\varepsilon_{\mathrm{B_1}}-\varepsilon_{\mathrm{m}}}{\varepsilon_{\mathrm{B_1}}+\varepsilon_{\mathrm{m}}}=-\overline{\Delta}_{\mathrm{mB_1}}$$

我们可以对各系数做变换:

$$\begin{aligned}&\mathrm{A}_{\mathrm{AA_1/B_1m}}(l+a_1)\to\mathrm{A}_{\mathrm{mA_1/B_1m}}(l+a_1)=-\mathrm{A}_{\mathrm{A_1m/B_1m}}(l+a_1),\\&\mathrm{A}_{\mathrm{A_1m/BB_1}}(l+b_1)\to\mathrm{A}_{\mathrm{A_1m/mB_1}}(l+b_1)=-\mathrm{A}_{\mathrm{A_1m/B_1m}}(l+b_1),\\&\mathrm{A}_{\mathrm{AA_1/BB_1}}(l+a_1+b_1)\to\mathrm{A}_{\mathrm{mA_1/mB_1}}(l+a_1+b_1)=+\mathrm{A}_{\mathrm{A_1m/B_1m}}(l+a_1+b_1).\end{aligned}$$

问题 L1.12: 证明: 两个厚板之间的非推迟相互作用是如何从平方反比关系转变为四次方反比关系的.

解答: 设 $\eta = h/w$. 展开

$$\begin{aligned}\left[1-\frac{2w^2}{(w+h)^2}+\frac{w^2}{(w+2h)^2}\right] &= 1-\frac{2}{(1+\eta)^2}+\frac{1}{(1+2\eta)^2}\\ &= 1-\frac{2}{1+2\eta+\eta^2}+\frac{1}{1+4\eta+4\eta^2}\\ &\approx 1-2[1-(2\eta+\eta^2)+(2\eta+\eta^2)^2]\\ &\quad +[1-(4\eta+4\eta^2)+(4\eta+4\eta^2)^2] \approx 6\eta^2 = 6\left(\frac{h}{w}\right)^2,\end{aligned}$$

因此

$$G(w;h) = -\frac{\mathrm{A}_{\mathrm{HW/HW}}}{12\pi w^2}\left[1-\frac{2w^2}{(w+h)^2}+\frac{w^2}{(w+2h)^2}\right] = -\frac{\mathrm{A}_{\mathrm{HW/HW}}h^2}{2\pi w^4}.$$

问题 L1.13: 在非推迟极限以及近接触极限 $l \ll R_1, R_2$ 下, 把两个相向平表面之间的每单位面积相互作用自由能 $G_{1\mathrm{m}/2\mathrm{m}}(l)$, 与每单位相互作用的自由能, 即 $F_{\mathrm{ss}}(l;R_1,R_2)$ 的积分 $G_{\mathrm{ss}}(l;R_1,R_2)$ 进行比较. 具体地, 证明 [336]

$$G_{\mathrm{ss}}(l;R_1,R_2) = G_{1\mathrm{m}/2\mathrm{m}}(l)\frac{2\pi R_1R_2 l}{(R_1+R_2)}.$$

好像两球之间的每单位相互作用的能量就是两个相同材料平面之间的每单位面积能量, 只不过要乘以一个 (连续变化的) 面积 $2\pi R_1R_2l/(R_1+R_2)$, 当两球拉近到接触时, 它也趋于零.

解答: 自由能就是力的积分, $G_{\mathrm{ss}}(l;R_1,R_2) = -\int_{\infty}^{l} F_{\mathrm{ss}}(l;R_1,R_2)\mathrm{d}l$. 由式 (L1.36), $F_{\mathrm{ss}}(l;R_1,R_2) = [(2\pi R_1R_2)/(R_1+R_2)]G_{\mathrm{pp}}(l)$, 设 $G_{\mathrm{pp}}(l) = G_{1\mathrm{m}/2\mathrm{m}}(l) = \{-[\mathrm{A}_{1\mathrm{m}/2\mathrm{m}}/(12\pi l^2)]\}$, 并对 l 积分, 则

$$G_{\mathrm{ss}}(l;R_1,R_2) = \left(-\frac{\mathrm{A}_{1\mathrm{m}/2\mathrm{m}}}{12\pi}\right)\frac{2\pi R_1}{[1+(R_1/R_2)]l} = G_{1\mathrm{m}/2\mathrm{m}}(l)\frac{2\pi R_1 l}{[1+(R_1/R_2)]}.$$

问题 L1.14: 由球 – 球相互作用的式 (L1.40), 导出球 – 平面相互作用式式(L1.42).

解答: 取

$z = R_1 + R_2 + l, z^2 - (R_1 + R_2)^2 = 2l(R_1 + R_2) + l^2, z^2 - (R_1 - R_2)^2 = 4R_1R_2 + 2l(R_1 + R_2) + l^2$. 利用 $R_1 \to \infty, R_2 = R$, 忽略不含因子 R_1 的项, 并忽略 R_1 和 $R_1 + R_2$ 之间的差异, 则

$$\frac{R_1R_2}{z^2 - (R_1 + R_2)^2} = \frac{R_1R_2}{2l(R_1 + R_2) + l^2} \to \frac{R}{2l},$$
$$\frac{R_1R_2}{z^2 - (R_1 - R_2)^2} = \frac{R_1R_2}{4R_1R_2 + 2l(R_1 + R_2) + l^2} \to \frac{R}{4R + 2l},$$
$$\frac{z^2 - (R_1 + R_2)^2}{z^2 - (R_1 - R_2)^2} = \frac{2l(R_1 + R_2) + l^2}{4R_1R_2 + 2l(R_1 + R_2) + l^2} \to \frac{2l}{4R + 2l} = \frac{l}{2R + l}.$$

问题 L1.15: 由式 (L1.40), 推出在近接触极限 $l \ll R_1$、R_2 下的球 – 球相互作用式 (L1.43).

解答: 和前面问题中一样, 但是忽略当 $l \to 0$ 时不发散的各项:

$$\frac{R_1R_2}{z^2 - (R_1 + R_2)^2} = \frac{R_1R_2}{2l(R_1 + R_2) + l^2} \to \frac{R_1R_2}{2l(R_1 + R_2)},$$
$$\frac{R_1R_2}{z^2 - (R_1 - R_2)^2} = \frac{R_1R_2}{4R_1R_2 + 2l(R_1 + R_2) + l^2} \to \frac{1}{4},$$
$$\ln\frac{z^2 - (R_1 + R_2)^2}{z^2 - (R_1 - R_2)^2} = \ln\frac{2l(R_1 + R_2) + l^2}{4R_1R_2 + 2l(R_1 + R_2) + l^2} \to \ln\frac{2l(R_1 + R_2)}{4R_1R_2} \to \ln l.$$

在近接触极限下, $1/l$ 项起主导作用:

$$G_{\mathrm{ss}}(z; R_1, R_2) \to -\frac{\mathrm{A}_{1\mathrm{m}/2\mathrm{m}}}{3}\frac{R_1R_2}{2l(R_1 + R_2)} = -\frac{\mathrm{A}_{1\mathrm{m}/2\mathrm{m}}}{6}\frac{R_1R_2}{(R_1 + R_2)l}.$$

---

[337] **问题 L1.16**: 证明: 当 $\tau = 1/1.05 \times 10^{11}$ rad/s 时 (第 2 级中的表 L2.1, L2.4.D 部分), 在室温下有 $\xi_{n=1}\tau \gg 1$.

解答: 由第 1 级关于频率谱部分中的表格可得, $\xi_{n=1} = 2.411 \times 10^{14}$ rad/s, $\xi_{n=1}\tau = 2.3 \times 10^3 \gg 1$.

问题 L1.17: 证明: 如何由表 S.6.a 导出式 (L1.59).

解答: 在表 S.6.a 中取 $\varepsilon_{\mathrm{m}} = 1$, 以及 $\alpha = \beta$:

$$g_{\mathrm{ab}}(r) = -\frac{6kT}{r^6}\sum_{n=0}^{\infty}{}'\left[\frac{\alpha(\mathrm{i}\xi_n)\beta(\mathrm{i}\xi_n)}{(4\pi\varepsilon_{\mathrm{m}}(\mathrm{i}\xi_n))^2}\right]\left(1 + r_n + \frac{5}{12}r_n^2 + \frac{1}{12}r_n^3 + \frac{1}{48}r_n^4\right)\mathrm{e}^{-r_n};$$

然后利用式 (L1.56):

$$\frac{\alpha(\mathrm{i}\xi)}{4\pi} = \frac{\alpha_{\mathrm{ind}}(\mathrm{i}\xi)}{4\pi\varepsilon_0}(\mathrm{mks}), \quad \frac{\alpha(\mathrm{i}\xi)}{4\pi} = \alpha_{\mathrm{ind}}(\mathrm{i}\xi)(\mathrm{cgs}).$$

问题 L1.18: 由式 (L1.59) 导出式 (L1.62).

解答: 除了 $r_{n=0}=0$ 以外, 在有限温度处, 当 $z \to \infty$ 时, 所有 $r_n \to \infty$. 在求和中仅保留 $n=0$ 项, 其因子为 1/2. 因此,

$$g_{\text{London}}(r \to \infty) = -\frac{3kT}{r^6}\left(\frac{\alpha_{\text{ind}}(0)}{4\pi\varepsilon_0}\right)^2 (\text{mks})$$

$$g_{\text{London}}(r \to \infty) = -\frac{3kT}{r^6}\alpha_{\text{ind}}(0)^2 (\text{cgs}).$$

第 2 级的问题集

问题 L2.1: 证明: 如果我们假设光速有限但处处相等, 就可以立即得到 $\overline{\Delta}_{\mathrm{ji}}$ 和 Δ_{ji} 的简单形式.

解答: 就像假设所有的 $\varepsilon_{\mathrm{i}}\mu_{\mathrm{i}}$ 都相等一样, 我们假设光速 $c/\sqrt{\varepsilon_{\mathrm{i}}\mu_{\mathrm{i}}}$ 在所有介质中都相同. 代入 $s_{\mathrm{i}}=\sqrt{p^2-1+(\varepsilon_{\mathrm{i}}\mu_{\mathrm{i}}/\varepsilon_{\mathrm{m}}\mu_{\mathrm{m}})}$, 各 $\varepsilon_{\mathrm{i}}\mu_{\mathrm{i}}$ 相等的条件使得 $s_{\mathrm{i}}=p, \overline{\Delta}_{\mathrm{ji}}=[(s_{\mathrm{i}}\varepsilon_{\mathrm{j}}-s_{\mathrm{j}}\varepsilon_{\mathrm{i}})/(s_{\mathrm{i}}\varepsilon_{\mathrm{j}}+s_{\mathrm{j}}\varepsilon_{\mathrm{i}})]\rightarrow[(\varepsilon_{\mathrm{j}}-\varepsilon_{\mathrm{i}})/(\varepsilon_{\mathrm{j}}+\varepsilon_{\mathrm{i}})]$, 以及 $\Delta_{\mathrm{ji}}=[(s_{\mathrm{i}}\mu_{\mathrm{j}}-s_{\mathrm{j}}\mu_{\mathrm{i}})/(s_{\mathrm{i}}\mu_{\mathrm{j}}+s_{\mathrm{j}}\mu_{\mathrm{i}})]\rightarrow[(\mu_{\mathrm{j}}-\mu_{\mathrm{i}})/(\mu_{\mathrm{j}}+\mu_{\mathrm{i}})]$. 虽然推导过程很轻松, 但是所显示的结果并不平庸.

问题 L2.2: 在式 (L2.102) 中, 极限情况下的有限压强值得进一步思考. 证明它来源于: (1) 在 $l\rightarrow 0$ 极限下, $G(l;a,b)$ (即式 (L2.99)) 的导数; 以及 (2) 在同样的 l 取零值的极限下, 关于 $P(l;a,b)$ 的积分, 即式 (L2.101).

[338] **解答**:

1. 式 (L2.99) 中 $\{\cdots\}$ 的首项以 $l^2\ln l$ 形式趋于零, 故其导数为零, 而最后一项是常数, 常数的导数也为零. 这样就只剩下两项

$$
\begin{aligned}
&\frac{1}{b^2}\ln\left(\frac{l+a+b}{l+a}\right)+\frac{1}{a^2}\ln\left(\frac{l+a+b}{l+b}\right)\\
&=\left(\frac{1}{a^2}+\frac{1}{b^2}\right)\ln\left[(a+b)\left(1+\frac{l}{a+b}\right)\right]-\frac{1}{b^2}\ln\left[a\left(1+\frac{l}{a}\right)\right]\\
&\quad-\frac{1}{a^2}\ln\left[b\left(1+\frac{l}{b}\right)\right]\\
&\approx\text{constant}+\left[\left(\frac{1}{a^2}+\frac{1}{b^2}\right)\left(\frac{1}{a+b}\right)-\frac{1}{b^2a}-\frac{1}{ba^2}\right]l,
\end{aligned}
$$

的导数, 而其对 l 的导数为 $-\dfrac{2}{ab(a+b)}$.

2. 在 l 很小处, 式 (L2.101) 中的压强积分变为

$$\int_0^b\int_0^a\frac{z_{\mathrm{b}}z_{\mathrm{a}}}{(z_{\mathrm{a}}+z_{\mathrm{b}})^3}\mathrm{d}z_{\mathrm{a}}\mathrm{d}z_{\mathrm{b}}=\int_0^b z_{\mathrm{b}}\mathrm{d}z_{\mathrm{b}}\int_0^a\frac{z_{\mathrm{a}}}{(z_{\mathrm{a}}+z_{\mathrm{b}})^3}\mathrm{d}z_{\mathrm{a}}.$$

首先, 对 z_{a} 积分:

$$\int_0^a\frac{z_{\mathrm{a}}}{(z_{\mathrm{a}}+z_{\mathrm{b}})^3}\mathrm{d}z_{\mathrm{a}}=\int_{z_{\mathrm{b}}}^{a+z_{\mathrm{b}}}\frac{q-z_{\mathrm{b}}}{q^3}\mathrm{d}q=-\frac{1}{a+z_{\mathrm{b}}}+\frac{1}{2z_{\mathrm{b}}}+\frac{z_{\mathrm{b}}}{2(a+z_{\mathrm{b}})^2}.$$

接着把这三项分别对 z_b 积分:

$$-\int_0^b \frac{z_b dz_b}{(a+z_b)} = -\int_a^{a+b} \frac{(u-a)du}{u}$$
$$= -b + a\ln\left(\frac{a+b}{a}\right) + \int_0^b \frac{z_b dz_b}{2z_b} = \frac{b}{2};$$
$$\int_0^b z_b dz_b \frac{z_b}{2(a+z_b)^2} = \frac{1}{2}\int_a^{a+b} \frac{(u-a)^2}{u^2}du$$
$$= \frac{1}{2}\int_a^{a+b} du - a\int_a^{a+b}\frac{du}{u} + \frac{a^2}{2}\int_a^{a+b}\frac{du}{u^2}$$
$$= \frac{b}{2} - a\ln\left(\frac{a+b}{a}\right) + \frac{a}{2} - \frac{a^2}{2(a+b)}.$$

把这三个结果集合起来:

$$-b + a\ln\left(\frac{a+b}{a}\right) + \frac{b}{2} + \frac{b}{2} - a\ln\left(\frac{a+b}{a}\right) + \frac{a}{2} - \frac{a^2}{2(a+b)}$$
$$= \frac{a}{2(a+b)}[(a+b)-a] = \frac{ab}{2(a+b)}.$$

问题 L2.3: 在两个凝聚气体隔着真空 ($\varepsilon_m = 1$) 所发生的相互作用表达式 (L2.138) 中, 我们不取极限形式 $\varepsilon \to 1 + N\alpha$, 而是利用 Clausius-Mossoti 表达式 $\varepsilon \approx [(1+2N\alpha/3)/(1-N\alpha/3)]$ [近似式 (L2.135)]. 因此, $\overline{\Delta}_{Am} = \overline{\Delta}_{Bm} = [(\varepsilon-1)/(\varepsilon+1)]$. 证明: 结果是关于密度 N 的幂级数, 其中对 $N^2\alpha^2$ 首项的修正以相继的两个因子出现, 先是 $N\alpha/3$, 然后是 $49N^2\alpha^2/288$.

解答: 考虑形式 $[(\varepsilon-1)/(\varepsilon+1)]^2$ 就够了, 其中 $[(\varepsilon-1)/(\varepsilon+1)] = [(N\alpha)/2][1/(1+N\alpha/6)]$ 或者

$$\left(\frac{\varepsilon-1}{\varepsilon+1}\right)^2 = \left(\frac{N\alpha}{2+N\alpha/3}\right)^2 = \left(\frac{N\alpha}{2}\right)^2 \frac{1}{1+N\alpha/3+N^2\alpha^2/36}$$
$$= \left(\frac{N\alpha}{2}\right)^2 \sum_{\nu=0}^{\infty}\left(\frac{N\alpha}{3}+\frac{N^2\alpha^2}{36}\right)^{\nu}$$
$$\approx \left(\frac{N\alpha}{2}\right)^2\left(1+\frac{N\alpha}{3}+\frac{N^2\alpha^2}{36}+\frac{N^2\alpha^2}{9}+\cdots\right)$$
$$= \left(\frac{N\alpha}{2}\right)^2\left(1+\frac{N\alpha}{3}+\frac{5N^2\alpha^2}{36}+\cdots\right),$$

对于表 (P.1.a.3) 和表达式 (L2.138) 中的 $q=1$ 项, 相继的两个修正因子为 $N\alpha/3$ 和 $5N^2\alpha^2/36$. [339]

$q=2$ 项的贡献为 $\dfrac{1}{8}\left(\dfrac{\varepsilon-1}{\varepsilon+1}\right)^4$, 其关于密度的首项是

$$\frac{1}{8}\left(\frac{N\alpha}{2}\right)^4=\left(\frac{N\alpha}{2}\right)^2\frac{N^2\alpha^2}{32},$$

即额外的修正因子为 $[(N^2\alpha^2)/32]$, 因此各修正项以相继的两个因子出现, 先是 $N\alpha/3$, 接着是 $49N^2\alpha^2/288$.

问题 L2.4: 证明: 细窄物体的公式常常可以通过展开或者求微商的方法来推导

解答: 通过展开的方法: 定义 $\eta\equiv b/l\ll 1$, 故

$$E(l;b)=-\frac{A_{\mathrm{Ham}}}{12\pi}\left[\frac{1}{l^2}-\frac{1}{(l+b)^2}\right]=-\frac{A_{\mathrm{Ham}}}{12\pi l^2}\left[1-\frac{1}{(1+\eta)^2}\right];$$

取至 η 的首项, $[\quad]\approx 1-\dfrac{1}{1+2\eta}\approx 1-(1-2\eta)=2\eta$, 可以导出 $E(l;b)\approx -[A_{\mathrm{Ham}}b/(6\pi l^3)]$.

通过求微商的方法: 把间距 l 移动一个相对小量 $\mathrm{d}l=b$, 利用 $E(l)=-[A_{\mathrm{Ham}}/(12\pi l^2)]$, 则能量的变化可以通过微分写成

$$-\mathrm{d}E(l)=E(l)-E(l+\mathrm{d}l)=-[\mathrm{d}E(l)/\mathrm{d}l]\mathrm{d}l=\{-[A_{\mathrm{Ham}}/(6\pi l^3)]\mathrm{d}l.$$

问题 L2.5: 把式 (L2.144) 展开, 并且对半空间的相互作用 $-[A_{\mathrm{Ham}}/(12\pi l^2)]$ 取微商, 来推导近似式 (L2.145).

解答: 把

$$\begin{aligned}E(l;b)&=-\frac{A_{\mathrm{Ham}}}{12\pi}\left[\frac{l}{l^2}-\frac{2}{(l+b)^2}+\frac{1}{(l+2b)^2}\right]\\&=-\frac{A_{\mathrm{Ham}}}{12\pi l^2}\left[1-\frac{2}{(1+\eta)^2}+\frac{1}{(1+2\eta)^2}\right]\end{aligned}$$

对于小的 $\eta\equiv b/l$ 展开:

$$[\quad]\approx\frac{6\eta^2}{(1+\eta)^2(1+2\eta)^2}\approx 6\eta^2,\quad E(l;b)\approx-\frac{A_{\mathrm{Ham}}b^2}{2\pi l^4}.$$

把 $-[A_{\mathrm{Ham}}/(12\pi l^2)]$对 l 求两次微商, 再乘以 b^2.

问题 L2.6: 我们应该练习一下从 $G_{\mathrm{AmB}}(l,T)$ 的一般形式推导出式 (L2.150) 和 (L2.151) 的处理方法, 因为在很多地方可以通过各种方式用到这些推导过程.

1. 忽略各磁化率的差别, 把 $\varepsilon_{\rm A}=\varepsilon_{\rm m}+N_{\rm A}\alpha_{\rm E}$ 和 $\varepsilon_{\rm B}=\varepsilon_{\rm m}+N_{\rm B}\beta_{\rm E}$ 代入 $S_{\rm A}=\sqrt{p^2-1+(\varepsilon_{\rm A}/\varepsilon_{\rm m})}, s_{\rm B}=\sqrt{p^2-1+(\varepsilon_{\rm B}/\varepsilon_{\rm m})}$; 对数密度展开至级次最低的几阶, 可以验证近似式 (L2.147).

2. 类似地, 把近似式 (L2.147) 引入 $\overline{\Delta}_{\rm Am}, \overline{\Delta}_{\rm Bm}$ 和 $\Delta_{\rm Am}, \Delta_{\rm Bm}$ 中, 对密度展开, 可以验证式 (L2.148).

3. 接着, 对 l 取微商, 再对 p 积分, 可以很容易地得到式 (L2.150) 和 (L2.151). [340]

解答:

1. $s_{\rm A}=\sqrt{p^2-1+(\varepsilon_{\rm A}/\varepsilon_{\rm m})}=\sqrt{p^2-1+[(\varepsilon_{\rm m}+N_{\rm A}\alpha)/\varepsilon_{\rm m}]}\approx p\left(1+\dfrac{1}{2}\dfrac{N_{\rm A}\alpha}{p^2\varepsilon_{\rm m}}\right)=p+\dfrac{N_{\rm A}\alpha}{2p\varepsilon_{\rm m}}$.

2. $\Delta_{\rm Am}=\left(\dfrac{p-s_{\rm A}}{p+s_{\rm A}}\right)\approx\left(\dfrac{-N_{\rm A}\alpha}{4\varepsilon_{\rm m}}\right)\left(\dfrac{1}{p^2}\right)$ 以及 $\Delta_{\rm Bm}\approx\left(\dfrac{-N_{\rm B}\beta}{4\varepsilon_{\rm m}}\right)\left(\dfrac{1}{p^2}\right)$; 故 $\Delta_{\rm Am}\Delta_{\rm Bm}\approx N_{\rm A}N_{\rm B}\left[\dfrac{\alpha\beta}{(4\varepsilon_{\rm m})^2}\right]\left(\dfrac{1}{p^4}\right)\ll 1$, 还有

$$\overline{\Delta}_{\rm Am}=\left(\frac{p\varepsilon_{\rm A}-s_{\rm A}\varepsilon_{\rm m}}{p\varepsilon_{\rm A}+s_{\rm A}\varepsilon_{\rm m}}\right)\approx\left[\frac{N_{\rm A}\alpha}{2\varepsilon_{\rm m}}-\frac{N_{\rm A}\alpha}{(2p)^2\varepsilon_{\rm m}}\right]=\left(\frac{N_{\rm A}\alpha}{4\varepsilon_{\rm m}}\right)\frac{1}{p^2}(2p^2-1)\ll 1,$$

$$\overline{\Delta}_{\rm Bm}\approx\left(\frac{N_{\rm B}\beta}{4\varepsilon_{\rm m}}\right)\frac{1}{p^2}(2p^2-1);\overline{\Delta}_{\rm Am}\overline{\Delta}_{\rm Bm}\approx N_{\rm A}N_{\rm B}\left(\frac{\alpha\beta}{(4\varepsilon_{\rm m})^2}\right)\frac{1}{p^4}(2p^2-1)^2\ll 1.$$

把这些代入自由能关系式

$$G_{\rm AmB}(l,T)\approx-\frac{kT}{2\pi c^2}\sum_{n=0}^{\infty}{}'\varepsilon_{\rm m}\mu_{\rm m}\xi_n^2\int_1^{\infty}p(\overline{\Delta}_{\rm Am}\overline{\Delta}_{\rm Bm}+\Delta_{\rm Am}\Delta_{\rm Bm}){\rm e}^{-r_np}{\rm d}p,$$

其中

$$(\overline{\Delta}_{\rm Am}\overline{\Delta}_{\rm Bm}+\Delta_{\rm Am}\Delta_{\rm Bm})=N_{\rm A}N_{\rm B}\alpha\beta\left(\frac{1}{4\varepsilon_{\rm m}}\right)^2\left(\frac{1}{p^4}\right)(4p^4-4p^2+2),$$

而 $p=x/r_n$, 因此上式变成式 (L2.148):

$$G_{\rm AmB}(l,T)=-\frac{kT}{8\pi}N_{\rm A}N_{\rm B}\sum_{n=0}^{\infty}{}'\frac{\alpha\beta}{(4\varepsilon_{\rm m})^2}(2\varepsilon_{\rm m}^{1/2}\mu_{\rm m}^{1/2}\xi_n/c)^2$$
$$\times\int_1^{\infty}\frac{1}{p^3}(4p^4-4p^2+2){\rm e}^{-(2\varepsilon_{\rm m}^{1/2}\mu_{\rm m}^{1/2}\xi_n/c)pl}{\rm d}p.$$

3. G 对 l 的三阶导数就是把 ${\rm e}^{-(2\varepsilon_{\rm m}^{1/2}\mu_{\rm m}^{1/2}\xi_n/c)pl}$ 求三次微商, 即

$$-(2\varepsilon_{\rm m}^{1/2}\mu_{\rm m}^{1/2}\xi_n/c)^3p^3{\rm e}^{-(2\varepsilon_{\rm m}^{1/2}\mu_{\rm m}^{1/2}\xi_n/c)pl}=-\frac{r_n^3}{l^3}p^3{\rm e}^{-r_np}.$$

这个结果可以消去上式分母中的 p^3; 接下来更简单了, 就是求 p 的积分

$$\int_1^{\infty}\{4p^4-4p^2+2\}\mathrm{e}^{-r_np}\mathrm{d}p=96\frac{\mathrm{e}^{-r_n}}{r_n^5}\left(1+r_n+\frac{5}{12}r_n^2+\frac{1}{12}r_n^3+\frac{1}{48}r_n^4\right).$$

[这里的三项积分用到关于任意正整数 n 的函数 $\alpha_n(z)$ 的一般形式 $\alpha_n(z)\equiv\int_1^{\infty}t^n\mathrm{e}^{-zt}\mathrm{d}t=n!z^{-n-1}\mathrm{e}^{-z}\left(1+z+\frac{z^2}{2!}+\cdots+\frac{z^n}{n!}\right)$. 例如, 见 Abramowitz 和 Stegum. M. Abramowitz 和 I. A. Stegun, *Handbook of Mathematical Functions, with Formulas, Graphs, and Mathematical Tables* (Dover, New York, 1965) 一书中的式 5.1.5 和式 5.1.8. 这里对于 $\alpha_n(z)$ 的定义是直接从 Abramowitz 和 Stegun 书中引述过来的, 注意不要把其中的 α 和 n 与有关力的公式中的 α 和 n 相混淆!]

$$\begin{aligned}-G'''_{\mathrm{AmB}}(l)&=-\frac{kT}{8\pi}N_{\mathrm{A}}N_{\mathrm{B}}\sum_{n=0}^{\infty}{}'\frac{\alpha\beta}{(4\varepsilon_{\mathrm{m}})^2}(2\varepsilon_{\mathrm{m}}^{1/2}\mu_{\mathrm{m}}^{1/2}\xi_n/c)^5 96\\&\quad\frac{\mathrm{e}^{-r_n}}{r_n^5}\left(1+r_n+\frac{5}{12}r_n^2+\frac{1}{12}r_n^3+\frac{1}{48}r_n^4\right)\\&=-12\frac{kT}{\pi l^5}N_{\mathrm{A}}N_{\mathrm{B}}\sum_{n=0}^{\infty}{}'\frac{\alpha\beta}{(4\varepsilon_{\mathrm{m}})^2}\mathrm{e}^{-r_n}\left[1+r_n+\frac{5}{12}r_n^2+\frac{1}{12}r_n^3+\frac{1}{48}r_n^4\right],\end{aligned}$$

其中 $(2\varepsilon_{\mathrm{m}}^{1/2}\mu_{\mathrm{m}}^{1/2}\xi_n/c)^5$ 已经变回到了 $(r_n^5)/(l^5)$.

---

[341] **问题 L2.7**: 证明: 在高度理想化的零温度极限下, 求和式 $\sum_{n=0}^{\infty}{}'\mathrm{e}^{-r_n}(\cdots)$ [式 (L2.151) 和表达式 (L2.153)] 中的各项相对于指标 n 的变化都很慢, 故求和式可以近似为积分 $\int_0^{\infty}(\ )\mathrm{e}^{-r_n}\mathrm{d}n$. 在此极限下, 推出式 (L2.154), 以及看似不知从哪里来的因子 23.

解答: 利用 $r_n=(2l\varepsilon_{\mathrm{m}}^{1/2}\mu_{\mathrm{m}}^{1/2}\xi_n/c)=(2l\varepsilon_{\mathrm{m}}^{1/2}\mu_{\mathrm{m}}^{1/2}/c)(2\pi kT/\hbar)n$ 微分 $\mathrm{d}n$ 可以转换为 $\mathrm{d}r_n=(2l\varepsilon_{\mathrm{m}}^{1/2}\mu_{\mathrm{m}}^{1/2}/c)\mathrm{d}\xi_n=(2l\varepsilon_{\mathrm{m}}^{1/2}\mu_{\mathrm{m}}^{1/2}/c)(2\pi kT/\hbar)\mathrm{d}n$. 于是式 (L2.151) 中的函数可以写成积分:

$$\int_0^{\infty}\left(1+r_n+\frac{5}{12}r_n^2+\frac{1}{12}r_n^3+\frac{1}{48}r_n^4\right)\mathrm{e}^{-r_n}\mathrm{d}r_n/[(2l\varepsilon_{\mathrm{m}}^{1/2}\mu_{\mathrm{m}}^{1/2}/c)(2\pi kT/\hbar)].$$

由 $\int_0^{\infty}\mathrm{e}^{-x}x^n\mathrm{d}x=n!$, 对 r_n 的积分变成 $1+1+(10/12)+(6/12)+(24/48)=(23/6)$. 于是, 由表达式 (L2.153) 得来的相互作用 $g_{\alpha\beta}(l)$ 具有形式

$$g_{\alpha\beta}(l)=-\left\{\frac{23}{6}\left(\frac{3kT}{8\pi^2l^6}\right)\Big/[(2l\varepsilon_{\mathrm{m}}^{1/2}\mu_{\mathrm{m}}^{1/2}/c)(2\pi kT/\hbar)]\right\}\left[\frac{\alpha(0)\beta(0)}{\varepsilon_{\mathrm{m}}^2(0)}\right]^2,$$

就是式 (L2.154).

问题 L2.8: 假设最坏的情形, 即一个金属球, 其 $\alpha = 4\pi a^3$, 利用两球中心间距 z 来量度数密度, N 取为每立方体积 z^3 中有一个球, 证明: 不等式条件 $N\alpha \ll 3$ 变为 $4\pi a^3 \ll 3z^3$.

解答: 两项之比为 $[(N\alpha)^2/3]/N\alpha = N\alpha/3 = 4\pi a^3/3z^3$. 对于 $z = 4a, 4\pi a^3/3z^3 = 4\pi a^3/3(4a)^3 \sim (1/16)$.

问题 L2.9: 证明: 在满足 $\mu_{\text{dipole}}E \ll kT$ 的弱场区域, 把取向极化 $\mu_{\text{dipole}}\cos\theta$ 对所有角度取平均, 并以各能量值 $\mu_{\text{dipole}}E\cos\theta$ 在玻尔兹曼分布中的因子为权重进行计算, 其结果为 $(\mu_{\text{dipole}}^2/3kT)E$.

解答: 把每个角度的极化 $\mu_{\text{dipole}}\cos\theta$ 乘以能量 $-\mu_{\text{dipole}}E\cos\theta$ 的玻尔兹曼因子 $\mathrm{e}^{+\mu_{\text{dipole}}E\cos\theta/kT}$. 对于 θ 和 $\theta + \mathrm{d}\theta$ 之间的角度值, 其权重为立体角 $2\pi\sin\theta\mathrm{d}\theta$.

可以对很小的 E 值做展开 $\mathrm{e}^{+\mu_{\text{dipole}}E\cos\theta/kT} \approx 1 + \mu_{\text{dipole}}E\cos\theta/kT$, 故总的平均为

$$\frac{\displaystyle\int_0^{\pi} \mu_{\text{dipole}}\cos\theta\mathrm{e}^{+\mu_{\text{dipole}}E\cos\theta/kT}2\pi\sin\theta\mathrm{d}\theta}{\displaystyle\int_0^{\pi} \mathrm{e}^{+\mu_{\text{dipole}}E\cos\theta/kT}2\pi\sin\theta\mathrm{d}\theta}$$

$$\approx \frac{\mu_{\text{dipole}}^2}{kT}E\frac{\displaystyle\int_1^{-1}\cos^2\theta\mathrm{d}(\cos\theta)}{\displaystyle\int_1^{-1}\mathrm{d}(\cos\theta)} = \frac{\mu_{\text{dipole}}^2}{3kT}E.$$

问题 L2.10: 把式 (L2.181), (L2.182), (L2.195) 和 (L2.196) 整合起来, 各项对粒子数密度展开至最低几阶, 并利用式 (L2.198) 和 (L2.199), 分别推导出关于 $g_{\text{D-D}}(l), g_{\text{D-M}}(l)$ 和 $g_{\text{M-M}}(l)$ 的公式 (L2.200), (L2.204) 和 (L2.206).

解答: 由展开得到 [342]

$$s \approx \left[p^2 + N\left(\frac{\varGamma_{\text{s}}}{n_{\text{m}}} - \frac{\alpha}{\varepsilon_{\text{m}}}\right)\right]^{\frac{1}{2}} \approx p + \frac{N}{2p}\left(\frac{\varGamma_s}{n_{\text{m}}} - \frac{\alpha}{\varepsilon_{\text{m}}}\right), \quad \varepsilon_{\text{susp}} = \varepsilon_{\text{m}}\left(1 + N\frac{\alpha}{\varepsilon_{\text{m}}}\right),$$

$$\overline{\Delta}_{\text{Sm}} = \left(\frac{s\varepsilon_{\text{susp}} - p\varepsilon_{\text{m}}}{s\varepsilon_{\text{susp}} + p\varepsilon_{\text{m}}}\right) \approx \frac{N}{2}\left[\left(1 - \frac{1}{2p^2}\right)\frac{\alpha}{\varepsilon_{\text{m}}} + \frac{1}{2p^2}\frac{\varGamma_{\text{s}}}{n_{\text{m}}}\right].$$

对于式 (L2.198) 中的被积函数, 取

$$p^2\overline{\Delta}_{\text{Sm}} \approx \frac{N}{2}\left[\frac{\alpha}{\varepsilon_{\text{m}}}\left(p^2 - \frac{1}{2}\right) + \frac{\varGamma_{\text{s}}}{n_{\text{m}}}\frac{1}{2}\right],$$

$$p^4\overline{\Delta}_{\text{Sm}}^2 \approx \frac{N^2}{4}\left[\left(\frac{\alpha}{\varepsilon_{\text{m}}}\right)^2\left(p^4 - p^2 + \frac{1}{4}\right) + \left(\frac{\alpha}{\varepsilon_{\text{m}}}\right)\left(\frac{\varGamma_s}{n_{\text{m}}}\right)\left(p^2 - \frac{1}{2}\right) + \frac{1}{4}\left(\frac{\varGamma_s}{n_{\text{m}}}\right)^2\right].$$

因子 N^2 使我们可以把式 (L2.198) 写成

$$-G'''_{\text{SmS}}(l) = 2\pi l N^2 g_p(l) \approx -\frac{2kT\kappa_{\text{m}}^5}{\pi}\frac{N^2}{4}\int_1^\infty \left[\frac{\alpha}{\varepsilon_{\text{m}}}\left(p^2-\frac{1}{2}\right)+\frac{\Gamma_{\text{s}}}{n_{\text{m}}}\frac{1}{2}\right]^2 \text{e}^{-2\kappa_{\text{m}}lp}\text{d}p.$$

对于点粒子相互作用,

$$g_p(l) = -\frac{kT\kappa_{\text{m}}^5}{4\pi^2 l}\int_1^\infty [\quad]\text{e}^{-2\kappa_{\text{m}}lp}\text{d}p = g_{\text{D-D}}(l)+g_{\text{D-M}}(l)+g_{\text{M-M}}(l),$$

各项为几个独立积分:

$$g_{\text{D-D}}(l) \approx -\frac{kT\kappa_{\text{m}}^5}{4\pi^2 l}\left(\frac{\alpha}{\varepsilon_{\text{m}}}\right)^2\int_1^\infty\left(p^4-p^2+\frac{1}{4}\right)\text{e}^{-2\kappa_{\text{m}}lp}\text{d}p,$$

$$g_{\text{D-M}}(l) \approx -\frac{kT\kappa_{\text{m}}^5}{4\pi^2 l}\left(\frac{\alpha}{\varepsilon_{\text{m}}}\right)\left(\frac{\Gamma_{\text{s}}}{n_{\text{m}}}\right)\int_1^\infty\left(p^2-\frac{1}{2}\right)\text{e}^{-2\kappa_{\text{m}}lp}\text{d}p,$$

$$g_{\text{M-M}}(l) \approx -\frac{kT\kappa_{\text{m}}^5}{4\pi^2 l}\frac{1}{4}\left(\frac{\Gamma_{\text{s}}}{n_{\text{m}}}\right)^2\int_1^\infty \text{e}^{-2\kappa_{\text{m}}lp}\text{d}p.$$

利用

$$\alpha_n(z) = \int_1^\infty p^n\text{e}^{-zp}\text{d}p = \frac{n!}{z^{n+1}}\text{e}^{-z}\left(1+z+\frac{z^2}{2!}+\frac{z^3}{3!}+\frac{z^4}{4!}+\cdots+\frac{z^n}{n!}\right),$$

以及 $z\alpha_n(z) = \text{e}^{-z}+n\alpha_{n-1}(z)$ (例如, M. Abramowitz 和 I. A. Stegun, *Handbook of Mathematical Functions, with Formulas, Graphs, and Mathematical Tables* (Dover, New York, 1965) 的第 5 章, 式 5.1.5, 5.1.8 和 5.1.15), 对

$$\int_1^\infty\left(p^4-p^2+\frac{1}{4}\right)\text{e}^{-zp}\text{d}p = 24\frac{\text{e}^{-z}}{z^5}\left(1+z+\frac{5}{12}z^2+\frac{1}{12}z^3+\frac{1}{96}z^4\right)$$

积分, 得到式 (L2.200); 对

$$\int_1^\infty\left(p^2-\frac{1}{2}\right)\text{e}^{-zp}\text{d}p = 2\frac{\text{e}^{-z}}{z^3}\left(1+z+\frac{1}{4}z^2\right)$$

积分, 得到式 (L2.204); 对

$$\int_1^\infty \text{e}^{-zp}\text{d}p = \frac{\text{e}^{-z}}{z}$$

积分, 得到式 (L2.206).

---

[343] **问题 L2.11**: 求出式 (L2.211) 中要用到的对 l 的微商.

解答: 由于 $r_n=(2l\varepsilon_{\rm m}^{1/2}/c)\xi_n=(2\varepsilon_{\rm m}^{1/2}\xi_n/c)l, G_{\rm AmB}(l,T)$ 对 l 的依赖关系都处于变量 p 的积分之内:

$$\begin{aligned}G'_{\rm AmB}(l)=&\frac{NkT}{8\pi}\sum_{n=0}^{\infty}{}'\left[\frac{\beta(\mathrm{i}\xi_n)}{4\varepsilon_{\rm m}(\mathrm{i}\xi_n)}\right](2\varepsilon_{\rm m}^{1/2}\xi_n/c)^3\int_1^\infty p^2\\&\left[\overline{\Delta}_{\rm Am}\left(\frac{2p^2-1}{p^2}\right)-\Delta_{\rm Am}\frac{1}{p^2}\right]\mathrm{e}^{-(2\varepsilon_{\rm m}^{1/2}\xi_n/c)pl}\mathrm{d}p\\=&\frac{NkT}{8\pi l^3}\sum_{n=0}^{\infty}{}'\left[\frac{\beta(\mathrm{i}\xi_n)}{4\varepsilon_{\rm m}(\mathrm{i}\xi_n)}\right]r_n^3\int_1^\infty(\overline{\Delta}_{\rm Am}(2p^2-1)-\Delta_{\rm Am})\mathrm{e}^{-r_np}\mathrm{d}p=Ng_p(l).\end{aligned}$$

问题 L2.12: 从式 (L2.211) 出发, 把求和转换为积分, 推导出零温度极限的公式 (L2.217) 和 (L2.218).

解答: 把 r_n 替换为 $(2l\varepsilon_{\rm m}^{1/2}/c)\xi_n$, 把对 n 的求和替换为对 ξ 的积分, 引入因子 $\hbar/(2\pi kT)$, 并设极化率 $\varepsilon_{\rm m}$ 和 β 与频率无关. 由式 (L2.211) 得到的一般形式

$$-\frac{kT}{32\pi l^3}\sum_{n=0}^{\infty}{}'\left[\frac{\beta(\mathrm{i}\xi_n)}{\varepsilon_{\rm m}(\mathrm{i}\xi_n)}\right]r_n^3\int_1^\infty[\overline{\Delta}_{\rm Am}(2p^2-1)-\Delta_{\rm Am}]\mathrm{e}^{-r_np}\mathrm{d}p,$$

变为

$$-\frac{\hbar}{8\pi^2c^3}\varepsilon_{\rm m}^{3/2}\left(\frac{\beta}{\varepsilon_{\rm m}}\right)\int_0^\infty\mathrm{d}\xi\xi^3\int_1^\infty[\overline{\Delta}_{\rm Am}(2p^2-1)-\Delta_{\rm Am}]\mathrm{e}^{-(2l\varepsilon_{\rm m}^{1/2}\xi/c)p}\mathrm{d}p.$$

把 ξ 的积分算出来,

$$\int_0^\infty\xi^3\mathrm{e}^{-(2l\varepsilon_{\rm m}^{1/2}p/c)\xi}\mathrm{d}\xi=(c/2l\varepsilon_{\rm m}^{1/2}p)^4\int_0^\infty x^3\mathrm{e}^{-x}\mathrm{d}x=6(c/2l\varepsilon_{\rm m}^{1/2}p)^4,$$

就可以得到对 p 的积分式 (L2.217) 和 (L2.218):

$$\begin{aligned}&-\frac{\hbar}{8\pi^2c^3}\varepsilon_{\rm m}^{3/2}\left(\frac{\beta}{\varepsilon_{\rm m}}\right)6\left(\frac{c}{2l\varepsilon_{\rm m}^{1/2}}\right)^4\int_1^\infty\{[\overline{\Delta}_{\rm Am}(2p^2-1)-\Delta_{\rm Am}]/p^4\}\mathrm{d}p\\=&-\frac{3\hbar c}{8\pi l^4}\left(\frac{\beta/4\pi}{\varepsilon_{\rm m}^{3/2}}\right)\frac{1}{2}\int_1^\infty\{[\overline{\Delta}_{\rm Am}(2p^2-1)-\Delta_{\rm Am}]/p^4\}\mathrm{d}p.\end{aligned}$$

问题 L2.13: 把式 (L2.218) 对相近的 $\varepsilon_{\rm A}\approx\varepsilon_{\rm m}$ 做展开, 证明: 近似式 (L2.200) 中会出现 23/30.

解答: 设 $\varepsilon_{\rm A}/\varepsilon_{\rm m}=1+\eta$, 其中 $|\eta|\ll 1$, 并保留与 η 成线性关系的项:

$$\begin{aligned}
&\left(\frac{\varepsilon_{\rm A}-\varepsilon_{\rm m}}{\varepsilon_{\rm A}+\varepsilon_{\rm m}}\right)\approx\frac{\eta}{2},\quad s_{\rm A}=\sqrt{p^2-1+(\varepsilon_{\rm A}/\varepsilon_{\rm m})}\to p+(\eta/2p),\\
&\Delta_{\rm Am}=\frac{p-s_{\rm A}}{p+s_{\rm A}}\to-\frac{\eta}{4p^2},\\
&\overline{\Delta}_{\rm Am}=\frac{p\varepsilon_{\rm A}-s_{\rm A}\varepsilon_{\rm m}}{p\varepsilon_{\rm A}+s_{\rm A}\varepsilon_{\rm m}}\to-\frac{\eta(1-2p^2)}{4p^2};\\
&\Theta(\varepsilon_{\rm A}/\varepsilon_{\rm m})\equiv\frac{1}{2}\int_1^\infty\{[\overline{\Delta}_{\rm Am}(2p^2-1)-\Delta_{\rm Am}]/p^4\}{\rm d}p\\
&=+\frac{\eta}{8}\int_1^\infty[(2-4p^2+4p^4)/p^6]{\rm d}p\\
&=\frac{\eta}{8}\left(\frac{2}{5}-\frac{4}{3}+4\right)\approx\left(\frac{\varepsilon_{\rm A}-\varepsilon_{\rm m}}{\varepsilon_{\rm A}+\varepsilon_{\rm m}}\right)\left(\frac{23}{30}\right).
\end{aligned}$$

---

[344] **问题 L2.14**: 从关于 $G_{\rm AmB}(l,\theta)$ 的式 (L2.225) 中的首项 $(j=1)$ 开始, 通过式 (L2.228) 引入 $\overline{\Delta}_{\rm Am}(\xi_n,\psi)$ 和 $\overline{\Delta}_{\rm Bm}(\xi_n,\theta,\psi)$ 的几个最低阶项, 推导出式 (L2.229).

解答: 取

$$\begin{aligned}
G_{\rm AmB}(l,\theta)&\approx-\frac{kT}{16\pi^2l^2}{\sum_{n=0}^{\infty}}'\int_0^{2\pi}\overline{\Delta}_{\rm Am}(\xi_n,\psi)\overline{\Delta}_{\rm Bm}(\xi_n,\theta,\psi){\rm d}\psi\\
&\to-\frac{kT}{16\pi^2l^2}v^2{\sum_{n=0}^{\infty}}'\int_0^{2\pi}\left[\overline{\Delta}_\perp+\frac{(\overline{\Delta}_\parallel-2\overline{\Delta}_\perp)}{4}\cos^2(-\psi)\right]\\
&\quad\times\left[\overline{\Delta}_\perp+\frac{(\Delta_\parallel-2\overline{\Delta}_\perp)}{4}\cos^2(\theta-\psi)\right]{\rm d}\psi\\
&=-\frac{kT}{16\pi^2l^2}v^2{\sum_{n=0}^{\infty}}'\int_0^{2\pi}\{\ \ \}{\rm d}\psi,
\end{aligned}$$

其中

$$\begin{aligned}
\{\ \ \}=\Bigg\{&\overline{\Delta}_\perp^2+\overline{\Delta}_\perp\frac{(\overline{\Delta}_\parallel-2\overline{\Delta}_\perp)}{4}[\cos^2(-\psi)+\cos^2(\theta-\psi)]\\
&+\left(\frac{\overline{\Delta}_\parallel-2\overline{\Delta}_\perp}{4}\right)^2\cos^2(-\psi)\cos^2(\theta-\psi)\Bigg\}.
\end{aligned}$$

利用

$$\int_0^{2\pi}\cos^2(-\psi)\cos^2(\theta-\psi){\rm d}\psi=2\pi\left(\frac{1}{8}+\frac{\cos^2\theta}{4}\right),$$

因此

$$
\begin{aligned}
&G_{\mathrm{AmB}}(l,\theta)\\
&\approx -\frac{kT}{8\pi l^2}v^2\sum_{n=0}^{\infty}{}'\left[\overline{\Delta}_{\perp}^2+\frac{\overline{\Delta}_{\perp}}{4}(\overline{\Delta}_{\parallel}-2\overline{\Delta}_{\perp})+\left(\frac{\overline{\Delta}_{\parallel}-2\overline{\Delta}_{\perp}}{4}\right)^2\left(\frac{1}{8}+\frac{\cos^2\theta}{4}\right)\right]\\
&=-\frac{kT}{8\pi l^2}v^2\sum_{n=0}^{\infty}{}'\left[\overline{\Delta}_{\perp}^2+\frac{\overline{\Delta}_{\perp}}{4}(\overline{\Delta}_{\parallel}-2\overline{\Delta}_{\perp})+\frac{2\cos^2\theta+1}{2^7}(\overline{\Delta}_{\parallel}-2\overline{\Delta}_{\perp})^2\right].
\end{aligned}
$$

问题 L2.15: 由式 (L2.229), 把式 (L2.230) 代入阿贝尔变换式 $h(l)=\int_{-\infty}^{\infty}g(l^2+y^2)\mathrm{d}y$, 并利用逆阿贝尔变换

$$g(l)=-\frac{1}{\pi}\int_l^{\infty}\frac{h'(y)}{\sqrt{y^2+l^2}}\mathrm{d}y$$

推导出关于平行细杆吸引作用的式 (L2.233).

解答: 由式 (L2.229) 给出 G 的二次微商为 $\mathrm{d}^2G/\mathrm{d}l^2=-6N^2C(\theta)/l^4$. 因此, $h(y)$ 或 $h(l)$ 显然是通过 $h(y)=-6C(\theta)/y^4$ 起作用的, 故 $h'(y)=24C(\theta)/y^5$. 这里的问题太简单了, 不需要用到复杂的积分. 对于平行细杆, $\theta=0$, 很容易验证公式 $g(l^2+y^2)=-c_{\parallel}/(y^2+l^2)^{5/2}$. 利用

$$\int_{-\infty}^{\infty}\frac{\mathrm{d}y}{(y^2+l^2)^{5/2}}=2\int_0^{\infty}\frac{\mathrm{d}y}{(y^2+l^2)^{5/2}}=\frac{4}{3}\frac{1}{l^4}$$

(例如, Gradshteyn 和 Ryzhik, 式 3.252.3). I. S.Gradshteyn 和 I. M. Ryzhik, *Table of Integrals, Series, and Products* (Academic, New York, 1965). 把上面的所有东西都放到一起, 可以得到

[345]

$$
\begin{aligned}
\frac{\mathrm{d}^2G_{\mathrm{AmB}}(l,\theta=0)}{\mathrm{d}l^2}&\approx-\frac{6N^2C(\theta=0)}{l^4}=N^2\int_{-\infty}^{\infty}g(\sqrt{l^2+y^2},\theta=0)\mathrm{d}y\\
&=-N^2c_{\parallel}\int_{-\infty}^{\infty}\frac{\mathrm{d}y}{(l^2+y^2)^{\frac{5}{2}}}=-N^2c_{\parallel}\frac{4}{3l^4},
\end{aligned}
$$

其中

$$C(\theta=0)=\frac{kT}{8\pi}(\pi a^2)^2\sum_{n=0}^{\infty}{}'\left[\overline{\Delta}_{\perp}^2+\frac{\overline{\Delta}_{\perp}}{4}(\overline{\Delta}_{\parallel}-2\overline{\Delta}_{\perp})+\frac{3}{2^7}(\overline{\Delta}_{\parallel}-2\overline{\Delta}_{\perp})^2\right],$$

给出

$$c_{\parallel}=\frac{9kT}{16\pi}(\pi a^2)^2\sum_{n=0}^{\infty}{}'\left[\overline{\Delta}_{\perp}^2+\frac{\overline{\Delta}_{\perp}}{4}(\overline{\Delta}_{\parallel}-2\overline{\Delta}_{\perp})+\frac{3}{2^7}(\overline{\Delta}_{\parallel}-2\overline{\Delta}_{\perp})^2\right].$$

问题 L2.16: 证明: 如果孤立粒子的 $\alpha(\omega)$ 取共振振子的形式, $\alpha(\omega) = [f_\alpha/(\omega_\alpha^2 - \omega^2 - \mathrm{i}\omega\gamma_\alpha)]$, 那么, 当我们对数密度为 N 的粒子进行洛伦茨 – 洛伦兹变换 $\varepsilon(\omega) = \{[1 + 2N\alpha(\omega)/3]/[1 - N\alpha(\omega)/3]\}$ 后, 所得到的 $\varepsilon(\omega)$ 也具有共振振子的形式. 如果把 f_α 替换为 Nf_α, 来自于总粒子数的响应强度保持不变; 共振频率 ω_α^2 变为 $\omega_\alpha^2 - Nf_\alpha/3$; 而宽度参数 γ_α 保持不变.

解答: 对于振子, 可以验证公式 $\varepsilon(\omega) = 1 + [f_\varepsilon/(\omega_\varepsilon^2 - \omega^2 - \mathrm{i}\omega\gamma_\varepsilon)]$:

$$\varepsilon(\omega) = \frac{1 + 2N\alpha(\omega)/3}{1 - N\alpha(\omega)/3} = \frac{(\omega_\alpha^2 - \omega^2 - Nf_\alpha/3 - \mathrm{i}\omega\gamma_\alpha) + Nf_\alpha}{(\omega_\alpha^2 - \omega^2 - Nf_\alpha/3 - \mathrm{i}\omega\gamma_\alpha)}$$
$$= 1 + \frac{Nf_\alpha}{(\omega_\alpha^2 - Nf_\alpha/3) - \omega^2 - \mathrm{i}\omega\gamma_\alpha} = 1 + \frac{f_\varepsilon}{\omega_\varepsilon^2 - \omega^2 - \mathrm{i}\omega\gamma_\varepsilon},$$

其中 $f_\varepsilon = Nf_\alpha, \omega_\varepsilon^2 = \omega_\alpha^2 - Nf_\alpha/3$ 以及 $\gamma_\varepsilon = \gamma_\alpha$.

问题 L2.17: 多稀薄算是稀薄呢? 利用 $\varepsilon(\omega) = \{[1+2N\alpha(\omega)/3]/[1-N\alpha(\omega)/3]\}$ 来证明: 随着数密度 N 的增大, 会出现对能量的 "稀薄气体成对相加性" 的偏离. 忽略推迟效应, 想象两个同类的非稀薄气体 $(\varepsilon_\mathrm{A} = \varepsilon_\mathrm{B} = \varepsilon = [(1 + 2N\alpha/3)/(1 - N\alpha/3)])$ 通过真空 $(\varepsilon_\mathrm{m} = 1)$ 发生相互作用. 把此 $\varepsilon(\omega)$ 展开至比 N 线性项更高的阶, 把结果代入用于计算力的差值与和值之比 $\overline{\Delta}^2 = [(\varepsilon - 1)/(\varepsilon + 1)]^2$ (表 P.1.a.4).

把此结果应用于半径为 a 的金属球, $\alpha/4\pi = a^3$ [表 S.7 和式 (L2.166)–(L2.169)], 每个粒子占据的平均体积为 $(1/N) = (4\pi/3)\rho^3$. 证明: 当粒子中心的平均间距 $z \sim 2\rho$ 时, 稀薄条件为 $z \gg 2a$.

解答: 为了简洁起见, 可以用 $\eta = N\alpha$ 来表示, 故

$$\varepsilon - 1 = \frac{\eta}{1 - \eta/3}, \quad \varepsilon + 1 = \frac{2 + \eta/3}{1 - \eta/3}, \quad \overline{\Delta}^2 = \left(\frac{\varepsilon - 1}{\varepsilon + 1}\right)^2 = \left(\frac{\eta}{2 + \eta/3}\right)^2$$
$$= \left(\frac{\eta}{2}\right)^2 \frac{1}{(1 + \eta/6)^2} \approx \left(\frac{\eta}{2}\right)^2 (1 - \eta/3 + \cdots).$$

结果就是首项的因子 $(1-N\alpha/3+\cdots)$. 于是, 判断小 $N\alpha$ 值的条件为 $N\alpha/3 \ll 1$. 对于 $\alpha/4\pi = a^3$ 以及 $(1/N) = (4\pi/3)\rho^3$, 有 $N\alpha = 3(a^3/\rho^3)$, 故低密度的判断条件变为 $(a^3/\rho^3) \ll 1$.

[346] **问题 L2.18**: 证明: 在满足 "成对相加性" 的区域, 连续性极限被 $(a/z)^2$ 阶的各项所破坏, 其中 (仅在这里) a 是原子间距.

解答: (用实例): 考虑一个点粒子以及沿着直线排列的一系列相距 a 的相似点粒子组成的 "杆" , 它们之间的最小距离为 z. 为了考察杆的不连续性结构的

效应, 计算下列两种情形中粒子 – 杆相互作用的差异: (1) 单个粒子正对着杆上的一个粒子, 或者 (2) 此粒子位于杆上两个粒子的中点. 就是说, 情形 (2) 与情形 (1) 基本相同, 只是杆平移了一段距离 $a/2$.

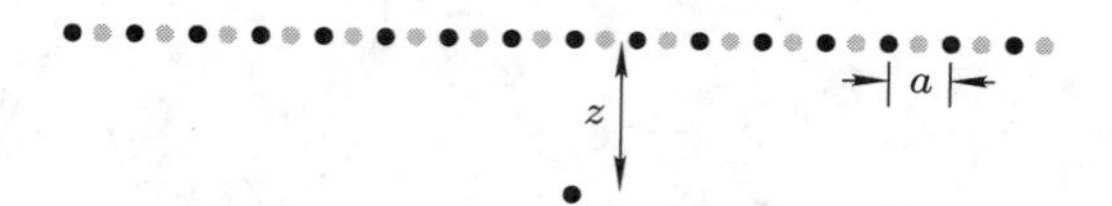

把沿着杆的各粒子位置的指标取为 ja, 其中 $-\infty \leqslant j \leqslant \infty$. 因此点粒子和杆上任意一个粒子间的距离为 $r_j^2 = z^2 + j^2(a/2)^2$. 把位于杆上距离 r_j 处的相互作用与位于 r_{j-1} 和 r_{j+1} 处的相互作用平均值进行比较, 就可以很容易地比较出两个位置上的能量, 其中 $r_{j\pm1}^2 = z^2 + (j\pm1)^2(a/2)^2 = r_j^2 + (1\pm 2j)(a/2)^2$. 这里我们假设微元间相互作用为 $1/r^6$; 利用

$$\frac{1}{r_{j\pm1}^6} \approx \frac{1}{r_j^6}[1 - 3(1\pm 2j)(a/2r_j)^2] = \frac{1}{r_j^6} - \frac{3}{r_j^6}\left(\frac{a}{2r_j}\right)^2(1\pm 2j)$$

可以得到差值为 $\dfrac{1}{r_j^6} - \dfrac{1}{2}\left(\dfrac{1}{r_{j-1}^6} + \dfrac{1}{r_{j+1}^6}\right) = -\dfrac{6}{r_j^6}\left(\dfrac{a}{2r_j}\right)^2$.

由此差值我们看出, 对求和式中的有效六次方反比关系的偏离是一个 $(a/r)^2$ 形式的因子. 为了对所有相互作用求和, 取连续体极限作为比较的基础. 就是说, 对 $r^2 = z^2 + \rho^2$ 求积分, 即

$$\int_{-\infty}^{\infty} \frac{\mathrm{d}\rho}{(z^2+\rho^2)^{\nu/2}} = \frac{1}{z^{\nu-1}}\int_{-\infty}^{\infty} \frac{\mathrm{d}(\rho/z)}{[1+(\rho/z)^2]^{\nu/2}} \sim \frac{1}{z^{\nu-1}}$$

其中 $\nu = 6$ 或 8. $\nu = 6$ 给出的是点和杆之间的首项相互作用, 即五次方反比关系 (或者两个平行细杆之间的每单位长度相互作用, 表 C.4.a). 对于 $\nu = 8$, 我们得到的是修正项, 即 $(a/z)^2$ 阶的因子.

问题 L2.19: 在什么情况下, 对离散取样频率的求和可以替换为对虚频率的积分? 证明: 需要满足的条件为

$$\frac{I(\xi_{n+1}) - 2I(\xi_n) + I(\xi_{n-1})}{24I(\xi_n)} \ll 1.$$

解答: 求和式类似于通常对积分取近似时所用的辛普森法则. 对频率轴上的一系列离散点 $\xi_{n=0} = 0, \xi_{n=1}, \xi_{n=2}, \xi_{n=3}, \cdots$ 取值, 其中各点的横坐标宽度为 $(2\pi kT)/\hbar$, 即除了在 $\xi_0 = 0$ 点附近是只向右扩展以外, 在其它点上都是向两边各扩展 $(\pi kT)/\hbar$. 仅当被积函数 $I(\xi)$ 在从 $\xi_n - [(\pi kT)/\hbar]$ 到 $\xi_n + [(\pi kT)/\hbar]$ 的值域上变化很慢时, 对离散值求和可以替换为积分. 多慢呢?

[347] 把 $I(\xi)$ 对 ξ_n 展开:

$$I(\xi) = I(\xi_n) + \left.\frac{\partial I(\xi)}{\partial \xi}\right|_{\xi_n} (\xi - \xi_n) + \left.\frac{\partial^2 I(\xi)}{\partial \xi^2}\right|_{\xi_n} \frac{(\xi - \xi_n)^2}{2} + \left.\frac{\partial^3 I(\xi)}{\partial \xi^3}\right|_{\xi_n} \frac{(\xi - \xi_n)^3}{6} + \cdots.$$

计算积分, 得到奇数次幂为零,

$$\begin{aligned}\int_{\xi_n - \frac{\pi kT}{\hbar}}^{\xi_n + \frac{\pi kT}{\hbar}} I(\xi)\mathrm{d}\xi &= I(\xi_n)\frac{2\pi kT}{\hbar} + 0 + \left.\frac{\partial^2 I(\xi)}{\partial \xi^2}\right|_{\xi_n} \left(\frac{\pi kT}{\hbar}\right)^3 \frac{1}{3} + 0 + \cdots \\ &= I(\xi_n)\frac{2\pi kT}{\hbar} + \left.\frac{\partial^2 I(\xi)}{\partial \xi^2}\right|_{\xi_n} \left(\frac{2\pi kT}{\hbar}\right)^3 \frac{1}{24} + \cdots.\end{aligned}$$

此积分形式相对于同样频率域的求和项 $I(\xi_n)[(2\pi kT)/\hbar]$ 的偏离为

$$\left.\frac{[\partial^2 I(\xi)/\partial \xi^2]}{24 I(\xi_n)}\right|_{\xi_n} \left(\frac{2\pi kT}{\hbar}\right)^2.$$

首先, 利用 $I(\xi_n)$ 函数本身来对 $[\partial^2 I(\xi)/\partial \xi^2]|_{\xi_n}$ 作估计. 取 $[\partial I(\xi)/\partial \xi]\big|_{\xi_n} \approx [I(\xi_{n+1}) - I(\xi_n)]/(2\pi kT/\hbar)$. 因此

$$\begin{aligned}[\partial^2 I(\xi)/\partial \xi^2]|_{\xi_n} &\approx (\{[I(\xi_{n+1}) - I(\xi_n)]/(2\pi kT/\hbar)\} \\ &\quad - \{[I(\xi_n) - I(\xi_{n-1})]/(2\pi kT/\hbar)\})/(2\pi kT/\hbar) \\ &= [I(\xi_{n+1}) - 2I(\xi_n) + I(\xi_{n-1})]/(2\pi kT/\hbar)^2,\end{aligned}$$

故满足差值很小的条件为

$$\frac{I(\xi_{n+1}) - 2I(\xi_n) + I(\xi_{n-1})}{24 I(\xi_n)} \ll 1.$$

通常, 各 ε 值的变化发生在与吸收频率成正比的尺度上. 因此, 当各取样频率的差异小于那些对改变 I 值 (或 ε 值) 值起重要作用的吸收频率时, 就可以满足上述条件. 在室温时, 这意味着各 n 值 $\gtrsim 10$.

注解

绪论

[1] 熵: 源于多重可能性的无序或不确定性.

[2] 空间的: 三维结构, 固体性; 分子中所有原子的空间排列.

[3] 源于 B. V. Derjaguin, “P. N. Lebedev’s ideas on the nature of molecular forces,” Sov. Phys. Usp., **10**, 108–11 (1967). 此文追溯了 Lebedev 所做评论的发展过程, 这些评论引领 H. B. G. Casimir (卡西米尔) 和 E. M. Lifshitz (栗弗席兹) 做出了伟大的工作, 而其工作又反过来使极化率和电荷涨落力之间的关系变得清晰.

[4] 关于范德瓦尔斯理论和测量的光辉历史由 B. V. Derjaguin, N. V. Churaev, and V. M. Miller, *Surface Forces*, V. I. Kissin, trans., J. A. Kitchener, ed. (Consul tants Bureau, Plenum, New York, London, 1987) 一文给出. 更简洁而又具有启发性的摘要由 J. Mahanty and B. W. Ninham, *Dispersion Forces* (Academic, London, New York, San Francisco, 1976) 一文给出. 关于近期工作的概括可以在 J. N. Israelachvili, *Intermolecular and Surface Forces*, 2nd ed. (Academic, London (1992), L. Spruch, “Long-range (Casimir) interactions,” Science, **272**, 1452–5 (1996), 以及 M. Kardar and R. Golestanian, “The ‘friction’ of vacuum, and other fluctuation-induced forces,” Rev. Mod. Phys., **71**, 1233–45 (1999) 中找到. 通过不同历史时期所涉及的课题之间的轻微重叠, 就可以感知此主题的范围是很宽广的.

有关范德瓦尔斯相互作用的历史是科学史学家的绝佳课题. 考虑以下诸要素:

■ 从以下思考开始, 也结束于此: Lebedev 的观点被忽视了几十年, 经历过很多非物理学家的担心 (他们希望能够利用更容易的现代理论).

■ 私人关系: Derjaguin 是 Lebedev 的继子; 卡西米尔是 Verwey 的女婿; van Kampen 是 't Hooft 的舅舅; Derjaguin 和栗弗席兹等人都在一个严格管理的群体内 (近距离地) 工作.

■ 社会背景: 荷兰的纳粹, 俄罗斯的斯大林.

■ 不同学科间的分离: 物理学家称 "卡西米尔效应", 而化学工程师和物理化学家说的是 "DLVO 理论", 他们害怕处理很多深奥的物理, 大多数团体对其它团体所激发出的问题缺乏兴趣. (DLVO=Derjaguin-Landau-Verwey-Overbeek.)

[5] H. C. Hamaker, "The London-van der Waals attraction between spherical particles," Physica, **4**, 1058–72 (1937).

[6] 对于 Hamaker 及其工作的深切欣赏, 见 K. J. Mysels and P. C. Scholten, "H. C. Hamaker, more than a constant," Langmuir, **7**(1), 209–11 (1991).

[7] Derjaguin-Landau 的贡献以一篇优美的概述形式发表于二战早期. B. Derjaguin and L. Landau, "Theory of the stability of strongly charged lyophobic sols and of the adhesion of strongly charged particles in solution of electrolytes," Acta Physicochim., URSS, **14**, 633–62 (1941). 也可见 B. Derjaguin 写的简短回忆录 Current Contents, 32: p. 20, August 10, 1987.

[350] [8] 即使在今天, 经典的 1948 Verwey-Overbeek 课本也是值得我们学习的. E. J. W. Verwey and J. Th. G. Overbeek, *Theory of the Stability of Lyophobic Colloids* (Dover, Mineola, NY, 1999; originally published by Elsevier, New York, 1948). Verwey 在 1967 年告诉我, 当时他们的研究是秘密进行的, 因为纳粹士兵占领了飞利浦实验室, 他和 Overbeek 假装在做纳粹指定的工作. 由于在战争期间无法发表任何工作, 他们最后献给这个世界的是一部条理分明的专著, 对于从那时开始进行的胶体研究给出了很多定义. 这本教科书对静电双层作出了系统而敏锐的处理, 这是它特别有价值的地方.

[9] H. B. G. Casimir, "On the attraction between two perfectly conducting plates," Proc. Nederl. Akad. Wetensch., **B51**, 793–5 (1948).

[10] H. B. G.Casimir, pp. 3–7 in "The Casimir Effect 50 Years Later," *Proceedings of the Fourth Workshop on Quantum Field Theory Under the Influence of External Conditions*, Michael Bordag, ed. (World Scientific, Singapore, 1999).

[11] 见 D. Kleppner, "With apologies to Casimir" Phys. Today, **43**, 9–10 (October 1990), 其在现代真空电动力学背景下对卡西米尔的推导给出了评论.

[12] 例如, 见 L. D. Landau and E. M. Lifshitz, *Ouantum Mechanics (Non-Relativistic Theory)*, Vol. 3 of Course of Theoretical Physics Series, 3rd ed.

(Pergamon, Oxford, 1991). 中的 44 部分.

[13] 有关回顾, 可见 M. Kardar and R. Golestanian, “The ‘friction’ of vacuum, and other fluctuation induced forces,” Rev. Mod. Physics, **71**, 1233–45 (1999).

[14] H. Wennerstrom, J. Daicic, and B. W. Ninham, “Temperature dependence of atom-atom in teractions,” Phys. Rev. A, **60**, 2581–4 (1999).

[15] H. B. G. Casimir and D. Polder, “The influence of retardation on the London-van der Waals forces,” Phys. Rev., **73**, 360–71 (1948).

[16] “The Casimir effect 50 years later,” in *Proceedings of the Fourth Workshop on Quantum Field Theory Under the Influ ence of External Conditions*, Michael Bordag, ed. (World Scientific, Singapore, 1999). 中包含了一系列具有启发性的短文, 第一篇就是卡西米尔于 1998 年发表的回忆文章. 近期出版的另一本优秀教科书 K. A. Milton, *The Casimir Effect: Physical Manifestations of Zero-Point Energy* (World Scientific, Singapore, 2001), 也给我们提供了源于卡西米尔早期观点的许多重要物理的正确思想.

[17] E. M. Lifshitz, Dokl. Akad. Nauk. SSSR, **97**, 643 (1954); **100**, 879 (1955); “The theory of molecular attractive forces between solids,” Sov. Phys., **2**, 73–83 (1956) [Zh. Eksp. Teor. Fiz., **29**, 94 (1955)]; 一文给出了原始推导; 而 Course of Theoretical Physics Series, L. D. Landau and E. M. Lifshitz, eds., Vol. 9, (Pergamon, New York, 1991) 的 Part 2, E. M. Lifshitz and L. P. Pitaevskii, “Statistical physics,” Vol.9 的 Chapter Ⅷ 是最适于在涨落理论的背景下进行学习的文章.

[18] 事实上, 真实的金属平板相互作用比假设电导为无穷大的理想情形要复杂得多. 参看 B. W. Ninham and J. Daicic, “Lifshitz theory of Casimir forces at finite temperature,” Phys. Rev. A, **57**, 1870–80 (1998), 这是一篇具有启发性的短文, 它把有限温度、有限电导以及电子 - 等离子体性质效应都包含在内了. 事情的本质是, 卡西米尔的结果仅在零度时才严格正确.

[19] 有关回顾, 可见 B. V. Derjaguin, “The force between molecules,” Sci. Am., **203**, 47–53 (1960) 和 B. V. Derjaguin, I. I. Abrikosova, and E. M. Lifshitz, “Direct measurement of molecular attraction between solids separated by a narrow gap,” Q. Rev. (London), **10**, 295–329 (1956). 而 N. V. Churaev, “Boris Derjaguin, dedication,” Adv. Colloid Interface Sci., **104**, ix–xiii (2003) 则概括了其卓有成效的一生.

[20] The *Discussions of the Faraday Society*, Vol. 18 (1954), 一文展示了, 从科学和个人生活两方面来看, 情况可以有多糟.

[21] I. E. Dzyaloshinskii, E. M. Lifshitz, and L. P. Pitaevskii, "The general theory of van der Waals forces," Adv. Phys., **10**, 165 (1961).

[22] B. V. Derjaguin, "Untersuchungen über die Reibung und Adhäsion, Ⅳ," Kolloid-Z., **69**, 155–64 (1934).

[351] [23] J. Blocki, J. Randrup, W. J. Swiatecki, and C. F. Tsang, "Proximity forces," Ann. Phys., **105**, 427–62 (1977).

[24] B. M. Axilrod and E. Teller, "Interaction of the van der Waals type between three atoms," J. Chem. Phys., **11**, 299–300 (1943); 关于从二体到三体相互作用的步骤, 也可见由 C. Farina, F. C. Santos, 和 A. C. Tort 所写的教学文章 "A simple way of understanding the non-additivity of van der Waals dispersion forces," Am. J. Phys., **67**, 344–9 (1999).

[25] S. M.Gatica, M. M. Calbi, M. W. Cole, and D. Velegol, "Three-body interactions involving clusters and films," Phys. Rev., **68**, 205409 (1–8 November 2003).

[26] V. A. Parsegian, "Long range van der Waals forces," in *Physical Chemistry: Enriching Topics From Colloid and Interface Science*, H. van Olphen and K. J. Mysels, eds. IUPAC I.6, Colloid and Surface Chemistry (Theorex, La Jolla, CA, 1975), pp. 27–73.

[27] R. H. French, "Origins and applications of London dispersion forces and Hamaker constants in ceramics," J. Am. Ceram. Soc., **83**, 2117–46 (2000).

[28] V. A. Parsegian and S. L. Brenner, "The role of long range forces in ordered arrays of tobaccomosaic virus," Nature (London), **259**, 632–5 (1976).

[29] C. M. Roth, B. L. Neal, and A. M. Lenhoff, "Van der Waals interactions involving proteins," Biophys. J., **70**, 977–87 (1996).

[30] L. Bergstrom, "Hamaker constants of inorganic materials," Adv. Colloid Interface Sci., **70**, 125–69 (1997), 连同关于计算的简明教程, 把非延迟极限下相互作用系数的有用集合都包含在内了.

[31] H. D. Ackler, R. H. French, and Y.-M. Chiang, "Comparisons of Hamaker constants for ce ramic systems with intervening vacuum or water: From force layers and physical properties," J. Colloid Interface Sci., **179**, 460–9 (1996).

[32] R. R. Dagastine, D. C. Prieve, and L. R. White, "The dielectric function for water and its application to van der Waals forces," J. Colloid Interface Sci., **231**, 351–8 (2000).

[33] V. A. Parsegian and G. H. Weiss, "Spectroscopic parameters for computation of van der Waals forces," J. Colloid Interface Sci., **81**, 285–9 (1981).

[34] A. Shih and V. A. Parsegian, "Van der Waals forces between heavy alkali atoms and gold surfaces: Comparison of measured and predicted values." Phys. Rev. A, **12**, 835–41 (1975). 也可见文中所引用的几篇较早的文章. 利用测得的系数 $K = 7\times10^{-36}$ ergs·cm^3 以及间距范围 $5\times10^{-6} < r < 8\times10^{-6}$ cm, 相互作用能量的值为 $5.6\times10^{-20} > K/r^3 > 1.4\times10^{-20}$ ergs$= 1.4\times10^{-27}$ J (vs. $kT_{\text{room}} \sim 4.1\times10^{-14}$ ergs$= 4.1\times10^{-21}$ J).

[35] J. N. Israelachvili and D. Tabor, "The measurement of van der Waals dispersion forces in the range 1.5 to 130 nm," Proc. R. Soc. London Ser. A, **331**, 19–38 (1972) 一文描述了空气中两个正交的云母圆柱体 (无涂层或者涂有脂肪酸单层) 间的相互作用. 在 Progress in Surface and Membrane Science Series (Academic Press, New York and London, 1973) 一书中, J. N. Israelachvili and D. Tabor, *Van der Waals Forces: Theory and Experiment*, Vol. 7 对其与相关工作进行了出色的回顾. 之后对理论和实验进行调和时需要留意圆柱体的半径; L. R. White, J. N. Israelachvili, and B. W. Ninham, "Dispersion interaction of crossed mica cylinders: A reanalysis of the Israelachvili-Tabor experiments", J. Chem. Soc. Faraday Trans. 1, **72**, 2526–36 (1976).

关于水中两个正交的 (涂有磷脂双层) 云母圆柱体之间的测量, 见 J. Marra and J. Israelachvili, "Direct measurements of forces between phosphatidylcholine and phosphatidylethanolamine bilayers in aqueous electrolyte solutions," Biochemistry, **24**, 4608–18 (1985). 而通过叠层结构的表达式, 以及与水中的双层间直接测量的联系来进行解释, 是由 V. A. Parsegian, "Reconciliation of van der Waals force measurements between phosphatidylcholine bilayers in water and between bilayer-coated mica surfaces," Langmuir, **9**, 3625–8 (1993) 给出的. 关于双层 – 双层相互作用的研究报告由 E. A. Evans and M. Metcalfe, "Free energy potential for aggregation of giant, neutral lipid bilayer vesicles by van der Waals attraction," Biophys. J., **46**, 423–6 (1984) 一文给出.

[36] 关于气泡的更多有趣性质, 参见 N. Mishchuk, J. Ralston, and D. Fornasiero, "Influence of dissolved gas on van der Waals forces between bubbles and particles," J. Phys. Chem. A. **106**, 689–96 (2002). [352]

[37] E. S. Sabisky and C. H. Anderson, "Verification of the Lifshitz theory of the van der Waals potential using liquid-helium films," Phys. Rev. A, **7**, 790–806 (1973).

事情变得更好了. C. H. Anderson and E. S. Sabisky, "The absence of

a solid layer of helium on alkaline earth fluoride substrates," J. Low Temp. Phys., **3**, 235–8 (1970) 一文中报告了由蒸气凝结到陶瓷衬底上形成的液氦厚度. 范德瓦尔斯吸引作用很好地解释了膜厚度随蒸气中氦的化学势变化的情况.

[38] 例如, 见 A. Muerk, P. F. Luckham, and L. Bergstrom, "Direct measurement of repulsive and attractive van der Waals forces between inorganic materials," Langmuir, **13**, 3896–9 (1997) 和 S. -W. Lee and W. M. Sigmund, "AFM study of repulsive van der Waals forces between Teflon AF^{TM} thin film and silica or alumina," Colloids Surf. A, **204**, 43–50 (2002), 以及其中的参考文献.

[39] 在 Derjaguin et al. 所著的 "*Surface Forces*" (见注解 [4]) 一书中, 给出了关于早期测量的很好描述. J. N. Israelachvili, *Intermolecular and Surface Forces* (Academic New York, 1992) 一文回顾了用 "表面力装置" 的正交云母圆柱体所做的测量.

[40] 例如, 见 A. M. Marvin and F. Toigo, "Van der Waals interaction between a point particle and a metallic surface. Ⅱ. Applications," Phys. Rev. A, **25**, 803–15 (1982).

[41] 例如, 见 A. M. Marvin and F. Toigo, "Van der Waals interaction between a point particle and a metallic surface. Ⅱ. Applications," Phys. Rev. A, **25**, 803–15 (1982).

[42] V. B. Bezerra, G. L. Klimchitskaya, and C. Romero, "Surface impedance and the Casimir force," Phys. Rev. A, **65**, 012111–1 to 9 (2001), 几本具有启发性的书可以作为参考, 例如 V. M. Mostepanenko and N. N. Trunov, *The Casimir Effect and Its Applications* (Clarendon, Oxford, 1997) 和 P. W. Milonni, *The Quantum Vacuum*(Academic, San Diego, CA, 1994).

[43] E. Elizalde and A. Romeo, "Essentials of the Casimir effect and its computation," Am. J. Phys, **59**, 711–19 (1991).

[44] A. Ajdari, B. Duplantier, D. Hone, L. Peliti, and J. Prost, "Pseudo-Casimir effect in liquid-crystals," J. Phys. (Paris) Ⅱ, **2**, 487–501 (1992).

[45] 例如, 见 T. G. Leighton, *The Acoustic Bubble* (Academic, San Diego, London, 1994), pp. 356–66.

[46] C. I. Sukenik, M. G. Boshier, D. Cho, V. Sandoghdar, and E. A. Hinds, "Measurement of the Casimir-Polder force," Phys. Rev. Lett., **70**, 560–3 (1993).

[47] S. K. Lamoreaux, "Demonstration of the Casimir force in the .6 to 6 μm range," Phys. Rev. Lett., **78**, 5–8 (1997); and "Erratum," Phys. Rev. Lett.,

81, 5475–6 (1998).

[48] H. B. Chan, V. A. Aksyuk, R. N. Kleiman, D. J. Bishop, and F. Capasso, "Quantum mechanical actuation of microelectromechanical systems by the Casimir force," Science, **291**, 1941–4 (2001); "Nonlinear micromechanical Casimir oscillator," Phys. Rev. Lett., **87**, 211801 (2001).

[49] F. Chen, U, Mohideen, G. L. Klimchitskaya, and V. M. Mostepanenko "Demonstration of the lateral Casimir force," Phys. Rev. Lett., **88**, 101801 (2002).

[50] C. Argento and R. H. French, "Parametric tip model and force-distance relation for Hamaker constant determination from atomic force microscopy," J. Appl. Phys.,**80**, 6081–90 (1996).

[51] S. Eichenlaub, C. Chan, and S. P. Beaudoin, "Hamaker constants in integrated circuit metalization," J. Colloid Interface Sci., **248**, 389–97 (2002).

[52] B. V. Derjaguin, I. I. Abrikosova. and E. M. Lifshitz, "Direct measurement of molecular at traction between solids separated by a narrow gap," Q.Rev. (London), **10**, 295–329 (1956); 比较近期的关于玻璃的测量, 也可参见 W. Arnold, S. Hunklinger, and K. Dransfeld, "Influence of optical absorption on the van der Waals interaction between solids," Phys. Rev. B, **19**, 6049–56 (1979).

[53] E. A. Evans and W. Rawicz, "Entropy-driven tension and bending elasticity in condensed-fluid membranes," Phys. Rev. Lett., **64**, 2094–7 (1990); E. A. Evans, "Entropy-driven tension in vesicle membranes and unbinding of adherent vesicles," Langmuir, **7**, 1900–8 (1991).

[54] L. J. Lis, M. McAlister, N. Fuller, R. P. Rand, and V. A. Parsegian, "Interactions between neutral phospholipids bilayer membranes," Biophys. J., **37**, 657–66 (1982).

[55] J. Marra and J. N. Israelachvili, "Direct measurements offorces between phosphatidylcholine and phosphatidylethanolamine bilayers in aqueous electrolyte solutions," Biochemistry, **24**, 4608–18 (1985). [353]

[56] V. A. Parsegian, "Reconciliation of van der Waals force measurements between phosphatidylcholine bilayer in water and between bilayer-coated mica surfaces," Langmuir, **9**, 3625–8 (1993).

[57] D.Gingell and J. A. Fornes, "Demonstration of intermolecular forces in cell adhesion using a new electrochemical technique," Nature (London), **256**, 210–11 (1975); D. Gingell and I. Todd, "Red blood cell adhesion. Ⅱ. Interferometric examination of the interaction with hydrocarbon oil and glass,"

J. Cell Sci., **41**, 135–49 (1980).

[58] 关于技巧的清晰描述以及参考文献, 请见 D. C. Prieve, “Measurement of colloidal forces with TIRM,” Adv. Colloid Interface Sci., **82**, 93–125 (1999); 也可参见 S. G. Bike, “Measuring colloidal forcesusing evanescent wave scattering,” Curr. Opin. in Colloid Interface Sci., **5**, 144–50 (2000).

[59] 正如我们所预期的, 有很多文献都是处理气溶胶系统的. 相对而言, 仅有较少的文章用范德瓦尔斯力的现代理论对稳定性做出了正确分析. 关于现代理论应用的前几个步骤, 见 W. H. Marlow, “Lifshitz-van der Waals forces in aerosol particle collisions. I. Introduction: Water droplets,” J. Chem. Phys., **73**, 6288–95 (1980), 也可见 W. H. Marlow, “Size effects in aerosol particle interactions: The van der Waals potential and collision rates,” Surf. Sci., **106**, 529–37 (1981); 接着是其后的工作, V. Arunachalam, R. R. Lucchese, and W. H. Marlow, “Development of a picture of the van der Waals interaction energy between clusters of nanometer-range particles,” Phys. Rev. E, **58**, 3451–7 (1998) and “Simulations of aerosol aggregation including long-range interactions,” Phys. Rev. E, **60**, 2051–64 (1999).

[60] 关于陶瓷的范德瓦尔斯力, 有很多富有指导意义的文献. 由 R. H. French 所做的出色回顾, “Origins and applications of London dispersion forces and Hamaker constants in ceramics,” J. Am. Ceram. Soc., **83**, 2117–46 (2000), 在胶体与界面科学的 (较大) 背景下呈现了这个工作. 关于如何收集光谱数据并转换成计算中所用的形式, 此文是特别有用的. H. D. Ackler, R. H. French, and Y.-M. Chiang 的文章 “Comparisons of Hamaker constants for ceramic systems with intervening vacuum or water: From force laws and physical properties,” J. Colloid Interface Sci., **179**, 460–9 (1996), 给出了相互作用系数的很多例子.

[61] C. Eberlein, “Sonoluminescence as quantum vacuum radiation”, Phys. Rev. Lett, **76**, 3842–5 (1996).

[62] L. A. Crum, “Sonoluminescence,” Phys. Today, **47**, 22–9 (September 1994). 也可见 T. G. Leighton 中注解 [45] 的 5.2 部分.

[63] 例如, 见注解 [16] 中所列的 Milton 和 Borlag 写的教科书.

[64] D. Lohse, B. Schmitz, and M. Versluis, “Snapping shrimp make flashing bubbles,” Nature (London), **413**, 477–8 (2001).

[65] K. Autumn, W.-P. Chang, R. Fearing, T. Hsieh, T. Kenny, L. Liang, W. Zesch, and R. J. Full, “Adhesive force of a single gecko foot-hair,” Nature (London), **405**, 681–5 (2000); K. Autumn, M. Sitti, Y. A. Liang, An. M.

Peattie, W. R. Hansen, S. Sponberg, T. W. Kenny, R. Fearing, J. N. Israelachvili, and R. J. Full, "Evidence for van der Waals adhesion in gecko setai," Proc. Natl. Acad. Sci. USA, **99**, 12252–6 (2002).

[66] A. K. Geim, S. V. Dubonos, I. V. Grigorieva, K. S, Novoselov, A. A. Zhukov, and S. Yu. Shapoval, "Microfabricated adhesive mimicking gecko foot-hair," *Nature Materials*, Vol. 2, pp. 461–3. 1 June 2003 doi: 10: 1038/nmat917.

[67] M. Elbaum and M. Schick, "Application of the theory of dispersion forces to the surface melting of ice," Phys. Rev. Lett., **66**, 1713–16 (1991);

[68] P. Richmond, B. W. Ninham, and R. H. Ottewill, "A theoretical study of hydrocarbon adsorption on water surfaces using Lifshitz theory," J. Colloid Interface Sci., **45**, 69–80 (1973). 近期的描述以及相关工作的大量参考文献, 也可见 I. M. Tidswell, T. A. Rabedeau, P. S. Pershan, and S. D. Kosowsky, "Complete wetting of a rough surface: An x-ray study," Phys. Rev. Lett., **66**, 2108–11 (1991); E. Cheng and M. W. Cole, "Retardation and many-body effects in multilayer-film adsorption," Phys. Rev. B. **38**, 987–95 (1988); and M. O. Robbins, D. Andelman, and J.-F. Joanny, "Thin liquid films on rough or heterogeneous solids," Phys. Rev. A, **43**, 4344–54 (1991).

[69] 事实上, 情况可能比描述得更糟. 我们不仅要担心在凝聚态体系中起作用的范德瓦尔斯能量 $1/r^6$ 是不可相加的, 而且, 即使对于两个孤立粒子, 如果考虑其间隔为凝聚态介质中的距离, 也有证据表明相互作用形式 $1/r^6$ 本身就是不准确的. 例如, 见 T. C. Choy, "Van der Waals interaction of the hydrogen molecule: An exact implicit energy density functional," Phys. Rev. A, **62**, 012506 (2000); $1/r^6, 1/r^8$ 和 $1/r^{10}$ 各项对于核间距处 (凝聚态介质的典型值) 的能量贡献看起来是差不多的. 很久以前就对这种展开有过详细描述; 例如, 见 H. Margenau, "Van der Waals forces," Rev. Mod. Phys., **11**, 1–35 (1939). 计算机模拟中所用到的原子间势通常能够拟合为 (仔细计算出的) 成对势, 其可以转换成包括吸引和排斥两部分的 (方便实用的) 假想形式, 例如, T. A. Halgren, "Representation of van der Waals (vdW) interactions in molecular mechanics force fields: Potential form. combination rules, and vdW parameters," J. Am. Chem. Soc., **114**, 7827–43 (1992). 如果我们深入探究在凝聚态介质的特征 (短) 距离上所发生的事情, 可以证明 "一阶微扰" 相互作用是不能忽略的. 例如, 见 L. D. Landau and E. M. Lifshitz, *Quantum Mechanics* (*Non-Relativistic Theory*), Vol. 3 of Course of Theoretical Physics Series, 3rd ed. (Pergamon, Oxford, 1991) 的脚注 p.341, 以及 K. Cahill and V. A. Parsegian "Rydberg-London potential for diatomic [354]

molecules and unbonded atom pairs," J. Chem. Phys. **121**, 10839–10842 (2004).

[70] J. Mahanty and B. W. Ninham, *Dispersion Forces* (Academic, London, 1976), 第 4 章.

[71] 有两本出色的教科书 (很遗憾, 已经绝版了) 是从本书所详尽描述的角度来研究范德瓦尔斯力的: J. Mahanty and B. W. Ninham, 注解 [70], 以及 D. Langbein, *Van der Waals Attraction* (Springer-Verlag, Berlin, 1974). 近期有几本关于 "卡西米尔效应" 的教科书, 其中有些已经在几个特定场合提及过: P. R. Berman, ed., *Cavity Quantum Electrodynamics* (Academic, Boston, 1994); "The Casimir Effect 50 Years Later," in *Proceedings of the Fourth Workshop on Quantum Field Theory Under the Influence of External Conditions*, Michael Bordag, ed. (World Scientific, Singapore, 1999); J. Feinberg, A. Mann, and M. Revzen, "Casimir effect: The classical limit," Ann. Phys., **288**. 103–36 (2001); M. Krech, *The Casimir Effection Critical Systems* (World Scientific, Singapore, 1994); F. S. Levin and D. A. Micha, eds., *Long-Range Casimir Forces: Theory and Recent Experiments on Atomic Systems* (Plenum, New York, 1993); P. W. Milonni, *The Quantum Vacuum* (Academic, San Diego, CA, 1994); K. A. Milton, 列于注解 [16] 中; V. M. Mostepanenko and N. N. Trunov, *The Casimir Effect and its Applications* (Clarendon, Oxford, 1997); and B. E. Sernelius, *Surface Modes in Physics* (Wiley, New York, 2001).

第 1 级, 引言

[1] 适于作为背景的阅读, 请见 (例如) J. M. Seddon and J. D. Gale, *Thermodynamics and Statistical Mechanics* (The Royal Society of Chemistry, London 2001).

[2] 遗憾的是, 在狂热的应用中, 这个 "宏观连续体" 极限有时被遗忘了. 相同的极限在静电双层理论中也成立, 即我们常常假设介质是普通的连续体. 尽管如此, 忽略双层的结构同样是有风险的, 这种风险甚至比范德瓦尔斯力的计算中出现的更多.

有时, 导出随空间变化的介电极化率、并解出具有更详细结构的电荷涨落方程, 可以绕过宏观连续体极限.

[3] O. Kenneth, I. Klich, A. Mann, and M. Revzen, "Repulsive Casimir forces," Phys. Rev. Lett., **89**, 033001 (2002); O. Kenneth and S. Nussinov, "Small

object limit of the Casimir effect and the sign of the Casimir force," Phys. Rev. D, **65**, 095014 (2002).

[4] V. A. Parsegian, 见绪论的注解 [35]. [355]

[5] 从宏观连续体理论的角度来研究溶质相互作用和范德瓦尔斯力之间的联系, 见 B. W. Ninham and V. Yaminsky, "Ion binding and ion specificity: The Hofmeister effect and Onsager and Lifshitz theories," Langmuir, **13**, 2097–108 (1997), 这是一篇有巨大影响力的文章.

[6] 数值例子可参见 J. E. Kiefer, V. A. Parsegian, and G. H. Weiss, "Model for van der Waals attraction between spherical particles with nonuniform adsorbed polymer," J. Colloid Interface Sci., **51**, 543–6 (1975). 关于胶体测量的现代回顾, 参见 D. Prieve "Measurement of colloidal forces with TIRM," Adv. Colloid Interface Sci., **82**, 93–125 (1999).

[7] 在 M. M. Calbi, S. M. Gatica, D. Velegol, and M. W. Cole, "Retarded and nonretarded van der Waals interactions between a cluster and a second cluster or a conducting surface." Phys. Rev. A. **67**. 033201 (2003) 一文的图 2 中对这点作了很好的说明. 也可见本书的第 2 级, L2.3.E 部分.

[8] 例如, 参见 G. D. Fasman, ed., *Handbook of Biochemistry and Molecular Biology* (CRC Press, Boca Raton, FL, 1975), pp. 372–82; W. J. Fredricks, M. C. Hammonds, S. B. Howard, and F. Rosenberger, "Density, thermal expansivity, viscosity and refractive index of lysozyme solutions at crystal growth concentrations," J. Cryst. Growth, **141**, 183–182, 表 5 和表 6 (1994).

[9] 例如, V. A. Parsegian, *Digest of Literature on Dielectrics* (National Academy of Sciences, USA, Washington, DC, 1970), Chap. 10.

[10] C. M. Roth, B. L. Neal, and Am. M. Lenhof, "Van der Waals interactions involving proteins," Biophys. J., **70**, 977-87 (1996), 更仔细的计算可以给出 3.1 kT_{room}.

[11] 回忆一下, 偶极矩就是两个电荷 $+q$ 和 $-q$ 的间距 d 及其数值的乘积, $\mu_{\text{D}} = qd$. 在 cgs 单位制中, 相距 1 Å $= 10^{-8}$ cm 的两个电子电荷 4.803×10^{-10} esu 形成的极矩 4.803×10^{-10} esu $\times 10^{-8}$ cm $= 4.803 \times 10^{18}$ esu cm $= 4.803$ 德拜单位. 就是说, 1 德拜单位 $= 10^{-18}$ esu cm. [见表 S.8 和第 2 级中 (关于 "稀薄气体中的原子和分子" 部分) 的式 (L2.170)–(L2.171).]

[12] 其实, 这是很粗糙的思考, 能够聊做弥补的也许只有不同特征时间的 "保险因子" 100. 自由离子电荷集合的响应类似于金属. 在低频处, 它确实与各离子的黏滞拖曳 (即扩散常数中出现的拖曳) 有关. 但是在第 2 级中已经描述过, 那些无足轻重的自由电荷 (质量 m, 电荷 e, 及数密度 n) 集合的

高频极限响应形式为 $\varepsilon(\omega) = 1-(\omega_p^2/\omega^2)$ 或 $\varepsilon(\mathrm{i}\xi) = 1+(\omega_p^2/\xi^2)$, 其中来回拉拽着质点的 $\omega_p^2 = [(ne^2)/(\varepsilon_0 m)](\mathrm{mks}) = [(4\pi ne^2)/m](\mathrm{cgs})$ 对于 1−M 的单价离子密度情形, $n = [(0.602\times10^{24})/(10^{-3}\ \mathrm{m}^3)] = [(0.602\times10^{24})/(10^3\ \mathrm{cm}^3)]$, 如果原子量为 10, $m = [(10^{-2}\ \mathrm{kg})/(0.602\times10^{24})] = [10\ \mathrm{g}/(0.602\times10^{24})]$, 电荷 $e = 1.609\times10^{-19}$ C, $e = 4.803\times10^{-10}$ sc, 则其 "等离子频率" $\omega_p = 10.2\times10^{12} \approx 10^{13}$ rad/s $\approx 1.6\times10^{12}$ Hz 远小于首个非零取样频率, $[(2\pi kT)/\hbar] = 2.41\times10^{14}$ rad/s $= 3.84\times10^{13}$ Hz. 即使处于这个摩尔浓度, 流动电荷对于首个非零频率处的介电响应贡献也可以忽略: $\varepsilon(\omega) = 1-(\omega_p^2/\omega^2) = 1-[(10.2\times10^{12})^2/(2.41\times10^{14})^2] = 1-0.00179$ 或 $\varepsilon(\mathrm{i}\xi_1) = 1+(\omega_p^2/\xi_1^2) = 1.00179$.

[13] J. G. Kirkwood and J. B. Shumaker, "Forces between protein molecules in solution arising from fluctuations in proton charge and configuration," Proc. Natl. Acad. Sci. USA, **38**, 863–71 (1952).

第 2 级, 公式

[1] B. V. Derjaguin, Kolloid-Z., **69**, 155-64 (1934).

[2] H. C. Hamaker, "The London-van der Waals attraction between spherical particles," Physica, **4**, 1058–72 (1937).

[3] H. B. G. Casimir and D. Polder, "The influence of retardation on the London-van der Waals forces," Phys. Rev., **73**, 360–71 (1948).

[356] [4] 例如, L. D. Landau and E. M. Lifshitz, *Electrodynamics of Continuous Media* (Pergamon, Oxford, 1984), Chap. 2, Section 9, p. 44, Eq. 9.7.

[5] 例如, 参见 Chap. Ⅲ, Section 5, in J. C. Slater and N. H. Frank, *Electromagnetism* (Dover, New York, 1947).

[6] 例如, 参见 J. C. Slater and N. H. Frank, *Electromagnetism* (Dover, New York, 1947) 的第九章第 3 部分以及 M. Born and E. Wolf, *Principles of Optics* (Pergamon, Oxford, 1970) 的 2.3 部分.

[7] P. J. W. Debye, *Polar Molecules* (Dover, New York, 1929 年重印版) 以惊人的清晰度给出了基本理论. 也可见 (例如) H. Fröhlich, "Theory of dielectrics: Dielectric constant and dielectric loss," in *Monographs on the Physics and Chemistry of Materials Series*, 2nd ed. (Clarendon, Oxford University Press,Oxford, June 1987). 这里, 我取了零频率响应, 并乘以最简单偶极弛豫的频率依赖关系. 我还设 $\omega = \mathrm{i}\xi$, 并且按照极点的惯例选取了符号, 即与一般栗弗席兹公式的推导形式一致. 最后这点的细节实际上并不重要, 因为在对各频率 ξ_n 的求和 $\sum{}'$ 中只计入 $n = 0$ 的首项. 无论

如何, 对应 ξ_1 的弛豫时间 τ 的值都应使得永久偶极子的响应不起作用. 很多标准教科书中都给出了永久偶极子的推导.

[8] 和以前一样, 把求和 $\sum'$ 转换为对指标 n 的积分, 接着把变量 n 转换为频率变量 $\xi = (2\pi kT/\hbar)n$. 系数 $(2\pi kT/\hbar)$ 把相互作用能的系数由 kT 单位变换为 $\hbar$ 单位.

[9] $\int_1^\infty (2p^2-1)\mathrm{e}^{-r_n p}\mathrm{d}p = 2\int_1^\infty p^2\mathrm{e}^{-r_n p}\mathrm{d}p - \int_1^\infty \mathrm{e}^{-r_n p}\mathrm{d}p = 2\frac{2!}{r_n^3}\left(1 + r_n + \frac{r_n^2}{2!}\right)\cdot \mathrm{e}^{-r_n} - \frac{\mathrm{e}^{-r_n}}{r_n}$.

[10] Lord Rayleigh (J. W. Strutt), "On the influence of obstacles arranged in rectangular order upon the properties of a medium," Philosoph. Mag., **42**, 481–502 (1892).

[11] 由于 $\overline{\Delta}_{\mathrm{Am}}(\psi)\overline{\Delta}_{\mathrm{Bm}}(\theta - \psi) \ll 1$ 故

$$G_{\mathrm{AmB}}(l,\theta) = \frac{kT}{8\pi^2}\int_0^{2\pi}\mathrm{d}\psi\int_0^\infty \ln[D(\rho,\psi,l,\theta)]\rho\mathrm{d}\rho$$
$$\approx -\frac{kT}{8\pi^2}\int_0^{2\pi}\mathrm{d}\psi\int_0^\infty \overline{\Delta}_{\mathrm{Am}}(\psi,\rho)\overline{\Delta}_{\mathrm{Bm}}(\theta-\psi,\rho)\mathrm{e}^{-2\sqrt{\rho^2+\kappa_{\mathrm{m}}^2}\,l}\rho\mathrm{d}\rho.$$

由第 3 级的推导, 式 (L3.234) 和 (L3.239) 具化到此情形,

$$\overline{\Delta}_{\mathrm{Am}}(\psi,\rho) = \frac{\varepsilon_\perp\sqrt{\rho^2\left[1+\left(\dfrac{\varepsilon_\parallel-\varepsilon_\perp}{\varepsilon_\perp}\right)\cos^2\psi\right]+\kappa_{\mathrm{A}}^2} - \varepsilon_{\mathrm{m}}\sqrt{\rho^2+\kappa_{\mathrm{m}}^2}}{\varepsilon_\perp\sqrt{\rho^2\left[1+\left(\dfrac{\varepsilon_\parallel-\varepsilon_\perp}{\varepsilon_\perp}\right)\cos^2\psi\right]+\kappa_{\mathrm{A}}^2} + \varepsilon_{\mathrm{m}}\sqrt{\rho^2+\kappa_{\mathrm{m}}^2}},$$

$$\overline{\Delta}_{\mathrm{Bm}}(\theta-\psi,\rho) = \frac{\varepsilon_\perp\sqrt{\rho^2\left[1+\left(\dfrac{\varepsilon_\parallel-\varepsilon_\perp}{\varepsilon_\perp}\right)\cos^2(\theta-\psi)\right]+\kappa_{\mathrm{B}}^2} - \varepsilon_{\mathrm{m}}\sqrt{\rho^2+\kappa_{\mathrm{m}}^2}}{\varepsilon_\perp\sqrt{\rho^2\left[1+\left(\dfrac{\varepsilon_\parallel-\varepsilon_\perp}{\varepsilon_\perp}\right)\cos^2(\theta-\psi)\right]+\kappa_{\mathrm{B}}^2} + \varepsilon_{\mathrm{m}}\sqrt{\rho^2+\kappa_{\mathrm{m}}^2}}.$$

对于 $2\nu\overline{\Delta}_\parallel \ll 1, \nu\overline{\Delta}_\parallel \ll 1, \left(\dfrac{\varepsilon_\parallel-\varepsilon_\perp}{\varepsilon_\perp}\right) \approx \nu(\overline{\Delta}_\parallel - 2\overline{\Delta}_\perp) = N\pi a^2(\overline{\Delta}_\parallel - 2\overline{\Delta}_\perp) \ll 1$. 对于 $N\Gamma_{\mathrm{c}} \ll n_{\mathrm{m}}, \kappa_{\mathrm{A}}^2 = \kappa_{\mathrm{B}}^2 \approx \kappa_{\mathrm{m}}^2[1 + N(\Gamma_{\mathrm{c}}/n_{\mathrm{m}} - 2\pi a^2\overline{\Delta}_\perp)]$. 接

着, 通过冗长的展开,

$$
\begin{aligned}
&\varepsilon_{\perp}\sqrt{\rho^2\left[1+\left(\frac{\varepsilon_{\parallel}-\varepsilon_{\perp}}{\varepsilon_{\perp}}\right)\cos^2\psi\right]+\kappa_{\mathrm{A}}^2}\to(\varepsilon_{\mathrm{m}}+N\pi a^2\varepsilon_{\mathrm{m}}2\overline{\Delta}_{\perp})\\
&\times\sqrt{\rho^2[1+N\pi a^2(\overline{\Delta}_{\parallel}-2\overline{\Delta}_{\perp})\cos^2\psi]+\kappa_{\mathrm{m}}^2[1+N(\Gamma_{\mathrm{c}}/n_{\mathrm{m}}-2\pi a^2\overline{\Delta}_{\perp})]}\\
&\approx\varepsilon_{\mathrm{m}}\sqrt{(\rho^2+\kappa_{\mathrm{m}}^2)}\\
&\times\left\{1+N\left[2\pi a^2\overline{\Delta}_{\perp}+\frac{\rho^2\pi a^2(\overline{\Delta}_{\parallel}-2\overline{\Delta}_{\perp})\cos^2\psi+\kappa_{\mathrm{m}}^2(\Gamma_{\mathrm{c}}/n_{\mathrm{m}}-2\pi a^2\overline{\Delta}_{\perp})}{2(\rho^2+\kappa_{\mathrm{m}}^2)}\right]\right\},
\end{aligned}
$$

[357] 故

$$
\begin{aligned}
&\overline{\Delta}_{\mathrm{Am}}(\psi,\rho)\\
&\approx N\left[\pi a^2\overline{\Delta}_{\perp}+\frac{\rho^2\pi a^2(\overline{\Delta}_{\parallel}-2\overline{\Delta}_{\perp})\cos^2\psi+\kappa_{\mathrm{m}}^2(\Gamma_{\mathrm{c}}/n_{\mathrm{m}}-2\pi a^2\overline{\Delta}_{\perp})}{4(\rho^2+\kappa_{\mathrm{m}}^2)}\right],\\
&\overline{\Delta}_{\mathrm{Bm}}(\theta-\psi,\rho)\\
&\approx N\left[\pi a^2\overline{\Delta}_{\perp}+\frac{\rho^2\pi a^2(\overline{\Delta}_{\parallel}-2\overline{\Delta}_{\perp})\cos^2(\theta-\psi)+\kappa_{\mathrm{m}}^2(\Gamma_{\mathrm{c}}/n_{\mathrm{m}}-2\pi a^2\overline{\Delta}_{\perp})}{4(\rho^2+\kappa_{\mathrm{m}}^2)}\right].
\end{aligned}
$$

在 κ_{m} 趋于零的极限下, 这些函数约化为仅对偶极涨落正确的形式. 应该把其与 $\mathrm{e}^{-2\sqrt{\rho^2+\kappa_{\mathrm{m}}^2}l}$ 的乘积对 $\mathrm{d}\psi$ 和 $\rho\mathrm{d}\rho$ 积分, 以得到两种排列 A 和 B 之间的相互作用. 我们先前已经知道, 对 l 的二阶、三阶微商给出了 "成一个夹角" 的和 "平行的杆 – 杆" 相互作用. 二阶微商导出因子 $4(\rho^2+\kappa_{\mathrm{m}}^2)$.

为简洁起见, 暂时定义

$$
\begin{aligned}
&C\equiv\pi a^2\overline{\Delta}_{\perp},\quad D\equiv\pi a^2(\overline{\Delta}_{\parallel}-2\overline{\Delta}_{\perp}),\\
&K\equiv\kappa_{\mathrm{m}}^2(\Gamma_{\mathrm{c}}/n_{\mathrm{m}}-2\pi a^2\overline{\Delta}_{\perp})\quad\text{或}\quad K/\kappa_{\mathrm{m}}^2\equiv(\Gamma_{\mathrm{c}}/n_{\mathrm{m}}-2C),
\end{aligned}
$$

故

$$
\overline{\Delta}_{\mathrm{Am}}(\psi)\approx N\left[C+\frac{(\rho^2D\cos^2\psi+K)}{4(\rho^2+\kappa_{\mathrm{m}}^2)}\right],
$$

$$
\overline{\Delta}_{\mathrm{Bm}}(\theta-\psi)\approx N\left[C+\frac{(\rho^2D\cos^2(\theta-\psi)+K)}{4(\rho^2+\kappa_{\mathrm{m}}^2)}\right],
$$

或者

$$
\begin{aligned}
\overline{\Delta}_{\mathrm{Am}}(\psi)\overline{\Delta}_{\mathrm{Bm}}(\theta-\psi)\approx N^2&\left\{\left[C+\frac{K}{4(\rho^2+\kappa_{\mathrm{m}}^2)}\right]+\frac{\rho^2D\cos^2(-\psi)}{4(\rho^2+\kappa_{\mathrm{m}}^2)}\right\}\\
&\times\left\{\left[C+\frac{K}{4(\rho^2+\kappa_{\mathrm{m}}^2)}\right]+\frac{\rho^2D\cos^2(\theta-\psi)}{4(\rho^2+\kappa_{\mathrm{m}}^2)}\right\}.
\end{aligned}
$$

其对 ψ 的积分为

$$\begin{aligned}&\int_0^{2\pi}\overline{\Delta}_{\mathrm{Am}}(\psi)\overline{\Delta}_{\mathrm{Bm}}(\theta-\psi)\mathrm{d}\psi\\&=2\pi N^2\left\{\left[C+\frac{K}{4(\rho^2+\kappa_{\mathrm{m}}^2)}\right]^2+\left[C+\frac{K}{4(\rho^2+\kappa_{\mathrm{m}}^2)}\right]\left[\frac{\rho^2 D}{4(\rho^2+\kappa_{\mathrm{m}}^2)}\right]\right.\\&\quad\left.+\left[\frac{\rho^2 D}{4(\rho^2+\kappa_{\mathrm{m}}^2)}\right]^2\left(\frac{1}{8}+\frac{\cos^2\theta}{4}\right)\right\}.\end{aligned}$$

应该把此乘积对 ρ 积分, 即 $\int_0^\infty\overline{\Delta}_{\mathrm{Am}}(\psi)\overline{\Delta}_{\mathrm{Bm}}(\theta-\psi)\mathrm{e}^{-2\sqrt{\rho^2+\kappa_{\mathrm{m}}^2}l}\rho\mathrm{d}\rho$. 通过把积分变量转换为 p:

$$p^2\equiv(\rho^2+\kappa_{\mathrm{m}}^2)/\kappa_{\mathrm{m}}^2,$$

就可以简化而得到积分式:

$$G_{\mathrm{AmB}}(l,\theta)\approx-\frac{kT}{4\pi}N^2\kappa_{\mathrm{m}}^2\int_1^\infty f(p,\theta)\mathrm{e}^{-2p\kappa_{\mathrm{m}}l}p\mathrm{d}p$$

其积分变量 $f(p,\theta)$ 包括以下几项:

$$\begin{aligned}f(p,\theta)\equiv&\left(C+\frac{K}{4p^2\kappa_{\mathrm{m}}^2}\right)^2+\left(C+\frac{K}{4p^2\kappa_{\mathrm{m}}^2}\right)\left[\frac{(p^2-1)D}{4p^2}\right]\\&+\left[\frac{(p^2-1)D}{4p^2}\right]^2\left(\frac{1}{8}+\frac{\cos^2\theta}{4}\right).\end{aligned}$$

待求的对间距的二阶微商可以引入另一个因子 $(-2p\kappa_{\mathrm{m}})^2$:

$$\frac{\mathrm{d}^2G_{\mathrm{AmB}}(l,0)}{\mathrm{d}l^2}=-N^2\frac{kT}{\pi}\kappa_{\mathrm{m}}^4\int_1^\infty f(p,\theta)\mathrm{e}^{-2p\kappa_{\mathrm{m}}l}p^3\mathrm{d}p=N^2\sin\theta g(l,\theta).$$

[12] 待求的积分中包含 p 的不同幂次项, 其来源于 $f(p,\theta)p^3$: [358]

$$\begin{aligned}p^3f(p,\theta)=&\left[C^2+\frac{CD}{4}+\frac{D^2}{16}\left(\frac{1}{8}+\frac{\cos^2\theta}{4}\right)\right]p^3\\&+\left[\frac{2KC}{4\kappa_{\mathrm{m}}^2}-\frac{CD}{4}+\frac{KD}{16\kappa_{\mathrm{m}}^2}-\frac{D^2}{8}\left(\frac{1}{8}+\frac{\cos^2\theta}{4}\right)\right]p\\&+\left[\frac{K^2}{16\kappa_{\mathrm{m}}^4}-\frac{KD}{16\kappa_{\mathrm{m}}^2}+\frac{D^2}{16}\left(\frac{1}{8}+\frac{\cos^2\theta}{4}\right)\right]p^{-1},\end{aligned}$$

或者, 用回我们的常规标记, 即

$$K/\kappa_{\mathrm{m}}^2 \equiv (\Gamma_{\mathrm{c}}/n_{\mathrm{m}} - 2C), \quad D \equiv \pi a^2(\overline{\Delta}_{\parallel} - 2\overline{\Delta}_{\perp}), \quad C \equiv \pi a^2\overline{\Delta}_{\perp},$$

$$\begin{aligned}\frac{p^3 f(p,\theta)}{(\pi a^2)^2} &= \left[\Delta_{\perp}^2 + \frac{\Delta_{\perp}(\Delta_{\parallel} - 2\Delta_{\perp})}{4} + \frac{(\Delta_{\parallel} - 2\Delta_{\perp})^2}{2^7}(1 + 2\cos^2\theta)\right] p^3 \\ &+ \left[\begin{array}{l}\left(\dfrac{\Gamma_{\mathrm{c}}}{\pi a^2 n_{\mathrm{m}}}\right)\dfrac{\Delta_{\perp}}{2} + \left(\dfrac{\Gamma_{\mathrm{c}}}{\pi a^2 n_{\mathrm{m}}}\right)\dfrac{(\Delta_{\parallel} - 2\Delta_{\perp})}{16} \\ -\Delta_{\perp}^2 - \dfrac{3\Delta_{\perp}(\Delta_{\parallel} - 2\Delta_{\perp})}{8} - \dfrac{(\Delta_{\parallel} - 2\Delta_{\perp})^2}{2^6}(1 + 2\cos^2\theta)\end{array}\right] p \\ &+ \left[\begin{array}{l}\left(\dfrac{\Gamma_{\mathrm{c}}}{\pi a^2 n_{\mathrm{m}}}\right)^2 \dfrac{1}{16} - \left(\dfrac{\Gamma_{\mathrm{c}}}{\pi a^2 n_{\mathrm{m}}}\right)\dfrac{\Delta_{\perp}}{4} - \left(\dfrac{\Gamma_{\mathrm{c}}}{\pi a^2 n_{\mathrm{m}}}\right)\dfrac{(\Delta_{\parallel} - 2\Delta_{\perp})}{16} \\ +\dfrac{\Delta_{\perp}^2}{4} + \dfrac{\Delta_{\perp}(\Delta_{\parallel} - 2\Delta_{\perp})}{8} + \dfrac{(\Delta_{\parallel} - 2\Delta_{\perp})^2}{2^7}(1 + 2\cos^2\theta)\end{array}\right] p^{-1}.\end{aligned}$$

这里,

$$\int_1^{\infty} p^3 \mathrm{e}^{-2pk_{\mathrm{m}}l}\mathrm{d}p = \frac{6}{(2\kappa_{\mathrm{m}}l)^4}\mathrm{e}^{-2\kappa_{\mathrm{m}}l}\left[1 + 2\kappa_{\mathrm{m}}l + \frac{(2k_{\mathrm{m}}l)^2}{2} + \frac{(2\kappa_{\mathrm{m}}l)^3}{6}\right].$$

含 p 项的因子为

$$\int_1^{\infty} p\mathrm{e}^{-2p\kappa_{\mathrm{m}}l}\mathrm{d}p = \frac{1}{(2\kappa_{\mathrm{m}}l)^2}\mathrm{e}^{-2\kappa_{\mathrm{m}}l}(1 + 2\kappa_{\mathrm{m}}l).$$

而最后一项的因子为

$$\int_1^{\infty} p^{-1}\mathrm{e}^{-2p\kappa_{\mathrm{m}}l}\mathrm{d}p = E_1(2\kappa_{\mathrm{m}}l),$$

即指数积分. M. Abramowitz and I. A. Stegun, *Handbook of Mathematical Functions, with Formulas, Graphs, and Mathematical Tables* (Dover, New York, 1965), Chap. 5, Eqs. 5.1.1, 5.1.11, 5.1.12, and 5.1.51

接着, 还有

$$\begin{aligned}\frac{\mathrm{d}^2 G_{\mathrm{AmB}}(l,\theta)}{\mathrm{d}l^2} &= -N^2\frac{kT}{\pi}\kappa_{\mathrm{m}}^4\int_1^{\infty} f(p,\theta)\mathrm{e}^{-2p\kappa_{\mathrm{m}}l}p^3\mathrm{d}p \\ &= N^2\sin\theta g(l,\theta) = -N^2\frac{kT}{\pi}\kappa_{\mathrm{m}}^4(\pi a^2)^2\{\ \ \}\end{aligned}$$

[359] 或者

$$g(l,\theta) = -\frac{kT\kappa_{\mathrm{m}}^4(\pi a^2)^2}{\pi\sin\theta}\{\ \ \},$$

其中

$$
\begin{aligned}
\{\ \} = & \left[\overline{\Delta}_\perp^2 + \frac{\overline{\Delta}_\perp(\overline{\Delta}_\parallel - 2\overline{\Delta}_\perp)}{4} + \frac{(\overline{\Delta}_\parallel - 2\overline{\Delta}_\perp)^2}{2^7}(1+2\cos^2\theta)\right] \\
& \times \frac{6\mathrm{e}^{-2\kappa_\mathrm{m}l}}{(2\kappa_\mathrm{m}l)^4}\left[1 + 2\kappa_\mathrm{m}l + \frac{(2\kappa_\mathrm{m}l)^2}{2} + \frac{(2\kappa_\mathrm{m}l)^3}{6}\right] \\
& + \left[\begin{array}{l} \left(\dfrac{\Gamma_\mathrm{c}}{\pi a^2 n_\mathrm{m}}\right)\dfrac{\overline{\Delta}_\perp}{2} + \left(\dfrac{\Gamma_\mathrm{c}}{\pi a^2 n_\mathrm{m}}\right)\dfrac{(\overline{\Delta}_\parallel - 2\overline{\Delta}_\perp)}{16} \\ -\overline{\Delta}_\perp^2 - \dfrac{3\overline{\Delta}_\perp(\overline{\Delta}_\parallel - 2\overline{\Delta}_\perp)}{8} - \dfrac{(\overline{\Delta}_\parallel - 2\overline{\Delta}_\perp)^2}{2^6}(1+2\cos^2\theta) \end{array}\right] \\
& \times \frac{1}{(2\kappa_\mathrm{m}l)^2}\mathrm{e}^{-2\kappa_\mathrm{m}l}(1+2\kappa_\mathrm{m}l) \\
& + \left[\begin{array}{l} \left(\dfrac{\Gamma_\mathrm{c}}{\pi a^2 n_\mathrm{m}}\right)^2\dfrac{1}{16} - \left(\dfrac{\Gamma_\mathrm{c}}{\pi a^2 n_\mathrm{m}}\right)\dfrac{\overline{\Delta}_\perp}{4} - \left(\dfrac{\Gamma_\mathrm{c}}{\pi a^2 n_\mathrm{m}}\right)\dfrac{(\overline{\Delta}_\parallel - 2\overline{\Delta}_\perp)}{16} \\ +\dfrac{\overline{\Delta}_\perp^2}{4} + \dfrac{\overline{\Delta}_\perp(\overline{\Delta}_\parallel - 2\overline{\Delta}_\perp)}{8} + \dfrac{(\overline{\Delta}_\parallel - 2\overline{\Delta}_\perp)^2}{2^7}(1+2\cos^2\theta) \end{array}\right]. \\
& E_1(2\kappa_\mathrm{m}l).
\end{aligned}
$$

[13] 与无离子情形一样, 薄板 A 和 B 之间每单位面积的相互作用, 即 G_{AmB} 的二阶微商, 就是平行杆的相互作用之和. 例如, 想象薄板 A 中的一根杆, 以及它和薄板 B 中所有杆之间的相互作用, 即各距离 $\sqrt{y^2+l^2}$ 处的积分 $g(\sqrt{y^2+l^2}, \theta=0) \equiv g_\parallel(\sqrt{y^2+l^2})$. 此积分的形式为阿贝尔变换, $h(l) = \int_{-\infty}^{\infty} g_\parallel(\sqrt{y^2+l^2})\mathrm{d}y$. [Alexander D. Poularikas, ed., *The Transforms and Applications Handbook* (CRC Press, Boca Raton, FL, 1996) 中的 8.11 部分.] 这里 h(l) 为 $\mathrm{d}^2G/\mathrm{d}l^2$.

利用逆变换

$$g_\parallel(l) = -\frac{1}{\pi}\int_l^\infty \frac{h'(x)}{\sqrt{x^2-l^2}}\mathrm{d}x.$$

为了求出这个逆变换, 我们继续对 G 取微商,

$$\frac{\mathrm{d}^3G_{\mathrm{AmB}}(l,\theta=0)}{\mathrm{d}l^3} = -N^2\frac{2kT}{\pi}\kappa_\mathrm{m}^5\int_1^\infty f(p,\theta=0)\mathrm{e}^{-2p\kappa_\mathrm{m}l}p^4\mathrm{d}p,$$

把它写成变量 x 的函数, 并对 x 积分. 具体地, $\mathrm{d}^3G_{\mathrm{AmB}}(l,\theta)/\mathrm{d}l^3$ 中随空间变化的部分, 即 $\mathrm{e}^{-2p\kappa_\mathrm{m}l}$, 就变成 $\mathrm{e}^{-2p\kappa_\mathrm{m}x}$. 因此逆变换为

$$-\frac{1}{\pi}\int_l^\infty \frac{\mathrm{e}^{-2k_\mathrm{m}px}}{\sqrt{x^2-l^2}}\mathrm{d}x = -\frac{1}{\pi}\int_1^\infty \frac{\mathrm{e}^{-2k_\mathrm{m}plt}}{\sqrt{t^2-1}}\mathrm{d}t = -\frac{1}{\pi}K_0(2\kappa_\mathrm{m}pl).$$

[I. S. Gradshteyn and I. M. Ryzhik, *Table of Integrals, Series, and Products* (Academic, New York, 1965) 8.432.2].

这样, 每单位长度的相互作用能量为

$$N^2 g(l,\theta=0)=N^2 g_{\|}(l)=-N^2\frac{2kT}{\pi^2}\kappa_{\mathrm{m}}^5\int_1^\infty f(p,\theta=0)K_0(2\kappa_{\mathrm{m}}pl)p^4\mathrm{d}p$$

或

$$g_{\|}(l)=-\frac{2kT\kappa_{\mathrm{m}}^5}{\pi^2}\int_1^\infty p^4 f(p,\theta=0)K_0(2\kappa_{\mathrm{m}}pl)\mathrm{d}p=-\frac{2kT\kappa_{\mathrm{m}}^5(\pi a^2)^2}{\pi^2}\{\ \},$$

[360] 其中

$$\begin{aligned}\{\ \}=&\left[\overline{\Delta}_\perp^2+\frac{\overline{\Delta}_\perp(\overline{\Delta}_\|-2\overline{\Delta}_\perp)}{4}+\frac{3(\overline{\Delta}_\|-2\overline{\Delta}_\perp)^2}{2^7}\right]\int_1^\infty K_0(2\kappa_{\mathrm{m}}pl)p^4\mathrm{d}p\\ &+\left[\begin{array}{l}\left(\dfrac{\Gamma_{\mathrm{c}}}{\pi a^2 n_{\mathrm{m}}}\right)\dfrac{\overline{\Delta}_\perp}{2}+\left(\dfrac{\Gamma_{\mathrm{c}}}{\pi a^2 n_{\mathrm{m}}}\right)\dfrac{(\overline{\Delta}_\|-2\overline{\Delta}_\perp)}{16}\\ -\overline{\Delta}_\perp^2-\dfrac{3\overline{\Delta}_\perp(\overline{\Delta}_\|-2\overline{\Delta}_\perp)}{8}-\dfrac{3(\overline{\Delta}_\|-2\overline{\Delta}_\perp)^2}{2^6}\end{array}\right]\int_1^\infty K_0(2\kappa_{\mathrm{m}}pl)p^2\mathrm{d}p\\ &+\left[\begin{array}{l}\left(\dfrac{\Gamma_{\mathrm{c}}}{\pi a^2 n_{\mathrm{m}}}\right)^2\dfrac{1}{16}-\left(\dfrac{\Gamma_{\mathrm{c}}}{\pi a^2 n_{\mathrm{m}}}\right)\dfrac{\overline{\Delta}_\perp}{4}-\left(\dfrac{\Gamma_{\mathrm{c}}}{\pi a^2 n_{\mathrm{m}}}\right)\dfrac{(\overline{\Delta}_\|-2\overline{\Delta}_\perp)}{16}\\ +\dfrac{\overline{\Delta}_\perp^2}{4}+\dfrac{\overline{\Delta}_\perp(\overline{\Delta}_\|-2\overline{\Delta}_\perp)}{8}+\dfrac{3(\overline{\Delta}_\|-2\overline{\Delta}_\perp)^2}{2^7}\end{array}\right]\\ &\times\int_1^\infty K_0(2\kappa_{\mathrm{m}}pl)\mathrm{d}p.\end{aligned}$$

[14] 对于大的积分变量值, $K_0(2\kappa_{\mathrm{m}}pl)\sim\sqrt{\dfrac{\pi}{2}}\dfrac{\mathrm{e}^{-2\kappa_{\mathrm{m}}pl}}{\sqrt{2\kappa_{\mathrm{m}}pl}}$ (Abramowitz and Stegun 9.7.2, p.378). 由于指数因子的作用, 积分中占支配地位的是 $p=1$ 附近的收敛值:

$$\begin{aligned}\int_1^\infty K_0(2\kappa_{\mathrm{m}}pl)p^{2q}\mathrm{d}p&\sim\sqrt{\frac{\pi}{2}}\int_1^\infty\frac{\mathrm{e}^{-2\kappa_{\mathrm{m}}pl}}{\sqrt{2\kappa_{\mathrm{m}}pl}}p^{2q-\frac{1}{2}}\mathrm{d}p\\ &\sim\sqrt{\frac{\pi}{2}}\frac{1}{(2\kappa_{\mathrm{m}}l)^{1/2}}\int_1^\infty\mathrm{e}^{-2\kappa_{\mathrm{m}}lp}p^{2q-\frac{1}{2}}\mathrm{d}p.\end{aligned}$$

上式中最后一个积分定义了伽马函数:

$$\alpha_n(x)=\int_1^\infty\mathrm{e}^{-xt}t^n\mathrm{d}t=x^{-n-1}\Gamma(1+n,x)$$

M. Abramowitz and I. A. Stegun, *Handbook of Mathematical Functions, with Formulas, Graphs, and Mathematical Tables* (Dover, New York, 1965) p. 262, Eq. 6.5.10 和

$$\Gamma(a,x)\sim x^{a-1}\mathrm{e}^{-x}\left[1+\frac{a-1}{x}+\frac{(a-1)(a-2)}{x^2}+\cdots\right]$$

如上, p. 263 (式 6.5.32), 其中 $x = 2\kappa_{\mathrm{m}}l, n = 2q - \dfrac{1}{2} = a - 1$,

$$\begin{aligned}&\sqrt{\frac{\pi}{2}}\frac{1}{(2\kappa_{\mathrm{m}}l)^{1/2}}\int_1^{\infty}\mathrm{e}^{-2\kappa_{\mathrm{m}}lp}p^n\mathrm{d}p\\ =&\sqrt{\frac{\pi}{2}}\frac{(2\kappa_{\mathrm{m}}l)^{-n-1}}{(2\kappa_{\mathrm{m}}l)^{1/2}}(2\kappa_{\mathrm{m}}l)^n\mathrm{e}^{-2\kappa_{\mathrm{m}}l}\left(1+\frac{n}{2\kappa_{\mathrm{m}}l}+\cdots\right)\sim\sqrt{\frac{\pi}{2}}\frac{\mathrm{e}^{-2\kappa_{\mathrm{m}}l}}{(2\kappa_{\mathrm{m}}l)^{3/2}}.\end{aligned}$$

第 2 级, 计算

[1] 在很多的标准教科书中, 都给出了这些关系的一般推导. 考虑此处的释义 “Landau and Lifshitz 精简版” . 例如, 参见 L. D. Landau, E. M. Lifshitz, and L. P. Pitaevskii, *Electrodynamics of Continuous Media*, 2nd ed., Vol. 8 of Course of Theoretical Physics Series (Pergamon, Oxford, 1993) 的 82 部分中的式 82.15, p. 281, 以及 L. D. Landau and E. M. Lifshitz, *Statistical Physics*, 3rd ed., Vol. 5 of Course of Theoretical Physics Series (Pergamon, Oxford, 1993) 的 123 部分中的式 123.19, p. 383. 在正文中给出的许多内容都是来源于这些书的解述. F. Wooten's *Optical Properties of Solids* (Academic, New York, 1972) 一书可以提供非常多的优秀教学资料. 实质上, 有关基本的电和磁内容的教科书作为本书的背景阅读来说是足够了. M. Born and E. Wolf, *Principles of Optics: Electromagnetic Theory of Propagation, Interference and Diffraction of Light* (Cambridge University Press, New York, 1999) 是我自己最喜欢的一本书.

[2] 在 J. B. Johnson, “Thermal agitation of electricity in conductors,” Nature (London), Vol. 119, 50–5 (1927) 一文中, 极其清晰地指出了此对应关系. 他写了一封共有四段的信, 其开头为: “通常的电导体是电压自发涨落的来源, 可以用足够灵敏的仪器来测量. 导体的这个性质似乎是导体材料中电荷热扰动的结果”, 而信的结尾内容是相当有影响力的: “可以有效放大的电压下限通常由构建电路的物质所确定, 而非由真空管确定”. [361]

[3] 这是一个主要结果, 其非平庸的推导可以在几本书中找到, 例如已经引用过的 L. D. Landau and E. M. Lifshitz, *Electrodynamics of Continuous Media and Statistical Physics.* 也可见 Sh. Kogan, *Electronic Noise and Fluctuations in Solids* (Cambridge University Press, New York, 1996) 中的第 2 章. 关于背景, A.van der Ziel, *Noise* (Prentice-Hall, New York, 1954), 一书系统地发展了经典理论. N. Wax, *Selected Papers on Noise and Stochastic Processes* (Dover, New York, 2003) 也非常值得阅读.

[4] 为了看出这点, 我们先看前几页, 其中用了 ε 语言来描述电导率为 σ 的材料. 在低频率极限下,

$$\varepsilon(\omega)=\frac{4\pi\mathrm{i}\sigma}{\omega(1-\mathrm{i}\omega b)}\rightarrow\frac{4\pi\mathrm{i}\sigma}{\omega}=\mathrm{i}\varepsilon''(\omega).$$

利用 $\omega\varepsilon''(\omega)$=$4\pi\sigma$, 此低频率极限下的电流涨落 $kT\{[\omega\varepsilon''(\omega)]/[(2\pi)^2d]\}$ 变为 $kT\{(4\pi\sigma)/[(2\pi)^2d]\}$. 由于两个极板间的材料电导率可以转换为单位面积平板的电阻 $R=d/(L^2\sigma)=(d/\sigma)$, 故可以写成 $kT\{(4\pi\sigma)/[(2\pi)^2d]\}=(kT/\pi R)$. 这就是在圆频率区间 $\mathrm{d}\omega$ 上的电流涨落密度. 由于 $\omega=2\pi\nu$, 故对于测得的常规频率 ν (Hz, 即 r/s), 在区间 $\mathrm{d}\nu$ 上的密度是 $(kT/\pi R)2\pi=(2kT/R)$. 由于实验无法区分 "正的" 和 "负的" 振子频率, 故测得的涨落密度是对应于 ν 和 $\nu+\mathrm{d}\nu$ 以及 $-\nu$ 和 $-(\nu+\mathrm{d}\nu)$之间的范围. 因此上面的表达式应该乘以 2, 即 $(I^2)_\nu=(4kT/R)$, 或者, 由于电压 $V=IR$, 故 $(V^2)_\nu=4kTR$, 即 H. Nyquist 在 "Thermal agitation of electric charge in conductors," Phys. Rev., **32**, 110–13 (1928) 中给出的经典高温低频极限下的电压噪声, 式 1; Nyquist 对它进行了推广以把电压涨落的量子化包括在内, 并给出其与气体中涨落的联系.

[5] 例如, L. Landau and E. M. Lifshitz, *Electrodynamics of Continuous Media*, 2nd ed. (Pergamon, Oxford, 1993), p. 396, Eq. 113.8.

[6] 见 *Handbook of Optical Constants of Solids* (Academic, New York, 1985) 一书中的两篇, D.Y. Smith, "Dispersion theory, sum rules, and their application to the analysis of of optical data," Chap. 3, 和 D. W. Lynch, "Interband absorption—mechanisms and interpretation," Chap. 10, 以及其中的参考文献; 也可见 D. Y. Smith, M. Inokuti, and W. Karstens, "Photoresponse of condensed matter over the entire range of excitation energies: Analysis of silicon," Phys. Essays, **13**, 465–72 (2000).

[7] 见 R. H. French, "Origins and applications of London dispersion forces and Hamaker constants in ceramics," J. Am. Ceram. Soc., **83**, 2117–46 (2000); K. van Benthem, R. H. French, W. Sigle, C. Elsässer, and M. Rühle, "Valence electron energy loss study of Fe-doped $SrTiO_3$ and a $\Sigma13$ boundary: Electronic structure and dispersion forces," Ultramicroscopy, **86**, 303–18 (2001), 以及其中引用的很多文献. 那些文章中的能量 "E" 在这里写成 "$\hbar\omega$".

[8] J_{CV} 的最初设计是为了描述光学频率和更高频率处的电子响应, 其幂次是颇具启发性的, 在 F. Wooten, *Optical Properties of Solids* (Academic, New York, 1972) 的第 5 章中给出了严格的描述.

[9] E. Shiles, T. Sasaki, M. Inokuti, and D. Y. Smith, "Self-consistency and

sum-rule tests in the Kramers–Kronig analysis of optical data: Applications to aluminum," Phys. Rev. B, **22**, 1612–28 (1980).

[10] 正文中并未给出响应的正确推导, 仅给出了关于其形式的简述. 见 P. J. W. Debye, *Polar Molecules* (Dover, New York, reprint of 1929 edition), and H. Fröhlich, *Theory of Dielectrics: Dielectric Constant and Dielectric Loss*, in Monographs on the Physics and Chemistry of Materials Series (Clarendon, Oxford University Press, 1987). [362]

[11] 例如, 见 F. Buckley and A. A. Maryott, "Tables of Dielectric Dispersion Data for Pure Liquids and Dilute Solutions, NBS Circular 589 (National Bureau of Standards, Gaithersburg, MD, 1958).

[12] R. Podgornik, G. Cevc, and B. Zeks, "Solvent structure effects in the macroscopic theory of van der Waals forces," J. Chem. Phys., **87**, 5957–66 (1987) 一文中, 系统地展示了一般形式的问题与包含 $\varepsilon(\omega;\boldsymbol{k})$ 的特殊情形的解.

[13] R. H. French, R. M. Cannon, L. K. DeNoyer, and Y.-M. Chiang, "Full spectral calculations of non-retarded Hamaker constants for ceramic systems from interband transition strengths," Solid State Ionics, **75**, 13–33 (1995). 此处的图是文中图 2 的修正版; 相隔一个真空区域的非延迟 Hamaker 系数来源于文中的表 1 第 3 列.

[14] 图 (L2.30)–(L2.32) 和这里计算出的系数来源于 Dr. Lin DeNoyer (personal communication, 2003), 采用的是 GRAMS 程序, 对 n 求和至 $\hbar\xi_n =$ 250 eV, 对径向矢量的积分用了均匀间距 ("辛普森法则"). Electronic Structure Tools, Spectrum Square Associates, 755 Snyder Hill Road, Ithaca, NY 14850. USA: GRAMS/32. Galactic Industries, 325 Main Street, Salem, NY 03079, USA. 如果出于教育和研究的目的要用到有关壁虎的 Hamaker 程序, 可以参看 http://sourceforge.net/projects/geckoproj/.

[15] H. D. Ackler, R. H. French, and Y.-M. Chiang, "Comparisons of Hamaker constants for ceramic systems with intervening vacuum or water: From force layers and physical properties," J. Colloid Interface Sci., **179**, 460–9 (1996).

[16] R. H. French, H. Müllejans, and D. J. Jones, "Optical properties of aluminum oxide: Determined from vacuum ultraviolet and electron energy loss spectroscopies," J. Am. Ceram. Soc., **81**, 2549–57 (1998).

[17] R. H. French, D. J. Jones, and S. Loughin, "Interband electronic structure of α-alumina up to 2167 K," J. Am. Chem. Soc., **77**, 412–22 (1994). 这里的图取自于文中的图 5a.

[18] 在 R. R. Dagastine, D. C. Prieve, and L. R. White, "The dielectric function

for water and its application to van der Waals forces," J. Colloid Interface Sci., **231**, 351–8 (2000) 一文中给出了关于水的最新数据的数值表. 表格可在 http://www.cheme.cmu.edu/jcis/ 找到, 它给出了室温下 ξ_n 的 $\varepsilon(\mathrm{i}\xi_n)$ 值, 以及在其它温度下计算 $\varepsilon(\mathrm{i}\xi_n)$ 的推荐程序. 此网址还给出了另外几种材料的数据表.

[19] C. M. Roth and A. M. Lenhoff, "Improved parametric representation of water dielectric data for Lifshitz theory calculations," J. Colloid Interface Sci., **179**, 637–9 (1996), 给出了关于水的另一组参数.

[20] F. Buckley and A. A. Maryott, "Tables of dielectric data for pure liquids and dilute solutions." NBS Circular 589 (National Bureau of Standards, Gaithersburg, MD, 1958).

[21] L. D. Kislovskii, "Optical characteristics of water and ice in the infrared and radiowave regions of the spectrum," Opt. Spectr. (USSR), **7**, 201–6 (1959).

[22] D. Gingell and V. A. Parsegian, "Computation of van der Waals interactions in aqueous systems using reflectivity data," J. Theor. Biol., **36**, 41–52 (1972).

[23] J. M. Heller, R. N. Hamm, R. D. Birkhoff and L. R. Painter, "Collective oscillation in liquid water," J. Chem. Phys. **60**, 3483–86 (1974).

[24] V. A. Parsegian and G. H. Weiss, "Spectroscopic parameters for computation of van der Waals forces," J. Colloid Interface Sci., **82**, 285–8 (1981).

[25] V. A. Parsegian, Chap. 4 in *Physical Chemistry: Enriching Topics from Colloid and Interface Science*, H. van Olphen and K. J. Mysels, eds. (IUPAC, Theorex, La Jolla, CA, 1975).

[26] G. B. Irani, T. Huen, and T. Wooten, J. Opt. Soc. Am., **61**, 128–9 (1971).

[27] H.-J. Hagemann, W. Gudat, and C. Kunz, *Optical Constants from the Far Infrared to the X-Ray Regions: Mg, Al, Ca, Ag, Au, Bi, C and Al_2O_3* (Deutsches Electronen Synchrotron, Hamburg, 1974). 此书中收录了大量非常有用的数据, 远远超过这里样品表中所引用的.

[363] [28] P. B. Johnson and R. W. Christy, Phys. Rev. B, **6**, 4370 (1972) 参数来源于对介电散射的虚部 $\varepsilon''(\omega)$ 的拟合.

[29] V. A. Parsegian, Langmuir, 9, 3625–8 (1993); 注意文章中所用的 $\varepsilon(\mathrm{i}\xi)$ 函数形式与这里所用的不同. 两处的共振频率 ω_1, ω_2 和 ω_3 是相同的. 文中的分子 C_1 等于这里的"德拜"("Debye") d; 还有 $1/\tau = \omega_1$. 分子 C_2 和 C_3 乘以对应的 ω_j^2 就转换为这里给出的 f_j. 文中的数 g 转换为这里给出的 g_j, 转换关系为 $g_j = (\omega_j^2/g)$.

[30] 参数组"a"就是源于 Department of Applied Mathematics, IAS, Australian

National University (Patrick Kekicheff, 1992 personal communication) 的 “匹配组”.

[31] 参数组 “*b*” 来源于 J. Mahanty and B. W. Ninham 的教科书 *Dispersion Forces* (Academic, London, 1976).

[32] 参数组 “*c*” (微波与红外项) 和参数组 “*b*” (紫外项) 都来源于 D. Chan and P. Richmond, Proc. R. Soc. London Ser. A, **353**, 163–76 (1977) 一文.

第 3 级, 基础

[1] H. B. G. Casimir, 见绪论注解 [9].

[2] H. B. G. Casimir and D. Polder, “The influence of retardation on the London-van der Waals forces,” Phys. Rev., **73**, 360–72 (1948).

[3] 有关的方法 (虽然仅用于真空间隙) 可见 I. E. Dzyaloshinskii, E. M. Lifshitz, and L. P. Pitaevskii, “The general theory of van der Waals forces,” Adv. Phys., **10**, 165 (1961); 也可见 E. M. Lifshitz and L. P. Pitaevskii, *Statistical Physics*, Part 2 in Vol. 9 of Course of Theoretical Physics Series (Pergamon, Oxford, 1991) 的第 8 章; 而完整 DLP 结果的系统化推导也可以在 A. A. Abrikosov, L. P. Gorkov, & I. E. Dzyaloshinski, *Methods of Quantum Field Theory in Statistical Physics*, R. A. Silverman, trans. (Dover, New York, 1963) 的第 6 章中找到.

[4] B. W. Ninham, V. A. Parsegian, and G. H. Weiss, “On the macroscopic theory of temperature-dependent van der Waals forces,” J. Stat. Phys., **2**, 323–8 (1970).

[5] N. G. van Kampen, B. R. A. Nijboer, and K. Schram, “On the macroscopic theory of van der Waals forces,” Phys. Lett., **26A**, 307 (1968).

[6] D. Langbein, *Theory of van der Waals Attraction*, Vol. 72 of Springer Tracts in Modern Physics Series, G. Hohler, ed. (Springer-Verlag, Berlin Heidelberg, New York, 1974).

[7] J. Mahanty and B. W. Ninham, *Dispersion Forces* (Academic, London, New York, San Francisco, 1976).

[8] Yu. S. Barash, *Van der Waals Forces* (Nauka, Moscow, 1988) (in Russian); Yu. S. Barash and V. L. Ginzburg. “Electromagnetic fluctuations in matter and molecular (Van-der-Waals) forces between them,” Usp. Fiz. Nauk, **116**, 5–40 (1975), 英文翻译版见 Sov. Phys. -Usp. **18**, 305–22 (1975).

[9] 如果忽略可加常数, 情况会怎样? 如果假设振子的能级仅取 $\hbar\omega$ 的整数

倍, 即 $E_\eta = \eta\hbar\omega, \eta = 0, 1, 2, \cdots$, 而不加上 $\hbar\omega/2$, 情况会怎样?

通过对各状态的求和, 计算出平均能量:

$$\overline{E} = \frac{\sum_{\eta=0}^{\infty} \hbar\omega\eta \mathrm{e}^{-\hbar\omega\eta/kT}}{\sum_{\eta=0}^{\infty} \mathrm{e}^{-\hbar\omega\eta/kT}} = \frac{\partial}{\partial\left(-\frac{1}{kT}\right)} \ln\left(\sum_{\eta=0}^{\infty} \mathrm{e}^{-\hbar\omega\eta/kT}\right).$$

如果我们定义 $x \equiv \mathrm{e}^{-\hbar\omega/kT}$, 即 $\left[\partial x/\partial\left(-\frac{1}{kT}\right)\right] = \hbar\omega x$, 则

$$\sum_{\eta=0}^{\infty} \mathrm{e}^{-\hbar\omega\eta/kT} = \sum_{\eta=0}^{\infty} x^\eta = \frac{1}{1-x}.$$

得到关系式 $\ln\left(\sum_{\eta=0}^{\infty} \mathrm{e}^{-\hbar\omega\eta/kT}\right) = -\ln(1-x)$. 平均能量为

$$\overline{E} = \frac{\partial x}{\partial\left(-\frac{1}{kT}\right)} \frac{\mathrm{d}[-\ln(1-x)]}{\mathrm{d}x} = \hbar\omega\frac{x}{1-x} = kT\frac{\hbar\omega}{kT}\frac{\mathrm{e}^{-\hbar\omega/kT}}{1-\mathrm{e}^{-\hbar\omega/kT}}.$$

[364] 在高温下, $kT \gg \hbar\omega$, 上式展开为

$$\begin{aligned}\overline{E} &= kT\frac{\hbar\omega}{kT}\frac{1-\frac{\hbar\omega}{kT}}{1-1+\frac{\hbar\omega}{kT}-\frac{1}{2}\left(\frac{\hbar\omega}{kT}\right)^2} = kT\frac{1-\frac{\hbar\omega}{kT}}{1-\frac{1}{2}\left(\frac{\hbar\omega}{kT}\right)} \\ &\approx kT\left(1-\frac{1}{2}\frac{\hbar\omega}{kT}\right) = kT - \frac{1}{2}\hbar\omega.\end{aligned}$$

由能量均分定理可知, 各自由度的能量为 $kT/2$; 对于具有动能和势能的约束振子, 其在高温下的平均能量应该精确地趋于 kT. 上面刚刚算出的平均能量值就比它小了一个常量 $\frac{1}{2}\hbar\omega$. 这就意味着, 如果把各能级取为 $E_\eta = \eta\hbar\omega$, 则比正确值小了 $\frac{1}{2}\hbar\omega$. 正确的能级是我们所熟悉的

$$E_\eta = \left(\eta + \frac{1}{2}\right)\hbar\omega.$$

假定能级变化对应于量子化的光子, 就足以说明在 $T = 0$ 时能量不可能趋于零. 永远存在着一个零点能 $\frac{1}{2}\hbar\omega$.

[10] 在忽略电导 σ, 外加电荷 ρ_{ext} 以及外加电流 j_{ext} 的情况下, 如果每个区域的相对 (标量) ε 和 μ 不随空间变化, 则麦克斯韦方程

$$\begin{array}{ll}
\nabla\cdot\boldsymbol{D}=\nabla\cdot(\varepsilon\varepsilon_0\boldsymbol{E})=\rho_{\text{ext}} & \nabla\cdot\boldsymbol{D}=\nabla\cdot(\varepsilon\boldsymbol{E})=4\pi\rho_{\text{ext}} \\
(\text{mks 单位制}), & (\text{cgs 单位制}); \\
\nabla\cdot\boldsymbol{H}=0, & \nabla\cdot\boldsymbol{H}=0; \\
\nabla\times\boldsymbol{E}=-\dfrac{\partial\boldsymbol{B}}{\partial t}=-\mu\mu_0\dfrac{\partial\boldsymbol{H}}{\partial t}, & \nabla\times\boldsymbol{E}=-\dfrac{1}{c}\dfrac{\partial\boldsymbol{B}}{\partial t}=-\dfrac{\mu}{c}\dfrac{\partial\boldsymbol{H}}{\partial t}; \\
\nabla\times\boldsymbol{H}=\varepsilon\varepsilon_0\dfrac{\partial\boldsymbol{E}}{\partial t}+\sigma\boldsymbol{E}+\boldsymbol{j}_{\text{ext}}, & \nabla\times\boldsymbol{H}=\dfrac{\varepsilon}{c}\dfrac{\partial\boldsymbol{E}}{\partial t}+\dfrac{4\pi\sigma}{c}\boldsymbol{E}+\dfrac{4\pi}{c}\boldsymbol{j}_{\text{ext}};
\end{array}$$

变成

$$\begin{array}{ll}
\nabla\cdot\boldsymbol{E}=0\ (\text{mks 单位制}), & \nabla\cdot\boldsymbol{E}=0\ (\text{cgs 单位制}); \\
\nabla\cdot\boldsymbol{H}=0, & \nabla\cdot\boldsymbol{H}=0; \\
\nabla\times\boldsymbol{E}=-\mu\mu_0\dfrac{\partial\boldsymbol{H}}{\partial t}, & \nabla\times\boldsymbol{E}=-\dfrac{\mu}{c}\dfrac{\partial\boldsymbol{H}}{\partial t}; \\
\nabla\times\boldsymbol{H}=\varepsilon\varepsilon_0\dfrac{\partial\boldsymbol{E}}{\partial t}, & \nabla\times\boldsymbol{H}=\dfrac{\varepsilon}{c}\dfrac{\partial\boldsymbol{E}}{\partial t}.
\end{array}$$

为了把这些式子约简为关于 $\boldsymbol{E}_\omega,\boldsymbol{H}_\omega$ 的波动方程, 利用恒等式 $\nabla\times\nabla\times\boldsymbol{E}=-\nabla^2\boldsymbol{E}+\nabla(\nabla\cdot\boldsymbol{E})$, 并且, 由于 $\nabla\cdot\boldsymbol{E}=0$, 故第二项可以丢掉. 接着利用 $\nabla\times\boldsymbol{E}=-\dfrac{\mu}{c}\dfrac{\partial\boldsymbol{H}}{\partial t}$, 就可以得到关于 $\boldsymbol{E}$ 的波动方程:

$$\begin{aligned}
\nabla^2\boldsymbol{E}&=-\nabla\times\nabla\times\boldsymbol{E}=-\nabla\times\left(-\frac{\mu}{c}\frac{\partial\boldsymbol{H}}{\partial t}\right)=\frac{\mu}{c}\frac{\partial(\nabla\times\boldsymbol{H})}{\partial t}\\
&=\frac{\mu}{c}\frac{\partial\left(\dfrac{\varepsilon}{c}\dfrac{\partial\boldsymbol{E}}{\partial t}\right)}{\partial t}=\frac{\varepsilon\mu}{c^2}\frac{\partial^2\boldsymbol{E}}{\partial t^2}.
\end{aligned}$$

关于 $\boldsymbol{H}$ 有类似的约简, 以及 $\nabla\times\boldsymbol{H}=\dfrac{\varepsilon}{c}\dfrac{\partial\boldsymbol{E}}{\partial t}$.

由 $\boldsymbol{E},\boldsymbol{H}$ 的形式 $\boldsymbol{E}(t)=\operatorname{Re}\left[\sum\limits_\omega\boldsymbol{E}_\omega\mathrm{e}^{-\mathrm{i}\omega t}\right],\boldsymbol{H}(t)=\operatorname{Re}\left[\sum\limits_\omega\boldsymbol{H}_\omega\mathrm{e}^{-\mathrm{i}\omega t}\right]$, 取二阶微商可以引入因子 $-\omega^2$:

$$\nabla^2\boldsymbol{E}+\frac{\varepsilon\mu\omega^2}{c^2}\boldsymbol{E}=0;\quad\nabla^2\boldsymbol{H}+\frac{\varepsilon\mu\omega^2}{c^2}\boldsymbol{H}=0,$$

这里略去了下标 ω, 从现在开始都这样标注了.

[11] 根据柯西定理, 复变量 z 的复函数 $g(z)$ 在 $z=a$ 处的值可以写成积分 $g(a)=\dfrac{1}{2\pi\mathrm{i}}\displaystyle\oint_C\frac{g(z)}{(z-a)}\mathrm{d}z$.

闭合回路 C 围绕复数平面中的点 a. 重要的是: 分母中的 $(z-a)$ 会在位置 $(z=a)$ 处产生 "一阶的" 数学极点 [$(z-a)$ 的一次方]. 把此定理应用于自由能 $g(\omega_j)$ 的求和, 则微商 $\mathrm{d}\ln[D(\omega)]/\mathrm{d}\omega$ 会自动产生一阶极点, 因此可以从自由能形式 $g(\omega)$ 中挑选出 $g(\omega_j)$. 这就使得我们能够精确地选取那些满足表面模式条件的频率, 并对所有这些模式的自由能求和. 假设 $D(\omega)$ 为多项式:

[365] $$D(\omega)=\prod_{\{\omega_j\}}(\omega-\omega_j)\quad 所以\quad \ln[D(\omega)]=\sum_{\{\omega_j\}}(\omega-\omega_j).$$

其微商为

$$\frac{\mathrm{d}\ln[D(\omega)]}{\mathrm{d}\omega}=\sum_{\{\omega_j\}}\frac{1}{(\omega-\omega_j)},$$

则

$$\frac{1}{2\pi\mathrm{i}}\oint_C g(\omega)\frac{\mathrm{d}\ln[D(\omega)]}{\mathrm{d}\omega}\mathrm{d}\omega=\frac{1}{2\pi\mathrm{i}}\oint_C g(\omega)\sum_{\{\omega_j\}}\frac{1}{(\omega-\omega_j)}\mathrm{d}\omega=\sum_{\{\omega_j\}}g(\omega_j).$$

[12] $$kT\ln(\mathrm{e}^{\hbar\omega/2kT}-\mathrm{e}^{-\hbar\omega/2kT})=kT\ln[\mathrm{e}^{\hbar\omega/2kT}(1-\mathrm{e}^{-\hbar\omega/kT})]$$
$$=kT\frac{\hbar\omega}{2kT}+kT\ln(1-\mathrm{e}^{-\hbar\omega/kT})=\frac{\hbar\omega}{2}-kT\sum_{\eta=1}^{\infty}\frac{\mathrm{e}^{-(\hbar\omega/kT)\eta}}{\eta}.$$

[13] M. J. Lighthill, *An Introduction to Fourier Analysis and Generalised Functions* (Cambridge University Press, Cambridge, 1958).

[14] 符号可能会有点麻烦, 所以需要说清楚:

$$-\frac{1}{2}\frac{\hbar}{2\pi}\int_{-\infty}^{+\infty}\ln D(\mathrm{i}\xi)\mathrm{d}\xi=-\frac{\hbar}{2}\frac{1}{2\pi\mathrm{i}}\int_{-\mathrm{i}\infty}^{+\mathrm{i}\infty}\ln D(\omega)\mathrm{d}\omega$$
$$=-\frac{\hbar}{2}\frac{1}{2\pi\mathrm{i}}\left[\omega\ln D(\omega)|_{-\mathrm{i}\infty}^{+\mathrm{i}\infty}-\int_{-\mathrm{i}\infty}^{+\mathrm{i}\infty}\omega\frac{\mathrm{d}\ln D(\omega)}{\mathrm{d}\omega}\mathrm{d}\omega\right]$$
$$=+\frac{\hbar}{2}\frac{1}{2\pi\mathrm{i}}\int_{-\mathrm{i}\infty}^{+\mathrm{i}\infty}\omega\frac{\mathrm{d}\ln D(\omega)}{\mathrm{d}\omega}\mathrm{d}\omega$$
$$=-\frac{\hbar}{2}\frac{1}{2\pi\mathrm{i}}\int_{+\mathrm{i}\infty}^{-\mathrm{i}\infty}\omega\frac{\mathrm{d}\ln D(\omega)}{\mathrm{d}\omega}\mathrm{d}\omega=-\frac{\hbar}{2}\frac{1}{2\pi\mathrm{i}}\oint_C\omega\frac{\mathrm{d}\ln D(\omega)}{\mathrm{d}\omega}\mathrm{d}\omega=-\sum_{\{\omega_j\}}\frac{1}{2}\hbar\omega_{\mathrm{j}}.$$

[15] 矢量 $\boldsymbol{E}$ 的形式为 $\boldsymbol{E}=\hat{i}E_x+\hat{j}E_y+\hat{k}E_z$, 其中 E_x,E_y 和 εE_z 在各材料的边界处是连续的. E_x,E_y 和 εE_z 还需满足 $\nabla\cdot\boldsymbol{E}=0$. $\boldsymbol{E}$ 和 $\boldsymbol{H}$ 场的各分量在 x,y 平面内是周期性的, 取一般形式 $f(z)\mathrm{e}^{\mathrm{i}(ux+vy)}$, 或 $E_x=e_x(z)\mathrm{e}^{\mathrm{i}(ux+vy)}$; $E_y=e_y(z)\mathrm{e}^{\mathrm{i}(ux+vy)}$; $E_z=e_z(z)\mathrm{e}^{\mathrm{i}(ux+vy)}$ 各个场分量的波动方程 $f''(z)=\rho^2f(z)$ 的解为 $f(z)=A\mathrm{e}^{\rho z}+B\mathrm{e}^{-\rho z}$. 系数 A_x,A_y,A_z,B_x,B_y

和 B_z 须满足 $\nabla\cdot\boldsymbol{E}=0$, 故 $\mathrm{i}ue_x(z)+\mathrm{i}ve_y(z)+e_z'(z)=(\mathrm{i}uA_x+\mathrm{i}vA_y+\rho A_z)\mathrm{e}^{\rho z}+(\mathrm{i}uB_x+\mathrm{i}vB_y-\rho B_z)\mathrm{e}^{-\rho z}=0$,
或

$$A_z=-\frac{\mathrm{i}}{\rho}(uA_x+vA_y),\quad B_z=\frac{\mathrm{i}}{\rho}(uB_x+vB_y).$$

E_x 为连续就要求

$$A_{(\mathrm{i+1})x}\mathrm{e}^{\rho_{\mathrm{i+1}}l_{\mathrm{i/i+1}}}+B_{(\mathrm{i+1})x}\mathrm{e}^{-\rho_{\mathrm{i+1}}l_{\mathrm{i/i+1}}}=A_{(\mathrm{i})x}\mathrm{e}^{\rho_{\mathrm{i}}l_{\mathrm{i/i+1}}}+B_{(\mathrm{i})x}\mathrm{e}^{-\rho_{\mathrm{i}}l_{\mathrm{i/i+1}}}.$$

E_y 为连续就要求

$$A_{(\mathrm{i+1})y}\mathrm{e}^{\rho_{\mathrm{i+1}}l_{\mathrm{i/i+1}}}+B_{(\mathrm{i+1})y}\mathrm{e}^{-\rho_{\mathrm{i+1}}l_{\mathrm{i/i+1}}}=A_{(\mathrm{i})y}\mathrm{e}^{\rho_{\mathrm{i}}l_{\mathrm{i/i+1}}}+B_{(\mathrm{i})y}\mathrm{e}^{-\rho_{\mathrm{i}}l_{\mathrm{i/i+1}}}.$$

把上面第一式乘以 iu, 第二式乘以 iv, 然后相加并把 A_x,A_y,B_x,B_y 用系数 A_z,B_z 来替换:

$$[-A_{(\mathrm{i+1})z}\mathrm{e}^{\rho_{\mathrm{i+1}}l_{\mathrm{i/i+1}}}+B_{(\mathrm{i+1})z}\mathrm{e}^{-\rho_{\mathrm{i+1}}l_{\mathrm{i/i+1}}}]\rho_{\mathrm{i+1}}=[-A_{(\mathrm{i})z}\mathrm{e}^{\rho_{\mathrm{i}}l_{\mathrm{i/i+1}}}+B_{(\mathrm{i})z}\mathrm{e}^{-\rho_{\mathrm{i}}l_{\mathrm{i/i+1}}}]\rho_{\mathrm{i}}.$$

$\varepsilon_{\mathrm{R}}E_z$ 为连续就要求

$$[A_{(\mathrm{i+1})z}\mathrm{e}^{\rho_{\mathrm{i+1}}l_{\mathrm{i/i+1}}}+B_{(\mathrm{i+1})z}\mathrm{e}^{-\rho_{\mathrm{i+1}}l_{\mathrm{i/i+1}}}]\varepsilon_{\mathrm{i+1}}=[A_{(\mathrm{i})z}\mathrm{e}^{\rho_{\mathrm{i}}l_{\mathrm{i/i+1}}}+B_{(\mathrm{i})z}\mathrm{e}^{-\rho_{\mathrm{i}}l_{\mathrm{i/i+1}}}]\varepsilon_{\mathrm{i}}.$$

在正文以及随后的尾注中略去了下标 z.

[16] [366]

$$(-A_{\mathrm{i+1}}\mathrm{e}^{+\rho_{\mathrm{i+1}}l_{\mathrm{i/i+1}}}+B_{\mathrm{i+1}}\mathrm{e}^{-\rho_{\mathrm{i+1}}l_{\mathrm{i/i+1}}})\rho_{\mathrm{i+1}}=(-A_{\mathrm{i}}\mathrm{e}^{+\rho_{\mathrm{i}}l_{\mathrm{i/i+1}}}+B_{\mathrm{i}}\mathrm{e}^{-\rho_{\mathrm{i}}l_{\mathrm{i/i+1}}})\rho_{\mathrm{i}},$$
$$(A_{\mathrm{i+1}}\mathrm{e}^{+\rho_{\mathrm{i+1}}l_{\mathrm{i/i+1}}}+B_{\mathrm{i+1}}\mathrm{e}^{-\rho_{\mathrm{i+1}}l_{\mathrm{i/i+1}}})\varepsilon_{\mathrm{i+1}}=(A_{\mathrm{i}}\mathrm{e}^{+\rho_{\mathrm{i}}l_{\mathrm{i/i+1}}}+B_{\mathrm{i}}\mathrm{e}^{-\rho_{\mathrm{i}}l_{\mathrm{i/i+1}}})\varepsilon_{\mathrm{i}}.$$

把上面两式相加、相减, 分别给出

$$A_{\mathrm{i+1}}=\mathrm{e}^{-\rho_{\mathrm{i+1}}l_{\mathrm{i/i+1}}}\mathrm{e}^{+\rho_{\mathrm{i}}l_{\mathrm{i/i+1}}}\frac{1}{2}\left(\frac{\varepsilon_{\mathrm{i}}}{\varepsilon_{\mathrm{i+1}}}+\frac{\rho_{\mathrm{i}}}{\rho_{\mathrm{i+1}}}\right)\cdot A_{\mathrm{i}}+\mathrm{e}^{-\rho_{\mathrm{i+1}}l_{\mathrm{i/i+1}}}\mathrm{e}^{-\rho_{\mathrm{i}}l_{\mathrm{i/i+1}}}\frac{1}{2}\left(\frac{\varepsilon_{\mathrm{i}}}{\varepsilon_{\mathrm{i+1}}}-\frac{\rho_{\mathrm{i}}}{\rho_{\mathrm{i+1}}}\right)B_{\mathrm{i}},$$
$$B_{\mathrm{i+1}}=\mathrm{e}^{+\rho_{\mathrm{i+1}}l_{\mathrm{i/i+1}}}\mathrm{e}^{+\rho_{\mathrm{i}}l_{\mathrm{i/i+1}}}\frac{1}{2}\left(\frac{\varepsilon_{\mathrm{i}}}{\varepsilon_{\mathrm{i+1}}}-\frac{\rho_{\mathrm{i}}}{\rho_{\mathrm{i+1}}}\right)\cdot A_{\mathrm{i}}+\mathrm{e}^{+\rho_{\mathrm{i+1}}l_{\mathrm{i/i+1}}}\mathrm{e}^{-\rho_{\mathrm{i}}l_{\mathrm{i/i+1}}}\frac{1}{2}\left(\frac{\varepsilon_{\mathrm{i}}}{\varepsilon_{\mathrm{i+1}}}+\frac{\rho_{\mathrm{i}}}{\rho_{\mathrm{i+1}}}\right)B_{\mathrm{i}}.$$

提取出一个平淡无奇的因子 $[(\varepsilon_{\mathrm{i+1}}\rho_{\mathrm{i}}+\varepsilon_{\mathrm{i}}\rho_{\mathrm{i+1}})/(2\varepsilon_{\mathrm{i+1}}\rho_{\mathrm{i+1}})]$, 得到

$$A_{\mathrm{i+1}}=\left[\frac{(\varepsilon_{\mathrm{i+1}}\rho_{\mathrm{i}}+\varepsilon_{\mathrm{i}}\rho_{\mathrm{i+1}})}{2\varepsilon_{\mathrm{i+1}}\rho_{\mathrm{i+1}}}\right]^{-1}\cdot(\mathrm{e}^{-\rho_{\mathrm{i+1}}l_{\mathrm{i/i+1}}}\mathrm{e}^{+\rho_{\mathrm{i}}l_{\mathrm{i/i+1}}}A_{\mathrm{i}}+\overline{\Delta}_{\mathrm{i/i+1}}\mathrm{e}^{-\rho_{\mathrm{i+1}}l_{\mathrm{i/i+1}}}\mathrm{e}^{-\rho_{\mathrm{i}}l_{\mathrm{i/i+1}}}B_{\mathrm{i}}),$$
$$B_{\mathrm{i+1}}=\left[\frac{(\varepsilon_{\mathrm{i+1}}\rho_{\mathrm{i}}+\varepsilon_{\mathrm{i}}\rho_{\mathrm{i+1}})}{2\varepsilon_{\mathrm{i+1}}\rho_{\mathrm{i+1}}}\right]^{-1}\cdot(\mathrm{e}^{+\rho_{\mathrm{i+1}}l_{\mathrm{i/i+1}}}\mathrm{e}^{+\rho_{\mathrm{i}}l_{\mathrm{i/i+1}}}\overline{\Delta}_{\mathrm{i/i+1}}A_{\mathrm{i}}+\mathrm{e}^{+\rho_{\mathrm{i+1}}l_{\mathrm{i/i+1}}}\mathrm{e}^{-\rho_{\mathrm{i}}l_{\mathrm{i/i+1}}}B_{\mathrm{i}}),$$

从而给出矩阵

$$
\begin{bmatrix}
\mathrm{e}^{-\rho_{1+1}l_{\mathrm{i}/\mathrm{i}+1}}\mathrm{e}^{+\rho_{\mathrm{i}}l_{1/\mathrm{i}+1}} & -\overline{\Delta}_{\mathrm{i}/\mathrm{i}+1}\mathrm{e}^{-\rho_{1+1}l_{\mathrm{i}/\mathrm{i}+1}}/\mathrm{e}^{-\rho_{\mathrm{i}}l_{1/\mathrm{i}+1}} \\
\mathrm{e}^{+\rho_{1+1}l_{\mathrm{i}/\mathrm{i}+1}}\mathrm{e}^{+\rho_{\mathrm{i}}l_{1/\mathrm{i}+1}}\overline{\Delta}_{\mathrm{i}/\mathrm{i}+1} & \mathrm{e}^{+\rho_{1+1}l_{\mathrm{i}/\mathrm{i}+1}}\mathrm{e}^{-\rho_{\mathrm{i}}l_{1/\mathrm{i}+1}}
\end{bmatrix}
$$

$$
= \begin{bmatrix}
\mathrm{e}^{-\rho_{1+1}l_{\mathrm{i}/\mathrm{i}+1}}\mathrm{e}^{+\rho_{\mathrm{i}}l_{1/\mathrm{i}+1}} & -\overline{\Delta}_{\mathrm{i}+1/\mathrm{i}}\mathrm{e}^{-\rho_{1+1}l_{\mathrm{i}/\mathrm{i}+1}}\mathrm{e}^{-\rho_{\mathrm{i}}l_{1/\mathrm{i}+1}} \\
-\overline{\Delta}_{\mathrm{i}+1/\mathrm{i}}\mathrm{e}^{+\rho_{1+1}l_{\mathrm{i}/\mathrm{i}+1}}\mathrm{e}^{+\rho_{\mathrm{i}}l_{1/\mathrm{i}+1}} & \mathrm{e}^{+\rho_{1+1}l_{\mathrm{i}/\mathrm{i}+1}}\mathrm{e}^{-\rho_{\mathrm{i}}l_{1/\mathrm{i}+1}}
\end{bmatrix},
$$

其中 $\overline{\Delta}_{\mathrm{i}+1/\mathrm{i}} \equiv [(\varepsilon_{\mathrm{i}+1}\rho_{\mathrm{i}} - \varepsilon_{\mathrm{i}}\rho_{\mathrm{i}+1})/(\varepsilon_{\mathrm{i}+1}\rho_{\mathrm{i}} + \varepsilon_{\mathrm{i}}\rho_{\mathrm{i}+1})]$.

[17] 通过回顾前面关于矩阵的推导并且重新定义各个 A 和 B, 就可以得到这个转换. 为了得到学术方面的启发, 我们从本节中广泛使用的矩阵代数角度进行研究.

从原来的矩阵和系数开始:

$$
\boldsymbol{M}^{\mathrm{old}}_{\mathrm{i}+1/\mathrm{i}} = \begin{bmatrix}
\mathrm{e}^{-\rho_{\mathrm{i}+1}l_{\mathrm{i}/\mathrm{i}+1}}\mathrm{e}^{+\rho_{\mathrm{i}}l_{\mathrm{i}/\mathrm{i}+1}} & -\overline{\Delta}_{\mathrm{i}+1/\mathrm{i}}\mathrm{e}^{-\rho_{\mathrm{i}+1}l_{\mathrm{i}/\mathrm{i}+1}}\mathrm{e}^{-\rho_{\mathrm{i}}l_{\mathrm{i}/\mathrm{i}+1}} \\
-\overline{\Delta}_{\mathrm{i}+1/\mathrm{i}}\mathrm{e}^{+\rho_{\mathrm{i}+1}l_{\mathrm{i}/\mathrm{i}+1}}\mathrm{e}^{+\rho_{\mathrm{i}}l_{\mathrm{i}/\mathrm{i}+1}} & \mathrm{e}^{+\rho_{\mathrm{i}+1}l_{\mathrm{i}/\mathrm{i}+1}}\mathrm{e}^{-\rho_{\mathrm{i}}l_{\mathrm{i}/\mathrm{i}+1}}
\end{bmatrix};
$$

$$
\begin{pmatrix} A^{\mathrm{old}}_{\mathrm{i}+1} \\ B^{\mathrm{old}}_{\mathrm{i}+1} \end{pmatrix} = \boldsymbol{M}^{\mathrm{old}}_{\mathrm{i}+1/\mathrm{i}} \begin{pmatrix} A^{\mathrm{old}}_{\mathrm{i}} \\ B^{\mathrm{old}}_{\mathrm{i}} \end{pmatrix}
$$

接着定义新的系数

$$
\begin{pmatrix} A^{\mathrm{new}}_{\mathrm{i}+1} \\ B^{\mathrm{new}}_{\mathrm{i}+1} \end{pmatrix} = \begin{pmatrix} A^{\mathrm{old}}_{\mathrm{i}+1}\mathrm{e}^{+\rho_{\mathrm{i}+1}l_{\mathrm{i}/\mathrm{i}+1}} \\ B^{\mathrm{old}}_{\mathrm{i}+1}\mathrm{e}^{-\rho_{\mathrm{i}+1}l_{\mathrm{i}/\mathrm{i}+1}} \end{pmatrix} = \begin{bmatrix} \mathrm{e}^{+\rho_{\mathrm{i}+1}l_{\mathrm{i}/\mathrm{i}+1}} & 0 \\ 0 & \mathrm{e}^{-\rho_{\mathrm{i}+1}l_{\mathrm{i}/\mathrm{i}+1}} \end{bmatrix} \begin{pmatrix} A^{\mathrm{old}}_{\mathrm{i}+1} \\ B^{\mathrm{old}}_{\mathrm{i}+1} \end{pmatrix}
$$

$$
\begin{pmatrix} A^{\mathrm{new}}_{\mathrm{i}} \\ B^{\mathrm{new}}_{\mathrm{i}} \end{pmatrix} = \begin{pmatrix} A^{\mathrm{old}}_{\mathrm{i}}\mathrm{e}^{+\rho_{\mathrm{i}}l_{\mathrm{i}-1/\mathrm{i}}} \\ B^{\mathrm{old}}_{\mathrm{i}}\mathrm{e}^{-\rho_{\mathrm{i}}l_{\mathrm{i}-1/\mathrm{i}}} \end{pmatrix} = \begin{bmatrix} \mathrm{e}^{+\rho_{\mathrm{i}}l_{\mathrm{i}-1/\mathrm{i}}} & 0 \\ 0 & \mathrm{e}^{-\rho_{\mathrm{i}}l_{\mathrm{i}-1/\mathrm{i}}} \end{bmatrix} \begin{pmatrix} A^{\mathrm{old}}_{\mathrm{i}} \\ B^{\mathrm{old}}_{\mathrm{i}} \end{pmatrix}
$$

或者

$$
\begin{pmatrix} A^{\mathrm{old}}_{\mathrm{i}} \\ B^{\mathrm{old}}_{\mathrm{i}} \end{pmatrix} = \begin{bmatrix} \mathrm{e}^{-\rho_{\mathrm{i}}l_{\mathrm{i}-1/\mathrm{i}}} & 0 \\ 0 & \mathrm{e}^{+\rho_{\mathrm{i}}l_{\mathrm{i}-1/\mathrm{i}}} \end{bmatrix} \begin{bmatrix} \mathrm{e}^{+\rho_{\mathrm{i}}l_{\mathrm{i}-1/\mathrm{i}}} & 0 \\ 0 & \mathrm{e}^{-\rho_{\mathrm{i}}l_{\mathrm{i}-1/\mathrm{i}}} \end{bmatrix} \begin{pmatrix} A^{\mathrm{old}}_{\mathrm{i}} \\ B^{\mathrm{old}}_{\mathrm{i}} \end{pmatrix}
$$

$$
= \begin{bmatrix} \mathrm{e}^{-\rho_{\mathrm{i}}l_{\mathrm{i}-1/\mathrm{i}}} & 0 \\ 0 & \mathrm{e}^{+\rho_{\mathrm{i}}l_{\mathrm{i}-1/\mathrm{i}}} \end{bmatrix} \begin{pmatrix} A^{\mathrm{new}}_{\mathrm{i}} \\ B^{\mathrm{new}}_{\mathrm{i}} \end{pmatrix}.
$$

在这些项中,

$$
\begin{pmatrix} A^{\mathrm{new}}_{\mathrm{i}+1} \\ B^{\mathrm{new}}_{\mathrm{i}+1} \end{pmatrix} = \begin{bmatrix} \mathrm{e}^{+\rho_{\mathrm{i}+1}l_{\mathrm{i}/\mathrm{i}+1}} & 0 \\ 0 & \mathrm{e}^{-\rho_{\mathrm{i}+1}l_{\mathrm{i}/\mathrm{i}+1}} \end{bmatrix} \begin{pmatrix} A^{\mathrm{old}}_{\mathrm{i}+1} \\ B^{\mathrm{old}}_{\mathrm{i}+1} \end{pmatrix}
$$

$$
= \begin{bmatrix} \mathrm{e}^{+\rho_{\mathrm{i}+1}l_{\mathrm{i}/\mathrm{i}+1}} & 0 \\ 0 & \mathrm{e}^{-\rho_{\mathrm{i}+1}l_{\mathrm{i}/\mathrm{i}+1}} \end{bmatrix} \boldsymbol{M}^{\mathrm{old}}_{\mathrm{i}+1/\mathrm{i}} \begin{pmatrix} A^{\mathrm{old}}_{\mathrm{i}} \\ B^{\mathrm{old}}_{\mathrm{i}} \end{pmatrix}
$$

$$= \begin{bmatrix} e^{+\rho_{i+1} l_{i/i+1}} & 0 \\ 0 & e^{-\rho_{i+1} l_{i/i+1}} \end{bmatrix} \boldsymbol{M}^{old}_{i+1/i} \begin{bmatrix} e^{-\rho_i l_{i-1/i}} & 0 \\ 0 & e^{+\rho_i l_{i-1/i}} \end{bmatrix} \times \begin{pmatrix} A^{new}_i \\ B^{new}_i \end{pmatrix}$$

$$= \boldsymbol{M}^{new}_{i+1/i} \begin{pmatrix} A^{new}_i \\ B^{new}_i \end{pmatrix},$$

其中 [367]

$$\begin{aligned} \boldsymbol{M}^{new}_{i+1/i} &= \begin{bmatrix} e^{+\rho_{i+1} l_{i/i+1}} & 0 \\ 0 & e^{-\rho_{i+1} l_{i/i+1}} \end{bmatrix} \boldsymbol{M}^{old}_{i+1/i} \begin{bmatrix} e^{-\rho_i l_{i-1/i}} & 0 \\ 0 & e^{+\rho_i l_{i-1/i}} \end{bmatrix} \\ &= \begin{bmatrix} e^{+\rho_{i+1} l_{i/i+1}} & 0 \\ 0 & e^{-\rho_{i+1} l_{i/i+1}} \end{bmatrix} \\ &\times \begin{bmatrix} e^{-\rho_{i+1} l_{i/i+1}} e^{+\rho_i l_{i/i+1}} & -\overline{\Delta}_{i+1/i} e^{-\rho_{i+1} l_{i/i+1}} e^{-\rho_i l_{i/i+1}} \\ -\overline{\Delta}_{i+1/i} e^{+\rho_{i+1} l_{i/i+1}} e^{+\rho_i l_{i/i+1}} & e^{+\rho_{i+1} l_{i/i+1}} e^{-\rho_i l_{i/i+1}} \end{bmatrix} \\ &\times \begin{bmatrix} e^{-\rho_i l_{i-1/i}} & 0 \\ 0 & e^{+\rho_i l_{i-1/i}} \end{bmatrix} \\ &= \begin{bmatrix} e^{+\rho_i (l_{i/i+1} - l_{i-1/i})} & -\overline{\Delta}_{i+1/i} e^{-\rho_i (l_{i/i+1} - l_{i-1/i})} \\ -\overline{\Delta}_{i+1/i} e^{+\rho_i (l_{i/i+1} - l_{i-1/i})} & e^{-\rho_i (l_{i/i+1} - l_{i-1/i})} \end{bmatrix} \\ &= e^{+\rho_i (l_{i/i+1} - l_{i-1/i})} \begin{bmatrix} 1 & -\overline{\Delta}_{i+1/i} e^{-2\rho_i (l_{i/i+1} - l_{i-1/i})} \\ -\overline{\Delta}_{i+1/i} & e^{-2\rho_i (l_{i/i+1} - l_{i-1/i})} \end{bmatrix} \end{aligned}$$

[18]
$$\boldsymbol{M}_{i+1/i} = \begin{bmatrix} 1 & -\overline{\Delta}_{i+1/i} e^{-2\rho_i (l_{i/i+1} - l_{i-1/i})} \\ -\overline{\Delta}_{i+1/i} & e^{-2\rho_i (l_{i/i+1} - l_{i-1/i})} \end{bmatrix}$$

给出

$$\boldsymbol{M}_{RB_1} = \begin{bmatrix} 1 & -\overline{\Delta}_{RB_1} e^{-2\rho_{B_1} b_1} \\ -\overline{\Delta}_{RB_1} & e^{-2\rho_{B_1} b_1} \end{bmatrix},$$

$$\boldsymbol{M}_{B_1 m} = \begin{bmatrix} 1 & -\overline{\Delta}_{B_1 m} e^{-2\rho_m l} \\ -\overline{\Delta}_{B_1 m} & e^{-2\rho_m l} \end{bmatrix}$$

其积为

$$\begin{aligned} \boldsymbol{M}^{eff}_{Rm} = \boldsymbol{M}_{RB_1} \boldsymbol{M}_{B_1 m} &= \begin{bmatrix} 1 & -\overline{\Delta}_{RB_1} e^{-2\rho_{B_1} b_1} \\ -\overline{\Delta}_{RB_1} & e^{-2\rho_{B_1} b_1} \end{bmatrix} \begin{bmatrix} 1 & -\overline{\Delta}_{B_1 m} e^{-2\rho_m l} \\ -\overline{\Delta}_{B_1 m} & e^{-2\rho_m l} \end{bmatrix} \\ &= \begin{bmatrix} 1 + \overline{\Delta}_{RB_1} \overline{\Delta}_{B_1 m} e^{-2\rho_{B_1} b_1} & -\overline{\Delta}_{RB_1} e^{-2\rho_{B_1} b_1} e^{-2\rho_m l} - \overline{\Delta}_{B_1 m} e^{-2\rho_m l} \\ -\overline{\Delta}_{RB_1} - \overline{\Delta}_{B_1 m} e^{-2\rho_{B_1} b_1} & \overline{\Delta}_{RB_1} \overline{\Delta}_{B_1 m} e^{-2\rho_m l} + e^{-2\rho_{B_1} b_1} e^{-2\rho_m l} \end{bmatrix}. \end{aligned}$$

[19] 把 $\boldsymbol{M}_{\mathrm{Rm}}^{\mathrm{eff}}=\boldsymbol{M}_{\mathrm{RB_1m}}^{\mathrm{eff}}=\boldsymbol{M}_{\mathrm{RB_1}}\boldsymbol{M}_{\mathrm{B_1m}}$ 替换为 $\boldsymbol{M}_{\mathrm{Rm}}^{\mathrm{eff}}=\boldsymbol{M}_{\mathrm{RB_2B_1m}}^{\mathrm{eff}}=\boldsymbol{M}_{\mathrm{RB_2}}\cdot\boldsymbol{M}_{\mathrm{B_2B_1}}\boldsymbol{M}_{\mathrm{B_1m}}$. 取代

$$\boldsymbol{M}_{\mathrm{RB_1}}=\begin{bmatrix}1 & -\overline{\Delta}_{\mathrm{RB_1}}\mathrm{e}^{-2\rho_{\mathrm{B_1}}b_1}\\ -\overline{\Delta}_{\mathrm{RB_1}} & \mathrm{e}^{-2\rho_{\mathrm{B_1}}b_1}\end{bmatrix}.$$

[368] 我们现在有

$$\boldsymbol{M}_{\mathrm{RB_2}}\boldsymbol{M}_{\mathrm{B_2B_1}}=\begin{bmatrix}1 & -\overline{\Delta}_{\mathrm{RB_2}}\mathrm{e}^{-2\rho_{\mathrm{B_2}}b_2}\\ -\overline{\Delta}_{\mathrm{RB_2}} & \mathrm{e}^{-2\rho_{\mathrm{B_2}}b_2}\end{bmatrix}\begin{bmatrix}1 & -\overline{\Delta}_{\mathrm{B_2B_1}}\mathrm{e}^{-2\rho_{\mathrm{B_1}}b_1}\\ -\overline{\Delta}_{\mathrm{B_2B_1}} & \mathrm{e}^{-2\rho_{\mathrm{B_1}}b_1}\end{bmatrix}$$

$$=\begin{bmatrix}(1+\overline{\Delta}_{\mathrm{RB_2}}\overline{\Delta}_{\mathrm{B_2B_1}}\mathrm{e}^{-2\rho_{\mathrm{B_2}}b_2}) & -(\overline{\Delta}_{\mathrm{RB_2}}\mathrm{e}^{-2\rho_{\mathrm{B_2}}b_2}+\overline{\Delta}_{\mathrm{B_2B_1}})\mathrm{e}^{-2\rho_{\mathrm{B_1}}b_1}\\ -(\overline{\Delta}_{\mathrm{RB_2}}+\overline{\Delta}_{\mathrm{B_2B_1}}\mathrm{e}^{-2\rho_{\mathrm{B_2}}b_2}) & (\overline{\Delta}_{\mathrm{RB_2}}\overline{\Delta}_{\mathrm{B_2B_1}}+\mathrm{e}^{-2\rho_{\mathrm{B_2}}b_2})\mathrm{e}^{-2\rho_{\mathrm{B_1}}b_1}\end{bmatrix}.$$

条件 $\mathrm{A_R}=0$ 仅用到转换矩阵的第一行元素. 因此 $-\overline{\Delta}_{\mathrm{RB_1}}\mathrm{e}^{-2\rho_{\mathrm{B_1}}b_1}$ 和 $\{[(\overline{\Delta}_{\mathrm{RB_2}}\mathrm{e}^{-2\rho_{\mathrm{B_2}}b_2}+\overline{\Delta}_{\mathrm{B_2B_1}})]/[(1+\overline{\Delta}_{\mathrm{RB_2}}\overline{\Delta}_{\mathrm{B_2B_1}}\mathrm{e}^{-2\rho_{\mathrm{B_2}}b_2})]\}\mathrm{e}^{-2\rho_{\mathrm{B_1}}b_1}$ 之间的比较也是这样.

[20] 把 $\boldsymbol{M}_{\mathrm{RB_j\cdots B_1m}}^{\mathrm{eff}}$ 替换为 $\boldsymbol{M}_{\mathrm{RB_{j+1}B_j\cdots B_1m}}^{\mathrm{eff}}=\boldsymbol{M}_{\mathrm{RB_{j+1}}}\boldsymbol{M}_{\mathrm{B_{j+1}B_j\cdots B_1m}}^{\mathrm{eff}}$. 取代

$$\boldsymbol{M}_{\mathrm{RB_j}}=\begin{bmatrix}1 & -\overline{\Delta}_{\mathrm{RB_j}}\mathrm{e}^{-2\rho_{\mathrm{B_j}}b_\mathrm{j}}\\ -\overline{\Delta}_{\mathrm{RB_j}} & \mathrm{e}^{-2\rho_{\mathrm{B_j}}b_\mathrm{j}}\end{bmatrix},$$

我们现在有

$$\begin{aligned}
&\boldsymbol{M}_{\mathrm{RB_{j+1}}}\boldsymbol{M}_{\mathrm{B_{j+1}B_j}}\\
&=\begin{bmatrix}1 & -\overline{\Delta}_{\mathrm{RB_{j+1}}}\mathrm{e}^{-2\rho_{\mathrm{B_{j+1}}}b_{\mathrm{j+1}}}\\ -\overline{\Delta}_{\mathrm{RB_{j+1}}} & \mathrm{e}^{-2\rho_{\mathrm{B_{j+1}}}b_{\mathrm{j+1}}}\end{bmatrix}\begin{bmatrix}1 & -\overline{\Delta}_{\mathrm{B_{j+1}B_j}}\mathrm{e}^{-2\rho_{\mathrm{B_j}}b_\mathrm{j}}\\ -\overline{\Delta}_{\mathrm{B_{j+1}B_j}} & \mathrm{e}^{-2\rho_{\mathrm{B_j}}b_\mathrm{j}}\end{bmatrix}\\
&=\begin{bmatrix}1+\overline{\Delta}_{\mathrm{RB_{j+1}}}\overline{\Delta}_{\mathrm{B_{j+1}B_j}}\mathrm{e}^{-2\rho_{\mathrm{B_{j+1}}}b_{j+1}} & -\overline{\Delta}_{\mathrm{B_{j+1}B_j}}\mathrm{e}^{-2\rho_{\mathrm{B_j}}b_\mathrm{j}}-\overline{\Delta}_{\mathrm{RB_{j+1}}}\mathrm{e}^{-2\rho_{\mathrm{B_{j+1}}}b_{\mathrm{j}+1}}\mathrm{e}^{-2\rho_{\mathrm{B_j}}b_\mathrm{j}}\\ -\overline{\Delta}_{\mathrm{RB_{j+1}}}-\overline{\Delta}_{\mathrm{B_{j+1}B_j}}\mathrm{e}^{-2\rho_{\mathrm{B_{j+1}}}b_{\mathrm{j+1}}} & \overline{\Delta}_{\mathrm{RB_{j+1}}}\overline{\Delta}_{\mathrm{B_{j+1}B_j}}\mathrm{e}^{-2\rho_{\mathrm{B_j}}b_\mathrm{j}}+\mathrm{e}^{-2\rho_{\mathrm{B_{j+1}}}b_{\mathrm{j+1}}}\mathrm{e}^{-2\rho_{\mathrm{B_j}}b_\mathrm{j}}\end{bmatrix}\\
&=(1+\overline{\Delta}_{\mathrm{RB_{j+1}}}\overline{\Delta}_{\mathrm{B_{j+1}B_j}}\mathrm{e}^{-2\rho_{\mathrm{B_{j+1}}}b_{\mathrm{j+1}}})\\
&\times\begin{bmatrix}1 & -\dfrac{\overline{\Delta}_{\mathrm{RB_{j+1}}}\mathrm{e}^{-2\rho_{\mathrm{B_{j+1}}}b_{\mathrm{j+1}}}+\overline{\Delta}_{\mathrm{B_{j+1}B_j}}}{1+\overline{\Delta}_{\mathrm{RB_{j+1}}}\overline{\Delta}_{\mathrm{B_{j+1}B_j}}\mathrm{e}^{-2\rho_{\mathrm{B_{j+1}}}b_{\mathrm{j+1}}}}\mathrm{e}^{-2\rho_{\mathrm{B_j}}b_\mathrm{j}}\\ -\dfrac{\overline{\Delta}_{\mathrm{RB_{j+1}}}+\overline{\Delta}_{\mathrm{B_{j+1}B_j}}\mathrm{e}^{-2\rho_{\mathrm{B_{j+1}}}b_{\mathrm{j+1}}}}{1+\overline{\Delta}_{\mathrm{RB_{j+1}}}\overline{\Delta}_{\mathrm{B_{j+1}B_j}}\mathrm{e}^{-2\rho_{\mathrm{B_{j+1}}}b_{\mathrm{j+1}}}} & \dfrac{\overline{\Delta}_{\mathrm{RB_{j+1}}}\overline{\Delta}_{\mathrm{B_{j+1}B_j}}+\mathrm{e}^{-2\rho_{\mathrm{B_{j+1}}}b_{\mathrm{j+1}}}}{1+\overline{\Delta}_{\mathrm{RB_{j+1}}}\overline{\Delta}_{\mathrm{B_{j+1}B_j}}\mathrm{e}^{-2\rho_{\mathrm{B_{j+1}}}b_{\mathrm{j+1}}}}\mathrm{e}^{-2\rho_{\mathrm{B_j}}b_\mathrm{j}}\end{bmatrix}
\end{aligned}$$

条件 $\mathrm{A_R}=0$ 仅用到此转换矩阵中第一行的元素. 因此 1 − 2 元素

$$-\overline{\Delta}_{\mathrm{RB_j}}\mathrm{e}^{-2\rho_{\mathrm{B_j}}b_\mathrm{j}}\quad 和 \quad -\frac{\overline{\Delta}_{\mathrm{RB_{j+1}}}\mathrm{e}^{-2\rho_{\mathrm{B_{j+1}}}b_{\mathrm{j+1}}}+\overline{\Delta}_{\mathrm{B_{j+1}B_j}}}{1+\overline{\Delta}_{\mathrm{RB_{j+1}}}\overline{\Delta}_{\mathrm{B_{j+1}B_j}}\mathrm{e}^{-2\rho_{\mathrm{B_{j+1}}}b_{\mathrm{j+1}}}}\mathrm{e}^{-2\rho_{\mathrm{B_j}}b_\mathrm{j}}$$

之间的比较也是这样.

[21] 在 B. W. Ninham and V. A. Parsegian, “Van der Waals interactions in multilayer systems,” J. Chem. Phys. **53**, 3398–402 (1970) 一文中给出了原始的推导. R. Podgornik, P. L. Hansen, and V. A. Parsegian, “On a reformulation of the theory of Lifshitz-van der Waals-interactions in multilayered systems,” J. Chem. Phys, **119**, 1070–77 (2003) 一文中给出了修正后的详细推导.

[22] $\boldsymbol{T}_{\mathrm{B'}} = \begin{bmatrix} 1 & 0 \\ 0 & \mathrm{e}^{-2\rho_{\mathrm{B'}} b'} \end{bmatrix}, \quad \boldsymbol{D}_{\mathrm{B'B}} = \begin{bmatrix} 1 & -\overline{\Delta}_{\mathrm{B'B}} \\ -\overline{\Delta}_{\mathrm{B'B}} & 1 \end{bmatrix},$

$$\boldsymbol{T}_{\mathrm{B'}}\boldsymbol{D}_{\mathrm{B'B}} = \begin{bmatrix} 1 & -\overline{\Delta}_{\mathrm{B'B}} \\ -\overline{\Delta}_{\mathrm{B'B}}\mathrm{e}^{-2\rho_{\mathrm{B'}} b'} & \mathrm{e}^{-2\rho_{\mathrm{B'}} b'} \end{bmatrix},$$

$$\boldsymbol{T}_{\mathrm{B}} = \begin{bmatrix} 1 & 0 \\ 0 & \mathrm{e}^{-2\rho_{\mathrm{B}} b} \end{bmatrix}, \quad \boldsymbol{D}_{\mathrm{BB'}} = \begin{bmatrix} 1 & -\overline{\Delta}_{\mathrm{BB'}} \\ -\overline{\Delta}_{\mathrm{BB'}} & 1 \end{bmatrix},$$

$$\boldsymbol{T}_{\mathrm{B}}\boldsymbol{D}_{\mathrm{BB'}} = \begin{bmatrix} 1 & -\overline{\Delta}_{\mathrm{BB'}} \\ -\overline{\Delta}_{\mathrm{BB'}}\mathrm{e}^{-2\rho_{\mathrm{B}} b} & \mathrm{e}^{-2\rho_{\mathrm{B}} b} \end{bmatrix}.$$

$$\begin{aligned}
\boldsymbol{M}_{\mathrm{B'B}} &= \boldsymbol{T}_{\mathrm{B'}}\boldsymbol{D}_{\mathrm{B'B}}\boldsymbol{T}_{\mathrm{B}}\boldsymbol{D}_{\mathrm{BB'}} \\
&= \begin{bmatrix} 1 & -\overline{\Delta}_{\mathrm{B'B}} \\ -\overline{\Delta}_{\mathrm{B'B}}\mathrm{e}^{-2\rho_{\mathrm{B'}} b'} & \mathrm{e}^{-2\rho_{\mathrm{B'}} b'} \end{bmatrix} \begin{bmatrix} 1 & -\overline{\Delta}_{\mathrm{BB'}} \\ -\overline{\Delta}_{\mathrm{BB'}}\mathrm{e}^{-2\rho_{\mathrm{B}} b} & \mathrm{e}^{-2\rho_{\mathrm{B}} b} \end{bmatrix} \\
&= \begin{bmatrix} 1-\overline{\Delta}_{\mathrm{B'B}}^2\mathrm{e}^{-2\rho_{\mathrm{B}} b} & \overline{\Delta}_{\mathrm{B'B}}(1-\mathrm{e}^{-2\rho_{\mathrm{B}} b}) \\ (\mathrm{e}^{-2\rho_{\mathrm{B}} b}-1)\overline{\Delta}_{\mathrm{B'B}}\mathrm{e}^{-2\rho_{\mathrm{B'}} b'} & (\mathrm{e}^{-2\rho_{\mathrm{B}} b}-\overline{\Delta}_{\mathrm{B'B}}^2)\mathrm{e}^{-2\rho_{\mathrm{B'}} b'} \end{bmatrix}
\end{aligned}$$

单模条件仅需要用到矩阵的归一化因子. 各项须除以行列式的平方根, [369]

$$\begin{aligned}
(1-\overline{\Delta}_{\mathrm{B'B}}^2\mathrm{e}^{-2\rho_{\mathrm{B}} b})(\mathrm{e}^{-2\rho_{\mathrm{B}} b}-\overline{\Delta}_{\mathrm{B'B}}^2)\mathrm{e}^{-2\rho_{\mathrm{B'}} b'} - \overline{\Delta}_{\mathrm{B'B}}(1-\mathrm{e}^{-2\rho_{\mathrm{B}} b}) \\
(\mathrm{e}^{-2\rho_{\mathrm{B}} b}-1)\overline{\Delta}_{\mathrm{B'B}}\mathrm{e}^{-2\rho_{\mathrm{B'}} b'} = (1-\overline{\Delta}_{\mathrm{B'B}}^2)^2\mathrm{e}^{-2\rho_{\mathrm{B}} b}\mathrm{e}^{-2\rho_{\mathrm{B'}} b'},
\end{aligned}$$

即除以 $(1-\overline{\Delta}_{\mathrm{B'B}}^2)\mathrm{e}^{-\rho_{\mathrm{B}} b}\mathrm{e}^{-\rho_{\mathrm{B'}} b'}$, 从而导出

$$\begin{bmatrix} \dfrac{1-\overline{\Delta}_{\mathrm{B'B}}^2\mathrm{e}^{-2\rho_{\mathrm{B}} b}}{(1-\overline{\Delta}_{\mathrm{B'B}}^2)\mathrm{e}^{-\rho_{\mathrm{B}} b}\mathrm{e}^{-\rho_{\mathrm{B'}} b'}} & \dfrac{\overline{\Delta}_{\mathrm{B'B}}(1-\mathrm{e}^{-2\rho_{\mathrm{B}} b})}{(1-\overline{\Delta}_{\mathrm{B'B}}^2)\mathrm{e}^{-\rho_{\mathrm{B}} b}\mathrm{e}^{-\rho_{\mathrm{B'}} b'}} \\ \dfrac{(\mathrm{e}^{-2\rho_{\mathrm{B}} b}-1)\overline{\Delta}_{\mathrm{B'B}}\mathrm{e}^{-2\rho_{\mathrm{B'}} b'}}{(1-\overline{\Delta}_{\mathrm{B'B}}^2)\mathrm{e}^{-\rho_{\mathrm{B}} b}\mathrm{e}^{-\rho_{\mathrm{B'}} b'}} & \dfrac{(\mathrm{e}^{-2\rho_{\mathrm{B}} b}-\overline{\Delta}_{\mathrm{B'B}}^2)\mathrm{e}^{-2\rho_{\mathrm{B'}} b'}}{(1-\overline{\Delta}_{\mathrm{B'B}}^2)\mathrm{e}^{-\rho_{\mathrm{B}} b}\mathrm{e}^{-\rho_{\mathrm{B'}} b'}} \end{bmatrix}$$

中待求的矩阵元 m_{ij}.

[23] 把

$$\boldsymbol{D}_{\mathrm{mL}}=\begin{bmatrix}1 & -\overline{\Delta}_{\mathrm{m/L}}\\ -\overline{\Delta}_{\mathrm{m/L}} & 1\end{bmatrix}=\begin{bmatrix}1 & -\overline{\Delta}_{\mathrm{m/L}}\\ -\overline{\Delta}_{\mathrm{m/L}} & 1\end{bmatrix},$$

$$\boldsymbol{D}_{\mathrm{B'm}}=\begin{bmatrix}1 & -\overline{\Delta}_{\mathrm{B'm}}\\ -\overline{\Delta}_{\mathrm{B'm}} & 1\end{bmatrix},$$

$$\boldsymbol{T}_{\mathrm{m}}=\begin{bmatrix}1 & 0\\ 0 & \mathrm{e}^{-2\rho_{\mathrm{m}}l}\end{bmatrix},\quad \boldsymbol{T}_{\mathrm{B'}}=\begin{bmatrix}1 & 0\\ 0 & \mathrm{e}^{-2\rho_{\mathrm{B'}}b'}\end{bmatrix},\quad \boldsymbol{T}_{\mathrm{B}}=\begin{bmatrix}1 & 0\\ 0 & \mathrm{e}^{-2\rho_{\mathrm{B}}b}\end{bmatrix},$$

$$\boldsymbol{D}_{\mathrm{BB'}}=\begin{bmatrix}1 & -\overline{\Delta}_{\mathrm{BB'}}\\ -\overline{\Delta}_{\mathrm{BB'}} & 1\end{bmatrix},\quad \boldsymbol{D}_{\mathrm{B'B}}=\begin{bmatrix}1 & -\overline{\Delta}_{\mathrm{B'B}}\\ -\overline{\Delta}_{\mathrm{B'B}} & 1\end{bmatrix},$$

$$\boldsymbol{D}_{\mathrm{RB'}}=\begin{bmatrix}1 & -\overline{\Delta}_{\mathrm{RB'}}\\ -\overline{\Delta}_{\mathrm{RB'}} & 1\end{bmatrix}$$

用于

$$\begin{aligned}\begin{pmatrix}A_{\mathrm{R}}\\ B_{\mathrm{R}}\end{pmatrix}&=\boldsymbol{D}_{\mathrm{RB'}}\boldsymbol{N}_{\mathrm{B'B}}\boldsymbol{T}_{\mathrm{B'}}\boldsymbol{D}_{\mathrm{B'm}}\boldsymbol{T}_{\mathrm{m}}\boldsymbol{D}_{\mathrm{mL}}\begin{pmatrix}A_{\mathrm{L}}\\ 0\end{pmatrix}\\ &=\begin{bmatrix}n_{11}-n_{21}\overline{\Delta}_{\mathrm{RB'}} & n_{12}-n_{22}\overline{\Delta}_{\mathrm{RB'}}\\ n_{21}-n_{11}\overline{\Delta}_{\mathrm{RB'}} & n_{22}-n_{22}\overline{\Delta}_{\mathrm{RB'}}\end{bmatrix}\\ &\quad\times\begin{bmatrix}(1+\overline{\Delta}_{\mathrm{mL}}\overline{\Delta}_{\mathrm{B'm}}\mathrm{e}^{-2\rho_{\mathrm{m}}l})\\ -(\overline{\Delta}_{\mathrm{B'm}}+\overline{\Delta}_{\mathrm{mL}}\mathrm{e}^{-2\rho_{\mathrm{m}}l})\mathrm{e}^{-2\rho_{\mathrm{B'}}b'}\end{bmatrix}A_{\mathrm{L}}.\end{aligned}$$

把积中的元素 11 设为零, 以满足条件 $A_{\mathrm{R}}=0$:

$$\begin{aligned}&(n_{11}-n_{21}\overline{\Delta}_{\mathrm{RB'}})(1+\overline{\Delta}_{\mathrm{mL}}\overline{\Delta}_{\mathrm{B'm}}\mathrm{e}^{-2\rho_{\mathrm{m}}l})\\ &-(n_{12}-n_{22}\overline{\Delta}_{\mathrm{RB'}})\mathrm{e}^{-2\rho_{\mathrm{B'}}b'}(\overline{\Delta}_{\mathrm{B'm}}+\overline{\Delta}_{\mathrm{mL}}\mathrm{e}^{-2\rho_{\mathrm{m}}l})\\ =&\,[(n_{11}-n_{21}\overline{\Delta}_{\mathrm{RB'}})-(n_{12}-n_{22}\overline{\Delta}_{\mathrm{RB'}})\overline{\Delta}_{\mathrm{B'm}}\mathrm{e}^{-2\rho_{\mathrm{B'}}b'}]\\ &+[(n_{11}-n_{21}\overline{\Delta}_{\mathrm{RB'}})\overline{\Delta}_{\mathrm{B'm}}-(n_{12}-n_{22}\overline{\Delta}_{\mathrm{RB'}})\mathrm{e}^{-2\rho_{\mathrm{B'}}b'}]\overline{\Delta}_{\mathrm{mL}}\mathrm{e}^{-2\rho_{\mathrm{m}}l}.\end{aligned}$$

由于此色散关系的物理重要部分是与可变间距 l 有关的, 故我们可以把物理无关的部分 $(n_{11}-n_{21}\overline{\Delta}_{\mathrm{RB'}})-(n_{12}-n_{22}\overline{\Delta}_{\mathrm{RB'}})\overline{\Delta}_{\mathrm{B'm}}\mathrm{e}^{-2\rho_{\mathrm{B'}}b'}$ 提取出来, 它在函数 $\ln[D(\mathrm{i}\xi_n)]$ 中起了重要作用:

$$D(\mathrm{i}\xi_n)=1-\frac{(n_{11}-n_{21}\overline{\Delta}_{\mathrm{RB'}})\overline{\Delta}_{\mathrm{B'm}}-(n_{12}-n_{22}\overline{\Delta}_{\mathrm{RB'}})\mathrm{e}^{-2\rho_{\mathrm{B'}}b'}}{(n_{11}-n_{21}\overline{\Delta}_{\mathrm{RB'}})-(n_{12}-n_{22}\overline{\Delta}_{\mathrm{RB'}})\overline{\Delta}_{\mathrm{B'm}}\mathrm{e}^{-2\rho_{\mathrm{B'}}b'}}\overline{\Delta}_{\mathrm{Lm}}\mathrm{e}^{-2\rho_{\mathrm{m}}l}.$$

[370] [24] $n_{11}=m_{11}U_{N-1}-U_{N-2}\quad n_{12}=m_{12}U_{N-1}$,

$$
\begin{aligned}
n_{21} &= m_{21}U_{N-1} \qquad n_{22} = m_{22}U_{N-1} - U_{N-2};\\
U_{N-1}(x) &= \frac{\mathrm{e}^{+N\zeta}-\mathrm{e}^{-N\zeta}}{\mathrm{e}^{+\zeta}-\mathrm{e}^{-\zeta}}, \quad U_{N-2}(x) = \frac{\mathrm{e}^{+(N-1)\zeta}-\mathrm{e}^{-(N-1)\zeta}}{\mathrm{e}^{+\zeta}-\mathrm{e}^{-\zeta}},\\
x &= \frac{m_{11}+m_{22}}{2} = \cosh(\zeta);\\
n_{11} &= m_{11}U_{N-1} - U_{N-2} \to m_{11}\frac{\mathrm{e}^{+N\zeta}-\mathrm{e}^{-N\zeta}}{\mathrm{e}^{+\zeta}-\mathrm{e}^{-\zeta}} - \frac{\mathrm{e}^{+(N-1)\zeta}-\mathrm{e}^{-(N-1)\zeta}}{\mathrm{e}^{+\zeta}-\mathrm{e}^{-\zeta}}\\
&= \frac{\mathrm{e}^{+N\zeta}}{\mathrm{e}^{+\zeta}-\mathrm{e}^{-\zeta}}[m_{11}(1-\mathrm{e}^{-2N\zeta}) - \mathrm{e}^{-\zeta} + \mathrm{e}^{-2N\zeta}\mathrm{e}^{+\zeta}]\\
&= \frac{\mathrm{e}^{+N\zeta}}{\mathrm{e}^{+\zeta}-\mathrm{e}^{-\zeta}}[m_{11} - \mathrm{e}^{-\zeta} - (m_{11}-\mathrm{e}^{+\zeta})\mathrm{e}^{-2N\zeta}],\\
n_{22} &= m_{22}U_{N-1} - U_{N-2}\\
&\to m_{22}\frac{\mathrm{e}^{+N\zeta}-\mathrm{e}^{-N\zeta}}{\mathrm{e}^{+\zeta}-\mathrm{e}^{-\zeta}} - \frac{\mathrm{e}^{+(N-1)\zeta}-\mathrm{e}^{-(N-1)\zeta}}{\mathrm{e}^{+\zeta}-\mathrm{e}^{-\zeta}}\\
&= \frac{\mathrm{e}^{+N\zeta}}{e^{+\zeta}-\mathrm{e}^{-\zeta}}[m_{22}(1-\mathrm{e}^{-2N\zeta}) - \mathrm{e}^{-\zeta} + \mathrm{e}^{-2N\zeta}\mathrm{e}^{+\zeta}],\\
n_{12} &= m_{12}U_{N-1} = m_{12}\frac{\mathrm{e}^{+N\zeta}}{e^{+\zeta}-\mathrm{e}^{-\zeta}}(1-\mathrm{e}^{-2N\zeta}),\\
n_{21} &= m_{21}U_{N-1} = m_{21}\frac{\mathrm{e}^{+N\zeta}-\mathrm{e}^{-N\zeta}}{\mathrm{e}^{+\zeta}-\mathrm{e}^{-\zeta}} = m_{21}\frac{\mathrm{e}^{+N\zeta}}{\mathrm{e}^{+\zeta}-\mathrm{e}^{-\zeta}}(1-\mathrm{e}^{-2N\zeta}).
\end{aligned}
$$

在大 N 极限下, 略去所有元素中共有的因子 $[\mathrm{e}^{+N\zeta}/(\mathrm{e}^{+\zeta}-\mathrm{e}^{-\zeta})]$, 就得到

$$
n_{11} \to (m_{11}-\mathrm{e}^{-\zeta}), \quad n_{22} \to (m_{22}-\mathrm{e}^{-\zeta}), \quad n_{12} \to m_{12}, n_{21} \to m_{21}.
$$

一般色散关系中的比值

$$
\frac{(n_{11}-n_{21}\overline{\Delta}_{\mathrm{RB'}})\overline{\Delta}_{\mathrm{B'm}} - (n_{12}-n_{22}\overline{\Delta}_{\mathrm{RB'}})\mathrm{e}^{-2\rho_{\mathrm{B'}}b'}}{(n_{11}-n_{21}\overline{\Delta}_{\mathrm{RB'}}) - (n_{12}-n_{22}\overline{\Delta}_{\mathrm{RB'}})\overline{\Delta}_{\mathrm{B'm}}\mathrm{e}^{-2\rho_{\mathrm{B'}}b'}}
$$

约简为

$$
\frac{\overline{\Delta}_{\mathrm{B'm}} - \dfrac{(n_{12}-n_{22}\overline{\Delta}_{\mathrm{RB'}})}{(n_{11}-n_{21}\overline{\Delta}_{\mathrm{RB'}})}\mathrm{e}^{-2\rho_{\mathrm{B'}}b'}}{1 - \dfrac{(n_{12}-n_{22}\overline{\Delta}_{\mathrm{RB'}})}{(n_{11}-n_{21}\overline{\Delta}_{\mathrm{RB'}})}\overline{\Delta}_{\mathrm{B'm}}\mathrm{e}^{-2\rho_{\mathrm{B'}}b'}}
$$

其中

$$
\begin{aligned}
\frac{n_{12}-n_{22}\overline{\Delta}_{\mathrm{RB'}}}{n_{11}-n_{21}\overline{\Delta}_{\mathrm{RB'}}} &= \frac{m_{12}-(m_{22}-\mathrm{e}^{-\zeta})\overline{\Delta}_{\mathrm{RB'}}}{(m_{11}-\mathrm{e}^{-\zeta}) - m_{21}\overline{\Delta}_{\mathrm{RB'}}}\\
&= \frac{(m_{22}-\mathrm{e}^{-\zeta})}{m_{21}}\frac{m_{12}-(m_{22}-\mathrm{e}^{-\zeta})\overline{\Delta}_{\mathrm{RB'}}}{m_{12}-(m_{22}-\mathrm{e}^{-\zeta})\overline{\Delta}_{\mathrm{RB'}}} = \frac{(m_{22}-\mathrm{e}^{-\zeta})}{m_{21}},
\end{aligned}
$$

$$
D(\mathrm{i}\xi_n) = 1 - \frac{m_{21}\overline{\Delta}_{\mathrm{B'm}} - (m_{22}-\mathrm{e}^{-\zeta})\mathrm{e}^{-2\rho_{\mathrm{B'}}b'}}{m_{21} - (m_{22}-\mathrm{e}^{-\zeta})\overline{\Delta}_{\mathrm{B'm}}\mathrm{e}^{-2\rho_{\mathrm{B'}}b'}}\overline{\Delta}_{\mathrm{Lm}}\mathrm{e}^{-2\rho_{\mathrm{m}}l}.
$$

[371] [25] 有时, 我们可以利用 $v(z) \equiv \varepsilon(z)^{1/2} f(z)$ 来改写式子 $f''(z) + \dfrac{\mathrm{d}\varepsilon/\mathrm{d}z}{\varepsilon(z)} f'(z) - \rho^2 f(z) = 0$, 从而导出一个等价的微分方程:

$$v''(z) + \left[\frac{1}{4}\left(\frac{\mathrm{d}\varepsilon/\mathrm{d}z}{\varepsilon(z)}\right)^2 - \frac{\mathrm{d}^2\varepsilon/\mathrm{d}z^2}{2\varepsilon(z)} - \rho^2\right] v(z) = 0.$$

[26] 关于各层之间的变换, 可以利用式 (L3.59) 及其相应的尾注:

$$(-A_{\mathrm{i+1}} \mathrm{e}^{\rho_{\mathrm{i+1}} l_{\mathrm{i/i+1}}} + B_{\mathrm{i+1}} \mathrm{e}^{-\rho_{\mathrm{i+1}} l_{\mathrm{i/i+1}}}) \rho_{\mathrm{i+1}} = (-A_{\mathrm{i}} \mathrm{e}^{\rho_{\mathrm{i}} l_{\mathrm{i/i+1}}} + B_{\mathrm{i}} \mathrm{e}^{-\rho_{\mathrm{i}} l_{\mathrm{i/i+1}}}) \rho_{\mathrm{i}},$$
$$(A_{\mathrm{i+1}} \mathrm{e}^{\rho_{\mathrm{i+1}} l_{\mathrm{i/i+1}}} + B_{\mathrm{i+1}} \mathrm{e}^{-\rho_{\mathrm{i+1}} l_{\mathrm{i/i+1}}}) \varepsilon_{\mathrm{i+1}} = (A_{\mathrm{i}} \mathrm{e}^{\rho_{\mathrm{i}} l_{\mathrm{i/i+1}}} + B_{\mathrm{i}} \mathrm{e}^{-\rho_{\mathrm{i}} l_{\mathrm{i/i+1}}}) \varepsilon_{\mathrm{i}}.$$

把 i 替换为 $r-1$, 并设所有的 ρ 都相等 (非延迟极限!):

$$A_{r-1} \mathrm{e}^{\rho Z_r} - B_{r-1} \mathrm{e}^{-\rho Z_r} = A_r \mathrm{e}^{\rho Z_r} - B_r \mathrm{e}^{-\rho Z_r},$$
$$\varepsilon_{r-1}(A_{r-1} \mathrm{e}^{\rho Z_r} + B_{r-1} \mathrm{e}^{-\rho Z_r}) = \varepsilon_r (A_r \mathrm{e}^{\rho Z_r} + B_r \mathrm{e}^{-\rho Z_r}).$$

用第二式除以第一式, 得到

$$\varepsilon_{r-1} \frac{\theta_{r-1} \mathrm{e}^{+2\rho Z_r} + 1}{\theta_{r-1} \mathrm{e}^{+2\rho Z_r} - 1} = \varepsilon_{\mathrm{r}} \frac{\theta_r \mathrm{e}^{+2\rho Z_r} + 1}{\theta_r \mathrm{e}^{+2\rho Z_r} - 1}$$

或

$$\theta_{r-1} \mathrm{e}^{+2\rho Z_r} + 1 = \theta_{r-1} \mathrm{e}^{+2\rho Z_r} \frac{\varepsilon_r}{\varepsilon_{r-1}} \frac{\theta_r \mathrm{e}^{+2\rho Z_r} + 1}{\theta_r \mathrm{e}^{+2\rho Z_r} - 1} - \frac{\varepsilon_r}{\varepsilon_{r-1}} \frac{\theta_r \mathrm{e}^{+2\rho Z_r} + 1}{\theta_r \mathrm{e}^{+2\rho Z_r} - 1}.$$

把因子 $\theta_{r-1} \mathrm{e}^{+2\rho Z_r}$ 提取出来, 给出

$$\theta_{r-1} \mathrm{e}^{+2\rho Z_r} \left(1 - \frac{\varepsilon_r}{\varepsilon_{r-1}} \frac{\theta_r \mathrm{e}^{+2\rho Z_r} + 1}{\theta_r \mathrm{e}^{+2\rho Z_r} - 1}\right) = -\left(1 + \frac{\varepsilon_r}{\varepsilon_{r-1}} \frac{\theta_r \mathrm{e}^{+2\rho Z_r} + 1}{\theta_r \mathrm{e}^{+2\rho Z_r} - 1}\right)$$

或

$$\begin{aligned}\theta_{r-1} \mathrm{e}^{+2\rho Z_r} &= -\left[\frac{\varepsilon_{r-1}(\theta_r \mathrm{e}^{+2\rho Z_r} - 1) + \varepsilon_r(\theta_r \mathrm{e}^{+2\rho Z_r} + 1)}{\varepsilon_{r-1}(\theta_r \mathrm{e}^{+2\rho Z_r} - 1) - \varepsilon_r(\theta_r \mathrm{e}^{+2\rho Z_r} + 1)}\right] \\ &= \frac{\theta_r \mathrm{e}^{+2\rho Z_r} - \overline{\Delta}_{r-1/r}}{1 - \theta_r \mathrm{e}^{+2\rho Z_r} \overline{\Delta}_{r-1/r}} \overline{\Delta}_{r-1/r} = \frac{\varepsilon_{r-1} - \varepsilon_r}{\varepsilon_{r-1} + \varepsilon_r}.\end{aligned}$$

[27] 对于 $\theta_r = \theta(Z_r)$ (式 L3.153), 利用式 (L3.152) 和式 (L3.59) (及其相应的尾注), 把

$$\varepsilon_{r-1}(A_{r-1} \mathrm{e}^{\rho_{r-1} Z_r} + B_{r-1} \mathrm{e}^{-\rho_{r-1} Z_r}) = \varepsilon_r (A_r \mathrm{e}^{\rho_r Z_r} + B_r \mathrm{e}^{-\rho_r Z_r})$$

除以

$$\rho_{r-1}(A_{r-1}\mathrm{e}^{\rho_{r-1}Z_r}-B_{r-1}\mathrm{e}^{-\rho_{r-1}Z_r})=\rho_r(A_r\mathrm{e}^{\rho_r Z_r}-B_r\mathrm{e}^{-\rho_r Z_r})$$

设

$$\alpha\equiv\frac{\varepsilon_{\mathrm{r}}/\rho_{\mathrm{r}}}{\varepsilon_{r-1}/\rho_{r-1}}$$

以求解

$$\alpha\frac{\theta_r\mathrm{e}^{+2\rho_r Z_r}+1}{\theta_r\mathrm{e}^{+2\rho_r Z_r}-1}=\frac{\theta_{r-1}\mathrm{e}^{+2\rho_{r-1}Z_r}+1}{\theta_{r-1}\mathrm{e}^{+2\rho_{r-1}Z_r}-1},$$

$$\alpha\left(\theta_r\mathrm{e}^{+2\rho_r Z_r}+1\right)\left(\theta_{r-1}\mathrm{e}^{+2\rho_{r-1}Z_r}-1\right)=\left(\theta_r\mathrm{e}^{+2\rho_r Z_r}-1\right)\left(\theta_{r-1}\mathrm{e}^{+2\rho_{r-1}Z_r}+1\right),$$

可以得到

$$\theta_{r-1}\mathrm{e}^{+2\rho_{r-1}Z_r}=\frac{\theta_r\mathrm{e}^{+2\rho_r Z_r}-\overline{\Delta}_{r-1/r}}{1-\theta_r\mathrm{e}^{+2\rho_r Z_r}\overline{\Delta}_{r-1/r}},$$

在形式上与非延迟情形一样, 但是此处

$$\overline{\Delta}_{r-1/r}=\frac{\varepsilon_{r-1}\rho_r-\varepsilon_r\rho_{r-1}}{\varepsilon_{r-1}\rho_r+\varepsilon_r\rho_{r-1}}.$$

[28] 把近似式 (L3.160) 和式 (L3.161) 代入近似式 (L3.162), 给出 [372]

$$\begin{aligned}u_{r-1}\mathrm{e}^{2\rho_{r-1}\frac{D}{N}}&\sim u_{r-1}+2\rho_{r-1}u_{r-1}\frac{D}{N}\\&\sim u_r-\left.\frac{\mathrm{d}u(z)}{\mathrm{d}z}\right|_{Z=Z_r}\frac{D}{N}+2\left[\rho_r-\left.\frac{\mathrm{d}\rho(z)}{\mathrm{d}z}\right|_{Z=Z_r}\frac{D}{N}\right]\cdot\\&\quad\left[u_r-\left.\frac{\mathrm{d}u(z)}{\mathrm{d}z}\right|_{Z=Z_r}\frac{D}{N}\right]\frac{D}{N}\\&\sim u_r-\left.\frac{\mathrm{d}u(z)}{\mathrm{d}z}\right|_{Z=Z_r}\frac{D}{N}+2\rho_r u_r\frac{D}{N}\\&\sim u_r+\left[2\rho_r u_r-\left.\frac{\mathrm{d}u(z)}{\mathrm{d}z}\right|_{Z=Z_r}\right]\frac{D}{N}.\end{aligned}$$

设其与近似式 (L3.163) 相等:

$$\begin{aligned}u_{r-1}\mathrm{e}^{2\rho_{r-1}\frac{D}{N}}&\sim u_r+\left.\frac{\mathrm{d}\ln[\varepsilon(z)/\rho(z)]}{2\mathrm{d}z}\right|_{Z=Z_r}(1-u_r^2)\frac{D}{N}\\&=u_r+\left[2\rho_r u_r-\left.\frac{\mathrm{d}u(z)}{\mathrm{d}z}\right|_{Z=Z_r}\right]\frac{D}{N'}\end{aligned}$$

或

$$\left.\frac{\mathrm{d}\ln[\varepsilon(z)/\rho(z)]}{2\mathrm{d}z}\right|_{Z=Z_r}(1-u_r^2)=\left[2\rho_r u_r-\left.\frac{\mathrm{d}u(z)}{\mathrm{d}z}\right|_{Z=Z_r}\right]$$

则得到

$$\frac{\mathrm{d}u(z)}{\mathrm{d}z}=2\rho(z)u(z)-\frac{\mathrm{d}\ln[\varepsilon(z)/\rho(z)]}{2\mathrm{d}z}[1-u^2(z)].$$

[29] 对于电导为 σ, 外电荷为 $\rho_{\rm ext}$, 而各区域中的相对 (标量) ε 和 μ 不随空间变化, 但是没有外加电流 $\boldsymbol{j}_{\rm ext}$的情形, 在光速 c 为无穷大的极限下, 麦克斯韦方程

$$\begin{aligned}
&\nabla\cdot\boldsymbol{D}=\nabla\cdot(\varepsilon\varepsilon_0\boldsymbol{E})=\rho_{\rm ext} && \nabla\cdot\boldsymbol{D}=\nabla\cdot(\varepsilon\boldsymbol{E})=4\pi\rho_{\rm ext}\\
&(\text{mks 单位制}), && (\text{cgs 单位制});\\
&\nabla\cdot\boldsymbol{H}=0, && \nabla\cdot\boldsymbol{H}=0,\\
&\nabla\times\boldsymbol{E}=-\frac{\partial\boldsymbol{B}}{\partial t}=-\mu\mu_0\frac{\partial\boldsymbol{H}}{\partial t}, && \nabla\times\boldsymbol{E}=-\frac{1}{c}\frac{\partial\boldsymbol{B}}{\partial t}=-\frac{\mu}{c}\frac{\partial\boldsymbol{H}}{\partial t},\\
&\nabla\times\boldsymbol{H}=\varepsilon\varepsilon_0\frac{\partial\boldsymbol{E}}{\partial t}+\sigma+\boldsymbol{j}_{\rm ext}, && \nabla\times\boldsymbol{H}=\frac{\varepsilon}{c}\frac{\partial\boldsymbol{E}}{\partial t}+\frac{4\pi\sigma}{c}+\frac{4\pi}{c}\boldsymbol{j}_{\rm ext},
\end{aligned}$$

变为

$$\begin{aligned}
&\nabla\cdot\boldsymbol{E}=\rho_{\rm ext}/\varepsilon_0\varepsilon\ (\text{mks 单位制}), && \nabla\cdot\boldsymbol{E}=4\pi\rho_{\rm ext}/\varepsilon\ (\text{cgs 单位制}),\\
&\nabla\cdot\boldsymbol{H}=0, && \nabla\cdot\boldsymbol{H}=0,\\
&\nabla\times\boldsymbol{E}=0, && \nabla\times\boldsymbol{E}=0,\\
&\nabla\times\boldsymbol{H}=0, && \nabla\times\boldsymbol{H}=0.
\end{aligned}$$

[30] $\nabla^2\phi=\kappa^2\phi=\left(\frac{\partial^2}{\partial x^2}+\frac{\partial^2}{\partial y^2}+\frac{\partial^2}{\partial z^2}\right)\phi$. 设 $\phi(x,y,z)=f(z)\mathrm{e}^{\mathrm{i}(ux+vy)}$, 则有

$$-(u^2+v^2)f(z)+f''(z)=\kappa^2 f(z)\ \text{或}\ \beta^2 f(z)=f''(z)$$

其中 $\beta^2\equiv(u^2+v^2)+\kappa^2$.

[373] [31] 从

$$A_{\rm L}=A_{\rm m}+B_{\rm m}\ \text{和}\ \varepsilon_{\rm L}A_{\rm L}\beta_{\rm L}=\varepsilon_{\rm m}A_{\rm m}\beta_{\rm m}-\varepsilon_{\rm m}B_{\rm m}\beta_{\rm m}$$

中消去 $A_{\rm L}$, 得到

$$A_{\rm m}\overline{\Delta}_{\rm Lm}=-B_{\rm m},\quad \text{其中}\ \overline{\Delta}_{\rm Lm}\equiv\left(\frac{\beta_{\rm L}\varepsilon_{\rm L}-\beta_{\rm m}\varepsilon_{\rm m}}{\beta_{\rm L}\varepsilon_{\rm L}+\beta_{\rm m}\varepsilon_{\rm m}}\right).$$

从

$$\begin{aligned}
&B_{\rm R}\mathrm{e}^{-\beta_{\rm R}l}=A_{\rm m}\mathrm{e}^{\beta_{\rm m}l}+B_{\rm m}\mathrm{e}^{-\beta_{\rm m}l},\\
&-\varepsilon_{\rm R}B_{\rm R}\beta_{\rm R}\mathrm{e}^{-\beta_{\rm R}l}=\varepsilon_{\rm m}A_{\rm m}\beta_{\rm m}\mathrm{e}^{\beta_{\rm m}l}-\varepsilon_{\rm m}B_{\rm m}\beta_{\rm m}\mathrm{e}^{-\beta_{\rm m}l}
\end{aligned}$$

中消去 $B_{\rm R}\mathrm{e}^{-\beta_{\rm R}l}$, 得到

$$A_{\rm m}=-B_{\rm m}\overline{\Delta}_{\rm Rm}\mathrm{e}^{-2\beta_{\rm m}l},\quad \text{其中}\ \overline{\Delta}_{\rm Rm}\equiv\left(\frac{\beta_{\rm R}\varepsilon_{\rm R}-\beta_{\rm m}\varepsilon_{\rm m}}{\beta_{\rm R}\varepsilon_{\rm R}+\beta_{\rm m}\varepsilon_{\rm m}}\right),$$

故

$$1-\overline{\Delta}_{\mathrm{Lm}}\overline{\Delta}_{\mathrm{Rm}}\mathrm{e}^{-2\beta_{\mathrm{m}}l}=0.$$

[32] $$G_{\mathrm{LmR}}(l)=\frac{kT}{4\pi}\int_{\kappa}^{\infty}\beta\ln(1-\overline{\Delta}_{\mathrm{Lm}}\overline{\Delta}_{\mathrm{Rm}}\mathrm{e}^{-2\beta l})\mathrm{d}\beta$$

$$=\frac{kT}{16\pi l^2}\int_{2\kappa l}^{\infty}x\ln(1-\overline{\Delta}_{\mathrm{Lm}}\overline{\Delta}_{\mathrm{Rm}}\mathrm{e}^{-x})\mathrm{d}x$$

$$=-\frac{kT}{16\pi l^2}\sum_{j=1}^{\infty}\frac{(\overline{\Delta}_{\mathrm{Lm}}\overline{\Delta}_{\mathrm{Rm}})^j}{j^3}(1+2\kappa lj)\mathrm{e}^{-2\kappa lj}$$

$$\approx-\frac{kT}{16\pi l^2}\overline{\Delta}_{\mathrm{Lm}}\overline{\Delta}_{\mathrm{Rm}}(1+2\kappa l)\mathrm{e}^{-2\kappa l}.$$

[33] $$G_{\mathrm{LmR}}(l)=\frac{kT}{4\pi}\int_{\kappa}^{\infty}\beta_{\mathrm{m}}\ln(1-\overline{\Delta}_{\mathrm{Lm}}\overline{\Delta}_{\mathrm{Rm}}\mathrm{e}^{-2\beta_{\mathrm{m}}l})\mathrm{d}\beta_{\mathrm{m}}$$

$$=\frac{kT}{16\pi l^2}\int_{2\kappa l}^{\infty}x\ln(1-\mathrm{e}^{-x})\mathrm{d}x$$

$$=-\frac{kT}{16\pi l^2}\sum_{j=1}^{\infty}\frac{(1+2\kappa lj)}{j^3}\mathrm{e}^{-2\kappa lj}\approx-\frac{kT}{16\pi l^2}(1+2\kappa l)\mathrm{e}^{-2\kappa l}.$$

[34] $$G_{\mathrm{LmR}}(l)=\frac{kT}{4\pi}\int_{0}^{\infty}\beta_{\mathrm{m}}\ln(1-\overline{\Delta}_{\mathrm{Lm}}\overline{\Delta}_{\mathrm{Rm}}\mathrm{e}^{-2\beta_{\mathrm{m}}l})\mathrm{d}\beta_{\mathrm{m}}$$

$$=-\frac{kT}{16\pi l^2}\sum_{j=1}^{\infty}\frac{1}{j^3}=-\frac{kT}{16\pi l^2}\zeta(3)\approx-\frac{1.202kT}{16\pi l^2}.$$

索引

索引页码为本书页边方括号中的页码, 对应英文原版书的页码

P

Q

Z

策划编辑 王 超
责任编辑 王 超
封面设计 张 志
版式设计 余 杨
责任校对 张小镝
责任印制 刘思涵